W0268101

HANDBUCH DER ANALYTISCHEN CHEMIE

HERAUSGEGEBEN
VON

W. FRESENIUS UND G. JANDER†
WIESBADEN BERLIN

DRITTER TEIL
QUANTITATIVE BESTIMMUNGS- UND TRENNUNGSMETHODEN

BAND IVaα

ELEMENTE DER VIERTEN HAUPTGRUPPE I

KOHLENSTOFF · SILICIUM

Springer-Verlag Berlin Heidelberg GmbH
1967

ELEMENTE DER VIERTEN HAUPTGRUPPE

I

KOHLENSTOFF · SILICIUM

BEARBEITET

VON

H. GRASSMANN · W. PRODINGER

MIT 110 ABBILDUNGEN

Springer-Verlag Berlin Heidelberg GmbH

1967

Ursprünglich erschienen bei Springer-Verlag Berlin Heidelberg New York 1967
Softcover reprint of the hardcover 1st edition 1967

Library of Congress Catalog Card Number 41-36317

ISBN 978-3-662-30665-9   ISBN 978-3-662-30736-6 (eBook)
DOI 10.1007/978-3-662-30736-6

Titel Nr. 5387

Inhalt

ELEMENTE DER VIERTEN HAUPTGRUPPE I

Kohlenstoff und seine wichtigsten einfachen Verbindungen

Von H. GRASSMANN, Berlin

Mit 97 Abbildungen

Inhalt

Seite

Vorbemerkungen.

Die Vielfalt der Verbindungen des Kohlenstoffs und die große Bedeutung einzelner von ihnen legt es nahe, die analytische Chemie einiger dieser Verbindungen in besonderen Kapiteln zu behandeln, so wie es auch im qualitativen Teil dieses Handbuches geschehen ist. Bei der Auswahl der Verbindungen waren hier wie dort die gleichen Gesichtspunkte maßgebend. Auch hier wurde die Grenze nicht an der Stelle gesetzt, wo sie üblicherweise bei der Aufteilung zwischen anorganischer und organischer Chemie gezogen wird, sondern etwas weiter in die organische Chemie hinein.

Andererseits wird die organische Elementaranalyse nicht eigentlich mit einbezogen, sondern nur am Rande behandelt, da ihre umfassende Darstellung den Rahmen des Bandes sprengen würde und außerdem Spezialwerke darüber vorliegen. Auch auf eine Behandlung der Bestimmung der Isotopen des Kohlenstoffs, die ein stark in die physikalische Meßtechnik hineingreifendes Sondergebiet darstellt, wurde verzichtet. Dagegen wurde die mit radioaktiven Isotopen als Hilfsmittel arbeitende Technik der Elementbestimmung berücksichtigt.

Bei den physikalisch-chemischen Analysenmethoden wird die Kenntnis der Grundzüge der Methodik, d.h. der allgemeinen Arbeitsprinzipien, vorausgesetzt, und es werden nur die bei der betreffenden Aufgabe zu beachtenden Besonderheiten geschildert. Bis zu einem gewissen Grade wurde von diesem Grundsatz bei der Gaschromatographie abgewichen, da diese moderne Methodik in Anbetracht der Tatsache, daß fast alle besonders wichtigen Verbindungen des Kohlenstoffs Gase oder leicht verdampfbare Flüssigkeiten sind oder durch einfache Reaktionen in solche übergeführt werden können, überragende Bedeutung hat.

Folgende Kapitel sind im vorliegenden Band enthalten:

Kohlenstoff und Carbide
Einfache Kohlenwasserstoffe und Äthylenoxid (Methan, Äthan, Propan, Äthylen, Äthylenoxid, Acetylen)
Kohlenoxid
Kohlendioxid und Carbonate
Kohlenoxisulfid
Phosgen und andere wichtige einfache Halogenverbindungen des Kohlenstoffs
Cyanwasserstoff und Cyanide
Cyanate
Thiocyanate (Rhodanide)
Ameisensäure und Formiate
Essigsäure, Acetate und Acetanhydrid
Oxalsäure und Oxalate

In den Literaturverzeichnissen bedeutet die Angabe „durch" mit nachfolgendem Zitat eines Referates nicht, daß die Bearbeitung nur nach diesem Referat erfolgte. In vielen Fällen wurde auch die Originalarbeit herangezogen.

§ 1. Kohlenstoff und Carbide.

A. Einleitung.

Während es verhältnismäßig wenige Methoden für den Nachweis des Kohlenstoffs gibt, ist für die quantitative Bestimmung dieses Elementes eine Vielzahl von Verfahren vorgeschlagen worden. Allerdings lassen sich die meisten auf einige wenige Prinzipien zurückführen; die große Anzahl kommt durch vielfache Abwandlung der Grundmethoden zustande. Es ist nahezu unmöglich, die einschlägige Literatur vollständig zu erfassen. Im folgenden ist der Versuch gemacht worden, die in der Praxis hauptsächlich verwendeten Methoden herauszustellen. Sie werden in repräsentativen Ausführungsformen ausführlich beschrieben. Ältere Methoden werden erwähnt, soweit sie in der Entwicklung eine bedeutende Rolle gespielt haben. Neue Tendenzen werden aufgezeigt, auch wenn ihre zukünftige, praktische Bedeutung noch nicht abzuschätzen ist.

Groß ist auch die Zahl der Verfahren, die eine getrennte Bestimmung von elementarem und gebundenem C besonders in Metallen, aber auch in anderen technischen Produkten beinhalten. Hierbei ist die Trennungsmethode das wesentliche.

Eine große Rolle spielt in der organischen Analyse die gleichzeitige Bestimmung von Kohlenstoff und Wasserstoff nebeneinander, die Elementaranalyse. An ihrer Entwicklung ist sehr viel gearbeitet worden. Über dieses Gebiet gibt es eine Reihe ausgezeichneter Standardwerke. Eine Übersicht über die wichtigsten neueren Arbeiten bis 1963 zur organischen Mikroelementaranalyse hat Schöniger (b) gegeben. Daher wird die Elementaranalyse hier nur am Rande behandelt. Ebenso sind die speziellen Methoden der ^{14}C-Bestimmung nicht berücksichtigt worden, bzw. es werden nur die vorbereitenden Arbeiten für die Aktivitätsmessung in einigen Ausführungsformen angeführt.

Die meisten Methoden zur C-Bestimmung beruhen auf der Oxydation des Kohlenstoffs zu Kohlendioxid und nachfolgender Bestimmung dieses Oxydationsproduktes. Bei einigen weniger gebräuchlichen Verfahren werden Reduktionsprodukte zur Bestimmung benutzt. Weiter gibt es eine Reihe von physikalischen Verfahren; unter diesen spielt die Spektralanalyse die Hauptrolle. Ganz untergeordnete Bedeutung hat die indirekte Bestimmung durch Feststellung des Glühverlustes.

B. Oxydation zu Kohlendioxid und Bestimmung dieser Verbindung.

Allgemeines. Hier sind die trockene Oxydation und die nasse Oxydation (sog. nasse Verbrennung) zu unterscheiden. Sie werden im folgenden getrennt behandelt. Die Arten der Endbestimmung, d.h. der Bestimmung des Verbrennungskohlendioxids sind mannigfaltig und nicht an die eine oder die andere der beiden Oxydationsarten gebunden, obwohl die Zahl der in der Literatur im Anschluß an die trockene Oxydation beschriebenen Endbestimmungsarten größer ist. Die trockene Oxydation ist, aus der Elementaranalyse hervorgehend, die ältere Arbeitsweise.

Etwa Ende des ersten Jahrzehnts dieses Jahrhunderts bürgerte sich in der Stahlindustrie die nasse Oxydation ein. Sie wurde dort hauptsächlich an vorher durch naßchemische Oxydation des Metalls mit K_2CuCl_4-Lösung u. dergl. angereichertem Material ausgeübt. Später setzten sich in der Stahl- und Nichteisenmetallindustrie verbesserte, trockene Oxydationsverfahren durch; diese dominieren dort jetzt vollkommen (vgl. z.B. BOULIN).

In der biologischen Chemie führte sich der Gebrauch der nassen Oxydation etwas später ein und sie spielt dort bis heute eine große Rolle bei jenen Untersuchungen, bei denen die gleichzeitige Bestimmung des Wasserstoffs nicht erforderlich ist. Die Apparatur für die nasse Verbrennung ist einfacher als die für die trockene, und es sind Oxydationsmittel bekannt, welche eine schnelle, vollständige Oxydation fast aller vorkommenden Substanzen ermöglichen.

Die Elementaranalyse wurde neuerdings durch die bei der Stahlanalyse eingetretene Entwicklung befruchtet: Hochtemperatur-Verbrennungsmethoden, insbesondere mit „leerem Rohr", die in der Bedienung einfach sind, wurden eingeführt.

Über die *Endbestimmungsmethoden* gibt die nachstehende Aufstellung eine Übersicht; Beispiele werden weiter unten vor allem im Zusammenhang mit Verfahren der trockenen Oxydation gebracht.

Gravimetrie: Alkalilauge, Baritlauge, feste alkalische Absorbentien als Absorptionsmittel.

Acidimetrische Titration: Rücktitration vorgelegter Lauge gegen Farbindikatoren oder potentiometrisch – im Falle der Anwendung von Alkalilaugen mit oder ohne vorherige Fällung der CO_3^{2-}-Ionen mittels $BaCl_2$; coulometrische Entwicklung der Lauge; Titration des Bariumcarbonatniederschlages.

Konduktometrie: Messung der Leitfähigkeitsabnahme von Alkali- und Baritlauge oder der Leitfähigkeitszunahme von Carbonataufschlämmung.

Gasvolumetrie: Volumenmessung des CO_2 durch Absorption und Differenzbestimmung oder nach Absorption und Wiederentbindung.

Gasmanometrie: Druckmessung in konstantem Volumen nach Absorption oder Ausfrieren des CO_2 und Wiederentbindung.

Gaschromatographie: Bestimmung der Fläche oder Höhe des CO_2-Peaks.

Photometrie: Messung der Farbänderung von Indikatoren enthaltenden Lösungen (besonders für sehr kleine C-Gehalte).

Ultrarotabsorptionsmessung: Mit UR-Spektrometer.

Wärmeleitfähigkeitsmessung: Mit Katharometer.

Massenspektrometrie: Diese ist besonders nützlich, wenn neben dem Kohlenstoff gleichzeitig Schwefel und Sauerstoff in einem Metall bestimmt werden sollen (HICKAM).

Die Bestimmung des Verbrennungs-CO_2 hätte im Kapitel „Kohlendioxid" behandelt werden können. Es erscheint aber zweckmäßiger, die Methoden der Kohlenstoffbestimmung einschließlich der Endbestimmung als ein Ganzes zu betrachten und das Kapitel „Kohlendioxid" den Methoden vorzubehalten, die von bereits als Kohlendioxid oder als Carbonat vorliegendem CO_2 ausgehen.

Es gibt zahlreiche Standard- bzw. Testsubstanzen, und zwar Proben von Stählen und von organischen Substanzen, die zum Zwecke der Kontrolle von Verfahren und Apparaten für die C- (und H-) Bestimmung hergestellt bzw. empfohlen wurden. Für die Elementaranalyse ist eine Liste von empfohlenen Testsubstanzen verschiedenster Zusammensetzung von der IUPAC veröffentlicht worden.

1. Trockene Oxydation (Verbrennung).

I. Methoden der Verbrennung (Übersicht und Beispiele).

Allgemeines. Die Verbrennung kann mit reinem Sauerstoff, mit gereinigter Luft, jeweils mit oder ohne Sauerstoffüberträger und zusätzliche Oxydationsmittel oder mit festen Oxydationsmitteln allein geschehen. Im letzteren Falle findet die Oxydation gewöhnlich in einem geschlossenen System statt. Bei der Oxydation mit Sauerstoff oder Luft läßt man diese Gase im allgemeinen von vornherein über die zu verbrennende Substanz strömen; es gibt aber eine Variante zur Bestimmung von Kohlenstoff in Metallen, bei der zunächst nur ein Zustrom des Sauerstoffs zu der überwiegend unter Gasverbrauch (Metalloxidbildung) reagierenden Substanz stattfindet. Zuletzt wird in beiden Fällen das Kohlendioxid mit weiterem Sauerstoff in die Vorlagen übergetrieben.

Eine weitere Variante ist diejenige der Verbrennung im vollständig geschlossenen System unter hohem Sauerstoffdruck. Da diese Verbrennungsart (explosionsartige Verbrennung in der Berthelot-Mahlerschen Bombe) bei der Heizwertbestimmung von Brennstoffen üblich ist, lag es nahe, mit ihr die C-Bestimmung zu verbinden. In diesem Falle wird nach der Verbrennung das Gas zur Bestimmung des Kohlendioxids entspannt.

Schließlich kann man leicht oxydierbare Substanzen auch in ruhendem Sauerstoff bei normalem Druck abbrennen. Ein Beispiel wird in Abschnitt B. 1, II, b, β beschrieben.

Neuerdings hat Kirsten bei der Submikro-Elementaranalyse die Verbrennung mit Sauerstoff im zugeschmolzenen Quarzröhrchen angewendet, um die bei Anwendung größerer Sauerstoffmengen durch dessen Verunreinigungen entstehenden Fehlerquellen zu vermeiden.

a) Verbrennung mit festen Oxydationsmitteln.

Hierzu seien nur einige Ausführungsformen erwähnt, da die Arbeitsweise mit festen Oxydationsmitteln allein eine relativ beschränkte Anwendung gefunden hat. Die Verbrennung mit festen Oxydationsmitteln wird in ganz oder einseitig abgeschlossenem System ausgeführt. Brewer und Harding schlugen oxydierendes Schmelzen mit Natriumperoxid und Kaliumchlorat in der Parr-Bombe vor.

Nach Körbl ist das Zersetzungsprodukt von *Silberpermanganat* ein sehr aktiver Katalysator für alle Verbrennungen und auch für die Elementaranalyse geeignet. Das bei 500 °C ausgeglühte Produkt, das bis 790 °C beständig ist und eine gasdurchlässige röntgenamorphe Masse darstellt, kann als atomares Gemisch aus Ag und MnO_2 oder (weniger wahrscheinlich) als Silbermanganit betrachtet werden. Zwischen 450 und 600 °C zeigt es sehr gute Wirkung. Es kann auch im zugeschmolzenen Rohr *ohne Sauerstoff* angewendet werden (Körbl und Přibil). Oberhalb 600 °C sintert es und wird dadurch gasundurchlässig, wie Šatava und Körbl feststellten.

Herstellung (nach Körbl). Man löst in 4 l siedend heißem Wasser 194 g $KMnO_4$ und versetzt mit 204 g $AgNO_3$. Aus der Lösung kristallisiert ein Rohprodukt aus. Man saugt es auf Glasnutschen ab, wäscht mit 1,5 l Wasser und löst aus 4 l Wasser um. Es empfiehlt sich, das rohe Produkt in vorerhitztes Wasser rasch einzutragen, da sich $AgMnO_4$ in konzentrierter Lösung in der Siedehitze langsam zersetzt. Nach dem erneuten Auskristallisieren wird rasch durch eine Glasnutsche filtriert; die Kristalle werden mit Wasser ausgewaschen und bei 60 bis 70 °C getrocknet (Ausbeute etwa 188 g). Die Zersetzung des Silberpermanganats wird durch Erhitzen herbeigeführt. Sie verläuft spontan unter Verpuffung bei etwa 150 °C. Man arbeitet dabei in kleinen Anteilen im Reagensglas. Dann glüht man 1 bis 3 Std. bei 500 °C.

Lysij und Zarembo empfehlen, die Zersetzung bei 100 bis 120 °C vorzunehmen und dann 2 Std. auf 500 ± 50 °C zu erhitzen. Sie verwenden den Katalysator als alleinige Rohrfüllung bei der Halbmikro-Elementaranalyse. Sie stellten fest, daß er Phosphor, Schwefel und Halogene bei der Verbrennung von diese Elemente enthaltenden Substanzen vollständig absorbiert.

Sanchez verwendete festes Kaliumpermanganat als Oxydationsmittel für organische Substanzen. Gemischt mit $KMnO_4$ und Bimsstein wird die Substanz in einem nach dem Befüllen zugeschmolzenen Röhrchen erhitzt. Das Röhrchen wird dann in einem starkwandigen Gefäß unter carbonatfreier Natronlauge zerschlagen, CO_2 mit Säure aus der Lauge ausgetrieben und auf eine der üblichen Weisen bestimmt.

Glauser empfahl die Oxydation mit Tellur(IV)-oxid in einem mit Einleitungs- und Ableitungsrohr versehenen, unten geschlossenen, schrägstehenden Rohr aus schwerschmelzendem Glas, aus dem das sich entwickelnde Gas in ein Absorptionssystem tritt und zum Schluß mit gereinigter Luft vollständig herausgespült wird. TeO_2, weiß, kristallin, schmilzt bei Rotglut zu einer gelben, durchscheinenden Flüssigkeit und oxydiert energisch, wobei es in Te übergeht. Der Kohlenstoff von Graphit und verschiedenen Eisenlegierungen wird durch TeO_2 glatt, ohne CO-Bildung, zu CO_2 oxydiert.

Etwas verbreitetere Anwendung hat offenbar die Oxydation mit *Bleichromat* als alleinigem Oxydationsmittel gefunden, und zwar besonders für die Verbrennung stark schwefelhaltiger Substanzen, bei der es gleichzeitig als Absorptionsmittel für den Schwefel bzw. seine Oxide dient. Eine solche Methode wird von Opotzki, Nasarenko und Tjulpina für die C-Bestimmung in bituminösen Schwefelkiesen beschrieben. Die Einwaage wird, mit $PbCrO_4$ vermischt, in ein einseitig geschlossenes Rohr gegeben, mit einer Schicht von weiterem $PbCrO_4$ bedeckt und 20 Min. lang auf Rotglut erhitzt. Die CO_2-Bestimmung kann volumetrisch erfolgen; das Gas ist frei von SO_2 und SO_3. Rabowski und Kuprianowa bestätigten dies und stellten fest, daß die Verbrennung bei 600 °C genaue Ergebnisse liefert.

Das zuerst von Wilsbach und Sykes verwendete Gemisch von CuO und $KClO_4$ wird auch von Simon und Müllhofer bei einer Methode der Verbrennung mit O_2 im geschlossenen System und manometrischer Endbestimmung angewendet. Diese Autoren nehmen auf 1 mg Substanz 3–4 mg $KClO_4$ und 6–8 mg CuO.

Neuerdings hat die Verbrennung mit festen Oxydationsmitteln für die Bestimmung von ^{14}C als $^{14}CO_2$ Bedeutung erlangt, da schon durch geringste Mengen von Stickoxiden, die bei Anwendung von Sauerstoff aus dem beigemengten Stickstoff entstehen und in Spuren die Absorptionsmittel passieren, in den Propan-Durchflußzählrohren unerwünschte Effekte verursacht werden. Buchanan und Corcoran verbrennen mit $CuO + MnO_2 + CuCl_2$ (5 + 1 + 1).

In Verbindung mit der Verbrennung in Sauerstoff werden feste Oxydationsmittel bzw. Sauerstoffüberträger noch viel verwendet.

b) Verbrennung im Sauerstoffstrom.

Allgemeines. Während früher bei den Methoden der Verbrennung im Sauerstoff- oder Luftstrom immer zusätzlich feste Stoffe als Oxydationsmittel oder Katalysatoren mitverwendet wurden, und zwar meist Kupferoxid oder Kupferoxid nebst Bleichromat, ist man jetzt mehr und mehr zur Oxydation mit Sauerstoff allein übergegangen, und zwar besonders für die C-Bestimmung in Metallen. In der organischen Elementaranalyse werden Katalysatoren weiterhin viel angewendet, da in neuerer Zeit hochwirksame Substanzen wie Kobalt(II,III)-oxid eingeführt worden sind, welche schon bei mäßig hohen Temperaturen sehr rasche Verbrennung im Sauerstoffstrom bewirken.

Eine neue Ausführungsform ist das Entgasen der Substanz im Inertgas und Verbrennen des Gasgemisches an einer Düse in strömendem Sauerstoff (siehe weiter unten, Abschnitt γ).

α) Die Verbrennung unter Anwendung von Katalysatoren.

Die Verbrennung unter Anwendung von Katalysatoren ist die in der organischen Elementaranalyse überwiegend übliche. Die Elementaranalyse wird aber im vorliegenden Handbuch nur gestreift, da über dieses ausgedehnte und vielfältige Gebiet ausführliche Spezialwerke existieren. Hier sei nur einiges über den gegenwärtig wohl effektivsten Katalysator Kobalt(II,III)-oxid ausgeführt.

Večera, Šnobl und Synek gaben eine kritische Übersicht über die vordem benutzten Katalysatoren und stellten die Vorzüge des Kobaltpräparates heraus: Da es nicht wie das ebenfalls recht aktive Zersetzungsprodukt von $AgMnO_4$ (siehe Abschnitt a) zum Sintern neigt, kann es bei Temperaturen von 650 bis 750 °C angewendet werden. Bei Berührung mit organischen Dämpfen glüht es hell auf und gibt leicht Sauerstoff ab, so daß genügend davon zur Verfügung steht, auch wenn der übergeleitete O_2 vorübergehend nicht ausreichen sollte. Der teilweise reduzierte Katalysator regeneriert sich im Sauerstoffstrom sehr rasch. Er ist vollkommen halogen- wie auch schwefelfest und bleibt meistens über die Lebensdauer des Rohres hinaus wirksam, das er übrigens nicht stark beansprucht.

Die genannten Autoren wenden bei der Halbmikroanalyse angeblich nur 0,2 g Co_3O_4 auf einer 3 cm langen Asbestschicht bei etwa 700 °C und 12 ml Sauerstoff je Minute an. Dabei sollen alle, auch sublimierende, flüssige und Methan abspaltende Substanzen innerhalb von 3 bis 5 Min. vollständig verbrannt werden.

Eine sorgfältige Temperaturregelung ist nicht erforderlich. Wegen der Kürze der Katalysatorschicht und des Rohres genügen 5 bis 7 Min. Nachspülens der Verbrennungsgase, so daß man mit insgesamt 120 ml O_2 auskommt.

Herstellung des Katalysators. Man übergießt ein Gemisch von 15 g Asbest und 10 g $Co(NO_3)_2 \cdot 6\,H_2O$ mit 50 ml Wasser, versetzt mit einigen Tropfen Ammoniaklösung und dampft ab. Den trockenen Rückstand glüht man bei 500 bis 600 °C unter Luftzutritt.

Horáček, Pechanec und Körbl stellten fest, daß Co_2O_3 im Gemisch mit Silber ebenfalls ein sehr guter Katalysator ist und die Verbrennung bei niedrigen Temperaturen bewirkt.

In diesem Zusammenhang sei hier auch etwas über die heute in der Elementaranalyse üblichen Absorptionsmittel für *Schwefel-* und *Stickoxide* erwähnt. Für erstere verwendet man meist Silberwolle, für letztere granuliertes Mangan(IV)-oxid nach Belcher und Ingram, das eine größere Aufnahmefähigkeit besitzt als das sonst ebenso gute MnO_2 auf Kieselgel. Man stellt es nach einer *Vorschrift* von Večera und Synek wie folgt her:

Man löst 31,5 g Kaliumpermanganat in 600 ml warmem Wasser und gibt eine Lösung von 68 g Mangan(II)-sulfat-4-hydrat in warmem Wasser dazu. Das ausgeschiedene Oxid filtriert man auf einer G_2-Glasfritte und man wäscht mit 4 l Wasser gründlich aus. Der Niederschlag wird festgepreßt, bei 130 °C getrocknet und zerkleinert. Man siebt die Körnung 1,0 bis 1,5 mm heraus und verwendet diese Fraktion.

β) Die Verbrennung im „leeren" Rohr.

Die Verbrennung im „leeren" Rohr ist durch Anwendung hoher Verbrennungstemperaturen von etwa 1000 bis 1400 °C und darüber möglich geworden. Man kann auf diese Weise die Dauer der Verbrennung auf wenige Minuten abkürzen. Darauf, daß mit steigender Temperatur die Verbrennung sicherer und rascher verläuft, machte u. a. schon Klatschin aufmerksam, der Kupferrohre mit wassergekühlten Enden als Verbrennungsrohre bei üblicher Rohrfüllung empfahl. Für die Stahlanalyse wurde bereits 1923 von Cain und Cleaves die direkte Verbrennung in O_2 bei Temperaturen bis zu 1525 °C angewendet, bei denen Eisenoxid und andere Metalloxide eine Schmelze bilden.

Die Methode mit „leerem" Rohr (ohne Füllung mit Sauerstoffüberträger) wurde erst durch die Anwendung von Quarzglas und besonders von Porzellan und Mullit als Rohrmaterial sowie von intensiven Heizmitteln wie Silitstabheizung oder Induktionsheizung allgemein anwendbar, obwohl sie in günstigen Fällen auch bei mäßig hoher Temperatur, z. B. in dem Gerät von Grote und Krekeler, ausgeführt werden kann (Heine). Die Verbrennung mit Hochfrequenzinduktionsheizung bei 1700 °C wird z. B. von Pepkowitz und Moak beschrieben (siehe Abschnitt: Manometrie). Die Methode fand zunehmend allgemeine Verbreitung, nachdem Belcher und Spooner sie für die Elementaranalyse von Kohlen („Sheffielder Hochtemperaturmethode") eingeführt hatten. Belcher und Ingram haben die optimalen Bedingungen der Verbrennung im leeren Rohr näher untersucht; Ingram beschrieb eine schnelle und genaue Methode der organischen Elementaranalyse dieser Art. Untersuchungen ähnlicher Art wurden von Kainz und Horwatitsch und von Kainz und Scheidl (a) ausgeführt, die bestätigten, daß auch das oft als Zwischenprodukt auftretende, als schwer verbrennbar bekannte Methan unter geeigneten Bedingungen ohne Katalysator mit Sauerstoff bei hoher Temperatur im Quarzrohr quantitativ verbrennt. Bei hoher Strömungsgeschwindigkeit des Sauerstoffs, wie sie z. B. in der konduktometrischen Apparatur von Wösthoff auftritt, ist es nach der Feststellung von Stuck zweckmäßig, auch für die Mikrobestimmung von Kohlenstoff in organischen Substanzen die Abmessungen des Quarzrohres auf 40 cm Länge und 20 mm Durchmesser zu erhöhen, um durch ausreichende Verweilzeit der Gase im Ofen (30 Sek.) eine vollständige Verbrennung zu sichern. Der Autor betreibt den Hauptofen bei 900 °C, den zur Beheizung der Bleichromat- und Silberwollefüllung für die Absorption der Schwefeloxide und Halogene dienenden Ofen bei 700 °C, während das Stickstoffoxid durch konz. Schwefelsäure auf Quarzwolle in einem Absorber außerhalb des Ofens entfernt wird. Verschiedene Ausführungsformen der Verbrennung in Sauerstoff mit und ohne Katalysatoren werden in den Beispielen in Absatz II weiter unten beschrieben.

Eine offenbar sehr günstige Ausbildung des Verbrennungsrohres für die Verbrennung von Metallen bei hohen Temperaturen (bis 1300 °C) mit ständig aufgeheiztem Rohr wird von W. FISCHER und BASTIUS angegeben. Diese Autoren stellten fest, daß sich Pyrolan mit Jenaer Geräteglas stumpf verschweißen läßt und man auf diese Weise vorteilhaft Eingangs- und Ausgangsteile an den Enden des Rohres anbringen kann. Die Verbindung mit dem Glas ist mechanisch wie auch thermisch stabil und „analytisch sauber". Abb. 1 gibt ein Schema der Gesamtapparatur – es handelt sich um eine solche für titrimetrische Endbestimmung – die Einzelheiten ergeben sich aus den Abbildungen 2 und 3. Die Glasschliffhülse dient als Beschickungsöffnung. Das Einführen der Probe in den kalten Eingangsteil erfolgt, gegen Luft durch den gereinigten Sauerstoff abgeschirmt, bei geschlossenem Dreiweghahn *14* (am Ausgangsende). Danach wird die Hülse mit dem Schliffkern, der die Einschiebvorrichtung (Abb. 3) trägt, verschlossen. Die Anordnung weist nur einen geringen Totraum auf. Die bewegten Teile befinden sich in einem vollständig abgeschlossenen Raum und werden von außen durch Magnete betätigt. In Abb. 3 ist links der Weicheisenstab erkennbar, der mit dem Stößel verbunden ist, mit welchem man das Schiffchen in den heißen Teil des Rohres schiebt. Die Schliffteile werden mit Stahlfedern oder Gummiband zusammengehalten; sie brauchen nicht geschmiert zu werden, und auch ein Kühlen der Rohrenden ist überflüssig. Wegen der Ausführung der Bestimmung wird auf Abschnitt B, 1, II, c, α verwiesen.

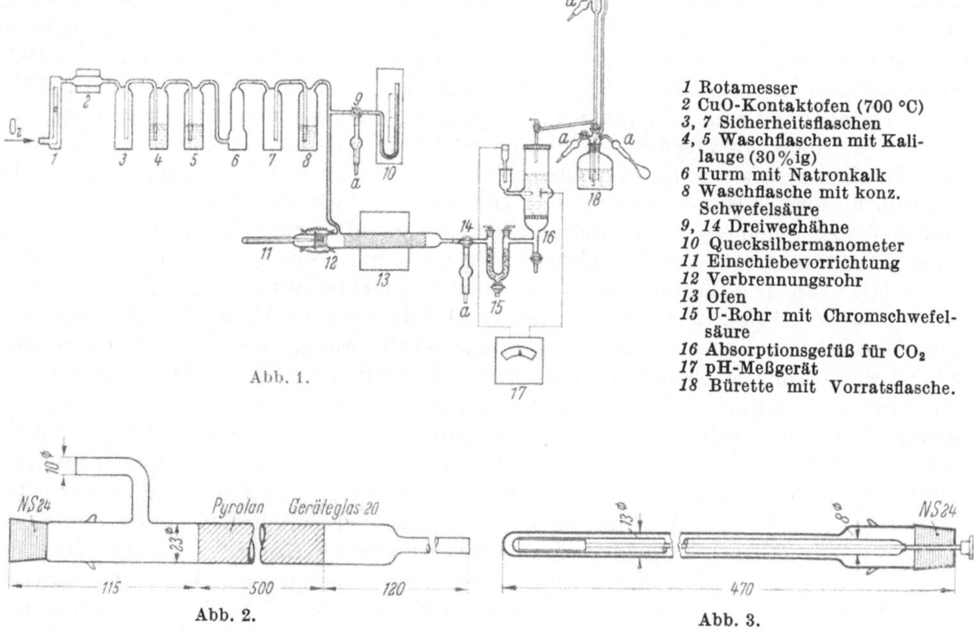

Abb. 1–3. Apparatur zur potentiometrischen Kohlenstoffbestimmung von W. FISCHER u. H. BASTIUS.

Als ein Beispiel für die Methode der „Elementaranalyse“ im „leeren Rohr“ mit gravimetrischer Endbestimmung sei eine der modernsten Ausführungsformen, die Bestimmung von Kohlenstoff und Wasserstoff in Brennstoffen nach RADMACHER und HOVERATH (a) beschrieben. Es handelt sich um eine Abwandlung der Verbrennung bei hoher Temperatur im Quarzglasrohr mit Sauerstoff. Sie wurde für die Analyse von Kohlen und Koks ausgearbeitet, läßt sich aber zweifellos ohne wesentliche Änderung auf andere organische Substanzen anwenden.

RADMACHER und HOVERATH fanden, daß bei ihrer Arbeitsweise Temperaturen von rund 1050 °C genügen. Es wird ein übliches Verbrennungsrohr benutzt. Die Absorption aller Störelemente (Halogene, Schwefel, Stickoxide) gelingt durch Silberwolle, die auf 640 °C erhitzt wird.

Abb. 4 zeigt die Gesamtapparatur schematisch. Abb. 5 gibt die Abmessungen und die Einteilung des Verbrennungsrohres an. Abb. 6 zeigt die Absorptionsgefäße für Wasser und CO_2. Absorptionsmittel für Wasser ist Magnesiumperchlorat, für Kohlendioxid Natronasbest, der in 2 Körnungen (1 bis 3 und 0,5 bis 1 mm) verwendet wird. Die unter der größeren Körnung noch angeordnete Schicht von Ton-

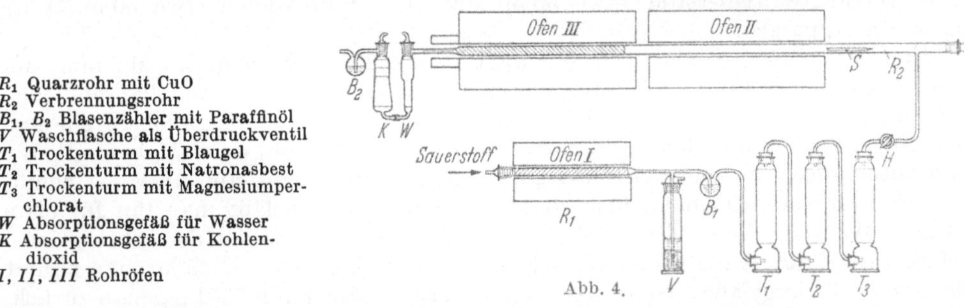

Abb. 4.

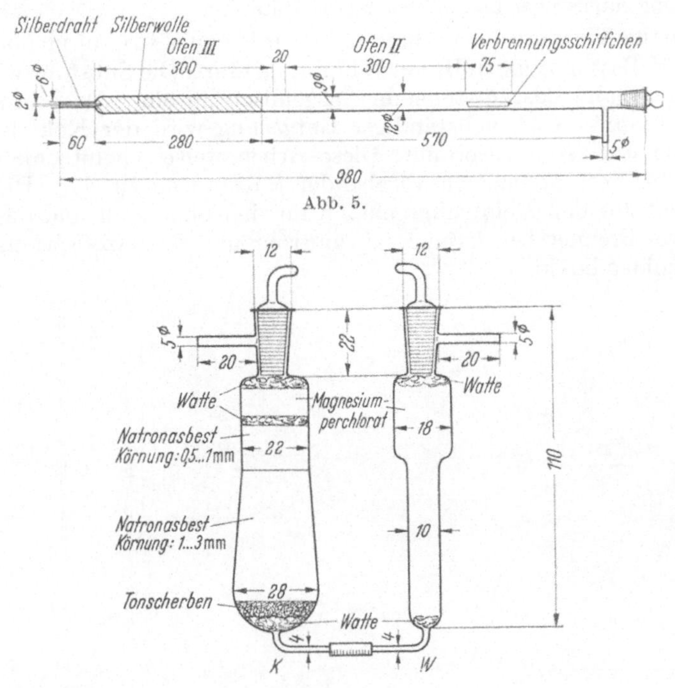

Abb. 5.

Abb. 6.

Abb. 4–6. Apparatur zur C- und H-Bestimmung von RADMACHER u. HOVERATH.

scherben gewährleistet den ungehinderten Durchgang des Gases für etwa 40 Bestimmungen. Die Silberwolle genügt für eine große Zahl von Bestimmungen (bei Kohlen für etwa 150); sie kann dann durch Behandeln mit Wasserstoff bei 640 °C (Apparatur anschließend mit Stickstoff spülen!) einfach und vollständig regeneriert werden. Die Autoren empfahlen übrigens später, das H_2O-Absorptionsgefäß umgekehrt, mit dem Hahnteil nach unten, auch in der Längsachse um 180 °C gedreht, aufzuhängen. Hierbei werden die Anschlüsse zum CO_2-Absorber und zum Verbrennungsrohr vertauscht (siehe Abb. 7), und es kann nicht vorkommen, daß Hahnfett in den Gaszufuhrstutzen dringt und die Kondensation von Wasser vor dem Hahn begünstigt.

Arbeitsvorschrift. Der auf 1050 °C aufgeheizte Verbrennungsofen II ist bis auf 20 mm an den auf 640 °C aufgeheizten Ofen III (für Silberwolle) herangeschoben. Die mit Sauerstoff gespülten Absorptionsgefäße *W* und *K* werden auf 0,0001 g genau gewogen und an die Capillare des Verbrennungsrohres angeschlossen. Neben die Absorber hängt man gleiche Gefäße, die mit trockenem Kaliumnitrat gefüllt und gegen sie austariert wurden. Die Tariergefäße werden später bei der Wägung benutzt. Man leitet gereinigten Sauerstoff, etwa 50 ml/Min. (bei Braunkohlen etwa 60 ml/Min.), durch die Apparatur.

Von der analysenfeuchten Kohle wägt man 0,060 g (Korngröße $<$ 0,2 mm) auf 0,00005 g genau in ein ausgeglühtes und im Exsiccator erkaltetes Porzellanschiffchen ein. Man führt das Schiffchen bis an das Ende des Verbrennungsrohres ein und schließt das Rohr mit dem Schliffstopfen. Den Verbrennungsofen II bewegt man nun automatisch mit einer Geschwindigkeit von etwa 10 mm/Min. über das Schiffchen fort, bis er sich genau über diesem befindet; dort beläßt man ihn für etwa 10 Min. Während dieser Zeit wird auch die Reaktionswärme aus den Absorptionsgefäßen abgeführt. Anschließend verschließt man die Absorptionsgefäße; man nimmt sie und die Tariergefäße ab und wägt sie nach etwa 5 Min. auf 0,0001 g genau zurück.

γ) Verbrennung entgasender Bestandteile an der Düse.

Diese neuartige Variante der Verbrennung wurde von Radmacher und Hoverath für die C- und H-Bestimmung in Brennstoffen eingeführt. Die Substanz wird im Stickstoffstrom erhitzt und das entstehende Gasgemisch an einer Düse in strömendem Sauerstoff verbrannt. Nach vollständiger Entgasung wird der Koksrückstand wie üblich im Sauerstoffstrom verbrannt. Diese Arbeitsweise scheint eine sehr sichere Methode für die Verbrennung gasabgebender Substanzen zu sein. Die *Apparatur* (Abb. 7) besteht aus den Reinigungsgefäßen für den Sauerstoff und das Trägergas, dem durch zwei Brenner beheizten Reaktionsrohr und den Absorptionsgefäßen für Wasser und Kohlendioxid.

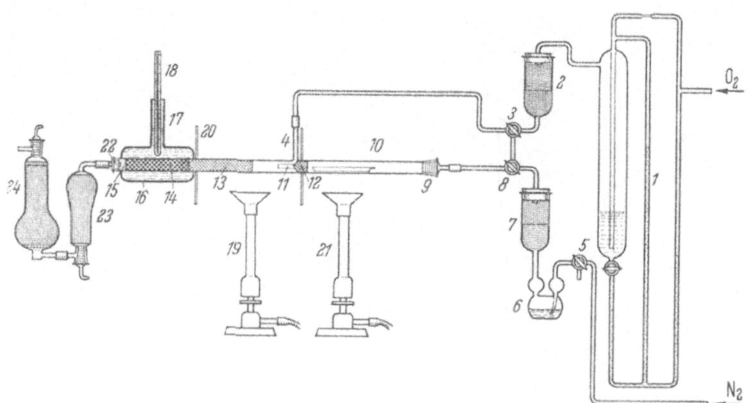

Abb. 7. Apparatur von Radmacher und Hoverath zur Verbrennung an der Düse.

Der Sauerstoff gelangt durch einen mit konz. Schwefelsäure gefüllten Strömungsmesser (*1*) in das mit Natronasbest und mit Magnesiumperchlorat gefüllte Reinigungsgefäß (*2*) (bei wasserstoffhaltigem Sauerstoff ist noch Kupferoxid vorzuschalten). Es schließt sich ein Dreiweghahn (*3*) an, der mit dem seitlichen Gaszuleitungsrohr (*4*) des Reaktionsrohres verbunden ist. Das Trägergas kommt über einen Dreiweghahn (*5*) und durch einen mit konz. Schwefelsäure gefüllten Blasenzähler (*6*) in das mit Natronasbest und Magnesiumperchlorat gefüllte Trockengefäß(*7*). An das Trockengefäß schließt sich ein Dreiweghahn (*8*) an, der mit dem freien Schenkel des Dreiweghahnes (*3*) und durch einen Schlauch mit dem Schliffstopfen (*9*) des Reaktionsrohres (*10*) verbunden ist.

Abb. 8. Wägerohr zur Verbrennung leicht flüchtiger Substanzen nach RADMACHER u. HOVERATH.

Das Reaktionsrohr aus Quarzglas (*10*) besitzt am Gaszuleitungsende eine Schliffhülse, die mit dem Schliffstopfen (*9*) verschlossen werden kann. Entgasungsraum und Verbrennungsraum sind durch eine Scheidewand, die zu einer Capillare (*11*) ausgezogen ist, voneinander getrennt. Vor der Scheidewand befindet sich im Entgasungsraum eine etwa 10 mm lange Quarzwolleschicht (*12*). Die Capillare hat eine Öffnung von etwa 2 mm und ragt in den Verbrennungsraum. Unmittelbar hinter der Scheidewand mündet seitlich das Gaszuleitungsrohr (*4*) in den Verbrennungsraum. 25 mm hinter der Capillare befindet sich im Verbrennungsraum eine etwa 60 mm lange Quarzwolleschicht (*13*), an die sich eine Blei(IV)-oxidschicht (*14*) anschließt, die wiederum von etwa 10 mm Quarzwolle und zusätzlich 1 mm Watte (*15*) begrenzt ist, um zu verhindern, daß Quarzwolle in das Absorptionsgefäß gelangen kann. 15 mm vom vorderen Ende wird das Reaktionsrohr von einem Quarzmantel (*16*) umgeben. Reaktionsrohr und Quarzmantel sind zu einem Stück verblasen; der Quarzmantel besitzt einen Einfüllstutzen (*17*) für konz. Schwefelsäure, in der Kaliumsulfat gelöst ist. Er dient auch als Halterung für ein Thermometer (*18*).

Capillare, Verbrennungsraum und Absorptionsraum werden durch einen Bunsenbrenner mit Schwalbenschwanz (*19*) erhitzt. Die Temperatur des Absorptionsraumes läßt sich durch Abschirmen mit einer Asbestdrahtnetzscheibe (*20*) auf 200 °C halten. Der Entgasungsraum wird ebenfalls durch einen Bunsenbrenner (*21*) erhitzt.

Das Rohrende ist mit einem durchbohrten Siliconstopfen (*22*) versehen, an den die Absorptionsgefäße für Wasser (*23*) und Kohlendioxid (*24*) angeschlossen sind.

Arbeitsvorschrift. Der Verbrennungsraum wird mit dem Bunsenbrenner so erhitzt, daß die Spitze des Capillarrohres glüht und die Bleioxidschicht etwa 200 °C heiß wird.

Zur Analyse werden beim Halbmikro-Verfahren etwa 60 mg und beim Makro-Verfahren etwa 300 mg der Brennstoffprobe in ein ausgeglühtes Porzellanschiffchen eingewogen. Nach Anschließen der gewogenen Absorptionsgefäße für Wasser und Kohlendioxid wird das Schiffchen in den Entgasungsraum des Reaktionsrohres eingeführt, das mit dem Schliffkern verschlossen wird.

Der gereinigte Sauerstoff wird in einer Menge von etwa 120 ml/Min. bei der Halbmikro-Bestimmung und von 200 bis 250 ml/Min. bei der Makro-Bestimmung durch das seitliche Gaszuleitungsrohr (*4*) in den Verbrennungsraum des Reaktionsrohres geleitet. Das Trägergas Stickstoff strömt mit etwa 25 ml/Min. über den Dreiweghahn (*8*) und den Gaseinleitungsstutzen des Schliffkerns in den Entgasungsraum des Reaktionsrohres ein.

Das Schiffchen mit der Probe wird, beginnend am hinteren Ende, mit dem Bunsenbrenner erhitzt. Die flüchtigen Anteile der Probe entweichen und gelangen am Capillarende im Verbrennungsraum zur Entzündung. Die Beheizung des Schiffchens ist so zu regeln, daß eine kleine Flamme entsteht. Bei zu starker Erwärmung kann so viel Substanz flüchtig werden, daß die zugeführte Sauerstoffmenge zur Verbrennung nicht mehr ausreicht. Droht in diesem Falle die Flamme infolge Sauerstoffmangels zu rußen, was an einer rötlichgelben Flammenfärbung zu erkennen ist, so kann durch vorübergehend erhöhte Sauerstoffzufuhr und Entfernen des Brenners trotzdem eine vollständige Verbrennung erzielt werden. Nach Beendigung der Entgasung wird durch Umstellen der Hähne (*3*) und (*8*) der Sauerstoff in den Entgasungsraum geleitet, um den brennbaren Anteil der Rückstände zu verbrennen. Der Stickstoffstrom wird während dieser Zeit durch Umstellen von Hahn (*5*) abgestellt. Nach beendeter Verbrennung wird noch 5 Min. mit Sauerstoff gespült. Anschließend werden die Absorptionsgefäße abgenommen und beim Halbmikro-Verfahren nach 15 Min., beim Makro-Verfahren nach 30 Min. zurückgewogen.

Zur Bestimmung des Kohlenstoff- und Wasserstoffgehaltes von leicht flüchtigen Substanzen, z.B. Leichtölen oder Benzinen, wird die Probe in ein Wägerohr aus Quarz (Abb. 8) eingewogen. Die Substanz wird zu diesem Zweck mit Hilfe eines Capillarrohres in das gewogene Quarzwägerohr gegeben. Die Öffnung wird mit einem Stopfen verschlossen, der vorher mit dem Quarzrohr gewogen worden war. Das Röhrchen bleibt so lange mit dem Stopfen verschlossen, bis es in den mit einem nassen Wattebausch gekühlten Entgasungsraum des Reaktionsrohres eingeführt wird. Nach dem Entfernen des Stopfens wird das Wägerohr in den Entgasungsraum des Reaktionsrohres eingeschoben, das mit dem Schliffkern verschlossen wird. Die Bestimmung wird so wie oben beschrieben vorgenommen. Die Öffnung des Wägerohres ist derart bemessen, daß beim Überleiten von Sauerstoff dieser rasch genug in das Wägerohr hineindiffundieren kann, damit eine vollständige Verbrennung der im Wägerohr befindlichen festen, brennbaren Rückstände und des sich u.U. zwischenzeitlich abscheidenden Rußes gewährleistet ist.

Für Schweröle wird empfohlen, die Verbrennung möglichst gleichmäßig und mit nicht zu langer Flamme durchzuführen, damit keine Rußbildung an der Capillarspitze eintritt. Sollte dennoch Schwärzung eintreten, so wird der Brenner zur Beheizung des Entgasungsraumes für kurze Zeit entfernt, bis der Ruß vollständig verbrannt ist. Es kann auch der Stickstoffstrom vorübergehend so verlangsamt werden, daß etwas Sauerstoff in das Capillarrohr dringt und den Ruß oxydiert.

Für Serienbestimmungen eignet sich am besten das schnelle Halbmikro-Verfahren mit seinem geringen Verbrauch an Chemikalien. Für Einzelbestimmungen ist das Makro-Verfahren vorzuziehen, da die Bestimmung genauer und nur selten eine Nachbestimmung erforderlich ist. Bereits die erste Bestimmung ergibt fast immer einen brauchbaren Wert, während beim Halbmikro-Verfahren der erste Wert der Tagesserie unsicher ist, so daß vor Beginn von Reihenuntersuchungen die Verbrennung von 1 oder 2 Proben erforderlich ist. Hierbei brauchen die Absorptionsgefäße und Proben nicht gewogen zu werden.

Die Autoren erhielten mit den beiden Verfahren gut mit der genormten Pregl-Methode und mit der Sheffield-Hochtemperatur-Methode übereinstimmende Ergebnisse.

Kürzlich haben Kainz und Scheidl (b) die allgemeine Anwendung der Verbrennung an der Düse auf Grund eingehender Untersuchungen sehr empfohlen. Sie betonen, daß die Weite des die Düse umgebenden Rohres von ausschlaggebender Bedeutung ist, und geben geeignete Abmessungen an.

Pfab (a) richtete die Methode zur Mikrobestimmung ein und verwendete aber an Stelle der von Radmacher benutzten Absorptionsmittel für S, Halogene und N-Oxide diejenigen nach Belcher und Ingram. Später fand Pfab (b), daß die Düsenmethode zwar sehr schnell ist, aber die richtige Lenkung des Crackvorganges manchmal Schwierigkeiten bereitet und die Verbrennung dann unvollständig ist. Er beseitigte diesen Mißstand durch Einbringen einer 20 cm langen Schicht von Kupferoxid-Silber-Bimsstein, die 2 cm hinter der Düse beginnt und auf 670 °C erhitzt wird. Bei einer Analysendauer von nur 15 Min. einschließlich Probenvorbereitung erzielte er dann Standardabweichungen von 0,11 % für C (und ebenso H).

c) Die Verbrennung in ruhendem Sauerstoff.

Die Verbrennung im ruhenden Sauerstoff wird entweder in einer Bombe bei hohem Sauerstoffdruck mit elektrischer Zündung ausgeführt, wobei z.B. im Falle der Untersuchung von Kohlen eine Heizwertbestimmung damit verbunden werden kann, oder bei normalem Druck als sog. Sauerstoff-Flaschen-Methode. Für die Bombenausführung werden 2 Beispiele in den Abschnitten B, 1, II, e, γ und B, 1, II, g ausführlich gebracht, für die Flaschenmethode ein Beispiel mit titrimetrischer Endbestimmung (B, 1, II, b, β).

Die Sauerstoff-Flaschen-Methode wurde an Stelle der Bombenmethode zuerst von HEMPEL für die Schwefelbestimmung in organischen Substanzen, auch Kohlen, angewendet. Die apparativ sehr einfache Methode wurde von MIKL und PECH, von SCHÖNIGER (a), von GÖTTE, KRETZ und BADDENHAUSEN sowie anderen wieder aufgegriffen und auf die Kohlenstoffbestimmung übertragen. Während HEMPEL eine große Flasche (10 l) als Reaktionsgefäß benutzt hatte, werden jetzt Kolben von 300 bis 500 ml dazu verwendet. GÖTTE und Mitarbeiter führen die Verbrennung zur Bestimmung von ^{14}C in einer besonders einfachen, natürlich für eine Gesamt-C-Bestimmung nicht anwendbaren Weise aus: Sie tropfen die gelöste Substanz auf Filterpapier oder auf einen Wattebausch, in dem ein Papierstreifen steckt, auf, trocknen und legen in ein Platinnetz ein, das mit Platindraht an dem Stopfen des Schiffchens befestigt (angeschmolzen) ist. Dann zünden sie den Papierstreifen an seinem freien Ende an und führen durch Aufsetzen des Stopfens die Substanz mit ihrem Träger und Zünder rasch in den mit Sauerstoff gespülten, Lauge enthaltenden Kolben ein, wo sie verbrennt und das entstehende CO_2 in die Lauge diffundiert. Methoden mit elektrischer Zündung sind von CHENG und SMULLIN, von JUVET und CHIU (siehe Abschnitt: Titration) beschrieben worden, welche die gute Brauchbarkeit dieser Verbrennung mit Sauerstoff von gewöhnlichem Druck für die meisten organischen Substanzen bestätigten.

d) Verbrennung nach der Lampenmethode.

Brennbare, insbesondere flüchtige Flüssigkeiten und Gase kann man in der Weise verbrennen, daß man mit ihnen eine „Lampe" betreibt. Die Verbrennung verläuft dabei besonders gut regelbar. Die zunächst von HINDIN und GROSSE für die Bestimmung von Wasserstoff in Erdöldestillaten angewendete Methode wurde von SIMONS weiter ausgebildet, so daß sie auch für die C-Bestimmung brauchbar ist. Näheres entnehme man der Originalarbeit.

Eine neuartige Arbeitsweise, die eine gewisse Verwandtschaft mit der Lampenmethode hat insofern, als eine ziemlich große Flüssigkeitsmenge von einer kleinen Oberfläche her verdampft und verbrannt wird, wurde kürzlich von BOES und GOUVERNEUR beschrieben. Die Autoren verwenden Körbl-Katalysatoren zur Nachverbrennung und erreichen infolge der großen Substanzmenge (1 ml) hohe Genauigkeit der Bestimmung, nämlich eine Standardabweichung von nur 0,008 %.

II. Kombinationen von Verbrennung und verschiedenen Methoden der Bestimmung des Verbrennungskohlendioxids.

a) Gravimetrie.

Allgemeines. Das Verbrennungsgas wird nach Durchgang durch Absorptionsmittel für Halogene, Schwefeloxide und Stickstoffoxide und durch Trockenrohre oder -türme mit wasseraufnehmenden Mitteln wie gekörntem Calciumchlorid, Phosphor(V)-oxid oder Magnesiumperchlorat (wasserfrei – „Anhydrone" – oder Trihydrat) durch das Absorptionsmittel für CO_2 geleitet. Als solches werden verwendet Kalilauge, Natronlauge, Baritlauge, Natronkalk oder Natronasbest. Der Natronkalk soll, um gut wirksam zu sein, etwa 33% Feuchtigkeit enthalten. Wegen der Herstellung solchen Natronkalkes sowie von Natronasbest wird auf das Kapitel: Kohlendioxid, gravimetrische Bestimmung, verwiesen. Die Arbeitsweise mit Natronasbest als einem sehr effektiven und gut zu handhabenden Absorptionsmittel für CO_2 hat sich recht allgemein, auch in der modernen Elementaranalyse (C-, H-Bestimmung) eingeführt, und es wird daher auch auf die diesbezügliche Spezialliteratur (z.B. PREGL-ROTH) verwiesen. An Einzelheiten zur Technik der Absorption seien hier nur einige erwähnt, die allgemeine Bedeutung haben. Einfache, zylindrische Rohre in waagerechter oder senkrechter Anordnung haben vor U-Rohren als Trockenmittelbehälter den Vorzug, daß aus ihnen CO_2 viel schneller herausgespült wird, worauf KETOW hinwies, der Versuche darüber anstellte. Die Absorptionswirkung in alkalischen Lösungen wird durch feine Verteilung des Gases und Zusatz von gewissen oberflächenaktiven Substanzen erhöht. So stellten WELLS, MAY und SENSEMAN fest, daß man beim Einleiten durch eine Glassinterfritte in 50 ml 0,5 n NaOH-Lösung die Strömungsgeschwindigkeit ohne Gefahr des CO_2-Verlustes auf 100 ml/Min. steigern kann, wenn die Lauge 0,5% Butanol enthält. GARDNER, ROWLAND und THOMAS empfehlen für Baritlauge den Zusatz von 10 ml einer 2%igen Lösung von Lissapol N (Äthylenoxid-Kondensationsprodukt der I.C.I.) je Liter.

Als indirekte gravimetrische Methode sei eine Variante der Baritmethode erwähnt, die u.a. von THANHEISER und DICKENS beschrieben wurde. Bei ihr wird das ausgefallene Bariumcarbonat abfiltriert, zu Bariumsulfat umgesetzt und als solches gewogen. Die Filtrierbarkeit des $BaSO_4$-Niederschlages wird durch 10 Min. langes Schütteln wesentlich verbessert. Gewöhnlich wird jedoch einfach die Gewichtszunahme des Absorptionsmittels festgestellt.

BELCHER, THOMPSON und WEST empfehlen die gravimetrische Methode der CO_2-Bestimmung als eine bei sorgfältiger Ausführung sehr genaue und in dieser Beziehung der Titration überlegene Arbeitsweise. Da die „klassische" gravimetrische Arbeitsweise trotz neuerer, schnellerer Methoden auch in der technischen Analytik heute noch viel benutzt wird, u.a. auch als Bezugs- bzw. Eichmethode, sei als weiteres Beispiel nach den im Abschn. Ib gebrachten Beispielen im folgenden noch eine vom Chemikerausschuß des Vereins Deutscher Eisenhüttenleute (Handbuch Bd. 2) für die C-Bestimmung in Stahl empfohlene Vorschrift wiedergegeben.

Vorbemerkung. Roheisen und Stahl verbrennen im Sauerstoffstrom beim Erhitzen über 900 °C zu Eisenoxid; die Begleit- und Legierungselemente des Eisens gehen dabei in die Oxide über. Kohlenstoff, Schwefel, Wasserstoff, Arsen und der Nitridstickstoff ergeben gasförmige Verbindungen. Nach dem Entfernen der übrigen flüchtigen Verbindungen wird der zu Kohlendioxid verbrannte Kohlenstoff durch Absorption in Natronkalk bestimmt. Durch Zusatz von sauerstoffabgebenden Mitteln, die gleichzeitig die Schmelztemperatur des Verbrennungsrückstandes so weit herabsetzen, daß sich eine bei der Ofentemperatur schmelzflüssige Schlacke bildet, kann man die Verbrennung erleichtern und auch bei hochlegierten Stählen, die ohne Zuschlag nur teilweise verbrennen, eine restlose Verbrennung erreichen. Neben den sauerstoffabgebenden Stoffen haben sich als Zuschlag auch leicht verbrennliche, kohlenstofffreie oder kohlenstoffarme Metalle bewährt wie Elektrolyteisen, weicher Stahl von bekanntem C-Gehalt oder Elektrolytkupfer, die durch ihre schnell freiwerdende Verbrennungswärme die Verbrennung des Probegutes beschleunigen. (Weitere Angaben über die Technik der Verbrennung von Metallen siehe Kap. F 1.)

Apparatur. Der Aufbau und die Zusammenstellung der benötigten Geräte gehen aus Abb. 9 hervor. Die Verbrennung wird in einem außen und innen unglasierten Porzellanrohr von 17 bis 20 mm lichter Weite vorgenommen. Das Rohr liegt in einem Widerstandsofen, der mit einem Platinheizkörper oder zwei Carborundumstäben (Silitstäben) elektrisch geheizt wird. Die Ofentemperatur wird von Zeit zu Zeit mit einem Platin-Rhodium-Element, das in die Feuerzone des Ofens geschoben wird, überwacht. Beide Schenkel des Thermoelementes werden zum Schutze gegen eine Berührung mit den nach kurzem Gebrauch schon leicht verschlackten Rohrwandungen in ein etwa 5 bis 7 mm weites Schutzrohr aus Sillimanitmasse oder Hartporzellan gesteckt; über einen der Drähte des Thermoelementes ist vorher ein Isolierröhrchen zu schieben. Zur vollständigen Temperaturüberwachung kann man auch das Thermoelement mit seiner Spitze durch die in dem Ofen vorgesehene Öffnung auf die Außenseite des Verbrennungsrohres setzen; die Temperatur ist hier während der Verbrennung etwa 50 °C niedriger als im Rohrinnern.

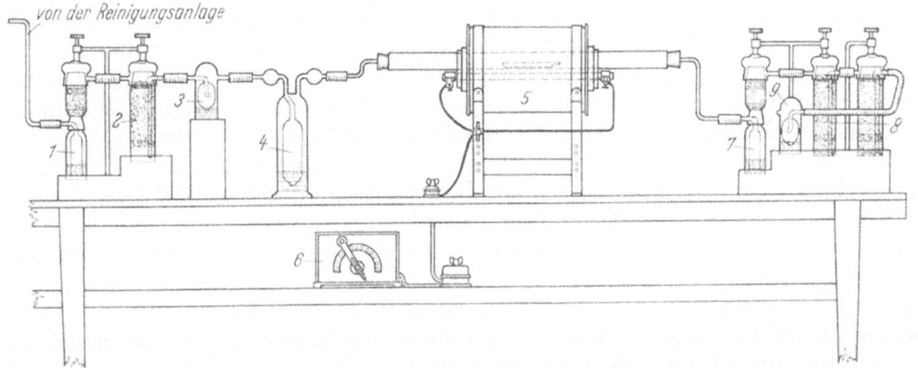

Abb. 9. Apparat des Vereins Deutscher Eisenhüttenleute zur gravimetrischen Kohlenstoff-Bestimmung.

1 Trocknungsröhrchen; *2* Kontrollrohr mit Natronkalk; *3* Blasenzähler mit konz. Schwefelsäure; *4* Waschflasche mit verdünnter Schwefelsäure (zum Anfeuchten des Sauerstoffs); *5* Verbrennungsofen; *6* Kurbelwiderstand; *7* Trocknungsröhrchen; *8* Rohre mit Natronkalk; *9* Blasenzähler mit konz. Schwefelsäure.

Das Reinigen des Sauerstoffs sowie das Auffangen und Trocknen des bei der Verbrennung entstehenden Kohlendioxids erfolgt wie üblich. Nur wird hier zur Entfernung der übrigen flüchtigen Verbindungen aus den Verbrennungsgasen in den unteren Teil des Doppelröhrchens (*7*) eine Mischung von Chromsäureanhydrid und Schwefelsäure (36 g CrO_3 in 120 ml Wasser gelöst und mit 600 ml konz. H_2SO_4 versetzt) gegeben. Bei Werkstoffen mit höherem Schwefelgehalt, z.B. Automatenstählen, ist ferner noch ein kleines, mit festem Chromsäureanhydrid gefülltes Absorptionsgefäß vor das Doppelröhrchen einzuschalten.

Zur Anfeuchtung des Sauerstoffs, durch welche die Verbrennung beschleunigt wird, dient eine unmittelbar vor dem Ofen eingeschaltete Waschflasche (*4*) mit Schwefelsäure (1 + 5) (etwa 3,1 m).

Das Probegut wird einschließlich Zuschlag in einem Schiffchen aus unglasiertem Porzellan in den Ofen eingesetzt. Diese Verbrennungsschiffchen sind etwa 70 bis 80 mm lang, 10 bis 12 mm breit und 7 bis 8 mm hoch. Das Einschieben und Herausziehen geschieht mit einem Eisenstab, der an einem Ende etwas zugespitzt und umgebogen ist, damit die Schiffchen leicht in ihrer Öse gefaßt werden können. Als sauerstoffabgebende Zuschläge können genommen werden: Blei(IV)-oxid, Mennige, Blei(II)-oxid, Kupferoxid, Kobaltoxid, Wismutoxid und Gemische dieser Oxide. Auch metallisches Kupfer, in Form feiner Späne zugesetzt, beschleunigt die Verbrennung. Eine Prüfung der Zuschläge auf den Eigengehalt an Kohlenstoff ist immer vorzunehmen.

Beim Arbeiten mit schwach angefeuchtetem Sauerstoff und Blei(IV)-oxid oder Mennige als Zuschlag verbrennen Roheisen, Kohlenstoffstähle und Siliciumstähle bei 950 °C. Bei der Verwendung von Kupferoxid und Wismutoxid ist die Temperatur bei den genannten Werkstoffen um 50 °C höher zu halten. Die Verbrennungsdauer beträgt etwa 15 Min.; nur bei Roheisen ist sie auf $^1/_2$ Std. auszudehnen. Manganstähle, Schnelldrehstähle und Ferromangan müssen, gleichgültig welcher Zuschlag gewählt wird, bei mindestens 1100 °C verbrannt werden; die Verbrennungsdauer beträgt dabei ebenfalls 15 Min.

Arbeitsvorschrift. Man bringt den Ofen langsam auf die vorgesehene Arbeitstemperatur, beginnt schon während des Anwärmens mit dem Durchleiten eines schwachen Stromes von gereinigtem Sauerstoff (2 bis 3 Blasen je Sek.) und schaltet das Trockenröhrchen sowie die Absorptionsröhrchen ein, sobald der Ofen die gewünschte Verbrennungstemperatur erreicht hat. Nach etwa 15 Min. langem Durchleiten werden die mit Natronkalk gefüllten Absorptionsröhrchen abgenommen und kurz abgewischt; man läßt sie 10 Min. liegen und wägt sie nach Druckausgleich.

Man wägt inzwischen die Probe ab und gibt sie in ein ausgeglühtes Schiffchen. Die Einwaage beträgt bei Werkstoffen mit weniger als 1% C 1 g, bei Kohlenstoffgehalten von 1 bis 2% 0,5 g und bei höheren Gehalten 0,25 g. Die Probe im Schiffchen wird mit etwa $^1/_2$ g des Zuschlages gleichmäßig überstreut. Nun setzt man die Absorptionsröhrchen wieder ein, öffnet das Verbrennungsrohr, schiebt das Schiffchen mit Hilfe des Eisenstabes in die Mitte des Ofens, schließt ihn sofort wieder und verstärkt vorsichtig bei der kurz darauf einsetzenden Verbrennung den Sauerstoffstrom. Während der ganzen Bestimmung muß darauf gesehen werden, daß ungeachtet des höheren Sauerstoffverbrauches während der Zeit des eigentlichen Verbrennens der Probe ein nahezu gleichmäßiger Sauerstoffdurchgang im letzten Blasenzähler festzustellen ist. Infolgedessen ist nach dem Aufhören des Verbrennungsvorganges der Sauerstoffstrom wieder auf seine ursprüngliche Stärke von 2 bis 3 Blasen je Sek. zu drosseln. Nach der vorgeschriebenen Verbrennungszeit nimmt man die Natronkalkröhrchen ab und wägt sie nach Temperatur- und Druckausgleich zurück. Das Verbrennungsschiffchen wird sofort nach dem Abnehmen des Natronkalkröhrchens mit dem Eisenstab herausgezogen. Die Gewichtszunahme der Röhrchen ergibt die absorbierte Kohlendioxidmenge: $g\ CO_2 \cdot 0{,}2729 = g\ C$.

Für die anschließenden weiteren Bestimmungen am gleichen Tage ist bei den schon einmal gebrauchten Natronkalkröhrchen ein Durchleiten von Sauerstoff und das Wägen vor der Bestimmung überflüssig. Das Gewicht der letzten Wägung ist dann maßgebend.

b) Titration mit Farbindikatoren.

Allgemeines. Bei der nur gelegentlichen Ausführung von Analysen, für welche die Anschaffung eines teuren volumetrischen oder konduktometrischen Gerätes nicht lohnt, empfiehlt sich, wenn man nicht gravimetrisch arbeiten will, diese Titrationsmethode mit ihrem geringen apparativen Aufwand. Dieser ist z.B. in der Ausführungsform von GÖTTE und Mitarbeitern (siehe Abschnitt: I, c) auf ein Minimum reduziert. Das niedrige Atomgewicht des Kohlenstoffs wirkt sich bei Titrationen günstig aus; 1 ml 0,01 n Lauge entspricht bei 1 g Einwaage nur 0,006% C. Der Titrationsendpunkt ist mit 0,01 n Lösungen noch scharf zu erkennen, so daß bei Benutzung einer Mikrobürette ziemlich geringe Gehalte noch recht genau zu erfassen sind. Zur Titration siehe auch § 3 Abschn. B, 1, I, c.

α) Titration im Anschluß an Verbrennung in strömendem Sauerstoff.

HECZKO beschreibt eine solche Arbeitsweise für die C-Bestimmung im Stahl, die hier als erste gebracht sei. Bei dieser Methode erfolgt in Anlehnung an das Pettenkofersche Verfahren zur Bestimmung des CO_2 der Luft die Absorption des Kohlendioxids durch Ausschütteln der Verbrennungsgase mit einer gemessenen Menge Baritlauge in einem Scheidetrichter und die Rücktitration der Lauge direkt ohne Abfiltrieren des ausgefallenen Bariumcarbonats.

HECZKO hebt das Vermeiden einer Glasfritte als beachtlichen Vorteil gegenüber Methoden hervor, bei denen eine solche zum Filtrieren verwendet wird, da der Angriff der Lauge auf das großoberflächige Glas merkliche Fehler verursachen könne. Der Scheidetrichter (in Abb. 10, rechts) ist mit einem Niveaugefäß verbunden und trägt oben einen Aufsatz zum Einfüllen der Lauge und ein Gaseinleitungsrohr zur Verbindung mit dem Verbrennungsteil (Mitte der Abb. 10). Das bei der Verbrennung gebildete SO_2 bzw. SO_3 wird durch Chromschwefelsäure oder festes CrO_3 entfernt. (CrO_3 darf nicht mit Gummistopfen in Berührung kommen!) Entstehende SO_3-Nebel werden dabei nicht vollständig niedergeschlagen. Das ist aber auch im CO_2-Absorptionsgefäß nicht der Fall. Daher ist der Fehler durch Laugeverbrauch der Schwefelsäure selbst bei Stahl mit etwa 0,2% S unbeachtlich, wie HECZKO fand und ausführlich belegte. Der Scheidetrichter soll vor dem ersten Gebrauch mit Baritlösung behandelt, danach mit Salzsäure gewaschen und mit Wasser gespült werden. Er gibt dann bei jeder Analyse eine geringe, aber gleichbleibende Menge SiO_2 an die Lauge ab.

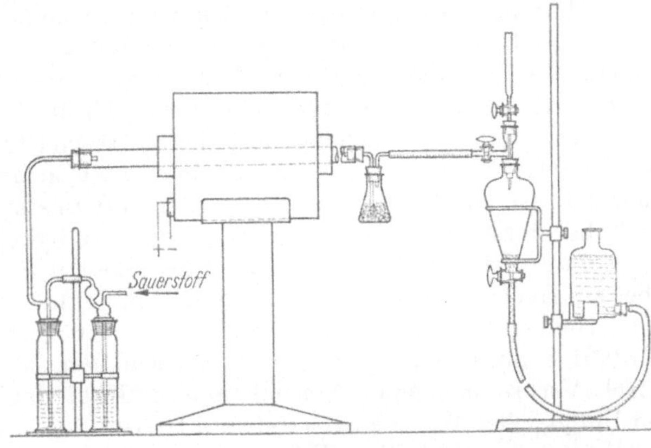

Abb. 10. Apparat zur titrimetrischen Kohlenstoffbestimmung von HECZKO.

Die als Maßlösung erforderliche Salzsäure wird am besten durch Verdünnen einer Fixanal- oder ähnlichen Maßlösung mit ausgekochtem und dann zur Einstellung des CO_2-Gleichgewichtes mit der Luft einige Tage lang offen stehengelassenem Wasser bereitet.

Eine carbonatfreie Lauge kann verhältnismäßig bequem mittels Natriummetall hergestellt werden. Man wägt das Metall auf einem trockenen Uhrglas ein, löst in Äthanol, spült in einen Meßkolben, füllt mit frisch ausgekochtem und abgekühltem Wasser zur Hälfte auf, gibt etwa das Doppelte der berechneten Menge $BaCl_2 \cdot 2H_2O$ hinzu und füllt zur Marke auf.

Arbeitsvorschrift. Die Einwaage des gereinigten und staubfrei aufbewahrten Stahls wird in das kurz vorher ausgeglühte und nicht mehr mit der Hand angefaßte Schiffchen gegeben und mit Sauerstoff bei mindestens 1200 °C verbrannt. Zwischen den Verbrennungen ist der Sauerstoffstrom nicht ganz zu unterbrechen. Der Wirkungswert der Salzsäure kann durch Einstellen gegen Calciumcarbonat (Mikrowaage!) ermittelt werden, besser aber mit Normalstahl. Mit diesem entspricht die Einstellung mehr dem Vorgang der Analyse selbst, insbesondere bezüglich des Verbrauchs an Sauerstoff und der Menge des mit ihm infolge eines Kohlenwasserstoffgehaltes gegebenenfalls eingeschleppten CO_2. Peinlich genaue Einhaltung aller Bedingungen ist bei Präzisionsbestimmungen von ausschlaggebender Bedeutung. Wenn der Sauerstoff jedoch, wie es gewöhnlich der Fall ist, nur Kohlenstoff entsprechend etwa 0,01% CO_2 enthält, wirken sich Unterschiede im O_2-Verbrauch nicht in Korrektur erfordernder Weise aus.

Zur Ermittlung des Säureverbrauches für eine bestimmte Laugemenge wird der Scheidetrichter über die Niveauflasche mit Wasser aufgefüllt. In das Röhrchen am Aufsatz des Scheidetrichters bringt man aus der Bürette 10 ml Baritlauge und setzt den Aufsatz gasdicht auf den Scheidetrichter. Der Hahn des Gaseinleitungsrohres wird geschlossen und der Ablaufhahn des Scheidetrichters geöffnet. Über das Gaseinleitungsrohr verbindet man die Verbrennungsapparatur mit dem Aufsatz des Scheidetrichters. Nach Öffnen des Hahnes im Gaseinleitungsrohr wird Sauerstoff in der Weise eingeleitet, daß innerhalb 1 Min. das Wasser aus dem Scheidetrichter bis auf rund 35 ml verdrängt wird. Der Hahn am Gaseinleitungsrohr und der Abflußhahn des Trichters werden geschlossen, und die O_2-Zufuhr wird abgestellt. Der Scheidetrichter wird von der Verbrennungsvorrichtung getrennt und das restliche Wasser mit Hilfe des Niveaugefäßes bis zur Bohrung des Abflußhahnes abgesaugt. Bei geschlossenem Abflußhahn saugt man nun die in das Röhrchen des Aufsatzes gegebene Baritlauge in den Scheidetrichter, in dem Unterdruck herrscht, wobei darauf geachtet werden muß, daß keine Luft mit angesaugt wird. Das Röhrchen wird dreimal mit insgesamt 10 ml Wasser in den Scheidetrichter hinein ausgespült. Das Wasser dazu wird dem Vorrat entnommen, der auch zur Herstellung der Salzsäure dient. Dann wird die Verbindung des Niveaugefäßes mit dem Scheidetrichter gelöst und dieser nach dem Herausnehmen aus der Haltevorrichtung 5 Min. lang geschüttelt. Dabei darf an den Gummistopfen des Ansatzes keine Flüssigkeit kommen. Die Flüssigkeit soll daher nicht heftig durchgeschüttelt werden, sondern nur in starke Schaukelbewegung geraten. Dann wird nach Abnehmen des Aufsatzes sofort mit Salzsäure titriert. Als Indikator dient 0,5%ige Phenolphthalein-Lösung. Um ein Auflösen von Bariumcarbonat zu vermeiden, darf nicht zu rasch titriert werden (siehe auch Kapitel: Kohlendioxid, § 3, B, 1, I, c). Andererseits ist ein zu langsames Titrieren zu vermeiden, da sich sonst der Einfluß von CO_2 aus der Luft zu stark auswirken würde; 1 ml Säure in 60 bis 80 Sekunden ist die richtige Geschwindigkeit.

Bei der Titration hält man die Flüssigkeit in kreisender Bewegung, vermeidet aber ein Hochsteigen an der Wandung. Zum Schluß titriert man tropfenweise bis zur Entfärbung. Der Verbrauch an Säure soll bei 0,05 n und 0,025 n Lösungen auf 0,1 ml, bei 0,01 n Lösungen auf 0,2 ml übereinstimmen. Bei der Einstellung der Salzsäure durch Verbrennen eines Normalstahls und bei den eigentlichen C-Bestimmungen wird in gleicher Weise eingeleitet und titriert.

Um eine vollständige Erfassung des CO_2 zu gewährleisten, muß ein gewisser Überschuß an Baritlauge vorgelegt werden. Dieser Überschuß sollte bei 0,05 n Lösung einem Salzsäureverbrauch von nicht wesentlich weniger als 0,4 ml entsprechen. Bei 0,025 n bzw. 0,01 n Lösung gelten die Zahlen 0,8 ml bzw. 2 ml.

Bemerkung. Acidimetrische Methoden, bei denen Baritlauge vorgelegt und das Carbonat vor der Titration abgetrennt wird, werden im Kapitel: Kohlendioxid angeführt.

β) Die Titration im Anschluß an Verbrennung in der „Sauerstoff-Flasche“.

Die Titration im Anschluß an Verbrennung in der „Sauerstoff-Flasche“ erlaubt C-Bestimmungen in organischen Substanzen bei sehr geringem apparativem Aufwand. Eine historische Übersicht hat SCHÖNIGER (c) gegeben.

Allgemeines. Die Verbrennung in ruhendem Sauerstoff von Normaldruck ist zuerst von HEMPEL für die Bestimmung von Schwefel in organischen Substanzen, auch Kohlen, angewendet worden. HEMPEL benutzte eine 10-l-Flasche als Verbrennungsgefäß. MIKL und PECH sowie SCHÖNIGER (a), die das Verfahren wieder aufgriffen, gingen zu kleineren Gefäßen über. Die Verbrennung wird durch einen elektrisch beheizten Platindraht eingeleitet gemäß dem weiter unten beschriebenen Beispiel (JUVET und CHIU sowie CHENG und SMULLIN). Letztere Autoren verwenden einen Kolben mit Glasschliffstopfen, der mit Bohrungen versehen ist, so daß der Sauerstoff bei aufgesetztem Stopfen eingeleitet und dann durch Drehen des Stopfens abgesperrt werden kann (siehe Abb. 11). Sie schieben die Substanz in einem Porzellanschiffchen, mit Platingaze bedeckt, in den zum Solenoid gewickelten Platindraht ein; als Lauge verwenden sie Baritlauge.

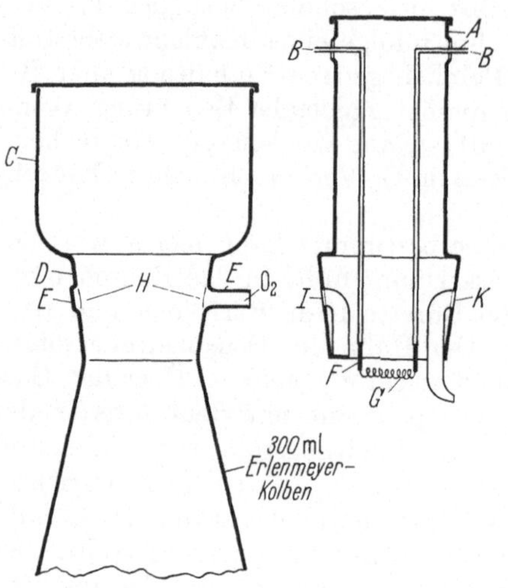

Abb. 11. Oberteil der Sauerstoff-Flasche von CHENG u. SMULLIN.

JUVET und CHIU haben die Flaschenmethode ebenfalls für die C-Bestimmung in organischen Substanzen erprobt und empfohlen. Sie verwenden eine relativ einfache Anordnung (vgl. Abb. 12):

Ein dickwandiger 500-ml-Erlenmeyerkolben dient als Reaktionsgefäß. Er trägt einen Gummistopfen mit 2 Bohrungen. Durch die Bohrungen sind zwei 4-mm-Glasrohre von 6 Zoll Länge eingeführt, durch welche Platindrähte gezogen und am unteren Ende des Rohres eingeschmolzen sind. Diese Drähte dienen als Stromzuführung. Außerdem ist in jedes Rohr ein weiteres, kurzes Stück Platindraht eingeschmolzen. Diese Drähte bilden nach rechtwinkligem Umbiegen eine Halterung für den Probenträger. Ein Stück Nickelchromdraht von 15 cm Länge und etwa 5 Ω Widerstand, zu einem Solenoid von 1 mm Innendurchmesser gewickelt, ist die Zündvorrichtung. Die Befestigung an den beiden die Stromzuführung bildenden Platindrähten erfolgt einfach durch Aufwickeln einiger Windungen des Widerstandsdrahtes auf die Zuführungsdrähte.

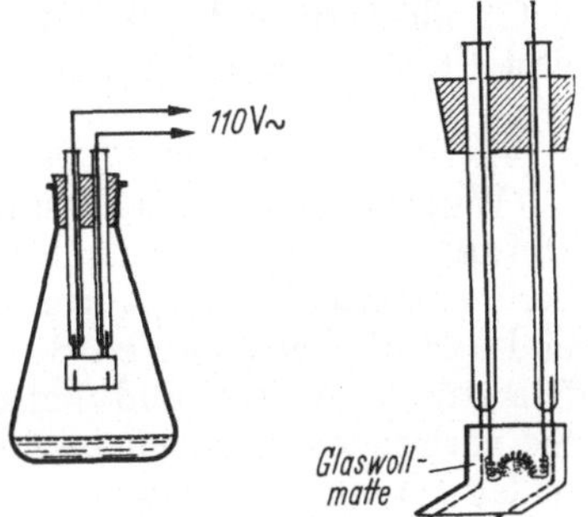

Abb. 12. Sauerstoff-Flasche von JUVET u. CHIU.

Arbeitsvorschrift. Bei herausgenommener Verbrennungsvorrichtung gibt man 25 ml carbonatfreie 0,5 n Natronlauge in den Kolben und leitet 2 bis 3 Min. lang einen kräftigen Sauerstoffstrom ein, so daß der Kolben luftfrei gespült ist. Inzwischen hat man ein Stück Borosilicatglaswollgewebe (die Autoren verwendeten Corning Nr. 7220) von 1 × 1,5 Zoll und einer solchen Stärke, daß es, gegen das Licht gehalten, nicht mehr durchscheinend ist, zwischen die Zündspirale und die Haltedrähte gesteckt. Weiter hat man bis zu 25 mg abgewogene Probemenge aus einem Wägeröhrchen auf das Glaswollstück dicht an die Zündspirale gebracht und das Glaswollstück in der Mitte umgebogen, so daß die Substanz beim Senkrechtstellen der Verbrennungsvorrichtung auf dieser verbleibt. Man führt nun das Ganze in den mit Sauerstoff gespülten Kolben ein, drückt den Stopfen fest und verbindet die Zuleitungen über einen Spannungsteiler mit dem Netz. Im allgemeinen genügen 16 V, die einen Strom von etwa 3 A erzeugen, zur Zündung. Sobald die Verbrennung beginnt, muß der Kolben rasch umgedreht werden. Eine unvollständige Verbrennung würde sich daran zeigen, daß Ruß entsteht.

Nach beendigter Verbrennung schüttelt man den Kolben 5 Min. kräftig. Dann neutralisiert man die Hauptmenge des Alkali durch Zugeben von etwa 10 ml n Salzsäure und titriert vorsichtig weiter bis zum Phenolphthalein-, Thymolblau- oder Kresolrot/Thymolblau-Umschlag. Mit 0,1 n Salzsäure titriert man weiter bis zum Methylorange- oder Methylorange/Indigocarmin-Endpunkt (wegen der Titration siehe auch Kapitel: Kohlendioxid, § 3, B, 1, I, c). Vergleichslösungen zur besseren Erkennung der Farbumschläge sind für beide Endpunkte zu empfehlen; eine Korrektur für den Blindversuch ist auszuführen.

Der Kohlenstoffgehalt errechnet sich nach der Formel:

$$\%\mathrm{C} = \frac{1{,}201 \cdot 10^3 \cdot N \cdot v}{\mathrm{mg}\ E},$$

wobei E die Einwaage, N die Normalität der Säure und v die Milliliter Säure, die zwischen den beiden Umschlagpunkten verbraucht werden, vermindert um den Blindverbrauch, bedeuten. Die ganze Bestimmung läßt sich innerhalb von weniger als 20 Min. durchführen.

Bei Anwendung der Methode auf eine ganze Reihe verschiedenartiger organischer Verbindungen, auch solcher, die N, S, B und Alkalimetalle enthielten, ergab sich eine mittlere Abweichung von 0,3% absolut von den theoretischen Werten. Für einige Halogenverbindungen wie 2-Chlorbenzoesäure wurden unbefriedigende Ergebnisse erhalten; Natriumoxalat konnte nicht vollständig verbrannt werden.

c) Potentiometrische Titration.

Allgemeines. Für die genaue Bestimmung sehr kleiner C-Mengen (Grenzwert 10^{-3} bis 10^{-4}%), wie sie in extrem kohlenstoffarmen Stählen und in Nichteisenmetallen vorhanden sind, ist die Titration mit potentiometrischer Endpunktanzeige – gegebenenfalls verbunden mit coulometrischer Erzeugung und Messung der Titersubstanz – ein gut geeignetes Verfahren. Bei diesen Methoden wird das Verbrennungsgas in sehr verdünnte Baritlauge eingeleitet, und es wird die Ausgangskonzentration an Lauge, angezeigt durch ein bestimmtes Potential (pH), durch Zugabe einer entsprechenden Menge Baritlauge, die von außen hinzugegeben oder im Absorptionsgefäß elektrolytisch erzeugt wird, nach beendeter Absorption des CO_2 wiederhergestellt. OELSEN, GRAUE und HAASE entwickelten eine solche Methode.

α) Potentiometrie mit vorgelegter Lauge.

WETTERNIK sowie J. FISCHER und W. SCHMIDT überprüften die Arbeitsweise von OELSEN und Mitarbeitern. Sie stellten gewisse Mängel fest, die hauptsächlich darauf beruhen, daß die stromverbrauchende Meßweise zu Polarisationserscheinungen führt und daß die verwendeten Stromschlüssel Diffusionsvorgänge zulassen, welche ebenfalls stören. FISCHER und SCHMIDT haben dann eine verbesserte Apparatur entwickelt. Sie verwenden ein hochempfindliches, im Handel erhältliches Meßinstrument [Ausschlag 1,4 mm für 1 mV mit hohem Eingangswiderstand des Verstärkers (10^{10} Ω)] und messen damit die Potentiale direkt, d.h. ohne eine Kompensationseinrichtung. So kann der Ablauf der Absorption des Kohlendioxids bequem verfolgt werden. Durch die praktisch stromlose Messung werden überdies störende Polarisationserscheinungen vermieden. Die Wiederherstellung der Anfangskonzentration gelingt durch Zugabe eingestellter Baritlauge aus einer Bürette mit Vorratsgefäß. Auf eine coulometrische Titration, welche die Autoren als bequem anerkennen, wurde verzichtet wegen der Befürchtung von Störungen durch den Anodenraum, d.h. Diffusionserscheinungen. Meßelektrode ist Platin/O_2, Gegenelektrode eine gesättigte Kalomelelektrode. Die Autoren untersuchten zunächst die Potentialverhältnisse in Baritlaugen, die für die CO_2-Absorption in Betracht kommen. Bei geringem Partialdruck des CO_2, wie er bei der Analyse herrscht, da die Hauptmenge des vom Verbrennungsofen kommenden Gases Sauerstoff ist, findet unterhalb pH = 8,2 keine Absorption mehr statt. Oberhalb pH = 9 dagegen verläuft die Absorption rasch und quantitativ. Es ist aber für die vorliegende Methode ungünstig, den pH-Wert durch Anwendung höherer $Ba(OH)_2$-Konzentrationen stark zu erhöhen, da dann einer bestimmten Konzentrationsänderung nur noch geringe Potentialänderungen entsprechen und die Anzeige infolgedessen ungenauer wird. Diese Verhältnisse sind in dem Diagramm (Abb. 13) dargestellt. Der Anfangspunkt des Koordinatensystems – pH = 8,2 – entspricht einer verbrauchten Lauge, die CO_2 nicht mehr aufnehmen kann. Mit der Zugabe frischer Lauge sinkt das Potential zuerst stark, dann immer schwächer. Als günstigen Punkt, in dem ausreichende Absorption und genügende Empfindlichkeit der Potentialmessung gegeben sind, wählten die Autoren den pH-Wert 9,9. Bei ihm beträgt übrigens das Potential (Sauerstoffelektrode/Kalomelelektrode) gerade

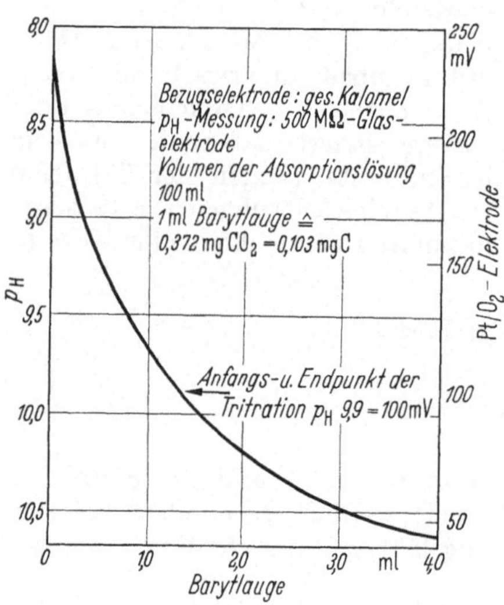

Abb. 13. Verlauf der Titration nach J. FISCHER u. W. SCHMIDT.

+100 mV, und eine Erhöhung um 1 mV zeigt gerade Absorption einer 1 µg Kohlenstoff entsprechenden CO_2-Menge an.

Der in Abb. 13 gegebene pH-Verlauf wurde mit Hilfe einer hochohmigen Glaselektrode gemessen. Dies bietet aber keinen Vorteil, zeigt vielmehr gegenüber der Sauerstoffelektrode, die momentan anspricht, eine Anzeigeverzögerung von einigen Sekunden. Die Frage, ob die Qualität des für die Sauerstoffelektrode verwendeten Platins einen Einfluß auf das Potential ausübt, wurde von FISCHER und SCHMIDT nicht näher geprüft, da hier nur der Potentialverlauf, nicht sein Absolutwert von Bedeutung ist. Es wurde aber bestätigt, daß der von OELSEN vorgeschlagene H_2O_2-Zusatz zur Absorptionslösung für eine einwandfreie Potentialeinstellung unerläßlich ist. Neue Platinelektroden verschiedener Herkunft zeigten in der gleichen Lösung anfänglich Potentialunterschiede bis zu 50 mV, die aber nach einiger Zeit verschwanden. Nach längstens sechsstündigem Aufbewahren in einer sauerstoffdurchspülten Absorptionslösung nach OELSEN, die auf den pH-Wert von 9,9 gebracht war, hatten alle untersuchten Elektroden ein Potential von 100 mV gegenüber der gesättigten Kalomelelektrode.

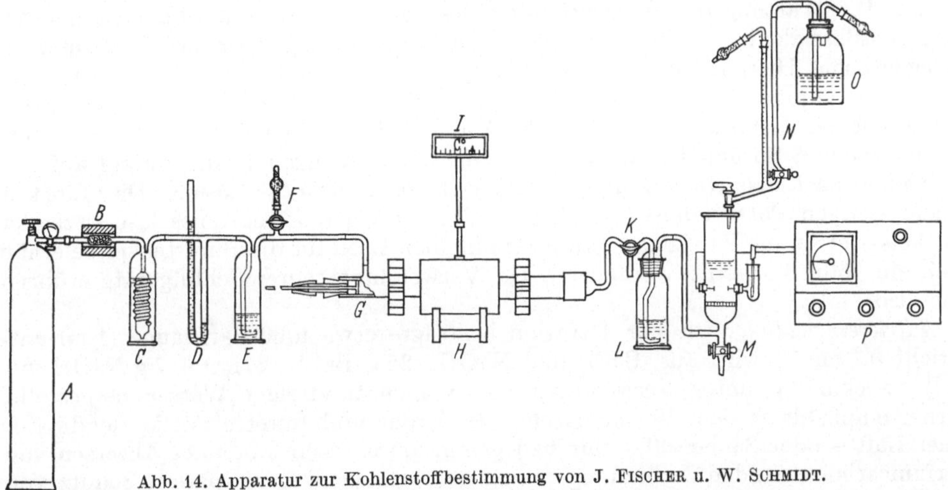

Abb. 14. Apparatur zur Kohlenstoffbestimmung von J. FISCHER u. W. SCHMIDT.

Die *Apparatur*. Der einer Stahlflasche *A* (Abb. 14) entnommene Verbrennungssauerstoff wird zur Reinigung über einen Verbrennungskatalysator *B* (Quarzrohr mit Kupferoxid gefüllt, elektrisch auf 700 °C geheizt) und durch 30 %ige NaOH in Gefäß *C* geleitet (Gasgeschwindigkeit etwa 250 ml/Min.). Ein Quecksilbermanometer *D* (Meßbereich etwa 250 mm Überdruck) ermöglicht die Beobachtung der Druckverhältnisse während der Verbrennung. Die folgende Frittenwaschflasche *E* wird entweder mit konzentrierter Schwefelsäure zur Trocknung oder – wenn im feuchten Sauerstoff verbrannt werden soll, was manchmal von Vorteil ist – mit etwa 2 n Schwefelsäure gefüllt. Der an einem T-Stück sitzende Hahn *F* mit Natron-Kalk-Rohr dient zur Entlüftung.

Das Verbrennungsrohr *G* aus Pythagorasmasse (mit seitlichem Gaseinleitungsrohr) hat bei der Verbrennung von Nichteisenmetallen zweckmäßigerweise einen Durchmesser von 25/20 mm, so daß es noch Schiffchen der Größe 100 × 16 × 10 mm mit Sicherheit aufnehmen kann. Für die Kühlung der Rohrenden haben sich Kühllamellen aus Kupfer an Stelle der vielfach gebräuchlichen, wesentlich umständlicheren Wasserkühlung bestens bewährt. Die Ausführungsform der bekannten Einschiebevorrichtung für die Schiffchen bei geschlossener Apparatur ist aus Abb. 19 zu ersehen, ebenso ihre Befestigung sowie diejenige des Gasabführungsrohres mit Hilfe eines übergeschobenen Gummischlauches. Ein Heißwerden der Gummidichtungen (Überwerte für C!) ist so in einfacher Weise zu vermeiden.

Die Verbrennungstemperatur schwankt – je nach dem zu analysierenden Metall – in weiten Grenzen (800 bis 1400 °C). So sind auch verschiedenartige Öfen zu wählen. Auf die jeweils zweckmäßigsten Typen wird später bei den betreffenden Metallen eingegangen.

Absorptionsvorrichtung. An den Rohrausgang schließt sich ein zweiter Entlüftungshahn *K* in Form eines Karlsruher Hahns und eine Waschflasche *L* mit Fritte G0 (Schott Gen., Mainz) an, die mit Chromschwefelsäure (3 g CrO_3, in 7 ml H_2O gelöst, plus 33 ml H_2SO_4, $D = 1{,}84$) gefüllt ist. Das Absorptionsgefäß *M* selbst hat einen Durchmesser von etwa 3,7 cm und ist etwa 20 cm – von der Fritte an gemessen – hoch. Es ist mit 100 ml der von Oelsen vorgeschlagenen Absorptionslösung (die 10 g $BaCl_2 \cdot 2H_2O$, 5 ml 96%iges Äthanol und 0,6 ml 30%iges H_2O_2 im Liter enthält) gefüllt. Der Äthanolzusatz bewirkt, daß schon bei der Verwendung einer Fritte *G3* das Gas sehr fein verteilt wird, so daß eine quantitative Absorption seines CO_2-Gehaltes gewährleistet ist (die Verwendung der engporigen Fritte *G4* würde eine Drucksteigerung in der Apparatur um weitere 100 Torr erforderlich machen, ohne Vorteile zu bringen).

Das bei den Analysen ausfallende Bariumcarbonat stört das Analysieren in keiner Weise. Die Wartung des Absorptionsgefäßes kann sich auf ein Abhebern der Absorptionsflüssigkeit, die durch die Titrationslauge ständig vermehrt wird, und ein gelegentliches Herausspülen des Bariumcarbonats – Durchsaugen von etwas Salzsäure (1 + 1) (etwa 6 m) und anschließendes Spülen mit Wasser – beschränken. Ein Abdecken des Gefäßes ist unerläßlich. Andernfalls nehmen durch den Sauerstoffstrom erzeugte Sprühnebel aus der Luft merkliche Mengen Kohlendioxid auf und bringen es nach dem Niederschlagen an der Gefäßwand in die Lösung. Dies führt zu einem stetigen Potentialanstieg; aber bereits bei Verwendung eines lose sitzenden Deckels – etwa aus Plexiglas – mit einem kleinen Loch für die Bürettenspitze erhält man ein völlig konstantes Potential. Die Verwendung teurer Schliffgeräte erübrigt sich also.

Titriereinrichtung. Die zur Titration benötigte etwa n/60 Baritlauge (1 ml entspricht 0,1 mg C) wird aus $BaCl_2$ und NaOH (25 g $BaCl_2 \cdot 2H_2O$ + 7 g NaOH für 10 l) zweckmäßig unter Verwendung von kohlensäurefreiem Wasser hergestellt. Ferner empfiehlt es sich, Vorratsflasche, Heberrohr und Bürette mit kohlendioxidfreier Luft – oder Sauerstoff – durchzuspülen, um ein sehr störendes Absetzen von Bariumcarbonat in den Verbindungsröhren zu vermeiden. Zum spätern Schutz von Bürette und Vorratsgefäß hat sich ein kleines Natronkalk-Rohr (Länge 10 cm) als ausreichend erwiesen. Die Entnahme kleiner Tropfen (0,02 ml) aus der Bürette wird durch eine einfache Behandlung der Bürettenspitze mit einem Silicon ermöglicht. Dazu wird die gar nicht allzu fein ausgezogene, gut gereinigte und getrocknete Spitze kurz in eine Siliconlösung (Desicote, Beckman-Instruments-Inc.) eingetaucht. Nach dem Verdunsten des Lösungsmittels ist die Bürette verwendungsbereit. Die Siliconbehandlung, die der für den gleichen Zweck vorgeschlagenen Paraffinierung vorzuziehen ist, muß etwa alle zwei Monate wiederholt werden.

Titerstellung. Die beste und einfachste Möglichkeit der Titerstellung ist die direkte Titration der Baritlauge mit Säuren. Sie wird – unter ähnlichen Bedingungen wie bei der Analyse – in der Apparatur selbst vorgenommen. Man führt den gereinigten Sauerstoff direkt in das mit Absorptionslösung gefüllte Gefäß, stellt durch Zugabe von Lauge auf das richtige Potential (100 mV $\cong$ pH = 9,9) ein und gibt nun tropfenweise aus einer zweiten Mikrobürette eingestellte 0,01 n Salzsäure oder besser noch 0,01 n Oxalsäure zu. Mit der Titrierlauge hält man gleichzeitig das Potential möglichst konstant und bringt es nach Zugabe einer bestimmten Menge Säure (meist 5 ml) genau auf den Ausgangswert. 1 ml 0,01 n Säure entsprechen 0,220 mg CO_2 oder 0,060 mg C. Die Titerstellung ist mit einer Genauigkeit von $\pm 1\%$ möglich. Eine Titerstellung durch Verbrennung von Eichsubstanzen (z. B. Normalstählen) ergibt im Mittel übereinstimmende Faktoren; jedoch ist hierbei die Streuung mit $\pm 1{,}5\%$ etwas größer.

Blindwerte sind an der Änderung des pH-Wertes der Lösung (Gang des Potentiometers) leicht zu erkennen. Als Ursachen kommen in Frage eine ungenügende Vorreinigung des Bombensauerstoffes, organisches Material (Staub, Fett, Gummipartikel) in der Chromschwefelsäure und ein noch ungenügend ausgeheiztes Verbrennungsrohr.

Es gelingt nicht, den Blindwert der Schiffchen durch noch so starkes Ausglühen auf Null zu bringen. Beim Aufbewahren der ausgeglühten Schiffchen in einem Natron-Kalk-Exsiccator bleibt aber der – von Lieferung zu Lieferung zwischen 6 und 14 μg C schwankende – Blindwert über einen Tag konstant, so daß er genau berücksichtigt werden kann.

Anfänglich wurde das Verschwinden eines konstanten Blindwertes von 20 μg C je Viertelstunde beobachtet, wenn der Verbrennungssauerstoff durch den kalten statt durch den heißen Ofen geleitet wurde. Es ergab sich, daß es sich dabei nicht um eine Kohlenstoffabgabe des Pythagorasrohres, sondern um C-Reste in dem Sauerstoff handelt, die weder durch Lauge, noch durch Aktivkohle, noch durch dichte Wattefilter zurückgehalten werden (in einem technischen Bombensauerstoff fanden die Autoren einen C-Gehalt von 5 μg je Liter O_2). Die Einschaltung des 700 °C heißen Kupferoxidkontaktes (*B* in Abb. 14) brachte diesen Blindwert auf Null.

Das Verfahren wurde von FISCHER und SCHMIDT erfolgreich bei der Analyse von kohlenstoffarmen Eisensorten, Aluminium, Kupfer, Zink und Titan und deren Legierungen sowie auch bei der Bestimmung von Carbonaten und der Mikroanalyse von organischen Substanzen angewendet.

Die Erfassungsgrenze beträgt 1 μg C, die Genauigkeit 10% bei 10 μg C.

Eine von W. FISCHER und BASTIUS entwickelte Anordnung ist in Abb. 1 dargestellt (Details über das Verbrennungsrohr finden sich im Abschnitt: B, 1. I, b, β). Die Bedeutung der einzelnen Apparateteile ergibt sich aus der Abbildung. Es ist zusätzlich nur noch zu bemerken, daß sich im U-Rohr (*15*) für die SO_2-Absorption mit Chromschwefelsäure benetzte Raschigringe und Glasperlen befinden. Die Autoren ziehen diese Anordnung gegenüber Glasfritten zur Verteilung des Gases vor wegen der geringeren Gefahr der Bildung von Säurenebeln. Zur Absorption von CO_2 dient die Lösung nach OELSEN [10 g Bariumchlorid werden in 1 l Wasser gelöst und 5 ml Äthanol sowie 0,5 ml H_2O_2 (35%ig) hinzugefügt]. Die Lösung braucht im Laufe eines Tages, auch wenn 20 bis 30 Messungen ausgeführt werden, nicht erneuert zu werden; man reduziert nur, wenn nötig, die zu groß gewordene Menge der Flüssigkeit durch Abhebern.

Eine halbautomatische Titriereinrichtung auf potentiometrischer Grundlage wird von GORBACH und EHRENBERGER beschrieben.

β) Coulometrische Titration mit potentiometrischer Indikation.

Eine von OELSEN, GRAUE und HAASE entwickelte (und von der Fa. Ströhlein & Co. gefertigte) Apparatur wurde kurz vor J. FISCHER und W. SCHMIDT auch von WETTERNIK geprüft und in mancher Beziehung verbessert. WETTERNIK benutzte sie zur Coulometrie mit potentiometrischer Endpunktanzeige. Der zur Elektrolyse erforderliche Gleichstrom wird bei dem Gerät (Abb. 15 u. 16) über einen eingebauten Gleichrichter aus dem Netz entnommen und durch einen Grob- und einen Feinwiderstand unter Kontrolle durch ein Milliamperemeter mit zwei Meßbereichen genau eingestellt. Eine Stoppuhr, deren Einschaltung mit derjenigen des Analysenstromes gekoppelt ist, ist ebenfalls eingebaut. Die Kompensation und Nulleinstellung mit Hilfe des zugehörigen Galvanometers hat der Autor ebenso wie J. FISCHER und W. SCHMIDT durch praktisch stromlose Direktmessung des Potentials ersetzt. Er verwendet ein Röhren-pH-Meter von etwa 0,1 mV Anzeigegenauigkeit. An dem Absorptions- und Titrationsgefäß wurden kleine Änderungen vorgenommen (Abb. 16). Durch eine veränderte Form wurde der Weg der Gasblasen von 100 auf 170 mm verlängert. Außerdem wurde das Gefäß zur sicheren Absorption des CO_2 mit Magnetrührung ausgerüstet. In das Gefäß ragt das Gaseinleitungsrohr, welches durch eine schräggestellte Fritte abgeschlossen ist, hinein. Von den beiden in verschiedener Höhe angebrachten Platinelektroden dient die eine als Kathode für die Baritlaugenentwicklung, die andere als Indikatorelektrode. Diese, ursprünglich in der Gefäßwandung angebracht, wurde von WETTERNIK durch einen Platindraht ersetzt, der, in einem dünnen (Ventil-)Gummischlauch um den Stromschlüssel herumgewickelt, sich nur in seinem untersten etwa 10 mm langen blanken Ende an die Fritte des Stromschlüssels anschmiegt. So wurden Potentialschwankungen beseitigt. Ein durch eine Porzellanfritte abgeschlossenes Glasrohr, das in seinem oberen Teil einen Platindraht als Anode trägt, ragt bis zur unteren Elektrode und dient als Anodenraum. Ein ebenfalls mit Porzellanfritte abgeschlossener Stromschlüssel, der bis zur oberen Elektrode reicht, verbindet die Reaktionslösung mit der Kalomelbezugselektrode. Am Boden befindet sich ein Doppelweghahn zum Füllen mit Absorptionslösung (der gleichen wie bei der im vorigen Abschnitt (α) angegebenen Methode) bzw. zum Entleeren.

Abb. 15. Schalt- und Meßteil zum coulomterischen Titrator von WETTERNIK (Fa. Strohlein).

Zur Verhinderung von Diffusionsvorgängen, die einen Gang des Potentials auch im Ruhezustand der Apparatur verursachten, wurden folgende Maßnahmen getroffen: Die Kalomelelektrode wird mit 5%iger $BaCl_2$-Lösung angesetzt. Hierdurch tritt natürlich eine gewisse Verschiebung des Potentials gegenüber dem von OELSEN und Mitarbeitern angegebenen ein. Der Stromschlüssel wird mit der gleichen Lösung gefüllt; diese Lösung wird kräftig gelatiniert. Die Fritte des Anodenröhrchens, das zuerst mit einer kleinen Menge von aufgeschlämmtem $BaCO_3$ beschickt und dann mit $BaCl_2$-Lösung befüllt werden soll, wird von außen mit Collodium überzogen (nicht zu stark, um den Widerstand nicht zu groß werden zu lassen). Schließlich wird alle 4 bis 5 Std. ein Tropfen 15%iger H_2O_2-Lösung zugesetzt.

Bei dieser Ausrüstung ist nach WETTERNIK der günstigste Arbeitsbereich derjenige zwischen 80 und etwa 15 mV, d.h., das Potential wird vor und nach der Verbrennung der Substanz durch entsprechendes Einschalten der Elektrolyse auf einen Wert zwischen +15 und +30 mV eingestellt. Um zu vermeiden, daß bei plötzlicher, starker CO_2-Zufuhr die Lauge zu schwach alkalisch wird, entwickelt man zuvor eine gewisse Menge an $Ba(OH)_2$. Die Menge soll etwas kleiner sein, als es der zu erwartenden CO_2-Menge entspricht. Zum Schluß – nach der Verbrennung – wird die zur Wiedereinstellung des Anfangspotentiales erforderliche Restmenge Lauge entwickelt.

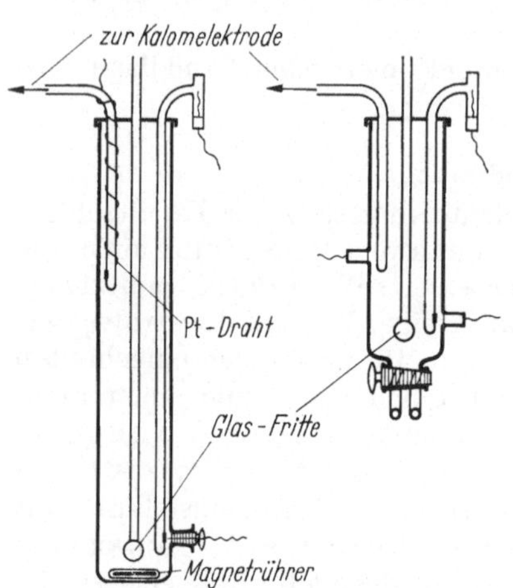

Abb. 16. Coulometrie-Titrierzellen nach WETTERNIK.

Arbeitsvorschrift. Die Verbrennung wird wie üblich vorgenommen. Die Probe wird im ausgeglühten Schiffchen in den kalten Teil des Rohres eingesetzt, dieses verschlossen, hierauf nach etwa 1 Min. das Potential, wenn nötig, durch Einschalten des Elektrolysenstromes auf einen Wert zwischen 15 und 30 mV gebracht und die Konstanz dieser Einstellung kontrolliert. Dadurch wird das eingebrachte Luftkohlendioxid berücksichtigt. Nun wird durch abermaliges Einschalten des Stromes mit so viel mA-Sekunden Bariumhydroxid vorentwickelt, daß zur Endtitration nur etwa 2000 mA-Sekunden nötig sind. Darauf wird die Probe in die Verbrennungszone des Ofens eingeschoben und unter genauer Beachtung aller für eine einwandfreie Verbrennung nötigen Bedingungen verbrannt. Dabei wird am Potentiometer nachgemessen, ob 120 mV nicht überschritten wurden und ob bereits Konstanz der Anzeige eingetreten ist. Ist letzteres der Fall, so wird durch Einschalten des Elektrolysenstromes auf den vorhin festgelegten, zwischen 15 und 30 mV liegenden Anfangspunkt zurücktitriert. Meistens verwendet man eine Stromstärke von 10 mA; nur bei Proben mit mehr als 0,05% C werden zur Vorentwicklung 20 mA angewandt. Zur Endtitration sollen aber immer 10 mA verwendet werden. Die Berechnung des C-Gehaltes erfolgt nach folgender Formel:

$$\frac{12 \cdot \text{verbrauchte Coulomb}}{2 \cdot 96{,}5} = \text{mg C}$$

oder, auf Ampere und Einwaage bezogen, nach der Formel

$$\frac{\text{Sekunden} \cdot \text{Ampere} \cdot 0{,}0062}{\text{g Einwaage}} = \%\ \text{C}.$$

Bei genau 1 g Einwaage und 10 mA Elektrolysestromstärke ist also einfach: % C = 0,000062 · Sekunden (Elektrolysierzeit). Nach den vom Autor angeführten Ergebnissen kann die coulometrische Methode als eine ausreichend zuverlässige Methode zur Bestimmung kleinster C-Gehalte bezeichnet werden.

d) Konduktometrie.

Allgemeines. Die Leitfähigkeitsänderung wurde schon 1919 als Maß für die von einer Lauge aufgenommene Menge an CO_2 in der Stahlanalyse von Cain und Maxwell verwendet. Bolliger und Treadwell benutzten Natronlauge zur konduktometrischen Bestimmung von C im Aluminium. Solche Verfahren sind wegen ihrer schnellen und bequemen Ausführung wie auch der Möglichkeit, sie so einzurichten, daß das Fortschreiten der Verbrennung in jedem Augenblick durch einfaches Ablesen der Leitfähigkeits- bzw. Widerstandsanzeige beobachtet werden kann, heute sehr beliebt. Mit kommerziellen Apparaten wird der Leitfähigkeitsverlauf gewöhnlich durch einen Schreiber registriert, und die Analyse verläuft weitgehend automatisch. Der grundlegende Vorgang ist der teilweise Ersatz der eine große Ionenbeweglichkeit aufweisenden OH^--Ionen gegen die bedeutend weniger beweglichen CO_3^{2-}-Ionen, angenähert proportional dem Ablauf der Reaktion, so daß nach Iveković und Polak bei Temperaturkonstanz folgende Gleichung gilt:

$$a = k \cdot \frac{W_0 - W}{W_0 \cdot W}.$$

Darin bedeutet a Grammäquivalente CO_2, W_0 und W sind die Widerstände vor bzw. nach der Absorption, und k ist eine Apparatkonstante. Die Konstante wird durch Einleiten einer bekannten Menge an CO_2 ermittelt. Dazu empfehlen Iveković und Polak, aus einer bekannten Menge titrierter Na_2CO_3-Lösung in einem Gefäß nach Abb. 17 durch Schwefelsäure (1 + 3) (etwa 4,7 m) CO_2 zu entwickeln. Das Gefäß wird vor die Meßzelle geschaltet so wie bei der Analyse der Verbrennungsapparat; es wird O_2 durchgeleitet und das Austreiben des CO_2 durch Erwärmen des Gefäßes im Wasserbad gefördert. Ein Kühlerteil verhindert das Übertreten von Wasser in die Meßzelle und somit ein Verdünnen der Lauge. Die Größe k ist ein wenig vom absoluten Wert des Widerstandes abhängig; deshalb sollen die Eichmessungen – man berechnet k aus dem Mittelwert mehrerer Messungen – mit ungefähr der gleichen

CO_2-Menge ausgeführt werden, die bei den Analysen auftritt. Selbstverständlich müssen die vorgelegte Laugenmenge und deren Temperatur dieselben sein wie bei den Analysen. Temperaturkonstanz auf 0,1 °C genügt aber. STILL, DAUNCEY und CHIRNSIDE haben eine Formel aufgestellt, welche Leitfähigkeitsänderung, Einwaage und Kohlenstoffgehalt der Probe in Beziehung setzt:

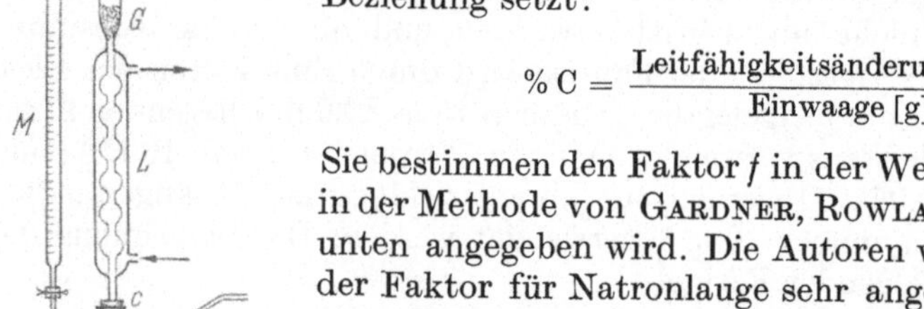

Abb. 17. Gefäß von IVEKOVIĆ und POLAK zur Entwicklung von CO_2 für Eichzwecke.

$$\% \mathrm{C} = \frac{\text{Leitfähigkeitsänderung } [\mu\Omega^{-1}]}{\text{Einwaage } [\mathrm{g}]} \cdot f.$$

Sie bestimmen den Faktor f in der Weise, wie für die Eichung in der Methode von GARDNER, ROWLAND und THOMAS weiter unten angegeben wird. Die Autoren weisen darauf hin, daß der Faktor für Natronlauge sehr angenähert den Charakter einer Konstante hat, da er sich über den ganzen praktisch benutzten Meßbereich nur um 1% ändert. Für Baritlauge wurde eine bedeutend stärkere Abhängigkeit von der Konzentration festgestellt.

Bei der hohen Empfindlichkeit der Leitfähigkeitsmethode ist es besonders wichtig, auch die Blindwerte niedrig zu halten. Dazu sollte man, wie u.a. FRYXELL betont, der diese Fehlerquelle eingehend untersuchte, das Herausnehmen der Probeschiffchen oder Tiegel vermeiden und statt dessen eine magnetisch von außen betätigte Probenzugabevorrichtung verwenden, die das Verbrennen mehrerer Proben in ein und demselben ausgeglühten Behälter gestattet.

GARDNER und Mitarbeiter machten folgende Feststellungen: Bei Abkühlen des abgeschalteten Ofens unter Luftzutritt zum Rohr waren nach dem Wiederaufheizen 2 bis 3 Std. erforderlich, um wieder eine konstante Leitfähigkeitsanzeige zu erreichen (wahrscheinlich CO_2-Adsorption an der Wandung des Verbrennungsrohres). Bei Routineanalyse wurde daher der Ofen über Nacht auf 700 bis 800 °C gehalten und dabei ein ganz leichter O_2-Strom durch die Apparatur geleitet. Die Schiffchen wurden vor Gebrauch in O_2 ausgeglüht und im Exsiccator über Natronasbest aufbewahrt. Nach längerem Stehen an der Luft entstand ein Blindwert von 0,01 mg C entsprechend 0,0005% bei einer 2-g-Probe. Probe und Schiffchen dürfen nicht mit der Hand berührt werden, da sonst durch Fett der Haut merklich C eingebracht wird.

Im folgenden werden einige Geräte und Ausführungsformen der konduktometrischen Analyse beschrieben.

α) Einfache Ausführungsform.

Eine von GARDNER, ROWLAND und THOMAS angegebene Apparatur (Abb. 18) besteht überwiegend aus einfachen handelsüblichen Einzelteilen. Sauerstoff wird durch einen Strömungsmesser A mit 10 l/Std. Meßbereich aus einer Stahlflasche od. dgl. zugeführt. Er geht durch NaOH (in B) und H_2SO_4 (in C). Kohlenoxid und Kohlenwasserstoffe als Verunreinigungen werden in D, einem auf 400 °C erhitzten Rohr mit Pd-Asbest, katalytisch verbrannt. Dabei gebildetes Wasser und CO_2 werden in U-Rohren E und F mit Calciumchlorid und Natronasbest absorbiert. Dann folgt ein Blasenzähler G nach PREGL mit H_2SO_4 zur Kontrolle des O_2-Stromes (auf eventuelle Undichtigkeiten). Es folgt weiter ein Glaswollefilter H und eine 2-l-Flasche J, die durch Ansatz K mit dem Verbrennungsrohr L verbunden ist. Sie dient als O_2-Vorratsbehälter während der Verbrennung einer Probe. Alle Verbindungen von D bis L sind Glas an Glas; Gummischlauch dient nur zur Befestigung. L ist ein Rohr aus Mullit. Nach der Verbrennung gehen die Gase durch das mit Mangan(IV)-oxid gefüllte Rohr M zur Absorption von eventuell gebildetem SO_2. Dieses Rohr ist durch

Gummischlauch mit Klemme *N* mit dem Absorptionsgefäß *P* verbunden. Übliche Schiffchen dienen zur Aufnahme der Probe.

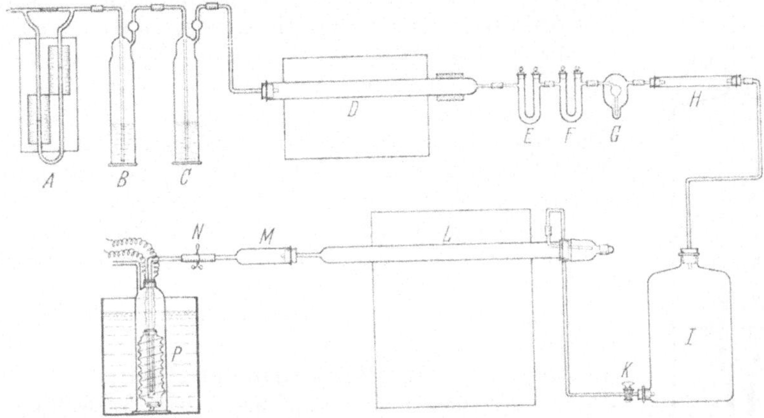

Abb. 18. Schema des Apparates von GARDNER, ROWLAND u. THOMAS zur konduktometrischen C-Bestimmung.

Die Einführungsvorrichtung für Schiffchen und Probe ist in Abb. 19 dargestellt. Sie reduziert das Eintreten von Luft beim Hineinschieben des Schiffchens in das Innere des Ofens auf ein Minimum. Der Stahlkonus *R* ist unter Zwischenlage eines Ringes *U* aus Gummischlauch von großem Durchmesser und großer Wandstärke auf dem Eingangsende des Rohres befestigt. Der Stahlkonus paßt zu einem Normal-Gegenkonus aus Glas *S*, an dessen verjüngtes Ende mittels Schlauch ein Glasrohr angesetzt ist. Ein Stahlröhrchen *T* ist in den seitlichen Rohransatz von *L* eingeführt und endet nahe der Verjüngung des Gegenkonus. Das Schiffchen wird vor der Verbrennung bei geöffneter Kappe (Konus) an die in der Abbildung gezeigte Stelle eingeführt. Danach wird die Kappe aufgesetzt und durch Rohr *T* Sauerstoff zur Entfernung von atmosphärischem CO_2 eingeleitet. Bei kurzzeitig abgenommenem Rohr kann die Probe dann mit einem dünnen Stahlstab bei weiterströmendem O_2 weiter in das Verbrennungsrohr eingeschoben werden, ohne daß Luft eindringt.

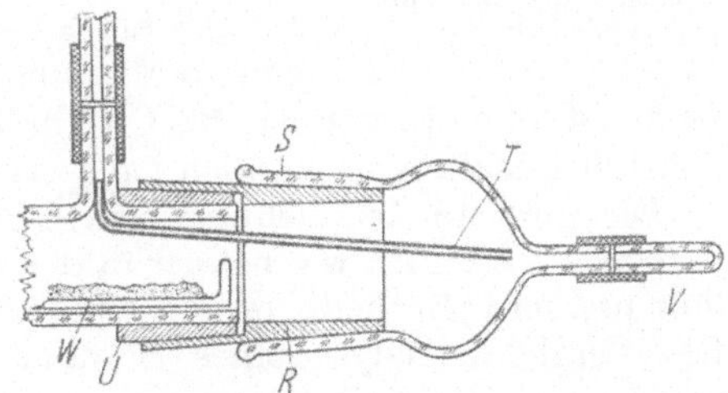

Abb. 19. Einführungsvorrichtung zum Apparat nach Abb. 18.

Das Absorptionsgefäß (Abb. 20) ist aus einem Gefäß nach FRIEDRICHS hergestellt. Das Gas geht durch den inneren Spiralraum, der die Elektroden *A* enthält, und perlt durch die Sinterglasfritte *B* in das Absorptionsmittel. Der Frittenteil wurde nach einer Methode von STONE und WEISS aus 40- bis 60-mesh-Pyrexglas hergestellt. Die Gasbläschen folgen dem 26 Zoll langen Weg um die Spirale herum und treten bei *C* aus. Zur Messung der Leitfähigkeit wird Luft mittels einer Gummiballpumpe über ein Natronasbestrohr durch *C* eingepreßt und damit die Flüssigkeit durch die Fritte in die Meßzelle zurückgedrückt. Eintretende Luftblasen bewirken die vollkommene Durchmischung der Flüssigkeit. Klemme *N* wird dann geschlossen und die Leitfähigkeit mit einer Meßbrücke festgestellt. Die Zelle wird mittels Wasserbades auf (20,0 ∓ 0,1 °C) gehalten.

Reagenzien. Die Füllung des Absorptionsgefäßes besteht aus 50 ml Baritlauge. Für Stähle mit etwa 0,03% C wird zweckmäßig eine Konzentration von etwa 1 g $Ba(OH)_2 \cdot 8H_2O$ je Liter genommen. Zur Erzielung vollständiger Absorption werden je Liter 10 ml 2%iges (v/v) Lissapol N (Äthylenoxid-Kondensationsprodukt der Imp. Chem. Ind. Ltd.) zugesetzt. Die Absorptionsflüssigkeit wird in einer Flasche mit unterem Tubus und aufgesetztem Natronasbestrohr, an die eine automatische Pipette zum Abmessen und Einfüllen in das Absorptionsgefäß angeschlossen ist, aufbewahrt.

Abb. 20. Absorptions- und Meßgefäß des Apparates nach Abb. 19.

Arbeitsvorschrift. Man führt das Verbrennungsschiffchen mit 2 g Probe in das kalte Ende des bereits auf Verbrennungstemperatur geheizten Rohres ein und schließt dieses mit der Glaskappe. In das von der vorhergehenden Füllung gereinigte Absorptionsgefäß (Luft wird beim Ausspülen durch die Sinterplatte eingeblasen, um alle Flüssigkeit aus dem Innern der Zelle zu entfernen) läßt man 50 ml Baritlauge aus der Pipette einlaufen. Dann verbindet man die Zelle mit der übrigen Apparatur und läßt 2,7 bis 3 l O_2/Std. durchströmen. Man mißt bei 20 °C Badtemperatur in Abständen von 5 Min. die Leitfähigkeit, bis diese konstant ist, und klemmt das Absorptionsgefäß mittels *N* ab. Nun schiebt man mit Hilfe der oben beschriebenen Vorrichtung das Schiffchen in die heiße Zone des auf 1200 bis 1250 °C erhitzten Verbrennungsrohres. Das bei der Verbrennung einsetzende Absinken des Druckes wird durch Einstellen erhöhter O_2-Zufuhr (etwa 7 bis 10 l/Std.) annähernd kompensiert. Im Falle von Drehspänen als Untersuchungsmaterial setzt die Verbrennung sofort ein, bei Blech nach etwa 1 Min. Sie ist stets nach 2 bis 3 Min. beendet. Dies zeigt sich an einer Verringerung des O_2-Zuflusses. Man öffnet jetzt die Klemme zum Absorptionsgefäß und stellt den O_2-Strom auf 2,7 bis 3 l/Std. ein. Die Leitfähigkeit wird nach Ablauf von 15 Min. und weiter in Abständen von 5 Min. gemessen, bis sie konstant geworden ist. Bei C-Gehalten $<0{,}01$ % ist das nach 20 Min. der Fall, bei höheren Gehalten gewöhnlich nach etwa 30 Min.

Die mittlere Abweichung bei 10 Analysen einer Probe mit 0,0073% C betrug $\pm$ 0,0004%, ähnlich wie bei der in der Stahlindustrie viel verwendeten Niederdruck-(low-pressure-)Methode mit komplizierter Apparatur von Stanley und Yensen. Die Vergleichsanalyse eines Standardstahls, die nach der low-pressure-Methode (0,0060 $\pm$ 0,0005) % C zeigte, ergab 0,0065 und 0,0062%. Die Dauer einer Analyse beträgt 40 Min.

Die Vollständigkeit der Absorption wurde von den Autoren für höhere CO_2-Mengen mit einer bekannten Einwaage von $CaCO_3$ geprüft, und zwar für Mengen entsprechend 0,02% in der Probe. Für kleine Gehalte wurde Sucrose genommen, und zwar eine Standardlösung, von der 1 ml 0,4 mg C entsprach. Bekannte Volumina davon wurden aus einer Mikrobürette in ein nicht poröses Schiffchen gegeben, das seinerseits in ein gewöhnliches Verbrennungsschiffchen gestellt wurde. Vor dem Verbrennen wurde über P_2O_5 oder in einem Ofen bei etwa 90 °C entwässert. Es zeigte sich, daß das Austreiben von CO_2 aus dem Verbrennungsrohr bei 2,7 bis 3 l/Std. ausreichend schnell ging, aber die Absorption unvollständig war. Sie wurde besser, aber nicht vollständig durch Erhöhung der Laugekonzentration von 1 g auf 2 g Bariumhydroxidhydrat je Liter und Zusatz von Butanol.

Wie Kurve *B* in Abb. 21a zeigt, betrug jedoch bei 1 g $Ba(OH)_2$/l, wenn der Lauge 0,2 ml/l Lissapol N zugesetzt wurde, die Differenz zwischen experimenteller und theoretischer Leitfähigkeitskurve höchstens 0,0005% C, was für die Eichung des Gerätes und die Analyse als ausreichend betrachtet wird. Abb. 21b zeigt die prozentuale Absorption durch die beiden Lösungen als Funktion der C-Konzentration (im Stahl). Bei C-Gehalten unter 0,03% fällt die Ausbeute rasch ab.

Das *Schaltbild* einer Wechselstrom-Leitfähigkeits-Meßeinrichtung mit Angabe der Kenngrößen für die einzelnen Bauelemente aus einer Arbeit von STILL, DAUNCEY

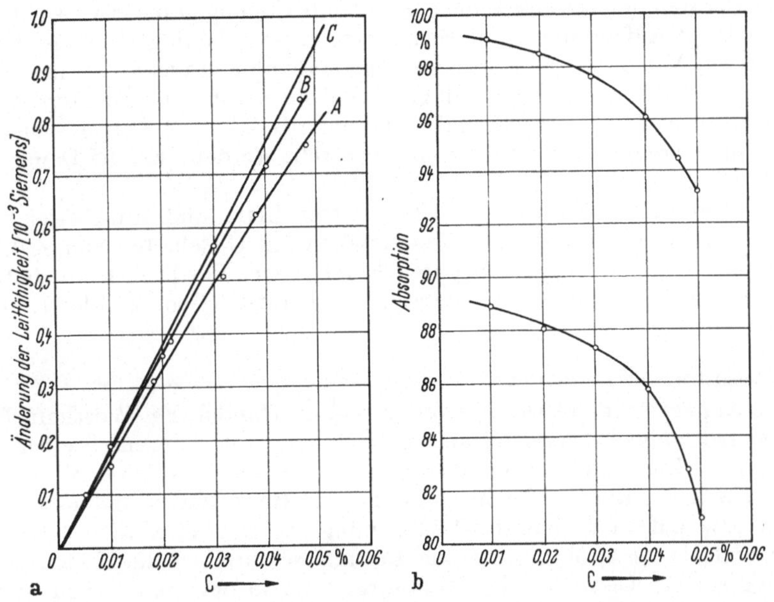

Abb. 21a. Eichkurven für das Gerät von GARDNER u. Mitarbeiter
A Lösung mit 1 g $Ba(OH)_2 \cdot 8H_2O$ je l; *B* Lösung wie *A* + 0,2 ml Lissapol N je l; *C* Theoretische Kurve.
Abb. 21b. Abhängigkeit des Absorptionsgrades für CO_2 vom C-Gehalt der Probe.
Untere Kurve: Lösung *A*; Obere Kurve: Lösung *B* (gemäß Legende zu Abb. 21a).

und CHIRNSIDE ist in Abb. 22 wiedergegeben. Sie haben von dem Gerät, von GARDNER und Mitarbeitern ausgehend, eine Reihe apparativer Verbesserungen eingeführt, ausführlich beschrieben und begründet. Hier kann nur kurz darauf eingegangen werden. Die Meßzelle wurde mit einem Thermostaten versehen (Leitfähigkeitsänderung etwa 2% je Grad C). Die Zelle selbst (Abbildung in der Originalarbeit) wurde aus durchsichtigem Kunststoff, der leichter als Glas verarbeitbar ist, hergestellt und so ausgebildet, daß sie folgende Forderungen erfüllt: Ständiges Vorhandensein von Lauge im Elektrodenraum, daher ist das Ablesen der Leitfähigkeit kontinuierlich, ohne den O_2-Strom zu unterbrechen, möglich. Kein Austrocknen der Elektroden! Dauernde Zirkulation der Lauge im spiralförmigen Absorptionsraum und dem Elektrodenraum (kein besonderer Mischvorgang erforderlich)! Keine toten Räume (Konzentrationsunterschiede)! Kein Durchgang von Blasen durch den Elektrodenraum. Geringes Gesamtvolumen. Möglichkeit, die Zelle leicht und schnell vollständig zu entleeren und mit frischer Lauge zu füllen!

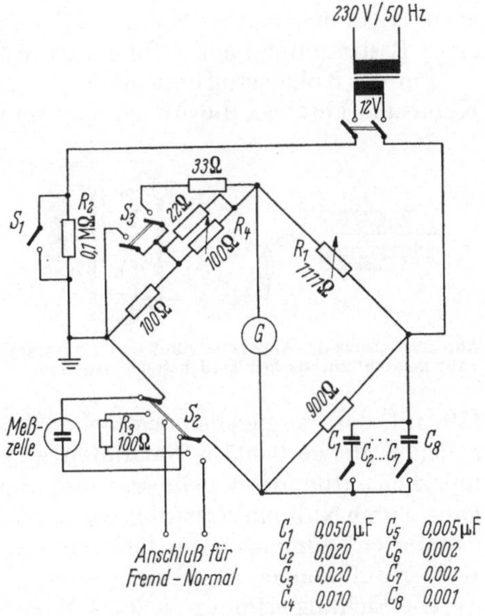

Abb. 22. Schaltbild der Leitfähigkeitmeßeinrichtung von STILL, DAUNCEY u. CHIRNSIDE.

β) Vergleich zwischen Baritlauge und Natronlauge als Absorptionsmittel.

Still und Mitarbeiter hoben folgende Vor- und Nachteile der beiden Reagenzien hervor: Baritlauge ergibt die doppelte Empfindlichkeit gegenüber Natronlauge. Sie ist aber in Geräten der beschriebenen Art nur für C-Mengen bis etwa 1 mg verwendbar; sie verlangt Aufstellung einer Eichkurve, und sie bedingt umständliche Reinigung der Zelle. Natronlauge erfordert solche Maßnahmen nicht. Bei ihr genügt zur Berechnung *ein* Faktor; es können weit größere Kohlenstoffmengen analysiert werden; es kann weniger Netzmittel angewendet und ohne Gefahr von Laugeverlusten durch Schäumen ein stärkerer Sauerstoffstrom eingestellt werden, was die Dauer der Analyse abkürzt.

Bei Anwendung von Natronlauge analysierten Still und Mitarbeiter Standardproben von Eisen, Stahl und Nichteisenmetallen mit C-Gehalten von $<0{,}1$ bis 8% bei Einwaagen von 3 bis 0,1 g mit guten Ergebnissen. Bei Proben mit 0,01% C lag die Reproduzierbarkeit bei einer derartigen Apparatur (General Electric Co. Ltd.) innerhalb 0,001%.

γ) Selbstregistrierende Ausführung.

Es sind Apparaturen entwickelt worden und im Handel (Fa. Wösthoff, Bochum), welche die Leitfähigkeitsmessung automatisch und mit Kurvenschreiber registrierend ausführen. Eine solche Apparatur ist von Schmidts und Baasch für gasanalytische Zwecke konstruiert und von Drekopf und Braukmann und anderen weiterentwickelt bzw. auf die Kohlenstoffbestimmung angewendet worden.

Koch und Malissa, Malissa sowie Boulin beschreiben die Konstruktion und Anwendung solcher Geräte in der Matallurgie und in der organischen Analyse. In diesen Geräten findet eine Differentialmessung zwischen einer Zelle, durch welche ein mechanisch mit Pumpe dosierter Teilstrom des CO_2 enthaltenden Gases geleitet wird, und einer Zelle mit frischer Lauge statt. Als Absorptionslauge wird gewöhnlich 0,005 n NaOH genommen. Es können zwei Empfindlichkeiten eingestellt werden; bei der empfindlicheren Einstellung erzeugen 10 μg in den Verbrennungsofen eingegebenen Kohlenstoffs (0,001% C in 1 g Probe entsprechend) einen Schreiberausschlag von 5 mm. Dieser Ausschlag ist bis zu 250 μg C linear. Von organischen Substanzen genügen sehr geringe Einwaagen. Für die Reproduzierbarkeit wird bei 1 mg und weniger C eine relative Standardabweichung von 0,5 bis 2% angegeben. Die Dauer einer Bestimmung nach erfolgtem Einwägen soll im Mittel nur 2,5 Min. betragen.

Für die Kohlenstoffbestimmung in Stahl und anderen metallischen Stoffen haben Koch und Malissa die Anordnung und Methodik ausführlich beschrieben. Die Verbrennung (Abb. 23) erfolgt bei 1350 °C im Sauerstoffstrom. Es wird mehr Sauerstoff zugeführt (3 l/Min.), als die Dosierpumpe *d* absaugt (275 ml/Min.), so daß die Luft von dem offenen Eingangsende des Verbrennungsrohres abgeschirmt wird. *c* ist ein Gefäß mit Lewatit, einem Absorptionsmittel für Schwefeloxide. M_1 ist das Meßgefäß für das Kohlendioxid, M_0 das Gefäß mit der Vergleichsmeßstrecke; beide werden bei jeder Analyse frisch mit der gleichen Menge 0,005 n Natronlauge gefüllt. Die Leitfähigkeitsdifferenz wird kontinuierlich automatisch gemessen und durch einen Schreiber registriert. Der Meßbereich kann durch Nullpunktverstellung des Schreibers und durch Anwendung verschiedener definierter Teilmengen des Verbrennungsgases weitgehend variiert und auch größeren Kohlenstoffmengen angepaßt werden.

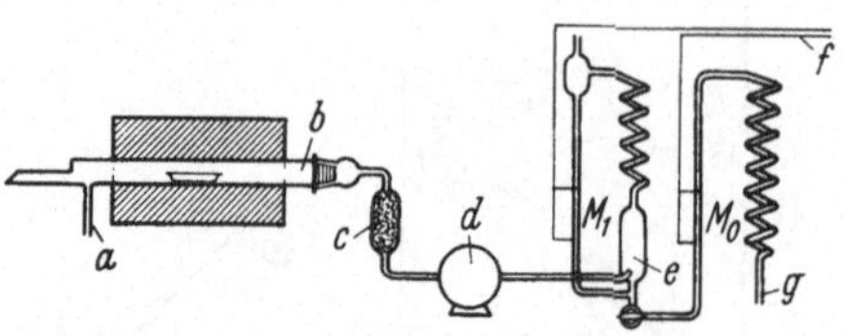

Abb. 23. Schema des Apparates von Koch u. Malissa zur konduktometrischen Kohlenstoffbestimmung.

Die Eichung erfolgt mit Stahl-Normalproben oder reinen organischen Substanzen. In Metallen mit 0,0012 bis 10,3% C wurde der Kohlenstoff mit einer Varianz von

19,2 bis 0,7% bestimmt. Da der Schreiber durch die Form der registrierten Kurve den Verlauf der Verbrennung (Geschwindigkeit, Stufen usw.) anzeigt, ist eine derartige Arbeitsweise für das Studium schwieriger Verbrennungen sehr nützlich. Sie gestattet auch bis zu einem gewissen Grade die getrennte Bestimmung von Graphit- und Carbid-Kohlenstoff auf Grund deren verschiedener Oxydationsgeschwindigkeit. Wegen typischer Beispiele von Verbrennungskurven wird auf die Originalarbeit verwiesen.

Koch, Eckhard und Malissa haben die Apparatur derart erweitert, daß gleichzeitig mit dem Kohlenstoff auch der Schwefel im Stahl und anderen metallischen Stoffen konduktometrisch bestimmt werden kann. Das Absorptions- und Leitfähigkeitsmeßgefäß für den Schwefel mit 0,004 n Thallium(III)-chlorid, mit Salzsäure auf pH = 3 eingestellt, kann parallel mit dem CO_2-Meßteil oder vor diesen geschaltet werden. Je ein Schreiber registriert C- und S-Menge.

Für die Bestimmung von Kohlenstoff *in organischen Substanzen* benutzte Malissa (a) das gleiche Prinzip. Stuck beschreibt die Anwendung der Methode mit geringen Abänderungen für die Kohlenstoffbestimmung in organischen Substanzen mit hohem C-Gehalt. Ebenfalls hat Greenfield in der Anordnung zur Mikroelementaranalyse nach Pregl das Absorptionsrohr für CO_2 durch eine Leitfähigkeitszelle ersetzt und damit für 1 mg C eine Reproduzierbarkeit von $\pm 0{,}29$ µg erreicht. Kürzlich hat Salzer eine Variante mit abgeänderten Verbrennungs- und Reinigungsteilen beschrieben, bei welcher der Wasserstoff coulometrisch bestimmt wird. Greenfield und Smith dagegen bestimmen ihn konduktometrisch unter Absorption des H_2O in konz. Schwefelsäure.

Malissa (b) beschrieb die Möglichkeiten der Automation der Elementaranalyse mit gleichzeitiger Bestimmung von C, H und S durch Konduktometrie.

Schließlich sei noch erwähnt, daß auch Lakomý, Lehar und Večeřa neuerdings ein Absorptions- und Leitfähigkeitsmeßgefäß für die C-Bestimmung in organischen Substanzen ausführlich beschrieben haben.

e) Gasvolumetrie.

Allgemeines. Die gasvolumetrischen Verfahren beruhen darauf, daß das aus einer bestimmten Probemenge bei der Verbrennung gebildete CO_2 aus dem Gemisch mit Sauerstoff nach Entfernen anderer flüchtiger, saurer Verbindungen entsprechend den Methoden der Gasabsorptionsanalyse abgetrennt und gemessen wird. Unter Berücksichtigung von Luftdruck und Temperatur bei der Messung wird aus dem Gasvolumen die Kohlendioxidmenge berechnet.

Die Formel für die Berechnung der C-Prozente lautet:

$$\%\,C = \frac{0{,}01937\,(b - f)}{T \cdot E} \cdot V;$$

dabei ist:

V das gemessene Volumen CO_2 [ml],
b der auf 0 °C reduzierte Barometerstand [Torr],
f der Wasserdampfdruck der Sperrflüssigkeit [Torr] bei der Temperatur T,
T die Temperatur [°K],
E die Einwaage [g].

Nachstehend werden als Beispiele eine einfache Ausführung, die auf Wirtz und auf Seuthe zurückgeht, in der vom Chemikerausschuß des Vereins Deutscher Eisenhüttenleute (Handbuch) empfohlenen Form und dann eine sogenannte Unterdruckmethode für die exakte Bestimmung sehr kleiner C-Mengen nach Nesbitt und Henderson beschrieben.

α) Messung bei Normaldruck

Apparatur. (Abb. 24) Der Verbrennungsofen und die Geräte zum Reinigen und Anfeuchten des Sauerstoffs sind die gleichen wie beim gewichtsanalytischen Verfahren. Das die Verbrennungsgase und den überschüssigen Sauerstoff aufnehmende Sammel- und Meßgerät ist mit dem Verbrennungsofen durch ein möglichst kurzes, mit Glaswolle gefülltes Glasrohr von etwa 3 bis 4 mm lichter Weite verbunden, das gleichzeitig als Staubfänger dient. Daran schließt sich ein mit Chromschwefelsäure (vgl. Reagenzien) oder mit festem Chromsäureanhydrid gefülltes Absorptionsgefäß (4) an. Kühler (6), Meßgerät (7) mit Niveauflasche (9) und ein mit Kalilauge gefülltes Absorptionsgefäß (8) bilden die drei wesentlichen Bestandteile des Kohlenstoffvolu-

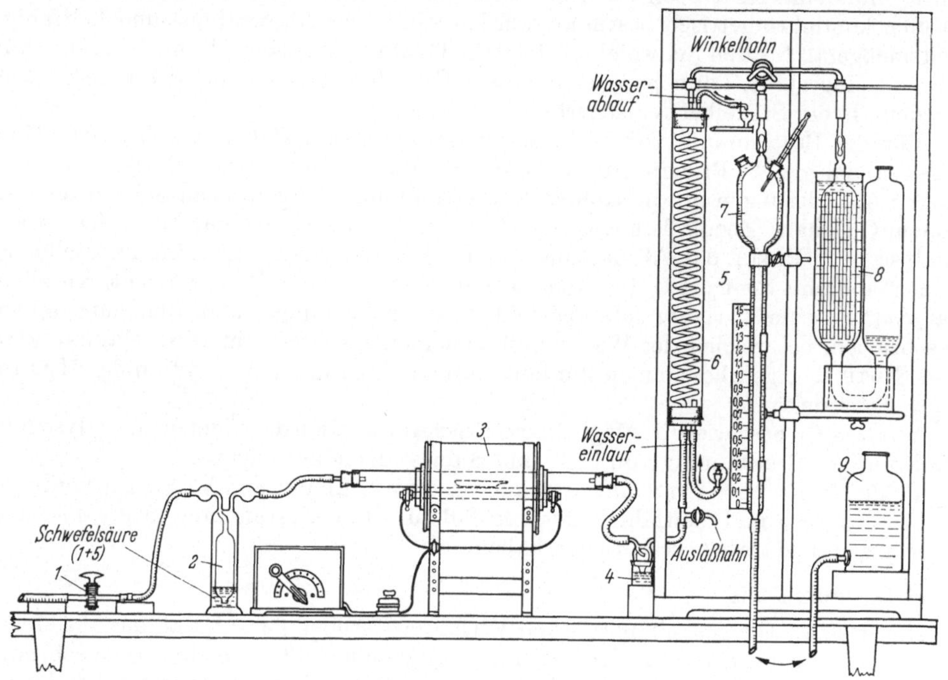

Abb. 24. Apparat des Vereins Deutscher Eisenhüttenleute zur gasvolumetrischen Kohlenstoffbestimmung nach WIRTZ u. SEUTHE.

meters (5). Der Kühler (6) mit dem capillaren Schlangenrohr soll den heißen Verbrennungsgasen Zimmertemperatur erteilen. Die Meßbürette (7), im oberen Teil zylindrisch erweitert, ist mit einem Thermometer und mit einem Kühlmantel versehen. Der untere Teil der Meßbürette trägt eine Skala, die entweder auf dem Glase eingeätzt oder auf einem seitlich befindlichen, verschiebbaren Meßbrett angebracht ist. Es gibt eine ganze Reihe nach dieser Anordnung gebauter Kohlenstoffbestimmungsapparate. Bei den für die Kohlenstoffbestimmung im Stahl gebräuchlichen Apparaten faßt das Meßgerät etwa 150 bis 200 ml; für die Bestimmung des Kohlenstoffs in Guß- und Roheisensorten sind größere Apparate herausgebracht worden, deren Meßgefäß 400 bis 500 ml faßt. Die Absorptionspipette ist dann ebenfalls entsprechend größer gehalten.

Als Eichtemperatur für das Meßgefäß ist, um den Berichtigungswert möglichst klein zu halten, nicht 0 °C, sondern Raumtemperatur zu wählen. Die im Handel befindlichen Geräte sind meistens auf 20 °C geeicht. Als Druck wird, wie üblich, bei den Eichungen der Normaldruck (760 Torr) zugrunde gelegt. Das die Kalilauge enthaltende Absorptionsgefäß ist entweder mit einer Vorrichtung ausgerüstet, die eine möglichst feine Verteilung der eingeleiteten Verbrennungsgase und gleichzeitig restlose Zurückführung des nicht absorbierten Gasrestes ermöglicht, oder es besitzt nach Art der Hempelschen Kalilaugepipetten eine Füllung von Glasrohren, durch welche eine große Berührungsfläche zwischen Gas und Kalilauge hervorgerufen wird.

Reagenzien. aa) Chromschwefelsäure-Mischung: 36 g Chromsäureanhydrid werden in 120 ml Wasser gelöst und mit 600 ml Schwefelsäure ($D = 1{,}84$) versetzt.

bb) Indikatorlösung: 0,5 g Azolitmin werden in 1 l Wasser gelöst. Kalilauge: 500 g KOH (reinst) in 1000 ml Wasser gelöst. Sperrflüssigkeit für die Meßbürette: 200 g Natriumchlorid (chemisch rein) in 1 l Wasser gelöst und mit 1 ml konzentrierter Schwefelsäure versetzt. Zu der Flüssigkeit werden einige Tropfen einer Azolitminlösung als Indikator gegeben; der Indikator soll ein etwaiges Übertreten von Kalilauge in das Meßgefäß anzeigen und erleichtert gleichzeitig das Ablesen.

Verbrennungstemperatur und Zuschläge. Die Verbrennungstemperatur beträgt bei Kohlenstoffstählen 1100 bis 1150 °C, bei legierten Stählen 1200 bis 1250 °C.

Als Zuschläge können die gleichen Stoffe wie zur gewichtsanalytischen Kohlenstoffbestimmung genommen werden. Als besonders geeigneter und billiger Zuschlag hat sich für leicht verbrennbare Werkstoffe Mennige erwiesen. Bei schwer verbrennlichen Werkstoffen nimmt man als Zuschlag 1 g Ferrum reductum oder 1 g weichen unlegierten Stahl von bekanntem Kohlenstoffgehalt und gibt noch 0,5 g Mennige oder Blei(IV)-oxid hinzu. An Stelle des weichen Stahles kann auch Elektrolytkupfer genommen werden (siehe auch Abschnitt: F, 1).

Arbeitsvorschrift. Von der zu untersuchenden Stahlprobe wird 1 g, bei Roh- und Gußeisen, wenn kein besonderes Roheisenvolumeter zur Verfügung steht, 0,25 g abgewogen, im Verbrennungsschiffchen mit dem Zuschlag überstreut und in das Verbrennungsrohr bis zur Mitte der Heizzone geschoben. Darauf wird der Ofen mit dem Volumeter, dessen Niveauflasche hoch gestellt ist, verbunden. Die Sauerstoffzufuhr ist vorher abgestellt worden und bleibt es, bis die Probe die Ofentemperatur angenommen hat und das Einsetzen der Verbrennung bevorsteht (Nachlassen des Überdruckes an der Chromschwefelsäure-Vorlage *4*). Jetzt öffnet man die Sauerstoffzufuhr und regelt sie so, daß bei der Verbrennung, die sofort einsetzen muß, der Flüssigkeitsspiegel in der Meßbürette kaum sinkt. Sobald die Verbrennung beendet ist, fällt der Flüssigkeitsspiegel schnell; man stellt die Niveauflasche auf den Tisch oder auf das im Volumeter dafür vorgesehene Brettchen, um durch kräftigen Zug das entstandene CO_2 restlos in das Volumeter überzuspülen. Ist der Flüssigkeitsspiegel in der Meßbürette etwas unter Null gesunken, so schließt man mittels des Winkelhahnes das Volumeter. Bei Apparaten mit eingeätzter Skala stellt man durch Nachdrücken von etwas Sauerstoff auf Null ein; besser unterläßt man jedoch die Einstellung auf Null und notiert den Stand des Flüssigkeitsspiegels. Bei Apparaten mit verschiebbarer Skala bringt man den Nullstrich der Skala in gleiche Höhe mit der Oberfläche der Sperrflüssigkeit, oder aber man verschiebt auch hier die Skala nicht, sondern notiert den Stand des Oberflächenspiegels. Das Einstellen und Ablesen des Standes der Flüssigkeitsoberfläche erfolgt, wie beim Abmessen von Gasen üblich, indem die Flüssigkeitsoberfläche in der Meßröhre und in dem Niveaugefäß in gleiche Höhe gebracht wird. Darauf stellt man durch Drehen des Hahnes die Verbindung zwischen Absorptions- und Meßgefäß her, drückt durch Heben der Niveauflasche das Gas hinüber, saugt es dann wieder zurück und leitet es nochmals in das Absorptionsgefäß. Das zweimalige Einleiten in die Kalilauge-Pipette ist notwendig, da bei einem einmaligen Vorgang die Absorption des Kohlendioxids nicht vollständig ist. Das Meßgefäß wird nun abgesperrt und das verbliebene Sauerstoffvolumen gemessen. Die Volumenverminderung entspricht dem Volumen des absorbierten Kohlendioxids und kann auf der Skala bei einer Einwaage von 1 g als Prozentgehalt an Kohlenstoff abgelesen werden. Die Umwertung auf Eichtemperatur und Normaldruck geschieht am einfachsten mit Hilfe des vom Chemikerausschuß des Vereins Deutscher Eisenhüttenleute entworfenen Umrechnungsschaubildes, das ein sofortiges Ablesen des berichtigten Kohlenstoffgehaltes gestattet (Abb. 25). Man kann natürlich auch die den Kohlenstoffbestimmungsapparaten mitgelieferten Umrechnungszahlentafeln benutzen und entweder jeden Befund mit dem dort angegebenen Berichtigungswert multiplizieren oder aber halbtäglich nach Ablesen des Barometerstandes und der Raumtemperatur ein berichtigtes Gewicht für die Einwaage berechnen, indem man die vorgeschriebene Einwaage von 1 g bzw. 0,25 g durch den Berichtigungswert dividiert. In Abb. 25 ist das Diagramm gegenüber dem Original etwas vereinfacht.

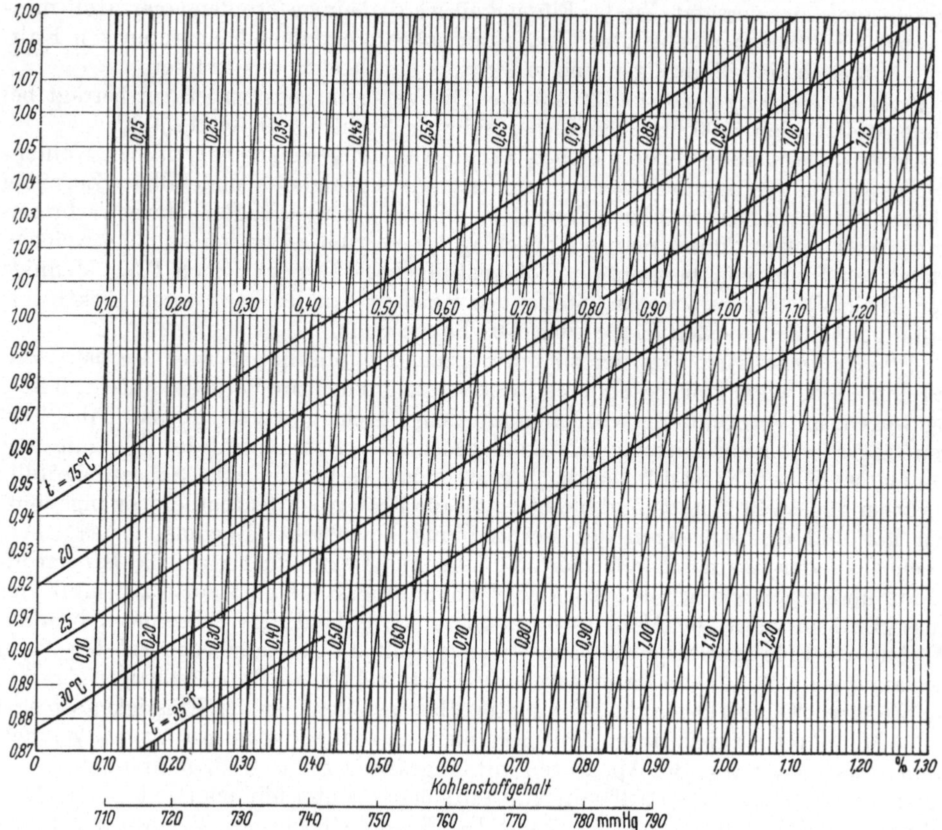

Abb. 25. Nomogramm des Vereins Deutscher Eisenhüttenleute zur gasvolumetrischen C-Bestimmung.

Aus dem Diagramm kann unter Benutzung der mit einer C-%-Skala für eine bestimmte Einwaage ausgerüsteten Geräte, von der Ablesung ausgehend, unmittelbar der korrigierte C-%-Gehalt entnommen werden. Außerdem kann aber der für jedes beliebige Gasvolumen geltende Faktor zur Umrechnung des Gasvolumens von Meßzustand auf 760 Torr und 20 °C aus dem Diagramm abgelesen werden. Man braucht dazu nur vom Schnittpunkt der dem betreffenden Druck zugehörigen senkrechten Linie mit der Temperaturlinie eine Gerade parallel zur Abszisse nach links zu verfolgen und trifft dort in der vertikalen Zahlenkolonne auf den betreffenden Faktor.

Shanahan und Jenkins beschrieben neuerdings eine ähnliche Arbeitsweise mit gleichzeitiger titrimetrischer Schwefelbestimmung.

β) Messung bei Unterdruck.

Methoden zur Unterdruck-Ausführung sind in der Hauptsache für die Bestimmung kleiner C-Konzentrationen im Stahl entwickelt worden. Außer einer wiederholten Absorption nach Wiederaustreibung des CO_2 aus der ersten Absorptionslauge wenden Nesbitt und Henderson die Ablesung der Volumina bei Unterdruck an, wodurch größere Genauigkeit erreicht wird. Außerdem enthält ihr Gerät einen

Volumenkompensator, der die Umrechnung des Gasvolumens überflüssig macht. Sie absorbieren das bei der Verbrennung entstehende CO_2 zunächst vollständig in Lauge, die sich in einem Absorptionsgefäß mit Füllkörpern befindet. Danach wird das Gefäß an eine volumetrische Meßapparatur angesetzt, CO_2 bei Unterdruck mit Säure unter Durchleiten von etwas gereinigter Luft ausgetrieben und dann das Volumen des CO_2-Luft-Wasserdampf-Gemisches bei erniedrigtem Druck gemessen. Der Gesamtdruck wird dabei mittels eines eingebauten Kompensators genau auf 334 Torr eingestellt, die Temperatur auf 25 °C; unter diesen Bedingungen entspricht das Volumen von 1 ml CO_2 gerade 0,01 % C in einer Einwaage von 2 g. Schließlich wird CO_2 in Natronlauge wieder absorbiert und das Volumen des Restgases unter den gleichen Bedingungen gemessen. Die Differenz der Ablesungen ergibt CO_2 bzw. C. Die Verbrennung und die eigentliche CO_2-Bestimmung können räumlich und zeitlich getrennt werden. Die *Apparatur* besteht aus dem Verbrennungsteil, der geringe Abwandlungen gegenüber dem in der Stahlindustrie üblichen Aufbau aufweist, und dem Gasmeßteil. (In der Abb. 26 u. 27 wurden die Verbindungsschliffe am Aksorber *G*, links, versehentlich nicht dargestellt.)

In Abb. 26 ist *A* ein Sauerstoffbehälter mit Druckregelorganen. *B* ist der Sauerstoffreinigungsofen, ein Quarzglasrohr von 8 mm Durchmesser, das mit CuO gefüllt ist und regelbar elektrisch auf etwa 600 °C erhitzt wird. *C* ist ein U-Rohr, dessen einer Schenkel mit Natronasbest und dessen anderer Schenkel mit Magnesiumperchlorat gefüllt ist. *D* ist ein Quecksilbermanometer zur Kontrolle des O_2-Stromes. *E* ist das Verbrennungsrohr aus gegen Eisenoxid bei 1450 °C beständigem und gasdichtem keramischem Material mit hohem Tonerdegehalt. Auf das Eingangsende des Rohres ist ein Messingrohr aufgesteckt, dessen vorderes Ende eingezogen ist und durch welches man das Verbrennungsschiffchen einführt. Dieses Ende wird danach mit einer entsprechenden Kappe verschlossen. Das Verbrennungsrohr kann durch Silitstabheizung bis auf 1450 °C erhitzt werden. Günstig ist die Anordnung von Regelwiderständen, die es ermöglichen, Temperaturstufen von 25 °C zwischen 1100 und 1450 °C einzustellen. Als Schiffchen sind solche von 4,9 cm Länge, 0,8 cm Breite und 0,6 cm Tiefe zweckmäßig. Eine Unterlage von Tonerdepulver für die Probe wird empfohlen. Am Ausgangsende des Rohres befindet sich eine Schliffverbindung. *F* ist ein mit aktiviertem Mangan(IV)-oxid von 40 bis 100 mesh Körnung zwischen Asbestschichten gefüllter Absorber für Schwefeloxide. Zweckmäßig wird er vertikal angeordnet, um Kanalbildung zu vermeiden. Ein für die Aufnahme der Schwefeloxide sehr wirksames Mangan(IV)-oxid kann man selbst herstellen nach einer Vorschrift der U.S. Steel Corporation Chemists. (Siehe auch Abschnitt: B, 1, I b, α.) *G* ist der Absorber für CO_2. Er enthält schneckenförmige Füllkörper und trägt einen kugelförmigen Spritzfänger. Sein becherförmiger Teil über dem Hahn dient als Anschlußstück und gleichzeitig zur Einführung von Flüssigkeiten; *H* ist ein Blasenzähler.

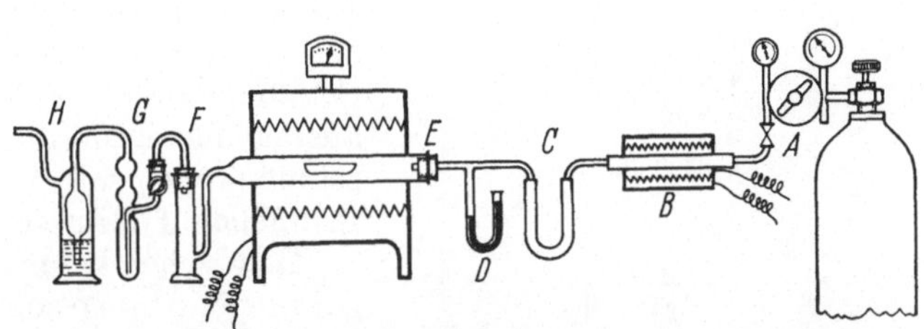

Abb. 26. Verbrennungsteil der Apparatur von NESBITT u. HENDERSON, schematisch.

In Abb. 27 ist *G* der Absorber. Er ist hier an die gasvolumetrische Meßapparatur angesetzt. In dieser sind I_1 bis I_{10} Hähne; das Rohrsystem, aus mehreren Teilen mit gasdicht gemachten Schliffen zusammengesetzt, besteht aus 1-mm-Capillarrohr. J_1 und J_2 sind Niveaugefäße; *K* ist die Gasaufnahme- und Evakuierungsbürette, *L* die Meßküvette. *M* ist der Kompensator zum Korrigieren der Volumina auf Standardtemperatur (25 °C) und -gesamtdruck (334 Torr); beide befinden sich in einem Wassermantel. *N* ist ein Wassermanometer, das zur empfindlichen Abgleichung der Drucke bei Anwendung des Kompensators dient. *O* ist eine Gaspipette mit 20 %iger Natronlauge.

Das Rohrsystem von I_2 bis I_9 und die Büretten *K* und *L* sowie teilweise die Niveaugefäße J_1 und J_2 werden mit Quecksilber gefüllt. Das Quecksilber muß durch mehrfaches Senken der Niveaugefäße und Herausdrücken der freigewordenen Luft durch die Rohre entgast werden.

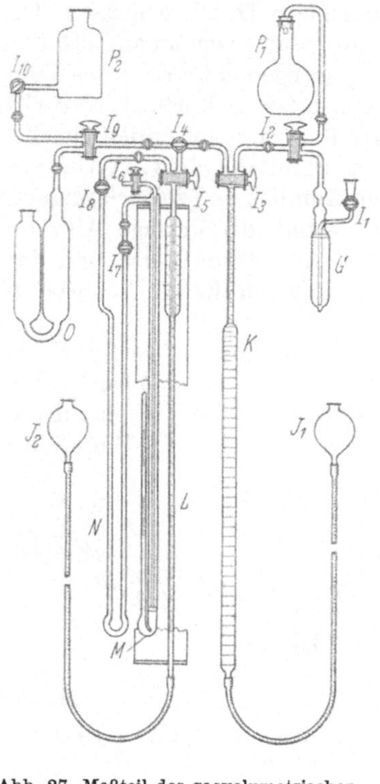

Abb. 27. Meßteil des gasvolumetrischen C-Bestimmungsapparates von NESBITT u. HENDERSON.

Der Kompensator ist ein solcher vom Barometertyp. Jeder Druck unterhalb von 350 Torr kann durch Verbinden mit der Aufnahmebürette *K* über Hahn I_6 und Manipulieren mit Niveaugefäß J_1 eingestellt werden.

Arbeitsvorschrift. Leicht schmelzende Stähle werden bei 1100 °C, schwer schmelzende in Form von Bohrspänen auf einer Al_2O_3-Unterlage, bedeckt mit Zinn von 30 mesh Körnung bei Temperaturen bis 1450 °C verbrannt. Das Schiffchen mit Al_2O_3 wird vor Gebrauch 20 Min. unter O_2-Durchgang im Rohr bei der Temperatur, bei der die Probe verbrannt werden soll, ausgeglüht. Nach Einwägen der Probe wird bei einem O_2-Durchgang von 300 bis 350 ml/Min. das Verbrennungsrohr geöffnet, das Schiffchen mit der Probe in das aus dem Ofen herausragende Ende des Rohres eingeführt, die Verschlußkappe sofort wieder aufgesetzt und das Schiffchen 1 Min. vorgewärmt.

Inzwischen hat man das bis jetzt nicht eingesetzt gewesene Absorptionsgefäß vorbereitet. Man hat 2 ml etwa 40 %ige Natronlauge (hergestellt durch Lösen von sauberem, metallischem Natrium unter kohlendioxidfreier Luft oder N_2 in kohlendioxidfreiem Wasser, Absitzenlassen und Dekantieren in ein Vorratsgefäß mit aufgesetztem Natronasbeströhrchen) bei geöffnetem Hahn I_1 eingefüllt, ohne die Seitenwandung des becherförmigen Teiles zu benetzen, und mit 2 ml kohlendioxidfreiem Wasser nachgespült. Bei geschlossenem Hahn wird sodann der Absorber kreisend geschwenkt, so daß die Füllkörper sämtlich mit Flüssigkeit benetzt werden.

Nun fügt man den Absorber mit geöffnetem Hahn in den Verbrennungstrakt ein und stößt das Schiffchen mit der Probe in die heiße Zone des Rohres, wozu man dieses kurzzeitig öffnet. Während der Verbrennung selbst reguliert man den Sauerstoff mit dem Nadelventil derart, daß nicht mehr als 60 Blasen je Minute vom Blasenzähler *H* angezeigt werden. Nach 5 Min. werden die letzten Spuren von CO_2 bei 1 Min. lang auf 300 ml/Min. verstärktem O_2-Strom aus dem Rohr ausgetrieben. Dann wird der Sauerstoff abgestellt, der Absorber abgenommen und schnell mittels des Hahnes und eines Gummistopfens verschlossen. Der Absorber wird sofort oder später an die Meßapparatur angeschlossen. (Vgl. die Anmerkung in Parenthese auf S. 49 oben!)

Vor dem Anschließen wird der in der Abb. 27 linke Teil des Rohrsystems des Meßapparates, der von der vorigen Bestimmung her mit Natronlauge benetzt ist, mit verdünnter Säure aus P_1 gespült, das Quecksilber entgast, die Luft durch P_1 ausgetrieben, das ganze System von I_9 bis I_2 einschließlich *K* und *L* mit Quecksilber und die Capillare von I_2 bis zum freien Ende mit kohlendioxidfreiem Wasser gefüllt.

Nachdem Absorber *G* an die Capillare des Meßapparates angesetzt ist, werden I_2 und I_3 geöffnet; Niveaugefäß J_1 wird gesenkt, bis der Quecksilberspiegel am unteren Ende von Bürette K steht, um den größten Teil der Luft aus G zu entfernen. Unter Heben von J_1 wird die Luft dann bei entsprechender Hahnstellung durch P_1 herausgedrückt. Dieses Ansaugen und Herausdrücken wird zweimal wiederholt. Nun läßt man durch den becherförmigen Ansatz 4 ml kohlendioxidfreie, verdünnte Schwefelsäure (1 + 1) (etwa 9,3 m) in den Absorber, der jetzt Unterdruck hat, einlaufen und spült mit 3 ml kohlendioxidfreiem Wasser nach, ohne dabei Luft eindringen zu lassen. Vor Ablaufen der letzten Spülsäure verbindet man den Ansatz mit einem kohlendioxidfreie Luft enthaltenden Gefäß. Bei tief gesenktem J_1 wird G über die Hähne I_2 und I_3 mit K in Verbindung gebracht, mittels einer kleinen Flamme der Inhalt von G zum Sieden gebracht und so lange weiter leicht am Sieden gehalten, bis Wasserdampf sich im oberen Teil von K zu kondensieren beginnt. Dann wird mittels I_2 die Verbindung von K nach G abgesperrt und nach P_1 so lange geöffnet, daß das Gas durch die Spülsäure aus dem Rohrsystem gerade vollständig nach K hineingedrückt wird. (Abb. 27 ist wie folgt korrigiert zu denken: In P_1 geht das Rohr bis zum Boden; der Kolben trägt daneben ein Trichterrohr, das mit Spülsäure gefüllt ist, so daß in P_1 Überdruck herrscht.) Man schließt I_2, öffnet I_4 nach L hin und drückt durch Anheben von J_1 das Gas aus K und dem Rohrsystem nach L hinein. Die Hähne I_2 und I_4 werden wieder in die vorige Stellung gedreht, I_2 bleibt offen. Man erhitzt den durch Senken von J_1 unter verminderten Druck gebrachten Inhalt von G wieder zum Sieden und läßt über I_1 20 ml CO_2-freie Luft durchperlen, um die letzten Spuren CO_2 aus der Flüssigkeit auszutreiben. Bei den gegebenen Abmessungen der Apparatur konnte bei Anwendung von 18 bis 24 ml Luft gerade der Teil der Meßbürette, der die genaueste Volumenablesung gestattet, ausgenutzt werden.

Nun wird I_2 gegen G abgesperrt und nach P_1 vorsichtig geöffnet, so daß das Gas aus dem Rohrsystem durch Säure nach K gespült wird. I_2 wird geschlossen und I_4 geöffnet. Sodann wird das Gasgemisch über I_5 nach L überführt. Man schließt I_5 und expandiert das Gas durch Senken von J_2 auf einen Druck von ungefähr 334 Torr. Durch entsprechendes Drehen von I_5 stellt man die Verbindung mit dem Wassermanometer N her. Die genaue Einstellung des Druckes auf den im Kompensator herrschenden erreicht man durch Betätigung einer Feinstellschraube an der Haltevorrichtung des Niveaugefäßes J_2. Man wartet 2 Min. und liest dann das Gasvolumen an der 0,05-ml-Teilung der Bürette ab, während der Druck unter Kontrolle durch das Wassermanometer genau auf demjenigen des Kompensators gehalten wird.

Nach dem Ablesen schließt man I_5, hebt J_2 so weit, daß das Gas etwas mehr als Atmosphärendruck erhält, und sperrt die Verbindung zum Quecksilber im Niveaugefäß mittels der auf dem Verbindungsschlauch am Fuße der Apparatur befindlichen Klemmschraube zunächst ab. Bei geöffnetem I_9 und I_{10} läßt man durch vorsichtiges Betätigen der Klemmschraube Quecksilber in L steigen. Wenn die Wassersäule im Rohrsystem durch das Gas gerade bis Hahn I_9 herausgedrückt ist, dreht man diesen Hahn derart, daß das ganze Gas in die Absorptionspipette O strömt. Während das Gas sich in O befindet, spült man Rohrsystem und Meßbürette über I_9 und I_{10} mit alkalischem Wasser aus P_2, um alle Säurereste an den Glaswandungen zu neutralisieren. Das Spülwasser wird nach P_2 zurückgedrückt.

Das Gas wird, wie bei der Absorptionsanalyse üblich, einige Male zwischen O und L hin- und hergetrieben. Beim letzten Zurücksaugen nach L wird die starke Natronlauge aus O gerade bei I_9 angehalten, und mit alkalischem Wasser aus P_2 wird der noch im Rohrsystem befindliche Teil des Gases nach L hineingedrückt. Das Volumen des Gases wird so, wie vorhin beschrieben, gemessen. Man bildet die Differenz der beiden Ablesungen, zieht den Blindwert ab und errechnet aus den erhaltenen Millilitern CO_2 die C-Prozente der Probe (siehe oben, einleitender Absatz). Die von NESBITT und HENDERSON verwendete Meßbürette wies im unteren engeren Teil eine 0,05-ml-Teilung auf, und mit Lupe konnte leicht auf 0,01 ml abgelesen werden. Die

Apparatur wurde mit Standardstählen auf richtige Funktion geprüft. Die mittlere Abweichung gegenüber mit anderen Verfahren erhaltenen Ergebnissen anderer Laboratorien betrug 0,0003% C bei Stählen mit C-Gehalten bis zu 0,05%. Eine einzelne Bestimmung dauerte etwa 1 Std.

Es sei hier erwähnt, daß auch eine Abwandlung der volumetrischen Halbmikromethode vorgeschlagen worden ist (FLAMENT und MAROT), bei der das CO_2, statt zunächst absorbiert zu werden, mit flüssiger Luft ausgefroren und dann wieder verdampft wird, so wie es bei manometrischen Methoden (siehe weiter unten) vielfach geschieht.

Die Anwendung eines kommerziellen Gerätes (Lindbergh) und kleine Verbesserungen an diesem wurden von SIMONS und Mitarbeitern beschrieben.

γ) Ausführung in Verbindung mit der Verbrennung in der Bombe.

Allgemeines. Solche Kombinationen, deren erste von BERTHELOT, dann von KRÖKER angegeben, später u.a. von WHITAKER, WATKINS sowie von WATKINS und HUNN angewendet wurden, sind besonders dann nützlich, wenn neben der C-Bestimmung auch eine Heizwertbestimmung ausgeführt werden muß: Beide werden bei einer und derselben Verbrennung ausgeführt. MEHTA empfahl neuerdings die weiter unten beschriebene Ausführungsform. Nach seinen Feststellungen ist keine besondere Maßnahme zur Berücksichtigung von Schwefelgehalten außer dem üblichen Eingeben von Wasser in die Bombe erforderlich. S-Gehalte von mehreren Prozenten störten bei der Analyse von Kohlen und anderen Substanzen nicht, da der Schwefel bei der explosionsartigen Verbrennung im Sauerstoffüberschuß vollständig zu SO_3 verbrennt und vom Wasser am Boden der Bombe absorbiert wird. Das Verfahren von MEHTA sei als Beispiel der Bombenmethode näher beschrieben.

Arbeitsvorschrift. Die Probe wird, wie bei der Heizwertbestimmung üblich (Abb. 28), in ein Quarztiegelchen eingewogen. Auf den Boden der Bombe gibt man 1 bis 2 ml Wasser. Als Zündquelle dient ein gewogenes Stück Baumwollfaden, das von dem zwischen den Zündelektroden befestigten Nickel- oder Platindraht in die Probe hineinhängt. Man füllt die Bombe mit 25 Atm. Sauerstoff und verbrennt wie üblich. Nach gegebenenfalls erfolgter Heizwertbestimmung und Abkühlung auf Raumtemperatur wird der Gasinhalt der Bombe durch eine gewöhnliche Gasprobeflasche, eine kleine Waschflasche mit Glaswolle und etwa 20 ml Wasser (um Wasserdampfsättigung herzustellen) hindurch entspannt und schließlich durch einen kleinen Gaszähler geleitet. Das Wasser in der Waschflasche und im Gaszähler ist vorher mit Sauerstoff, der 10 bis 12% CO_2 enthält, gesättigt worden, z.B. durch mehrmaliges Einleiten von Verbrennungsgas aus früheren Heizwertbestimmungen. Das Wasser in der Waschflasche ist außerdem mit wenig Schwefelsäure gegen Methylorange als Indikator angesäuert worden.

Nachdem das Gas völlig entspannt ist, verwendet man den in der Gasprobeflasche enthaltenen Anteil des Gases zur Bestimmung des CO_2-Gehaltes durch üb-

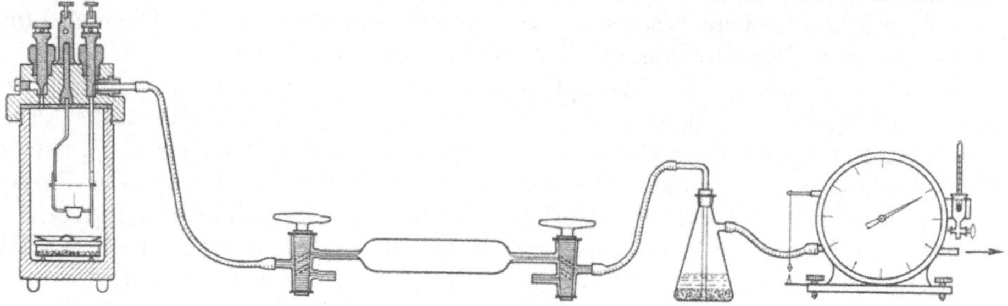

Abb. 28. Anordnung von MEHTA für die gasvolumetrische Kohlenstoffbestimmung mit Verbrennung in der Bombe.

liche, gasvolumetrische Analyse. Aus dem am Zähler abgelesenen Gasvolumen zuzüglich des Rauminhaltes der Bombe berechnet man unter Berücksichtigung von Luftdruck, Temperatur und Wasserdampftension das Gasvolumen unter Normalbedingungen. Aus diesem Volumen, dem gefundenen Gehalt an CO_2 in Vol.-%, der Dichte von CO_2 und den Atom- bzw. Molekulargewichten von C und CO_2 berechnet man den Kohlenstoff in Gramm. Von dieser Zahl zieht man die C-Menge, die dem Baumwollfaden entspricht, ab und berechnet schließlich aus der Differenz und der Einwaage den Prozentgehalt an C der verbrannten Substanz.

Zahlenbeispiel (Analyse von Benzoesäure):

Substanzeinwaage: 0,4281 g
Volumen der Bombe: 300 ml
gemessenes Volumen des abgeströmten Abgases: 6,671 l
Luftdruck: 733,6 Torr
Temperatur: 32,1 °C
Wasserdampfdruck bei 32,1 °C: 35,9 Torr
Gef. CO_2-Gehalt im Gas: 9,754 Vol.-%
C im Zündfaden 0,0051 g
Gesamtvolumen = 6,671 + 0,300 = 6,971 l

$$\frac{6{,}971 \cdot 273 \cdot (733{,}6 - 35{,}9)}{(273 + 32{,}1) \cdot 760} = 5{,}727\ \text{l} = \text{Gesamtvolumen unter Normalbedingungen}$$

$$\text{C-Gehalt im Gas} = \frac{5{,}727 \cdot 9{,}754 \cdot 1{,}965 \cdot 12{,}011}{100 \cdot 44{,}011} = 0{,}2995\ \text{g.}$$ [1]

C in der Benzoesäure (= C im Gas − C im Zündfaden) = 0,2944 g.

$$\text{C in der Benzoesäure} = \frac{0{,}2944 \cdot 100}{0{,}4281} = 68{,}77\,\%\ \text{(theoretisch: 68,85\,\%).}$$

Als normale Fehlergrenzen seiner Methode gibt Mehta ±0,15% C an.

Eine andere Art der Volumenmessung des Gases benutzen Carr und Rente. Sie entspannen in einen Gummiballon hinein, der sich in einer mit Wasser gefüllten Überlaufflasche befindet. Die Menge des übergelaufenen Wassers entspricht dem Gasvolumen.

Bei der Bombenmethode kann man übrigens das Kohlendioxid auch in einem innerhalb der Bombe befindlichen Gefäß mit Lauge absorbieren und das CO_2, z.B. nach Fällung als $BaCO_3$, acidimetrisch bestimmen, wie Lambris und Boll beschrieben.

f) Gasmanometrie.

Die manometrische Methode zur Bestimmung des bei der Verbrennung entstehenden CO_2 wurde zuerst 1920 von Yensen bei der C-Bestimmung in kohlenstoffarmem Eisen und Stahl angewendet. Er verbrannte die Probe nach Erhitzen im Vakuum dann unter Sauerstoffzutritt und ließ die Verbrennungsgase durch ein in flüssige Luft getauchtes Röhrchen streichen, wo das CO_2 ausfror. Dieses ließ er dann in einen vorher evakuierten Teil des Apparates von bekanntem Volumen verdampfen, und aus dem sich einstellenden Druck und dem Volumen konnte die Kohlenstoffmenge berechnet werden. Bei besonders sorgfältiger Arbeitsweise wurde eine Genauigkeit von ±0,0001% C bei 2 g Probe mit einem Gehalt von $<0{,}1\,\%$ C erreicht.

Die Methode wurde von verschiedenen Autoren angewendet und in Einzelheiten verbessert, so von Ziegler, von Murray und Ashley, von Murray und Niedrach, von Stanley und Yensen, von Pepkowitz und Chebiniak. Die Verwendung von Mc-Leod-Manometern gestattet die genaue Ablesung sehr kleiner Gasdrucke; bei

[1] Der Faktor: 1,965 ist das für ideales Gas errechnete Litergewicht des Kohlendioxids: $1{,}965 = \frac{44{,}011}{22{,}4}$; der experimentell richtige Wert lautet aber: 1,9768.

einer Ausbildung der Apparatur nach HOLT ergibt das aus 1 µg C gebildete CO_2 eine Anzeige von 4 Torr. Das Prinzip nach McLeod besteht darin, daß ein Teil einer Gasmenge, die in einem bekannten, vorher evakuiert gewesenen Volumen einen sehr niedrigen Druck erzeugt, mit Quecksilber auf ein kleines Volumen in einer Capillare zusammengedrückt wird. Der abgetrennte Gasanteil hat dann aber immerhin nur wenige Torr Enddruck, nimmt also ein Hundertfaches von seinem Volumen bei Normaldruck ein und bildet in der engen Capillare eine gut meßbare Gassäule über dem Quecksilber. Die Capillare ist auf Torr bzw. auf 10^{-n} Torr geeicht.

Eine Ausführung nach PEPKOWITZ und MOAK wird nachstehend wiedergegeben. Sie stellt gleichzeitig ein Beispiel für die Anwendung der Hochfrequenz-Induktionsheizung auf die Verbrennung dar.

Die Autoren beschreiben eine Anordnung und Verfahrensweise zur Präzisionsbestimmung kleiner C-Gehalte in Metallen, bei der ein in den USA handelsüblicher Verbrennungsteil, der Lindbergh-HF-Apparat, eine einfache Anordnung zum Ausfrieren und nachfolgenden Messen von CO_2 und eine einfache Rotations-Vakuumpumpe (kein Hochvakuum) verwendet werden. Die Verbrennung selbst erfolgt bei etwas über dem atmosphärischen liegenden Druck, unter dem die Anwendung einer Temperatur von 1700 °C und höher, wie sie durch Hochfrequenz-Induktion leicht erreichbar und zur raschen Verbrennung mancher Materialien wünschenswert ist, im Gegensatz zum Arbeiten im Vakuum keine besonderen apparativen Schwierigkeiten bietet.

Bei der angewendeten, hohen Temperatur und dem Sauerstoffüberschuß entstehen keine Schwefeloxide außer SO_3. Letzteres wird in der Kühlfalle mit ausgefroren und tritt bei der CO_2-Messung, die nachher bei etwa − 102 °C erfolgt, wegen seines in diesem Temperaturgebiet vernachlässigbar niedrigen Dampfdrucks nicht in Erscheinung. So kann das sonst für die Absorption von SO_2 erforderliche Gefäß mit aktiviertem Mangan(IV)-oxid entfallen. Die Temperatur von etwa −102 °C wird mittels „Methanolbrei" (siehe Absatz: Arbeitsvorschrift) eingestellt. Bei ihr hat CO_2 einen Dampfdruck von 85 Torr. Während Wasser und Pumpenöldämpfe, welche die Messung des CO_2 fälschen könnten, im Gegensatz zum Messen bei Raumtemperatur oder der Temperatur von Trockeneis-Aceton noch keinen merklichen Druck besitzen.

Die Verwendung der Hochfrequenzeinrichtung macht besondere Beschickungsvorrichtungen für die Proben überflüssig. Einfache handelsübliche Probenbecher können verwendet werden; es muß nur darauf geachtet werden, daß sie nicht durch Berühren mit den Fingern oder Aufstellen auf Papier u. dgl. mit Fett bzw. Papierfäserchen verunreinigt werden.

Bei der hohen Verbrennungstemperatur ist gewöhnlich kein Beschleuniger- oder Flußmittelzusatz erforderlich. Für Zinn, Kupfer, Blei und Molybdän werden 5 Min. zur vollständigen Verbrennung benötigt. Sobald die Metalle gänzlich in Oxid übergeführt sind, ist so gut wie keine Induktionskoppelung mehr vorhanden; die Temperatur der Proben sinkt rasch ab, was an ihrer Farbe erkennbar ist. Lediglich Titan und Zirkonium erfordern einen Zusatzstoff, da sie sonst zu heftig verbrennen. PEPKOWITZ und MOAK fanden, daß Mangan ein idealer Zusatz ist, der in etwas mehr als der gleichen Gewichtsmenge angewendet, eine homogene Schmelze mit Ti und Zr bildet und die Verbrennung so weit verzögert, daß auch vorhandene Carbide vollständig mitverbrennen. Die Metalle werden in Form von Pulvern, Dreh- oder Bohrspänen angewendet.

Apparatur. Abb. 29 zeigt eine schematische Darstellung der Apparatur. Vorgereinigter Sauerstoff wird aus einer Vorratsflasche durch ein übliches Reduzierventil entnommen und durch Leiten über auf 400 °C erhitztes Kupferoxid und dann durch Acsarite (Natronasbest) weiter gereinigt. Die Verbrennungseinrichtung ist ein Standard-Hochfrequenzapparat nach LINDBERGH, der nur insofern verändert wurde, als eine Umgehung der Ventile geschaffen wurde und der Sauerstoffstrom durch das Reduzierventil an der Gasflasche und eine Schraubklemme an dem Tygonschlauch, der es mit dem CuO-Rohr verbindet, geregelt wird.

Die Verbrennungsprodukte werden durch einen Tygonschlauch zum Gasometer *G* geleitet. Die Standard-Gasbürette und die Niveauflasche *L* (Sperrflüssigkeit: Natriumsulfat + Schwefelsäure) des normalen, volumetrischen Lindbergh-CO_2-Bestimmers werden verwendet, so daß die Apparatur leicht für die Präzisionsbestimmung von Kohlenstoff in höheren Konzentrationen wieder hergerichtet werden kann (vgl. PEPKOWITZ und CHEBINIAK). *A* ist der Vierweghahn der Lindbergh-Bürette, *B* und *C* sind Präzisionsvakuumhähne. Würde ein spezieller Gasometer konstruiert, so könnte ein Präzisions-Dreiweghahn bei *A* eingebaut und *B* fortgelassen werden. Die Ausfrierfalle *T* hat etwa 160 ml Volumen und ist von üblicher Form. Das Einweg-Quecksilberventil *V* besitzt eine Fritte mittlerer Porenweite und dient als Sicherheitsventil.

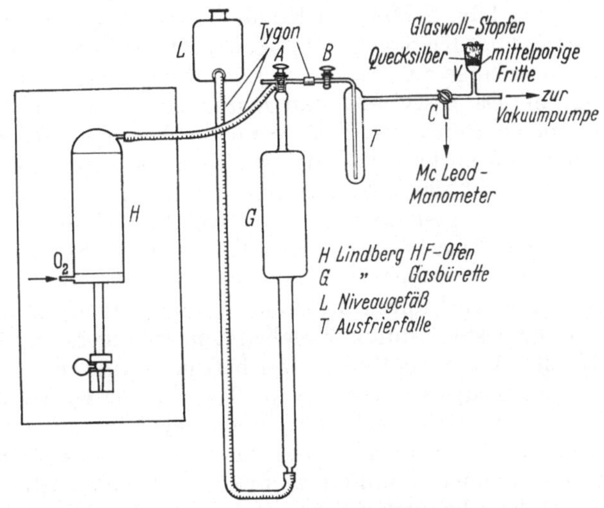

Abb. 29. Schema der Apparatur zur manometrischen C-Bestimmung von PEPKOWITZ u. MOAK.

Arbeitsvorschrift. Die Apparatur bis zum Hahn *B* wird unter Ausheizen der Falle *T* und der Glasrohre mit der Flamme sorgfältig durch Auspumpen gereinigt. Dieses Ausheizen ist für spätere Analysen zu wiederholen, wenn der Druck im System nicht mehr befriedigend schnell auf etwa $2 \cdot 10^{-3}$ Torr heruntergepumpt werden kann. Dieser Evakuierungsgrad reicht jedoch gut aus.

Die Apparaturteile vor *B* werden mit Sauerstoff, den man durch *L* ausströmen läßt, gespült. Dieses Spülen soll jedesmal zwischen zwei Bestimmungen erfolgen, und zwar kann man die Zeit während der CO_2-Messung dazu ausnutzen.

Die Probe, annähernd 1 g, wird in einem gewöhnlichen Lindbergh-Becherchen eingewogen, ohne es mit den Fingern zu berühren. Man setzt den Becher an seinen Platz, spült den Apparat 1 bis 2 Min. mit Sauerstoff durch und läßt dann die Sperrflüssigkeit den Gasometer füllen, dadurch, daß man den Verschluß des Verbrennungsrohres kurz öffnet. Man schließt wieder und setzt die Verbrennung in Gang. Der Gasstrom wird durch den Quetschhahn geregelt, wobei man sich nach dem Flüssigkeitsstand im Gasometer richtet. Der Spiegel der Flüssigkeit in *G* soll während der Verbrennung nur ganz leicht wandern und nicht aufwärts steigen. Auf diese Weise wird eine ausreichende Sauerstoffzufuhr zur vollständigen Verbrennung ohne Kontrolle durch einen Strömungsmesser gewährleistet. Die Verbrennungsprodukte werden mit in den Gasometer geführt. Nach beendeter Verbrennung werden die Gase durch Drehen von Hahn *A* um 90° im Gasometer abgeschlossen. Nun wird der Probebecher schon herausgenommen, um Überhitzungen der Dichtungen der Verbrennungskammer zu vermeiden.

Der evakuierte Teil der Apparatur wird daraufhin geprüft, daß der Druck etwa $2 \cdot 10^{-3}$ Torr beträgt, und die Pumpe wird abgestellt. Hahn *C* wird nun so gedreht, daß das Gassystem Verbindung zur Pumpe hin hat, das McLeod-Manometer aber abgesperrt ist. Ein Dewargefäß mit flüssigem Stickstoff wird über die Falle *T* geschoben, und dann werden die Gase einschließlich Sauerstoff durch entsprechendes Betätigen der Hähne *A* und *B* langsam in *T* kondensiert. Wenn der Spiegel der Sperrflüssigkeit bis zum Hahn des Gasometers gestiegen ist, wird *A* wieder so gestellt, daß Verbindung zum Sauerstoffsystem besteht und die Apparatur bis *A* in Vorbereitung des nächsten Versuches gespült wird.

Nach 1 bis 2 Minuten Kondensierens der Gase in der Falle wird die Pumpe angestellt und der Sauerstoff abgepumpt. Am besten läßt man *B* offen und pumpt bis *A* hin so lange aus, bis das kurze Schlauchstück zwischen *B* und *A* sich einzuziehen beginnt. Dann schließt man *B* und pumpt weiter. Wenn am Klang der Rotationspumpe erkennbar ist, daß sie nur noch wenig Gas fördert, also der größte Teil des Sauerstoffs entfernt ist, wird der Dreiweghahn so gestellt, daß Falle und Pumpe mit dem McLeod-Manometer verbunden sind. Man pumpt weiter, bis der Druck auf etwa $2 \cdot 10^{-3}$ Torr gesunken ist, was ungefähr 10 Min. dauert.

Hahn *C* wird nun so gestellt, daß er die Pumpe absperrt und die Falle und das McLeod-Manometer miteinander verbunden das Meßvolumen bilden. Der flüssige Stickstoff wird durch Methanolbrei nach Horton und Brady ersetzt. Dieser Brei wird hergestellt durch Zugeben von flüssigem Stickstoff zu Methanol, das einige Milliliter Wasser enthält, unter heftigem Rühren in einem Dewargefäß. Dieses Kühlbad hat Sirupkonsistenz. Seine Temperatur wird während des Arbeitstages auf der gewünschten Höhe gehalten, indem regelmäßig flüssiger Stickstoff nachgefüllt wird. Wenn die Temperatur zu weit fällt, gefriert das Methanol; das Bad wird aber durch Zusetzen einiger Milliliter weiteren Methanols wieder in Ordnung gebracht. Es kann monatelang benutzt werden, wobei nur der Stickstoff laufend ergänzt werden muß. Bei etwa – 102 °C verdampft das Kohlendioxid in das Meßvolumen hinein. Sein Druck wird öfters gemessen, bis er – in etwa 12 Min. – konstant geworden ist.

Ein Blindversuch ohne Verbrennen einer Probe wird zur Ermittlung des Blindwertes ausgeführt. Dieser rührt überwiegend von Verunreinigungen des Sauerstoffs her und läßt sich mit der einfachen Reinigungseinrichtung auf etwa 2 µg C halten.

Bemerkungen. *α) Berechnung.* Man kann den C-Gehalt aus dem Apparatvolumen und dem absolut gemessenen CO_2-Druck unter Berücksichtigung der Temperatur berechnen. Viel einfacher und dabei genauer ist aber die Berechnung nach einem Relativverfahren:

$$\text{mg C} = (h_1^2 - h_2^2)\, k\,;$$

dabei ist h_1 die Länge der Gassäule in der Capillare des McLeod-Manometers für die Probe, h_2 die entsprechende Länge bei der Blindmessung und k die Apparatekonstante, die durch Verbrennung von Standardproben mit bekanntem C-Gehalt ermittelt wird. Für die von den Autoren benutzte Apparatur war $k = 4{,}18 \cdot 10^{-6}$, wobei h_1 und h_2 in Millimetern gemessen wurden. Durch diese Berechnungsweise wird eine Reihe von Fehlermöglichkeiten, die durch ungenaue Volumen- und Temperaturbestimmung, Absorptionseffekte u.a. bei der Absoluteichung gegeben wären, ausgeschaltet.

β) Genauigkeit. Die Verfasser fanden z.B. in dem NBS-Stahl 55a im Mittel von 7 Bestimmungen 0,0119% C. Der Mittelwert, der von 6 Laboratorien mit verschiedenartigen Geräten bei wiederholtem Analysieren festgestellt wurde, betrug für diesen Stahl 0,0114%. Die Reproduzierbarkeit, ausgedrückt durch die mittleren Standardabweichungen, wurde von Pepkowitz und Moak zu 0,0001 bis 0,001% C ermittelt.

γ) Bei der manometrischen Methode ist eine einfache Möglichkeit gegeben, eine sehr empfindliche Meßanordnung *wahlweise* auf *geringere Empfindlichkeit* bei entsprechend größerem Meßbereich umzustellen. Man erreicht das durch Verbinden des Meßvolumens mit einem zusätzlichen, von vornherein bekannten oder durch Eichung bestimmten Volumen. Holt verwendet als solches einen an die Apparatur angesetzten großen Vakuum-Hohlhahn, dessen Hohlraum durch einfaches Drehen des Hahnes zu- oder abgeschaltet wird. Das Manometer erlaubt auf diese Weise die Ablesung von entweder 0 bis 2500 oder 0 bis 400 μg C. Bei der empfindlichen Einstellung entspricht 1 μg C (= 0,0001 % bei 1 g Einwaage) einer Manometeranzeige von 4 mm. Es ist nicht ohne weiteres möglich, CO_2-Mengen von mehr als 200 μg quantitativ in einer Ausfrierfalle aus glattem Rohr festzuhalten; wenn die einzelnen Kriställchen eine gewisse Größe erreicht haben, werden sie zum Teil vom Sauerstoffstrom mitgerissen. Holt bildete daher die Falle als U-Rohr mit Capillarschenkeln und einem mittleren Teil von 50 mm Durchmesser und 70 mm Länge aus; er füllte diesen Teil mit Glaswolle.

Cook und Speight haben eine verhältnismäßig einfache manometrische Apparatur für die C-Bestimmung in Stahl angegeben.

Für die Bestimmung von Kohlenstoff in Uran hat Smiley eine abgewandelte, manometrische Apparatur mit einem speziellen Manometer benutzt, das eine lineare Anzeige ergibt und eine Empfindlichkeit von 0,1 μg C je 1 mm besitzt.

In neuerer Zeit gibt es Vorschläge, auch für die C-(und ggf. H-)Bestimmung in organischen Verbindungen die manometrische Methode nach Verbrennung im Sauerstoff anzuwenden. Genannt seien nur die Arbeit von Ayers, Belcher und West, in der eine Submikro-C-Bestimmung an Proben von 20 bis 50 μg beschrieben wird, und diejenige von Simon und Müllhofer, die eine manometrische Endbestimmung im Anschluß an die hierfür besonders gut geeignete Verbrennung im geschlossenen System behandelt (s. auch Abschnitt I, c).

Eine ganz andersartige Ausführung der manometrischen Methode ist die von van Slyke angegebene, welche hauptsächlich für die C-Bestimmung in biologischem Material durch nasse Oxydation (siehe diese) angewendet wird.

g) Gaschromatographie.

Allgemeines. Neuerdings wurde bei der Mikro-Kohlenstoffbestimmung die Bestimmung des Verbrennungskohlendioxides durch Gaschromatographie angewendet. Hierbei erfordert die gleichzeitige Mitbestimmung des aus der Verbrennung von Wasserstoff entstehenden Wassers keinerlei zusätzliche Apparateteile, sondern lediglich die Ausmessung des H_2O-Peaks neben derjenigen des CO_2-Peaks. So sind Kombinationen der Gaschromatographie mit der Verbrennung organischer Substanzen, z. B. nach Pregl oder Dumas, beschrieben worden (Sundberg und Maresh; Duswalt und Brandt). Auch in der Bombe kann die Verbrennung durchgeführt werden.

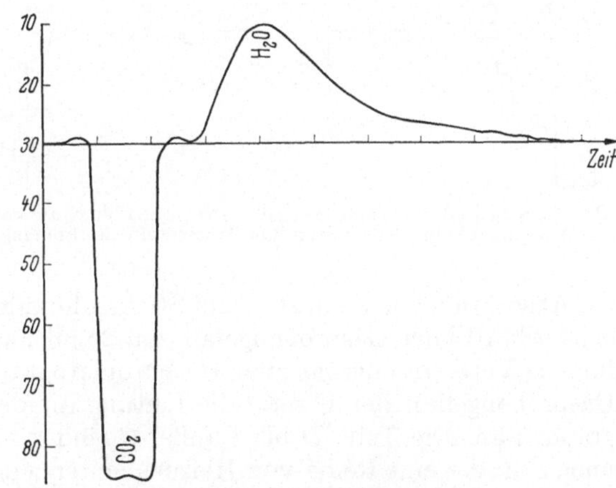

Abb. 30. Gaschromatogramm der Verbrennung eines Kohlenwasserstoffs nach Vogel u. Quattrone.

Kürzlich wurde von Nightingale und Walker die simultane gaschromatographische Bestimmung von C, H und N durchgeführt, wobei der Stickstoff als N_2-Gas gemessen wurde.

Da die Verbrennung in der Bombe ein schnellverlaufender Vorgang ist und die Verbrennungsgase unter solchen Bedingungen anfallen, daß ihre Einspeisung in einen Gaschromatographen besonders einfach und schnell zu handhaben ist, erlaubt die Kombination von Bombe und Gaschromatographie eine besonders schnelle Arbeitsweise. Die von VOGEL und QUATTRONE ausgearbeitete derartige Methode sei daher näher beschrieben.

Als *Chromatographen* verwendeten die Autoren ein handelsübliches Gerät (von PERKIN-ELMER) mit einer 2-m-Säule von Dodecylphthalat auf Kieselgur und betrieben diese bei 104 °C mit Sauerstoff als Schleppgas (wegen einiger Angaben zu den Prinzipien der Gaschromatographie siehe Kapitel: Methan, § 2, A, 5). Die Verwendung von Sauerstoff als Schleppgas lag hier auf der Hand, da dieses Gas ohnehin für die Verbrennung verwendet wird. Es hat außerdem den Vorteil, daß bei der üblichen Indikation durch Wärmeleitfähigkeitszelle die Peaks von CO_2 und H_2O in entgegengesetzter Richtung liegen und daher ein besonders eindeutiges, gut profiliertes Chromatogramm entsteht (Abb. 30). Es ist nicht nötig, den Sauerstoff zu reinigen, da die Differenz aus der Zusammensetzung von Schleppgas nebst Verbrennungsgas und Schleppgas angezeigt wird. Die Auswertung der Peaks erfolgt durch Planimetrieren der Flächen. Man eicht die Apparatur durch Verbrennen unterschiedlicher, z.B. von etwa 7 bis 12 mg ansteigender Mengen Benzoesäure und Berechnen des Quotienten aus cm^2 Peakfläche und mg Kohlenstoff. Dieser Quotient ist bei gleicher Arbeitsweise praktisch konstant; unter den von den Autoren eingehaltenen Bedingungen betrug er 4,48 ± 0,01. (Der analoge Faktor für Wasserstoff betrug 39,0 ± 0,16.)

Die *Verbrennungsapparatur* und ihre Handhabung seien an Hand der schematischen Darstellung (Abb. 31) beschrieben. *E* ist eine Verbrennungsbombe, die sich in ihrer Konstruktion etwas von einer Bombe nach BERTHELOT-MAHLER unterscheidet, und zwar in der Hauptsache dadurch, daß sie einen Magnetrührer enthält, der die Einstellung des Wärmegleichgewichtes nach der Verbrennung beschleunigen soll. Die Probe (8 bis 11 mg) wird in ein Schiffchen gegeben, welches in das zur Zündung dienende Solenoid aus Platindraht eingeschoben wird. Das Probenmaterial wird zunächst mit einer normalen Presse für Kaliumbromidtabletten zu einem Plättchen von etwa 0,03 Zoll (0,76 mm) Stärke gepreßt, 24 Std. im Exsiccator getrocknet, dann in Stücke zerbrochen, von denen die oben angegebene Menge auf ± 0,01 mg genau eingewogen wird.

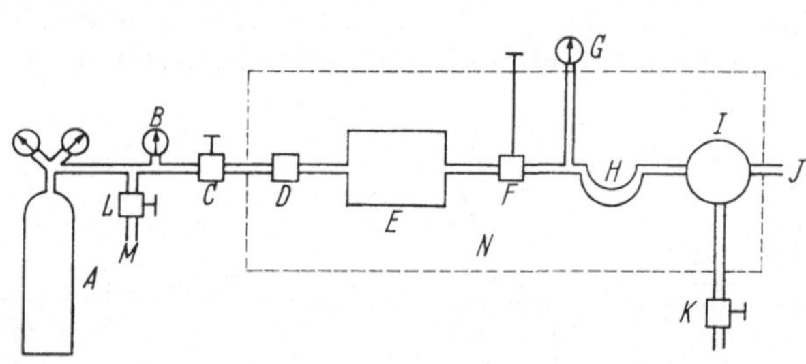

Abb. 31. Schema der Apparatur von VOGEL u. QUATTRONE zur gaschromatographischen Kohlenstoff- und Wasserstoff-Bestimmung.

A ist die Stahlflasche mit Sauerstoff, *B* ein Manometer für 0 bis 100 psi (ca. 7 kg/cm^2); *C*, *F* und *L* sind Handventile, *D* ein Solenoidventil. *G* ist ein Manometer für 0 bis 15 psi (1,1 kg/cm^2), *H* ein 9 Zoll langes, mit Zink (gleiche Anteile von 20 und 40 mesh) zur Absorption von Schwefel- und Stickstoffoxiden gefülltes $^1/_2$-Zoll-Kupferrohr. *I* ist ein Perkin-Elmer-Gasprobengefäß von 25 ml Fassungsvermögen. *J* ist die Zuleitung für das Verbrennungsgas zum Gaschromatographen. *K* ist ein Auslaßventil an dem Gasprobengefäß. Bei *M* setzt die Leitung für den Schleppsauerstoff zum Chromatographen an. Die Teile *D* bis *I* außer *G* sind von einem isolierten Luftthermostaten umgeben, der eine Reihe von Heizelementen, einen Thermoregler und 2 Ventilatoren besitzt. Der Thermostat wird auf (70 ± 0,5) °C gehalten.

Arbeitsvorschrift. Nach Einbringen der Substanz in die Bombe wie oben angegeben verschließt man die Bombe und spült das ganze System von *A* bis *K* 2 bis 3 Min. mit Sauerstoff. Dann schließt man Hahn *F* und, nachdem sich 55 psi (3,9 kg/cm^2), abgelesen an *B*, eingestellt haben, auch Ventil *D*. Man gibt 10 Sek. lang 8 A Strom bei 15 V auf den Zünddraht. Man schaltet nun für 3 bis 4 Min. den Magnetrührer ein, damit sich die Temperatur von 70 °C in der Bombe einstellt. Nun öffnet man die Ventile F und K leicht, so daß das Gasprobengefäß mit Verbrennungsgas gespült wird. Nachdem 35 bis 40 ml des Gases durchgeströmt sind, schließt man K und läßt den Überdruck im Probenahmesystem, angezeigt durch G, auf etwa 14 psi (0,98 kg/cm^2) ansteigen. Dann schließt man Ventil F, wodurch die Bombe abgesperrt ist, und läßt durch K langsam so viel Gas ab, bis der Druck auf 8 psi (0,56 kg/cm^2) gesunken ist. Man schließt K und öffnet das (nicht gezeichnete) Ventil des Probenahmegefäßes, so daß das Gas aus ihm über J in den Gaschromatographen strömt, dem gleichzeitig aus A über L und M Sauerstoff als Schleppgas zugeführt wird.

Bemerkung. Die Autoren machten mit jeder Bombenfüllung *3 Messungen* und mittelten die Werte. Als relative Standardabweichung fanden sie 0,63% für Kohlenstoff und 1,06% für Wasserstoff. Das bedeutet, daß die Methode für Wasserstoff genauer als die Pregl-Methode, für Kohlenstoff nur etwa halb so genau wie diese ist. Diese Verhältnisse sind offenbar durch den größeren Zahlenwert des Quotienten: cm^2 Peakfläche zu mg H bzw. C für Wasser gegenüber demjenigen für Kohlendioxid bedingt.

Nelsen und Groennings beschreiben eine Methode zur C-Bestimmung in Wasserstoffperoxid, nach der das Verbrennungs-CO_2 mittels Kieselgel chromatographiert wird. Auch bei der C-Bestimmung in Metallen wird die Gaschromatographie neuerdings angewendet (Lysyj, Offner und Bedwell; Kashima und Yamasaki). Letztgenannte Autoren adsorbieren das CO_2 zunächst in einer A-Kohle-Säule und eluieren es nach beendeter Verbrennung mit Ar bei erhöhter Temperatur. Mungall und Mitarbeiter trennen nach Ausfrieren der kondensierbaren Gase bei Verbrennung von Natrium mit Luft bzw. Luft + Stickstoff das Kohlendioxid und die Stickoxide gaschromatographisch und bestimmen gleichzeitig das CO_2.

h) Colorimetrie bzw. Photometrie (Ultramikrobestimmung).

Die colorimetrische bzw. photometrische Methode wurde oft in ihrer Anwendung zur kontinuierlichen Bestimmung des Kohlendioxids in Gasströmen beschrieben. Juránek hat sie auch zur Bestimmung von Spuren von CO_2 in Gasen in statischer Ausführungsform benutzt (siehe Kapitel: Kohlendioxid § 3, B, 1, I, d). Juránek und Ambrová beschrieben die Anwendung für die Bestimmung von Ultramikromengen von Kohlenstoff und gleichzeitig von Schwefel in Eisenlegierungen durch Verbrennung. Man leitet das Verbrennungsgas zur Trennung von Kohlen- und Schwefeldioxid durch eine Kieselgursäule von 5 × 50 mm, die 1 g Kieselgel enthält. Die Methode wird im Abschnitt: F, 7 näher beschrieben.

i) Ultrarotspektrometrie.

Die Bestimmung des Kohlendioxids als Endbestimmung des Kohlenstoffs organischer Substanz in wäßrigen Lösungen nach Verbrennung in Sauerstoff, wobei das CO_2 in einem UR-Photometer gemessen wird, haben kürzlich van Hall, Safranko und Stenger sowie auch Montgomery und Thom beschrieben.

k) Wärmeleitfähigkeitsmessung.

In letzter Zeit sind vollautomatische Apparaturen für die gleichzeitige Bestimmung von C, H und N entwickelt worden, bei denen die Ergebnisse ausgedruckt werden [Weitkamp und Korte (a, b)] und teilweise außerdem eine größere Anzahl von Proben nach vorherigem Einwägen nacheinander automatisch zugeführt wird (Clerk, Dohner, Sauter und Simon). Die Geräte der genannten Autoren arbeiten nach dem Prinzip der Wärmeleitfähigkeitsmessung der Verbrennungsgase mit einem oder mehreren Katharometern, denen Absorber für jeweils einen der Gasbestandteile (H_2O, CO_2) vor- bzw. nachgeschaltet sind. Die Katharometersignale steuern Integratoren und Drucker. Als Zeitbedarf für eine Analyse werden 10 bis 15 Min. angegeben.

2. Nasse Oxydation.

Eine interessante, allerdings nicht vollständige Übersicht über die Entwicklung der nassen Verbrennung gab VAN SLYKE (1954). In ihr sind auch verschiedene Apparateformen beschrieben bzw. abgebildet.

I. Die Oxydationsmittel und ihre Eigenschaften.

a) Chromsäure.

Für die nasse Oxydation wurde lange Zeit fast ausschließlich Chromschwefelsäure als Oxydationsmittel verwendet. Sie bewirkt nicht immer vollständige Oxydation zu CO_2, sondern ein Teil des Kohlenstoffs entweicht unter Umständen als CO, wie schon CROSS und BEVAN 1888 bemerkten. Trotzdem wird sie noch heute viel angewendet, häufig allerdings unter Nachschaltung eines Verbrennungsrohres, in dem die entweichenden Gase vollständig zu CO_2 verbrannt werden. Das Rohr ist mit Kupferoxid oder mit Kupferoxid und Bleichromat gefüllt, z.B. bei SPRINGER und bei der A.B.C.M.-S.A.C.-Methode, oder enthält einen Platinkontaktkörper, z.B. bei KAY, oder es besteht neuerdings aus einem leeren hocherhitzten Quarzrohr (z.B. LADEMANN).

Die entstehenden Gase werden meistens mit Luft durch die Apparatur gespült, und das in ihnen enthaltene Kohlendioxid wird wie üblich bestimmt. Es werden aber auch sehr vereinfachte Verfahren als Schnellmethoden angewendet, bei denen nicht das entstandene CO_2, sondern der Überschuß an Chromsäure zurückgemessen (colorimetriert oder titriert) wird (siehe Abschnitt: II, a, η und ϑ). In solchen Fällen wird die Schwefelsäurekonzentration im Gemisch niedrig gewählt. Es hat nicht an Versuchen gefehlt, die Wirkung der Chromsäure durch Katalysatoren zu erhöhen. Als solche wirken Kupfer-, Silber- und Cerionen. So führte CORLEIS 1894 den Zusatz von Kupfersulfat ein. Durch ihn wird bei der C-Bestimmung in Roheisen und Stahl der durch Bildung von CO und hier auch von gasförmigen Kohlenwasserstoffen entstehende C-Verlust ziemlich konstant auf etwa 2% herabgesetzt. SIMON verwendete 1924 wohl als erster Silberchromat, und zwar bei der C-Bestimmung in Böden. NICLOUX stellte aber fest, daß damit noch Verluste durch CO-Bildung eintraten, und empfahl Oxydation in zwei Stufen, zuerst mit Kaliumjodat, dann mit Silbersulfat und Natriumsulfat in Schwefelsäure. APELGOT und MARS verwendeten ein Gemisch aus 150 mg Silberchromat, 300 mg Kaliumchromat, 200 mg Natriumsulfat und 5 mg Schwefelsäure für die nasse Verbrennung von biologischem Material. Sie beschrieben die Reinigung der Reagenzien, insbesondere des Silberchromats, bzw. eine Präparation, die zu einem homogen verteilten Rest-C-Gehalt führt und konstante Blindwerte erzielen läßt. Das Silber bewirkt gleichzeitig Fällung störender Chloridionen, verhindert jedoch bei großen Mengen Chlorids nicht völlig die Bildung von Chlor, so daß dieses vor der Absorption des CO_2 z.B. durch Kaliumjodid (KAY) entfernt werden muß.

Cersulfat als Katalysator wurde von KROGH und KEYS empfohlen. Aber weder Cer noch Silber garantieren, obwohl sie die Oxydation begünstigen, deren Vollständigkeit, und es ist für genaue Bestimmungen auch bei ihrer Anwendung eine trockene Nachoxydation (Verbrennung) des CO erforderlich (KROGH und KEYS; KAY u.a.). Ebensowenig hat sich die Anwendung von Quecksilbersalzen durchgesetzt. Eine Verbesserung der Oxydationswirkung wird durch Zusatz von konzentrierter Phosphorsäure (D = 1,7) zur Chromschwefelsäure erreicht. Solche Gemische wurden von FRIEDEMANN und KENDALL verwendet. VAN SLYKE und FOLCH fanden jedoch, daß damit bei schwer oxydierbaren Substanzen wie Stearinsäure und Carbazol nur eine 98%ige CO_2-Ausbeute erhalten wird.

b) Jodsäure.

Von STREBINGER wurde die Jodsäure als Oxydans eingeführt. Sie wurde auch von CHRISTENSEN und FACER verwendet. Nach Feststellung von VAN SLYKE wirkt sie langsamer als Chromsäure und versagt bei schwer oxydierbaren Substanzen noch öfters als die Chromsäure. Auch bei Jodsäure muß also ein Rohr zur trockenen Verbrennung nachgeschaltet werden. Kaliumjodat in 95%iger Phosphorsäure wurde von MACHIDA und SUGISHITA zur Oxydation bei der C-Bestimmung als CO_2 in Wolframdraht (0,05 bis 0,2% C) bei 245 °C und in Wolframcarbid (bei 320 °C) verwendet. KIBA und Mitarbeiter benutzten eine ähnliche Methode, aber mit Titration des freigesetzten Jods zur C-Bestimmung in Graphit, Holzkohle u. dgl.

c) Chromsäure-Jodsäure-Kombination.

VAN SLYKE und FOLCH fanden, daß ein Gemisch, welches außer Chromsäure und Schwefelsäure – diese als SO_3 enthaltende, rauchende Säure – Phosphorsäure und außerdem Jodsäure enthält, ein nahezu universelles und sehr rasch wirkendes Oxydationsmittel zur C-Bestimmung darstellt. Durch den Gehalt an SO_3 ist ein hoher Grad von Wasserfreiheit des Systems gegeben, der den Verlauf der Oxydation anscheinend günstig beeinflußt. Bei diesen Gemischen ist die Chromsäure stets das letztlich oxydierende Agens; sie oxydiert das durch Reduktion gebildete freie Jod immer wieder zum Jodation (VAN SLYKE). Sie muß daher immer in ausreichender Konzentration vorhanden sein. Diese Voraussetzung wird bei einer von VAN SLYKE, PLAZIN und WEISIGER später angegebenen Ausführungsvariante, bei der festes Dichromat zur Analysensubstanz gegeben und dann erst das Säuregemisch zugefügt wird erfüllt, (siehe Abschnitt II, a, α). Solche Gemische, meistens kurz als „van-Slyke-Lösung" bezeichnet, finden eine sehr verbreitete Anwendung. Bei Anwesenheit von flüchtigen Kohlenwasserstoffen treten, worauf ARCHER hinweist, auch mit dieser Lösung C-Verluste ein. Er empfiehlt daher für die Analyse derartiger Substrate die Nachschaltung eines erhitzten Quarzrohres. Die Anwendung des Gemisches in einer von VAN SLYKE und FOLCH entwickelten manometrischen Ausführungsform wird weiter unten (Abschnitt II, a, α) beschrieben.

Das durch Oxydation der Substanz mit solchen Säuregemischen erhaltene Kohlendioxid kann natürlich auch auf andere Weise bestimmt werden. So wird van-Slyke-Lösung von MCCREADY und HASSID (Abb. 32) wie auch von LINDENBAUM, SCHUBERT

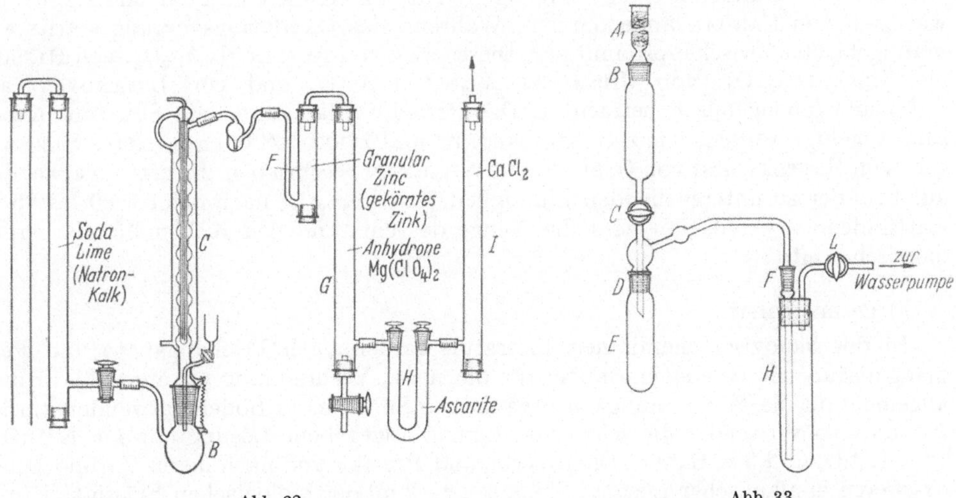

Abb. 32 Abb. 33

Abb. 32. Apparat zur C-Bestimmung durch nasse Verbrennung nach MCCREADY u. HASSID.

Abb. 33. Apparatur zur C-Bestimmung durch nasse Verbrennung nach LINDENBAUM, SCHUBERT u. ARMSTRONG.

und ARMSTRONG (sehr einfache Anordnung: Abb. 33) bei gravimetrischer Endbestimmung angewendet. Das CO_2 wird im 1. Falle in festem Absorptionsmittel, im 2. Falle in Lauge absorbiert. Die Abbildungen bedürfen keiner Erläuterung. Lediglich ist zu dem Gerät nach Abb. 33 zu bemerken, daß die Wasserstrahlpumpe nur zum Evakuieren von *E* und *H* vor dem Zugeben von Säure zur Probe dient und daß der Transport des Verbrennungs-CO_2 nach *H* in die dort befindliche Baritlauge durch den sich aus der van-Slyke-Säure entwickelnden Sauerstoff gefördert wird.

d) Peroxidisulfat.

Kaliumperoxidisulfat zerfällt in mäßig saurer Lösung in der Wärme nach der Gleichung:

$$K_2S_2O_8 + H_2O \rightarrow 2KHSO_4 + O.$$

FRANZ und LUTZE untersuchten die Reaktion näher und fanden, daß man sie in nicht zu stark saurem Medium beginnen lassen soll, da mit ihrem Ablauf der Säuregrad steigt und dann unerwünschte Ozonbildung eintritt (siehe auch Abschn. II, b; weiter unten). Etwa vorhandene Basen sollen vor dem Ansetzen der Oxydation neutralisiert werden; bei organischen Basen ist keine Neutralisation erforderlich. Die Autoren stellten einen schnellen und glatten Ablauf der Oxydation bei vielen wasserlöslichen C-Verbindungen fest, auch bei solchen, die mit Chromsäure teilweise CO bilden. Das Oxydationsmittel ist in erheblichem Überschuß anzuwenden. Die Arbeitstemperatur soll 70 bis 80 °C betragen. Die Oxydation wasserunlöslicher Verbindungen ist schwieriger, läßt sich aber, wie weiter unten (II, b, β) gezeigt wird, unter Umständen auch durchführen. Die Bestimmung des Verbrennungskohlendioxids kann beliebig nach einer der schon erwähnten Methoden erfolgen.

BIEHLER beobachtete, daß Kohlehydrate vom Peroxidisulfat unvollständig oxydiert werden, und half diesem Mangel durch Zusatz von $AgNO_3$ oder $Hg(NO_3)_2$ als Katalysator ab. Peroxidisulfat als Kaliumsalz mit Zusatz von Silbersalz ist seitdem ein vielverwendetes Reagens für die nasse Oxydation. Besonders günstig ist seine Anwendung, wenn verdünnte wäßrige Lösungen zur Untersuchung vorliegen, die bei der CrO_3-Methode eingedampft werden müßten.

Die katalytische Wirkung des Silbers ist darauf zurückzuführen, daß das Silber von der Peroxiverbindung zunächst zu einer höheren Oxydationsstufe oxydiert wird, die ihrerseits den organischen Kohlenstoff unter Rückbildung von Ag^+-Ionen energisch oxydiert. Das Auftreten einer Stufe Ag^{3+} wird von KING, von YOST und CLAUSSEN wie auch von CARMAN angenommen. Während des Oxydationsvorganges tritt ein braungefärbtes Zwischenprodukt auf. Dieses wird von AUSTIN als Ag_2O_2, von HIGSON als $Ag_2O_2 + Ag_3O_4$, von JIRSA als $Ag_2SO_4 + Ag_2O_2$ und von LIMANOVSKI als Ag^{2+}/Ag^{3+}-Ionengemisch betrachtet. Das Peroxidisulfat kann dem Substrat in Lösung zugefügt werden, wie z.B. bei GERTNER und IVEKOVIČ, oder als festes Salz, wie z.B. von BATTLEY und von OSBURN und WERKMAN beschrieben. BATTLEY verwendet auf 1 ml der zu untersuchenden Flüssigkeit 0,5 g $K_2S_2O_8$; nach der bei 80 bis 85 °C stattfindenden Oxydation wird die Menge des entstandenen Kohlendioxids manometrisch ermittelt.

e) Permanganat.

In der biologisch-chemischen Literatur werden auch Permanganate und Permangansäure als Oxydationsmittel für die nasse Verbrennung erwähnt, die früher allgemein für die Bestimmung der organischen Substanz in Böden verwendet wurde. EHRENBERG verwendet die schon von LUSTIG angegebene Lösung mit 4% $KMnO_4$, 10% K_2SO_4 und 3% H_2SO_4. CLAUDATUS und PETREA und nach deren Vorbild HAAS oxydieren in alkalischer Lösung. Sie geben zu 2 ml der biologischen Flüssigkeit (mit etwa 1 mg C) 2 ml einer aufgekochten und dann tropfenweise mit $KMnO_4$-Lösung versetzten und klar abgegossenen Mischung von gleichen Volumina gesättigter NaOH- und $Ba(OH)_2$-Lösung und fügen etwa 0,1 g fein gepulvertes $KMnO_4$ hinzu. Es wird 15 Min. mit Mikroflamme erhitzt. Nach dem Erkalten wird mit konz. H_2O_2 entfärbt, Sauerstoff verkocht und schließlich der Inhalt des Kolbens in einen Apparat, wie er von VAN SLYKE zur Alkalireservebestimmung entwickelt wurde, gebracht. Darin wird er mit Wasser gewaschen, CO_2 mit verdünnter Schwefelsäure ausgetrieben und manometrisch gemessen. Mit Permangansäureanhydrid arbeitete DE NARDO. Er wendete auf 0,2 bis 4 g Substanz (je nach C-Gehalt) eine unter Kühlen hergestellte Lösung von 1 g $KMnO_4$ in 10 ml Schwefelsäure (D = 1,84) an. Diese Lösung ließ er zu der mit 5 ml 30%iger H_2SO_4 in einen Apparat üblicher Art versetzten Substanz zufließen. Nach Aufhören der ersten stürmischen Reaktion wurde 5 Min. zum Sieden erhitzt und das CO_2 wie üblich mittels Luftstromes durch den Absorptionsteil gespült.

II. Ausführungsformen der Bestimmung durch nasse Oxydation

Im folgenden werden einige Ausführungsformen der nassen Oxydation ausführlich beschrieben, und zwar solche, bei denen mit Chromsäure-Jodsäure oder mit Peroxidisulfat gearbeitet wird.

a) Chromsäure und Chromsäure-Jodsäure als Oxydationsmittel.

Allgemeines. Die *Herstellung* des Chromsäure-Phosphorsäure-Gemisches wird nach VAN SLYKE und FOLCH folgendermaßen vorgenommen. Man gibt in einen 1-l-Erlenmeyerkolben aus Pyrexglas mit eingeschliffenem Stopfen 25 g CrO_3, danach 167 ml Phosphorsäure (D = 1,7) und 333 ml rauchende Schwefelsäure (20% freies SO_3). Bei offenem Kolben erhitzt man das Gemisch auf einem Drahtnetz auf 140 bis 150 °C unter öfterem Schwenken. Hierbei löst sich das CrO_3, und es wird das gesamte, gegebenenfalls aus Spuren organischer Substanz entstandene CO_2 entfernt. Nachdem 150 °C erreicht sind, entfernt man die Flamme, stülpt ein tüllenloses 150-ml-Becherglas über den Hals des Kolbens und läßt erkalten. Danach setzt man den Stopfen ein und stülpt das Glas wieder über, um jede Verunreinigung des Flaschenhalsrandes durch Staub zu verhindern. Zum Gebrauch bei der Analyse gießt man die Lösung in eine 100-ml-Flasche mit eingeschliffenem Glasstopfen und gläserner Schutzkappe. Die Lösung soll mindestens 0,475 molar an CrO_3 sein, wovon man sich durch jodometrische Titration eines kleinen, aliquoten Teiles überzeugt. Gegebenenfalls setzt man noch Chromsäure zu. Die Jodsäure wird erst während der Analyse in Form von KJO_3 zu der Substanzeinwaage im Verbrennungsgefäß gegeben, bevor man die obige Lösung zufließen läßt, und zwar etwa 50 bis 100 mg KJO_3 je Milliliter Lösung.

Wenn Serien von Bestimmungen auszuführen sind, kann man für einen Tagesbedarf jodsäurehaltige Lösungen im voraus herstellen. Dazu gibt man 50 mg Kaliumjodat je ml obiger Lösung hinzu und löst es durch Erhitzen auf höchstens 160 °C. Nach Abkühlen wird diese Lösung ebenfalls in eine Glasstopfenflasche mit Schutzkappe gefüllt. Aus der mehrfach übersättigten Lösung beginnen nach Ablauf eines Tages erhebliche Mengen Jodsäure auszukristallisieren.

Bei der nassen Oxydation mit Gemisch nach VAN SLYKE braucht auf die Anwesenheit von Schwefel, Stickstoff und Alkalimetallen, die bei der trockenen Verbrennung besondere Vorkehrungen verlangen, keine Rücksicht genommen zu werden. Halogene müssen, z.B. durch Hydrazoniumsulfat, reduziert werden.

In späteren Arbeiten von VAN SLYKE und Mitarbeitern, z.B. derjenigen von VAN SLYKE, PLAZIN und WEISIGER wird die Anwendung der Chemikalien etwas anders gehandhabt. Man läßt die Chromsäure und das Jodat aus dem Säurevorratsgemisch fort und gibt diese Agenzien erst vor Beginn der Oxydation als festes Kaliumdichromat und Kaliumjodat zur Analysensubstanz; danach läßt man das Säuregemisch, das zusätzlich Kaliumchlorat enthält, in die geschlossene Apparatur einlaufen. Auf diese Weise erspart man die Kontrolle auf CrO_3-Gehalt, die bei längerer Aufbewahrung eines chromsäurehaltigen Lösungsgemisches erforderlich ist.

Man gibt z. B. zu der trockenen Probe, die 4 bis 15 mg C enthält, im Verbrennungsgefäß 1,0 g eines pulverisierten Gemisches von Kaliumjodat + Kaliumdichromat (Gewichtsverhältnis 2 : 1); dann verbindet man mit dem Absorptions- oder Ausfriergefäß für CO_2 und gibt zu dem Gemisch 5 ml Säuremischung, die aus 2 Vol. rauchender Schwefelsäure (20% SO_3) und 1 Vol. Phosphorsäure (D = 1,72) besteht und je 100 ml 1 g Kaliumchlorat enthält.

Für die Verbrennung von Kohlehydraten empfehlen die Autoren ein Verhältnis von Jodat zu Dichromat wie 10 : 1 und als Säuren Schwefelsäure (D = 1,84) + Phosphorsäure (D = 1,72) im Vol.-Verhältnis 1 : 1 mit 1,5 g $KClO_3$ in 100 ml.

α) Mikro- und Makromethode ohne Spülgasstrom mit manometrischer CO_2-Messung.

Für Mikro- und Submikrobestimmungen des Kohlenstoffs in organischen, schwer oxydierbaren Substanzen haben VAN SLYKE und FOLCH eine präzise, allerdings etwas diffizile, manometrische Methode und die zugehörige Apparatur ausgearbeitet und sehr ausführlich beschrieben.

Die *Apparatur* (Abb. 34), die im Handel erhältlich ist, besteht im wesentlichen aus einem durch Wasserbad temperierten 3-Kugelrohr mit übereinander angeordneten, verschieden großen Kugeln (die unterste ist die größte, die oberste die kleinste) und Volumenmarken bei 0,5, 2, 10 und 50 ml. Das Kugelrohr kommuniziert mit einem Manometerrohr, und beide Teile können mittels eines Niveaugefäßes *L* mit Quecksilber gefüllt werden. Der mit Tropftrichter *F* versehene Kopfteil des Verbrennungsgefäßes *T* kann mittels eines kurzen dickwandigen Gummischlauchstückes durch ein angeschmolzenes Rohrstück *Q* und einen oben am Kugelrohr befindlichen Dreiweghahn *b* mit dem übrigen System verbunden werden. Der gleiche Dreiweghahn trägt ein zylindrisches, kalibriertes Trichtergefäß *E*, in das durch eine kleine Quecksilbermenge hindurch ein mit Gummischlauchüberzug am Auslauf versehenes, tropftrichterähnliches, zylindrisches Gefäß *D* ohne Luftzutritt mit dem Kugelgefäß *C* in Verbindung gebracht werden kann. Das Gefäß *D* enthält die zur Absorption von CO_2 dienende NaOH-Lösung (0,5 n), der zur Reduktion von etwa bei der Oxydation entstehenden freien Halogenen soviel Hydrazoniumsulfat zugesetzt wurde, daß sie 0,154 molar an Hydrazin ist. Als Reagens wird außerdem eine 2 n Milchsäurelösung (konzentrierte Säure, D = 1,20, auf das 5fache verdünnt) zum Wiederaustreiben des absorbierten CO_2, bzw. 5 n Milchsäure für die Makroausführung, benötigt.

Arbeitsvorschriften. aa) Mikro- und Submikroanalyse. In das vom Kopfteil abgenommene Verbrennungsgefäß *T* gibt man mittels eines Wägeschiffchens aus Aluminiumblech die Einwaage. Diese entspricht 2 bis 3,5 mg C für Mikro- und 0,3 bis 0,7 mg C für Submikroanalysen. Dazu gibt man einige Siedesteinchen und je nach der Einwaage 100 bis 200 mg KJO_3. Der Schliff des Gefäßes *T* wird mit sirupöser Phosphorsäure geschmiert. Der kalibrierte Tropftrichter *F* des Kopfteiles, der mitsamt dem angesetzten Rohr *Q* auf dem zuletzt benutzten Verbrennungsgefäß ruhend aufbewahrt wurde, wird bis zur 2-ml-Marke mit Oxydationslösung gefüllt und der Kopfteil mit Rohr *Q* auf das neue Verbrennungsgefäß aufgesetzt. Das Ganze wird nun mittels dickwandigen Gummischlauches mit dem Dreiweghahn *b* und dem Kugelrohr verbunden. Letzteres ist bis an den Hahn mit Quecksilber gefüllt.

Der Hahn *b* wird nun so gestellt, daß *C* und *T* Verbindung haben, und durch Ablaufenlassen in das Niveaugefäß *L* wird das Quecksilber in *C* bei geöffnetem Hahn *a* bis zur 50-ml-Marke gesenkt. Hierbei werden $^2/_3$ der Luft aus *T* und *Q* nach *C* abgesaugt. Diese Luft wird durch Heben von *L* bei entsprechender Stellung des Hahnes *b* durch *E* hindurch aus dem Apparat herausgedrückt. Durch das Entfernen eines großen Teiles der Inertgase wird die spätere Überführung des CO_2 aus *T* nach *C* erleichtert und beschleunigt.

Nun läßt man aus Gefäß *D* 2 ml der Alkali-Hydrazinlösung durch den Quecksilberverschluß hindurch nach *C* fließen, wobei man den Zufluß bei geöffnetem Hahn *b* durch Hahn *a*, also durch den Abfluß des Quecksilbers, regelt. Die Hähne werden geschlossen, wenn das Quecksilber in *C* etwa 1 mm über der 2-ml-Marke steht (siehe

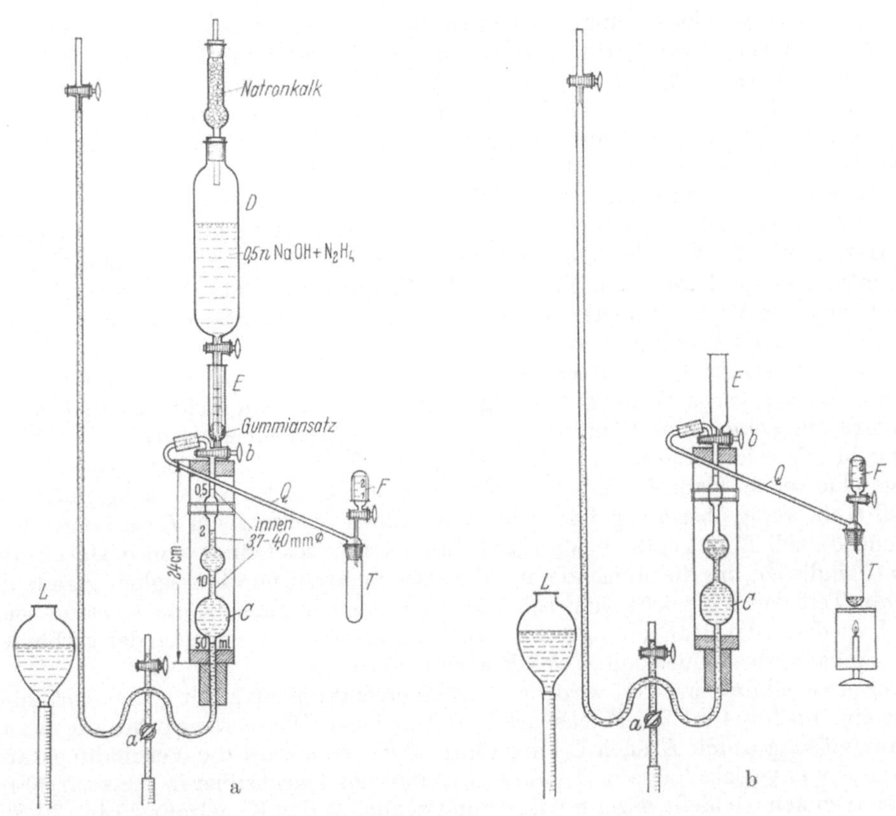

Abb. 34a u. b. Gerät zur manometrischen C-Bestimmung durch nasse Verbrennung nach VAN SLYKE u. FOLCH a) Zustand zu Beginn des Versuches, b) während der Verbrennung.

Abb. 34a). Dann entfernt man *D* und verdrängt die Lösung in den Capillaren von Hahn *b* durch Quecksilber aus *E*. Dadurch erreicht die Lösung in *C* genau die 2-ml-Marke. *E* wird durch Spülen mit angesäuertem Wasser von Lauge gereinigt.

Verbrennung. Man senkt das Niveaugefäß *L* und zieht über Hahn *a* so viel Quecksilber aus *C* und dem Manometerrohr heraus, daß es in letzterem ungefähr auf der Höhe der 2-ml-Marke von Rohr *C* steht. Dann schließt man *a*, verbindet *C* durch Öffnen von *b* mit dem Verbrennungsgefäß *T* und bringt *L* in eine solche Höhe, daß der Quecksilberspiegel in ihm etwa auf der Höhe der 50-ml-Marke von *C* steht. Nun läßt man zur Mikroanalyse 2 ml Oxydationslösung in das Verbrennungsgefäß fließen und stellt eine Mikroflamme darunter. Die eintretende Oxydation macht sich durch Gasbläschen in der Flüssigkeit bemerkbar. Nach 2 bis 3 Min. siedet die Lösung. Man regelt das Aufheizen so, daß möglichst kein Schaumkranz von mehr als 2 cm Höhe entsteht. Durch die Entwicklung von CO_2 und O_2 fällt das Quecksilber in C und steigt im Manometer. Man öffnet in diesem Stadium Hahn *a* alle paar Sekunden etwas und läßt so viel Quecksilber aus *L* nach *C* übertreten, daß der Gasraum in *C* etwa auf 1 ml gehalten wird. Etwa 1 Min. nach Beginn des Erhitzens ist genug Gas entwickelt, um das Quecksilber im Manometer ganz hinaufzudrücken und vollständiges Öffnen von *a* ohne Gefahr des Übersteigens von Alkalilösung von *C* nach *T* zu erlauben. Hahn *a* bleibt während der weiteren Verbrennung offen. Bei dem Druck von etwa 600 Torr läßt man noch 1,5 Min. kräftig weiter sieden. Dann ist die Verbrennung mit Sicherheit beendet. Längeres Erhitzen ist schädlich, da nur unnötig Jod und Sauerstoff aus der Oxydationslösung frei werden und die Absorption des CO_2 infolge Verdünnung des Gases verzögern. Die Flamme wird aber zunächst unter dem Rohr belassen. Abb. 34b zeigt die Apparatur während der Verbrennung.

Man läßt das Quecksilber im Kugelrohr *C* innerhalb eines Zeitraumes von etwa 3 Min. durch Senken und Heben des Niveaugefäßes 20mal sinken und steigen. Das Sinken soll bis etwa zur 50-ml-Marke erfolgen, das Steigen so weit, daß der Gasraum in *C* auf etwa 5 ml komprimiert wird. Hierbei wird das CO_2 vollständig in der alkalischen Lösung absorbiert. Bei Ausführung vieler Verbrennungen ist zu empfehlen, das Heben und Senken des Quecksilbers durch eine alternierend betätigte Saugvorrichtung zu mechanisieren. Nun wird die Flamme entfernt, Hahn *b* geschlossen, Rohr *Q* mit dem Verbrennungsgefäß vom Kugelrohr abgenommen und zum Erkalten in eine Haltevorrichtung gesetzt.

Man saugt etwas Quecksilber aus einer Flasche in die gebogene Capillare von Hahn *b*, an der vorher Rohr *Q* befestigt war, wobei ein mit Schlauchstück an die Capillare angeschlossenes Capillarrohr in die das Quecksilber enthaltende Flasche eintaucht. Es erfolgt darauf das Austreiben von O_2 und N_2 aus dem Kugelrohr *C*. Bei geschlossenem Hahn *b* werden die Gase in *C* auf Überdruck gebracht, indem das Gefäß *L* ein wenig über *b* angehoben wird. Bei dieser Stellung von *L* wird *a* geschlossen und *b* nach *E* zu geöffnet. Man läßt durch teilweises Öffnen von *a* Quecksilber nach *C* einfließen, bis die steigende und die Gase austreibende Flüssigkeit gerade den unteren Teil von *b* erreicht, und schließt dann nacheinander *a* und *b*. Dann senkt man *L* wieder in die alte Stellung (Abb. 34a) und läßt zum Abschließen der verbindenden Capillare etwas Quecksilber aus *E* nach *C* eintreten.

Zur Austreibung des CO_2 wird nun aus einer Hahnpipette mit Gummischlauchstück am Ausfluß 1 ml 2 n Milchsäure in der gleichen Weise wie vorhin die Alkali-Hydrazinlösung durch *E* nach *C* eingeführt. Wiederum wird die Verbindungscapillare mit etwas Quecksilber aus *E* gefüllt. Man läßt das Quecksilber in *C* bis zur 50-ml-Marke absinken, schließt dann *a* wieder und schüttelt das Kugelrohr 20 bis 30 Sek. Das freiwerdende CO_2 treibt das Quecksilber unter die 50-ml-Marke. Man drückt so viel Quecksilber aus *L* hinein, daß sein Meniskus in *C* die 50-ml-Marke wieder erreicht und schüttelt zum vollständigen Austreiben des CO_2 noch 1,5 Min.

Nun läßt man so viel Quecksilber aus *L* einströmen, daß das Gasvolumen in *C* auf 10 ml bei Mikroanalyse und auf 2 ml bei Submikroanalyse komprimiert wird (Einstellen unter Zuhilfenahme einer Lupe). Diese Aktion soll innerhalb von 30 bis 40 Sek. und unter vorsichtiger Betätigung von Hahn *a* vor sich gehen, da durch Oszillieren des Quecksilbers eine merkliche Wiederabsorption von CO_2 verursacht werden würde. Am Manometer liest man jetzt den Druck (p_1) ab. Bei Stellung von *L* in Höhe der 50-ml-Marke öffnet man den Hahn *a*, so daß in *C* leichter Unterdruck herrscht. Man füllt 5 ml 5 n NaCl-Lösung in *E* ein (Abzählen einer entsprechenden Tropfenzahl). Dann läßt man das Alkali in das Kugelrohr einfließen, ohne Luft mit eintreten zu lassen. Die Lauge soll möglichst an den Wandungen entlang fließen; die Capillare soll dabei mit Lauge gefüllt bleiben. Man gibt 2 bis 3 ml angesäuertes Wasser in das Gefäß *E* und danach etwa 0,5 ml Quecksilber. Dieses läßt man dann nach *C* einfließen, wobei es die unmittelbar unterhalb von *b* verbleibende Lauge mitreißt. Zur Vermischung der Lösungen in *C* und zur Absorption der letzten Reste von CO_2 läßt man das Quecksilber in *C* dreimal bis etwas unter die 10-ml-Marke sinken und wieder so weit steigen, daß ungefähr Atmosphärendruck entsteht.

Der Meniskus der Lösung wird nun ein wenig unter die 2- bzw. 10-ml-Marke gebracht, bei der p_1 abgelesen wurde. Man läßt die Lösung von den Wandungen oberhalb der Marke abfließen. Das dauert etwa 1 Min. Während dieser Zeit kann man die Temperatur im Wassermantel ablesen. Dann stellt man den Meniskus genau auf die Marke ein und liest den Druck (p_2) ab. Die für die Menge des Verbrennungskohlendioxids maßgebliche Größe ist:

$$P_{CO_2} = p_1 - p_2 - c \quad (c = p_1 - p_2 \text{ bei einer Blindanalyse bei gleicher Temperatur}).$$

Das Reinigen des Kugelrohres für die nächste Analyse erfolgt durch Herausdrücken der Lösung aus *C* und Einlaufenlassen einer Füllung von *E* mit Wasser, dem einige Tropfen der 2 n Milchsäurelösung zugesetzt wurden, unter Senken von *L* bis auf etwa 80 cm unterhalb von *C* und Wiederaustreiben sowie Wiederholung dieses Vorganges mit Wasser. Nach Austreiben dieses Wassers läßt man das Quecksilber nochmals bis zum Fuß von *C* sinken und dann ziemlich langsam wieder steigen, wobei es den Wasserfilm von den Wandungen wegnimmt. Die auf ihm schwimmende kleine Wassermenge und dazu etwa 1 ml Quecksilber läßt man zum Schluß durch *b* nach *E* eintreten. Nun ist der Apparat für die nächste Analyse fertig. Alle Teile müssen stets gut vor Staub geschützt aufbewahrt werden. Gefäß *E* ist täglich vor Arbeitsschluß mit Phosphorsäure zu reinigen und Hahn *b* mit dieser Säure neu zu schmieren.

bb) Vereinfachte Ausführung und Makroanalyse. Bei Analysen, von denen eine etwas geringere Genauigkeit verlangt wird, kann die Wiederabsorption des CO_2 weggelassen werden; man spart dabei 3 bis 4 Min. P_{CO_2} ist in diesem Falle einfach $= p_1 - p_0$. (p_0 ist eine dem p_1 entsprechende Ablesung bei einer Blindanalyse bei gleicher Temperatur.) In der gleichen Weise können auch Makroanalysen mit einer etwa 10 bis 15 mg *C* entsprechenden Einwaage ausgeführt werden. Der Unterschied ist nur der, daß man etwas größere Reagenzienmengen verwendet, nämlich 5 ml Oxydationsflüssigkeit und 2 ml 5 n Milchsäure, und daß man 3 Min. lang oxydiert, den Quecksilber-Meniskus in *C* während der letzten 1,5 Min. der CO_2-Entbindung auf die 50-ml-Marke einstellt und den CO_2-Druck bei eben dieser Stellung abliest. Bei dieser Ausführung können 5 Analysen je Stunde durchgeführt werden.

Auswertung. Die Berechnung der Milligramme aus dem Druck P_{CO_2} (in Torr) erfolgt durch Multiplikation mit einem Faktor *F*, der sich aus nachstehender Formel berechnet:

$$F = \frac{0{,}0007099 \cdot i \cdot a}{1 + 0{,}00384 \cdot t} \cdot \left(1 + \frac{S}{A - S} \cdot \alpha\right).$$

Dabei ist a das Volumen an CO_2, bei dem P gemessen wurde; i ein empirischer Faktor zur Korrektur für eine gewisse Reabsorption von CO_2 bei der Kompression auf das Meßvolumen, t die Temperatur; S das Volumen der angesäuerten Lösung, aus der das CO_2 entbunden wurde; A das Gesamtvolumen des Rohres *C* bis zur untersten Marke (= 50 ml); α der Verteilungskoeffizient CO_2 in 1 ml Lösung zu CO_2 in 1 ml Gas.

Für die Makroanalyse vereinfacht sich die Formel, da i entfällt und $a = A - S$ wird, auf:

$$F = \frac{0{,}0007099\,[A - S\,(1 - \alpha)]}{1 + 0{,}00384 \cdot t}.$$

Die Autoren haben eine Tabelle aufgestellt, aus der bei Verwendung einer exakt nach ihren Angaben gearbeiteten Apparatur und Einhaltung der beschriebenen Arbeitsweise der Faktor *F* für verschiedene Temperaturen abgelesen werden kann. Nachstehend ein Auszug aus der Tabelle für Temperaturen um 20° C (Tabelle 1):

Tabelle 1. *Errechnung des Faktors F zur Multiplikation mit dem Druck P_{CO_2}.*

Temperatur	Submikroanalyse	Mikroanalyse	Makroanalyse
°C	$a = 2{,}000$ $S = 3{,}00$ $i = 1{,}016$	$a = 10{,}00$ $S = 3{,}00$ $i = 1{,}007$	$a = 46{,}00$ $S = 4{,}00$ $i = 1{,}000$
	$F =$	$F =$	$F =$
18	0,001417	0,007020	0,03201
19	10	0,006987	187
20	03	954	173
21	0,001397	922	159
22	90	890	145

Man kann den Faktor auch empirisch durch Ausführung einiger Analysen mit einer sehr reinen Substanz von bekanntem C-Gehalt ermitteln. Die Autoren empfehlen, dies zur Kontrolle der Apparatur auf alle Fälle zu tun.

Bemerkungen. $\alpha\alpha$) *Die Genauigkeit und Präzision* entspricht nach den Beleganalysen der Autoren sowohl für die Makro- als auch für die Mikroausführungen derjenigen der trockenen Verbrennung. Bei der Submikroanalyse von 1,425 mg Glucose (theoretischer C-Gehalt 40,00%) wurde z.B. gefunden: 40,24, 39,97, 39,75, 39,83, 40,17, 39,90%; bei der Makroanalyse von 40 mg Glucose wurde 39,96, 40,14 und 39,92% gefunden. Die Dauer der Analyse soll 20 Min. für die Mikroausführung und noch weniger für die Makroausführung betragen. Ein leicht herzustellendes, regelbares elektrisches Heizgerät für die Verbrennung nach VAN SLYKE und FOLCH wurde von HANKES beschrieben.

$\beta\beta$) *Aktivitätsmessung in Verbindung mit der Kohlenstoffbestimmung.* Die beschriebene Apparatur kann mit geringen Ergänzungen zur Aktivitätsbestimmung von $^{14}CO_2$ aus mit ^{14}C markierten Substanzen in Kombination mit der Gesamt-C-Bestimmung benutzt werden (VAN SLYKE, STEELE und PLAZIN; NEVILLE; RAAEN und ROPP; COLLINS und ROPP. Das in reiner Form entwickelte CO_2 wird dabei in ein Gaszählrohr übergeführt (oder zu $BaCO_3$ umgesetzt und in dieser Form gemessen).

β) Einfache gasvolumetrische Mikromethode mit geschlossenem System

DEGERING und BALL haben in Anlehnung an CLARKE und HERMANZE (s. Kap. Kohlendioxid [2, II, c]) eine relativ einfache Apparatur und Arbeitsweise für die gasvolumetrische Bestimmung von Kohlenstoff in organischen Substanzen durch nasse Verbrennung mit Chromsäure-Schwefelsäure angegeben. Das Gerät (Abb. 35) ist im wesentlichen ein Nernstsches Dilatometer, d.h. ein horizontal angeordnetes, calibriertes, enges Rohr von etwa 5 ml Volumen, das an einem Ende offen ist und in dem sich ein Tropfen Quecksilber befindet. Das andere Ende ist über einen Schliff mit einem kleinen Reaktionsgefäß verbunden. In das Gefäß werden 2,5 bis 3 mg Probe und 1 ml Chromschwefelsäure (0,1 g CrO_3 in 1 ml konz. H_2SO_4) gegeben. Bei noch offenem Gefäß wird der Quecksilbertropfen im Rohr durch Saugen in eine Stellung nahe zum Schliff gebracht. Dann läßt man das Gefäß mit seinem Stopfen (H_3PO_4-Schmierung) verschlossen 10 Min. zum Temperaturausgleich stehen und liest die Stellung des Quecksilbertropfens ab, sobald sie konstant geworden ist. Nun wird das Gefäß 2 Std. lang auf 85 °C erhitzt. Nach Abkühlen wird der Quecksilberstand wie vorher abgelesen. Aus der Verschiebung des Tropfens und aus dem Innendurchmesser des Rohres wird unter Berücksichtigung von Luftdruck und Temperatur das Volumen des CO_2 bzw. die C-Menge berechnet.

Die lange Oxydationszeit ist wohl erforderlich, um die Reaktion bei der relativ niedrigen Temperatur vollständig ablaufen zu lassen. Höhere Temperatur muß wahrscheinlich vermieden werden, um das Ergebnis nicht durch O_2-Entwicklung aus dem

Oxydationsgemisch zu fälschen. Für schwer oxydierbare Substanzen dürfte die Methode daher nicht gut brauchbar sein.

γ) Methoden mit Spülgasstrom und titrimetrischer Endbestimmung.

Allgemeines. Solche Methoden sind u.a. von HOCKENHULL und von FARRINGTON, NIEMANN und SWIFT beschrieben worden.

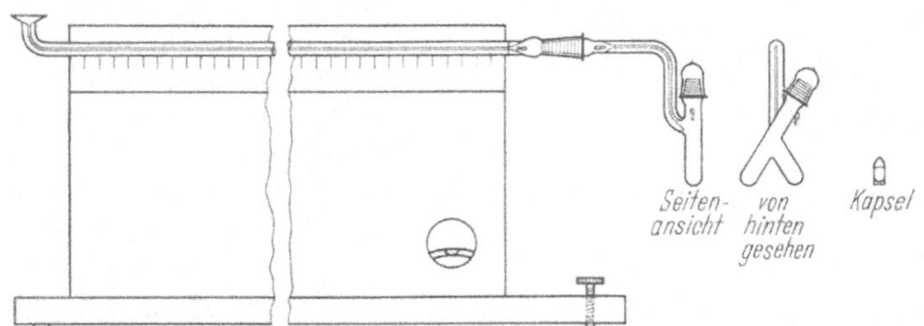

Abb. 35. Apparat von DEGERING u. BALL zur gasvolumetrischen C-Bestimmung bei nasser Verbrennung.

Abb. 36. Apparat zur titrimetrischen C-Bestimmung mit nasser Verbrennung nach HOCKENHULL.

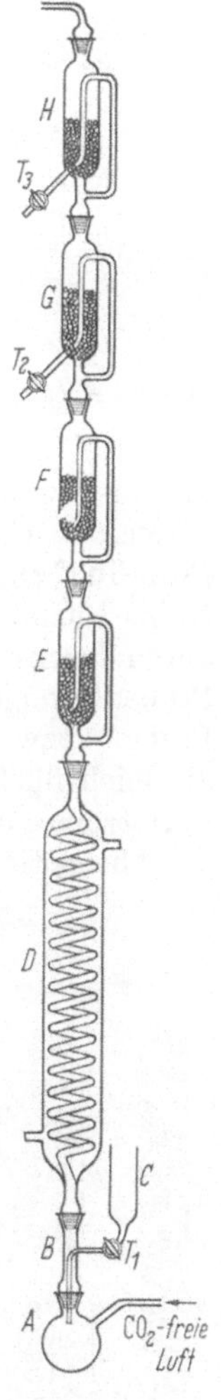

Abb. 36

Die Arbeitsweise von HOCKENHULL, die besonders für biologisches Material bestimmt ist, sei an Hand der Abb. 36 erläutert. Die Verbindungsstücke unterhalb F und der Hahn T_1 werden mit sirupöser Phosphorsäure geschmiert, die Teile oberhalb F mit Wasser und die Hähne T_2 und T_3 mit Vaseline. Die Wasch- bzw. Absorptionsgefäße E bis H enthalten Glasperlen. Außerdem enthält E konzentrierte Schwefelsäure, F Wasser, G 25 ml und H 5 ml 0,1 n $Ba(OH)_2$-Lösung. Die beiden Absorber G und H enthalten außerdem ein wenig sek. Oktanol zur Verhinderung von Schaumbildung. Bei der Gestaltung des Apparates war der Autor offensichtlich sehr auf die Einsparung von Stellfläche bedacht.

Arbeitsvorschrift. Man gibt die Probe (mit etwa 10 mg Kohlenstoff), trocken oder in höchstens 0,2 ml Wasser gelöst, und dazu 200 mg KJO_3 in den 25 ml fassenden Kolben A, den man nun an die übrige Apparatur anschließt. Durch diese saugt man einen gereinigten Luftstrom von mindestens 100 ml/Min. Dann läßt man aus Trichter C 4 ml Säuregemisch nach VAN SLYKE, (siehe Abschn. 2, I, c) in A einlaufen und erhitzt innerhalb 2 Min. zum Sieden. Die Flamme wird entfernt, sobald eine Abscheidung von Jod auftritt. Man hält noch im gelinden Sieden für eine Zeit, innerhalb deren 2,5 bis 3 l Luft den Apparat passiert haben. Man nimmt die Gefäße H und G, in dem das CO_2 nun absorbiert ist, ab, läßt ihren Inhalt in einen Kolben ablaufen und wäscht zweimal mit kohlendioxidfreiem Wasser nach. Man titriert den $Ba(OH)_2$-Verbrauch direkt mit 0,1 n HCl gegen Thymolphthalein als Indikator.

Bemerkung. Die Arbeitsweise von FARRINGTON, NIEMANN und SWIFT ist *ähnlich.* Die Abb. 37, in der die Apparatur dargestellt ist, erfordert keine Erläuterung. Die Verfasser bevorzugen als Absorptionsflüssigkeit NaOH, aus der CO_3^{2+} durch Fällen mit $BaCl_2$ aus Gefäß H als $BaCO_3$ und Zentrifugieren des Niederschlages in Rohr G vor dem Titrieren abgetrennt wird.

Eine Apparatur für konduktometrische Endbestimmung wird von KREY und SZEKIELDA beschrieben.

δ) Methode mit Spülgasstrom und gravimetrischer Endbestimmung.

Allgemeines. Diese Methode war früher in der Stahlindustrie sehr gebräuchlich, heute weniger; es wird deshalb hier nur auf die Vorschriften nach SÄRNSTRÖM und CORLEIS im Handbuch für das Eisenhüttenlaboratorium (Bd. 2, S. 12 bis 19) verwiesen. PICKHARDT, OEMLER und MITCHELL haben eine *Apparatur* (siehe Abb. 38) und Arbeitsweise angegeben, die sie besonders für die C-Bestimmung in Abwässern empfehlen und bei der Rücksicht auf hohe Chloridkonzentrationen in der Probe genommen wird. Die Sprühfalle *P* wird an Stelle der Halogenabsorber *D* und *E* eingesetzt, wenn halogenfreie Proben vorliegen.

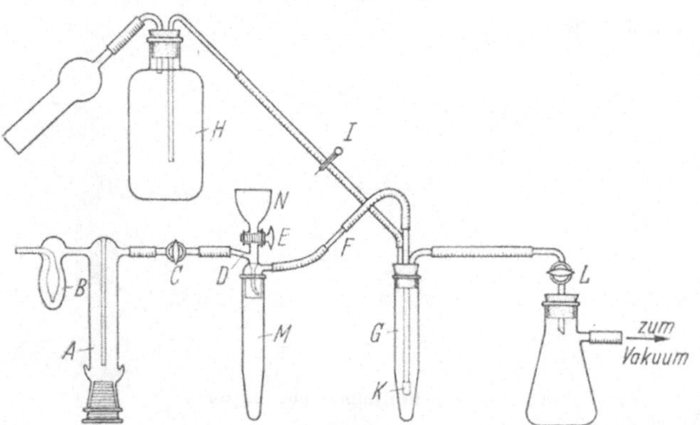

Abb. 37. Apparat von FARRINGTON, NIEMANN u. SWIFT zur C-Bestimmung durch nasse Verbrennung und Titration.

Arbeitsvorschrift. Die Oxydation erfolgt mit Chromschwefelsäure und nachgeschaltetem auf 750 °C geheiztem Kupferoxidrohr. Man setzt eine an CrO_3 50%ige wäßrige Chromsäurelösung dem Wasser bzw. der Lösung der Probe in *C* zu, und zwar 10 ml zu Proben von weniger als 50 ml und 15 ml zu Proben von 50 bis 100 ml Volumen. Konzentrierte Schwefelsäure läßt man anschließend langsam durch das mit einer Glasspirale versehene, innere Kühlrohr einfließen. Man nimmt bei Probenlösungen von 1 bis 25 ml 50 ml Schwefelsäure, bei 25 bis 50 bzw. 50 bis 100 ml Probe 75 bzw. 150 ml Schwefelsäure, bei festen Proben 50 ml Schwefelsäure. Bei Proben, die leichtflüchtige Substanzen enthalten, treibt man diese zunächst mittels eines Luftstromes aus der Lösung heraus durch den bereits aufgeheizten CuO-Ofen *F* und die Absorptionsrohre, da sie sonst durch die bei der Zugabe von Schwefelsäure auftre-

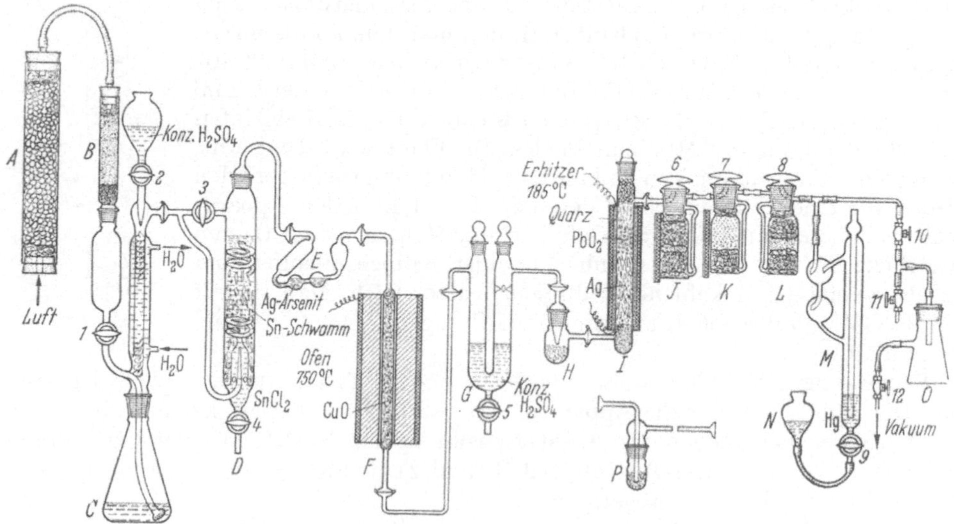

Abb. 38. Apparatur zur C-Bestimmung mit nasser Verbrennung, Spülgasstrom und gravimetrischer Endbestimmung von PICKHARDT, OEMLER u. MITCHELL.

tende Erhitzung zu schnell ausgetrieben und nicht vollständig oxydiert werden würden. Die nasse Oxydation wird durch 10 Min. währendes, gleichmäßiges Sieden des Flüssigkeitsgemisches bewirkt. Dabei zunächst nicht oxydierte, mit dem Wasserdampf entweichende Substanzen werden durch die Schwefelsäure, die man allmählich im Kühler herabrieseln läßt, in den Reaktionskolben zurückgewaschen. Aus einer großen Zahl von organischen Verbindungen wurden bei den Versuchen der Autoren nur Pyridin und Tribrombenzol nicht oxydiert. Das Schutzrohr *J* enthält PhosphorV-oxid-Siliciumcarbid (1 + 3) und wasserfreies Calciumsulfat (Drierite), das Absorptionsrohr *K* (das zur Wägung gelangt) wasserfreies Calciumsulfat (Drierite) und Natronasbest (Ascarite), das Schutzrohr *L* wasserfreies Calciumsulfat (Drierite), Natronasbest und wieder wasserfreies Calciumsulfat (Drierite). *M* und *N* dienen zur Regelung der Sauggeschwindigkeit (durch Einsaugen von mehr oder weniger Außenluft).

Für stark halogenidhaltige Proben wendet man außer der üblichen Absorption des Halogens mit (auf 185 °C erhitzter) Silberwolle zwei vor das Kupferoxidrohr geschaltete Absorber an, von denen der erste (*D*) Zinn(II)-chlorid nebst Zinn und der zweite (*E*) Silberarsenit enthält.

Eine nach dem gleichen Prinzip arbeitende, einfachere Apparatur ist diejenige von McCready und Hassid (siehe Abschn. 2, I, c; Abb. 32).

Für die Bestimmung kleiner C-(und/oder CO_2-)Mengen haben Jeffery und Wilson eine Methode mit *Kreislaufführung* der im geschlossenen Apparat befindlichen Spülluft entwickelt, bei der niedrige Blindwerte erzielt werden. Die Apparatur ist im Kapitel: Kohlendioxid und Carbonate beschrieben.

Eine ganz ohne Spülstrom arbeitende Methode dagegen wurde in Abschn. 2, I, c; Abb. 33 erwähnt.

ε) Kontinuierliche Methode mit Spülgasstrom und Endbestimmung durch Wärmeleitfähigkeitsmessung.

Eine solche Apparatur und Methode wurde von Kieselbach für die kontinuierliche, automatische Bestimmung des C-Gehaltes von Abwässerströmen entwickelt, könnte aber allgemeinere Anwendung für die kontinuierliche Registrierung des organischen Kohlenstoffs in Produktströmen mit niedrigem Gehalt an organischen Substanzen finden. Die vollautomatische Apparatur, wegen deren näherer Beschreibung auf die Originalarbeit verwiesen werden muß, arbeitet unter kontinuierlicher Fällung und Filtration des Carbonat-Kohlendioxids mit Oxydation der organischen Substanz durch Chromschwefelsäure. Die Oxydation erfolgt während des Durchströmens des Reaktionsgemisches durch ein auf 250 °C geheiztes Reaktionsgefäß; das entstandene CO_2 wird bei der gleichen Temperatur in einem Abstreiferrohr durch einen Sauerstoffstrom ausgetrieben. Das Gas wird durch gesintertes Antimonpulver von 16 bis 20 mesh Körnung von Chlor gereinigt, über Drierite getrocknet und strömt dann durch einen elektrischen Differenz-Wärmeleitfähigkeitsmesser. Dieser wirkt auf einen Schreiber, welcher ppm organischen Kohlenstoff registriert. Die Apparatur wurde mit Essigsäure als bekanntermaßen schwer oxydierbarer Substanz und anderen Testsubstanzen geprüft, und es wurde eine Oxydationsausbeute von 98% festgestellt. Der für einige Bauteile des Apparates, u. a. für die Säure-Förderpumpe, verwendete nichtoxydierbare Stahl wird von der konzentrierten Chromschwefelsäure nicht angegriffen.

ζ) Methode mit einfachstem Gerät (Verbrennungs-Diffusionsgefäß).

Eine sehr vereinfachte Ausführung der C-Bestimmung, die zwar nicht ganz quantitative Werte liefert, aber für viele serienmäßige Routineuntersuchungen genügt, haben Baker, Feinberg und Hill beschrieben. Allerdings setzt die Methode das Vorhandensein eines Autoklaven voraus. Als Gefäße werden Schraubgläser mit kleinem Seitenabteil im Innern, wie sie von einer amerikanischen Firma als Tintengläser geliefert werden, oder gewöhnliche Schraubgläser mit Gummiringdichtung, in die kleine präparatenglasartige Gefäße hineingestellt werden, benutzt. Man gibt die Probe auf den Boden des Schraubglases, fügt 5 ml der Lösung nach VAN SLYKE und FOLCH hinzu und füllt in das Seitenabteil bzw. in das eingestellte Gläschen 3 n NaOH. Dann verschließt man das Glas sofort und erhitzt im Autoklaven 3 Min. auf etwa 120 °C. Das bei der Oxydationsreaktion entstehende CO_2 diffundiert zum Einsatzgläschen hin und wird in der darin befindlichen Lauge absorbiert. Nach Erkalten nimmt man das Gläschen heraus und bestimmt titrimetrisch das aufgenommene CO_2 in der unter Umständen eingetrockneten Natronlauge. Bei dieser Schnellmethode müssen Unterbefunde bis etwa 10% in Kauf genommen werden. Flüchtige Substanzen können mit ihr nicht analysiert werden. Eine sehr ähnliche Arbeitsweise mit $K_2S_2O_8$ als Oxydationsmittel wird weiter unten in Abschn. b, α_2 beschrieben.

η) Colorimetrische Methode.

Nach der colorimetrischen Methode wird der Gehalt einer Substanz an Kohlenstoff bzw. organischer Substanz durch die Verfärbung bestimmt, welche Chromschwefelsäure infolge der Reduktion von Cr(VI) zu Cr(III) erfährt. Ausführungsformen werden in Abschn. F, 3, II beschrieben.

ϑ) Rücktitrationsmethode.

Nach der Rücktitrationsmethode wird das bei der Reduktion des Chroms(VI) der Chromschwefelsäure durch Kohlenstoff bzw. organische Substanz verbrauchte Chromat durch Rücktitration des Oxydationsmittel-Überschusses ermittelt. Beispiele werden in Abschn. F, 3, IV beschrieben.

b) Peroxidisulfat als Oxydationsmittel.

α) Oxydation in wäßriger Lösung (nach Osburn und Werkman).

α_1) Methode mit Spülgasstrom. OSBURN und WERKMAN führen die Kohlenstoffbestimmung in Gärflüssigkeiten laut folgender

Arbeitsvorschrift aus. Eine 100 bis 200 mg CO_2 entsprechende Menge der Flüssigkeit wird mit kohlendioxidfreiem Wasser auf 180 ml aufgefüllt und in einem üblichen Verbrennungskolben mit 5 bis 10 g feingepulvertem $K_2S_2O_8$ versetzt. Man schüttelt um, so daß möglichst viel Oxydationsmittel in Lösung geht, setzt 5 bis 10 ml 4%ige Silbernitratlösung hinzu und leitet zum Entfernen von gelöstem Kohlendioxid kohlendioxidfreie Luft durch die Flüssigkeit. Dann schließt man eine übliche Absorptionsvorlage für CO_2 an und erwärmt unter weiterem Durchleiten von Luft auf dem Wasserbad bis auf 70 °C. Wenn Chloride vorhanden sind, muß mehr $AgNO_3$ zugesetzt werden; der Überschuß soll 0,2 g betragen.

Bemerkung. Eine ähnliche Arbeitsweise wurde von GERTNER und IVEKOVIĆ angegeben. Sie wird im folgenden beschrieben.

Apparatur (Abb. 39). Die Reaktion wird in dem 1 l fassenden Dreihalsschliffkolben (A) durchgeführt. Der mittlere Hals wird mit einem Rückflußkühler (B) verbunden; ein Seitenhals (a) dient zum Einleiten von Gas zwecks Verdrängung von CO_2, der zweite (b) zum Einfüllen von Lösung oder zur Aufnahme des Tropftrichters (C), durch den die Reagenzien zugegeben werden. Die Verbindung mit der Gaszuleitung durch den Kautschukschlauch (c) ermöglicht es, den Gasdruck in Kolben und Tropftrichter auszugleichen und die Reagenzien im vollständig geschlossenen System zuzugeben. Die Verdrängung des Kohlendioxids wird durch Luft, Sauerstoff oder Stickstoff aus einer Bombe bewirkt. Diese Gase müssen vorher durch das Aggregat (D) von CO_2 befreit werden.

Das Gaseinleitungsrohr reicht bis zum Boden des Reaktionskolbens, welcher in ein Wasserbad eintaucht. Das Gas wird dann zusammen mit dem bei der Oxydation entwickelten CO_2 durch den Kühler abgeführt; es passiert hiernach 4 U-Rohre, von denen das erste und größte (E) mit Bimsstein und konz. Schwefelsäure, das zweite

(*F*) mit Calciumchlorid und die beiden letzten (*G*) und (*H*) mit Natronasbest und Calciumchlorid gefüllt sind. An das Ende der Apparatur wird ein kleiner Blasenzähler (*I*) angeschlossen. Die ganze Apparatur muß wegen der Ozonentwicklung mit Schliffverbindungen (nicht Kautschuk) versehen werden.

Arbeitsvorschrift. Durch den Seitenhals (*b*) gibt man die zu untersuchende Lösung (Wasser, Abwasser od. dgl.) in den Reaktionskolben; man verdünnt mit Wasser auf 200 ml und säuert mit 1 ml Schwefelsäure (1 + 3) (etwa 4,6 m) an. Hierauf wird der Tropftrichter (*C*) aufgesetzt und zum Verdrängen des aus freier Kohlensäure und Carbonaten der Probe stammenden Kohlendioxids etwa 10 Min. ein kräftiger Gasstrom durch den Apparat geleitet. Nach erfolgter Verdrängung werden die U-Rohre angeschlossen; die beiden U-Rohre (*G*) und (*H*) wurden vorher gewogen. Nun lüftet man den Stopfen (*e*) am Tropftrichter kurz und füllt rasch nacheinander 10 ml 10%ige $AgNO_3$-Lösung, 50 ml verdünnte Schwefelsäure (1 + 3) und 100 ml 10%ige $K_2S_2O_8$-Lösung ein. Den Stopfen setzt man auf und läßt den Inhalt des Tropftrichters durch Öffnen des Hahnes (*f*) auf einmal in den Reaktionskolben einfließen. Alsdann wird die Mischung auf 80 °C erhitzt, worauf sich die Lösung braun färbt. Die Braunfärbung fängt nach etwa 10 Min. an zu schwinden; zu diesem Zeitpunkt werden weitere 100 ml 10%ige $K_2S_2O_8$-Lösung in den Tropftrichter gegeben und der Reaktionsmischung zugetropft. Dieses Zugeben soll so reguliert werden, daß währenddessen (etwa 5 Min.) die Braunfärbung erhalten bleibt. Nach einigen Minuten verschwindet die Braunfärbung, und die Oxydation kann als beendet angesehen werden. Nun wird das Wasserbad zum Sieden erhitzt, und durch einen lebhaften Gasstrom (4 bis 5 Blasen je Sekunde) werden die gasförmigen Reaktionsprodukte verdrängt. Durch Wägung der U-Rohre (*G*) und (*H*) wird dann der organische Kohlenstoff als CO_2 bestimmt.

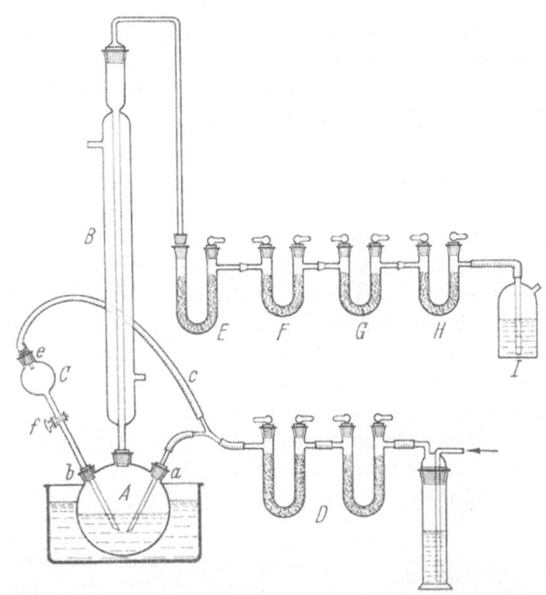

Abb. 39. Apparat von GERTNER u. IVEKOVIC zur C-Bestimmung in Wässern durch nasse Verbrennung.

Der zweite Zusatz von $K_2S_2O_8$ ist erforderlich, weil diese Verbindung bei 80 °C selbst sehr rasch zerfällt und deshalb die erste Zugabe nicht genügen würde, um die gesamte organische Substanz zu oxydieren. Wenn nötig, kann man die Zugabe von $K_2S_2O_8$ noch ein drittes Mal wiederholen. Dies kommt besonders bei Abwässern in Betracht, in welchen die organische Substanz in Form von Kolloidteilchen dispergiert ist.

α_2) Methode mit geschlossenem System. Eine Variante mit manometrischer Endbestimmung des CO_2, welche die Bestimmung von 250 mg Kohlenstoff in biologischen Flüssigkeiten und Suspensionen gestattet, wurde von BATTLEY beschrieben. Es wird ein Manometergefäß nach WARBURG verwendet. In diesem findet die Oxydation mit Persulfat und die Absorption des Verbrennungskohlendioxids mittels zugesetzter Lauge statt. Der Druck wird gemessen, und schließlich wird durch vorher in einem Seitenarm des Gefäßes befindliche Phosphorsäure das CO_2 wieder ausgetrieben und seine Menge nach Temperaturausgleich auf Grund des am Manometer abgelesenen Druckunterschiedes ermittelt.

Eine *sehr vereinfachte Apparatur und Arbeitsweise* für die nasse Verbrennung von wasserlöslichen Substanzen im geschlossenen System wurde von KATZ, ABRAHAM und BAKER beschrieben. Diese Methode gestattet die sehr schnelle routinemäßige Verbrennung von Serien von Proben; die Verfasser geben an, daß ein Analytiker 20 Bestimmungen in wenigen Stunden ausführen kann. Das Wesentliche an der Apparatur besteht darin, daß ein Gefäß mit der zur Aufnahme des entstehenden Kohlendioxids dienenden Lauge sich in Form eines einfachen, kleinen, oben offenen Zylinders innerhalb des Oxydationsgefäßes selbst befindet. Das CO_2 diffundiert in dem evakuierten Gefäß zur Lauge hin und wird von ihr absorbiert. Das Gefäß als Ganzes wird daher „Verbrennungs-Diffusionsgefäß" genannt. Diese Anordnung ermöglicht auch die C-Bestimmung in flüchtigen Substanzen, z.B. Acetaldehyd. Die Wirksamkeit des Verfahrens wurde durch Versuche mit eingewogenen analysenreinen Substanzen geprüft. Die verschiedensten wasserlöslichen Substanzen wurden zu 95 bis 100% umgesetzt. Nur mit Adenin, Methylamin und manchen stabilen cyclischen Verbindungen wurden unbefriedigende Ergebnisse erzielt. Außerdem wurde ein Vergleich mit der Methode nach VAN SLYKE und FOLCH (vgl. Abschnitt II, a, α) als Oxydationsmittel durchgeführt. Dazu wurden gleiche Mengen von mit ^{14}C markierter Glucose bzw. einem Succinat jeweils nach der einen und der anderen Methode verbrannt, und es wurde jeweils die Radioaktivität des mit dem Verbrennungskohlendioxid gefällten Bariumcarbonats in identischer Weise gemessen. Die spezifischen Aktivitäten der Niederschläge waren für eine und dieselbe Substanz nach beiden Verfahren gleich.

Apparatur und Reagenzien. In einem gewöhnlichen, enghalsigen Erlenmeyerkolben ist entsprechend einem Vorschlag von BARUCH am Boden, etwa in der Mitte, ein kleines zylindrisches Gefäß, ähnlich demjenigen im üblichen Warburgkolben, aufgeschmolzen (Abb. 40). Die Abmessungen: 12 mm Durchmesser und 30 mm Höhe haben sich als günstig erwiesen; es kommt aber auf die Maße nicht genau an. Als Verschluß dient eine Gummikappe (Serumflaschenverschluß). Für die Überführung der Carbonatlösung nach der Verbrennung aus dem Einsatzgefäßchen in einen Meßkolben dient die ebenfalls in der Abbildung dargestellte Hebereinrichtung. Deren Wirkungsweise bedarf keiner näheren Erläuterung. Als Reagenzien werden verwendet: Natriumperoxidisulfat, p.a.; 4%ige Silbernitratlösung; carbonatfreie Natronlauge; Bariumchloridlösung.

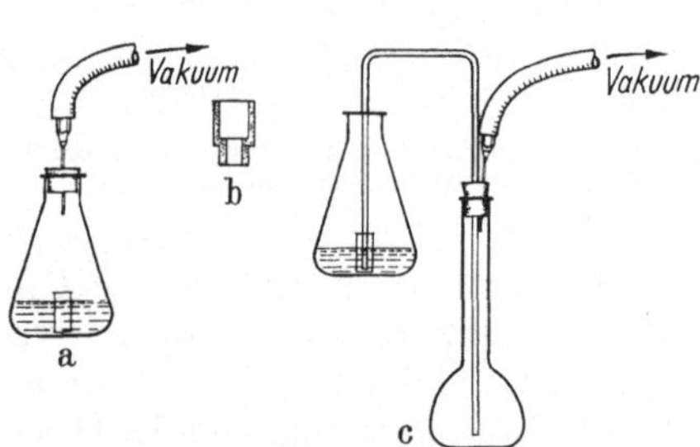

Abb. 40a–c. Vorrichtung von KATZ, ABRAHAM u. BAKER zur C-Bestimmung durch nasse Verbrennung im geschlossenen System – Verbrennungs-Diffusions-Gefäß.

Arbeitsvorschrift. Etwa 0,5 bis 0,6 g festes $K_2S_2O_8$ werden in den Kolben gegeben, ohne daß etwas davon in das Einsatzgefäßchen gelangt. Die Probe, deren Kohlenstoffgehalt 10 bis 80 mg Bariumcarbonat entsprechen soll, und so viel Wasser, daß das Gesamtvolumen 5 bis 15 ml beträgt, werden hinzugegeben. Man bringt die Flüssigkeit durch vorsichtiges Schwenken des Kolbens in kreisende Bewegung, so daß ein Teil des $K_2S_2O_8$ sich auflöst. Zum Freimachen von CO_2 aus etwa als Verunreinigung vorhandenem Carbonat säuert man mit einigen Tropfen verdünnter Schwefelsäure an; weiterhin setzt man 1 ml 4%ige Silbernitratlösung hinzu. Dann läßt man ein zur Aufnahme der zu erwartenden CO_2-Menge ausreichendes Volumen carbonatfreier Natronlauge in das Einsatzgefäß fließen und verschließt den Kolben sofort mit der Gummikappe. Man evakuiert den Kolben, indem man eine mit der Vakuumleitung verbundene Injektionsnadel durch die Gummikappe sticht und kurze Zeit darin beläßt. Auf diese Weise wird das gesamte gelöste Kohlendioxid entfernt. Die Abdichtung während der Verbrennung ist trotz des vorangegangenen Durchstechens der Kappe einwandfrei gewährleistet. Der Kolben wird nun in ein Wasserbad von 40 bis 50 °C gebracht und dessen Temperatur im Verlauf von 15 bis 20 Min. auf etwa 70 °C erhöht. Dabei färbt sich der Inhalt des Hauptteils des Kolbens dunkel und entwickelt Gasblasen. Bei 70 bis 75 °C verläuft die Reaktion glatt und ist innerhalb 30 Min. beendet. Zum Schluß ist die Lösung wieder farblos und wasserklar. Bei zu schnellem Erwärmen oder Überschreiten der Temperatur von 75 °C wird die Sauerstoffentwicklung so stark, daß der Verschluß weggedrückt werden kann. Ohne jede Wartung läßt sich die Oxydation durchführen, indem man den Kolben in einen auf 75 °C eingestellten Ofen setzt; sie erfordert dann allerdings 1 bis 1,5 Std. Nach Abkühlen auf Zimmertemperatur wird der Unterdruck im Kolben durch Einstechen einer Injektionsnadel in die Kappe aufgehoben, die Kappe entfernt und die Flüssigkeit aus dem Einsatzgefäß mittels des Syphons quantitativ in ein geeignetes Titriergefäß überführt. Die Lauge kann nach Fällen des entstandenen Carbonates durch Bariumchlorid mit Säure gegen Phenolphthalein als Indikator zurücktitriert werden. Die Berechnung erfolgt wie üblich (s. Abschn. B, 1, II, b, β und Kap. Kohlendioxid § 3, B, 1, I, c). Die Oxydation kann leicht serienmäßig mit einer Reihe von Kolben gleichzeitig ausgeführt werden. Nach Angabe der Verfasser stimmen die Werte von Doppelbestimmungen innerhalb 2% rel. überein.

Anmerkung. Eine ganz ähnliche Arbeitsweise wird von LEIBNITZ und Mitarbeitern für die Bestimmung der gelösten organischen Substanz in Industrieabwasser angewendet. Die Autoren empfehlen diese Methode als der Verbrennung mit Dichromat-Schwefelsäure gleichwertig, aber weniger aufwendig.

β) Oxydation wasserunlöslicher Substanzen.

Allgemeines. Wie CHEN und LAUER fanden, lassen sich viele an und für sich wasserunlösliche biologische Materialien und andere organische Verbindungen durch eine Vorbehandlung mit konz. Schwefelsäure der nassen Verbrennung mit Peroxidisulfat und Silber als Katalysator in schwach saurer Lösung zugänglich machen. Zu diesen Substanzen gehören z. B. Saccharomyces cerevisiae, Ölsäure, Adenin, Guanin, Tyrosin, Cystin. Bei ihnen wurden CO_2-Ausbeuten von 96 bis 100% der theoretischen bzw. der mit der Methode von VAN SLYKE und FOLCH (siehe Abschn. II, a, α) erhaltenen Werte festgestellt. Bei Cholerestin wurde dagegen keine vollständige Verbrennung erreicht.

Die Verfasser untersuchten auch den Einfluß der Schwefelsäurekonzentration auf die Oxydationswirkung. Sie benutzten für die Versuche mit konz. Schwefelsäure vorbehandelte Hefesubstanz (Saccharomyces cerevisiae) und fanden, daß der vollständige Umsatz bei der Konzentration 3,55 normal vollständig stattfindet, daß er bei verdünnter Säure bis 0,55 n herunter nahezu ebenso vollständig ist, bei wesentlicher Steigerung der Konzentration über 3,55 n hinaus aber rasch abfällt. Dieser Abfall beruht auf der schnellen Zersetzung des Oxydationsmittels in starker Säure. Es ist also erforderlich, die mit konzentrierter Schwefelsäure erhaltenen Lösungen vor der nassen Verbrennung stark zu verdünnen. Die Verbrennung selbst wird ebenso wie von KATZ, ABRAHAM und BAKER (siehe den vorigen Abschnitt) durchgeführt. Es braucht deshalb hier nur die Vorbehandlung beschrieben zu werden.

Arbeitsvorschrift. Die Probe wird, sofern sie nicht schon als feines Pulver vorliegt, bis zum Durchgang durch das 80-mesh-Sieb zerrieben und dann in 2,5 ml Wasser suspendiert. Zu der Suspension wird – bei empfindlichen Substanzen unter Kühlung mit Eiswasser – konz. Schwefelsäure zugegeben, bis ein Volumen von 25 ml erreicht ist. Die entstandene Lösung sollte etwa 1 bis 5 mg Kohlenstoff je Milliliter enthalten. In das Verbrennungs-Diffusionsgefäß werden 0,5 g $K_2S_2O_8$, 4 bis 5 ml Wasser und 0,1 bis 0,6 ml der stark sauren Probenlösung – diese mittels Mikropipette – eingeführt.

Anmerkung: Weitere Formen der Bestimmung von Kohlenstoff bzw. organischer Substanz durch nasse Verbrennung, darunter auch solche mit colorimetrischer Endbestimmung, werden im Abschnitt F, 3, angeführt.

C. Spektralanalytische Bestimmung.

1. Bestimmung unter Benutzung von Linien des C-Spektrums.

Kohlenstoff gehört zu den verhältnismäßig schwer zur Emission von Spektrallinien anregbaren Elementen, aber zusammen mit B, Si, As und Te zu einer Gruppe, die gegenüber typischen Nichtmetallen eine Mittelstellung einnimmt. Man erhält bei Anregung mit hochkondensiertem Funken und hoher Stromstärke eine Reihe von Linien. Als Elektroden werden vielfach solche aus Kupfer verwendet; oft wird die eine Elektrode durch das zu untersuchende Material (Metall) selbst gebildet.

AHRENS und TAYLOR weisen auf die besondere Bedeutung hin, welche für das geologisch-chemische Laboratorium eine schnelle Methode zur Bestimmung von Kohlenstoff in geologischem Material gewinnt im Hinblick darauf, daß Carbonate einen starken Matrixeffekt ausüben, d.h. die Linienintensität anderer Elemente beeinflussen.

Als wichtigste Analysenlinien verzeichneten GERLACH und RIEDL die folgenden (I = Atom-, II und III = Ionenlinien):

	nm	nm	nm	nm	nm
Glasspektrograph:	II 426,73	II 392,07	II 391,90		
Quarzspektrograph:	I 247,85	II 426,73	II 283,67	II 251,20	
				II 250,91	III 229,689

Die starken Linien 426,73 (426,727) nm und eine dicht daneben liegende Linie 426,702 nm erscheinen nach BLANK (*a*) bei normaler Dispersion und höheren C-Gehalten als *eine* diffuse Linie, die bei ungefähr 4% C im Stahl eine Breite von 0,5 nm im Spektrum einnimmt. Sie wird durch die Linien: Cr 426,68 und Fe 426,69 nm etwas gestört [BLANK (*b*)]. Die Linie 247,85 nm, an und für sich die empfindlichste, wird bei Aufnahme mit dem Q 24 unter Umständen durch Fe I 247,98 nm gestört und kann bei Spektrographen mit geringerer Dispersion auch durch Hg und Sb gestört werden. Übrigens tritt die starke Linie C I 247,85 nm auf Grund des CO_2-Gehaltes der Luft mehr oder weniger deutlich immer auf, wenn die Luft nicht durch Spülung des Anregungsbereiches mit reinem Stickstoff, Argon od. dgl. ferngehalten wird. Die nächst wichtige Linie ist: C III 229,69 nm. Mit ihrer Hilfe läßt sich nach BLANK (*a*) 0,1% C nachweisen. Die Ermittlung kleiner Gehalte (0,1 bis 0,3%) wird aber durch Ni ($\geqq$ 1%) gestört. PLATHE und BEINROTH stellten fest, daß für die Analyse von Stahl und Grauguß mit einem Spektrographen mittlerer Dispersion die Linie 229,689 nm Plattenschwärzung entsprechend der C-Konzentration und gute Empfindlichkeit zeigt (siehe weiter unten). PROKOFJEW stellte fest, daß die verschiedene Bindungsart von C im Gußeisen keinen Einfluß auf die Intensität der mittels Funkenentladung angeregten Linien 426,7 und 229,7 nm, die er zur Analyse solchen Materials empfiehlt, ausübt.

Mit der Spektralanalyse wird die Genauigkeit der Verbrennungsmethode nur in günstigen Fällen erreicht; die Empfindlichkeit dagegen läßt sich durch bestimmte Anregungsbedingungen sehr weit treiben. So berichtete PFEILSTICKER über die Möglichkeit, mit stromstarkem Niederspannungsfunken noch 1 μg Kohlenstoff zu erfassen.

Besonders vorteilhaft ist die Spektralanalyse, wenn es auf Schnelligkeit der Bestimmung ankommt. Erhöhte Schnelligkeit kann durch Anwendung direkt anzeigender und selbst registrierender Geräte (unter Umgehung der photographischen Aufnahme, siehe weiter unten) und für mehr halbquantitative Zwecke durch besondere Einrichtungen wie die von TWYMAN und FITCH beschriebene erzielt werden. Die Apparatur der letztgenannten Autoren läßt die Spektrallinien eine keilförmige Gestalt annehmen, deren Länge von der Intensität der Linien abhängt, so daß z.B. bei

Vergleich mit Standardstählen in einfacher Weise auf die Konzentration der Begleitelemente geschlossen werden kann. Kohlenstoff soll auf diese Weise mit 5% Fehler, d.h. bei 2% Gehalt auf 0,1% und bei 0,02% auf 0,001%, genau bestimmt werden können.

Die Arbeitsweise der Spektralanalyse macht sie speziell geeignet für solche Aufgaben wie die Bestimmung des Randaufkohlungs- oder Entkohlungsgrades von Werkstücken. Hierbei ist der Verlauf der Kohlenstoffkonzentration im Querschnitt der Oberflächenschichten festzustellen. Nach LIEDTKE läßt man dabei den Funken nicht lange auf einer Stelle verweilen, sondern die Probe durch eine besondere Vorrichtung während des Abfunkens um etwa 0,5 mm/Sek. vorrücken, so daß der Funke weniger als 1 μ eindringt; man schleift die Probe dann etwas ab, funkt wieder ab und wiederholt das Abschleifen und Abfunken beliebig oft. Für die halbquantitative Auswertung vergleicht man die Intensität der C-Linie mit derjenigen bestimmter Fe-Linien; für die genauere quantitative Bestimmung legt man chemisch analysierte Proben zum Vergleich zugrunde.

Neuerdings werden mit Vorteil noch weiter im Ultraviolett liegende Linien zur Analyse herangezogen. Das ist durch die Anwendung von Flußspat- oder Gitter-Vakuumspektrographen mit direkter photoelektrischer Anzeige möglich geworden. ZEUNER beschreibt die Anwendung eines solchen Gerätes, in diesem Falle eines ,,Polychromators" für die Bestimmung von Kohlenstoff (sowie von Phosphor und Schwefel) im Stahl und Temperguß. Er verwendet für C die Linie 165,70, als Eisen-Vergleichslinie die Linie 171,30 nm und spült mit sehr reinem Argon (3 l/Min.). Als Gegenelektrode dient Armco-Eisen. So lassen sich C-Gehalte von 0,1% bis 1,4% ermitteln.

Der Reinheitsgrad des Argons muß um so höher sein, je höher der Siliciumgehalt des zu untersuchenden Materials ist; für Tempergußproben muß der Sauerstoffgehalt des Argons unter 0,006% liegen. Der Wasserstoffpartialdruck des Gases muß ebenfalls sehr gering sein, um schwächenden Einfluß auf die Linienemission zu vermeiden. Für Kohlenstoff wird bereits nach 10 Sek. Vorfunkzeit Konstanz der Emission erreicht. Die Eichkurve zeigt einen gekrümmten, mit höheren Gehalten flacher werdenden Verlauf, d.h., der absolute Fehler nimmt mit steigendem C-Gehalt zu. Bei Stahlguß z.B. mit 0,15% C kann der Fehler auf Grund der Ablesungsgenauigkeit $\pm 0{,}007\%$ betragen.

Auch noch kurzwelligere Linien können zur Kohlenstoffbestimmung herangezogen werden, wenn man einen Vakuum-Gitterspektrographen verwendet. So benutzt LÜSCHER die C-Linie 193,098 nm, die auch schon von SCHLIESSMANN und ZÄNKER empfohlen wurde.

ROMAND, BACHET und BERNERON haben eine automatische, direkt anzeigende Methode für die Schnellanalyse von Stählen angegeben, bei der für Kohlenstoff die Linie IV 154,82 nm benutzt wird. Das Fenster des Sek.-Elektronenvervielfachers ist zur Sensibilisierung für so kurze Wellenlängen mit einer fluorescierenden Substanz belegt.

Eine relativ einfache, mit einem Quarzspektrographen mittlerer Dispersion wie dem Q 24 (Zeiss) in Betriebslaboratorien ausführbare Arbeitsweise der Kohlenstoffbestimmung in grauem Gußeisen und niedriglegiertem Stahl wurde von PLATHE und BEINROTH ausführlich beschrieben. Es wird mit dem Funken bei 15000 bis 24000 pF Kapazität ohne Induktion (,,harte Funkenentladung") angeregt. Die Probe wird als Elektrode mit planer Oberfläche von etwa 1 cm² angewendet; als Gegenelektrode dient ein Kupferstab von 5 mm Durchmesser mit einem angedrehten Zapfen von 1,3 mm Durchmesser und 5 mm Länge am Ende. Der Elektrodenabstand beträgt 1,0 mm. Es wird 30 Sek. vorgefunkt und 30 Sek. belichtet. Als Plattenmaterial verwendeten die Autoren Agfa-Spektralplatten ,,Blau-Extrahart". Die Kamerablende wurde auf 1 : 10, die Spaltbreite auf 0,010 mm eingestellt; ein Quarz-Platin-Filter wurde zur Lichtschwächung benutzt.

Als Analysenlinie dient C 229,689 nm; als Vergleichslinie zur Bildung des Intensitätsverhältnisses C/Fe werden die Fe-Linien 229,823 oder 227,992 nm angewendet. Für C-Gehalte unter 0,15% wird eine Korrektur für die Überlagerung der Analysenlinie durch Eisenlinien angebracht. So wird eine flache Eichkurve erhalten, die für Stahl und für Grauguß Gültigkeit besitzt.

Als relative mittlere Fehler wurden zwischen $\pm 3{,}6$ und $\pm 8{,}5$% liegende Werte bei C-Gehalten von 1,0 bis 0,1% gefunden. Der Arbeitsbereich beträgt 0,05 bis 5%. Nickel stört bei Gehalten ab 1%. PLATHE und BEINROTH stellten in Übereinstimmung mit GARTON fest, daß CO_2-Gehalte von 0,2% in der Luft, wie sie in Arbeitsräumen leicht auftreten können, sich bei kleinen C-Gehalten der Proben (etwa bis 0,2% herauf) deutlich fälschend bemerkbar machen.

Die gleichen C- und Fe-Linien wie die von PLATHE und BEINROTH angewendeten und daneben einige weitere wurden von POKORNÝ benutzt, der für die Schnellbestimmung von C in Stahl nur *eine* Standardelektrode zum Vergleich anwendet und für den Konzentrationsbereich von 0,05 bis 1,94% C eine Genauigkeit von $\pm 3{,}1$% angibt.

Die Störung der Linie C 229,689 nm durch Nickel (Linien 229,65 bis 229,7 nm) in höherer Konzentration kann nach DEMJANTSCHUK (a) auch bei Spektrographen nicht sehr hoher Dispersion dadurch weitgehend beseitigt werden, daß man mit einer Magnesiumelektrode arbeitet. Bei dieser Arbeitsweise wird der Dampf zu Beginn des Abfunkens an Kohlenstoff angereichert unter gleichzeitiger Verringerung der Nickelkonzentration.

Der gleiche Autor (b) beschreibt die Analyse von niedriglegiertem Stahl unter Anregung durch Hochfrequenzentladung und in einer weiteren Arbeit (c) die Analyse mit Hochfrequenzanregung und Magnesium-Gegenelektrode unter Verwendung von 2 Spektralplatten. Die eine Platte dient zur Aufnahme der C-Linie 229,689 nm, die mit den Eisenlinien 230,473 (für C-Gehalte von 0,02 bis 0,50%) oder 227,992 nm (für 0,50 bis 2,00% C) verglichen wird, die andere Platte zur Analyse auf andere Legierungselemente.

Die Hochfrequenzentladung als Anregungsmethode war schon von SMITH empfohlen und später u.a. von OLEIJNIKOW und TAGANOW sowie von BORSOW und Mitarbeitern verwendet worden. Wie PLATHE und BEINROTH feststellten, bringt jedoch diese Anregungsart beim Arbeiten mit Spektrographen von nur mäßiger Dispersion keinen Vorteil.

Für die C-Bestimmung in elementarem Schwefel wurde von MASLENNIKOW und ROMANOWA die C-Atom-Linie 247,857 nm bei Anwendung von Aluminiumelektroden und Anregung mit Niedervoltfunken (5 A) empfohlen, wobei eine Genauigkeit von im Mittel ± 5% erreicht werden soll.

Zur Analyse sehr schlecht leitender Materialien wenden HARVEY und MELLICHAMP eine besondere Anregungsmethode an. Sie vermengen 1 Teil des Probenpulvers mit 2 Teilen Silberpulver, verpressen zu einer Tablette und legen diese in eine Aussparung der unteren Elektrode, eines Silberscheibchens. Obere Elektrode ist ein Silberstift.

2. Bestimmung unter Benutzung von Cyan-Banden.

Wenn man Kohlenstoff enthaltende Proben durch Funken- oder Bogenentladung anregt, verbindet sich der Kohlenstoff mit dem Stickstoff der Luft zu Cyan und letzteres emittiert ein Bandenspektrum. Ein Bandensystem liegt im Rot und ein stärkeres im Violett. Der Kopf der violetten Bande befindet sich bei 388,34 nm.

DENNEN benutzt für die Bestimmung von Kohlenstoff in Sedimentgesteinen den Bandenkopf CN 388,3 nm bei Anregung durch den Gleichstrombogen zwischen Kupferelektroden. Letztere sind geeignet, die zur Anregung des violetten Bandensystems des CN erforderliche Energie von 3,2 eV zu gewährleisten. DENNEN fand, daß Kathodenanregung günstiger als Anodenanregung ist; die Probe wird daher in die konisch ausgebohrte Kupferelektrode (äußerer Durchmesser: 3 mm) gefüllt, die als Kathode geschaltet ist; als Gegenelektrode dient ein einfacher Kupferstab von 1,5 mm Durchmesser. Mit höherer Stromstärke wächst die Linienintensität progressiv an. Mehr als 6 A sind aber nicht günstig, da die Elektroden bei höherer Stromstärke schmelzen.

Die Intensität der Banden wird von einer ganzen Reihe von Faktoren beeinflußt: Veränderungen der Anregungsbedingungen, Temperatureffekt der Fremdelemente und vor allem die Bindungsform des Kohlenstoffs. So kann die gleiche Menge C im Graphit die 5fache Intensität liefern wie in Siliciumcarbid oder in organischen Säuren. Dabei ändern sich die Intensitätsverhältnisse bei unterschiedlicher Stromstärke der Entladung teilweise stark. Calciumcarbonat gibt nie eine maximale, aber stets eine relativ starke Intensität. Es ist also erforderlich, für die Auswertung der Spektren Vergleichssubstanzen zu nehmen, die in bezug auf die Form des Kohlenstoffs und die Gesamtzusammensetzung des Materials möglichst probenähnlich sind.

Die Cyanbande erscheint sehr frühzeitig beim Abbrennen, und ihre Intensität sinkt mit der Zeit rasch ab. Durch Kieselsäure wird die Intensität, insbesondere bei der Analyse von Carbonaten, wohl infolge von Umsetzungen des Typus:

$$CaCO_3 + SiO_2 \rightarrow CaSiO_3 + CO_2$$

stark erhöht. DENNEN setzt daher allen Proben eine der Substanzmenge gleiche Menge Quarz zu. Dadurch werden auch Intensitätsunterschiede, die durch unterschiedlichen natürlichen Quarzgehalt verursacht werden würden, gemindert.

Nach DENNEN bestimmt man einmal den Gesamtkohlenstoff in den Sedimenten und dann nach Behandeln der Probe mit Salzsäure den Nichtcarbonat-Kohlenstoff. Der Kohlenstoff der organischen Verbindungen wird wegen ihrer Undefinierbarkeit als Graphit-Äquivalent angegeben. Der analysierbare Bereich beträgt etwa 0,1 bis 50% für Graphit-Kohlenstoff und 0,5 bis 50% für Carbonat-Kohlenstoff. Der Variationskoeffizient für wiederholte Bestimmungen wurde zu 13% ermittelt, für den Mittelwert von Dreifachbestimmungen dürfte er demnach $13/\sqrt{3} = 7{,}5\%$ betragen. Die Übereinstimmung mit chemischen Bestimmungen ist recht gut, wie aus der Gegenüberstellung in der Originalarbeit hervorgeht, auf die wegen weiterer Einzelheiten der Methode hingewiesen wird.

3. Bestimmung durch Röntgenfluorescenz-Spektrometrie.

Diese Methode ist eines der schnellsten und elegantesten Analysenverfahren. In den letzten Jahren ist es gelungen, Apparaturen zu schaffen, mit denen die Röntgenfluorescenzstrahlung sogar von Elementen so niedriger Ordnungszahl wie Kohlenstoff zur Bestimmung des Elementes verwendet werden kann. Wegen der starken Absorption der relativ sehr langwelligen Fluorescenzstrahlung dieser Elemente genügt die sonst übliche Anregung durch Röntgenstrahlen von etwas höherer Energie (vgl. dieses Handbuch, Teil II, Bd. IVaα, Kap. Silicium, S. 176) nicht. Man verwendet radioaktive Quellen. So beschreibt ROTARIU die Anwendung eines α-Strahlers von 0,69 mC, bestehend aus ^{210}Po mit einer 0,008-mm-Aluminiumfolie, die $5 \cdot 10^5$ Röntgenphotonen je Minute erzeugt.

In letzter Zeit werden Röntgenfluorescenzspektrometer, die zur Bestimmung von Kohlenstoff geeignet sind, bereits im Handel angeboten.

D. Bestimmung durch Radioaktivierungsanalyse.

Allgemeines. Die Methode der Radioaktivierung besteht in dem Beschuß einer Substanz mit Neutronen, Protonen oder Deuteronen, und zwar meist mit thermischen Neutronen eines Reaktors unter nachfolgender Messung der Strahlung, die infolge Entstehens eines bestimmten, instabilen Isotops in der Probe aufgetreten ist. Von manchen Elementen lassen sich auf diese Weise extrem niedrige Konzentrationen nachweisen und bestimmen. In vielen Fällen kann die Messung unmittelbar vorgenommen werden; in anderen sind chemische Trennoperationen notwendig, um den Einfluß anderer gleichzeitig induzierter Strahlung (anderer vorhandener Elemente) hinreichend auszuschalten.

Der Kohlenstoff ist eines der zur Aktivierung weniger günstigen Elemente. Sein durch *Neutronenanlagerung* entstehendes Isotop hat eine lange Halbwertzeit und geringe spezifische Aktivität. Immerhin läßt er sich in Stahl durch Aktivierungsanalyse ohne chemische Operationen in Mengen bis herunter auf 0,1 bis 0,2% bestimmen, wenn man Beschuß mit *Deuteronen* von mindestens 0,3 MeV Energie im Cyclotron anwendet, wobei die Kernreaktion ^{12}C (d, n) ^{13}N eintritt. ^{13}N hat eine Halbwertzeit von 10,0 Min.

1. Methoden ohne chemische Abtrennung.

Curie hat die Analyse des Stahls auf Kohlenstoff studiert und eine Nachweisbarkeit von 0,1% festgestellt. Bestandteile, welche die stark aktiven Isotope ^{55}Co oder ^{52}Mn bei der *Deuteronen*bestrahlung bilden, könnten zunächst als sehr störend angesehen werden; die Störung ist aber eleminierbar infolge der gegenüber ^{13}N größeren Halbwertzeit dieser Isotope. Mit derart aktiviertem Stahl kann auch die Verteilung des C im Material durch Autoradiographie untersucht werden.

Die Möglichkeit der Bestimmung von SiC-Kohlenstoff im Siliciumdioxid wird von Winchester und Bottino beschrieben. Die Autoren bestrahlen mit 15-MeV-Deuteronen eines Cyclotrons, wobei 5 Proben gleichzeitig in dünnwandigen Aluminiumkapseln auf dem Target des Gerätes untergebracht sind. Sie messen nach kurzer Bestrahlung die entstandenen aktiven Komponenten ^{13}N, ^{18}F (112 Min. Halbwertszeit) und ^{31}Si (157 Min.). ^{31} Si ist ein reiner β-(Negatron-)Strahler; die anderen Isotope sind γ-(Positron-Annihilations-)Strahler. Es muß also mit γ-Scintilations- und β-Proportionalzähler gemessen werden. Die Isotopenverhältnisse werden aus dem Verlauf der Zerfallskurven (einige Stunden Beobachtung) abgeleitet. Das Verhältnis von $^{18}F : ^{31}Si$ entspricht dem Verhältnis von O : Si, das von $^{13}N : ^{18}F$ demjenigen von C : O. Einige Zehntelprozente C können erfaßt werden. Bei Materialien mit geringem O-Gehalt wäre eine wesentlich größere Empfindlichkeit für C zu erwarten.

Für die Analyse von organischen Substanzen auf Grund der gleichen Kernreaktionen läßt die Methode nach Sue eine empfindlichere Bestimmung zu. Es brauchen als gleichzeitig stattfindende Aktivierungsreaktionen nur diejenigen mit den O- und Si-Atomen der als Behälter dienenden Quarzampullen berücksichtigt zu werden, hauptsächlich die Reaktion ^{16}O (d, n) ^{17}F. Das ^{17}F weist eine wesentlich kürzere Halbwertzeit (1,1 Min.) als das aus dem Kohlenstoff entstehende ^{13}N auf; die Unterscheidung der beiden Strahlungen ist daher gut möglich. Das nebenher entstehende Siliciummisotop ^{31}Si hat eine Halbwertzeit von 2,65 Std., stört also noch weniger. Es wird mit Glockenzählrohr 15 Min. nach der 5 Min. dauernden Bestrahlung gemessen. Bei Verwendung sehr dünnwandiger Quarzampullen müßten nach Ansicht des Autors Gehalte bis herunter zu 0,015 μg C bestimmbar sein.

2. Methode mit chemischer Abtrennung des aktiven Stickstoffs.

Allgemeines. Albert, Chaudron und Sue haben eine Methode angegeben, bei welcher der als Aktivierungsprodukt entstandene Stickstoff (^{13}N) durch Isotopenaustausch mit Ammonium-N und Austreiben als Ammoniak von allen anderen Elementen bequem abgetrennt wird. Da nunmehr keinerlei Störung durch Strahler wie ^{55}Co und ^{52}Mn mehr vorliegt, ist Nachweis sehr kleiner Kohlenstoffgehalte in Al-, Mg-, Cu- und auch in Fe-Legierungen möglich.

Arbeitsvorschrift. Man bestrahlt ein Stück Metall von 7 × 5 × 1 mm Größe, entsprechend 250 mg Fe, 30 Min. (= 3 Halbwertzeiten) mit einem Deuteronenstrahlbündel des Cyclotrons von 6 bis 10 µA. Dann löst man es in 60 ml 6 n Salzsäure in der Wärme in einem Kolben mit Rückflußkühler, was je nach Eisensorte 3 bis 15 Min. dauert. Man spült den Kühler mit 10 ml Wasser. Von der Lösung entnimmt man 2 ml und fügt 25 ml einer Lösung von Ammoniumchlorid (2 g N je Liter) hinzu. Man versieht den Kolben mit einem absteigenden Kühler und läßt aus einem über eine Hahnverbindung am Kolben angebrachten Gefäß 250 ml 12 n Natronlauge zufließen. Nun destilliert man 50 ml über und füllt einen Teil des Destillates in einen Flüssigkeits-Geigerzähler. Die Zählung soll 15 bis 30 Min. nach Ende der Bestrahlung beginnen. Nimmt man 10 ml von den 50 ml Destillat und mißt 20 Min. nach Ende der Bestrahlung (mit 10 µA), so bekommt man 200 Impulse/Min. bei einem C-Gehalt des Eisens von 0,0001% (0,25 µg C). Aus der Abklingkurve der Strahlung ergibt sich, daß sie nur von ^{13}N herrührt.

E. Bestimmung durch Röntgenstrahlstreuung und β-Strahlstreuung bzw. -absorption.

1. Bestimmung durch Messung der Röntgenstrahlstreuung.

Allgemeines. Eine schnelle und sehr bequeme Methode zur Bestimmung des Kohlenstoffs (und – durch Differenzbildung – des Wasserstoffs) in reinen und technischen flüssigen Kohlenwasserstoffen durch Röntgenstreuungsmessung hat DWIGGINS ausgearbeitet. Man verwendet ein handelsübliches Röntgenspektrometer mit Scintillator als Detektor und Helium-Durchfluß-Einrichtung, wie es für die Röntgenfluorescenz-Spektralanalyse in Gebrauch ist. Wegen einiger Angaben über die Grundprinzipien des Aufbaus und der Funktion wird auf den Teil: Silicium, qualitative Analyse, § 1, Abschnitt II dieses Handbuches verwiesen. Geräte mit von oben her die Probengrenzfläche, in diesem Falle den Flüssigkeitsspiegel, streifendem Strahlengang sind vorzuziehen; ein solches Gerät wurde von DWIGGINS benutzt, da die übliche dünne Kunststoff-Folie als Fenster eines Probenhalters für von unten streifenden Strahlengang eine zusätzliche und möglicherweise etwas störende Streustrahlung erzeugt. Um Verdampfung der Proben zu verhindern, wird ein mit strömendem Wasser kühlbarer Probenbehälter verwendet.

Die Methode beruht darauf, daß es zwei Arten von Streuung der Röntgenstrahlen gibt, nämlich die kohärente (Rayleigh-) und die inkohärente (Compton-)Streuung. Die inkohärente Streuung entsteht durch Wechselwirkung eines Röntgenphotons mit einem Elektron des Probenmaterials. Die kohärente Streuung nimmt mit steigender Ordnungszahl der streuenden Elemente stark zu; bei leichten Elementen wie Kohlenstoff und Stickstoff sind die Intensitäten beider Streuungsarten gerade von gleicher Größenordnung. Mißt man das Verhältnis der beiden Intensitäten, so stellt man bei Kohlenstoff-Wasserstoff-Verbindungen mit steigendem C-Gehalt ein gesetzmäßiges, und zwar lineares Ansteigen des Verhältnisses R (kohärent : inkohärent) fest. So ist nach den Messungen von DWIGGINS R für

n-Heptan	(83,90% C)	0,836
Cyclohexan	(85,62% C)	0,918
cis-Decahydronaphthalin	(86,87% C)	0,964
50% cis-Decahydronaphthalin + 50% Toluol	(89,06% C)	1,064
Benzol	(92,26% C)	1,215

Dieses Verhältnis R, erhalten durch aufeinanderfolgende Messung der beiden Streuungsarten, kann also ohne weiteres zur C- und H-Bestimmung dienen, wenn reine Kohlenwasserstoffe vorliegen. Durch die Verhältnisbildung werden Absorptionseffekte, die bei der Messung nur einer Streuungsart schwer übersehbar wären, einfach eliminiert, ähnlich wie bei Spektralmethoden durch einen inneren Standard.

Ideal wäre für solche Messungen monochromatische Röntgenstrahlung. Wie der Verfasser fand, kann man aber völlig befriedigend mit einer üblichen Röhre mit Wolfram-Antikathode arbeiten, die neben „weißer" Strahlung intensitätsmäßig stark herausragende Linien entsprechend den Elektronenübergängen des Wolframs emittiert. Zweckmäßig wählt man die $W_{L\alpha 1}$-Linie 0,148 nm. Diese erscheint bei Verwendung von Natriumchlorid als Analysatorkristall unter dem Beugungswinkel $2\,\Theta = 30{,}60°$ als Peak der kohärenten Streuung. Die inkohärente Streustrahlung hat eine etwas größere Wellenlänge und wird unter $2\,\Theta = 31{,}21°$ gebeugt. In der Umgebung der diesen beiden Strahlungen entsprechenden Peaks ist außerdem ein „Untergrund" festzustellen, der von der Rayleigh- und der Compton-Streuung der weißen Röntgenstrahlung herrührt. Er wird bei $2\,\Theta = 29{,}75°$ gemessen und von den beiden anderen Meßwerten abgezogen. Die Differenzen stellen die wahren, relativen Streuungswerte dar, deren Verhältnis gebildet wird. Die Intensitäten werden durch Zeitmessung für eine vorgegebene Impulszahl und Umrechnung in Impulse je Zeiteinheit ermittelt. Jede der drei Messungen wird zur Erhöhung der Genauigkeit 4mal ausgeführt. Die gesamte Messung dauert trotzdem nur 20 Min.

Dwiggins stellte Eichkurven mit Kohlenwasserstoffen von verschiedenstem Typus auf und fand, daß die Bindungsart in einem weiten Bereich des C/H-Verhältnisses keinen nennenswerten Einfluß auf das Intensitätsverhältnis R hat. Er konnte auch eine Rechenformel aufstellen, die den Gebrauch der Eichkurven erübrigt:

$$\%\,C = 21{,}845\,R + 65{,}693; \qquad (\%\,H = 100{,}00 - \%\,C).$$

Eine solche Formel gilt wohl streng nur für das bestimmte Gerät, mit der sie aufgestellt wurde, und die bestimmten Arbeitsbedingungen (45 kV und 25 mA Röhrenbelastung).

Für stickstoffhaltige Substanzgemische, mindestens bis 1% N, gilt obige Formel für (C + N), da Stickstoff mit seiner nur um 1 größeren Ordnungszahl nahezu die gleichen Streuungseigenschaften besitzt wie Kohlenstoff. Für diese Verbindungsgemische kann der C-Gehalt durch Bestimmung von (C + N) und Subtraktion des nach einer anderen Methode erhaltenen N-Gehaltes ermittelt werden. Schwefel, der bekanntlich in technischen Kohlenwasserstoffölen häufig in Gehalten von mehreren Prozenten vorkommt, hat schon ein wesentlich anderes Streuungsverhältnis. Durch Eichmessungen an Probenreihen mit abgestuften S-Gehalten konnten aber Formeln aufgestellt werden, welche die Berechnung des C- und H-Gehaltes auch für schwefelhaltige Substanzen zuläßt, wenn der S-Gehalt anderweitig bestimmt wird:

$$\%\,C = 21{,}845\,R + 65{,}693 - 2{,}725\,S; \quad \%\,H = 100{,}00 - \%\,S - \%\,C; \quad (N = 0).$$
$$\%\,(C + N) = 21{,}845\,R + 65{,}693 - 2{,}725\,S; \quad (N \leqq 1\%).$$
$$\%\,C = \%\,(C + N) - \%\,N;$$
$$\%\,H = 100{,}00 - \%\,S - \%\,C - \%\,N.$$

Die *Genauigkeit* der Methode dürfte nicht die Genauigkeit einer sorgfältigen Makro-Verbrennungsmethode erreichen. Beim Vergleich mit Werten der Mikro-Verbrennung wurden Abweichungen von −0,06 bis +0,82% C festgestellt, wobei aber die Abweichungen sicher zum Teil durch die Verbrennungsanalyse verursacht wurden.

Die Geschwindigkeit der Röntgenmethode würde durch Anwendung eines Mehrkanalgerätes – gleichzeitige Messung der 3 Intensitäten – auf das 3fache, d.h. auf etwa 5 Min. Analysendauer gesteigert werden können.

2. Die Bestimmung durch Messung der β-Strahlstreuung und -absorption

beruht auf dem unterschiedlichen Verhalten der chemischen Elemente gegenüber β-Strahlen. Die Elemente – näher untersucht sind solche mit niedrigen Ordnungszahlen (H, C, N, O und F) – haben unterschiedliche Durchlässigkeits- (bzw. Absorptions-) und Rückstreukonstanten [HUSAIN und PUTMAN; SMITH und OTVOS; MÜLLER; GRAY, CLAREY und BEAMER (a)].

Als Strahlungsdetektoren werden u.a. Proportionszählrohre und Ionisationskammern verwendet. Die Messung der Intensität der Rückstreuung in Verbindung mit der Kenntnis der Elementenkonstanten genügt für die Analyse von binären Verbindungen, z.B. von Kohlenstoff (und Wasserstoff) in Kohlenwasserstoffen. Die Analyse ternärer Verbindungen verlangt die kombinierte Anwendung der Rückstreuungs- und der Durchlässigkeitsmessung bei gleichzeitiger genauer Dichtebestimmung. GRAY, CLAREY und BEAMER (b) berechneten die Elementkonstanten u.a. für Kohlenstoff und Wasserstoff aus einer großen Zahl von Verbindungen. Sie beschrieben die Apparaturen und diskutierten die Methodik. Nach ihrer Angabe werden für die Untersuchung einer binären Verbindung nur 10 Min., für die Analyse einer ternären Verbindung bei gleichzeitigem Betrieb der Apparaturen für die 3 Messungsarten nur höchstens 20 bis 30 Min. benötigt. Die Methode arbeitet zerstörungsfrei. Als Strahlungsquelle benutzen GRAY, CLAREY und BEAMER Strontium-90. Wegen Einzelheiten der Methode wird auf die Originalliteratur verwiesen.

F. Bestimmung des Gesamtkohlenstoffs in verschiedenen speziellen Materialien.

1. In Metallen und Metallcarbiden.

Vorbemerkungen. Soweit keine Autoren genannt sind, wurden die Angaben dem Handbuch für das Eisenhüttenlaboratorium (Chemikerausschuß) bzw. der dort benutzten Literatur entnommen.

Die Endbestimmung erfolgt meistens als Kohlendioxid. Als neueste Entwicklung in der Metallanalyse ist nach einem Aufsatz von KENNICOTT die Einführung der Festkörpermassenspektrometrie zur Bestimmung des Kohlenstoffs zu verzeichnen. Diese Methode ist sehr empfindlich.

I. In Alkalimetallen und deren Carbiden.

a) Im *Lithiummetall* ist der Kohlenstoff als Carbid, Li_2C_2, enthalten. Beim Auflösen des Metalls in Wasser tritt Hydrolyse des Carbids zu Acetylen und des gewöhnlich ebenfalls vorhandenen Nitrids zu Ammoniak ein. Die Kohlenstoff- bzw. Carbidbestimmung läuft also auf eine Bestimmung kleiner Mengen Acetylens in dem durch die Umsetzung des Metalls mit dem Wasser entstandenen Wasserstoff hinaus. GILBERT, MEYER und WHITE beschreiben eine Apparatur (siehe Abb. 41), in dem das Carbid in Acetylen überführt und dieses zur Bestimmung als Silberacetylid-Silberkomplex absorbiert wird. Nachstehend wird die Entwicklung des Acetylens an Hand der Abbildungen beschrieben und die Ausführung der C_2H_2-Bestimmung umrissen. Wegen weiterer Einzelheiten derselben siehe Kapitel: Acetylen, § 2, E.

Arbeitsvorschrift. Die Einwaage von etwa 2,5 g Lithium wird in evakuierte Glasampullen eingeschmolzen (Li reagiert schon bei Zimmertemperatur rasch mit Sauerstoff und Stickstoff). Die Ampulle wird vorsichtig in die Reaktionsbombe aus rostfreiem Stahl gebracht, die 200 ml frisch ausgekochtes Wasser enthält. Die Bombe wird mit Argon luftfrei gespült, dann werden die Ventile geschlossen und die Probeampulle durch kräftiges Schütteln der Bombe zerbrochen. Man läßt das Lithium ausreagieren – die Beendigung des Umsatzes ist am Konstantwerden der Manometeranzeige erkennbar – und schließt die Bombe an die übrigen Teile der Apparatur an. Durch teilweises Öffnen von Ventil *B* läßt man nun die Gase mit einer Geschwindigkeit von etwa 150 bis 200 ml je Minute durch die Absorptionsgefäße strömen. Sobald die Strömung nachläßt, spült man über Ventil *E* mit Argon – gleiche Strömungsgeschwindigkeit – 15 Min. nach und destilliert dann unter weiterem langsamen Durchströmen von Argon 60 ml des Wassers aus der Bombe nach Vorlage *C* über, um den Rest an C_2H_2 zu erfassen. Zylinder *G* enthält 100 ml einer 4%igen Borsäurelösung und dient zur Absorption des entstandenen Ammoniaks (diese Lösung kann zur gleichzeitigen N-Bestimmung im Lithium verwendet werden). Die Absorptionsgefäße *D*, *D'* und *D''* enthalten 5 ml 1,5 m Silberperchloratlösung. Sie werden mittels Eisbades auf 0 °C gekühlt, um die Reduktion von $AgClO_4$ zu kolloidalem Silber, das die photometrische Endbestimmung stören würde, weitgehend zu unterdrücken. Nun nimmt man die Absorptionsgefäße ab, verschließt sie mit Gummistopfen, um Verdampfung zu verhindern, und erwärmt sie 10 Min. auf dem Wasserbad. Hierbei werden kleine Mengen von in Lösung vorhandenem Sauerstoff zum Abreagieren gebracht, damit dies nicht später unter langsamer Silberabscheidung geschieht. Danach bringt man die abgekühlten Lösungen in Zentrifugengläser und zentrifugiert das Silber heraus. Schließlich temperiert man in einem Wasserbad von 25 °C und führt die Lösungen in Quarzküvetten über. Die Absorption des Silberacetylid-Silberkomplexes in der Lösung wird bei 297 und 313 nm (Quecksilberlampe) gegen Silberperchloratlösung als Bezugslösung in einem Doppelstahlspektrophotometer gemessen. Näheres darüber siehe Kapitel: Acetylen, § 2, E, 2, II, e.

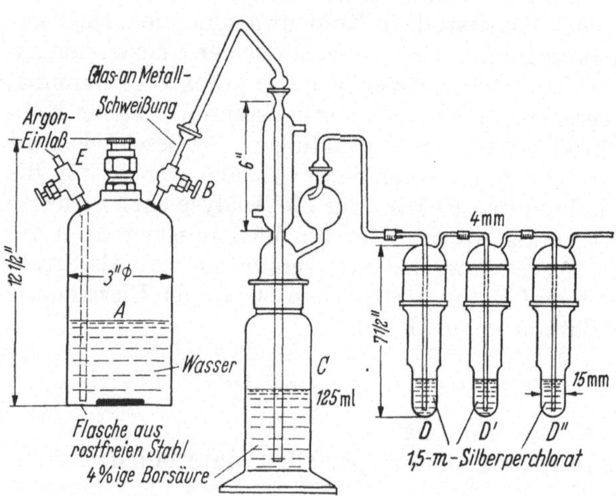

Abb. 41. Apparat von GILBERT, MEYER u. WHITE zur Bestimmung des Carbidkohlenstoffs in Lithium.

b) Natrium und Natrium-Kalium-Legierungen können infolge eines Kohlenstoffgehaltes bei ihrer Verwendung als Wärme-Austauschmedium in Kernreaktoren den hochlegierten Stahl ungünstig beeinflussen. Daher wurden Mikromethoden zur Bestimmung des C-Gehaltes in ihnen entwickelt. STOFFER und PHILLIPS verwenden die Verbrennung im O_2-Strom mit *gravimetrischer* CO_2-Bestimmung. MUNGALL, MITCHEN und JOHNSON verbrennen Natrium bei 1100 °C in O_2-N_2-Gemisch, frieren das CO_2 aus und bestimmen es *gaschromatographisch* mit Helium als Schleppgas bei 40 °C an Kieselgel, wobei die Stickstoffoxide abgetrennt werden. Bei 0,5 g Na beträgt der relative Fehler $\pm$ 1,9 %. KALLMANN und LIU verbrennen anfangs im O_2-Ar-Gemisch, zuletzt in reinem O_2 bei 600 °C. Von PEPKOWITZ und PORTER wird die nasse Verbrennung mit dem Oxydationsmittel nach VAN SLYKE (siehe Abschnitt: *Nasse* Verbrennung) benutzt und das CO_2 nach der Ausfriermethode manometrisch (siehe z. B. PEPKOWITZ und MOAK, Abschnitt: B, 1, II, f) bestimmt. Probenahme und weitere Einzelheiten werden in den beiden genannten Arbeiten eingehend beschrieben. Ebenfalls mit van-Slyke-Lösung, aber für die CO_2-Endbestimmung mit Isotopenverdünnung und Massenspektrometrie arbeiten ENG, MEYER und BINGHAM.

II. In Erdalkalimetallcarbid.

a) Die Gehaltsbestimmung von Calciumcarbid wird am einfachsten durch gasvolumetrische Bestimmung des durch Umsatz mit Wasser freigesetzten Acetylens vorgenommen (DRAHTEN sowie SAUERBREI und SCHERUHN). DRAHTEN empfahl folgende einfache *Anordnung:* Auf einer Saugflasche sitzt ein Scheidetrichter gasdicht auf. Mit der Saugflasche ist eine Meßflasche von 4 Litern Fassungsvermögen verbunden, die unten verjüngt ist und in ein Ansatzrohr übergeht. Dieses Rohr trägt eine Teilung mit Marken von 10 zu 10 ml. Es ist durch einen dicken Gummischlauch mit einer 6-Liter-Niveauflasche verbunden. Meßflasche und Saugflasche werden mit gesättigter Kochsalzlösung gefüllt; letztere wird mit Wasser gekühlt, erstere trägt ein Thermometer. Von dem gekörnten Carbid werden 20 g zur Verdünnung mit Sand gemischt. Man gibt das Gemisch in den Scheidetrichter, stellt durch Senken der Niveauflasche in der Saugflasche Unterdruck her und läßt das Gemisch allmählich hineinrieseln. Wenn die Gasentwicklung beendet ist, stellt man die Flüssigkeitsspiegel in Meß- und Niveauflaschen auf gleiche Höhe und liest das Gasvolumen (Acetylen) am calibrierten Teil der Meßflasche ab. Aus ihm berechnet man unter Berücksichtigung von Temperatur und Luftdruck die Acetylenausbeute bzw. den CaC_2-Gehalt des Carbides.

b) Für die Bestimmung von Calciumcarbid im Calciumcyanamid empfehlen FLUSIN und GIRAN, das durch Erhitzen mit Wasser freigemachte Acetylen mit einem Luftstrom durch Waschflaschen mit ammoniakalischer Silbernitratlösung zu leiten und den entstandenen Niederschlag, der neben Silberacetylid auch -sulfid enthält, zu untersuchen. Nach Filtrieren und Auswaschen behandelt man ihn mit mäßig konzentrierter Salzsäure, wobei sich die Acetylenverbindung zu Chlorid umsetzt, das Sulfid aber unverändert bleibt. Das aus dem Acetylid entstandene Silberchlorid kann nach Auswaschen in Ammoniak gelöst und das in Lösung gegangene Silber mit gegen 0,1 n Silbernitrat gestellter Kaliumcyanidlösung mit Kaliumjodid als Indikator titriert werden. Aus dem Cyanidverbrauch läßt sich die Menge des vorhanden gewesenen Carbids berechnen. Die Werte sollen auf 0,05 bis 0,07% abs. reproduzierbar sein. Eine analoge Methode mit der zugehörigen Apparatur wird im Kapitel Acetylen, § 2, E, 2, II, d, β, näher beschrieben.

Eine andere Bestimmungsart wird von TROST beschrieben. Das durch $^3/_4$ stündiges Kochen von 1 bis 2 g Cyanamid mit Wasser aus dem Carbid freigemachte Acetylen wird mit Ilosvay-Reagens (siehe Kapitel: Acetylen) als Kupferacetylid gefällt. Das Cu_2C_2 wird nach Auswaschen sofort in verdünnter Salpetersäure gelöst und die Säure weggekocht; dann wird mit Brom oxydiert und das überschüssige Brom ebenfalls verkocht. Nun wird mit Ammoniak neutralisiert und das Kupfer in bekannter Weise jodometrisch titriert. Aus dem Thiosulfatverbrauch wird der Acetylen- bzw. Calciumcarbidgehalt berechnet. Wegen vieler anderer Möglichkeiten, das freigemachte Acetylen zu bestimmen, wird auf das Kapitel: Acetylen verwiesen.

III. In Eisen und Eisenlegierungen.

a) Für *Eisen* und *Stahl* einschließlich legierter Stähle gebräuchliche Verbrennungsmethoden sind als Beispiele in den Abschnitten: B, 1 und B, 2 gebracht und zum Teil ausführlich behandelt worden. Wie mehrfach angemerkt, erübrigt sich bei den Hochtemperaturverfahren meistens die Anwendung von Zuschlägen, soweit es sich um die Verbrennung nicht sehr hochlegierter Stähle handelt. Die sonst für solche und für Ferrolegierungen verwendeten Zuschläge und zu beachtenden Besonderheiten werden im folgenden kurz aufgeführt: Der C-Gehalt der Zuschlagstoffe muß immer ermittelt und als Blindwert abgezogen werden. Als Zuschlagstoffe für Stähle werden Stoffe benutzt, die zum Teil als zusätzliche Sauerstofflieferanten und Schmelzmittel fungieren, zum Teil als leicht verbrennende Substanzen die Verbrennung des Probematerials erleichtern. Die gebräuchlichsten Stoffe der ersten Art sind Blei(IV)-oxid, Mennige, Blei(II)-oxid, Kupferoxid, Kobaltoxid und Wismutoxid; zur zweiten Art gehören Elektrolyteisen, Ferrum reductum oder weicher Stahl von bekanntem Kohlenstoffgehalt, Kupfer und Zinn. Mit schwach angefeuchtetem Sauerstoff und Blei(IV)-oxid oder Mennige verbrennen Roheisen, Kohlenstoffstähle und Siliciumstähle bei 950 °C. Bei Verwendung von Kupferoxid und Wismutoxid ist die Temperatur um 50 °C höher zu halten. Die Verbrennungsdauer beträgt in allen diesen Fällen etwa 15 Min.; nur für Roheisen soll sie auf 30 Min. ausgedehnt werden. Bei Manganstählen und Schnelldrehstählen muß die Verbrennung bei mindestens 1100 °C 15 Min. ausgeführt werden, gleichgültig welcher Zuschlagstoff genommen wird (Chemikerausschuß). Für Transformatorenstahl empfiehlt FREIWILLIG Verbrennung mit Pb_3O_4 als Zuschlag bei 1200 °C.

b) Zur *gleichzeitigen* Bestimmung von Kohlenstoff (gravimetrisch) und Schwefel (titrimetrisch) verbrennen HOLLER, KLINKENBERG und AITES im Hochfrequenzofen. Sie geben als Zuschlag zum Stahl auf 1 g Probe 1 g Zinn (30 mesh) hinzu und bedecken mit Alundum (geschmolzenes Aluminiumoxid) (90 mesh) oder Chrom(VI)-oxid (CrO_3); für Gußeisen geben sie noch 0,5 g Weicheisen (plast iron) zum Zuschlag. Die Autoren stellten nur bei 350 bis 700 ml Sauerstoff je Minute sichere, vollständige Verbrennung fest und halten die Nachschaltung eines Rohres mit Katalysator zur Oxydation von CO für erforderlich.

c) Von *Ferrosilicium* wird 1 g mit Zuschlag von 2 g Blei(IV)-oxid oder 1 g Kupfer und 1 g Mennige bei 1250 bis 1350 °C in Sauerstoff verbrannt (Chemikerausschuß). Auch Mischungen von Kupferoxid und Zinkoxid sowie von weichem Stahl mit Blei-(IV)-oxid und Kobalt(II,III)-oxid sind als Zuschläge empfohlen worden.

d) Von *Ferromangan* und ebenso *Mangan* werden 0,5 bis 2 g, je nach C-Gehalt, im Porzellanschiffchen zusammen mit Kupfer und bei hochmanganhaltigen Sorten unter Zusatz von Mennige im Sauerstoffstrom bei 1200 °C verbrannt (Chemikerausschuß). Als Zuschläge wurden auch Gemische aus Zinkoxid und Kupferoxid sowie Wismutoxid und Kobaltoxid empfohlen. GOTO, WATANABE und SUZUKI halten Zinn (0,5 g) nebst Elektrolyteisen (1 g) und Nickeloxid (0,2 g) auf 0,2 bis 1 g Ferromangan für die günstigste Zuschlagszusammensetzung bei Verbrennung im Hochfrequenz-Induktionsofen.

e) Ferrochrom, besonders die niedriggekohlten Sorten, gehört zu den am schwersten verbrennbaren Legierungen. Je nach dem Kohlenstoffgehalt werden 0,5 bis 4 g Probegut unter Zugabe von 5 bis 10 g Kupfer und 2,7 bis 5,4 g Mennige bei 1300 bis 1350 °C etwa 45 Min. verbrannt. Als Zuschläge werden unter anderem auch 4% Silicium enthaltender Stahl, Wismut- und Kobaltoxid allein oder im Gemisch miteinander und eine Mischung aus Wismutoxid, Bariumperoxid und mit Wasserstoff reduziertem Eisenpulver empfohlen. Von der Vollständigkeit der Verbrennung sollte man sich durch deren Weiterführung mit einer neuen Vorlage für CO_2 überzeugen, und wegen des großen Sauerstoffverbrauchs bei der langen Versuchsdauer ist dem Blindwert des Sauerstoffs erhöhte Aufmerksamkeit zu widmen. Für C-Gehalte unter 0,1% kommt die Anreicherung des Kohlenstoffs aus einer 5- bis 10-g-Menge durch Umsetzen des Metalles mit Kalium-Kupferchlorid (vgl. Abschnitt: F, 7) und die Verbrennung des kohlenstoffreichen Rückstandes in Betracht.

f) Ferrowolfram. 1 g Probegut wird unter Zugabe von 1 g Kupfer und 2,7 g Mennige bei 1200 °C mit Sauerstoff verbrannt. Als Zuschlagstoffe werden auch reines Eisen, Siliciumstahl, Wismutoxid und Mischungen aus Kupferoxid und Zinkoxid empfohlen. GOTO, WATANABE und SUZUKI empfehlen 1 g Elektrolyteisen nebst 0,1 g Chromoxid auf 1 bis 2 g Probe zur Verbrennung im Hochfrequenz-Induktionsofen.

g) Ferromolybdän ist relativ leicht verbrennbar. 1 bis 2 g Probegut werden zusammen mit 2 g Weicheisenspänen, die zur Bindung der entstehenden Molybdänsäure zugefügt werden, bei 1100 bis 1200 °C im Sauerstoff verbrannt. Es wird empfohlen, eine aufsaugende Substanz wie Tonerde oder Manganoxid mit in das Schiffchen zu geben, um das Überkriechen der Masse, die zur Beschädigung des Verbrennungsrohres führen kann, zu verhindern. Wegen der Gefahr, daß das Rohr von sublimierendem Molybdän(VI)-oxid verstopft wird, gibt es auch einen Vorschlag (VITA, siehe Handbuch Eisenhüttenlab.), das Ferromolybdän naß zu verbrennen.

h) Ferrovanadin ist ebenfalls relativ leicht verbrennbar. 1 bis 2 g Probe werden zusammen mit 1 g Kupfer und 2,7 g Mennige mit Sauerstoff bei 1200 °C verbrannt.

Bei an Vanadium hochprozentigem Probegut wird zur Verhinderung des Überkriechens von Vanadinsäure auch ein Zusatz von kohlenstoffarmem Eisen, Tonerde oder Manganoxid empfohlen.

i) Ferrotitan. 2 g Probe oder weniger, je nach C-Gehalt, werden unter Zugabe von 1 g Kupfer und 2,7 g Mennige im Sauerstoffstrom bei 1200 °C verbrannt. Als Zuschläge werden auch reines Eisen oder Zinn, Gemenge von Blei(IV)-oxid und Kobaltoxid sowie Kupferoxid und Zinkoxid verwendet. GOTO, WATANABE und SUZUKI empfehlen für die Verbrennung im Hochfrequenz-Induktionsofen 0,5 g Zinn und 0,1 g Nickeloxid oder Chrom(III)-oxid auf 0,5 g Probe.

k) Ferrophosphor. 1 bis 2 g Probe werden im Porzellanschiffchen mit Mennige als Zuschlag im Sauerstoffstrom bei 1100 bis 1200 °C verbrannt.

IV. Aluminium.

Im Aluminium ist der Kohlenstoff z.T. in freier Form, z.T. als Carbid vorhanden.

Allgemeines. Für die Gesamt-C-Bestimmung kann die nasse Verbrennung angewendet werden (GINSBERG), z.B. im Corleis-Kolben mit einem Gemisch aus 100 ml Schwefelsäure (D = 1,84), 85 g reinem Chrom(VI)-oxid und 300 ml Wasser. Hinter den Kolben muß ein Nachverbrennungsrohr mit Kupferoxid geschaltet werden. Nach Spülen der Apparatur mit reinem Stickstoff gibt man 3 g Probe in Form von groben Feilspänen in das kalte Säuregemisch, verschließt den Kolben schnell durch Aufsetzen des eingeschliffenen Kühlers, erwärmt zunächst vorsichtig und dann so lange zum Sieden, bis die Probe gelöst ist, und treibt das CO_2 in die Vorlage über (Chemikerausschuß).

Über die Anwendungsmöglichkeiten der direkten trockenen Verbrennung im Sauerstoffstrom auf Aluminium bestand lange Zeit Unklarheit. HAHN empfahl sie, andere Autoren zogen die Abtrennung des Kohlenstoffs vor der Verbrennung durch Umsetzen des Metalls mit Chlor, Kupferammoniumchlorid oder Quecksilberchlorid vor. In der Praxis wird vielfach das Auflösen in Alkalilauge, Filtration auf Asbest und Verbrennen des Rückstandes (BERL-LUNGE) angewendet, wobei aber Aluminiumcarbid nicht erfaßt wird, da dessen Kohlenstoff beim Lösen als Methan entweicht. Nach einem Vorschlag von BOLLIGER und TREADWELL wird in einem geschlossenen System gelöst, das entstehende Wasserstoff-Methan-Gemisch in einer ziemlich komplizierten Apparatur in einem zirkulierenden Sauerstoffstrom anteilweise und der Löserückstand getrennt wie üblich verbrannt, so daß gebundener und freier Kohlenstoff getrennt bestimmt werden.

FISCHER und SCHMIDT untersuchten die direkte Verbrennung mit Sauerstoff näher und fanden, daß ohne Zuschläge die auf dem geschmolzenen Aluminium entstehende Oxidhaut das Metall und den Kohlenstoff vor weiterer Oxydation schützt. Aber auch der Zuschlag von Kupferoxid, Wismutoxid, Bleioxid, Bleichromat, Eixenoxid, Blei und Zinn ist unterhalb etwa 900 bis 1000 °C unwirksam. Das sich in einzelne, von einer Oxidhaut umgebene Kügelchen zerteilende Aluminium reagiert zunächst nicht. Steigert man die Temperatur, so setzt plötzlich eine heftige Reaktion analog dem Thermitprozeß ein, die häufig das Verbrennungsrohr zerstört. Die Autoren fanden dann, daß ein Zusatz von etwa der gleichen Gewichtsmenge Kupfers und außerdem von etwas Blei und Zinn zum Aluminium eine vollständige und sichere Oxydation bei 1050 bis 1100 °C gewährleistet, wenn man die Metalle vollständig zusammenschmilzt, bevor die Oxydation einsetzt, d.h. bevor man den angefeuchteten Sauerstoff zuströmen läßt. Die in der folgenden Beschreibung benutzte Apparatur ist die gleiche wie in Abschnitt: B, 1, II, c, α beschrieben und abgebildet (Abb. 14).

Arbeitsvorschrift. Die Verbrennungstemperatur beträgt 1050 bis 1100 °C (Rohrinnentemperatur). Etwa 1 g Aluminium in beliebiger Form (möglichst jedoch kompakt, siehe unten) wird mit 1 g Kupfer (zweckmäßigerweise Kupferdraht von etwa

1,5 mm Durchmesser) und 0,2 g einer Blei-Zinn-Legierung (je 50 Gew.-% Blei und Zinn) in das Verbrennungsschiffchen gepackt. Die Menge der Zuschläge kann bei einer Änderung der Einwaage um $\pm 30\%$ unverändert bleiben. Die Schiffchen (Haldenwanger $100 \times 16 \times 10$ mm) vermögen noch die doppelte Menge an Einwaage und Zuschlag aufzunehmen.

Der als Zuschlag vorgesehene Kupferdraht wird in Stücke von etwa 1 g Gewicht – bei 1,5 mm Durchmesser etwa 6 cm – geschnitten und mit einer Mischsäure [150 ml H_2SO_4 (D = 1,84), 105 ml HNO_3 (D = 1,4) und 375 ml H_2O] kurzzeitig gebeizt, bis er gleichmäßig blank ist. Nach Spülen mit Wasser und reinem Methanol wird er im Trockenschrank bei 80 bis 100 °C kurz getrocknet.

Die Blei-Zinn-Legierung wird aus möglichst reinen Materialien erschmolzen und zu Stäbchen (6 mm Durchmesser) vergossen. Diese werden zweckmäßigerweise zu Streifen von etwa 0,5 mm Dicke ausgewalzt, so daß – wie beim Kupferdraht – durch Abschneiden mit der Schere bequem Stücke des gewünschten Gewichtes (etwa 0,2 g) hergestellt werden können. Vor dem Zerschneiden werden die Streifen gründlich mit Trichloräthylen entfettet. Die Zuschläge – vorwiegend das Kupfer – und die Schiffchen weisen bei der Verbrennung einen nicht zu vernachlässigenden Blindwert auf, Für Materialien *einer* Lieferung erwies sich der Blindwert aber als überraschend konstant, so daß er nur gelegentlich kontrolliert werden muß.

Der Sauerstoffstrom wird auf eine Geschwindigkeit von etwa 250 ml/Min. eingestellt. Diese Einstellung bleibt während der ganzen Analyse unverändert. Vor dem Öffnen des Verbrennungsrohres zum Einschieben des Schiffchens wird – um ein Zurücklaufen der Absorptionsflüssigkeit zu verhindern – der Karlsruher Hahn *K* (Abb. 14) so eingestellt, daß der letzte Teil der Apparatur vor dem Absorptionsgefäß unter Druck abgeschlossen bleibt, während aus dem übrigen Teil der Überdruck entweicht. Das Schiffchen mit der Analysensubstanz und den Zuschlägen wird in den kalten Teil des Verbrennungsrohres gesetzt, das Rohr wieder verschlossen und der Karlsruher Hahn auf völligen Abschluß (Zwischenstellung) gestellt. Nachdem der Druck genügend angestiegen ist, wird die Verbindung zum Absorptionsgefäß erneut hergestellt. Etwa aus der Luft in das Rohr eingedrungenes CO_2 gelangt mit dem Sauerstoff in das Absorptionsgefäß und verursacht eine Potentialänderung, so daß gegebenenfalls durch Zugabe von Lauge der ursprüngliche pH-Wert (E = 100 mV) wieder eingestellt werden muß. Durch völliges Abschließen des Karlsruher Hahnes und Öffnen des kleinen Entlüftungshahnes *F* am Ende der Gasreinigungseinrichtung läßt man den Überdruck aus dem Verbrennungsrohr entweichen und schaltet damit gleichzeitig den Sauerstoffzustrom zum Verbrennungsrohr ab. Danach bringt man das Schiffchen mit Hilfe der Schiebevorrichtung in den heißen Teil des Pythagorasrohres, wartet etwa 90 bis 120 Sek., in welcher Zeit die Metalle zusammenschmelzen, und schließt den Entlüftungshahn *F* wieder. Der darauf wieder in die Apparatur strömende Sauerstoff führt zu einem am Manometer angezeigten Druckanstieg, der jedoch durch das Einsetzen der Verbrennung abgestoppt, unter Umständen sogar rückgängig gemacht wird. Erst nach der vollständigen Oxydation allen Metalls steigt der Druck erneut an. Sowie er die zum Durchdringen der Fritten in der Waschflasche *L* und dem Absorptionsgefäß *M* erforderliche Höhe (etwa 200 Torr) erreicht hat, wird der Karlsruher Hahn *K* vom Ofen zum Absorptionsgefäß hin wieder geöffnet.

Über den Zeitraum des Reaktionsbeginns kann keine allgemeingültige Angabe gemacht werden. Manchmal setzt die Verbrennung so spät ein, daß zunächst der Karlsruher Hahn vom Ofen zum Absorptionsgefäß hin geöffnet werden muß, um einen zu hohen Sauerstoffdruck in der Apparatur zu vermeiden. Bei Druckabnahme infolge einsetzender Oxydation muß er dann aber vorübergehend wieder völlig geschlossen werden, um ein Zurücksaugen der Absorptionsflüssigkeit zu verhindern.

Die Überführung des gebildeten CO_2 durch den Sauerstoff in die Absorptionslauge macht sich durch die Änderung des pH-Wertes – Potentialanstieg – bemerkbar. Man hält durch Zugeben von Titrierlauge das Potential möglichst unverändert. Erfolgt keine Potentialänderung mehr, dann ist die Bestimmung beendet. Der Laugenverbrauch abzüglich des Blindwertes für das Schiffchen und die Zuschläge ist das Maß für den Kohlenstoffgehalt.

Bemerkungen. a) Die austitrierte Lösung ist ohne weiteres für die nächste Analyse verwendbar. Die Durchführung einer Bestimmung erfordert nicht mehr als 15 Min., d.h., beim Vorliegen der fertigen Einwaagen können laufend je Stunde vier Analysenwerte ermittelt werden.

b) *Empfindlichkeit.* 1 μg C kann erfaßt werden. FISCHER und SCHMIDT (b) machen darauf aufmerksam, daß die Reinigung des Probematerials mit fettlösenden Mitteln allein nicht genügt, sondern eine weitere Vorbereitung durch Beizen mit einem Gemisch aus gleichen Teilen von Salpetersäure (D = 1,4) und Flußsäure (40%ig) erforderlich ist. Sie vertreten die Meinung, daß bei früheren Aluminiumanalysen infolge ungenügender Reinigung oft erheblich überhöhte C-Werte gefunden wurden.

V. In Aluminiumcarbid.

Für die Bestimmung des Carbids in künstlichem Korund empfiehlt FERENCZY die Verbrennung im Sauerstoffstrom in Gegenwart von Bleioxid oder -chromat.

VI. In Titan.

Allgemeines. Titan und seine Legierungen haben in letzter Zeit als Werkstoffe eine zunehmende Bedeutung erhalten. Da für wesentliche Verwendungszwecke auch sehr kleine Kohlenstoffgehalte stören, ist gerade die C-Bestimmung in der Analyse des Titans sehr wichtig; es sind genaue Methoden zur Erfassung von Gehalten bis herab zu 0,0001% erforderlich.

Die Verbrennung bereitet Schwierigkeiten und läßt sich ohne Zusatzstoffe nicht in geregelter Weise ausführen. Beim Erhitzen von Titanschlamm oder kompaktem Titan im Sauerstoffstrom findet bei 900 °C nur eine oberflächliche Oxydation statt. Zwischen 900 und 1100 °C kommt es nach 20 bis 60 Sek. zu einer unter Umständen sehr heftig verlaufenden Verbrennung. Oberhalb 1100 °C setzt die Reaktion wenige Sekunden nach Einbringen der Probe in die Verbrennungszone mit größter Heftigkeit ein. Hierbei wird das Material der gebräuchlichen Verbrennungsschiffchen (Pythagorasmasse) unter Reduktion von Kieselsäure zu Silicium angegriffen. Gegen diesen Angriff sind die relativ teuren Schiffchen aus Sintertonerde oder Berylliumoxid beständig, die sicherheitshalber noch mit Al_2O_3-Pulver als Unterlage für die Titanprobe ausgekleidet werden. Nach Versuchen von J. FISCHER und W. SCHMIDT ist jedoch das Einlegen einer Magnesiarinne in das Pythagorasschiffchen eine geeignete und billige Lösung des Behälterproblems. In die Rinne könnte das Titan unmittelbar eingebracht werden.

Aber auch bei 1250 °C erfolgt die Verbrennung nicht mit Sicherheit; häufig bleiben in dem entstehenden TiO_2 Reste von Titanmetall eingeschlossen, und die Anwendung noch höherer Temperaturen setzt kostspielige Ofenkonstruktionen und entsprechendes Tiegelmaterial voraus. Abhilfe läßt sich durch Zuschlagstoffe erreichen.

NUNEMAKER und SHRADER empfehlen einen Eisen-Kupfer-Zinn-Zuschlag für die Verbrennung in Sauerstoff bei 1200 °C, CODELL, NORWITZ und SCHNEIDER granuliertes Blei (doppelte Gewichtsmenge) und Heizen auf zunächst nur 900 °C, um Legierungsbildung vor Beginn der Oxydation zu gewährleisten. ELWELL und WOOD verwenden ebenfalls Blei als Flußmittel und mäßigen die Oxydation zunächst durch Anwendung von Argon, dem nur allmählich Sauerstoff zugesetzt wird. Die Genauigkeit der Bestimmung wird von diesen Autoren zu 0,005% abs. bei 4 g Einwaage und C-Gehalten von 0,02 bis 0,2% bzw. ±0,001% bei 1 g Einwaage und C-Gehalten von weniger als 0,05% angegeben, wobei das CO_2 im 1. Falle gravimetrisch, im 2. Falle konduktometrisch bestimmt wurde.

Die obige Arbeitsweise wird auch von WOOD und WILLIAMS empfohlen. CORBETT sowie ODA und NORISHIMA nehmen gekörntes Zinn als Zuschlag, andere Autoren Zinn und Eisen. FISCHER und SCHMIDT (c) unterzogen bis dahin gebräuchliche Verbrennungs- und andere Verfahren (Handbook on Titanium Metal I. Ausgabe, S. 57) einer kritischen Betrachtung und kamen zu dem Schluß, daß sie für Gehalte unter 0,01 % C nicht anwendbar sind, insbesondere deswegen, weil sie sich zu unempfindlicher gravimetrischer oder gasanalytischer Endbestimmungen bedienen. Die Verfasser bevorzugen daher die empfindliche potentiometrische Methode für die Bestimmung des Verbrennungskohlendioxids (siehe Abschnitt B, 1, II, c, α).

J. FISCHER und W. SCHMIDT empfehlen die Verwendung eines kombinierten Zuschlags von Kupfer und Blei-Zink-Legierung (1 + 1). Damit wird bei 1150 °C eine vollständige und kontrollierbare Verbrennung des Titans erzielt. Die Arbeitsweise der genannten Autoren wird nachstehend wiedergegeben, wobei die Probenvorbereitung eingehend beschrieben wird, während wegen der Verbrennung selbst und der Apparatur auf die in Abschnitt B, 1, II, c, α referierte Arbeit der gleichen Autoren (a) Bezug genommen werden kann.

Arbeitsvorschrift. Als Einwaagen und Zuschläge nimmt man folgende Gewichtsmengen:

1 bis 0,5% C: ~ 0,1 g Ti + 0,5 g Cu + 0,1 g PbSn-Legierung;
0,5 bis 0,1% C: ~ 0,2 g Ti + 0,5 g Cu + 0,1 g PbSn-Legierung;
0,1 bis 0,05% C: ~ 0,5 g Ti + 1 g Cu + 0,2 g PbSn-Legierung;
$<$ 0,05% C: ~ 1 g Ti + 2 g Cu + 0,4 g PbSn-Legierung.

Als Zuschlag wird am besten gebeizter Kupferdraht von 1,5 mm Durchmesser und in Streifen gewalzte und gut entfettete (Trichloräthylendampfbad) Blei-Zinn-Legierung (1 + 1) verwendet. J. FISCHER und W. SCHMIDT haben zur Herstellung Feinblei 99,99 und Zinn 99,90 verwendet. Es lassen sich dann leicht durch Abschneiden Stücke von dem gewünschten Gewicht herstellen.

Das Titan soll möglichst in kompakten Stückchen oder in Streifen vorliegen; doch können auch größere Späne zur Einwaage gelangen. Vor der Analyse muß das Titan gebeizt werden, da Verunreinigungen in der Oberfläche – besonders bei mechanisch bearbeiteten Proben – zu hohe Kohlenstoffwerte vortäuschen können.

Eine Beizlösung, die 80 Volumenteile HNO_3 (D = 1,4) und 20 Volumenteile 40 %ige Flußsäure enthält und bei Zimmertemperatur angewendet wird, verleiht dem Titan und seinen Legierungen eine silberglänzende Oberfläche. Man bringt die Titanproben in einen Becher aus Kunststoff (Polyäthylen, Plexiglas) und überdeckt sie gerade eben mit der Beizlösung. Sobald die Reaktion stürmisch wird – je nach Art des Materials dauert dies 20 bis 120 Sek. – und eine starke Entwicklung nitroser Gase auftritt, wird das Beizen beendet und die Titanprobe mit Wasser abgespült. Das gebeizte Metall kann im Trockenschrank bei 110 °C getrocknet werden, ohne seinen schönen Glanz zu verlieren.

Der als Zuschlag verwendete Kupferdraht wird in Stückchen von etwa 1 cm geschnitten und zuunterst in das Verbrennungsschiffchen gepackt; darüber wird die auf etwa 0,2 mm Dicke ausgewalzte und in Streifen des gewünschten Gewichtes geschnittene Blei-Zinn-Legierung gelegt und darauf die zu analysierende Titanprobe gebracht. Auf diese Weise wird in der Verbrennungszone das Titan von den schmelzenden Zuschlägen schnell gelöst und seine Reaktion mit dem Porzellan des Schiffchens verhindert.

Das Schiffchen wird mit der Schiebevorrichtung bei vollem Sauerstoffstrom 400 ml/Min.) in die auf 1150 °C geheizte Verbrennungszone geschoben. Nach 30 bis 60 Sek. setzt unter Feuererscheinung die Verbrennung ein, während gleichzeitig ein starker Druckabfall am Manometer den Sauerstoffverbrauch anzeigt. Der Karlsruher Hahn K (Abb. 14, Abschnitt B, 1, II, c, α) muß vorübergehend geschlossen werden, damit in der Waschflasche L und dem Absorptionsgefäß M (Abb. 14) ein Zurücksteigen der Lösungen vermieden wird. In 1 Std. können bei Vorliegen der Einwaagen 4 bis 6 Bestimmungen ausgeführt werden. Die aus dem Pythagorasrohr herausgenommene und erstarrte Oxidschlacke ist einheitlich und völlig durchoxydiert.

Genauigkeit. Bei Vergleichsanalysen an einer Titan-Kohlenstoff-Legierung von 0,66% C mit einigen anderen Verbrennungsverfahren (siehe Originalarbeit) wurden absolute Abweichungen der Mittelwerte aus durchschnittlich 4 Bestimmungen von 0,00 bis +0,01% ermittelt. Die Reproduzierbarkeit der beschriebenen Methoden wird durch relative Streuungen gegenüber den Mittelwerten von ±12 bis 19,5% bei gebeizten und ±29% bei ungebeizten Titanschwammproben mit zwischen 0,0036 und 0,0060% liegenden C-Gehalten gekennzeichnet. W. FISCHER und BASTIUS wendeten die beschriebene Methode mit Erfolg auf die Analyse von Titan und Titanlegierungen an. Sie empfehlen, stets das 5fache des Probengewichtes an Kupfer als Schmelzmittel einzusetzen.

VII. In Titancarbid.

Arbeitsvorschriften. a) Von dem Titancarbidpulver werden 0,3 g ohne Zuschlag bei 900 °C unter kräftiger Sauerstoffzugabe verbrannt. Nachschaltung eines auf 750 °C erhitzten Kupferoxidrohres oder einer glühenden Platincapillare ist zu empfehlen (Chemikerausschuß).

Es ist zu erwähnen, daß auch eine photometrische Methode zur C-Bestimmung im Titan vorgeschlagen worden ist (CODELL, NORWITZ und SIMMONS):

b) Die Probe wird in einem Gemisch von Schwefelsäure und Borfluorwasserstoffsäure zersetzt und das Titancarbid durch Zugabe von Salpetersäure gelöst. Die Lösung wird gekocht und filtriert und die Intensität der gelben Farbe des entstandenen nitrierten organischen Komplexes im Spektrophotometer bei 450 nm bestimmt. Die Methode eignet sich gut zu Serienausführungen und gestattet die Bestimmung von C-Gehalten bis zu 0,7% herauf. Von den in handelsüblichem Titan vorhandenen Metallen stört keines.

VIII. In Zirkonium.

Dieses Metall kann nach ELWELL und WOOD sowie WOOD und WILLIAMS in derselben Weise, wie von diesen Autoren für Titan beschrieben, verbrannt werden, wobei aber Wismut und Eisen als Flußmittel für Zirkonium dienen. MORROW und TRETOW verbrennen Zirkonium und dessen Legierungen im Sauerstoffstrom bei Induktionsbeheizung und messen das in verdünnter Natronlauge absorbierte CO_2 konduktometrisch unter Anwendung einer Eichkurve. Für Gehalte von 10 bis 800 ppm werden 0,5 g, für Gehalte bis 4000 ppm 0,1 g Einwaage genommen. ODA, KUBO und YAMAGISHI verbrennen bei 1300 °C mit 3 g Kupfer als Beschleuniger auf 3 g Zr. *Zirkoniumdiborid* verbrannten KÁBRT und MAREK zur C-Bestimmung im Gemisch mit Kupferoxid in Drahtform bei 900 bis 1000 °C. TAKAHASHI verwendet CuO oder Pb_3O_4 als Beschleuniger.

IX. In Nickel.

Die C-Bestimmung kann durch Verbrennen im Sauerstoffstrom bei 1250 °C mit 1 g Kupfer und 2,7 g Mennige als Zuschlag zu 1 bis 2 g feinen Nickelspänen erfolgen (Chemikerausschuß). Als Zuschläge wurden auch reines Eisen oder ein Gemisch von Blei(IV)-oxid und Kobalt(II,III)-oxid empfohlen. Man soll aber auch ganz ohne solche auskommen können. W. FISCHER und BASTIUS wendeten mit gutem Erfolg die Methode von FISCHER und SCHMIDT (siehe Abschnitt: B, 1, II, c, α) mit potentiometrischer Endbestimmung an. Die nasse Verbrennung mit Chromschwefelsäure ist ebenfalls anwendbar. RICKARD verbrennt bei 1000 °C und bestimmt das CO_2 potentiometrisch nach der Methode von STILL und Mitarbeitern (siehe Abschn. B, 1 II, c, α), an der er einiges verbesserte.

X. In Kobalt.

Die trockene Verbrennung des Kobalts kann genau so, wie als erste Ausführung bei Nickel angegeben, erfolgen (Chemikerausschuß). Zuschläge scheinen nicht unbedingt erforderlich zu sein; im übrigen sind als solche noch reines Eisen oder Zinn sowie Gemische aus Bleioxid und Kobalt(II,III)-oxid empfohlen worden.

XI. In Kupfer.

Die in Kupfer und seinen Legierungen enthaltenen, geringen Kohlenstoffmengen können durch Verbrennen bei 1150 °C in feuchtem Sauerstoff bestimmt werden (J. Fischer und W. Schmidt) (d). Zur CO_2-Bestimmung empfehlen diese Autoren ihre empfindliche potentiometrische Methode (Abschnitt B, 1, II, c, α), die auch von W. Fischer und Bastius empfohlen wird. Bei manganhaltigen und anderen hochschmelzenden Kupferlegierungen soll die Temperatur auf 1200 °C erhöht werden, und ist es zweckmäßig, Blei und Zinn als Zuschläge beizugeben. Geeignete Beizmittel zur Vorbehandlung von Kupfer und Messing werden von den Autoren genannt; ohne deren Anwendung sind C-Überfunde zu erwarten. Ein Vakuumschmelzverfahren zur gleichzeitigen massenspektrometrischen Bestimmung von Kohlenstoff, Sauerstoff und Schwefel im Kupfer wurde von Hickam beschrieben.

XII. In Zink.

Dieses Metall und seine Legierungen werden nach J. Fischer und W. Schmidt (e) am besten in einem feuchten Sauerstoffstrom von 300 ml/Min. bei 1000 °C verbrannt. Die Oxydation verläuft sehr glatt und ist in 5 bis 20 Sek. beendet. Die richtige Bestimmung der geringen Kohlenstoffgehalte erfordert sorgfältige Vorbereitung des Probegutes. Die Autoren geben die Zusammensetzung verschiedener Beizmittel für Zink und einige seiner Legierungen an.

XIII. In Tantal und Niob und ihren Carbiden.

Für die serienmäßige Bestimmung von C in Tantal benutzen Torrisi, Kernahan und Fryxell die „low pressure“-(Vakuum-Verbrennungs-)Methode nach Murray und Niedrach. Dabei verwenden sie eine spezielle Zufuhreinrichtung für die Einführung der Probensubstanz in die Verbrennungszone ohne jedesmaliges Öffnen des geschlossenen Systems und Unterbrechen der Beheizung. In diese Vorrichtung wird vor Inbetriebsetzung der Verbrennungsapparatur eine ganze Reihe von Proben eingeführt, als Pulver in Becherchen aus dem magnetischen Material Kovar (27 bis 29% Ni, 17 bis 19% Co, 0 bis 0,3% Mn, Rest Fe) gespeichert. Mittels Magnetes wird jeweils ein Gefäßchen über ein Abfallrohr geführt, dort gekippt, so daß das Pulver durch das Rohr in die Verbrennungszone bzw. das dort stehende Verbrennungsgefäß fällt, und das leere Gefäß in einen Sammelbehälter weiter geführt.

Als Verbrennungsgefäß kann bei Analyse von nur 3 bis 4 Proben hintereinander ein Platintiegel benutzt werden. Dieser kann leicht von dem entstehenden Tantaloxid gereinigt werden, das sich nicht mit dem Platin legiert. Bei 1100 °C ist die Verbrennung von 0,5 g Tantal in maximal 5 Min. beendet. Wenn mehr Proben hintereinander verbrannt werden, entstehen Störungen durch Absorption und ungeregelte Abgabe von CO_2 in der anwachsenden Menge des nichtschmelzenden Tantaloxids. In diesem Falle wird nach 2 bis 3 Tantalproben eine Stahlprobe verbrannt. Das Eisenoxid bildet mit dem Tantaloxid eine Schmelze, d.h. eine kleine Oberfläche, und die erwähnten, störenden Erscheinungen treten nicht auf. Dazu muß allerdings ein Aluminiumoxidtiegel innerhalb des Platintiegels zur Aufnahme der Proben verwendet werden. Für die Zufuhr der Stahlstückchen haben Torrisi und Mitarbeiter an die Probenzufuhreinrichtung noch einen baumförmigen Teil angebracht, aus dessen Zweigen die Stücke mittels Magnetes zum Einfallen in das Verbrennungsgefäß geleitet werden können.

Die Verfasser weisen darauf hin, daß bei Benutzung einer Induktionsheizung das Tantal sich so schnell erhitzt, daß es momentan verbrennt, aber dabei unverbrannte Teile im Oxid einschließt. Durch Zusatz von 1 g kohlenstoffarmem Stahl und 0,5 g Zinn als Schmelzmittel zu 0,5 g Tantal erreicht man vollständige Verbrennung; dabei muß man aber einen hohen Blindwert in Kauf nehmen. ODA, KUBO und YAMAGISHI verbrennen bei 1300 °C ohne Zuschläge.

*Niob*legierungen verbrennt McKAVENEY mit Induktionsheizung im O_2-Strom so wie Stahl, aber mit höherem Zuschlag von Zinn.

XIV. In Wolframcarbid und Wolfram.

0,5 g Pulver werden ohne Zuschlag bei 1000 °C im Sauerstoffstrom verbrannt (Chemikerausschuß). Ebenfalls ohne Zuschlag wird Wolframcarbid durch Hochfrequenzbeheizung nach SIMONS und Mitarbeitern verbrannt. Dabei dient ein „Käfig" aus Platindraht, der sich im Hochfrequenzfeld auf 1600 °C erhitzt, als Heizkörper für die in ihn eingesetzte Probe. Ein handelsüblicher Hochfrequenzapparat wurde regelbar gestaltet, um Durchbrennen des Platins zu vermeiden.

GORDON und Mitarbeiter führen nach Verbrennung im O_2-Strom die CO_2-Bestimmung konduktometrisch aus.

MACHIDA und SUGISHITA oxydieren Wolframcarbid und Wolframmetall (mit 0,05 bis 0,2% C) mit Jodsäure-Phosphorsäure bei 320 °C bzw. 245 °C.

XV. In Molybdän.

Dieses Metall läßt sich nach W. FISCHER und BASTIUS im Gemisch mit 1 Teil Cu und 1 Teil Fe je 1 Teil Probe bei 800 °C im Sauerstoffstrom verbrennen.

XVI. In Uran, Urancarbid und Uranfluorid.

Die Bestimmung geringer Kohlenstoffgehalte im Uran beschreiben CHAMPEIX, CHEVILLIARD und PONTY. Sie verbrennen Uran ohne Zuschlag bei 1100 °C in Sauerstoff. Nach einem U.K.A.E.A.-Report reinigt man 10 g Uran-Drehspäne mit Salpetersäure (1 + 1) (etwa 7 m) und verbrennt sie zuerst in einem der Luftzusammensetzung entsprechenden O_2-N_2-Gemisch, dann in reinem Sauerstoff. Bei Absorption des CO_2 in Natronasbest und Wägung wurde für C-Gehalte von 600 bis 700 ppm ein Variationskoeffizient der Ergebnisse von ±4% festgestellt. SMILEY bestimmte in einer manometrischen Apparatur mit besonders empfindlichem Manometer 1,4 bis 3,2 ppm C in 100 bis 250 mg Uran.

Wegen der (gesonderten) Bestimmung von freiem und Carbid-C in Uran- und Plutoniumcarbid siehe Abschn. G, 7, X.

Uranfluorid verbrennen SIMMONS und RANDOLPH im Gemisch mit vorgeglühtem SiO_2 (2 g auf 5 g Fluorid) bei 1100 °C im O_2-Strom.

XVII. In Vanadium und Vanadiumcarbid.

Die Kohlenstoffbestimmung kann nach SMIRNOVA und ORMONT durch Verbrennen bei 950 °C erfolgen. W. FISCHER und BASTIUS verbrennen Vanadiummetall bei 1100 °C ohne Zuschlag im Sauerstoffstrom.

XVIII. In Borcarbid und Bor.

Für die Verbrennung zur Bestimmung des Gesamtkohlenstoffs im Borcarbid empfiehlt MIKLASCHEWSKI 4- bis 5stündiges Erhitzen im Sauerstoffstrom bei 1050 °C mit einem Zuschlag von Blei(IV)-oxidpulver.

Zur Bestimmung von Kohlenstoff in Bor verbrennen KUO, BENDER und WALKER das mit Zinn versetzte Pulver mit Sauerstoff im Hochfrequenzofen, absorbieren das CO_2 in 0,0065 m $Ba(OH)_2$-Lösung und konduktometrieren. Bei 350 bis 1000 ppm C beträgt die Standardabweichung 4 bis 25 ppm.

XIX. In Siliciumcarbid, Silicium und Germanium.

Allgemeines. Die Verbrennung zur Bestimmung des Gesamtkohlenstoffs in technischem Carborundum erfolgt nach FUNK und SCHAUER durch Erhitzen von 100 mg der feinst gepulverten, bei 110 °C getrockneten und im Schiffchen mit etwa 500 mg Mennige überdeckten Probe im Sauerstoffstrom zunächst bei 650 bis 700 °C und dann 25 Min. bei 1200 °C. NORTON stellte fest, daß bei Verwendung eines Gemisches aus 1 Teil Kryolith und 5 Teilen Mennige als Flußmittel die Oxydation bei wesentlich niedrigerer Temperatur und schneller vor sich geht. Die mittlere Abweichung der Analyse von Standardproben betrug dabei 0,01 % C. Der Kryolith wird zunächst zur Zerstörung organischer Substanz 15 Min. im Verbrennungsofen bei 820 °C, die Mennige entsprechend bei 540 °C geglüht. Nach dem Abkühlen werden 100 g Mennige und 20 g Kryolith im Glasmörser sorgfältig vermischt und in dicht schließender Flasche aufbewahrt.

Arbeitsvorschrift. Man mischt 0,25 g Probe in einem Nickeltiegel mit 3 g Flußmittel, gibt etwa 6 g Alundum (geschmolzenes Aluminiumoxid) (90 mesh) hinzu und mischt wieder gründlich. Man füllt ein vorher geglühtes Tonschiffchen teilweise mit Alundum und gibt das Gemisch darauf. Dann erhitzt man im Strom von 350 ml/Min. Sauerstoff 15 Min. lang auf 930 bis 950 °C. Die Autoren stellten einen *Fehler* von 0,02 % C absol. fest.

In *Silicium* und *Germanium* kann man den Kohlenstoff in der Weise bestimmen, daß man das Material bei etwa 1000 °C mit Schwefeldampf behandelt, den dabei entstehenden Schwefelkohlenstoff mit Diäthylamin zu Dithiocarbamidat umsetzt und dieses spektralphotometrisch als Cu-Komplex (bei 435 nm) bestimmt (DUCRET und CORNET).

XX. In Chromcarbid.

Die getrennte Bestimmung von freiem und gebundenem Kohlenstoff in Cr_3C_2 wurde von DUFEK und MAREK beschrieben (siehe Abschn. 7, VIII).

HUBER und CHASE verbrennen Legierungen von Chrom (und von Nb, Ta, Mo, W) bei 900 °C mit Zuschlag von 1 g Reinsteisen und 1 g Reinstzinn auf 0,5 bis 1 g Probe.

2. In Erzen, Mineralien, Gesteinen und Schlacken.

I. In Graphit.

Die Verbrennung kann bei 1200 °C im Sauerstoffstrom ausgeführt werden. Man wägt 0,1 g Graphit ein und wendet reichlich Sauerstoff an, so daß die Oxydation ohne CO-Bildung in 3 bis 5 Min. beendet ist (SCHWARZ, v. BERGKAMPF und HARANT).

II. In Schwefel.

Die Verbrennung erfolgt bei etwa 1250 °C im Sauerstoffstrom; das in großer Menge entstehende SO_2 wird vor der CO_2-Bestimmung in Chromschwefelsäure zu SO_3 oxidiert und absorbiert (VALBERG und PLAKSINA). Es dürfte empfehlenswert sein, die Eliminierung der Schwefeloxide durch Vermischen der Probe selbst mit Bleichromat oder Bleioxid zu erleichtern. FEHÉR und SAUER mischen mit der 10fachen Menge Bleioxids; sie kühlen außerdem das Verbrennungsgas auf − 50 °C und leiten es noch durch ein Gefäß mit Wasserstoffperoxid-Schwefelsäure. Die CO_2-Bestimmung machen sie mit einem registrierenden Leitfähigkeitsgerät. J. FISCHER und W. SCHMIDT (f) benutzen die von ihnen für die C-Bestimmung in Metallen entwickelte, im Abschnitt B, 1, II, c beschriebene Apparatur mit geringfügigen Änderungen. Die Verbrennung erfolgt hier bei 800 °C; es wird getrockneter Sauerstoff verwendet, da H_2O die Verbrennung von Schwefel hemmt. Zwischen Ofen und Absorptionsteil ist eine Waschflasche mit 50 ml 3 %igem H_2O_2 zur Oxydation des Schwefeldioxids geschaltet; die dann folgende Flasche mit Chromschwefelsäure dient zur Sicherung restloser Oxydation und Absorption des SO_2. Als *Erfassungsgrenze* geben J. FISCHER und W. SCHMIDT 0,0001% C an, als *Genauigkeit* ±1,5%. Bei hohen Gehalten (um 1% C) ist in der Absorptions-Titrationsvorlage statt der sonst verwendeten n/60 Baritlauge solche von zehnfacher Konzentration zu nehmen. Die Autoren kombinierten mit der Apparatur für die Gesamt-C-Bestimmung ein Gerät für die gesonderte Bestimmung von Carbonat-Kohlenstoff.

FEHÉR, SAUER und MONIEN beschreiben die Bestimmung des C in Schwefelsorten des Handels durch Verbrennung, Absorption des SO_2 und Konduktometrie des CO_2 nach dem Prinzip von SCHMIDTS und BAASCH (siehe Abschn. B, 1, II, α). Sie bestimmten die Reproduzierbarkeit der Methode und stellten fest, daß eine Einwaage entsprechend 50 μg C genommen werden muß, wenn man eine Varianz von nur 1 bis 2% erreichen will.

III. In Erzen und in Schlacken.

Allgemeines. Für die Kohlenstoffbestimmung in Schwefelkies, der aus Kohle gewonnen wird, empfiehlt SEMLJANITZYN die nasse Verbrennung mit Chromschwefelsäure, OPOTZKI, NASARENKO und TJULPINA sowie RABOWSKI und KUPRIANOWA die Verbrennung mit Bleichromat bei 600 °C im halbgeschlossenen System (vgl. Abschnitt: Trockene Oxydation, Allgemeines).

Für die Bestimmung des organischen Kohlenstoffs in Erzen, besonders solchen sulfidischen Charakters wendet WIECHULLA die Verbrennung in Gegenwart von Blei-(IV)-oxid im Sauerstoffstrom nach Entfernen des Carbonat-Kohlendioxids durch Behandeln mit Salzsäure an. Die Verbrennungsgase werden mittels einer 0,1 n Lösung von Cer(IV)-sulfat von Schwefeloxiden frei gewaschen. Zur Kontrolle der Oxydationsfähigkeit der Lösung wird 1 Tropfen Ferroinlösung zugesetzt; bei Erschöpfung der Cerlösung tritt Rotfärbung ein. Eine Methode zur gleichzeitigen Bestimmung von Schwefel (jodometrisch) und Kohlenstoff in Erzen unter Anwendung der Verbrennung im Sauerstoffstrom bei 1300 °C beschreibt BJERKERUD.

Die Bestimmung des Kohlenstoffs in kohlenstoffhaltigen Bleierzkonzentraten als Glühverlust nach einer Lösungsbehandlung beschreibt ENNING.

Arbeitsvorschrift. Man behandelt 1 g Konzentrat mit 50 ml Salzsäure (D = 1,2) und dampft ein. Den Rückstand nimmt man mit Salzsäure (D = 1,2) auf und kocht nach Zusatz von etwa 300 ml Wasser 10 Min. Man filtriert dann durch einen Gooch-Tiegel, kocht den Filterrückstand, der hauptsächlich aus Kieselsäure und Kohlenstoff besteht, nochmals mit 20 ml Salzsäure (D = 1,2) und 200 ml Wasser, filtriert wieder durch einen Gooch-Tiegel und wäscht mit heißem, 20 ml Salzsäure je Liter enthaltendem Wasser. Man trocknet den Tiegel mit Inhalt 2 Std. bei 110 °C, wägt, glüht bei 900 °C und wägt wieder. Die Gewichtsdifferenz entspricht dem Kohlenstoffgehalt.

In sulfidhaltigen Schlacken bestimmen SAMACHER und LAHIVI den Kohlenstoff durch Oxydation mit dichromathaltiger Salzsäure bei mäßig erhöhter Temperatur unter vermindertem Druck, wobei kein Chlor entstehen soll, und Titration.

Bei der Untersuchung des Systems: Schwefel-Eisen-Kohlenstoff, z.B. von Fe-Fe_3C-FeS, verwendeten HANEMANN und SCHILDKÖTTER zur Analyse mit Verbrennung im Sauerstoffstrom eine besondere Variante der C-Bestimmung. Sie leiten die Verbrennungsgase zur Absorption von SO_2 und CO_2 in einen Kolben mit Natronlauge, lassen aus einem Fülltrichter zur Oxydation des Sulfitions zum Sulfation Kaliumpermanganatlösung bis zur bleibenden Rotfärbung einfließen und machen dann das CO_2 durch Zugabe von konzentrierter Schwefelsäure und Auskochen frei. Das CO_2 wird nach Wiederabsorption in 0,1 n Kalilauge und Zugabe von Bariumchlorid titrimetrisch (Rücktitration des überschüssigen Hydroxylions) mit 0,1 n Oxalsäure und Phenolphthalein) bestimmt.

IV. In Gesteinen.

Zur Bestimmung des Kohlenstoffs in Serpentiniten, Talkschiefern und Eklogiten mit C-Gehalten von 0,001 bis 0,03% C wendete HAHN-WEINHEIMER parallel und in guter Übereinstimmung die trockene Verbrennung mit potentiometrischer Endbestimmung nach J. FISCHER und W. SCHMIDT und die Spektralanalyse an. Letztere wurde unter Verwendung von Kupferelektroden bei Funkenanregung mit einem Spektrographen großer Dispersion und Schwärzungsmessung der Linie C III 229,686 nm durchgeführt.

Die Bestimmung des Kohlenstoffs (der organischen Substanz) in Lockergesteinen, z.B. Tonen, wird oft so wie in Böden vorgenommen; vgl. den folgenden Abschnitt.

3. In Böden.

Allgemeines. Für die Bestimmung des Kohlenstoffs in Böden, die u.a. für die Beurteilung des Humusgehaltes von Bedeutung ist, sind die verschiedensten Methoden in Vorschlag gebracht worden. Praktisch verwendet wird gegenwärtig wohl überwiegend die nasse Verbrennung mit gravimetrischer, titrimetrischer oder gasvolumetrischer Bestimmung des CO_2. Der Grund dafür dürfte darin liegen, daß man mit der gleichen relativ einfachen Apparatur, in der man den organischen oder den Gesamt-Kohlenstoff durch nasse Oxydation bestimmt, auch den Carbonat-Kohlenstoff des Bodens bestimmen kann, was bei der trockenen Verbrennung nicht einwandfrei möglich ist. Man behandelt die Substanz zuerst nur mit Säure, bestimmt das freiwerdende CO_2 (siehe Kapitel: Kohlendioxid), setzt dann das Oxydationsmittel zu und bestimmt das aus organischer Substanz gebildete CO_2; oder man führt besser die Bestimmung von Gesamt-C und Carbonat-C in zwei Einwaagen nacheinander aus. Man erhält dann den organisch gebundenen Kohlenstoff als Differenz. Labile organische Substanzen des Bodens können sich beim Erhitzen mit starken Säuren teilweise unter CO_2-Abgabe zusetzen; daher wird bisweilen schweflige Säure zum Entkarbonatisieren empfohlen (BREMNER). Bei kalkhaltigen Proben ist es nicht angängig, den Gesamt-C unmittelbar mit Oxydantien, die starke Schwefelsäure enthalten, zu bestimmen, weil dabei ein Teil des Calciumcarbonats durch Überkrustung mit $CaSO_4$ der Einwirkung der Säure entzogen wird und so Minderbefunde auftreten. Hierauf haben BREMNER und JENKINSON aufmerksam gemacht.

Früher wurde allgemein mit Kaliumpermanganat oxydiert; erst SCHOLLENBERGER führte die Dichromat-Schwefelsäure ein, nachdem AMES und GAITHER (1914) sie schon einmal vorgeschlagen hatten. In neuerer Zeit wird als Oxydationsmittel neben Chromschwefelsäure auch das sehr wirksame jodathaltige Gemisch nach VAN SLYKE (siehe Abschnitt B, 2, II, a) bevorzugt. Dessen Anwendung in Verbindung mit der manometrischen Apparatur nach VAN SLYKE wird von BREMNER eingehend beschrieben und diskutiert. ALLISON billigt allerdings für Bodenanalysen diesem Gemisch keinen Vorteil gegenüber der einfachen Chromschwefelsäure-Phosphorsäure zu.

Die trockene Verbrennung im Sauerstoffstrom kann natürlich für die Gesamt-C-Bestimmung ebenfalls angewendet werden, und für diese empfiehlt sich die moderne Ausführung bei hoher Temperatur (etwa 950 °C), bei der auch $CaCO_3$ vollständig zersetzt wird, im leeren Quarzrohr, eventuell bei Bedeckung der Substanz mit Mangan(IV)-oxid und mit gasvolumetrischer Endbestimmung (LADEMANN). Auch die Induktionsheizung läßt sich bei Böden anwenden, wenn man diese, wie JACKSON beschreibt, mit Reineisenpulver mischt. Bei Anwesenheit von mehr als 1% NaCl-Äquivalent an Chloriden sollen die Proben vor dem Verbrennen mit Wasser ausgelaugt werden.

Andererseits sind für Böden teilweise Schnellmethoden zur groben Bestimmung des Kohlenstoffs oder, besser gesagt, der organischen Substanz in Gebrauch, welche auf der Bestimmung des unverbrauchten überschüssigen Oxydationsmittels nach nasser Oxydation durch Colorimetrie oder Titration oder auf der Glühverlustbestimmung beruhen. Im folgenden werden Ausführungsbeispiele für mehrere der erwähnten Arbeitsweisen gebracht. Die mit Colorimetrie oder Rücktitration des Oxydationsmittels arbeitenden Methoden werden natürlich durch reduzierende anorganische Bestandteile wie Eisen(II) gestört.

I. Bestimmung als Glühverlust

Bei Sand- und Moorböden gibt der Glühverlust einen brauchbaren Maßstab für den Gehalt an organischer Substanz. Bei anderen Böden können durch das Glühen außer der Zerstörung der organischen Substanz andere Reaktionen bewirkt werden und das Ergebnis beeinträchtigen. Verluste an CO_2 aus Carbonaten ersetzt man nach dem ersten Glühen durch Befeuchten mit einer Lösung von Ammoniumcarbonat. Danach trocknet man und vertreibt den $(NH_4)_2CO_3$-Überschuß durch schwaches Glühen. Wiederholen des schwachen Glühens bis zur Gewichtskonstanz ist zu empfehlen (Methodenbuch I).

II. Nasse Oxydation und Colorimetrie bzw. Photometrie.

Allgemeines. Die Änderung der Farbe der Chromschwefelsäure, mit der eine Bodenprobe behandelt wurde, kann zur angenäherten Bestimmung des Gehaltes an organischen Stoffen verwendet werden. Niedrigen Konzentrationen entsprechen gelbe Färbungen, höheren zunehmend grüne Farbtöne. Im folgenden werden zwei Arbeitsvorschriften von KHANNA, PRASAD und BATTACHARYA wiedergegeben, und zwar eine Labor- und eine Feldmethode.

Arbeitsvorschriften. a) Labormethode. Zu 5 g lufttrockener und durch ein Sieb von 100 mesh getriebener Bodenprobe werden im 150-ml-Kolben 10 ml n Kaliumdichromat-Lösung und rasch 20 ml konz. Schwefelsäure (D = 1,84) zugegeben. Man rührt das Gemisch einige Minuten und kühlt 10 Min. mit Leitungswasser ab. Die überstehende klare Flüssigkeit kann, je nach C-Gehalt, alle Abstufungen zwischen gelb und grün zeigen. 2 ml der Flüssigkeit pipettiert man in einen 100-ml-Meßkolben und füllt auf. 10 ml dieser Stammlösung benutzt man zur photometrischen Messung unter Einschaltung des Blaufilters. Man wertet mittels einer Eichkurve aus.

b) Feldmethode. Hierzu wird 1 g lufttrockene Bodenprobe im Reagenzglas mit 2 ml n Dichromatlösung und 4 ml konz. Schwefelsäure, wie oben beschrieben, versetzt. Das Gemisch wird leicht geschüttelt und 10 Min. gekühlt. 2 ml der klaren Flüssigkeit werden mit Standardproben verglichen. Man kann mit ausreichender Genauigkeit den C-Gehalt in den Bereichen von 100 bis 200, 200 bis 300, 300 bis 400, 400 bis 500, 500 bis 600 und über 600 mg/100 g abschätzen.

III. Nasse Oxydation und gravimetrische Endbestimmung.

Allgemeines. Methoden, in denen das bei der Oxydation entstehende CO_2 gravimetrisch (oder volumetrisch bzw. titrimetrisch) bestimmt wird, sind exakter als die vorbeschriebenen Methoden. Volumetrische Endbestimmung wendet z.B. LADEMANN an, gravimetrische SPRINGER. Eine Arbeitsweise mit gravimetrischer Endbestimmung wurde neuerdings von ALLISON angegeben. Sie wird nachstehend beschrieben.

Arbeitsvorschrift. Man bringt 0,5 bis 3 g (je nach Humusgehalt) der ofentrokkenen, auf $< 0,5$ mm gemahlenen Bodenprobe in den Zersetzungskolben, der ein bis nahe zum Boden reichendes Lufteinleitungsrohr sowie einen mit Hahn versehenen Einlauftrichter (für die Säure) trägt und auf den ein Rückflußkühler aufgesetzt werden kann; dieser steht seinerseits über eine Waschflasche mit Kaliumjodidlösung (100 g KJ in 100 ml), eine Waschflasche mit gesättigter Silbersulfatlösung zum Entfernen von Halogen, eine Waschflasche mit konz. Schwefelsäure, ein Gefäß mit Zinkpulver und ein Gefäß mit wasserfreiem Magnesiumperchlorat (Anhydrone) mit einem gewogenen, Natronasbest enthaltenden Absorptionsgefäß für Kohlendioxid in Verbindung.

Der Verbindungsschliff und das Hahnküken des Trichters werden mit dem Säuregemisch geschmiert. Zu der Probe gibt man 1 bis 2 g Kaliumdichromat. Man spült den Hals des Kolbens 3mal mit wenig Wasser, setzt den Kühler auf und läßt 25 ml Säuregemisch [600 ml Schwefelsäure (85%ig) + 400 ml konz. Phosphorsäure] einfließen. Nach Schließen des Hahnes bringt man unter Durchleiten von Luft innerhalb 3 bis 4 Min. zum Sieden und erhitzt weiter 10 Min. derart, daß keine weißen Dämpfe erscheinen. Dann entfernt man den Brenner und leitet noch 10 Min. Luft ein. Danach wägt man die Gewichtszunahme des Absorptionsgefäßes. Der Kohlenstoffgehalt errechnet sich zu:

$$\% \mathrm{C} = \frac{(\mathrm{g\ CO_2\ aus\ Analyse} - \mathrm{g\ CO_2\ aus\ Blindversuch}) \cdot 0{,}2729 \cdot 100}{\mathrm{g\ Einwaage}}.$$

In *kalkhaltigen* Böden bestimmt man den Carbonat-Kohlenstoff, um ihn von dem nach obiger Methode erhaltenen Gesamt-Kohlenstoff abzuziehen, wie folgt:

Arbeitsvorschrift. In dem gleichen Apparat (siehe oben) behandelt man die Probe mit 25 ml saurer Eisensulfatlösung (hergestellt aus 57 ml konz. Schwefelsäure, 92 g $FeSO_4 \cdot 7H_2O$ und 600 ml Wasser). Man erhitzt in 4 Min. zum Sieden, läßt 3 Min. weiter sieden, entfernt die Flamme und leitet noch 10 Min. Luft durch. Man kann nach dieser Behandlung und nach dem Abkühlen das oben beschriebene Verfahren anschließen und so unmittelbar den organischen Kohlenstoff allein bestimmen. Bei der CO_2-Bestimmung soll das Fe(II) Zersetzung von Humussubstanz verhindern.

IV. Nasse Oxydation und Rücktitration des Oxydationsmittels nach Rauterberg *und* Kremkus.

Reagenzien. a) Schwefelsäurehaltige Phosphorsäure (150 ml konz. Phosphorsäure (D = 1,70) werden mit 150 ml konzentrierter Schwefelsäure (D = 1,84) gemischt und mit Wasser auf 1 l verdünnt.
b) Diphenylaminosulfonsäure (0,2 g der Verbindung werden in 100 ml Wasser gelöst. c) 0,1 n Eisen(II)-sulfatlösung. d) 0,1 n und 2 n Kaliumdichromatlösung.

Arbeitsvorschrift. 1 bis 5 g Boden (bis zu 3% organischer Substanz herauf 5 g Boden), werden in einem 250-ml-Meßkolben mit 25 ml 2 n Kaliumdichromat-Lösung versetzt. Unter Kühlung werden 40 ml konz. Schwefelsäure hinzugegeben. Die Kolben werden dann 3 Std. in ein siedendes Wasserbad gestellt.

Damit die organische Substanz vollkommen oxydiert wird, ist der Bodensatz im Kolben mehrfach durch Umschütteln aufzuwirbeln. Von der bei Zimmertemperatur auf 250 ml verdünnten Lösung werden nach dem Absetzen der Bodenteilchen 10 ml entnommen. Diese werden in einen 200 bis 300 ml fassenden Erlenmeyerkolben gegeben; dazu kommen 25 ml 0,1 n Eisen(II)-sulfatlösung, 2 ml schwefelsäurehaltige Phosphorsäure und 8 Tropfen Diphenylaminsulfonsäurelösung. Dann wird mit 0,1 n Kaliumdichromat bis zur Violettfärbung titriert. Gleichzeitig wird ein Versuch ohne Boden (Blindversuch) angesetzt und ebenso behandelt. Die Menge der 0,1 n Kaliumdichromatlösung, die bei der Untersuchung eines Bodens mehr verbraucht wird als bei dem Blindversuch, entspricht der Kaliumdichromatmenge, durch welche die Humusstoffe von $^1/_{25}$ der eingewogenen Bodenmenge oxydiert wurden. Man braucht also nur die 0,1 n Kaliumdichromatlösung genau einzustellen, nicht die übrigen Lösungen.

Bemerkungen. α) *Berechnung.* 1 ml 0,1 n Kaliumdichromatlösung liefert 0,8 mg Sauerstoff, die 0,3 mg Kohlenstoff zu CO_2 oxydieren. Da organische Substanz im Durchschnitt 58% C enthält, entspricht 1 Teil C rund 1,72 Teilen organischer Substanz. 1 ml 0,1 n Kaliumdichromat entspricht also 0,516 mg organischer Substanz.

Die Berechnung des Gehaltes an organischer Substanz kann nach der folgenden Formel erfolgen:

$$\frac{1290 \cdot (b - c)}{a} \text{ [mg organische Substanz in 100 g Boden].}$$

Dabei ist

a = Bodeneinwaage, in g;
b = Verbrauch an ml 0,1 n Kaliumdichromatlösung bei der Bodenuntersuchung;
c = Verbrauch an ml 0,1 n Kaliumdichromatlösung beim Blindversuch.

β) Eine *ähnliche* Arbeitsweise ist von SPRINGER und KLEE angegeben worden. Nach ihr wird bei höherer Temperatur in kürzerer Zeit oxydiert, wodurch nach der Feststellung von WELTE etwas genauere Werte erhalten werden.

Arbeitsvorschrift nach SPRINGER und KLEE. Von der auf 0,25 mm gemahlenen Probe werden je nach C-Gehalt 1 bis 5 g in einem 200-ml-Meßkolben mit 20 ml 2 n Kaliumdichromatlösung versetzt. Unter gutem Umschütteln werden 26 ml konz. Schwefelsäure (ziemlich genau abgemessen) zugegeben. Es wird sofort auf dem einfachen Drahtnetz erhitzt und 10 Min. unter öfterem Umschütteln in leichtem Sieden gehalten. Von der bei Zimmertemperatur auf 250 ml aufgefüllten Lösung werden nach dem Absitzen über Nacht oder nach Zentrifugieren 10 ml entnommen. Diese werden in einen 200 bis 300 ml fassenden Erlenmeyerkolben gegeben und nach Hinzufügen von 25 ml 0,1 n Eisen(II)-sulfatlösung (am besten in Form von Mohrschem Salz), 2 ml schwefelsäurehaltiger Phosphorsäure und 8 Tropfen Diphenylaminsulfonsäurelösung mit 0,1 n Kaliumdichromatlösung bis zur Violettfärbung titriert. Gleichzeitig wird ein Versuch ohne Boden als Blindversuch durchgeführt, wobei besonders darauf zu achten ist, daß die Temperatur von 165 °C nicht überschritten wird (kleine Flamme, Siedesteinchen, Thermometer). Die Menge 0,1 n Dichromatlösung, die bei der Untersuchung eines Bodens mehr verbraucht wird als beim Blindversuch, entspricht der Dichromatmenge, welche durch $^1/_{25}$ der eingewogenen Bodenmenge verbraucht wurde. Man braucht also nur die 0,1 n Dichromatlösung genau einzustellen. Lösungen und Berechnung sind dieselben wie bei dem Verfahren nach RAUTENBERG und KREMKUS.

Bemerkungen. aa) WELTE weist darauf hin, daß die Analysenwerte durch Tonminerale und reduzierende anorganische Substanzen wie Fe(II) *und* Mn(II) *beeinflußt* werden. Die Bestimmung wird auch dann falsch, wenn in den organischen Substanzen das Verhältnis von H zu O nicht demjenigen des Wassers entspricht, und wenn in ihr Eiweiß- oder Schwefelverbindungen enthalten sind. Ebenso stören die anorganischen Sulfide FeS_2 und FeS.

Es wurden auch Ausführungsbestimmungsformen beschrieben, bei denen die Titration des Fe^{2+}-Überschusses mit Natriumpermanganat erfolgt, so von KURMIES, TIURIN und von MEBIUS. Während KURMIES ohne Indikator titrierte, führte SIMAKOW die Titration mit dem sehr scharfe Umschläge ergebenden Indikator N-Phenylanthranilsäure ein.

bb) MEBIUS empfiehlt ebenfalls diesen Indikator. Er untersuchte die Bedingungen der Oxydationsreaktion mit Dichromat näher und stellte fest, daß etwa 50%ige H_2SO_4-Konzentration der Lösung und 20 bis 30 Min. Siedens optimal sind. So sollen für Böden, die frei von Salz und anorganischen Reduktionsmitteln sind, gleichwertige Ergebnisse wie mit der trockenen Verbrennung erhalten werden, wenn man eine Korrektur für die Zersetzung des Dichromations durch das Kochen einführt.

Arbeitsvorschrift nach MEBIUS. Man wägt 0,1 bis 0,5 g (je nach C-Gehalt) des fein gemahlenen Bodens in einen 100-ml-Erlenmeyerkolben und fügt genau 15,0 ml Dichromatreagens (0,267 n; 13,076 g $K_2Cr_2O_7$ + 550 ml konz. H_2SO_4 in Wasser gelöst, zu 1 l aufgefüllt) hinzu. Man verbindet den Kolben über Glasschliff mit einem Rückflußkühler und erhitzt 30 Min. auf einem elektrisch beheizten Sandbad zum Sieden. Dann kühlt man den Kolben in Wasser, spült den Kühler aus, nimmt ihn ab und titriert mit Mohrschem Salz [78,432 g $(NH_4)_2SO_4 \cdot FeSO_4 \cdot 6H_2O$ nebst 50 ml H_2SO_4 (D = 1,84), in Wasser gelöst, zu 1 l aufgefüllt]. Als Indikator setzt man 3 Tropfen Lösung nach SIMAKOW (200 mg N-Phenylanthranilsäure in 0,2%iger Natriumcarbonatlösung) und gegen Ende der Titration nochmals einige Tropfen davon hinzu. Der Umschlag erfolgt von Violett nach Grün. Zu der Differenz d zwischen Millilitern Verbrauch an Eisen(II)-salzlösung beim Blindversuch und bei der Analyse wird $d \cdot 0{,}023$ addiert, wobei der korrigierte Verbrauch a resultiert.

Der Kohlenstoffgehalt ist:

$$\% \mathrm{C} = \frac{a \cdot 0{,}2 \cdot 0{,}003 \cdot 100}{\text{Einwaage [g]}}.$$

Die *Standardabweichung* beträgt nach MEBIUS 1,2% rel. Für Salzböden empfiehlt der Autor die Methode von KURMIES. Bei dieser wird die Gefahr der Verluste an Chromat durch Abdestillieren als Chromylchlorid (K.-P. 117 °C), das bei Anwesenheit von Choridionen entsteht, dadurch völlig vermieden, daß man nur auf etwa 100 °C erhitzt.

4. In biologischen Flüssigkeiten, Wässern und Abwässern.

Allgemeines. Methoden, die auf solche Flüssigkeiten angewendet werden können, sind im Abschnitt „Nasse Oxydation" angeführt. Es sei hier zusätzlich zunächst noch eine mit einfacher Chromsäure-Schwefelsäure (und Nachverbrennung der Gase an Kupferoxid) arbeitende Methode erwähnt, die 1956 von dem britischen Joint A.B.C.M.-S.A.C.-Committee on Methods for the Analysis of Trade Effluents für die Abwasseranalyse empfohlen wurde. Die Endbestimmung erfolgt titrimetrisch. Man beachte auch die im Abschnitt: B, 2, II, a, ε beschriebene automatisch arbeitende, registrierende Methode von KIESELBACH zur kontinuierlichen Überwachung von Abwässerströmen.

Mit Nachverbrennung im O_2-Strom über CrO_3 arbeiten TERENTEV und Mitarbeiter bei der Analyse von Abwasser der Herstellung von siliciumorganischen Produkten.

Für die Bestimmung in Meerwasser beschreiben KREY und SZEKIELDA eine nasse Verbrennung mit konduktometrischer Endbestimmung in einer bordfähigen Apparatur. GORBACH und EHRENBERGER gaben eine halbautomatische potentiometrische Apparatur an.

Schließlich sei hier noch eine photometrische Mikro-Schnellmethode zur Bestimmung von Kohlenstoff bzw. organischer, nichtflüchtiger Substanz in biologischen Präparaten beschrieben, die von JOHNSON angegeben wurde. Sie ist schnell und bequem in Serien durchzuführen, ist aber nicht absolut quantitativ. Mengen von 100 bis 500 µg organischer Substanz können angewendet werden. Interessant ist, daß bei den untersuchten Substanzen, z.B. Casein, Sucrose, eine Verdünnung der oxydierenden Säure mit Wasser im Verhältnis 1 : 0,4 eine maximale Oxydationswirkung brachte.

Arbeitsvorschrift. Die wäßrige Probe von weniger als 0,4 ml Volumen mit 100 bis 500 µg organischen Feststoffen wird in ein Reagenzglas pipettiert und das Volumen durch Wasserzugabe auf 0,4 ml gebracht. Dann gibt man 1 ml Oxydationsmittel (5,00 g $Na_2Cr_2O_7 \cdot 2H_2O$ (in 20 ml Wasser gelöst und mit 95%iger Schwefelsäure zu 1 l aufgefüllt) hinzu. Man schüttelt gut durch, erhitzt im siedenden Wasserbad genau 20 Min. und kühlt dann sofort ab. Außerdem werden 2 Blindansätze mit 0,4 ml Wasser an Stelle der Probe ebenso behandelt. Zu jedem der Gläser gibt man 10 ml Wasser. Zu einer der Blindproben gibt man außerdem etwa 10 mg festes Natriumsulfit. Nach Durchmischen werden die Lösungen in einem photoelektrischen Colorimeter mit einem Filter von maximaler Durchlässigkeit bei 440 nm gemessen, wobei der reduzierten Blindlösung der Wert 100% Durchlässigkeit zugeordnet wird.

Die Zahl der Mikroäquivalente (= ml 0,001 n Dichromat), welche die 1-ml-Pipette liefert, wird am besten durch Titration ermittelt. Man gibt dazu 20 Füllungen der

Pipette an Reagens in einen Kolben, fügt einen Kristall Kaliumjodids hinzu und titriert mit 0,1 n Thiosulfatlösung. Jedem Mikroäquivalent verbrauchten Dichromats werden 7 μg organische Substanz gleichgesetzt. Organische Lösungsmittel sind vor der Analyse abzudampfen. Die *Reproduzierbarkeit* bei Wiederholungen betrug im Mittel etwa 0,5% Abweichung von der ursprünglichen Dichromatmenge.

5. In explosiven Stoffen.

Die gefahrlose Verbrennung von explosiven Stoffen auf nassem Wege mit Oleum-Kaliumjodat-Chromsäure wird von DUNSTAN und GRIFFITHS beschrieben. Von den untersuchten Stoffen reagierte nur Tetrazen zu heftig.

6. Gleichzeitige Bestimmung von Kohlenstoff und Fluor in hochfluorierten organischen Verbindungen.

Eine auf der Verbrennung mit feuchtem Sauerstoff in Gegenwart von Quarz und Platin zu CO_2 und Siliciumtetrafluorid beruhende Methode wurde von FREIER, NIPPOLDT und OLSON angegeben. Das aus Quarzglas bestehende Verbrennungsrohr ist mit abwechselnden Zonen aus Quarzstückchen und Platindrahtnetzrollen gefüllt. Der Sauerstoff gelangt durch einen mit Wasser gefüllten Blasenzähler in das Rohr. Die Verbrennung erfolgt bei 1100 bis 1200 °C. Das Verbrennungsgas wird durch einen Absorber nach GROTE und KREKELER geleitet, wo SiF_4 mit Wasser zu Kieselsäure und Kieselfluorwasserstoff hydrolysiert und später gegen Phenolphthalein titriert wird. Der Gasstrom geht weiter durch ein Trockenrohr mit Anhydron (wasserfreies Magnesiumperchlorat) und schließlich durch ein Rohr mit Ascarite (Natronasbest), in dem CO_2 wie üblich absorbiert und gewogen wird. Enthält die Substanz außer Fluor andere Halogene, so werden diese mit Silberdraht im schwach (auf 350 °C) erhitzten Teil des Verbrennungsrohres absorbiert.

7. Spezielles Verfahren für die Verbrennung von ^{14}C enthaltenden organischen Verbindungen.

Allgemeines. Für die Verbrennung ^{14}C-markierter Substanzen zur nachfolgenden Bestimmung des aktiven Kohlenstoffs als $^{14}CO_2$ im Gaszählrohr oder als aktives Bariumcarbonat sind die Methoden der nassen Verbrennung geeignet und viel im Gebrauch (vgl. z.B. die am Schluß von Abschnitt: B, 2, II, a, α zitierten Arbeiten). Die Methode der trockenen Verbrennung bei hoher Temperatur im leeren Rohr dürfte ebenfalls anwendbar sein. Will man bei *niedriger Temperatur* arbeiten, so darf man nicht die Rohrfüllung nach PREGL verwenden, da diese etwas Kohlendioxid zurückhält und dadurch ein Austausch von Aktivität und eine Beeinflussung einer nachfolgenden Analyse durch die vorausgegangene eintreten kann.

Eine geeignete Rohrfüllung für ein übliches *Halbmikro*verbrennungsrohr, die kein CO_2 zurückhält, ist nach GABOUREL, BAKER und KOCH die folgende: 7 cm Platindrahtnetzrolle, mit heißer konz. HNO_3 gereinigt; 11 cm Quarzkörner (30 bis 50 mesh), mit heißer konz. Chromschwefelsäure gereinigt, mit Wasser gut ausgewaschen und dann getrocknet; 4 cm Mangan(IV)-oxid (erdalkalifrei, am besten aus saurer Kaliumpermanganatlösung mit der stöchiometrischen Menge Wasserstoffperoxids gefällt) auf platiniertem Asbest (2 mm Körnung, 5% Platin); 3 cm Silberwolle.

Der eigentliche Verbrennungsteil wird auf 900 bis 950 °C geheizt, der Rohrteil mit MnO_2 (zur Absorption von Stickoxiden) und Silberwolle (zur Absorption von Halogenen, Schwefel und Phosphor) auf 175 °C.

Arbeitsvorschrift. (Abb. siehe Original.) Die Verbrennung wird zunächst durch Heizen des beweglichen Rohrofens auf 300 bis 500 °C bei einem Vorschub des Ofens von etwa 6 mm je Minute eingeleitet, um Verpuffung zu vermeiden. Der Sauerstoffstrom wird auf 4 bis 5 ml/Min. für 3 bis 6 mg Probe und auf 20 bis 25 ml/Min. für Probemengen von 30 mg gehalten. Beim zweiten, endgültigen Verbrennungsgang wird der bewegliche Ofen auf 850 °C geheizt. Nach beendigter Verbrennung leitet man noch 5 Min. lang Sauerstoff durch die Apparatur. Das Absorptionsgefäß mit Glasfritte für CO_2, das mit 10 ml 0,4 n Natronlauge beschickt und mit kohlendioxidfreiem Wasser zu $^3/_4$ aufgefüllt worden war, nimmt man nun heraus. Man hebt den Aufsatzteil des Gefäßes an und spült die Fritte von innen mit dem im Trichtergefäß des Aufsatzteiles befindlichen Wasser und auch von außen derart, daß die Flüssigkeit in das Gefäß mit der Lauge hineinfließt. Dann leitet man durch ein einfaches Rohr reinen Stickstoff oder kohlendioxidfreie Luft in die Lauge ein, wodurch Eintreten von CO_2 der Luft verhindert und eine Durchmischung während des Titrierens erreicht wird. Man fügt 3 ml 0,1 n Bariumchloridlösung (2- bis 3facher Überschuß) sowie 3 Tropfen 0,25 %ige Phenolphthaleinlösung hinzu und titriert die unverbrauchte Lauge mit eingestellter Salzsäure aus einer 10-ml-Mikrobürette (auf Farblos) zurück. Das Titrieren muß vorsichtig geschehen, um zu hohe lokale Säurekonzentrationen und dadurch bedingten CO_2-Verlust zu vermeiden (vgl. auch Kapitel: Kohlendioxid, § 3, B, 1, I, c). Das Kohlendioxid bzw. der Gesamtkohlenstoff errechnet sich aus der Differenz von vorgelegter und zurücktitrierter Lauge. Die Autoren fanden bei Anwendung von 5 bis 8 mg Probe eine *Streuung* der Einzelwerte von $-0{,}4$ bis $+0{,}3$ % relativ gegenüber den theoretischen.

Zur Bestimmung der Radioaktivität macht man die Lösung wieder leicht alkalisch (Rotfärbung), filtriert das Bariumcarbonat und verfährt mit ihm weiter wie bei der Aktivitätsmessung üblich. Wenn nur der Gesamtkohlenstoff bestimmt werden soll, kann das CO_2 natürlich auch in Ascarite absorbiert und gewogen werden.

Gut geeignet für die Bestimmung von Kohlenstoff unter Berücksichtigung der Isotopen sind auch die Methode der Verbrennung im geschlossenen System (SIMON und MÜLLHOFER, siehe S. 20) und die nasse Verbrennug (siehe S. 68).

8. Gleichzeitige Bestimmung von Kohlenstoff und Schwefel.

Allgemeines. Methoden zur gleichzeitigen Kohlenstoff- und Schwefelbestimmung, bei denen C gasvolumetrisch und S titrimetrisch bestimmt wird, wurden von KRAUS und von SHANAHAN und JENKINS (siehe Abschnitt: B, 1, II, e) beschrieben, eine ähnliche von HILL (Absorption des SO_2 in H_2O_2-haltiger 15 %iger NaCl-Lösung von pH 5), eine Methode mit Hochfrequenzverbrennung, titrimetrischer S- und gravimetrischer C-Bestimmung von HOLLER, KLINKENBERG und AITES (siehe Abschnitt: F, 1, III).

Für die gleichzeitige Bestimmung von C, S und O in Kupfer empfahl HICKAM die Oxydation in Gegenwart von Kupferoxid in einer Vakuumhochfrequenzapparatur in Verbindung mit der Massenspektrometrie. Die gleichzeitige konduktometrische Bestimmung von C, H und S in der Mikroelementaranalyse bei weitgehender Automatisierung wurde von MALISSA (b) beschrieben. Eine einfachere Apparatur für die Stahlanalyse, bei der SO_2 und CO_2 nicht parallel, sondern in hintereinandergeschalteten Zellen absorbiert und gemessen worden, wurde von NALL und SCHOLEY beschrieben. Die Platinelektroden werden von diesen Autoren 24 Std. mit H_2O_2 vorbehandelt, so daß sie kein H_2O_2 der Absorptionslösung für SO_2 zersetzen.

JURÁNEK und AMBROVÁ benutzen für die Bestimmung sehr kleiner C- und S-Mengen (bis zu 10^{-6} % C herunter in Eisen und Eisenlegierungen) eine Abwandlung der *photometrischen* Methode von JURÁNEK (siehe Abschnitt: B, 1, II, h und Kapitel: Kohlendioxid, § 3, B, 1, I, d). Die Endbestimmung, die völlig mit derjenigen von JURÁNEK identisch ist, soll hier nicht nochmals beschrieben werden, sondern nur die übrige Apparatur und Arbeitsweise. Abb. 42 gibt eine Übersicht über die *Apparatur*. Wesentliche Teile derselben sind die mit 10 g Kieselgel beschickte Adsorptions-

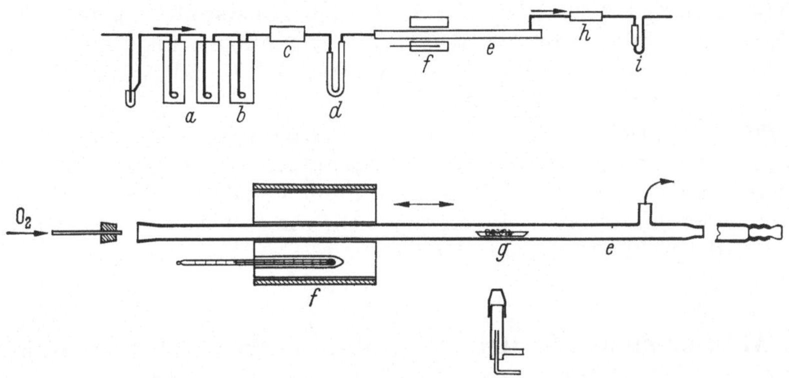

Abb. 42. Schema der Apparatur von JURANEK u. AMBROVA zur Bestimmung von C und S in Metallen. *Oben:* Übersichtsschema. *Unten:* Verbrennungsteil.

säule *d* zur Reinigung des verwendeten Elektrolytsauerstoffs von letzten Spuren von Kohlenwasserstoffen und die chromatographische Säule *i*. Diese hat die Abmessungen 50×5 mm und enthält 1 g Kieselgel; in ihr werden CO_2 und SO_2 getrennt, d.h. nacheinander, eluiert. Gegebenenfalls gebildetes CO wird hinter der Säule an einem glühenden Platindraht in *e* verbrannt.

Arbeitsvorschrift. Man erhitzt die Probe im Verbrennungsrohr bei strömendem Sauerstoff zunächst mit einem heißen Aluminiumblock *f* auf 300 °C, um letzte Reste von Verunreinigungen organischer Natur von dem vorher gut gesäuberten Material zu entfernen. Dann schaltet man die photocolorimetrische Indikationseinrichtung an und erhitzt die Probe mit einem Gasgebläse zur Verbrennung. Muß Zinn als Schlackenbildner verwendet werden, so glüht man es zur Reinigung ebenfalls vor der eigentlichen Verbrennung im Schiffchen bei 300 °C. Da es dabei verbrennt, wirkt es natürlich dann nicht mehr als Verbrennungsbeschleuniger auf die Probe. Bei geeigneter Regulierung des O_2-Stromes tritt das CO_2 nach 5 bis 10 Min. aus der Säule aus, das SO_2 erscheint erst nach etwa 25 bis 30 Min. Beide Komponenten werden also sicher getrennt und können nacheinander in der Absorptions-Photometrie-Zelle erfaßt und als Skalenteildifferenzen des Galvanometers gemessen werden. Man wertet mit Hilfe von Eichkurven aus, die durch Analyse von Standardstahlproben erhalten wurden.

Bemerkung. Bei 1 g Einwaage von Stahl mit 10^{-3}% C beträgt der *absolute Fehler* etwa $\pm 10^{-5}$% C. 0,01 μg C in 1 g Probe (10^{-6}%) werden nach Angabe der Autoren mit nur ± 10% *relativem Fehler* erfaßt.

Eine rein gaschromatographische Methode mit Hohlzkohle als Trennsubstanz wird von GALWAY beschrieben.

9. Bestimmung des Kohlenstoffs in nichtleitendem Material durch Hochfrequenz-Verbrennung.

Allgemeines. Die wegen der intensiven Beheizung der Probe bei gleichzeitiger Schonung des Rohrmaterials vorteilhafte Methode der Erhitzung im Hochfrequenzfeld läßt sich auch bei elektrisch nichtleitendem Material durch Vermischen der Probe mit Elektrolyteisen (als an C armer Eisensorte) anwenden. Ein Beispiel dafür beschreiben Fox, Robinson und Seefield, und zwar die Analyse von Katalysatoren für die Erdölverarbeitung. Manche Typen solcher Katalysatoren werden schon durch geringe Verunreinigung mit Kohlenstoff geschädigt.

Arbeitsvorschrift. Man gibt in einen Tiegel je eine Füllung eines Dosierbechers (von 0,6 cm Durchmesser und gleicher Tiefe) Elektrolyteisen und Zinn sowohl unter als auch über die 0,2 g betragende Probe. Es wird im Sauerstoffstrom nach Einschalten der Hochfrequenzspule verbrannt. Die Endbestimmung erfolgt im beschriebenen Falle konduktometrisch; bei einer Probe von 0,07% C-Gehalt wurde eine *Standardabweichung* von $\pm 0{,}007\%$ gefunden.

Bemerkung. Ein weiteres Beispiel ist die C-Bestimmung *in Böden* nach Jackson, bei der die Proben zur Verbrennung mit Roheisenpulver gemischt werden. Eine andere Möglichkeit besteht darin, die Substanz in ihrem Behälter mit einem Platindrahtkäfig zu umgeben und so indirekt zu beheizen, wie Simons und Mitarbeiter es für Wolframcarbid beschrieben (siehe Abschnitt: F, 1, XIV).

G. Abtrennung und Bestimmung verschiedener Formen des Kohlenstoffs.

1. Graphit und amorpher Kohlenstoff in Koks und Kohle.

I. Die Trennung von Graphit und amorphem Kohlenstoff *im Koks* kann nach Deschalit und Prosswirnina durch Flotation erfolgen. Man zerkleinert den Koks auf etwa 4 mm Körnung und verwendet als Trennmittel verschiedene Öle (Anthracen-, Kreosot- und Naphthalinöl) bei Temperaturen unter 20 °C. Dabei reichert sich der Koks in den ersten Fraktionen an. Eine nähere Unterscheidung der Fraktionen wird durch Prüfung auf die spezifische elektrische Leitfähigkeit und andere Eigenschaften erreicht.

II. Eine *chemische Bestimmung* von Graphit und amorphem Kohlenstoff bzw. Aktivkohle oder Acetylenruß nebeneinander wird von Takagi beschrieben. Dieser Autor benutzt die verschiedene Reaktionsfähigkeit der C-Modifikationen gegenüber Jodsäure in Phosphorsäure (D = 1,75) zur getrennten Bestimmung.

III. *In Kohle* kann der graphitische Anteil des Kohlenstoffs nach Balfour und Riley ebenfalls infolge seiner leichteren Oxydierbarkeit von dem amorphen Anteil unterschieden werden. Man behandelt 1 g der gekörnten Kohleprobe bei 100 °C mit einer Lösung von 10 g Kaliumdichromat in 50 ml sirupöser Phosphorsäure (D = 1,75). Aus dem entstandenen CO_2, das man wie üblich bestimmt, wird der Graphitkohlenstoff berechnet. Bei $2^1/_2$stündigen Versuchen entstanden aus Elektrodenkohle 1600 mg CO_2, aus der gleichen Menge bei 900 °C hergestellter, graphitfreier Zuckerkohle dagegen nur 16 mg CO_2.

IV. Auch bei der *trockenen Erhitzung* macht sich die unterschiedliche Oxydierbarkeit der verschiedenen Formen des Kohlenstoffs so stark bemerkbar, daß eine Unterscheidung und – wohl angenähert – quantitative Bestimmung darauf begründet werden kann. Otto und Winzer machten entsprechende Modellversuche mit Braunkohle, Steinkohle, Anthrazit wie auch Graphit und untersuchten in Verbindung damit den nach Zerstörung der organischen Substanz erhaltenen Inhalt von Staublungen. Die genannten Bestandteile konnten bei stufenweiser, jedesmal um 100 °C gesteigerter Veraschungstemperatur erkannt und mengenmäßig bestimmt werden.

Das unterschiedliche Verhalten von Graphit und nicht graphitischem Kohlenstoff gegenüber konz. Schwefelsäure in Gegenwart von Oxydationsmitteln (HNO_3, $K_2Cr_2O_7$) wird von Albert zur Bestimmung des Graphits in Gemischen ausgenutzt. Es entsteht Graphitsulfat, das seinerseits Fe^{2+} oxydiert. 1 g vollständig umgesetzter Graphit entspricht einem Oxydationsäquivalent von 3,47 mVal.

Eine elegante Methode zur Bestimmung des Graphitgehaltes ist die *Röntgenbeugungsanalyse.* Frad und Herold beschreiben die Anwendung der Methode auf kohlige Abscheidungen in technischen Öfen. Sie verwenden ein Norelco-Röntgendiffraktometer und setzen den Substanzen bestimmte Mengen Fluorit und Magnetit als Bezugssubstanzen (innere Standards) zu. Gemessen wird das Intensitätsverhältnis der Graphitlinie bei 0,338 nm zu der Fluoritlinie bei 0,316 nm. Dieses Verhältnis ergibt mit Hilfe von Eichkurven, die mit künstlichen Gemischen verschiedenen Graphitgehaltes aufgenommen werden, den Graphitgehalt des zu untersuchenden Materials. Proben mit 0,1 bis 0,4% Graphit wurden analysiert.

2. Graphit in Schmierfetten.

Prinzip. Die Grundsubstanz kann durch Erhitzen mit Kaliumhydrogensulfat (JACOBS) oder durch Kochen mit Eisessig (HEATHCOAT) zerstört bzw. in Lösung gebracht werden. Die Bestimmung des Graphitkohlenstoffs erfolgt gewöhnlich durch Wägung.

Arbeitsvorschriften. I. 4,8 g Graphitschmiere werden in einen etwa 30 ml fassenden Tiegel eingewogen. Nach Zugabe von 4 g $KHSO_4$ wird auf einer Heizplatte bis zur Zersetzung der Seife erhitzt, wozu bei Natronseifen etwa 20, bei Kaliumseifen etwa 40 Min. erforderlich sind. Nach dem Erkalten wird das Gemisch durch Waschen mit Äther in ein 400-ml-Becherglas überführt. Das zurückbleibende $KHSO_4$ wird, wenn nötig, zerstoßen und in einem anderen Becherglas mit Wasser gekocht. Nach vollständigem Lösen und Abkühlen wird diese Lösung zu der ätherischen Lösung hinzugegeben. Das Ganze wird durch einen gewogenen Gooch-Tiegel filtriert, mit Äther, heißem Wasser und zuletzt mit Äthanol gewaschen. Der zurückgebliebene Graphit wird 1 Std. getrocknet und dann gewogen.

II. Von der Probe werden 3 bis 4 g 5 Min. mit 30 bis 40 ml Eisessig gekocht, wobei das Fett einschließlich darin enthaltender Calciumseifen in Lösung geht. Nun wird in einen gewogenen Jenaer Glasfiltertiegel filtriert, der Rückstand (Graphit) mit heißem Wasser ausgewaschen, im Tiegel bei 105 °C getrocknet und seine Menge als Gewichtsdifferenz (Nettogewicht) bestimmt. Der Tiegel wird anschließend durch Erhitzen in einem Gemisch aus Kaliumchlorat und rauchender Salpetersäure sowie Nachwaschen mit verdünnter Natronlauge und schließlich mit Wasser gereinigt.

3. Abtrennung von Diamant aus Gemischen mit anderen Kohlenstoff-Modifikationen.

I. Die Trennung kann auf Grund der relativ großen Widerstandsfähigkeit des Diamants gegenüber der *nassen* Oxydation erfolgen. Bei einer von PHINNEY beschriebenen Methode wird wie folgt gearbeitet: Man dampft die Probe mit rauchender Salpetersäure zur Trockne und erhitzt den Rückstand mit 10 bis 20 ml 60%iger Perchlorsäure und etwa 0,1 g Ammoniumvanadat 30 Min. auf 200°C. Darauf verdünnt man mit Wasser, bringt die ungelösten Vanadiumoxide mit Hydroxylammoniumchlorid in Lösung, wäscht mit Wasser, zentrifugiert, trocknet und wägt den nur noch aus Diamantkörnern bestehenden Rückstand. Diamant wird von dem Oxydationsmittel selbst in 5 bis 6 Std. nicht merklich angegriffen, Kohle und Graphit dagegen in 30 Min. sicher zerstört. Hierbei bewirkt der Vanadiumkatalysator eine Beschleunigung der Oxydation um das Mehrfache gegenüber Verwendung von Säure allein.

II. Zur Abtrennung von Diamant aus dem *Metall* von solchen enthaltenden Schneid-, Bohr-, Schleif- und Poliermitteln bzw. -geräten geben YOUNG, SIMPSON und BENFIELD Vorschriften. Auch hier werden alle übrigen Substanzen in Lösung gebracht, und der Diamant verbleibt als Rest. Die für Diamantbesatz viel verwendeten Trägerstoffe: *Wolfram-*, *Silicium-* und *Borcarbid* werden mit Flußsäure-Salpetersäure-Gemisch oder durch Schmelzen mit Natriumperoxid aufgeschlossen; bei letzterer Behandlung besteht aber Gefahr der Oxydation sehr feinen Diamantpulvers. *Keramische Materialen* werden mit Mineralsäuregemischen, die Flußsäure enthalten, oder durch Schmelzen mit Natriumhydrogensulfat aufgeschlossen. Metalle lassen sich in Mineralsäuren, wenn nötig unter Nachbehandlung mit Ammoniak, lösen. Aus *Polierpasten* extrahiert man zuerst die organischen Bestandteile durch Extraktion mit Aceton, Benzol oder Chloroform. Kunststoffe werden mit Salpetersäure-Kaliumchlorat, Königswasser oder durch Abrauchen mit Schwefelsäure und eventuell Nachbehandlung mit Flußsäure zerstört.

4. Freier Kohlenstoff im Staub der Luft.

Allgemeines. Der Verschmutzungsgrad der Luft wird sehr wesentlich durch ihren Gehalt an freiem Kohlenstoff bestimmt. McCarthy und Moore haben deshalb eine Methode zu dessen Bestimmung ausgearbeitet. Nasse Oxydation mit starker Salpetersäure wird dabei angewendet, um die organische Substanz zu zerstören. Freier C wird nicht angegriffen, er bleibt mit dem unlöslichen Teil der anorganischen Substanz zurück. Im Rückstand wird der Kohlenstoff als Glühverlust ermittelt.

Arbeitsvorschrift. Man wägt je nach C-Gehalt der Staubprobe 0,2 bis 0,8 g in ein 250-ml-Becherglas ein und gibt 25 ml 70%ige Salpetersäure hinzu. Man bedeckt mit einem Uhrglas und kocht 20 Min. Dann verdünnt man mit 125 ml 6 n Salpetersäure und läßt über Nacht stehen. Danach dekantiert man die überstehende Flüssigkeit durch einen tarierten Porzellanfiltertiegel und bringt das Unlösliche in den Tiegel. Den Tiegel mit Inhalt trocknet man 2 Std. bei 140 °C; dann läßt man erkalten und wägt wieder. Die Gewichtsabnahme zwischen 140 und 700 °C entspricht freiem C. Die vollständige Zerstörung der organischen Substanz durch die Salpetersäure ist an dem Verschwinden der gelatinösen Partikel, die zunächst an der Wandung des Glases haften, erkennbar; bei hohem Gehalt an organischer Substanz muß u.a. länger als 20 Min. erhitzt werden.

Bemerkung. Bei *hohem Tongehalt* des Materials können zu hohe Befunde infolge des Austreibens von gebundenem Wasser aus der Tonsubstanz auftreten.

5. Freier Kohlenstoff in Teer und Teerpech.

Die Teerbestandteile außer dem freien Kohlenstoff werden durch Wärmebehandlung mit organischen Lösungsmitteln in Lösung gebracht, der zurückbleibende Kohlenstoff wird abfiltriert oder zentrifugiert und gewogen. Er ist allerdings gewöhnlich mit etwa 10% löslichen C-Verbindungen und mit Mineralbestandteilen verunreinigt (Weiss).

Weiss wollte festgestellt haben, daß die gebräuchlichen Lösungsmittel wie Chloroform, Toluol und Benzol bei längerer Berührung mit dem Teer mit gewissen Teerbestandteilen allmählich unlösliche Verbindungen eingehen und dadurch erhöhte Kohlenstoffwerte verursachen. Monroe und Brodersen konnten das nur bezüglich des Chloroforms bestätigen. Die auch bei den anderen Lösungsmitteln mit der Einwirkungszeit ansteigenden Auswaagen führen sie auf allmähliche Ausfällung von kolloidem Kohlenstoff zurück. Sie empfehlen daher mehrstündiges Erhitzen mit Benzol und Toluol, um den gesamten Kohlenstoff zu erfassen.

Berl und Schildwächter erhitzen 5 g Teer 2 Std. mit 200 g Tetralin im Autoklaven auf 240 bis 250 °C bei 12 bis 13 Atm. Druck, filtrieren dann, waschen zuerst mit Tetralin, danach mit Benzol, trocknen 2 Std. bei 150 °C im CO_2-Strom und wägen.

Zur Bestimmung des Kohlenstoffs speziell in Steinkohlenteerpech erhitzt Frey 10 g des gepulverten Materials mit 10 g Anthracenöl (Siedebereich: 300 bis 360 °C)

4 bis 5 Std. am Rückflußkühler. Von dem so erhaltenen Teer löst er 1 g mit 200 g Reinbenzol in der Kälte, filtriert durch einen Glasfiltertiegel, wäscht mit 100 ml Benzol nach, trocknet bei 100 °C und wägt. Die Differenz des Ergebnisses gegenüber dem mit der wesentlich länger dauernden Extraktion im Soxhlet-Apparat zu erhaltenden soll etwa 2% betragen.

Eine colorimetrische Methode, bei welcher die auf Filtrierpapier durch eine Lösung von 1 mg Teer in 1 ml Toluol erzeugte Schwärzung mit derjenigen verglichen wird, die mit einem Standardteer erzeugt wird, beschreibt SELVEY.

6. Freier Kohlenstoff in Gummi.

Allgemeines. Der als Gasruß oder Acetylenruß den Gummiprodukten zugesetzte Kohlenstoff beeinflußt die Eigenschaften der Gummiprodukte wesentlich. Dabei spielt auch die Korngröße der Kohlenstoffpartikel eine Rolle. KRUSE beschreibt die mikroskopische Bestimmung der Korngrößen und die Probenvorbereitung dazu am Beispiel von 5 Rußtypen.

Die chemischen Verfahren beruhen auf pyrolytischer Zersetzung der organischen Verbindungen, Filtration des als Rückstand bleibenden, gegebenenfalls noch mit anorganischen Füllstoffen verunreinigten freien Kohlenstoffs und Bestimmen des letzteren durch den Gewichtsverlust beim Verbrennen oder über das dabei entstehende Kohlendioxid. Gewöhnlich wird der Gummi zunächst mit organischen Lösungsmitteln (Aceton, Dimethyläther, Dichlorbenzol, Kresol) extrahiert oder mindestens aufgeweicht.

I. Pyrolytische Zersetzung.

Arbeitsvorschrift. DEKKER empfahl Extraktion von 1 g Probe mit Aceton (und bei Gegenwart von Asphaltstoffen noch mit Chloroform) und Erhitzen der in ein Porzellanschiffchen überführten Masse in einem Rohrofen bei 400 bis 450 °C im Stickstoffstrom. Das Glasrohr des Ofens ist am Ausgangsende sackartig aufgeblasen zur Aufnahme des Kautschukdestillates. Der Rückstand wird in 50 ml 5%iger Salzsäure aufgenommen und einige Minuten gekocht. Der ungelöste Teil wird in einem Filter oder Gooch-Tiegel gesammelt, mit Wasser gewaschen, getrocknet, gewogen und verascht. Die Gewichtszunahme des Filters, vermindert um den Aschegehalt, entspricht dem Kohlenstoff.

Ein sehr wirksames Zersetzungsmittel zur Anwendung vor der Pyrolyse ist Kresol, wie u.a. ROBERTS feststellte, der übrigens als inertes Gas Kohlendioxid verwendet.

Bemerkungen. a) Um die Bestimmung des Kohlenstoffs außer durch den Gewichtsverlust auch als *Kohlendioxid* zu ermöglichen, benutzen BAUMINGER und POULTON Stickstoff als Inertgas. Sie zersetzen 0,1 g des mit Dimethyläther und gegebenenfalls noch mit Chloroform (für Hartasphalt) extrahierten Untersuchungsmaterials bei langsam auf 600 °C erhöhter Temperatur unter Vorerhitzung des N_2 (500 ml/Min.) auf 500 °C. Das Schiffchen mit dem Rückstand überführen sie dann in einen anderen Rohrofen, in dem der Kohlenstoff im Sauerstoffstrom verbrannt wird. Die Verbrennungsgase werden durch Natronasbest zur Absorption und nachfolgenden Wägung des CO_2 geleitet.

b) Die Bestimmung des Kohlenstoffs als CO_2 ist exakter als diejenige durch den Glühverlust. Bei letzterer Arbeitsweise entweicht beim Glühen des Rückstandes, wenn dieser Tonsubstanz enthält (die oft als Füllmittel verwendet wird), auch deren Hydratwasser, und so entsteht ein erhöhter Befund für Kohlenstoff. Man kann diesen Fehler ungefähr eliminieren, indem man von dem Glühverlust 14% des Tongehaltes abzieht (Kaolinit, $2\,SiO_2 \cdot Al_2O_3 \cdot 2\,H_2O$, das häufigste Tonmineral, enthält 14% Wasser).

II. Oxydative Zersetzung.

Allgemeines. Als Oxydationsmittel für Gummi wurde von KOLTHOFF und GUTMACHER tert. Butylhydroperoxid in Gegenwart katalytischer Mengen von Osmium-(VIII)-oxid empfohlen. Dieses Reagens greift in der Wärme die Äthylendoppelbindung des Kautschuks an.

Älter und bis heute sehr verbreitet ist die Anwendung von konz. Salpetersäure. Behandlung der vorher mit Chloroform und danach mit Schwefelkohlenstoff extrahierten Probe mit dieser Säure zunächst bei Zimmertemperatur und dann auf dem Wasserbad wurde schon von SMITH und EPSTEIN angewendet. Auch OLDHAM und HARRISON halten konz. Salpetersäure für das beste Zersetzungsmittel. Sie beschreiben eine Arbeitsvorschrift ohne Vorbehandlung mit Lösungsmitteln, nach der aber bei der Filtration des Rückstandes mit einem Gemisch aus gleichen Teilen Essigsäure, Aceton und Chloroform gearbeitet wird.

LOUTH unterzieht die bis dahin empfohlenen Methoden einer kritischen Betrachtung, besonders im Hinblick auf ihre Anwendbarkeit auf synthetische Elastomere wie Butylkautschuk und Neoprene. Diese Stoffe sind gegenüber der Zersetzung widerstandsfähiger als Gummi aus Naturkautschuk. Der Autor hat eine *Variante der* HNO_3-*Methode* ausgearbeitet, die nach seinen Versuchen für alle derartigen Stoffe und ihre Gemische brauchbar ist. Sie wird im folgenden beschrieben.

Gerät und Reagenzien. Zum Erhitzen beim Aufschluß dient eine elektrische Heizplatte mit Regeltransformator, der die Einstellung einer Oberflächentemperatur von 170 bis 180 °C an der Plattenoberfläche gestattet und mit einem Thermometer (in einem Messingblock auf der Platte) ausgerüstet ist. Für die Filtrationen werden Gooch-Tiegel mit 2 etwa 0,16 cm dicken Asbestschichten verwendet. Für die untere Schicht wird mittelfaseriger Asbest genommen, für die obere Schicht sehr fein verteilter Asbest, der durch intensive Behandlung der Fasern in einem hochtourigen Rührwerk als Suspension erhalten wird. Die Tiegel werden getrocknet und bei 900 °C im Muffelofen geglüht.

Arbeitsvorschrift. Unter einem gut ziehenden Abzug werden 0,5 bis 1 g des wie üblich vorbereiteten, zerkleinerten und zu möglichst dünnen Blättchen zerdrückten Materials auf der 170 bis 180 °C warmen Heizplatte mit etwa 10 ml 1,1,2,2-Tetrachloräthan in einem 150-ml-Becherglas so lange behandelt, bis es gut aufgeweicht und gequollen ist. Das dauert bei Kautschuk 20 bis 30 Min., bei widerstandsfähigeren Elastomeren 30 bis 40 Min. Man stellt in das Becherglas von Anfang an einen Glasstab zur Verhinderung von stoßendem Sieden und zum späteren Umrühren. Auf das Glas stellt man einen 125-ml-Erlenmeyerkolben mit kaltem Wasser. Dadurch wird übermäßiger Verlust an Chlorkohlenwasserstoff verhindert, und durch das ständige Herabfließen von Kondensat im Becherglas wird vermieden, daß fein verteilte Kohlenstoffpartikel an der Wandung emporkriechen.

Inzwischen hat man 15 ml Salpetersäure (D = 1,42) in einem Gläschen auf der Heizplatte zum beginnenden Sieden erhitzt. Nun kippt man den Erlenmeyerkolben kurzzeitig gerade so weit vom Becherglas, wie erforderlich ist, ab und gießt die heiße Säure in das Glas. Man hält weiter am Sieden, bis das Probematerial vollständig zersetzt und der Kohlenstoff gut dispergiert ist. Das ist meist nach 20 bis 30 Min. der Fall, worauf man die Flüssigkeit in noch bedecktem Glas im Eiswasserbad auf etwas unter 20 °C abkühlt.

Nun gibt man 25 ml Diäthyläther hinzu und rührt schnell und gründlich um. Der Ätherzusatz dient zum Koagulieren des Kohlenstoffs, der sonst zum Durchlaufen durch das Filter neigt. Nach einigem Stehen bilden sich zwei Schichten; darauf dekantiert man die obere Schicht durch den wie oben beschriebenen präparierten und unter Sog stehenden Gooch-Tiegel. Die untere Flüssigkeitsschicht, die den Kohlenstoff enthält, wird nochmals mit 25 ml Äther versetzt, das Ganze wird durchmischt und das Absitzenlassen und Dekantieren wiederholt. Das Zugeben von Äther und die weiteren Operationen werden so lange weiter fortgesetzt, bis die obere Schicht farblos geworden ist. Das Verdünnen mit Äther und Dekantieren soll möglichst rasch erfolgen, um zu vermeiden, daß Salpetersäure und Äther miteinander reagieren; dem Eintreten dieser Reaktion wird außerdem durch Kühlhalten des Glases entgegengewirkt. Gewöhnlich ist bereits der dritte Ätheranteil farblos.

Unmittelbar nach der letzten Dekantation spült man die Wandung des Becherglases mit 5 ml Aceton aus einer Spritzflasche und rührt zum Dispergieren zurückgebliebenen Kohlenstoffs kräftig durch. Man wäscht den Tiegel mit einer kleinen Menge Äthers und vermindert den Sog soweit, daß der Äther nur langsam durchgesaugt wird. Nun füllt man den Gooch-Tiegel etwa zu drei Vierteln mit Äther und läßt den restlichen Inhalt des Glases hineinfließen, wobei man weiterhin nur schwach absaugen läßt, bis die Kohlenstoffsuspension sich koaguliert und abgesetzt hat. Um Wiederdispergierung und Durchlaufen von Kohlenstoff durch den Tiegel zu verhindern, soll das Verhältnis von Äther zu Aceton stets mindestens 2 : 1 betragen. Wenn die Dreiviertelfüllung nicht aufrechterhalten, d.h. der Äther zu schnell weggesaugt wurde, unterbreche man das Zugießen der Aceton-Kohlenstoff-Suspension und gebe zunächst weiteren Äther in den Tiegel. Man kann den Vorgang bequemer gestalten, indem man aus einem Vorratsbehälter durch ein Capillarrohr kontinuierlich Äther in den Tiegel einfließen läßt. Allmählich verstärkt man jetzt den Sog, läßt den Tiegel leersaugen und wäscht den Rückstand einmal mit Äther. Man spült das Becherglas noch einmal mit 5 ml Aceton in den Tiegel hinein aus, vermindert den Sog, fügt Äther hinzu und saugt trocken. Den Tiegel trocknet man 30 Min. bei 250 bis 300 °C, läßt im Exsiccator abkühlen und wägt. Dann wird im Ofen bei 900 °C zum Wegbrennen des Kohlenstoffs geglüht; darauf läßt man wieder abkühlen und wägt erneut. Aus dem Gewichtsverlust berechnet man den Gehalt an freiem Kohlenstoff.

7. Trennung und gesonderte Bestimmung von freiem und Carbid-Kohlenstoff in Metallen und Metallcarbiden.

I. In Eisen und Stahl.

Allgemeines. Der Kohlenstoff kann im Eisen in freier Form als Graphit oder Temperkohle und gebunden als Carbid (Zementit) vorliegen. Es kommen auch Mehrfachcarbide, d.h. Verbindungen des Kohlenstoffs mit Eisen und Legierungsmetallen im gleichen Molekül vor. Die Abtrennung des freien Kohlenstoffs aus dem Metall unter Auflösen der Carbide ist ziemlich leicht zu erreichen. Durch Elektrolyse kann man erreichen, daß nur das Metall gelöst wird, aber weder der freie Kohlenstoff noch die Carbide angegriffen werden.

Malissa, Storek und Gattringer ermittelten die zur Bestimmung des Kohlenstoffs in isolierten Gefügebestandteilen durch Verbrennung erforderlichen Mindesttemperaturen.

a) Abscheidung und Bestimmung des Graphits und der Temperkohle.

Allgemeines. Die Trennung des freien Kohlenstoffs vom Carbid-Kohlenstoff beruht auf der Löslichkeit des letzteren in heißer Salpetersäure (z.B. Getzkow). Wie auch neuere Untersuchungen bestätigten, wird der Graphit dabei nicht angegriffen. Die Filtration des nach Auflösen des Metalls und des Carbides Zurückbleibenden wird unter Umständen durch sich ausscheidende Kieselsäure stark behindert. Man kann diese Störung durch Zusatz einiger Tropfen Flußsäure zu dem Gemisch während oder nach dem Auflösungsvorgang beseitigen. Damit ist aber der Nachteil verbunden, daß man Filtertiegel mit Fritten aus Quarz oder umständlich zu behandelnde Asbestfilterschichten anwenden muß und die Bechergläser angegriffen werden.

Kraus (b) empfiehlt für die Bestimmung von Graphit und Temperkohle in Roheisen, grauem Gußeisen und Temperguß die Verwendung von Filterhülsen (einseitig geschlossene Röhren) aus porösem Porzellan. Durch diese kann sofort heiß filtriert werden, bevor die Kieselsäureabscheidung einsetzt, und so entfallen die Nachteile des Arbeitens mit Flußsäure. Der ganze Arbeitsgang wird weiter dadurch vereinfacht und beschleunigt, daß die Verbrennung des kohlenstoffhaltigen Löserückstandes unmittelbar in den Filterhülsen vorgenommen werden kann, die dazu einfach und schnell über einer offenen Flamme getrocknet werden. Bei der sonst wie üblich (Abschnitt: B, 1, I,) ausgeführten Verbrennung geht der Sauerstoff auch durch die Hülsenwandung hindurch, wenn ihr Inhalt eisenfrei gewaschen wurde und daher keine Eisenoxidschlacke auftreten kann. Die gesamte Bestimmung von Graphit-C wird so auf etwa 26 Min. abgekürzt.

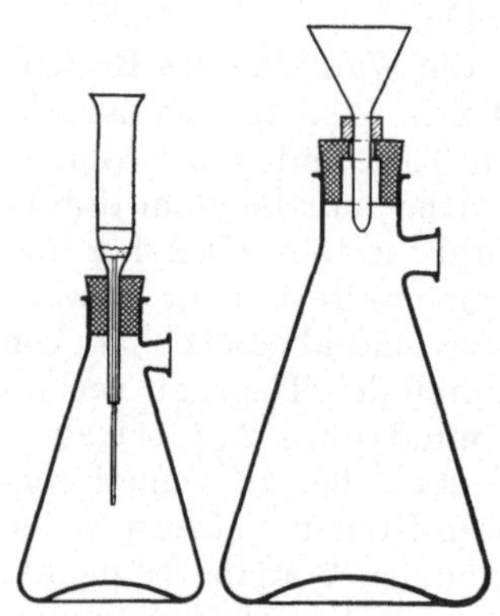

Abb. 43. Filtriereinrichtungen für die Abtrennung von Graphit, rechts diejenige nach KRAUS.

Die Filtrieranordnung ist in Abb. 43 rechts gezeigt, (links ist eine der vordem üblichen Filtriereinrichtungen abgebildet). Die 45 mm lange Hülse mit höchstens 10 mm äußerem Durchmesser und mindestens 8 mm lichter Weite (Wanddicke nicht über 1 mm) ist durch ein Stückchen Gummischlauch mit einem aufgesetzten Trichterchen verbunden und sitzt mit dem unten vollkommen gerade abgeschnittenen Gummischlauchstückchen auf einem Hartgummiplättchen, dessen Durchmesser etwa dem oberen Durchmesser des in der Saugflasche sitzenden, zylindrisch durchbohrten Gummistopfens entspricht. Die Bohrung des Stopfens muß mindestens 4 mm weiter als der Hülsendurchmesser sein, damit die Hülse frei darin hängt und die hindurchfiltrierende Flüssigkeit ungehindert ablaufen kann.

Arbeitsvorschrift. Die beim Kochen von 0,5 g frisch gebohrten Spänen mit mindestens 50 ml Salpetersäure (D = 1,2) erhaltene Lösung wird mit 50 ml heißem Wasser verdünnt und sofort siedend durch die Porzellanhülse filtriert. Man wäscht sofort, und zwar zuerst mit möglichst heißem Wasser zum Entfernen der Salpetersäure, dann mit heißer verdünnter Salzsäure (1 + 1) (etwa 6 m) zum Entfernen des Eisens und schließlich wieder mit heißem Wasser. Ein Entstehen von Salpetersäure-Salzsäure-Gemisch am Anfang des Filtriervorganges muß wegen der starken Oxydationswirkung unbedingt vermieden werden. Die Hülse mit Inhalt wird nun entweder in ein Verbrennungsschiffchen eingelegt, im Trockenschrank oder zur Zeiteinsparung über direkter Flamme getrocknet. Dazu faßt man die Hülse am offenen Ende mit einer Tiegelzange und schwenkt sie über der Spitze einer mittelgroßen Bunsenflamme bis gerade kein Wasserdampf mehr entweicht. Nach dem Trocknen bringt man die Hülse, mit dem offenen Ende dem Sauerstoffstrom zugekehrt, in das Schiffchen. Man legt das Schiffchen in den Verbrennungsofen und bestimmt den Kohlenstoff wie üblich.

Bemerkung. Die Ergebnisse fallen nach KRAUS meistens etwas *höher* aus als bei der Filtration über Asbest; bei letzterer gehen offenbar feine Graphitpartikel durch das Filter hindurch und verloren. Die Reproduzierbarkeit der Bestimmung ist gut (Streuung kleiner als ±0,015% Graphit), wenn grobes und frisch zerspantes Probematerial angewendet wird. Einwaagen von 0,5 g genügen.

Wegen der gemeinsamen Abscheidung von Graphit und Carbiden siehe auch Abschnitt: c).

b) Bestimmung des amorphen Kohlenstoffs.

Allgemeines. Es sind auch Methoden zur Bestimmung des nicht graphitischen, freien Kohlenstoffs, der sich in fester Lösung im α- und γ-Eisen befindet, neben Carbid-C und Graphit in Stählen bekannt. Er wird in dem elektrolytisch abgeschiedenen Gemenge der Kohlenstofformen bestimmt, und zwar geschieht das colorimetrisch.

Arbeitsvorschrift nach Popowa und Sasslawskaja. Man suspendiert einen Anteil des nach Abschnitt d) erhaltenen, gewaschenen Rückstandes sorgfältig in 2 ml Glycerin, versetzt mit 5 ml wäßriger Lösung von Bromthymolblau, schüttelt durch, filtriert und versetzt das Filtrat mit 2 Tropfen Phosphorsäure. Man vergleicht nun die Färbung des Filtrates mit Standardlösungen bekannten Farbstoffgehaltes und ermittelt daraus die Menge des vom amorphen Kohlenstoff adsorbierten Farbstoffes. Aus einer empirischen Kurve wird der Kohlenstoff ermittelt. Dessen Menge steht in eindeutigem, reproduzierbarem Verhältnis zur Menge des adsorbierten Farbstoffes. Graphit und Zementit adsorbieren nicht.

c) Bestimmung des Carbid-Kohlenstoffes.

α) Colorimetrische Bestimmung.

Allgemeines. Wie schon Eggertz feststellte, erteilt im Eisen vorhandener Carbid-Kohlenstoff beim Lösen in heißer, chlorfreier Salpetersäure dieser eine braune Färbung, deren Intensität proportional der Konzentration des gelösten Carbid-C ist. Die Methode wurde später noch oft empfohlen, u.a. von Kropf und von Newberg.

aa) Colorimetrische Ausführung mit einfachem Colorimeter (nach Kropf).

Arbeitsvorschrift. Man löst in einem 250-ml-Meßkolben bei Proben mit niedrigem Kohlenstoffgehalt (0,05 bis 0,30%) 2 g Probe in 40 ml, bei Proben von 0,30 bis 0,60% C 1,5 g Probe in 30 ml und bei Proben von über 0,60% C-Gehalt 1 g Probe in 20 ml chlorfreier Salpetersäure (D = 1,18) zunächst unter Kühlen und dann auf dem kochenden Wasserbad. Nach erfolgter Auflösung der Probe wird abgekühlt, auf 250 ml aufgefüllt und durchgeschüttelt. Zur colorimetrischen Bestimmung dienen 50 ml dieser Lösung.

Als Vergleichslösungen eignen sich Caramellösungen verschieden starker Färbung, die den Vorteil längerer Haltbarkeit besitzen. Diese Caramellösungen werden im Colorimeter mit Normalstählen von je 0,1% C-Gehaltsdifferenz einmal eingestellt und können längere Zeit zum Vergleich benutzt werden. Bei Anwendung des Leitz-Colorimeters – eines verbesserten Dubosq-Typs – wird empfohlen, zur Einstellung gleicher Farbintensitäten Leitproben zu verwenden.

Bemerkungen. αα) Dieses Verfahren ist – außer für legierte Stähle – für *alle Kohlenstoffstähle* anwendbar; die Anwesenheit von Mn, Cu, Co ,Ni, P, S und Si in geringen Mengen beeinflußt die Bestimmung des C nicht. Ein Vergleich mit der gravimetrischen C-Bestimmung zeigt bei Proben mit C-Gehalten von 0,17 bis etwa 1% Abweichungen von 0,01 bis 0,04% absolut.

ββ) Burford und Baader kombinieren die colorimetrische Bestimmung des Carbid-C mit der *gravimetrischen des Graphits.* Beide Bestimmungen können auf diese Weise in einer Einwaage vorgenommen werden; das Verfahren ist wegen der teilweise inhomogenen Verteilung des Graphits in der Probe sicherer als die Bestimmung des Carbids aus der Differenz der Bestimmungen von Gesamt-C und Graphit-C aus getrennten Einwaagen. Carbid-C wird nach Eggertz in dem klaren, überstehenden Teil der Lösung bestimmt, aus dem vorher Kieselsäuresol und Graphitteilchen gemeinsam mit dem gelösten Eisen durch Fällung mit Natronlauge niedergeschlagen wurden. Der Graphit wird anschließend nach Wiederauflösen des Eisens wie üblich bestimmt. Die Autoren wollen festgestellt haben, daß ein Zusatz von Flußsäure zum Lösen der Kieselsäure vor der colorimetrischen Carbid-C-Bestimmung vermieden werden muß, da Flußsäure die Ausbildung der Farbe des Carbid-Kohlenstoffs störe.

bb) Foglino und Spagliardi empfehlen das Spektrophotometer zu folgender

Arbeitsvorschrift. Man behandelt 0,8 g der Gußeisenprobe mit 25 ml eines Gemisches aus Wasser, Schwefelsäure, Phosphorsäure und Salpetersäure (10 : 2 : 1 : 7) in einem Becherglas auf dem siedenden Wasserbad. Wenn die Reaktion nachläßt, erhitzt man vorsichtig, ohne daß Sieden eintritt, auf einer Asbestplatte über dem

Bunsenbrennner weiter und ersetzt verdampfendes Wasser durch frisches. Nach Aufhören der Reaktion kühlt man ab, filtriert unter Saugung durch einen Glasfiltertiegel, der mit einer dünnen Schicht von Asbest versehen ist, in einen 100-ml-Kolben und wäscht mehrmals mit kaltem Wasser. Man verdünnt das Filtrat mit Wasser auf 100 ml und mißt die Extinktion bei 425 nm. Die Auswertung nimmt man anhand einer Eichkurve vor, die mit Standardproben aufgestellt wurde. Die Ergebnisse stimmen mit durch Verbrennung erhaltenen gut überein.

Bemerkungen. $\alpha\alpha$) Die gelbbraune Färbung ist 1 Std. *beständig;* direktes Sonnenlicht bewirkt aber eine rasche Entfärbung. Kieselsäure scheidet sich bei der vorgeschriebenen Art des Lösens der Probe nicht ab. Zur Herstellung des Säuregemisches gibt man zuerst 100 ml konz. Schwefelsäure vorsichtig in 500 ml Wasser und fügt dann die beiden weiteren im oben angegebenen Verhältnis vermischten Säuren hinzu. Durch die Phosphorsäure wird die störende Färbung des Eisen(III)-ions beseitigt.

Graphit-C kann durch Trocknen und Verbrennen des auf dem Filter gesammelten Rückstandes wie üblich bestimmt werden.

$\beta\beta$) Die oben wiedergegebene Ansicht von Burford und Baader bezüglich des Einflusses von Flußsäure wird offenbar von Newberg nicht geteilt, der die Eggertz-Methode mit spektrophotometrischer Arbeitsweise (Messung bei 375 nm) empfiehlt und das Auflösen wie folgt beschreibt:

Man erwärmt 0,5 g Probe in 20 ml Salpetersäure (1 + 2) (etwa 4,7 m), setzt 4 Tropfen Flußsäure hinzu, erhitzt weiter, bis alles gelöst ist, kühlt ab und verdünnt auf 250 ml. Diese Lösung wird photometriert, wobei Salpetersäure (1 + 20) (etwa 0,67 m) als Vergleichslösung dient. Molybdän stört infolge der Eigenfärbung seines Ions.

β) Bestimmung über die Entwicklung von Kohlenwasserstoffen.

Prinzip. Die Entwicklung der Kohlenwasserstoffe aus den Carbiden kann durch selektive Oxydation-Reduktion in Gas/Feststoff-Reaktion oder durch Lösen der Probe in verdünnter Schwefelsäure erfolgen. In beiden Fällen werden die Kohlenwasserstoffe über Kupferoxid verbrannt und der Carbidgehalt aus dem entstehenden Kohlendioxid berechnet.

aa) Die Reaktion mit *Wasserdampf/Wasserstoff* wurde von Marion und Faivre beschrieben. Man läßt ein Gemisch von Wasserdampf und Wasserstoff (für Gußeisen im Verhältnis 10 : 90) bei 600 bis 700 °C auf das Metall einwirken, oxydiert das Reaktionsgas an Kupferoxid bei 920 bis 950 °C und absorbiert das Kohlendioxid in Baritlauge. Eine Menge/Zeit-Kurve des CO_2 bildet zwei Teile, von denen der zweite nahezu horizontal, der erste im Winkel dazu verläuft. Der erste Teil entspricht dem rasch reagierenden, gebundenen Kohlenstoff, der zweite dem langsam reagierenden, freien Kohlenstoff. Reiner Wasserstoff wirkt viel langsamer als Wasserdampf enthaltender.

bb) Für die Bestimmung unter Entwicklung der Kohlenwasserstoffe durch *Lösen des Metalls* haben Krapp und Tytko in Anlehnung an eine wenig zur Geltung gekommene Methode von R. Fresenius eine neue Arbeitsweise angegeben. Sie stellten fest, daß diese direkte Methode genauere Werte ergibt als die übliche Differenzbestimmung (Differenz aus Gesamt-C und Graphit).

Die Apparatur ist in Abb. 44 wiedergegeben. In der Legende sind die wichtigsten Teile des Apparates erläutert.

Erforderliche Lösungen. $\alpha\alpha$) Lösesäure: Konz. H_2SO_4, mit der 4fachen Menge Wassers vermischt.

$\beta\beta$) 0,1000 n HCl: Die 1 ml dieser Säure äquivalente Menge $(BaOH)_2$-Lösung entspricht bei 0,6 g Einwaage 0,1 % gebundenem C.

$\gamma\gamma$) Indikatorlösung: 1 %ige äthanolische Phenolphthalein- oder Kresolphthaleinlösung.

$\delta\delta$) Etwa 0,1 n $Ba(OH)_2$-Lösung: 25 g $BaCl_2 \cdot 2H_2O$ werden in Wasser gelöst und in der Siedehitze mit einer Lösung von 5 g NaOH versetzt, nach Abkühlen filtriert und auf 1 l aufgefüllt. Der Wirkungswert ist in einem Blindversuch festzustellen.

Arbeitsvorschrift. Man wägt 0,6 g Probe in den Kolben *a* ein, schließt ihn an die Apparatur an und leitet zum Verdrängen der CO_2 enthaltenden Luft 2 l O_2 durch den Apparat. Inzwischen hat man den Verbrennungsteil aufgeheizt. Dann gibt man aus dem Tropftrichter *k* 50 ml Lösesäure zu. Es werden beim Lösevorgang neben den Kohlenwasserstoffen (aus dem gebundenen C) etwa 250 ml Wasserstoff (aus dem Eisen) entwickelt. Um Explosionsgefahr zu verhindern, muß der H_2 durch einen hinreichend starken O_2-Strom (10 bis 12 l/Std.) möglichst schnell abgeführt werden; auch erhitzt man während des Lösens nur schwach. Nach Beendigung der H_2-Entwicklung, d.h. nach 20 bis 25 Min. erhitzt man zum Austreiben der Kohlenwasserstoffe noch 35 Min. mit stärkerer Flamme. Unmittelbar nach Zugabe der Lösesäure zur Probe füllt man 25 ml $Ba(OH)_2$-Lösung in das Absorptionsgefäß und verdünnt mit Wasser auf 40 ml. Alle Füllvorgänge werden durch den Sauerstoffdruck bewirkt. Bei weiter strömendem Sauerstoff (der auch das Rühren bewirkt) wird nun die unverbrauchte Baritlauge mit der Salzsäure zurücktitriert. War die Absorption des CO_2 im Absorptions-Titriergefäß nicht vollständig, so erkennt man das am Verschwinden der Rotfärbung in der nachfolgenden Waschflasche *v*, die Wasser enthält, das mit einem Tropfen 0,1 n NaOH alkalisch gemacht und mit Phenolphthalein rot gefärbt ist. Das Absorptions-Titriergefäß kann durch einen Mehrweghahn entleert und für die nächste Bestimmung mit Wasser gespült werden. Die Büretten werden aus zwei Vorratsgefäßen mit Lauge bzw. mit Säure befüllt.

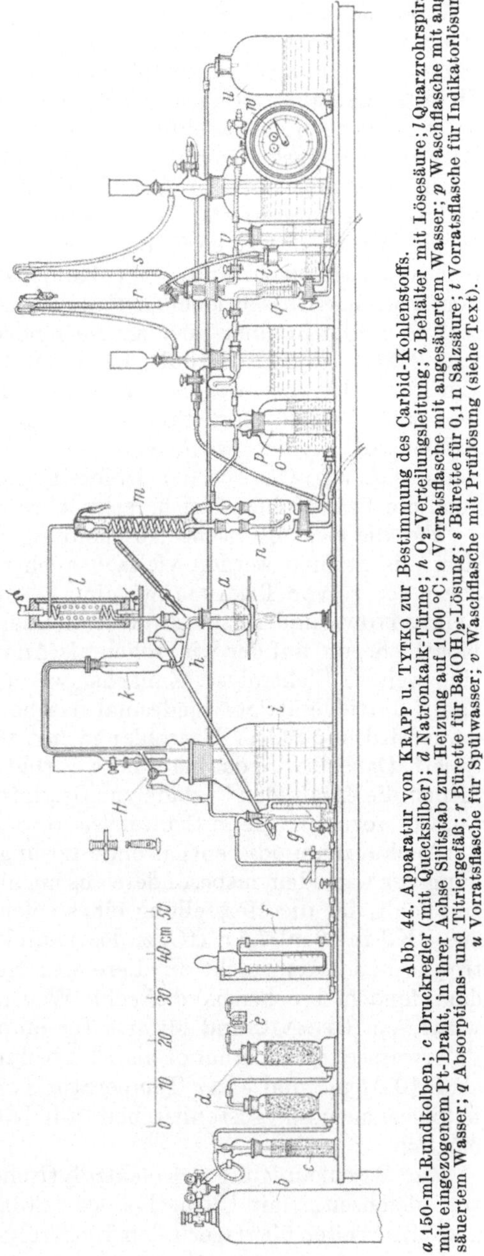

Abb. 44. Apparatur von Krapp u. Tytko zur Bestimmung des Carbid-Kohlenstoffs.
a 150-ml-Rundkolben; *c* Druckregler (mit Quecksilber); *d* Natronkalk-Türme; *h* O_2-Verteilungsleitung; *i* Behälter mit Lösesäure; *l* Quarzrohrspirale mit eingezogenem Pt-Draht, in ihrer Achse Silitstab zur Heizung auf 1000 °C; *o* Vorratsflasche mit angesäuertem Wasser; *p* Waschflasche mit angesäuertem Wasser; *q* Absorptions- und Titriergefäß; *r* Bürette für $Ba(OH)_2$-Lösung; *s* Bürette für 0,1 n Salzsäure; *t* Vorratsflasche für Indikatorlösung; *u* Vorratsflasche für Spülwasser; *v* Waschflasche mit Prüflösung (siehe Text).

Bemerkungen. a) Es treten bei dieser Methode kleine systematische Fehler auf, da die Kohlenwasserstoffe z.T. so hochmolekular sind, daß sie nicht vollständig ausgetrieben werden. Bei Eichung mit Standardproben werden aber gute Ergebnisse erzielt.

b) Für die Bestimmung des Carbid-C in Eisenschlamm hatte Taranenko eine sehr einfache, etwas primitiv anmutende Ausführungsform angegeben. Er empfahl, 0,5 g Probe im Reagensglas in Salzsäure aufzulösen, das dabei entwickelte Gas in einer Gasbürette aufzufangen, nach Absorption des darin enthaltenen CO_2 und H_2O mit Lauge die Kohlenwasserstoffe über CuO zu verbrennen (siehe Kapitel: Methan) und das CO_2 *gasvolumetrisch* durch Absorption in Lauge zu bestimmen.

d) Gemeinsame Abscheidung von Graphit und Carbiden.

Es besteht auch die Möglichkeit, Graphit und Carbide gemeinsam abzuscheiden, d.h. das Metall so vorsichtig aufzulösen, daß die Carbide nicht angegriffen werden. Früher hat man die Zersetzung der Proben durch Behandeln mit starken Kalium- oder Ammoniumchlorid-Kupferchlorid-Lösungen ausgeführt. Die Auflösung des Metalls geht aber dabei äußerst langsam vor sich. Stark saure Lösungen greifen andrerseits auch die Carbide, insbesondere den Zementit mit streifigem Gefüge, mehr oder weniger stark an. In der elektrolytischen Behandlung in schwach saurer Lösung wurde dann eine rasche und selektive Methode gefunden, welche annähernd quantitative Abtrennung ermöglicht, obwohl Fe_3C an und für sich weniger „edel" ist als Fe. Wegen der Theorie siehe Koch oder Wranglen. Popowa und Sasslawskaja scheiden zunächst Carbid und freien Kohlenstoff durch Elektrolyse aus dem Metall (in dem von ihnen beschriebenen Falle austenitischer Chromnickelstahl) ab. Die Elektrolyse erfolgt in einer Lösung, die 1 normal an KCl wie auch 1 normal an HCl ist und 0,05% $Na_2S_2O_3$ enthält, bei einer Stromdichte von 0,02 A/cm^2 4 Std. lang. Ein Anteil des ausgewogenen, Kohlenstoff und Carbid enthaltenden, bei der Elektrolyse entstehenden Rückstandes wird mit 30%igem H_2O_2 gekocht, wobei der freie Kohlenstoff oxydiert wird. Schließlich wird in dem Ungelösten der Kohlenstoff bestimmt (Carbid-C). Aus der Differenz zum gesondert bestimmten Gesamt-C kann auch der freie Kohlenstoff berechnet werden.

Für die elektrolytische Abscheidung von Carbiden bzw. Carbiden und Kohlenstoff aus Stählen werden vielfach auch Citronensäure enthaltende Elektrolyte angewendet, so von Tananajewa eine Lösung von 5 g Citronensäure in 100 ml n KCl. Spiridonowa und Bezuglowa verwenden die gleiche Lösung und reinigen die Carbidschicht, die auf der wie üblich als Anode geschalteten Probe zurückbleibt, durch eine weitere Elektrolyse. Zunächst werden dazu durch wiederholtes Eintauchen in kohlendioxidgesättigtes, jedesmal frisches Wasser Eisen- und Chlor-Ionen entfernt; dann wird in 50%iger Natronlauge mit 0,1 bis 0,5 A/cm^2 1 bis 2 Min. lang elektrolysiert. Danach wird das gereinigte Carbid gewaschen, getrocknet und gewogen. Meist dienen die erhaltenen Carbide zur Bestimmung der in ihnen gebundenen Metalle Fe, Cu, Cr, wozu man sie in Schwefelsäure-Salpetersäure-Gemisch löst.

Auch Kaliumjodid enthaltende Lösungen werden für die elektrolytische Abscheidung von Carbiden, insbesondere aus hochlegierten Stählen, angewendet. Pemberton empfiehlt, für die Herstellung eines solchen Elektrolyten 450 g Citronensäure und 300 g KJ in 60 ml 7,5 n HCl zu lösen und dann auf 1 l zu verdünnen. Bei der Elektrolyse hält er ein nicht oxydierendes Medium durch Einleiten von CO_2 (aus verdampfendem Trockeneis) aufrecht. Wegen Einzelheiten wird auf die Originalarbeit verwiesen. Opravil und Mitarbeiter empfehlen neuerdings eine Lösung von 10% Chlorwasserstoff in Äthanol als Elektrolyt sowie 8 Std. Elektrolyse bei nicht mehr als 0,10 A/cm^2 und einer Temperatur von nicht über 5 °C. Die Isolierung der Carbidphase auch aus austenitischen, mit Niob und Molybdän legierten Stählen ist so möglich.

Zur Beschleunigung der elektrolytischen Zersetzung schlagen Koch und Bruch vor, gleichzeitig mit Ultraschall von 20000 Schwingungen zu behandeln. Popowa und Mitarbeiter überlagern den Elektrolysestrom mit einem Wechselstrom.

II. In Berylliumcarbid.

Arbeitsvorschrift. Der freie Kohlenstoff kann durch Lösen der übrigen Bestandteile in Schwefelsäure (1 + 1) (etwa 9,3 m) im Rückstand bestimmt werden. Man kocht 150 mg feinst pulverisierte Probe so lange mit der Säure, bis die Probe vollständig zersetzt ist. Nun filtriert man, wäscht mit 1%iger H_2SO_4, saugt zum Trocknen 5 Min. lang Luft durch den Rückstand und bestimmt den Kohlenstoff durch Verbrennen bei 900 °C und Gravimetrie des entstehenden CO_2 nach dessen Absorption (Reed, Funston und Bridges).

Der gebundene Kohlenstoff wird nach den gleichen Autoren über das aus ihm entstehende Methan durch Verbrennen bestimmt. Zur Entwicklung des CH_4 erhitzt man 50 bis 100 mg Probe allmählich mit 25 ml 85%iger Phosphorsäure unter Durchleiten von Sauerstoff. Ganz ähnliche Arbeitsweisen sind als U.K.A.E.A.-Vorschriften veröffentlicht worden.

III. In Borcarbid.

Zur Bestimmung des freien Kohlenstoffs im Borcarbid haben Meerson und Samsonow eine Methode ausgearbeitet, die auf der unterschiedlichen Oxydierbarkeit der beiden Phasen beruht. Die Oxydationsgeschwindigkeit des Graphits ist sowohl bei der nassen Oxydation mit Chromsäure bei 100 °C als bei der Verbrennung mit Sauerstoff (bei 900 bis 1000 °C) größer als diejenige des Carbids B_4C. Die Autoren ermitteln aus dem Verlauf der CO_2-Bildung graphisch die Zusammensetzung des Materials.

IV. In Aluminiumcarbid.

Der im Aluminium als Carbid vorliegende Kohlenstoff kann durch Überführen in Methan neben freiem C bestimmt werden, der als Löserückstand zurückbleibt. Man löst die Probe, und zwar nach Kljatschko und Barkow 0,2 g Al-Späne, in 70 bis 100 ml 30%iger Kalilauge. Wenn auch der freie Kohlenstoff im Löserückstand bestimmt werden soll, muß das Lösen in reduzierender Atmosphäre (H_2) geschehen, da sonst Verluste an Kohlenstoff durch Oxydation eintreten. Bolliger und Treadwell haben eine Apparatur angegeben, in der das gebildete Methan im Sauerstoffkreisstrom verbrannt und das Verbrennungskohlendioxid konduktometrisch ermittelt wird.

V. In Vanadiumcarbid.

Im Vanadiumcarbid wird der freie Kohlenstoff als unlöslicher Rückstand erhalten, wenn man die Probe in Salpetersäure (2 + 1) (etwa 9,3 m) löst (Gurewitsch, Ormont und Nachimowskaja). Die Filtration erfolgt im Quarzfilter oder Gooch-Tiegel. Carbid-C ergibt sich wie üblich aus der Differenz zum gesondert bestimmten Gesamtkohlenstoff.

VI. In Tantalcarbid.

Die *Mikrobestimmung* des Gesamt- und des freien Kohlenstoffs im Tantalcarbid wird von Smirnova und Ormont beschrieben.

Arbeitsvorschrift. Für die Abscheidung des freien C werden 30 bis 50 mg Probe in einem kleinen Platintiegel mit 0,5 ml Wasser benetzt und mit 1 ml eines Gemisches aus Flußsäure und Salpetersäure (1 + 5) (etwa 2,3 m) 15 Min. auf dem Wasserbad erwärmt. Danach wird fast bis zum Rande des etwa 8 ml fassenden Tiegels verdünnt. Sodann filtriert man durch ein Quarzfilter, wäscht bis zur neutralen Reaktion und bestimmt den Kohlenstoff durch Verbrennung des Löserückstandes auf dem Filter im Rohrofen. Bei der Filtration wird das Quarzfilter von der Flußsäure in der angewendeten Konzentration nicht angegriffen.

VII. In Wolfram- und Molybdäncarbid.

In diesen Carbiden kann, wie Nasartschuk und Petschentkowskaja zeigten, der freie Kohlenstoff durch Farbstoffadsorption ermittelt werden. Es wird Bromthymolblau in saurer Lösung verwendet. Man schüttelt 0,5 bis 1 g W- oder Mo-Carbid als

Pulver in einem 50-ml-Meßglas mit eingeschliffenem Stopfen mit 4 ml Glycerin, bis eine homogene Suspension entstanden ist. Dazu gibt man 5 ml wäßrige Bromthymolblaulösung (21 mg in 100 ml) sowie 1 ml Acetat-Ammoniakpuffer (pH = 3) und schüttelt 5 Min. kräftig. Dann filtriert man durch ein Filter, auf dem sich $CaSO_4 \cdot 2H_2O$ befindet. Von dem Filtrat macht man 2 ml mit 3 ml 0,5%iger Natronlauge alkalisch und füllt mit Wasser zu 10 ml auf. Nun mißt man die Farbintensität. Man photometriert in Cüvetten von 1 cm Schichtdicke mit einem Filter mit maximaler Absorption bei 574 nm. Zur Auswertung benutzt man eine Eichkurve, die auf Grund der Absorption aufgestellt wird, welche man durch entsprechende Behandlung von Gemischen aus kohlefreiem Carbid mit bestimmten Mengen – 0,05 g, 0,10 g usw. – Ruß erhält. Der *relative Fehler* beträgt bis etwa 10%. Fehlbeträge an Kohlenstoff im Wolframcarbid gegenüber der stöchiometrischen Zusammensetzung können nach REDMOND durch Röntgenbeugungsanalyse gemessen werden. (Näheres siehe 2. Teil dieses Handbuches, Kapitel: Kohlenstoff, Abschnitt: VIII.)

VIII. In Chromcarbid.

Chromcarbid wird von Sauerstoff wesentlich schwerer oxydiert als freier Kohlenstoff. Zur getrennten Bestimmung empfehlen DUFEK und MAREK, 0,3 bis 0,5 g der Probe im Sauerstoffstrom 60 Min. lang auf 560 °C zu erhitzen, wobei das entstehende Kohlendioxid freiem C entspricht, und dann durch 90 Min. währendes Erhitzen auf 1300 bis 1450 °C den Carbidkohlenstoff zu verbrennen.

IX. In Siliciumcarbid.

Während SiC nur unter Zuhilfenahme von Mennige als Zuschlag (am besten 100 mg der feinstgepulverten Probe mit 500 mg Pb_3O_4 überdeckt) bei 1200 °C im Sauerstoffstrom verbrennt (FUNK und SCHAUER), wird der im Carborundum enthaltene freie Kohlenstoff wesentlich leichter oxydiert und kann so gesondert bestimmt werden. Man erhitzt dazu ohne Mennige in O_2 bei 800 bis 950 °C und bestimmt das Verbrennungskohlendioxid nach einer der üblichen Methoden. Das Pulverisieren geschieht im „Diamant"- oder Berylliumbronze-Mörser.

Freier C kann nach BARON auch einfach als Gewichtsverlust in der Chevenard-Waage bestimmt werden. Hierzu werden 3 g Probe in oxydierender Atmosphäre bei (725 ± 25) °C bis zur Gewichtskonstanz erhitzt. Freier C verbrennt, während SiC unangegriffen bleibt. Erhitzt man höher, so tritt ab etwa 850 °C wieder Gewichtszunahme ein infolge der Reaktion:

$$SiC + 1{,}5\,O_2 = SiO_2 + CO.$$

X. In Uran- und Plutoniumcarbid.

Durch Verbrennung im Sauerstoffstrom zunächst bei 500 °C, dann bei 900 °C (je 45 Min.) bestimmen SHARMA und SUBRAMANIAN den gebundenen und den freien C gesondert. Bei der Bestimmung des graphitischen C in Urandicarbid durch Verbrennung nach Lösen in verd. Salzsäure und Filtrieren erhält man nach Angabe von HUBER und CHASE nur dann richtige Werte, wenn man die durch Hydrolyse des Carbids entstehenden höheren Kohlenwasserstoffe von wachsartiger Konsistenz durch Waschen mit Äther entfernt. ATODA und Mitarbeiter lösen in 3 n Salpetersäure bei Wasserbadtemperatur.

Literatur.

AHRENS, L. H., u. F. R. TAYLOR: Spectrochemical Analysis, 2. Aufl. London 1961. – ALBERT, P.: C. r. **253**, 2535 (1961); durch Fr. **195**, 217 (1963). – ALBERT, P., G. CHAUDRON, u. P. SUE: Bl. **1953**, C, 97. – ALLISON, L. E.: Proc. Soil Sci. Soc. Amer. **24**, 36 (1960); durch Anal. Abstr. **1961**, 344. – AMES. J. W., u. E. W. GAITHER: Ind. eng. Chem. **6**, 561 (1914). – APELGOT, S., u. S. MARS: Bl. Soc. Chim. biol. **35**, 691 (1953); durch Fr. **146**, 392 (1955). – ARCHER, E. E.: Analyst **79**, 30 (1954). – ATODA, T., Y. TAKAHASHI, Y. SASA, I. HIGOSHI u. M. KOBAYASHI: Sci. Papers

Inst. phys. chem. Res. (Tokyo) **55**, 73 (1961); durch Fr. **191**, 302 (1962). – AUSTIN, P,: Soc. **99**, 262 (1911); durch Fr. **142**, 40 (1954). – AYERS, C. W., R. BELCHER u. T. S. WEST: J. chem. Soc. **1959**, 2582; durch Anal. Abstr. **1960**, 1398.

BAKER, N., H. FEINBERG u. R. HILL: Anal. Chem. **26**, 1504 (1954). – BALFOUR, A. E., u. H. L. RILEY: J. chem. Soc. **1935**, 1723; durch C. **1936**, **I**, 2595. – BARON, J.: Chimie anal. **33**, 266 (1951); durch Fr. **135**, 422 (1952). – BATTLEY, E. H.: J. biol. Chem. **226**, 237 (1957); durch C. **1958**, 520; Chem. Abstr. **1957**, 11925g. – BAUMINGER, B. B., u. F. C. J. POULTON: Analyst **74**, 351 (1949); durch Chem. Abstr. **1949**, 9515h. – BELCHER, R., u. G. INGRAM: (a) Anal. chim. Acta **4**, 118 (1950); (b) **7**, 319 (1952). – BELCHER, R., J. H. THOMPSON u. T. S. WEST: Anal. chim. Acta **19**, 309 (1958). – BERL, E., u. H. SCHILDWÄCHTER: Brennstoff-Chem. **9**, 137; durch C. **1928**, **I**, 3019. – BIEHLER, W.: Knolls Mitt. f. Ärzte **1929**; durch C. **1930**, **II**, 3611. – BJERKERUD, L.: Jernkont. Ann. **139**, 847 (1955); durch C. **1956**, 12357. – BLANK, O. W.: (a) Betriebslab. (russ.) **11**, 305 (1945); (b) Bl. Acad. URSS, Sér. phys. **9**, 703 (1945); durch Chem. Abstr. **1946**, 4976. – BOES, J., u. P. GOUVERNEUR: Fr. **206**, 58 (1964). – BOLLIGER, H. R., u. W. D. TREADWELL: Helv. **31**, 1247 (1948); durch Fr. **129**, 396 (1949). – BORSOW, W. P., O. S. GRAMM, S. S. RJIMLAND, N. S. SWENTITZKI u. K. I. TAGANOW: Nachr. Akad. Wissensch. USSR, phys. Ser. **14**, 611 (1950). – BOULIN, R.: Chimie anal. **40**, 72 (1958). – BREMNER, J. M.: Analyst **74**, 492 (1949); durch Fr. **135**, 160 (1952). – BRENNER (BREMNER), J. M., u. D. S. JENKINSON: J. Soil Science **11**, 394 (1960). – BREWER, R. E., u. E. P. HARDING: Ind. eng. Chem. Anal. Edit. **1**, 145 (1929); durch Fr. **90**, 237 (1932). – Brit. Cast Iron Res. Assoc. J. Res. and Development **4**, 520 (1953); durch Chem. Abstr. **47**, 11076a (1953). – BUCHANAN, D. L., u. B. J. CORCORAN: Anal. Chem. **31**, 1635 (1959). – BURFORD, W. A., u. W. BAADER: Fr. **69**, 456 (1926).

CAIN, J. R., u. E. CLEAVES: Ind. eng. Chem. **8**, 321 (1916); durch Fr. **85**, 79 (1931). – CAIN, J. R., u. C. MAXWELL: Ind. eng. Chem. **11**, 852 (1919); durch Anal. Chem. **16**, 248 (1944). – CALVIN, M.: Isotopic Carbon; New York 1949. – CARMAN, P. C.: Trans. Faraday Soc. **30**, 566 (1934); durch Fr. **142**, 40 (1954). – CARR, A. R., u. A. M. RENTE: Ind. eng. Chem. **20**, 548 (1928); durch C. **1928**, **II**, 409. – CHAMPEIX, L., H. CHEVILLIARD u. J. PONTY: Mém. sci. Rev. Métallurgie **56**, 657 (1959). – CHEN, S. L., u. K. J. H. LAUER: Anal. Chem. **29**, 1225 (1957). – CHENG, F. W., u. C. F. SMULLIN: Mikrochem. J. **4**, 213 (1960); durch Anal. Abstr. **1961**, 605. – CHRISTENSEN, B. E., u. J. F. FACER: Am. Soc. **61**, 3001 (1939). – CLAUDATUS, I., u. D. PETREA: Bl. Soc. România **15**, 107 (1935); durch C. **1935**, **I**, 2860. – CLERK, J. T., R. DOHNER, W. SAUTER u. W. SIMON: Helv. **46**, 2369 (1963); durchFr. **207**, 141 (1965). – CODELL, M., G. NORWITZ u. E. F. SCHNEIDER: Anal. chim. Acta **15**, 218 (1956); durch Fr. **155**, 458 (1957); Curr. Pap. **10**, 593. – CODELL, M., G. NORWITZ u. O. W. SIMMONS: Anal. chim. Acta **9**, 555 (1953); durch Chem. Abstr. **48**, 3197i (1954). – COLLINS, C. J., u. G. A. ROPP: Am. Soc. **77**, 4160 (1955). – COOK, R.M., u. G. E. SPEIGHT: Analyst **81**, 144 (1956); durch Fr. **155**, 231 (1957). – CORBETT, J. A.: Metallurgia ital. **49**, 206 (1954). – CORLEIS, E.: Stahl Eisen **14**, 582 (1894). – CROSS, C. F., u. E. J. BEVAN: J. chem. Soc. **53**, 889 (1888). – CURIE, I.: J. Phys. Radium **13**, 497 (1952); Bl. **1953**, C, 94.

DEGERING, E., u. T. BALL: Ind. eng. Chem. Anal. Edit. **12**, 124 (1940); durch Fr. **121**, 264 (1941). – DEKKER, P.: Chem. Weekbl. **39**, 624 (1942); durch C. **1943**, **I**, 1008. – DEMJAN(T)SCHUK (DEM'YANCHUK), A. S.: (a) Ing. u. phys. J. (russ.) **1**, 116 (1958); durch Anal. Abstr. **1959**, 3982; (b) Autom. Schweißen (russ.) **1958**, 41; durch Anal. Abstr. **1960**, 138; (c) Betriebslab. (russ.) **25**, 581 (1959); durch Anal. Abstr. **1960**, 1009. – DENNEN, W. H.: Spectrochim. Acta **9**, 89 (1957); durch Chem. Abstr. **51**, 11173d (1957). – DESCHALIT, G. I., u. N. M. PROSSWIRNINA: Betriebslab. (russ.) **5**, 746 (1936); durch C. **1937**, **I**, 251. – DRAHTEN, E. v.: Ch. Z. **45**, 447 (1921); durch Fr. **67**, 158 (1925/26). – DREKOPF, K., u. B. BRAUKMANN: Brennstoff-Chem. **36**, 203 (1955). – DUCRET, L., u. C. CORNET: Anal. chim. Acta **25**, 542 (1961); durch Fr. **194**, 134 (1963). – DUFEK, V., u. Z. MAREK: Hutn. Listy **14**, 909 (1959); durch Anal. Abstr. **1960**, 2710. – DUNSTAN, I., u. J. V. GRIFFITHS: Anal. Chem. **34**, 1348 (1962); durch Fr. **199**, 79 (1964). – DUSWALT, A. A., u. W. W. BRANDT: Anal. Chem. **32**, 272 (1960). – DWIGGINS, C. W.: Anal. Chem. **33**, 67 (1961).

EGGERTZ, C. W.: Chem. N. **182**, 254 (1863); durch Fr. **2**, 434 (1863). – EHRENBERG, R.: Bio. Z. **197**, 467; durch C. **1928**, **II**, 1800. – ELWELL, W. F., u. D. F. WOOD: Analyst **82**, 769 (1957); durch Fr. **163**, 148 (1958). – ENG, K.Y., R. A. MEYER u. C. D. BINGHAM: Anal. Chem. **36**, 832 (1964); durch Fr. **217**, 137 (1966). – ENNING, W.: Fr. **118**, 93 (1939/40).

FARRINGTON, P. S., C. NIEMANN u. E. H. SWIFT: Anal. Chem. **21**, 1423 (1949); durch Fr. **132**, 146 (1951). – FEHÉR, F., u. K.-H. SAUER: Z. Naturforschg. **12 b**, 65 (1957); durch Anal. Abstr. **1958**, 81; C. **1958**, 3120. – FEHÉR, F., H. K. SAUER u. H. MONIEN: Fr. **192**, 389 (1963). – FERENCZY, M.: Aluminium **5**, 49 (1953); durch C. **1956**, 12928. – FISCHER, J., u. W. SCHMIDT: (a) Erzmetall **8**, 529 (1955); (b) **9**, 25 (1956); durch Fr. **151**, 126 (1956); (c) Erzmetall **9**, 434 (1956); durch Fr. **155**, 222 (1957); (d) Erzmetall **9**, 284 (1956); durch Fr. **154**, 192 (1957); (e) Erzmetall **9**, 322 (1956); durch Fr. **155**, 217 (1957); (f) Angew. Ch. **68**, 701 (1956). – FISCHER, W., u. H. BASTIUS: Metall **41**, 429 (1960); durch Anal. Abstr. **1961**, 68. – FLAMENT, P., u. J. MAROT: Rev. Mét. **51**, 702 (1954); durch Fr. **147**, 360 (1955). – FLINT, C. F.: J. chem. Soc. **1927**, 2975; durch C. **1928**, **I**, 1697. – FLUSIN, G., u. H. GIRAN: C. r. **182**, 1628 (1926); durch Fr. **69**, 252 (1926). – FOGLINO, M. L., u. G.P. SPAGLIARDI: Metallurg. Ital. **50**, 381 (1958); durch Anal. Abstr. **1960**, 2234. – FORSBLAD, I.: Mikrochim. A. **1955**, 176. – FOX, R. J., J. W. ROBINSON u. E. W. SEEFIELD:

Anal. chim. Acta **23**, 328 (1960); durch Anal. Abstr. **1961**, 1440. – FRAD, W. A., u. P. G. HEROLD: Nature **180**, 1273 (1957); durch C. **1958**, 4279. – FRANZ, A., u. H. LUTZE: B. **57**, 768 (1924). – FREIER, H. E., B. W. NIPPOLDT, B. P. OLSON u. D. G. WEIBLEN: Anal. Chem. **27**, 146 (1955). – FREIWILLIG, R., F. NOVÁK u. J. ČADEK: Hutn. Listy **15**, 632 (1960); durch Anal. Abstr. **1961**, 1041. – FRESENIUS, R.: Fr. **4**, 69 (1865). – FREY, K.: Asphalt u. Teer **32**, 358 (1932); durch C. **1932**, I, 3370. – FRIEDEMANN, T. E., u. A. J. KENDALL: J. biol. Chem. **82**, 45 (1929); durch C. **1930**, I, 105. – FRYXELL, R. E.: Anal. Chem. **30**, 273 (1958). – FUNK, H., u. H. SCHAUER: Chem. Techn. **6**, 432 (1954); durch Fr. **145**, 146 (1955).

GABOUREL, J. D., M. J. BAKER u. C. W. KOCH: Anal. Chem. **27**, 795 (1955). – GALWAY, A. K.: Talanta **10**, 310 (1963): durch Fr. **202**, 458 (1965). – GARDNER, K., W. J. ROWLAND u. H. THOMAS: Analyst **75**, 173 (1950). – GARTON, F. W. J.: Spectrochim. Acta **3**, 68 (1947). – General Electric Co.: Metallurgia (Manchester) **51**, 159 (1955). – GERLACH, W., u. E. RIEDL: Die chemische Emissionsspektralanalyse, 3. Teil; Leipzig 1949. – GERTNER, A., u. H. IVEKOVIĆ: Fr. **142**, 36 (1954). – GETZKOW, B. B.: Betriebslab. (russ.) **4**, 584 (1935); durch C. **1936**, I, 3548. – GILBERT, T. W., A. S. MEYER u. J. C. WHITE: Anal. Chem. **29**, 1627 (1957). – GINSBERG, H.: Leichtmetallanalyse, 2. Aufl.; Berlin 1945. – GLAUSER, T. R.: Angew. Ch. **34**, 154 (1921); durch Fr. **61**, 58 (1922). – GORBACH, S., u. F. EHRENBERGER: Fr. **181**, 100 (1961). – GORDON, W. A., J. W. GRAAB u. Z. T. TUMNEY: Anal. Chem. **36**, 1396 (1964); durch Fr. **215**, 147 (1966). – GOTO, H., T. WATANABE, u. K. SUZUKI: J. Jap. Inst. Metals, Sendai **22**, 233 (1958); durch Anal. Abstr. **1960**, 533. – GÖTTE, H., R. KRETZ u. H. BADDENHAUSEN: Angew. Ch. **69**, 561 (1957). – GRAY, P. R., D. H. CLAREY u. W. H. BEAMER: (a) Anal. Chem. **31**, 2065 (1959); (b) **32**, 582 (1960). – GREENFIELD, S.: Analyst **85**, 486 (1960); durch Anal. Abstr. **1961**, 604. – GREENFIELD, S., u. R. A. D. SMITH: Analyst **88**, 886 (1963). – GROTE, W., u. H. KREKELER: Angew. Ch. **46**, 106 (1933). – GUREWITSCH, M. A., B. F. ORMONT u. M. S. NACHIMOWSKAJA: Ž. anal. Chim. (russ.) **11**, 177 (1956); durch Fr. **155**, 237 (1957).

HAAS, P., durch G. BRAUER: Handbuch der präparativen, anorganischen Chemie; Stuttgart 1954. – HAHN-WEINHEIMER, P.: Naturwiss. **43**, 324 (1956); durch C. **1957**, 3360. – HALM, R.: Z. Metallkunde **16**, 59 (1924). – Handbook of Titanium Metal, I. Ausgabe, S. 57. – HANEMANN, H., u. A. SCHILDKÖTTER: Arch. Eisenhüttenw. **3**, 427 (1929); durch C. **1930**, I, 1032. – HANKES, L. V.: Anal. Chem. **27**, 166 (1955). – HARVEY, C. E., u. J. W. MELLICHAMP: Anal. Chem. **33**, 1242 (1961); durch Fr. **190**, 422 (1961). – HEATHCOAT, F.: Analyst **59**, 28 (1934); durch Fr. **100**, 464 (1935). – HECZKO, T.: Arch. Eisenhüttenw. **25**, 413 (1954). – HEINE, E. W.: Pharmazie **8**, 826 (1953); durch Fr. **143**, 366 (1954). – HEMPEL, W.: Angew. Ch. **5**, 393 (1892). – HICKAM, W. M.: Anal. Chem. **24**, 362 (1952); durch Fr. **137**, 205 (1952/53). – HIGSON G. I.: Soc. **119**, 2048 (1921); durch Fr. **142**, 40 (1954). – HILL, W. H.: Metallurgia (Manchester) **67**, 153 (1963); durch Fr. **201**, 233 (1964). – HINDIN, S. G., u. A. V. GROSSE: Anal. Chem. **21**, 386 (1949). – HOCKENHULL, D. J. D.: Biochem. J. **46**, 605 (1950); durch Fr. **134**, 463 (1951/52). – HOLLER, A. C., R. KLINKENBERG, C. FRIEDMAN u. W. K. AITES: Anal. Chem. **26**, 1658 (1954). – HOLT, B. D.: Anal. Chem. **27**, 1500 (1955). – HORÁČEK, J., V. PECHANEC u. J. KÖRBL: Coll. Czechoslov. Chem. Comm. **27**, 1254 (1962). – HORTON, W. S., u. J. BRADY: Anal. Chem. **25**, 1891 (1953). – HUBER, F. E., u. D. L. CHASE: (a) Chemist-Analyst **50**, 71 (1961); durch Fr. **190**, 253 (1962). – (b) Chemist-Analyst **53**, 14 (1964); durch Fr. **215**, 214 (1966). – HUSAIN, S. A., u. J. L. PUTMAN: Proc. Phys. Soc. (London) **70**, 304 (1957).

INGRAM, G.: (a) Mikrochim. A. **1953**, 71; (b) **1956**, 877. – IVEKOVIĆ, H., u. V. POLAK: M. **86**, 485 (1955). – I. U. P. A. C.: Pure and appl. Chem. **1**, 143 (1960); durch Anal. Abstr. **1961**, 2889.

JACOBS, A. B.: Chemist-Analyt **23**, 11 (1934); durch C. **1934**, I, 2378. – JACKSON, M. L.: Soil Sci. **16**, 370 (1952); durch Chem. Abstr. **47**, 5596 h (1953). – JEFFERY, P. G., u. A. D. WILSON: Analyst **85**, 749 (1960). – JIRSA, F.: Angew. Ch. **3**, 4 (1947); durch Fr. **142**, 40 (1954). – JOHNSON, M. J.: J. biol. Chem. **181**, 707 (1949). – Joint A.B.C.M.-S.A.C.-Committee on Methods for the Analysis of Trade Effluents: Analyst **81**, 721 (1956). – JURÁNEK, J., u. A. AMBROVÁ: Coll. Czechoslov. Chem. Comm. **25**, 2814 (1960); durch Anal. Abstr. **1961**, 2421. – JUVET, R. S., u. J. CHIU: Anal. Chem. **32**, 130 (1960); durch Anal. Abstr. **1960**, 3780.

KÁBRT, L., u. Z. MAREK: Hutn. Listy **15**, 297 (1960); durch Anal. Abstr. **1960**, 5195. – KAINZ, G., u. H. HORWATITSCH: Fr. **187**, 87 (1962). – KAINZ, G., u. F. SCHEIDL: (a) Mikrochim. A. **1963**, 902; (b) Fr. **202**, 251 (1964). – KALLMANN, S., u. R. LIU: Anal. Chem. **36**, 590 (1964); durch Fr. **217**, 138 (1966). – KASHIMA, J., u. T. YAMASAKI: Jap. Analyst **13**, 776 (1964); durch Fr. **213**, 240 (1965). – KATZ, J., S. ABRAHAM u. N. BAKER: Anal. Chem. **26**, 1503 (1954).– KAY, H.: Kiel. Meeresforsch. **10**, 26 (1954); durch Fr. **144**, 209 (1955). – KENNICOTT, P. R.: J. electrochem. Soc. **111**, 1101 (1964); durch HINTENBERGER, H.: Fr. **209**, 176 (1965). – KETOW, N. M.: Ann. Inst. polytechn. Ural **7**, 161 (1929/30); durch C. **1931**, I, 2510. – KHANNA, K. L., S. N. PRASAD u. P. B. BHATTACHARYA: Pr. Indian Acad. Sci., Sect. B, **30**, 11 (1949); durch Fr. **133**, 215 (1951). – KIBA, T., S. OHASHI, T. TAKAGI u. Y. HIROSE: Japan Analyst **2**, 446 (1953); durch Chem. Abstr. **48**, 6317a (1954). – KIESELBACH, R.: Anal. Chem. **26**, 1312 (1954). – KING, C. V.: Am. Soc. **49**, 2689 (1927); durch Fr. **142**, 40 (1954). – KINNUNEN, J., u. B. MERIKANTO: Chemist-Analyst **43**, 17 (1954); durch Chem. Abstr. **48**, 4364g (1954). – KLATSCHIN, N.: Fr. **82**, 133 (1930). – KLJATSCHKO, J. A., u. M. A. BARKOW: Betriebslab. (russ.) **7**, 148 (1938); durch

C. **1938**, **II**, 1281. – Koch, P.: Arch. Eisenhüttenw. **22**, 155 (1951); durch Chem. Abstr. **45**, 10099f (1951). – Koch, W., u. J. Bruch: Arch. Eisenhüttenw. **24**, 457 (1953); durch Chem. Abstr. **48**, 2510g (1954). – Koch, W., S. Eckhard u. H. Malissa: Arch. Eisenhüttenw. **29**, 543 (1958). – Koch, W., u. H. Malissa: Arch. Eisenhüttenw. **27**, 695 (1956). – Kolthoff, I. M., u. G. Gutmacher: Anal. Chem. **22**, 1002 (1950); durch Fr. **135**, 233 (1952). – Körbl, J.: Coll. Czechoslov. Chem. Comm. **20**, 1026 (1955); durch Fr. **153**, 282 (1956). – Körbl, J., u. R. Přibil: Chemist-Analyst **45**, 102 (1956); durch Fr. **156**, 292 (1957). – Krapp, H., u. K.-H. Tytko: Gießerei **45**, 639 (1958). – Kraus, R.: (a) Metallurgie – Gießerei **3**, 333 (1953); (b) Gießereitechn. **2**, 141 (1956). – Krey, J., und K. H. Szekielda: Fr. **207**, 338 (1965). – Krogh, A., u. A. Keys: Biol. Bl. **67**, 132 (1936); durch C. **1936**, **II**, 1406. – Kropf, O.: Ch. Z. **57**, 843 (1933); durch C. **1934**, **I**, 578. – Kruse, J.: Kolloid-Z. **110**, 125 (1948). – Kuo, C. W., G. T. Bender u. J. M. Walker: Anal. Chem. **35**, 1505 (1963); durch Fr. **208**, 54 (1965). – Kurmies, B.: Z. Pflanzenernähr. Düng. Bodenkunde **44**, 121 (1949).

Lademann, E.: Z. landwirtsch. Versuchs- u. Untersuchungsw. **3**, 224 (1957). – Lakomý, J., L. Lehar u. M. Večeřa: Coll. Czechoslov. Chem. Comm. **28**, 327 (1963); durch Fr. **211**, 203 (1965). – Lambris, G., u. H. Boll: Brennstoff-Chem. **18**, 61 (1937); durch C. **1937**, **I**, 3903. – Leibnitz, E., V. Behrens, H. Koll u. H. Richter: Chem. Techn. **14**, 33 (1962); durch Fr. **192**, 336 (1963). – Liedtke, W.: Arch. Eisenhüttenw. **24**, 465 (1953); durch Chem. Abstr. **48**, 2517e (1954). – Limanowski, W.: Roczniki Chem. **18**, 228 (1938); durch Fr. **142**, 40 (1954). – Lindenbaum, A., J. Schubert u. W. D. Armstrong: Anal. Chem. **20**, 1120 (1948). – Louth, G. D.: Anal. Chem. **20**, 717 (1948). – Lüscher F.: Congr. groupement avance meth. anal. prod. mét. **18**, 305 (1955). – Lustig, B.: Bio. Z. **185**, 349 (1927); durch Fr. **107**, 436 (1936). – Lysyj, I., H. G. Offner u. V. E. Bedwell: J. Chromatogr. (Amsterdam) **11**, 320 (1963); durch Fr. **211**, 386 (1965). – Lysyj, I., u. J. E. Zarembo: Anal. Chem. **30**, 428 (1958).

Machida, J., u. N. Sugishita: J. chem. Soc. Japan, Pure chem. Sect. **79**, 528 (1958); durch Anal. Abstr. **1959**, 539. – Malissa, H.: (a) Mikrochim. A. **1957**, 553; durch Chem. Abstr. **51**, 17589i (1957). (b) Fr. **181**, 39 (1961). – Malissa, H., M. Storek u. R. Gattringer: Archiv Eisenhüttenw. **32**, 525 (1961); durch Fr. **188**, 390 (1962). – Marion, F., u. R. Faivre: C. r. **247**, 206 (1958); Bl. **1958**, 1181. – Maslennikov, B. M., u. L. V. Romanova: USSR-P. 136592 (1961); durch Anal. Abstr. **1961**, 4601. – McCarthy, R., u. C. E. Moore: Anal. Chem. **24**, 411 (1952); durch C. **1953**, 5891. – McCready, R. M., u. W. Z. Hassid: Ind. eng. Chem. Anal. Edit. **14**, 526 (1942); durch van Slyke: Anal. Chem. **26**, 1706 (1954). – McKaveney, J. P.: Anal. Chem. **35**, 2139 (1963); durch Fr. **208**, 56 (1965). – Mebius, L. J.: Anal. chim. Acta **22**, 120 (1960); durch Anal. Abstr. **1960**, 4524. – Medonos, V.: Coll. Czechoslov. Chem. Comm. **23**, 1465 (1958); durch Chem. Abstr. **1958**, 12677f. – Meerson, G. A., u. G. V. Samsonov: Betriebslab. (russ.) **12**, 1423 (1950); durch Fr. **140**, 310 (1953). – Mehta, R. K. S.: J. Sci. Ind. Res. (India) **13 B**, 195 (1954); durch Anal. Chem. **29**, 659 (1957). – Mikl, O., u. J. Pech: Chem. Listy **46**, 382 (1952); durch Fr. **139**, 136 (1953). – Miklaschewski, A. I.: Betriebslab. (russ.) **7**, 168 (1938); durch C. **1938**, **II**, 561. – Monroe, G. S., u. H. J. Brodersen: Ind. eng. Chem. **9**, 1100 (1917); durch C. **1918**, **I**, 1197. – Montgomery, H. K. G., u. N. S. Thom: Analyst **87**, 689 (1962); durch Fr. **196**, 378 (1965). – Morrow, K. A., u. E. F. Tretow: U.S.A.E.C.-Rep. WAPD-CTA(GLA)-181 (Rev. 2) (1959); durch Anal. Abstr. **1960**, 2141. – Müller, D. C.: Anal. Chem. **29**, 975 (1957). – Mungall, T. G., J. H. Mitchen u. D. E. Johnson: Anal. Chem. **36**, 70 (1964); durch Fr. **110**, 232 (1965). – Murray, W. M., u. S. E. Q. Ashley: Ind. eng. Chem. Anal. Edit. **16**, 242 (1944). – Murray, W. M., u. L. W. Niedrach: Ind. eng. Chem. Anal. Edit. **16**, 634 (1944).

Nall, W. R., u. R. Scholey: Metallurgia (Manchester) **64**, 97 (1961); durch Fr. **191**, 231 (1962). – de Nardo, L. U.: Giorn. Chim. ind. appl. **10**, 253; durch C. **1928**, **II**, 1259. – Nasartschuk, T. N., u. L. E. Petschentkowskaja: Betriebslab. (russ.) **27**, 256 (1961). – Nelsen, F. M., u., S. Groennings: Anal. Chem. **35**, 660 (1963); durch Fr. **208**, 67 (1965). – Nesbitt, C. E., u. J. Henderson: Anal. Chem. **19**, 401 (1947). – Neville, O. K.: Am. Soc. **70**, 3501 (1948). – Newberg, H.: Chemist-Analyst **43**, 93 (1954); durch Fr. **147**, 361 (1955). – Newell, W. C.: Iron and Steel Inst. (London), Spec. Rep. **25**, 97 (1939); durch Analyst **77**, 291 (1952). – Nicloux, M.: Ann. Sci. agronom. Franç. **47**, 384 (1930); durch C. **1930**, **II**, 3628. – Nightingale, C. F., u. J. M. Walker: Anal. Chem. **37**, 1435 (1965); durch Fr. **207**, 378 (1965). – Norton, P. L.: Anal. Chem. **25**, 1761 (1953); durch Chem. Abstr. **1954**, 2517f. – Nunemaker, R. B., u. S. A. Shrader: Anal. Chem. **28**, 1040 (1956); durch C. **1956**, 12085.

Oda, N., u. K. Norishima: J. elektrochem. Soc. Japan **25**, 319 (1957); durch Anal. Abstr. **1958**, 2942. – Oelsen, W., u. G. Graue: Angew. Ch. **64**, 24 (1952); durch Fr. **140**, 282 (1953). – Oelsen, W., G. Graue u. H. Haase: Angew. Ch. **63**, 557 (1951); Arch. Eisenhüttenw. **22**, 225 (1951). – Oldham, E. W., u. J. G. Harrison: Ind. eng. Chem. Anal. Edit. **9**, 278 (1937); durch C. **1937**, **II**, 2273. – Oleijnikow, A. P., u. K. J. Taganow: Betriebslab. (russ.) **15**, 59 (1949). – Opotzki, W., W. Nasarenko u. A. Tjulpina: Betriebslab. (russ.) **4**, 408 (1935); durch C. **1936**, **II**, 1031. – Opravil, O., O. Káčerová, J. Pažitny u. I. Svatik: Hutn. Listy **15**, 628 (1960); durch Anal. Abstr. **1961**, 1042. – Osburn, O. L., u. C. H. Werkman: Ind. eng. Chem. Anal. Edit. **4**, 421 (1932); durch C. **1933**, **I**, 4060. – Otto, H., u. H. Winzer: Naturwiss. **44**, 557 (1957); durch C. **1958**, 7850.

PEMBERTON, R.: Analyst 77, 287 (1952); durch Chem. Abstr. 1952, 7470f. – PEPKOWITZ, L. P., u. P. CHEBINIAK: Anal. Chem. 24, 889 (1952). – PEPKOWITZ, L. P., u. W. D. MOAK: Anal. Chem. 26, 1022 (1954). – PEPKOWITZ, L. P., u. J. T. PORTER: Anal. Chem. 28, 1606 (1956). – PFAB, W.: (a) Fr. 187, 354 (1962); (b) Fr. 190, 414 (1962). – PFEILSTICKER, K.: Mikrochim. A. 1955, 358; durch C. 1957, 216. – PHINNEY, F. S.: Science 120, 114 (1954); durch Fr. 145, 58 (1955). – PICKHARDT, W. P., A. N. OEMLER u. J. MITCHELL: Anal. Chem. 27, 1784 (1955). – PLATHE, R., u. G. BEINROTH: Chem. Techn. Berlin 11, 587 (1959); durch Anal. Abstr. 1960, 3261. – POKORNÝ, A.: Hutn. Listy 13, 892 (1958); durch Anal. Abstr. 1959, 2971. – POPOWA, N. M., u. L. W. SASSLAWSKAJA: Betriebslab. (russ.) 21, 1285 (1955); durch C. 1957, 7452. – POPOWA, N. M., u. Mitarbeiter: Betriebslab. (russ.) 27, 1190 (1961). – PROKOFJEW, W. K.: Bl. Acad. URSS, Sér. phys. 9, 691 (1945); durch Chem. Abtsr. 1948, 5793h.

RABOWSKI, G. W., u. A. I. KUPRIANOWA: Betriebslab. (russ.) 5, 1252 (1936); durch C. 1937, I, 4998. – RADMACHER, W., u. A. HOVERATH: (a) Brennstoff-Chem. 41, 52, 304 (1960); (b) Fr. 181, 77 (1961). – RAAEN, V. F., u. G. A. ROPP: Anal. Chem. 25, 174 (1953). – RAUTERBERG, E., u. F. KREMKUS: Z. Pflanzenernähr. Düng. Bodenkunde 54, 240 (1951). – REDMOND, J. C.: Anal. Chem. 19, 773 (1947). – REED, S. A., E. S. FUNSTON u. W. L. BRIDGES: Anal. chim. Acta 10, 429 (1954); durch Fr. 144, 221 (1955). – RICKARD, E. F.: Analyst 89, 235 (1964): durch Fr. 217, 143 (1966). – ROBERTS, J. B.: Rubber Chem. Technol. 14, 241 (1941); durch C. 1942, II, 838. – ROMAND, J., C. BACHET u. R. BERNERON: Mém. sci. Rev. Métall. 58, 481 (1961); durch Fr. 190, 456 (1962). – ROTARIU, G. J.: Proceedings of the symposium on radioisotope instruments in industry and geophysics, Warszawa, 18.–22. 10. 1965.

SALZER, F.: Fr. 205, 80 (1964). – SAMACHER, B. N., u. D. LAHIVI: Indian J. appl. Chem. 23, 98 (1960); durch Fr. 184, 207 (1961). – SANCHEZ, J. A.: J. Pharm. Chim. 24, 297 (1936); durch C. 1937, I, 2830. – ŠATAVA, V., u. J. KÖRBL: Chem. Listy 51, 27 (1957). – SAUERBREI, E., u. W. SCHERUHN: Autogene Metallbearbeitung 30, 102 (1937); durch Fr. 117, 240 (1939). – SCHLIESSMANN, O., u. K. ZÄNKER: Arch. Eisenhüttenw. 10, 345, 383 (1937). – SCHMIDTS, W., u. D. BAASCH: Forschungsber. d. Wirtschafts- u. Verkehrsministeriums Nordrhein-Westfalen, Nr. 67 (1954). – SCHOLLENBERGER, C. J.: Soil Sci. 24, 65 (1927). – SCHÖNIGER, W.: (a) Mikrochim. A. 1955, 123, (b) Fr. 205, 13 (1964); – (c) Fr. 181, 28 (1961). – SCHWARZ v. BERGKAMPF, E., u. L. HARANT: Angew. Ch. 43, 333 (1930); durch C. 1930, II, 427. – SELVEY, E. H.: J. African. chem. Inst. 18, 1 (1935); durch C. 1936, I, 2874. – SEMLJANITZYN, W. P.: J. chem. Ind. (russ.) 6, 889 (1929); durch C. 1930, I, 1252. – SEUTHE, A.: Stahl Eisen 52, 445 (1932). – SHANAHAN, C. E. A., u. R. H. JENKINS: Metallurgia (Manchester) 61, 43 (1960); durch Anal. Abstr. 1960, 4280. – SHARMA, H. D., u. M. S. SUBRAMANIAN: Talanta 11, 655 (1964); durch Fr. 209, 450 (1965). – SIMAKOW, V. N.: Potschwowedenie 1957, 72; durch L. J. MEBIUS. – SIMON, L. J.: Chim. Ind. 11, 879 (1924); durch Fr. 72, 473 (1927). – SIMON, H., u. H. MÜLLHOFER: Fr. 181, 85 (1961). – SIMONS, E. L., J. E. FAGEL u. E. W. BALIS: Anal. Chem. 27, 1123 (1955). – SIMONS, E. L., J. E. FAGEL, E. W. BALIS u. L. P. PEPKOWITZ: Anal. Chem. 27, 1119 (1955). – VAN SLYKE, D. D.: Anal. Chem. 26, 1706 (1954). – VAN SLYKE, D. D., u. J. FOLCH: J. biol. Chem. 136, 509 (1940). – VAN SLYKE, D. D., R. STEELE u. J. PLAZIN: J. biol. Chem. 192, 769 (1951). – SMILEY,,W. G.: U.S.A.E.C.-Rep. L.A.-1733 (1954); durch Anal. Abstr. 1960, 4765. – SMIRNOVA, V. I., u. B. F. ORMONT: Zhur. Anal. Chem. (russ.) 9, 359 (1954); durch Fr. 148, 383 (1955/56). – SMITH, A. H., u. S. W. EPSTEIN: J. ind. eng. Chem. 11, 33 (1919); durch Fr. 61, 427 (1922). – SMITH, V. N., u. J. W. OTVOS: Anal. Chem. 26, 359 (1954). – SPIRIDONOVA, O. S., u. T. I. BEZUGLOVA: Betriebslab. (russ.) 23, 1412 (1957); durch Anal. Abstr. 1958, 2992. – SPRINGER, U.: Bodenkunde Pflanzenernähr. 6, 314 (1938). – SPRINGER, U., u. J. KLEE: Bodenkunde Pflanzenernähr. 64, 1 (1954). – STANLEY, J. K., u. T. D. YENSEN: Ind. eng. Chem. Anal. Edit. 17, 699 (1945). – STILL, J. E., L. A. DAUNCEY u. R. C. CHIRNSIDE: Analyst 79, 4 (1954). – STOFFER, K. G., u. J. H. PHILLIPS: Anal. Chem. 27, 773 (1955). – STONE, H. W., u. L. C. WEISS: Ind. eng. Chem. Anal. Edit. 11, 220 (1939). – STREBINGER, R.: Fr. 58, 97 (1919). – STUCK, W.: Mikrochim. A. 1960, 421; durch Anal. Abstr. 1960, 4305. – SUE, P,: C. r. 237, 1696 (1953). – SUNDBERG, O. E., u. C. MARESH: Anal. Chem. 32, 274 (1960).

TAKAGI, T.: Japan. Analyst 4, 624 (1955); durch Fr. 153, 203 (1956). – TAKAHASHI, J.: Japan Analyst 13, 193 (1964); durch Fr. 213, 75 (1965). – TANANAJEVA, A. N.: Betriebslab. (russ.) 23, 522 (1957); durch Fr. 160, 69 (1958). – TARANENKO, I. T.: Betriebslab. (russ.) 5, 1252 (1936); durch C. 1937, II, 2718. – TERENTEV, A. P., M. LUKSINA u. S. V. SJARCILLO: Ž. anal. Chim. (russ.) 18, 639 (1963); durch Fr. 208, 547 (1965). – THANHEISER, G., u. P. DICKENS: Arch. Eisenhüttenw. 2, E. Nr. 50 (1929); durch Fr. 82, 450 (1930). – TIURIN, I. V.: Potschwowedenie 1931, 36; durch L. J. MEBIUS. – TORRISI, A. F., J. L. KERNAHAN u. R. E. FRYXELL: Anal. Chem. 26, 733 (1954). – TROST, F.: Ann. Chim. applic. 22, 63 (1932); durch C. 1932, I, 3092. – TRYMAN, F., u. A. A. FITCH: J. Iron Steel Inst. 122, 289 (1930); durch Fr. 94, 201 (1933).

U.K.A.E.A.-Rep. IGO-AM/S-48 (1959); durch Anal. Abstr. 1959, 2952 – U.K.A.E.A.-Rep. IGO-AM/S-150, 151 (1960); durch Anal. Abstr. 1961, 1853/54. – U. S. Steel Corporation Chemists: Sampling and Analysis of Carbon; New York 1938.

VALBERG, G. S., u. F. E. PLAKSINA: Zement (russ.) 23, 26 (1957); durch Chem. Abstr. 1957, 16201c. – VAN HALL, C., J. SAFRANKO u. V. A. STENGER: Anal. Chem. 35, 315 (1963); durch Fr.

210, 73 (1965). – VEČERA, M., D. ŠNOBL u. L. SYNEK: Mikrochim. A. **1958**, 9. – VEČERA, M., u. L. SYNEK: Chem. Listy **51**, 2266 (1957); Coll. Czech. Chem. Comm. **23**, 1202 (1958). – VOGEL, A. M., u. J. J. QUATTRONE: Anal. Chem. **32**, 1754 (1960).

WATKINS, G. B.: Ind. eng. Chem. **19**, 1052 (1927); durch Fr. **90**, 239 (1932). – WATKINS, G. B., u. J. V. HUNN: Ind. eng. Chem. **19**, 1020 (1927); durch Fr. **79**, 468 (1930). – WEISZ, J. M.: Ind. eng. Chem. **6**, 279 (1914). – WEITKAMP, H., u. F. Korte: (a) Chem. Ing. Techn. **35**, 429 (1963); (b) Fr. **205**, 81 (1964). – WELLS, P. A., O. E. MAY u. C. E. SENSEMAN: Ind. eng. Chem. Anal. Edit. **6**, 369 (1934); durch C. **1935, I**, 758. – WELTE, E.: Z. Pflanzenernähr. Düng. Bodenkunde **70**, 26 (1955); durch Fr. **151**, 62 (1956). – WETTERNIK, L.: Mikrochim. A. **1954**, 509. – WIECHULLA, O.: Erzmetall **40**, 156 (1943); durch C. **1943, II**, 1487. – WINCHESTER, J. W., u. M. L. BOTTINO: Anal. Chem. **33**, 472 (1961). – WIRTZ, J.: Stahl Eisen **33**, 449 (1913). – WOOD, D. F., u. M. WILLIAMS: Metallurgia (Manchester) **58**, 47 (1958); durch Fr. **166**, 62 (1959). – WRANGLEN, G.: J. Metals **1**, Trans., 919 (1949); durch Chem. Abstr. **1952**, 9453f.

YENSEN, T. D.: Trans. Am. elektrochem. Soc. **37**, 227 (1920). – YOST, M. u. W. H. CLAUSSEN: Am. Soc. **53**, 3349 (1931); durch GERTNER u. IVEKOVIĆ; durch Fr. **142**, 40 (1954). – YOUNG, R. S., H. R. SIMPSON u. D. A. BENFIELD: Anal. chim. Acta **6**, 510 (1952); durch Fr. **141**, 375 (1954).

ZIEGLER, N. A.: Trans. Am. elektrochem. Soc. **56**, 231 (1929); durch C. **1929, II**, 1718.

§ 2. Einfache Kohlenwasserstoffe und Äthylenoxid.

A. Methan (CH_4).

Molekulargewicht: 16,043. Dichte, bezogen auf Luft: 0,554. Kp.: – 161,5 °C.

Allgemeines. Da das Methan zu einer homologen Reihe wenig reaktionsfähiger und in den chemischen Eigenschaften untereinander kaum verschiedener Stoffe gehört, mit denen es meistens zusammen vorkommt, gibt es keine chemischen Methoden, die eine Bestimmung des Gases in Gemischen mit den Homologen ohne eine vorausgehende physikalische Trennung gestattet. In vielen Fällen begnügt man sich damit, die Kohlenwasserstoffe insgesamt zu bestimmen, besonders dann, wenn bekannt ist, daß Methan der Hauptbestandteil ist. Verbrennen des Gases, gegebenenfalls nach Entfernen anderer brennbarer, Kohlenstoff enthaltender Gase, und Bestimmung des CH_4 als Verbrennungskohlendioxid ist daher eine vielbenutzte Methode. Indes haben einige spezifische physikalische Methoden Bedeutung erlangt, darunter insbesondere die Ultrarotspektrometrie und die Gaschromatographie. Letztere hat sich für die Analyse von Gasgemischen im vergangenen Jahrzehnt zur dominierenden Methode entwickelt. Eine Anzahl anderer physikalischer Methoden ist durch sie nahezu bedeutungslos geworden.

1. Methoden zur Bestimmung in der Luft von Gruben.

Allgemeines. Der Nachweis und die Bestimmung des Methans hat große Bedeutung für die Überwachung von Grubenbetrieben, insbesondere des Steinkohlenbergbaus, auf schlagende Wetter. Deswegen sind einige spezielle Methoden ausgearbeitet worden, die infolge der Einfachheit der benötigten Vorrichtungen und deren einfacher Bedienung zur Anwendung unter Betriebsbedingungen in der Grube selbst besonders geeignet sind. Der weitaus überwiegende Anteil der brennbaren Gase in den Wettern ist Methan; aber andere Kohlenwasserstoffe sind mindestens ebenso gefährlich. Daher ist eine getrennte Bestimmung des Methans hier nicht erforderlich. Soweit eine solche doch erwünscht ist, kann man selektiv und mehr oder weniger automatisch arbeitende Ultrarotgeräte wie den „Uras“ anwenden. Andererseits kann für die unspezifische und grob halbquantitative Bestimmung auch die einfache auf dem Davyschen Prinzip beruhende Grubenlampe verwendet werden. Diese gestattet die rohe Abschätzung des Methangehaltes der umgebenden Luft im Bereich von etwa 0,5 bis 14 % CH_4; sie ist ein sehr einfaches, praktisches und zuverlässiges Gerät (Hartwell). Wegen näherer Hinweise siehe Teil 2, Kapitel: Methan, Abschnitt: 1, I dieses Handbuches (Kattwinkel, von Rosen oder Woodhead).

Auch von den Geräten vom Typ „Orsat“ (Abschn.: 2) gibt es transportable Ausführungsformen; sie werden jedoch überwiegend im Laboratorium verwendet.

I. Bestimmung mit dem Schlagwetterrohr.

Das Schlagwetterrohr nach Wilhelmi besteht aus einem zylindrischen Glasgefäß mit verjüngtem unteren Teil, an dem sich ein Hahn befindet. Im oberen Teil sind 2 Drähte als Elektroden eingeschmolzen, die an der Außenseite mit Kontaktplättchen versehen sind. Vor Gebrauch wird das Rohr evakuiert. Die auf Methan zu prüfende

Luft wird durch kurzes Öffnen des Hahnes in das Rohr eingelassen und dieses dann so zwischen die Kontaktfedern einer elektrischen Zündanlage geklemmt, daß Spannung an den Elektroden liegt und ein Funke zwischen ihnen überspringt. Bei größeren CH_4-Gehalten ist eine Explosion wahrnehmbar und wird dadurch unmittelbar ein Methangehalt der Luft angezeigt. Bei kleinen Gehalten wird mehrmals gefunkt. Das Rohr wird dann, gegebenenfalls nach Abkühlen, mit dem Hahnansatz in Wasser gestellt und der Hahn geöffnet; das entstandene Kohlendioxid löst sich im Wasser, und dieses steigt entsprechend der Volumenabnahme des Gases in dem unteren, kalibrierten Teil hoch. Gehalte bis 9 % CH_4 können mit halbquantitativer Genauigkeit abgelesen werden.

II. Bestimmung mit dem Grubengasinterferometer.

Von der Firma Zeiss wurde ein kompaktes, bequem tragbares Interferometer als Grubengasinterferometer konstruiert, das vorwiegend für die schnelle, bequeme und gefahrlose Bestimmung des Methangehaltes bzw. den Nachweis erhöhter Konzentrationen des Gases in Grubenbauten bestimmt ist (Löwe).

Es kann übrigens auch für die Analyse anderer Gase verwendet werden, da im Prinzip nur der Unterschied des Brechungsindex des zu analysierenden Gases gegenüber einem Vergleichsgas, das den nachzuweisenden Stoff nicht enthält, gemessen wird. Als Vergleichsgas dient gewöhnlich atmosphärische, von CO_2 und H_2O gereinigte Luft.

Durch ein Okular werden zwei als parallel nebeneinander liegende Bänder abgebildete Beugungsspektren betrachtet. Bei gleicher Zusammensetzung von Analysengas und Vergleichsgas sind die Spektren identisch. Tritt in dem zu prüfenden Gas eine zusätzliche Komponente, z. B. Methan, auf, so verschieben sich die Interferenzlinien des einen Spektrums. Durch Drehen einer Rändelschraube mit Meßtrommel kann man die Spektren wieder zur Deckung bringen. Das Grubengasinterferometer ist so eingerichtet, daß einem Teilstrich auf der Kompensatortrommel 0,1 % CH_4 entspricht. Eine nähere Beschreibung des Gerätes und seiner Anwendung findet sich bei Kattwinkel (S. 54) und Schuster (S. 267 bis 271).

Schuhknecht, Stetzer und Schinkel haben die Funktion des neuen Zeiss-Interferometers überprüft. Sie fanden, daß die CH_4-Anzeige zu hoch ausfällt, wenn die Zusammensetzung der Grubenluft, z. B. durch erhöhten Kohlendioxidgehalt, nicht derjenigen atmosphärischer Luft entspricht. Wird das CO_2 vor der Messung durch Absorption in Lauge entfernt, so tritt infolge der Volumenverminderung ebenfalls eine erhöhte Anzeige auf; dieser Fehler läßt sich aber durch Parallelmessung von kohlendioxidhaltiger und kohlendioxidfreier Probe ausgleichen. Bei Vorhandensein höherer Kohlenwasserstoffe, die in hochprozentigen Grubengasen in merklicher Menge auftreten, kann deren Einfluß durch Anwendung von Korrekturfaktoren berücksichtigt werden.

Für die bequeme Herstellung von Eichgemischen – Gasen und Flüssigkeitsdämpfen in Luft – und für die Eichung des Interferometers vor Ausführung von Bestimmungen dieser Stoffe in der Luft hat Grupinski eine tragbare Apparatur entwickelt und beschrieben.

III. Bestimmung durch Ultrarotabsorption.

Für die ständige Überwachung von Gruben auf Methan werden vielfach Ultrarotgeräte eingesetzt, und zwar im allgemeinen ohne Dispersion arbeitende Geräte vom Typ des „Uras“. Da solche Geräte auch in anderen Industriezweigen und in Laboratorien verbreitet Anwendung finden, wird diese Meßmethodik im Abschnitt: Ultrarotspektrometrie mit behandelt. Speziell für die UR-spektrometrische Bestimmung in Grubenluft (vgl. Friedel) haben u. a. Colbassani und Watson Arbeitsweisen und Bedingungen beschrieben, unter denen andere Gase in geringen Mengen nicht stören. Die stärkste Absorption zeigt CH_4 bei 7,66 µm. Die Eichung erfolgt empirisch. Vermerkt sei hier nur noch, daß solche Geräte ebenso wie die im folgenden Abschnitt besprochenen Apparate als wesentliche Bestandteile von Warn- und automatischen Stromabschaltanlagen in Gruben verwendet werden.

IV. Bestimmung durch die Wärmetönung bei katalytischer Verbrennung.

Geräte, welche die Wärmetönung brennbarer Gase durch Verbrennung mit Luft und auf diese Weise den Gehalt des Gases an der brennbaren Komponente messen, sind in der Industrie vielfach als kontinuierlich arbeitende, automatische Analysatoren, besonders für CO und H_2, in Gebrauch. Auch für die Methanbestimmung in Gruben werden ähnliche Geräte verwendet. Im Prinzip sind zwei Meßdrähte vorhanden, von denen der eine von dem zu untersuchenden Gas, der andere von einem Vergleichsgas, meistens Luft, umspült wird. Beide Drähte bilden die nebeneinanderliegenden Zweige einer Wheatstoneschen Brücke. Nach HEINICKE und HEIMBERGER sind die Meßdrähte von dünnwandigen Rohren aus hitzebeständigem Material umgeben, um sie vor Korrosion zu schützen. Auf die Rohre wickelt man die Heizdrähte. Der mit dem zu untersuchenden Gas in Berührung kommende Draht besteht aus katalytisch wirkendem Material, z.B. Platin-Iridium. Die Heizdrähte werden auf etwa 500 °C vorgeheizt, um die Verbrennung einzuleiten. Nach DOMANSKI liegt bei solchen Geräten die Genauigkeit innerhalb ± 5 %. SCHUSTER (S. 166) gibt einige schematische Abbildungen von Wärmetönungsgeräten bzw. Einzelheiten derselben. Über Gerätekombinationen, bei denen eine ganze Reihe von Meßstellen von einer Zentrale aus automatisch registrierend überwacht wird, berichten BELUGOU, VERGERON und MONOMAKHOFF.

EYRAUD und Mitarbeiter haben kürzlich ein Gerät für die katalytische Verbrennung an Platin-Rhodium (9 + 1) bei 1100 °C beschrieben, bei dem Nullpunktwanderung und Empfindlichkeitsschwankungen vollständig eliminiert sind. Dies wurde dadurch erreicht, daß der gleiche Glühdraht abwechselnd als Verbrennungs- und Bezugsdraht dient. Die Wechselfrequenz ist so hoch, daß dabei eine kontinuierliche Registrierung möglich ist.

Es sind auch Geräte konstruiert worden, bei denen die infolge der Verbrennung auftretende Wärme durch ein Thermoelement gemessen wird. Diese Art Geräte sind allerdings mehr für die Analyse höherer Methankonzentrationen in technischen Gasen bestimmt. GÖRLACHER beschreibt einen einfachen Apparat dieser Art.

2. Laboratoriumsmethoden, die auf Verbrennung und Bestimmung des entstandenen Kohlendioxids beruhen.

Allgemeines. Prinzipiell kommen bei der Analyse auf Methan nach Verbrennen zum Kohlendioxid alle die Endbestimmungen des CO_2 in Betracht, die für die Bestimmung des elementaren Kohlenstoffes durch Verbrennung bzw. des Kohlendioxids selbst (vgl. die betreffenden Kapitel) verwendet werden. In der Praxis werden die gasvolumetrischen Methoden bevorzugt. Der Grund dafür liegt darin, daß diese Methoden schnell auszuführen sind, daß zur Handhabung eines gasförmigen Stoffes (z.B. für die Dosierung) ohnehin gewisse volumetrische Manipulationen erforderlich sind und schließlich die Bestimmung des Methans meistens im Gemisch mit anderen Gasen, für deren vorherige Bestimmung oder Entfernung gasvolumetrische Arbeitsweisen zweckmäßig sind, zu erfolgen hat. Für die kontinuierliche, automatische und halbautomatische Bestimmung von Methan und anderen Kohlenwasserstoffen in der Industrie nach Verbrennung zu CO_2 werden auch konduktometrische und photoelektrisch-colorimetrische Verfahren benutzt. Neuerdings finden auf die Analyse von Kohlenwasserstoffgemischen Kombinationen von deren gaschromatographischer Trennung, aufeinanderfolgender Oxydation und Bestimmung der einzelnen Komponenten als CO_2 zunehmende Anwendung.

I. Gasvolumetrische Methoden.

Allgemeines. Unter den gasvolumetrischen Methoden sind die Glühdraht- und die Kupferoxidmethode die weitaus gebräuchlichsten. Die früher viel verwendeten Explosionsmethoden, bei denen teilweise alle brennbaren Komponenten von Gasgemischen zur Explosion gebracht und aus der Kontraktion und dem Volumen des entstandenen CO_2 bzw. des verbrauchten Sauerstoffs diese Komponenten errechnet wurden, haben kaum noch Bedeutung; sie werden jedoch in den Spezialwerken über Gasanalyse noch behandelt.

Bei den nachstehend beschriebenen beiden Verbrennungsmethoden wird aus dem abgemessenen Gasvolumen zunächst CO_2 (durch Absorption in KOH-Lösung) und CO [z.B. durch Absorption in Kupfer(I)-chlorid-Lösung – siehe Kapitel: Kohlenoxid] entfernt. Bei der zweiten Methode (nach JÄGER) muß auch der Sauerstoff entfernt werden. Das kann durch Absorption in alkalischer Pyrogallol-Lösung (1 Vol. 25%iger wäßriger Lösung von Pyrogallol vermischt mit 5 bis 6 Vol. Kalilauge (1 + 2) [etwa 35%ig]) geschehen.

a) Glühdrahtmethode.

Arbeitsvorschrift. Das Gas, das keinen nennenswerten Wasserstoffgehalt aufweisen darf sowie von CO_2 und CO gereinigt wurde, wird nach Feststellung seines Volumens in einem kalibrierten Meßrohr aus diesem über eine auf etwa 1000 °C (helle Rotglut) erhitzte Platinwendel in ein mit Schwefelsäure-Glycerin (1 Vol. Glycerin + 1 Vol. 20%ige Schwefelsäure) als Sperrflüssigkeit gefülltes Ausweichegfäß und zurück in das Meßrohr geleitet. Das Hin- und Herleiten wird einige Male wiederholt, bis das Volumen nicht mehr abnimmt. Die Platinwendel ist in eine Quarzglascapillare auswechselbar eingesetzt; sie wird elektrisch mittels Netztrafo und Regelwiderstand beheizt. Die Schlauchverbindungen zu den übrigen Teilen der Apparatur werden mit Wasser gekühlt.

Der Methangehalt ergibt sich aus der Volumenabnahme des Gases entsprechend dem Vorgang:

$$CH_4 + 2O_2 = CO_2 + 2H_2O.$$

Das entstehende Wasser kondensiert sich. Der Wasserdampfdruck im ganzen System stellt sich schnell auf den ursprünglich vorhandenen – die H_2O-Tension der im Meßrohr befindlichen Sperrflüssigkeit bei der herrschenden Temperatur – ein. Infolgedessen findet Kontraktion des Gases statt. Einem Volumenteil an der Teilung des Meßrohres abgelesener Volumenabnahme entsprechen 0,5 Vol.-Teile CH_4 unter Vernachlässigung der Löslichkeit von CO_2. Bei sehr methanreichem und sauerstoffarmem Gas muß diesem reine Luft oder Sauerstoff in abgemessenen Mengen zugefügt werden. Dann ist von dem im Gemisch gefundenen CH_4-Gehalt auf den ursprünglichen umzurechnen nach der Formel:

$$\% \, CH_4 = (CH_4)' \cdot \frac{v'}{v},$$

wobei $(CH_4)'$ die im Gemisch gefundene Konzentration des Methans in Volumprozenten, v' das Gemischvolumen und v das Probevolumen ist.

Für genauere Analysen muß der Einfluß von Luftdruckänderungen in bekannter Weise rechnerisch oder durch Kompensationseinrichtungen (SCHUSTER, S. 112) eliminiert werden. Dies gilt naturgemäß für alle gasvolumetrischen Methoden. Um das etwaige Vorhandensein höherer Methanhomologe zu überprüfen, wird das Gas nach der CH_4-Verbrennung zur Entfernung des entstandenen CO_2 noch in die Kalilaugepipette geleitet und wiederum gemessen. War nur CH_4 vorhanden, so ist die jetzt festgestellte Volumenabnahme gleich dem vorher ermittelten CH_4-Volumen. Waren Homologe vorhanden, so zeigt sich das an einer erhöhten Volumenabnahme bei der

CO_2-Absorption, da die CO_2-Bildung infolge des höheren C-Gehaltes der Homologen größer ist als beim Methan. Es läßt sich aber nichts darüber aussagen, welche homologe Verbindung vorliegt.

Bei Vorhandensein eines merklichen Wasserstoffgehaltes in der Luft bzw. in dem Gas kann die beschriebene einfache Arbeitsweise nicht angewendet werden.

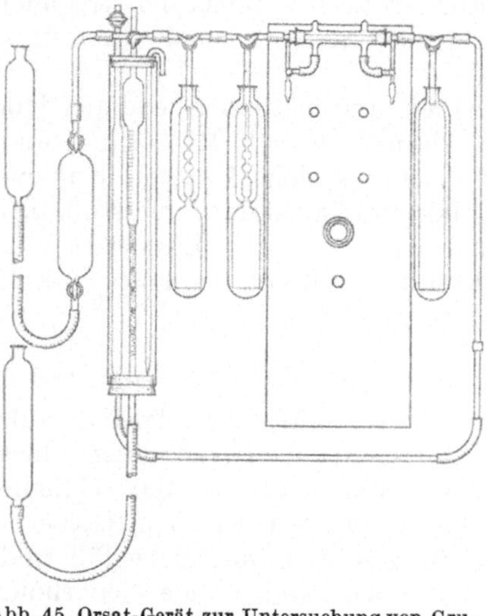

Die Schemazeichnung eines Apparates zur Bestimmung von CO_2, O_2 und CH_4 in Grubenwettern der Robert Müller KG, Essen, als Beispiel eines einfachen Orsat-Gerätes mit Glühdrahtverbrennung des Methans zeigt Abb. 45. Man erkennt von links nach rechts die angesetzte Gasprobeflasche mit Gegengefäß zum Austreiben des Gases durch die Sperrflüssigkeit, die Meßbürette mit Wassermantel und Niveaugefäß, je eine Absorptionspipette für CO_2 und O_2, die Quarzglascapillare, in welche die Platinwendel eingesetzt ist, dahinter das Gehäuse für die Transformator- und Stromregeleinrichtung und schließlich ganz rechts die Ausweichpipette.

Abb. 45. Orsat-Gerät zur Untersuchung von Grubenluft. (Hersteller Fa. Robert Müller KG, Essen)

An Stelle von Platin kann auch platinierter Chromnickeldraht als Glühdraht verwendet werden. Das Edelmetall braucht dabei nur 0,03 bis 0,05% des Drahtgewichtes zu betragen (GERSCHENOWITSCH, DALETZKI und KOTELKOW sowie KOTELKOW). Nach KOBE und MCDONALD ist platiniertes Kieselgel (mit 0,125% Pt) als Kontaktsubstanz für die Verbrennung von CH_4, anderen Kohlenwasserstoffen, Kohlenoxid und Wasserstoff besonders wirksam und gestattet eine sehr schnelle Durchführung der Oxydation. CH_4 verbrennt ab 510 °C, Äthan ab 105 °C, Propan ab 150 °C, Äthylen oberhalb 310 °C und Acetylen oberhalb 325 °C.

b) Kupferoxidmethode (nach JÄGER).

Allgemeines. Bei dieser Methode, welche die einfachste und wohl auch gebräuchlichste zur gasvolumetrischen CH_4-Bestimmung ist, kann das Gas wasserstoffhaltig sein, und es kann H_2 in bequemer Weise mitbestimmt oder nachgewiesen werden; es kann auch durch vorherige Entfernung von H_2 dessen störender Einfluß auf die CH_4-Bestimmung beseitigt werden. Dabei können die Mengenanteile der beiden Gase in weiten Grenzen schwanken. Das erhitzte Kupferoxid oxydiert H_2 und CH_4 nach den Gleichungen:

$$H_2 + CuO = Cu + H_2O; \quad CH_4 + 4CuO = 4Cu + CO_2 + 2H_2O.$$

Die Verbrennung läßt sich selektiv ausführen. Man verbrennt zunächst den Wasserstoff bei 280 bis 290 °C und dann das Methan (und, wenn vorhanden, Homologe) bei etwa 900 °C (helle Rotglut). Das Kupferoxid wird in Form der käuflichen Drahtstückchen angewendet oder aus Kupferdrahtstückchen durch Erhitzen auf Rotglut unter Luftdurchleiten unmittelbar im Verbrennungsröhrchen hergestellt. Das Rohr besteht aus Quarzglas oder hochlegiertem Stahl (NCT 3) und besitzt etwa 20 cm Länge sowie etwa 8 mm Durchmesser. An den Enden wird die CuO-Schicht durch je ein Stückchen Quarzcapillare begrenzt. Das Rohr wird in einen der gebräuchlichen Orsat-Apparate eingesetzt. Die Beheizung kann auf beliebige Weise erfolgen; nur muß die Erreichung einer genügend hohen Temperatur für die CH_4-Verbrennung gewährleistet sein. Äthan und höhere Homologe werden schon bei etwas niedrigeren Temperaturen oxydiert. Die Temperatur kann niedriger gehalten werden, wenn man ein Oxidgemisch nach Brückner und Schick verwendet. Das Gemisch besteht aus 99% CuO und 1% Fe_2O_3. Es wird durch Tränken von Kupferoxiddraht z.B. in einer Porzellanschale mit der entsprechenden Menge Eisennitratlösung und Erhitzen bis zur vollständigen Vertreibung der Stickoxide hergestellt. An ihm verbrennt H_2 bereits bei 200 °C rasch und CH_4 bei 600 °C genügend rasch und vollständig.

Arbeitsvorschrift. Das wie unter a) von CO_2, CO, erforderlichenfalls von ungesättigten Kohlenwasserstoffen (z.B. durch Absorption in rauchender, 15% SO_3 enthaltender Schwefelsäure) und von O_2 befreite Gas wird in der Bürette gemessen. Vorher wurde die ganze Apparatur, d.h. die Verbindungscapillaren und das Verbrennungsrohr, mit Stickstoff (hergestellt aus Luft durch Absorption von O_2 in der Pyrogallolpipette) gespült.

Nun wird die Verbindung zur Ausgleichspipette (gefüllt mit KOH) geöffnet und das Verbrennungsrohr auf 280 bis 290 °C (bzw. 220 °C bei Verwendung von CuO/Fe_2O_3 nach Brückner und Schick) erhitzt; das Gas wird mehrfach zwischen Meßbürette und Ausgleichspipette hin- und hergeleitet, bis keine Volumenabnahme mehr bemerkbar ist, d.h. H_2 vollständig verbrannt ist. Man kühlt das Rohr zunächst wieder auf Zimmertemperatur und liest das noch vorhandene Gasvolumen in der Meßbürette ab. Auf diese Weise kann das Vorhandensein von H_2 und dessen Menge (Volumenabnahme) festgestellt werden.

Nun wird das Verbrennungsrohr auf 900 °C (600 °C) geheizt und das Gas wie zuvor hin- und hergeleitet. Nach Erreichung der Volumenkonstanz läßt man endgültig abkühlen. Bei Anwendung von einfachem CuO und hoher Temperatur soll vorher noch einige Male bei schwacher Rotglut zur Wiederaufnahme von etwa aus dem CuO dissoziiertem O_2 hin- und hergeleitet werden. Die gegenüber der vorigen Ablesung jetzt an der Bürette festgestellte Volumenabnahme entspricht dem Methan oder der Summe aus CH_4 und gegebenenfalls vorhandenen Homologen.

Kürzlich hat Harlos verschiedene Orsat-Typen einer kritischen Betrachtung unterzogen und einige konstruktive Neuerungen mitgeteilt. Er gibt ebenfalls der Verbrennung mit Kupferoxid den Vorzug gegenüber der Explosionsmethode und anderen Methoden.

c) Chromat- und Edelmetallkatalysatoren.

α) Als ein gegenüber dem Kupferoxid und der Platinspirale wesentlich *wirksamerer* Katalysator wird von Wendt und Lebedewa der folgendermaßen hergestellte empfohlen: Man tränkt Bimssteinkörner mit gesättigter Ammoniumdichromatlösung, trocknet sie, erhitzt zunächst auf 400 °C und glüht dann 3 bis 4 Std. bei 800 °C. Die Körner werden in einem Verbrennungsrohr bei 700 bis 800 °C angewendet.

β) Einen *hochaktiven* Katalysator, der bereits bei 360 °C Methan mit solcher Geschwindigkeit oxydiert, daß z.B. 2% CH_4 in Luft beim Durchleiten von 2,5 l/Min. durch 1 ml der Masse vollständig umgesetzt werden, beschreiben Kravchenko und Mitarbeiter. Der Katalysator besteht aus metallischem Platin und Palladium, die auf aktiviertem Aluminiumoxid von 1 bis 2 mm Korngröße niedergeschlagen sind. Er wird folgendermaßen hergestellt: Man löst Platin(IV)-chlorid in einer Menge Wassers, die der Wasseraufnahmefähigkeit von 3 g aktiviertem Al_2O_3 entspricht, und gibt Palladium(II)-chlorid hinzu; die Mengen der Edelmetallsalze werden so bemessen, daß die Konzentration an Metallen auf der Katalysatoroberfläche nachher 1% beträgt. Die entstandene Suspension fügt man zu den in einer Petrischale befindlichen Al_2O_3-Körnern, und man erwärmt das Ganze auf dem Wasserbad auf 50 bis 60 °C. Man erwärmt 20 ml einer 20%igen Natriumformiatlösung bis fast zum Sieden und gibt die Lösung auf die mit Pt-Pd gesättigten Al_2O_3-Körner. Die bedeckte Schale läßt man bis zum Aufhören der Gasentwicklung auf dem Wasserbad stehen. Dann gießt man die überstehende Lösung ab, wäscht die Masse mehrmals mit kaltem und danach mit warmem Wasser (50 bis 60 °C), trocknet sie im Trockenschrank und bewahrt sie in geschlossenem Gefäß auf. Der Katalysator soll mehr als 2000 Std. wirksam sein. Schwefelwasserstoff schädigt ihn allmählich; er kann aber mit reinem Wasserstoff regeneriert werden.

II. Gasmanometrische Mikromethoden.

a) Statische Methode.

Allgemeines. Eine für sehr kleine Methanmengen (30 μMol und weniger) bestimmte Methode wurde von TOBY ausgearbeitet. Es wird im geschlossenen System bei ruhendem Gas verbrannt. Da das Methan bei solcher statischen Arbeitsweise zum Katalysator diffundieren muß, beansprucht der Vorgang einige Stunden. Die *Apparatur* (Abb. 46) besteht im wesentlichen aus einer Diffusionspumpe (nicht abgebildet), einer Toepler-Pumpe, einem Verbrennungsgefäß aus Quarzglas, das oxydierte Kupferdrehspäne enthält und auf 670 °C geheizt wird, und einer Ausfrierfalle in Form eines Capillar-U-Rohres.

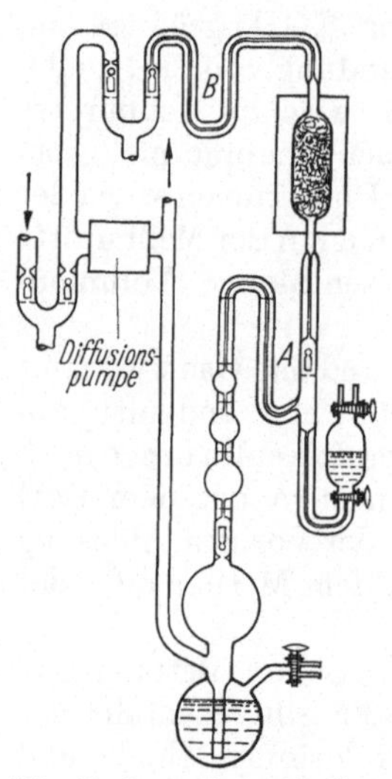

Abb. 46. Apparat zur Bestimmung sehr kleiner Mengen von Methan nach TOBY.

Arbeitsvorschrift. Man saugt das CH_4 enthaltende Gas mittels der Diffusionspumpe an und drückt es mit der Toepler-Pumpe in die vorher evakuierte Apparatur. Man heizt das Verbrennungsgefäß auf und kühlt die Ausfrierfalle mit flüssiger Luft. Nach 2 Std. ist die Verbrennung beendet und alles CO_2 in der Falle kondensiert. Man pumpt nun die „Permanentgase“ (in der Hauptsache Stickstoff) ab. Dann ersetzt man die flüssige Luft durch ein Bad aus Methanolbrei (siehe Kapitel: Kohlenstoff, § 1, B, 1, II, f), wobei das Kohlendioxid verdampft, Wasser dagegen ausgefroren bleibt. Nach Konstantwerden des Druckes liest man diesen ab. Aus seiner Größe und der Apparaturkonstante oder besser auf Grund von Eichmessungen mit Gasen bekannter CH_4-Konzentration errechnet sich der Methangehalt des analysierten Gases.

b) Methode mit bewegtem Gas.

Eine Vakuumapparatur zur Bestimmung sehr kleiner Mengen (bis 0,025 mm^3 unter Normalbedingungen herab) von Methan – sowie Wasserstoff, Kohlenmonoxid und Kohlendioxid nebeneinander – wurde von PRESCOTT und MORRISON konstruiert. In ihr wird das Gas mit Toepler- und Diffusionspumpe gefördert und im Kreislauf über die festen Oxydations- und Absorptionsmittel geleitet. Die Gaskonzentrationsmessung erfolgt mit einem Manometer nach dem Prinzip von MCLEOD. Als Oxydationsmittel dient Kupferoxid und (für bestimmte Gaszusammensetzungen) Sauerstoff in einer Explosionspipette. Wegen Einzelheiten der Apparatur muß auf die Originalarbeit verwiesen werden. Die Apparatur gestattet die Analyse von 1 mm^3 Gasgemisch mit einem Fehler von weniger als 5% und von 5 bis 25 mm^3 mit weniger als 2% für jede Komponente, bezogen auf die Gesamtmenge.

III. Verschiedene andere Methoden.

Wie bereits erwähnt, kann die Bestimmung des Verbrennungskohlendioxids grundsätzlich nach allen für die CO_2-Bestimmung überhaupt möglichen Methoden (siehe Kapitel: Kohlenstoff und Carbide sowie Kapitel: Kohlendioxid) erfolgen, so z. B. auch nach der viel gebräuchlichen, titrimetrischen Methode mit Absorption des CO_2 in alkalischen Absorptionsmitteln. Für die kontinuierliche Betriebsanalyse und gegebenenfalls automatische Warnung ist die kontinuierliche Verbrennung des Gases und Absorption des Verbrennungskohlendioxids in strömenden alkalischen

Lösungen vorteilhaft. Die der Methankonzentration proportionale Änderung der Alkalität des strömenden Mediums wird entweder nach dem Vorschlag von CHOVIN und GION durch photoelektrische Messung der Farbänderung eines der Lauge zugesetzten Indikators oder durch Leitfähigkeitsmessung nach dem Prinzip von THOMAS laufend angezeigt. Anordnungen zur kontinuierlichen Konduktometrie sind von SMITH sowie – speziell für die Methanbestimmung – von NASH und Mitarbeitern beschrieben worden.

Eine Methode zur Bestimmung von Ultramikromengen von Kohlenstoffgasen, z.B. CH_4, wurde von JURÁNEK ausgearbeitet. Sie beruht auf der Messung des Verbrennungskohlendioxids in einer kleinen, gleichzeitig das Absorptionsgefäß darstellenden Cüvette, die in ein Photometer eingebaut ist, auf Grund der Farbänderung von Phenolphthalein. Die Eichung erfolgt einfach auf Skalenteile des Galvanometers. Man vergleiche hierzu Kapitel: Kohlendioxid, § 3, B, 1, V.

Eine Methode, bei der das Verbrennungskohlendioxid durch ein dispersionsloses Ultrarotgerät (vgl. Abschnitt: A, 6) gemessen und registriert wird, haben ROSENBAUM, ADAMS und KING angegeben. Auch die UR-spektrometrische Bestimmung des Kohlendioxids nach gaschromatographischer Trennung des Methans von anderen Kohlenwasserstoffen und aufeinanderfolgender getrennter Verbrennung der Komponenten (siehe auch Abschnitt: A, 5) wird angewendet, wie u.a. von HEATON und WENTWORTH beschrieben.

3. Die Bestimmung durch Destillations- und Kondensationsanalyse

kann mit einem durch Behandlung im Orsat-Apparat von einem Teil der übrigen Gase befreiten, außer Kohlenwasserstoffen nur noch Stickstoff und Edelgase enthaltenden, oder dem ursprünglichen Gasgemisch ausgeführt werden (nähere Angaben mit Literatur siehe SCHUSTER). Sie werden in der Praxis heute im allgemeinen höchstens noch für präparative Zwecke verwendet. Die große Bedeutung, die sie noch vor einem Jahrzehnt besaßen, gehört der Vergangenheit an. Es soll deshalb hier nur kurz angedeutet werden, wie z.B. durch Kondensationsanalyse Methan in einem Gemisch mit höheren Kohlenwasserstoffen und anderen Gasen bestimmt werden kann.

Hierzu läßt sich eine recht einfache *Apparatur* (SCHUSTER, S. 239) verwenden. Sie besteht nur aus einem U-Rohr, einem Dewar-Gefäß, zwei wie üblich mit Niveaugefäßen versehenen Gasbüretten und einem Hahnsystem, welches die Möglichkeit gibt, nach Belieben jede der beiden Büretten mit dem U-Rohr oder miteinander oder mit der Außenluft in Verbindung zu bringen.

Das U-Rohr wird in flüssige Luft getaucht; die Büretten enthalten Quecksilber als Sperrflüssigkeit. Durch Heben und Senken des Quecksilbers in Bürette 2 und entsprechende Betätigung der Hähne wird zunächst der ganze Apparat evakuiert. Nun wird in Bürette 1 das zu prüfende Gas eingesaugt und durch Heben und Senken des Quecksilbers in beiden Büretten mehrmals durch das U-Rohr hin- und hergeleitet. Sind die kondensierbaren Gase, d.h. alle außer CH_4 und, wenn vorhanden, O_2, N_2, CO und H_2, verflüssigt, so wird mittels einer der Büretten der gasförmig gebliebene Teil aus dem U-Rohr abgepumpt und in die andere Bürette gedrückt. Aus ihr wird das Gas zur Orsatanalyse oder anderweitigen Identifizierung entnommen. Die Verbrennung zu CO_2 (siehe Abschnitt: 2) nach Entfernen von CO gibt jetzt ein eindeutiges Ergebnis; denn CH_4 ist nun die einzige Kohlenstoffverbindung, die noch vorhanden sein kann. Bei der Temperatur der flüssigen Luft (etwa $-185\,°C$) hat keine der übrigen C-Verbindungen einen merklichen Dampfdruck. Diese Verbindungen einschließlich Äthylen (Kp.: $-104\,°C$) und Äthan (Kp.: $-89\,°C$) befinden sich, wenn anwesend, vollständig im Kondensat.

4. Bestimmung durch Adsorptions-Desorptions-Analyse.

Von der Anwendung dieser Methoden, die teils für sich allein, teils in Kombination mit der Kondensationsmethode benutzt wurden, gilt dasselbe, was im vorigen Absatz über die Anwendung der Destillations- und Kondensationsanalyse gesagt wurde. Die Verfahren sind ziemlich schwierig und zeitraubend durchzuführen und haben eigentlich nur noch historisches Interesse. Sie können als eine Art Vorläufer der gaschromatischen Verfahren angesehen werden, von denen sie verdrängt wurden.

5. Bestimmung durch Gaschromatographie.

Allgemeines. Die Gaschromatographie ist ein Verfahren, das zum Nachweis, zur Bestimmung und zur Trennung von gasförmigen oder leicht verdampfbaren Stoffen gleich gute Dienste leistet. Die verhältnismäßig einfache und billige Apparatur und die hohe Selektivität auch für chemisch sehr ähnliche Verbindungen machen die Gaschromatographie zu einer nahezu ideal zu nennenden Methode gerade für die Analytik der Kohlenwasserstoffe. Ihre Grundprinzipien sollen daher hier im Kapitel: Methan kurz erläutert werden. Wegen näherer Einzelheiten wird auf die Spezialwerke verwiesen; eine kurzgefaßte Übersicht über Theorie und Technik der Gaschromatographie, in der die Erzeugnisse von 37 Apparatefirmen bis etwa 1960 angeführt sind, wurde von SIMON gegeben. Die Methodik befindet sich noch in stürmischer Entwicklung.

Das Gas als bewegliche Phase wird durch eine stationäre Phase geleitet. Besteht letztere aus einem festen oberflächenaktiven Stoff, so spricht man von Gas/Festkörper- oder Adsorptions-Gaschromatographie. Besteht die stationäre Phase aus einer Flüssigkeit, so handelt es sich um die Gas/Flüssigkeits- oder Verteilungs-Gaschromatographie. Diese ist äußerst vielseitig anwendbar und flexibel, da die verwendete Flüssigkeit weitgehend variiert werden kann. Die Flüssigkeiten werden auf – gewöhlich in aktive – Trägermaterialien aufgebracht.

Neuerdings werden Kapillarsäulen (Kapillaren-Φ einige Zehntel mm) angewendet. Diese können mit Aluminiumoxid gefüllt sein (BRUDERRECK; LANDAULT und GUIOCHON) oder z.B. mit Squalan auf Graphit (SCHNEIDER, BRUDERRECK und HALÁSZ). Man erreicht damit sehr gute Trennwirkung bei kurzer Analysendauer.

Die erste Art der Chromatographie wird hauptsächlich für die Analyse sehr niedrigsiedender Stoffe, z.B. der „permanenten" Gase, angewendet, die zweite Art für die übrigen Stoffe. Von den verschiedenen Möglichkeiten, die Gase durch die wirksame Schicht, die „Säule" hindurch und heraus zu führen (Frontal-, Verdrängungs- und Eluierungs-Chromatographie), hat die letztere die weitaus größte Bedeutung erlangt. Im folgenden wird nur über ihre Anwendung berichtet.

Ein Trägergas, auch Schleppgas genannt (Wasserstoff, Helium, Stickstoff, Luft, Kohlendioxid), wird mit konstanter Geschwindigkeit durch die Säule geleitet. Das zu untersuchende Gas wird in kleinen Mengen von einigen Hundertstel Millilitern bis zu einigen Millilitern kurz vor der Säule während eines relativ kurzen Zeitraumes eingeführt. Das Trägergas spült nun die Komponenten der Gasprobe durch die Säule, aus der sie getrennt nacheinander austreten, da sie infolge unterschiedlicher Bindungsfestigkeit (dieser Begriff ist hier im allgemeinsten Sinne zu verstehen) gegenüber der Säulenfüllung von dieser mehr oder weniger stark bzw. lange zurückgehalten werden.

Man nennt die Zeit, nach der eine bestimmte Komponente aus der Säule austritt, die Retentionszeit. Da die Zeit von der Stärke des Trägergasstromes abhängt, ist das Retentionsvolumen, d.h. die Menge des bis zum Austreten der Komponente benötigten Trägergases ein besseres Maß für die Charakterisierung der Komponenten.

In der Praxis hält man aber den Trägergasstrom möglichst konstant und mißt die Austrittszeiten bzw. den Abstand der Peaks von einem Nullpunkt.

Das Erscheinen der einzelnen Gasbestandteile wird im allgemeinen automatisch durch einen Detektor registriert, und zwar so, daß die Anzeige gleichzeitig ein Maß für die Menge der betreffenden Komponente ist. In der Praxis beruht die Detektion gewöhnlich auf dem Prinzip der Wärmeleitfähigkeit. Es kann aber auch mit der Gasdichtewaage, Ultrarotabsorption, Interferometrie, Ionisationsdetektion, Massenspektrometrie (siehe z.B. BRUNNÉE, JENCKEL und KRONENBERGER) und anderen Mitteln gearbeitet werden. Hier ist ein Vorschlag von MARTIN und SMART zu erwähnen, die eluierten Kohlenwasserstoffe über erhitztes Kupferoxid, von dem sie zu CO_2 oxydiert werden, in die Ultrarotmeßkammer zu leiten. Dabei wird die Empfindlichkeit für höhere Homologen (mehrere CO_2-Moleküle je Mol Kohlenwasserstoff) erhöht.

Gerade für die Analyse von Kohlenwasserstoffen gewinnen Flammenionisationsdetektoren besondere Bedeutung, wie u.a. BRUDERRECK sowie BRUDERRECK, SCHNEIDER und HALÁSZ erläutern. Letzgenannte Autoren untersuchten eingehend den Einfluß verschiedener Arbeitsdedingungen auf die Anzeige des Detektors.

Die Wirksamkeit einer bestimmten Säulenfüllung kann noch dadurch den analytischen Erfordernissen besonders angepaßt werden, daß man bei erniedrigter oder erhöhter Temperatur arbeitet oder die Temperatur während der Eluierung stufenweise oder kontinuierlich erhöht. Auf diese Weise kann man Gemische von Stoffen mit sehr unterschiedlichen Retentionsvolumina in einem Arbeitsgang und in kurzer Zeit analysieren.

Näheres über die Grundlagen der Gaschromatographie und über die Apparatur sowie über die Auswertung, die im folgenden auch nur kurz umrissen wird, findet sich in den Spezialwerken über Gaschromatographie z.B. denjenigen von KEULEMANS, von BAYER und von SCHAY.

I. Arten der Identifizierung einer Substanz.

Um in Gasgemischen eines oder mehrere Gase zu bestimmen, ist es erforderlich, zunächst die den zu bestimmenden Komponenten entsprechenden Peaks herauszufinden. Unter definierten Arbeitsbedingungen sind Retentionsvolumen und Retentionszeit bzw. – bei schreibender Registrierung des Chromatogramms – der Abstand des Peaks vom 0-Punkt (dem Punkt, der den Austritt einer gar nicht adsorbierten bzw. gelösten Komponente bezeichnet) für eine bestimmte Komponente charakteristisch. Der qualitative Nachweis eines Stoffes bzw. seiner Peaks kann daher sehr einfach erbracht werden. Wenn der nachzuweisende Stoff bei vorangehenden Analysen bereits registriert wurde, braucht man nur festzustellen, ob bei der vorliegenden Probe im Diagramm an der gleichen Stelle wieder ein Peak vorhanden ist. Zur Sicherung des Befundes kann man bei einer zweiten Analyse des gleichen Gases diesem eine gewisse Menge des vermuteten Stoffes zusetzen und sich überzeugen, ob der betreffende Peak jetzt erhöht auftritt.

Eine andere Möglichkeit besteht darin, ein Vergleichschromatogramm unter Verwendung eines künstlichen Gasgemisches, das die in Frage stehenden Komponenten enthält, aufzunehmen. Schließlich kann die nähere Identifizierung nach getrenntem Auffangen der Komponenten durch andere physikalische oder chemische Methoden erfolgen. Dafür ist die Massenspektrometrie mit ihrem sehr geringen Bedarf an Probevolumen das günstigste Mittel (siehe Abschn.: 7). Andernfalls müssen große Säulen verwendet werden, die den Durchsatz relativ großer Probemengen gestatten.

Aber auch die Ultrarotspektrometrie bietet eine gute Möglichkeit zur schnellen Identifizierung der eluierenden Gase, d.h. zur Deutung unbekannter Peaks. FEUERBERG, MANJOCK und WEIGEL beschreiben die Anwendung eines einfachen, handelsüblichen UR-Gerätes für diesen Zweck.

Flammen-Ionisationsdetektoren haben für die Bestimmung der leichten Kohlenwasserstoffe, insbesondere Methan, den Vorteil, daß sie auf N_2, O_2, CO_2, CO und H_2O nicht ansprechen und daher auch bei Säulenfüllungen, welche kurze Retentionszeiten gewährleisten und dabei die leichtesten Komponenten von den Inertgasen nicht trennen, brauchbar sind (FEINLAND, ANDREATCH und COTRUPE). Sie sind außerdem sehr empfindlich. Letzteres gilt auch für die Ionisationsdetektoren, die mit radioaktiven Anregungsquellen z.B. Tritium und mit Argon (LOVELOCK) oder Helium (BERRY) als Füllgas arbeiten. Die Wirkungsweise beruht darauf, daß durch die angeregten Edelgasatome in einem elektrischen Felde konstanter Spannung ein Strom erzeugt wird, der mehr oder weniger absinkt, sobald Fremdmoleküle im Gas erscheinen, mit denen ein Teil der Elektronen zusammenstößt, ohne sie zu ionisieren, aber so viel Energie verliert, daß diese nicht mehr zur Anregung von Edelgasatomen ausreicht. Die Nachweisgrenze für Gase wie CH_4 und CO ist 10^{-12} Mol je Milliliter Trägergas (BERRY).

II. Quantitative Auswertung der Chromatogramme.

Ist ermittelt worden, welcher Peak dem zu bestimmenden Gas zukommt, so kann die quantitative Auswertung auf verschiedene Weise erfolgen. Die einfachste Methode ist diejenige des Ausmessens der Peakhöhe über der Null-Linie. Sie setzt voraus, daß der Peak hinreichend genau eine symmetrische Gauß-Kurve darstellt. In diesem Fall ist die Höhe des Peaks der von der Kurve eingeschlossenen Fläche und der durch sie repräsentierten Stoffmenge proportional. Geringe Abweichungen können durch Anwendung einer mit Gasproben von verschiedener Konzentration aufgestellten Eichkurve (ml Gas/mm Schreibhöhe) ausgeglichen werden. In vielen Fällen wird die Eichkurve eine Gerade sein, womit dann das Bestehen der obengenannten Voraussetzung bewiesen ist.

Diese Methode erfordert die besonders genaue Einhaltung aller Bedingungen während der Aufnahme der Eichkurven und während der Analysen. Die Gasproben müssen stets gleich groß sein.

Die Auswertung wird zuverlässiger, wenn man außer der Peakhöhe auch die Halbwertbreite, d.h. die Breite des Peaks in seiner halben Höhe mißt, die beiden Werte multipliziert und das Produkt als Maß der Konzentration verwendet. Diese Methode ist ebenso wie die vorher beschriebene auch dann noch gut anwendbar, wenn zwei Peaks nicht vollständig getrennt sind, sondern sich in ihren unteren Teilen überlagern.

Die genaueste Arbeitsweise ist das Ausmessen der von dem Peak umschlossenen Fläche. Man kann die Flächen entweder durch Kopieren des Peaks auf Millimeterpapier und Auszählen oder durch Anwendung eines Planimeters ermitteln. Schließlich können automatische Integratoren benutzt werden, die in verschiedenen Ausführungen für verschiedene Detektionsarten konstruiert worden sind. Bei allen diesen Auswertungsmethoden ist es zur Erhöhung der Genauigkeit zweckmäßig, mit einem inneren Standard zu arbeiten. Man verwendet dazu eine Substanz, deren Peak nicht sehr weit von demjenigen der zu bestimmenden Substanz erscheint, und mischt sie der Untersuchungsprobe in stets gleichem Mengenverhältnis zu. Man stellt dann die Eichkurve als Funktion des Quotienten aus Höhe oder Fläche des zu messenden Peaks und Höhe oder Fläche des Standardpeaks von der Konzentration der zu messenden Substanz auf.

Mit innerem Standard und Eichkurve erhält man auch bei der einfachen Auswertung nach Peakhöhen gute Ergebnisse – selbst dann, wenn die Peaks ziemlich stark asymmetrisch sind. Ferner eliminiert der innere Standard etwaige Veränderungen der Strömungsgeschwindigkeit des Schleppgases und andere sonst unter Umständen störende Einflüsse. Bei einem Gemisch von Kohlenwasserstoffen ist die Peakfläche einer Komponente ungefähr proportional ihrem Mol-Prozent-Anteil; eine noch bessere, aber auch nicht vollkommene Proportionalität besteht mit den Gewichtsprozenten. Diese Abweichung kommt daher, daß die Stromausbeute der Wärmeleitfähigkeitszelle mit steigendem Molekulargewicht zunimmt. Die Wärmeleitfähigkeit steht nämlich in umgekehrter Beziehung zur Quadratwurzel des Molekulargewichts, und die Differenz zu der (hohen) Leitfähigkeit des Schleppgases (Helium oder Wasserstoff) wird mit zunehmender Molekülgröße der zu bestimmenden Verbindung größer.

Rosie und Grob haben für die Gas-Flüssig-Chromatographie der Grenzkohlenwasserstoffe ab Pentan relative molare Ausbeuten ermittelt, d.h. Faktoren, mit denen die gemessenen Flächen zu multiplizieren sind, um diese Abweichung auszugleichen. Sie verwenden Benzol als inneren Standard und beziehen daher die Faktoren auf Benzol = 100. Der Faktor beträgt z.B. für n-Pentan 105, n-Hexan 123, n-Heptan 143, n-Octan 160. Benzol wird jedem Substanzgemisch in bekanntem Gewichtsanteil zugegeben. Aus den Peakflächen können dann die Gewichtsprozente aller Komponenten berechnet werden, ohne daß für jede einzelne eine Eichkurve aufgestellt werden muß. Bei dieser Arbeitsweise braucht die Menge des Gemisches nicht gemessen zu werden und die Arbeitsbedingungen müssen nur während ein und derselben Analyse konstant gehalten werden.

Ausführliche Darlegungen zur quantitativen Auswertung von Fraktogrammen der Verteilungschromatographie macht Schomburg. Über den Fehler, der durch Anwendung eines automatischen Integrators (Fa. Perkin-Elmer) in die Auswertung der Analysen hineinkommt, hat Orr Betrachtungen und Messungen angestellt. Er gibt auch eine Methode an, mittels der dieser mit der Peakhöhe veränderliche Fehler experimentell zu ermitteln ist. In einem Beispiel lagen die Fehlerwerte zwischen + 1,86 und − 1,27% der wahren Peakflächen.

Der Anwendung der *Adsorptions*chromatographie bei normaler Temperatur auf Kohlenwasserstoffe ist eine Grenze dadurch gesetzt, daß diese Verbindungen mit Ausnahme des Methans bereits sehr stark adsorbiert werden. Das Methan läßt sich auch bei Zimmertemperatur aus den üblichen Adsorptionsmitteln leicht eluieren. Dabei erfolgt die Elution um so rascher und verläuft infolgedessen die Analyse um so schneller, je mehr das Schleppgas selbst befähigt ist, aktive Zentren des Adsorbens in gewissem Umfange zu besetzen. So stellten Greene und Roy fest, daß bei ein und derselben Säule mit A-Kohle-Füllung unter gleichen Bedingungen (25 °C, Schleppgas 70 ml/Min.) die Retentionszeiten (in Minuten) des Methans für verschiedene Schleppgase die folgenden waren: Helium 34, Argon 22, Stickstoff 16, Luft 15, Acetylen 5.

III. Bestimmung von Methan in der Luft.

Das klassische Adsorbens der Adsorptions-Desorptionsanalysen, Aktivkohle, wird von Janák zur Bestimmung des Methans in Grubenluft (und zur Analyse von Erdgas) verwendet; der R_f-Wert bei 20 °C beträgt für CH_4 0,117 gegenüber 0,303 für Stickstoff und Sauerstoff. Wenn höhere Kohlenwasserstoffe vorhanden sind, müssen sie durch Anwendung erhöhter Temperatur desorbiert werden. Die Säulenfüllung kann dann bei Abwesenheit von Schwefelwasserstoff mehrere hundertmal zur Analyse verwendet werden.

Für die CH_4- (und H-Bestimmung) in Grubenluft benutzt Whatmough ebenfalls Aktivkohle, und zwar in einer etwa 2 m langen Säule von 5 mm Durchmesser, die durch ein Ölbad auf (30 ± 0,05) °C gehalten wird. Die Probemenge beträgt 10 ml; als Schleppgas werden 50 ml/Min. Stickstoff oder, für höhere Empfindlichkeit, Argon verwendet. Wasserstoff wird nach 40 Sek., Methan nach 2,5 Min. eluiert. Die Höhen der Peaks sind über einen weiten Bereich proportional der Konzentration.

Coppens, Bricteux und Venter empfehlen Linde-Molekularsieb 5A zur CH_4-Bestimmung in Luft. Als beste Molekularsieben und Kieselgel überlegene Säulenfüllung für niedrige CH_4-Konzentrationen fanden Lawrey und Cerato A-Kohle (charcoal), die durch Tränkung mit 15% ihres Gewichtes an Dinonylphthalat teilweise desaktiviert ist. Die günstigste Korngröße der Kohle ist 20 bis 50 mesh. Das Arbeiten bei Zimmertemperatur ist am vorteilhaftesten; vor Temperaturschwankungen (auch durch Zugluft) soll man die Säule durch entsprechende Isolierung schützen. Gehalte bis zu 5 ppm CH_4 herab konnten direkt bestimmt werden. Eine Erhöhung der Empfindlichkeit auf das Zehnfache wird durch eine Voranreicherung erreicht: Durch eine Säule, die wie die Trennsäule gefüllt ist und zunächst mit Trokkeneis gekühlt wird, leitet man eine größere, mittels Gaszähler gemessene Menge der Luft. Danach saugt man unter Erhitzen im Ölbad das adsorbierte Methan mit einer Toepler-Pumpe ab und unterwirft nun das Desorbat der Analyse wie oben.

Beim Arbeiten mit Kühlfalle, die Polyäthylenglykol enthält, Trennnng mit Bis-2-(methoxyäthyl)-adipat und Dibutylmaleat in einer bei 37 °C betriebenen Säule, Helium als Schleppgas und mit Flammenionisationsdetektor erreichen BELLAR, BROWN und SIGSBY eine Erfassungsgrenze von 0,1 ppb Kohlenwasserstoff in $<$ 300 ml Luft.

IV. Gleichzeitige Bestimmung von Methan und seinen Homologen neben anderen Gasen.

PATTON, LEWIS und KAYE zeigten schon 1955, wie durch Chromatographie an A-Kohle bei 180 °C ein Gemisch von H_2, O_2, CH_4, CO_2, C_2H_4 und C_2H_6 in sehr kurzer Zeit exakt analysiert werden kann (der Peak des CH_4 erscheint nach 2,5 Min.). Die Überlegenheit des Kieselgels gegenüber aktiviertem Aluminiumoxid in der Adsorptionschromatographie von Gasen, die CH_4 und Homologe, CO, CO_2 und C_2H_2 enthalten, wird von GREENE und PUST dargelegt.

Im gleichen Jahre beschrieb JANÁK die Auftrennung und Analyse von Gemischen aus N_2, CH_4, C_2H_6, C_2H_4, C_3H_8, C_3H_6 und C_2H_2 mittels eines künstlichen Zeolithes „Alusil“, der ein schnelleres Arbeiten erlaubt als Kieselgel. JANÁK, KREJČI und DUBSKÝ stellten später fest, daß sich die Reihenfolge der Elution bei einem ähnlichen künstlichen Zeolith („Molekularsieb 5 A“) der Linde Air Products von H_2, O_2, N_2, CH_4, CO zu ... CO, CH_4 umkehrt, wenn das ursprünglich bei 450 °C auf etwa 2% entwässerte Adsorbens so weit befeuchtet wird, daß es 9,4% H_2O enthält. Die Analysendauer verkürzt sich dabei von 9 auf 3 Min. Das Schleppgas war Ar (oder H_2).

Neuerdings beschreiben FARRÉ-RIUS und GUIOCHON die schnelle Bestimmung von O_2, N_2, CH_4 und CO mit Molekularsieb 5 A bei 100 °C mit H_2 als Trägergas, wobei die Analyse nur 15 Sek. dauert.

Um die Homologen bis zum Butan neben Methan, H_2, N_2, O_2 und CO, also verhältnismäßig hochsiedende Stoffe und „permanente“ Gase, in einer und derselben Probe unmittelbar nacheinander zu chromatographieren, verwendet MADISON eine *kombinierte* Apparatur. Diese besteht in der Hauptsache aus einer Verteilungs-Chromatographie-Säule mit 40% Sulfolan (2,4-Dimethyltetrahydrothiophen-1,1-dioxid) auf Schamotte, einer mit Aktivkohle oder Molekularsieb gefüllten Adsorptions-Chromatographie-Säule, die beide bei 20 °C betrieben werden, gemeinsamer Wärmeleitfähigkeitszelle und Schreiber sowie Verbindungsleitungen mit Umschaltorganen. Helium als Trägergas (50 bis 100 ml/Min.) spült das zu untersuchende Gas durch die 1. Säule, wobei die „permanenten“ Gase hindurchgehen und in einer A-Kohle enthaltenden, mit flüssigem Stickstoff gekühlten Falle aufgefangen werden. Die kondensierbaren Gase werden dann bei abgesperrter Falle aus der Säule eluiert und registriert. Schließlich wird die Falle an den Eingang der 2. Säule und der Detektor an deren Ausgang geschaltet und die „Permanentgase“ einschließlich CH_4 nach Aufheizen der Falle mittels Wasserbades chromatographiert. Für die gesamte Analyse werden 150 Min. benötigt.

Die Anwendung eines beweglichen „Temperaturfeldes“ auf die Chromatographiersäule („Chromatothermographie“) u.a. für die Trennung von CH_4, C_2H_4, C_3H_8, C_3H_6, C_4H_{10} und i-C_4H_{10} haben schon TURKELTAUB und Mitarbeiter beschrieben.

Für die Arbeitsweise der Gas/Festchromatographie mit fortlaufend steigender Säulentemperatur haben GREENE, MOBERG und WILSON eine apparative Anordnung angegeben, welche die quantitative Ausführung der Analysen unter diesen Bedingungen erleichtert. Es handelt sich im wesentlichen darum, die durch die Temperaturänderung verursachte Änderung der Strömungsgeschwindigkeit des Schleppgases im Proben- und Vergleichskanal der Wärmeleitfähigkeitszelle auszugleichen. Dies wird durch Parallelschaltung der beiden Kanäle und Anbringung getrennter Strömungsregel- und -meßelemente erreicht. Es wird mit Aktivkohle und Aluminiumoxid gearbeitet. Als Beispiele bringen die Autoren die Analyse eines Gemisches aus H_2, O_2, N_2, CO, CH_4, CO_2, C_2H_2 und C_2H_6 mit A-Kohle bei Temperaturen bis 170 °C (in 45 Min.) und diejenige eines Gemisches aus 12 Kohlenwasserstoffen von CH_4 bis cis-2-Butylen und Acetylen mit Al_2O_3 bei Temperaturen bis 150 °C (in 110 Min.). Die Eichkurven verlaufen geradlinig. Die Temperatursteigerung darf nicht beliebig schnell erfolgen, da sonst Überlagerung einzelner Peaks auftritt.

Über die Bestimmung von CH_4, C_2H_2, N_2, O_2 und CO als Verunreinigungen im technischen Äthylen wird von Ray berichtet. Der Autor absorbiert das Äthylen an mit Brom behandelter A-Kohle und läßt die Restgase durch aktivierte Kohle strömen, aus der sie durch als Schleppgas dienendes Kohlendioxid eluiert werden. Die bromierte Holzkohle stellt man her, indem man aktivierte Holzkohle in ein Rohr füllt und mit Bromdampf gesättigtes CO_2 hindurchleitet. Der Bromüberschuß wird durch einen Strom von reinem CO_2 entfernt. Die Kohle enthält dann etwa 40% Brom, besitzt aber nur einen Bromdampfdruck von 0,8 Torr. Die Säule, in der die vom Äthylen befreiten Gase getrennt werden, ist mit reiner Aktivkohle gefüllt.

Die Bestimmung kleiner Mengen von CH_4, CO, N_2 und O_2 in technischem Reinstäthylen kann auch mit Molekularsieb 5 A als Adsorptions- und Trennsubstanz erfolgen, wie Pietsch beschreibt. Das Äthylen wird zunächst in dem vorher evakuierten Adsorber adsorbiert, und dann werden die Verunreinigungen durch das Schleppgas heraus- und durch die Trennsäule gespült. Die von Pietsch aufgestellte Eichkurve (Peakfläche/ml) sind für die genannten Gase Geraden. Der Autor gibt Formeln an, nach denen die Gehalte auch bei Arbeitsbedingungen, die von den Bedingungen der Eichung abweichen, aus den Peakflächen errechnet werden können. Über die Bestimmung von Methan, weiteren Paraffin- sowie Olefinkohlenwasserstoffen und anderen Verunreinigungen des Reinstäthylens berichtet auch Nodop.

Schwenk und Weber schlagen eine Kombination von Gaschromatographie und Gravimetrie als eine beschleunigte Methode zur Analyse von Gasen, die Kohlenwasserstoffe mit den C-Zahlen von 1 bis 5 und höher enthalten, vor, wobei die Fraktion C_5 nebst Höheren nicht weiter aufgetrennt wird. Nach üblicher Chromatographie bis zum Ende des C_4-Peaks wird die Trägergas-Richtung umgekehrt und werden die Kohlenwasserstoffe ab C_5 rückwärts aus der Säule heraus in gewogene Aktivkohle getrieben, deren Gewichtszunahme man feststellt.

Für die Bestimmung von Methan und Argon in Gasgemischen empfehlen Lacy und Hill die Anwendung einer 6-Fuß-Säule von 6 mm Durchmesser mit Aktivkohle und 50 ml N_2/Min. als Schleppgas. Sie erzielten einen Variationskoeffizienten von $<0,2\%$.

Crespi und Cevolani empfehlen für die Schnellanalyse von Gemischen auf die Kohlenwasserstoffe von C_1 bis C_4, als Adsorptionsmittel Magnesiumsilicat, das aus technischem Magnesiumchlorid durch Fällen mit ebensolchem Natriumsilicat leicht hergestellt werden kann. Das verwendete Produkt hatte die Zusammensetzung 7,2% MgO, 68,7% SiO_2, 1,6% Na_2O, 22,5% H_2O. In einer Säule von nur 1 m Länge gelingt es, die Kohlenwasserstoffe (gesättigte und ungesättigte, einschließlich Butadien) bei 22 °C in 5 bis 10 Min. gut getrennt zu eluieren, was mit Kieselgel nicht möglich wäre. Allerdings wird Methan nicht von N_2, O_2 und CO getrennt.

Die langen Elutionszeiten der Kohlenwasserstoffe an Kieselgel werden verkürzt, wenn das Gel mit Alkoholen wie Benzylalkohol verestert, d.h. seine Oberfläche teilweise mit organischen Radikalen bedeckt wird (Rossi und Mitarbeiter).

Aluminiumoxid als Säulenfüllung wird von Freund, Szepesy und Simon für die Bestimmung der Kohlenwasserstoffe in Methan-Erdgas und Methan-Spaltgas verwendet. Wegen der Anwendung von u.a. mit Al_2O_3 gefüllten Kapillarsäulen sei auf die Arbeit von BRUDERRECK und Mitarbeitern (s. auch Absatz: Allgemeines) hingewiesen.

Wenn es auf die Trennung von Kohlenwasserstoffen bis C_4, z.B. in Gasen von der Butandehydrierung (Butadienerzeugung), ankommt, verwendet man nach McKENNA und IDLEMAN zwei hintereinandergeschaltete Säulen, von denen die erste Kieselgel, die zweite Aluminiumoxid enthält, bei erhöhter Temperatur, oder besser eine Säule mit 21 % Propylencarbonat auf aktiviertem Al_2O_3.

HALÁSZ und WEGNER arbeiten mit 18% 3,3′-Oxydipropionitril, Squalan oder Triäthylenglycol auf 100 bis 150 mesh Aluminiumoxid, das bei 400 °C 9 Std. geglüht wurde.

HARA und Mitarbeiter arbeiten analog mit einer 4-m-Säule von 40% Dimethylformamid und 40% Squalan auf bei 700 °C geglühtem Al_2O_3 und trennen ein 15-Komponenten-Gemisch von gasförmigen Kohlenwasserstoffen in 30 Min. bei Zimmertemperatur. Das Formamid verflüchtigt sich bei diesen Bedingungen nicht.

Eine Kombination von Butyrolacton und Paraffinöl auf Celite (präparierte Kieselgur) und Aluminiumoxid empfehlen CAPRIOLI, PAVAN und DE VITA für die Analyse von C_1- bis C_4-Kohlenwasserstoffen einschließlich der Acetylene. Heptan auf Schamotte bei − 78 °C (CO_2 + Aceton) wird von PORTER und JOHNSON als stationäre Phase zur Trennung und Bestimmung von Methan, niederen Homologen, CO und CO_2 in komplizierten Gemischen verwendet.

Sollen sowohl alle Kohlenwasserstoffe bis C_4 voneinander als auch das Methan von den Inertgasen und diese voneinander getrennt werden, so muß mit Säulenkombinationen gearbeitet werden (siehe oben, MADISON). 2 Säulen mit 30% Tetrabutylen auf Schamotte einerseits und Molekularsieb (für die Inertgase) andererseits werden von RONBAUT und FODDERIE dazu verwendet. SCHWENK und HACHENBERGER arbeiten bei der Analyse sehr komplizierter Gemische (Erdölcrackgas mit 30 Komponenten) mit 4 verschiedenen Säulen und erreichen damit die vollständige Trennung in 3 Std.

Die Analyse ebenso komplexer Gemische, und zwar von Motorabgasen, auf Kohlenwasserstoffe von C_1 bis C_6 führten FEINLAND, ANDREATCH und COTRUPE mit 2 parallel geschalteten 4-m-Säulen aus, von denen die eine 10% Diisodecylphthalat, die andere 20% Dimethylsulfolan auf Chromosorb enthielt. Letztere Säule trennte zwar nicht Äthylen und Äthan, wohl aber Methan von den übrigen leichten Kohlenwasserstoffen. Die Indikation der z.T. nur in Konzentrationen von wenigen ppm in Gegenwart von viel Luft und CO_2 vorhandenen Komponenten bei Anwendung von 1-ml-Proben wurde mit Flammen-Ionisationsdetektoren ausgeführt, die auf N_2, O_2, CO, CO_2 und H_2O nicht ansprechen. Die relative Standardabweichung betrug z.B. für Butan im 10- bis 100-ppm-Bereich 4%.

BELLAR, BROWN und SIGSBY arbeiten bei der Bestimmung von Kohlenwasserstoffen, die aus Auspuffgasen stammen, in der Luft mit Flammenionisationsdetektor nach Voranreicherung (siehe Abschn.: III).

BREDEL fand, daß bei einem solchen Detektor eine lineare Beziehung zwischen „reduzierter Peakfläche" (Fläche, dividiert durch Retationszeit) und C-Zahl der Komponente besteht. Auf die Bemerkungen im Abschn.: *Allgemeines* über solche Detektoren wird nochmals hingewiesen.

Einen Mikroflammendetektor, bei dem die brennbaren Komponenten (C_1 bis C_6) durch die Flammentemperatur bestimmt werden, verwendete KUSÝ.

Die Verbrennung der aus der Säule austretenden Kohlenwasserstoffe und ihre Indikation als CO_2-Peaks wurde mehrfach beschrieben, so von HEATON und WENTWORTH. NASH und HALL verbrennen ebenfalls, leiten aber das CO_2 in Lauge ein und indizieren mit Leitfähigkeitsschreiber. JURÁNEK mißt die Änderung der Färbung von Phenolphthalein photoelektrisch und erreicht dabei eine Empfindlichkeit von

$2 \cdot 10^{-5}$ ml CH_4 und $1 \cdot 10^{-5}$ ml C_2H_6. MARTIN und SMART sowie HEATON und WENTWORTH indizieren das CO_2 durch dispersionslose Ultrarotabsorption.

Bei der Analyse von sehr geringen Konzentrationen von Methan, Kohlenoxid und Inertgasen werden neuerdings bisweilen die sehr empfindlichen Ionisationsdetektoren mit radioaktiver Anregungsquelle verwendet (siehe Abschn. *Allgemeines*), so von BERRY, von LANDOWNE und LIPSKY wie auch von ELLIS und FORREST. Als Trennmaterial dient dabei meist Molekularsieb.

Für die Betriebsanalyse sehr komplizierter Gasgemische z.B. in Erdölcrackanlagen wendet man jetzt teilweise Kombinationen von 12 Säulen mit verschiedenen, stationären Phasen an, die je nach Art des Gases und der zu bestimmenden Komponente wahlweise zusammengeschaltet werden können (SCHARFE). Eine spezielle Apparatur und Arbeitsweise für die Bestimmung der niederen Kohlenwasserstoffe in Reaktionsgasen mit hohem Taupunkt wird von MUNDAY und PRIMAVESI beschrieben. Für die Bestimmung von Spuren von CH_4 und CO_2 in flüssigem Sauerstoff verwenden SHINOHARA, OHKUSA und OKADA eine Kombination von Gaschromatographie und UR-Spektrometrie. Bei Anwendung von 100 ml flüssigem O_2, die verdampft und durch eine Säule mit Benzyläther auf Kieselgel geleitet werden, sollen noch $2 \cdot 10^{-4}$ ppm Kohlenwasserstoff erfaßbar sein.

Die Möglichkeit, Gase, darunter Methan, auch in sehr niedriger Konzentration (0,3 bis 0,1 ppm) mit üblichen gaschromatographischen Einrichtungen unter Anwendung einer Voranreicherung zu bestimmen, wurde von BRENNER und ETTRE aufgezeigt. Man leitet eine größere Menge, z.B. 20 l Gas, durch tiefgekühltes Kieselgel, evakuiert, heizt dann aus und leitet das desorbierende Gas in die normale Säule.

6. Bestimmung durch Ultrarotspektrometrie.

Allgemeines. Die Ultrarot-Absorptions-Spektralanalyse ermöglicht einen empfindlichen wie auch spezifischen Nachweis und eine ebensolche Bestimmung des Methans in Gemischen mit den verschiedensten Gasen. PIERSON, FLETCHER und GANTZ bringen eine große Zusammenstellung der Absorptionseigenschaften von 66 Gasen und Dämpfen. Für jede Verbindung ist das Diagramm im Bereich von 2 bis 15 μm dargestellt (teilweise für verschiedene Gasdrucke). Außerdem sind alle Verbindungen in einer Übersichtstafel zusammengestellt, in der die Lage ihrer hauptsächlichen Banden in Form von Symbolen, welche auch die relativen Intensitäten der Banden angeben, eingezeichnet ist. SZYMANSKI schuf ein „Handbuch der Infrarotbanden."

Methan zeigt eine zwar nur mittelmäßig starke, aber gegenüber allen Kohlenwasserstoffen und übrigen Gasen spezifische Bande bei 7,65 μm. Die Verfasser bringen als Beispiel für die Analyse eines Gemisches von mehreren Komponenten die Aufnahme eines Gemisches aus CH_4, C_2H_4, C_2H_2, CO, CO_2, NO, NO_2 und HCN. Der Absorptionspeak von CH_4 bei 7,65 μm tritt frei von Überlagerung sehr gut in Erscheinung. Für die Analyse des Methans und anderer Kohlenwasserstoffe wie auch der vorstehend mitgenannten Gase wirkt sich vorteilhaft aus, daß in dem Wellenbereich von 2 bis 15 μm die Elemente H_2, N_2 und O_2 überhaupt keine Absorption zeigen und daher nicht störend in Erscheinung treten. Einen vollständigen Atlas über das Spektrum des Methans im Bereich der Wellenzahlen 2470 bis 3200 cm^{-1} mit 2460 Linien stellten PLYLER, TIDWELL und BLAINE auf.

Bei Methan und Kohlendioxid tritt ein besonderer Effekt, die „Druckverbreiterung", auf. Das heißt, bei gleichem Partialdruck bewirken diese Gase eine stärkere Absorption der Strahlung, wenn der Druck anderer Gemischkomponenten wie Wasserstoff, Stickstoff oder Sauerstoff erhöht wird. Dieser Effekt ist von Bedeutung, wenn das zu analysierende Gasgemisch unter vermindertem Druck anfällt. Man bringt es zur Eliminierung des Druckeffektes vor der Messung, z.B. durch Zugabe von gereinigter Luft, in kontrollierter Weise auf einen bestimmten Gesamtdruck, zweckmäßig 760 Torr, für den dann auch die Eichkurven aufgestellt werden (FRIEDEL). Die Eichkurven verlaufen in weiten Konzentrationsbereichen linear. Die Genauigkeit der quantitativen Bestimmung mittlerer Konzentrationen kann nach COGGESHALL und SAIER auf besser als 0,5% (relativ) gehalten werden.

Die UR-Spektrometrie ist wie nur wenige andere Methoden zur Anwendung für die völlig verzögerungsfreie, kontinuierliche Analyse von Gasgemischen auf einen oder mehrere Bestandteile, auch Spurenbestandteile, geeignet. Sie wird mit Vorteil auch in Verbindung mit der Gaschromatographie, und zwar direkt zur Endbestimmung (MARTIN und SMART) oder zur qualitativen Deutung der Peaks (z. B. FEUERBERG und Mitarbeiter) angewendet.

I. Apparaturen.

Auf die Einzelheiten der für die Durchführung der Ultrarotabsorptionsanalyse konstruierten Geräte kann im Rahmen dieses Werkes nicht eingegangen werden. Eine recht ausführliche Beschreibung mehrerer Typen und der experimentellen Grundlage der Methode überhaupt sowie Spezialliteratur geben LUTHER im Buch von ZERBE (S. 137 bis 152) sowie CROPPER und HAMER. Hier seien nur die wesentlichsten Merkmale der beiden in Konstruktion und Arbeitsprinzip recht unterschiedlichen Hauptarten herausgestellt. Es handelt sich einmal um die mit Dispersion der Strahlung (durch Prismen oder Gitter) und zum anderen um die ohne Dispersion arbeitenden Geräte.

Bei den Geräten der ersten Art wird ein mehr oder weniger breiter Teil des Spektrums „durchfahren", indem bei feststehendem Prisma ein Strahlungsempfänger in der Brennebene des Austrittsobjektivs kontinuierlich verschoben wird oder durch Drehen des Prismas selbst oder eines hinter dem Prisma befindlichen Spiegels die Strahlung der verschiedenen Wellenlängen nacheinander auf den feststehenden Detektor (gewöhnlich eine hochempfindliche Photozelle) gerichtet wird. Die Registrierung des Spektrums geschieht in den modernen Geräten dieser Art meist als Kurvenzug durch einen Tintenschreiber. Die Spektrographen dieser Hauptart sind vielseitig anwendbar, besonders dann, wenn sie mit einer Wechseleinrichtung zur wahlweisen oder aufeinanderfolgenden Anwendung von Prismen aus verschiedenem Material (z. B. KBr, NaCl, LiF) ausgerüstet sind. Sie gestatten sowohl die Untersuchung von festen Stoffen und Flüssigkeiten als auch diejenige von Gasen.

In dem anderen Haupttypus, den ohne Dispersion arbeitenden, besonders für die Analyse strömender Gase bestimmten Geräten, erfolgt die Detektion durch zwei gasgefüllte Empfängerkammern. Als Beispiel sei das Prinzip des URAS (Hartmann & Braun) in Anlehnung an die Beschreibung von SCHUSTER (S. 172) geschildert. Die Probe und die Vergleichssubstanz (meistens Luft) werden von je einer UR-Quelle durchstrahlt. Dabei geht je ein mittels Filtercüvette nur grob ausgefiltertes Strahlungsbündel mit ziemlich breitem Wellenbereich (2 bis 10 μm) durch Probenkammer und Vergleichskammer. Danach treten die Strahlungen in je eine Empfängerkammer ein. Diese geschlossenen Kammern sind mit dem Gas gefüllt, auf das geprüft werden soll. Findet keine Absorption in der Probenkammer statt, so gelangt die Strahlung gleichmäßig in jede der Empfängerkammern und erzeugt dort gleich große Temperaturerhöhungen. Tritt nun aber in der Probenkammer das zu bestimmende Gas auf, so wird ein Teil der Strahlung bereits dort absorbiert, und die zugehörige Empfängerkammer erhält eine geschwächte Strahlung, so daß ihre Temperatur und ihr Gasdruck absinken. Zwischen den beiden Empfängerkammern befindet sich ein als Membran ausgebildeter Kondensator, der sich entsprechend der Druckveränderung verstellt und seine Kapazität ändert. Die Druckänderungen sind sehr gering. Deshalb werden die beiden Strahlengänge durch ein schnell rotierendes Blendenrad ständig unterbrochen und wieder hergestellt. Die so entstandenen periodischen Druckschwankungen erzeugen ebensolche Kapazitätsänderungen des Membrankondensators. Dadurch überlagert sich der an ihm liegenden Gleichspannung eine Wechselspannung (mit von der Gaskonzentration in der Probekammer abhängiger Amplitude). Die Wechselspannung wird verstärkt, gleichgerichtet und von einem Meßinstrument angezeigt oder registriert.

Bei der Analyse von Gasen werden für geringe Konzentrationen lange Probekammern verwendet (mehrere Dezimeter); bei hoher Konzentration genügen 1-cm-Zellen (STROUPE). Die Geräte der zweiten Art werden vorzugsweise als mit Gaszuführungen ausgerüstete Durchflußgeräte für die kontinuierliche Analyse zur Kontrolle von Betriebsvorgängen oder zur Überwachung der Luft auf einen bestimmten, schädlichen Stoff oder eine Gruppe solcher Stoffe verwendet.

In Ultrarot-Gasanalysatoren ist manchmal das Entfernen des Gases aus den Kammern vor dem Einführen der folgenden Probe ein Problem; nämlich dann, wenn die Kammer zu dünnwandig ist, um Evakuieren zu gestatten, und die verfügbare Gasmenge zu klein ist, um damit vor dem endgültigen Füllen ausgiebig zu spülen. KEMP konstruierte neuerdings eine Anordnung mit einem Kolben, der in die zylindrische Meßkammer eingesetzt wird und das Spülen mit einem relativ kleinen Gasvolumen ermöglicht. (Vgl. Abb. 47). Kolben B besteht aus einer ringförmigen Fassung aus Metall, in die zwei kreisrunde Fenster aus UR-durchlässigem Material als Stirnflächen des Kolbens eingesetzt sind. Der Kolben ruht normalerweise dicht über dem unteren Begrenzungsfenster W_2 der Probenkammer. Er hat innerhalb der Kammerwandung etwa 0,5 mm radiales Spiel. Die neue Gasprobe wird in einen vorgeschalteten Behälter eingesaugt, der aus einer Gummiblase D in einem Rundgefäß besteht, in dem der äußere Gefäßraum vorübergehend evakuiert und die Blase so mit dem Probengas gefüllt wird. Danach sperrt man die Gaszufuhr durch Schließen eines in der Zuleitung befindlichen Hahnes ab und setzt das Gas durch Wegnehmen des äußeren Vakuums unter Atmosphärendruck. (Solche Probenaufnahmegefäße sind an und für sich schon beschrieben worden, z.B. von ŠALJA, der einen Vakuumexsiccator mit Gummiblase verwendete.) Die Rohransätze an den beiden Enden der Probenkammer sind mit 2 gegenüberliegenden Ansätzen eines Vierweghahnes verbunden. Die beiden anderen Ansätze des Hahnes stehen mit einer Gasableitung bzw. über einen Absperrhahn mit der Gummiblase in Verbindung. Wenn man diesen Absperrhahn öffnet, treibt das Gas bei entsprechender Stellung des Vierweghahnes den Kolben nach oben und das darüber befindliche alte Gas aus der Kammer fast vollständig heraus. Eine kleine Gasmenge, die durch den Ringspalt zwischen Kolben und Kammerwandung hindurchströmt, spült noch den Restraum oberhalb des Kolbens. Durch Drehen des Vierweghahnes wird der Vorgang in umgekehrter Richtung wiederholt. Auf diese Weise wird eine praktisch vollständige Auswechselung des Gasinhaltes der Kammer bei einem geringen Verbrauch von Probegas erreicht.

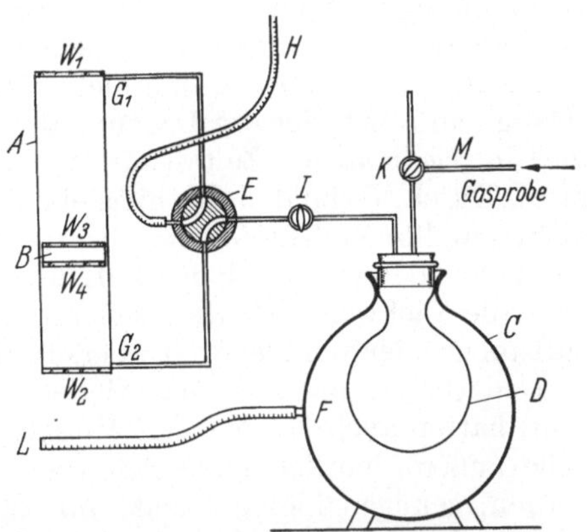

Abb. 47. Anordnung nach KEMP zum Spülen einer UR-Meßkammer mit kleinen Gasmengen.

II. Bestimmung von Methan und Homologen in technischen Gasen und Spurenbestimmung in der Luft.

Die direkte Bestimmung von Methan und anderen Kohlenwasserstoffen wird von STROUPE beschrieben, der auch Korrekturverfahren zur Ausschaltung der gegenseitigen Beeinflussung der Kohlenwasserstoffe in ihren Meßergebnissen angibt. Die Ultrarotanalyse sowie ihre kombinierte Anwendung mit der Massenspektrometrie werden von O'NEAL beschrieben. Diese Kombination ergibt eine den Einzelmethoden überlegene Genauigkeit.

Die Empfindlichkeit der Geräte kann durch starke Strahlungsquellen, besonders lange Strahlungswege und einige andere Maßnahmen sehr weit gesteigert werden. So beschreiben LITTMAN und DENTON die Abwandlung eines kommerziellen Apparates (der zweiten Art) zu einem Ultramikroanalysator, mit dem Kohlenwasserstoffgase bei

Gehalten von 0,1 bis 10 Gew.-ppm in der Luft kontinuierlich angezeigt und registriert werden. 1 ppm CH_4, z. B., erzeugt einen Ausschlag von 2 Skalenteilen.

Dieser Apparat hat Gasdurchflußzellen (Glasrohr mit innen aufgedampftem Aluminium) von 2,90 m Länge. Die Vergleichszelle ist ebenfalls als Durchflußzelle ausgebildet, und zwar wird sie mit einem Teilstrom der Luft beschickt, der aber vorher durch Überleiten über einen auf 800 °C beheizten Edelmetallkatalysator vollständig von organischen Gasen befreit wird. Der infolge einer gewissen Überlappung der Banden mit denjenigen des jeweils zu bestimmenden Gases bestehende, fälschende Einfluß von CO_2 und CO auf die Anzeige wird dadurch ausgeschaltet, daß die ihren Banden entsprechende Wellenlängen durch Füllung der Filterkammern mit einem CO_2-CO-Gemisch von der Proben- und der Vergleichskammer ferngehalten werden. Durch Anwendung der gleichen Luft in Probe- und Vergleichskammer wird der sonst schwer zu eliminierende Einfluß der wechselnden Luftfeuchtigkeit vermieden. Der durch Verbrennung der Spuren von Kohlenwasserstoffen in der Vergleichsluft zusätzlich auftretende Wasserdampf ist wegen seiner geringen Menge ohne Einfluß auf die Messung.

Da in einer derart empfindlichen Anordnung die Null-Linie unweigerlich einen „Gang" aufweist, der die Deutung der angezeigten Kurve schwierig machen würde, wird in regelmäßigen Zeitabständen auch durch die Probenzelle gereinigte Luft geleitet. Durch Verbinden der hierbei entstehenden Kurvenabschnitte erhält man eine leicht gewellte Null-Linie, und über dieser Linie treten die eigentlichen Meßausschläge wie mehr oder weniger lange Zähne eines gekrümmten Sägeblattes in Erscheinung, wenn die Nachweisschwelle des Gerätes für das zu bestimmende Gas in der originalen Luft mehr oder weniger weit überschritten wird.

Den Umbau eines kommerziellen Gerätes auf Anwendung einer längeren Zelle (1 m) hatten auch MADER und Mitarbeiter beschrieben. Sofern nicht wie im obigen Falle außerordentlich hohe Anforderungen bezüglich der Empfindlichkeit gestellt werden, genügen kleine Geräte mit 20 bis 30 cm Kammerlänge vollauf. FRIEDEL hebt den Wert der UR-Methode unter Ausnutzung der Bande bei 7,7 µm für die Überwachung der Grubenluft auf CH_4 hervor; er empfiehlt die Messung bei 3,5 µm, wenn Kohlenwasserstoffgase insgesamt erfaßt werden sollen.

Mit kleineren Probenkammern kommt man bei der Bestimmung der Methan-Homologen aus, wenn man die Kohlenwasserstoffe vorher anreichert, z. B. durch Ausfrieren (MADER und Mitarbeiter), wie im Prinzip u. a. von SHEPHERD und Mitarbeitern beschrieben. Die Empfindlichkeit für Methan und andere Kohlenwasserstoffe kann dadurch weiter gesteigert werden, daß man die Luft mit dem Kohlenwasserstoff nicht direkt durch den Analysator leitet, sondern den Gasstrom vorher über einen erhitzten Oxydationskatalysator führt. Die molare Absorption von Kohlendioxid ist nämlich etwa 5mal so groß wie diejenige der Kohlenwasserstoffe. Bei den Homologen des Methans wird ein weiterer Gewinn an Empfindlichkeit deshalb erreicht, weil aus jedem Molekül mehrere Moleküle CO_2 entstehen.

ROSENBAUM, ADAMS und KING verwenden als Oxydationskatalysator ein kommerzielles Präparat (Engelhard Industries, Baker Division, Typ F, in Tablettenform). Der Katalysator befindet sich in einem auf 510 °C beheizten Rohr aus rostfreiem Stahl, das innen mit Inconelmetall plattiert ist, um Absorption von CO_2 im Stahl zu vermeiden. Der Katalysator vermag noch bei einer Gasgeschwindigkeit von 6000 Vol. Gas je Stunde und Volumen praktisch alles Methan zu verbrennen und weist eine Lebensdauer von mehreren Jahren bei ununterbrochenem Betrieb auf. Als UR-Gerät verwenden die Autoren ein Gerät der 2. Art von BECKMAN (Liston-Becker-Modell 21) mit 41 Zoll langen Kammern. Sie erreichen damit bei Messung unter einem Druck von 3 atü eine Empfindlichkeit von weniger als 1 ppm. Bei Normaldruck und herabgesetzter Verstärkung konnten CH_4-Konzentrationen bis 300 ppm herauf mit linearer Anzeige gemessen werden; darüber hinaus verläuft die Eichkurve gekrümmt. Die Eichungen erfolgen mit Gemischen aus reinem Kohlendioxid und Luft.

7. Bestimmung durch Massenspektrometrie.

Wegen der theoretischen und apparativen Grundlagen der Massenspektrometrie muß auf die Spezialliteratur, z. B. Ewald und Hintenberger, verwiesen werden.

Es sei hier nur die Tatsache festgehalten, daß bei einer bestimmten, zwischen 50 und 100 eV liegenden Energie der zum Beschuß der Gasmoleküle dienenden Elektronen und bei Konstanthaltung der übrigen Betriebsdaten das von einer chemischen Verbindung erzeugte Masse/Ladung-Spektrum der Molekül- und Bruchstückionen reproduziertbar festgelegt werden kann und charakteristisch für die betreffende Substanz ist. Ein großer Vorzug der Methode ist ihre äußerst hohe Empfindlichkeit; 0,1 bis 0,0001 ml Gas reichen zur Analyse aus.

Die Massenspektrometrie kann zum Nachweis und zur Bestimmung des Methans Anwendung finden. Man wird sie unter Umständen dann dazu heranziehen, wenn für die Analyse von Gemischen mit höher molekularen Verbindungen, für welche diese Methode sehr gute Dienste leistet, ohnehin ein Massenspektrometer eingesetzt wird. Die Bedingungen für den CH_4-Nachweis sind verhältnismäßig ungünstig, da das kleine CH_4-Molekül nur sehr wenige Ionenarten liefert und die zugehörigen Peaks $m/e = 16$ und 15 von denen der Luftgase N_2, O_2 (in größeren Konzentrationen) und CO_2, H_2O (auch in kleineren Konzentrationen) überdeckt werden.

Trotzdem ist der Nachweis und die befriedigend genaue quantitative Bestimmung von einigen Zehntelprozenten Methan in Luft bei Einführung von Korrekturen möglich, wie Friedel zeigt. Dieser Autor gibt aber der UR-Spektrometrie für solche Fälle den Vorzug. Die Massenspektrometrie wird dann nützlich sein, wenn nur sehr kleine Gasmengen zur Verfügung stehen. Drew und Mitarbeiter empfehlen, die Massenspektrometrie z. B. für die Klärung der Frage anzuwenden, ob der 1. Peak eines Gas-Flüssig-Chromatogramms von Kohlenwasserstoffen nur durch eine Luftbeimengung oder aber auch durch Methan hervorgerufen wird. Sauerstoff, Stickstoff und CH_4 werden nämlich bei der Verteilungschromatographie nicht getrennt. Andererseits weisen Drew und Mitverfasser besonders auf die zahlreichen Fälle hin, wo eine einwandfreie massenspektrometrische Analyse von Gemischen erst durch Vortrennung auf gaschromatischem Wege möglich wird.

Wie aus den Intensitäten der Peaks des Spektrums eines Gemisches von 5 Kohlenwasserstoffgasen, darunter Methan, die Partialdrucke der einzelnen Komponenten errechnet werden und so ihr Vorhandensein nachgewiesen wird, beschreiben Ewald und Hintenberger eingehend. Bei der Berechnung geht man von dem Bestandteil mit dem höchsten Molekulargewicht aus und führt die Rechnung stufenweise fortschreitend bis zum Methan durch. Honig zeigt, wie kleine Mengen Methans im Gemisch aus den Intensitätsverhältnissen der Peaks bestimmt werden können.

Die Bestimmung von Spuren von nichtkondensierbaren Verunreinigungen wie Methan, Kohlenoxid, (Wasserstoff und Helium) in kondensierbaren Gasen wie Kohlendioxid, Schwefeldioxid und Propan wird von Newton beschrieben.

Die Bestimmung kleiner Kohlenwasserstoffmengen im Wasserstoff wird ungenau. Man kann nach dem Vorschlag von Brown und Mitarbeitern die Genauigkeit stark erhöhen, indem man den größten Teil des Wasserstoffs durch ein auf 500 °F (260 °C) erhitztes Palladiumrohr selektiv wegdiffundieren läßt. Alle Kohlenwasserstoffgase, auch Methan, bleiben zurück und sind nun der massenspektrometrischen Analyse besser zugänglich.

Shepherd machte bei der Analyse von Erdgas Vergleichsversuche mit chemischen Absorptionsmethoden und auch der Massenspektrometrie und fand, daß letztere für die Bestimmung der Kohlenwasserstoffe, besonders des Methans und Äthans, bessere Werte ergibt. Einen Vergleich der von verschiedenen Laboratorien bei der Analyse von identischen, Äthan und höhere Kohlenwasserstoffe in gleichen Mengen enthaltenden Proben erzielten Ergebnisse und entsprechende Fehlerbetrachtungen stellt VOLK an.

Über Erfahrungen mit der Automatisierung der massenspektrometrischen Gasanalyse berichtet VAN KATWIJK. Unter anderem beschreibt er ein Auswertungsgerät, das die Intensitäten unmittelbar in Zahlen liefert, also das Ausmessen der Peakhöhen erspart.

COULSON untersuchte Motorabgase massenspektrometrisch und bestimmte dabei Paraffine, Olefine und Acetylenkohlenwasserstoffe von C_1 bis C_3. Er vereinfachte die Auswertung dadurch, daß er vor einem Teil der Messungen ungesättigte Kohlenwasserstoffe durch Überleiten des Gases über Quecksilber(II)-perchlorat (auf Schamotte) entfernte. Die Eichung wurde mit Argon ($m/e^+ = 40$) ausgeführt.

B. Äthan (C_2H_6).

Mol.-Gew.: 30,07; Dichte (bez. a. Luft): 1,049; Kp.: −88,6 °C.

Eine Bestimmung des Äthans für sich allein kommt sehr selten in Betracht, da dieses Gas fast immer im Gemisch mit anderen Kohlenwasserstoffen, insbesondere Methan, auftritt. Ist es als praktisch einziges Homologes des Methans in diesem vorhanden, so kann es durch Verbrennen des Gemisches, z.B. im Rohr mit CuO und Messen der Volumenzunahme ermittelt werden. Da nach den Gleichungen:

$$\text{a)}\ CH_4 + 4CuO = 4Cu + CO_2 + 2H_2O;$$

$$\text{b)}\ C_2H_6 + 7CuO = 7Cu + 2CO_2 + 3H_2O$$

bei der Verbrennung aus einem Vol. CH_4 1 Vol. CO_2, aus 1 Vol. C_2H_6 aber 2 Vol. CO_2 entstehen, ist die prozentuale Volumenzunahme gleich dem Prozentgehalt des Gemisches an Äthan. Da das Gas mittels Sperrflüssigkeit zwischen Meßbürette und Ausgleichpipette durch das Verbrennungsrohr hin- und hergeleitet werden muß und diese Flüssigkeiten, ausgenommen das unbequem zu handhabende Quecksilber, Kohlendioxid aufnehmen oder abgeben können, ist die Methode ungenau. Natürlich wird sie ganz unbrauchbar, wenn gleichzeitig höhere Homologe in merklicher Menge vorhanden sind, da diese mit steigender C-Zahl zunehmend größere Mengen Kohlendioxid liefern.

Als brauchbare Bestimmungsmethoden für solche Gemische kommen die Ultrarotspektrometrie, die Massenspektrometrie und vor allem die Gaschromatographie in Betracht. Wegen der erstgenannten Methoden wird auf PIERSON, FLETCHER und GANTZ bzw. auf EWALD und HINTENBERGER, S. 248 bis 250, auf WASHBURN, WILEY, ROCK und BERRY sowie WASHBURN, WILEY und ROCK verwiesen. Über das Verhalten des Äthans bei der Gaschromatographie und UR-Spektrometrie von Gasgemischen sind Angaben in den entsprechenden Abschnitten der Kapitel: Methan, Äthylen und Acetylen zu finden.

Methoden zur Anreicherung sehr geringer Konzentrationen von Kohlenwasserstoffgasen aus der Luft durch Adsorption an tiefgekühltem Silicagel oder durch einfaches Ausfrieren bei Tiefkühlung sowie die übrige Vorbehandlung vor der massenspektrometrischen Analyse werden von QUIRAM, METRO und LEWIS bzw. QUIRAM und BILLER ausführlich beschrieben.

C. Propan (C_3H_8).

Mol.-Gew.: 44,097; Dichte (bez. a. Luft]: 1,530; Fp.: −187,1 °C; Kp.: −42,1 °C.

Für die Bestimmung des Propans gilt grundsätzlich dasselbe, was für Äthan bezüglich der physikalisch-chemischen Methoden im vorigen Kapitel ausgeführt wurde. Wegen der Bestimmung durch Ultrarot- und Massenspektrometrie wird auf die dort genannten Literaturstellen verwiesen. Die rationellste Methode ist auch für dieses Gas die Gaschromatographie (siehe die entsprechenden Abschnitte in den Kapiteln: Methan, Äthylen und Acetylen). Hier seien nur 3 weitere Arbeiten zusätzlich erwähnt.

DREW und Mitarbeiter zeigen, wie in nur 5 ml Gas durch Adsorptionschromatographie an Kieselgel bei von 0 auf 100 °C gesteigerter Temperatur Äthan, Propan und Butan (vollständig massenspektralanalytisch rein) voneinander getrennt und bestimmt werden können. Eine ähnliche Methode zur Bestimmung der gesättigten und der ungesättigten C_1- bis C_4-Kohlenwasserstoffe nebeneinander wurde schon von TURKELTAUB und Mitarbeitern beschrieben.

Für die Analyse des „leichten Endes" von unstabilisiertem Benzin, d.h. die Bestimmung der C_3- bis C_6-Kohlenwasserstoffe neben den schweren, bis 400 °F (204 °C) siedenden Anteilen, haben LICHTENFELS, FLECK und BUROW eine verteilungschromatographische Arbeitsweise bei konstanter, wenig erhöhter Temperatur angegeben. Dazu wird eine Anordnung mit zwei Säulen benutzt. Die Säulen, von denen die eine kurz und die andere relativ lang ist, sind zur Probenaufnahme (durch Einspritzung am Eingang der kurzen Säule) hintereinandergeschaltet. Sobald alle zu bestimmenden Komponenten die erste Säule durchlaufen haben und in der zweiten angelangt sind, wird das Trägergas direkt in diese eingeleitet und werden die C_3- bis C_6-Komponenten darin chromatographiert. Die abgeschaltete erste Säule, in der die höhersiedenden Anteile verblieben sind, wird inzwischen zu deren Austreibung in umgekehrter Richtung gespült. Die Säulen waren 1 Fuß bzw. 7 Fuß (0,31 bzw. 2,14 m) lang und enthielten beide Di-2-äthylhexylsebazat.

D. Äthylen und Äthylenoxid.

1. Äthylen (C_2H_4).

Mol.-Gew: 28,054; Dichte (bez. a. Luft): 0,975; Fp.: − 169,5 °C; Kp.: − 103,7 °C.

Allgemeines. Äthylen und in noch stärkerem Maße seine Homologen sind infolge ihrer Kohlenstoff-Doppelbindung einer Reihe von Umsetzungen fähig; darauf gründen sich chemische Bestimmungsmethoden, die allerdings nicht sehr spezifisch sind. Die physikalisch-chemischen Methoden dagegen sind zur getrennten Bestimmung der Homologen im allgemeinen gut geeignet.

I. Bestimmung durch Anlagerungsreaktionen.

a) Anlagerung von Brom.

Allgemeines. Mit Brom in verdünnter Lösung (in Wasser, Methanol, Eisessig u.a.) reagiert Äthylen quantitativ nach der Gleichung:

$$C_2H_4 + Br_2 \rightarrow C_2H_4Br_2.$$

Die Homologen des Äthylens verhalten sich ebenso; dagegen reagieren Acetylen und andere ungesättigte Kohlenwasserstoffe (z.B. Benzol) erst mit konzentrierter Bromlösung.

Die Anlagerung kann in einer Bunte-Bürette oder einem anderen in der Gasanalyse üblichen Absorptionsgefäß in Verbindung mit einer einfachen Meßbürette vorgenommen werden (wegen gasanalytisch-technischer Einzelheiten siehe z.B. SCHUSTER). Wie OBERSEIDER und BOYD bemerkten, begünstigt Einwirkung von Tages- und Kunstlicht den Umsatz gesättigter Kohlenwasserstoffe mit Brom, und man sollte deshalb bei der Äthylenbestimmung das Licht, z.B. durch schwarze Umhüllung des Reaktionsgefäßes, ausschließen.

Viele Autoren, wie McMillan, Cole und Ritchie wiesen darauf hin, daß keine Methode der Absorption durch Brom oder aktivierte Schwefelsäure völlig selektiv für Olefine ist, sondern Paraffine und Cyloparaffine mehr oder weniger mit absorbiert werden (siehe aber Francis und Lukasiewics Abschnitt: b). Die Hydrierung bei Zimmertemperatur (siehe Abschnitt: d) sei dagegen absolut spezifisch. Auch rein physikalische Lösungsvorgänge üben bei Verwendung von Absorptionsflüssigkeiten einen fälschenden Einfluß aus (Ott und Deringer). Man kann dem Übelstand durch Anwendung möglichst geringer Flüssigkeitsmengen bei Verteilung auf eine große Oberfläche (Glasstäbe, Glasröhren u.a.) etwas entgegenwirken.

α) Gasvolumetrische Bestimmung.

Bei dieser Bestimmung wird ein abgemessenes Gasvolumen mit der verdünnten Bromlösung einige Minuten geschüttelt. Danach wird das Volumen wieder gemessen und aus der prozentualen Volumenabnahme der Gehalt an C_2H_4 (oder an Olefinen – wenn Homologe anwesend sind) in Vol.-% berechnet.

Der Umsatz mit Brom kann auch an mit Brom beladener Aktivkohle erfolgen. Hierbei ist eine getrennte Bestimmung von Äthylen und Acetylen möglich. Wenn letzteres vorhanden ist, läßt man das Gas bei einer Temperatur unterhalb – 78 °C einwirken, wobei nur das Äthylen reagiert. Das entstehende Äthylenbromid wird quantitativ adsorbiert. Nach Temperaturerhöhung auf etwa 0 °C wird auch das Acetylen umgesetzt. Äthan würde erst oberhalb etwa 20 °C reagieren, wie Wirth feststellte. Die Mengenanteile der Gase werden in üblicher Weise durch Messen der Volumenverminderung bestimmt.

β) Jodometrische Bestimmung.

Arbeitsvorschrift. Zu 100 ml des z.B. in einer Bunte-Bürette befindlichen Gases gibt man einen Überschuß an verdünnter Bromlösung mit jodometrisch ermitteltem Titer. Die abgemessene Bromwassermenge wird quantitativ, unter Nachspülen des Capillarsystems, eingebracht. Man schüttelt einige Minuten. Dann überführt man den Büretteninhalt vollständig in einen Titrierkolben, in dem sich Kaliumjodidlösung befindet. Das freigesetzte Jod wird mit 0,1 n Thiosulfatlösung und Stärke als Indikator titriert. Die Differenz zwischen der Thiosulfatmenge, die dem zugegebenen Brom entspricht, und der bei der Jodtitration verbrauchten Menge gibt den Olefingehalt an. 1 ml 0,1 n Thiosulfatlösung entspricht 1,113 ml C_2H_4 (unter Normalbedingungen).

Bemerkung. Von Flaschka stammt eine Abwandlung einer Brom-Methode nach Haber. Das Brom wird aus Bromid-Bromatlösung entwickelt; der Überschuß wird mit überschüssiger arseniger Säure zurückgenommen, und schließlich wird mit Chloramin-T der Überschuß von arseniger Säure titriert. Hierbei wird die Anwendung von Jodverbindungen erspart, Kaliumjodid wird nur in kleinster Menge als Indikator gebraucht. Auch wird die direkte Titration mit Bromidbromat vermieden, bei der zum Schluß sehr langsam titriert werden muß, weil die den Endpunkt anzeigende Zerstörung des Indikators eine Zeitreaktion ist.

Arbeitsvorschrift. 50 bis 70 ml des zu untersuchenden Gases werden in eine Bunte-Bürette gesaugt. Bei geschlossenem oberem Hahn wird dann das noch vorhandene Sperrwasser bis zur Marke 10 abgesaugt (mit der Wasserstrahlpumpe). Aus einem Schälchen läßt man nun durch den unteren Hahn 20 ml 0,1 n Kaliumbromid-Bromatlösung einströmen.

Man saugt 5 ml Salzsäure (1 + 1) (etwa 6 m) nach und schüttelt bis zur vollständigen Absorption des Äthylens (etwa 8 Min.). Nun füllt man mit einer Pipette 25 ml 0,1 n arsenige Säure in den Trichter der Bürette und läßt sie durch den oberen Hahn in die Bürette einströmen. Wenn nach kurzem Schütteln die Flüssigkeit farblos geworden ist, läßt man sie nach unten in einen Kolben ab und spült mit Wasser nach.

Man versetzt die Lösung mit 2 bis 3 g Natriumcarbonat, 2 bis 3 Tropfen Kaliumjodidlösung (20%ig), ebensoviel Stärkelösung und titriert mit 0,1 n Chloraminlösung (p-Toluolsulfochloramidnatrium) bis zur leichten Blaufärbung.

Bemerkungen. aa) Zur *Berechnung* bildet man die Differenz (in Millilitern) von angewendeter arseniger Säure und verbrauchter Chloraminlösung. Diese Differenz entspricht der bei der Reaktion mit Äthylen übriggebliebenen Bromidlösung. Zieht man von der angewendeten Menge Bromidbromatlösung die übriggebliebene ab, so erhält man den Anteil, der mit dem Äthylen reagiert hat. 1 ml verbrauchter 0,1 n Bromidbromatlösung entspricht 1,113 ml Äthylen von 0 °C und 760 Torr.

bb) Sehr langes Schütteln mit der Bromlösung ist zu vermeiden, da sonst in Gegenwart von Acetylen infolge Bromanlagerung an diese Verbindung zu hohe Äthylenwerte resultieren.

Miller und Pearman stellten andererseits fest, daß 20 Min. geschüttelt werden muß, damit nicht Minderbefunde auftreten. Sie erhielten auch bei Anwendung von 50% Bromüberschuß Minderbefunde von etwa 10% relativ, wenn sie nur 5 Min. schüttelten. Diese Autoren verwenden zur Erhöhung der Genauigkeit einen besonderen Reaktionskolben von 1 l Inhalt mit einer Zuführungseinrichtung für das Absorptionsreagens (siehe Abb. 48). Das Reagens besteht aus einer Lösung von 5 g Kaliumbromid und 1 ml Brom in 300 ml Eisessig.

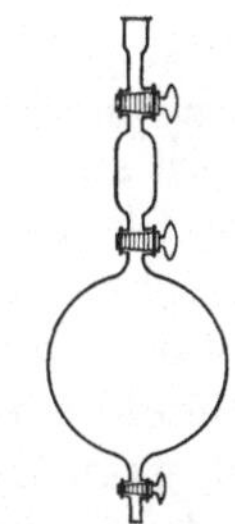

Abb. 48. Reaktionsgefäß nach Miller u. Pearman zur Äthylenbestimmung.

cc) Die *Ergebnisse* lassen sich bei mäßig verdünntem Äthylen in Gasgemischen auf wenige Hundertstel Prozent genau *reproduzieren*.

dd) Ein ähnliches, aber kleineres und *noch etwas einfacheres* Gefäß und seine Handhabung werden von Björkman beschrieben. Dieser bromiert mit Bromat-Bromid-Salzsäure und gibt dabei die Salzsäure zu dem übrigen Reaktionsgemisch nach und nach anteilsweise hinzu, um größere Bromüberschüsse und somit Nebenreaktionen (Substitution von Wasserstoff durch Brom) zu vermeiden.

ee) Für den Fall, daß das übrige Gas zur Bestimmung *weiterer Bestandteile* vor der Titration von der Reaktionslösung abgetrennt werden soll, empfiehlt Soós, zur Vermeidung von Bromverlusten der Lösung zunächst NaOH bis zur Entfärbung zuzusetzen und erst nach der Abtrennung KJ zuzugeben und wieder anzusäuern.

γ) Photometrisch-titrimetrische Bestimmung (höherer Olefine).

Das Tribromidion zeigt eine starke Lichtabsorption bei 290 nm. Man kann daher nach Mader, Schönemann und Eye Olefine mit Kaliumbromat-Kaliumbromid photometrisch titrieren. Die Autoren nehmen jeweils nach Zugabe von Maßlösung einen kleinen Teil der Lösung aus dem Titriergefäß heraus, messen die Absorption in einem Spektralphotometer mit Quarzoptik und geben die gemessene Lösung wieder in den Titrierkolben zurück. Sobald vom Äquivalenzpunkt an unverbrauchtes Brom mit Bromid zu Tribromid reagiert, tritt ein steiler Anstieg der Absorption auf. Durch Anlegen der Tangenten an die beiden Kurvenäste des Diagramms Absorption/verbrauchte Maßlösung, in dem der erste Ast nahezu waagerecht verläuft, erhält man den Endpunkt. Die Autoren wenden die Methode auf die Bestimmung von höheren Olefinen, nicht von Äthylen, an; selbst für Butylen erhielten sie noch eine unvollständige Ausbeute; das dürfte aber im wesentlichen eine Frage der angewendeten Art und Weise der Auswaschung des Olefins aus dem Gas in die zu titrierende Flüssigkeit sein.

δ) Amperometrisch-photometrische Bestimmung.

Eine Methode, bei der das Brom laufend elektrolytisch entwickelt und der elektrische Strom nach Maßgabe des bei der Reaktion mit dem Gas verbleibenden Bromüberschusses geregelt und gemessen wird, beschreiben BRATZLER und KLEEMANN. Der Elektrolyt, schwefelsaure Kaliumbromidlösung, strömt durch die Zelle und mischt sich hinter ihr mit einem ebenfalls kontinuierlich zugeführten Strom von Kaliumjodid-Stärkelösung. Das zu analysierende Gas wird in feiner Verteilung durch eine Glasfritte an der Platinanode vorbeigeleitet. Man regelt den Elektrolysenstrom so, daß durch ganz schwache Blaufärbung des Lösungsgemisches immer nur ein geringer Überschuß an Brom über die zur Reaktion mit dem Olefin benötigten Menge angezeigt wird. Das Regeln kann von Hand oder automatisch mittels Lichtquelle, Photozelle, Verstärker und Steuerorganen geschehen. Da, wie oben bereits erwähnt, die Bromanlagerung nicht momentan vollständig erfolgt, muß der Auswertungsfaktor, d.h. die Beziehung zwischen Äthylengehalt und Stromverbrauch, empirisch mit Eichgasen ermittelt werden.

Eine ähnliche Arbeitsweise wird von MILLER und DE FORD ausführlich beschrieben.

ε) Polarographische Bestimmung.

Prinzip. Die bei der Bromanlagerung an Olefin entstehenden Bromide lassen sich an der Quecksilbercapillarkathode unter Bromabspaltung reduzieren; auf diesem Wege ist also die polarographische Bestimmung von Äthylen möglich. Da aber auch andere Olefine und allgemein Verbindungen mit Doppel- und Dreifachbindungen die entsprechenden Reaktionen eingehen, ist die Bestimmung nicht sehr spezifisch.

RJABOW und PANOWA haben die folgende

Arbeitsvorschrift angegeben. Man setzt das zu analysierende Gas in einem der üblichen, gasanalytischen Gefäße mit 40 ml einer Lösung von Brom in mit Natriumbromid gesättigtem Methanol um. Dann überführt man die Flüssigkeit in einen 100-ml-Meßkolben und gibt 5- bis 10%ige Ammoniaklösung bis zum Verschwinden der Bromfärbung unter Wasserkühlung hinzu. Man füllt den Kolben mit einer Lösung, die 1% Natriumsulfit und 20% Methanol oder Äthanol enthält, auf und polarographiert. Die Reduktion des Äthylenanlagerungprodukte serfolgt bei einem Halbwellenpotential von $-1{,}38$ V gegen die gesättigte Kalomelelektrode; einer Äthylenkonzentration von 0,01 molar entspricht ein Grenzstrom von 2,4 μ A.

Unter nahezu den gleichen Bedingungen (die Grundlösung enthält mehr Methanol) haben die Bromierungsprodukte von Propylen und Butylen Halbwellenpotentiale von $-1{,}27$ und $-1{,}41$ V; die Potentiale der Bromide von weiteren untersuchten ungesättigten Verbindungen liegen viel niedriger, die Zahlen sind z.B. für Vinylchlorid $-0{,}42$ V, für Dichloräthylen $-0{,}27$ V.

b) Anlagerung von Schwefelsäure.

Von konzentrierter, überschüssiges Schwefeltrioxid enthaltender Schwefelsäure werden alle ungesättigten Kohlenwasserstoffe, auch Benzol und andere Aromaten, absorbiert. Hiervon wird in der herkömmlichen Gasanalyse vielfach Gebrauch gemacht, indem man alle diese Stoffe gemeinsam als „schwere Kohlenwasserstoffe" mit Oleum aus dem Gas herausnimmt und durch die Volumenverminderung bestimmt. Höhere gesättigte Kohlenwasserstoffe werden von Oleum zum Teil mit absorbiert.

Im Gegensatz zu seinen Homologen, die um so leichter reagieren, je größer ihr Molekül ist, wird Äthylen relativ schwer absorbiert. Die Absorption erfolgt jedoch rasch schon mit 94%iger Schwefelsäure, wenn dieser 0,5 bis 1% Silbersulfat zugesetzt wird (GLUUD und SCHNEIDER sowie MORRIS). Nach EBERL greifen allerdings solche Lösungen gesättigte Kohlenwasserstoffe etwas an. Nach FRANCIS und LUKASIEWICS absorbiert auch 22% Quecksilbersulfat enthaltende 22%ige Schwefelsäure Äthylen vollständig und schnell, ohne gesättigte Kohlenwasserstoffe anzugreifen. Dieses Gemisch oxydiert jedoch Kohlenoxid, wenn solches vorhanden ist, zum

Teil zu Kohlendioxid, wie BROOKS, BENJAMIN und ZAHN feststellten. Soll in diesem Falle anschließend auch auf Methan oder andere gesättigte Kohlenwasserstoffe durch Oxydation und Bestimmung als CO_2 analysiert werden, so ist also das bei der Äthylenbestimmung gebildete CO_2 zunächst durch Absorption in Alkalilauge zu entfernen. Durch aufeinanderfolgende Anwendung verdünnter und stärkerer Säure kann eine ungefähre Bestimmung des Äthylens neben geringen Mengen seiner Homologen durchgeführt werden (TROPSCH und PHILIPPOWITSCH; TROPSCH und MATTOX). Dazu schüttelt man das Gas zunächst 20 Min. mit wenigen Millilitern etwa 86%iger Schwefelsäure (D = 1,78), wobei die Homologen absorbiert werden, während der größte Teil des Äthylens zurückbleibt und anschließend mit stärkerer Säure, gegebenenfalls unter Zusatz von Katalysatoren wie Silbersulfat, bestimmt wird.

Durch Anwendung 87%iger Schwefelsäure, die mit Silber- oder Nickelsulfat gesättigt ist, wird die Absorptionsgeschwindigkeit für Äthylen gegenüber der Anwendung von Schwefelsäure allein um das 400fache gesteigert, die für Propylen dagegen nur um das 3,3fache, wie DAVIS und QUIGGLE feststellten. Durch den Zusatz der Metallsalze könnte also unter Umständen eine selektive Absorption möglich werden. Bei Anwesenheit von Kohlenoxid im Gas wird ein kleiner Teil desselben bei der Absorption mit Schwefelsäure und Silbersulfat ebenfalls erfaßt. TOWLER und WOOD haben eine Formel zur Korrektur dieses Einflusses angegeben.

c) Anlagerung von Metallverbindungen.

Allgemeines. Eine umfangreiche Übersicht über die Analyse von Olefinen durch Bildung von Koordinationsverbindungen mit Metallen wurde von MITCHELL und Mitarbeitern gegeben.

α) Reaktion mit Silberverbindungen.

Wäßrige Silbernitratlösung absorbiert Äthylen quantitativ zu einer leicht wieder zerlegbaren Anlagerungsverbindung. MORRIS untersuchte Lösungen von 5 bis 40% Gehalt an $AgNO_3$ und stellte eine Zunahme der Absorptionsgeschwindigkeit mit steigender Konzentration fest. Die Lösung kann nach Benutzung durch anhaltendes Evakuieren regeneriert werden.

β) Reaktion mit Quecksilberverbindungen.

Unter einer Reihe bekannter Absorptionsmittel für Äthylen fanden SZABÓ und SOÓS 20- bis 40%ige saure Quecksilber(II)-nitratlösung als besonders geeignet, allerdings nicht für sehr kleine Mengen (SOÓS). Die entstehende Anlagerungsverbindung bleibt in Lösung. Zur vollständigen Absorption des Olefins halten die Autoren 20 bis 25 Min. Einwirkungsdauer für erforderlich. Methan, Kohlenoxid und Wasserstoff sollen nicht stören.

Zur Mikrobestimmung von Äthylen im Gemisch mit Äthan im Mikrogasanalysenapparat nach BLACET und Mitarbeitern (siehe GUÉRIN, S. 297) empfehlen PYKE, KAHN und LEROY Quecksilber(II)-acetat in Gegenwart von Quecksilber(II)-nitrat in wäßriger Lösung oder das Acetat in einer 1%igen Lösung der Verbindung von Bortrifluorid mit Äther in Äthylenglycol als gute Absorptionsmittel.

YOUNG, PRATT und BIALE fanden, daß Quecksilber(II)-perchlorat in perchlorsäurehaltiger, wäßriger Lösung ein besonders wirksames Absorptionsmittel für Äthylen (und andere Olefine) bei sehr niedrigen Gehalten in Luft ist. Eine Konzentration von 0,25 molar an Hg^{2+} ist am vorteilhaftesten, wenn man das Äthylen nach Wiederentbinden aus der Lösung manometrisch bestimmen will. Das Freimachen des Gases erfolgt quantitativ durch Zugeben von 2 n Salzsäure (mindestens 4 Mol auf 1 Mol Hg^{2+}). Die Autoren haben eine Methode und Apparatur zur Bestimmung des aus dem Stoffwechsel von reifenden Früchten entstehenden Äthylens beschrieben, mit der Konzentrationen bis etwa 0,5 ppm herab quantitativ bestimmt werden können. Die untere Erfassungsgrenze beträgt 0,05 ppm bei 0 °C Absorptionstemperatur; dies entspricht offenbar dem Zersetzungs-Gleichgewichtsdruck der Anlagerungsverbindung bei 0 °C. Wenn die Lösungen vor der C_2H_4-Entbindung längere Zeit aufbewahrt werden sollen, muß es bei 5 °C geschehen, da sonst – wohl infolge allmählicher Bildung einer stabilen Komplexverbindung – Minderbefunde auftreten. Man läßt zur Absorption die äthylenhaltige Luft durch eine Fritte in die Lösung eintreten und begünstigt die gute Durchmischung (Schaumbildung) noch dadurch, daß man die Lösung ständig gesättigt an olefinfreiem, redestilliertem n-Butanol hält.

Die Endbestimmung des Äthylens kann im Warburg-Manometer oder einem anderen Gerät dieser Art in üblicher Weise erfolgen. Pratt und Greiner haben ein besonders kleines Gefäß für die Gasentbindung mit sehr kleinem Totraum beschrieben. Das kleine Gefäß (Abb. 49) hat ein sehr günstiges (niedriges) Verhältnis von freiem Gasraum und Flüssigkeitsvolumen, so daß gegenüber den üblichen Warburg-Gefäßen eine Steigerung der Meßempfindlichkeit auf fast das 3fache erzielt wird. 44 µl C_2H_4 sind mit ±5% Genauigkeit meßbar. Das Gefäß ist konisch, hat eine halbierende Scheidewand; jede Hälfte faßt 3 ml Flüssigkeit; der obere Teil besteht aus einer Glasschliffhülse (zur Verbindung mit dem Manometer); das Gesamtvolumen beträgt nur 10 ml. Da bei der Zugabe der Salzsäure zur Absorptionslösung auch ohne Anwesenheit von Äthylen eine gewisse Gasentwicklung auftritt [die nur von der angewendeten Menge des $Hg(NO_3)_2$ abhängt] sind Blindwertbestimmungen zu machen. Kohlenoxid, Acetylen, Alkohole, Aldehyde, Fettsäuren, Ester und andere flüchtige Produkte des Pflanzenstoffwechsels stören nicht.

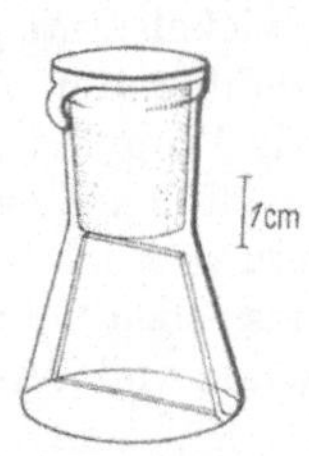

Abb. 49. Gefäßchen nach Pratt u. Grainer zur Gasentbindung für die Manometrie.

Phan-Chon-Tôn entwickelte das Verfahren für sehr geringe Äthylenmengen weiter durch Anwendung des Reagenses auf Kieselgel. Man bringt z.B. 0,6 ml Reagens auf 2 g feingekörntes Gel und füllt es in eine Absorptionssäule von 5 bis 6 cm Länge, die bei 0 °C betrieben wird.

γ) Reaktion mit Kupfer(I)-chlorid.

Auch die Bildung der Anlagerungsverbindungen des Äthylens und seiner Homologen an Kupfer(I)-chlorid bei tiefen Temperaturen ist analytisch ausgenutzt worden. Insbesondere Ferber und Anders haben sich mit diesen Verbindungen eingehend beschäftigt. Sie haben ihre Anwendung in Kombination mit der Adsorptions-Desorptionsanalyse zur Trennung und genauen Untersuchung von kompliziert zusammengesetzten technischen Gasen beschrieben.

d) Anlagerung von Wasserstoff (Hydrierung).

Eine chemische Methode der Äthylenbestimmung, nach der mit Sicherheit das Mitreagieren von gesättigten Kohlenwasserstoffgasen ausgeschlossen wird, ist die Hydrierung. Diese kann durch Überleiten des Gases, das frei von Kohlenoxid sein muß, zusammen mit überschüssigem Wasserstoff über auf 100 °C erhitzten Platinmohr, wobei Benzol nicht hydriert wird (Harbeck und Lunge), oder über einen Nickelkatalysator erfolgen. McMillan, Cole und Ritchie hydrieren mit einem hochaktiven Nickel-Asbest-Präparat bei Zimmertemperatur unter mehrmaligem Überleiten.

Shepp und Kutschke verwenden zur Bestimmung von C_2H_4 im Gemisch mit C_2H_6 Nickel auf Kieselgur, hergestellt durch Reduktion von $NiCO_3$ bei 400 °C mit Wasserstoff. Die Hydrierung wird bei 100 °C in einem kleinen Reaktionsgefäß von 4 ml Inhalt durchgeführt, das den Katalysator enthält. Der Äthylengehalt wird aus der Volumendifferenz zwischen zugesetztem Wasserstoff und Restwasserstoff bestimmt. Zur Apparatur gehören eine Gasbürette, eine Toepler-Pumpe zum Umpumpen des Gemisches, eine Hochvakuumpumpe zum völligen Entleeren des Systems und ein U-Rohr, in dem vor der Restwasserstoffmessung alle anderen Gase durch Kühlen mit flüssigem Stickstoff ausgefroren werden. Nach 1 Std. ist bei Konzentrationen von 25 bis 100% C_2H_4 im ursprünglichen Gasgemisch das Äthylen zu 98 bis 100% umgesetzt. Die Bestimmungen sollen mit einer Präzision von 0,5% bei 1,5 ml Probegas reproduzierbar sein.

II. Bestimmung durch Reduktion von Quecksilber(II)-oxid.

Für die Bestimmung von kleinen Äthylengehalten in Luft haben STITT, TJENSVOLD und TOMIMATSU vorgeschlagen, die Luft bei 285 °C über rotes Quecksilberoxid zu leiten und aus der Menge des nach der Gleichung:

$$C_2H_4 + 6\,HgO \rightarrow 2\,CO_2 + 2\,H_2O + 6\,Hg$$

gebildeten Quecksilbers den Äthylengehalt zu bestimmen. Da Kohlenoxid und andere reduzierende Gase ebenso reagieren, dürfen solche nicht vorhanden sein.

Die Bestimmung des Quecksilbers erfolgt aus dem Grade der Schwärzung von Selensulfid- oder Selenpapierstreifen, die eintritt, wenn das Gas nach der Umsetzung an HgO bei 125 °C darübergeleitet wird, im Vergleich mit Standardstreifen. Die Reagensstreifen werden durch Tränken von Filtrierpapier mit Kaliumselenocyanidlösung, anschließendes Behandeln mit Salzsäuredampf, wobei Selen frei wird, und Trocknen bei 100 °C hergestellt. In einer weiteren Arbeit beschreiben STITT und TOMIMATSU eine Kombination dieser Arbeitsweise mit einer Anreicherung des Äthylens mittels Adsorption an Kieselgel und Desorption, wobei die Probe in einem Sauerstoffstrom eingespeist wird und C_2H_4-Gehalte bis herunter zu 0,0035 ppm meßbar sind.

III. Bestimmung durch Reduktion vom Molybdat-Palladiumsalz.

Auf dem entsprechenden Verfahren zur Bestimmung kleiner Mengen von Kohlenoxid in Luft aufbauend (siehe Kapitel: Kohlenoxid, § 3, A, 5, II, c) sind Methoden ausgearbeitet worden, welche die durch Palladium katalysierte Reduktion des Molybdations zu Molybdänblau für die halbquantitative oder quantitative Bestimmung des Äthylens verwenden. KITAGAWA und KOBAYASHI sowie KOBAYASHI tränken Kieselgel mit einer Mischlösung von Ammoniummolybdat und Palladiumsulfat. Das Präparat ist hellgelb und wird bei Berührung mit Äthylen tiefblau (mit Acetylen gelbgrün). Unter sonst gleichen Bedingungen ist beim Durchleiten äthylenhaltiger Luft durch ein mit dem Präparat gefülltes Rohr die Länge der blauen Zone ein Maß für den Äthylengehalt. Der Bestimmungsbereich kann durch Variieren von Gasvolumen und Durchgangsgeschwindigkeit in weitem Umfange verändert werden, z.B. von dem Bereich 0,05 bis 1,2% auf den Bereich von 0,01 ppm bis einige Zehntel ppm, wobei im letzten Falle 3 l Luft mit 100 ml/Min. durchzuleiten sind. Eine Temperaturkorrektur für Temperaturunterschiede ist zwischen 10 und 30 °C nicht erforderlich. MCPHEE hat ein flüssig anzuwendendes Reagens angegeben, dessen Farbintensität bei 685 nm spektrophotometrisch gemessen wird und außer auf alle Olefine und CO empfindlich nur auf Acrolein anspricht. Es wird durch Lösen bzw. Vermischen unter Kühlen auf Zimmertemperatur aus 6,1 g Natriummolybdat, 25 ml Wasser, 0,35 ml Palladiumsulfat (10%ig in Wasser), 40 ml Eisessig und 40 ml konz. Schwefelsäure in der genannten Reihenfolge hergestellt.

IV. Bestimmung durch Ultrarot-Absorptionsspektralanalyse.

Äthylen hat ein charakteristisches UR-Absorptionsspektrum in dem gewöhnlich angewendeten Bereich bis 15 µm. Die Absorptionskurve und ein Übersichtsdiagramm der Hauptlinien im Vergleich mit denjenigen von 65 anderen gasförmigen bzw. leicht verdampfbaren Substanzen geben PIERSON, FLETCHER und GANTZ. Sie bringen außerdem die Aufnahme eines Gemisches von CH_4, C_2H_4, C_2H_2, HCN, CO, CO_2, NO und N_2O, in der das Äthylen mit seinen Banden bei 7 und 16,6 μm sehr gut in Erscheinung tritt.

Cornu machte darauf aufmerksam, daß die gasförmigen Olefine Absorptionsbanden aufweisen, deren Intensität etwa 10mal größer ist als diejenige der gasförmigen Paraffine und daher für Olefine nur ein Druck von 30 Torr zur Erlangung eines auswertbaren Spektrums erforderlich ist. Die 12 üblichen Bestandteile eines Erdölraffineriegases können auf diese Weise mit einer mittleren Genauigkeit von etwa 0,7% (absolut) bestimmt werden.

Guedin, Harvey und Wilkerson empfehlen zur Analyse komplizierter Gemische ungesättigter Kohlenwasserstoffe die Messung bei folgenden Wellenlängen (μm): Äthylen 5,25; Propylen 5,50; i-Butylen 11,50; 1-Butylen 12,50; trans-2-Butylen 10,30; cis-2-Butylen 14,70; Acetylen 13,35. Die relativen Absorptionen aller genannten Komponenten bei allen genannten Wellenlängen werden von den Autoren angegeben.

Wall und Mitarbeiter sowie Woodhull und Mitarbeiter beschreiben die Anwendung von dispersionslosen UR-Analysatoren zur Äthylenbestimmung in der Industrie.

V. Indirekte Bestimmung durch Ultraviolett-Spektrophotometrie.

Quecksilber(II)-ionen absorbieren bei 210 und 250 nm stark. Hierauf hat Urone eine Äthylenbestimmung gegründet. Der Autor läßt das C_2H_4 enthaltende Gas mit einer überschüssigen Menge, z.B. 50 ml, von Quecksilber(II)-Reagens (0,1 molare Lösung von HgO in 0,1 n Perchlorsäure und Methanol) reagieren und mißt die Absorption der Lösung im Spektralphotometer mit 1-cm-Quarzcüvette. Die Auswertung erfolgt auf Grund der Abnahme der Extinktion durch die Verbindungsbildung von Hg^{2+} mit C_2H_4 an Hand einer Eichkurve, die mit bekannten C_2H_4-Mengen aufgestellt wird.

VI. Bestimmung durch Gaschromatographie.

Wegen *allgemeiner* Angaben zur Methodik siehe Kapitel: Methan, Abschnitt: A, 5. Äthylen kann sowohl durch Adsorptions- als auch durch Verteilungschromatographie erfaßt werden. Erstere Methode ist vorzuziehen, wenn gleichzeitig niedrigmolekulare Gase nachgewiesen werden sollen, die zweite, wenn das Äthylen im Gemisch mit höheren Homologen (Olefin- und Paraffinkohlenwasserstoffen) vorliegt und diese mit analysiert werden sollen.

Die Adsorptionschromatographie eines C_2H_4 enthaltenden 7-Komponenten-Gemisches mit Aktivkohle als Säulenfüllung, die aber zur Beschleunigung der Analyse auf 180 °C geheizt wird, und N_2 als Schleppgas beschreiben Patton, Lewis und Kaye. Die Eluierung erfolgt unter diesen Bedingungen mit gut voneinander getrennten Peaks für alle Komponenten. Äthylen erscheint zwischen Acetylen und Äthan, und zwar C_2H_2 nach 7, C_2H_4 nach 10 und C_2H_6 nach 15 Min.

Die adsorptionschromatographische Analyse des 10-Komponentengemisches der Paraffine und Olefine von C_2 bis C_4 an Kieselgel wird von Svencickij und Mitarbeitern beschrieben. Sie fanden, daß ein Feuchtigkeitsgehalt des Gels von 5% erforderlich ist, um alle Komponenten vollständig zu trennen. Sowohl niedrigerer als höherer Wassergehalt ist nachteilig. Der optimale Gehalt bleibt längere Zeit erhalten, wenn man das zu analysierende Gas vor Eintritt in die Säule durch 40%ige Schwefelsäure leitet.

Über die Analyse von Reinstäthylen auf die Verunreinigungen H_2, O_2, N_2, CH_4 Propan, Propylen, Butan, Butylen, Kohlenoxid und Kohlendioxid hat Nodop eingehende Untersuchungen ausgeführt. Er verwendet als Trennmittel Tetraisobutylen auf Celite, Lindes Molekularsieb 13 X und verschiedene Sorten von Kieselgel, z.T. in Kombination mit der Aktivkohle Supersorbon.

Über die Verteilungs-(Gas/Flüssig-)Chromatographie von komplizierten Kohlenwasserstoffgas-Gemischen, die neben Paraffinen und Olefinen von C_1 bis C_5 auch Äthylen enthalten, haben FREDERICKS und BROOKS eingehende Versuche angestellt. Eine befriedigende Trennung wurde durch Hintereinanderschalten einer 1,8 m langen Säule mit Diisodecylphthalat auf Celite (40 : 100 Gewichtsteile) und einer 4,9 m langen Säule mit Dimethylsulfolan erreicht. Es wurde mit Helium bei 15 °C eluiert. Die zweite Säule mit ihrer ziemlich stark polaren Füllung bewirkt die Trennung der Olefinkomponente von der Paraffinkomponente gleicher C-Zahl, die aus der ersten Säule gemeinsam austreten (Äthylen nebst Äthan, Propylen nebst Propan usw.). In den polarisierbaren, ungesättigten Verbindungen werden durch das polare Lösungsmittel der zweiten Säule Dipole induziert, wodurch die Affinität zum Lösungsmittel erhöht und die Retentionszeit gegenüber derjenigen des gesättigten Kohlenwasserstoffes gleicher C-Zahl etwas vergrößert wird. So erscheint in dem Chromatogramm nach FREDERICKS und BROOKS das Äthylen als deutlich getrennter Peak zwischen denjenigen des Äthans und des Propans. Bei den Verbindungen mit höherer C-Zahl werden die Abstände zwischen Paraffin und Olefin noch größer.

Einen ähnlichen Effekt kann man auch dadurch erzielen, daß man der stationären Phase eine Silberverbindung zusetzt, die mit den Olefinen lockere Additionsverbindungen bildet. BRADFORD, HARVEY und CHALKLEY wandten eine gesättigte Lösung von $AgNO_3$ in Glycol an und erreichten dabei die Eluierung von Äthylen und Propylen (gemeinsam) mit erheblichem Abstand nach Methan, Äthan und Propan. Mit Acetonylaceton auf Schamotte bei 0 °C angewendet, erzielte FREY eine gute Trennung von Äthan, Äthylen, Propan und Propylen.

Die Spurenanalyse von Äthylen und Äthan neben anderen in Spuren vorhandenen Olefinen und Paraffinen sowie auch Alkynen durch Verteilungschromatographie beschreiben EGGERTSEN und NELSEN. Sie haben die Empfindlichkeit der Detektion mit Wärmeleitfähigkeitszelle durch eine besondere Konstruktion ähnlich derjenigen nach DIMBAT, PORTER und STROSS und durch Betreiben der Zelle mit einer um das Mehrfache höheren als der gewöhnlich angewendeten und erforderlichen Stromstärke bedeutend gesteigert. Außerdem haben sie eine gaschromatographische Voranreicherung vor der eigentlichen Analyse angewendet. So konnten sie die einzelnen Kohlenwasserstoffe mit verhältnismäßig geringem Aufwand in Spuren von wenigen Hundertsteln ppm bestimmen, z.B. in Luftproben aus Tunnels und Straßen mit starkem Kraftfahrzeugverkehr.

Die Voranreicherung erfolgt in einer U-förmigen Säule von 35 cm Länge, die als Füllung mit Dimethylsulfolan (= 2,4-Dimethyltetrahydrothiophen-1,1-dioxid) getränkte Schamottekörner (40 g Lösungsmittel auf 100 g Träger) enthält. Während diese Säule in flüssigen Sauerstoff eingetaucht ist, wird die zu untersuchende Luft aus dem Probebehälter langsam hindurchgesaugt. Möglicherweise würde ein inertes Füllmaterial zur Anreicherung ebenfalls genügen; wahrscheinlich findet aber doch in dieser Säule schon eine gewisse Vortrennung der Kohlenwasserstoffe statt, wodurch die Hauptsäule entlastet wird.

Die Hauptsäule ist mindestens 8 m lang und spiralförmig gewickelt; ihre Füllung ist die gleiche wie diejenige der Vorsäule. Sie befindet sich ständig in einem Eiswasserbad. Nach Beendigung des Durchleitens der Luftprobe werden Vor- und Hauptsäule miteinander verbunden. Zunächst wird 30 Min. lang mit Helium (60 ml/Min.) gespült. Das Helium wird zur Entfernung von Spuren von Verunreinigungen durch mit flüssigem N_2 gekühlte Aktivkohle geleitet. Nun erst wird das O_2-Bad der Vorsäule entfernt und durch ein Eiswasserbad ersetzt. Das im Heliumstrom aus der Vorsäule eluierende Gas wird vor dem Eintreten in die Hauptsäule nochmals durch ein Rohr mit Natronasbest (Ascarite) geleitet zur Entfernung der Reste von CO_2 und H_2O.

Die Kohlenwasserstoffe erscheinen in der Reihenfolge: C_2H_6, C_2H_4, C_3H_6, i-C_4H_{10}, n-C_4H_{10}, C_2H_2, i-C_5H_{12}, n-C_5H_{10} und C_3H_4 (Propin). Bei der angewendeten Säulenlänge von 8 m war der Äthylen-Peak nicht vollständig vom Äthan-Peak getrennt, aber immerhin deutlich erkennbar. Wie auch die quantitative Auswertung in solchen Fällen möglich ist, wird im Kapitel: Methan, § 2, A, 5, III beschrieben. Die Kohlenwasserstoffe wurden in diesem Fall auf Grund ihrer relativen Retentionszeit nach FREDERICKS und BROOKS identifiziert. Mit der beschriebenen Anordnung konnten in 5 bis 10 l Straßenluft 9 Kohlenwasserstoffe der C-Zahlen C_2 bis C_5 bei einem Gesamtgehalt von etwa 2 Gew.-ppm nachgewiesen werden. Die Dauer der Analyse betrug 2 Std.

Die Analyse technischer Äthan-Äthylenfraktionen wird von GOL'BERT und ALEKSEEWA beschrieben. Wegen der Analyse des Äthylens neben Äthylenoxid siehe Kapitel: Äthylenoxid, Abschnitt 2, V.

VII. Bestimmung durch Massenspektrometrie.

Äthylen läßt sich massenspektrometrisch auch im Gemisch mit seinen Homologen und denjenigen des Methans gut nachweisen und bestimmen (WASHBURN, WILEY, ROCK und BERRY; siehe auch EWALD und HINTENBERGER, S. 253).

Die Einzelproben- und kontinuierliche Analyse auf Äthylen im Acetylen zur Betriebsüberwachung bei der Äthylenerzeugung wird von WALKER, GIFFORD und NELSON beschrieben. Die Autoren messen die Intensitäten der Peaks: m/e = 26 und 27. Sie untersuchten auch die Temperaturfunktion der Anzeige.

2. Äthylenoxid (C_2H_4O).

Mol.-Gew.: 44,054; Fp.: – 111,3 °C; Kp.: 10,7 ° C.

Allgemeines. Äthylenoxid ist ein farbloses, in Wasser, Äthanol, Äther und anderen organischen Flüssigkeiten lösliches Gas, das von verdünnten Säuren und Salzlösungen hydrolysiert bzw. mit Salzsäure oder Chloriden in das Chlorhydrin übergeführt wird. Es kann über das Glycol leicht zu Formaldehyd umgesetzt werden.

I. Gasvolumetrische Bestimmung.

Höhere Äthylenoxidkonzentrationen kann man durch die Volumenabnahme beim Durchleiten des Gasgemisches durch verdünnte Schwefelsäure in der bei der Absorptionsgasanalyse üblichen Weise bestimmen. BRANHAM und SHEPHERD verwendeten diese Methode in der Analyse von Gemischen aus Äthylenoxid und Kohlendioxid.

II. Titrimetrische Bestimmung.

Mit stark verdünnter Salzsäure geht die Chlorhydrinbildung weitgehend quantitativ vor sich, wenn Erdalkaliionen in höherer Konzentration vorhanden sind; man kann anschließend den Säureüberschuß mit Lauge zurücktitrieren und aus dem Säureverbrauch die Äthylenoxidmenge berechnen. 1 ml 0,1 n Säure entspricht 4,40 mg C_2H_4O. LUBATTI hatte mit Magnesiumchlorid nahezu gesättigte, verdünnte Salzsäure und später verdünnte Schwefelsäure mit 50% Magnesiumbromid empfohlen. KERCKOW fand, daß *Calciumchlorid*, da es sich wegen seiner größeren Löslichkeit in höherer Konzentration anwenden läßt, günstiger sei als Magnesiumchlorid. Er benutzt eine Lösung von 1025 g $CaCl_2 \cdot 6H_2O$ in 200 ml leicht erwärmtem Wasser, die er mit 110 ml 10 n Salzsäure mischt und nach dem Abkühlen filtriert. Die Titration führt man beim Einstellen der Lösung und bei der Analyse mit Natronlauge gegen Phenolphthalein aus. WILLIAMS hält die Arbeitsweise mit *Magnesiumchlorid* für brauchbar, wenn man so viel von diesem Salz anwendet, daß die Chloridionenkonzentration 34 g je 100 ml Lösung beträgt.

III. Colorimetrische Bestimmung.

DECKERT empfahl für den Nachweis oder die halbquantitative Bestimmung von Äthylenoxidresten, die nach der Begasung von Räumen zur Entwesung darin verblieben sein könnten, die Luft mit 22%iger Natriumchloridlösung bei etwa 100 °C zu behandeln, wobei es sich unter Entstehung von Natronlauge zu Chlorhydrin umsetzt. Er gibt einen einfachen Apparat für die Dosierung der Luft und die Hydrolyse an. Aus dem Farbton des Mischindikators Phenolphthalein–Bromthymolblau kann der pH-Wert der Lösung bzw. durch Vergleich mit Eichlösungen der Äthylengehalt der Luftprobe abgeschätzt werden.

IV. Spektralphotometrische Bestimmung kleinster Mengen als Formaldehyd.

Prinzip. Eine sehr empfindliche Methode zur Bestimmung sehr kleiner Gehalte von Äthylenoxid in damit behandelten Vegetabilien beruht darauf, daß das Äthylenoxid mit Wasser in Gegenwart einer Spur Schwefelsäure quantitativ zu Äthylenglycol hydrolysiert, letzteres mit Perjodat zu Formaldehyd oxydiert und der Aldehyd nach Zerstörung des überschüssigen Perjodats colorimetrisch (spektrophotometrisch) mit Chromotropsäure ermittelt wird. Diese von CRITCHFIELD und JOHNSON stammende Methode erlaubt die direkte Bestimmung des Äthylenoxids, wenn keine anderen mit Perjodat reagierenden Substanzen zugegen sind. Bei Anwesenheit solcher muß das Äthylenoxid durch Destillation ausgetrieben werden.

Arbeitsvorschrift nach CRITCHFIELD und JOHNSON. Man gibt in einen geräumigen Destillierkolben mit drei Ansätzen 200 ml Wasser, dazu die Probe, die nicht mehr als 0,7 mg Äthylenoxid enthalten soll, und schüttelt durch. Auf der einen Seite verbindet man den Kolben mit einer Waschflasche, die 25 ml 0,5 n Hydroxylammoniumchlorid und 25 ml 0,5 n Triäthanolamin enthält, und auf der anderen Seite mit einem Rückflußkühler, der seinerseits über einen Kugelschliff mit einem zweiten Waschgefäß verbunden ist. Letzteres ist mit einem Ablaufhahn versehen und enthält Glasperlen sowie 20 ml Wasser; es wird durch ein Eiswasserbad auf etwa 5 °C gekühlt. Der Rückflußkühler wird mit Wasser von mehr als 10 °C betrieben. Man leitet von der Seite der erstgenannten Waschflasche her Luft mit etwa 10 ml/Min. Geschwindigkeit durch das ganze System und läßt den Inhalt des Destillierkolbens 30 Min. sieden. In der ersten Waschflasche werden etwa in der Laborluft vorhandene Aldehyde entfernt, sie kann unter Umständen entfallen. In dem gekühlten Waschgefäß wird das ausgetriebene Äthylenoxid kondensiert. Nach den Feststellungen der Autoren wird nicht das gesamte Äthylenoxid ausgetrieben, sondern ein Teil desselben hydrolysiert bereits. Die Ausbeute soll aber reproduzierbar sein und stets 86% betragen. Der Verlust kann also durch entsprechende Herstellung der Eichkurven zur Auswertung der Colorimetrie ein für alle Mal berücksichtigt werden.

Man läßt den Inhalt des Waschgefäßes in eine wärmebeständige Druckflasche fließen und spült dreimal mit möglichst wenig Wasser nach. Eine weitere Flasche füllt man bis zur gleichen Höhe nur mit Wasser, das später als Blindlösung dient. Beim Fehlen störender Substanzen in den Proben kann die Destillation unterbleiben; dann werden die Proben unmittelbar in die Druckflaschen gegeben. Der weitere Vorgang ist von hier ab in beiden Fällen der gleiche. Die weiteren Umsetzungen verlaufen quantitativ.

Man gibt in jede Flasche 1,0 ml 0,5 n Schwefelsäure und verschließt die Flaschen. Die Gummiringdichtungen hat man vorher zum Schutz mit einem dünnen Film von Polyäthylen überzogen. Man hüllt jede Flasche fest in einen Stoffbeutel ein, den man gut zubindet, und stellt sie dicht aneinander in ein Dampfbad von (98 ± 2) °C. Dort verbleiben sie 60 Min. Dann nimmt man sie heraus, läßt auf Zimmertemperatur abkühlen, öffnet die Beutel, öffnet dann die Verschlüsse vorsichtig (unter Umständen ist noch Druck vorhanden) und nimmt schließlich die Beutel ab. Man überführt den Inhalt jeder Flasche in einen 100-ml-Meßzylinder mit Glasstopfen, fügt 1,0 ml 0,5 n

Natronlauge hinzu, verstöpselt und schüttelt durch. Dann fügt man 2 ml 0,1 n Natriumperjodatlösung hinzu und mischt wieder. Man läßt 15 Min. bei Zimmertemperatur reagieren, pipettiert 2,0 ml 5,5%ige Natriumsulfitlösung hinzu, füllt mit Wasser zur 100-ml-Marke auf und schüttelt durch.

Von der Lösung gibt man 10 ml in einen 100-ml-Meßzylinder, gibt ungefähr 0,05 g Natriumchromotropat (Natrium-1,8-dihydroxynaphthalin-3,6-disulfonat) hinzu und schüttelt bis zur Auflösung desselben. Der Inhalt des Zylinders wird bis zur 50-ml-Marke mit konz. Schwefelsäure aufgefüllt, am besten aus einer Bürette. Nach dem Auftreten der spontanen Temperaturerhöhung bringt man den Inhalt des Zylinders durch Einleiten von Stickstoff 10 Min. lang in kräftiges Wallen. Dann läßt man erkalten und mißt die Absorption der Probe gegen die Blindprobe in 1-cm-Cüvetten bei 570 nm. Die Färbung ist mindestens 48 Std. lang beständig.

Die zur Auswertung dienende Eichkurve wird auf Grund der Behandlung einer Reihe von Lösungen mit bekanntem Äthylenoxidgehalt in der gleichen Weise wie beschrieben (mit oder ohne Destillation, je nach der beabsichtigten Arbeitsweise) hergestellt. Man gibt dazu etwa 50 ml Wasser in einen 100-ml-Meßkolben, tariert aus, gibt etwa 1,5 g Äthylenoxid hinein und schwenkt das Gemisch gut durch. Wenn das Äthylenoxid gelöst ist, wird das Gesamtgewicht festgestellt und das genaue Gewicht des Äthylenoxids als Differenz ermittelt. Dann wird mit Wasser zur Marke aufgefüllt und vermischt. Von dieser Lösung werden 10 ml in einen 1000-ml-Meßkolben pipettiert, der etwa 200 ml Wasser enthält; es wird mit Wasser zur Marke aufgefüllt und gemischt. Von dieser zweiten Verdünnung gibt man Anteile von 1, 3 und 5 ml in den Destillierkolben bzw. direkt in Druckflaschen, die 20 ml Wasser enthalten. Der weitere Vorgang einschließlich der spektrophotometrischen Messung wird dann wie oben durchgeführt.

Bemerkungen. 1. Gute Ergebnisse, d.h. vollständige Erfassung künstlich zu Vegetabilien zugesetzter Äthylenoxidmengen, wurden von den Autoren im Bereich von 6 bis 136 ppm erhalten. Bei 20-g-Proben betrug die untere *Erfassungsgrenze* 1 ppm. Es ist zu beachten, daß als störende Substanzen, bei deren Anwesenheit das Äthylenoxid durch Destillation abgetrennt werden müßte, eine ganze Reihe Verbindungen mit durch Perjodat als Formaldehyd abspaltbaren Hydroxymethylgruppen in Betracht kommen. Solche sind z.B. Glucose, Xylose, Dihydroxyaceton, für deren Bestimmung Speck und Forist eine analoge Methode ausgearbeitet haben.

2. Jaworski, Zielasko und Gasior wandten die Methode zur Bestimmung des Äthylenoxids in den Reaktionsgasen der Äthylenoxydation, also für höhere Konzentrationen, an. Sie stellten bei 0,5 bis 10 Vol.-% Gehalt im Gas $\pm 4\%$ relativen Fehler fest und fanden, daß keiner der in solchen Gasen normalerweise auftretenden Begleitstoffe stört.

V. Gaschromatographische Bestimmung.

Für die analytische Kontrolle der technischen Herstellung von Äthylenoxid durch direkte Oxydation von Äthylen mit Sauerstoff ist ein schnelles Verfahren, das alle wesentlichen Komponenten erfaßt, von großem Nutzen. Die interessierenden Komponenten sind Sauerstoff, Äthylen, Kohlendioxid und Äthylenoxid. Eine gaschromatographische Bestimmungsmethode wurde von Vanko, Hanus und Janda für diesen Zweck ausgearbeitet. Adsorptionschromatographie kommt nicht in Betracht, da die aktiven Adsorptionsmittel das Äthylenoxid irreversibel festhalten und polymerisieren, sondern nur die Verteilungschromatographie. Die gleichzeitige Bestimmung der anderen genannten Gase stellt erhebliche Anforderungen an die Methode, da insgesamt ein sehr breiter Siedebereich zu überdecken ist. Den Autoren gelang die Trennung des getrockneten Gases in *einem* Arbeitsgang bei Verwendung von Dimethylformamid nebst Dioctyladipat (2 + 1) als Trennflüssigkeit auf einer bestimmten Bleicherde von 0,3 bis 0,4 mm Körnung bei 0 °C Säulentemperatur. Als

Schleppgas verwendeten sie Stickstoff. Vor dem Detektor wurde zu seiner Sicherung gegen DMF-Dampf (Dampfdruck 0,7 Torr bei 0 °C) eine Säule mit 15% DOA auf Bleicherde vorgeschaltet. Der Peak für Äthylenoxid erscheint bei der für die Trennung der anderen Gase voneinander notwendigen großen Säulenlänge (etwa 6 m) erst nach mehr als 2 Std., ist entsprechend breit und sehr niedrig, d.h. bei kleinen Konzentrationen schlecht auswertbar. Die Autoren benutzen daher folgenden Kunstgriff: Sie schalten vor die lange Trennsäule noch eine kürzere (1,5 m) und leiten den Schleppgasstrom mit der zugegebenen Gasprobe zunächst durch die beiden hintereinandergeschalten Säulen. Nach Erscheinen der Peaks der leichten, schnell wandernden Gase: O_2, C_2H_4 und CO_2 werden die Säulen getrennt und der Ausgang der vorderen, kurzen Säule an den Detektor angeschlossen. Nunmehr erscheint das Äthylenoxid nach relativ kurzer Zeit und erzeugt einen schlanken, hohen Peak. Die Gesamtzeit der Analyse beträgt auf diese Weise nur 28 bis 30 Min.

Eine andere Methode haben Amberg, Echigoya und Kulawie für die gleiche Aufgabe angegeben. Sie verwenden 2 Säulen; die erste enthält n-Octadecan auf Celite (Kieselgur) im Verhältnis 2 : 5 Gew.-Teile, die zweite Kieselgel. Beide werden bei 30 °C mit 90 ml/Min. zunächst hintereinander geschaltet betrieben. $5^1/_2$ Min. nach Eingabe der Probe schaltet man sie parallel. Äthylenoxid und Wasserdampf befinden sich in diesem Augenblick noch in der ersten Säule, Äthylen und Kohlendioxid bereits auf der zweiten. Jede Säule hat ihren eigenen Detektor.

Mit künstlichen Gemischen wurde eine Genauigkeit von ± 5 bzw. ± 2% relativ bei Gaskonzentrationen von 0,3 bzw. 1% (in Luft) gefunden.

E. Acetylen (C_2H_2).

Mol.-Gew.: 26,038; Dichte (bez. a. Luft): 0,906; Fp.: −81,8 °C; Subl.-P.: −83,6 °C.

Allgemeines. Acetylen zeichnet sich unter allen Kohlenwasserstoffen durch seine große Löslichkeit in Flüssigkeiten aus. Seine Wasserlöslichkeit bei gewöhnlichem Druck übertrifft sogar diejenige des Kohlendioxids; sie beträgt 1,03 ml in 1 l Wasser von 20 °C. Diese Eigenschaft ist zu beachten, wenn vor der Bestimmung des Acetylens andere Gase wie Schwefelwasserstoff oder Kohlendioxid entfernt werden sollen. Man muß dann von wäßrigen Absorptionsmitteln möglichst kleine Volumina anwenden, oder noch besser feste Absorbentien.

Absoluter Äthanol und Eisessig lösen mehr als das 6fache ihres Volumens an C_2H_2. Besonders groß ist die Löslichkeit in Aceton. Sie beträgt bei 15 °C und 760 Torr 25 Vol., unter 12 At. Druck 300 Volumina Acetylen je Volumen Aceton. In konz. Schwefelsäure löst sich C_2H_2 unter Bildung von Acetylsulfonsäure, $CH_3CO \cdot SO_3H$. Mit Kaliumquecksilberjodid bildet es einen weißen Niederschlag, aus dem es durch Säure wieder freigesetzt wird. Vor der Bestimmung in Gasgemischen müssen im allgemeinen H_2S, CO_2 und Formaldehyd, wenn vorhanden, entfernt werden und zwar mit möglichst wenig hoch konzentrierter Alkalilauge, da C_2H_2 darin etwas löslich ist.

1. Bestimmung auf Grund der Löslichkeit (Gasvolumetrie).

Für die Bestimmung von C_2H_2 ist vorgeschlagen worden (siehe Schuster, S. 231), die Volumenabnahme, die auf Grund der Löslichkeit beim Schütteln mit Aceton eintritt, zu messen. Hierfür ist nur eine Gasbürette mit Niveaugefäß und eine einfache (z.B. Hempelsche) Gaspipette erforderlich. Man verfährt bei der Messung nach den üblichen Regeln der Absorptionsanalyse. Auch die Absorption des Acetylens in Wasser kann zu seiner Bestimmung herangezogen werden. Einen Apparat, mit dem der Acetylengehalt von Schweißgasen auf diese Weise bestimmt wird, und dessen Anzeige zur Eliminierung des Einflusses der Temperatur und der Löslichkeit der Luft im Wasser mit einem Faktor multipliziert wird, hat KRAUSS beschrieben.

Umgekehrt kann nach STRISHEWSKI und TSCHECHOWITSCH die Bestimmung des Luftgehaltes im Acetylen durch Absorption des letzteren in Wasser erfolgen, wobei die Luft als Rest bleibt. Auch hierbei sind Korrekturen anzubringen.

2. Bestimmung durch Bildung von Metallacetyliden.

Allgemeines. Vor Anwendung dieser Methoden sind Schwefelwasserstoff und Kohlendioxid durch Waschen mit möglichst wenig starker Kalilauge zu entfernen. Die wohl sicherste Methode für mittlere und höhere Konzentrationen ist diejenige mit konzentrierter Silbernitratlösung (siehe weiter unten).

I. Bestimmung über das Kupferacetylid.

Die Fällung des Kupfer(I)-acetylids erfolgt quantitativ durch Einleiten des Gases, das höchstens etwa 10% C_2H_2 enthalten soll bzw. mit N_2 oder H_2 so weit verdünnt wurde, in eine Lösung nach ILOSVAY oder eine ähnlich zusammengesetzte ammoniakalische Lösung von Kupfer(I)-salz (Nitrat oder Sulfat). Beispiel einer Lösung: Man löst 4 g Kupfernitrat in 10 ml Wasser, fügt 16 ml 20%ige Ammoniaklösung und 15 g Hydroxylammoniumchlorid hinzu, schüttelt, bis alles gelöst ist, und füllt mit Wasser zu 200 ml auf. Wenn man zur Verhinderung von Oxydation noch einige Kupferdrahtspiralen hineingibt, bleibt die Lösung 3 Tage lang verwendbar. Die Bestimmung kann gravimetrisch (als CuO oder elektrogravimetrisch als Cu), oxydimetrisch oder colorimetrisch erfolgen.

a) Gravimetrie.

Allgemeines. Man kann das Acetylid als solches auswägen, wobei aber das Trocknen des Niederschlages im Vakuum bei niedriger Temperatur geschehen muß, da bei 60 °C Explosion eintritt. Besser ist es, den Niederschlag sofort mit Säure umzusetzen. Das Filtrieren soll so schnell wie möglich und am besten unter Stickstoffatmosphäre erfolgen; mindestens ist der Niederschlag dauernd unter Waschflüssigkeit zu halten. Diese besteht nach NOVOTNÝ aus Wasser, das 0,5% Hydroxylammoniumchlorid und 2 bis 3% NH_3 enthält. Der kupferfrei gewaschene Niederschlag wird nach der Arbeitsweise des gleichen Autors, welche an diejenige von HEMPEL angelehnt ist, mit 20%iger Salzsäure auf dem Filter gelöst; das Filter wird mit Wasser säurefrei gewaschen und das Filtrat zur Trockne gedampft. Der Rückstand wird in Wasser gelöst, das Kupfer wird mit Kalilauge gefällt, zu CuO geglüht und als solches gewogen. Bei der Verwendung von aus Kupfersulfat hergestellter Ilosvay-Lösung erhält man auf diese Weise zu hohe Werte infolge Adsorption von $CuSO_4$ an das Kupfer(I)-acetylid, wie NOVOTNÝ feststellte. Bestimmt man nach Auflösen des Acetylides in Salzsäure im Filtrat das Sulfation (als $BaSO_4$) und zieht die dem Sulfat äquivalente Menge $CuSO_4$ von dem CuO ab, so erhält man genaue Werte.

Ein beschleunigtes Verfahren beschreibt VELDHEER:

Arbeitsvorschrift. Nach Filtrieren und Waschen des Acetylid-Niederschlages wie oben beschrieben spült man ihn in die Spitze des Papierfilters hinunter. Man drückt die Hauptmenge der Feuchtigkeit durch Quetschen zwischen den Fingern heraus und schneidet den oberen Teil des Filters ab. Den übrigbleibenden Teil mit dem Niederschlag befeuchtet man mit Salpetersäure, glüht bei 600 bis 700 °C und wägt als CuO. Als Reagens verwendet VELDHEER die am Beginn von Abschnitt: 2, I genannte, aus Nitrat hergestellte Lösung. Explosion des Niederschlages ist offenbar infolge des Befeuchtens mit Salpetersäure nicht zu befürchten.

1 g Cu entspricht 0,2049 g C_2H_2.

b) Permanganometrie und Jodometrie.

Zur oxydimetrischen Bestimmung löst man nach WILLSTÄTTER und MASCHMANN den Kupfer(I)-acetylid-Niederschlag, der soweit mit Wasser hydroxylammoniumfrei gewaschen worden ist, daß das Waschwasser durch einen Tropfen 0,1 n Permanganatlösung bleibend gerötet wird, in einem Überschuß von saurer Eisen(III)-sulfatlösung. Diese wird aus 100 g des Sulfats mit 200 g konz. Schwefelsäure und Auffüllen mit Wasser zu 1 l hergestellt. Es erfolgt Umsetzung nach der Gleichung:

$$C_2Cu_2 + Fe_2(SO_4)_3 + H_2SO_4 \rightarrow 2\,FeSO_4 + 2CuSO_4 + C_2H_2.$$

Das entstandene Eisen(II)-ion wird mit Kaliumpermangant titriert; 2 Permanganatäquivalente entsprechen 1 Mol Acetylen.

Jodometrisch kann die Bestimmung nach TROST folgendermaßen durchgeführt werden: Der gut ausgewaschene Acetylid-Niederschlag wird in verdünnter Salpetersäure gelöst. Die überschüssige Säure wird weggekocht. Danach oxydiert man mit Brom und kocht auch dessen Überschuß fort. Nun neutralisiert man mit Ammoniak und titriert das Kupfer(II) nach Zusatz von Kaliumjodid wie üblich mit Thiosulfatlösung.

c) Colorimetrie.

Allgemeines. Bei der colorimetrischen Ausführung, die für kleinere Acetylenmengen geeignet ist, wird im allgemeinen das Kupfer(I)-acetylid, das zur Verhinderung des Ausfallens mit einem Schutzkolloid stabilisiert ist, direkt colorimetriert bzw. photometriert. Eine indirekte Methode, die hier nur angedeutet werden soll, wurde von ALMÁSY und PALLAI vorgeschlagen: Das wie bei der gravimetrischen Methode, aber in einem zunächst evakuierten einfachen Spezialgerät gefällte, dann filtrierte Acetylid wird in Wasserstoffperoxid enthaltender Schwefelsäure gelöst. Die Lösung wird dann ammoniakalisch gemacht und der Kupfer(II)-amminkomplex colorimetriert. Die Genauigkeit beträgt im Bereich 0 bis 10% Acetylen ±0,05% absolut.

Sehr verbreitet ist die direkte Colorimetrie des Acetylens; von ihr sind viele Varianten bekannt geworden. Einige wenige davon seien näher beschrieben, und zwar zunächst eine einfache, von RIESE in Anlehnung an SCHULZE angegebene, visuell colorimetrische.

Arbeitsvorschrift. Man löst 2 g kristallisiertes Kupfer(II)-nitrat in einem 100-ml-Meßkolben in 10 ml kaltem Wasser, gibt 8 g festes Hydroxylammoniumchlorid hinzu und schüttelt bis zur Auflösung. Dann versetzt man mit 10,5 ml Ammoniaklösung (20 g NH_3 in 100 ml Lösung), wobei unter Gasentwicklung eine lebhafte exotherme Reaktion einsetzt und Farbaufhellung zu Schwachblau eintritt. Nun setzt man 6 ml frisch bereitete 2%ige Gelatinelösung zu, schüttelt durch und füllt mit Wasser zu 100 ml auf. Bei der Herstellung der Lösung soll der Luftsauerstoff ferngehalten werden. Man leitet durch ein mit 10 ml Lösung gefülltes, reagenzglasförmiges Absorptionsgefäß nach Art eines Blasenzählers so viele Milliliter des zu untersuchenden Gases, daß der Farbton einer Vergleichslösung, die in der gleichen Weise mit einer bekannten Acetylenmenge hergestellt wurde, gerade erreicht wird. Die Konzentration des unbekannten Gases wird aus dem Verhältnis der Gasvolumina berechnet.

Bemerkungen. α) Für Gehalte von 0,001 bis 0,01 Vol.-% Acetylen werden mit 0,02 ml C_2H_2 erhaltene, hellrote Vergleichslösungen verwendet, für Gehalte von 0,1 bis 1% mit 0,1 ml C_2H_2 hergestellte, dunkelrote Lösungen. Die *Genauigkeit* wird zu ±10% angegeben; die *Erfassungsgrenzen zu* etwa $5 \cdot 10^{-4}$%.

β) Bei dieser wie bei ähnlichen Methoden dürfte es nützlich sein, *beständige* Vergleichslösungen zu verwenden, die nach STRISHEWSKI und TSCHECHOWITSCH (b) aus einem Gemisch von Kobalt- und Chromnitratlösungen hergestellt werden können. Für sehr genaue Bestimmungen kommt man mit solchen Lösungen nicht aus, da schon bei geringfügigen, schwer vermeidbaren Abweichungen bei der Herstellung des

Reagenses leicht unterschiedliche Farbtönungen der kolloiden Lösung des Reaktionsproduktes auftreten. Auf diese Unterschiede bei aus Kupfer(I)-chlorid hergestelltem Reagens weist PURSER (b) hin; sie sind aber wohl nicht auf diese Art Reagenslösungen beschränkt.

γ) PURSER (a) beschreibt eine *photometrische*, mit Eichkurve arbeitende Methode zur C_2H_2-Bestimmung in Luft.

Als *Reagens* wird eine folgendermaßen hergestellte Lösung verwendet: 0,8 g analysenreines Kupfer(I)-chlorid löst man in 20 ml Wasser und 9 ml konz. Ammoniaklösung, p. A. (D = 0,880). Dazu gibt man 7 g Hydroxylammoniumchlorid, p. A., das in 30 ml warmem Wasser gelöst wurde. Nach Entfärbung des Lösungsgemisches gibt man 20 ml 1%ige Gummiguttilösung hinzu und füllt dann mit Wasser zu 100 ml in einer Meßflasche auf. Man gibt einige Stücke Kupferdraht in das Gefäß und überschichtet die Flüssigkeit mit einigen Millilitern Petroleums. Die Lösung hält sich so mehrere Tage. Die Gummiguttilösung erhält man durch Einhängen von 1 g des Präparates, das sich in einem Musselinbeutelchen befindet, für 24 Std. in 100 ml Wasser.

Arbeitsvorschrift. Die acetylenhaltige Luft wird durch 3 hintereinandergeschaltete, teilweise mit Glasperlen gefüllte Absorptionsgefäße geleitet, die 20, 10 und 10 ml Aceton enthalten und in einen Kasten mit Trockeneis gestellt sind. Die Stärke des Luftstromes darf bis zu 2 l je Minute betragen. Die Gefäße bleiben bis unmittelbar vor der Messung im Trockeneis oder werden in Eiswasser gestellt. Für die Bestimmung gießt man das Aceton aus den 3 Gefäßen in einen Meßkolben, spült mit Aceton nach und füllt das Ganze zu einem bestimmten Volumen auf. Davon gibt man ein Aliquot von 20 ml oder weniger in einen 50-ml-Meßzylinder mit Glasstopfen. Hat man weniger als 20 ml genommen, so fügt man noch so viel Aceton hinzu, daß die Menge 20 ml beträgt. Weiter gibt man 20 ml Wasser hinzu und schüttelt durch. Dann fügt man 2 ml Reagenslösung hinzu und vermischt wieder. Man läßt die Färbung sich 5 Min. lang entwickeln, füllt nun eine 1- oder 4-cm-Cüvette mit der Lösung und mißt in einem Photometer unter Verwendung von dunkelgrünen Filtern (Spekker Nr. 7); die Vergleichscüvette enthält destilliertes Wasser.

Bemerkung. In einer späteren Arbeit empfiehlt PURSER (b) einige *Abänderungen* der Arbeitsweise. Die hauptsächliche Änderung ist diejenige, daß man beim Herstellen der Lösungen zur Messung alle Gefäße und Pipetten mit Eiswasser gekühlt hält und auch das zuzusetzende Wasser vorher kühlt. Zur Farbentwicklung wird die zu messende Lösung dann 5 Min. in ein Wasserbad von 20 °C gestellt. Wie aber bereits erwähnt, soll die Eichkurve für jede Reagenslösung, die hergestellt wird, neu aufgenommen werden. Dazu geht man wie folgt vor: Eine Gasprobeflasche bekannten Inhalts (etwa 10 ml) füllt man mit Acetylen. Dann verbindet man die Flasche mit einem Glasperlen-Absorptionsgefäß, das 40 ml Aceton enthält, und saugt einige Minuten Luft mit etwa 50 ml/Min. Geschwindigkeit durch die Probeflasche und das Absorptionsgefäß. Aliquote Teile, z. B. 0,5, 1,0, 1,5 und 2 ml der gewonnenen Lösung, werden wie oben beschrieben behandelt und die gewonnenen Meßwerte zur Aufstellung von Eichkurven verwendet. Hierbei kann man einen Korrekturfaktor für Temperatur und Druck zur Zeit der Füllung der Gasprobenflasche anbringen.

MCKOON und EDDY empfehlen zur Photometrie des Kupferacetylids das Farbfilter Corning 348.

d) Bestimmung nach Anreicherung durch Adsorption.

α) Bestimmung in flüssiger Luft

Allgemeines. Beim Betrieb von Luftverflüssigungs- und Fraktionieranlagen können sich kleine Acetylengehalte aus der verarbeiteten Luft in gewissen Apparateteilen zu gefährlichen Konzentrationen im flüssigen Sauerstoff anreichern. Schnelle Methoden zur angenäherten Bestimmung des Acetylengehaltes sind daher für solche Betriebe von großer Bedeutung. Eine alte Methode der Linde-Gesellschaft, die nur sehr rohe Werte liefert – aber als „Warnsignal" im Betrieb immerhin brauchbar ist – hat MACHEMER in mehrfacher Beziehung weiterentwickelt. Der Sauerstoff wird verdampft und zur Absorption des in ihm enthaltenen Acetylens ähnlich wie bei VELDHEER (siehe weiter oben) durch tiefgekühltes Kieselgel geleitet. Danach wird das Acetylen desorbiert und als Silber- oder Kupferacetylid gefällt. Aus der Höhe des zentrifugierten Niederschlages wird auf die Acetylenmenge bzw. -konzentration geschlossen.

Arbeitsvorschrift. 2,5 ml flüssiger Sauerstoff werden mittels eines langen Trichters in das gekühlte Verdampfergefäß *d* (Abb. 50) bis zum Überlauf eingefüllt. Dann wird das Kühlbad von dem Gefäß entfernt und dieses mit einer Heizplatte, die 7 cm darunter steht, erhitzt. Der verdampfende Sauerstoff strömt über 800 ml Kieselgel, die sich in dem mit flüssiger Luft gekühlten Adsorptionsrohr *e* befinden. Nach beendeter Verdampfung ersetzt man das Kühlgefäß *g* des Adsorbers durch ein siedendes Wasserbad und leitet das entweichende Gas bei entsprechender Stellung der Hähne durch die beiden mit ammoniakalischer Ilosvay- oder Silbernitratlösung gefüllten Fällungsrohre *m* und *o*. Sobald der adsorbierte Sauerstoff verdampft ist, leitet man einen Stickstoffstrom von 15 l/Std. durch das Adsorptions- und die Fällungsrohre. Das Austreiben des Acetylens wird 30 Min. fortgesetzt. Nach Abspülen der kugeligen Aufsätze, die durch Gummischlauchstücke mit den eigentlichen Fällungsrohren verbunden sind, werden diese abgenommen und in einer kleinen Handzentrifuge zentrifugiert. Die Niederschlagshöhe in Millimeter wird gemessen. Aus einer Tabelle wird der Acetylengehalt abgelesen. Zur Aufstellung der Tabelle wurde acetylenfreier Sauerstoff mit steigenden Mengen Acetylens versetzt, und es wurden die Gemische ebenso wie oben beschrieben behandelt.

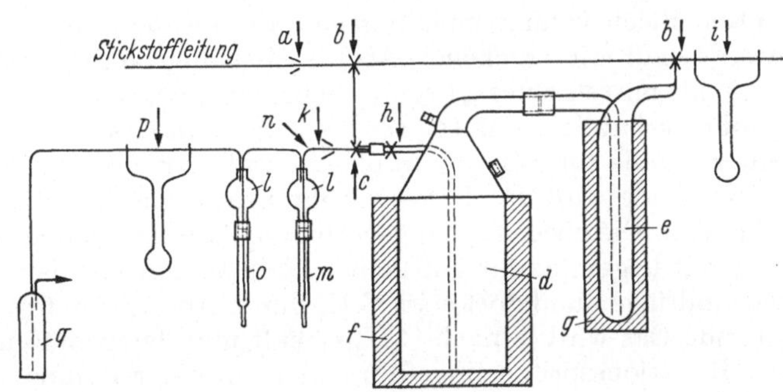

Abb. 50. Apparatur nach MACHEMER zur Bestimmung des Acetylengehaltes von flüssiger Luft.

Das Acetylen wird nicht vollständig erfaßt, da mit steigendem Gehalt die Verluste bei der Adsorption und wohl auch bei der Fällung zunehmend größer werden. Durch Einhaltung gleicher Bedingungen bei der Bestimmung und der Eichtabellenaufstellung erhält man aber brauchbare Werte. Die untere *Nachweisgrenze* beträgt 0,00002 Vol.-% Acetylen im Sauerstoff.

β) Bestimmung in Gasgemischen.

Zur Bestimmung des C_2H_2 in Konzentrationen bis 0,1 ml je m^3 (0,1 ppm) herab in Gasgemischen empfiehlt KORŠ, an Porzellan- oder Glasstücken zu adsorbieren, die auf die Temperatur des flüssigen Sauerstoffs gekühlt sind. Hierbei soll im Gas etwa vorhandener O_2 nicht sorbiert werden. Es können hohe Strömungsgeschwindigkeiten angewendet werden, so daß die ganze Analyse nur 30 bis 40 Min. dauert. Man desorbiert bei 100 bis 120 °C, leitet durch eine Reihe von Absorptionsgefäßen mit ILOSVAY-Reagens und vergleicht mit einer Skala von Standard-Farblösungen.

γ) Bestimmung von Spuren in der atmosphärischen Luft.

Eine noch empfindlichere Anordnung und Methode, die zum Nachweis und zur Bestimmung der in der Luft enthaltenen Spuren von Acetylen dienen kann, beschreiben HUGHES und GORDEN. Mit ihr sollen Gehalte von 0,01 bis 0,001 ppm erfaßbar sein. Als Adsorbens dient nach dem Vorbild von VELDHEER Kieselgel.

Apparatur. Das sehr reine (nicht durch Eisenoxid gefärbte) Kieselgel befindet sich in Glasröhrchen, von denen für jede Analyse ein neues genommen wird. Die Röhrchen haben etwa 4 mm Außen- und 2 mm Innendurchmesser. In ihnen befindet sich das Kieselgel in einer Schichthöhe von 1 cm in zwei Lagen von Glasperlen (60 bis 70 mesh), die ihrerseits durch locker eingeführte Wattepfropfen fixiert sind. Für quantitative Messungen wird das Kieselgel mittels eines kleinen Meßgefäßes aus verzinntem Blech volumenmäßig genau abgemessen. Jeweils ein Röhrchen wird in ein Dewar-Gefäß mit Trockeneis-Aceton-Mischung eingehängt, und zwar wird es am Eingangsende mittels eines „Tygon"-Schlauchstückes mit einem Glaswolle enthaltenden U-Rohr verbunden, das teilweise ebenfalls in das Kühlbad eintaucht. Das U-Rohr dient als Falle für Wasserdampf und andere kondensierbare Verunreinigungen. Am unteren Ende wird das Kieselgelröhrchen in gleicher Weise mit einem Abgangsrohr verbunden. Die obere Eingangsverbindungsstelle soll oberhalb des Spiegels der Kühlflüssigkeit liegen, damit auf keinen Fall Aceton vor der aktiven Zone in das Röhrchen eindringen und dort etwa C_2H_2 durch Absorption festhalten kann. Das zu untersuchende Gas wird je nach C_2H_2-Gehalt und demgemäß anzuwendender Menge mit einer Injektionsspritze eingeführt oder mit einer Pumpe durch das U-Rohr und das Absorptionsröhrchen hindurchgesaugt. Für Eichmessungen wird das Gefäß mit dem Standardgemisch am freien Ende des U-Rohres angeschlossen.

Das Kieselgelröhrchen wird nach Durchströmen einer geeigneten Menge Luft (bei 0,01 ppm C_2H_2 sind nicht mehr als 10 l erforderlich, die innerhalb von 50 Min. durchgeleitet werden können) aus dem Kühlbad herausgenommen. Es wird noch 2 bis 3 Min. zur gleichmäßigen Verteilung des Gases im Gel gewartet und dann Kupfer-Hydroxylamin-Reagenslösung nach FEIGL aufgegeben. Die auftretende, mehr oder weniger intensive Rotfärbung wird mit derjenigen verglichen, die in Gelröhrchen erhalten wird, welche mit Standardacetylengemischen beaufschlagt wurden.

Zur *Herstellung* solcher Gemische wird die erste Verdünnung des Acetylens sicherheitshalber mit Stickstoff vorgenommen, die weiteren dann mit Luft (SHEPHERD). Es ist zweckmäßig, sich einen Satz von Dauerstandards herzustellen, d.h. Röhrchen, in denen das Gel mit Farbstofflösungen derartig angefärbt ist, daß verschiedene Konzentrationsstufen von Acetylen in Luft nachgeahmt werden. Als Farbstoffe eignen sich Gemische von Azolitmin, Lackmus, Methylrot und Ölrot. Solche Standards halten sich, wenn die Röhrchen zugeschmolzen werden, fast unbegrenzt. Sollen die Färbungen der Analysen-Gelrohre noch nach einigen Stunden mit den Standards verglichen werden können, so muß man bei der Herstellung der Reagenslösung die doppelte Menge Hydroxylammoniumchlorids verwenden.

Wie immer bei dieser Reaktion *stört* auch hier Schwefelwasserstoff durch Fällung von schwarzem CuS. Ebenso stören niedrigsiedende Mercaptane durch Fällung von gelben Salzen und unter Umständen ebenfalls von CuS. Praktisch ist aber kaum eine Täuschung durch Mercaptane zu befürchten, da bereits das Vorhandensein einiger Tausendstel ppm dieser Stoffe am Geruch zu erkennen ist.

e) Varianten der Reagenszusammensetzung.

YASUI und SUZUKI haben den Einfluß des Verhältnisses von NH_3 zu $NH_2OH \cdot HCl$ im Kupferreagens auf die Färbung der kolloiden Fällung mit Acetylen untersucht und gewisse Varianten in der Zusammensetzung für unterschiedliche Acetylenmengen vorgeschlagen.

Ein wesentlich abweichendes Reagens zur Acetylen-Colorimetrie wird von TILENSCHI angegeben: $CuSO_4 \cdot 5H_2O$ wird in wäßriger, ammoniakalischer Lösung mit Hydroxylammoniumchlorid reduziert und dann mit Schwefelsäure auf einen pH-Wert von 5,3 gebracht. Diese Lösung bildet mit Acetylen eine blaue Färbung, die zu seiner Bestimmung dienen kann. Das Reagens soll im Gegensatz zu denjenigen vom Typ der Ilosvay-Lösung ziemlich beständig sein.

II. Bestimmung über das Silberacetylid.

Allgemeines. Vor den Cu(I)-Lösungen haben die Silbersalzlösungen als Reagenzien den Vorteil der Beständigkeit. Da das Silberacetylid in trockenem Zustand sehr explosiv ist, soll man anfallende Niederschläge dieser Verbindung beseitigen. Das kann durch Lösen in überschüssigem Natriumcyanid und Unschädlichmachen des letzteren mit Eisen(II)-sulfat geschehen. Selbst feuchte Niederschläge sind vorsichtig zu behandeln; man darf z.B. Glasfilter, auf denen sich solche befinden, nicht mit einem Glasstab reiben (GILBERT, MEYER und WHITE).

a) Gravimetrie.

Die gravimetrische Acetylenbestimmung kann durch Fällen als $Ag_2C_2 \cdot AgNO_3$, Abfiltrieren und vorsichtiges Trocknen im Vakuum erfolgen (SHAW und FISHER). Man soll so viel Gas anwenden, daß 100 bis 150 mg Niederschlag entstehen. Vorher müssen saure Gase (mit wenig 30%iger KOH), Schwefelverbindungen (mit Chlorbenzol in Piperidin, 5 bis 10 g/l) sowie Ammoniak und Amine (mit 10%iger Schwefelsäure), wenn vorhanden, entfernt werden. Olefingase stören nicht. Wasserstoff soll in Gegenwart von Fe^{3+} ebenfalls nicht reduzieren. Man kann nach NOVOTNÝ das Trocknen des Acetylids umgehen, indem man mit genauem Volumen eingestellter Silbernitratlösung fällt und nach Abfiltrieren und Waschen des Niederschlages mit Wasser im Filtrat das überschüssige Silber gravimetrisch als AgCl bestimmt; C_2H_2 ergibt sich als Differenz.

b) Gasvolumetrie.

Für die absorptionsvolumetrische oder manometrische Bestimmung ist 40%ige $AgNO_3$-Lösung geeignet. Diese absorbiert das Acetylen, während Kohlenoxid und Kohlendioxid nicht stören (SZABÓ und SOÓS).

c) Argentometrie.

Allgemeines. Man fällt das Acetylen durch Einleiten in eine abgemessene Menge gesättigter Silbernitratlösung, filtriert das ausgefallene Acetylid $Ag_2C_2 \cdot AgNO_3$ ab, wäscht aus und titriert das überschüssige Silber nach VOLHARD mit Thiocyanatlösung und Eisenalaun als Indikator.

Eine *potentiometrische* Variante ohne Filtration wird von ŠINGLIAR und SMEJKAL angegeben. Man titriert in diesem Falle nicht nur den Silberüberschuß, sondern auch das in dem Acetylid komplex gebundene Silber zurück, d.h. nicht 3, sondern 2 Mol Ag entsprechen 1 Mol Acetylen; 1 ml 0,1 n $AgNO_3$ sind 1,302 mg C_2H_2 äquivalent.

Arbeitsvorschrift. Man pipettiert 25 ml 0,1 n Silbernitratlösung und 5 ml der Acetonlösung, in der man das Acetylen absorbiert hat, in ein 400-ml-Becherglas. Dazu gibt man 50 ml 0,3%ige Natriumacetatlösung. Nach 10 Min. titriert man am Potentiometer mit einer Elektrodenanordnung, die aus einer Silberelektrode in dem Becherglas, einer Kalomelgegenelektrode und einer Ammoniumnitrat enthaltenden Strombrücke besteht. Es wird mit 0,1 n Salzsäure innerhalb 2 bis 3 Min. titriert, wobei der Potentialsprung etwa 300 mV beträgt. Man titriert als Blindversuch 25 ml 0,1 n Silbernitratlösung in der gleichen Weise. Der mittlere *relative Fehler* beträgt 0,7%.

Bemerkung. Eine *amperometrische* Titration mit der Hg-Tropfenelektrode haben TURJAN und ROMANOW angegeben. Um C_2H_2-Verluste durch die Spülung mit N_2 zu vermeiden, muß mit der Acetylenlösung in die Silberlösung hineintitriert werden. Die C_2H_2-Lösung wird durch Einleiten des gereinigten Gases in Dimethylformamid erhalten. Zum Titrieren wird 50%iges Methanol-Wasser-Gemisch zugesetzt. Als Silberlösung erwiesen sich 0,5 bis $5 \cdot 10^{-3}$ normale, 2 bis 10% Ammoniak enthaltende und an Kaliumnitrat 0,1 molare Lösungen als geeignet. In ihnen ist der Diffusionsstrom der Ag^+-Konzentration proportional:

$$C_2H_2 + Ag(NH_3)_2^+ + OH^- \rightarrow C_2HAg + 2NH_3 + H_2O.$$

Man mißt die Stromstärke bei $-0{,}35$ bis $-0{,}40$ V (gegen die Kalomelelektrode). Bei C_2H_2-Konzentrationen $\geqq 5 \cdot 10^{-3}$ molar ist die Bestimmung auf 1 bis 2% (rel.) genau.

d) Acidimetrie.

α) Methoden für Acetylengas

Allgemeines. Eine bereits 1897 von CHAVASTELON vorgeschlagene und mehrfach, u.a. von ROSS und TRUMBULL, modifizierte Methode beruht darauf, daß bei der Reaktion von Acetylen mit Silbernitrat auf 1 Mol Acetylen 2 Mole Salpetersäure frei werden:

$$C_2H_2 + 3AgNO_3 \rightarrow (AgC{\equiv}CAg)\,AgNO_3 + 2HNO_3.$$

Nach CHAVASTELON verwendet man äthanolische Silbernitratlösung (2,5%ig, hergestellt durch entsprechendes Verdünnen einer 10%igen wäßrigen Lösung unmittelbar vor der Verwendung mit 95%igem Äthanol) und titriert mit 0,02 n Natronlauge in Gegenwart eines Mischindikators. Dieser wird durch Lösen von 0,1 g Methylrot und 0,05 g Methylenblau in 100 ml Äthanol hergestellt.

Nach ROSS und TRUMBULL wird das Gas mit wäßriger Silbernitratlösung geschüttelt; dann wird mit n Natronlauge bis zur Braunfärbung durch ausfallendes Silberoxid versetzt (titriert), der Ag^+-Überschuß mit 20%iger Natriumchloridlösung gefällt und schließlich der Laugeüberschuß mit n Salzsäure gegen Methylorange zurücktitriert. Durch Eichversuche setzt man Milliliter verbrauchte Natronlauge zu Milliliter C_2H_2 in Beziehung und errechnet aus dem NaOH-Verbrauch die C_2H_2-Menge.

Die Methode liefert etwas zu hohe Werte und wurde deswegen u.a. von WILLSTÄTTER und MASCHMANN sowie von NOVOTNÝ kritisiert. Neue, abgewandelte acidimetrische Methoden werden nachstehend beschrieben.

KOULKES und MARSZAK verwenden Äthylendiamin enthaltende, äthanolische Lösungen gemäß folgender

Arbeitsvorschrift. 0,001 g der Acetylenverbindung werden in 20 bis 25 ml Äthanol gelöst. Zu 15 ml 0,1 n $AgNO_3$-Lösung in 90%igem Äthanol gibt man 7 bis 8 ml 8%ige äthanolische Äthylendiaminlösung. Beide Lösungen werden gegen Thymolphthalein mit äthanolischer 0,1 n Natronlauge neutralisiert bis zur Blaufärbung. Die Lösungen werden vereinigt und weiter titriert. 1 Mol Acetylenbindung entspricht 1 Mol NaOH.

Bemerkungen. aa) HYZER empfiehlt (zur Bestimmung *in Butadien* mit maximal 3% Acetylen) die Absorption in 5%iger äthanolischer Silbernitratlösung und Titration der entsprechenden Salpetersäure mit 0,05 n Natronlauge unter Verwendung von Methylrot – Methylenblau als Indikator.

bb) Wie SHAW und FISHER fanden, reagieren *konzentriertere* Silbernitratlösungen mit Acetylen nach der Gleichung:

$$H{-}C{\equiv}C{-}H + 8AgNO_3 \rightarrow Ag{-}C{\equiv}C{-}Ag \cdot 6AgNO_3 + 2HNO_3$$

zu einem löslichen Acetylid. Nach VESTIN und RALF hat der Komplex die Zusammensetzung $(C_2Ag_2)_n(Ag^+)_p$; bei $n = 1$ ist $p = 4$ bis 6. Analog reagiert Silberperchlorat. BARNES und MOLININI haben auf diese Reaktionen eine schnelle Bestimmung von Acetylen und allgemein von Alkin-Wasserstoff gegründet. Diese Methode, bei der ebenso wie bei der Methode mit Acetylidfällung aus verdünnter Silberlösung die entstehenden Wasserstoffionen titriert werden, ist schnell und bequem, da das Filtrieren eines Niederschlages entfällt. Sie wird nach den Feststellungen der Autoren außerdem durch Aldehyd, Cyanid und Halogenid weniger gestört als die mit verdünnter Silberlösung arbeitenden Verfahren. Die nachstehend beschriebene Ausführungsform gilt für gasförmige Proben.

Arbeitsvorschrift. Eine abgemessene Menge wäßriger 2 bis 3,5 m Silbernitrat- oder Silberperchloratlösung, der auf 40 ml 3 bis 4 Tropfen Methylpurpur oder nach VESTIN und RALF Chlorphenolrot zugesetzt wurden, wird in ein bekanntes Volumen der Gasprobe eingeführt und gut durchgeschüttelt. Dann wird mit 0,1 n Natronlauge (carbonatfrei) bis zur Grünfärbung des Indikators titriert. Man beobachtet dabei die Färbung im durchfallenden Licht. Basische oder saure Komponenten des Gases sind vor der Analyse zu entfernen.

β) Gehaltsbestimmung von Calciumcarbid.

Prinzip. Eine schnelle, auf der Säurebildung bei der Reaktion von Acetylen mit Silbernitrat beruhende Gehaltsbestimmung von Calciumcarbid und eine Apparatur haben FREHDEN und BECLEREANU angegeben.

Arbeitsvorschrift. Man gibt eine Einwaage von etwa 2 g der Carbidprobe in ein Gefäßchen, das dann in den Hals des Rundkolbens (siehe Abb. 51) eingesetzt wird. Man setzt den als Kühler ausgebildeten, eingeschliffenen Hohlstopfen auf und bringt das Wasser im Kolben zum Sieden. Kondensiertes Wasser tropft auf das Carbid, und das freigesetzte Acetylen strömt in die Vorlage, in die man eine neutralisierte Lösung aus 10 g $AgNO_3$, 10 ml Aceton und 2 bis 3 Tropfen Methylrotlösung gegeben hat. Der Farbänderung des Indikators folgend, titriert man mit n Natronlauge aus der aufgesetzten Bürette. Nach 10 bis 15 Min. hört die Acetylenentwicklung auf. Man stellt jetzt das Kühlwasser ab. Wenn nach Gelbfärbung durch Zusetzen von 1 Tropfen NaOH keine Verfärbung nach Rot mehr eintritt, bricht man die Destillation ab. Der Acetylengehalt x des Carbids in 1 kg berechnet sich zu:

$$x = \frac{N \cdot F \cdot 0{,}013 \cdot 0{,}923 \cdot 1000}{E} \text{ g},$$

wobei F = Faktor der n NaOH, N = verbrauchte Lauge [ml], E = Einwaage.
1 ml n NaOH entspricht 0,013 g C_2H_2.

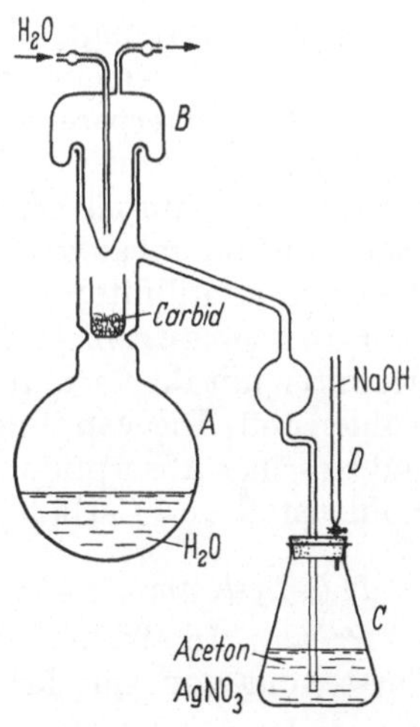

Abb. 51. Apparat nach FREHDEN u. BECLEREANU zur Gehaltsbestimmung von Calciumcarbid.

e) Ultraviolett-Photometrie.

Allgemeines. Wie GILBERT, MEYER und WHITE fanden, zeigt der oben formulierte Silberacetylid-Silber-Komplex eine Absorption im Ultraviolett, der die spektrophotometrische Bestimmung des Acetylens gestattet. Da das Nitratanion in diesem Spektralgebiet ebenfalls absorbiert, verwendet man Silberperchloratlösungen. Im praktisch erreichbaren UV-Gebiet besteht kein Absorptionsmaximum des Acetylidkomplexes, aber die Flanke der Absorptionsbande verschiebt sich mit steigendem Acetylengehalt in der Lösung stetig weiter zum langwelligen Gebiet hin, und die Höhe der Absorption bei einer bestimmten Wellenlänge steigt dementsprechend.

Arbeitsvorschrift. Die genannten Autoren verwenden eine Quecksilberdampflampe als Lichtquelle und messen in 1-cm-Quarzcüvetten bei Einstellung des Spektrophotometers auf die Linien 296,7 oder 313,2 nm. Die letztere Einstellung ist unempfindlicher und gestattet die Messung höherer Konzentrationen. Die Absorption gehorcht dem Beerschen Gesetz in dem ganzen untersuchten Konzentrationsbereich von 50 bis 2500 μg Acetylen in 15 ml Lösung. Die Konzentration der Silberperchloratlösung soll 1,5 molar sein. Die Messung der durch Absorption des Acetylens in dieser Lösung erhaltenen Lösung der Komplexverbindung erfolgt gegen reine Silberperchloratlösung der gleichen Konzentration in der Vergleichscüvette. Da die Messung temperaturabhängig ist, wird der Cüvettenteil des Photometers für genaue Messungen mittels eines Thermostaten temperiert.

Die erforderliche *Eichkurve* wird durch Messen einer Reihe von Lösungen mit abnehmendem Gehalt an Acetylidkomplex aufgestellt. Die Ausgangslösung dazu wird folgendermaßen hergestellt: Aus einer stark ammoniakalischen Lösung einer gewogenen Menge Silbernitrats wird durch Einleiten von Acetylen Silberacetylid möglichst quantitativ gefällt. Man filtriert durch einen gewogenen Glasfiltertiegel. (Aus Sicherheitsgründen nicht mehr als 500 mg Acetylid gleichzeitig fällen; die Fritte nicht mit einem Glasstab reiben bzw. kratzen!) Der Niederschlag wird mehrmals mit Wasser gewaschen. Beim Ansäuern des Filtrates mit Salzsäure soll eine nur ganz geringfügige Trübung auftreten (als Zeichen vollständiger Fällung des Silbers). Nun wird der Niederschlag gelöst, indem man 60 ml 2 m Silberperchloratlösung aufgibt und langsam durchsaugt. Das Filter wird mit Wasser gewaschen, und dann wird Salzsäure in den Filtertiegel und in das zur Füllung benutzte Becherglas gegeben, um alle Reste von ungelöstem Acetylidniederschlag in Silberchlorid umzusetzen. Die Silberchloridfällungen werden vereinigt, abfiltriert, getrocknet und gewogen. Aus der als Nitrat eingewogenen Silbermenge und dem als Chlorid erhaltenen Silber wird die in der konzentrierten Silberperchloratlösung gelöste Acetylidmenge als Differenz berechnet.

Zur Herstellung von Eichlösungen verschiedener Konzentration aus einer solchen Stammlösung durch Entnahme aliquoter Teile wird sie mit 1,5 m Silberperchloratlösung auf 100 ml aufgefüllt. Sie enthielt nach Versuchen der Autoren z.B. 0,4084 mg Acetylen je Milliliter.

Die *Reproduzierbarkeit* der Methode wird zu 2,7% angegeben. Die Autoren bestimmten mit ihr Carbidkohlenstoff in Lithium mit Gehalten von 1 bis etwa 300 ppm Kohlenstoff. Die von ihnen verwendete Arbeitsweise zur Entwicklung des Acetylens und zu seiner Absorption aus dem gleichzeitig entstehenden Wasserstoff ist im Kapitel: Kohlenstoff und Carbide, § 1, F, 1, I beschrieben.

III. Bestimmung über das Quecksilberacetylid.

Prinzip. In alkalischer Lösung von Kaliumjodomercurat lösen sich Alkine unter Entstehung von Quecksilberacetyliden nach der Gleichung:

$$2RC{\equiv}CH + K_2HgJ_4 + 2KOH \rightarrow (R\cdot C_2)_2{:}\ Hg + 4KJ + 2H_2O.$$

Das *Reagens* wird von verschiedenen Autoren als Absorptionsmittel für die gasvolumetrische Acetylenbestimmung empfohlen. Es absorbiert Äthylen nicht, selbst wenn dieses zu 60 bis 70% im Gas vorhanden ist, auch CO, wenigstens in Konzentrationen bis 3%, und Sauerstoff nicht (Wolkow). Die Reagenslösung wird nach Roy durch Mischen wäßriger Lösungen von 6,8 g Quecksilber(II)-chlorid und 8,3 g Kaliumjodid, Abfiltrieren des entstandenen Quecksilberjodids, Auswaschen desselben mit heißem Wasser und Eingeben in eine heiße Lösung von 8 g KJ in 10 ml Wasser hergestellt. Vor Gebrauch wird sie stark alkalisch gemacht. Chawla empfiehlt eine Lösung aus 500 g KJ, 200 g $HgCl_2$ und 40 g NaOH in 785 ml Wasser. Hanna und Siggia bestimmen Acetylen und *monosubstituierte* Alkine acidimetrisch.

Arbeitsvorschrift. Man löst 50 g HgJ_2 in 250 ml 20%iger KJ-Lösung. Von der entstandenen Lösung gibt man 50 ml zu 100 ml reinem Methanol in einem 250-ml-Erlenmeyerkolben. Die Probe mit 0,01 bis 0,015 Mol Alkinwasserstoff wird hinzugefügt, und darauf werden 50 ml 0,5 n Natronlauge zu dem Gemisch pipettiert. Die überschüssige Lauge wird mit 0,5 n Schwefelsäure gegen Phenolphthalein zurücktitriert.

Der *Bestimmungsfehler* wird mit + 0,8 bis − 2,6% angegeben. Formaldehydgehalte von mehr als 0,5% stören.

3. Bestimmung durch Gasabsorptionsvolumetrie mit verschiedenen Agenzien.

I. Rauchende Schwefelsäure

absorbiert Acetylen. Da sie aber mit anderen ungesättigten Kohlenwasserstoffen ebenfalls reagiert, kann sie nur dann für die Bestimmung des Acetylens verwendet werden, wenn solche nicht gleichzeitig vorhanden sind. In diesem Falle ist das Arbeiten mit ihr in einfachen Geräten bei guter Genauigkeit möglich (SCHERUHN). Mit 92%iger Schwefelsäure, die Äthylen und seine Homologen absorbiert, reagiert Acetylen nicht, so daß hiermit die Möglichkeit der getrennten Bestimmung von Olefinen und Acetylen gegeben ist.

II. Brom.

Durch Absorption in konz. Bromlösung bei verschiedenen Temperaturen ist eine selektive Trennung des Acetylens vom Äthylen und Äthan möglich, wie WIRTH zeigte (siehe Kapitel: Äthylen, Abschnitt: D, 1, I, a).

III. Quecksilber(II)-cyanid,

20 oder 40%ig in 2 n Natronlauge, absorbiert Acetylen quantitativ (TREADWELL und TAUBER, bzw. SZABÓ und SOÓS), ohne mit Äthylen und dessen Homologen oder Benzol zu reagieren. Die genannten Ungesättigten werden nur geringfügig physikalisch gelöst. Kohlendioxid stört. SHIBA beschreibt eine Analysenmethode für gasförmige Produkte der Acetylenhydrierung, bei der u.a. alkalisches Quecksilbercyanid angewendet wird.

Eine Mikromethode, nach der im Apparat von BLACET (siehe GUÉRIN, S. 297) mit einem am Platindraht erhitzten Kügelchen aus alkalischem Quecksilbercyanid gearbeitet wird, beschrieben BLACET, SELLERS und BLAEDEL. Zur Herstellung knetet man gepulvertes Quecksilber(II)-cyanid mit einigen Tropfen 6 n Kalilauge zu einer weichen Paste und schmelzt diese in einer Platinschlinge. In dem Gasraum des Apparates wird das Kügelchen dann an der verjüngten Stelle des Platindrahtes so erhitzt, daß noch keine Zersetzung des Cyanids eintritt. Auf Propylen und CO wirkt das Reagens nicht ein.

4. Bestimmung durch amperometrische Titration oder Polarographie.

Allgemeines. Die *amperometrische* Titration des Acetylens kann in Lösung in N-Methylpyrrolidon und Dimethylformamid mit Silbernitratlösung erfolgen. Registriert wird dabei der Diffusionsstrom des $Ag_2(NO_3)^+$-Ions (TURJAN und ROMANOW, vgl. auch ŠINGLIAR und SMEJKAL).

Polarographisch kann Acetylen in Essigsäure-Natriumacetatlösung in Form seiner Bromverbindung bestimmt werden, die eine charakteristische Stufe bildet. MEDONOS hat eine Methode zur gleichzeitigen Bestimmung von Acetylen, Vinylchlorid und Trichloräthylen ausgearbeitet. Neben 1,2-Dichloräthylen läßt sich Acetylen nicht bestimmen, da die Stufen beider Verbindungen zusammenfallen.

Arbeitsvorschrift. Man bringt so viel von der Probe, daß sie nach dem Auffüllen bis zur Marke in einer Konzentration von etwa 0,05 molar vorliegt, in einen 75-ml-Meßkolben, der 15 ml Eisessig enthält. Man füllt mit Brom-Essigsäurelösung (1 + 1) auf und läßt 24 Std. stehen. Dann gibt man 10 ml Lösung in ein Reagensglas mit Marke bei 10 ml und vertreibt den Bromüberschuß durch Einleiten von Kohlendioxid oder Stickstoff mittels eines bis an den Boden reichenden Capillarrohres unter Erwärmen auf 50 bis 60 °C im Wasserbad; wenn die Lösung hellgelb geworden ist, läßt man abkühlen, ergänzt das Volumen mit Eisessig zu 10 ml und schüttelt durch. Dann gibt man 1 ml in die Meßzelle, verdünnt mit 10 ml 3 m Natriumacetatlösung in 80%iger Essigsäure, leitet Stickstoff durch und polarographiert.

5. Bestimmung durch Ultrarotspektrometrie.

Das Acetylen besitzt in dem gebräuchlichen Ultrarotbereich bis 15 µm sehr charakteristische Absorptionsbanden bei 3,1, 7,5 und besonders bei 13,7 µm, auf Grund deren ein spezifischer Nachweis und in vielen Fällen die Bestimmung auch in komplizierten Gasgemischen möglich ist (PIERSON, FLETCHER und GANTZ). Diese Autoren bringen ein Ultrarotspektrogramm des Acetylens, ein Übersichtsdiagramm, aus dem die Lage der C_2H_2-Banden im Vergleich zu denen einer großen Zahl anderer Verbindungen zu ersehen ist, und ein Beispiel zur Ultrarotanalyse eines Gemisches, das außer C_2H_2 noch CH_4, C_2H_4, HCN, CO, CO_2, N_2O, NO und N_2 enthält. In dem Spektrogramm sind 0,03% Acetylen noch sehr deutlich erkennbar.

GUEDIN, HARVEY und WILKERSON empfehlen zur Analyse komplizierter Gemische ungesättigter Kohlenwasserstoffe, darunter Acetylen, (siehe auch Kapitel: Äthylen, Abschnitt IV) die Messung des Acetylens bei 13,35 µm.

Zur Bestimmung des Acetylens in Äthylenoxid verwendete SPELL ein Gerät mit Natriumchloridoptik und 10-cm-Zelle. Die Messung bei 13,65 µm zeigte eine Genauigkeit von $\pm 2\%$.

Infolge seiner charakteristischen Banden läßt sich die kontinuierliche Messung des Acetylens in Luft und anderen Gasen mit Hilfe von dispersionslosen Geräten mit Detektion durch Differenzdruck-Gaskammern nach Art des „Uras" (siehe auch Kapitel: Methan) gut durchführen (GUÉRIN, S. 275).

6. Bestimmung durch Massenspektrometrie.

Die Betriebsanalyse auf Acetylen in Industrieapparaturen kann als Einzelmessung und kontinuierlich durch Messen des Peaks $m/e = 26$ erfolgen (WALKER, GIFFORD und NELSON). Die Autoren untersuchten die Temperaturfunktion der Anzeige. Sie stellten durch alternierende Messung der Peaks 26 und 27 gleichzeitig die wechselnden Äthylenkonzentrationen im Gasgemisch fest.

Für die Analyse von Produkten der Spaltung von Kohlenwasserstoffen im Lichtbogen, bei der komplizierte Gasgemische entstehen (Acetylen, dessen Homologe und Äthylen sind die wichtigsten Produkte), ist die Massenspektrometrie in Verbindung mit chemischen Methoden vorteilhaft, erstere dabei besonders für die Bestimmung des Acetylens und seiner Homologen (HUNSMANN). Wenn gleichzeitig merkliche Mengen von Olefinen vorhanden sind, wird die Bestimmung wegen der Überlagerung der Peaks schwierig. Der Autor fällte daher die Alkine mit überschüssiger ammoniakalischer Silbernitratlösung, bestimmte aus der Menge des Acetylids die Summe dieser Verbindungen und nach Zersetzen des Niederschlages mit Salzsäure die Komponenten Acetylen, Methyl-, Monovinyl- und Diacetylen massenspektrometrisch. Das Massenspektrum des Gemisches ist relativ einfach. Bei Gesamtgehalten von mehr als 0,5% Alkinen wurden brauchbare Werte erhalten. Zu genaueren Ergebnissen kommt man bei komplizierten Gasgemischen durch Kombination von Massenspektrometrie, Gaschromatographie und chemischen Methoden.

7. Bestimmung durch Gaschromatographie.

Acetylen kann ebenso wie Äthylen neben anderen Kohlenwasserstoffen sowohl durch Adsorptions- als auch durch Verteilungschromatographie analysiert werden. Dabei zeigt es trotz seines relativ kleinen Molekulargewichtes und niedrigen Siedepunktes ein ziemlich großes Retentionsvolumen und wird somit verhältnismäßig spät eluiert. Sehr ausgeprägt tritt das infolge der guten Löslichkeit von C_2H_2 in organischen Lösungsmitteln bei der Gas/Flüssigchromatographie in Erscheinung.

PATTON, LEWIS und KAYE beschrieben die adsorptionschromatographische Analyse eines Gemisches aus H_2, O_2, CH_4, CO_2, C_2H_2, C_2H_4, C_2H_6 mit Aktivkohle als Säulenfüllung, 180 °C Säulentemperatur und Stickstoff als Schleppgas. Das Acetylen erscheint – in diesem Falle recht frühzeitig – nach 7 Min. hinter CO_2 mit 2,5 Min. und vor C_2H_4 mit 10 Min. GREENE, MOBERG und WILSON verwendeten Aktivkohle oder Aluminiumoxid als Adsorbens. Sie steigern die Temperatur der Säule während der Analyse bis 170 bzw. 150 °C, wobei sie besondere Maßnahmen zur Konstanthaltung der Strömungsgeschwindigkeit des Schleppgases treffen. Näheres siehe Kapitel: Methan, Abschnitt: 5, IV.

Wie GREENE und PUST zeigten, ist Kieselgel als Säulenfüllung noch besser geeignet. Der C_2H_2-Peak erscheint dabei zwischen denjenigen von Propan und Propylen. Weniger günstig ist Aluminiumoxid, aus dem der C_2H_2-Peak zwischen denjenigen von Propylen und Isobutan, und zwar dicht vor letzterem und in der Basis etwas mit ihm überschneidend, eluiert.

Die Verteilungschromatographie von komplizierten Kohlenwasserstoffgemischen, die u.a. Acetylen enthalten, mit 2 hintereinandergeschalteten Säulen mit verschiedenen Lösungsmitteln wurde von FREDERICKS und BROOKS ausgeführt; nähere Angaben siehe Kapitel: Äthylen, Abschnitt VI).

Die Anwendung der Verteilungschromatographie auf die Analyse von Spuren von Kohlenwasserstoffen, darunter C_2H_2 und Propin (Allylen) wurde von EGGERTSEN und NELSEN eingehend untersucht und beschrieben. Auf die Anordnung und Arbeitsweise wurde im Kapitel: Äthylen näher eingegangen. Bei der von den Autoren verwendeten stationären Phase: Dimethylsulfolan auf Schamottekörnern erscheint der C_2H_2-Peak zwischen denjenigen von n-C_4H_{10} und i-C_5H_{12}. Hier wird also das niedrig siedende Acetylen infolge seiner großen Löslichkeit erst kurz vor dem ersten C_5-Kohlenwasserstoff eluiert. Das Propin (Allylen) erscheint mit dem n-C_5H_{12} gemeinsam als nächster Peak. Acetylen wird also einwandfrei von seinem nächsten Homologen (und erst recht natürlich von den höheren, wenn solche vorhanden) getrennt. Die hervorragende Selektivität der Gaschromatographie für chemisch und physikalisch sehr ähnliche Stoffe wurde von DREW, McNESBY, SMITH und GORDON durch das Beispiel einer Trennung der Isomeren Propin und Propadien besonders herausgestellt. Diese beiden C_3H_4-Kohlenwasserstoffe haben so weitgehend identische Massenspektren, daß sie aus ihnen im Gemisch nicht identifiziert werden können. Die genannten Autoren verwendeten eine 10-m-Säule mit Paraffinöl auf Celite (präp. Kieselgur) bei 0 °C und erhielten eine so deutliche Aufspaltung der sich allerdings ein wenig überschneidenden Peaks der beiden Verbindungen, daß diese ohne weiteres nebeneinander nachgewiesen wurden und auch bestimmt werden könnten.

Für die Bestimmung des Acetylens neben Butadien (und anderen Gasen) empfiehlt SCHARFE Acetonylaceton als flüssige Phase. Ein schwieriges Problem ist die Bestimmung kleiner Mengen Acetylens in Äthylen oder Propylen. Der kleine C_2H_2-Peak verschwindet völlig in dem großen, breiten C_2H_4-Peak, wenn man nicht besondere Maßnahmen anwendet. BRENNER und ETTRE trennten das Acetylen zunächst von der Hauptmenge des Äthylens durch Anreicherung aus einer größeren Gasmenge (etwa 40 l) in einem tiefgekühlten Rohr mit Polyäthylenglycol, Evakuieren und nachfolgendes Erwärmen. Sie konnten danach mit einer 4-m-Dimethylsulfolan-Säule das Acetylen in Konzentrationen bis zu 1 ppm (im ursprünglichen Gas) herunter bestimmen. Ohne Vortrennung arbeitete KENT, und zwar mit Dimethylsulfolan auf Schamotte bei 10 bis 20 °C und mit Ionisationsdetektor nach LOVELOCK; er mußte aber eine Säule von 80 Fuß Länge anwenden.

PAYLOR und FEINLAND fanden, daß Hexamethylphosphoramid (HMPA) einen großen Trennfaktor (Zahlenverhältnis der Retentionsvolumina) für Acetylen und Äthylen aufweist; der Zahlenwert beträgt etwa 40. So konnten die Autoren bei Anwendung von HMPA und einem Flammenionisationsdetektor selbst bei Spuren von C_2H_2 dessen Peak an der Schulter des breiten C_2H_4-Peaks im Chromatogramm erhalten und auswerten. Die Säulenlänge brauchte dabei nur $5^1/_2$ Fuß = 168 cm zu betragen. Das HMPA war in einer Gewichtsmenge von 20% mit 60 bis 80 mesh Chromosorb (aktiviertes Aluminiumoxid) gemischt; die Füllung war mit einer Packungsdichte von 0,53 g/ml in ein $^1/_4$-Zoll-Kupferrohr eingebracht. Die Säule wurde bei (27 ± 1,5) °C betrieben; zwischen sie und den Detektor war zur Beseitigung des sonst durch Spuren von HMPA-Dampf hervorgerufenen „Rauschens" eine mit Trockeneis-Aceton gekühlte Falle geschaltet. Die Analyse einer 5-ml-Probe von Äthylen, das 2,4 ppm Acetylen enthielt, erfolgte in 10 Min. Der Variationskoeffizient betrug 3%. Selbst 0,03 ppm Acetylen im Gemisch würden noch nachweisbar sein.

Literatur.

ALMÁSY, G., u. I. PALLAI: Magyar Chem. Folyóirat **59**, 200 (1953); durch Fr. **143**, 315 (1954). – AMBERG, C. H., E. ECHIGOYA, u. D. KULAWIE: Canadian J. Chem. **37**, 708 (1959); durch Anal. Abstr. **1960**, 173.

BARNES, L., u. L. J. MOLININI: Anal. Chem. **27**, 1025 (1955). – BELLAR, T. A., M. F. BROWN u. J. E. SIGSBY: Anal. Chem. **35**, 1924 (1963). – BELUGOU, P., M. DE VERGERON u. A. MONOMAKHOFF: Glückauf **100**, 269 (1964). – BERRY, R.: Nature **188**, 578 (1960); durch Anal. Abstr. **1961**, 3087. – BJÖRKMAN, A.: Analyst **77**, 328 (1952); durch Fr. **139**, 225 (1953). – BLACET, F. E., A. L. SELLERS u. W. J. BLAEDEL: Ind. eng. Chem. Anal. Edit. **12**, 356 (1940); durch Fr. **123**, 36 (1942). – BRADFORD, B. W., D. HARVEY u. D. E. CHALKLEY: J. Inst. Petroleum **41**, 80 (1955); durch Anal. Chem. **28**, 982 (1956). – BRANHAM, J. R., u. M. SHEPHERD: J. Res. Nat. Bureau of Standards **22**, 171 (1939); durch C. **1940**, **II**, 799. – BRATZLER, K., u. H. KLEEMANN: Erdöl u. Kohle **7**, 559 (1954); durch Fr. **147**, 379 (1955). – BREDEL, H.: Chem. Tech. Berlin **13**, 46 (1961); durch Anal. Abstr. **1961**, 3998. – BRENNER, N., u. L. S. ETTRE: Anal. Chem. **31**, 1815 (1959). – BROOKS, F. R., P. BENJAMIN u. V. ZAHN: Ind. eng. Chem. Anal. Edit. **18**, 339 (1946); durch C. **1948**, **I**, 1043. – BROWN, R. A., H. B. OGBURN, F. W. MELPOLDER u. W. S. YOUNG: Anal. Chem. **27**, 237 (1955). – BRÜCKNER u. SCHICK: durch SCHUSTER. – BRUDERRECK, H.: Erdöl u. Kohle **16**, 847 (1963). – BRUDERRECK, H., W. SCHNEIDER u. I. HALÁSZ: Anal. Chem. **36**, 461 (1964); durch Erdöl u. Kohle **18**, 909 (1965). – BRUNNÉE, C., L. JENCKEL u. K. KRONENBERGER: Fr. **197**, 42 (1963).

CAPRIOLI, G., E. PAVAN u. M. DE VITA: Ann. Chim. applic. **49**, 1120 (1959); durch Anal. Abstr. **1960**, 1779. – CHAVASTELON: C. r. **125**, 245 (1897). – CHAWLA, S. L.: Science and Culture **18**, 238 (1952); durch Chem. Abstr. **1953**, 3186h. – CHOVIN, P., u. L. GION: Congr. Chim. ind. Bruxelles **15**, **I**, 40 (1935); durch C. **1936**, **II**, 1766. – COGGESHALL, N. D., u. E. L. SAIER: J. appl. Phys. **17**, 450 (1946); durch Chem. Abstr. **1946**, 5351[7,8]. – COLBASSANI, F. J., u. H. A. WATSON: Inform. Circ. US Bur. Mines Nr. 7839 (1958); durch Anal. Abstr. **1959**, 2364. – COPPENS, L., J. BRICTEUX u. J. VENTER: Bull. Tech. Houille, Liège **1958**, 426; durch Anal. Abstr. **1958**, 3774. – CORNU, A.: Proc. 3rd. world Petrol. Congr. Hague 1951, Sect. VI, 105; durch Chem. Abstr. **1954**, 9661a. – COULSON, D. M.: Anal. Chem. **31**, 906 (1959). – CRESPI, V., u. F. CEVOLANI: Chim. e Ind. **41**, 215 (1959); durch Anal. Abstr. **1960**, 565. – CRITCHFIELD, F. E., u. J. B. JOHNSON: Anal. Chem. **29**, 797 (1957). – CROPPER, F. R., u. A. HAMER: Anal. chim. Acta **3**, 169 (1949).

DAVIS, H. S., u. D. QUIGGLE: Ind. eng. Chem. Anal. Edit. **2**, 39 (1930); **3**, 108 (1931); durch C. **1933**, **II**, 3732. – DECKERT, W.: Angew. Ch. **45**, 559 (1932); durch Fr. **94**, 38 (1933). – DOMANSKI, B., A. JOURDAN u. C. EYRAUD: Chim. anal. **38**, 322 (1956); durch Anal. Abstr. **1957**, 1095. – DREW, C. M., J. R. MCNESBY, S. R. SMITH u. A. S. GORDON: Anal. Chem. **28**, 979 (1956).

EBERL, J. J.: Anal. Chem. **14**, 853 (1942). – EGGERTSEN, F. T., u. F. M. NELSEN: Anal. Chem. **30**, 1040 (1958). – ELLIS, J. F., u. C. W. FORREST: Anal. chim. Acta **24**, 329 (1961); durch Anal. Abstr. **1961**, 4465. – EWALD, H.; durch F. RAU u. H. EWALD: Fr. **197**, 106 (1963). – EWALD, H., u. H. HINTENBERGER: Methoden und Anwendungen der Massenspektrometrie; Weinheim 1953. – EYRAUD, C., B. DOMANSKI, P. DEVORE u. H. BOTAZZI: Chim. anal. **43**, 136 (1961); durch Anal. Abstr. **1961**, 4398.

FARRÉ-RIUS, F., u. G. GUIOCHON: J. Chromatogr. (Amsterdam) **13**, 382 (1964); durch Fr. **207**, 232 (1965). – FEIGL, F.: Spot Tests in Organic Analysis, 5. Aufl.; New York 1956. – FEINLAND, R., A. J. ANDREATCH u. D. P. COTRUPE: Anal. Chem. **32**, 1021 (1960); **33**, 991 1961). – FERBER E., u. L. ANDERS: Angew. Ch. **57**, 119 (1944). – FERBER, E., u. H. LUTHER: Angew. Ch. **53**, 31 (1940); durch C. **1940**, **I**, 1878. – FEUERBERG, H., M. MANJOCK u. H. WEIGEL: Fr. **219**, 241 (1966). –

FLASCHKA, H.: Z. Naturforschg. **1**, 683 (1946). – FLUSIN, G., u. H. GIRAN: C. r. **182**, 1628 (1926); durch Fr. **69**, 252 (1926). – FRANCIS, A. W., u. S. J. LUKASIEWICS: Ind. eng. Chem. Anal. Edit. **17**, 703 (1945); durch Chem. Abstr. **1946**, 535[1]. – FREHDEN, O., u. M. BECLEREANU: Rev. Chim. Bucarest **9**, 333 (1958). – FREDERICKS, E. M., u. F. R. BROOKS: Anal. Chem. **28**, 297 (1956). – FREUND M., L. SZEPESY u. J. SIMON: Erdöl, Kohle **17**, 995 (1964); durch Fr. **217**, 56 (1966). – FREY, H. M.: Nature **183**, 743 (1959); durch Anal. Abstr. **1959**, 3013. – FRIEDEL, R. A.: Anal. Chem. **28**, 1806 (1956).

GERSCHENOWITSCH, M. S., G. F. DALETZKI u. N. S. KOTELKOW: Betriebslab. (russ.) **6**, 567 (1937); durch C. **1939**, **I**, 1294. – GILBERT, T. W., A. S. MEYER u. J. C. WHITE: Anal. Chem. **29**, 1627 (1957). – GLUUD, W., u. G. SCHNEIDER: B. **57**, 254 (1924). – GOL'BERT, K. A., u. A. V. ALEKSEEVA: Betriebslab. (russ.) **24**, 688 (1958); durch Anal. Abstr. **1959**, 1775. – GÖRLACHER, A.: Ges.-Ing. **57**, 147 (1934). – GREENE, S. A., M. L. MOBERG u. E. M. WILSON: Anal. Chem. **28**, 1369 (1956). – GREENE, S. A., u. H. PUST: Anal. Chem. **29**, 1055 (1957). – GREENE, S. A., u. H. E. ROY: Anal. Chem. **29**, 569 (1957). – GRUPINSKI, L.: Chem. Technik **9**, 725 (1957). – GUEDIN, R. M., M. C. HARVEY u. R. C. WILKERSON: Anal. Chem. **30**, 454 (1958). – GUÉRIN, H.: Traité de Manipulation et d'Analyse des Gaz; Paris 1952.

HALÁSZ, I., u. E. E. WEGNER: Nature **189**, 570 (1961); durch Anal. Abstr. **1961**, 3774. – HANNA, J. G., u. S. SIGGIA: Anal. Chem. **21**, 1469 (1949); durch Fr. 131, 381 (1950). – HARA, N., H. SHIMADA, A. ISHIKAWA u. K. DOHI: Bull. Jap. Petrol. Inst. **2**, 33 (1960); durch Anal. Abstr. **1961**, 2032. – HARBECK, E., u. G. LUNGE: Z. anorg. Ch. **16**, 26 (1900); durch Fr. **39**, 239 (1900). – HARLOS, W.: Chem. Technik **11**, Beilage Glasapparatetechn. Nr. **11**, 81 (1959). – HEATON, W. B., u. J. T. WENTWORTH: Anal. Chem. **31**, 349 (1959). – HEINICKE, H., u. K. HEIMBERGER: D.R.P. 539562; durch C. **1932**, **I**, 713. – HEMPEL, W.: Gasanalytische Methoden, 4. Aufl., S. 208 (1913). – HONIG, R. E.: Anal. Chem. **22**, 1474 (1950); durch Fr. **138**, 269 (1953). – HUGHES, E. E., u. R. GORDEN: Anal. Chem. **31**, 94 (1959). – HUNSMANN, W.: Fr. **164**, 57 (1958). – HYZER, R. E.: Anal. Chem. **24**, 1092 (1952); durch Fr. **141**, 65 (1954). –

ILOSVAY, L.: B. **32**, 2697 (1899); durch Fr. **40**, 123 (1901).

JÄGER, E.: Angew. Ch. **1899**, 173; durch Fr. **43**, 775 (1904); Z. Gasbeleuchtung **1898**, 764; durch Fr. **48**, 233 (1909); Z. Gasbeleuchtung **1898**; durch Fr. **48**, 264 (1909). – JANÁK, J.: Coll. Czechoslov. chem. Comm. **20**, 1241 (1955); durch Fr. **152**, 217 (1956). – JANÁK, J., M. KREJČI u. H. E. DUBSKÝ: Chem. Listy **52**, 1099 (1958); durch Anal. Abstr. **1959**, 1976. – JAWORSKI, M., A. ZIELASKO u. K. GĄSIOR: Chem. analit. (Warszawa) **6**, 1005 (1961); durch Fr. **196**, 216 (1963). – JURÁNEK, J.: Coll. Čzechoslov. Chem. Comm. **24**, 135, 2306 (1959).

KATTWINKEL, R.: Grubengasanalyse im Kohlenbergbau; Berlin 1950. – KEMP, J. F.: Anal. Chem. **33**, 159 (1961). – KENT, T. B.: Chem. Ind. **1960**, 1260; durch Anal. Abstr. **1961**, 2232. – KERCKOW, F. W.: Angew. Ch. **66**, 27 (1954); durch Fr. **146**, 213 (1955). – KITAGAWA, T., u. Y. KOBAYASHI: J. chem. Soc. Japan, Ind. Chem. Sect. **56**, 56 (1953); durch Chem. Abstr. **1954**, 8128b. – KOBAYASHI, Y.: Yuki Gosei Kagaku Kyokai Shi **14**, 137 (1957); durch Chem. Abstr. **1957**, 7240a. – KOBE, K. A., u. R. A. MCDONALD: Ind. eng. Chem. Anal. Edit. **13**, 457 (1941); durch C. **1942**, **I**, 1165. – KORŠ, M P.: Gig. i Sanit. **26**, 55 (1961); durch Fr. **192**, 334 (1963). – KOTELKOW, N. Z.: Ž. anal. Chim. (russ.) **5**, 48 (1950); durch Chem. Abstr. **1950**, 4372e. – KOULKES, M., u. I. MARSZAK: Bl. Mém. **19**, 556 (1952); durch C. **1956**, 13222. – KRAUSS, A.: Azetylen Wiss. Ind. **35**, 73 (1932); durch C. **1933**, **I**, 819. – KRAVCHENKO, V. S., I. E. BIRENBERG, E. F. KARPOV u. I. A. MAGIDSON: Betriebslab. (russ.) **25**, 1448 (1959); durch Anal. Abstr. **1960**, 3297. – KUSÝ, V.: Chem. Listy **54**, 1168 (1960); durch Anal. Abstr. **1961**, 2459.

LACY, J., u. R. V. HILL: Chem. Ind. **1959**, 1148; durch Anal. Abstr. **1960**, 2263. – LANDAULT, L., u. G. GUIOCHON: Bl. **1963**, 2433; durch Fr. **207**, 381 (1965). – LANDOWNE, R., u. S. R. LIPSKI: Nature **189**, 571 (1961); durch Anal. Abstr. **1961**, 3572. – LAWREY, D. M. G., u. C. C. CERATO: Anal. Chem. **31**, 1011 (1959). – LICHTENFELS, D. H., S. A. FLECK, F. H. BUROW u. N. D. COGGESHALL: Anal. Chem. **28**, 1376 (1956). – LITTMAN, F. E., u. J. Q. DENTON: Anal. Chem. **28**, 945 (1956). – LÖWE, F.: Optische Messungen des Chemikers u. Mediziners; Dresden, Leipzig 1954. – LOVELOCK, J. E.: Nature **182**, 1663 (1958); J. Chromatographie **1**, 35 (1958). – LUBATTI, O. F.: J. Soc. chem. Ind. **63**, 133 (1944); durch Anal. Chem. **29**, 800 (1957).

MACHEMER, H.: Chemie-Ing.-Tech. **21**, 58 (1949); durch Chem. Abstr. **1949**, 4972d. – MADER, P. P., M. W. HEDDON, R. T. LOFBERG u. R. H. KOEHLER: Anal. Chem. **24**, 1899 (1952). – MADER, P. P., K. SCHOENEMANN u. M. EYE: Anal. Chem. **33**, 733 (1961). – MADISON, J. J.: Anal. Chem. **30**, 1859 (1958). – MARKOSOW, P. I., W. N. SAITSCHENKO u. S. A. LITJAJEWA: Betriebslab. (russ.) **27**, 285 (1961). – MARTIN, A. E., u. J. SMART: Nature **175**, 422 (1955). – MCKENNA, T. A., u. J. A. IDLEMAN: Anal. Chem. **31**, 2000 (1959); **32**, 1299 (1960). – MCKOON, H. P., u. H. D. EDDY: Ind. eng. Chem. Anal. Edit. **18**, 133 (1946); durch Chem. Abstr. **1946**, 1756[1,2]. – MCMILLAN, W. A., H. A. COLE u. A. V. RITCHIE: Ind. eng. Chem. Anal. Edit. **8**, 105 (1936). – MCPHEE, R. D.: Anal. Chem. **26**, 221 (1954). – MEDONOS, V.: Chem. Listy **52**, 31 (1958); durch Fr. **164**, 268 (1958); Coll. Czechoslov. Chem. Comm. **23**, 1465 (1958). – MILLER, J. W., u. D. DE FORD: Anal. Chem. **29**, 475 (1957). – MILLER, S. A., u. F. H. PEARMAN: Analyst **75**, 492 (1950); durch Fr. **134**, 388 (1951/52). – MITCHELL, J., I. M. KOLTHOFF, E. S. PROSKAUER u. A. WEISSBERGER: Organic Analysis; New York 1956, Vol. 3, S. 203. – MORRIS, V. N.: Am. Soc. **51**, 1460 (1929); durch C.

1929, II, 461. – MUNDAY, C. W., u. G. R. PRIMAVESI: Analyst **88**, 551 (1963); durch Fr. **213**, 234 (1965). –

NASH, H., J. R. HALL, H. Y. ALLGOOD u. J. A. BURNETT: Anal. Chem. **24**, 1650 (1952). – NEWTON, A. S.: Anal. Chem. **25**, 1746 (1953); durch Chem. Abstr. **1954**, 3196d. – NODOP, G.: Fr. **164**, 120 (1958). – NOVOTNÝ, D. F.: (a) Coll. Trav. chim. Tchécosl. **6**, 514 (1934); durch C. **1935, II**, 2985; (b) Coll. Trav. chim. Tchécosl. **7**, 84 (1935); durch C. **1935, II**, 2986. –

OBERSEIDER, I. L., u. J. H. BOYD: Ind. eng. Chem. Anal. Edit. **3**, 123 (1931); durch Fr. **87**, 371 (1932). – O'NEAL, M. J.: Anal. Chem. **22**, 991 (1950); durch Chem. Abstr. **1950**, 10600i. – ORR, C. H.: Anal. Chem. **33**, 158 (1961). – OTT, E., u. H. DERINGER: Helv. **7**, 888 (1924); durch 8, Fr. **6** 240 (1926).

PATTON, H. W., J. S. LEWIS u. W. I. KAYE: Anal. Chem. **27**, 170 (1955). – PAYLOR, R. A. L., u. R. FEINLAND: Anal. Chem. **33**, 808 (1961). – PHAN-CHON-TÔN: C. r. **245**, 1019 (1957). – PIERSON, R. H., A. N. FLETCHER u. E. S. C. GANTZ: Anal. Chem. **28**, 1218 (1956). – PIETSCH, H.: Erdöl u. Kohle **11**, 157 (1958); durch Chem. Abstr. **1958**, 10800a. – PLYLER, E. K., E. D. TIDWELL u. L. R. BLAINE: J. Res. Nat. Bureau of Standards A. **64**, 191 (1960); durch Anal. Abstr. **1961**, 1583. – PORTER, R. S., u. J. F. JOHNSON: Anal. Chem. **33**, 1152 (1961); durch Fr. **188**, 47 (1962). – PRATT, H. K., u. C. W. GREINER: Anal. Chem. **29**, 862 (1957). – PRESCOTT, C. H., u. J. MORRISON: Ind. eng. Chem. Anal. Edit. **11**, 230 (1939). – PURSER, B. J.: (a) Analyst **74**, 237 (1949); (b) **78**, 732 (1953); durch Fr. **146**, 63 (1955). – PYKE, R., A. KAHN u. D. J. LEROY: Anal. Chem. **19**, 65 (1947); durch C. **1947**, 757.

QUIRAM, E. R., u. W. F. BILLER: Anal. Chem. **30**, 1167 (1958). – QUIRAM, E. R., S. J. METRO u. J. B. LEWIS: Anal. Chem. **26**, 352 (1954). –

RAY, N. H.: Analyst **80**, 853 (1955); durch Fr. **153**, 356 (1956). – RIESE, W.: Angew. Ch. **44**, 701 (1931); durch Fr. **87**, 197 (1932). – RJABOV, A. W., u. G. D. PANOVA: Doklady Akad. Nauk SSSR, N. S. **99**, 547 (1954); durch Fr. **148**, 291 (1955/56). – RONBAUT, J., u. C. FODDERIE: Ind. Chim. Belge **23**, 845 (1958); durch Anal. Abstr. **1959**, 4014. – v. ROSEN: Leinau, Bergbau 1929 Nr. 14. – ROSENBAUM, E. J., R. W. ADAMS u. H. H. KING: Anal. Chem. **31**, 1006 (1959). – ROSIE, D. M., u. R. L. GROB: Anal. Chem. **29**, 1263 (1957). – ROSS, W. H., u. H. L. TRUMBULL: Am. Soc. **41**, 1180 (1919). – ROSSI, C., S. MUNARI, L. CENGARLE u. G. F. TEALDO: Chim. e Ind. (Milano) **42**, 724 (1960); durch Anal. Abstr. **1961**, 619. – ROY, R.: Sci. and Cult. **17**, 302 (1952); durch Chem. Abstr. **1952**, 4953f.

ŠALJA, V. V.: Betriebslab. (russ.) **23**, 501 (1957); durch Fr. **160**, 126 (1958). – SCHARFE, G.: Erdöl u. Kohle **12**, 723 (1959); durch Anal. Abstr. **1960**, 2318. – SCHERUHN, W.: Autogene Metallbearbeitung **26**, 296 (1933); durch C. **1934, I**, 89. – SCHNEIDER, W. E., H. BRUDERRECK u. I. HALÁSZ: Anal. Chem. **36**, 1533 (1964); durch Fr. **211**, 207 (1964). – SCHOMBURG, G.: Fr. **164**, 147 (1958). – SCHUHKNECHT, W., W. STETZER u. H. SCHINKEL: Glückauf **93**, 1428 (1957); durch Fr. **161**, 380 (1958). – SCHUSTER, F.: Laboratoriumsbuch f. Untersuchungen fester, flüssiger und gasförmiger Brennstoffe, 2. Bd.; Halle (Saale) 1958. – SCHWENK, U., O. HORN u. H. HACHENBERG: Brennstoffchemie **39**, 336 (1958); durch Anal. Abstr. **1959**, 3305. – SCHWENK, U., u. E. WEBER: Fr. **164**, 159 (1958). – SHAW, J. A., u. E. FISHER: Anal. Chem. **20**, 533 (1948); durch Chem. Abstr. **1948**, 7199d. – SHEPHERD, M.: (a) J. Res. Nat. Bureau of Standards **38**, 135 (1947); Anal. Chem. **19**, 77, 635 (1947). – (b): Anal. Chem. **22**, 881, 885 (1950); durch Chem. Abstr. **1950**, 8622a. – SHEPHERD, M., S. M. ROCK, R. HOWARD u. J. STORMES: Anal. Chem. **23**, 1431 (1951). – SHEPP, A., u. K. O. KUTSCHKE: Canadian J. Chem. **32**, 1112 (1954); durch Fr. **147**, 158 (1955). – SHIBA, T.: Rep. Chem. Ind. Res. Inst. Tokyo **49** Nr. 8 (1954). – SIMON, W.: Chimia **14**, 189 (1960); durch Anal. Abstr. **1961**, 2. – SHINOHARA, T., T. OHKUSA u. Y. OKADA: Jap. Analyst **10**, 241 (1961); durch Fr. **190**, 450 (1962). – ŠINGLIAR, M., u. V. SMEJKAL: Chem. Zvesti **10**, 70 (1956); durch Fr. **155**, 292 (1957); Anal. Chem. **29**, 665 (1957). – SMITH, A. S.: Ind. eng. Chem. Anal. Edit. **6**, 217, 293 (1934). – SOÓS, I.: Fr. **128**, 110 (1948). – SPECK, J. C., u. A. A. FORIST: Anal. Chem. **26**, 1942 (1954). – SPELL, H. L.: Anal. Chem. **31**, 1442 (1959). – STITT, F., A. H. TJENSVOLD u. Y. TOMIMATSU: Anal. Chem. **23**, 1138 (1951). – STITT, F., u. Y. TOMIMATSU: Anal. Chem. **25**, 181 (1953). – STRISHEWSKI, I. I., u. M. D. TSCHECHOWITSCH: (a) Betriebslab. (russ.) **8**, 220 (1939); durch C. **1940, II**, 3073; (b) Betriebslab. (russ.) **9**, 1147 (1940); durch C. **1942, I**, 519; (c) Betriebslab. (russ.) **11**, 480 (1945); durch Chem. Abstr. **1946**, 1428[3]. – STROUPE, J. D.: Anal. Chem. **22**, 1125 (1950); durch Fr. **134**, 114 (1951/52). – SVENCICKIJ, E. I., N. I. LULOVA, A. I. TARASSOV u. E. I. ZEMSKOVA: Betriebslab. (russ.) **22**, 1399 (1956); durch Fr. **157**, 433 (1957). – SZABÓ, Z., u. I. SOÓS: Fr. **126**, 221 (1943). – SZYMANSKI, H.: Infrared Handbock, New York, 1963.

TAYLOR, R. C., R. A. BROWN, W. S. YOUNG u. C. E. HEADINGTON: Anal. Chem. **20**, 396 (1948). – THOMAS, M. D.: Ind. eng. Chem. Anal. Edit. **5**, 193 (1933). – TILENSCHI, S.: Acad. rep. pop. Romane Cluj. Studii cercetari stiint. **3**, 99 (1952); durch Chem. Abstr. **1952**, 11174b. – TOBY, S.: Anal. Chem. **31**, 1444 (1959). – TOWLER, J. H., u. J. W. WOOD: Fuel **29**, 159 (1950); durch Chem. Abstr. **1950**, 7512i. – TREADWELL, W. D., u. F. A. TAUBER: Helv. **2**, 601 (1919). – TROPSCH, H., u. W. J. MATTOX: Ind. eng. Chem. Anal. Edit. **6**, 404 (1934); durch C. **1935, II**, 1643. – TROPSCH, H., u. PHILIPPOWITSCH: Brennstoffchemie **4**, 147 (1923). – TROST, F.: Ann. Chim. applic. **22**, 63 (1932); durch C. **1932, I**, 3092. – TURJAN, J. J., u. W. F. ROMANOW: Ž. anal. Chim. (russ.) **16**, 740 (1961). – TURKELTAUB, N. M., W. P. SCHWARZMAN, T. W. GEORGI-

JEWSKAJA, O. W. SOLOTAREWA u. A. I. KARYMOWA: J. physik. Chem. (USSR) **27**, 1827 (1953); durch C. **1956**, 11805.

URONE, P.: Anal. Chem. **31**, 1768 (1959).

VAN KATWIJK, J.: Fr. **164**, 73 (1958). – VANKO, A., V. HANUS u. J. JANDA: Fortschrittsber. z. Gaschromatographie, Berlin 1961. – VELDHEER, P. A.: Chem. Weekbl. **44**, 499 (1948); durch Analyst **74**, 272 (1949); Chem. Abstr. **1949**, 2894i. – VESTIN, R., u. E. RALF: Acta chem. Scand. **3**, 101 (1949). – VOLK, W.: Anal. Chem. **26**, 1771 (1954).

WALKER, J. K., A. P. GIFFORD u. R. H. NELSON: Ind. eng. Chem. **46**, 1400 (1954); durch Chem. Abstr. **1954**, 11121a. – WALL, R. F., A. L. GIUSTI, J. W. FITZPATRICK u. C. E. WOOD: Ind. eng. Chem. **46**, 1387 (1954); durch Chem. Abstr. **1954**, 1121c. – WASHBURN, H. W., H. F. WILEY u. S. M. ROCK: Ind. eng. Chem. Anal. Edit. **15**, 541 (1943). – WASHBURN, H. W., H. F. WILEY, S. M. ROCK u. C. E. BERRY: Ind. eng. Chem. Anal. Edit. **17**, 74 (1945). – WENDT (VENDT), V. P., u. T. A. LEBEDEVA: Betriebslab. (russ.) **24**, 818 (1958); durch Anal. Abstr. **1959**, 1945. – WHATMOUGH, P.: Nature **179**, 911 (1957); durch Fr. **159**, 216 (1957/58); Nature **182**, 863 (1958). – WILHELMI, A.: Angew. Ch. **24**, 870 (1911); durch Fr. **58**, 70 (1919). – WILLIAMS, V. Z.: Rev. Sci. Instruments **19**, 135 (1948); durch Anal. chim. Acta **3**, 176 (1949). – WILLSTÄTTER, R., u. E. MASCHMANN: B. **53**, 939 (1920); durch Fr. **61**, 191 (1922). – WIRTH, H.: M. **84**, 751 (1953); durch Chem. Abstr. **1954**, 2522b. – WOLKOW, A. E.: Trudy Gossudarst. Nautsch.-Issledovatel. i Projekt. Inst. Azot. Prom. **1953**, 175; durch Chem. Abstr. **1957**, 17604i. – WOODHEAD, D. W.: Safety Mines Res. and Testing Branch (London) Research Rept. Nr. **4**, 30 (1950); durch Chem. Abstr. **1951**, 3580a. – WOODHULL, E. H., E. H. SIEGLER u. H. SOBKOV: Ind. eng. Chem. **46**, 1396 (1954); durch Chem. Abstr. **1954**, 11805e.

YASUI, E., u. H. SUZUKI: J. chem. Soc. Japan, Ind. Chem. Sect. **61**, 173 (1958); durch Anal. Abstr. **1958**, 4167. – YOUNG, R. E., H. K. PRATT u. J. B. BIALE: Anal. Chem. **24**, 551 (1952).

ZERBE, C.: Mineralöle und verwandte Produkte; Berlin, Göttingen, Heidelberg 1952.

§ 3. Oxide des Kohlenstoffs.

A. Kohlenoxid.

Mol.-Gew.: 28,011; Dichte (bez. a. Luft): 0,967; Fp.: – 205 °C; Kp.: – 191,5 °C. Löslichkeit in Wasser von 20 °C: 23,2 Nml je Liter unter einem Teildruck von 760 Torr.

Kohlenoxid ist ein farb- und geruchloses, brennbares, sehr giftiges Gas. Mit verschiedenen Agenzien bildet es Anlagerungsverbindungen. Es wirkt als Reduktionsmittel gegenüber einer Reihe von Metall- und Nichtmetalloxiden. Dementsprechend wird es leicht zu CO_2 oxydiert. Auf derartigen Reaktionen beruhen verschiedene wichtige Bestimmungsmethoden, wobei entweder das entstandene CO_2 oder die auftretende Wärmetönung oder die aus dem Oxydationsmittel entstandenen Produkte gemessen werden. Von den physikochemischen Methoden hat die Gaschromatographie wegen ihrer guten Selektivität bei relativ einfacher Apparatur besondere Bedeutung, wenn die Bestimmung in Gemischen mit anderen reduzierenden Gasen zu erfolgen hat.

1. Gasvolumetrische Bestimmung durch Bildung von Anlagerungsverbindungen.

Allgemeines. Wegen der allgemeinen Technik der Gasanalyse wird auf die einschlägigen Spezialwerke, z. B. SCHUSTER, verwiesen. Im vorliegenden Handbuch werden nur die Besonderheiten der Absorptionsmittel für Kohlenoxid behandelt. Eine ziemlich umfassende Übersicht über gasvolumetrische und andere Methoden hat BEATTY gegeben. Die Genauigkeit der Absorptionsmethoden ist nur bei höheren Konzentrationen gut.

Wenn die Kohlenoxidbestimmung im Zuge einer Orsat-Analyse nach Bestimmung des Sauerstoffs durchgeführt wird, ist zu beachten, daß das viel verwendete Sauerstoffabsorptionsmittel Pyrogallol unter Umständen bei der Sauerstoffaufnahme Kohlenoxid bildet. Diese Reaktion kann weitgehend unterbunden werden durch Anwendung hoher Pyrogallolkonzentrationen, also auch durch nicht zu weitgehende Ausnutzung einer und derselben Lösung (nicht mehr als 12 Vol. O_2 je 1 Vol. Lösung), durch rasches Durchleiten des Gases (nicht weniger als 20 ml/Min.) und durch Vermeiden einer Temperatur der Lösung von mehr als 30 °C (KILDAY). Bei Verwendung von Sauerstoffabsorptionsmitteln auf Sulfid- und Dithionitbasis entfällt natürlich diese Schwierigkeit. Auch Oxyhydrochinon spaltet kein CO ab (MÜLLER-NEUGLÜCK).

I. Absorption mit Kupfer(I)-chloridlösungen.

Allgemeines. Als Kupfer(I)-chloridlösungen werden salzsaure, neutrale (salzhaltige) und ammoniakalische verwendet. Der wesentliche Vorgang ist das Entstehen der Verbindung $CuCl \cdot CO \cdot H_2O$. Diese besitzt einen gewissen CO-Druck, und die Absorption erfolgt nicht sehr energisch; daher schaltet man gewöhnlich 2 Pipetten hintereinander, von denen die zweite nahezu frische Lösung enthält. Restlose Absorption wird nie erreicht (BÜCHNER). Die neutralen Lösungen haben den Vorzug, keine Tension von Salzsäure- oder Ammoniakdampf aufzuweisen wie die beiden anderen Lösungstypen. Bei letzteren wird es meistens für erforderlich gehalten, nach der Absorption des Kohlenoxids die Dämpfe durch Einleiten des Gases in Alkalilauge bzw. Schwefelsäure zu entfernen, um die wahre Volumenabnahme zu erhalten.

Der Fehler kann sonst bis zu 1,5% absolut betragen. So groß würde er allerdings nur in sehr stark ammoniakalischen Lösungen wie in derjenigen nach BÜCHNER werden, die etwa 13 Gew.-% NH_3 enthält und nach den Messungen von MERTENS einen NH_3-Druck von 110 Torr aufweist. Letztgenannte Autoren weisen darauf hin, daß bei Lösungen mit weniger Ammoniak, z.B. derjenigen von HEMPEL (13,35% CuCl, 16,65% NH_4Cl, 5% NH_3, 65% H_2O) und derjenigen von OTT (16% CuCl, 20% NH_4Cl, 6,25% NH_3, 57,75% H_2O – alles Gew.-%) die NH_3-Drucke so gering sind, daß das Ammoniak von der üblicherweise leicht angesäuerten Sperrflüssigkeit der Gasbürette ohne weiteres aufgenommen wird und solche Lösungen also den Vorteil des Wegfalls einer besonderen Operation für das Entfernen des Ammoniaks bieten. Die ammoniakalischen Lösungen haben nach den offenbar gründlichen Untersuchungen von BÜCHNER und von MERTENS die größte Absorptionskapazität. Zwar sind die CO-Zersetzungsdrucke über den verschiedenen Lösungen unmittelbar nach Absorption einer bestimmten CO-Menge praktisch gleich, wie MERTENS feststellte; aber die ammoniakalischen Lösungen regenerieren sich allmählich, so daß sie länger relativ gut wirksam bleiben. Man führt das darauf zurück, daß CO der zunächst entstehenden Anlagerungsverbindung unter Abscheidung von metallischem Kupfer teilweise zum Ammoniumcarbonat und -oxalat oxydiert wird, wodurch der CO-Druck der Lösung sinkt. Nachstehend werden die Zusammensetzungen einer in neuerer Zeit empfohlenen neutralen und einer weiteren ammoniakalischen Lösung angegeben.

a) Neutrale Lösung

wird nach BRÜCKNER und GRÖBNER aus 125 g Kupfer(I)-chlorid, 265 g Ammoniumchlorid und 750 ml Wasser (= 1 l Lösung) hergestellt. Das Molverhältnis NH_4Cl : CuCl ist 4 : 1. Diese Lösung wurde auch von GETZ empfohlen. GUÉRIN (S. 183) fand, daß ein Teil des CuCl sich in der grünen Lösung als Suspension befindet und daß man die angegebene CuCl-Menge um 40 g reduzieren kann, ohne daß die Wirksamkeit geringer wird. 1 ml der Lösung absorbiert 14 ml CO. Die Lösung ist sehr sauerstoffempfindlich. Sie absorbiert Sauerstoff wie auch Acetylen quantitativ und Olefine teilweise; diese Gase sind also vor der Kohlenoxidbestimmung zu entfernen.

b) Ammoniakalische Lösung.

Verschiedene Zusammensetzungen wurden angegeben siehe z.B. oben. MOSER und HANIKA empfehlen die folgende: 11 bis 12 Gew.-Teile Kupfer(I)-chlorid, 13 bis 14 Gew.-Teile Ammoniak, 74 bis 76 Gew.-Teile Wasser. Diese Lösung soll je Milliliter 31 ml CO absorbieren. Die Absorption verläuft relativ rasch und auch nach längerer Anwendung noch relativ vollständig. Die Lösung hat den Nachteil, daß sich aus ihr allmählich zusammenhängende Schichten von metallischem Kupfer absetzen, die das Erkennen des Flüssigkeitsspiegels erschweren und die Verbindungscapillaren der Gaspipetten verstopfen. BÜCHNER hat diesen Mangel durch Zusatz von 10% Ammoniumchlorid, bezogen auf das Kupfer(I)-chlorid, zur Lösung behoben. OTT hatte Zusammensetzungen mit um das mehrfache höherem Gehalt an NH_4Cl angegeben. Seine Lösung wurde viel verwendet; sie wird aber nach den Feststellungen von BÜCHNER durch dessen Lösung ebenso wie durch diejenige von MOSER und HANIKA in bezug auf Wirksamkeit nach längerem Gebrauch und Menge des aufgenommenen CO übertroffen. BÜCHNER betont, daß eine Nachabsorption in β-Naphthollösung für alle Kupfer(I)-chloridlösungen erforderlich ist, wenn die letzten Reste des Kohlenoxids erfaßt werden sollen.

II. Absorption mit Kupfer(I)-sulfat/β-Naphthol-Lösungen.

Die Anwendung von Kupfer(I)-sulfat als Suspension in Schwefelsäure zur Absorption und Bestimmung von CO, das mit ihm die Verbindung $Cu_2SO_4 \cdot 2CO$ bildet, wurde von DAMIENS vorgeschlagen. Diese Anlagerungsverbindung entsteht in stöchiometrischer Zusammensetzung und ist sehr beständig selbst bei einer Temperatur von 100 °C. Daher ist die Absorption vollständig, und auch relativ kleine Gehalte, 0,2 bis 0,5%, können in geeigneten Apparaten genau bestimmt werden (BERGER). Die Lösung reagiert kaum mit Sauerstoff.

Um ein möglichst wirksames Reagens zu erhalten, geht man von gefälltem Kupfer(I)-oxid aus. Dazu löst man 15 g Zucker in 100 ml Wasser, gibt 2 bis 3 g Schwefelsäure hinzu und kocht 4 bis 5 Min. Dann neutralisiert man mit Calciumcarbonat und filtriert. In einem Kolben löst man 25 g kristallisiertes Kupferacetat in 250 ml Wasser. Zu dieser Lösung gibt man das vorher erhaltene Filtrat und kocht das Gemisch. Hierbei fällt ein rotes Pulver aus. Man läßt 35 bis 40 Min. unter Nachfüllen des verdampfenden Wassers sieden. Bevor die blaue Farbe der Lösung verschwindet, unterbricht man das Sieden, dekantiert die Lösung und filtriert das Kupfer(I)-oxid ab. Man wäscht es und trocknet es im Vakuum. Von dem trockenen Oxid werden 14,3 Gew.-Teile mit 9,8 Teilen konz. Schwefelsäure im Mörser vermischt und fein verrieben. 1 ml der Lösung absorbiert 18 ml CO. Die Absorption erfolgt langsamer als mit Kupfer(I)-chloridlösungen, aber, wie erwähnt, vollständiger. Die Absorptionsgeschwindigkeit kann durch Arbeiten bei 60 °C wesentlich gesteigert werden (AMBLER).

Das Reagens wurde von LEBEAU und BEDEL durch Hinzufügen von β-Naphthol verbessert, welches das Kupfer(I)-sulfat in Lösung bringt und die Absorption von CO fördert.

Zur *Herstellung* der Lösung vermischt man 95 g Schwefelsäure (D = 1,84) und 5 ml Wasser, kühlt, fügt 5 g Kupfer(I)-oxid hinzu und verreibt im Mörser. Das Gemisch gibt man in einen 125-ml-Kolben, der 10 g β-Naphthol enthält, und schüttelt einige Stunden lang. Dann filtriert man über Asbest oder Glaswolle und läßt die braune Flüssigkeit einige Tage stehen. Man dekantiert nun von etwa abgeschiedenem Kupfer(I)-oxid und bewahrt die Lösung in einer gut verschlossenen Flasche auf.

Die Anwendung einer solchen Lösung auf komplizierte olefinhaltige Gasgemische bzw. auf ein durch Kondensation aller Bestandteile außer CH_4, O_2 und CO erhaltenes Gemenge beschreiben THOMAS, DONN und LEVIN. BERGER, der diese Lösung wegen ihrer quantitativen Absorptionswirkung sehr empfiehlt, stellte fest, daß bei Anwesenheit von mehr als 50% Methan im Gas ein kleiner positiver Fehler auftritt. In kleinen Konzentrationen reagieren gesättigte Kohlenwasserstoffe nicht; ungesättigte müssen entfernt werden, ebenso Sauerstoff.

Beim Vergleich mit anderen Absorptionsmitteln stellten STEWART und EVANS neuerdings ebenfalls die Überlegenheit des Kupfersulfat-β-Naphthol-Reagenses fest; sie gaben eine Vorschrift, mit der ein ganz besonders wirksames Produkt erhalten werden soll, vorausgesetzt, daß alle verwendeten Ausgangsstoffe von p. a.- Qualität sind:

Man löst 100 g Kupfer(II)-sulfat in Wasser und erhitzt zum Sieden. Gleichzeitig löst man 60 g Glucose in 400 ml Wasser und erhitzt die Lösung bis fast zum Sieden. Man vereinigt die beiden Lösungen und kocht 3 Min. Man läßt den karminroten Niederschlag von Kupfer(I)-oxid absitzen, dekantiert, schlämmt nochmals auf und dekantiert wieder. Man filtriert durch ein Büchnerfilter, wäscht zuerst mit Wasser, dann mit Äthanol und trocknet durch Hindurchsaugen von Luft. Von dem Oxid verreibt man 20 g in einer Porzellanschale mit 25 g β-Naphthol, bis das Oxid ganz in die Oberfläche des Naphthols hineingerieben ist. Man gibt das Gemisch nun in ganz kleinen Portionen auf die Oberfläche von 225 ml 95%iger Schwefelsäure, wobei man jedesmal rührt, bis alles gelöst ist. Schließlich filtriert man durch Glaswolle und bewahrt die Lösung in verschlossener Flasche an einem kühlen Ort auf. Will man im Orsat selbst aufbewahren, so bedeckt man die Oberfläche der Lösung mit etwas Kerosin zum Schutz gegen Sauerstoff.

2. Gasvolumetrische Bestimmung durch Reduktion mit Wasserstoff (Hydrierung).

Allgemeines. Kohlenoxid wird von H_2 an Nickelkatalysatoren bei Temperaturen ab 200 °C zu Methan reduziert (LARSON und WHITTAKER; SCHUFTAN). Entsprechend der Gleichung:

$$CO + 3H_2 = H_2O + CH_4$$

verschwinden dabei je Mol CO 3 Mole H_2 aus der Gasphase; es tritt also eine starke Volumenkontraktion ein. Die Reaktion kann für CO-Gehalte im Prozentbereich mit üblichen gasanalytischen Geräten ausgeführt werden, wobei das Rohr mit dem Katalysator z. B. an Stelle des CuO enthaltenden Verbrennungsrohres nach JÄGER (siehe Kap. Methan) eingesetzt werden kann. Der Katalysator wird wie folgt hergestellt (SCHUSTER):

In einem Nickeltiegel schmelzt man vorsichtig 10 g kristallisiertes, kobaltfreies Nickelnitrat und 3,5 g kristallisiertes Aluminiumnitrat zusammen. Dann gibt man 10 g mehrmals mit Salpetersäure ausgekochte Tonscherben von etwa 1,5 mm Korngröße hinzu. Unter dauerndem Rühren steigert man die Temperatur, bis die Masse gleichmäßig trocken geworden ist. Nun erhitzt man im bedeckten Tiegel unter Einleiten eines schwachen Luftstromes auf etwa 400 °C, wobei die Nitrate in Oxide übergehen. Schließlich wird bei 290 °C mit reinem Wasserstoff reduziert. Man kann auch die genannten Salze, in wenig Wasser gelöst, von mit Salpetersäure gereinigtem Asbest aufsaugen lassen und weiter wie oben behandeln (BAYER).

Arbeitsvorschrift. Einige Gramm des Katalysators werden in das Reaktionsrohr gegeben und auf beiden Seiten mit Glaswollpfropfen festgelegt. Vor Ausführung der Reaktion wird zweckmäßig noch einmal bei 400 °C durch Überleiten von reinem Wasserstoff nachreduziert. Anschließend wird die Temperatur auf 200 bis 250 °C gesenkt und durch eine Heizwicklung elektrisch oder mittels eines β-Naphthol-Heizbades so gehalten. Das zu untersuchende Gas wird mit H_2 gemischt, so daß das Verhältnis $H_2 : CO$ mindestens 3 : 1 ist, und aus der Gasbürette mit einer Strömungsgeschwindigkeit von 20 ml/Sek. durch das Reaktionsrohr in eine als Ausweichgefäß dienende Gaspipette und zurück geleitet. Dann wird die Volumenabnahme bei noch konstant beheiztem Reaktionsrohr abgelesen; sie beträgt das 3fache des CO-Volumens.

Bemerkungen. I. Nach SCHUFTAN ist die Reaktion schon nach *einmaligem* Hin- und Herleiten des Gases über den Katalysator beendet. Bei höheren Gehalten als 10% CO tritt allerdings eine störende Nebenreaktion zu Kohlendioxid ein.

II. LARSON und WHITTACKER verwendeten getrocknetes Gas und bestimmten den CO-Gehalt auf Grund des bei der Reaktion *entstehenden Wassers*, dessen Konzentration sie aus dem Taupunkt des Endgases ermittelten.

3. Bestimmung durch Komplexbildung mit Hämoglobin.

Allgemeines. Kohlenoxid bildet mit Hämoglobin den recht stabilen Komplex Kohlenoxid-Hämoglobin. Das Gleichgewicht, das sich zwischen Hämoglobin, Sauerstoff und Kohlenoxid einstellt, liegt derartig zuungunsten der entsprechenden Sauerstoffverbindung, daß schon bei 1 Teil CO im Gemisch mit 300 Teilen O_2, entsprechend 0,1% CO in Luft, sich ein Verhältnis von Carboxyhämoglobin : Oxyhämoglobin von 1 : 1 einstellt.

Während letztere Verbindung in verdünnter Lösung gelb aussieht, ist die CO-Verbindung rosa. Die Absorptionsspektren unterscheiden sich ebenfalls in charakteristischer Weise. Auf dieser recht spezifischen Reaktion (nur C_2H_4 und NO stören), die mit verdünnten Blutlösungen als Reagens ausgeführt werden kann, gründen sich mehrere Nachweismethoden für CO (die auch für die quantitative Bestimmung benutzt werden). Für chemische Verfahren der CO-Bestimmung ist eine vorausgehende Bindung des Gases an Hämoglobin (Blut) mit anschließender Wiederentbindung als Trennungsoperation übrigens nicht sinnvoll, wie SHEPHERD (b) ausführt, da zwar die Absorption von CO selektiv erfolgt, bei dem Wiederfreimachen aber im Blut ursprünglich enthaltene störende Gase mit entbunden werden. Die Hämoglobinmethoden dürften keine große praktische Bedeutung mehr haben. Trotzdem sei im folgenden eine solche Methode neueren Datums beschrieben, danach eine spektroskopische Arbeitsweise, die nach GUÉRIN (S. 440) sehr genau ist, umrissen.

I. Volumetrische bzw. manometrische Methode.

In der Ausführung von SENDROY und FITZSIMONS wird das im Hämoglobin des Blutes absorbierte Kohlenoxid durch Einwirkung von Cyanoferrat(III) freigemacht und seine Menge im Apparat nach VAN SLYKE und NEILL gemessen (vgl. auch den Apparat nach VAN SLYKE und FOLCH und die bezüglich der Messung analoge Arbeitsweise im Kapitel: Kohlenstoff, § 1, B, 2, II, a, α).

Arbeitsvorschrift. Man entfernt den Sauerstoff des Gases durch Schütteln mit etwas Dithionitlösung (15 g in 100 ml 2 n Natronlauge). 5 ml Blut, das vorher reduziert wurde, werden mit 5 ml Wasser und 2 Tropfen Caprylalkohol gemischt, und mit dieser Mischung wird das Gas 30 Min. lang behandelt. Dann evakuiert man zum Entfernen der nicht absorbierten Gase. Man fügt nun 1 ml einer Lösung, die je Liter 20 g Kaliumhexacyanoferrat(III), 8 g Saponin und 400 g Natriumhydroxid enthält, evakuiert und über Quecksilber aufbewahrt wurde, hinzu, schüttelt durch und mißt die CO-Menge durch den in dem bekannten Volumen des Apparates entstehenden und am Manometer abzulesenden Druck. Diese Methode ist zur Bestimmung von Gehalten zwischen 0,05 und 0,8% geeignet.

Bemerkung. Eine sehr ähnliche Arbeitsweise wird von ROUGHTON und ROOT angewendet. Da das Gasvolumen dabei 400 bis 500 ml beträgt, können Gehalte von 0,005 bis 0,3% bestimmt werden, die *Reproduzierbarkeit* beträgt etwa 1%.

II. Spektroskopische Methode.

Allgemeines. O-Hämoglobin besitzt 2 breite Absorptionsbanden, bei 586,0 bis 568,0 und 552,0 bis 528,0 nm, mit Maxima bei 576,9 und 540,4 nm, CO-Hämoglobin ein demgegenüber verschobenes Bandenpaar von 582,0 bis 560,0 und 550,0 bis 524,0 nm, mit Maxima bei 569,5 und 538,0 nm. Während aber nach Reduktion des Sauerstoffkomplexes, z. B. mit Ammoniumsulfid oder Dithionit, an Stelle seines Bandenpaares eine sehr breite „Stokesche Bande" von 594,0 bis 534,0 nm, mit Maximum bei 556,0 nm, auftritt, reagiert die CO-Verbindung mit den Reduktionsmitteln nicht. Sein Spektrum bleibt nach Zusatz dieser Agenzien unverändert. Die CO-Banden treten nach Durchleiten von CO enthaltendem Gas durch die Blutlösung deutlich auf, sobald 25 bis 30% des Hämoglobins in den CO-Komplex verwandelt sind.

Bei der Analyse von Luft oder eines anderen Sauerstoff enthaltenden Gases entfernt man den Sauerstoff vorher durch Schütteln mit einer Lösung von 20 g Natriumdithionit, 100 ml Wasser und 20 ml Natronlauge von 36° Bé (etwa 10 m). Man leitet von dem zu untersuchenden Gas so viel durch die Blutlösung, bis bei Betrachtung des beleuchteten Gefäßes mit dem Spektroskop die Stokesche Bande sich aufspaltet und die CO-Hämoglobinbanden erscheinen.

Man sorgt durch genügend langsames Durchleiten und feine Verteilung des Gases (enges Einleitungsrohr, Zusatz von einigen Tropfen einer 2%igen Saponinlösung) für vollständige Absorption des CO.

Im folgenden wird eine Arbeitsweise kurz beschrieben, die im wesentlichen derjenigen von FLORENTIN und VANDENBERGHE mit Verbesserungen nach NICLOUX (a) (siehe auch GUÉRIN, S. 441) entspricht.

Herstellung der Blutlösung. Von Rinder-, Schweine- oder Menschenblut (kein Hammelblut), das mit einem gleichen Volumen Äthanol versetzt worden ist, verdünnt man 0,4 ml mit 17,6 ml Wasser. Dazu gibt man kurz vor dem Gebrauch 2 ml einer Lösung, die man frisch aus 60 bis 70 mg Natriumdithionit und 2 ml 0,34%iger Ammoniaklösung hergestellt hat.

Die *Apparatur* (Abb. 52) besteht aus einer üblichen Gasmeß- und Fördereinrichtung (*A* bis *M*) und einem Winklerschen Rohr. Dieses besteht aus 3 Windungen Glasspiralrohr, das oben eine Ausweitung und am unteren Ende eine Cüvette von 22 × 15 × 15 mm Größe mit zwei planparallelen Flächen trägt. Mittels eines Tubus mit durchbohrtem Gummistopfen am Ende der Cüvette ist das Ganze über ein enges, am Ende ausgezogenes Rohr mit der übrigen Apparatur verbunden. Die durch die Flüssigkeit im Winklerschen Rohr gehenden Gasblasen werden infolge des geringen Durchmessers des Rohrendes klein gehalten, so daß die Absorption vollständig erfolgt.

Arbeitsvorschrift. Man saugt bei an der Stelle *M* noch getrennter Apparatur die zu untersuchende Luft durch Ausfließenlassen von Wasser aus der vorher vollständig gefüllten Flasche nach *A* ein. Dann schließt man bei R_1 eine Niveauflasche mit ausgekochtem Wasser mittels Schlauches an und liest an der Graduierung von *A* das Luftvolumen ab.

Nach Schließen von Hahn R_1 läßt man aus der Mariotteschen Flasche *B* eine ausreichende Menge (für 1 l Luft 80 ml) der oben angegebenen alkalischen Dithionitlösung nach *A* einfließen. Man schüttelt gut durch und stellt durch Einfließenlassen von Wasser aus *B* in *A* wieder Atmosphärendruck her.

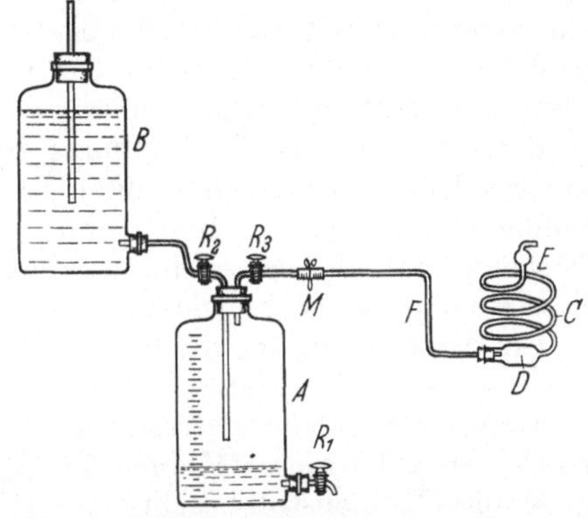

Abb. 52. Gerät nach NICLOUX zur spektroskopischen CO-Bestimmung über das Carboxyhämoglobin.

In das Winklersche Rohr gibt man nun die vorbereitete Blutlösung, der man noch 2 bis 3 Tropfen 2%iger Saponinlösung zugesetzt hat, und den Ausgang des Rohres benetzt man mit einer Spur Oktanol, um Austreten von Lösung als Schaum beim Durchperlen der Luft zu verhindern. Man verbindet die beiden Teile der Apparatur, öffnet Hahn R_3 und regelt mittels der Klemmschraube *M* einen Gasdurchgang von etwa 250 ml/Std. ein. Von Zeit zu Zeit beobachtet man den Inhalt der Cüvette, hinter der man eine Beleuchtung anbringt, mit dem Spektroskop. Sobald bei einer bestimmten, zwischen 25- und 30%iger Umwandlung des Hämoglobins in die Carboxyverbindung eintretenden Aufnahme von CO die Stokesche Bande sich aufgespalten hat, sperrt man den Gasstrom ab und liest unter Niveaugleichstellung das ausgetretene Volumen ab.

Die Auswertung erfolgt nach einer *Eichkurve*, die man unter den gleichen Bedingungen mit Luft von bekanntem CO-Gehalt hergestellt hat, oder nach *Diagrammen*, wie sie u.a. von NICLOUX (b) veröffentlicht worden sind.

Bemerkungen. a) Die Methode ist für Kohlenoxidgehalte von *0,002%* anwendbar. Die Reproduzierbarkeit beträgt 10%. Durch Anwendung von nur 6 ml Blutlösung in einer kleineren Cüvette läßt sich nach NICLOUX (b) die Bestimmung von 0,00033% CO in 500 ml Gas mit der gleichen Genauigkeit ausführen. KAGAN prüfte die Methode im Bereich von 0,02 bis 0,05 ml CO/m³ Luft = 2 bis $5 \cdot 10^{-6}$% und fand sie dafür nicht mehr brauchbar.

b) Es sei hier nur kurz erwähnt, daß man eine Blutmethode (mit hämolysierter Blutlösung) vorgeschlagen hat, bei der man die Veränderung des Absorptionsspektrums im nahen *Ultrarot*, und zwar im Gebiet 900 nm beobachtet. Die Ausfilterung des Wellenbereiches wird dabei durch Wasser, Nickelsulfat und Schwarzglas bewirkt (ARUINA).

III. Photometrische Methode.

Eine einfachere, photometrische Methode wurde von ARATÓ-SUGÁR angegeben.

Arbeitsvorschrift. Man schüttelt eine gemessene Menge der zu untersuchenden Luft mit einer Standard-Hämoglobinlösung (aus Rinderblut) und mißt die Konzentration des CO-Hämoglobins mit dem Pulfrich-Photometer unter Benutzung des Filters S 53 im Vergleich mit Lösungen von bekanntem Gehalt an CO-Hämoglobin. Der relative Fehler beträgt 2 bis 13%.

4. Bestimmung als Kohlendioxid nach Oxydation.

Allgemeines. Die Oxydation kann durch einfache Verbrennung z.B. bei 850 °C im Quarzrohr (KOHN-ABREST) oder durch katalytisch beschleunigte Oxydation mit Luftsauerstoff oder mit Sauerstoff abgebenden Oxiden bei relativ niedriger Temperatur erfolgen; das zu untersuchende Gas muß natürlich vorher durch Waschen mit Lauge oder durch Leiten über Natronkalk oder Natronasbest von vorhandenem CO_2 befreit werden. Die einfache Verbrennung ist nur dann anwendbar, wenn das Gas keine anderen Kohlenstoff enthaltenden Komponenten aufweist. Ungesättigte und höhere Kohlenwasserstoffe werden, wenn vorhanden, durch Absorption mit rauchender Schwefelsäure oder besser durch Adsorption an Aktivkohle entfernt. Methan passiert diese Reinigung ebenso wie das Kohlenoxid.

Die Bestimmung des entstandenen Kohlenoxids kann gravimetrisch durch Fällung als Carbonat aus Baritlauge oder durch Absorption in gewogenem Alkali, titrimetrisch, colorimetrisch, gasvolumetrisch oder gasmanometrisch, konduktometrisch oder auf andere Weise (vgl. Kapitel: Kohlendioxid) erfolgen. Endbestimmungsmethoden sind auch im Kapitel Kohlenstoff beschrieben. Hier werden nur einige von ihnen in Verbindung mit der Beschreibung von Methoden der Oxydation des Kohlenoxids angedeutet.

I. Oxydation mit Kupferoxid.

Kohlenoxid kann mit Kupferoxid oder Kupferoxid-Eisenoxid ebenso wie Wasserstoff bei 270 bis 290 °C selektiv neben Methan, das erst bei höherer Temperatur angegriffen wird (siehe Kapitel: Methan, § 2, A, 2, I, b), oxydiert werden. Dabei kann die Oxydation der beiden Gase (CO und H_2) gemeinsam erfolgen. Wenn nur CO zu bestimmen ist, wird das entstehende Kohlendioxid anschließend absorbiert; bei Benutzung eines Orsat-Apparates geschieht das einfach in der Weise, daß das Gasgemisch über das aufgeheizte Kupferoxidrohr zwischen Gasbürette und einer Kalilauge enthaltenden Gaspipette hin- und hergleitet und nach Eintreten von Volumenkonstanz und Temperaturausgleich die bei der Verbrennung eingetretene Volumenverminderung abgelesen wird. Diese entspricht direkt dem Kohlenoxidgehalt. Für genauere Bestimmungen ist allerdings zu berücksichtigen, daß Kupferoxid bei Temperaturen von 300 °C und darunter etwas CO_2 adsorbiert. Man muß daher zur Desorption das Hin- und Herleiten des schon von CO befreiten Gases längere Zeit fortsetzen, oder man verwendet eine Apparatur mit Toepler-Pumpe und evakuiert das Kupferoxid vor und nach der CO-Oxydation. Den abgepumpten CO_2-Rest muß man dann ebenfalls bestimmen.

Dieser Nachteil des Kupferoxids kann weitgehend dadurch vermieden werden, daß man es nur als Sauerstoffüberträger und daher in geringer Menge benutzt.

Für die gleichzeitige Bestimmung von Kohlenoxid und Wasserstoff durch Oxydation mit Kupferoxid haben MINKOW und PARTHASATHI eine gasmanometrische Methode beschrieben. Sie frieren zuerst das entstandene Wasser durch Kühlung mit Kohlensäureschnee und dann das CO_2 mit flüssiger Luft aus und berechnen H_2 wie auch CO aus den in den einzelnen Stufen eintretenden Druckabnahmen.

Die konduktometrische Bestimmung des CO_2 nach Oxydation über Kupferoxid wurde von TAYLOR und TAYLOR und anderen beschrieben (siehe auch die Kapitel: Kohlendioxid und Kohlenstoff).

II. Zur Oxydation mit Sauerstoff und Sauerstoffüberträgern

muß dem Gas vor der Oxydation Sauerstoff (bzw. Luft) in abgemessenem Mengenverhältnis zugesetzt werden, wenn es solchen nicht oder in zur vollständigen Verbrennung unzureichender Menge enthält.

a) Kupferoxid als Übertäger.

Der *Katalysator* Kupferoxid-Quarz wird nach SCHMIDT wie folgt *hergestellt:* Man tränkt Quarzkörner von 1 bis 2 mm Größe mit so viel Kupfernitrat, daß auf 60 bis 65 g Quarz 0,01 g Kupferoxid entfallen. Durch Erhitzen im Luftstrom bei etwa 400 °C wird das Nitrat zum Oxid abgeröstet.

Arbeitsvorschrift. Man leitet das zu analysierende Gas, das von Kohlendioxid und höheren Kohlenwasserstoffen gereinigt und mit Phosphorpentoxid getrocknet wurde, mit einer Geschwindigkeit von maximal 2 l/Std. über die auf 280 °C erhitzte Katalysatormasse, die sich in einem Rohr aus Quarz oder schwer schmelzbarem Glas befindet. Von dort läßt man es durch eine abgemessene Menge Baritlauge in ein geeignetes Absorptionsgefäß strömen. Die Baritlauge soll für CO-Konzentrationen unterhalb 1 % 0,01 normal sein, für höhere Gehalte 0,02 bis 0,1 normal. Zur Verschärfung des Indikatorumschlages bei der Titration setzt man der Lauge etwas Bariumchlorid, z.B. 1 %, zu. Nach beendetem Durchgang der abgemessenen Gasmenge leitet man noch 20 Min. reine Luft bei auf 300 bis 350 °C erhöhter Kontakttemperatur durch, um geringe Mengen von adsorbiertem CO_2 vom Kontakt zu entfernen. Dann titriert man die nicht durch CO_2 verbrauchte Baritlauge mit Säure zurück. Man kann Salzsäure oder 0,01 n Oxalsäure verwenden und Phenolphthalein als Indikator. 1 ml verbrauchter 0,01 n $Ba(OH)_2$ entspricht 0,112 ml CO von 0 °C und 760 Torr. Die Titration kann auf 0,001 bis 0,002 % CO genau ausgeführt werden bei Gehalten von einigen Tausendstel- bis Hundertstelprozent.

Bemerkungen. α) Führt man *ausreichend* Sauerstoff zu, so können auch Gase mit hohem Wasserstoffgehalt auf CO analysiert werden, wie SVERAK betont, der bei einer Oxydationstemperatur von (285 ± 5) °C und mit potentiometrischer Titration des CO_2 arbeitet.

β) Zur Bestimmung von Kohlenoxid neben anderen Gasen wie Methan, Kohlendioxid, Wasserstoff in Gasanalysegeräten vom Typ des „Orsat" und dessen Abwandlungen wird gewöhnlich ebenfalls Kupferoxid als Oxydationsmittel verwendet. Näheres darüber siehe Kapitel: Methan, § 2, A, 2.

γ) Nach früheren Vorschlägen wird Kupferoxid als Überzug auf Nickelin- oder Platindraht angewendet. Man scheidet Kupfer elektrolytisch auf den Drähten ab und oxydiert es dann durch Erhitzen in Luft (TSCHUMANOW; TSCHUMANOW und JUDIN).

b) Silberoxid als Überträger.

VAN TIGGELEN stellte fest, daß Silberoxid auf Bimsstein vor Kupferoxid auf Quarz den Vorteil hat, nicht wie dieser Kontakt nach längerem Gebrauch zu ermüden. Zur Herstellung gibt man gekörnten Bimsstein in 8%ige Silbernitratlösung und dann in 8%ige Kalilauge, wäscht und trocknet zuerst 5 Std. bei 100 °C und dann 2 Tage bei 270 °C im Vakuum. Solche Präparate sind schon ab 60° C wirksam, halten aber noch leichter CO_2 adsorptiv zurück als Kupferoxid (GUÉRIN, S. 429).

Bei höheren Temperaturen (500 °C) arbeiten LYSYJ, ZAREMBO und HANLEY mit dem durch thermische Zersetzung von Silberpermanganat bei 500 °C erhaltenen Katalysator (siehe auch Kapitel: Kohlenstoff, § 1, B, 1, I, a). Sie erzielen bei gravimetrischer Bestimmung des CO_2 (mit Ascarite) für kleine CO-Gehalte, die mit dem „Orsat" nur ungenau zu ermitteln sind, eine Genauigkeit entsprechend z.B. $\pm 0{,}85$ % rel. Fehler bei 0,3 bis 1,5 % CO. Als störende Gase müssen CO_2 und Kohlenwasserstoffe vor der Oxydation entfernt werden.

c) Oxidgemische auf der Basis des Mangan(IV)-oxids als Überträger.

Die mit Hopcalite bezeichneten Massen bestehen gewöhnlich aus 60 % MnO_2 und 40 % CuO; teilweise enthalten sie auch CoO und Ag_2O, z.B. 15 bzw. 5 % der Gesamtmenge. Die Gemische sind wirksamer als jede der Komponenten allein (LAMB, BRAY und GELDARD); ihre Aktivität hängt stark von der Struktur, d.h. von der Herstellungsweise ab. Manche Präparate reagieren schon bei Zimmertemperatur. Die Wirkung wird durch Wasserdampf beeinträchtigt. Die verbrauchte Masse läßt sich durch Erhitzen auf 240 °C im Luftstrom regenerieren (KLING, ROUILLY und CLARAZ).

Ein einfaches Präparat der oben zuerst genannten Art wird nach MERRILL und SCALIONE folgendermaßen *hergestellt:* Man läßt auf eine Suspension von Mangansulfat in konz. Schwefelsäure Kaliumpermanganat einwirken und verdünnt mit Wasser. Auf den entstandenen MnO_2-Niederschlag fällt man durch Zugabe von Kupfersulfat und Natriumcarbonat basisches Kupfercarbonat. Man verdünnt, wäscht durch Dekantation, filtriert, preßt den Niederschlag bei einem Druck von 400 kg/cm² zu Formlingen und trocknet zuerst bei 50 °C, dann bei 200 °C.

Hopcalite-Präparate werden in vielen im Handel befindlichen CO-Analysier-, Überwachungs- und Warnapparaturen angewendet. Vielfach dient dabei als Meßgröße die mit Thermometern oder mit Thermoelementen festgestellte Temperaturerhöhung (siehe auch Abschnitt 7). Spezifischer ist die Bestimmung auf Grund des Reaktionsproduktes CO_2. Methan stört in diesem Falle nicht, da es bei den angewendeten niedrigen Temperaturen nicht angegriffen wird.

Eine Arbeitsweise mit Rücktitration vorgelegter 0,01 n Baritlauge mit Oxalsäure beschreiben LINDSLEY und YOE (a). Sie verwenden ein Gemisch aus Phenolphthalein und Thymolphthalein als Indikator und analysieren Gase mit Kohlenoxidgehalten von 0,001 bis 0,005%.

Vorher hatten SALSBURY, COLE und YOE (a) eine Methode mit gravimetrischer Endbestimmung (Absorption von CO_2 in Ascarite) angegeben. Die Oxydation des CO führten sie dabei mit durch Dekahydronaphthalindampf auf 195 °C erhitztem Hopcalite aus. Sie betonen, daß der Katalysator bei Nichtbenutzung an Aktivität verliert und schon nach kurzzeitigem Stehenlassen durch 30 Min. langes Erhitzen in reiner Luft reaktiviert werden muß.

d) Silberpermanganat-Zinkoxid als Überträger.

Auf Zinkoxid niedergeschlagenes Silberpermanganat (Molverhältnis: 31 ZnO : 69 $AgMnO_4$) ist nach KATZ und KATZMANN ebenso wie Hopcalite schon bei Zimmertemperatur wirksam und hat dabei den Vorteil, nicht feuchtigkeitsempfindlich zu sein. Ein gewisser Wasserdampfgehalt ist sogar zum Einleiten der Reaktion notwendig; Schwankungen der relativen Wassersättigung zwischen 30 und 100% haben keinen Einfluß auf den Reaktionsablauf. Wasserstoff wird nicht oxydiert, wenn er nicht in wesentlich höherer Konzentration als das Kohlenoxid vorhanden ist. Der Kontakt wird in Form von im Durchschnitt 0,9 mm großen, gepreßten Körnern, die bei 60 °C 3 Tage lang getrocknet werden, angewendet.

e) Platin als Katalysator.

CAHEN und LETORT beschreiben die Bestimmung kleiner CO-Gehalte (Zehntelprozente in Luft) durch Oxydation an platinierten Glaskörpern in relativ schnellem Luftstrom von 30 l/Std.; sie absorbieren das CO_2 in Natronasbest. Für große Kohlenoxidmengen empfiehlt NARJES die Verbrennung am glühenden Platindraht.

III. Oxydation mit Jodpentoxid.

Das bei der Reaktion:

$$J_2O_5 + 5CO = J_2 + 5CO_2$$

entstehende Kohlendioxid kann ebenfalls zur Bestimmung des Kohlenoxids dienen. Zur Anwendung auf die Gasanalyse empfahlen SCHLÄPFER und HOFMANN sowie SCHLÄPFER und RUF Oxydation bei normaler Temperatur in einer Aufschlämmung von 1 Teil Jodpentoxid in 10 Teilen rauchender Schwefelsäure von 10% SO_3-Gehalt und anschließende Absorption des entstandenen CO_2 bis zur Volumenkonstanz. Die

Reaktionsfähigkeit hängt nach MÜLLER-NEUGLÜCK von der Kornverteilung des Pentoxids ab. Höhere Kohlenwasserstoffe müssen vorher entfernt werden; Methan wird nicht angegriffen, Wasserstoff nach den Angaben des letztgenannten Autors ebenfalls nicht. Neuerdings hat REENS festgestellt, daß H_2 doch in unter Umständen erheblichem Umfang reagiert und zur Volumenverminderung beiträgt; die Methode in dieser der Absorptionsanalyse angepaßten Ausführung sei deshalb zu verwerfen.

Die *Störung* durch Wasserstoff entfällt, wenn man nicht gasvolumetrisch arbeitet, sondern das beim Überleiten des Gases über auf etwa 150 °C erhitztes J_2O_5 entstandene CO_2 z.B. titrimetrisch ermittelt oder colorimetrisch unter Einleiten in eingestellte Bromthymolblau enthaltende Natriumcarbonatlösung und Vergleich mit Standardlösungen bestimmt (Anonym). Auch kann man, wie von WACLAVIK beschrieben, das CO_2 konduktometrisch bestimmen. Dieser Autor leitet das Reaktionsgas zur Absorption des Joddampfes über erhitzte Silberwolle und weiter in Natronlauge, aus deren Leitfähigkeitsänderung die CO_2- und somit die CO-Menge ermittelt wird (siehe Kapitel: Kohlenstoff, § 1, B, 1, II, d). Geeicht wird in dem Gerät von WACLAVIK mit aus Oxalsäurelösung elektrolytisch erzeugtem und coulometrisch gemessenem Kohlendioxid.

IV. Oxydation mit Quecksilberoxid.

Gelbes Quecksilberoxid oxydiert Kohlenoxid schon bei gewöhnlicher Temperatur (FAY und SEECKER), rotes Oxid bei 160°C (MOSER und SCHMID) oder wie MCCULLOUGH, CRANE und BECKMAN angeben, bei 175 bis 200 °C. Nach DEINUM und SCHOUTEN verläuft die Reduktion bei nicht mehr als 1 % CO im Gas schon bei 150 °C quantitativ nach der Gleichung:

$$CO + HgO = Hg + CO_2.$$

GRIGORJEW machte darauf aufmerksam, daß ungesättigte Verbindungen und z.T. auch gesättigte Kohlenwasserstoffe stören; er entfernt letztere durch Vorschalten eines Waschgefäßes mit auf 0 °C gehaltenem Paraffinöl.

Mit *gelbem Oxid* arbeitet man nach RENAUD, THOMAS und GIBERT bei 100° C in einem am leichten Sieden gehaltenen Wasserbad, innerhalb dessen sich das Oxid in einem U-Rohr befindet. Das entstandene CO_2 wird in Baritlauge absorbiert und mit Säure titriert. Man verwendet Phenolphthalein und Methylorange gleichzeitig als Indikatoren; der Umschlag von Rot nach Gelb entspricht der Neutralisation der überschüssigen Lauge, der folgende von Gelb nach Rosa der Austitration des Carbonats. Ein Blindversuch ist erforderlich. Kohlenoxidgehalte in der Luft von 0,05 % und höher können auf diese Weise bestimmt werden. Wasserstoff und Methan *stören nicht*.

5. Bestimmung auf Grund von aus Oxydantien entstehenden Reduktionsprodukten.

I. Reduktion von Jodpentoxid.

Prinzip. Mit Jodpentoxid reagiert Kohlenoxid bei erhöhter Temperatur unter Freiwerden von 2 Atomen Jods je 5 Moleküle CO (vgl. Abschnitt: 4, III).

Die Reduktion durch andere oxydierbare Gase ist zu berücksichtigen (siehe den folgenden Abschnitt: a).

a) Titrimetrische Bestimmung.

Allgemeines. Die Reaktion mit J_2O_5 kann zur Bestimmung des Kohlenoxids, insbesondere kleinerer Gehalte (bis zu 0,001 % und darunter), nach VANDAVEER und GREGG dienen, indem man entweder das entstehende Kohlendioxid (siehe Abschnitt: 4, III) oder das frei werdende Jod ermittelt. Zuerst wurde diese Methode von DITTE und dann von NICLOUX und von GAUTIER benutzt. Später ist eine große Zahl von Ausführungsformen der Methode und der Apparatur beschrieben worden.

Über die anzuwendende optimale Temperatur finden sich ziemlich widersprechende Angaben. Das beruht nach ASTAPENJA, WAPNIK und SELKIN darauf, daß der Verteilungsgrad des Pentoxids einen großen Einfluß auf seine Reaktionsfähigkeit ausübt. Im allgemeinen wird daher feine Verteilung, z.B. durch Aufbringen auf Bimsstein empfohlen, wenn niedrige CO-Konzentrationen im Gas (in der Luft) erfaßt werden sollen. Dabei ist aber zu beachten, daß dadurch auch die Reaktionstemperatur anderer Gasbestandteile herabgesetzt wird. Während bei Anwendung von einfachem Pentoxid bei 150 °C nach TAUSZ und JUNGMANN Methan und Wasserstoff völlig inert sein sollen, darf bei Benutzung von auf Bimssteinkörnern niedergeschlagenem J_2O_5 die Temperatur in Gegenwart von Wasserstoff 150 °C nicht erreichen (SCHLÄPFER und HOFMANN) oder sogar 100 °C nicht übersteigen (PIETERS). Nach GRANT, KATZ und HAINES ist ein Mitreagieren von H_2, wenn er zu mehr als 0,05% vorhanden ist, überhaupt unvermeidlich und die Temperatur bei Anwesenheit von Methan auf höchstens 120 bis 130 °C zu halten. Ungesättigte Kohlenwasserstoffe, Aldehyde u.a. müssen vor der Reaktion entfernt werden; das geschieht mit Oleum oder durch Ausfrieren mit flüssiger Luft oder Adsorbieren an auf − 80 °C gekühlte Aktivkohle. Dadurch werden alle störenden Gase außer Wasserstoff eleminiert.

Das Jodpentoxid muß durch längeres Erhitzen auf 195 bis 215 °C und dann noch bei etwa 150 °C (VANDAVEER und GREGG) unter Durchleiten von reiner, trockener Luft von niederen Jodoxiden und Jodsäure befreit werden. Da manche Präparate auch ohne Berührung mit Kohlenoxid oder Wasserdampf Jod abspalten, ist immer ein Blindversuch erforderlich.

LAMB, BRAY und GELDARD gaben ein Verfahren zur Herstellung von J_2O_5 aus Jod und Bariumchlorat an.

ADAMS und SIMMONS fanden, daß ein Jodpentoxid von besonders hoher und konstanter Reaktionsfähigkeit entsteht, wenn bei seiner *Herstellung* (mit Bariumchlorat) *auf Alkalifreiheit* der Ausgangsstoffe geachtet wird. Sie beschreiben die entsprechende Präparation. Pentoxid des Handels kann man nach KATTWINKEL durch 10stündiges Trocknen bei 190 °C im Analysengerät selbst soweit stabilisieren, daß es kein Jod mehr abgibt. Man soll sich davon überzeugen, indem man feststellt, daß bei Einleiten des durch das J_2O_5 gehenden Luftstromes in Chloroform innerhalb 15 Min. keine Färbung auftritt.

Anstatt das freiwerdende Jod in Kaliumjodidlösung aufzufangen, wie es u.a. bei der unten beschriebenen Ausführungsform geschieht, kann man es zunächst in Tetrachlorkohlenstoff absorbieren.

α) Absorption des Jods in Lauge

Eine einfache Arbeitsweise nach TAUSZ und JUNGMANN wird folgendermaßen durchgeführt (vgl. Abb. 53). Das Gas wird in eine mit Niveaugefäß (nicht abgebildet) und Wassermantel sowie Zulauftrichter versehene Bürette von 50 bis 100 ml Volumen eingeführt. Aus dem Trichter läßt man dann Quecksilber zufließen, wodurch das Gas nach Öffnen des Dreiweghahnes unter Regulieren mit Schraubquetschhahn in die übrige Apparatur gedrückt wird. Diese besteht aus der Waschflasche *D* für saure Gase mit Kalilauge, die gleichzeitig als Blasenzähler dient, dem U-Rohr *E* mit Aktivkohle zur Adsorption schwerer Kohlenwasserstoffgase, 2 Waschflaschen *F* und *G* mit rauchender bzw. gewöhnlicher, konz. Schwefelsäure, einem U-Rohr *H* mit Kaliumhydroxid in Stücken und einem Trockenrohr *S* mit Phosphorpentoxid [man kann auch wasserfreies Magnesiumperchlorat verwenden (NELSON und Mitarbeiter)]. Weiter folgt als Hauptteil der Apparatur ein Rohr *K* mit Jodpentoxid in einer Preglschen Heizgranate, die mit Anilin-Maschinenöl-Gemisch gefüllt ist und auf 195 °C eingestellt wird. Man gibt laufend etwas Maschinenöl hinzu. Aus der Granate entweichende Dämpfe werden durch ein Rohr mit Aktivkohle zurückgehalten. Das Jodpentoxid (3 bis 4 g) ist locker in das Reaktionsrohr eingefüllt und wird durch Glaswollepfropfen gehalten. Das Rohr besitzt Glasschliffverbindungen, die mit Phosphorsäure geschmiert bzw. gedichtet werden. Am Ausgangsende des Rohres folgen das mit Glasperlen gefüllte, Kaliumjodidlösung enthaltende Jodabsorptionsrohr *L* und unter Umständen ein CO_2-Absorptionsrohr mit Baritlauge sowie ein Aspirator *N*.

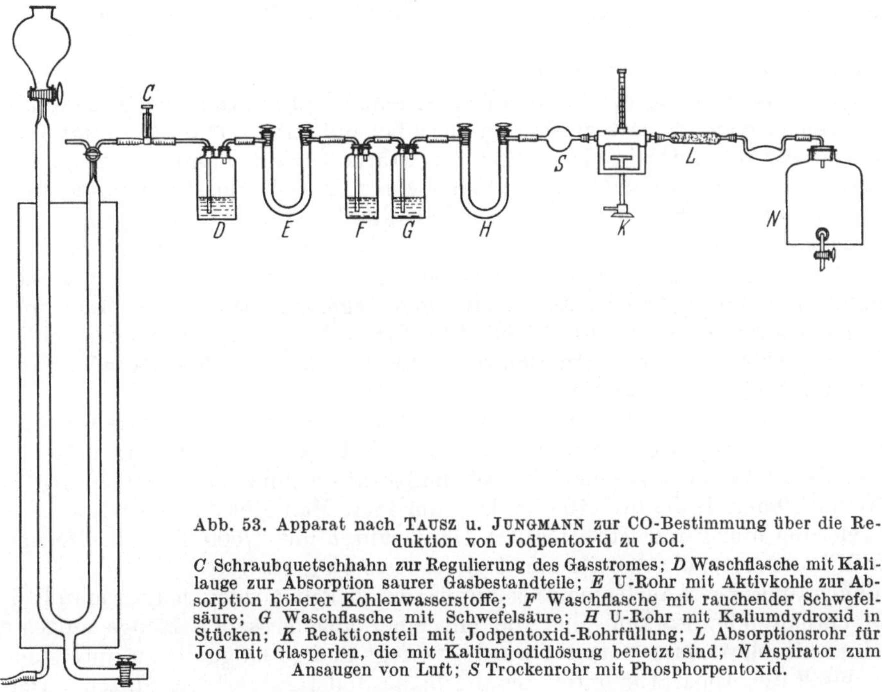

Abb. 53. Apparat nach TAUSZ u. JUNGMANN zur CO-Bestimmung über die Reduktion von Jodpentoxid zu Jod.

C Schraubquetschhahn zur Regulierung des Gasstromes; *D* Waschflasche mit Kalilauge zur Absorption saurer Gasbestandteile; *E* U-Rohr mit Aktivkohle zur Absorption höherer Kohlenwasserstoffe; *F* Waschflasche mit rauchender Schwefelsäure; *G* Waschflasche mit Schwefelsäure; *H* U-Rohr mit Kaliumdydroxid in Stücken; *K* Reaktionsteil mit Jodpentoxid-Rohrfüllung; *L* Absorptionsrohr für Jod mit Glasperlen, die mit Kaliumjodidlösung benetzt sind; *N* Aspirator zum Ansaugen von Luft; *S* Trockenrohr mit Phosphorpentoxid.

Arbeitsvorschrift. Zu Beginn der Bestimmung füllt man einige Milliliter 10%ige Kaliumjodidlösung in das Glasperlen enthaltende Rohr *L*, läßt den nicht anhaftenden Teil der Lösung abfließen und setzt das Rohr wieder in die Apparatur ein. Das Jodpentoxid im Reaktionsrohr wurde vorher unter Erhitzen im Luftstrom getrocknet. Nun läßt man das zu untersuchende Gas mit einer Geschwindigkeit von 4 ml/Min. durchströmen. Dann schaltet man den Dreiweghahn auf Luftdurchgang und saugt mit dem Aspirator so lange Luft durch, bis der Rest des Joddampfes nach *L* getrieben und von der Kaliumjodidlösung absorbiert ist. Inzwischen liest man das angewendete Gasvolumen an der Bürette ab. Man stellt das Rohr *L* in ein Titrierkölbchen, in dem sich 1 ml Chloroform und 5 ml 10%ige Kaliumjodidlösung befinden. Durch mehrmaliges Ansaugen und Ausfließenlassen spült man die Flüssigkeit aus dem Rohr in den Kolben; zuletzt spült man mit Wasser nach. Nun titriert man mit 0,01 n Natriumthiosulfatlösung in Gegenwart von Stärkelösung. 1 ml 0,01 n $Na_2S_2O_3$ entspricht 0,70 mg bzw. 0,56 ml CO von 0 °C und 760 Torr. Man zieht das etwaige CO-Äquivalent des Blindversuches von der so gefundenen CO-Menge ab und berechnet den Vol-%-Gehalt des Gases durch Division des Differenzwertes durch die auf Normalbedingungen umgerechneten Milliliter angewendeten Gases und Multiplizieren mit 100.

Bemerkungen. aa) SPECHT beschreibt eine Ausführung der Methode, bei der für den CO-Umsatz und die Jod-Absorption die entsprechenden Teile der Apparatur zur O_2-*Bestimmung* von UNTERZAUCHER (siehe PREGL-ROTH, S. 76) verwendet werden.

Als Thermostat dient dabei eine Heizgranate, die mit Eisessig (Kp.: 119 °C) gefüllt ist.

bb) Von der Industrie (z. B. Robert Müller KG, Essen) werden Geräte hergestellt, die mit elektrischer, selbstregelnder Beheizung und Vorrichtungen zur *Herstellung beliebiger Gasverdünnungen* ausgerüstet sind.

cc) Nach ROBERSON lassen sich mit der J_2O_5-Methode bei Titration mit 0,002 n Thiosulfat CO-Konzentrationen von 10^{-2} bis 10^{-3}% *auf 5% reproduzierbar* bestimmen.

β) Adsorption des Jods an Kieselgel

Prinzip. Wenn man, anstatt das freiwerdende Jod in Kalilauge aufzufangen, es an trockenem Kieselgel adsorbiert und anschließend mit 0,002 n Thiosulfat aus einer Präzisions-Mikrobürette in Gegenwart von Stärke titriert, kann man nach GLOVER Kohlenoxidmengen in der Größenordnung von 1 μg sicher bestimmen, während, in 5 ml 4%iger KJ-Lösung absorbiert, die Jodstärkefärbung einer weniger als 3 μg CO entsprechenden Jodmenge nicht mehr sichtbar, also nicht mehr filtrierbar ist.

Arbeitsvorschrift. Man verwendet 50 mg Kieselgel, das durch mehrstündiges Erhitzen mit konz. Salpetersäure und mehrtägiges Waschen gereinigt und getrocknet wurde; es wird auf 60 bis 120 B.S.S.-Körnung vermahlen, schließlich nochmals bei 250 °C mehrere Stunden lang getrocknet und für die spätere Verwendung unter Luftabschluß aufbewahrt.

Die Adsorption erfolgt in einem kleinen Rohr, das mit ungefettetem Glasschliff senkrecht auf das J_2O_5-Gefäß aufgesetzt wird. Als Träger für das Gel dient Metallgaze oder ein Bündel von Glascapillaren. Nach der Reaktion gibt man das Gel in ein Titriergefäß von 10 mm Höhe und 10 mm Durchmesser. Man gibt 0,07 ml frisch bereitete Stärkelösung hinzu und titriert unter Durchrühren mit n/560 Thiosulfatlösung aus einer Mikrobürette, die Anteile von 1 μl zu dosieren gestattet.

Bemerkung. Es ist auch eine Arbeitsweise entwickelt worden, bei der man Kaliumjodid enthaltende Stärkelösung, die mit einer abgemessenen Menge eingestellter Natriumthiosulfatlösung versetzt wurde, vorlegt und so lange die zu untersuchende Luft durch die Apparatur leitet, bis die blaue Jodstärkefärbung auftritt. Der CO-Gehalt wird dann aus dem angewendeten Volumen und der vorgelegten Thiosulfatmenge berechnet. Ein Gerät mit Förderung der Luft durch elektrisch angetriebene Pumpe und Volumenmessung mittels Gaszählwerkes wurde von BORINSKI und MURSCHHAUSER beschrieben.

b) UV-spektrophotometrische Bestimmung.

GRANT, KATZ und HAINES fangen das bei 145 °C freigemachte Jod in einer Waschflasche mit 5%iger Kaliumjodidlösung auf und stellen die aufgenommene Menge durch Messen der Lichtabsorption im Ultraviolett bei der Wellenlänge 288 nm gegen die Kaliumjodidlösung als Vergleichslösung im Spektrometer fest. Sie empfehlen, sowohl den zu messenden Lösungen als auch der Vergleichslösung einen Zusatz von 15 ml 0,001 n Jodlösung zu geben, um den Jodverbrauch durch freies Alkali in den Lösungen auszugleichen. Dann kommt die Gültigkeit des Beerschen Gesetzes in den Meßwerten zum Ausdruck; der Fehler beträgt bei 0,1% CO 1%, bei weniger als 0,001% CO etwa 20% (relativ). Ganz ähnlich, aber bei 289 nm, arbeiten NELSON und Mitarbeiter. Zur Auswertung dient eine Eichkurve, die Lichtabsorption und Jodgehalt in Beziehung setzt. Zu ihrer Aufstellung verwendet man Eichlösungen, die wie folgt *hergestellt* werden: Man löst 0,08 g Jod in einigen Millilitern 2,5%iger Kaliumjodidlösung, füllt mit ebensolcher KJ-Lösung auf 100 ml auf und verdünnt 10 ml dieser Lösung nochmals mit KJ-Lösung auf 1 l. Von dieser verdünnten Lösung verwendet man 5, 10, 15, 20 und 25 ml zur endgültigen Auffüllung auf je 25 ml mit KJ-Lösung. Die Apparatur, die in Abb. 54 schematisch dargestellt ist, enthält eine Ausfrierfalle zum Entfernen von Kohlenwasserstoffgasen aus dem Probegas.

Es sei noch erwähnt, daß für kleine CO-Mengen die spektrophotometrische Bestimmung des in Kaliumjodid absorbierten Jods auch im sichtbaren Gebiet ausgeführt werden kann (SMALLER und HALL).

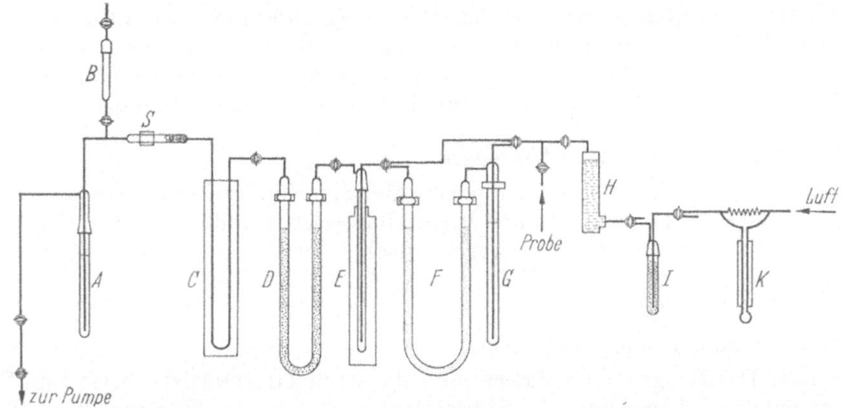

Abb. 54. Apparat von GRANT, KATZ u. HAINES zur Bestimmung von CO nach der Jodpentoxidmethode. *A* Absortionsgefäß mit KJ; *B* Trockenröhre; *C* J_2O_5-Röhre (145 °C); *D* Trockenröhre; *E* Ausfrierfalle mit flüss-Luft; *F* Chromsäure-Bimssteinröhre; *G* Waschflasche mit H_2SO_4; *H* Turm mit Holzkohle; *I* CO-Falle mit Silberpermanganat-Zinkoxid-Reagenz; *K* Strömungsmesser; *S* Solenoidventil (hahnfettfreies Magnetventil).

c) Einfache colorimetrische Bestimmung.

Mit Aufschlämmungen von Jodpentoxid in Oleum oder in Gegenwart oberflächenaktiver Träger auch in konz. Schwefelsäure reagiert Kohlenoxid schon bei Zimmertemperatur, wobei je nach der Menge des Kohlenoxids unterschiedliche Verfärbungen der zunächst weißen Masse nach Grün bis Schwarzbraun oder Graublau bis Rotbraun auftreten. Aus der Intensität der Färbung kann im Vergleich mit einem Satz von Eichfarben die CO-Konzentration geringhaltiger Gase, insbesondere Luft, mindestens halbquantitativ festgestellt werden.

Man verwendet gewöhnlich eine kleine Handpumpe (Abb. 55) und saugt bzw. drückt mit einer bestimmten Anzahl von Pumpenhüben oder Gummiballdrücken die Luft zunächst durch Aktivkohle oder mit SO_3 getränktes Kieselgel zur Entfernung störender Komponenten (Kohlenwasserstoffe, insbesondere Olefine, Schwefelwasserstoff – Wasserstoff reagiert übrigens ebenfalls!). Weiter strömt das Gas dann durch die in kleinen Glasröhrchen befindliche Reagensmasse. Die Röhrchen werden zugeschmolzen aufbewahrt, vor dem Gebrauch durch Abbrechen der zu Spitzen ausgezogenen Enden geöffnet und mit einem Ende in die Pumpe eingesetzt.

Eine solche colorimetrische Methode wurde bereits von HOOVER angewendet. Später haben mehrere Firmen die fabrikmäßige Herstellung von Teströhrchen und -pumpen aufgenommen. Eine nach HOOVER und nach LAMB „Hoolamite" genannte Masse besteht aus 12,3% J_2O_5, 51,9% rauchender Schwefelsäure (47% SO_3) und 35,8% fein gekörntem Bimsstein. Das Gemisch wird mehrere Stunden im Vakuum erhitzt. Nach einer Vorschrift der „IG-Farben" wird ein Gemisch aus 10 g J_2O_5, 10 ml konz. Schwefelsäure und 10 g Kieselgel hergestellt.

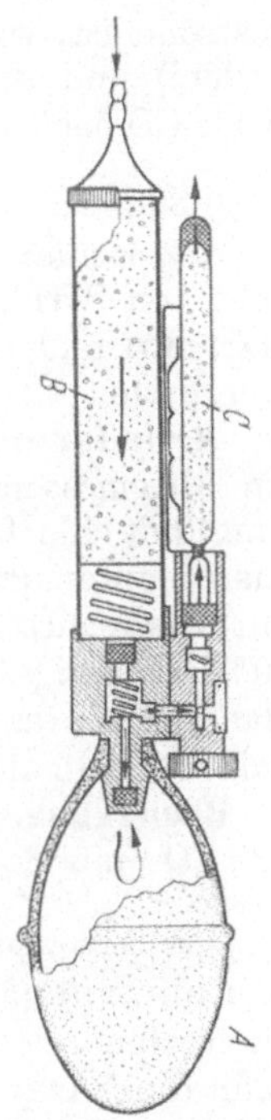

Abb. 55. Hand-Prüfgerät zur Untersuchung der Luft auf CO-Gehalt. (Nach GUÉRIN.)

Mit solchen Methoden kann die Empfindlichkeit bei Anwendung genügend großer Gasmengen bis zu einer Nachweisgrenze von 5 ppm CO herabgedrückt werden (AMBLER und SUTTON).

d) Polarographische Bestimmung.

Es ist der Vorschlag gemacht worden (VYKOUKAL und LINHART; LINHART) das frei gewordene Jod nach Absorption in Natronlauge mit Brom oder mit Ozon zum Jodation zu oxydieren und dieses in alkalischer Lösung polarographisch zu bestimmen. Die Genauigkeit soll bei $6 \cdot 10^{-5}$% CO noch mindestens 10% relativ betragen.

II. Reduktion von Metallverbindungen.

Die Methoden, die auf Reduktion von Metallverbindungen beruhen, können für mittlere Kohlenoxidkonzentrationen in gravimetrischer und z.T. titrimetrischer, für kleine bis sehr kleine Gehalte in colorimetrischer Ausführung verwendet werden.

a) Silberverbindungen.

α) Ammoniakalische Silbernitratlösung.

Prinzip. Das Reagens von BERTHOLET, das nach THIELE (siehe KAST und SELLE) zweckmäßig durch Lösen von 1,7 g Silbernitrat in Wasser, Zugeben von 36 ml 10%iger Ammoniaklösung, 200 ml 8%iger Natronlauge und Auffüllen mit Wasser zu 1 l hergestellt wird, reagiert ziemlich rasch bei gewöhnlicher Temperatur mit Kohlenoxid unter Abscheidung von Silber. Diese Reaktion kann zu einer halbquantitativen Bestimmung dienen.

Arbeitsvorschrift. Von dem Reagens gibt man je 1 ml in einseitig zugeschmolzene Glasröhren von 10 ml Volumen. Man evakuiert die Röhren und schmelzt sie ab. An dem Ort, wo die Luft auf Kohlenoxid untersucht werden soll, ritzt man das ausgezogene Ende eines Rohres an und bricht die Spitze ab. Nachdem die Luft eingeströmt ist, verschließt man die Öffnung mit dem Daumen (mit Fingerschutz aus Leder!) und schüttelt durch. Deutliche Silberausscheidung ist zu erkennen bei 0,8% CO nach 10, bei 0,1% nach 45 und bei 0,05% nach 80 Sek.

β) Silberoxid.

Allgemeines. MANCHOT und SCHERER verwendeten Silberoxid, das sie durch Zugabe von Pyridin löslich machten, als Reagens für eine titrimetrische Bestimmung. MANCHOT und LEHMANN fanden dann, daß eine Suspension von Silberoxid bei gutem Durchschütteln ebenfalls mit Kohlenoxid reagiert, und stellten daher die folgende

Arbeitsvorschrift auf. Man fällt in einem geeigneten, verschließbaren Gefäß ein abgemessenes Volumen eingestellter Silbernitratlösung (z.B. 75 ml 0,1 n Lösung) mit chlorfreier Natronlauge in geringem Überschuß (25 ml 0,45 n NaOH), führt das zu untersuchende Gas ein und schüttelt 1 Std. lang kräftig. Dann säuert man mit Essigsäure an, filtriert, wäscht den Filterrückstand mit auf 50 °C erwärmter 20%iger Essigsäure, wäscht mit Wasser und macht das Gesamtfiltrat salpetersauer. Man titriert dann das unverbrauchte Silberion mit Thiocyanatlösung und Fe(III)-Salz als Indikator zurück.

Bemerkung. Die Methode eignet sich für *nicht* zu *kleine* Gehalte. Bei weniger als 2% CO muß länger als 1 Std. geschüttelt werden.

γ) Silberkomplexverbindungen.

CIUHANDU (a) hat eine colorimetrische Methode vorgeschlagen, bei der eine Komplexverbindung des Silbers mit p-Sulfamoylbenzoesäure angewendet wird. Die Säure kann durch Oxydation von p-Toluolsulfonamid leicht hergestellt werden. Man mischt 1 Vol. einer 0,1 m Lösung des Dinatriumsalzes der Säure mit 1 Vol. 0,125 m Silbernitratlösung und 0,5 Vol. n Natronlauge. Dieses Reagens gibt man in eine Waschflasche, und man läßt die kohlenoxidhaltige Luft hindurchperlen. Es entsteht eine gelbe Färbung. Zur Auswertung stellt man eine Eichkurve durch entsprechende Messung von CO-Luft-Gemischen verschiedener, bekannter Konzentrationen her. Von Fremdgasen soll nach den Angaben dieser Arbeit nur Schwefelwasserstoff stören; er ist durch Waschen des Gases mit Kalilauge zu entfernen (siehe aber weiter unten wegen des Einflusses von Wasserstoff). Die gelb bis graubraun gefärbten Silbersole sind recht beständig.

Nach einer späteren Vorschrift von CIUHANDU (b) soll man die kohlenoxidhaltige Luft mit 0,001 bis 0,2% CO 22 bis 24 Std. mit dem Reagensgemisch in Berührung lassen und dann gegen eine Vergleichslösung mit bekanntem CO-Gehalt bei 510 nm spektrometrieren. Auch jetzt ist nicht alles CO absorbiert, aber die Farbintensität ist dem Gesamtgehalt proportional. In einer weiteren Arbeit [CIUHANDU (c)] wird eine Erweiterung der Methode auf CO-Gehalte bis zu 2% beschrieben. Dabei wird im Pulfrich-Photometer mit den Filtern S 42 bzw. Rotfilter S 61 (610 nm) gemessen.

CIUHANDU und KRALL beschreiben die Bestimmung kleiner Mengen (0,001 bis 0,5%) CO in Wasserstoff. Die Reagenslösung soll auf 0 °C gehalten werden, da sonst Wasserstoff teilweise mitreagiert. Die Messung soll bei 420 nm erfolgen. In einer Arbeit von CIUHANDU, RUSU und DIACONOVICI wird neuerdings für die CO-Bestimmung in Luft und Sauerstoff (10–4000 ppm CO) ebenfalls die Messung bei 420 nm empfohlen.

Die Bestimmung von Spuren von CO in viel Kohlendioxid enthaltenden Gasen mit dem gleichen Reagens wurde von CIUHANDU, KRALL und GIURAN beschrieben. In diesem Falle muß der Alkaligehalt des Reagenses erhöht werden.

b) Palladiumverbindungen.

α) Palladium(II)-chlorid.

Allgemeines. Die Anwendung dieses Reagenses wurde wohl zuerst von BÖTTCHER (1857) vorgeschlagen, dann von POTAIN und DROUIN empfohlen. Der Grundvorgang lautet:

$$CO + PdCl_2 + H_2O = 2\,HCl + CO_2 + Pd.$$

Später wurden viele Varianten von Methoden, die auf der Reduktion von Palladium(II)-chlorid und anderen Palladiumverbindungen beruhen, beschrieben und in weitem Maße in Anwendung gebracht. Auch diese Methoden dienen meistens zur Bestimmung kleiner bis kleinster Kohlenoxidgehalte, besonders in der Luft; das trifft naturgemäß vor allem für die colorimetrischen Ausführungsformen zu. 1 mg $PdCl_2$ entspricht 0,1264 ml Kohlenoxid von 0 °C und 760 Torr.

Eine gravimetrische Methode, nach der das ausgefällte Palladium zur Wägung gebracht wird, wurde von BRUNCK ausgearbeitet, eine oxidimetrische, nach der das Palladium mit einer abgemessenen Menge Brom oxidiert und der Bromüberschuß zurücktitriert wird, wurde von L. W. WINKLER, eine argentometrische von CHAMBON vorgeschlagen.

Zur Bestimmung von CO im Blut filtriert LE MOAN das entstandene Palladium, wäscht es aus und löst es in HCl-HNO_3. Er dampft die Lösung ein, löst wieder in Wasser und photometriert nach Zusatz von Kaliumjodid die braune PdJ_2-Färbung unter Verwendung eines Grünfilters. Erwähnt sei, daß auch die polarographische Bestimmung des abgeschiedenen Palladiums vorgeschlagen worden ist (BADINAUD, BOUCHERLE und SERUSCLAT).

Eine colorimetrische Methode sei näher beschrieben. Sie stammt von CHRISTMAN, BLOCK und SCHULTZ und beruht auf der Bestimmung des überschüssigen Palladiums als rote Suspension von Palladium(II)-jodid. Man vergleicht mit der Färbung einer Lösung von bekanntem Palladiumgehalt.

Reagenzien. Folgende Lösungen werden hergestellt:

aa) Man gibt 0,500 g 1 Std. bei 100 °C getrocknetes reines Palladium(II)-chlorid in einen 500-ml-Kolben, fügt 150 ml Wasser sowie 2,5 ml konz. Salzsäure hinzu und erhitzt, bis alles gelöst ist. Dann füllt man zu 500 ml auf und bewahrt die Lösung in luftdicht verschlossenen Flaschen auf. 1 ml dieser Lösung wird von 0,1264 ml CO (0 °C, 760 Torr) reduziert; den genauen Titer kann man durch Fällung der Pd-Dimethylglyoximverbindung aus saurer Lösung gravimetrisch ermitteln.

bb) Man löst 100 g Aluminiumsulfat in 100 g Wasser.

cc) Man rührt oder schüttelt 5 g Gummi arabicum 24 bis 48 Std. mit 500 ml Wasser und filtriert zu einer klaren Lösung.

dd) Man löst 15 g Kaliumjodid in 100 ml Wasser.

ee) Vergleichslösung. Man mischt 2 ml der $PdCl_2$-Lösung (aa) mit 25 ml Wasser, fügt 2 ml der Gummilösung (cc) wie auch 10 ml der Kaliumjodidlösung (dd) hinzu und füllt zu 50 ml auf.

Apparatur. Zwei 500-ml-Rundkolben sind über Glasschliffe (mit gegen $PdCl_2$ resistentem Hahnfett geschmiert) mit Tropftrichtern versehen und mit Verbindungsröhren und -hähnen derart ausgerüstet, daß sie wahlweise mit der Außenluft, einer Vakuumpumpe oder untereinander in Verbindung gebracht werden können. Ihr Volumen ist genau ausgemessen.

Arbeitsvorschrift. Man evakuiert die beiden Kolben bis auf einen Restdruck von höchstens 1 Torr und läßt dann in den einen die zu untersuchende Luft einströmen. Danach verbindet man sie wieder miteinander, so daß in beiden ein Gasdruck von einer halben Atmosphäre herrscht. Ist die CO-Konzentration für die Analyse zu hoch, evakuiert man den einen Kolben nochmals und verteilt das Gas wiederum auf beide, was öfters wiederholt werden kann. Nun gibt man durch den Tropftrichter genau 3 ml der $PdCl_2$-Lösung (aa) und 0,2 ml der Aluminiumsulfatlösung (bb) (als Flokkungsmittel für das ausfallende Palladium) in den Kolben und spült 3mal mit je 1 ml Wasser nach. Man schüttelt während 2 Std. öfters durch, um die Absorption des Kohlenoxids zu fördern. Nach 4 Std. Stehens filtriert man und wäscht den Rückstand auf dem Filter mit so viel Wasser, daß 20 bis 30 ml Filtrat entstehen. Diesem setzt man 2 ml der Gummilösung (cc) und 15 ml der KJ-Lösung (dd) unter Rühren zu. Um vom Filter noch festgehaltenes Palladium(II)-chlorid quantitativ in das Filtrat zu bekommen, wäscht man noch mit der Kaliumjodidlösung, und zwar 2mal mit 2 ml und 1mal mit 1 ml. Das Gesamtfiltrat wird zu 50 ml aufgefüllt. Man hat nun eine rotgefärbte klare Lösung vorliegen, deren $PdCl_2$-Gehalt man durch colorimetrischen Vergleich mit der Standardlösung wie üblich ermittelt. Die Differenz zur angewandten $PdCl_2$-Menge ergibt die durch das Kohlenoxid verbrauchte (zu Pd reduzierte) Menge (in Milligramm). Aus ihr berechnet man die CO-Menge x in Raumteilen je 10000 Raumteilen Luft nach der Formel:

$$x = m \cdot 0{,}1264 \frac{760 \cdot (t + 273) \cdot 10000}{p \cdot 273 \cdot v/n}.$$

Hierbei bedeutet m die verbrauchte $PdCl_2$-Menge (mg), t die Temperatur und p den Druck (Torr), bei dem die Probenahme erfolgte, v das Kolbenvolumen und n die Zahl der Kolbenfüllungen, auf welche die ursprüngliche Kolbenfüllung verteilt wurde.

Bemerkungen. αα) *Wasserstoff* stört erst von 2% ab; Schwefelwasserstoff und ungesättigte Kohlenwasserstoffe müssen vollständig entfernt sein durch Waschen mit Bromwasser oder Adsorption an Aktivkohle.

ββ) Eine Verbesserung des beschriebenen Verfahrens (Ermittlung des überschüssigen Pd^{2+}, im wesentlichen durch eine *spektrophotometrische* Bestimmung als Jodid) wurde von RICE empfohlen. Man trennt das metallische Palladium durch ein Papierfilter ab und wäscht so lange, bis das Filtrat mit dem Waschwasser zusammen 100 ml ergibt. Davon werden 10 ml mit 35 ml Wasser verdünnt und mit 1,6 g Kaliumjodid versetzt. Man füllt zu 50 ml auf und bestimmt die Lichtabsorption bei 400 nm. Die Auswertung nimmt man an Hand einer Eichkurve vor, die man mit Lösungen bekannten Palladiumgehaltes aufstellt.

$\gamma\gamma$) ALLEN und ROOT beschreiben eine ganz ähnliche Arbeitsweise; sie messen bei 410 nm. BERKA schlug vor, den Palladiumüberschuß als Komplex mit *p-Nitroso-diäthylanilin* in Gegenwart eines Salzsäure-Natriumacetatpuffers spektrophotometrisch bei 490 nm zu bestimmen.

$\delta\delta$) Wie oben erwähnt, gibt es auch Vorschläge, statt den $PdCl_2$-Überschuß zu bestimmen, das abgeschiedene und gewaschene *Palladium in Lösung* zu bringen und dieses colorimetrisch zu bestimmen, was jedoch den zusätzlichen Arbeitsgang des Lösens erfordert.

$\varepsilon\varepsilon$) Für die *weniger genaue* Bestimmung kleiner Kohlenoxidmengen sind Methoden ausgebildet worden, die auf der direkten Beobachtung der Färbung beruhen, welche durch das sich kolloid abscheidende Palladium entsteht (KAST und SELLE; siehe auch Kapitel: Kohlenoxid im qualitativen Teil dieses Handbuches). Gewöhnlich wird dabei der Kohlenoxidgehalt unter Anwendung einer *bestimmten Gasmenge* und einer *empirisch* hergestellten Tabelle aus der bis zum Beginn der Ausscheidung erforderlichen Zeit ermittelt; oder es wird ein konstanter Gasstrom durch die Lösung geführt und die zur Erzeugung einer bestimmten Färbung erforderliche Gasmenge gemessen. Auch Farbfleckmethoden werden verwendet, besonders bei der Bestimmung von Kohlenoxid im Blut (siehe auch Abschnitt: 12, I).

$\zeta\zeta$) Die Dunkelfärbung einer strömenden $PdCl_2$-Lösung, der *kontinuierlich* ein Luftstrom zugeführt wird, kann auch zur Überwachung der Luft auf Überschreitung eines bestimmten Kohlenoxidgehaltes durch eine photoelektrische Einrichtung benutzt werden (CRAGIN, JOHNSON und DRESSER).

β) Palladium(II)-chlorid-Kupfer(I)-chlorid.

Von VOIRET und BONAIMÉ wurde festgestellt, daß ein Zusatz von Kupfer(I)-salz zu $PdCl_2$ dessen Empfindlichkeit für den CO-Nachweis steigert. In sehr verdünnten Lösungen reduziert Cu^+ das $PdCl_2$ nicht; bei Hinzutreten von CO erfolgt jedoch sofort Bräunung und später eine schwarze Ausfällung. $PdCl_2$ wird in 0,05%iger Lösung, die auf 100 ml außerdem 0,5 ml konz. Salzsäure enthält, angewendet.

Die Kupferlösung wird wie folgt *hergestellt:* 1 g $CuSO_4 \cdot 5H_2O$, 1 g NaCl, 1 g Kupferdrehspäne, 10 ml Wasser und 10 ml konz. HCl werden in einem Kolben erhitzt und einige Minuten lang am Sieden gehalten. Dann wird mit Wasser auf 50 ml aufgefüllt. Die Lösung ist nach einigen Tagen Stehens unter öfterem Durchschütteln gebrauchsfertig. Sie ist im Dunkeln aufzubewahren.

RENAUD, THOMAS und GIBERT haben diese Reagenzienkombination ebenfalls empfohlen und die beiden folgenden

Arbeitsvorschriften angegeben.

aa) Ausführung als Fleckmethode. Man tränkt Filtrierpapierstreifen mit Natriumacetatlösung und trocknet. Dann befeuchtet man mit einem großen Tropfen der $PdCl_2$-Lösung und tüpfelt sehr wenig von der Kupfer(I)-chloridlösung darauf. Man setzt den Papierstreifen der zu untersuchenden Luft aus und vergleicht nach einer bestimmten Zeit die Intensität des Farbfleckes mit den durch Standardgemische erzeugten Flecken.

bb) Ausführung in Lösung. Man läßt das zu untersuchende Gas in einem gleichmäßigen Strom von beispielsweise 6 l/Std. durch etwa 2 ml des Reagenses perlen und ermittelt die bis zum Erreichen einer bestimmten Färbung benötigte Zeit bzw. Gasmenge. Die Auswertung erfolgt an Hand von Eichtabellen, die auf Grund von ebenso behandelten CO-Luft-Standardgemischen aufgestellt werden. Für CO-Konzentrationen von etwa 0,01 bis 0,15% nimmt man 2 ml $PdCl_2$-Lösung und fügt 0,2 ml der Kupfer(I)-chloridlösung unmittelbar vor der Anwendung hinzu; bei CO-Konzentrationen oberhalb 0,075% ist kein Zusatz von Kupferlösung erforderlich. Man vergleicht die Färbung im ersten Falle (0,01 bis 0,15% CO) mit der einer gleichen Menge eines Gemisches aus 25 ml einer Lösung aus 20 mg Chloramingelb FF je Liter und

2 ml einer Lösung von 240 mg Direktschwarz W je Liter. Im zweiten Falle (0,075 bis 1 % CO) leitet man Gas ein, bis der Farbton entstanden ist, der einem Gemisch aus 25 ml der oben genannten $PdCl_2$-Lösung und 1,5 ml einer Lösung aus 240 mg Direktschwarz W in 100 ml Wasser entspricht.

Wasserstoff *stört*, wenn er in mehr als 15facher Konzentration vorhanden ist; alle anderen störenden Gase, z. B. H_2S werden am besten durch Adsorption an Aktivkohle entfernt.

γ) Palladium(II)-kaliumsulfit.

Palladium(II)-kaliumsulfit auf Kieselgel verfärbt sich bei Einwirkung von Kohlenoxid von Gelb nach Braun bis Schwarz. Das Reagens wird nach Main-Smith und Earwicker folgendermaßen *hergestellt:* Man gibt eine Lösung von 25 g Kaliummetasulfit, $K_2S_2O_5$, in 100 ml Wasser unter Rühren zu 10 g Palladium(II)-chlorid. Die entstandene Lösung dampft man unter vermindertem Druck ein. Von dem Kaliumpalladiumsulfit, $K_2Pd(SO_3)_2$, werden 3,24 g zur Imprägnation von 1000 g Kieselgel verwendet.

Arbeitsvorschrift. Man leitet zweckmäßig die zu analysierende Luft durch ein Röhrchen mit diesem Gel, das sich zwischen zwei Röhrchen mit gewöhnlichem Gel (als Trockenmittel) befindet, und bestimmt den CO-Gehalt aus der Länge der gedunkelten Zone im Vergleich zu Eichmessungen an entsprechenden Röhrchen mit künstlichen Gasgemischen (Minchin). Bei bestimmtem Rohrdurchmesser ergibt sich z.B. für 0,005% CO eine Länge der Reaktionszone von 2,5 mm und für 0,1% eine solche von 17 mm.

Bemerkung. Nach einem Vorschlag von Sendroy und Granville bestimmt man das Kohlenoxid durch die veränderte spektrale Zusammensetzung des von einem $PdCl_2$-Papierstreifen reflektierten Lichtes. Die Messung mit dem Spektralphotometer soll bei kleinen Gehalten auf 1 ppm genau möglich sein.

c) Molybdat-Palladium-Präparate.

Allgemeines. Kohlenoxid reduziert Phosphormolybdänsäure und Silicomolybdänsäure momentan zu Molybdänblau, wenn die Reaktion durch Palladium katalysiert wird. Hierzu genügen Spuren an Palladium, die als Reaktionsprodukt der Palladium(II)-chlorid-Methode bei weitem nicht mehr zu erkennen sein würden. Da außerdem kleinste Mengen von Molybdänblau gut zu sehen sind, ermöglicht die Kombination der beiden Reagenzien eine sehr empfindliche CO-Bestimmung. Diese kann in Lösung oder auf Kieselgel ausgeführt werden.

α) Ein Phosphormolybdänsäure-Palladium-Reagens

wird nach Polis, Berger und Schrenk durch Mischen gleicher Volumina der folgenden Lösungen *hergestellt:* (aa) 3 n H_2SO_4; (bb) 5 g $2H_3PO_4 \cdot 20MoO_3 \cdot 48H_2O$ in 100 ml Wasser; cc) 0,5 g $PdCl_2$, in der Wärme gelöst in 2 ml konz. Salzsäure und 100 ml Wasser, nach dem Abkühlen mit weiteren 3,5 ml Salzsäure versetzt und auf 250 ml verdünnt.

Arbeitsvorschrift. Zur Analyse gibt man in ein Gefäß von z.B. 50 ml Inhalt mit dem zu prüfenden Gas 3 ml reinstes, von reduzierenden Stoffen freies Aceton sowie 3 ml Reagenslösung und schüttelt 1 Std. im Wasserbad bei 60 °C. Nun beobachtet man die Färbung bzw. mißt sie mit einem photoelektrischen Colorimeter im Vergleich zu Standardlösungen.

Bemerkung. Die Methode ist direkt anwendbar für CO-Konzentrationen von 0,001 bis 0,06%. Wasserstoff, als einziges störendes Gas, das nicht leicht, z.B. mit Aktivkohle, entfernbar ist, *stört* ab etwa der 30fachen Konzentration von derjenigen des CO.

β) Silicomolybdänsäure-Palladium-Reagens.

Allgemeines. Noch viel empfindlicher ist die Methode von SHEPHERD (US National Bureau of Standards); mit ihr sollen weniger als 0,002 ppm CO in Luft innerhalb 20 Min. nachgewiesen werden können, physiologisch interessante Konzentrationen (0,01 bis 0,4%) in etwa 1 Min. Es treten grüne bis blaugrüne Farbtöne auf. Das Reagens wird aus sehr gut gereinigtem Kieselgel durch Imprägnieren mit Ammoniummolybdat, Palladiumsulfat und Schwefelsäure hergestellt und in bestimmter Weise getrocknet; seine Empfindlichkeit ist stark vom Wassergehalt abhängig; 10 bis 16 mg H_2O je Gramm sind optimal. Wegen der Einzelheiten der ziemlich umständlichen und langwierigen Präparation wird auf die Originalarbeit, auf GUÉRIN sowie auf SHEPHERD, SCHUHMANN und KILDAY verwiesen. Fertige Prüfröhrchen sind im Handel erhältlich. Abb. 56 zeigt ein Prüfröhrchen in ein Handprüfgerät eingesetzt. *A* ist das Indikatorgel, *B* und *C* sind die Schutzgelschichten.

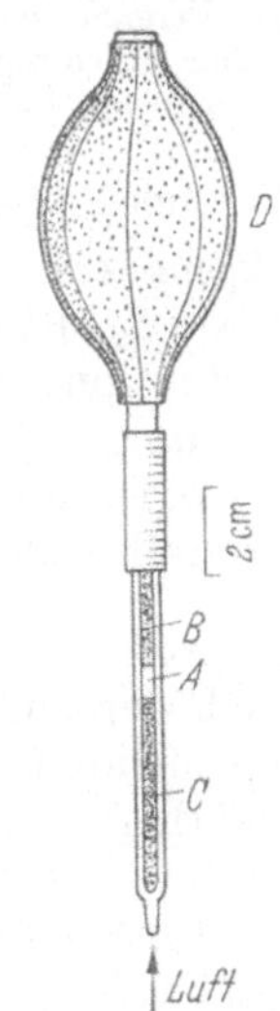

Abb. 56. CO-Handprüfgerät mit Gelröhrchen nach SHEPHERD.

Wasserstoff reagiert mit dem Testgel nur in hohen Konzentrationen.

Die nachstehende Arbeitsweise ist nicht an fertige Röhrchen gebunden.

Arbeitsvorschrift. Man leitet das Gas mit einer Strömungsgeschwindigkeit von etwa 5 l/Std. durch ein farbloses und mit rauchender Schwefelsäure sorgfältigst gereinigtes Rohr von 7 mm Durchmesser und 150 mm Länge, das Indikatorgel zwischen zwei Schichten von unbehandeltem Kieselgel enthält. Man mißt die Zeit *t* in Sekunden, die erforderlich ist, um die gleiche Verfärbung zu erhalten wie bei einem entsprechenden Versuch, bei dem man z.B. ein künstliches Gasgemisch mit 0,005% CO-Gehalt 50 Sek. lang einwirken ließ. Dann ist die unbekannte Konzentration:

$$\% \, CO = \frac{0{,}005 \cdot 50}{t}.$$

Bemerkungen. aa) Die *Reproduzierbarkeit* beträgt nach SHEPHERD 0,0002% im Bereich bis 0,01% CO-Gehalt und die wahrscheinliche absolute *Genauigkeit* etwa 0,001%.

bb) SCHUHKNECHT und SCHINKEL haben systematische Versuche über die Stärke der „CO-Anzeige" von Wasserstoff und Kohlenwasserstoffen (CH_4, C_2H_6, C_3H_8, C_4H_{10} und C_2H_4) bei Benutzung von handelsüblichen Dräger-Röhrchen Typ 16 und von Röhrchen mit NBS-Gel bei verschiedenen Konzentrationen dieser Gase ausgeführt. Sie prüften auch die Wirkung zusätzlich vorgeschalteter Röhrchen mit Aktivkohle, Kieselgel und Jodbromidgel (20% JBr, 80% Kieselgel). Das NBS-Gel zeigte sich bei etwa 5mal höherer Empfindlichkeit für CO bedeutend weniger empfindlich gegen gesättigte Kohlenwasserstoffe als die Dräger-Masse, aber äußerst empfindlich gegen Äthylen und andere ungesättigte Kohlenwasserstoffe. Die Autoren empfehlen JBr-Gel als sehr wirksames Mittel, das geeignet ist, Äthylen selbst in einer Konzentration von 10% vollständig zu absorbieren und auf diese Weise die wesentlichste Störquelle zu beseitigen.

cc) Vor SHEPHERD hatte MAIN-SMITH bereits Präparate auf der Basis von Kieselgel, das mit Ammoniummolybdat, Schwefelsäure und Palladiumchlorid imprägniert war, angewendet. Diese gaben aber nach SHEPHERDS Befund *weniger empfindliche* und schlechter auswertbare Färbungen, die außerdem sehr stark vom Wasserdampfgehalt des Gases abhängig waren.

dd) Ein *ähnlich zusammengesetztes, flüssiges* Reagens, dessen Färbung bei 685 nm spektrophotometrisch bestimmt wird, hat später MCPHEE in Vorschlag gebracht. Näheres darüber siehe Kapitel Äthylen, § 2, D, 1, III.

ee) SALSBURY, COLE und YOE (b) verwenden ein *durchsichtiges* Kieselgel, das mit gelbem Palladiumsilicomolybdat imprägniert ist, und messen die nach Grünblau übergehende Färbung photoelektrisch in einem speziellen Apparat. Konzentrationen von 0,001 bis 1% CO sollen in 1 Min. mit 10% Genauigkeit gemessen werden können.

ff) MOCHOW und DEMIDOW haben eine Vereinfachung der Methode eingeführt, indem sie eine *haltbare Vergleichsskala* verwenden. Die einmal mit Vergleichsgasen von verschiedenem CO-Gehalt erhaltenen Färbungen werden mit Aquarellfarben nachgebildet. Der Farbsatz ist im Dunkeln aufzubewahren. Der *Fehler* beträgt $\pm 5\%$ bei 0,005 mg CO/Liter.

d) Quecksilberoxid.

Allgemeines. Wie bereits im Abschnitt: 4, IV ausgeführt wurde, oxidiert Quecksilberoxid das Kohlenoxid bei relativ niedriger Temperatur. Der Gewichtsverlust oder das Reduktionsprodukt, Quecksilber, kann zur gravimetrischen bzw. photometrischen Bestimmung ausgenutzt werden. Höhere und insbesondere ungesättigte Kohlenwasserstoffe reagieren ebenfalls und müssen (am besten mit Aktivkohle) entfernt werden. Wasserstoff reduziert ab etwa 175 °C ebenfalls.

α) Gravimetrische Bestimmung.

Nach der Methode von MCCULLOUGH, CRANE und BECKMAN leitet man das zu untersuchende Gas bei 200 °C oder, wenn Wasserstoff in ihm enthalten ist, bei 175 °C über körniges, rotes Quecksilberoxid und bestimmt die Gewichtsabnahme durch Wägen des Reaktionsrohres vor und nach dem Überleiten einer abgemessenen Gasmenge. 1 mMol CO (= 28 mg) verursacht einen Gewichtsverlust von 216,6 mg HgO; es ergibt sich also der sehr günstige Umrechnungsfaktor von $7{,}74^{-1} = 0{,}1293$. Für 1 l Gas mit 0,01% CO beträgt die Gewichtsabnahme 0,968 mg. Die Reproduzierbarkeit beträgt bei 100 ppm Gehalt etwa 2 ppm. Da das Oxid bei den angewendeten Temperaturen einen merklichen Zersetzungsdruck zeigt, muß ein Blindversuch durchgeführt werden.

β) Photometrische Bestimmung.

Auf die Messung der Lichtabsorption des entstehenden Quecksilberdampfes hat TOMBERG eine sehr empfindliche, kontinuierlich registrierende Bestimmungsmethode für Kohlenoxid gegründet. Der entstehende Hg-Dampf wird mit dem Gas aus einer auf konstanter Temperatur von maximal 200 °C gehaltenen Reaktionskammer in das Meßgerät geführt. Parallel dazu wird mit gleicher Geschwindigkeit ein Vergleichsgas mit bekanntem CO-Gehalt durch eine andere Reaktionskammer geleitet. Jedes der Gase strömt dann durch eine gesonderte Meßkammer. Beide Meßkammern liegen parallel im geteilten Strahlengang einer speziell konstruierten Quecksilber-Quarzlampe, aus deren Strahlung die Wellenlänge 253,7 nm unter Wegfiltern des langwelligeren Teils des Spektrums zum Photometrieren dient. Die beiden Lichtbündel fallen schließlich auf je eine Photozelle. Durch die kleinere oder größere Konzentration des Hg-Dampfes wird die Strahlung infolge Absorption in der Kammer für das zu prüfende Gas mehr oder weniger geschwächt. Die Spannungsdifferenz der Photozellen, die der Differenz der CO-Gehalte der beiden Gase proportional ist, wird verstärkt und an einem Zeigerinstrument abgelesen oder durch einen Schreiber registriert. Das Gerät spricht noch auf CO-Konzentrationen von weniger als 0,01 ppm an.

MCCULLOUGH, BECKMAN und CRANE leiten den Quecksilberdampf bei 180 °C in einem Rohr über mit Selensulfid imprägnierte Papierstreifen und ermitteln aus der Länge der durch Quecksilberselenid geschwärzten Zone den CO-Gehalt. Gehalte zwischen einigen ppm und 3% können auf diese Weise mit einem mittleren Fehler von 10% bestimmt werden. Die Reagensmenge auf den Streifen ist so einzustellen, daß die Reaktionszone auf ihnen etwa 20 bis 40 mm lang wird.

Nach STITT und TOMIMATSU ist mit rotem Selen präpariertes Papier vorzuziehen (siehe auch Kapitel: Äthylen, § 2, D, 1, II).

e) Verschiedene andere Verbindungen.

Der Vollständigkeit halber sei erwähnt, daß auch Gold(III)- und Eisen(III)-salze zur Kohlenoxidbestimmung vorgeschlagen wurden.

MOKRANJAC und RADMIĆ verwenden in einer üblichen, aus zwei Kölbchen, die miteinander verbunden werden, bestehenden Apparatur zur CO-Bestimmung in Blut $AuCl_3$. Das entstehende metallische Gold wird abfiltriert, in Königswasser gelöst und zur Trockne gedampft. Der Rückstand wird auf 250 °C erhitzt und das resultierende Gold als solches gewogen.

Die Reduktion von Eisen(III)-ammoniumsulfat benutzten TSCHUMANOW und AXELROD zur CO-Bestimmung in Kohlenoxid-Luft-Gemischen. Sie colorimetrierten das entstehende Fe^{2+} nach Zugabe von Kaliumhexacyanoferrat(III).

6. Bestimmung durch Photometrie einer komplexen Carbonylverbindung.

Kürzlich haben BURIANEC und BURIANOVÁ vorgeschlagen, die rotviolette komplexe Carbonylverbindung, die bei der Einwirkung von Kohlenoxid auf Bis(o-phenanthrolin)-Palladium(II)-chlorid-Lösung entsteht, zu photometrieren. Die Messung soll nach 30 Min. bei 500 nm erfolgen; die Lichtabsorption ist aber auch bei kleinen CO-Gehalten (5–500 ppm) nicht linear von der Konzentration abhängig. Die Reaktion ist spezifisch für CO außer gegenüber H_2, H_2S und C_2H_2.

7. Bestimmung durch die Wärmetönung der Oxydation.

Die entsprechend der Reaktion:

$$CO + {}^1/_2 O_2 \rightarrow CO_2 + 67{,}6 \text{ kcal}$$

freiwerdende Wärme wird in Geräten zur kontinuierlichen Überwachung der Luft in Gruben und in anderen Industrien auf kleine CO-Gehalte ausgenutzt. Meist wird als Oxydationskatalysator Hopcalite verwendet. Über Zusammensetzung und Eigenschaften dieser Oxidgemische wird in Abschnitt: 4, II, c berichtet. Hervorzuheben ist die Empfindlichkeit des Hopcalites gegen Feuchtigkeit; Wasserdampf muß durch Trockenmittel vor und hinter der Reaktionskammer ferngehalten werden.

Es sind von verschiedenen Firmen Geräte dieser Art mit Temperaturmessung, teils durch Thermoelemente (einzeln oder hintereinandergeschaltete Bündel), teils durch einfache Thermometer, konstruiert worden. Als Beispiel sei der CO-Messer „T" von DRÄGER erwähnt, ein transportables Gerät, in dem das Gas und die Reaktionskammer durch siedendes Wasser auf 100 °C vorgewärmt werden und die Temperatur mit Thermometer gemessen wird. Nach den Untersuchungen von CIVRAN bewirkt in diesem Apparat 1 % CO in der Luft etwa 50 °C Temperaturerhöhung. Korrekturfaktoren, u.a. für den Luftdruck, sind erforderlich. Die Übereinstimmung der gefundenen Werte mit den nach einer Absorptionsmethode ermittelten war gut.

Der Hauptteil eines ähnlichen Gerätes von LINDSLEY und YOE (b) enthält in einem Block aus wärmeisolierendem Phenolharz ein Glasrohr von 9 mm Durchmesser, durch welches das Gas strömt und das auch außen von dem Gas umspült wird. Auf einer Lochplatte, die von einem Kupferrohr getragen wird, befindet sich darin 1 g feingekörntes Hopcalite. Einsetzen des Gerätes in einen Thermostaten ist ratsam. Gehalte von 0,01 bis 0,1 % CO lassen sich auf ± 0,005 % genau bestimmen. Schwefelwasserstoff und höhere Kohlenwasserstoffe sind bei Hopcalite-Methoden, am besten durch Absorption an Aktivkohle, zu entfernen. Wasserstoff wird bei Anwesenheit in der Größenordnung von 1 % selbst bei 100 °C nur zu einem sehr kleinen Anteil (Zehntelprozente) seiner Menge mitoxydiert (VOOGD und VAN DER LINDEN, siehe auch LINDSLEY und YOE).

POZNANSKY gibt für ein von ihm verwendetes, mit Hopcalite arbeitendes Gerät bei 0,005 bis 1,0 mg CO/l einen Meßfehler von 0,005 mg CO/l an.

Von KATZ und KATZMANN wird auch für die thermische CO-Bestimmung der von ihnen entwickelte Silbermanganat-Zinkoxid-Katalysator (siehe Abschnitt: 4, II, d) verwendet. Sein Vorteil ist die völlige Unempfindlichkeit gegen Wasserdampf. Wasserstoff stört die Messung nicht merklich, wenn er nicht in wesentlich höherer Konzentration als das Kohlenoxid vorhanden ist. Die Ergebnisse waren nach Versuchen der Autoren im Bereich von 10 bis 200 ppm auf 5 ppm genau. Bei geeignetem Verhältnis von Gasströmung und Katalysatormenge ist in solchen Geräten die Temperaturerhöhung eine lineare Funktion der CO-Konzentration im Gas.

Von GRANT, KATZ und RIBERDY wurde eine verbesserte Anordnung angegeben, bei der Thermistore (temperaturempfindliche Halbleiter), und zwar je einer vor und hinter der Reaktionskammer in Brückenschaltung, verwendet werden. Dabei sind 5 ppm CO in Luft erfaßbar; die Temperatur soll 10 °C nicht unterschreiten, die Geschwindigkeit 4 l/Min. nicht übersteigen. BANGERT berichtet über die Anwendung von CO-Prüf- und Warngeräten, insbesondere solcher, die nach dem Prinzip der Wärmetönung arbeiten.

8. Bestimmung durch Ultrarotspektrometrie.

Wegen der Grundlagen der Methode wird auf Kapitel: Methan, § 2, A, 6 hingewiesen. Kohlenoxid hat im gewöhnlich verwendeten UR-Bereich zwei charakteristische Absorptionsbanden bei 4,6 und 4,7 μ.

PIERSON, FLETCHER und GANTZ geben in einem Katalog der UR-Spektren für die qualitative Analyse von Gasen auch ein Spektrogramm des CO im Bereich von 2 bis 15 μ und außerdem eine schematische Darstellung der Lage und Intensität der hauptsächlichen Banden im Vergleich mit denen von 65 anderen anorganischen und organischen Gasen und Dämpfen. Die Autoren geben auch das Spektrogramm eines Gasgemisches, das neben CO noch CO_2, CH_4, C_2H_2, C_2H_4, HCN, N_2O, NO und NO_2 enthält. Günstig für die Anwendung der UR-Analyse ist, daß die 2atomigen Luftgase in diesem Wellenbereich keine Banden aufweisen.

FELDSTEIN empfiehlt für die Bestimmung von CO (und anderen toxischen Stoffen) in der Größenordnung von 20 bis 50 μg/l in der Luft die Verwendung einer Zelle mit 10 m wirksamer Küvettenlänge, die durch Spiegelung erreicht wird.

Für technische Zwecke bietet die Anwendung der Geräte ohne Dispersion mit Wärmedetektoren nach Art des URAS besonderen Vorteil wegen der großen Einfachheit ihrer Handhabung. Beispiele dafür werden u.a. von PFUND und FASTIE; SOBKOW und HOCHGESANG (Raffineriegasanalyse); LORENZ (Rauchgasanalyse); JÄGER und GREBE; SIEBERT (Grubengasanalyse) gebracht. Diese und andere Autoren beurteilen die UR-Analyse für im allgemeinen schneller und präziser als chemische Methoden.

9. Bestimmung durch Massenspektrometrie.

Wegen der Methodik wird auf die im Kapitel: Methan angeführte Literatur verwiesen. Die Bestimmung von Kohlenoxid kann auf Grund der Peaks $m/e = 12$, 24 und 28 erfolgen. Stickstoffhaltige Gase bereiten Schwierigkeiten. SHEPHERD stellte fest, daß die Bestimmung von CO in Wassergas keine ganz befriedigenden Ergebnisse liefert. MIZUIKE berechnet Kohlenoxid aus der Differenz des Peaks 24 von CO und derjenigen von CO_2 und N_2. HAYAKAWA umgeht die Schwierigkeit der Peaküberlappung durch Zwischenschaltung einer chemischen Operation. Die Messung wird einmal mit dem Gas direkt und ein zweites Mal nach Überleiten über erhitztes Kupferoxid (Oxydation von CO zu CO_2) durchgeführt. SCHACHER, RIPPERE und HILL oxydieren mit Jodpentoxid-Schwefelsäure (siehe Abschnitt: 4, III) auf Kieselgel und empfehlen für genaue Bestimmung vorheriges Ausfrieren von CO_2 und H_2O aus dem zu analysierenden Gas. Bis herunter zu 0,1% kann CO auf diese Weise neben Stickstoff bestimmt werden.

Newton analysiert u.a. auf CO in komplizierten Gasgemischen unter Anwendung eines inneren Standards. Er diskutiert die Ursachen der z.T. mehr als 5% betragenden Fehler. Für die Untersuchung der Luft auf verschiedene gasförmige Verunreinigungen, darunter CO und CO_2, empfiehlt Friedel die massenspektrometrische Analyse als sehr genau; vgl. auch Friedel und Mitarbeiter.

Für die Bestimmung kleinster Gasmengen bis zu einigen Tausendstel ppm herunter, u.a. von Kohlenoxid, in Metallen empfehlen Böhm, Günther und Kuhl die Massenspektrometrie in Verbindung mit einer Druckmessung nach Heißextraktion.

Kohlenoxid wird bei der Analyse mit dem Massenspektrometer bisweilen auch dann gefunden, wenn es in dem zu untersuchenden Gas ursprünglich nicht vorhanden ist, worauf Crable und Kerr aufmerksam machen. Diese Erscheinung tritt auf, wenn das Gas freien Sauerstoff enthält, und die Intensitäten der CO-Peaks sind dem O_2-Partialdruck proportional. Die Autoren führen den Befund auf eine Reaktion von O_2 mit dem im beheizten Wolframdraht der Ionenquelle enthaltenden Wolframcarbid zu CO zurück. Sie vermuten, daß in Geräten mit solcher Ionenquelle auch reaktionsfähige O-Verbindungen wie Stickstoff- und Schwefeloxide eine derartige Verfälschung des Spektrogramms hervorrufen könnten. Es dürfte sich also empfehlen, derartige oxydierende Gase durch entsprechende Absorptionsmittel vor der massenspektrometrischen Untersuchung auf Kohlenoxid zu entfernen.

10. Bestimmung durch Gaschromatographie.

Für die gaschromatische Analyse – *Adsorptions*chromatographie – auf CO kann Aluminiumoxid, Kieselgel, Molekularsieb oder Aktivkohle als feste Phase verwendet werden. Wegen allgemeiner Hinweise zur Methodik wird auf das Kapitel: Methan, § 2, A, 3, verwiesen.

Die Anwendung von Kieselgel und Aluminiumoxid mit Helium als Schleppgas wird von Greene und Pust beschrieben. Bei Kieselgel liegt der CO-Peak zwischen denjenigen von Luft und Methan. Die Analyse von Gasgemischen, die außer CO noch CO_2, NO, N_2O und O_2 enthalten, mit Kieselgel wird von Szulczewski und Higuchi beschrieben. Zur einwandfreien Trennung aller dieser Gase voneinander wenden sie zunächst Kühlung der Säule mit Trockeneis-Aceton an. Bei 45 ml Helium je Minute Schleppgasstrom erscheint dabei der CO-Peak nach 16,5 Min. hinter demjenigen von NO (14 Min.). Danach wird die Temperatur zur Elution von N_2O (46 Min.) und CO_2 auf Zimmertemperatur erhöht.

Kyryacos und Boord führten die Analyse auf verschiedene Gase, u.a. von CO in den Oxydationsprodukten von mit Hexan betriebenen kalten Flammen aus. Sie benutzten eine vierteilige, insgesamt 5 m lange Säule mit Molekularsieb 5 A der Fa. Linde, das auf 30 bis 60 mesh gemahlen und bei 350 °C im Vakuum aktiviert war. Die Säulentemperatur betrug 200 °C. Mit 25 ml Helium je Minute wurde CO nach den Luftgasen und CH_4 in der 22. Min. eluiert.

Ebenfalls mit Molekularsieb 5 A arbeitete Berry bei der Analyse von außer CO noch Methan und andere Permanentgase enthaltenden Gemischen. Er wendete Ionisationsdetektion (siehe Kapitel: Methan, § 2, A, 5) an, ebenso Landowne und Lipsky sowie Ellis und Forrest. Die Anwendung von Molekularsieb 5 A bei 100 °C wurde kürzlich von Farré-Rius und Guiochon beschrieben.

Der Nachweis bzw. die Bestimmung von Mikrogehalten an CO (neben H_2 und CH_4) in technischem Äthylen bei dessen Fabrikation wurde von Markosow, Saitschenko und Litjajewa beschrieben. Es werden 19 g Aktivkohle in dem sowjetischen Standard-Chromatographen XT-2M verwendet. 150 ml rohes C_2H_4 werden mit einer Geschwindigkeit von 4 bis 5 ml je Minute durchgeleitet. Nach einer Pause von 15 Min. wird, ebenfalls bei Zimmertemperatur, mit 50 ml Luft je Minute eluiert. Der CO-Peak erscheint nach 3 Min. kurz nach dem H_2-Peak, aber deutlich von ihm getrennt, CH_4 erst nach 9 Min. C_2H_4 wird anschließend durch Aufheizen der Säule ausgetrieben. Die Nachweisgrenze für Kohlenoxid liegt bei dieser Arbeitsweise bei etwa 0,001%.

Ebenfalls mit Aktivkohle und mit Luft als Schleppgas arbeiten Druzinin und Mitjanin bei der Analyse von Gichtgas.

Von Kelker wurden kleine Mengen von CO und Inertgasen in Kühlstoffen (Frigen) mit Kieselgel als feste Phase bestimmt. Baquée und Champeix beschrieben die Analyse von durch Vakuumschmelze aus Metallen entbundenen Gasen, darunter CO an Linde-M-Sieb 13 X. Die Bestimmung von CO, CO_2, N_2, N_2O und NO_2 wurde von Smith, Swinehart und Lesnini mit einer Kieselgelsäule bei 115 °C in 10 Min. durchgeführt. Die Autoren wendeten dabei in der Säule Zwischenschichten an, die Jodpentoxid und Silberpulver enthielten. Sie führten auf diese Weise das CO in CO_2 über, dessen Peak vor dem des ursprünglichen CO_2 erschien, und erreichten offenbar eine gute Trennung des CO von anderen Bestandteilen trotz der hohen Säulentemperatur und entsprechend kurzen Retentionszeiten.

Dancig und Orečkin trennen das CO mittels Aktivkohle bei − 75 °C ab, eluieren dann mit Stickstoff, oxydieren zu CO_2, reichern dieses in einer Säule mit Kieselgel bei − 50 °C an und bestimmen das CO_2, das beim nachfolgenden Aufheizen desorbiert wird, mit dem Katharometer.

Eine ganz andere Arbeitsweise für die Bestimmung von CO (und CO_2) wenden Schwenk, Hachenberg und Förderreuther bei der Analyse von Äthylen auf Verunreinigungen an. Sie schalten zwischen Trennsäule (A-Kohle) und Flammenionisationsdetektor ein auf 250 bis 350 °C geheiztes Rohr mit Nickelkatalysator. An diesem werden die Kohlenstoffoxide durch das Schleppgas (H_2) zu Methan reduziert und als solches von dem empfindlichen Indikator, der auf sie selbst nicht anspricht, indiziert.

11. Bestimmung durch Potentiometrie.

Nach Ovenden ist die Potentialdifferenz zwischen einer Pd/H_2-Elektrode und einer Pd-Elektrode, die von dem CO-haltigen Gas umspült wird, der CO-Konzentration proportional und wird dadurch eine kontinuierliche und automatische Analyse, z. B. des CO-Gehaltes der Luft, möglich.

12. Forensische Bestimmung.

I. Im Blut.

Allgemeines. Zum Nachweis und zur Bestimmung im Blut für Zwecke der Gerichtsmedizin sind sehr viele verschiedene Abwandlungen vorgeschlagen worden, die im Grunde auf einer der oben beschriebenen Methoden beruhen. Eine Übersicht gibt Massmann. Siehe auch Guérin, S. 571 bis 574. Hier kann nur ein geringer Bruchteil der allein in den letzten 20 Jahren erschienenen Arbeiten erwähnt werden.

Ein viel verwendetes Mittel, CO aus Blut frei zu machen, um es dann nach üblichen Methoden nachzuweisen, ist die Behandlung durch Schütteln mit Kaliumcyanoferrat(III). Ein gebräuchliches Gemisch besteht z.B. aus 92 Teilen 3,2%iger $K_3[Fe(CN)_6]$-Lösung und 8 Teilen konz. Milchsäure. Auch 1%ige Hexacyanoferrat(III)-lösung, die außerdem 2% Saponin enthält, wird verwendet, in diesem Falle 1 ml Lösung auf 0,20 ml Blut bei höherem CO-Gehalt und 2,5 ml Lösung auf 1,00 ml Blut bei niederem CO-Gehalt des Blutes. Die genannten Chemikalien werden bisweilen auch alle drei kombiniert. Auch wird, besonders für niedrige CO-Konzentrationen, 10%ige Schwefelsäure oder 10%ige Phosphorsäure benutzt.

Früher wurde das Austreiben des CO vielfach in dem Apparat von VAN SLYKE und ähnlichen relativ komplizierten Apparaturen vorgenommen (siehe GUÉRIN, S. 571 bis 573). Man kann das Kohlenoxid manometrisch, z.B. im van-Slyke-Apparat, bestimmen, indem man zunächst O_2 und CO_2 durch Vermischen des Blutes mit alkalischer Glycin-Dithionitlösung bindet, N_2 abpumpt und dann CO mit Hexacyanoferrat frei macht und mißt (ROUGHTON).

Jetzt bevorzugt man oft einfache Vorrichtungen wie die weiter unten genannte nach SACHS oder noch einfachere, d.h. ineinandergestellte, gemeinsam abgedeckte Glasschalen, von denen die kleinere Schale die Reagenslösung und der innere Ringraum die Blutlösung enthält (MARQUARDT), ähnlich LAMBRECHTS und ROSEMAN, oder zwei Kolben mit ineinander passend geschliffenen Hälsen, die nach Befüllen aneinandergesetzt und gemeinsam geschüttelt werden (ALLEN und ROOT); oder man saugt Luft durch eine mit dem CO-Reagens getränkte Filterpapierscheibe (GETTLER und FREIMUTH).

Im letzteren Falle wird die Dunkelfärbung des $PdCl_2$-Reagenspapiers mit der durch Standard-CO-Blutlösungen erzeugten verglichen, ebenso bei LAMBRECHTS und ROSEMAN und bei SEIFERT und SCHMIEDER. Seltener wird die Methode der Absorption in Palladiumchlorid und jodometrischer Rücktitration des Reagensüberschusses (WENNESLAND) benutzt, häufiger die colorimetrische Rückbestimmung als Palladiumjodid (CHRISTMAN und RANDALL; ALLEN und ROOT – siehe auch Abschnitt: 4, II, b). MARQUARDT mißt die Lichtreflexion und -absorption durch den auf der Reagensoberfläche erzeugten, mehr oder weniger starken Palladiumspiegel.

Auf Grund der im Abschnitt: 3 beschriebenen Absorptionsbanden kann die CO-Bestimmung spektralanalytisch unmittelbar an Blut vorgenommen werden. HARBOE wendet in Anlehnung an HEILMEYER die Differenzphotometrie bei den Wellenlängen: 541, 560 und 576 nm an. Nach WOLFF läßt sich durch Ausfällen des O-Hämoglobins (Erhitzen des Blutes mit Acetatpufferlösung auf 55 °C) und Zusatz von Dithionit noch eine 1- bis 2%ige Sättigung des Hämoglobins mit CO messen.

SCHWERD (a) fand, daß die Methode von WOLFF sogar auf das Blut von mehrere Monate alten, exhumierten Leichen anwendbar ist. Bei der Methode von HEILMEYER stellte er (b) apparativ bedingte Abweichungen von 10% fest.

Eine weitere Möglichkeit ist diejenige, das mit den üblichen Reagenzien entbundene Kohlenoxid durch Ultrarotspektrometrie zu bestimmen (ROSSMANN; GAENSLER und Mitarbeiter; MOUREU und Mitarbeiter – siehe auch Abschnitt: 7). Meist wird dazu ein dispersionsloses Gerät verwendet, von den letztgenannten Autoren ein „URAS“. Sie sammeln zunächst das Blutgas in einer Ampulle, deren Inhalt wesentlich kleiner ist als derjenige der Meßzelle, und spülen es dann mit einem langsamen Strom von Inertgas durch die Meßzelle des Gerätes in der Weise, daß über eine gewisse Zeit ein konstanter Meßwert angezeigt wird.

CHINN und Mitarbeiter wenden die colorimetrische Methode von SHEPHERD (vgl. Abschnitt: 5, II, c, β) auf das frei gemachte Blutgas an, ebenso DAHLSTRÖM, der das Blutgas in einen Sauerstoffstrom diffundieren und das Gemisch über das Silicomolybdänsäure-Palladiumsulfat-Reagens strömen läßt.

TOMBERG empfiehlt seine auf Reaktion mit Quecksilberoxid und UV-Spektrometrie des Hg-Dampfes beruhende Methode (siehe Abschnitt: 5, II, d, β) auch zur CO-Bestimmung im Blutgas.

Als letztes Beispiel sei eine Arbeitsweise von SACHS angeführt und beschrieben, bei der die Bestimmung des Kohlenoxids colorimetrisch mit Hilfe von Molybdat-Palladium-Reagens (siehe auch Abschnitt: 5, II, c) erfolgt und die sicher die Bezeichnung Schnellmethode verdient (vgl. auch WAGGONER und PERNELL).

Arbeitsvorschrift. 0,25 bis 4 ml Blutprobe werden in einen Perlonbeutel (Abb. 57) von 1 l Fassungsvermögen gegeben, unter Luftabschluß mit $K_3[Fe(CN)_6]$ und Milchsäure versetzt und zur Freisetzung des Kohlenoxids kräftig geschüttelt. Nun wird mit einem Handgebläse Luft eingepumpt und anschließend die gegebenenfalls Kohlenoxid enthaltende Luft durch ein handelsübliches Dräger-Röhrchen gesaugt und dessen Färbung mit Farbstandards verglichen.

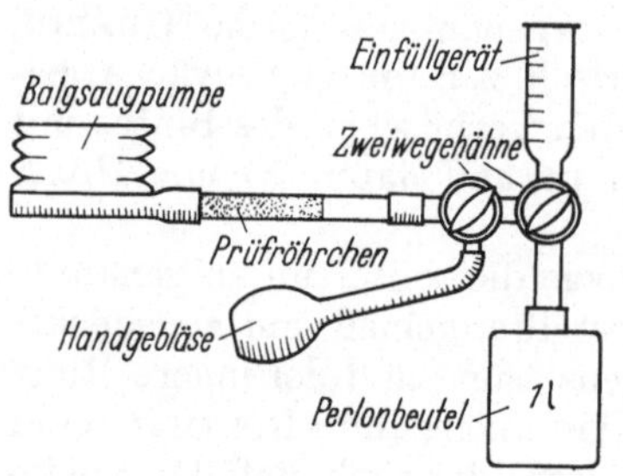

Abb. 57. Gerät nach SACHS zur forensischen CO-Bestimmung.

Bemerkungen. a) In einer *Übersicht* mit 86 Literaturzitaten über Methoden der CO-Bestimmung im Blut empfiehlt MASSMANN für genaue Untersuchungen zu wissenschaftlichen Zwecken die $PdCl_2$-Methode mit jodometrischer Bestimmung des überschüssigen Pd(II), für die klinische Praxis die weniger genauen spektrophotometrischen und colorimetrischen Methoden.

b) Eine Methode, bei der man CO aus Blut in einen *Sauerstoffstrom* hineindiffundieren läßt und diesen durch ein Indikatorrohr leitet, wurde neuerdings auch von DAHLSTRÖM beschrieben.

II. Im Gewebe.

Wenn versäumt wurde, Blut nach Eintritt des Todes, solange das noch möglich war, zu entnehmen, oder wenn es sich um eine exhumierte Leiche handelt, kann nach GRIFFON und LE BRETON auch Gewebe untersucht werden. Es wird entweder das Absorptionsspektrum eines 2 bis 3 mm starken Gewebestückchens zwischen zwei Glasplättchen betrachtet, oder es werden 20 bis 25 g Gewebe in einem evakuierten Kolben mit Phosphorsäure bei 110 °C 20 Min. lang erhitzt, die entweichenden Gase über Quecksilber gesammelt und nach einer der üblichen Methoden auf Kohlenoxid analysiert.

Auch die Gaschromatographie wurde neuerdings zur Bestimmung von CO sowohl im Gewebe als auch im Blut herangezogen (DOMINGUEZ, CHRISTENSEN, GOLDBAUM und STEMBRIDGE). Die Methode wird von Gasen der verschiedensten Art, auch Verwesungsprodukten, nicht gestört und gewährleistet beispielsweise eine Genauigkeit von etwa 10% rel. bei Blut, das weniger als 10% CO-Hämoglobin enthält.

Literatur.

ADAMS, E. G., u. N. T. SIMMONS: Nature **172**, 1104 (1953); durch Chem. Abstr. **1954**, 4350i. – ALLEN, T. H., u. W. S. ROOT: J. biol. Chem. **216**, 309, 319 (1955); durch Fr. **151**, 300; **153**, 451 (1956). – AMBLER, H. R.: Analyst **50**, 167 (1925). – AMBLER, H. R., u. T. C. SUTTON: Nature **131**, 766 (1933); durch Fr. **97**, 427 (1934). – Anonym: Ch. Z. **78**, 586 (1954). – ARATÓ-SUGÁR, É.: Acta pharmac. hung. **25**, 228 (1955); durch C. **1958**, 4880. – ARUINA, A. S.: Betriebslab. (russ.) **16**, 1263 (1950); durch Fr. **143**, 141 (1954). – ASTAPENJA, WAPNIK u. SELKIN: Chem. J. Ser. A. (russ.) **3**, 839 (1933); durch C. **1934**, **II**, 96.

BADINAUD, A., A. BOUCHERLE u. F. SERUSCLAT: J. Méd. Bordeaux **134**, 621 (1957); durch C. **1958**, 8151. – BANGERT, F.: Stahl Eisen **78**, 743 (1958). – BAQUÉE, C., u. L. CHAMPEIX: Rev. Mét. **57**, 919 (1960); durch Anal. Abstr. **1961**, 3993. – BAYER, F.: Berg- u. Hüttenmänn. Jahrb. Montan. Hochschule Leoben **81**, 135 (1933). – BEATTY, R. L.: U. S. Bur. Min. B. **557**, 1 (1955); durch C. **1957**, 506. – BERGER, L. B.: Rep. Invest. Nr. **4187** (1947); durch Chem. Abstr. **1948**, 1040h. – BERKA, I.: Acta med. Scand. **152**, 485 (1955); durch C. **1957**, 2574. – BERRY, R.: Nature **188**, 578 (1960); durch Anal. Abstr. **1961**, 3087. – BÖHM, H., K. G. GÜNTHER u. W. KUHL: Fr. **209**, 198 (1965). – BORINSKI, P., u. H. MURSCHHAUSER: Ch. Fabr. **5**, 41 (1932); durch C. **1932**, **II**, 2490. – BRÜCKNER, H., u. W. GRÖBNER: Gas- und Wasserfach **78**, 269 (1935); durch C. **1935**, **II**, 310. – BRUNCK, O.: Angew. Ch. **25**, 2479 (1912). – BÜCHNER, K.: Brennstoffchemie **34**, 186 (1953); durch Chem. Abstr. **1953**, 9212g. – BURIANEC, Z., u. J. BURIANOVÁ: Coll. Czechoslov. Chem. Comm. **28**, 2895 (1963).

CAHEN, P., u. M. LETORT: Bl. **1948**, 1163; durch Chem. Abstr. **1949**, 2892. – CHAMBON, M.: Ann. Biol. chim. Paris **8** 520 (1950); durch Chem. Abstr. **1951**, 3014f. – CHINN, H. J., N. E. R.

PAWEL, R. FIELD u. R. F. REDMOND: J. Labor clin. Med. **46**, 905 (1955); durch C. **1958**, 222. – CHRISTMAN, A. A., W. D. BLOCK u. J. SCHULTZ: Ind. eng. Chem. Anal. Edit. **9**, 153 (1937); durch Fr. **117**, 276 (1939). – CHRISTMAN, A. A., u. E. L. RANDALL: J. biol. Chem. **102**, 595 (1933); durch C. **1933**, **II**, 3733. – CIUHANDU, G.: (a) Acad. rep. pop. Romîne, Baza cerc. Stiint. Timisoara, Stud. cerc. stiint. Ser. I **2**, 133 (1955); durch Chem. Abstr. **1956**, 15344b; (b) Stud. cerc. chim. **3**, 243 (1955); durch C. **1957**, 9736; (c) Fr. **161**, 345 (1958). – CIUHANDU, G., u. G. KRALL: Fr. **172**, 81 (1960). – CIUHANDU, G., G. KRALL u. V. GIURAN: A. ch. Ac. Sci. hung. **28**, 171; durch Fr. **187**, 450 (1962). – CIUHANDU, G., V. RUSU u. M. DIACONOVICI: Fr. **208**, 81 (1965). – CIVRAN, G.: Oel u. Kohle **39**, 377 (1943); durch Chem. Abstr. **1944**, $3110^{8,9}$. – COLE, J. W., J. M. SALSBURY u. J. H. YOE: Anal. chim. Acta **2**, 115 (1948); durch Chem. Abstr. **1948**, 8710d. – CRABLE, G. F., u. N. F. KERR: Anal. Chem. **29**, 1281 (1957). – CRAGIN, J. L., C. W. JOHNSON u. R. N. DRESSER: A.P. 2153568 (1937).

DAHLSTRÖM, H.: Scand. J. clin. Lab. Invest. **12**, 396 (1960); durch Anal. Abstr. **1961**, 5111. – DAMIENS, A.: C. r. **178**, 849 (1924); durch Fr. **68**, 55 (1926). – DANCIG, G. N., u. D. B. OREČKIN: Betriebslab. (russ.) **28**, 136 (1962); durch Fr. **195**, 369 (1963). –DEINUM, H. W., u. A. SCHOUTEN: Anal. chim. Acta **4**, 288 (1950). – DE VOOGD, J. G., u. A. VAN DER LINDEN: Chem. Weekbl. **28**, 133 (1931); durch C. **1931**, **I**, 2366. – DITTE, A.: Bl. **13**, 318 (1870). – DOMINGUEZ, A. M., H. E. CHRISTENSEN, L. R. GOLDBAUM u. V. A. STEMBRIDGE: Tox. appl. Pharmacol. **1**, 135 (1959); durch Anal. Abstr. **1960**, 5341. – DRUZININ, F. G., u. V. P. MITJANIN: Betriebslab. (russ.) **30**, 531 (1964).

ELLIS, J. F., u. C. W. FORREST: Anal. chim. Acta **24**, 329 (1961); durch Anal. Abstr. **1961**, 4465. – EWALD, H., u. H. HINTENBERGER: Methoden und Anwendungen der Massenspektrometrie. Weinheim 1953.

FARRÉ-RIUS, F., u. G. GUIOCHON: J. Chromatogr. (Amsterdam) **13**, 382 (1964); durch Fr. **207**, 232 (1965). – FAY, I. W., u. A. F. SEECKER: Am. Soc. **25**, 641, 645 (1903). – FELDSTEIN, M.: J. forensic Sci. **5**, 266 (1960); durch Fr. **182**, 248 (1961). – FLORENTIN, D., u. H. VANDENBERGHE: Bl. **29**, 316 (1921). – FRIEDEL, R. A.: Anal. Chem. **28**, 1806 (1956). – FRIEDEL, R. A., A. G. SHARKEY, J. L. SHULTZ u. H. R. HUMBERT: Anal. Chem. **25**, 1314 (1953); durch Fr. **146**, 276 (1955).

GAENSLER, E. A., J. B. CADIGAN, M. F. ELLICOTT, R. H. JONES u. A. MARKS: J. Labor clin. Med. **49**, 945 (1957); durch Fr. **162**, 228 (1958). – GAUTIER, A. : C. r. **126**, 793 (1898). – GETTLER, A. O., u. H. C. FREIMUTH: Am. J. Clin. Path. Tech. Sect. **7**, 79 (1943); durch Chem. Abstr. **1944**, 1365. – GETZ, I. F.: Betriebslab. (russ.) **5**, 284 (1936); durch C. **1936**, **II**, 1210. – GLOVER, H. G.: Mikrochim. A. **1955**, 5; durch Fr. **150**, 446 (1956). – GRANT, G. A., M. KATZ u. R. L. HAINES: Canadian J. Technol. **29**, 43 (1951); durch Fr. **136**, 44 (1952). – GRANT, G. A., M. KATZ u. R. RIBERDY: Canadian J. Technol. **29**, 511 (1951); durch Fr. **139**, 370 (1953). – GREENE, S. A., u. H. PUST: Anal. Chem. **29**, 1055 (1957). – GREGORY, J. N., u. D. MAPPER: Analyst **80**, 225 (1955); durch Fr. **149**, 395 (1956). – GRIFFON, H., u. R. LE BRETON: Ann. Pharm. franç. **6**, 93 (1948); durch Chem. Abstr. **1948**, 7363i. – GRIGORJEW, P.: Fr. **72**, 264 (1927). – GUÉRIN, H.: Traité de manipulation et d'analyse des gaz; Paris 1952.

HARBOE, M.: Scand. J. Clin. Labor. Invest. **9**, 317 (1957); durch Fr. **165**, 74 (1959). – HAYAKAWA, T.: J. chem. Soc. Japan, Pure Chem. Sect. **74**, 752 (1953); durch Chem. Abstr. **1954**, 3197d. – HEILMEYER, L.: Mediz. Spektrophotometrie; Jena 1933. – HOOVER, O. R.: Ind. eng. Chem. **13**, 1770 (1921).

JÄGER, A., u. W. GREBE: Glückauf **85**, 294 (1949); durch Chem. Abstr. **1949**, 6008g.

KAGAN, S.: Bl. [5] **1**, 1201 (1934); durch Fr. **102**, 429 (1935). – KAST, H., u. H. SELLE: Glückauf **62**, 804 (1926). – KATTWINKEL, R.: Grubengasanalyse im Kohlenbergbau; Berlin 1950. – KATZ, M., u. J. KATZMAN(N): Canadian J. Res. Sect. F. **26**, 318 (1948); durch Fr. **139**, 370 (1953); durch Analyst **74**, 467 (1949); Chem. Abstr. **1949**, 1686e. – KELKER, H.: Kältetechnik **11**, 101 (1959); durch Anal. Abstr. **1960**, 570. – KILDAY, M. V.: J. Res. Nat. Bureau of Standards **45**, 43 (1950); durch Chem. Abstr. **1950**, 9302f. – KLING, A., M. ROUILLY u. M. CLARAZ: C. r. **202**, 1178 (1936); durch C. **1936**, **II**, 2178. – KOBE, K., u. E. J. ARVESON: Ind. eng. Chem. Anal. Edit. **5**, 110 (1933). – KOHN-ABREST, E.: Documentat. sci. **40**, 297 (1935); durch C. **1936**, **II**, 1210. – KYRYACOS, G., u. C. F. BOORD: Anal. Chem. **29**, 787 (1957).

LAMB, A. B., W. C. BRAY u. J. W. GELDARD: Am. Soc. **42**, 1636 (1920). – LAMBRECHTS, A., u. R. ROSEMAN: C. r. Soc. Biol. **140**, 801 (1946); durch Chem. Abstr. **1947**, 4823gh. – LANDOWNE, R., u. S. R. LIPSKI: Nature **189**, 571 (1961); durch Anal. Abstr. **1961**, 3572. – LARSON, A. T., u. C. W. WHITTAKER: Ind. eng. Chem. **17**, 317 (1925). – LEBEAU, P., u. C. BEDEL: C. r. **179**, 108 (1924). – LE MOAN, G.: Ann. pharm. franç. **10**, 269 (1952); durch Fr. **140**, 459 (1953). – LINHART, K.: Chemia anal. Warschau **2**, 187 (1957); durch Chem. Abstr. **1958**, 168d. – LINDSLEY, C. H., u. J. H. YOE: (a) Anal. chim. Acta **3**, 445 (1949); Anal. Chem. **21**, 513 (1949); durch Chem. Abstr. **1949**, 4974i; (b) Anal. chim. Acta **2**, 127 (1948). – LORENZ, I.: Gas- und Wasserfach **94**, 248 (1953); durch Chem. Abstr. **1953**, 8347d. – LYSYJ, I., J. E. ZAREMBO u. A. HANLEY: Anal. Chem. **31**, 902 (1959).

MAIN-SMITH, J. D.: Royal aircraft establ. Rep. CH 324 (1941). – MAIN-SMITH, J. D., u. G. A. EARWICKER: E.P. 582184 (1946); durch C. **1948**, **I**, 146. – MANCHOT, W. , u. G. LEHMANN: B. **64**, 1261 (1931); durch C. **1931**, **II**, 1029. – MANCHOT, W., u. O. SCHERER: B. **60**, 326 (1927);

durch Fr. **75**, 40 (1928). – MARKOSOW, P., W. SAITSCHENKO u. S. LITJAJEWA: Betriebslab. (russ.) **27**, 285 (1961). – MARQUARDT, W.: Dtsch. Z. gerichtl. Med. **40**, 385 (1951); durch C. **1956**, 12091. – MASSMANN, W.: Z. ges. inn. Med. Grenzgeb. **11**, 293 (1956); durch C. **1957**, 229. – MCCULLOUGH, J. D., R. A. CRANE u. A. O. BECKMAN: Anal. Chem. **19**, 999 (1947). – MCPHEE, R. D.: Anal. Chem. **26**, 221 (1954). – MERTENS, H.: Gas- und Wasserfach **95**, 79 (1954); durch Chem. Abstr. **1954**, 4367a. – MINCHIN L. T.: Gas J. **257**, 100 (1947); **260**, 719 (1949); durch Chem. Abstr. **1950**, 1851a. – MINKOFF, G. J., u. N. V. V. PARTHASATHI: Analyst **79**, 379 (1954); durch Fr. **145**, 28 (1955). – MIZUIKE, A.: Japan Analyst **1**, 195 (1952); durch Chem. Abstr. **1953**, 5082i. – MOCHOV, L. A., u. A. V. DEMIDOV: Laborat. Delo **3**, 48 (1957); durch Fr. **158**, 47 (1957). – MOKRANJAC, S. M., u. S. RADMIĆ: Acta pharm. Jugosl. **3**, 174 (1953); durch Chem. Abstr. **1954**, 10098i. – MOSER, L., u. F. HANIKA: Fr. **67**, 448 (1925/26). – MOSER, L., u. O. SCHMID: Fr. **53**, 217 (1914). – MOUREU, H., P. CHOVIN, L. TRUFFERT u. J. LEBBE: Chim. anal. **39**, 3 (1957); durch Fr. **159**, 383 (1957/58). – MÜLLER-NEUGLÜCK, H. H.: Wärme **61**, 280 (1938); durch C. **1938**, **I**, 4503.

NARJES, A.: Zement, Kalk, Gips **10**, 415 (1957); Zucker **11**, 114 (1958); durch Chem. Abstr. **1958**, 6057h, 9857f. – NELSON, K. H., M. D. GRIMES, D. E. SMITH u. B. J. HEINRICH: Anal. Chem. **29**, 180 (1957). – NERNST, W.: Z. El. Ch. **9**, 622, 623 (1903); durch Fr. **45**, 115 (1906). – NEWTON, A. S.: Anal. Chem. **25**, 1746 (1953); durch Chem. Abstr. **1954**, 3196d. – NICLOUX, M.: (a) Bl. **33**, 818 (1923); (b) **37**, 760 (1925); (c) C. r. **126**, 746 (1898).

OTT, E.: J. Gasbel. **63**, 204, 246 (1920); Helv. **7**, 886 (1924). – OVENDEN, P. J.: J. electroanal. Chem. **2**, 80 (1961); durch Fr. **185**, 300 (1962).

PFUND, A. H., u. W. G. FASTIE: J. optic. Soc. Am. **37**, 762 (1947); durch Chem. Abstr. **1948**, 5a. – PIERSON, R. H., A. N. FLETCHER u. E. S. C. GANTZ: Anal. Chem. **28**, 1218 (1956). – PIETERS, H. A. J.: Chem. Weekbl. **43**, 455 (1947); durch Chem. Abstr. **1948**, 59c. – POLIS, R. D., L. B. BERGER u. H. H. SCHREN(C)K: Rep. Investig. **3785** (1944); durch Chem. Abstr. **1945**, 1370[1]. – POTAIN, u. DROUIN: C. r. **126**, 938 (1898). – POZNANSKY, A. Z.: Gig. i Sanit. **26**, 65 (1961); durch Fr. **187**, 236 (1962). – PREGL-ROTH (H. ROTH): Quantitative organische Mikroanalyse, 6. Aufl.; Wien 1949.

REENS, H.: Het Gas **74**, 96 (1954); durch Chem. Abstr. **1954**, 9270h. – RENAUD, R., R. THOMAS u. R. GIBERT: Mém. services chim. état (Paris) **32**, 36 (1945); durch Chem. Abstr. **1948**, 2890d. – RICE, E. W.: Arch. Ind. Hyg. Occupational Med. **6**, 487 (1952); durch C. **1953**, 6323. – ROBERSON, E. C.: J. Soc. chem. Ind. **57**, 39 (1938). – ROSSMANN, H.: Klin. Wschr. **27**, 280 (1949); durch Chem. Abstr. **1951**, 8584e. – ROUGHTON, F. J. W.: J. biol. Chem. **137**, 617 (1941). – ROUGHTON, F. J. W., u. W. S. ROOT: J. biol. Chem. **160**, 123 (1945).

SACHS, V.: Dtsch. Z. ges. gerichtl. Med. **45**, 68 (1956); durch Fr. **154**, 78 (1956). – SALSBURY, J. M., J. W. COLE u. J. H. YOE: (a) Anal. Chem. **19**, 66 (1947); durch Chem. Abstr. **1947**, 1576g; (b) Anal. chim. Acta **2**, 115 (1948); durch Fr. **131**, 306 (1950). – SCHACHER, G. P., R. E. RIPPERE u. J. A. HILL: Appl. Spectroscopy **14**, 79 (1960); durch Anal. Abstr. **1961**, 82. – SCHLÄPFER, P., u. E. HOFMANN: (a) Monats-Bl. Schweiz. Ver. Gas-Wasserfachm. **7**, 293 (1927); durch C. **1929**, **I**, 3013; (b) Suisse Gaz **7**, 293 (1927); **12**, 205, 253, 286 (1932). – SCHLÄPFER, P. (u. H. RUF): Angew. Ch. **44**, 170 (1931); durch C. **1931**, **I**, 2367. – SCHMIDT, A.: Angew. Ch. **44**, 152 (1931); durch Fr. **90**, 362 (1932). – SCHUFTAN, P.: Angew. Ch. **39**, 276 (1926); durch Fr. **75**, 42 (1928). – SCHUHKNECHT, W., u. H. SCHINKEL: Glückauf **87**, 883 (1951). – SCHUSTER, F.: Laboratoriumsbuch f. Untersuchungen fester, flüssiger und gasförmiger Brennstoffe, 2. Bd.; Halle (Saale) 1958. – SCHWENK, U., H. HACHENBERG u. M. FÖRDERREUTHER: Brennstoff-Chem. **42**, 295 (1961); durch Fr. **188**, 299 (1962). – SCHWERD, W.: (a) Dtsch. Z. ges. gerichtl. Med. **44**, 249 (1955); durch C. **1956**, 9823; (b) Arch. Toxikol. **15**, 288 (1955); durch C. **1957**, 2574. – SEIFERT, P., u. L. SCHMIEDER: Dtsch. Z. ges. gerichtl. Med. **41**, 435 (1952); durch Fr. **139**, 320 (1953). – SENDROY, J., u. E. J. FITZSIMONS: J. biol. Chem. **156**, 61 (1944); durch Anal. Chem. **21**, 515 (1949); Chem. Abstr. **1945**, 675[9]. – SENDROY, J. u. W. C. GRANVILLE: Anal. Chem. **19**, 500 (1947); durch Chem. Abstr. **1947**, 5409e. – SHEPHERD, M.: (a) Anal. Chem. **19**, 77, 635 (1947); durch Chem. Abstr. **1947**, 1952d; (b) J. Res. Nat. Bureau of Standards **38**, 135, 351 (1947); durch Chem. Abstr. **1947**, 5054f; (c) J. Res. Nat. Bureau of Standards **44**, 509 (1950); durch Chem. Abstr. **1950**, 8815a. – SHEPHERD, M., S. SCHUHMANN u. M. V. KILDAY: Anal. Chem. **27**, 380 (1955). – SIEBERT, W.: Glückauf **84**, 113 (1948); durch Chem. Abstr. **1948**, 4005a. – SMALLER, B., u. J. F. HALL: Ind. eng. Chem. Anal. Edit. **16**, 64 (1944); durch Chem. Abstr. **1944**, 932[5]. – SMITH, R. N., J. SWINEHART u. D. G. LESNINI: Anal. Chem. **30**, 1217 (1958). – SOBKOW, H., u. F. P. HOCHGESANG: Pr. Am. Petrol. Inst., Sect. III **28**, 23 (1948); durch Chem. Abstr. **1950**, 2737b. – SPECHT, F.: Quantitative anorganische Analyse, S. 183; Weinheim 1953. – STEWART, R., u. D. G. EVANS: Anal. Chem. **35**, 1315 (1963); durch Fr. **215**, 209 (1966). – STITT, F., u. Y. TOMIMATSU: Anal. Chem. **23**, 1098 (1951). – SVERAK, J.: Mikrochim. A. **6**, 908 (1959); durch Anal. Abstr. **1960**, 2115. – SZULCZEWSKI, D. H., u. T. HIGUCHI: Anal. Chem. **29**, 1541 (1957).

TAUSZ, J., u. K. JUNGMANN: Gas- und Wasserfach **70**, 1049 (1927); durch Fr. **75**, 195 (1928). – TAYLOR, G. B., u. H. S. TAYLOR: Ind. eng. Chem. **14**, 1008 (1922); durch Fr. **68**, 56 (1926). – THOMAS, P. R., L. DONN u. H. LEVIN: Anal. Chem. **21**, 1476 (1949); durch Fr. **135**, 133 (1952). – TOMBERG, V.: Experientia **10**, 388 (1954); durch Fr. **147**, 306 (1955). – TSCHUMANOW, S. M., u.

M. B. AXELROD: Chem. J. Ser. B. (russ.) **12**, 1568 (1939); durch C. **1940, II**, 104. – TSCHUMANOW, S. M., u. W. I. JUDIN: Arb. Ukrain. Staatsinst. Arbeitspath. u. Arbeitshyg. (russ.) **6**, 176 (1928); durch Fr. **76**, 240 (1929).

VANDAVEER, F. E., u. R. C. GREGG: Ind. eng. Chem. Anal. Edit. **1**, 129 (1929); durch C. **1929, II**, 1827. – VAN SLYKE, D. D., u. J. M. NEILL: J. biol. Chem. **61**, 523 (1924). – VAN TIGGELEN, A.: Ann. mines Belg. **44**, 145, 391 (1943); durch C. **1944, I**, 777. – VOIRET, E. G., u. A. L. BONAIMÉ: Ann. Chim. anal. **26**, 11 (1944); durch Chem. Abstr. **1946**, 1105[8]. – VOOGD; siehe DE VOOGD. – VYKOUKAL, J., u. K. LINHART: Paliva **33**, 236 (1953); durch Leybolds Ber. **IV**, 104 (1956).

WACLAWIK, J.: Chim. anal. **40**, 247 (1958); durch Anal. Abstr. **1959**, 1670. – WAGGONER, J. N., u. M. L. PERNELL: U. S. Armed Forces med. J. **6**, 121 (1955); durch C. **1956**, 2273. – WENNESLAND, R.: Acta Physiol. Scand. **5**, 76 (1942); durch Chem. Abstr. **1945**, 4902[8]. – WINKLER, L. W.: Fr. **102**, 99 (1935). – WOLFF, E.: Ann. méd. légale **27**, 221 (1947); durch Chem. Abstr. **1952**, 6685c.

B. Kohlendioxid und Carbonate.

Allgemeines. Kohlendioxid ist in Wasser ziemlich leicht löslich (0,04 Mol/l); aber es setzt sich mit dem Wasser nur zum kleinsten Teil zur Kohlensäure, deren Anhydrid es ist, bzw. zum Hydrogencarbonat- oder Carbonat-Ion um; 99% der aufgenommenen Menge sind als CO_2-Moleküle physikalisch gelöst. Die Gleichgewichte lauten:

$$\frac{[H^+]\cdot[HCO_3^-]}{[CO_2\text{ gesamt}]} = 10^{-6,4} \quad \text{bzw.} \quad \frac{[H^+]\cdot[HCO_3^-]}{[H_2CO_3]} = 10^{-3,7}.$$

Insofern erscheint es gerechtfertigt, die Analyse des Gases Kohlendioxid und diejenige der Carbonate getrennt zu behandeln. Da die Kohlensäure als schwache und zudem unbeständige Säure durch viele andere Säuren leicht ausgetrieben werden kann und dabei CO_2 entsteht, ist es andererseits selbstverständlich, daß alle Carbonate als solche im Prinzip mittels sämtlicher im Abschnitt Kohlendioxid aufgeführter Methoden bestimmt werden können. Diesen Methoden muß dazu nur ein Arbeitsgang zur Freimachung des Kohlendioxids vorausgehen. Umgekehrt beruhen alle rein chemischen Methoden der CO_2-Bestimmung in irgendeiner Weise auf Carbonatbildung.

Es ist darauf hinzuweisen, daß die meisten Methoden der Kohlenstoffbestimmung im Grunde Kohlendioxidbestimmungen sind, und man findet daher Ausführungsbeispiele für solche auch im Kapitel: Kohlenstoff, insbesondere in dessen Hauptabschnitt: § 1, B.

Von den gebräuchlichen Methoden ist die Gravimetrie bei sorgfältiger Ausführung genauer als die apparativ einfache Titrimetrie; sehr genau und empfindlich lassen sich die apparativ anspruchsvollere Gasvolumetrie und -manometrie ausführen; ebenso die Leitfähigkeitsmethode und die Colorimetrie.

Gase wie Schwefelwasserstoff, Cyanwasserstoff, Chlor- und Fluorwasserstoff stören bei den meisten Verfahren der CO_2-Bestimmung. Man entfernt H_2S durch Waschen des Gases mit Chromschwefelsäure oder einer Lösung von 1 g Silbersulfat in 100 ml Wasser nebst 5 ml Schwefelsäure (D = 1,84) oder durch Leiten über festes Chrom(VI)-oxid oder Kupfersulfat auf Bimsstein. Mit der Silbersulfatlösung wird auch HCl und HCN entfernt. H_2F_2 läßt sich durch Borsäure binden (siehe auch Teil: Carbonate).

1. Kohlendioxid.

Mol.-Gew.: 44,011; Dichte (bezogen auf Luft) = 1,529; Kp.: – 56,7 °C (5,2 at); Fp: – 78,5 °C.

I. Bestimmung auf Grund von Carbonatbildung.

Allgemeines. Kohlendioxid reagiert als Anhydrid der Kohlensäure mit den üblichen alkalischen Agenzien quantitativ unter Bildung von Carbonation. Als Meßgröße zu seiner Bestimmung kann die dabei auftretende Gewichtszunahme, die

Volumenabnahme des Gases, die in verschiedener Weise zu erfassende pH-Änderung oder die Leitfähigkeitsänderung dienen.

Bei den Neutralisationsmethoden handelt es sich meist darum, das in einem Gasgemisch enthaltene Kohlendioxid zunächst in einem alkalischen Agens zu absor-

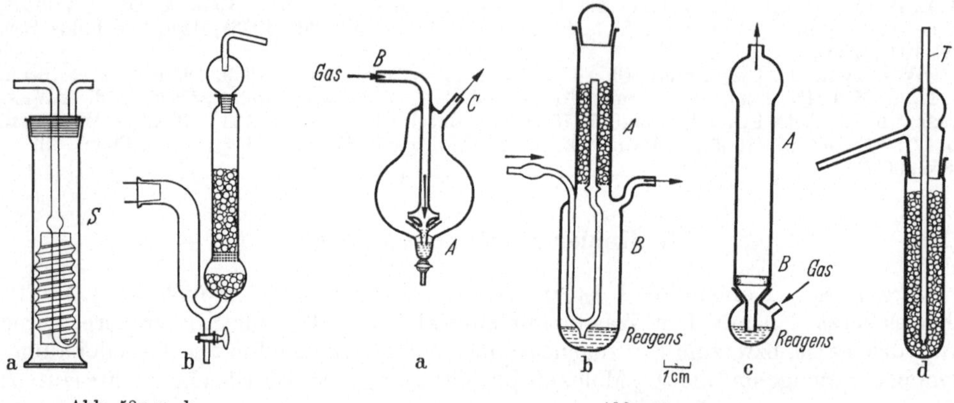

Abb. 58a u. b u. 59a–d. Absorptionsgefäße. Nach Abb. 58 für größere, nach Abb. 59 für kleinere Gasmengen.

bieren, was gewöhnlich durch Hindurchleiten des Gases geschieht. Es gibt aber auch Arbeitsweisen, bei denen das in organischen Medien gelöste CO_2 direkt mit Natriummethylat titriert wird, oder bei denen es in Wasser gelöst direkt mit wäßrigen Laugen titriert wird (z. B. UNDERWOOD, Abschn. c, γ_1).

Für die Gravimetrie und für die Gasvolumetrie besteht die Möglichkeit, das alkalische Absorptionsmittel entweder in flüssiger oder in fester Form anzuwenden. Letztere Arbeitsweise empfiehlt sich besonders dann, wenn in dem zu untersuchenden Gas außer Kohlendioxid andere relativ leicht wasserlösliche Gase, z.B. Acetylen, vorhanden sind. Die festen Absorbenzien haben noch den Vorteil der handlicheren Anwendung und setzen sich deshalb in der Gravimetrie mehr und mehr durch. An Stelle von festem Kaliumhydroxid in Pastillenform oder von Natronkalk verwendet man jetzt meistens Natriumhydroxid auf Asbest (Ascarite). Bei diesem Präparat ist gleichzeitig eine große wirksame Oberfläche für den Gasumsatz gegeben, und es neigt weniger zum Verstopfen. Im Falle flüssiger Absorptionsmittel müssen besondere Vorkehrungen getroffen werden, um einen innigen Kontakt herzustellen. Man hat dazu eine Reihe von Apparateformen konstruiert, von denen einige als besonders wirksam bezeichnete in Abb. 58 und 59 wiedergegeben sind. Die Geräte nach Abb. 59 sind für die Anwendung kleiner Mengen (5 bis 6 ml) Absorptionslösung bestimmt. Neuerdings werden für größere Gasmengen sogenannte Impinger empfohlen (Abb. 60 – siehe auch Abschnitt: 3, X). Eine einfach herzustellende Vorrichtung, die bei Anwendung von Baritlauge das Verstopfen der Fritte völlig verhindern soll, wurde von GOODMAN und STEIGMAN beschrieben. Die Absorption in Laugen wird durch Anwendung von Sinterglasfritten zur feinen Verteilung des Gases sowie von Schaummitteln wie z.B. 0,5% Butanol (WELLS, MAY und SENSEMAN) gefördert. In manchen Fällen wird bei der Absorption

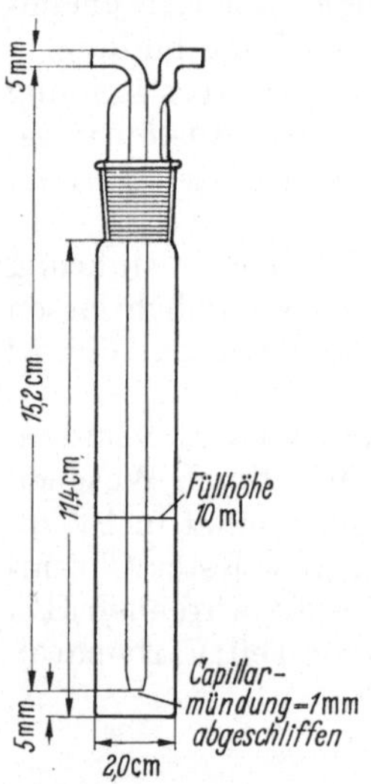

Abb. 60. „Impinger" zur intensiven Absorption aus größeren Gasmengen. (Nach DECKERT)

die Diffusion des CO_2 zum Absorptionsmittel durch vorheriges Evakuieren der Luft begünstigt. Auf ein Durchleiten des Gases wird dann verzichtet, und bisweilen werden längere Wartezeiten für die Absorption in Kauf genommen. Solche Arbeitsweisen werden aber im allgemeinen nur zur Bestimmung sehr kleiner Mengen von bei der Analyse von Carbonaten frei gemachtem Kohlendioxid verwendet, nicht wenn größere Gasmengen selbst mit geringen CO_2-Gehalten zur Verfügung stehen. Wenn Schwefelwasserstoff im Gas vorhanden ist, wird er auf eine der im Einleitungsabschnitt genannten Weisen entfernt. Man kann auch beide Gase gleichzeitig in Lauge absorbieren, ihre Summe bestimmen und den Schwefelwasserstoffanteil in der Lauge jodometrisch bestimmen; die gleiche Methode läßt sich bei Gegenwart von Schwefeldioxid anwenden.

Zur Absorption in Flüssigkeiten werden anstelle der wäßrigen Laugen bisweilen Gemische mit organischen Lösungsmitteln oder solche allein angewendet, und zwar besonders für titrimetrische Methoden, da sich dadurch ein großer, für Titrationen ungünstiger Alkaliüberschuß vermeiden läßt. Die Absorption erfolgt schneller, und man kommt mit weniger Flüssigkeit und entsprechend kleineren Absorptionsgefäßen aus. So benutzen VAN NIEUWENBURG und HEGGE ein Gemisch von 7 ml 0,1 n Baritlauge, 5 ml Anilin und 15 ml Äthanol (als Lösungsvermittler). BLOM und EDELHAUSEN absorbieren in Aceton (vgl. auch Abschnitt: I, c). SWICK, BUCHANAN und NAKAO empfehlen ein Gemisch aus 1 Teil Äthylendiamin und 4 Teilen Wasser als Absorptionsmittel, da es sich durch Vakuumdestillation des Amins völlig carbonatfrei erhalten läßt. Durch Erwärmen auf 80 °C mit 50%iger Schwefelsäure wird das CO_2 in Freiheit gesetzt, ohne daß etwa mitabsorbierter Chlorwasserstoff frei wird.

a) Gravimetrische Methoden.

Bei der Gravimetrie wird das Gewicht des Absorptionsmittels einschließlich des Gefäßes, in dem es sich befindet, vor und nach der Absorption einer gemessenen Gasmenge gewogen; die Differenz ist das Gewicht des CO_2, und aus den beiden Meßgrößen kann der CO_2-Gehalt in Gewichtsprozenten bzw. Gewichtseinheiten je Volumeneinheit oder unter Zuhilfenahme des Molvolumens in Volumenprozenten errechnet werden. 1 mg Gewichtszunahme entspricht $0{,}5058_6$ ml CO_2 von 0 °C und 760 Torr.

Die *Genauigkeit* der gravimetrischen Arbeitsweise ist nach dem Urteil von BELCHER, THOMPSON und WEST mit der titrimetrischen *nicht* zu erreichen. Die Messung des Gasvolumens erfolgt mit Gaszähler, Strömungsmesser, Gasometergefäß od. dgl. Das Gas wird vor Eintritt in die Absorptionsgefäße getrocknet, indem man z. B. durch Waschflaschen mit konz. Schwefelsäure oder Rohre mit einer Füllung von mit Schwefelsäure getränktem oder mit Phosphorpentoxid gemischtem Bimsstein, wasserfreiem Calciumchlorid oder Magnesiumperchlorat leitet. Hinter die Absorptionsgefäße für CO_2 schaltet man ebenfalls sein Trockenmittel, um Eindringen von Feuchtigkeit zu vermeiden, und an das Ende den Gaszähler. Für die Absorption des Kohlendioxids empfiehlt es sich, zwei hintereinandergeschaltete Absorptionsgefäße anzuwenden, die beide gewogen werden. Das zweite soll nur eine ganz geringfügige Gewichtszunahme aufweisen; man hat dadurch eine Kontrolle darüber, daß alles CO_2 absorbiert wird. Zeigt sich eine Erschöpfung des ersten Absorbers, so schaltet man den zweiten an seine Stelle, erneuert die Füllung des ersten und schaltet ihn als zweiten.

Wird Kalilauge zur Absorption verwendet (40%ige Lösung ist üblich) oder Natronkalk, so müssen die Absorptionsgefäße am Ausgang Röhrchen mit Trockenmittel tragen, die mitgewogen werden, bzw. in dem Rohr mit Natronkalk selbst ist am Ausgangsende eine Schicht mit Trockenmittel – in diesem Falle gekörntes Calciumchlorid – unterzubringen. So wird verhindert, daß das trockene Gas Wasser, welches im Absorbens vorhanden ist oder nach der Gleichung:

$$Ca(OH)_2 + CO_2 \rightarrow CaCO_3 + H_2O$$

entsteht, aus dem Absorptionsmittel fortführt. Wegen einer Absorptionsanordnung siehe auch Absatz 2, I, b (Teil des Apparates nach FRESENIUS und CLASSEN).

Das empfehlenswerteste Absorptionsmittel ist Natronasbest, dessen Absorptionskapazität 4mal so groß wie diejenige des Natronkalkes ist; es kann mehr als 20% seines Gewichtes an CO_2 aufnehmen. Natronasbest ist unter dem Namen Ascarite im Handel; man kann ein solches Präparat nach einer Vorschrift von KELLEY wie folgt selbst bereiten.

Herstellung. Man löst 1 kg NaOH in 1 kg Wasser, gibt zu 500 ml der entstandenen Lösung 1 kg gepulvertes NaOH und fügt nach und nach unter Rühren so viel Asbestfasern hinzu, bis eine gerade noch feuchte, dickbreiige Masse entstanden ist. Diese erwärmt man im Sand- oder Luftbad auf 150 bis 180 °C und rührt in die anfangs dünner werdende Masse noch weiteren Asbest hinein, um die ursprüngliche Konsistenz aufrechtzuerhalten. Man erhitzt 4 Std., läßt erkalten und zerkleinert die trockene Masse zweckmäßig zu einer solchen Körnung, daß etwa $^1/_3$ durch das Sieb mit 20 Maschen und $^2/_3$ durch das Sieb mit 10 Maschen je Zoll gehen.

Nach Feststellung von KAINZ und HAINBERGER muß auf der Oberfläche des Präparates eine gewisse Menge Wasser vorhanden sein, damit es gut absorbiert. Nach frischer Füllung des Rohres oder bei der ersten Analyse eines Tages soll man daher 1 bis 2 cm des Rohres leicht erwärmen, um Wasser aus dem Innern nach außen zu bringen. Bei den folgenden Analysen einer Serie ist dann genügend Feuchtigkeit – bei der Reaktion entstanden – anwesend.

Selbstverständlich sind die Zu- und Ableitungsrohre der Absorptionsgefäße sofort nach Abstellen des Gasstromes durch übergezogene Gummischlauchstücke mit eingesteckten Glasstäbchen oder durch Zudrehen der gegebenenfalls vorhandenen Hähne zu verschließen. Das Wägen erfolgt zwecks Temperaturausgleichs erst nach einigem Stehen an der Waage.

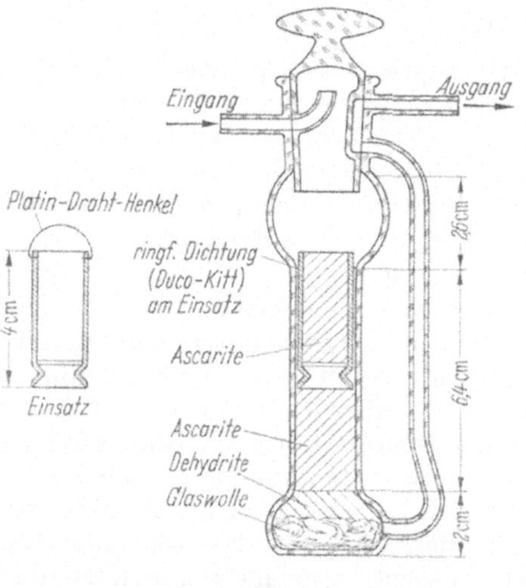

Abb. 61. Gefäß nach ELLIS u. DURHAM zur Absorption von CO_2 in Ascarite.

Auch bei Verwendung von Ascarite zur CO_2-Absorption backt das Absorptionsmittel an der Stelle, die zuerst von Gas durchströmt wird, allmählich zusammen. Das kann bei wiederholter Benutzung zu unliebsamer Zunahme des Strömungswiderstandes und zum Undichtwerden von mit Glasschliffstöpseln versehenen Absorptionsgefäßen führen. Deshalb haben ELLIS und DURHAM ein von NESBITT konstruiertes Gefäß verbessert. Das Gefäß enthält einen leicht herausnehmbaren Einsatz, der vor jeder Analyse bequem mit frischem Ascarite gefüllt werden kann, während eine größere, an dem Gasaustritt liegende Ascaritemenge, die nur geringe CO_2-Reste aufzunehmen hat, lange Zeit im Gefäß verbleiben kann. Das Gefäß ist in Abb. 61 dargestellt.

Die Abdichtung des Einsatzes gegenüber dem Hauptteil wird durch einen schmalen Ring von Duco-Kitt erreicht, oder die Berührungsflächen werden am oberen Rande des Einsatzes etwas konisch ausgebildet und eingeschliffen.

Auf Sauberkeit der Absorptionsgefäße ist zu achten, insbesondere darauf, daß beim Füllen der Gefäße etwa auf die Außenwandung gefallenes Absorptionsmittel vollständig abgewischt wird. Im Falle der Anwendung von Calciumchlorid als Trokkenmittel vor dem Absorptionsgefäß für CO_2 muß das Chlorid mit Kohlendioxid gesättigt werden, da es meist Spuren von Calciumoxid enthält. Das geschieht am besten derart, daß man durch die gefüllten Calciumchloridrohre vor der ersten Benutzung kurze Zeit getrocknetes Kohlendioxid aus einem Kippschen Apparat hindurchleitet, dann am Ausgangsende absperrt und 10 bis 12 Std. unter leichtem CO_2-Druck stehenläßt. Danach spült man mit einem Strom von CO_2 frei gewaschener Luft das überschüssige Kohlendioxid heraus (Dauer 15 bis 20 Min.).

Neuerdings wurde von CONSOLAZIO, CHAGNON und MANNING ein *carbonatfreies Absorptionsmittel* angegeben für mikroanalytische Zwecke und für Arbeiten mit radioaktivem CO_2, wo die Verdünnung auch durch kleine Mengen von Ballast-CO_2 beim Wiederentbinden des Gases nicht erwünscht ist. Das Absorbens wird wie folgt *hergestellt:*

Man löst 200 g Natriumhydroxid in 1 l absolutem Methanol, entfernt CO_3^{2-}-Ionen durch Sättigen mit Bariumchlorid und adsorbiert auf aktiviertem Aluminiumoxid. Dann läßt man die überschüssige Lösung ablaufen und entfernt das Methanol durch Abpumpen. Alle Operationen mit dem Präparat werden in N_2-Atmosphäre vorgenommen.

Es sei erwähnt, daß zeitweise eine Methode angewendet wurde, bei der man nach Absorption des Kohlendioxids in Baritlauge das entstandene Bariumcarbonat abfiltriert, in Salzsäure löst und das Barium in an sich bekannter Weise als Sulfat fällt, glüht und auswägt. THANHEISER und DICKENS beschrieben eine Beschleunigung des Verfahrens durch Schütteln des Sulfatniederschlages. Nach 10 Min. Schüttelns ist der Niederschlag gut filtrierbar. Nicht unerwähnt bleiben soll ferner, daß man kleine Mengen CO_2 durch Nephelometrie der in $Ba(OH)_2$-Lösung entstehenden Trübung bestimmen kann (ROLLER und ERVIN). CO_2-Mengen $< 0,5$ mg sind auf diese Weise mit etwa 3% Genauigkeit bestimmbar.

Beispiele für Ausführungsformen der gravimetrischen Bestimmung und Apparaturen werden im Abschnitt: 2 (Carbonate) gebracht.

b) Gasvolumetrische und manometrische Methoden.

Für diese Methoden können die in der Gasanalyse allgemein üblichen, einfachen Geräte verwendet werden wie die Bunte-Bürette oder die Hempel- bzw. Winkler-Bürette in Verbindung mit den verschiedenen Formen von Gasabsorptionspipetten oder die verschiedenen Typen von Orsat-Apparaten; letztere sind besonders dann zweckmäßig, wenn außer Kohlendioxid weitere Gase bestimmt werden sollen. Für die manometrische Analyse ist beispielsweise der Apparat von AMBLER geeignet oder derjenige von VAN SLYKE (siehe Kapitel: Kohlenstoff, § 1, B, 2, II, a, α), der u.a. zur Bestimmung von gelöstem CO_2 in Flüssigkeiten (Wasser, Blut u. dgl.) viel verwendet wird. Auf die Fülle der apparativen und methodischen Varianten kann im Rahmen dieses Werkes nicht näher eingegangen werden; es wird auf die gasanalytischen Spezialwerke (z. B. SCHUSTER; GUÉRIN) verwiesen. Einige Beispiele für Geräte und Arbeitsweisen werden im Abschnitt: § 1, B, 1, II, e, f (Volumetrie und Manometrie) des Kapitels: Kohlenstoff und im Abschn.: VII (Carbonat in Kohle) gebracht.

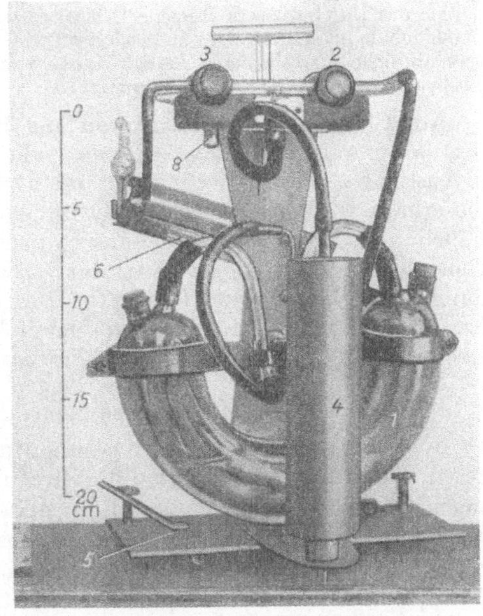

Abb. 62. Mechanisiertes Gerät der Fa. Riedel, Essen, zur manometrischen CO_2-Bestimmung.

Ein mechanisiertes, für die Industrie gedachtes Gerät auf Grundlage der letztgenannten Arbeitsweise ist in Abb. 62 gezeigt. Dort ist (*1*) die „Bürette" zum Abmessen und Fördern des Gases, (*4*) das Absorptionsgefäß mit Lauge auf Trägerstoff, (*6*) ein Schrägmanometer. Wegen Einzelheiten wird auf SCHUSTER verwiesen.

Zur ersteren Arbeitsweise sei noch auf die Arbeit von BALDWIN (Abtrennung des CO_2 durch Ausfrieren, Verdampfen und direkte Volumenmessung), zur letzteren auf die Variante der van-Slyke-Methode nach VAN SLYKE, SENDROY und LIU hingewiesen sowie auf einen von PITTS, DE FORD und RECKTENWALD angegebenen einfachen, kleinen Apparat für 2 bis 6 ml Gas; in diesem wird das CO_2 in einer an einer Platinschleife angebrachten, befeuchteten Schmelzperle von Kaliumhydroxid absorbiert. Das Prinzip eines für sehr kleine Mengen (bis 0,025 µl) Gas herunter brauchbaren manometrischen Gerätes zur Analyse auf verschiedene Gase, darunter CO_2, nach PRESCOTT und MORRISON wurde im Kapitel: Methan, § 2, A, 2, II, b angedeutet.

Es sei hier bemerkt, daß man für genaues Arbeiten mit Kohlendioxid wegen seiner großen Löslichkeit als Sperr- und Förderflüssigkeit Quecksilber verwenden muß. Die günstigste von den allgemein gebräuchlichen Flüssigkeiten, eine Lösung von 20% Natriumsulfat und 5% freier Schwefelsäure (KOBE und KENTON) löst bei 25 °C noch 27 ml CO_2 je 100 ml Flüssigkeit; übrigens beginnt sie unterhalb 16 °C, Kristalle von Natriumsulfat auszuscheiden. Von PASSAUER und später von KOBE und MASON wird kalt gesättigte, wäßrige Natriumsulfatlösung empfohlen. Eine Lösung von 41 g Natriumthiosulfat je 100 ml Lösung nimmt nach PASSAUER nur 12,5 ml CO_2 auf, und zwar viel langsamer als gesättigte Calciumchloridlösung, die übrigens sehr viskos ist. Sie kann aber nur in Abwesenheit oxydierender Gase verwendet werden (vgl. auch KALLENBACH). Relativ wenig CO_2 wird auch von einem Gemisch aus gleichen Raumteilen von Glycerin und 20%iger Schwefelsäure gelöst (siehe Kapitel: Methan).

In diesem Zusammenhang sei noch eine auf KROGH zurückgehende, von den bekannteren gasanalytischen Methoden völlig abweichende Arbeitsweise erwähnt. Nach der Ausführung von MIZUIKE werden dabei die Gasbläschen in Glycerin aufgefangen, etwas von diesem wird mit einigen Bläschen unter das Mikroskop gebracht und dort mit einer kleinen Menge in Glycerin gelösten Kaliumhydroxids (10 g KOH in 100 ml) zusammengebracht. Aus der beobachteten Abnahme des Durchmessers einzelner Bläschen wird die Volumenabnahme und somit der Kohlendioxidgehalt berechnet. Die Methode ist für Gasmengen von 10^{-3} bis 10^{-4} ml anwendbar. Eine sehr ähnliche Ausführungsweise wird auch von FOREMAN beschrieben, der Korrekturen für die Löslichkeit von CO_2 im Glycerin angibt.

Auf Grundlage der Absorption von Kohlendioxid in alkalischen Agenzien und der daraus resultierenden Volumen- oder Druckabnahme ist eine ganze Reihe von industriellen, automatisch arbeitenden Analysengeräten entwickelt worden. Auch dieserhalb wird auf die gasanalytische Spezialliteratur verwiesen. In besonderen Fällen, z.B. bei der Untersuchung von zellphysiologischen Vorgängen, werden unter Umständen sich aus dem Substrat entwickelnde kleine CO_2-Mengen unmittelbar durch die Volumen- oder Druckerhöhung bestimmt. Dazu verwendet man Warburg-Manometer oder Mikrospirometer nach KROGH. Über die serienweise Anwendung eines von WÜST modifizierten Spirometers berichteten MALYOTH und SOMMERFELD.

c) Titrimetrische und ähnliche Neutralisations- und Fällungsmethoden.

Allgemeines. Diese Methoden beruhen im allgemeinen auf einer Behandlung (Durchleiten, Digerieren oder Hineindiffundierenlassen) des kohlendioxidhaltigen Gases mit einem Überschuß einer eingestellten alkalischen Lösung, deren Menge abgemessen wurde, und – gewöhnlich – Titration des Überschusses an Lauge mit eingestellter Säure. Sie haben gegenüber der gravimetrischen CO_2-Bestimmung den Vorteil, daß die Absorption des Wasserdampfes aus dem Gasstrom sich erübrigt, die Apparatur also einfacher ist.

Als Lauge wird, zurückgehend auf PETTENKOFER, oft Baritlauge verwendet, aber auch Natronlauge.

Bei Baritlauge ist kräftiges Schütteln oder Rühren erforderlich, um die auf der Oberfläche entstehende Haut von Carbonat zu zerstören, welche unter Umständen die vollständige Absorption behindert. Baritlauge läßt sich leichter als Alkalilauge carbonatfrei herstellen, und eine Aufnahme von Kohlendioxid ist infolge der Unlöslichkeit des Bariumcarbonates auf Grund einer Trübung erkennbar.

Als Säure wird meist Salzsäure, bisweilen Oxalsäure verwendet, und zwar in der Konzentration 0,1 normal oder für geringe Kohlendioxidmengen auch in geringerer Normalität bei entsprechend niedrigerer Normalität der Baritlauge. Als Indikator dient gewöhnlich Phenolphthalein, Thymolphthalein oder Phenolthymolphthalein. Um die Löslichkeit des Bariumcarbonats herabzusetzen und dadurch bei Titration mit Salzsäure den Umschlag des Indikators bzw. den Endpunkt der Titration schärfer zu erkennen, kann man Bariumchlorid als Pulver oder frisch bereitete, ausgekochte Lösung in großem Überschuß zusetzen, z.B. 50 g kristallisiertes $BaCl_2$ auf 1 l 0,1 n $Ba(OH)_2$-Lösung. Noch besser wirkt Strontiumchlorid wegen der noch geringeren Löslichkeit des entstehenden Strontiumcarbonats (Benedetti-Pichler, Cefola und Waldman).

Früher wurde oft empfohlen, das Bariumcarbonat vor der Titration des Laugenüberschusses abzufiltrieren – ein relativ umständliches Verfahren. Für die Titration mit Oxalsäure ist die bei Salzsäure bestehende Gefahr, infolge Reaktion von Säure mit Bariumcarbonat vor der vollständigen Neutralisation des Hydroxids zu hohe CO_2-Werte zu erhalten, gering (Hepburn).

Über die Besonderheiten und Schwierigkeiten der Baritlaugenmethode gibt Pieters eine Übersicht. Auf Fehler, die bei der Titrationsmethode durch Angriff verdünnter Baritlauge auf Glas und die daraus resultierende Titerveränderung entstehen können, machten u.a. Lindner sowie Lindner und Hernler aufmerksam, die das Aufbewahren der Lauge in paraffinierter Flasche und Vermeiden von Lösungen, die verdünnter als 0,1 oder allenfalls 0,05 normal sind, empfahlen. Heczko warnt vor der Anwendung von Glasfritten (siehe auch Kapitel: Kohlenstoff, § 1, B, 1, II, b).

Kurz erwähnt sei hier ein neuerdings von Zugrăvescu und Săndulescu gemachter Vorschlag, den beim Einleiten CO_2-haltiger Gase in eine *neutrale*, Bariumchlorid, etwas Äthanol und H_2O_2 enthaltende wäßrige Lösung nach der Gleichung

$$CO_2 + BaCl_2 + H_2O \rightarrow BaCO_3 + 2\,HCl$$

entstehenden Chlorwasserstoff (coulometrisch) zu titrieren.

Wie im Absatz I bereits erwähnt, können auch organische Lösungsmittel zur Absorption verwendet werden. Weiter unten ist als Beispiel die Ausführung einer solchen Methode nach Blom und Edelhausen beschrieben, die ebenso wie die früher von L. W. Winkler entwickelte Methode (in äthanolischer Lösung) mit direkter Titration des CO_2 – nicht Rücktitration von vorgelegter Lauge – arbeitet. Šťastný untersuchte das Verhalten verschiedener Indikatoren bei der Titration schwacher Säuren, u.a. Kohlendioxid, in äthanolischer Lösung. Indikatoren mit Säurecharakter sind dazu geeignet.

Wie van Nieuwenburg und Hegge hervorheben, kann man auch bei Anwendung von Gemischen aus Baritlauge mit 5 ml Anilin (frisch destilliert) und 15 ml Äthanol (als Lösungsvermittler) infolge der glatteren Absorption mit kleineren Flüssigkeitsmengen, d.h. kleineren Laugeüberschüssen, auskommen als mit Baritlauge allein, was zur Erhöhung der Genauigkeit der Titration beiträgt. Außerdem genügen einfach geformte Absorptionsgefäße vom Waschflaschentypus. Diese Autoren verwenden für das genannte Gemisch 4 Tropfen von 0,1 %iger Phenolrotlösung in 20 %igem Äthanol als Indikator und titrieren direkt im Absorptionsgefäß.

1 ml 0,1 n Lauge bzw. Säure entspricht 1,113 ml CO_2 von 0 °C und 760 Torr. Bei Titration mit 0,08984 n Säure entspricht 1 ml davon 1,000 ml CO_2. Wenn man das Kohlendioxid unmittelbar in Gramm erhalten will, kann man nach dem Vorschlag von Martin und Green mit 0,0454 n HCl titrieren, von der 1 ml 1 mg CO_2 entspricht.

Natronlauge bietet den Vorteil der leichteren Absorption des Kohlendioxids. Für die Titrationsmethoden muß sie allerdings carbonatfrei sein und vor CO_2 geschützt aufbewahrt werden. Eine Vorratslösung stellt man her durch Lösen einer passenden Menge Natriumhydroxids in Wasser im Gewichtsverhältnis 1 : 1, Stehenlassen bis zur Klärung, Abhebern der klaren Lösung vom Carbonatrückstand und Verdünnen mit durch Auskochen von CO_2 befreitem Wasser. Für eine 0,2 n Lösung sind etwa 10,5 ml der Ausgangslösung auf 1 l zu verdünnen. Das Vorratsgefäß der Bürette ist mit einem CO_2-Absorptionsrohr, das Ascarite od. dgl. enthält, zu versehen.

Man wendet die Alkalilauge im Überschuß an und titriert mit Säure zurück. Zunächst liegt die gesamte Kohlensäure als Carbonat vor; bei der Titration können dann 2 Stufen unterschieden werden:

aa) Neutralisation bis zur Umsetzung des überschüssigen Hydroxids zum neutralen Salz der Titriersäure und Überführung des Dinatriumcarbonats in Hydrogencarbonat:

$$NaOH + HCl \rightarrow NaCl + H_2O, \tag{1}$$

$$Na_2CO_3 + HCl \rightarrow NaCl + NaHCO_3. \tag{2}$$

bb) Umsetzung des Hydrogencarbonats zum neuralen Natriumsalz der Titriersäure unter Freisetzung der Kohlensäure:

$$NaHCO_3 + HCl \rightarrow NaCl + H_2CO_3 \rightarrow H_2O + CO_2 + NaCl. \tag{3}$$

Der Gesamtverbrauch von Säure für beide Titrationsstufen zusammen gegen Methylorange ist derselbe, gleichgültig wieviel Kohlendioxid absorbiert wurde bzw. Carbonat zwischenzeitlich vorhanden war; er ist einfach äquivalent der vorgelegten Menge Natriumhydroxids. Es genügt also, wenn man die Natronlauge einmal gegen die Säure eingestellt hat, die erste Titrationsstufe allein gegen Phenolphthalein durchzuführen. Da zur Umwandlung von 1 Mol Carbonat, das unter Verbrauch von 2 Mol Natriumhydroxid entsprechend der nachstehenden Gleichung (4) entstand,

$$2\,NaOH + CO_2 \rightarrow Na_2CO_3 + H_2O, \tag{4}$$

in Hydrogencarbonat nur 1 Mol HCl erforderlich ist [siehe Gleichung (2)], entsprechen die bei der ersten Titrationsstufe gegenüber dem Äquivalent der vorgelegten Lauge weniger verbrauchten Äquivalente Säure je 1 Mol Carbonation bzw. CO_2. Ist z.B. der für die jeweils vorgelegte Menge Natronlauge ein für allemal festgestellte Gesamtverbrauch an n HCl q ml und der HCl-Verbrauch bei der ersten Titrationsstufe allein r ml, so waren also $(q-r)$ Millimole, d.h. $(q-r) \cdot 22{,}26$ Nml CO_2 vorhanden. Von der gewöhnlich benutzten 0,1 n Säure entspricht demnach 1 ml Titrationsdifferenz 2,226 Nml CO_2. Allgemein ausgedrückt ist die CO_2-Menge in Milligramm $= 44 \cdot x \cdot (q-r)$ wobei $x =$ Normalität der Säure ist.

Andererseits ist es angängig, den Säureverbrauch der ersten Stufe außer Betracht zu lassen und die Ausrechnung allein auf Grund des Verbrauches der zweiten Titration vorzunehmen. In diesem Falle braucht weder der Titer der Natronlauge eingestellt zu sein noch ihre Menge genau abgemessen zu werden. Man notiert nur den Säurestand in der Bürette nach Erreichen des ersten Umschlages gegen Phenolphthalein und dann wieder nach dem zweiten Umschlag gegen Methylorange. Die Differenz s in Millilitern, multipliziert mit dem Titer der Säure, ergibt die Mole Carbonation bzw. Kohlendioxid. Bei Anwendung von n Säure ist also die CO_2-Menge $= s \cdot 22{,}6$ ml CO_2, bzw. bei einer Normalität der Säure x ist die CO_2-Menge in Milligramm $= 44 \cdot x \cdot s$ und die Menge in Millilitern $= 22{,}26 \cdot x \cdot s$.

Nach dem oben Gesagten muß $r + s = q$ sein, also $q-r = s$. Wenn man sichergehen will, führt man daher die beiden Titrationsstufen durch und hat auf diese Weise eine Kontrolle über die Richtigkeit der Ablesung. Das ist besonders nützlich bei Carbonat-CO_2-Bestimmungen, bei denen etwas von der zur Austreibung des Kohlendioxids benutzten Säure aus dem Zersetzungsgefäß in die Vorlage hinübersprühen könnte. Wenn das geschieht, wird natürlich r kleiner und somit nach der erstgenannten Arbeitsweise zuviel Kohlendioxid ermittelt, die zweite Titrationsstufe bleibt jedoch unbeeinflußt – *s* ändert sich nicht. Dies ist ein weiterer Vorteil der zweiten Arbeitsweise.

Auch die Verwendung von Natriumcarbonatlösung als Absorptionsmittel und anschließende Titration wurden bisweilen empfohlen (z.B. CANNIZZARO).

Dem Ende der ersten Stufe, Vorliegen von Natriumhydrogencarbonat (neben Natriumchlorid), entspricht in 0,1 und 0,01 n Lösung nach KOLTHOFF und STENGER ein pH-Wert von 8,35; andere Autoren geben 8,2 an. WARDER hatte angenommen, daß der Umschlag von Phenolphthalein nach Farblos mit der Beendigung der ersten Titrationsstufe zusammenfällt. Dies ist aber nicht genau richtig. Wie KÜSTER fand, färbt reinstes Natriumhydrogencarbonat bei Zimmertemperatur Phenolphthalein rot, erst bei Abkühlen auf 0 °C verschwindet die Färbung; er empfahl daher die Titration bei 0 °C. Einfacher ist es, bis zu dem Farbton zu titrieren, den das Phenolphthalein in einer Vergleichslösung (Boratpufferlösung von pH = 8,4) zeigt (DE CLERCK). Eine weitere Ursache, bis zum Umschlag des Indikators (nicht nur von Phenolphthalein) zuviel Säure zu verbrauchen, ist diejenige, daß beim Einlaufenlassen der Säure lokal ein zu tiefer pH-Wert auftritt und dort Hydrogencarbonat-Kohlensäure entweicht. Dem kann man dadurch entgegenwirken, daß man im abgeschlossenen System (durch Gummistopfen eingeführte Bürette), wie schon TILLMANS und HEUBLEIN empfahlen, oder unter einer Schicht von Paraffinöl oder Petroläther titriert. Im letzteren Falle rührt man am besten mit einem Glasstab, dessen Ende zu einer Scheibe plattgedrückt ist, und achtet darauf, daß dabei die Schutzschicht nicht durchbrochen wird (TINSLEY, TAYLOR und MOORE). Eine derartige Arbeitsweise, bei der der Auslauf der Bürette durch eine Schicht von flüssigem Kohlenwasserstoff in die Lösung eintaucht, hatten schon ČŮTA und KÁMEN empfohlen. Stets sind gegen Ende dieser Titration die letzten Säureanteile in längeren Abständen – etwa 1 Min. – und bei ununterbrochenem Rühren zuzusetzen, da die schädliche Reaktion ($H_2CO_3 \rightarrow H_2O + CO_2$) viel schneller verläuft als die Wiedervereinigung von Kohlendioxid mit den nur noch in geringer Konzentration vorhandenen Hydroxylionen nach der Gleichung:

$$CO_2 + OH^- \rightarrow HCO_3^-.$$

Die Titration ist mit Indikatoren, die in einen anderen Farbton, nicht nach Farblos umschlagen, leichter richtig auszuführen.

Thymolphthalein wurde öfters als Indikator vorgeschlagen (z.B. SCHOLLENBERGER) und wird viel verwendet. Noch besser ist der Mischindikator von SIMPSON (ein Gemisch aus 6 Teilen 0,1 %igem Thymolblau und 1 Teil 0,1 %igem Kresolrot). Dieser Indikator schlägt scharf von Violett bei pH = 8,4 nach Blau bei pH = 8,3 und Rosa bei pH = 8,2 um. Er hat aber nach TINSLEY und Mitarbeitern den Nachteil, daß das Kresolrot den Umschlag von Methylorange etwas unscharf gestaltet, wenn man in der gleichen Lösung auch die zweite Stufe titrieren will.

TINSLEY, TAYLOR und MOORE empfehlen 0,1 %ige Thymolblaulösung (hergestellt durch Verreiben von 1 g Thymolblau mit 21,5 ml 0,1 n Natronlauge und Verdünnen mit Wasser auf 1 l). Dieser Indikator schlägt zwischen pH = 8,3 und 8,2 nach Grüngelb um. Für die genaue Titration sind Vergleichslösungen anzuwenden. Eine Lösung von reinem Natriumhydrogencarbonat, mit Indikator versetzt, ist dafür nicht gut, da sie leicht Kohlendioxid verliert und ihr pH-Wert dadurch steigt. Die letztgenannten Autoren empfehlen zwei Pufferlösungen mit pH = 8,3 und 8,2 (0,05 n Boraxlösung mit Salzsäure entsprechend eingestellt). Gegen einen weißen Hintergrund betrachtet, ist die Färbung des Thymolblaus in den beiden Lösungen deutlich verschieden, in letzterer ist sie schon mehr gelb als grün. Bei Übertitrieren ist es in allen Fällen möglich, mit carbonatfreier Natronlauge auf den richtigen Umschlag zurückzutitrieren.

Dem Ende der 2. Stufe (vollständiger Überführung des Hydrogencarbonats in freie Säure) entspricht ein pH-Wert von etwa 4. COOPER stellte fest, daß der Äquivalenzpunkt in sehr verdünnter Lösung pH = 5 nahekommt. Bei den üblichen Konzentrationen wird der pH-Wert jedoch durch den Einfluß von in Lösung bleibender Kohlensäure herabgesetzt.

Der gebräuchlichste Indikator ist *Methylorange*. Bei Titration mit 0,1 n und verdünnteren Säuren tritt der Umschlag dieses Indikators von Gelb nach Braunrot etwas zu früh ein. Man kann dem entgegenwirken, indem man nach Erreichen dieses Punktes zur Vertreibung der Hauptmenge der Kohlensäure zum Sieden erhitzt, dann abkühlt und die nun gelbe Lösung bis zum neuen Umschlag weitertitriert. KÜSTER empfahl die Anwendung einer Vergleichslösung, und zwar mit Kohlendioxid gesättigtes, destilliertes Wasser, versetzt mit der gleichen Indikatormenge wie die zu titrierende Lösung.

Bromkresolgrün wird ebenfalls verwendet. WEST hat die folgende Rangliste der besten Indikatoren für die Carbonattitration aufgestellt: $\alpha\alpha$) Dimethylgelb + Bromkresolgrün, $\beta\beta$) Methylorange + Xylolcyanol FF, $\gamma\gamma$) Bromphenolblau, $\delta\delta$) Dimethylgelb + Methylenblau, $\varepsilon\varepsilon$) Dimethylgelb, $\zeta\zeta$) Methylorange.

TINSLEY, TAYLOR und MOORE empfehlen für Konzentrationen um 0,1 normal eine Lösung von 0,2% Methylorange und 0,28% Xylolcyanol FF in 50%igem Äthanol unter Anwendung einer Vergleichslösung. Diese besteht aus 0,05 Kaliumhydrogenphthalat-Lösung, die mit Salzsäure auf pH = 3,8 eingestellt ist.

Für die Rücktitration der Lauge bei Anwendung von Baritwasser (mit 20% $BaCl_2$) zur Absorption fanden BELCHER, THOMPSON und WEST o-Kresolphthalein als den geeignetsten Indikator. Der relative Fehler betrug in ihren Versuchen + 0,24 bis −1,0%.

SCHULEK und Mitarbeiter empfehlen bei Verwendung von 0,01 n $Ba(OH)_2$ – das durch eine Pentanschicht geschützt wird – α-Naphtholphthalein als Indikator. Der Umschlag erfolgt von Blau über Grün nach Gelb. Bei Mikrobestimmungen setzt man noch $BaCl_2$ und Äthanol zu und titriert mit 0,01 n Salzsäure.

Die *potentiometrische Titration* von Kohlendioxid (das in destilliertem Wasser gelöst ist) mit Laugen, insbesondere Baritlauge, haben ČŮTA und KOHN untersucht. Die Bestimmung wird mit der Antimonelektrode bei Bedeckung mit Mineralöl unter ständigem Rühren ausgeführt. Der Wendepunkt der Titrationskurve fällt nicht völlig mit dem Äquivalenzpunkt zusammen; die Abweichung ist von der Konzentration abhängig. Es mußte daher eine Äquivalenzpotentialkurve für verschiedene Konzentrationen aufgestellt werden. Bei der Analyse ermittelt man zunächst aus dem Wendepunkt der Titrationskurve roh die CO_2-Menge und liest das ihr zugehörige Äquivalenzpotential aus der Äquivalenzpotentialkurve ab. Die bis zum Erreichen dieses Potentials verbrauchte Baritlauge, die man aus der Titrationskurve entnimmt, entspricht dem wahren CO_2-Gehalt. Zur Aufstellung der erwähnten Potentialkurve löst man verschiedene, aber jeweils einander äquivalente Mengen Bariumchlorids und Kaliumhydrogencarbonats in kohlendioxidfreiem Wasser und mißt die Potentiale der so erhaltenen „Bariumhydrogencarbonat"-Lösungen unterschiedlicher Konzentration.

Für die Titration mit Farbindikatoren werden im folgenden Absatz Ausführungsbeispiele gebracht. Auf weitere, im Abschnitt 2 (Carbonate) und im Kapitel: Kohlenstoff, § 1, B, 1, II, b enthaltene Beispiele wird verwiesen.

α) Ausführungsformen der Farbindikatormethode.

α_1) *Methode mit konstantem Gasvolumen und Rücktitration.*

Eine sehr einfache Ausführungsform ist die nachstehend in Anlehnung an SCHUSTER beschriebene, die für begrenzte Gasmengen mit höheren CO_2-Gehalten geeignet ist und mäßigen Genauigkeitsansprüchen genügt.

Arbeitsvorschrift. Ein einfacher Stehkolben wird mit einer Marke versehen, bis zu der jedesmal ein 4fach durchbohrter Gummistopfen eingeführt wird. Das Volumen des Kolbens bis zu der Marke wird genau ausgemessen. Durch die Bohrungen des Stopfens sind ein Thermometer, das Auslaufrohr einer Bürette und je ein Glasrohr für die Gaszu- und -ableitung eingeführt. Das Zuleitungsrohr reicht bis nahe an den Boden des Kolbens. Das Volumen hineinragender Teile ist bei der Bestimmung des Kolbenvolumens zu berücksichtigen.

Zur Bestimmung wird das zu analysierende Gas so lange durchgeleitet, bis mit Sicherheit anzunehmen ist, daß alle Luft herausgespült wurde. Dann ersetzt man die beiden Rohre durch kurze, abgeschmolzene Glasstabstücke. Die Bürette wurde bereits mit 0,1 n Baritlauge gefüllt und oben mit einem CO_2-Schutzrohr (mit Natronkalk- oder -asbestfüllung) versehen. Man öffnet den Hahn der Bürette und lüftet einen der Glasstabverschlüsse so lange, daß eine zur Absorption des CO_2 ausreichende Menge Baritlauge in den Kolben einfließt. Nun verschließt man auch den Bürettenhahn. Man schüttelt 15 Min. Danach wird der Gummistopfen abgenommen, Phenolphthalein zugesetzt und unter dauerndem Umschütteln mit 0,1 n Salzsäure auf farblos titriert.

Zur *Berechnung* wird von dem bekannten Volumen des Kolbens dasjenige der angewendeten Baritlauge abgezogen; das sich so ergebende Volumen v des Gases wird nach der Formel:

$$v_0 = v \cdot \frac{273 \cdot b}{(273 + t) \cdot 760}$$

auf Normalzustand umgerechnet. Dabei ist t die Temperatur in Grad Celsius und b der Luftdruck in Torr zur Zeit des Einlaufenlassens der Baritlauge. Die Anzahl Milliliter 0,1 n Salzsäure, die dem durch die Titration ermittelten Verbrauch an Baritlauge zur CO_2-Absorption entspricht, mit 1,113 multipliziert, ergibt die Milliliter Kohlendioxids im Normalzustand. Diese Zahl, mit 100 multipliziert und durch das auf Normalzustand ausgerechnete Gasvolumen dividiert, ergibt den CO_2-Gehalt des Gases in Volumenprozenten.

Bemerkung. Eine nach dem gleichen Prinzip (das wohl von Pettenkofer stammt), aber mit 0,01 m Oxalsäure und 0,01 m Baritlauge [1,72 g $Ba(OH)_2$ nebst 0,4 g $BaCl_2$] je Liter arbeitende, genauere Methode wurde von Wagner beschrieben.

α_2) *Methode mit Durchleiten des Gases und Rücktitration. Allgemeines.* Eine andere Arbeitsweise ist diejenige, das zu analysierende Gas durch die Lauge, die sich in einem oder mehreren intensiv wirkenden Absorptionsgefäßen befindet, analog der im Abschnitt: I, a für die Gravimetrie beschriebenen Methodik hindurchzuleiten und die vereinigten Lösungen zu titrieren.

Eine *recht einfache* Ausführungsform dieser Art wurde von Clark für die Bestimmung von Kohlendioxid in der Luft von Theatern und Kinos zur Kontrolle der Lüftungsanlagen während der Vorstellungen angegeben. Hierbei wird die Aufrechterhaltung eines CO_2-Gehaltes von weniger als 1 Vol.-Teil CO_2 auf 100 Teile Luft als Kriterium für ausreichende Funktion der Anlagen betrachtet. Probenahme und Analyse werden getrennt vorgenommen. Für erstere wird die Luft mit einer einfachen Pumpe rasch in eine zunächst ganz leer gedrückte Fußballblase gepumpt, die mit einem Glashahn versehen ist. Eine solche Blase faßt bei Aufpumpen auf einen Überdruck von einigen Dezimetern Wassersäule 4 bis 5 l Luft.

Die *Bestimmungsapparatur* nach Clark besteht in einem einfachen Absorptionsgefäß und einer Aspiratorflasche von 5 l Fassungsvermögen. Das Absorptionsgefäß ist hergestellt aus einem großen Reagensglas, in das durch einen Gummistopfen zentral ein Einleitungsrohr eingesetzt wird. Das Rohr hat zwei kugelige Erweiterungen, welche die Wandung des Glases mit ihrem Äquator nahezu berühren. Dadurch wird erreicht, daß die Gasblasen 2mal zu großer Oberfläche plattgedrückt werden und dadurch die Absorption genügend vollständig vor sich geht, wenn die Luftmenge 2 l/h nicht überschreitet. Die Wirkungsweise der Aspiratorflasche ergibt sich aus Abb. 63. Als Absorptionsflüssigkeit dienen 10 ml 0,1 n $Ba(OH)_2$ mit etwa 5% $BaCl_2$.

Arbeitsvorschrift. Das Absorptionsgefäß wird mit dem Aspirator und die mit Luft gefüllte Blase mit dem Absorptionsgefäß verbunden; der Hahn an der Blase wird vorsichtig teilweise geöffnet, und wenn der Druck zwischen Blase und Aspirator sich ausgeglichen hat (etwa 30 cm Wassersäule stellen sich ein), läßt man das Wasser aus dem Aspirator in langsamem Strom in einen Meßzylinder abfließen. Nach Abfließen von 2 l Wasser oder weniger, wenn starke $BaCO_3$-Bildung beobachtet wird, schließt man den Hahn und läßt weiter Wasser abfließen, bis der Druck im Aspirator den atmosphärischen erreicht hat. Das Volumen des Wassers wird dem Volumen der durchgegangenen Luft bei Atmosphärendruck gleichgesetzt, was angenähert richtig ist. Parallel wurde in ein dem Absorptionsgefäß gleiches Gefäß, das während des Vorganges verschlossen stehen bleibt, 10 ml Lauge eingefüllt; diese Lauge dient als Blindlösung.

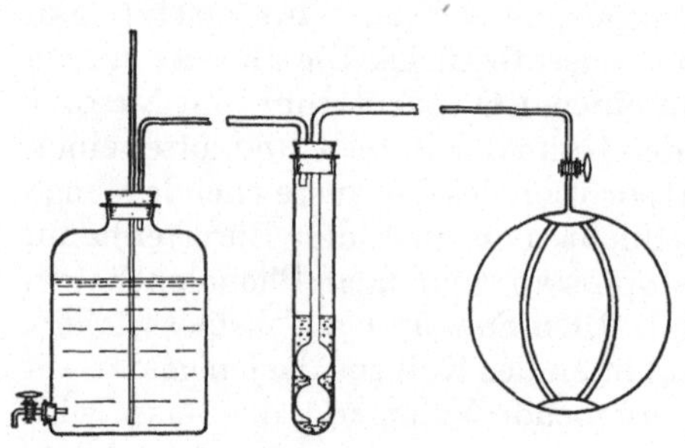

Abb. 63. Anordnung nach CLARK zur Bestimmung von CO_2 in der Luft.

Die *Titration* erfolgt mit Oxalsäure, die zweckmäßig 0,084 normal ist, wobei 1 ml Lösung 1 ml CO_2-Gas bei Zimmertemperatur (16 °C) entspricht. Als Indikator wird am besten Phenol-thymolphthalein verwendet, das einen guten Farbumschlag und eine Empfindlichkeit von 0,02 ml zeigt. Die Differenz der Titrationswerte von Blindlösung und Absorptionslösung ergibt bei obengenannter Konzentration der Oxalsäure unmittelbar die Milliliter CO_2 in der durchgeleiteten Luftmenge an.

Bemerkung 1. Bisweilen wird die Titration des Kohlendioxids in Gasen mit *photometrischer Bestimmung des Indikatorumschlags* ausgeführt, so von LOVELAND und Mitarbeitern. Man verwendet ein besonderes Absorptionsgefäß (Abb. 65), das 0,0001 n

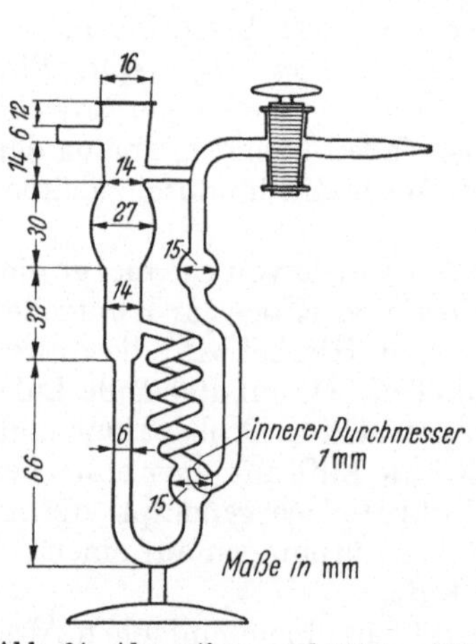

Abb. 64. Absorptions- und Titriergefäß nach BLOM u. EDELHAUSEN.

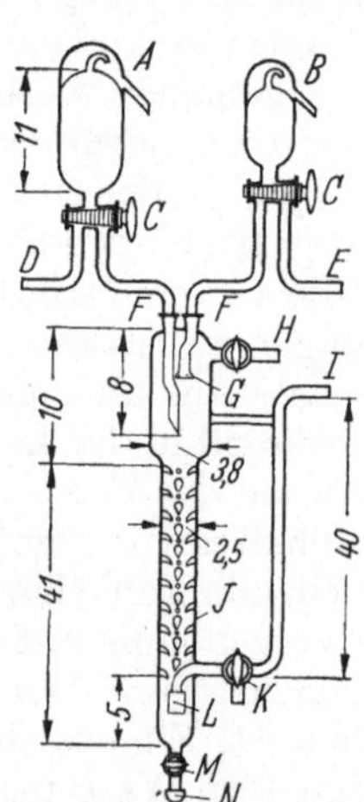

Abb. 65. Absorptionsgefäß nach LOVELAND und Mitarbeitern für sehr kleine CO_2-Konzentrationen.

Natronlauge nebst Phenolphthalein enthält und auch bei höheren Gasgeschwindigkeiten wirksam ist (100 ml/Min.). Das Spektrophotometer wird auf 555 nm eingestellt. Die *Genauigkeit* soll im Gehaltsbereich von 1 bis 10 ppm 1 ppm betragen, die *Reproduzierbarkeit* 0,4 ppm. Bei so niedrigen Gehalten werden 20 l Gas angewendet.

In der Abbildung (65) ist *A* eine selbstfüllende Pipette für die NaOH-Lösung (0,0001 normal, mit Phenolphthalein versetzt), *B* eine Pipette für Spülwasser, *D* die

Zuleitung vom NaOH-Vorratsbehälter, *G* ein Wassersprührohr, *H* der Gasauslaß, *I* der Gaseinlaß, *J* eine Vigreux-Säule, *K* ein Dreiweghahn, *L* das Gasverteilungsrohr (grobe Glasfritte), *N* die Kugelschliffverbindung zur Titrierzelle. Das Gefäß wird unmittelbar auf die Titrierzelle aufgesetzt, die in das Spektrophotometer eingebaut ist. Die Titration erfolgt mit 0,002 n Salzsäure unter Luftabschluß durch gereinigten Stickstoff.

Bemerkung 2. Eine *automatische* Einrichtung zur *coulometrischen* Titration von CO_2 mit Indikator, bei der dessen Umschlag photometrisch indiziert wird, beschreiben LIBERTI und Mitarbeiter.

α_3) *Direkte Titration in organischem Lösungsmittel.* Die Absorption in einem organischen Lösungsmittel für die anschließende *direkte Titration* wird von BLOM und EDELHAUSEN für die Bestimmung von CO_2 in Luft angewendet.

Arbeitsvorschrift. Zwei Gefäße (Abb. 64) mit Aceton, das mit Thymolblau versetzt wurde, sind hintereinandergeschaltet. Auf jedes der beiden Gefäße wird eine Mikrobürette mit eingestellter methanolischer Natriummethylatlösung luftdicht aufgesetzt. Die Lösung im 2. Gefäß wird genau neutralisiert, die im 1. Gefäß mit einem kleinen Überschuß von Methylat aus der Bürette versetzt. Nun leitet man die getrocknete Luft über einen Strömungsmesser durch die Gefäße und nimmt als Anfangspunkt des Versuches den Augenblick, in dem die Färbung im 1. Gefäß umschlägt. Während des Durchleitens titriert man laufend weiter. Die Genauigkeit wird zu $\pm$ 0,001 Vol.-% CO_2 angegeben; bei Anwendung auf das Verbrennungsgas der Mikroelementaranalyse soll der *Fehler* weniger als 0,3% (absolut) betragen.

PATCHORNIK und SHALTIN verwenden ebenfalls Thymolblau (0,2% in Dioxan) als Indikator, als Absorptionsflüssigkeit jedoch Benzylamin + Äthanol + Dioxan (1 + 3 + 3). BLOM, STIJNTJES, VLIERVOET und BEEREN empfehlen für die Bestimmung des CO_2 (des C) aus Stahl und Gußeisen Absorption in 15 ml Pyridin + 0,1 ml Aminoäthanol und Titration mit 0,02 m Natriummethylat (200 ml Methylat, 0,1 n in Methanol, auf 1 l mit Pyridin aufgefüllt) gegen Thymolblau als Indikator.

α_4) *Variante „Titration mit Gas“.* Die Titrationsmethode mit Indikator kann in der Weise abgeändert werden, daß man das Gas durch eine abgemessene Menge mit Indikator versehener Absorptionslösung und durch einen Gasmesser so lange hindurchleitet, bis gerade der Farbumschlag eintritt. Dies ist gewissermaßen eine *Titration mit Gas.* Aus der vorgelegten Laugenmenge und dem gemessenen Gasvolumen wird der CO_2-Gehalt berechnet. Dieses Prinzip wurde schon von LUNGE und ZECKENDORF (1882) angewendet, die zur CO_2-Bestimmung in Luft einen Blasebalg als Gaspumpe und -messer benutzten und Natriumcarbonat mit Phenolphthalein als Absorptions- und Indikationsmittel verwendeten. CALVI schlug eine schnelle Auswertungsweise durch Anwendung einer Tabelle, in der Anzahl der erforderlichen Pumpenstöße und Konzentration des Kohlendioxids in Beziehung gesetzt sind, vor. Diese Tabelle wird für eine bestimmte Laugenmenge aufgestellt.

Anstatt Natriumcarbonatlösung können natürlich andere Laugen verwendet werden, z. B. 0,001 bis 0,05 n Natronlauge, wobei man für CO_2-Gehalte unter 0,1% und stark verdünnte Lauge nach KLING und ROULLY an Stelle von Phenolphthalein besser Bromthymolblau als Indikator verwendet. KAZIN benutzt Baritlauge und Phenolphthalein zur Bestimmung von Kohlendioxid in Bodenluft nach einer ähnlichen Methode; man verwendet atmosphärische Luft als Eichgas, wobei der CO_2-Gehalt von 1 l Luft zu 0,35 ml angenommen wird. HOLM-JENSEN leitet die Luft mit bis zu 15 ml Strömungsgeschwindigkeit zusammen mit einem durch die Luftblasen unterbrochenen, zirkulierenden Strom von 0,005 m Strontiumhydroxidlösung, die Thymolphthalein enthält (insgesamt etwa 0,5 ml, genau gemessen), durch ein gläsernes Spiralrohr. Entfärbung des Indikators zeigt den Endpunkt an.

Eine andere Abwandlung wurde von REINAU und JOHAENTGES angegeben. Sie beruht auf der Messung der Zeit, die erforderlich ist, um eine bestimmte Menge Lauge nebst Indikatorgemisch, die sich auf Filterpapier befindet, durch das hinzudiffundierende Kohlendioxid zu entfärben. Die Autoren geben 5 Tropfen einer Lösung aus 1% Phenolphthalein und 1% Bromthymolblau in Butanol zu 5 ml 0,005 n Baritlauge und bringen von dem Gemisch 5 Tropfen auf das Papier, das dann der zu prüfenden Luft ausgesetzt wird. Es findet unter der Einwirkung des CO_2 ein je nach dessen Konzentration langsamer oder rascherer Farbwechsel des Fleckes statt, dessen vorletzte Stufe ein blaßvioletter Fleck mit blauer und gelber Umrandung ist. Wenn der letzte violette Farbton verschwunden und nur noch ein blauer Kreis mit gelbem Rand geblieben ist, gilt die Neutralisation als beendet. In normaler atmosphärischer Luft (im Freien) dauert der Vorgang 11 bis 13 Min.

β) Potentiometrische und konduktometrische Titration.

Diese Titration ist als Ausführungsbeispiel für die entsprechende Bestimmung des Kohlenstoffs durch Verbrennung zu CO_2 im Kapitel: Kohlenstoff, § 1, B, 1, II, c, beschrieben. Selbstverständlich können die Titrationen außer in Verbindung mit der Kohlenstoffverbrennung auch zur Bestimmung von Kohlendioxid jeder beliebigen anderen Herkunft verwendet werden.

Für die Bestimmung von Carbonat in wäßrigen Lösungen haben Gorbach und Ehrenberger ein halbautomatisches Titriergerät auf potentiometrischer Grundlage und das zugehörige Entbindungsgerät entwickelt.

Fritz und Lisicki empfehlen zur Bestimmung von Kohlendioxid in nichtwäßrigen Lösungsmitteln die direkte potentiometrische Titration mit 0,1 bis 0,2 n Natriummethylat, gelöst in Methanol und Benzol (1 + 3). Gemessen wird stets mit Glaselektroden.

γ) Photometrische Titration im Ultraviolett.

γ_1) Direkte Titration.

Die Titration beruht darauf, daß im UV bei 235 nm die Absorption von CO_3^{2-} viel stärker als diejenige von HCO_3^- ist und NaOH in diesem Gebiet überhaupt nicht absorbiert. Wie Underwood und Howe feststellten, ist die Endpunktermittlung auf diesem Wege wesentlich genauer als durch Farbindikation oder Potentiometrie. Ein wesentlicher Faktor für die rationelle Durchführung der direkten Titration in wäßriger Lösung nach der Methode der genannten Autoren ist die Anwendung des Enzyms Carboanhydrase. Dieses Enzym katalisiert die Reaktion $CO_2 + H_2O = H_2CO_3$ stark und bewirkt so eine fast momentane Wiedereinstellung des Gleichgewichts in der Lösung nach jedem Zusatz von Lauge. So werden die zur Aufstellung der Titrationskurve erforderlichen Meßpunkte schnell erhalten und werden CO_2-Verluste während der Titration weitgehend vermieden. Durch Überschichten mit Cyclohexan, das in diesem Wellenbereich nicht absorbiert, wird Verlusten zusätzlich entgegengewirkt. Die Autoren titrieren in einem 150-ml-Becherglas aus dem relativ gut UV-durchlässigen Glas Corning Vycor 7910 unter Durchmischen mit Magnetrührer.

In der Titrationskurve (Lichtabsorption bei 235 nm gegen ml n NaOH aufgetragen) wird das Erreichen des ersten Neutralisationspunktes – vollständige Überführung des CO_2 in HCO_3^- – durch den Schnittpunkt zweier Geraden gekennzeichnet. von denen die erste nahezu waagerecht, die zweite steil aufwärts verläuft. Der Übergangsbogen zwischen den beiden geraden Kurvenästen ist sehr kurz. Der Übergang, der dem 2. Äquivalenzpunkt – Ende der Bildung von CO_3^{2-}, Auftreten von überschüssiger NaOH – entspricht, ist weniger scharf. Zur Auswertung wird daher der 1. Äquivalenzpunkt verwendet, und es genügt, ihn allein zu ermitteln.

Die Reproduzierbarkeitsprüfung ergab eine mittlere relative Abweichung von nur 0,5%, wobei von den Autoren ein Teil der Abweichung auf unvermeidliche CO_2-Verluste durch Entweichen aus der Lösung zurückgeführt wird.

Die Bestimmung von Kohlendioxyd und Alkalihydrogencarbonat nebeneinander ist in der gleichen Weise möglich. Hierbei entspricht der erste Titrationsendpunkt dem CO_2, der zweite der Summe der beiden Komponenten. Die Genauigkeit ist aber für HCO_3^- nicht so gut wie für CO_2; die Abweichung beträgt im Mittel 3 bis 5% relativ bei $4 \cdot 10^{-3}$ bis $3 \cdot 10^{-2}$ molaren Lösungen.

γ_2) *Rücktitration.*

Die photometrische Titration im UV nach dem oben beschriebenen Prinzip kann, wie UNDERWOOD und HOWE zeigen, auch zur Bestimmung von Natriumhydroxyd neben Natriumcarbonat benutzt werden. Daher müßte die Bestimmung von CO_2 durch Absorption in Lauge und Rücktitration des Laugenüberschusses ebenfalls so möglich sein. Titriert man ein solches Gemisch mit Salzsäure, so erhält man eine Kurve, die zunächst ganz schwach ansteigt, dann nach Neutralisation des OH^- und beginnender Umwandlung des Carbonats in Hydrogencarbonat stark fällt und nach Beendigung dieses Vorgangs waagerecht weiter verläuft. Der 2. Äquivalenzpunkt wird durch einen scharfen Knick gekennzeichnet, der erste wird weniger scharf angezeigt. Somit kann die Summe ($OH^- + CO_3^{2-}$) sehr genau ermittelt werden, OH^- und CO_3^{2-} einzeln jedoch weniger genau. UNDERWOOD und HOWE fanden bei Konzentrationen von $3 \cdot 10^{-3}$ bis $3 \cdot 10^{-2}$ molar für beide Ionenarten mittlere relative Abweichungen von 3 bis 3,5%; sie fügen hinzu, daß diese Präzision immerhin besser sei als die mit der visuellen oder der potentiometrischen Titration erreichbare.

δ) Amperometrische Titration mit Bleisalz.

Kleine CO_2-Mengen in wäßrigen Lösungen lassen sich nach M. PŘIBIL (b) durch amperometrische Titration (Polarometrie bei konstantem Potential) mit Bleisalzlösung titrieren. Die untere Erfassungsgrenze beträgt 0,0001% CO_2. Man bringt 20 ml der Probe in ein 100-ml-Becherglas, fügt 1 ml 0,25 m KNO_3-Lösung und 3 ml Pyridin hinzu und titriert mit 0,01 m $Pb(NO_3)_2$-Lösung. Nach jeder Zugabe rührt man kurz durch und liest nach eingetretener Stromkonstanz das Galvanometer ab. Zuerst sind 1 bis 3 Min. Wartezeit erforderlich, später erfolgt die Einstellung sehr schnell. Der Äquivalenzpunkt wird aus der Titrationskurve graphisch ermittelt.

ε) Titration der beim Umsatz mit Bariumchlorid freiwerdenden Salzsäure.

Nach einem Vorschlag von ZUGRĂVESCU und SĂNDULESCU soll man die CO_2-Bestimmung durch Titration der Salzsäure, die bei der Fällungsreaktion

$$CO_2 + BaCl_2 + H_2O \rightleftharpoons BaCO_3 + 2\,HCl$$

entsteht, ausführen. Die Autoren verwenden eine wäßrige Lösung, die 10 g $BaCl_2 \cdot 2\,H_2O$, 5 ml Äthanol und 0,5 ml 35%iges H_2O_2 in 1 l enthält. Sie treiben die Salzsäure mit einem Trägergasstrom in eine Zelle mit Platinelektroden, wo sie durch coulometrische Titration mit potentiometrischer Indikation bestimmt wird.

d) Colorimetrische Methoden.

Die bei der Einwirkung von Kohlendioxid auf Laugen eintretende pH-Änderung kann auch *unmittelbar* durch die Änderung der Farbe oder der Farbintensität von Farbindikatoren, die von Anfang an zugesetzt werden, gemessen werden.

EMMERT benutzte die Abnahme der Färbung von mit Phenolphthalein versetzter Natronlauge zur Berechnung der Menge des umgesetzten CO_2. WILSON verwendete Bromthymolblau als Indikator.

WINZLER und BAUMBERGER verwendeten Methylrot in zwei auf pH = 5,1 eingestellten Lösungen, durch deren eine das zu untersuchende Gas und durch deren andere ein Vergleichsgas geleitet wurden. Eine ähnliche Methode mit photoelektrischer Messung, bei der 0,00005 n Natronlauge und Phenolphthalein benutzt werden, wird von SPECTOR und DODGE beschrieben. Ein Gehalt von 0,001% CO_2 kann in 1 l Gas mit ±10% Genauigkeit bestimmt werden. LÁSKA sowie BYČICHIN und LÁSKA messen die Farbintensitätsänderung einer mit der CO_2 enthaltenden Luft ins *Gleichgewicht* gesetzten Natriumhydrogencarbonatlösung, die mit Bromthymolblau angefärbt ist, mittels Photoelementes.

Solche photoelektrisch-colorimetrischen Anordnungen sind besonders für die kontinuierliche Gehaltsanzeige von Kohlendioxid in Gasströmen geeignet und wurden frühzeitig dafür angewendet, und zwar schon 1917 von HIGGINS und MARIOTTE, später u.a. von DEMESSE. Dieser Autor ließ die Lösung (0,001 Mol Natriumhydrogencarbonat und 0,099 Mol Kaliumchlorid je Liter Wasser), versetzt mit 50 ml üblicher Bromthymolblau- oder Methylrotlösung, aus einer Vorratsflasche laufend in ein oben erweitertes Capillarrohr tropfen, wobei die Flüssigkeit nach Art einer Wasserstrahlpumpe das Gas bzw. die Luft ansaugt und sich beim Durchgang durch die Capillare mit dem CO_2 umsetzt. Ähnlich ist die Anordnung bei WINZLER und BAUMBERGER.

MAXON und JOHNSON nehmen Phenolrot als Indikator und leiten das Gas mit einer Geschwindigkeit von maximal 500 ml/Min. in das die Lösung enthaltende Gefäß.

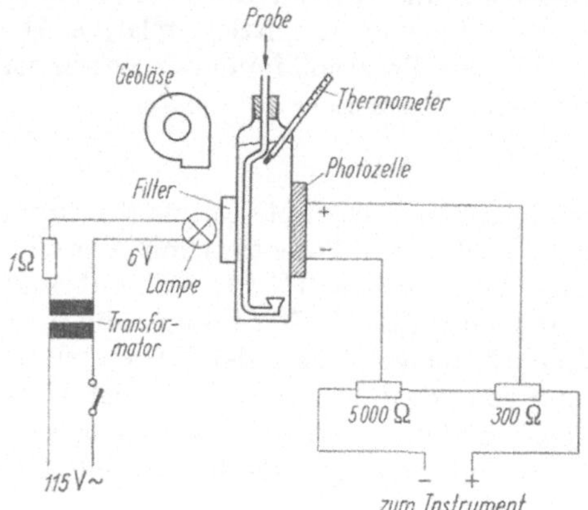

Abb. 66. Schema der Apparatur nach MAXON u. JOHNSON zur photometrischen CO_2-Bestimmung.

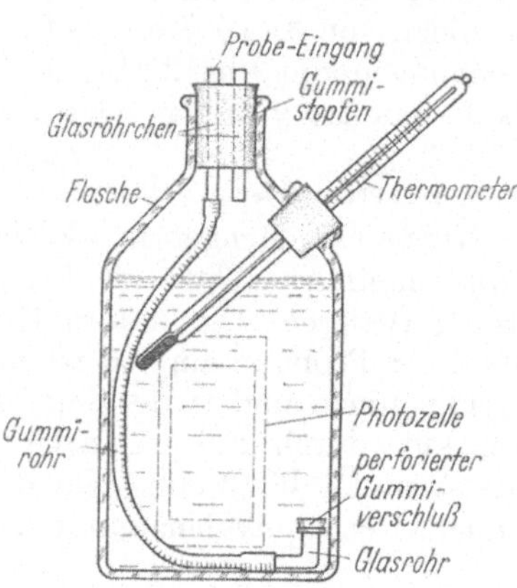

Abb. 67. Absorptionsgefäß zur Apparatur nach MAXON u. JOHNSON.

Die Lichtabsorption wird bei Vorschaltung eines Filters mit maximaler Durchlässigkeit bei 565 nm gemessen. Von Zeit zu Zeit ist das verdampfte Wasser der Lösung zu ersetzen. Die Auswertung geschieht an Hand einer empirischen Eichkurve; für die Ausschaltung des Temperatureinflusses geben die Autoren eine Korrekturkurve. Abb. 66 und 67 zeigen eine schematische Darstellung der Apparatur. Wegen Einzelheiten der Arbeitsweise und der Eichkurve muß auf die Originalarbeit verwiesen werden. Bei Verwendung von 0,001 bis 0,01 n Hydrogencarbonatlösungen können CO_2-Konzentrationen von 0,06 bis 12% bestimmt werden. Der Fehler beträgt etwa 2%. Solche Einrichtungen können auch mit Schreiber ausgerüstet werden (LURIA). Die Anzeigeverzögerung bei Änderungen der CO_2-Konzentration im Gas beträgt bei geeigneter Konstruktion nur wenige Sekunden.

Eine gewisse Verfeinerung der spektralphotometrischen Arbeitsweise für die nichtkontinuierliche CO_2-Bestimmung hat JURÁNEK (a) ausgebildet. Er verwendet 0,01 bis 0,0001 n Natronlauge und Phenolphthalein. Zur Änderung des pH-Wertes von 10 ml der letztgenannten Lauge von 10 auf 8 sind nur $4{,}36 \cdot 10^{-5}$ g CO_2 erforderlich; die entsprechende Farbänderung ist mit einem empfindlichen elektrischen Photometer leicht festzustellen und noch in Stufen zu unterteilen. Die Absorption des Kohlendioxids erfolgt unmittelbar in der Meßcüvette (Abb. 68). Diese hat etwa 11 ml Inhalt. Sie trägt eine Einleitungsdüse *a* von 4 bis 5 mm Durchmesser aus poröser Masse (z.B. Holzkohle), die bei 30 bis 60 Torr Überdruck feine Verteilung des Gases gewährleistet; *b* ist die Gasableitung, *c* die Einführung der Lösung vom Vorratsgefäß her. Die Cüvette ist um 10° gegen die Horizontale geneigt. Die zweite Cüvette des Zweistrahlphotometers dient in Verbindung mit einer Irisblende zur Kompensation des Photostroms vor Beginn der CO_2-Absorption auf Null. Normalerweise werden für geringe CO_2-Konzentrationen 200 ml Gas bzw. Luft angewendet.

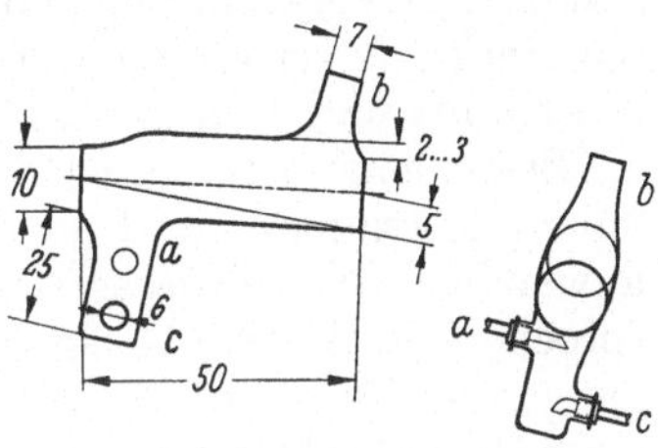

Abb. 68. Absorptions- und Meßküvette nach JURÁNEK.

Gemessen wird mit Filter von maximaler Durchlässigkeit bei 470 bis 500 nm. Die Eichkurve bildet im Bereich von 0 bis 200 · 10^{-5} Vol.-% CO_2 eine Gerade. Bei einer Kombination der Photometrie mit der gaschromatographischen Anreicherung erreicht JURÁNEK (b) eine Empfindlichkeit von 10^{-6} Vol.-% CO_2.

Die Länge der Verfärbungszone einer Schicht von aktiviertem Aluminiumoxid, das mit 0,4 n NaOH getränkt und mit Thymolphthalein angefärbt ist, kann nach KOBAYASHI, MATSUMOTO und YAMADA zur Bestimmung von CO_2 (0,02 bis 3%) in Luft dienen. Man leitet 100 ml Luft innerhalb von 200 Sek. durch die in einem Rohr von 2 mm Durchmesser befindliche Masse und bestimmt die CO_2-Konzentration an Hand einer Eichkurve, die mit künstlichen Gemischen hergestellt wurde. Dämpfe starker Säuren, SO_2 und Cl_2 können in einer vor der Indikatorzone angebrachten kurzen Schicht von reinem Aluminiumoxid adsorbiert und unschädlich gemacht werden.

e) Konduktometrische Methoden.

Die Veränderung der spez. Leitfähigkeit einer alkalischen Lösung bei Berührung mit CO_2 enthaltendem Gas (Alkalicarbonatlösung leitet erheblich weniger als Hydroxidlösung) kann ebenfalls zu dessen empfindlichem Nachweis dienen. Nach diesem Prinzip arbeitende, meist registrierende Geräte sind besonders für die kontinuierliche analytische Überwachung von Gasströmen in der Industrie konstruiert worden.

Bei dem von SMITH (siehe auch GUÉRIN, S. 459) beschriebenen Gerät fließt die unter konstantem Druck zugeführte Lauge durch eine Leitfähigkeitsmeßzelle. Sie schließt danach Blasen eines mit konstantem Druck zugeführten Teilstromes des Gases ein und führt sie mit sich durch eine Rohrschlange, in der die Absorption erfolgt. Die Lauge trennt sich dann in einer Rohrerweiterung von dem Gas und fließt schließlich durch eine zweite Leitfähigkeitszelle. Die beiden Zellen sind als Zweige einer Wheatstoneschen Brücke geschaltet, an der eine Wechselspannung liegt, so daß durch Neutralisation bedingte Unterschiede der Leitfähigkeit der Lauge vor und nach der Berührung mit dem Gas angezeigt und registriert werden. Durch die Differenzmessung wird der sonst starke Einfluß von Temperaturänderungen weitgehend eliminiert.

Ein ähnliches Gerät ist dasjenige nach SCHMITT, das von der Firma Wösthoff, Bochum, gebaut wird. Dieser Apparat gestattet die Erkennung bzw. Bestimmung von CO_2 bis herab zu einer Konzentration von 0,005% (siehe auch Kapitel: Kohlenoxid, Abschnitt: A, 2); die Anzeige erfolgt auch hier kontinuierlich durch Linienschreiber. Die Empfindlichkeit kann stufenweise höheren Konzentrationen angepaßt werden.

Eine apparativ etwas einfachere Methode für die kontinuierliche Analyse auf CO_2 in Gasströmen wird von GORDON und LEHMANN vorgeschlagen. Hierbei perlt das Gas durch eine Suspension von Bariumcarbonat; je nach der CO_2-Konzentration verschiebt sich das Carbonat/Hydrogencarbonat-Gleichgewicht, und es verändert sich die Konzentration der in der Lösung befindlichen Ionen und damit die spez. Leitfähigkeit. Die Konzentration ist der 3. Potenz der gemessenen Leitfähigkeit bzw.

Stromstärke proportional. Für die diskontinuierliche Messung, d.h. die Bestimmung diskreter Mengen Kohlendioxids, sind Ausführungsformen nach STILL, DAUNCEY und CHIRNSIDE; nach IVEKOVIĆ und POLAK und nach GARDNER, ROWLAND und THOMAS im Kapitel: Kohlenstoff und Carbide ausführlich beschrieben.

Solche für Verbrennungskohlendioxid eingerichtete Methoden können unter Weglassung des Verbrennungsteils der Apparatur natürlich für Kohlendioxid jeder anderen Herkunft verwendet werden. Für die Bestimmung in Luft z.B. haben u.a. schon SARTORIUS und DERKS (1935) die Konduktometrie angewendet.

Besonders vorteilhaft läßt sich, wie erwähnt, die konduktometrische Methode als selbstregistrierende und für die kontinuierliche Messung geeignete Ausführungsform anwenden. Geräte dieser Art sind im Handel. Außer den bereits oben und im entsprechenden Abschnitt des Kapitels: Kohlenstoff erwähnten Arbeiten sei noch diejenige von GOODWIN zitiert. Dieser Autor arbeitet mit 0,004 oder 0,008 n Baritlauge, einer 50-ml-Zelle mit platinierten Elektroden von etwa 1 cm^2 und Wechselstrom von 6,3 Volt. Die Impedanz des Systems ist so eingerichtet, daß der Zellenstrom der Leitfähigkeit proportional ist. Der Strom wird gleichgerichtet und durch einen 6-mV-Gleichstromschreiber registriert.

Eine automatische Analyse von Gas-Waschwässern auf Grundlage der „Vier-Elektroden-Konduktometrie" wird von BARENDRECHT und JANSSEN beschrieben.

PŘIBIL (a) empfiehlt für die Eichung von Geräten zur Bestimmung kleiner CO_2-Mengen die elektrolytische Erzeugung von CO_2 mit coulometrischer Messung aus Oxalsäure.

f) Weniger wichtige physikalische Methoden.

TSCHUCHANOW hat einen Apparat entworfen, in dem die Neutralisationswärme, die beim Einleiten eines Gases in einen Kalilaugestrom entsteht, bzw. die durch sie verursachte Temperatursteigerung zur kontinuierlichen Bestimmung des Kohlendioxids ausgenutzt wird. Die Messung erfolgt durch mehrere hintereinandergeschaltete Thermoelemente.

Es ist eine Reihe von Methoden vorgeschlagen worden und teilweise im Gebrauch, besonders als kontinuierliche Betriebsüberwachungsverfahren, nach denen die Größe der Änderung verschiedener physikalischer Eigenschaften des Gases, welche beim Durchleiten durch Absorptionsmittel eintritt, zur Bestimmung des in ihm enthaltenen Kohlendioxids dient. Einige solche Methoden werden im Abschn.: VI mit erwähnt.

II. Bestimmung durch Emissionsspektralanalyse.

Die spektralanalytische Bestimmung des Kohlendioxids kann durch direkte Anregung mit dem hochkondensierten Funken (LUNDEGÅRDH; BOUCHETAL DE LA ROCHE) oder durch Hochfrequenzentladung unter Anwendung von außen an der Gaskammer angebrachten Elektroden erfolgen. Im ersten Fall werden Linien des Kohlenstoffs angeregt, im zweiten Fall CO-Banden.

LUNDEGÅRDH verwendete Goldelektroden, deren Silbergehalt (Ag-Linie 247,7 nm) oder Palladiumgehalt (Pd-Linie 231,1 nm) als Leitsubstanz (innerer Standard) diente. Die Elektroden waren durch gegenüberstehende Rohre mit Gummidichtung in die Gaskammer eingeführt. Die wassergekühlte Kammer besaß ein Quarzfenster zum Austritt des Lichtes. Die Arbeitsbedingungen waren 6 bis 7 A, 10000 V (sekundär), 10000 cm^2 Kondensatorfläche und geringe Selbstinduktion, 3 bis 4 mm Elektrodenabstand, 5 bis 30 Sek. Expositionszeit. Die Methode zeigte sich für strömendes Gas gut geeignet; es genügte aber auch eine Gasmenge von 10 ml. Aufgenommen wurden die Linien 247,8 oder 229,69 nm, mit denen als untere Grenze 0,03 bzw. 1% CO_2 in Luft erfaßt wurden.

Ähnlich, aber mit Aluminiumelektroden und Messung der Schwärzung gegen den Untergrund mit Registrierphotometer, arbeitete BOUCHETAL DE LA ROCHE. Bei Messung der Linie 229,7 nm bestimmte er CO_2-Gehalte zwischen 0,0002 und 0,0012% in Luft. Er wandte die Methode auch für die C-Bestimmung im Stahl – offenbar nach Verbrennung des Kohlenstoffs im Luftstrom – an.

Bei der Anregung mit Hochfrequenz wird das Gas unter 2 bis 3 Torr in Quarz- oder Glasrohre eingeschlossen. Trotz der Außenelektroden tritt durch clean-up-Effekt eine Konzentrationsänderung auf, deren Einfluß aber dadurch aufgehoben wird, daß man nur kurze Zeit nach Beginn der Entladung aufnimmt. WYNEN und VAN TIGGELEN verwenden eine Anregungsfrequenz, die 11 m Wellenlänge entspricht, und die CO-Bande bei 313,4 nm zur Messung. Sie erreichen bei 50 bis 95% CO_2 eine Reproduzierbarkeit (precision) von 1%. Stickstoff kann gleichzeitig (Bande 315,9 nm) bestimmt werden. FRISCH und SHREIDER verwenden die Wellenlänge 27 m zur Anregung bei einer Stromdichte von einigen 10 A/cm². Sie benützen ein Stufenfilter zur Anpassung an verschiedene CO_2-Konzentrationen und Eichmischungen zur Auswertung. Der Fehler der Einzelmessung betrug 2,5 bis 5%.

STOLOW fand, daß durch Hochfrequenzentladung bei 60 Torr Gasdruck eine größere Genauigkeit erreicht wird als bei niedrigerem Druck.

III. Bestimmung durch Ultrarotspektrometrie.

Kohlendioxid hat ausgeprägte Absorptionsbanden im üblicherweise untersuchten Wellenbereich von 2 bis 15 µm bei 2,7 und 4,29 µm. Besonders die Bande bei 4,29 µm ist charakteristisch.

PIERSON, FLETCHER und GANTZ bringen in ihrem Katalog von Ultrarotspektren für die qualitative Analyse von Gasen u.a. ein Spektrometriediagramm für CO_2 im genannten Wellenbereich sowie eine Übersichtsdarstellung der Lage und Intensität der hauptsächlichsten Banden im Vergleich mit denen von 65 anderen anorganischen und organischen Gasen und Dämpfen. Sie beschreiben weiter die Analyse eines Gemisches, das neben CO_2 noch CO, CH_4, C_2H_2, C_2H_4, HCN, N_2O, NO und NO_2 enthält. Das CO_2 tritt in dem Spektrogramm des Gemisches deutlich in Erscheinung, wenn auch nicht ganz so stark, wie einige der anderen Gemischkomponenten.

POBINER verwendet die UR-Relativmessung zur Bestimmung des CO_2-Gehaltes in löslichen *Carbonaten*. Nach Entbinden des Gases mißt er je nach Konzentration des CO_2 bei 4,32 oder 2,72 µm.

Die kontinuierliche Bestimmung von CO_2, auch in Gemischen mit anderen mehratomigen Gasen, ist mittels Durchflußphotometrie ohne Dispersion mit Wärmeausdehnungsdetektoren nach Art des „Uras“ (siehe Kapitel: Methan, § 2, A, 6) bequem auszuführen. MILLER und RUSSELL beschreiben ein solches Gerät, mit dem Konzentrationsänderungen von wenigen ppm CO_2 nachgewiesen und registriert werden. Als Strahlungsdetektor nach dem Wärmeausdehnungsprinzip zwischen den beiden Empfängerkammern dient bei diesem Gerät nicht eine feste Membran, sondern ein Tröpfchen Diäthylphthalats in einem Capillarrohr. Die Verschiebung des Tropfens wird mit einem Mikroskop mit optischem Mikrometer beobachtet oder durch eine photoelektrische Einrichtung festgestellt.

Über die Möglichkeit, mit Geräten ohne Dispersion auch bei höheren Konzentrationen von CO_2 eine lineare Anzeige zu erhalten, hat WEINGEROW Angaben gemacht. Danach wird die Strahlung der Bande bei 4,3 µm zum größten Teil vor dem Detektorteil herausgefiltert und nur mit der viel schwächeren Bande bei 2,7 µm gearbeitet. Für die Bestimmung des Kohlendioxids unter Verwendung eines Spektrophotometers von PERKIN-ELMER haben PARSONS, NEERMAN, LIFSITZ und BRYAN eine spezielle Filterkombination beschrieben, welche die Absorptionsbande: 4,29 µm scharf auszublenden gestattet. Für Gehalte zwischen 1 und 18% CO_2 in Auspuffgasen wurde eine relative Standardabweichung von ± 5% und eine mittlere relative Abweichung gegenüber der Orsat-Analyse von 5,6% erzielt.

Das schnelle Ansprechen der Ultrarotabsorptionsmessung macht ihre Anwendung auf die kontinuierliche Analyse von Gasen mit rasch wechselnder Zusammensetzung möglich. FOWLER empfahl sie daher zur laufenden CO_2-Bestimmung bei der Untersuchung des Atmungsvorganges. Eine automatische Apparatur dazu beschrieben EGLE und ERNST.

Ein relativ einfaches und billiges, im nahen UR arbeitendes Gerät, das mit einer 3-m-Kammer ausgerüstet ist und gestattet, Konzentrationen von 0,01 bis 0,07% mit einer der Konzentration proportionalen Anzeige zu messen, wird von WATKINS und GEMMILL beschrieben.

Bei der UR-Messung des Kohlendioxids in Atemgasen während der Anästhesie mit Distickstoffmonoxid tritt eine erhöhte Anzeige für CO_2 durch den Einfluß des N_2O (broadening effect) auf, wenn die Detektorkammer mit CO_2 von 50 Torr Partialdruck gefüllt ist, wie BERGMANN, RACKOW und FRUMIN feststellten. Sie konnten den Störeffekt durch Senkung des CO_2-Teildruckes auf 10 Torr durch Zusatz von Argon in einer 40 Torr entsprechenden Menge beseitigen.

IV. Bestimmung durch Gaschromatographie.

Kohlendioxid kann in Gasgemischen durch *Adsorptions*-(Gas/Fest-)Chromatographie neben und gleichzeitig mit den anderen Gasen nachgewiesen und bestimmt werden. Wegen seiner starken Adsorbierbarkeit werden aber die Trennsäulen zweckmäßig bei erhöhter Temperatur betrieben (Allgemeines zur Methodik siehe Kapitel: Methan, § 2, A, 5.

Eine Arbeitsweise mit Aktivkohle als feste Phase in einer 110 cm langen Säule und 150 ml/Min. Stickstoff als Schleppgas beschreiben PATTON, LEWIS und KAYE. Bei einer Arbeitstemperatur von 180 °C erscheint der CO_2-Peak hinter H_2, O_2 und CH_4 (2,5 Min.) nach etwa 3,5 Min., anschließend folgen C_2H_2 (7 Min.), C_2H_4 und C_2H_6. In dem wie üblich mit Wärmeleitfähigkeitsdetektor und Schreibvorrichtung aufgenommenen Chromatogramm ist der CO_2-Peak besonders auffällig und von allen anderen auf den ersten Blick zu unterscheiden, weil er in entgegengesetzter Richtung liegt. Diese Erscheinung kommt daher, daß CO_2 die Wärme schlechter leitet als Stickstoff, die übrigen Gase aber eine höhere Wärmeleitfähigkeit als Stickstoff aufweisen.

Kieselgel ist ebenfalls gut als Absorptionsmittel geeignet, wie GREENE und PUST zeigten. In diesem Falle liegt bei Gemischen von CO_2 mit Luft, CO, CH_4 und weiteren Kohlenwasserstoffen der Peak des CO_2 zwischen denjenigen von C_2H_6 und C_2H_4. Alle Peaks sind gut voneinander getrennt.

Wie dieselben Autoren hervorheben, ist aktiviertes Aluminiumoxid zur Bestimmung von CO_2 nicht geeignet, da es CO_2 irreversibel adsorbiert.

Die Trennung von Gasgemischen mit Kieselgel als feste Phase wird auch von SZULCZEWSKI und HIGUCHI beschrieben, und zwar für die Analyse von Gasen, die außer CO_2 noch CO, N_2, O_2, NO und N_2O enthalten. Die Autoren chromatographieren die permanenten Gase unter Kühlung der Säule mit Trockeneis-Aceton und lassen die Temperatur dann auf Zimmertemperatur ansteigen, worauf N_2O nach (insgesamt) 46 Min. und CO_2 nach 52 Min. erscheint. SMITH, SWINEHART und LESNINI arbeiten bei der Analyse ähnlicher Gemische mit Kieselgel bei gleichbleibender Temperatur von 115 °C; die Analyse erfordert dann nur 10 Min.

Zur getrennten Bestimmung von CO_2, N_2 und O_2 in der Luft verwenden LISYJ und NEWTON 2 parallel geschaltete Säulen. Die eine enthält Kieselgel und trennt CO_2 von den Luftgasen, die andere enthält Molekularsieb 5 A und trennt O_2 von N_2; Schleppgas ist Helium.

Wegen einer Methode zur Voranreicherung verschiedener Gase, u.a. des Kohlendioxids, durch welche die Gase in sehr geringer Konzentration (bis zu 0,1 bis 0,3 ppm herab in relativ kurzen Säulen analysiert werden können (BRENNER und ETTRE), wird auf das Kapitel: Methan, § 2, A, 5, IV, verwiesen.

Kieselgel wird auch zur Bestimmung des Kohlendioxids bei der Analyse von

Reinstäthylen empfohlen, und zwar von NODOP, der einen gut getrennt zwischen Äthan und Äthylen liegenden Peak für CO_2 feststellte.

Die Bestimmung von CO_2 neben Äthylen und Äthylenoxid im Produkt der katalytischen Äthylenoxydation wurde von AMBERG, ECHIGOYA und KULAWIC beschrieben.

Bei der „Ultramikrochromatographie" an Kieselgel nach JURÁNEK (b), die der Autor auf die Analyse von zu CO_2 oxydierten Verbindungen anwendet und die mit photocolorimetrischer Indikation arbeitet, können noch 10^{-6} Vol.-% CO_2 erfaßt werden. Näheres ist über eine analoge Arbeitsweise von JURÁNEK und AMBROVÁ zur C- und S-Bestimmung im Kapitel: Kohlenstoff, § 1, F, 7, ausgeführt.

Die *Verteilungs*chromatographie mit 20% Dimethylsulfoxid auf 52 bis 60 mesh „SIL-o-CEL" als stationärer Phase (20 Fuß bei 20 °C) wird von ADLARD und HILL für die Analyse von Gasgemischen für die Anästhesie (CO_2, N_2O, O_2) angewendet. Bei gleichzeitiger Anwesenheit von Äthyläther und Fluoräthan benutzen sie eine Säule mit 15% Dinonylphthalat auf Schamotte bei 75 °C parallel zu der ersten.

Die gaschromatographisch-UR-spektrometrische Bestimmung von CO_2 und anderen Verunreinigungen in flüssigem Sauerstoff wurde von SHINOHARA, OHKUSA und OKADA beschrieben. Bei Anwendung von 100 ml flüssigem O_2 beträgt die Erfassungsgrenze für CO_2 $3{,}5 \cdot 10^{-4}$ ppm. Stationäre Phase ist Benzyläther auf SiO_2. VAGIN und Mitarbeiter arbeiten mit Molekularsieb 13 X.

Für die Trennung und Bestimmung von Verunreinigungen, u.a. CO_2, in Chlorgas verwendet WOOLMINGTON Kieselgel (Trennung: CO_2/Cl_2/Inertgase) und Molekularsieb (Trennung der Inertgase).

Wegen einer Methode, bei der CO_2 (und CO) zur Erfassung durch den Flammen-Ionisationsdetektor zu CH_4 reduziert werden, siehe SCHWENK und Mitarbeiter, Kapitel: Kohlenoxid, Abschn.: A, 10.

V. Bestimmung durch Massenspektrometrie.

Die massenspektrometrische Bestimmung des Kohlendioxids wird zweckmäßig dann mit derjenigen weiterer Elemente zusammen vorgenommen, wenn komplizierte Gemische in sehr kleiner Menge vorliegen (TAYLOR und Mitarbeiter. Wegen einiger kurzer Hinweise zur Methodik auf Spezialwerke siehe Kapitel: Methan, § 2, A, 7). Aber auch relativ einfache Gasgemische, wie $CO_2 + O_2 + N_2$, werden mit Vorteil mit dem Massenspektrometer analysiert, wenn es sich darum handelt, eine laufende Anzeige der Konzentrationen mit geringstmöglicher Verzögerung (Bruchteile einer Sekunde) zu erhalten. So verwenden HUNTER, STACY und HITCHCOCK es zur Untersuchung des Atmungsvorganges, ebenso MILLER und Mitarbeiter; LILLY sowie BUCKLEY und Mitarbeiter, welche die Fehlerquellen untersuchten und u.a. feststellten, daß die Anzeige über einen weiten Bereich der CO_2-Konzentration linear zu dieser verläuft. HAYAKAWA und KAMBARA arbeiten mit Gasmengen ($CO_2 + N_2$) von weniger als 0,1 ml und finden eine nur geringe Abhängigkeit der auf Normaldruck umgerechneten Anzeige von dem bei der Messung herrschenden Gasdruck. Die Vorteile der Massenspektrometrie für die Diagnostik der Lungen- und der Kreislaufvorgänge werden neuerlich von MUYSERS, SMIDT und SIEHOFF herausgestellt.

Ein tragbares Klein-Massenspektrometer für die kontinuierliche, gleichzeitige Bestimmung von 4 Komponenten, z.B. O_2, N_2, Ar und CO_2, wird von BRUNNÉE und DELGMANN beschrieben.

Die Analyse der Atmosphäre auf gasförmige Verunreinigungen, darunter CO_2, durch Massenspektrometrie wurde von FRIEDEL sowie FRIEDEL und Mitarbeitern beschrieben. NEWTON untersuchte die Ursachen der 5% (relativ) und mehr betragenden Fehler bei der Analyse komplizierter, u.a. CO_2 und CO enthaltender Gasgemische. In Edelgasen kann Kohlendioxid als Verunreinigung in Konzentrationen bis zu 0,001 Vol.-% herab gemessen werden (ČERMÁK).

Der U.K.A.E.A.-Report PG 164 berichtet über eine zur Bestimmung von CO_2 und CO neben Wasserstoff und den Luftgasen besonders geeignete Methode.

In Gemischen, die u.a. CO_2 und N_2O, NO_2 und CO enthalten, lassen sich CO_2 und N_2O durch das doppelt geladene Ion mit dem Verhältnis m/e (Masse zu Ladung) = 22 unterscheiden, das nur von CO_2 herrührt. Nach FRIEDEL und Mitarbeitern kann man daher auch in solchen komplizierten Fällen CO_2 bis zu 0,05 Mol.-% herunter bestimmen.

In der Analyse der durch Heißextraktion aus Metallen entbundenen Spuren von Gasen erhält die Massenspektrometrie zunehmende Bedeutung, wie u.a. BÖHM, GÜNTHER und KUHL berichten.

VI. Bestimmung durch Potentiometrie.

Allgemeines. Die Bestimmung des Kohlendioxidgehaltes in Gasen, insbesondere in Luft, kann durch elektrometrisches Messen des pH-Wertes, der sich im Gleichgewicht mit Hydrogencarbonatlösungen einstellt, erfolgen. Der pH-Wert ist eine Funktion des CO_2-Partialdruckes im Gas und ist nach Einstellung des Gleichgewichtes unabhängig von der Menge der Lösung und dem Volumen des Gases. Das Gas wird durch eine kleine Menge Hydrogencarbonatlösung eine gewisse Zeit lang hindurchgeleitet (WILSON, ORCUTT und PETERSON), oder es werden Gas und Lösung kontinuierlich zusammen durch eine Capillare in die Meßzelle geführt (KAUKO bzw. KAUKO und Mitarbeiter).

In einer späteren Arbeit von KAUKO und ICEL wird eine Anordnung beschrieben, in der man die Potentialdifferenz zwischen den Elektroden zweier derartiger Spiralzellen mißt. Die eine Zelle wird von dem zu analysierenden Gas, die andere von reinem CO_2, je 500 ml/Std., durchströmt, beide Zellen gleichzeitig von 100 ml/Std. Hydrogencarbonat-Chlorid-Lösung. Nach 10 Min. (Gleichgewichtseinstellung) wird Chinhydron zugeführt und die EMK gemessen.

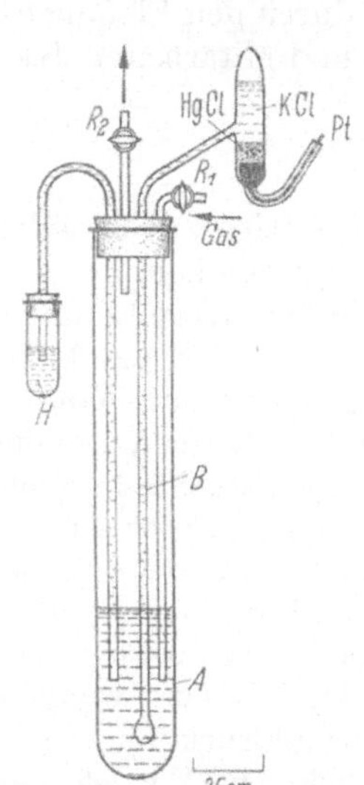

Abb. 69. Gerät nach WILSON, ORCUTT u. PETERSON zur potentiometrischen CO_2-Bestimmung.

Arbeitsvorschrift nach WILSON, ORCUTT und PETERSON. In dem zylindrischen Glasgefäß *A* (Abb. 69) befinden sich etwa 10 ml Natriumhydrogencarbonatlösung; für CO_2-Gehalte im Gas von 0,1 bis 1% nimmt man 0,001 n Lösung und für Gehalte von 1 bis 7% CO_2 0,01 n Lösung. In die Lösung taucht die Glaselektrode *B*, die mit der Kalomelelektrode zu einem Element vereinigt ist. Man läßt etwa 5 Min. 4 bis 5 Blasen des Gases je Sekunde durch die Lösung perlen, schließt dann die Hähne R_1 und R_2 und mißt die EMK des Elementes bei dem pH-Wert, der sich eingestellt hat. Für 0,001 n $NaHCO_3$-Lösung ist pH = 7,42 − 0,89 log p_{CO_2}. Zur *Auswertung* der Messung benutzt man praktisch eine empirische Eichkurve, in der CO_2-Partialdruck und pH bzw. EMK bei konstanter Temperatur gegeneinander aufgetragen sind.

Bemerkungen. α) KAHN bestimmt den Kohlendioxidgehalt im *Blutserum* in der Weise, daß er einmal den pH-Wert des Serums mißt, dann durch eine Capillare ein Stickstoff-Kohlendioxid-Gemisch mit bekanntem CO_2-Gehalt durch leitet, wiederum den pH-Wert mißt und dann aus einer von ihm abgeleiteten Formel, in welche er die beiden pH-Werte einsetzt, den ursprünglichen CO_2-Gehalt errechnet. Eine Anordnung zur Partialdruckmessung des CO_2 im Blut, bei der nur 20 μl Blut zur Anwendung kommen, wurde von GERTZ und LOESCHKE beschrieben.

β) In diesem Zusammenhang sei noch eine von TOREN und HEINRICH beschriebene *Abwandlung* erwähnt, nach welcher der beim Einleiten des CO_2-haltigen Gases in eine Aufschlämmung von Calciumcarbonat sich einstellende pH-Wert gemessen wird.

Das Gas perlt von unten durch eine Lochscheibe in den Flüssigkeitsraum und hält dabei die Aufschlämmung in Bewegung. Es ergibt sich eine lineare Abhängigkeit zwischen pH und log p_{CO_2} für den ganzen Bereich von 1 ppm bis 100% CO_2, und die Werte sind absolut reproduzierbar, so daß die von den Autoren angegebene Eichkurve ohne weiteres für jede derartige Anordnung verwendet werden kann. Das Carbonat wird in breiartiger Konsistenz angewendet. Ein Nachteil ist die langsame Einstellung des Gleichgewichtes. Diese erfordert mehrere Stunden, was den Anwendungsbereich der Methode stark einschränkt. LODGE, FRANK und FERGUSON haben neuerdings eine ähnliche Anordnung beschrieben. Sie verwenden Marmorstückchen von 60 bis 80mesh Korngröße auf einer Fritte. Bei der Analyse atmosphärischer Luft soll die Gleichgewichtseinstellung bei 300 ml Luft je Min. Strömungsgeschwindigkeit nur 1,5 Min betragen.

VII. Bestimmung durch andere physikalische Methoden.

Da Kohlendioxid in mehreren physikalischen Eigenschaften gegenüber den Luftgasen und manchen anderen Gasen beträchtliche Unterschiede aufweist, kann es in nicht komplizierten, qualitativ bekannten Gemischen, in einfacher Weise auf Grund dieser Unterschiede bestimmt werden. Vielfach geschieht es indirekt in der Weise, daß die Größe der betreffenden Eigenschaft vor und nach dem mittels alkalischer Agenzien bewirkten Entfernen des CO_2 aus dem Gemisch gemessen und die CO_2-Konzentration aus der Differenz der beiden Meßwerte abgeleitet wird. Solche Methoden sind insbesondere für die kontinuierliche Überwachung der Zusammensetzung von Gasgemischen der Industrie in Gebrauch, und es sind viele Formen von Geräten dazu in den Handel gebracht worden. Hier können nur die Meßprinzipien kurz angedeutet werden; wegen der weiteren Beschreibung wird auf die gasanalytischen Standardwerke, insbesondere GUÉRIN (S. 249 bis 281, 209 bis 211) verwiesen.

Die relativ hohe *Dichte* des Kohlendioxids legt die Anwendung von Gaswaagen nahe. Diese arbeiten meistens nach dem Prinzip des Auftriebes von „Schwimmkörpern". Auch der Unterschied des *statischen Druckes*, der am Fuße von zwei Gassäulen, die sich in einem vertikal angeordneten Rohrpaar befinden, auftritt, kann gemessen werden. Das geschieht mit empfindlichen Schrägrohr-Manometern oder sogenannten Ringwaagen (Gasinstitut). Nach dem Gesetz, daß die Gasmenge, die je Zeiteinheit aus einer kleinen Öffnung in einer dünnen Wand (z.B. einer das Ende eines Rohres verschließenden Scheibe aus Platinblech) ausströmt, der Quadratwurzel aus der Gasdichte umgekehrt proportional ist, kann man letztere ebenfalls messen. Densitometer dieser Art, deren erstes schon 1859 von SCHILLING hergestellt wurde, existieren in mehreren Varianten.

Auch der Unterschied des *dynamischen Druckes*, der auf zwei Empfängerflächen ausgeübt wird, auf welche man die Gase verschiedener Dichte in gleicher Menge mit gleicher Geschwindigkeit auftreffen läßt, wird bei manchen Densitometern ausgenutzt.

Die verschieden hohen *Strömungsgeschwindigkeiten*, welche zwei am Eingang gleich starke Teilströme eines Gasgemisches nach Durchgang des einen Stromes durch einen CO_2-Absorber annehmen, dienen in einem Gerät von GUY zur Bestimmung des Kohlendioxidgehaltes.

Verbreitet ist die kontinuierliche Messung der Gaszusammensetzung bzw. deren Veränderungen auf Grund der unterschiedlichen *Wärmeleitfähigkeit*. Es handelt sich dabei um eine Kombination von zwei elektrisch beheizten Drähten, die von den beiden zu vergleichenden Gasen umströmt werden und als Zweige einer Wheatstoneschen Brücke geschaltet sind (Katharometer). Gegen Korrosion können die Drähte durch Einbau in dünne Keramik- oder Quarzrohre geschützt werden. Die durch Unterschiede in der Wärmeleitfähigkeit der beiden Gase verursachten Temperaturunterschiede der Drähte bewirken ein Ungleichgewicht des Widerstandes und dadurch einen mehr oder weniger starken Ausschlag eines Meßinstrumentes. Die relative Wärmeleitfähigkeit des Kohlendioxids bei 100 °C ist mit 0,69 wesentlich kleiner als diejenige der Luftgase (etwa 1,0) und mancher anderen Gase, wirkt sich also in solchen Geräten unter Umständen durch kräftige Anzeige aus (siehe z.B. MINTER). MINTER und BURDY erreichen durch Kombinationen von Wärmeleitfähigkeitsbrücken Selektivität für CO_2 oder für H_2 in deren Gemischen. McKOWN beschreibt ein Gerät zur kontinuierlichen Überwachung von Gemischen aus Kohlendioxid und Helium, das mit einer Präzision von $\pm 0{,}05\%$ arbeiten soll.

Die neuere Entwicklung dieser über 50 Jahre alten Methode wurde von BECKMAN beschrieben. Katharometer sind jetzt die gebräuchlichsten Indikationsinstrumente in der Gaschromatographie (siehe Abschnitt: IV und Kapitel: Methan, § 2, A, 5). Bei ihr werden teilweise auch *Ionisationsdetektoren* verwendet, die auf der unterschiedlichen Ionisierbarkeit der Gase durch ein radioaktives Präparat beruhen. Auch die unmittelbare Analyse einfacher Gasgemische, z.B. von CO_2 und Luft, durch Messung der Ionisation wurde früher vorgeschlagen (FOLDÈS).

Eine *polarographische Methode* haben PEROVICI und DIMITRIU angegeben. Mit ihr können Gemische aus Sauerstoff und Kohlendioxid mit bis zu 20% CO_2 analysiert werden. Als Grundelektrolyt dient 0,1 m wäßrige Tetramethylammoniumjodid-Lösung. In einer Stickstoffatmosphäre bewirkt die Anwesenheit von O_2 und CO_2 gewisse Verschiebungen der Wellenpotentiale, die in bestimmten Konzentrationsbereichen in einfacher Abhängigkeit zur Konzentration der beiden Gase stehen.

2. Carbonate.

Allgemeines. Carbonatkohlensäure kann nach quantitativem Austreiben des Kohlendioxids durch stärkere Säuren oder durch Glühen im Prinzip nach allen im Abschnitt: 1 angeführten Methoden bestimmt werden. Bei der Behandlung von Methoden zur Carbonatbestimmung braucht also hauptsächlich nur noch die Ausführung des Austreibens beschrieben zu werden. Für die mit Zersetzung des Carbonats durch Säure arbeitenden Methoden ergibt sich die Möglichkeit, gleichzeitig entstehende störende Gase schon unmittelbar im Zersetzungskolben durch Zugabe geeigneter Reagenzien zu binden. So können größere Mengen von aus Sulfiden entstehendem Schwefelwasserstoff durch Zugabe von 5 ml 5%iger Quecksilber(II)-chloridlösung vor der Zersetzung unschädlich gemacht werden. Man kann das Sulfid auch durch Zugabe gesättigter Kaliumdichromatlösung zu der dann etwas stärker (6 bis 9 normal) zu wählenden Salzsäure oxydieren (CHANDELLE und ETIENNE), oder durch Zugabe von Kupfersulfat in den Zersetzungskolben binden (PHILIPPOWA). Der Schwefelwasserstoff kann natürlich auch in einer nachgeschalteten kleinen Waschflasche mit Chromschwefelsäure oder mit an CrO_3 gesättigter 85%iger Phosphorsäure oder in einem Rohr mit Chromsäure oder mit Kupfersulfat-Bimsstein aus dem Gas entfernt werden.

Wenn das Carbonat mit Perchlorsäure zersetzt wird, gibt man bei Anwesenheit von Chloriden oder Cyaniden in der Probe zweckmäßig Quecksilber(II)-perchlorat zu.

Bei der Bestimmung von Carbonationen in Flußspat enthaltenden Substanzen gibt man gemäß LUNDELL und HOFFMANN zu der Zersetzungs-Salzsäure auf 100 ml 1 g Borsäure. Nach dem Handbuch für das Eisenhüttenlaboratorium, Bd. I (1939), setzt man für die Carbonationbestimmung im Flußspat (1 g Einwaage) zu 300 ml Salzsäure (1 + 1) (etwa 6 m) 5 g reinstes B_2O_3 oder 5 g Zirkoniumhydroxid hinzu. Nach Angabe von RICHTER können Fluorverbindungen in Carbonaten auch durch Zusatz von Zinksalzen unschädlich gemacht werden. Bei Zersetzung des Carbonats durch Glühen kann man H_2S und HF durch Bedecken der Substanz mit einer dünnen MgO-Schicht unschädlich machen.

Es ist darauf hinzuweisen, daß neuerdings auch das Dinatriumsalz der Äthylendiamintetraessigsäure als Austreibemittel für CO_2 verwendet wird. Es hat den Vorteil, nicht wie die üblichen Säuren aus organischen Substanzen durch Hydrolyse Kohlendioxid abzuspalten, und ist deshalb für die Bodenanalyse nützlich (siehe Abschnitt: 3, VI).

Außer den Methoden, die auf CO_2-Bestimmung beruhen, gibt es aber einige besonders für Carbonate ausgebildete Methoden und einige physikalische Verfahren zur Untersuchung ganz spezieller Carbonate.

Eine besondere Methodik erfordert die Bestimmung von Carbonat- und Hydrogencarbonationen nebeneinander; sie wird in Abschn.: 3, III behandelt.

I. Gravimetrische Methoden.

a) Indirekte gravimetrische Bestimmung.

α) Als Glühverlust (Bestimmung auf trocknem Wege).

Allgemeines. Im einfachsten Falle kann der Glühverlust einer Substanz mit dem Kohlendioxidgehalt gleichgesetzt werden. Das ist natürlich nur dann richtig, wenn keine anderen flüchtigen Bestandteile vorhanden sind und keine Stoffe, die wie Eisen(II)-carbonat bzw. -oxid beim Glühen eine Gewichtszunahme erfahren, oder Carbonate der Alkalimetalle und des Bariums, die infolge ihrer hohen Zersetzungstemperatur beim Glühen mit üblichen Mitteln (Teclubrenner, Leuchtgas-Luft-Gebläse) nicht erfaßt werden. In den Fällen, in denen die genannten Störungen nicht ins Gewicht fallen, erhitzt man 1 g getrocknete Probe bei etwa 1000 °C bis zur Gewichtskonstanz.

Galle und Runnels verbesserten die Methode zur Anwendung auf Carbonatgesteine wie tonigen Kalkstein durch Einführung des Glühens bei zwei verschiedenen Temperaturen. Sie erhielten auf diese Weise auf 0,1 % CO_2 reproduzierbare Werte.

Arbeitsvorschrift. Von der auf < 60 mesh zerkleinerten Probe wägt man 2 g in einen Platintiegel ein, trocknet 1 Std. bei 105 °C und wägt wieder. Nun erhitzt man genau 25 Min. im Muffelofen bei 550 °C, läßt erkalten und wägt. Danach glüht man im Muffelofen 1 Std. bei 1000 °C. Der CO_2-Gehalt entspricht der Differenz zwischen vorletzter und letzter Wägung.

Bemerkungen. aa) Auch die *Thermowaage* kann zur Cabonatbestimmung dienen. Terem beschreibt ihre Anwendung auf die Analyse von basischem Berylliumcarbonat.

bb) Bei der Analyse von carbonatischen *Böden* stellten Schnitzer und Wright fest, daß die Thermogravimetrie bei manchen Proben zu hohe Werte für Dolomit und zu niedrige für Calcit ergibt. Wie die Autoren durch Versuche nachwiesen, liegt die Ursache darin, daß Natrium und Kalium in Gegenwart von Quarz eine merkliche Erniedrigung der Temperatur der Calcitzersetzung bewirken.

β) Als Gewichtsverlust durch Austreiben mit Säure.

Allgemeines. Für die Ausführung dieser Methode, die für größere CO_2-Gehalte geeignet ist, wurde eine große Zahl von Apparateformen ausgebildet.

Sehr gebräuchlich war der Apparat nach Geissler. Abb. 70 zeigt als Beispiel für solche Geräte den Oberteil einer robusten Ausführung nach Pritzker und Jungkunz, Abb. 71 eine Modifikation des Geißler/Schrötter-Gerätes nach Dimitriu.

Im Prinzip wird stets das Gefäßsystem, das die Carbonateinwaage und überschüssige Säure, zunächst voneinander getrennt, enthält und zur Verbindung mit der Außenluft ein Röhrchen mit Calciumchlorid oder einem anderen Absorptionsmittel für Wasser trägt, gewogen; dann werden Säure und Carbonat miteinander in Berührung gebracht, das entstandene Kohlendioxid durch einen durchgesaugten Luftstrom oder durch Evakuieren vollständig entfernt und schließlich das Gefäßsystem wieder gewogen. Die Gewichtsdifferenz zwischen den beiden Wägungen ist gleich dem Gewicht des Kohlendioxids. Der Luftstrom muß natürlich zum Entfernen von Kohlendioxid und Wasserdampf vor Eintritt in den Apparat durch Absorptionsmittel geleitet werden. Um bei Verwendung von Salzsäure Gewichtsverlust durch

Bildung von Chlor durch Reaktion mit Fe^{3+} oder Mn^{4+} der Substanz zu verhindern, setzt man etwas Zinn(II)-chlorid zu; dieser Zusatz bindet gleichzeitig Schwefelwasserstoff. Früher hat man auch ohne Durchsaugen von Luft gearbeitet. PAUSCHMANN zeigte, wie groß die dabei auftretenden Fehler sein können.

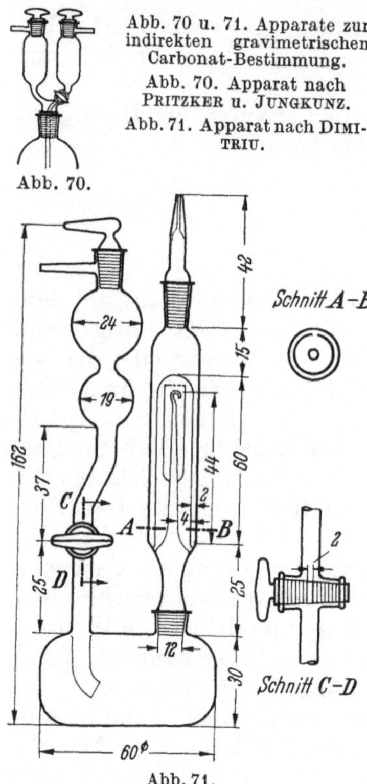

Abb. 70 u. 71. Apparate zur indirekten gravimetrischen Carbonat-Bestimmung.
Abb. 70. Apparat nach PRITZKER u. JUNGKUNZ.
Abb. 71. Apparat nach DIMITRIU.

Abb. 70.

Abb. 71.

Wenn es sich um nicht ohne weiteres in Säure lösliche Carbonate handelt, erhitzt man das Reaktionsgemisch einige Minuten und führt die zweite Wägung aus, nachdem es sich wieder abgekühlt hat.

Die Säure befindet sich vor der ersten Wägung, z.B. in einem Kugelrohr (Ausführung nach BUNSEN) oder einem Tropftrichter mit Hahn, aus dem sie dann in den Reaktionsraum hineingesaugt wird.

Man kann aber unter Verzicht auf Spezialapparate auch mit ganz einfachen, in jedem Laboratorium vorhandenen Gerätschaften arbeiten, wie BLANK oder noch einfacher SCOTT und JEWEL beschreiben, deren

Arbeitsvorschrift folgt. Man wägt 0,3 bis 0,5 g Probe in ein Glasschälchen ein, bringt dieses, ohne Substanz zu verschütten, auf den Boden eines kleinen, weithalsigen Erlenmeyerkolbens, läßt aus einer Pipette vorsichtig so viel 2 bis 3 n Salzsäure einlaufen, daß der Rand des Schälchens nicht von ihr erreicht wird, und verschließt den Kolben mit einem 2fach durchbohrten Gummistopfen. Dieser trägt in der einen Bohrung ein bis an den Boden des Kolbens reichendes Lufteinleitungsrohr und in der anderen ein Rohr mit Calciumchlorid. Man wägt das Ganze und bringt dann durch Kippen des Kolbens Einwaage und Säure miteinander in Berührung. Nach Beendigung der CO_2-Entwicklung saugt man etwa 15 Min. kohlendioxidfreie, getrocknete Luft hindurch, die durch das Einleitungsrohr eintritt, durch die Säure perlt und durch das Calciumchloridrohr austritt. Danach wägt man wieder.

Der *Fehler* wird mit etwa 0,1% angegeben.

Bemerkungen. aa) An Stelle von Salzsäure wird auch Schwefelsäure oder besser *Perchlorsäure* verwendet (VOJIR).

bb) MAHR empfiehlt ein *Gemisch* von 1 Teil halbgesättigter Natriumperchloratlösung und 2 Teilen 70%iger Perchlorsäure, aus dem sich das CO_2 infolge erniedrigter Löslichkeit besonders leicht austreiben läßt.

cc) Die *indirekte* Methode wird im allgemeinen für *weniger genau* als die direkte erachtet; insbesondere für kleine Carbonatmengen ist sie ungenau.

dd) Die Fehler werden nach LUNGE und MARCHLEWSKI dadurch *verursacht*, daß die auf den Apparaten vor und nach dem meist erforderlichen Erhitzen am Glas adsorbierte Feuchtigkeitsmenge verschieden ist und die Dimensionen des Gastrocknungsteils zu klein sind um völlige Absorption der Gas-Feuchtigkeit zu erreichen.

b) Direkte gravimetrische Bestimmung.

Allgemeines. Bei den Methoden der direkten Bestimmung kann das Kohlendioxid aus der carbonathaltigen Substanz durch Erhitzen auf helle Rotglut in einem Rohrofen [Alkali- und Bariumcarbonat unter Zusatz von Kaliumdichromat oder Vanadiumpentoxid (HECZKO) oder von Natriumwolframat (JECZALIK)] ausgetrieben und, gegebenenfalls nach Entfernen anderer gasförmiger Verbindungen wie Schwefelwasserstoff, nach einer der im Abschnitt 1 und teilweise im Kapitel: Kohlenstoff, § 1, beschriebenen Methoden bestimmt werden.

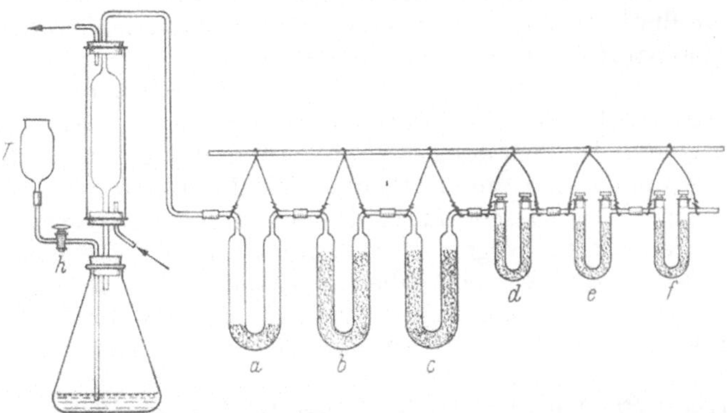

Abb. 72. Apparat zur gravimetrischen Carbonatbestimmung nach FRESENIUS u. CLASSEN. *a–c* Trockenrohre; *d*, *e* Natronkalkrohre; *f* Schutzrohr mit Calciumchlorid (links) und Natronkalk (rechts). Der rechte Schenkel von *e* enthält oben zu einem Drittel Calciumchlorid.

Das Austreiben durch Erhitzen ist üblich und wie z.B. RILEY zeigt, der bei 1100 bis 1200 °C im N_2-Strom erhitzt, vorteilhaft, wenn gleichzeitig eine Bestimmung des Hydratwassers (in Mineralen und Gesteinen) ausgeführt werden soll.

Gebräuchlicher ist aber das Freisetzen des Kohlendioxids durch Säuren. Man verwendet gewöhnlich verdünnte Salzsäure. Wenn zu stürmische Gasentwicklung zu befürchten ist, empfiehlt sich 10%ige Schwefelsäure (SALMANSON). Für schwer zersetzliche Substanzen (z.B. Dolomit, Magnesit) ist Perchlorsäure gut geeignet. Diese wendet man normalerweise als 5%ige Lösung, in schwierigen Fällen als 50- bis 70%ige Säure an und erhöht ihren Siedepunkt erforderlichenfalls noch durch Zusatz von Natriumperchlorat (DOERFFEL). Teilweise verwendet man Phosphorsäure.

Gegenüber den in Abschnitt 1 (Kohlendioxid) angeführten Arbeitsweisen unterscheiden sich die entsprechenden Carbonatbestimmungsmethoden im wesentlichen nur durch das Hinzukommen eines Gasentbindungsteiles. Es werden deshalb im folgenden nur einige typische Apparate- und Ausführungsformen beschrieben.

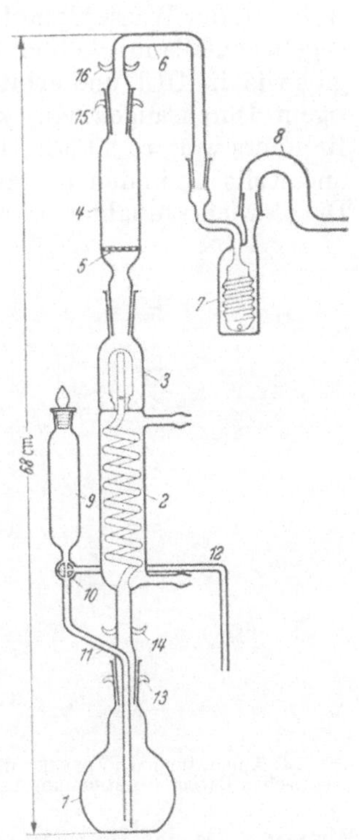

Abb. 73. Apparat zur gravimetrischen Carbonatbestimmung nach FRESENIUS u. NEUMÜLLER.

Nachstehend wird die Ausführung in einer gegenüber dem klassischen Apparat von FRESENIUS und CLASSEN (Abb. 72) verbesserten, raumsparenden Apparatur nach R. FRESENIUS und NEUMÜLLER wiedergegeben (Abb. 73). Für das Zersetzen des Carbonats können an Stelle der von diesen Autoren benutzten Salzsäure mit Vorteil Phosphorsäure (1 + 1) (etwa 54%ig) oder Perchlorsäure (s. oben) verwendet werden, die eine geringe Wasserdampftension besitzen und unter Umständen die Anwendung eines Rückflußkühlers vermeiden lassen.

Der *Apparat* besteht aus einem Kolben *1* von 250 ml

Inhalt, auf dem mittels Normalschliffs der Schlangenkühler *2* sitzt, dessen Kühlrohr in die zu $^1/_3$ mit konz. H_2SO_4 gefüllte Waschvorlage *3* führt. Auf dieser sitzt mit Hilfe eines weiteren Normalschliffes das Trockenrohr *4*, das mit einer Schicht Kupfersulfat-Bimsstein und im übrigen mit $CaCl_2$ beschickt ist. Gehalten wird die Füllung des Trockenrohres *4* durch die durchlochte Glasplatte *5*. Ein Ableitungsrohr *6* mit zwei Schliffstopfen stellt die Verbindung des Trockenrohres *4* mit dem vorher gefüllten und gewogenen Kaliapparat *7* her, von dem ein aufgesetztes, mit $CaCl_2$ beschicktes Ableitungsrohr *8* zur Saugpumpe führt. Die Zugabe von Salzsäure zum Zersetzen der Carbonate erfolgt aus dem kleinen Vorratsbehälter *9*, aus dem durch einen Zweiweghahn *10* bei geeigneter Hahnstellung die Salzsäure in den Kolben *1* fließt. Nach Zugabe von HCl verbindet man durch Drehung des Hahnes *10* das Rohr *11* mit dem Rohr *12*, das zu einer Waschflasche mit KOH oder zu einem Trockenturm mit Natronkalk führt, so daß auf diesem Wege von CO_2 befreite Luft in den Kolben *1* gelangt. Ein Teil der Schliffe wird durch Spiralen gehalten, die an Häkchen angebracht werden. Der Kühler wird von der Klammer eines Stativs gehalten, während der Kaliapparat, gefüllt mit Kalilauge (1 + 2) (etwa 7,8 m), auf einem Brettchen steht, das auf einen Ring desselben Stativs gelegt ist.

Arbeitsvorschrift. Nach Spülen der Apparatur mit kohlendioxidfreier Luft und Ansetzen des gewogenen Kaliapparates verbindet man den mit einer gewogenen Menge der zu untersuchenden Substanz sowie etwa 150 ml kohlendioxidfreiem Wasser beschickten Kolben mit dem Kühler und füllt den HCl-Behälter *9* mit verd. HCl. Wenn die Apparatur schließt, saugt man 1 Min. kohlendioxidfreie Luft durch den Apparat, verbindet dann durch Drehen des Hahnes *10* den HCl-Behälter mit dem Kolben und läßt die Salzsäure langsam zufließen. Die Carbonate im Kolben werden zersetzt, CO_2 entweicht durch die Teile *2, 3, 4, 5* und *6* und wird in dem Kaliapparat aufgefangen, während der Wasserdampf in dem Schlangenkühler kondensiert wird. Man verdünnt gegebenenfalls mit kohlendioxidfreiem Wasser, das man auf dem gleichen Wege zugibt wie die HCl, und erhitzt den Kolben 20 bis 30 Min. bei gleichzeitigem, vorsichtigem Durchsaugen von kohlendioxidfreier Luft. Man saugt nach Entfernen des Brenners weitere 20 Min. kohlendioxidfreie Luft durch, nimmt den Kaliapparat ab und stellt ihn in den Waagekasten, um ihn nach einiger Zeit zur Wägung zu bringen. Die Gewichtszunahme entspricht der CO_2-Menge in den Carbonaten der Probe.

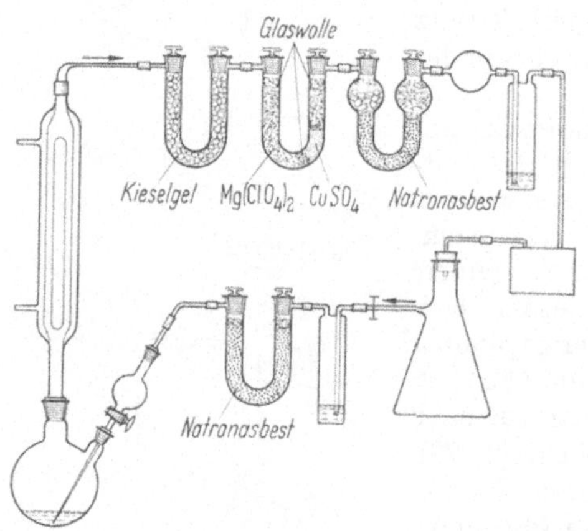

Abb. 74. Apparatur nach Jeffery u. Wilson zur gravimetrischen Carbonatbestimmung im Kreislaufbetrieb.

Bemerkungen. α) Bei Anwendung von *Natronasbest* als CO_2-Absorptionsmittel bzw. *Phosphorpentoxid oder Magnesiumperchlorat* als Trockenmittel (z.B. Underwood; Reich-Rohrwig [Mikrobestimmung]) als moderne Absorptionsmittel an Stelle von Alkalilauge oder Natronkalk und Calciumchlorid ändert sich an der Arbeitsweise nichts Grundsätzliches; die Handhabung wird aber bequemer.

β) Neuerdings wird auch das Prinzip des Zirkulierenlassens einer relativ *kleinen Luftmenge* in einer geschlossenen Apparatur (recycling) für die Kohlendioxidbestimmung in carbonathaltigen Substanzen (speziell Gesteinen und Mineralen angewendet (Jeffery und Wilson). Da das Befreien einer großen Spülluftmenge vom Kohlendioxid, das offenbar nicht 100%ig effektiv gelingt, entfällt, wird der Blindwert erheblich gesenkt, und zwar nach Angabe der genannten Autoren von 1,5 bis 2 mg CO_2 bei konventioneller

Arbeitsweise auf 0,8 mg bei Kreislaufbetrieb bzw. weniger als 0,1 mg, wenn Phosphorsäure (1 + 3) (etwa 31 %ig) zur Zersetzung verwendet wird.

In Abb. 74 ist ein Schema der Apparatur dargestellt. Sie unterscheidet sich von der landläufigen durch den zum Kreis geschlossenen Aufbau und die Einschaltung einer kleinen, elektrisch angetriebenen Luftförderpumpe mit Druckkammer (im Schema als Rechteck gezeichnet); die Gefäße davor und dahinter sind konz. Phosphorsäure enthaltende Blasenzähler zur Kontrolle der Luftgeschwindigkeit.

JEFFERY und WILSON verwenden die Apparatur unter Hinzufügen eines zweiten Rundkolbens auch für die aufeinanderfolgende Bestimmung von Carbonat-Kohlendioxid und Nichtcarbonat-Kohlenstoff (durch nasse Verbrennung). Für letztere wird der Blindwert von 2 bis 3 mg auf 0,7 mg gesenkt.

II. Gasvolumetrische und manometrische Methoden.

a) Gasvolumetrische Verfahren.

α) Methoden mit Absorption des Kohlendioxids.

Allgemeines. Das auf die Bestimmung von Kohlendioxid in Wasser und einfachen Carbonaten zuerst von PETTERSSON angewendete gasvolumetrische Prinzip gestattet ein relativ schnelles und dabei genaues Arbeiten. Bei sehr vereinfachter Ausführung („Calcimeter") wird die Bestimmung noch einfacher, aber weniger genau.

Eine sehr exakte Form der Methode ist diejenige von LUNGE und MARCHLEWSKI, die nachstehend in Anlehnung an die Darstellung von TREADWELL (S. 332) beschrieben wird. Ebenso wie bei PETTERSSON wird das Austreiben von CO_2 aus der erhitzten, sauren Lösung durch gleichzeitige Wasserstoffentwicklung aus Aluminium gefördert.

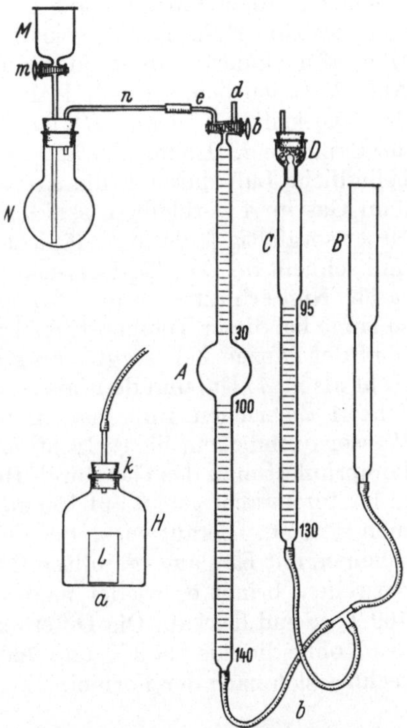

Abb. 75. Apparat nach LUNGE u. MARCHLEWSKI zur gasvolumetrischen Carbonatbestimmung.

Der *Apparat* (Abb. 75) besteht aus dem etwa 40 ml fassenden Zersetzungskolben N, dem 150 ml fassenden Meßrohr A, dem Kompensationsrohr C und dem Niveaurohr B. Die Reduktion des Gasvolumens auf Normalbedingungen geschieht, ohne daß man Temperatur und Barometerstand kennt, mittels des Kompensationsrohres C, welches ein bekanntes Volumen Luft enthält, das bei 0 °C und 760 Torr im trockenen Zustand genau 100 ml einnimmt. Nimmt also diese Gasmenge bei $t°$ und Atmosphärendruck P' (bei gleichem Niveau des Quecksilbers in B und C) ein Volumen von V' ml ein, so weiß man, daß sie bei 0 °C und 760 Torr 100 ml einnehmen würde. Hebt man das Niveaurohr B so weit, daß die V' ml auf 100 ml komprimiert werden, so hat man diese Reduktion auf mechanischem Wege erreicht. Befindet sich nun in dem Meßgefäß A ein Gasvolumen V'' unter demselben Druck wie das im Kompensationsrohr befindliche Volumen (das Quecksilber steht in beiden Rohren A und C gleich hoch), so reduziert man es auf 0 °C und 760 Torr durch Heben des Nivaugefäßes B, bis das Volumen in C genau 100 ml beträgt, und sorgt dafür, daß das Quecksilber in A und C gleich hoch zu stehen kommt. Das nun in A abgelesene Volumen des zu messenden Gases ist das auf 0 °C und 760 Torr reduzierte Gasvolumen (V_0''); denn man hat es im gleichen Verhältnis zusammengedrückt wie das im Kompensationsrohr *C* befindliche bekannte Volumen.

Vor dem Arbeiten mit diesem Apparat füllt man das Kompensationsrohr wie folgt: Man berechnet zunächst das Volumen, welches 100 ml trockene Luft von 0 °C und 760 Torr bei gebebener Zimmertemperatur *t* und dem herrschenden Barometerstand *b*, mit Dampf gesättigt, einnehmen würde. Wenn z.B.
$t = 17{,}5$ °C; $b = 731$ Torr; $w = 14{,}9$ Torr (Wasserdampftension), so ist:

$$V = \frac{100 \cdot 760 \cdot 290{,}5}{273 \cdot (731 - 14{,}9)} = 112{,}9 \text{ ml};$$

nun bringt man 112,9 ml Luft in das Kompensationsrohr *C*, indem man die Stöpsel entfernt und das Niveaurohr senkt, bis das Quecksilber in dem Kompensationsrohr genau auf 112,9 ml zu stehen kommt; man fügt dann mittels einer Pipette einen Tropfen Wasser hinzu, verschließt sofort mit dem Glasstöpsel, dichtet durch Aufgießen von Quecksilber und drückt hierauf den Gummistopfen bis zu dem Glasstöpsel fest ein. Temperatur und Druck mögen sich nun beliebig ändern, das auf 0 °C und 760 Torr reduzierte Volumen ist stets gleich 100 ml.

Arbeitsvorschrift. Man wägt eine Menge Aluminiumdrahtes ab, die beim Lösen in Salzsäure etwa 100 ml Wasserstoff entwickelt (etwa 0,08 g), und bringt sie in den Zersetzungskolben. Dann bringt man dazu eine bestimmte Menge an Carbonat, die höchstens 30 ml CO_2 entwickelt, setzt den mit Trichterröhre *M* und Capillare *n* versehenen Stopfen luftdicht auf und verbindet mit der Meßröhre *A*, nachdem man diese bis zum Hahn mit Quecksilber gefüllt hat, was durch Heben von *B* geschieht. Hierauf evakuiert man *N*, indem man *B* tief stellt bei offenem Hahn *b*, wie in der Abb. 75 ersichtlich, schließt Hahn *b* durch Drehung um 90°, hebt *B* sorgfältig, bis das Quecksilber in *A* und *B* gleiches Niveau erreicht hat, dreht *b* derart, daß *A* mit der Capillare *d*, also mit der äußeren Luft in Verbindung kommt, und treibt die in *A* befindliche Luft durch *d* hinaus. Nach 3- bis 4maligem Evakuieren, wobei nur 2 bis 3 ml Gas in *A* verbleiben, senkt man *B*, gießt in *M* Salzsäure (1 + 3) (etwa 3 m), öffnet sorgfältig *b*, dann *m*, läßt etwa 10 ml Säure in den Zersetzungskolben fließen und schließt *m*. Die CO_2-Entwicklung beginnt sofort, und das Quecksilber in *A* fällt rasch. Nun erhitzt man den Kolben *N* über freier Flamme zum Sieden und erhält so lange bei dieser Temperatur, bis auch das Aluminium vollständig gelöst ist. Während der ganzen Zeit sorgt man stets dafür, daß das Quecksilberniveau in *B* tiefer steht als in *A*. Um nun den im Zersetzungskolben verbleibenden Gasrest in das Meßrohr *A* zu bringen, füllt man *M* mit Wasser, öffnet *m* ganz langsam und läßt das Wasser nachfließen, bis es Hahn *b* erreicht, der dann sofort geschlossen wird. Jetzt komprimiert man das Gas durch Heben von *B*, so daß das Niveau in *A* und *C* gleich, in letzterem aber genau auf 100 ml zu stehen kommt, und liest das reduzierte Volumen in *A* ab. Hierauf verbindet man die Capillare *d* mit einem mit Füllkörpern versehenen, mit Kalilauge gefüllten Orsat-Rohr, treibt das Gas hinein; läßt 3 Min. darin verweilen, bringt es wieder nach *A*, reduziert wie vorhin angegeben auf 0 °C und 760 Torr und liest ab. Die Differenz vor und nach der Absorption gibt das Volumen des Kohlendioxids bei 0 °C und 760 Torr an. Der Prozentgehalt an Kohlendioxid errechnet sich nach der Formel:

$$\%\, CO_2 = 0{,}1977 \cdot \frac{V}{a},$$

wobei *V* die absorbierte Kohlendioxidmenge in Nml und *a* die angewendete Substanz in Gramm bedeutet.

Bemerkungen. aa) Das Kompensationsrohr muß von Zeit zu Zeit durch Ablesen von Barometerstand und Temperatur und durch Berechnung des sich daraus ergebenden Volumens bei 0 °C und 760 Torr daraufhin *überprüft* werden, ob es wirklich noch

100 ml Luft unter Normalbedingungen enthält. Natürlich kann man auch ohne Kompensationsrohr arbeiten, besonders, wenn nur einzelne Bestimmungen in größeren Zeitabständen durchzuführen sind. In diesem Falle umgibt man aber das Meßrohr mit einem Wasser enthaltenden Mantelrohr zur besseren Konstanthaltung der Temperatur.

bb) Gut verwendbar ist, wie neuerdings KAPITANCZYK und MIEDZIŃSKI bestätigten, der an und für sich zur C-Bestimmung im Stahl konstruierte Apparat von STRÖHLEIN (vgl. Kapitel: Kohlenstoff, § 1, B, 1, e), wenn man an Stelle des Verbrennungsrohres ein Carbonatzersetzungsgefäß setzt. Nach LADEMANN kann man dazu einfach ein Centrifugenglas verwenden, auf das man einen Gummistopfen mit Tropftrichter und Gasein- und -ausführungsrohr aufsetzt, nachdem die Probe (z.B. 0,1 bis 0,2 g Bodenprobe) eingebracht wurde. Die Zersetzung erfolgt in diesem Falle mit 12 ml verd. Phosphorsäure (1 + 1) (etwa 54%ig) unter Spülung mit kohlendioxidfreier Luft.

β) Methoden mit direkter Volumenmessung.

Allgemeines. Für Schnellbestimmungen, bei denen keine hohen Anforderungen an die Genauigkeit gestellt werden, sind die sogenannten Calcimeter geeignet. Apparate dieser Art sind z.B. diejenigen von SCHEIBLER und von WOLFF.

Bei solchen Geräten wird CO_2 nicht aus der Volumendifferenz vor und nach der Absorption in Lauge bestimmt, sondern einfach aus der Volumenzunahme des Gasinhaltes durch Behandlung der Probe mit Säure. Das Zersetzen geschieht gewöhnlich in der Kälte, und dann werden schwer zersetzliche Carbonate nicht erfaßt.

Um bei solchen vereinfachten Arbeitsweisen relativ exakte Werte zu erhalten, empfehlen GAND, MEURICE und andere Autoren, zwischen den Bestimmungen eine Vergleichsmessung unter gleichen Bedingungen (Druck, Temperatur und Gasmenge) mit reinstem Carbonat, z.B. Islandspat, auszuführen und die Einwaage der Proben mit unbekanntem CO_2-Gehalt so einzurichten, daß annähernd das gleiche Gasvolumen entsteht.

ENGST untersuchte die Genauigkeit des direkten Verfahrens und stellte fest, daß zur Erzielung guter Ergebnisse folgende Forderungen erfüllt werden müssen:

Außendruck und Temperatur sind bei der Umrechnung auf Milligramme CO_2 zu berücksichtigen. Der Druck im Apparat soll während jeder Phase der Bestimmung und besonders an deren Ende ungefähr dem Außendruck gleich sein. Die Wasserdampfsättigung des CO_2 muß sehr gering oder aber möglichst vollständg sein und dann rechnerisch berücksichtigt werden. Zersetzungssäure und Sperrflüssigkeit müssen gegenüber CO_2 ein geringes Lösungsvermögen aufweisen.

aa) *Zersetzung bei Zimmertemperatur.* Die *Apparatur* von ENGST (s. Abb. 76), mit der sich die vorgenannten Forderungen leicht erfüllen lassen, besteht aus einer U-Bürette, die an ihrer unteren Krümmung einen Auslaufhahn besitzt und beiderseitig mit Schellbach-Streifen versehen ist, einem Säureaufsatz mit 2 Normalschliffen und einem Entwicklungskolben von 25 ml Inhalt. Der rechte Schenkel der U-Bürette besitzt eine 100-ml-Einteilung.

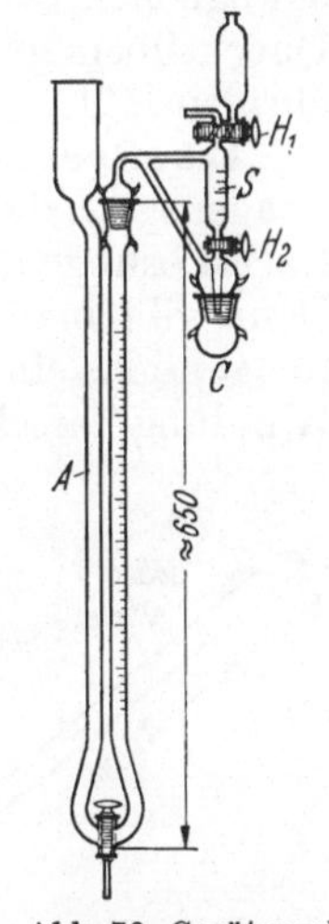

Abb. 76. Gerät nach ENGST zur direkten gasvolumetrischen Carbonatbestimmung.

Arbeitsvorschrift. Man füllt die U-Bürette *A* bis zum 0-Punkt mit gesättigter Na_2SO_4-Lösung. In den Säurebehälter *S* läßt man 3 ml Zersetzungssäure (25%ige HCl) einlaufen; dann öffnet man den Dreiweghahn H_1 nach außen. Man schließt das Kölbchen *C* mit der eingewogenen Probe, die nicht an die Wandungen verstäubt sein soll, an und schließt jetzt den Dreiweghahn. Nun läßt man durch Hahn H_2 langsam (etwa 1 Tropfen je Sekunde) Säure zur Substanz eintropfen und danach die restlichen 2 ml auf einmal zufließen. Es empfiehlt sich, während der Gasentwicklung für annähernd gleiches Niveau der Sperrflüssigkeit in den Bürettenschenkeln durch Ablassen zu sorgen. Nach beendeter CO_2-Entwicklung stellt man durch weiteres Ablassen oder durch Nachfüllen von Sperrflüssigkeit Niveaugleichheit in beiden Schenkeln her. Dann liest man das entstandene Gasvolumen ab, subtrahiert den Dampfdruck der Säure (praktisch gleich dem Wasserdampfdruck bei der betreffenden Temperatur) und rechnet auf Milligramm um.

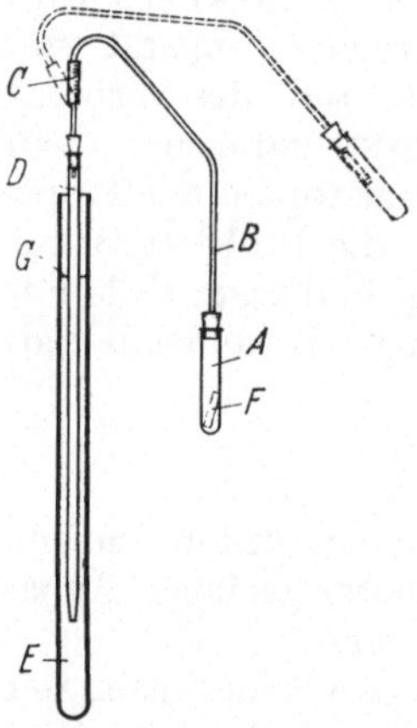

1 ml CO_2 entspricht *bei 20 °C und 760 Torr* 1,842 mg; dieser Wert ändert sich bei einer Temperaturabweichung von ± 1 °C um ± 0,0067 und bei einer Druckabweichung von ± 1 Torr um ± 0,0024.

Abb. 77. Apparat nach FAHEY zur schnellen gasvolumetrischen Carbonatbestimmung.

bb) *Zersetzung unter Erhitzen.* αα) *Methode mit Quecksilber als Sperrflüssigkeit. Allgemeines.* Eine Arbeitsweise, die für geologisches Material bestimmt ist und bei der man mit Säure kocht, wird von FAHEY beschrieben. Sie ist auch insofern exakter als die meisten „Calcimeter"-Methoden, als bei ihr Quecksilber die Sperrflüssigkeit bildet. Der Fehler wird bei 10 bis 100 mg CO_2 enthaltenden Proben zu kleiner als 1 mg angegeben.

Der einfache Apparat nach FAHEY ist in Abb. 77 dargestellt. Als Reaktionsgefäß dient ein Pyrexreagensglas, als Wasserdampfkondensator ein einfaches Glasrohr von 40 cm Länge und 12 mm Durchmesser. Infolge der Gummischlauchverbindung kann das Reaktionsgefäß zum Vermischen von Substanz und Säure gekippt werden. Als Gasbürette dient eine 50-ml-Titrierbürette, deren Hahnteil abgeschnitten ist. Sie ist mittels Klammer an einem Stativ befestigt und wird von einem beweglichen, etwas weiteren Glasrohr umgeben, welches die Einstellung der Höhe des Quecksilbers gestattet und ein besonderes Niveaugefäß mit Schlauchverbindung erübrigen läßt.

Arbeitsvorschrift. Man bringt von der feingemahlenen Substanz so viel in das Reagensglas, daß etwa 70 mg (35,4 ml) CO_2 vorliegen. Dazu gibt man 2 ml gesättigte NaCl-Lösung wie auch 2 ml Wasser und kocht, um eingeschlossene Luft zu entfernen. Dann gibt man etwa 1 ml konz. Salzsäure in ein Gläschen und führt dieses in das Reagensglas ein, wo es zunächst infolge des Kondenswassers aufrecht stehend an der Wandung haftet. Nun kippt man das Ganze um 45°, so daß die Säure auf die Substanz fließt, und kocht. Der Quecksilberstand wird vorher und nachher nach kurzem Kühlen des Reagensglases bei Atmosphärendruck abgelesen und wie üblich auf Normalbedingungen und auf Milligramm CO_2 umgerechnet.

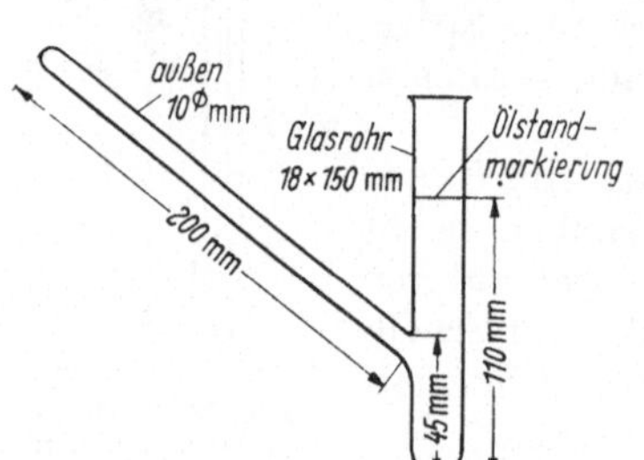

Abb. 78. Gerät zur einfachen Schnellbestimmung von Carbonat in Silicatgesteinen nach SHAPIRO u. BRANNOCK.

ββ) *Schnellmethode einfachster Art. Allgemeines.* Eine äußerst einfache Methode, zur Bestimmung von 0 bis 2% CO_2 in Silicatgesteinen haben SHAPIRO und BRANNOCK angegeben. Das Gefäß (Abb. 78) besteht aus einem einseitig geschlossenen Glasrohr, an das 45 mm vom Boden schräg nach oben ein geschlossenes Glasrohr angesetzt ist. Das Hauptrohr trägt 110 mm vom Boden eine Ölstandmarkierung.

Arbeitsvorschrift. Man bringt 1 g fein gepulvertes und getrocknetes Silicat durch einen trockenen Trichter auf den Boden des Gefäßes, setzt 2 ml 3%ige $HgCl_2$-Lösung zu und schüttelt, um eingeschlossene Luftblasen zu entfernen. $HgCl_2$ dient zur Verhinderung der H_2-Entwicklung aus metallischen Bestandteilen (Eisenabrieb vom Zerkleinerungsgerät). Man läßt dann Motoröl S.A.E. 10 bis zur Ölmarke einfließen und füllt durch Neigen auch den seitlichen Arm. Nun stellt man das Röhrchen so, daß der seitliche Arm senkrecht steht und gibt 2 ml Salzsäure (1 + 1) (etwa 6 m) zu, wobei sich das entstehende CO_2 in dem seitlichen Arm ansammelt. Zum vollständigen Austreiben von CO_2 erhitzt man den unteren Teil des Reaktionsgefäßes bis zur Trennlinie: wäßrige Phase – Öl in einem elektrischen Heizofen und läßt die wäßrige Phase $2^1/_2$ Min. kochen. Hierauf kühlt man das Rohr mit fließendem Leitungswasser (15 bis 25 °C) 15 Sek. und liest die entstandene Menge CO_2 ab. Vor der Bestimmung wird die Apparatur durch Proben mit bekanntem Gehalt von CO_2 geeicht, indem Markierungen bei den entsprechenden Gasmengen am seitlichen Arm angebracht werden. Bei gleichbleibender Einwaage kann die *Eichung* gleich in Prozenten CO_2 durchgeführt werden. Die *Unterschiede* gegenüber den üblichen Bestimmungsverfahren betragen 0,00 bis etwa 0,1%.

cc) *Mikromethode.* Eine gasvolumetrische Mikromethode für 5 bis 50 mg Carbonat, die auf der Anwendung des Horizontaldilatometers nach NERNST beruht, wurde von CLARKE und HERMANCE angegeben. An einen kleinen Entwicklungskolben ist eine horizontal liegende, graduierte Capillare angeschmolzen, in der sich ein Quecksilbertropfen befindet. Der Tropfen wird durch das sich entwickelnde Kohlendioxid schon bei geringem Überdruck verschoben; die Verschiebung ist ein Maß für die CO_2-Menge. Bei den sehr kleinen zu messenden Mengen muß das Lösen von CO_2 in Wasser und Säuren vermieden werden. Man zersetzt die Substanz daher mit geschmolzenem Kaliumpyrosulfat unter elektrischer Beheizung und erhält so völlig trockenes Kohlendioxid. Damit vor und nach der Zersetzung die gleiche Temperatur im Apparat herrscht, ist eine Thermostateneinrichtung zu benutzen.

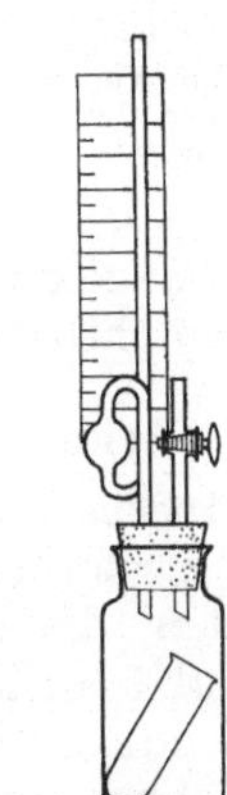

Abb. 79. Gerät nach PARKES zur schnellen manometrischen Bestimmung des Carbonatgehaltes.

b) Manometrische Methoden.

Auch die manometrische Methode kann zur Bestimmung von Kohlendioxid aus Carbonaten herangezogen werden, so die für Kohlenstoffbestimmungen viel verwendete Methode nach VAN SLYKE (siehe Kapitel: Kohlenstoff und Carbide, § 1, B, 2, II, a, α) in geringfügiger Abänderung (Wegfall der nassen Oxydation). Für leicht ihr CO_2 abgebende Carbonate sind apparativ und methodisch sehr einfache Ausführungen brauchbar, so eine Methode für Stuckgips von ELLIS, RAPKIN und RUDOLF und eine Methode für Backpulver von PARKER (vgl. Abb. 79, die keiner Erläuterung bedarf).

III. Titrimetrische Methoden.

a) Acidimetrie nach Entbinden des Kohlendioxids und Absorption durch Lauge in besonderem Gefäß.

Allgemeines. Anstatt das aus dem Carbonat mit Säure oder durch Erhitzen ausgetriebene Kohlendioxid gemäß FRESENIUS und CLASSEN (siehe Abschnitt: I, b) nach Übertreiben in ein Absorptionsmittel durch Wägung zu bestimmen, kann man es in abgemessener, überschüssiger Lauge absorbieren und anschließend titrieren.

Die Titrationsmethoden haben gegenüber den gravimetrischen den Vorteil, daß der Wasserdampf aus dem zur Absorption gehenden Gasstrom nicht entfernt werden muß.

Die Arbeitsweise ist sonst nach erfolgter Absorption die gleiche, wie zur Bestimmung von CO_2 im Abschnitt: 1, I, c) beschrieben. Wegen der verschiedenen Möglichkeiten der Titration wird hauptsächlich auf diesen Abschnitt verwiesen.

Eine Arbeitsweise, die von DOERFFEL angegeben wurde, sei jedoch zusätzlich beschrieben. Die *Apparatur* (Abb. 80) besteht im wesentlichen aus einem Kjeldahl-Kolben als Zersetzungsgefäß, der am Hals ein Ansatzrohr trägt, über welches er mittels Gummistopfen mit einem als Absorptionsgefäß dienenden Dreihalskolben verbunden ist. Außerdem besitzt die Apparatur ein Manometer.

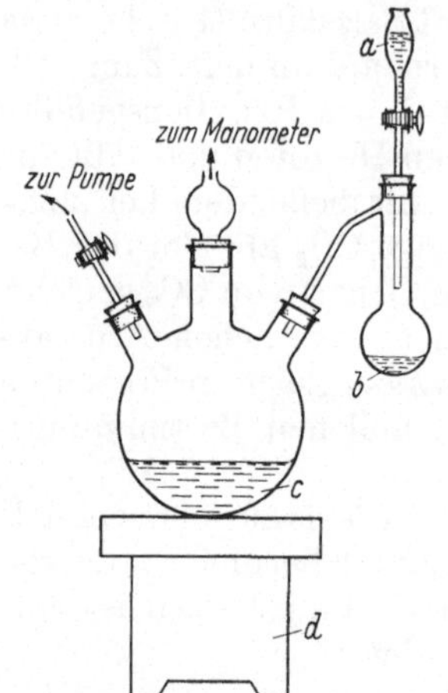

Abb. 80. Apparat nach DOERFFEL zur Carbonatbestimmung durch Austreiben und Titration.

Arbeitsvorschrift. Man gibt in den Dreihalskolben ein gemessenes Volumen 0,1 n Baritlauge. In den Kjeldahl-Kolben *b* gibt man die gepulverte Gesteinsprobe und etwas Bleiacetat zur H_2S-Bindung. Dann evakuiert man auf etwa 200 Torr (möglichst nicht mit Wasserstrahlpumpe, da aus dem Wasser unter Umständen CO_2 in den Apparat diffundiert), sperrt die Pumpe ab und läßt aus *a* Perchlorsäure 5%ig, für schwer zersetzbare Carbonate 50 bis 70%ig, gegebenenfalls noch mit Zusatz von Natriumperchlorat, zufließen. Man erwärmt und hält 15 Min. am Sieden. Danach entfernt man die Beheizung und läßt das Kohlendioxid in die Lauge diffundieren. Die Beendigung dieses Vorganges, der insgesamt etwa $^1/_2$ bis 1 Std. ab Beginn dauert, erkennt man am Konstantwerden der Manometeranzeige. Während der ganzen Zeit bewegt man die Baritlauge durch Magnetrührung. Zum Schluß titriert man mit 0,1 n Salzsäure gegen Phenolphthalein zurück.

b) Acidimetrie nach Absorption innerhalb des Zersetzungsgefäßes.

Allgemeines. Speziell für die titrimetrische Arbeitsweise sind ganz einfache Ausführungsformen der Austreibung und Absorption des Kohlendioxids ausgebildet worden, die sich bei anderen Arbeitsweisen nicht anwenden lassen. Wesentlich ist dabei auch das Fortfallen des Transportes des freigemachten CO_2 durch einen kohlendioxidfreien Luftstrom. Entbindung und Absorption erfolgen räumlich eng benachbart und sind durch einen Diffusionsvorgang gekoppelt. Die Diffusion zum Absorptionsmittel hin wird gewöhnlich durch vorheriges Evakuieren des Apparates beschleunigt. Wegen der Einfachheit der Arbeitsweise können leicht mehrere Apparate gleichzeitig betrieben werden.

Eine derartige Arbeitsweise wurde wohl zuerst von VAN SLYKE angewendet. Dieser beschickte eine 250-ml-Saugflasche mit einer abgemessenen Menge 0,1 n Baritlauge, stellte ein breites Reagensglas, das die abgewogene Substanz enthielt, auf den Boden der Flasche und verschloß diese mit einem Gummistopfen, durch den ein Tropftrichter geführt war, dessen Ausläufer in das Reagensglas hineinragte. Nach Evakuieren der Saugflasche ließ er überschüssige Salzsäure aus dem Tropftrichter einlaufen und bewegte die Flasche einige Minuten lang drehend zur Absorption des CO_2. Dieses Prinzip wurde später von HEPBURN und vielen anderen Autoren übernommen.

Um das bei der CO_2-Entwicklung unter vermindertem Druck auftretende Schäumen zu verhindern, empfiehlt DOWALL, in 5%iger H_2SO_4 gelöste Phosphorwolfram- oder Silicowolframsäure zuzugeben.

Das Problem der Bestimmung kleiner CO_2-Mengen in Carbonaten unter Vermeiden des Spülens mit Luft kann auch derart gelöst werden, daß man innerhalb einer kleinen, geschlossenen Apparatur umpumpt. Ein solches, relativ einfach aufgebautes Gerät hat LARSEN beschrieben. TINSLEY, TAYLOR und MOORE beschreiben in Anlehnung an CONWAY eine weitere Vereinfachung des Apparates (und verwenden übrigens Natronlauge als Absorptionsmittel – vgl. Abschnitt: 1, I, c). An Stelle der Saugflasche tritt ein starkwandiger 200-ml-Erlenmeyerkolben aus Pyrexglas (Abb. 81). Der Verschluß wird durch einen einfach durchbohrten Gummistopfen gebildet, durch den ein Stück Capillarrohr geführt ist, welches ein Stück Druckschlauch mit Schraubklemmen trägt. Mittels des Druckschlauches kann der Kolben an eine Vakuumleitung angeschlossen werden. In den Kolben werden jeweils 2 Präparatengläser von etwa 19 mm Durchmesser gestellt; ein längeres (80 mm lang) dient zur Aufnahme der Natronlauge, ein kürzeres (60 mm lang) zur Aufnahme der Probe; die Säure wird direkt auf den Boden des Kolbens gegeben. (Säure und Probe können auch umgekehrt plaziert werden.) Für größere Kohlendioxidmengen als 10 mg empfehlen die Autoren, eine 500-ml-Saugflasche zu nehmen, bei welcher der seitliche Ansatz zum Evakuieren dient, und als Verschluß einen einfachen Gummistopfen, während die Einsatzgläser wie oben verwendet werden, aber 25 mm weit und 51 bzw. 76 mm lang sind. Der Gebrauch des Geräts bis zur Titration (siehe Abschnitt: 1, I, c) wird im folgenden in zwei Varianten α und β für Carbonatmengen entsprechend 1 bis 10 bzw. über 10 mg CO_2 beschrieben.

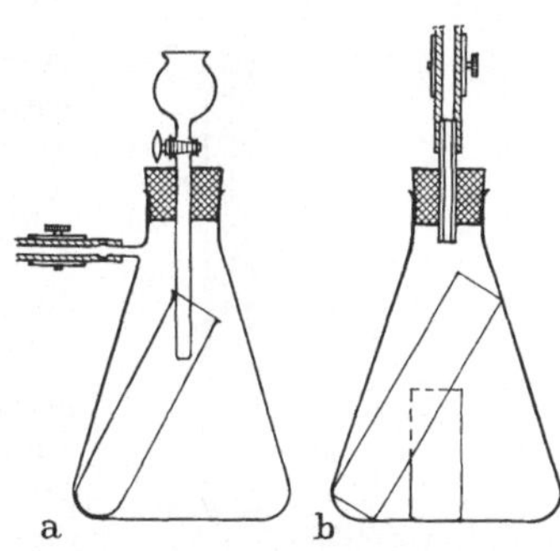

Abb. 81 a u. b. Einfaches Gerät nach TINSLEY, TAYLOR u. MOORE zur Carbonatbestimmung (titrimetrisch).

Arbeitsvorschrift. α) Wenn nicht mehr als 2 g trockenes Pulver genommen zu werden brauchen, wägt man die Probe in das kurze Glas ein und stellt dieses in den Kolben, in den vorher 10 bis 25 ml der Zersetzungssäure (20%ige Perchlorsäure, etwa 3 n) mit der Pipette eingefüllt wurden. Man hält dabei den Kolben in schräger Lage in der einen Hand und läßt das Rohr unter Zuhilfenahme des Zeigefingers der anderen Hand vorsichtig in eine aufrechte Stellung innerhalb des Kolbens gleiten. Zuletzt führt man vorsichtig das längere Glas, das unmittelbar zuvor mit 5 ml 0,05 oder 0,1 n carbonatfreier Natronlauge (je nach Carbonatgehalt der Probe) befüllt wurde, ein und verschließt den Kolben mit dem Gummistopfen. Diesen hat man zur besseren Dichtung mit Wasser befeuchtet. Dann evakuiert man sofort (zur Vermeidung von CO_2-Aufnahme aus der Luft im Kolben), bis Gasbläschen in der Absorptionslauge aufsteigen. Zu diesem Zeitpunkt beträgt der Druck etwa 50 Torr; man schließt jetzt die Schraubklemme und löst die Verbindung zur Vakuumleitung. Man neigt den Kolben derart, daß das kurze Glas umkippt und sein Inhalt mit der Säure reagiert. Die gute Vermischung fördert man durch leichtes Schwenken des Kolbens, den man dann zur vollständigen Absorption des CO_2 etwa 18 Std. zur Seite stellt. Für Serienarbeit wird empfohlen, daß nach Vorbereitung einer Reihe von Kolben mit Einwaagen und Säure ein Analytiker die Lauge für den nächsten Kolben einmißt, während der andere den vorher mit einem Laugenglas beschickten Kolben bereits evakuiert. Wenn von der Probe infolge geringen Carbonatgehalts ein großes Volumen genommen werden muß, wägt man sie direkt in den Kolben ein und gibt 5 ml Säure in das kleine Glas.

Arbeitsvorschrift. β) (für CO_2-Mengen > 10 mg). Für Boden- und Kalksteinproben verwendet man statt des 200-ml-Kolbens eine 500-ml-Saugflasche; sonst ist die Arbeitsweise die gleiche. Man wägt je nach Carbonatgehalt 0,5 bis 5 g Boden in die Flasche ein, gibt 10 ml 20%ige Perchlorsäure in das kurze Glas und 20 ml 0,2 n Natronlauge in das lange. Die Menge genügt theoretisch zur Absorption von 88 mg CO_2 als Carbonat.

Bemerkungen. aa) Für Böden od. dgl. mit *sehr niedrigem* Carbonatgehalt nimmt man mehr als 5 g Einwaage und mehr Säure (15 bis 20 ml), um sichere Durchmischung der Probe mit Säure zu gewährleisten.

bb) Bei beiden Ausführungen sollen für jede Analysenserie 2 bis 3 *Blindanalysen* mitlaufen. Für die Titration beseitigt man den Unterdruck durch Öffnen der Schraubklemme. Einströmenlassen kohlendioxidfreier Luft ist nicht notwendig, wenn sofort titriert wird. Empfehlenswert ist es aber, sofort nach Aufhebung des Vakuums 1 bis 2 ml Petroläther auf den Inhalt des Absorptionsglases zu geben. Dieser schützt die Lösung auch vor CO_2-Verlusten während der ersten Titrationsstufe. Wegen der Ausführung der Titration wird auf S. 209 verwiesen. Hier ist nur noch zu ergänzen, daß man zu je 5 ml Absorptionslösung 4 Tropfen Thymolblauindikator für die 1. Stufe, später 2 Tropfen des Methylorange-Mischindikators für die 2. Stufe anwendet.

cc) Eine Apparatur zur Anwendung des „Diffusionsprinzips“ auf die *Halbmikrobestimmung* (0,2 bis 3,0 mg CO_2), die Glasschliffverbindungen besitzt und einen recht eleganten Eindruck hervorruft (siehe Abb. 82), wird von DALLEMAGNE beschrieben. Die Arbeitsweise ergibt sich nach den vorangegangenen Ausführungen von selbst.

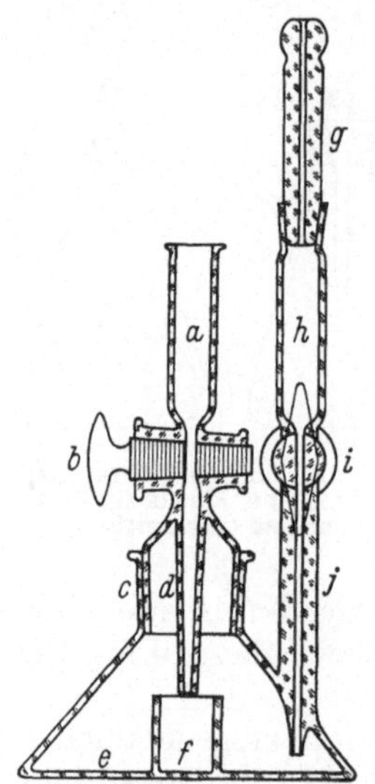

Abb. 82. Gerät nach DALLEMAGNE zur Halbmikro-Carbonatbestimmung.

c) Indirekte Bestimmung auf Grund des Säureverbrauches.

Prinzip. Eine sehr einfache, titrimetrische Methode, die sich in einfach gelagerten Fällen (Fehlen von anderen säurebindenden Bestandteilen außer Carbonaten im Untersuchungsmaterial) anwenden läßt, besteht in der Rücktitration der beim Auflösen der Substanz in starker Säure nach dem Austreiben des CO_2 übrigbleibenden Säure.

DAS empfiehlt zur Carbonatbestimmung in Böden die folgende

Arbeitsvorschrift. Man löst die Probe mit überschüssiger, gemessener 0,5 n Salzsäure durch 5 Min. langes Erhitzen oder 30 Min. langes Schütteln bei gewöhnlicher Temperatur und titriert mit 0,5 n Natronlauge zurück.

Bemerkung. Eine Arbeitsweise mit *potentiometrischer* Titration und besonders die dabei angewendeten Maßnahmen zur Unterdrückung der durch Ionenaustausch der Säure mit Tonsubstanz verursachten Fehler beschreiben JOCZY und TITZE.

d) Gasometrische Titration.

Diese ungewöhnliche Titrationsart, bei der der Gasdruck bzw. die Menge des Kohlendioxids, die bei anteilsweiser Zugabe von gestellter Säure zur Carbonatlösung auftreten, jeweils gemessen werden, beschreibt GOTTLIEB. Aus der Milliliter-Gas/Milliliter-Säure-Aufzeichnung werden die Titrationsendpunkte graphisch ermittelt. Die *Genauigkeit* soll für 0,01 n und stärkere Lösungen derjenigen üblicher anderer Methoden entsprechen.

e) Verschiedene andere Titrationsmethoden.

α) Titration mit Bleinitrat.

Da das Blei(II)-ion mit dem Carbonation schwerlösliches Bleicarbonat bildet, können lösliche Carbonate durch Versetzen mit überschüssiger Bleinitratlösung und Rücktitration des unverbrauchten Bleis bestimmt werden. Nach RINGBOM (a) stellt man die zur Fällung dienende Bleilösung gegen 0,1 m Kaliumhexacyanoferrat(II)-lösung und titriert mit letztgenannter Lösung den nach der Fällung des Carbonats verbleibenden Rest von Pb^{2+} potentiometrisch mit einem Platinblech als Indikatorelektrode und einer Normalkalomelelektrode als Bezugselektrode. Nach einer späteren Angabe von RINGBOM (b) erhält man einen scharfen Potentialsprung bei Verwendung einer Elektrode „zweiter Art“, die aus Blei(II)-hexacyanoferrat(II) und

Kaliumhexacyanoferrat(III) als Indikatorelektrode besteht. ALEXEJEWA empfiehlt 2% Blei enthaltendes Bleiamalgam als Elektrode.

Eine direkte Titration von Carbonation mit Bleilösung als Titrant ist wegen der Bildung basischer Bleicarbonate bei Zusammentreffen der Bleiionen mit überschüssigem Carbonation nicht möglich.

β) Indirekte Titration der Erdalkalicarbonate mit ÄDTA.

Unter der Voraussetzung, daß sich in 6 n Salzsäure nur die Carbonate lösen und die gesamte Kohlensäure an Erdalkalien gebunden ist, kann man nach dem Vorschlag von TUREKIAN diese Carbonate indirekt durch übliche, chelatometrische Titration der Ca^{2+}- und Mg^{2+}-Ionen im Salzsäureauszug von carbonatischen Sedimenten und ähnlichem Material bestimmen.

γ) Spektralphotometrische Titration von Alkalicarbonat im UV.

Von UNDERWOOD und HOWE wurde eine Methode der spektrophotometrischen Titration angegeben, die darauf beruht, daß das Carbonation eine wesentlich stärkere Absorption im Ultraviolett bei 235 nm zeigt als das Hydrogencarbonation. Wegen des Meßprinzips und -geräts wird auf Abschn.: B, 1, I, c, γ verwiesen. Bei der Titration einer Alkalicarbonatlösung mit Salzsäure erhält man eine Titrationskurve (Absorption gegen ml Salzsäure aufgetragen), die aus einem steil abfallenden und einem ganz schwach ansteigenden Ast besteht. Beide Äste sind völlig geradlinig und schneiden sich unmittelbar in dem Äquivalenzpunkt, der dem Ende des Übergangs von CO_3^{2-} in HCO_3^- entspricht. Die Autoren stellten bei $3 \cdot 10^{-3}$ bis $4 \cdot 10^{-2}$ normalen Lösungen eine mittlere relative Abweichung von nur 0,2% fest.

Es kann auch Carbonat neben Hydrogencarbonat bestimmt werden. Wenn HCO_3^- in sehr großem Überschuß vorhanden ist, tritt allerdings ein Übergangsbogen zwischen den beiden geradlinigen Kurvenästen auf und die Titration wird etwas weniger genau als im Falle von Carbonat allein. UNDERWOOD und HOWE fanden immerhin bei einer Lösung, die $3{,}4 \cdot 10^{-3}$ normal an Natriumcarbonat und 1 normal an Hydrogencarbonat war, eine mittlere relative Abweichung für das Carbonat von nur 0,4%. Die Beeinflussung der CO_3^{2-}-Titration durch HCO_3^- ist also bei dieser Methode wesentlich geringer als bei der potentiometrischen oder der visuellen Titration.

IV. Bestimmung durch Ultrarotspektrometrie.

HUNT, WISHERD und BONHAM haben ein Verfahren zur Bestimmung der Mineralbestandteile von Gesteinen mittels UR-Spektralphotometrie ausgearbeitet. Verschiedene andere Autoren haben seitdem die Methode überprüft und für nützlich befunden, so GOERLICH, MOENKE und MOENKE-BLANKENBURG, die das vollautomatische, registrierende Gerät von Zeiss (Jena) benutzen. Wegen einiger allgemeiner Angaben zur Methode siehe Kapitel: Methan, § 2, A, 6. Bis zu einem gewissen Grade läßt die Methode auch quantitative Aussagen zu.

Die zuletzt genannten Autoren geben Absorptionsspektrogramme verschiedener Gesteinstypen und zeigen, daß der Carbonatrest allgemein eine starke, sehr breite Bande mit Maximum bei etwa 1440 cm^{-1} (6,9 μm) sowie eine schmale, scharf ausgeprägte Bande bei etwa 880 cm^{-1} (11,4 μm) erzeugt. Calcit und Dolomit haben je eine scharf ausgeprägte, spezifische Bande bei 713 bzw. 729 cm^{-1} (14,0 bzw. 13,7 μm) und können dadurch sehr gut unterschieden werden. Die relative Standardabweichung bei 15 Präparationen derselben Probe beträgt 3% (MOENKE und MOENKE-BLANKENBURG). ADLER und KERR überprüften die *Genauigkeit* der Bestimmung der Konzentration von Calcit und Aragonit durch Untersuchung unterschiedlich zusammengesetzter künstlicher Gemische auf Grund der Banden 11,4 und 11,65 μm. Sie fanden absolute Fehler bis zu 10%, so daß sie die Methode als zwar sehr schnell, aber nur halbquantitativ beurteilen.

Die Banden des Calciumcarbonats sind so scharf ausgeprägt, daß diese Verbindung von KUENTZEL als Eichsubstanz für UR-Geräte empfohlen wird. Da man außerdem dieses Carbonat leicht als feinstes, leicht zumischbares Pulver erhält, ist es auch als innerer Standard bei quantitativem Arbeiten gut geeignet.

Die Aufnahme und Auswertung eines UR-Spektrums dauert mit modernen Geräten nur wenige Minuten. Die Vorbereitung einer Probe benötigt längere Zeit, je nach Härte des Materials, da auf eine Korngröße von etwa 90% $< 5\ \mu m$ gemahlen werden muß. Dies geschieht am besten in einer Wirbelstrommühle (Jetmühle oder Micronicer), in der die Mahlung z.B. bei Tonschiefer 15 Min., bei quarzfreien Carbonatgesteinen noch weniger Zeit erfordert. Es werden nur 5 bis 8 mg Pulver angewendet, und zwar werden sie als Aufschlämmung in einer flüchtigen Flüssigkeit, z.B. Isopropanol, auf das Cüvettenfenster gebracht oder nach der sich immer mehr durchsetzenden Kaliumbromidmethode mit KBr-Pulver zu Tabletten verpreßt.

3. Bestimmung von Kohlendioxid oder Carbonation in besonderen Fällen.

I. Bestimmung von Alkalicarbonat neben Alkalihydroxid.

Allgemeines. Gebräuchlich sind für diese Aufgabe Titrationsverfahren, und zwar hauptsächlich die im Prinzip von CL. WINKLER stammende Methode und diejenige nach WARDER, die schneller und einfacher auszuführen ist und ebenfalls gute Resultate liefert, wenn man gewisse von späteren Autoren gegebene Hinweise beachtet. Eine weitere Methode wurde von SZEKERES und BAKÁCS-POLGÁR entwickelt.

a) Methode von WINKLER bzw. SÖRENSEN und ANDERSON.

Allgemeines. Bei der auf CL. WINKLER zurückgehenden Methode wird in einem Teil der Probe die Summe von Hydroxid- und Carbonationen bestimmt, in einem zweiten Teil mit einem großen Überschuß an Bariumchlorid das Carbonation gefällt und dann das Hydroxylion allein in Gegenwart des Niederschlages gegen Phenolphthalein mit Säure titriert. Wegen der nicht zu vernachlässigenden Löslichkeit des gefällten Bariumcarbonats muß die zweite Titration sehr vorsichtig erfolgen (Gefahr zu hoher Hydroxidbefunde); das $BaCO_3$ wird am besten nach dem Vorschlag von SÖRENSEN und ANDERSON durch Fällen in der Hitze grobkristallin und praktisch unlöslich gemacht. Die Arbeitsweise ist dann die im folgenden in Anlehnung an TREADWELL beschriebene:

Arbeitsvorschrift. Man gibt in einen Erlenmeyerkolben 200 ml Wasser sowie einige Tropfen Phenolphthaleins und kocht unter ständigem Durchleiten von kohlendioxidfreier Luft auf etwa 100 ml ein. Nun fügt man eine abgewogene Menge der festen Probe oder eine abgemessene Menge der Probenlösung hinzu. Nachdem alles gelöst ist, gibt man 8 g festes Bariumchlorid hinein, schüttelt bis zu dessen Auflösung und läßt unter ständigem weiterem Einleiten von gereinigter Luft erkalten. Darauf titriert man mit 0,1 n Salzsäure auf Farblos.

Einen zweiten, zweckmäßig gleichen Anteil der Probe titriert man nach Zugabe von Methylorange mit der 0,1 n Salzsäure bis zum Umschlag dieses Indikators nach Braunrot. Zur genaueren Erfassung des Äquivalenzpunktes erhitzt man kurz zum Sieden (Vertreibung des gelösten CO_2), läßt erkalten und titriert die wieder gelb gewordene Lösung noch einmal auf Braunrot weiter.

Bemerkungen. α) Man kann das Erhitzen *vermeiden*, indem man nach dem Vorschlag von KÜSTER eine Vergleichslösung verwendet, die aus einem der Analysenlösung gleichen Volumen mit CO_2 gesättigten Wassers mit der gleichen Menge Methylorange besteht, und einfach bis zu deren Färbung titriert. Auch könnte man Methylorange-Xylolcyanol-Gemisch als Indicator verwenden, wie z. B. TINSLEY, TAYLOR und MOORE (vgl. Abschnitt: 1, I, c) vorschlagen.

β) *Berechnung*. Für *V* ml Lösung werden *a* ml 0,1 n Säure zur Titration von NaOH nebst Na_2CO_3 und *b* ml der Säure zur Titration von NaOH allein verbraucht. Dann beträgt der Verbrauch für das Carbonation $(a - b)$ ml. Die *V* ml Lösung enthielten also $b \cdot 0{,}0040$ g NaOH und $(a - b) \cdot 0{,}0053$ g Na_2CO_3.

γ) SUCHIER stellte fest, daß die Methode von WINKLER normalerweise auf ±0,1% *absolut genau* ist, aber bei extremen Verhältnissen, d.h. sehr hohem NaOH-Anteil, etwas ungenauer wird; er stellte Korrekturdiagramme auf. SZEKERES und BAKÁCS-POLGÁR weisen darauf hin, daß bei hohem Carbonat: Hydroxid-Verhältnis infolge Adsorption von OH^- an den Niederschlag Minusfehler für das Hydroxidion auftreten.

δ) Wie SCHROEDER feststellte, erhält man mit der Winkler-Methode bei der Bestimmung kleiner Carbonatmengen in aklalihaltigem Kesselwasser bei Vorhandensein von Sulfation zu hohe Werte, weil OH^- an das ausfallende Bariumsulfat adsorbiert und auch bei Titration der Lösung einschließlich des Niederschlages nicht vollständig durch die Säure erfaßt wird.

b) Abwandlung nach SZEKERES und BAKÁCS-POLGÁR.

Prinzip. Die Autoren (a) verbesserten die Methode von WINKLER durch Anwendung von Zinkchlorid an Stelle von Salzsäure für die Titration des OH^- und durch Anpassung der Menge des zuzusetzenden Bariumchlorids an die vorhandene Carbonatmenge.

Arbeitsvorschrift. Man bestimmt in einem aliquoten Teil der zu untersuchenden Lösung die Gesamtalkalität durch Titration mit 0,1 n Salzsäure wie üblich. Aus dem Säureverbrauch berechnet man die Menge Alkalicarbonats, die maximal vorhanden sein könnte. Zur Bestimmung des Hydroxidions löst man nun eine etwa 0,04 g NaOH äquivalente Menge Substanz in 10 bis 25 ml kohlendioxidfreiem Wasser, gibt so viel 0,1 m Bariumchloridlösung hinzu, daß nach der Fällung des Carbonations (dessen maximal möglicher Menge) sich noch etwa 0,10 bis 0,15 g $BaCl_2$ in der Lösung befindet, und schüttelt gut durch. Man fügt 1 bis 2 Tropfen 0,1%ige Phenolphthaleinlösung (nicht mehr!) hinzu und titriert unter ständigem Schütteln mit 0,1 n $ZnCl_2$-Lösung bis zum Verschwinden der roten Farbe, und zwar zuletzt langsam, tropfenweise, um die Desorption von OH^- vom Bariumcarbonat stattfinden zu lassen. Unmittelbar vor dem Umschlag wird die Lösung plötzlich rosenrot; wenn man jetzt einige Sekunden schüttelt, verstärkt sich die Färbung. Nun gibt man die letzten Tropfen Zinkchloridlösung in Intervallen von einigen Sekunden hinzu.

Die Methode ist in Gegenwart von Fluor-, Borat- oder Phosphationen *nicht* anwendbar.

c) Methode von WARDER.

beruht auf der Annahme, daß Phenolphthalein von einem Alkalihydrogencarbonat nicht gerötet wird.

Arbeitsvorschrift. Man titriert zunächst in Gegenwart von Phenolphthalein bis zu dessen Umschlag auf Farblos (*a* ml Verbrauch), dann nach Zugabe von Methylorange auf Braunrot (*b* ml weiterer Säureverbrauch). Bei der 1. Titration werden die Hydroxid- und die Hälfte der Carbonationen (zum Hydrogencarbonation) neutralisiert, bei der 2. Titration die andere Hälfte der Carbonationen (vgl. Abschnitt: 1, I, c).

Bemerkungen. α) *Berechnung*. Die Probe enthält (bei Verwendung von 0,1 n Säure zur Titration) $2b \cdot 0{,}0053$ g Na_2CO_3 und $(a - b) \cdot 0{,}0040$ g NaOH.

β) Die ihrer *Einfachheit* wegen beliebte Methode von WARDER ist häufig der Kritik unterworfen worden. Diese bezog sich darauf, daß bei der ursprünglichen Ausführung infolge nicht genauer Übereinstimmung des Umschlagspunktes des Phenolphthaleins mit dem Äquivalenzpunkt (Hydrolyse von $NaHCO_3$) etwas zuviel Säure verbraucht wird. Dem kann man aber durch Titrieren bei 0 °C (nach KÜSTER) abhelfen. Eine weitere Fehlermöglichkeit in gleicher Richtung – zuviel Hydroxid, zu wenig Carbonation – besteht darin, daß durch lokal erhöhte Säurekonzentration beim Titrieren Kohlendioxid entweicht. Dieser Fehler kann durch Titrieren in einem geschlossenen Gefäß (TILLMANS und HEUBLEIN) oder durch Bedecken der Oberfläche der Lösung mit einer Schicht aus Petroläther od. dgl. vermieden werden. Man vergleiche hierzu Abschnitt: 1, I, c und beachte außerdem die dort beschriebene Möglichkeit, durch die Verwendung von anderen Indikatoren und von Vergleichslösungen, z.B. nach TINSLEY, TAYLOR und MOORE, die Titration auch in verdünnten Lösungen, bei denen die ursprüngliche Methode von WARDER ungenau ist, exakt auszuführen.

γ) Eine Modifizierung der Warder-Methode, die für die Analyse von Hydroxiden mit *kleinen* Carbonatgehalten besonders geeignet sein soll, wird von HOŠTÁLEK und DOLEŽAL beschrieben.

d) Methode von UNDERWOOD und HOWE.

Diese Methode besteht in der Titration von Alkalihydroxid und -carbonat nacheinander mit Salzsäure unter Messung der Absorption von UV-Licht von 235 nm. Das Hydroxid und das Carbonat absorbieren sehr unterschiedlich stark. Die Arbeitsweise wurde bereits im Abschn.: B, 1, I, c, γ beschrieben.

II. Bestimmung von Calciumcarbonat neben Calciumoxid.

Diese Bestimmung kann durch Auflösen einer Aufschlämmung der Probe in überschüssiger 0,1 n Salzsäure, Zurücktitrieren der Säure mit Natronlauge gegen Methylorange ($CaO + CaCO_3$) und vorsichtiges Titrieren eines 2. Aliquots der Aufschlämmung mit Säure gegen Phenolphthalein (CaO) erfolgen (siehe TREADWELL, S. 489).

III. Bestimmung von Alkalicarbonat neben Alkalihydrogencarbonat

a) Methode von Cl. WINKLER.

Arbeitsvorschrift (nach TREADWELL). Zunächst wird das Gesamtalkali so, wie oben im Abschnitt I. beschrieben, bestimmt. In einem zweiten gleich großen Anteil der Lösung wird das Carbonation bestimmt. Dazu wird so viel 0,1 n Natronlauge zugesetzt, wie bei der Gesamtalkalibestimmung 0,1 n Säure verbraucht wurde, und der Überschuß an Lauge nach Fällung des Carbonations mit Bariumchlorid, wie unter 3, I, a beschrieben, bestimmt. Die Differenz zwischen der zugesetzten und der zurücktitrierten Lauge entspricht dem Hydrogencarbonation. Aus der Differenz zwischen Gesamtalkali und Hydrogencarbonation errechnet man sodann die Menge des Carbonations.

Bemerkungen. α) *Berechnung.* Bei der Titration von Na_2CO_3 nebst $NaHCO_3$ seien a ml 0,1 n Säure, bei der Rücktitration der zugesetzten a ml 0,1 n Lauge b ml 0,1 n Säure verbraucht worden, dann entspricht $(a - b)$ dem Hydrogencarbonation und $a - (a - b) = b$ dem Carbonation.

Es waren in der angewendeten Lösung:

$$(a - b) \cdot 0{,}0084 \text{ g } NaHCO_3$$

und

$$b \cdot 0{,}0053 \text{ g } Na_2CO_3$$

vorhanden.

β) Wenn die verwendete Lauge *carbonathaltig* ist, muß dieser Gehalt (nach 3, I) bestimmt und bei der Berechnung der Analyse berücksichtigt werden; sonst wird ein erhöhter $NaHCO_3$-Gehalt vorgetäuscht.

b) Methode von WARDER.

Arbeitsvorschrift. Man gibt zu der Lösung etwa 10 g Natriumchlorid, kühlt auf 0 °C, versetzt mit Phenolphthalein und titriert mit 0,1 n Säure auf Farblos (Verbrauch *a* ml Säure); man versetzt dann mit Methylorange und titriert auf Braunrot (Verbrauch *b* ml Säure). Bei der ersten Titration wird die Hälfte des Carbonats erfaßt, bei der zweiten das Hydrogencarbonat und die andere Hälfte des Carbonats. $2a$ entspricht dem Carbonation und $(b - 2a)$ dem Hydrogencarbonation.

Bemerkung. Wegen der möglichen *Fehler* und ihrer Vermeidung siehe auch Abschnitt: 3, I, b. In der vorstehenden Ausführung dient der NaCl-Zusatz und das Kühlen zur Herabsetzung der Dissoziation von $NaHCO_3$ und des durch sie verursachten Mehrverbrauchs an Säure bei der ersten Titrationsstufe.

c) Methoden von Szekeres und Bakács-Polgár.

Szekeres und Bakács-Polgár (b und c) haben zwei Methoden ausgearbeitet, welche die Nachteile der beiden vorbeschriebenen Methoden, u.a. die Möglichkeit der störenden Adsorption von OH^- an Bariumcarbonat und die Notwendigkeit, den Carbonatgehalt der Natronlauge zu berücksichtigen, vermeiden sollen.

Die erste Methode (α) dient Zusammensetzungen: $CO_3^{2-} < HCO_3^-$, die zweite (β) für $CO_3^{2-} > HCO_3^-$. Im ersten Falle wird das Carbonation durch Bariumchlorid in Gegenwart von Alkalichlorid gefällt und dann das Hydrogencarbonation direkt mit Natronlauge titriert. Im zweiten Falle wird das Carbonation mit Bariumchloridlösung in Gegenwart von Äthanol titriert; dann wird mit einem gemessenen Überschuß der $BaCl_2$-Maßlösung zur Fällung des Hydrogencarbonats als Bariumcarbonat gekocht und schließlich der Überschuß von Bariumchlorid in Gegenwart von Äthanol mit Natriumcarbonat-Maßlösung zurücktitriert zur Bestimmung des Hydrogencarbonations.

Arbeitsvorschrift. α) Man löst eine ungefähr 0,04 g HCO_3^- entsprechende Menge Substanz in 3 bis 5 ml kohlendioxidfrei gekochtem und abgekühltem Wasser, gibt etwa 1 g Natrium- oder Kaliumchlorid hinzu und löst den größten Teil des Chlorids auf. Die Lösung mischt man mit so viel 0,1 m $BaCl_2$-Lösung, daß das Gemisch nach Ausfallen des Bariumcarbonats noch etwa 0,3 g $BaCl_2$ enthält. Dann titriert man sofort unter mäßigem Schütteln des Kolbens mit 0,1 n Natronlauge bis zur Rotfärbung von Phenolphthalein. Die Natronlauge wird gegen Zinkchloridlösung eingestellt; dabei wird ein Carbonatgehalt der Maßlösung im Gegensatz zur Titration mit Säure nicht erfaßt, sondern nur das Hydroxidion, das ja bei der Titration des Hydrogencarbonations allein wirksam ist.

1 Mol NaOH entspricht 1 Mol HCO_3^-. Das Carbonation kann nach Bestimmung der Summe von CO_3^{2-} und HCO_3^- (siehe weiter oben) errechnet werden.

Arbeitsvorschrift. β) Man löst eine etwa 0,1 g Natriumcarbonat entsprechende Menge der Probe in 10 bis 15 ml kohlendioxidfreiem Wasser und versetzt mit 3 bis 4 ml Äthanol, so daß die Lösung 20 bis 30% davon enthält. Nach Zugabe von Phenolphthalein titriert man mit 0,1 m $BaCl_2$-Lösung bis zur Entfärbung der Lösung. Nun versetzt man mit weiteren 5 oder 10 ml 0,1 m $BaCl_2$ und kocht 2 bis 3 Min. lang. Nach Abkühlen fügt man 5 bis 6 ml Äthanol hinzu und titriert mit 0,1 m Na_2CO_3-Lösung auf Hellrosa. Ein etwaiger Hydrogencarbonatgehalt der Carbonat-Maßlösung muß durch Blindproben bestimmt und berücksichtigt werden.

d) Methoden mit komplexometrischer Titration.

Szekeres und Bakács-Polgar (d) haben eine Methode angegeben, die auf dem unterschiedlichen Verbrauch des HCO_3^--Ions an Strontiumion bei Umsetzung einmal in der Siedehitze und ein anderes Mal nach Laugezusatz (Menge der Lauge entsprechend einer Vortitration nach Warder zu dosieren) beruht. Die Rücktitration des Sr^{2+} erfolgt jeweils mit ÄDTA.

Eine ähnliche Methode, die aber mit Bariumchlorid arbeitet, wurde von Szekeres und Pap ausgearbeitet. Sie beruht auf dem unterschiedlichen Verbrauch an Ba^{2+} zur Fällung des Hydrogencarbonats in der Siedehitze (wo vorübergehend gebildetes

$Ba(HCO_3)_2$ unter Entweichen von 1 Mol CO_2 zerfällt) und zur Fällung bei Zimmertemperatur in gepuffertem Medium. In beiden Lösungen wird das überschüssige Ba^{2+} komplexometrisch zurücktitriert. Die niedergeschlagene Bariummenge entspricht bei Titration 1 der Summe von CO_3^{2-} und HCO_3^-, bei Titration 2 der Summe von CO_3^{2-} und 2 Äquivalenten HCO_3^-; 2 – 1 entspricht dem HCO_3^-.

Arbeitsvorschrift. 1. Man gibt zu 10 bis 15 ml der etwa 0,1 molaren Probelösung 20 ml einer Mischung von 980 ml 0,1 m $BaCl_2$ und 20 ml 0,1 m $MgCl_2$, kocht 3 bis 4 Min. und versetzt nach Akbühlen mit 10 ml Puffer von pH 10 (10 g NH_4Cl + 570 ml carbonatfreie konz. NH_3-Lösung auf 1 l aufgefüllt). Man gibt etwas von einer Verreibung von 1 T. Eriochromschwarz T und 100 T. KNO_3 hinzu und titriert mit 0,1 m ÄDTA bis zum Umschlag von Weinrot nach Blau.

2. Man versetzt 10 bis 15 ml der Probelösung mit 10 ml der Puffer- und 20 ml der $BaCl_2/MgCl_2$-Lösung, läßt 20 bis 25 Min. vor Luftzutritt geschützt stehen und titriert dann wie bei 1.

Der Fehler betrug bei 100 (50) mg $KHCO_3$ und 10 (104) mg Na_2CO_3 – 0,1 (– 1,0) mg $KHCO_3$ und – 0,8 (+ 0,1) mg Na_2CO_3. Der Zusatz von $MgCl_2$ dient zur Verbesserung des Indikatorumschlages.

e) Bestimmung durch Colorimetrie.

Zur Bestimmung kleinerer Carbonatgehalte ($< 3\%$) im Natriumhydrogencarbonat empfahl Babko, anstatt zu titrieren gegen Vergleichslösungen auf Grund der Phenolphthaleinfärbung zu colorimetrieren.

f) Bestimmung durch Konduktometrie.

In stark gefärbten Lösungen, wie sie als technische Produkte oft vorkommen, ist die Anwendung von Farbindikatoren bisweilen unmöglich. In solchen Fällen führt die Leitfähigkeitstitration zum Ziel, da die spez. Leitfähigkeit von $NaHCO_3^-$ wesentlich geringer als die von Na_2CO_3-Lösungen ist und bei der Titration mit Säure ein Knickpunkt der Kurve auftritt, welcher der vollständigen Umwandlung des Carbonats in das Hydrogencarbonat entspricht. Eine derartige Methode zur Bestimmung der beiden Verbindungen nebeneinander wird von Dhamaney näher beschrieben.

IV. Bestimmung von Carbonation in Gegenwart von Cyanidion.

Die Bestimmung von Carbonation in Gemischen, die neben Hydroxid- auch Cyanidion enthalten, wird von Evans beschrieben. Dieser Autor fällt das Carbonation mit Bariumnitrat, filtriert unter Ausschluß von Luft-CO_2, löst den Niederschlag in überschüssiger, eingestellter Salzsäure und titriert deren Überschuß zurück.

V. Bestimmung von freiem und gebundenem Kohlendioxid im Wasser.

Im Wasser kann die Konzentration der CO_3^{2-}, der HCO_3^--Ionen und des Kohlendioxids bei niedriger Gesamtionenkonzentration ($<$ 100 mg/l) allein aus den beiden Größen Gesamtkohlensäure und pH-Wert berechnet werden. Freier gibt hierzu Formeln und Tabellen. Er gibt weitere Formeln für Wässer mit höherer Ionenstärke, bei denen die Werte der übrigen Ionen aus der Gesamtanalyse berücksichtigt werden.

Im folgenden werden chemische Methoden behandelt.

a) Bestimmung des Carbonat- und Hydrogencarbonations.

Allgemeines. Diese Bestimmung erfolgt gewöhnlich, insbesondere für technische Zwecke, nach der Vorschrift der „Deutschen Einheitsverfahren zur Wasser-, Abwasser- und Schlammuntersuchung" (Fachgruppe Wasserchemie in der Gesellschaft Deutscher Chemiker). Sie beruht auf der Annahme, daß bei Titration mit Salzsäure das Wasser alkalisch gegen Phenolphthalein reagiert, solange noch Carbonation vorhanden ist und daß es weiterhin alkalisch gegen Methylorange reagiert, solange noch Hydrogencarbonation vorhanden ist. Wenn auch diese Annahmen nicht ganz exakt zutreffen, so genügen doch die Meßwerte den praktischen Anforderungen. Die Anzahl der bis zum Umschlag des Phenolphthaleins für 100 ml Wasser verbrauchten Milliliter 0,1 n Säure wird mit p bezeichnet, diejenigen der bis zum Umschlag von Methylorange insgesamt verbrauchten mit m. Die nachstehende Tab. 2 gibt eine Übersicht über die dabei möglichen Fälle der Größenverhältnisse von p bzw. $2p$ und m, wobei die Möglichkeit des Vorhandenseins von Hydroxidion eingeschlossen ist, und die Formeln für die Errechnung der 3 verschiedenen Bestandteile. Die Tab. 2 bringt zum Ausdruck, daß Hydroxid- und Hydrogencarbonation – ebenso wie freie Kohlensäure und Carbonation – in Lösung nicht nebeneinander bestehen können.

Tabelle 2. *Titration von OH^-, CO_3^{2-} und HCO_3^-.*

	Hydroxidion	Carbonation	Hydrogencarbonation
$p = 0$	0	0	m
$2p < m$	0	$2p$	$m - 2p$
$2p = m$	0	$2p$	0
$2p > m$	$2p - m$	$2(m - p)$	0
$p = m$	m	0	0

Arbeitsvorschrift. Je 100 ml Probe werden einmal unter Zusatz von 0,5 ml Phenolphthaleinlösung (äthanolisch, 0,0375%ig) und das andere Mal unter Zusatz von Methylorangelösung (wäßrig, 0,1%ig) mit 0,1 n Salzsäure bis zum Farbumschlag (rosa/farblos bzw. rein gelb/bräunlichgelb) titriert. Der erste Säureverbrauch ist p, der zweite ist m.

Bemerkungen. α) 1 ml 0,1 n Salzsäure *entspricht* 3 mg CO_3^{2-}/100 ml bzw. 30 mg CO_3^{2-} im Liter und 6,1 mg HCO_3^-/100 ml bzw. 61 mg HCO_3^{2-} im Liter. Daher errechnet sich aus den Titrationen z.B. bei gleichzeitiger Anwesenheit von CO_2^{3-} und HCO_3^- der Carbonationgehalt zu $2p \cdot 30$ mg/l, der Hydrogencarbonationgehalt zu $(m - 2p) \cdot 61$ mg/l.

β) Wegen *weiterer* in der Wasseranalyse gebräuchlicher Umrechnungsverfahren siehe die „Einheitsverfahren".

γ) *Färbende* Stoffe *stören*. Sind sie in größerer Menge vorhanden, müssen sie durch Behandeln des Wassers mit säurefrei gewaschener Aktivkohle entfernt werden; bei kleinen Mengen genügt zur Erkennung des Umschlages der Vergleich mit einer mit Indikator versetzten Probe des gleichen Wassers beim Titrieren. Bei elektrischen Methoden entfällt diese Schwierigkeit.

δ) Eine konduktometrische Methode zur Bestimmung der Summe aus CO_3^{2-} und HCO_3^- in Wasser hat PASOVSKAYA angegeben:

Arbeitsvorschrift. Man setzt der Wasserprobe 0,01 n Salzsäure im Überschuß, und zwar 5 ml, sowie 5 ml 0,01 n Essigsäure zu, verdünnt auf 25 ml mit destilliertem Wasser und titriert den HCl-Überschuß konduktometrisch mit 0,1 n Baritlauge zurück. Ein scharfer Knick der Leitfähigkeitskurve zeigt den Endpunkt an. Bis zu 0,002 mÄquival. Carbonation herunter können in 25 ml Lösung bestimmt werden. Eisen wird durch Zugabe von Natriumfluorid maskiert, Sulfat- und Phosphationen können durch Zugabe 1%iger Bariumchloridlösung unschädlich gemacht werden, wobei der Phosphatniederschlag abzufiltern ist.

ε) Für die Bestimmung des *Natriumcarbonatgehaltes* in gleichzeitig Natronlauge und Phosphation enthaltenden *Kesselspeisewässern* in Verbindung mit der p- und m-Titration haben R. MÜLLER wie auch SPLITTGERBER Vorschriften angegeben; kurze Darstellung siehe OLSZEWSKI, S. 55.

b) Bestimmung der freien Kohlensäure.

Allgemeines. Da Kohlensäure mit den gegen Phenolphthalein alkalisch reagierenden Inhaltsstoffen des Wassers (Alkalihydroxid, Calciumhydroxid, Alkalicarbonat)

Hydrogencarbonate bildet, die gegen diesen Indikator sauer reagieren, kann freies Kohlendioxid nur vorhanden sein, wenn keine Rotfärbung mit Phenolphthalein auftritt.

In manchen Fällen ist es möglich, das freie CO_2 durch rasches Hindurchleiten eines kohlendioxidfreien Luftstromes auszutreiben, so daß man es danach getrennt bestimmen kann (KAUKO). Gewöhnlich wird aber dabei Abspaltung von CO_2 aus Hydrogencarbonaten eintreten. Man ermittelt daher die freie Kohlensäure (unter der Voraussetzung, daß keine anderen freien Säuren zugegen sind) gewöhnlich nach dem Vorgang von SEYLER durch Titration mit Natriumcarbonat (oder Natronlauge) bis zur Hydrogencarbonatstufe, d.h. bis zur Rotfärbung von Phenolphthalein, wobei einem Mol CO_2 1 Mol Carbonation oder 1 Äquivalent Hydroxidion entsprechen. Das ursprünglich vorhandene Hydrogencarbonation kann durch eine Gesamtcarbonatbestimmung und Differenzbildung ermittelt werden.

Die Methode wurde von TILLMANS und HEUBLEIN verfeinert: Die Titration wird zur Vermeidung von CO_2-Verlusten in einer verschließbaren Flasche ausgeführt; nach jedem Zusatz von Titrierlösung wird verschlossen und nur leicht umgeschwenkt. Störung durch Eisen und andere Trübung hervorrufende Bestandteile wird durch Zusatz von Seignettesalz weitgehend verhindert. Zwei entsprechende Arbeitsweisen, die in die „Deutschen Einheitsverfahren“ übernommen wurden, werden nachstehend beschrieben.

Arbeitsvorschrift. α) (DIN 8105). 100 ml Probe werden in einer mit Ringmarke versehenen, etwa 150 ml fassenden und gut verschließbaren Flasche mit Phenolphthaleinlösung (0,0375%) und 1 ml Seignettesalzlösung (50%ig, gegen Phenolphthalein neutralisiert) versetzt. Unter ständigem, vorsichtigem Umschwenken wird mit 0,02 n Natronlauge titriert, bis eine deutlich sichtbare schwache Rosafärbung 3 Min. lang bestehen bleibt. Ergibt sich hierbei ein Verbrauch von mehr als 10 ml 0,02 n Natronlauge, entsprechend 88 mg CO_2/l, so wird die Titration unter Anwendung einer geringeren Wassermenge, die mit ausgekochtem, destilliertem Wasser stets auf 100 ml aufzufüllen ist, wiederholt. Zur besseren Erkennung des Endpunktes bei der Titration von gefärbten Wässern vergleicht man zweckmäßig die titrierte Probe mit einer zweiten, unbehandelten und gegebenenfalls entsprechend verdünnten Probe des Untersuchungswassers.

1 ml verbrauchte 0,02 n Natronlauge entspricht 0,88 mg CO_2. Bei der Berechnung auf 1 l ist die angewendete Wassermenge zu berücksichtigen.

Arbeitsvorschrift. β) (Feinbestimmung). 200 ml Probe werden in einem Meßkolben, der am Halse eine bauchige Erweiterung besitzt, mit 1 ml äthanolischer Phenolphthaleinlösung (0,0375%) und 2 ml neutralisierter Seignettesalzlösung (siehe oben) versetzt. Man verfährt weiter wie unter α, beschrieben, benutzt jedoch zum Vergleich eine ebenso mit Natronlauge titrierte Probe ohne Phenolphthaleinzusatz.

Bemerkungen. aa) PAPP (a) empfiehlt als *verbesserte* Ausführung, das Wasser mit einem Überschuß von Seignettesalz enthaltender 0,1 n Natriumcarbonatlösung bis zur Rotfärbung von Phenolphthalein zu versetzen und nach 5 Min. mit 0,1 n Salzsäure zurückzutitrieren. 1 ml 0,1 n Natriumcarbonatlösung entspricht 2,2 mg CO_2.

bb) Neuerdings haben THOMANN und SCHERRER einen *Mischindikator* empfohlen, der den Endpunkt der Titration deutlicher anzeigt als Phenolphthalein. Er besteht aus 0,4%iger wäßriger Lösung von neutralisiertem Thymolblau und 0,1%iger Lösung von α-Naphtholphthalein in 50%igem Äthanol im Mischungsverhältnis 5 : 1. Man vergleicht den grünen Farbton am Endpunkt mit dem einer Pufferlösung von pH = 8 bis 8,5. Auf diese Weise soll eine Genauigkeit von ± 1 mg CO_2/l erreicht werden.

cc) Da der pH-Wert verschieden konzentrierter Hydrogencarbonatlösungen *unterschiedlich* ist, worauf u.a. STROHECKER hinwies, ergibt die Titration bis zum Umschlag des Indikators nicht immer genau den Äquivalenzpunkt. Über diese Frage und die Anwendung von Korrekturen berichtet ausführlich PAPP (b).

dd) KOLTHOFF hat eine Formel aufgestellt, welche den Zusammenhang zwischen colorimetrisch (oder elektrometrisch) ermittelter Wasserstoffionenkonzentration, titrimetrisch ermittelter Hydrogencarbonatmenge und dem Kohlensäuregehalt gibt (vgl. auch TILLMANS und HEUBLEIN; L. FRESENIUS und O. FUCHS):

$$[CH_2] + [H_2CO_3] = \frac{[H^+] \cdot [HCO_3^-]}{3{,}04 \cdot 10^{-7}}.$$

ee) Für das *Ablassen* des Kohlendioxids von mit CO_2 *übersättigtem* Wasser aus Probeflaschen mit Gummistopfen in eine Laugevorlage hinein ohne den Stopfen herauszunehmen, hat WELWART eine praktische Vorrichtung angegeben. Diese besteht aus einem etwas abgeänderten Korkbohrer mit einem Schlauchanschluß.

c) Bestimmung der kalkangreifenden (aggressiven) Kohlensäure.

Allgemeines. Die sogenannte kalkangreifende Kohlensäure ist ein Teil der freien Kohlensäure. Welcher Anteil wirksam ist, hängt offenbar in komplizierter Weise von der übrigen Zusammensetzung und Konzentration der gelösten Bestandteile, insbesondere an Calcium- und Eisenhydrogencarbonat ab (TILLMANS und HEUBLEIN; NOLL; HEYER; OLSZEWSKI). In neuerer Zeit hat PAPP (c) eine Klassifikation der Wässer in Abhängigkeit von der Carbonathärte und dem Gehalt an CO_2 aufgestellt. Methoden zur direkten Bestimmung der Kalkaggressivität durch Titration mit Kalkwasser gegen B.D.H.-Indikator – pH = 7,5 – (HAASE) dürften nicht exakter sein als die konventionelle, indirekte Methode nach HEYER, die im folgenden so wiedergegeben wird, wie sie in die „Deutschen Einheitsverfahren“ aufgenommen wurde.

Arbeitsvorschrift. 200 bis 300 ml unbehandelte Probe werden in einer geeignet großen Glasstöpselflasche unter Vermeidung eines Luftraums mit 3 g gepulvertem, vorher mit kohlensäurefreiem Wasser ausgekochtem Marmor versetzt. Nach mindestens 3tägigem Stehen und häufigem Umschütteln während dieser Zeit wird vom Ungelösten unter Verwerfung der ersten Anteile des Filtrates abfiltriert; 100 ml Filtrat werden zur Bestimmung der Carbonationen angewandt. Aus der Zunahme der Carbonationmenge und der Abnahme der freien Kohlensäure gegenüber der nicht mit Marmor behandelten Probe ergibt sich die Menge der kalkangreifenden Kohlensäure. Bei sehr carbonatarmen Wässern (unter 20 mg $CaCO_3$/l) erhält man etwas zu hohe Werte, bei sehr carbonatreichen Wässern (über 200 mg $CaCO_3$/l) etwas zu geringe Werte.

1 ml *Mehrverbrauch* an 0,1 n Salzsäure gegenüber der bei Bestimmung der Carbonationen verbrauchten 0,1 n Salzsäure entspricht 2,2 mg kalkangreifender Kohlensäure. Bei der Berechnung auf 1 l ist die Menge des zur Titration benutzten Filtrats zu berücksichtigen.

Bemerkungen. α) Nach dem von KEGEL *abgeänderten* Verfahren werden in der unbehandelten und in der mit Marmor behandelten Wasserprobe freie Kohlensäure und Carbonationen bestimmt; für die behandelte Probe wird nach TILLMANS die Gleichgewichtskonstante ermittelt. Letztere ergibt die zugehörige Kohlensäure und als Differenz gegenüber der freien Kohlensäure die kalkangreifende Kohlensäure der unbehandelten Probe.

β) Ein Nomogramm für die Ermittlung der aggressiven Kohlensäure aus der freien und der gebundenen gibt FREIER.

d) Bestimmung der Gesamtkohlensäure.

α) Verschiedene Methoden.

Für die Bestimmung der Gesamtkohlensäure in Wässern (Mineralwasser, Meerwasser, Kesselspeisewasser u.a.) wird das freie und das gebundene CO_2 nacheinander oder gleichzeitig durch Zugabe von überschüssiger Säure und Austreiben mit kohlendioxidfreier Luft oder Auskochen – gegebenenfalls mit Zusatz von Aluminiumdraht zum Erleichtern des Austreibens durch den freiwerdenden Wasserstoff – entbunden. Das CO_2-Gas wird dann nach einer der üblichen Methoden (siehe insbesondere Abschnitt: 1) ermittelt.

Für die Analyse der höhere Gehalte an freier Kohlensäure enthaltenden Mineralwässer wird das vorzeitige Entweichen von CO_2 nach dem „Einheitsverfahren" folgendermaßen verhindert: Bei *Mineralwässern* werden an Ort und Stelle besondere Proben in vorher mit gebranntem, carbonatfreiem Kalk oder mit carbonatfreier Natronlauge beschickten und gewogenen Gefäßen oder Flaschen von etwa 250 bis 500 ml Inhalt mittels Abfüllstopfen entnommen. Sie werden im Laboratorium wieder gewogen, und anschließend wird durch verdünnte Salzsäure das Kohlendioxid aus den Carbonaten ausgetrieben und bestimmt.

Außer gravimetrischen Methoden zur CO_2-Bestimmung sind absorptionsgasvolumetrische Verfahren (nach LUNGE, PATTERSON und anderen) als Abwandlungen gebräuchlich (HEDIGER), ebenso die manometrische Methode nach VAN SLYKE und titrimetrische Methoden mit Farbindikatoren oder elektrometrischer Indikation. Auch Mikrodiffusionsmethoden werden angewendet (SARUHASHI).

β) Indirekte, komplexometrische Bestimmung.

Eine solche Methode nach BERBENNI beruht auf der Fällung von CO_2 mit Standard-Calciumhydroxidlösung und Titration des Überschusses der Calciumionen mit Äthylendiamintetraessigsäure.

Arbeitsvorschrift. Man schüttelt ein gemessenes Volumen (v ml) der Probe in einem geschlossenen Kolben mit einem gemessenen Volumen Standardkalklösung [10 g $Ca(OH)_2$ + 0,2 g $CaCl_2 \cdot 6H_2O$ in 1 l kohlendioxidfreiem Wasser gelöst] im Überschuß und stellt beiseite, bis die Flüssigkeit sich geklärt hat. Dann titriert man Aliquots des klaren Gemisches, der Wasserprobe selbst und der Standardkalklösung mit 0,2 n ÄDTA (Dinatriumsalz der Äthylendiamintetratessigsäure).

Gesamt-CO_2 (mg/l) $= 22\,(B + b - A) \cdot 1000/v$.

Dabei ist B = mÄquiv. Ca^{2+}, zugesetzt als Kalklösung; b = mÄquiv. Ca^{2+} in v Milliliter der Wasserprobe und A = mÄquiv. Ca^{2+} im Gesamtvolumen des Gemisches von Wasser und Kalklösung.

Der *Fehler* beträgt nach Angabe des Autors maximal $\pm 1\%$.

γ) Spurenbestimmung im Speisewasser für Hochdruckkessel.

Allgemeines. Für die Untersuchung von Speisewasser für Höchstdruckkessel ist es wichtig, kleinste Mengen CO_2 bzw. Carbonationen zu bestimmen, da ungenügend aufbereitetes Wasser bei den entsprechend hohen Temperaturen stark korrodierend wirkt (siehe z. B. OLSZEWSKI, S. 171 bis 179). PARTRIDGE und SCHROEDER haben ein Prinzip entwickelt, bei dem das ausgetriebene CO_2 in einem geschlossenen System zirkuliert und (in Bariumhydroxid) absorbiert wird. Dieses Prinzip wurde von weiteren Autoren ausgebaut, die Apparatur und die Methodik so vervollkommnet, daß Gehalte von nur 1 ppm mit einer Genauigkeit von $\pm 0{,}25$ ppm (CLARKE) bzw. $\pm 0{,}045$ ppm (SMITH, GILBERT und HOWIE) bestimmt werden können. Durch Vergrößerung der angewendeten Wassermenge, Absorption des CO_2 in Natronlauge und potentiometrische Titration der Lösung zwischen pH = 8,3 und 5,0 erhöhten JENNINGS und OSBORN die Genauigkeit und Empfindlichkeit auf $\pm 0{,}002$ ppm Fehler bei < 1 ppm ($= < 1$ mg/l) Gehalt.

Der von den zuletzt genannten Autoren benutzte *Apparat* ist schematisch in Abb. 83 dargestellt. Die flexiblen Verbindungen sind so kurz wie möglich gehalten und bestehen aus Polythen. In der Abbildung bedeutet: A Probenflasche, B Probeneinsatz, C Schraubklemme, D Lufteinlaß mit Sinterglasfritte (Nr. 4) am Ende, E Luftauslaß, F 100-ml-Trichter, G Membranpumpe, H_1 und H_2 Natronkalkgefäße, I Kieselgelbehälter, J Titrierzelle, S_1, S_2, S_3 Dreiweghähne, T Zweiweghahn. Die Titrierzelle besteht aus einem 250-ml-Becher ohne Ausguß und trägt eine Glasfritte Nr. 2 zum Gaseinlaß, eine Glaselektrode, eine Bezugselektrode und einen Temperaturkompensator, ein Gasauslaßrohr mit dem Dreiweghahn S_3 sowie 2 Büretten, eine davon für H_2SO_4 und eine für NaOH. Letztere ist mit einem Capillaransatz versehen, der bis unterhalb des Flüssigkeitsstandes reicht. Die Hähne dürfen nicht gefettet werden.

Zwei 90-cm-Heizwicklungen sind um die Rohrleitungen, die von der Flasche zur Zelle und von der Zelle zur Pumpe führen, gewickelt.

Arbeitsvorschrift. Zur Probenahme wird die Flasche A, die eine Marke bei 10 l trägt, derart aus der Apparatur herausgenommen, daß Hähne S_1 und S_2 mit ihr verbunden bleiben. Die Probe läßt man durch Rohr B einfließen, und zwar so weit, daß das Wasser durch Trichter F und die Hähne S_1 und S_2 austritt. Man ersetzt die Füllung mehrmals durch eine frische Menge des zu untersuchenden Wassers; dann schließt man die Hähne.

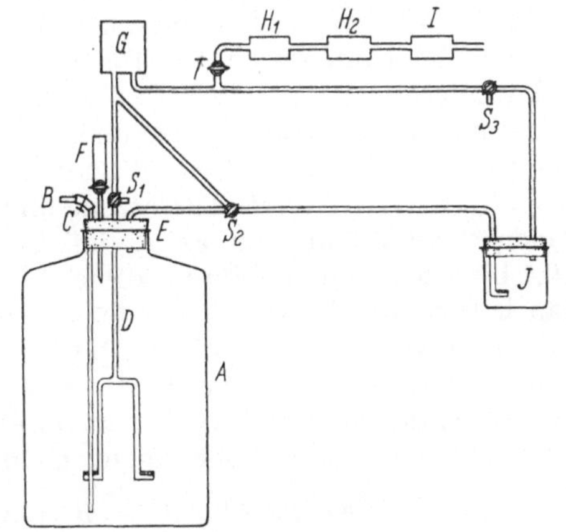

Abb. 83. Schema der Gesamtapparatur.

Man verbindet mit der übrigen Apparatur, stellt durch Öffnen von Hahn T die Verbindung mit der Außenluft her und durch Hahn S_2 diejenige zwischen Pumpe und Probenflasche. Dann öffnet man Klemme C und pumpt durch Rohr B Wasser, das durch kohlendioxidfreie Luft ersetzt wird, heraus. Wenn der Wasserspiegel fast die 10-l-Marke erreicht hat, dreht man Hahn S_2 so, daß Flasche A mit der Titrierzelle J verbunden und Hahn S_3 zur Außenluft geöffnet ist; so hebert Wasser aus der Flasche heraus und erzeugt in A Unterdruck. Wenn der genaue Stand (10 l) erreicht ist, schließt man C. Durch Trichter F führt man nun 50 ml Schwefelsäure (1 + 1, etwa 9,3 m, kohlendioxidfrei) ein; darauf öffnet man Hahn S_1 kurzzeitig nach außen, um das Rohr mit kohlendioxidfreier Luft zu füllen.

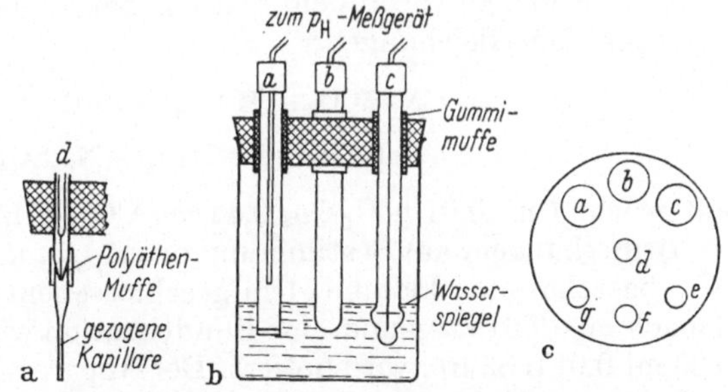

Abb. 84a–c. Einzelheiten der Titrierzelle.

Abb. 83 u. 84a–c. Apparatur nach JENNINGS u. OSBORN zur Bestimmung von Spuren von Kohlensäure in Kesselspeisewasser.

Das Elektrodensystem wird zuerst mit Aceton und dann mit Wasser sorgfältig gewaschen. Man gibt etwa 100 ml kohlendioxidfreies Wasser in die Titrierzelle (Abb. 84b) und fügt 2 bis 3 ml 0,01 n Schwefelsäure hinzu; dann läßt man 9 bis 10 Min. kohlendioxidfreie Luft hindurchperlen (die durch S_3 austritt), um Spuren von CO_2 aus der Lösung zu entfernen. Man senkt den Flüssigkeitsstand in der Zelle bis zu einem durch das Elektrodensystem gegebenen Stand, indem man die Schwefelsäurebürette durch einen Heber, den man bis zu der gewünschten Tiefe eintaucht, ersetzt und kurzzeitig Hahn S_3 schließt. Die Flüssigkeit soll zu jeder Titration (auch Blindtitration) auf diesen Stand gebracht werden. Während CO_2-freie Luft durch das System strömt, wird Hahn T und dann Hahn S_3 geschlossen, so daß Luft unter leicht vermindertem Druck zirkuliert. Dann gibt man 1 ml 0,1 n NaOH in die Zelle und schaltet die Flasche A in den Kreislauf ein, indem man Hahn S_1 so einstellt, daß er die Pumpe mit der Probenflasche verbindet, und Hahn S_2 derart, daß er die Probenflasche mit der Titrierflasche verbindet. Der Strom für die Heizwicklungen wird so eingestellt, daß eine Temperatur von etwa 40 °C aufrecht erhalten wird und keinerlei Kondensation von Wasser in den Rohren stattfinden kann. Das Durchpumpen der Luft wird 1 Std. fortgesetzt. Danach wird S_2 so gestellt, daß die Pumpe direkt mit der Titrierzelle verbunden ist; S_1 wird geschlossen, so daß die Flasche vom Kreislauf abgetrennt ist. Nun gibt man 0,01 n H_2SO_4 aus der Bürette in die Titrierzelle bis etwa pH = 9 erreicht ist. Man gibt weiter 0,1-ml-Anteile von Säure hinzu und liest jedesmal den Bürettenstand ab, bis der pH-Wert auf 8,3 gefallen ist. Dann öffnet man die Hähne S_3 und T, um das System mit kohlendioxidfreier Luft zu spülen, und gibt dann weiter anteilsweise Säure hinzu, bis der pH-Wert auf 5,0 gefallen ist. Das zwischen pH 8,3 und 5,0 benötigte Säurevolumen sei A genannt. Es kann durch ein Diagramm gefunden werden, das die Beziehung: $\Delta\,\mathrm{pH}/\Delta A$ liefert.

Man entfernt die Säurebürette und stellt den alten Flüssigkeitsstand mittels des Hebers wieder ein. Nun wird eine Blindtitration ausgeführt. Man schließt T und S_3, gibt 1 ml 0,1 n NaOH in die Titrierzelle und wiederholt die Titration. Die benötigte Säuremenge entspricht dem Falle, daß CO_2 abwesend ist, sie beträgt gewöhnlich etwa 0,4 bis 0,5 ml 0,01 n Säure – dieses Volumen sei B genannt.

Man hebert die Flüssigkeit wieder auf den Anfangsstand, schaltet die Probenflasche in den Kreislauf ein und läßt die Luft 30 bis 60 Min. zirkulieren. Dann titriert man wie vorher, wobei man die Werte A_1 und B_1 erhält. (Die Blindtitration soll nach jeder Bestimmung wiederholt werden wegen eines geringen Abfalls der Empfindlichkeit der Glaselektrode. Dieser sollte nicht mehr als 0,05 ml 0,01 n Säure entsprechen.

$$\text{Kreislauf 1:}\quad A - (B + \text{Apparat-Blindwert}) = X\ \text{ml}$$

$$\text{Kreislauf 2:}\quad A_1 - (B_1 + \text{Apparat-Blindwert}) = Y\ \text{ml}$$

Gesamtmenge verbrauchte 0,01 n Säure = $X + Y$ ml für 10 l Probe.
Nach den Gleichungen:

$$NaHCO_3 + H_2SO_4 \rightarrow NaHSO_4 + H_2O + CO_2;$$

$$NaHCO_3 + NaHSO_4 \rightarrow Na_2SO_4 + H_2O + CO_2$$

entspricht 1 ml 0,01 n H_2SO_4 0,44 mg CO_2, d.h. 0,044 mg in 1 l Probe.

Bemerkungen. aa) Bestimmung des *Apparat-Blindwerts*. Man läßt die Apparatur bei abgeschalteter Flasche A in geschlossenem Kreislauf 1 Std. arbeiten und führt danach eine Titration und eine Blindtitration wie oben aus. Die Differenz, gewöhnlich 0,05 ml 0,01 n Säure, wird notiert. Der Apparat-Blindwert beruht wahrscheinlich auf Diffusion von CO_2 aus der Luft durch die Rohrverbindungen und die Pumpenmembran.

bb) Keine Bestimmung von weniger als 0,110 mg CO_2/l zeigte einen größeren *Fehler* als 0,002 mg/l. Bei Mengen von 2,2 mg/l wurde die Bestimmung ungenau; bis 1 mg/l kann eine Genauigkeit von ± 0,003 mg/l eingehalten werden.

VI. Bestimmung des Carbonatgehaltes in Böden.

Allgemeines. Hierfür sind die verschiedensten Meßprinzipien in Verwendung, meist titrimetrische. LADEMANN beschrieb eine einfache Arbeitsweise mit gasvolumetrischer CO_2-Bestimmung. Für die Zersetzung ist bei Anwendung von Salzsäure ein Zusatz von Eisen(II)-chlorid ratsam, um die sonst bei Anwesenheit von Manganverbindungen mögliche Oxydation der Salzsäure zu Chlor zu verhindern. So verwenden MARTIN und REEVE 20 ml 2 n Salzsäure, die im Liter 30 g $FeCl_2 \cdot 4H_2O$ enthält.

Reduzierende Agenzien dienen bei Bodenanalysen auch zur Verhütung der Zersetzung wenig stabiler organischer Verbindungen zu Kohlendioxid. Dazu wird vielfach auch Zinn(II)-chlorid verwendet.

Auf die Gefahr der Fälschung der Carbonatbestimmung in humösen Böden durch teilweise Zersetzung organischer Substanz hat besonders SCHOLLENBERGER aufmerksam gemacht. Er empfahl außer dem Zusatz von $SnCl_2$ das Einhalten einer niedrigen Arbeitstemperatur, möglichst mit Thermostaten geregelt, und Intensivierung des CO_2-Austreibens durch Umpumpen der Spülluft (SCHOLLENBERGER und WHITTAKER).

Völlig wird aber auch durch niedrige Temperatur – selbst bei 30 °C – die Hydrolyse organischer Substanz durch die Säure nicht verhindert. Nahezu gänzlich kann man jedoch diese Fehlerquelle vermeiden, wie WATKINSON fand, wenn man die Carbonatzersetzung mit einer Lösung des Dinatriumsalzes der Äthylendiamintetraessigsäure von pH = 4,5 vornimmt.

Die *Apparatur* (Abb. 85) besteht aus einem Zersetzungsgefäß mit Thermometeransatz, auf den ein langes Rohr als Vorkühler mit Spritzfänger aufgesetzt ist. Dieses Rohr enthält einen Absperrhahn, verbindet über einen Kühler mit der Absorptionsvorlage (1-l-Rundkolben) und trägt Ansätze zum Einführen der ÄDTA-Lösung und zum Anschluß an eine Vakuumpumpe. Eine Spülung mit Luft wird nicht angewendet; der Transport des CO_2 erfolgt durch Wasserdampf und Diffusion (vgl. die ähnliche Anordnung von DOERFFEL (Abschnitt: 2, III, a). Die Flüssigkeit in der Vorlage wird durch Magnetrührung ständig bewegt.

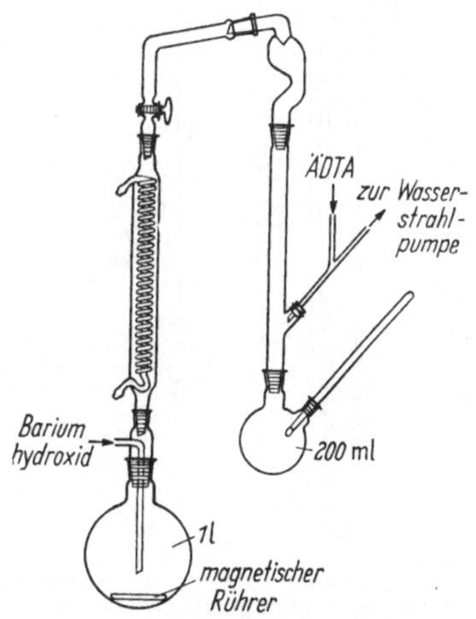

Abb. 85. Gerät nach WATKINSON zur Bestimmung des Carbonatgehaltes in Böden.

Arbeitsvorschrift. Man gibt die feingemahlene Bodenprobe, die so viel $CaCO_3$ enthält, daß etwa die Hälfte der Lauge neutralisiert wird, in den Zersetzungskolben, evakuiert die Apparatur und sperrt die Vakuumleitung wieder ab. Nun läßt man 25 ml 0,04 n Baritlauge in den Vorlagekolben und 150 ml 0,5%ige (m/v) ÄDTA-Lösung in den Zersetzungskolben einsaugen. Man schließt den Hahn teilweise und erhitzt die Suspension rasch mit einem Gasbrenner, bis 90 °C erreicht sind. Dann hält man bei 90 bis 95 °C und stellt den Hahn derart, daß die Destilliergeschwindigkeit mäßig bleibt, d.h. die Temperatur in der Vorlage 40 °C nicht überschreitet. Nach 5 Min. entfernt man die Flamme und öffnet den Hahn vorsichtig ganz. Nach weiteren 5 Min. (erfolgter CO_2-Absorption) stellt man durch Einströmenlassen kohlendioxidfreier Luft Normaldruck her. Man setzt der Lauge Thymolphthalein zu und titriert mit 0,02 n Salzsäure auf schwach Blau.

Bemerkung. Mit dieser Methode fand WATKINSON bei einer Destillationstemperatur von 95 °C eine *geringere* Zersetzung organischer Substanz zu CO_2 als nach der Methode von SCHOLLENBERGER bei 30 °C. Bei manchen Bodenproben fand er jedoch mehr CO_2; dies ist wahrscheinlich auf die Erfassung von mit Säure schwer zersetzlichen Carbonaten zurückzuführen.

VII. Bestimmung des Carbonatgehaltes in Kohle.

Allgemeines. Hierfür werden verschiedene, an und für sich allgemein gebräuchliche Bestimmungsprinzipien angewendet. In einer Arbeit von LANGE und WINZEN wird z.B. eine *titrimetrische Methode* beschrieben. Als Zersetzungssäure wird dabei ein Gemisch aus 180 g Salzsäure, 10 g Quecksilber(II)-chlorid und 2 g Netzmittel in 1 l Wasser, und zwar 50 ml davon für 1 g der normal nach DIN 51701 zerkleinerten Kohle verwendet. Die Dauer des Siedens beträgt 10 Min., diejenige des Nachspülens mit Luft 10 Min.

Eine titrimetrische Halbmikromethode für feste Brennstoffe mit einer Apparatur mit eingebauten Büretten, Spüleinrichtung usw. wird von GRINBERG und SALAMIN beschrieben.

Eine schnelle *gasmanometrische Methode* ist von BURNS ausgebildet worden. Sie wird im folgenden beschrieben.

Die *Apparatur* (Abb. 86) besteht im wesentlichen aus einem 50 bis 100 ml fassenden Rundkolben als Reaktionsgefäß, einem 600 mm langem Manometerrohr und einem H_2O-Schutzrohr mit feuchtigkeitsanzeigendem Kieselgel oder mit Magnesiumperchlorat. Als Säuregefäß dient ein zylindrischer Plastikbecher.

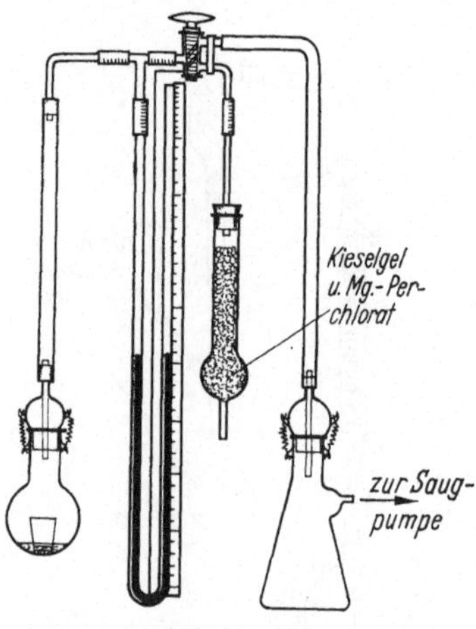

Abb. 86. Apparat nach BURNS zur Bestimmung des Carbonatgehaltes von Kohlen.

Eichung der Apparatur. Man wägt genau 0,12 g wasserfreies Na_2CO_3 in den Reaktionskolben ein und gibt genau 5 g einer Kohle von bekanntem, aber sehr niedrigem Carbonatgehalt hinzu. Man stellt den Säurebehälter auf die Kohle und gibt 10 ml Salzsäure hinein. Dann führt man eine Bestimmung wie für eine Kohleprobe aus (siehe unten). Die Eichung soll öfters wiederholt werden.

Arbeitsvorschrift. Man wägt genau 5 g der Kohleprobe in das Reaktionsgefäß, setzt den Säurebehälter auf die Kohle und gibt 10 ml HCl (1 + 1) (etwa 6 m) nebst 0,5% eines Netzmittels, das gegen verd. HCl beständig ist, in den Behälter. Man setzt den Apparat zusammen; wenn dabei ein Gummistopfen verwendet wird, ist er immer gleich weit einzuführen (Volumengleichheit). Nun evakuiert man auf 400 Torr und taucht das Reaktionsgefäß 10 Min. in ein Becherglas mit Wasser, das auf derselben Temperatur gehalten wird wie bei der Eichung. Während der letzten 4 Min. dieses Zeitraumes sollte der Druck nicht mehr als 1 Torr steigen, andernfalls ist eine Undichtigkeit vorhanden. Man kippt die Säure über die Kohle, mischt durch Schütteln des Gefäßes den Inhalt gründlich durch und erhitzt den Kolben 5 Min. über freier Flamme von $^1/_2$ bis 1 Zoll Höhe, wobei man darauf achtet, daß kein Überdruck auftritt. Nun taucht man den Kolben in einen Becher mit Wasser gleicher Temperatur wie vorher so lange, bis Temperaturausgleich stattgefunden hat; mindestens einmal schüttelt man den Kolben während dieser Zeit. Man notiert die Druckanzeige und wiederholt die Messung nach weiteren 4 Min. (Kontrolle auf Dichtheit).

Wenn Überdruck eingetreten ist, wiederholt man die Bestimmung mit einer kleineren Probemenge. Dann eicht man auch mit so kleiner Menge.

Man nimmt den Kolben ab. Wenn ein H_2S-Geruch bemerkbar ist, wiederholt man die Bestimmung mit 8 ml HCl, der man 2 ml gesättigte Quecksilber(II)-chloridlösung zusetzt.

Bei W g Kohle, P_1 mm Druckanstieg für 0,12 g Na_2CO_3 + G g zur Eichung genommener Kohle, P_2 mm Druckanstieg für diese Kohle allein, P_3 mm Druckanstieg für die Analysenprobe ist, da $G = W$ (siehe oben):

$$x = \frac{4{,}98\, P_3}{G(P_1 - P_2)} \text{ \% Carbonat-CO}_2 \text{ in der Kohlenprobe.}$$

Bemerkungen. a) Die Zugabe carbonatarmer Kohle – möglichst des gleichen Typus wie die zu analysierende Kohle – bei der Eichung hat den Sinn, Fehler durch Adsorption von CO_2 an die Kohlensubstanz auszugleichen. Da die Druckablesung nicht bei erhöhter Temperatur erfolgt und kein Austreiben durch Spülgas od. dgl. stattfindet, darf die Adsorption bei der manometrischen Analyse von Substanzen, die als Adsorbentien wirken können, nicht vernachlässigt werden.

b) Die Carbonatbestimmung in *Braunkohle* ist mit besonderen Fehlerquellen behaftet, da Braunkohle bisweilen schon beim Erhitzen mit Säure aus der Kohlensubstanz CO_2 abspaltet (vgl. auch Abschnitt: VI). Burns, Duries und Swaine haben diese Erscheinung näher untersucht.

VIII. Bestimmung des Carbonat- oder Kohlendioxidgehaltes verschiedener anorganischer Produkte.

(Natriumsulfid, Aluminat, Hypochlorit, Chlorgas, Ammoniak, Metalle).

Die Bestimmung in Natriumsulfid wird von Stumpf beschrieben, diejenige der Carbonat- neben Hydroxidionen und des Aluminiums in Aluminatlaugen von Watts und Utley.

Zur Carbonatbestimmung in *Hypochlorit* läßt sich nach Wassiljew und Stutzer die Methode nach Fresenius und Classen (vgl. Abschnitt: 2, I, b) verwenden, wenn man der Zersetzungssäure Eisen(II)-sulfat zufügt und dann noch entweichende Spuren von Chlor durch Waschen mit 10%iger Kaliumjodidlösung entfernt. Man mischt 1 bis 2 g Hypochlorit mit 10 bis 20 g fein zerriebenem Salz: $FeSO_4 \cdot 7H_2O$, gibt dazu in den Kolben noch 30 bis 40 ml 30%iger Eisen(II)sulfat-7-hydrat-Lösung und dann erst die Salzsäure.

Eine gasvolumetrische Methode zur Bestimmung von Kohlendioxid in technischem *Chlorgas* unter Anwendung von feuchtem Zinkamalgam wird von Hohn angegeben.

Die Bestimmung von gebundenem CO_2 in flüssigem *Ammoniak* beschreiben Adam, Syputa und Stephenson. Man läßt 500 ml Probe sich bei einer unterhalb 70 °F (21 °C) liegenden Temperatur in einem Zylinder aus rostfreiem Stahl entspannen. CO_2 bleibt dabei als Carbonat im Zylinder zurück. Man zersetzt das Carbonat in ihm mit 2 n Schwefelsäure und leitet das freiwerdende CO_2 mit einem Stickstoffstrom in überschüssige, gemessene Baritlauge, die man anschließend zurücktitriert. Mengen von 5 bis 50 ppm CO_2 wurden auf diese Weise bestimmt; die Abweichungen betrugen bis zu 3 ppm.

Eine Bestimmung von Gesamt-CO_2 bzw. Carbonat-Hydrogencarbonat-CO_2 und Carbamidat-CO_2 nebeneinander besteht im wesentlichen in dem Fällen des Carbonatanteils mit Calciumchlorid bei 0 °C, dem entsprechenden Fällen des Gesamt-CO_2 bei Wasserbadtemperatur, Filtration und Titration der beiden $CaCO_3$-Niederschläge; sie wurde von Patscheke beschrieben.

Von vielen Arbeiten, welche die Analyse von in Metallen gelösten Gasen, darunter CO_2, behandeln, sei als einziges Beispiel diejenige von Gregory und Mapper erwähnt. Diese Autoren arbeiten mit Vakuumschmelzung und manometrischer Analyse.

IX. Bestimmung des Carbonat- oder Kohlendioxidgehaltes in Produkten der organischen und der Lebensmittelindustrie (Kautschuk-Gummi, Backpulver, Getränke).

Die Bestimmung des Carbonatgehaltes in *Kautschuk*-Gummi unter Zersetzung mit Essigsäure und Absorption von Schwefelwasserstoff und flüchtigen organischen Säuren mit Bleiacetat und Natriumacetat beschreibt Pearson.

In *Backpulver* und dergleichen kann CO_2 nach den verschiedensten Methoden bestimmt werden. Ein sehr einfaches Gerät zur manometrischen Schnellbestimmung ist dasjenige von Parkes (siehe Abschnitt: 2, II, b). Eine gasvolumetrische Methode wurde u.a. von Lamprecht beschrieben.

Über die Bestimmung des in *Getränken*, z.B. Wein, gelösten Kohlendioxids existiert eine große Anzahl von Arbeiten. Von diesen sei nur eine neuere erwähnt, die von Pro, Etienne und Feeny stammt. Die Methode besteht darin, die zunächst alkalisch gemachte Probe in einer Glasapparatur im Vakuum mit Phosphorsäure anzusäuern und die auftretende Druckänderung zu messen. Die Autoren haben Tabellen zur Auswertung der Druckablesung unter Berücksichtigung von Korrekturfaktoren aufgestellt und eine gute Reproduzierbarkeit der Ergebnisse bei Gehalten von 150 bis 400 mg CO_2/100 ml Flüssigkeit gefunden.

Ein Verfahren zur Carbonat-CO_2-Bestimmung in *Milch* wurde von Mc Dowall beschrieben.

X. Bestimmung des Kohlendioxids in der Luft und einigen anderen Gasen.

Für die Bestimmung des Kohlendioxids in Luft sind im Abschnitt: 1 zahlreiche Beispiele für die Anwendung der verschiedenen Methoden gegeben worden. In einer neueren Studie über diese Bestimmung empfiehlt Deckert als besonders geeignet die Absorption in äthanolischer Kalilauge unter Kühlung auf – 80 °C und Titration des entstandenen Carbonats gegen Thymolphthalein als Indikator.

Deckert stellte fest, daß in üblichen Fritten-Gaswaschflaschen auch bei Hintereinanderschaltung von mehreren solcher Flaschen mit Baritlauge oder 0,1 n Natronlauge keine ganz quantitative Absorption des CO_2 aus einem Luftstrom von 200 ml/Min. stattfindet. Er arbeitet daher unter den genannten Bedingungen und benutzt dabei 3 „Impinger“ (Waschflaschen mit zu Capillaren verjüngten und an der Spitze abgeschliffenen Einleitungsrohren, aus denen der Gasstrom in scharfem Strahl gegen den Gefäßboden prallt – siehe Abb. 60, S. 202) hintereinander.

Bezüglich einer konduktometrischen Apparatur zur kontinuierlichen Bestimmung von CO_2 und NH_3 in Waschwässern von Koksofengas sei nur auf die Arbeit von Barendrecht und Janssen verwiesen.

Zur gleichzeitigen Bestimmung von Kohlendioxid und Schwefelwasserstoff haben Blohm und Riesenfeld eine *Apparatur* angegeben. Diese besteht im wesentlichen aus einem Gaszähler und zwei Frittenwaschflaschen, von denen die erstere Jodlösung mit Stärkeindikator, die zweite Baritlauge mit Phenophthalein enthält. Auf die Waschflaschen sind Büretten unmittelbar aufgesetzt, und man läßt aus ihnen während des Gasdurchganges entsprechend dem Verbrauch an Jod bzw. Lauge öfters diese Reagenzien nachfließen. Zum Schluß läßt man Gas bis zum Umschlag der Indikatoren durchströmen.

Von den vielen in den vorangegangenen Abschnitten beschriebenen Methoden zur CO_2-Bestimmung in Gasgemischen ist besonders die Gaschromatographie zu empfehlen.

Literatur.

Adam, A. R., R. Syputa u. W. E. Stephenson: Anal. Chem. **32**, 1319 (1960); durch Anal. Abstr. **1961**, 1474. – Adlard, E. R., u. D. W. Hill: Nature **186**, 1045 (1960); durch Anal. Abstr. **1961**, 302. – Adler, H. H., u. P. F. Kerr: Autorref. in Program of the Annual Meeting of the Geol. Soc. of America 1961. – Alexejewa, O. S.: Betriebslab. (russ.) **9**, 1336 (1940); durch C. **1942**, **II**, 1723. – Amberg, C. H., E. Echigoya u. D. Kulawic: Canad. J. Chem. **37**, 708 (1959); durch Anal. Abstr. **1960**, 173.

Babko, A. K.: Ukrain. chem. J. **5**, wissensch. Teil **198** (1930); durch C. **1931**, **I**, 1793. – Bakács-Polgár, E., u. L. Szekeres: Magyar Chem. Foyóirat **63**, 325 (1957); durch Fr. **163**, 369 (1958). – Baldwin, R. R.: J. chem. Soc. **1949**, 720; durch Fr. **130**, 456 (1949/50). – Barendrecht, E., u. N. G. Janssen: Anal. Chem. **33**, 199 (1961); durch Anal. Abstr. **1961**, 3825. – Beckman, A. O.: Chem. Eng. **63**, (8) 266 (1956); durch Ch. Z. **80**, 675 (1956). – Beckman, A. O., J. D. McCullough u. R. A. Crane: Anal. Chem. **20**, 674 (1948); durch Chem. Abstr. **1948**, 7657g. – Belcher, R., J. H. Thompson u. T. S. West: Anal. chim. Acta **19**, 309 (1958). – Benedetti-Pichler, A. A., M. Cefola u. B. Waldman: Ind. eng. Chem. Anal. Edit. **11**, 327 (1939); durch C. **1939**, **II**, 3454. – Berbenni, P.: Boll. Lab. Chim. Provinciali **11**, 249 (1960); durch Anal. Abstr. **1960**, 5477. – Bergmann, N. A., H. Rackow u. M. J. Frumin: Anesthesiology **19**, 19 (1958); durch Chem. Abstr. **1958**, 11652c. – Blank, E. W.: Chemist-Analyst **19**, 17 (1930); durch C. **1930**, **II**, 1406. – Blohm, C. L., u. F. C. Riesenfeld: Ind. eng. Chem. Anal. Edit. **18**, 373 (1946); durch Chem. Abstr. **1946**, 4315[8,9]. – Blom, L., u. L. Edelhausen: Anal. chim. Acta **13**, 120 (1955). – Blom, L., J. A. Stijntjes, J. A. van der Vliervoet u. A. I. Beeren: Chim. analyt. **44**, 302 (1962); durch Fr. **202**, 458 (1964). – Böhm, H., K. G. Günther u. W. Kuhl: Fr.

209, 198 (1965). – BOUCHETAL DE LA ROCHE: Bl. [4] **47**, 660, 1326 (1930); durch Fr. **87**, 367 (1932). – BRENNER, N., u. L. S. ETTRE: Anal. Chem. **31**, 1815 (1959). – BRUCHHAUSEN, durch G. O. MÜLLER: Praktikum d. quantit. Analyse, 2. Aufl., S. 339; Leipzig 1952. – BRUNNÉE, C., u. L. DELGMANN: Fr. **197**, 51 (1963). – BUCKLEY, J. J., F. H. VAN BERGEN, A. HEMINGWAY, H. L. DEMAREST, F. A. MILLER, R. T. KNIGHT u. R. L. VARCO: Anesthesiology **13**, 455 (1952); durch Chem. Abstr. **1953**, 5977b. – BUNSEN, R., durch F. P. TREADWELL: Kurzes Lehrbuch d. analytischen Chemie, 2. Bd., 11. Aufl., S. 322; Wien 1949. – BURNS, M. S.: Fuel **41**, 239 (1942). – BURNS, M. S., R. A. DURIES u. D. J. SWAINE: Fuel **41**, 373 (1962). – BYČICHIN u. LÁSKA: Chem. Listy **30**, 149 (1936); durch C. **1936**, **II**, 4146.

CALVI, G.: Ind. chimica **4**, 773 (1929); durch C. **1930**, **II**, 96. – CANNIZZARO, J.: Ind. eng. Chem. **15**, 1074 (1923); durch Fr. **72**, 459 (1927). – CARRATT, D. C.: Analyst **60**, 814 (1935); durch C. **1936**, **I**, 1989. – ČERMÁK, V.: Chem. Průmysl **7**, 8 (1957); durch Chem. Abstr. **1957**, 13651h. – CHANDELLE, R., u. H. ETIENNE: Bl. Soc. chim. Belg. **46**, 75 (1937); durch C. **1937**, **II**, 2217. – CLARK, J. F.: Analyst **75**, 525 (1950). – CLARKE, B. L., u. H. W. HERMANCE: Ind. eng. Chem. Anal. Edit. **9**, 597 (1937); durch Fr. **120**, 19 (1940). – CLARKE, F. E.: Anal. Chem. **19**, 889 (1947); durch C. **1948**, **II**, 241. – CONSOLAZIO, G. A., C. W. CHAGNON u. B. MANNING: Anal. Chem. **25**, 1136 (1953). – COOPER, S. S.: Ind. eng. Chem. Anal. Edit. **13**, 466 (1941). – ČŮTA, F., u. K. KÁMEN: Coll. Trav. chim. Tchécosl. **11**, 77 (1939); durch C. **1939**, **II**, 2260. – ČŮTA, F., u. R. KOHN: Coll. Czechoslov. Chem. Comm. **12**, 384 (1947); durch Chem. Abstr. **1948**, 1846h.

DALLEMAGNE, J.: Bl. **32**, 282 (1950); durch Fr. **134**, 217 (1951/52). – DAS, S.: Indian J. Agr. Sci. **14**, 377 (1944); durch Chem. Abstr. **1948**, 3513b. – DECKERT, W.: Fr. **176**, 163 (1960). – DE CLERCK, J.: Bl. trimestr. Assoc. anc. Elèves École Brass. Univ. Louvain **29**, 30 (1929); durch C. **1930**, **I**, 300. – DEMESSE, J.: Défense aér. **2**, Nr. 6, 4 (1937); durch C. **1937**, **I**, 4398. – DHAMANEY, C. P.: Bl. geol., Mining metallurg. Soc. India **1955**, 1; durch C. **1957**, 8600. – DIMITRIU, A.: Acad. R. P. R. Studii cercétări de chimie **7**, 375 (1959); durch Anal. Abstr. **1960**, 3016. – DOERFFEL, K.: Chem. Techn. **6**, 391 (1954); durch Fr. **145**, 147 (1955). – DOWALL; siehe MCDOWALL.

EGLE, K., u. A. ERNST: Z. Naturforschg. **4b**, 351 (1949); durch Chem. Abstr. **1950**, 10030f. – ELLIS, E. H., D. RAPKIN u. N. RUDOLF: J. Soc. chem. Ind. **56**, 213T (1937); durch Fr. **112**, 206 (1938). – EMMERT, E. M.: J. Assoc. offic. agric. Chem. **14**, 386 (1931); durch C. **1931**, **II**, 3123. – ENGST, R.: Z. Lebensm. **107**, 32 (1958); durch Anal. Abstr. **1959**, 1239. – EVANS, B. S.: Analyst **62**, 122 (1937); durch C. **1937**, **I**, 4398.

FAHEY, J. J.: U. S. Geol. Surv. Bl. Nr. **950**, 139 (1946); durch Chem. Abstr. **1947**, 53h. – FILIPPOWA, A. G.: Betriebslab. (russ.) **8**, 497 (1939); durch C. **1940**, **II**, 2189. – FOLDÈS, G.: Rev. gén. Electr. **43**, 616 (1938); durch C. **1938**, **II**, 1451. – FOREMAN, J. K.: Mikrochim. A. **1956**, 1481; durch C. **1957**, 6541. – FOWLER, R. C.: Rev. scientif. Instr. **20**, 175 (1949). – FRESENIUS, L., u. O. FUCHS: Fr. **82**, 230 (1930). – FRESENIUS, R., u. F. NEUMÜLLER: Fr. **111**, 265 (1937/38). – FREIER, R. K.: Wasseranalyse, Physikochemische Untersuchungsverfahren, Berlin 1964. – FRIEDEL, R. A.: Anal. Chem. **28**, 1806 (1956); durch Fr. **157**, 457 (1957). – FRIEDEL, R. A., A. G. SHARKEY, J. L. SHULTZ u. C. R. HUMBERT: Anal. Chem. **25**, 1314 (1953); durch Fr. **146**, 276 (1955). – FRISCH, S. E., u. E. J. SCHREJDER (SHREIDER): Isvest. Akad. Nauk SSSR, Sér. Fiz. **13**, 464 (1949); durch Chem. Abstr. **44**, 1326c (1950). – FRITZ, J. S., u. N. M. LISICKI: Anal. Chem. **23**, 589 (1951); durch Fr. **137**, 217 (1952/53).

GALLE, O. K., u. R. T. RUNNELS: J. Sediment. Petrol. **30**, 613 (1960); durch Anal. Abstr. **1961**, 2399. – GAND, E.: Bl. **1946**, 683; durch Chem. Abstr. **1947**, 2658i. – Gasinstitut: Gas- und Wasserfach **67**, 233 (1924). – GERTZ, H. H., u. H. H. LOESCHKE: Z. Naturf. **11b**, H. 2 (1956); durch MYSERS u. Mitarb. Fr. **212**, 167 (1965). – GOERLICH, P., H. MOENKE u. L. MOENKE-BLANKENBURG: Jenaer Jahrbuch **1959**, **I**, 154. – GOODMAN, J., u. J. STEIGMAN: Chemist-Analyst **49**, 86 (1960); durch Anal. Abstr. **1961**, 1441. – GOODWIN, R. D.: Anal. Chem. **25**, 263 (1953); durch Chem. Abstr. **1953**, 4662f. – GORBACH, S., u. F. EHRENBERGER: Fr. **181**, 100 (1961). – GORDON, K., u. J. F. LEHMANN: J. sci. Instruments **5**, 123; durch C. **1928**, **I**, 2736. – GOTTLIEB, O. R.: Anal. chim. Acta **13**, 101, 214, 531 (1955). – GREENBERG, D. M., E. G. MOBERG u. E. C. ALLEN: Ind. eng. Chem. Anal. Edit. **4**, 309 (1932); durch C. **1932**, **II**, 1814. – GREENE, S. A. u. H. PUST: Anal. Chem. **29**, 1055 (1957). – GREGORY, J. N., u. D. MAPPER: Analyst **80**, 225 (1955); durch C. **1957**, 8307. – GRINBERG, I. W., u. A. A. S(S)ALAMIN: Betriebslab. (russ.) **18**, 1239 (1963). – GUÉRIN, H.: Traité de manipulation et d'analyse des gaz; Paris (1952). – GUY, J.: Chem. Ind. **1948**, 600.

HAASE, L. W.: Wasser und Gas **19**, 73 (1928); durch C. **1929**, **I**, 1250. – HAYAKAWA, T., u. T. KAMBARA: J. chem. Soc. Japan, Ind. Chem. Sect. **54**, 310 (1951); durch Chem. Abstr. **1953**, 3108e. – HECZKO, T.: (a) Angew. Ch. **44**, 85 (1931); (b) Arch. Eisenhüttenw. **25**, 413 (1954). – HEDIGER, S.: Z. physikal. Therapie **39**, 89 (1930); durch Fr. **92**, 36 (1933). – HEPBURN, J. R. I.: Analyst **51**, 622 (1926); durch Fr. **74**, 55 (1928). – HEYER, C.; durch H. NOLL: Angew. Ch. **33**, 182 (1920). – HIGGINS, H. L., u. W. M. MARIOTT: Am. Soc. **39**, 68 (1917). – HOCK, A.: Ch. Fabr. **1**, 548 (1928); durch Fr. **79**, 399 (1930). – HOHN, H.: Angew. Ch. **54**, 307 (1941); durch Chem. Abstr. **1943**, 2680[5]. – HOLM-JENSEN, I.: Anal. chim. Acta **23**, 13 (1960); durch Anal. Abstr. **1961**, 842. – HOŠTÁLEK, Z. u. D. DOLEŽAL: Chem. Průmysl **7**, 232 (1957); durch Chem. Abstr. **1958**, 12659f. – HUNT, J. M., M. P. WISHERD u. L. C. BONHAM: Anal. Chem. **22**, 1478 (1950). –

Hunter, J. A., R. W. Stacy u. F. A. Hitchcock: Rev. sci. Instruments **20**, 333 (1949); durch Chem. Abstr. **1949**, 7270f.

Jennings, P. P., u. E. M. Osborn: Analyst **82**, 671 (1957). – Jeczalik, A.: Chem. Anal. **1**, 35 (1956); durch Chem. Abstr. **1957**, 1775e. – Jeffery, P. G., u. A. D. Wilson: Analyst **85**, 749 (1960). – Juránek, J.: (a) Coll. Czechoslov. Chem. Comm. **22**, 1704 (1957); **23**, 78 (1958); (b) **24**, 135 (1959).

Kahn, A.: J. Labor clin. Med. **46**, 312 (1955); durch Fr. **151**, 388 (1956). – Kainz, G., u. L. Hainberger: Mikrochim. A. **1959**, 870. – Kallenbach, H.: Arch. Eisenhüttenw. **21**, 13 (1950). – Kapitanczyk, K., u. M. Miedziński: Przemysl Chem. **11**, 521 (1955). – Kauko, Y.: Suomen Kemistilehti **5**, 548 (1932); durch C. **1933, I**, 1816; Angew. Ch. **47**, 164 (1934); durch C. **1934, II**, 1166; Angew. Ch. **48**, 539 (1935); durch C. **1935, II**, 3801; Iva **20**, 44 (1949); durch Chem. Abstr. **1949**, 8308d. – Kauko, Y., u. J. Carlberg: Fr. **102**, 393, 407 (1935). – Kauko, Y., u. M. Icel: Fr. **142**, 401 (1954). – Kazin, K. P.: Doklady Vsesoyus. Akad. Sel'sko-Khoz. Nauk im. Lenina **1940**, No. 12, 23; durch Chem. Abstr. **1943**, 991[2]. – Kegel, J.: Arch. Metallkunde **2**, 18 (1948); durch Fr. **134**, 110 (1951/52). – Kelley, G. L.: Ind. eng. Chem. **8**, 1038 (1916); durch C. **1918, I**, 596. – Kling, A., u. M. Roully: C. r. **202**, 318 (1936); durch C. **1936, II**, 1390. – Kobayashi, Y., A. Matsumoto u. T. Yamada: J. chem. Soc. Japan, Ind. Chem. Sect. **61**, 525 (1958); durch Anal. Abstr. **1959**, 1946. – Kobe, K. A., u. F. H. Kenton: Ind. eng. Chem. Anal. Edit. **10**, 76 (1938). – Kobe, K. A., u. G. E. Mason: Ind. eng. Chem. Anal. Edit. **18**, 78 (1946); durch Chem. Abstr. **1946**, 1410[1]. – Koczy, F., u. H. Titze: Fr. **150**, 100 (1956). – Kolthoff, I. M.: Z. anorg. Ch. **100**, 143 (1917). – Kolthoff, I. M., u. V. A. Stenger: Volumetrie Analysis, Bd. II, 2. Aufl.; New York 1949. – Krogh, A.: Scand. Arch. Physiol. **20**, 279 (1908). – Kuentzel, L. E.: Anal. Chem. **27**, 301 (1955). – Küster, F. W.: Z. anorg. Ch. **13**, 140 (1897).

Lademann, E.: Z. landw. Vers.- u. Untersuchungswes. **3**, 224 (1957). – Lamprecht, P.: Brot u. Gebäck **5**, 136 (1951); durch Fr. **134**, 283 (1951/52). – Lange, W., u. W. Winzen: Glückauf **90**, 743 (1954); durch Chem. Abstr. **1954**, 13198b. – Larsen, S.: Acta chem. Scand. **3**, 967 (1949); durch Fr. **134**, 217 (1951/52). – Láska, B.: Chem. Listy **29**, 201 (1935); durch C. **1935, II**, 3952. – Liberti, A., F. Lepri, L. Ciavatta u. G. Cartoni: Ric. sci. **27**, Suppl. A. Polarografia **3**, 21 (1957); durch Chem. Abstr. **1958**, 6053g. – Lilly, J. C.: Medical Phys. **2**, 845 (1950). – Lindner, J.: Fr. **94**, 1 (1933); Mikrochemie **20**, 209 (1936). – Lindner, J., u. F. Hernler: Mikrochemie, Emich-Festschrift **1930**, 191; durch C. **1931, II**, 880. – Lodge, J. P., E. R. Frank u. J. Ferguson: Anal. Chem. **34**, 702 (1962); durch Fr. **196**, 374 (1963). – Loveland, J. W., R. W. Adams, H. H. King, F. A. Nowak u. L. J. Cali: Anal. Chem. **31**, 1008 (1959). – Lundegårdh, H.: Z. Phys. **66**, 109 (1930); durch Fr. **87**, 365 (1932). – Lundell, G. E. F., u. J. I. Hoffmann: Bur. Stand. J. Res. **2**, 671 (1929); durch C. **1929, II**, 332. – Lunge, G., u. L. Marchlewski: Angew. Ch. **1891**, 229. – Luria, L.: Boll. Soc. Ital. Biol. Sper. **34**, 353 (1958); durch Anal. Abstr. **1959**, 4184. – Lysyj, I., u. P. R. Newton: J. Chromatogr. **11**, 173 (1963); durch Fr. **208**, 46 (1965).

Mahr, C.: Fr. **97**, 93 (1934). – Malyoth, G., u. E. Sommerfeld: Bio. Z. **281**, 49 (1935); durch C. **1936, I**, 577. – Martin, A. E., u. R. Reeve: Soil Sci. **79**, 187 (1955); durch Fr. **148**, 439 (1955/56). – Martin, W. M. K., u. J. R. Green: Ind. eng. Chem. Anal. Edit. **5**, 114 (1933); durch Fr. **96**, 340 (1934). – Maxon, W. D., u. M. J. Johnson: Anal. Chem. **24**, 1541 (1952); durch C. **1953**, 6317. – McDowall, F. H.: Analyst **61**, 472 (1936); durch C. **1936, II**, 3012. – McKown, H. S.: U. S. A. E. C. Rep. K-995 (1960); durch Anal. Abstr. **1961**, 4868. – Meurice, R.: Ann. Chim. anal. **27**, 192 (1945); durch Chem. Abstr. **1946**, 2415[3]. – Miller, F. A., A. Hemingway, A. O. Nier, R. T. Knight, E. B. Brown u. R. L. Varco: J. Thoracic Surg. **20**, 714 (1950); durch Chem. Abstr. **1952**, 3603b. – Miller, F. A., A. Hemingway, R. L. Varco u. A. O. Nier: Pr. Soc. exp. Biol. Med. **74**, 13 (1950). – Miller, R. D., u. M. B. Russell: Anal. Chem. **21**, 773 (1949); durch Chem. Abstr. **1949**, 8216g. – Minter, C. C.: Anal. Chem. **19**, 464 (1947); durch C. **1948, I**, 141. – Minter, C. C., u. I. M. J. Burdy: Anal. Chem. **23**, 143 (1951); durch Chem. Abstr. **1951**, 3202e. – Mizuike, A.: Japan Analyst **3**, 17 (1954); durch Chem. Abstr. **1954**, 6913c. – Moenke, H.: Mineralspektren (Atlas), Berlin 1962. – Moenke, H., u. L. Moenke-Blankenburg: Jenaer Jahrbuch **1960** II, 396. – Müller, R.: Jahrbuch vom Wasser **8**, 180 (1934). – Muysers, K., U. Smidt u. F. Siehoff: Fr. **212**, 167 (1965).

Newton, A. S.: Anal. Chem. **25**, 1746 (1953). – Nodop, G.: Fr. **164**, 120 (1958). – Noll, H.: Angew. Ch. **33**, 182 (1920); durch Fr. **61**, 200 (1922).

Olszewski, W.; durch Klut-Olszewski: Untersuchung des Wassers an Ort und Stelle, 9. Aufl.; Berlin 1945.

Papp, S.: (a) Fr. **127**, 167 (1944); (b) **125**, 349 (1943); (c) Magyar Mérnök Építészegylet Közlönye **78**, 138 (1944); durch Chem. Abstr. **1947**, 7589ab. – Parkes, A. E.: Analyst **74**, 261 (1949); durch Fr. **131**, 452 (1950). – Parsons, J. L., J. C. Neerman, J. R. Lifsitz u. F. R. Bryan: Anal. Chem. **30**, 1055 (1958). – Partridge, E. P., u. W. C. Schroeder: Ind. eng. Chem. Anal. Edit. **4**, 271, 274 (1932); durch C. **1932, II**, 1815. – Pasovskaya, G. B.: Zhur. Anal. Chem. (russ.) **13**, 619 (1958); durch Anal. Abstr. **1959**, 1240. – Passauer, H.: Feuerungstechn. **10**, 142 (1931); durch Arch. Eisenhüttenw. **21**, 13 (1950). – Patchornik, A., u. Y. Shaltin: Anal. Chem. **33**, 887 (1961); durch Fr. **201**, 75 (1964). – Patscheke, G.: Angew. Ch. **52**, 448 (1939); durch C. **1940, I**, 2990. – Patton, H. W., J. S. Lewis u. W. I. Kaye: Anal. Chem. **27**, 170 (1955). –

PAUSCHMANN, H.: Fr. **207**, 14 (1965). – PEARSON, A. R.: Analyst **45**, 405 (1920); durch Fr. **102**, 447 (1935). – PEROVICI, C., u. D. DIMITRIU: Rev. Chim. Bukarest **9**, 344 (1958); durch Anal. Abstr. **1959**, 1700. – PETTENKOFER: J. pr. **82**, 32 (1861). – PETTERSSON, O.: B. **23**, 1402 (1890). – PHILIPPOWA; siehe FILPPOWA. – PIERSON, R. H., A. N. FLETCHER u. E. S. C. GANTZ: Anal. Chem. **28**, 1218 (1956). – PIETERS, H. A.: Anal. chim. Acta **2**, 263 (1948); durch Chem. Abstr. **1948**, 8710f. – PITTS, J. N., D. D. DE FORD u. G. W. RECKTENWALD: Anal. Chem. **24**, 1566 (1952). – POBINER, H.: Anal. Chem. **34**, 378 (1962); durch Fr. **202**, 70 (1964). – PŘIBIL, M.: (a) Fr. **217**, 7 (1966), (b) Collect. czechoslov. chem. Commun. **28**, 2158 (1963); durch Fr. **206**, 371 (1964). – PRESCOTT, C. H., u. J. MORRISON: Ind. eng. Chem. Anal. Edit. **11**, 230 (1939). – PRITZKER, J., u. R. JUNGKUNZ: Ch. Z. **56**, 364 (1932); durch C. **1932**, **II**, 745. – PRO, M. J., A. ETIENNE u. F. FEENY: J. Assoc. offic. agric. Chem. **42**, 679 (1959); durch Anal. Abstr. **1960**, 2989.

REICH-ROHRWIG, W.: Fr. **95**, 315 (1933). – REINAU, E. H., u. A. JOHAENTGES: Bodenkunde Pflanzenernähr. **36**, 121 (1945); durch Chem. Abstr. **1947**, 5054i. – RICHTER, F.: Fr. **119**, 109, 335 (1940). – RILEY, J. P.: Analyst **83**, 42 (1958); durch Fr. **165**, 59 (1959). – RINGBOM, A.: (a) Fr. **84**, 161 (1931); (b): Acta Akad. Aboensis math. et phys. **8**, Nr. 5 (1934); durch C. **1935**, **I**, 754. – ROLLER, P. S., u. G. ERVIN: Ind. eng. Chem. Anal. Edit. **11**, 150 (1939); durch C. **1939**, **II**, 4036.

SALMANSON, E. S.; durch Methoden der Untersuchung von Sedimentgesteinen (russ.) Bd. **2**, 30; Moskau 1957. – SARTORIUS, F., u. J. DERKS: Arch. Hyg. Bakteriol. **110**, 322 (1933); durch Fr. **100**, 197 (1935). – SARUHASHI, K.: Papers Meteorol. and Geophys. (Japan) **3**, 202 (1953); durch Chem. Abstr. **1953**, 7705a. – SCHAPIRO; siehe SHAPIRO. – SCHEIBLER, C.: Anleitung zum Gebrauch d. Apparates zur Bestimmung der kohlensauren Kalkerde in der Knochenkohle; durch Fr. **130**, 255 (1949/50). – SCHILLING, H.; durch Fr. **128**, 86 (1948). – SCHMITT, K.: Glückauf **86**, 792 (1950); durch Chem. Abstr. **1951**, 2724a. – SCHNITZER, M., I. HOFFMAN u. J. R. WRIGHT: J. Sci. Food. Agric. **11**, 163 (1960); durch Anal. Abstr. **1960**, 5046. – SCHOLLENBERGER, C. J.: Ind. eng. Chem. **20**, 1101 (1928); Soil Sci. **30**, 307 (1930); **59**, 57 (1945). – SCHOLLENBERGER, C. J., u. C. W. WHITTAKER: Soil Sci. **85**, 10 (1958); durch Anal. Abstr. **1959**, 381. – SCHROEDER, W. C.: Ind. eng. Chem. Anal. Edit. **5**, 389 (1933); durch C. **1934**, **I**, 2018. – SCHULEK, E., J. TROMPLER, A. ENDRÖI-HAVAS u. I. REMPORT: Anal. chim. Acta **24**, 11 (1961); durch Anal. Abstr. **1961**, 3640. – SCHUSTER, F.: Laboratoriumsbuch f. d. Untersuchung fester und gasf. Brennstoffe, 1. Bd.; Halle (Saale) 1958. – SCHWENK, U., H. HACHENBERG u. M. FÖRDERREUTHER: Brennstoff-Chem. **42**, 295 (1961); durch Fr. **188**, 299 (1962). – SCOTT, W. W., u. P. W. JEWEL: Ind. eng. Chem-Anal. Edit. **2**, 76 (1930); durch C. **1930**, **I**, 2455. – SEYLER, C. A.: Chem. N. **70**, 82, 104, 112, 140; durch Fr. **39**, 731 (1900). – S(C)HAPIRO, L., u. W. W. BRANNOCK: Anal. Chem. **27**, 1796 (1955); durch Fr. **153**, 128 (1956). – SIMPSON, S. G.: Ind. eng. Chem. **16**, 709 (1924); durch Fr. **78**, 67 (1929). – SMITH, A. S.: Ind. eng. Chem. Anal. Edit. **6**, 217 (1934). – SMITH, J. B., E. K. GILBERT u. M. P. HOWIE: Anal. Chem. **26**, 667 (1954). – SMITH, R. N., J. SWINEHART u. D. G. LESNINI: Anal. Chem. **30**, 1217 (1958). – SÖRENSEN, S. P., u. A. C. ANDERSON: Fr. **45**, 220 (1906). – SPECTOR, N. A., u. B. F. DODGE: Anal. Chem. **19**, 55 (1947); durch C. **1947**, 755. – SPLITTGERBER: Jahrbuch vom Wasser **15**, 288 (1942). – ŠTASTNÝ, J.: Sbornik, Čescoclov. Acad. Zemědělské **17**, 88 (1942); durch Chem. Abstr. **1943**, 5925[4]. – STOLOW, A. L.: Sbornik **116**, 118 (1956); durch Chem. Abstr. **1958**, 4387b. – STROHECKER, R.: Gas- und Wasserfach **80**, 524 (1937); durch C. **1937**, **II**, 3791. – STUMPF, K. E.: Fr. **141**, 190 (1954). – SUCHIER, A.: Angew. Ch. **44**, 534 (1931); durch Fr. **93**, 364 (1933). – SWICK, R. W., D. L. BUCHANAN u. A. NAKAO: Anal. Chem. **24**, 2000 (1952); durch Fr. **141**, 366 (1954). – SZEKERES, L., u. E. BAKÁCS-POLGÁR: (a) Fr. **156**, 194 (1957); (b) **159**, 414 (1957/58); (c) Acta chim. Acad. Sci. hung. **26**, 375 (1961); durch Fr. **185**, 454 (1962). – SZEKERES, L., u. E. PAP: Pharmaz. Zentralhalle Deutschland **102**, 618 (1963); durch Fr. **213**, 199 (1965). – SZULCZEWSKI, D. H., u. T. HIGUCHI: Anal. Chem. **29**, 1541 (1957).

TAYLOR, R. C., R. A. BROWN, W. S. YOUNG u. C. E. HEADINGTON: Anal. Chem. **20**, 396 (1948). – TEREM, H. N.: Rev. Faculté sci. univ. Istambul Ser. A. **11**, 107; durch Chem. Abstr. **1947**, 5413i. – THANHEISER, G., u. P. DICKENS: Arch. Eisenhüttenw. **2**E, Nr. 50 (1929); durch Fr. **82**, 450 (1930). – THOMANN, O., u. A. SCHERRER: Mitt. Lebensm. Hyg. Bern **50**, 186 (1959); durch Anal. Abstr. **1960**, 775. – TILLMANS, J., u. O. HEUBLEIN: Z. Lebensm. **33**, 290 (1917); durch Fr. **61**, 200 (1922). – TINSLEY, J., T. G. TAYLOR u. J. H. MOORE: Analyst **76**, 300 (1951). – TOREN, P. E., u. B. J. HEINRICH: Anal. Chem. **29**, 1854 (1957). – TREADWELL, F. P.: Kurzes Lehrbuch d. analytischen Chemie, 2. Bd., 11. Aufl.; Wien 1949. – TSCHUCHANOW, S. F.: Betriebslab. (russ.) **4**, 678 (1935); durch C. **1936**, **I**, 2780. – TUREKIAN, K. K.: Bull. Am. Assoc. Petroleum Geol. **40**, 2507 (1956); durch Chem. Abstr. **1957**, 136b.

U. K. A. E. A. Report PG 164 (CA) (1960). – UNDERWOOD, A. L., u. L. H. HOWE: Anal. Chem. **34**, 692 (1962).

VAGIN, E. V., S. S. PETUCHOV u. V. I. ŽELEZNIAK: Betriebslab. (russ.) **28**, 140 (1962); durch Fr. **193**, 70 (1963). – VAN NIEUWENBURG, C. J., u. L. A. HEGGE: Anal. chim. Acta **5**, 68 (1951); durch Fr. **134**, 217 (1951/52). – VAN SLYKE, D. D.: J. biol. Chem. **36**, 351 (1918); durch C. **1919**, **II**, 642. – VAN SLYKE, D. D., u. J. SENDROY: J. biol. Chem. **95**, 509 (1932); durch C. **1932**, **I**, 3088. – VAN SLYKE, D. D., J. SENDROY u. S. H. LIU: J. biol. Chem. **95**, 531 (1932); durch C. **1932**, **I**,

3088. – Verein deutscher Eisenhüttenleute, Chemikerausschuß: Handbuch f. d. Eisenhüttenlab. Bd. I, S. 138, 143 (1939). – VOJIŘ, F.: Chem. Listy **28**, 299 (1934); durch C. **1935**, **I**, 2703.

WAGNER, G.: Öst. Ch. Z. **54**, 133 (1953); durch Fr. **146**, 62 (1955). – WARDER, R. B.: Chem. N. **43**, 228 (1881); durch Fr. **21**, 102 (1882). – WASSILJEW, A., u. H. STUTZER: Fr. **88**, 119 (1932). – WATKINS, J., u. C. L. GEMMILL: Anal. Chem. **24**, 591 (1952). – WATKINSON, J. H.: Analyst **84**, 659, 661 (1959); durch Anal. Abstr. **1960**, 3014, 3015. – WATTS, H. L., u. D. W. UTLEY: Anal. Chem. **25**, 864 (1953). – WELLS, P. A., O. E. MAY u. C. E. SENSEMAN: Ind. eng. Chem. Anal. Edit. **6**, 369 (1934). – WELWART (Chem. Lab.): Ch. Z. **53**, 749 (1929); durch C. **1929**, **II**, 2807. – WEJNGEROW, M. L.: Betriebslab. (russ.) **13**, 426 (1947); durch Chem. Abstr. **1948**, 1467e. – WEST, T. S.: School Sci. Rev. **32**, 163 (1951); durch Chem. Abstr. **1951**, 7464g. – WIJNEN, J., u. A. VAN TIGGELEN: Spektrochim. Acta **4**, 8 (1950); durch Chem. Abstr. **1950**, 7185e. – WILSON, P. W.: Science **78**, 462 (1933); durch C. **1934**, **I**, 577. – WILSON, P. W., F. S. ORCUTT u. W. H. PETERSON: Ind. eng. Chem. Anal. Edit. **4**, 357 (1932). – WINKLER, CL.; durch F. W. KÜSTER: Fr. **37**, 182 (1898). – WINZLER, R. J., u. P. BAUMBERGER: Ind. eng. Chem. Anal. Edit. **11**, 371 (1939); durch C. **1940**, **I**, 605. – WOLFF, E.: Ann. méd. légale **27**, 221 (1947); durch Chem. Abstr. **1952**, 6685c. – WOOLMINGTON, K. G.: Analyst **86**, 350 (1961); durch Fr. **190**, 451 (1962).

ZUGRĂVESCU, P. G., u. D. SĂNDULESCU: Rev. Chim. (Bucuresti) **15**, 40 (1964); durch Fr. **211**, 224 (1965).

§ 4. Einfache Kohlenstoffverbindungen, die außer Wasserstoff bzw. Sauerstoff andere Elemente oder funktionelle Gruppen enthalten.

A. Kohlenoxysulfid.

Mol.-Gew.: 60,08; Dichte (bezogen auf Luft): 2,1; Fp.: −138,2 °C; Kp.: −50,2 °C.

Allgemeines. Kohlenoxysulfid ist ein farbloses, in reinstem Zustand geruch- und geschmackloses Gas. Es findet sich in einigen schwefelwasserstofführenden Quellgasen, in vielen Erdöl- bzw. Erdgasvorkommen und in allen technischen Gasen, die durch Kohlendestillation oder Vergasung gewonnen werden. Bei seiner Verbrennung entsteht CO_2 und SO_2. In Berührung mit glühendem Platin zerfällt es glatt in CO und S. COS löst sich in Wasser etwa im Vol.-Verhältnis 1 : 1. Die Lösung nimmt allmählich einen Schwefelwasserstoffgeruch an, da ein kleiner Teil des Gases nach der Gleichung:

$$COS + H_2O \rightarrow CO_2 + H_2S$$

hydrolisiert. Kohlenoxysulfid kommt praktisch immer im Gemisch mit Kohlendioxid, Schwefelwasserstoff, Schwefelkohlenstoff, Mercaptanen und Thiophen vor, mit den genannten Schwefelverbindungen vor allem in technischen Gasen wie Kohlendestillations-, Generator-, Synthese- und Erdölcrackgasen. Für die Analyse ist das schwierigste Problem dabei die Trennung von CS_2 bzw. die getrennte Erfassung neben Schwefelkohlenstoff. Physikalisch-chemische Methoden erscheinen in verschiedenen Fällen am günstigsten; aber auch rein chemische führen zum Ziel.

Es gibt einige Lösungsmittel bzw. Reagenzien, gegenüber denen sich Kohlenoxysulfid anders verhält als eine oder mehrere der es gewöhnlich begleitenden Verbindungen. So erfolgt seine Absorption in starker wäßriger Kalilauge (30- bis 40%iger KOH-Lösung) so langsam, daß man es durch Waschen in dieser Lauge unter geeigneten Bedingungen (siehe O'Hara, Keely und Fleming) ohne wesentlichen Verlust von Schwefelwasserstoff, Kohlendioxid, Cyanwasserstoff und flüchtigen organischen Säuren trennen kann. In äthanolischer Kalilauge löst es sich rasch und vollständig zu Kaliumäthylthiocarbonat, der Schwefelkohlenstoff aber zu Xanthogen. Mit verdünnter Kupfersulfat- und Zinkacetatlösung reagiert COS im Gegensatz zu H_2S nicht oder sehr langsam.

Palladium(II)-chlorid absorbiert COS bei 40 bis 50 °C rasch unter Bildung von HCl, CO_2 und PdS. Mit Jod reagiert COS in neutraler oder saurer Lösung im Gegensatz zu H_2S und SO_2 ebenfalls sehr langsam. Auch festes Mangan(IV)-oxid, das H_2S und SO_2 absorbiert, greift COS nicht an (Snyder und Clark).

Ammoniakalische Calciumchloridlösung absorbiert COS, nicht aber CS_2. Auch von mittleren Kohlenwasserstoffölen (Spindelöl, Kerosen) wird CS_2, nicht aber COS gelöst. Neutrale Calciumchloridlösung absorbiert COS nicht, wohl aber Mercaptane. Letztere werden ebenso wie H_2S auch von Cadmiumchlorid aufgenommen, COS nicht. Thiophene können durch Waschen in 0,5%iger Schwefelsäure entfernt werden, in der sich COS ebenfalls nicht löst. Von stark verdünnten Laugen, z.B. 0,1 n KOH oder 0,01 n NaOH, wird COS schnell unter Bildung von Sulfid absorbiert (Pursglove und Wainwright).

Ammoniak löst COS unter Bildung von Ammoniumthiocarbamidat:

$$COS + 2\,NH_3 \rightarrow C{=}O \begin{matrix} \diagup SNH_4 \\ \\ \diagdown NH_2 \end{matrix}$$

Letzteres wird durch Wasserstoffperoxid quantitativ zu Ammoniumsulfat und Ammoniumcarbonat oxydiert; in Gegenwart von Calciumionen fällt Calciumcarbonat aus.

Monoäthanolamin löst COS leicht und vollständig.

Mit Piperidin bildet COS in äthanolischer oder stark verdünnter wäßriger Lösung Piperidinoxythiocarbamidat:

$$2\,H_2C_5H_8NH + COS \rightarrow (H_2)_5C_5N{-}\overset{O}{\overset{\|}{C}}{-}S{-}\underset{H}{\underset{|}{N}}C_5(H_2)_5$$

CS_2 bildet mit Piperidin Piperidindithiocarbamidat.

Auf den angeführten Reaktionen basieren verschiedene Verfahren zur Abtrennung und Bestimmung des Kohlenoxysulfids und seiner Begleitgase. Die Endbestimmung erfolgt vielfach gravimetrisch als Sulfat nach Oxydation zu Schwefelsäure. Die zur Reaktion gebrachten Gasmengen werden dem Volumen nach gemessen.

1. Bestimmungsmethoden mit selektiver Absorption und gravimetrischer Endbestimmung.

Nach Kühl leitet man das zu analysierende Industriegas zuerst durch 25%ige wäßrige Kalilauge zum Entfernen von H_2S oder SO_2 und dann durch 12,5%ige äthanolische Kalilauge. Man oxydiert die in letzterer erhaltene Lösung mit H_2O_2 und bestimmt den COS-Schwefel bzw. die Summe von COS- und CS_2-Schwefel als Bariumsulfat.

Nach Awdejewa werden zunächst H_2S und SO_2 mit Jodlösung entfernt und gegebenenfalls bestimmt; dann wird COS in ammoniakalischer Calciumchloridlösung (7,5%ig an $CaCl_2$, 1%ig an NH_3), absorbiert und als Sulfat bestimmt; schließlich kann CS_2 in äthanolischer Kalilauge (150 g KOH auf 1 l Äthanol) absorbiert werden.

Riesz und Wohlberg verbrennen Anteile des Gases mit reiner Luft in parallelen Arbeitsgängen I. unmittelbar, II. nach Durchgang durch Cadmiumchloridlösung, III. nach Durchgang durch Cadmiumchlorid, durch 95%ige Schwefelsäure und durch n-Natriumcarbonatlösung, IV. nach Durchgang durch die gleichen Waschlösungen wie bei III., zusätzlich durch äthanolische Kalilauge oder Piperidin nebst Chlorbenzol. In jedem Falle werden die Schwefeloxide des jeweiligen Verbrennungsgases absorbiert und bestimmt; daraus wird der S-Gehalt dieser Gase ermittelt. Der Minderbefund an Schwefel nach Behandlung II gegenüber I entspricht dem Mercaptanschwefel; der Minderbefund nach Behandlung III gegenüber II, dem Thiophenschwefel, und der Minderbefund nach Behandlung IV gegenüber III der Summe aus dem Schwefelkohlenstoff- und Kohlenoxysulfid-Schwefel. Der Anteil der Gehalte dieser beiden Verbindungen in dem Piperidin-Reagens kann jodometrisch oder colorimetrisch ermittelt werden (siehe weiter unten).

Eine Arbeitsweise mit teilweise anderen Absorptionsmitteln für die Begleitgase, bei der zum Schluß ebenfalls COS und CS_2 gemeinsam absorbiert werden, wird von Hakewill und Rueck beschrieben.

Nach dem von Riesz und Wohlberg (siehe oben) angewendeten Prinzip der Bestimmung des restlichen Schwefels im Gas durch Verbrennung jeweils nach Durchgang von Teilströmen des Gases durch mehrere Absorptionsstrecken mit zunehmender Anzahl von Absorptionsmitteln zur Abtrennung und quantitativen Ermittlung der begleitenden Schwefelverbindungen arbeiten auch McHattie und Niven sowie Rapoport. In den Methoden beider Autoren wird aber noch der Schwefelkohlenstoff vom Kohlenoxysulfid durch selektive Absorption getrennt.

McHattie und Niven absorbieren die Mercaptane mit 1%igem Wasserstoffperoxid und die Thiophene wie Riesz und Wohlberg mit Schwefelsäure, den Schwefelkohlenstoff dann mit handelsüblichem Kerosin (letzteres würde auch Thiophen lösen, wenn es noch vorhanden wäre). Rapoport verwendet zur Absorption von COS Spindelöl, das besser geeignet sein soll als Leuchtpetroleum. Das Öl wird auf eine Temperatur unterhalb −5 °C gekühlt, und der Gasstrom beträgt 12 l/Std. Der S-Gehalt des zuletzt übrig bleibenden Gases entspricht nach diesen beiden Verfahren direkt dem Kohlenoxysulfid-Schwefel.

Auf Grund dessen, daß COS an Aktivkohle weniger stark adsorbiert wird als CS_2, ist ebenfalls eine Trennung der beiden Gase möglich (siehe Abschnitt: 4, II).

2. Bestimmungsmethoden für einfache Fälle mit titrimetrischer, gravimetrischer oder kombinierter Endbestimmung.

Allgemeines. In solchen einfachen Fällen, wo Kohlenoxysulfid nur mit Schwefelwasserstoff oder Kohlendioxid zusammen vorkommt, wie in manchen Quellwässern bzw. Quellgasen, erübrigt sich eine eigentliche Trennung.

Nach Dede leitet man COS und CO_2 enthaltendes Quellgas durch ein Kugelrohr, das auf 40 bis 50 °C erwärmte 0,1%ige Palladium(II)-chloridlösung enthält, welche auf 100 ml mit 1 ml n Salzsäure versetzt wurde. Man filtriert das entstandene Palladiumsulfid ab, löst es in 15%iger Salzsäure unter Zugabe von Kaliumchlorat und bestimmt die dem COS äquivalente Menge Sulfation als Bariumsulfat. Schwefelwasserstoff könnte man vor der COS-Bestimmung durch Waschen des Gases mit starker Kalilauge oder einer der anderen hierfür geeigneten Lösungen (siehe oben) entfernen.

Für Gasgemische, die außer Luft oder Stickstoff im wesentlichen nur COS (in größerer Menge) und CO_2 enthalten und in denen diese beiden Bestandteile bestimmt werden sollen, haben Treadwell und Meyer eine gravimetrisch-titrimetrische Methode angegeben.

Arbeitsvorschrift. Man absorbiert die beiden Gase mit einer ammoniakalischen Lösung von Calciumchlorid, wobei Calciumcarbonat und Ammonthiocarbamidat entstehen. Man versetzt mit neutralem Hydroperoxid und kocht zur Oxydation des Thiocarbamidats (zum Carbonat- und Sulfation). Dann filtriert man unter Fernhaltung von CO_2 das Calciumcarbonat ab, wäscht es gut aus und löst es in einer gemessenen Menge (T ml) 0,1 n Salzsäure. Den Überschuß titriert man mit 0,1 n Natronlauge (t ml) zurück. Das Filtrat vom Calciumcarbonat dampft man auf ein kleines Volumen ein, säuert es mit Salzsäure an und bestimmt das SO_4^{2-} als Bariumsulfat (p [g]).

Bemerkungen. *I. Berechnung.* Es ist $p \cdot 94{,}8 =$ ml COS von 0 °C und 760 Torr. Die Raummenge des aus COS entstandenen CO_2 ist praktisch die gleiche. Daher ist $(T - t) \cdot 1{,}113 - p \cdot 94{,}8 =$ ml CO_2 von 0 °C und 760 Torr die Menge des ursprünglich im Gas vorhandenen Kohlendioxids.

Wenn gleichzeitig Schwefelwasserstoff im Gas vorhanden ist, kann man diesen in einer gesonderten Probe, die in Jodlösung eingeleitet wird, jodometrisch bestimmen. Werden dabei q ml 0,1 n Jodlösung verbraucht, so ist $H_2S = q \cdot 1{,}107$ ml und das zugehörige $BaSO_4 = q \cdot 0{,}01167$ g. Eine zweite gleich große Probe wird wie im vorhergehenden Absatz beschrieben behandelt. Dann ist:

$$(p - q \cdot 0{,}01167) \cdot 94{,}8 = \text{ml COS}$$

und

$$(T - t) \cdot 1{,}113 - (p - q \cdot 0{,}01167) \cdot 94{,}8 = \text{ml } CO_2 .$$

II. Zur Bestimmung von COS und H_2S in *Quellwässern* kann man die Tatsache ausnutzen, daß 0,01 n Kaliumhydrogenjodat in saurer Lösung COS kaum merklich oxydiert, wohl aber in alkalischer. Nach SCHULEK und RÓSZA gibt man daher Salzsäure und die Reagenslösung im Überschuß zu der Probe und titriert mit Thiosulfatlösung. Auf diese Weise erhält man den H_2S-Schwefel. In einem mit Natronlauge zunächst alkalisch gemachten Anteil der Probe bestimmt man entsprechend den Gesamtschwefel; die Differenz ergibt den COS-Schwefel.

3. Indirekte Bestimmung neben Schwefelkohlenstoff ohne vorherige Abtrennung.

Nach GUÉRIN und ADAM-GIRONNE absorbiert man die beiden Gase in äthanolischer Kalilauge, wobei Kaliumxanthogenat und Kaliumäthylthiocarbonat entstehen. In einem aliquoten Teil der Lösung titriert man den Jodverbrauch, in einem anderen bestimmt man nach Oxydation mit Hydroperoxid den Gesamtschwefel, z.B. gravimetrisch als Bariumsulfat.

Bei der Oxydation liefert 1 Mol CS_2 2 Mole Sulfation, 1 Mol COS liefert 1 Mol Sulfation. Bei der Titration entsprechen 1 Mol CS_2 und 1 Mol COS je einem Äquivalent Jod:

$$C_2H_5OK + CS_2 \rightarrow C_2H_5O-CS-SK;$$
$$2\,C_2H_5O-CS-SK + 2\,J \rightarrow (S-CS-OC_2H_5)_2 + 2\,KJ;$$
$$C_2H_5OK + COS \rightarrow C_2H_5O-CO-SK;$$
$$2\,C_2H_5O-CO-SK + 2\,J \rightarrow (S-CO-OC_2H_5)_2 + 2\,KJ.$$

Demnach entspricht ein Gemenge von x Mol CS_2 + y Mol COS einerseits einem Verbrauch von $x + y$ Äquivalenten Jod, andrerseits einer Bildung von $2x + y$ Mol SO_4^{2-} bzw. Bariumsulfat. Die Komponenten errechnen sich somit zu

$$x\,(CS_2) = SO_4^{2-} - J;$$
$$y\,(COS) = 2\,J - SO_4^{2-}$$

(SO_4^{2-} in Molen, J in Äquivalenten ausgedrückt).

Eine weitere Möglichkeit der Bestimmung im Gemisch wurde von PAGNY angegeben. Man bestimmt ebenfalls einerseits den Gesamtschwefel als Bariumsulfat, andererseits jedoch den COS- oder den CS_2-Schwefel allein. Hierzu wird mit Nickelsalzlösung bei einem pH-Wert von 4,7 Nickelxanthogenat gefällt, während Nickeläthylthiocarbonat bei diesem pH-Wert nicht entsteht, der COS-Schwefel also in Lösung bleibt; eine der beiden Komponenten wird dann zu SO_4^{2-} oxydiert und als Bariumsulfat bestimmt.

4. Colorimetrische und spektrophotometrische Bestimmung.

Allgemeines. Solche Methoden sind besonders geeignet zur Bestimmung sehr kleiner Restkonzentrationen an Kohlenoxysulfid in gereinigten Synthese- und ähnlichen technischen Gasen, in denen COS ein Katalysegift darstellt. COS ist von den organischen S-Verbindungen am schwersten durch Aktivkohle entfernbar, da es den höchsten Dampfdruck besitzt. Die nachfolgend beschriebenen Methoden berücksichtigen die Gegenwart anderer Schwefelverbindungen.

I. Bestimmung als Methylenblau nach Verseifung zum Sulfid.

Allgemeines. Diese Methode wurde von PURSGLOVE und WAINWRIGHT unter Verwendung einer Sulfidbestimmung in der Ausführung von SANDS, GRAFIUS, WAINWRIGHT und WILSON entwickelt. Die Autoren fanden, daß 0,1 n Kalilauge COS ausreichend schnell (unter Hydrolyse zum Carbonat- und Sulfidion) absorbiert. Die als Endbestimmung verwendete, im Prinzip u.a. schon von ROTH beschriebene, auf der

Bildung von Leukomethylenblau und dessen Oxydation durch Eisen(III) beruhende Methylenblaureaktion ist so empfindlich, daß eine Gasmenge von 500 ml bei Gehalten um 1 grain[1] COS/100 standard cub.-feet[2] ausreicht und man nur einmal diese Menge in ein gleichzeitig als Meß- und Absorptionsgefäß dienende Flasche einzuführen braucht. Die Methode ist sehr schnell durchzuführen.

Arbeitsvorschrift. Man füllt die mit Graduierung versehene *500-ml-Flasche* (Abb. 87) mit Hilfe einer bei *A* mit Schlauch angeschlossenen Niveauflasche mit 0,1 n KOH-Lösung. Dann leitet man bei *B* mittels eines mit dem zu analysierenden Gas ausgespülten Schlauches durch Senken der Niveauflasche das Gas ein. Man beläßt etwa 50 ml Flüssigkeit (oder mehr und dann entsprechend weniger Gas, je nach COS-Gehalt) in der Flasche und schließt die Schlauchenden oberhalb *A* und *B* mit Schlauchklemmen ab. Da das Gas unter leichtem Überdruck eingeführt wurde, lüftet man kurz bei *B* zum Ausgleich auf Atmosphärendruck. Das inzwischen von dem Gasvorratsbehälter gelöste Schlauchstück klemmt man wieder zu. Nun entfernt man den bei *A* befestigten Schlauch, steckt das freie Ende des bei *B* befestigten Schlauches bei *A* auf und entfernt die Klemme vom Schlauch. Die angegebene Arbeitsweise läßt die Verwendung von Glashähnen, welche von der Lauge schnell angegriffen werden, vermeiden.

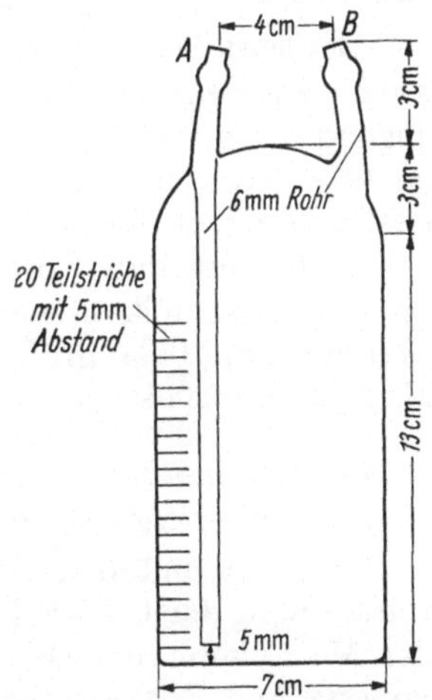

Abb. 87. Meß- und Absorptionsgefäß zur COS-Bestimmung nach PURSGLOVE und WAINWRIGHT.

Man schüttelt die Flasche in einer mechanischen Vorrichtung kräftig 20 Min. (Bei längerem Schütteln könnte eine merkliche Menge CS_2 hydrolysiert werden.) Danach führt man die Flüssigkeit in ein Meßgefäß über. Das Gesamtvolumen der Flasche soll aus einer vorausgehenden Messung bekannt sein. Von der Flüssigkeit nimmt man 50 ml ab und bestimmt den nun als S^{2-} vorliegenden COS-Schwefel colorimetrisch oder spektralphotometrisch nach der Methylenblaumethode durch Zugabe von p-Aminodimethylanilin und Eisen(III)-chlorid. Man liest den Schwefelgehalt aus einer Eichkurve, die in grain S/50 ml Lösung aufgestellt wurde, ab. Die Konzentration des COS im Gas (C_g) in grain/100 standard cub.-feet errechnet sich zu

$$C_g = C_s\,(V_s/50)\,(28317)\,\frac{100}{V_g \cdot c}$$

Dabei ist C_s die Schwefelkonzentration der Lösung [grain S je 50 ml] wie aus der Eichkurve entnommen,

V_s das Gesamtvolumen der Absorptionsflüssigkeit [ml],

V_g das Volumen der Gasprobe [ml] = Flaschenvolumen, abzüglich V_s,

c der Faktor zur Umrechnung des Gasvolumens auf Normalbedingungen (0 °C, 760 Torr).

Bemerkungen. Die *Eichkurve* wird nach SANDS, GRAFIUS, WAINWRIGHT und WILSON wie folgt gewonnen: Zunächst stellt man eine Reihe von *Standardlösungen* folgendermaßen her. Man mißt jeweils 500 ml Wasser in ein 600-ml-Becherglas ein. Durch das Wasser läßt man unter kräftigem Rühren 5 bis 50 Blasen Schwefelwasserstoff (je nach der für die betreffende Standardlösung gewünschte Konzentration) perlen. Von der Lösung pipettiert man 10 ml in einen 1-l-Meßkolben, der 100 ml 20%ige Zinkacetatlösung, etwa 800 ml Wasser und 3 Tropfen Essigsäure enthält; dann füllt man mit Wasser zur Marke auf. Dies ist die Standardlösung. Unmittelbar nach Abnehmen der 10 ml pipettiert man 20 ml 0,1 n Jodlösung zu den 490 ml im Becherglas zurückgebliebener Lösung und titriert das überschüssige Jod mit Thiosulfat gegen Stärke zurück.

[1] 1 grain = 64,8 mg.
[2] 1 cubic foot = 28,32 dm³.

Alle diese Manipulationen sollen so schnell wie möglich ausgeführt werden. Man berechnet die in 50 ml der jeweiligen zu 1 l aufgefüllten Zinksulfidstandardlösung enthaltenen grain (64,8 mg) Schwefel aus der Titration.

Von *jeder* Standardlösung gibt man 50 ml in eine 20 × 40-mm-*Photometercüvette*; man kühlt in Eiswasser auf mindestens 10 °C herunter, gibt 5 ml „Aminsulfatlösung" (0,15 g p-Amino-dimethylanilinsulfat in einem Gemisch aus 100 ml konz. Schwefelsäure und 150 ml Wasser nach Abkühlen gelöst) hinzu, rührt vorsichtig durch, gibt 1 ml Eisenchloridlösung (2,7 g Hexahydrat, in 50 ml konz. Salzsäure gelöst und mit Wasser auf 100 ml verdünnt) hinzu, rührt wieder durch und läßt 15 bis 30 Min. stehen. Eine Blindlösung wird entsprechend hergestellt. Man stellt das Photometer mit der Blindlösung auf 0 und mißt unter häufiger Kontrolle des Nullpunktes die Absorptionen der Standardlösungen. Auf Grund dieser Messungen zeichnet man die Eichkurve in Skalenteilen je grain (64,8 mg) Schwefel in 50 ml.

Bei *wiederholten* Bestimmungen ist die Kalilauge in der Niveauflasche hin und wieder zu ergänzen. Natronlauge reagiert erst bei Verdünnung auf etwa 0,01 n genügend rasch. Solche Lauge würde sich also sehr schnell verbrauchen. Kohlendioxid im Gas verbraucht zusätzlich Lauge; größere Mengen davon sollen vor der COS-Bestimmung entfernt werden. Schwefelwasserstoff muß selbstverständlich, wenn vorhanden, ebenfalls entfernt werden. Thiophen und Mercaptane stören nicht, ebensowenig Schwefelkohlenstoff in kleinerer Konzentration; erst wenn die Konzentration von CS_2 10mal größer als diejenige von COS ist, wird 1% des vorhandenen CS_2 als COS miterfaßt.

II. Bestimmung als Methylenblau nach Reduktion mit Wasserstoff zum Schwefelwasserstoff.

Beim Überleiten zusammen mit Wasserstoff über eine elektrisch erhitzte Platinspirale wird der COS-Schwefel in H_2S übergeführt. Er kann dann als solcher nach der Methylenblaumethode (siehe Abschnitt: I) bestimmt werden. SANDS, WAINWRIGHT und EGLESON wendeten dieses Verfahren in Verbindung mit einer Aktivkohletrennung zur Bestimmung von COS neben CS_2 an. Leitet man das Gasgemisch durch das Adsorbens, so tritt nach einiger Zeit COS aus, und man erhält bald einen konstanten Wert für die Schwefelkonzentration. Dieser Wert ist der COS-Konzentration äquivalent. Später bricht auch CS_2 durch, und der danach erreichte konstante S-Wert ist der Summe aus COS und CS_2 äquivalent. Die Differenz entspricht dem CS_2. Die *Dauer* der Ausführung beträgt etwa 1 Std.

III. Bestimmung durch UV-Spektrophotometrie des Piperidinderivates.

Allgemeines. Wie O'HARA, KEELY und FLEMING fanden, ist Piperidinoxythiocarbamidat, das Reaktionsprodukt aus COS und Piperidin, genügend wasserlöslich, um die Reaktion bei geringen Konzentrationen in wäßriger Lösung stattfinden zu lassen und das Oxythiocarbamidat direkt zu photometrieren. Eine ähnliche Methode, aber mit äthanolischer Piperidinlösung, hatten BRADY und später SNYDER und CLARK beschrieben. In wäßriger Lösung ist die Empfindlichkeit doppelt so groß. Die Lichtabsorption, die ihr spektrales Maximum im Ultraviolett bei 230 nm besitzt, wird im Gegensatz zur äthanolischen Lösung sofort nach der Extraktion des COS in die Lösung maximal entwickelt und bleibt konstant.

H_2S, Methylmercaptan (CH_3SH), SO_2 und andere saure Gase werden durch aufeinanderfolgendes Waschen mit Shaw-Reagens (1 Vol. n Natriumcarbonat und 7 Vol. 10%ige Cadmiumchloridlösung in Wasser) und 30%iger Natronlauge entfernt. Der Verlust an COS durch Reaktion mit der Natronlauge läßt sich in tragbarer Höhe halten. Die übrigen störenden Gase, CS_2, Thiophen und 1,3-Butadien (Thiophen und Butadien absorbieren bei 230 nm selbst, in den übrigen Fällen absorbieren die Piperidinderivate) sind so wenig löslich in wäßrigem Piperidin, daß von ihnen bei einer 2. Behandlung des Gases mit frischer Lösung noch ebensoviel (besser gesagt ebensowenig) extrahiert wird, so daß man den in dieser Lösung gemessenen scheinbaren COS-Gehalt als Blindwert von dem in der ersten Lösung gemessenen abziehen kann. Die Arbeitsweise nach SNYDER und CLARK wird im folgenden beschrieben:

Spezielle Reagenzien. a) 0,043%ige Piperidinlösung zur Extraktion von COS. Sie wird hergestellt aus 1 ml chemisch reinem Piperidin und 2 l Wasser; sie ist, vor Kohlendioxid geschützt, unter Stickstoff aufzubewahren. b) Piperidinoxythiocarbamidat zur Eichung. Man läßt Kohlenoxysulfid durch 100 ml einer 5%igen Lösung von Piperidin in n-Hexan perlen, wäscht überschüssiges Piperidin mit mehreren Anteilen n-Hexans aus dem entstandenen Niederschlag und trocknet diesen im Vakuum.

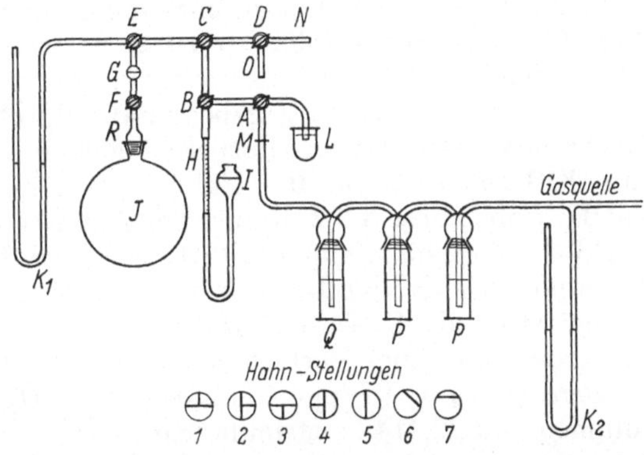

Abb. 88. Schema der Apparatur nach SNYDER u. CLARK für die Bestimmung von COS durch Umsetzung mit Piperidin.

Apparatur. In Abb. 88 und 89 ist die Probenahme- und Reinigungsapparatur schematisch dargestellt. In ihr bedeuten A, C, D, E Hähne mit T-Bohrung, B einen 120°-Hahn, F einen einfachen Hahn, G eine Kugelschliffverbindung (12/5), H eine 1,00-ml-Bürette, I ein Quecksilbervorratsgefäß, J eine kalibrierte 5-l-Probeflasche, K_1, K_2 Quecksilbermanometer, L ein Tauchrohr, M ein Gaseinlaß zum Manometer, N eine Vakuumleitung, O einen Gasauslaß, P eine Waschflasche mit Shaw-Reagens, Q eine Waschflasche mit Natronlauge, R eine Glasschliffverbindung.

Abb. 89 zeigt eine Spezialpipette mit Kugelschliff-Auslaufteil.

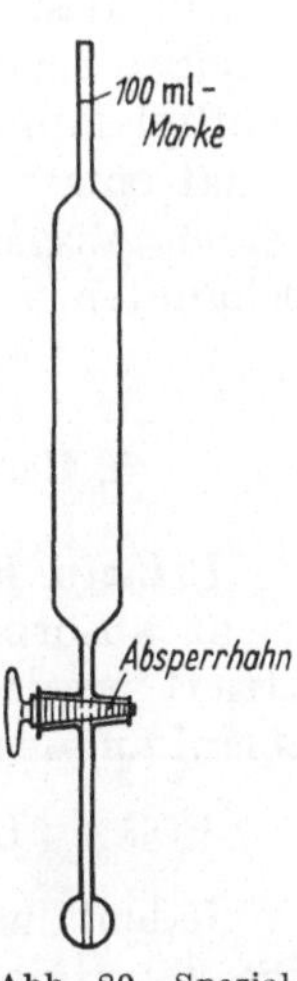

Abb. 89. Spezialpipette zur Methode von SNYDER u. CLARK.

Arbeitsvorschrift. Man stellt eine Eichkurve her, indem man eine genau gewogene Menge Piperidinoxythiocarbamidats in der wäßrigen 0,043%igen Piperidinlösung auflöst, ein Aliquot der erhaltenen Lösung verdünnt und deren Absorption in 1,00-cm-Quarzküvetten im UV-Spektrophotometer bei 230 nm mißt. Die Lösungen sind nicht haltbar, also für Nacheichungen frisch herzustellen. Zur Analyse eines Erdölraffineriegases läßt man dieses mit einer Geschwindigkeit von 25 l/Std. durch die Probenahmevorrichtung strömen (Abb. 88). Die Flasche J und die verschiedenen Leitungen bis B werden unter Anzeigen des Drucks am Manometer K_1 evakuiert, indem man D in Stellung 1, C und E in Stellung *3*, B in Stellung *7* und F in Stellung *5* bringt. Dann läßt man das Gas in langsamem Strom den Weg *ABCD* nehmen bei folgenden Hahnstellungen: *A-3*, *B-6*, *C-2*, *D-4*. Dabei läßt man einen schwachen Gasstrom durch das Tauchrohr L austreten. Nach ausreichender Spülung der Leitungen stellt man dann C in Stellung *4*, E in Stellung *3* und F in Stellung *5*. So füllt man langsam J mit dem Gas, wobei man den Druckanstieg an K_1 beobachtet und mit F reguliert; gleichzeitig läßt man weiter einen konstanten Gasstrom durch L gehen.

Wenn die Flasche gefüllt ist, schließt man Hahn F und nimmt sie unter Trennung beim Kugelschliff G ab. Nun spült man die Spezialpipette (Abb. 89) mehrmals mit der 0,043%igen Piperidinlösung und füllt sie dann bis zur Marke. Mit leichtem Druck preßt man die Lösung aus der Pipette in die Flasche und setzt diese in eine Schüttelvorrichtung, in der zur Absorption des COS 80 Min. kräftig geschüttelt wird. Danach gibt man einen Anteil der Lösung in eine 1-ml-Quarzglascüvette und mißt die Lichtabsorption bei 230 nm im Vergleich zu einer frischen Piperidinlösung als Bezugsflüssigkeit. Aus der Flasche entfernt man die restliche Lösung, spült 2mal mit eingepreßten 100-ml-Mengen frischer Piperidinlösung nach und preßt schließlich nochmals 100 ml ein. Man schüttelt wieder 80 Min. und mißt wie vorher, wobei man jetzt den Blindwert erhält. Die Differenz gegenüber dem zuerst gemessenen Absorptionswert entspricht dem COS-Gehalt des Gases.

Der pH-Wert der Piperidinlösung muß innerhalb $\pm 0,2$ Einheiten auf dem Wert 11,2 gehalten werden, wozu es notwendig ist, jede Verunreinigung zu vermeiden bzw. von ihr frei zu waschen. Die sauren Bestandteile des Gases müssen restlos entfernt werden, gegebenenfalls durch Einschalten einer zweiten Waschflasche mit Natronlauge. Hierbei ist jedoch die Gefahr einer stärkeren Hydrolyse von COS zu beachten. Bei Füllung der einen Waschflasche mit 80 ml 30%iger NaOH, wobei diese 3,5 Zoll über der Austrittsfritte steht und einem Gasstrom von 25 l/Std. mit 1 bis 50 ppm COS-Gehalt, werden etwa 10% des COS hydrolysiert. Es empfiehlt sich, der Lauge etwas Antischaummittel zuzusetzen. Wenn CS_2 der einzige störende Gasbestandteil ist, braucht gar keine Reinigung vorgenommen zu werden und jeder Verlust von COS entfällt.

Berechnung. COS [ppm] $= 25600\,(G_1 - G_2)/V$, falls man das theoretische Molvolumen von 22,414 l zugrunde legt.

G_1 = Grains COS je 100 ml Piperidinlösung, abgelesen aus der Eichkurve nach dem 1. Schütteln.
G_2 = Entsprechender Wert nach dem 2. Schütteln.
V = Volumen des untersuchten Gases [l] bei 1 at und 16 °C.

IV. Bestimmung durch UV-Spektrophotometrie des Diäthylaminderivates.

Zur Bestimmung von Kohlenoxysulfid und Schwefelkohlenstoff nebeneinander in reinen Gasen leiten Goljand und Lazarev das Gas durch eine 1%ige Lösung von Diäthylamin in Äthanol, wobei Diäthylaminooxythiocarbamidat und -dithiocarbamidat entstehen. Man mißt die Absorption bei 232 und 262 nm und errechnet die beiden Ausgangskomponenten über ein System von 2 Gleichungen mit 2 Unbekannten. Die untere Bestimmungsgrenze beträgt für beide Substanzen 0,0001 mg.

5. Bestimmung durch argentometrisch-potentiometrische Titration.

Prinzip. Kohlenoxysulfid wird von Monoäthanolamin in äthanolischer Lösung leicht absorbiert und kann in dieser Lösung mit Silbernitrat potentiometrisch titriert werden. Bruss, Wyld und Peters geben einen vermutlichen Reaktionsablauf an, dessen Zusammenfassung wie folgt lautet:

$$COS + 2\,HOCH_2 \cdot CH_2NH_2 + 2\,AgNO_3 \rightarrow Ag_2S + (HOCH_2 \cdot CH_2NH)_2CO + 2\,HNO_3.$$

Jedenfalls werden 2 Mol Silbernitrat für 1 Mol Kohlenoxysulfid verbraucht. Die Titration erfolgt nach Verdünnen der Absorptionslösung mit Acetat/Essigsäure/Äthanol. Die genannten Autoren haben eine besonders für Erdölraffineriegase gedachte, aber wohl allgemeiner anwendbare Methode ausgearbeitet, die allerdings keine Rücksicht auf Schwefelkohlenstoff nimmt; dieser wird, wenn vorhanden, mittitriert. Schwefelwasserstoff und Mercaptane werden durch Waschen mit 30%iger Natronlauge entfernt. Unter den weiter unten angegebenen Bedingungen sollen dabei nur 1 bis 3% COS hydrolysiert werden. Zur Titration dient ein Titrimeter mit einer Silbersulfid- und einer Glas-Bezugselektrode.

Spezielle Reagenzien. I. 5%ige Lösung von reinem Monoäthanolamin in Äthanol-Verdünnungslösung: Man löst 2,7 g Natriumacetat-3-hydrat in 20 ml sauerstofffreiem Wasser und 975 ml wasserfreiem Äthanol (der mit Benzol vergällt sein kann) oder reinem Isopropanol und fügt 4,6 ml Eisessig hinzu; die Lösung ist täglich zum

Entfernen gelösten Sauerstoffs 10 bis 15 Min. mit einem kräftigen Stickstoffstrom zu behandeln. – II. Stickstoff, trocken, weniger als 0,1% O_2 enthaltend. – III. Silbernitratlösung: 17 g $AgNO_3$ löst man in 100 ml Wasser und verdünnt auf 1 l mit 92%igem Isopropanol (hergestellt aus reinem, peroxidfreiem Isopropanol und Wasser). Aus dieser 0,1 n Lösung stellt man eine 0,01 n $AgNO_3$-Lösung durch Verdünnen mit 92%igem Isopropanol her. Sie wird gegen 0,1 n Natriumjodidlösung eingestellt.

Arbeitsvorschrift. Man gibt 20 ml 30%iger Natronlauge in eine Waschflasche, deren Einleitungsrohr mit grober Glasfritte so kurz ist, daß es nur etwa 1 bis 1,5 Zoll in die Lauge eintaucht. In eine zweite Waschflasche mit bis nahe zum Boden reichender Fritte gibt man 20 ml 5%ige äthanolische Monoäthanolaminlösung (siehe oben) und schließt sie mit möglichst kurzer Verbindung an die erste Flasche an. Diese wird dazu mit einer Gasverteilung verbunden, die wahlweise Stickstoff oder das zu untersuchende Gas zuzuführen gestattet. Die zweite Waschflasche ist zum Schutz der Lösung gegen Lichteinwirkung mit schwarzem Papier umhüllt. Hinter ihr ist ein „nasser" Gaszähler angeschlossen.

Man spült die Vorrichtung zunächst mit 25 l Stickstoff aus. Dann liest man die Gaszähleranzeige ab und leitet mit einer Geschwindigkeit von 150 bis 180 ml/Min. so viel Gas durch, daß bei der Titration 2 bis 10 ml der 0,01 n Silbernitratlösung verbraucht werden (was gewöhnlich 8 bis 12 l Gas entspricht). Man notiert nun Gaszähleranzeige, Temperatur und Barometerstand, spült die Waschflasche mit 5 bis 10 l Stickstoff und nimmt die zweite Flasche heraus. Ihren Inhalt bringt man quantitativ in einen 250-ml-Titrierbecher hoher Form; man füllt das Volumen der Lösung mit Verdünnungslösung zu 125 ml auf und titriert sofort potentiometrisch mit der Elektrodenkombination Silbersulfid/Glas. Der *Potentialsprung* ist gut ausgeprägt. Als Äquivalenzpunkt nimmt man das Ende des geradlinigen, vertikalen Teils der Titrationskurve; dieser Punkt sollte einem Potential von etwa 50 mV entsprechen (vgl. Abb. 90). Wenn der Verbrauch wesentlich außerhalb des Bereiches 2 bis 10 ml liegt, wiederholt man den Versuch mit einer größeren Gasmenge bzw. mit einem Aliquot der Absorptionslösung. Man rechnet das Gasvolumen wie üblich auf trockenes Gas und Normalbedingungen um. Die COS-Menge ergibt sich dann zu:

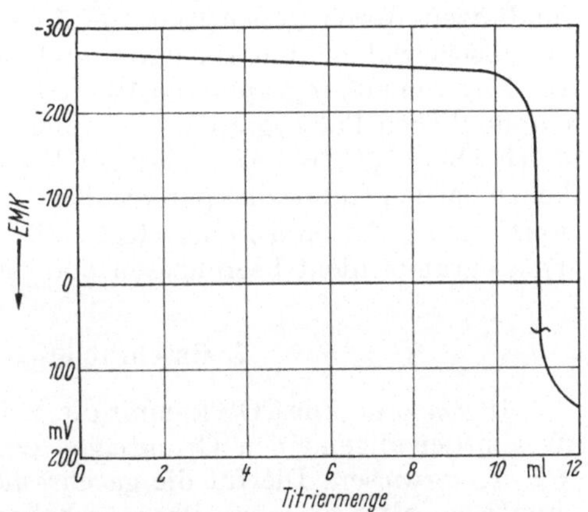

Abb. 90. Titrationsverlauf bei der Bestimmung von COS mit Silbernitrat in Gegenwart von Monoäthanolamin nach BRUSS, WYLD u. PETERS.

$$COS = \frac{a \cdot n \cdot 30040}{v} \text{ [mg/m}^3\text{]},$$

wobei a = Milliliter Silbernitratlösung,
n = Normalität derselben,
v = Volumen der Probe [l] bedeutet.

6. Polarographische Bestimmung.

Prinzip. Mit Diäthylamin bildet Kohlenoxysulfid in äthanolischer Lösung Diäthylmonothiocarbamidat, so wie Schwefelkohlenstoff das Dithiocarbamidat (ROUBAL, ŠEDIVEC und VAŠÁK) liefert. Die erstgenannte Verbindung ergibt beim

Polarographieren eine anodische Stufe bei – 0,32 V. Die CS_2-, H_2S- und Mercaptan-Derivate erzeugen Stufen bei niedrigeren Potentialen, so daß eine Bestimmung von COS neben diesen Verbindungen ohne weiteres möglich ist, wenn die Konzentration von CS_2 unterhalb 10^{-4} molar liegt. Die Bestimmung von COS neben CS_2 und H_2S in Leucht- und Generatorgas kann polarographisch nach Šedivec und Vašák wie folgt geschehen.

Arbeitsvorschrift. Man absorbiert die Schwefelgase einer gemessenen Gasmenge in einer 1 %igen äthanolischen Lösung von Diäthylamin. Zu 10 ml dieser Lösung gibt man 1 ml 2 m Lithiumnitrat. Man treibt gelösten Sauerstoff durch Spülen der Lösung mit Stickstoff aus und polarographiert anodisch. Die bei – 0,32 V erscheinende Welle entspricht COS und wird wie üblich durch Vergleich mit Polarogrammen von Standardlösungen ausgewertet.

Bemerkungen. I. Eine *ähnliche* Arbeitsweise mit ammoniakalischer Calciumchloridlösung als Absorptionsmittel zur Bestimmung von COS-Mengen bis 0,1 mg herunter beschreibt Philipp.

II. Koch und Paul, die eine gründliche Untersuchung der Analyse von *technischen* Gasen auf die verschiedenen Schwefelverbindungen anstellten, absorbieren COS und CO_2 in einer Lösung, die aus 50 ml Diäthylamin, 8 g Lithiumchlorid, 200 ml Wasser und 750 ml n-Propanol besteht. Vorher werden die übrigen S-Verbindungen durch Absorption in 5 %iger Silbernitratlösung (H_2S, Mercaptane, organische Sulfide und Disulfide) und 98 %iger Schwefelsäure (Thiophen) entfernt. Die Autoren polarographieren 10 ml der Diäthylamin-Absorptionslösung mit einem empfindlichen Polarographen bei einer Tropfzeit des Quecksilbers von 2,4 Sek. mit $4 \cdot 10^{-7}$ bzw. $1{,}5 \cdot 10^{-7}$ A/mm Empfindlichkeit zwischen + 0,5 und – 2,6 V. Die Stufenhöhen bei den Halbwellenpotentialen + 0,2 V für CS_2 und 0 V für COS dienen zur Auswertung. Die Autoren stellten fest, daß die beiden Verbindungen sich gegenseitig im Polarogramm nicht beeinflussen und daß Gegenwart von CO_2 im Gas nicht stört.

7. Gaschromatographische Bestimmung.

Allgemeines. Für COS kommt die Verteilungs-Gaschromatographie in Betracht. Wegen der allgemeinen Grundlagen der Methode wird auf das Kapitel: Methan, § 2, A, verwiesen. Die für die gaschromatographische Analyse von Kohlenwasserstoffgasen als stationäre Phase gebräuchlichen, ziemlich stark polaren Lösungsmittel sind für die Analyse auf COS wenig geeignet, da sein Elutionspeak durch diejenigen des Propans, Butans und Isobutans überdeckt wird. Nur wenn solche Methanhomologen in verhältnismäßig geringer Konzentration vorhanden sind wie in manchen pyrolytisch erzeugten technischen Gasen, liegt der Fall einfacher. Dann ist z. B. ein Gemisch von n-Propylsulfon und 2,4-Dimethylsulfolan (Bloch) gut geeignet. Zur Analyse von Erdgas auf COS fand Schols N,N'-Di-n-butylacetamid besser geeignet.

Arbeitsvorschrift. Nach Schols verwendet man eine 4 m lange Säule mit einer Füllung von 30 Gew.-% der vorgenannten Verbindung auf „Kromat FB“, aufgebracht aus einer Lösung in Aceton. Die Säulentemperatur beträgt 28 °C; Schleppgas ist Helium (50 ml/Min.). Als Detektor dient eine Thermistor-Leitfähigkeitszelle mit zwei Schreibern von 10 bzw. 1 mV Meßbereich, die wahlweise je nach der vorhandenen COS-Konzentration eingeschaltet werden. Die Analyse auf 8 Gasbestandteile ist etwa 6 Min. nach Aufgabe der Gasprobe beendet. Mit seiner relativen Retentionszeit liegt COS zwischen C_3H_6 und i-C_4H_{10}. Die Retentionszeiten sind: C_3H_6 0,427; COS 0,526; i-C_4H_{10} 0,705.

Die *Nachweisgrenze* für COS hängt von der Propylenkonzentration ab, da dessen Peak nahe benachbart liegt. Die Grenzkonzentration ist bei 10 Vol.-% C_3H_6 100 ppm COS, bei 0,5 Vol.-% C_3H_6 25 ppm COS.

Bemerkungen. I. Im *Erdgas* sind nie mehr als 0,5% C_3H_6 festgestellt worden. II. Für die Analyse *technischer* Gase ließe sich die Empfindlichkeit relativ zum C_3H_6-Gehalt durch Anwendung einer längeren Säule steigern. III. *Schwefelkohlenstoff* wird von den Autoren nicht erwähnt; er dürfte aber bei seiner starken Löslichkeit und seinem höheren Molekulargewicht und Siedepunkt noch länger als Butan in der Säule zurückgehalten werden, daher als Störquelle für den COS-Nachweis keinesfalls in Betracht kommen. IV. Staczewski, Pompowski und Janák fanden Polyäthylenglycol (20% auf Teflon) als stationäre Phase gut geeignet für die Bestimmung von COS, CO_2, CS_2, SO_2 und H_2S in Gasen. Bei 20 °C dauert die Analyse 30 Min.

Für die Bestimmung von Spuren von COS *in Kohlendioxid* verwendet Hall eine Säule mit aktiviertem Kieselgel bei 25 °C und einen β-Ionisationsdetektor. Gehalte von 0,5 bis 2700 ppm wurden damit gemessen.

8. Ultrarotspektrometrische und massenspektrometrische Bestimmung.

Die massenspektrometrische Methode kann offenbar mit gutem Erfolg auch für die Bestimmung von Kohlenoxysulfid in komplizierten Gasgemischen herangezogen werden. Osborne, Adamek und Hobbs arbeiten bei der Untersuchung der Zusammensetzung von Tabakrauch mit einer Kombination von Ultrarot- und Massenspektrometrie. Auch Lafaix beurteilt die Möglichkeit der Analyse von Vielkomponenten-Gemischen günstig.

Schols erwähnt das gute Übereinstimmen von massenspektrometrischen und gaschromatographischen Analysen von Gasgemischen, die u.a. Kohlenoxysulfid enthalten.

Neuerdings haben Geyer, Doerffel und Höbold eine ultrarotspektrometrische Methode ausgearbeitet, die auf der Feststellung beruht, daß die CO-Valenzschwingung, die eine der empfindlichsten Absorptionsbanden der UR-Analytik verursacht, auch im COS existiert. Sie hat ihr Maximum bei 2054 bzw. 2072 cm^{-1}, in einem sonst absorptionsarmen Gebiet des UR-Spektrums, so daß eine empfindliche Messung möglich ist. Die Eichkurven verlaufen gut linear und die Auswertung ist im Konzentrationsbereich 10^{-2} bis 10^{-4} Vol.-% COS möglich. Bei der Analyse technischer Gase stören Kohlenwasserstoffe in üblichen Konzentrationen nicht; Methan kann bis 50% vorhanden sein. Kohlenoxid stört durch Überlappung seiner Banden mit denen des COS, diese Störung kann aber ausgeschaltet werden.

Durch Kompensation des CO (Einsetzen einer zunächst evakuierten, dann mit CO bis zum Verschwinden von dessen Banden aus dem Spektrum gefüllten Kammer in den Vergleichsstrahlengang) wird die Messung von COS in einer 10-cm-Küvette bis 10^{-3} Vol.-% herunter möglich. Um die Empfindlichkeit weiter zu steigern, wird eine 1-m-Gasküvette verwendet und wird der größte Teil des CO während des Einströmens in sie durch Absorption in Cu_2O-Schwefelsäure-β-Naphthol (siehe § 3, Abschn.: A, 1, II) vor der Messung entfernt. Wegen weiterer Einzelheiten muß auf die ausführliche Beschreibung im Original verwiesen werden.

Literatur.

Awdejewa, A. W.: Betriebslab. (russ.) **7**, 279 (1938); durch C. **1940, I**, 917.

Bloch, M. G.: 2. Symposium über Gaschromatographie der Industr. Soc. America 1959; durch Schols. – Brady, L. J.: Anal. Chem. **20**, 512 (1948). – Bruss, D. B., G. E. A. Wyld u. E. D. Peters: Anal. Chem. **29**, 807 (1957).

Dede, L.: Ch. Z. **38**, 1073, 1075 (1914).

Geyer, R., K. Doerffel, u. W. Höbold: Fr. **215**, 430 (1966). – Goljand, C. M., u. V. I. Lazarev: Ž. anal. Chim. **17**, 734 (1962); durch Fr. **196**, 375 (1963). – Guérin, H., u. J. Adam-Gironne; durch Guérin: Traité de manipulation et d'analyse des gaz; Paris 1922.

HAKEWILL, H., u. E. M. RUECK: Amer. Gas. Assoc. Proc. **28**, 529 (1946); durch Chem. Abstr. **1948**, 345de. – HALL, H. L.: Anal. Chem. **34**, 61 (1962); durch Fr. **193**, 69 (1963).

KOCH, H., u. D. PAUL: Brennstoffchemie **44**, 231 (1963). – KÜHL, E.: Brennstoffchemie **24**, 1, 14, 31 (1943).

MCHATTIE, I. J. W., u. N. L. MCNIVEN: Can. Chem. Process. Ind. **30**, 87, 92, 94 (1946); durch Chem. Abstr. **1946**, 5546[5].

LAFAIX, A.: Chim. analyt. **43**, 288 (1961); durch Fr. **188**, 299 (1962).

O'HARA, F. J., W. M. KEELY u. H. W. FLEMING: Anal. Chem. **28**, 466 (1956). – OSBORNE, J. S., S. ADAMEK u. M. E. HOBBS: Anal. Chem. **28**, 211 (1956); durch Fr. **153**, 376 (1956).

PAGNY, P.: Revue de documentation des mines de potasse d'Alsace **1949**; durch GUÉRIN, S. 469. – PHILIPP, B.: Faserforschg. und Techtiltech. **6**, 13 (1955); durch Chem. Abstr. **1955**, 9921g. – PURSGLOVE, L. A., u. H. W. WAINWRIGHT: Anal. Chem. **26**, 1835 (1954); durch Fr. **150**, 449 (1956).

RAPOPORT, F. M.: Betriebslab. (russ.) **16**, 560 (1950); durch Fr. **143**, 292 (1954). – RIESZ, C. H., u. C. WOHLBERG: Am. Gas Assoc. Proc. **25**, 259 (1943); durch Chem. Abstr. **1944**, 4406[4]. – ROTH, H.: Mikrochemie **36/37**, 379 (1951). – ROUBAL, J., V. ŠEDIVEC u. V. VAŠÁK: Pracovní lékařství **5**, 33 (1953); durch LEYBOLDS Ber. **II**, 75 (1954).

SANDS, A. E., M. A. GRAFIUS, H. W. WAINWRIGHT u. M. W. WILSON: Rep. Invest. **4547**, 17 (1949); durch Fr. **150**, 449 (1956). – SANDS, A. E., H. W. WAINWRIGHT u. G. C. EGLESON: Rep. Invest. **4699**, (1950). – SCHOLS, J. A.: Anal. Chem. **33**, 359 (1961). – SCHULEK, E., u. P. RÓZSA: Hidrol. Közlöny **27**, Nr. 5 bis 8 (1947); durch Fr. **129**, 464 (1949). – ŠEDIVEC, V., u. V. VAŠÁK: Chem. Listy **48**, 19 (1954); durch Leybolds Ber. **II**, 220 (1954); Chem. Abstr. **1954**, 5729g. – SNYDER, R. E., u. R. O. CLARK: Anal. Chem. **27**, 1167 (1955). – STACZEWSKI, R., T. POMPOWSKI, u. J. JANÁK: Chem. analit. (Warszawa) **8**, 897 (1965); durch FR. **206**, 371 (1964).

TREADWELL, F. P., u. H. MEYER, durch F. P. TREADWELL: Kurzes Lehrbuch der analytischen Chemie, 12. Aufl. Bd. II; Wien 1949.

B. Phosgen und andere wichtige einfache Halogenverbindungen.

1. Phosgen ($COCl_2$).

Mol.-Gew.: 98,925; Dichte (bezogen auf Luft): 3,41; Fp.: –126 °C; Kp.: 8,2 °C.

Allgemeines. Phosgen ist ein farbloses Gas, das in organischen Flüssigkeiten, z.B. Toluol, Xylol, Nitrobenzol, sehr leicht löslich ist und in ihnen angereichert werden kann. In Berührung mit Wasser zersetzt es sich zu Kohlendioxid und Salzsäure, mit Alkalilaugen zum Carbonat und Chlorid. Mit Anilin ergibt es einen Niederschlag von Diphenylharnstoff. Es ist sehr giftig.

Die Fällung mit Anilin kann zur quantitativen Bestimmung höherer Konzentrationen von Phosgen dienen. Für mittlere Konzentrationen sind Titrationsmethoden gebräuchlich (Jodometrie und Acidimetrie), für niedrige Konzentrationen colorimetrische Methoden.

I. Abtrennung von Chlor, Chlorwasserstoff und Chlorkohlenwasserstoffen.

Phosgen ist oft im Gemisch mit Chlor und Chlorwasserstoff oder Chlorkohlenwasserstoffen zu bestimmen. Eine wirksame Abtrennung des Chlors wird durch Leiten des Gasgemisches über Antimonpulver und Zinkstaub oder Einleiten in Nitrobenzol, in dem sich Eisendrahtstückchen befinden und aus dem man das Phosgen nachher durch Erwärmen und Durchleiten von Luft austreiben kann, erreicht (REEVES).

Phosgen und Chlorwasserstoff können nach Angabe des gleichen Autors in der Weise nebeneinander bestimmt werden, daß man das Gas durch mit 1,3 n Natronlauge in gemessener Menge beschickte Absorptionsgefäße leitet; die überschüssige Lauge mit n Salzsäure zurücktitriert und das Carbonation anschließend titriert (vgl. Kapitel: Kohlendioxid, § 3, B, 3, I). Aus dem gefundenen CO_2 ergibt sich das Phosgen und aus der Differenz zwischen der insgesamt gefundenen und der dem $COCl_2$ entsprechenden Salzsäure ergibt sich der Chlorwasserstoff.

MATUSZAK empfahl ebenfalls wäßrige Natronlauge an Stelle der früher gebräuchlichen äthanolischen Lauge, da sie Phosgen sehr wirksam, chlorierte Kohlenwasserstoffe dagegen weniger absorbiert.

OLSEN und Mitarbeiter empfehlen zur Absorption von Chlorwasserstoff und Chlor granuliertes Zink nebst Antimonsulfid oder Quecksilbersulfid. Letztgenanntes Sulfid, das zuerst von der Chem.-techn. Reichsanstalt verwendet wurde, ist nach MATUSZAK wirksamer als Sb_2S_3 für die Absorption des Chlors.

KÖLLIKER empfiehlt zur Absorption von HCl eine Lösung von Silbersulfat in konz. Schwefelsäure, durch die Phosgen vollständig hindurchgeht.

II. Gravimetrische Bestimmung.

a) Absorption in äthanolischer Lauge.

Zur gravimetrischen Bestimmung kann man das Phosgen einfach in einen mit 10%iger äthanolischer Kalilauge beschickten und gewogenen Absorber einleiten, der am Ausgang ein Rohr mit Kieselgel zur Absorption entweichender Äthanoldämpfe trägt, und dann wieder wägen (NENITZESCU und PANÁ). Es ist dabei aber das oben über die Aufnahme von Chlorkohlenwasserstoffen Gesagte zu beachten, z.B. wird Tetrachlorkohlenstoff von äthanolischer Lauge hydrolisiert.

b) Bestimmung als Silberchlorid.

Hierzu absorbiert man das Phosgen in ammoniakalischer Silbernitratlösung und wägt nach Ansäuern mit Salpetersäure das ausgeschiedene Silberchlorid nach dem üblichen Filtrieren auf einem Glasfiltertiegel, Auswaschen und Trocknen bei 130 °C.

Diese Methode ist nach der Feststellung von OLSEN und Mitarbeitern bei der Analyse von Zersetzungsprodukten des Tetrachlorkohlenstoffs der Titration des überschüssigen Silberions vorzuziehen, da solche Produkte ungesättigte Kohlenwasserstoffe enthalten, die einen Teil des Silbernitrats zum Metall reduzieren und dadurch der Rücktitration entziehen. Andererseits wird auch die Auswaage an AgCl durch das mitgefällte Silber zu hoch. Wandelt man sie aber durch gelindes Glühen im Chlorstrom nachträglich in reines Silberchlorid um und wägt wieder, so kann man aus der Differenz das Silber und dann das reine Phosgen errechnen.

c) Bestimmung als Diphenylharnstoff.

Allgemeines. Bei dieser zuerst von KLING und SCHMUTZ angegebenen Methode, die auf der Reaktion des Phosgens mit Anilin unter Bildung von Diphenylharnstoff beruht, entfällt die Störung durch organische Chlorverbindungen. Die Reaktion verläuft stöchiometrisch nach der Gleichung:

$$COCl_2 + 4C_6H_5NH_2 \rightarrow CO(NH \cdot C_6H_5)_2 + 2C_6H_5 \cdot NH_2 \cdot HCl.$$

Die Bestimmung wurde von OLSEN, FERGUSON, SABETTA und SCHEFLAN wie folgt beschrieben.

Arbeitsvorschrift. Man leitet in gesättigtes Anilinwasser zunächst Phosgen, bis eine schwache Fällung entsteht und filtriert diese ab (Diphenylharnstoff ist in Anilinwasser etwas löslich, 5,5 mg je 100 ml). Nun liegt eine bereits gesättigte Lösung vor. Man leitet eine gemessene Menge des zu analysierenden Gases ein. Nach etwa 2 Std. filtriert man durch einen Gooch- oder Glasfiltertiegel ab, wäscht mit wenig kaltem Wasser oder saugt zum Vertreiben von überschüssigem Anilin Luft durch die Masse und trocknet schließlich bei 70 bis 80 °C. 1 mg Diphenylharnstoff entspricht 0,1175 ml $COCl_2$ von 23 °C und 740 Torr.

Bemerkungen. α) Die Methode ist *spezifisch*, abgesehen davon, daß HCl durch Verbrauch von Anilin (Salzbildung) und Chlor durch Bildung unlöslicher Oxydationsprodukte stören. Spuren von Phosgen sind durch die entstehende Trübung erkennbar; die quantitative Filtration solcher kleinen Mengen ist aber nicht möglich; in solchen Fällen empfehlen sich colorimetrische Methoden. Gravimetrisch kann man noch 0,001 Vol.-% in 5 l Gas bestimmen.

β) YANT und Mitarbeiter empfahlen, den Niederschlag mit n Salzsäure, die mit reinem Diphenylharnstoff *gesättigt* ist, zu *waschen*, ihn dann mit mehreren Anteilen siedenden Äthanols aus dem Filtertiegel herauszulösen, die Lösung in einer tarierten Wägeflasche zur Trockne zu dampfen und wie sonst bei 70 bis 80 °C konstant zu trocknen.

γ) Zur Analyse flüssigen Phosgens kann man dieses, in Glaskügelchen eingeschmolzen, unter die Oberfläche von gesättigtem Anilinwasser bringen, die Kugeln auf dem Boden des Gefäßes zertrümmern, aus dem entstandenen Niederschlag die Glasteile nach Wägen der Gesamtmasse durch Weglösen mit siedendem Aceton freilegen und zurückwägen (YANT und Mitarb.).

III. Titrimetrische Bestimmung.

a) Argentometrie.

Es ist möglich, das Phosgen argentometrisch zu bestimmen, indem man das Gas in überschüssige Silbernitratlösung einleitet und dann den Überschuß an Silberionen, die nicht zur Fällung der durch Hydrolyse des Phosgens entstandenen Salzsäure verbraucht werden, in bekannter Weise zurücktitriert. Das Gas darf keinen Chlorwasserstoff, keinen Schwefelwasserstoff und keine ungesättigten Kohlenwasserstoffe enthalten.

b) Jodometrie.

α) Bestimmung gasförmigen Phosgens.

Allgemeines. Die jodometrische Titration ist die gebräuchlichste maßanalytische Methode der Phosgenbestimmung. Sie wurde zuerst in der Chemisch-Technischen Reichsanstalt verwendet. Nach Angabe von OLSEN und Mitarbeitern verfährt man derart, daß man das Gas in wasserfreiem Aceton, das mit bei 110 °C getrocknetem Kaliumjodid gesättigt wurde, einleitet, wobei Phosgen entsprechend der Gleichung:

$$2\,KJ + COCl_2 = 2\,KCl + CO + J_2$$

reagiert. Man titriert dann das Jod bis zum Verschwinden der gelben Färbung mit Thiosulfatlösung. Der Endpunkt ist auch mit 0,01 n Maßlösung noch erkennbar; Stärke ist in der stark acetonischen Lösung nicht brauchbar. Die Reagenzien müssen wasserfrei sein, um Verlust an Phosgen durch Hydrolyse zu vermeiden.

Eine Abwandlung, bei der mit Stärke gearbeitet werden kann, wurde von MATUSZAK entwickelt. Bei dieser Arbeitsweise wird auch das stets mehr oder weniger entstehende Jodaceton durch Thiosulfat wieder reduziert und somit ein Minderbefund an Jod bzw. Phosgen vermieden.

Arbeitsvorschrift. Man absorbiert das von sauren Gasen gereinigte (siehe Abschnitt: I) Phosgen in mit Kaliumjodid gesättigtem, trockenem Aceton. Dabei muß ein Mehrfaches der nach der Gleichung erforderlichen Menge an KJ vorhanden sein. Zu der Lösung gibt man einen gemessenen Überschuß an Kaliumjodatlösung und dann eine gemessene Menge von 0,01 n Thiosulfatlösung, ebenfalls im Überschuß. Nach 30 Min. titriert man die jetzt mehr Wasser als Aceton enthaltende Lösung mit 0,01 n Jodlösung gegen Stärke als Indikator auf Blau zurück. Schließlich nimmt man die Blaufärbung mit der Thiosulfatlösung eben wieder fort. Aus dem gesamten Verbrauch an Thiosulfatlösung, abzüglich demjenigen der Jodlösung und der Menge, die dem als Jodat zugesetzten Jod äquivalent ist, errechnet man den Phosgengehalt, wobei man beachtet, daß das Kaliumjodat nach folgender Gleichung reagiert:

$$5\,KJO_3 + KJ + 3\,Na_2S_2O_3 \rightarrow 3\,J_2 + 3\,K_2SO_4 + 3\,Na_2SO_4.$$

β) Analyse flüssigen Phosgens.

Allgemeines. Von Rush und Danner wurde die nachstehend kurz beschriebene Methode zur Analyse von hochreinem, flüssigem Phosgen ausgearbeitet. Die Probe wird nicht als Gas aus dem Behälter entnommen, damit nicht infolge der wesentlich höheren Dampfdrucke von Chlor und Chlorwasserstoff gegenüber demjenigen des Phosgens eine Fälschung der Zusammensetzung eintritt. Chlor und gegebenenfalls das in kleinen Mengen vorhandene Eisen(III)-chlorid, die ebenfalls Jod freimachen, müssen gesondert bestimmt werden, und ihr Thiosulfatverbrauch muß vom rohen Titrationsergebnis für $COCl_2$ abgezogen werden. Kohlenoxysulfid, Chlorschwefel und Thionylchlorid, die bisweilen vorhanden sind, können Fehler verursachen. Wegen der relativ großen $COCl_2$-Menge wird mit Natriumjodid gearbeitet, welches in Aceton 10 bis 15mal löslicher ist als das Kaliumsalz.

Arbeitsvorschriften. Man füllt 0,4 g gekühlte Flüssigkeit in eine dünnwandige Glasampulle. Diese bringt man in eine 500-ml-Flasche mit Glasstopfen, die 5 g Natriumjodid (durch Anfeuchten mit konz. Salzsäure und Abdampfen derselben getrocknet, ständig bei 100 bis 110 °C aufbewahrt und warm in das Lösungsmittel eingebracht), in 30 ml getrocknetem Aceton gelöst, enthält. Man zerbricht die Ampulle durch Schütteln, öffnet die Flasche, spült deren Hals innen mit Wasser ab und titriert mit 0,1 n Thiosulfatlösung bis zum Verschwinden der gelben Färbung.

Zur Bestimmung des *freien Chlors* bringt man in sonst analoger Weise wie bei der $COCl_2$-Bestimmung 1 g flüssige Probe entweder in 100 ml kalte 3%ige Kaliumjodidlösung oder in 200 ml kaltes Wasser in einer 750-ml-Flasche, zerbricht wie vorhin die Ampulle und titriert im 1. Falle (aa) unmittelbar mit 0,05 n Thiosulfatlösung und Stärkeindikator bzw. im 2. Falle (bb) ebenso nach Zugabe von 5 g Kaliumjodid. Arbeitsweise (aa) ist für Phosgen mit etwas größerem Cl_2-Gehalt vorgesehen, wo mit Wasser unzulängliche Absorption zu befürchten ist, (bb) für kleinste Gehalte ($< 0,05\%$ Cl_2), die genau, unter Vermeidung von Nebenreaktionen, bestimmt werden sollen.

Zur Bestimmung des *Eisen(III)-chlorids* in hochreinem Phosgen dampft man 50 g Probe in einem tarierten Kolben vollständig ab, fügt zum Rückstand 20 ml Wasser, 4 ml 3 n Salzsäure und 1 g KJ hinzu und titriert mit 0,05 n Thiosulfatlösung gegen Stärke.

c) Acidimetrie nach Umsetzung mit Hexamethylenimin.

Allgemeines. Während bei den vordem beschriebenen Methoden Chlor- und Chlorwasserstoffgehalte bei der Phosgenbestimmung berücksichtigt bzw. entfernt werden müssen, haben Terentjew, Buzlanowa und Obtemperanskaja eine Methode ausgearbeitet, nach der jene Maßnahme nicht notwendig ist. Sie lassen das Phosgen mit Hexamethylenimin reagieren:

$$4(CH_2)_6NH + COCl_2 \rightarrow (CH_2)_6N-CO-N(CH_2)_6 + 2(CH_2)_6NH \cdot HCl,$$

destillieren den Überschuß des Reagenses mit Wasser aus alkalischer Lösung ab und ermitteln ihn acidimetrisch. Das Reaktionsprodukt, Bishexamethylenharnstoff, bleibt bei der Destillation unverändert. Der Chlorwasserstoff verbindet sich mit dem Imin zum Salz, das bei der nachfolgenden Destillation wieder zerlegt wird, und das Chlor bildet, wenn vorhanden, Chloramin, welches durch Sulfit zerstört werden kann.

Das *Hexamethylenimin* wird mit festem Kaliumhydroxid getrocknet und destilliert; Kp.: 138 °C; 5 g davon werden mit über Natrium destilliertem Dioxan oder mit Toluol zu 100 ml verdünnt. Bei der Titration wird ein Mischindikator, hergestellt aus 40 ml 0,1%iger äthanolischer Methylrotlösung, 10 ml 0,1%iger äthanolischer Methylenblaulösung, 50 ml Äthanol und 100 ml Wasser verwendet.

Arbeitsvorschrift. Man bringt das in Toluol gelöste Phosgen (0,05 bis 0,1 g) in einer zugeschmolzenen Ampulle in einen Kolben mit eingeschliffenem Stopfen und gibt mit einer Pipette 5 ml der Hexamethyleniminlösung dazu. Dann verschließt man den Kolben und schüttelt ihn zur Zertrümmerung der Ampulle. Man läßt einige Minuten stehen, damit Flüssigkeitsnebel sich niederschlagen, und führt den Inhalt des Kolbens in einen Destillierkolben über. Man spült mit 30 ml Wasser nach, gibt 5 ml 40%ige Alkalilauge hinzu und destilliert in eine Vorlage mit 50 ml 0,1 n Säure, wobei man das Ende des rechtwinklig abgebogenen Abgangsrohres bzw. einer an dieses angesetzten Pipette in die Säure eintauchen läßt. Schließlich titriert man die überschüssige Säure mit 0,1 n Lauge gegen Mischindikator zurück. Der Endpunkt der Titration wird durch scharfen Umschlag von Rosa nach Grün angezeigt. Ein Blindversuch wird genau wie die Bestimmung, nur ohne $COCl_2$-Einwaage, ausgeführt.

Bemerkungen. α) Die *Berechnung* erfolgt nach der Formel:

$$\% \, COCl_2 = \frac{(V_1 - V_2) \cdot N \cdot M \cdot 100}{a \cdot 2 \cdot 1000}.$$

Dabei ist V_1 die beim Hauptversuch zur Titration verbrauchte Menge [ml] Lauge,

V_2 die beim Blindversuch verbrauchte Lauge,
N die Normalität der Lauge, M das Molekulargewicht von $COCl_2$,
a die Einwaage [g].

β) Obige Vorschrift gilt, wenn neben $COCl_2$ *nur* HCl vorhanden ist.

γ) Ist *auch Chlor* zugegen, so gibt man nach Beendigung der Umsetzung des $COCl_2$ 5 ml etwa 0,5 m Natriumsulfitlösung (120 g Heptahydrat auf 1 l Wasser) zu der Reaktionslösung und verfährt dann weiter wie oben beschrieben.

IV. Colorimetrische bzw. photometrische Bestimmung.

a) UV-Spektrometrie nach Umsatz mit Anilin.

Allgemeines. Da *sehr kleine* Mengen des Diphenylharnstoff-Niederschlags schwierig zu handhaben sind und möglicherweise andere Substanzen mitgefällt und auf diese Weise zu hohe $COCl_2$-Mengen vorgetäuscht werden, hat CRUMMETT auf Grundlage der Reaktion mit Anilin eine photometrische Methode für kleine Phosgenmengen entwickelt. 1,3-Diphenylharnstoff hat ein Absorptionsmaximum bei 254,5 nm. Bei dieser Wellenlänge absorbiert auch Anilin, aber um den Faktor 93,6 weniger stark (auf Mole bezogen), und es besitzt außerdem ein ausgeprägtes Maximum bei 260,5 nm. Auf Grund dieser Verhältnisse ist es möglich, den Anteil der Absorption bei 254,5 nm, welcher dem Reaktionsprodukt Diphenylharnstoff entspricht, in Gegenwart von überschüssigem Anilin zu ermitteln. Wegen der Spektren wird auf die Abbildungen in der Originalarbeit verwiesen.

Apparatur und Reagenzien. CRUMMETT verwendete ein schreibendes UV-Spektrophotometer mit 1-cm-Quarzglascüvetten. Die Spaltbreite betrug 0,12 mm.

Die wäßrigen Reagenslösungen werden aus frisch destilliertem Anilin in solcher Konzentration hergestellt, daß 50 ml Lösung etwa 2 mg Anilin je 2 mg zu erwartendem Phosgen nebst einem Überschuß von 50 mg enthalten. 1,3-Diphenylharnstoff zur Eichung wird umkristallisiert; es soll einen Schmelzpunkt von 235,5 bis 235,7 °C haben.

Eichung. Man wägt etwa 0,5 g 1,3-Diphenylharnstoff auf 1 mg genau ab und löst es in Methanol. Dazu gibt man 3 ml Salzsäure (36%ig) und verdünnt auf 100 ml. Aus dieser Stammlösung stellt man durch mehrere Verdünnungsoperationen eine Lösung her, die etwa 0,5 mg je 100 ml Methanol enthält. Man nimmt das Spektrum dieser Lösung zwischen 300 und 210 nm auf, wobei man angesäuertes Methanol als Bezugslösung verwendet. Man liest die Absorption bei 254,5 nm aus der Aufschreibung ab und dividiert die angewendete Konzentration durch die abgelesene Absorption. Dieser Koeffizient, der mit C bezeichnet werde, soll für die 1-cm-Cüvette etwa den Wert 0,615 [mg/100 ml · Absorptionseinheit] annehmen.

Weiterhin stellt man eine Lösung von 50 ml Anilin (auf 0,1 mg genau gewogen) und 1 ml Salzsäure in 100 ml Methanol her. Man nimmt ebenfalls das Spektrum von 300 bis 210 nm auf. Im Registrogramm zieht man eine „Grundlinie", eine Gerade, die durch das Minimum bei 258 nm verläuft und die Kurve bei etwa 267 nm berührt. Man liest die Absorption (den Ordinatenwert) bei 260,5 nm ab und subtrahiert von ihm den Ordinatenwert der Basislinie bei der gleichen Wellenlänge; die Differenz ist die Nettoabsorption. Man liest weiterhin die Absorption bei 254,5 nm ab und dividiert deren Wert durch die Nettoabsorption bei 260,5 nm. Dieser Quotient, genannt R, soll etwa die Größe 2,80 haben.

Arbeitsvorschrift. Man leitet das zu untersuchende Gas mit solcher Geschwindigkeit durch 50 ml der wäßrigen Anilinlösung, die sich in einer Gaswaschflasche befindet, daß nicht mehr als 2 mg $COCl_2$ je Minute eintreten. Dann überführt man die Lösung einschließlich einer etwa entstandenen Fällung in einen 250-ml-Kolben mit Methanol, fügt 2 ml Salzsäure (36%ig) hinzu und füllt mit Methanol auf. Von der Lösung nimmt man ein passendes Aliquot und verdünnt mit Methanol auf 100 ml. Aus dieser Verdünnung füllt man eine 1-cm-Cüvette und nimmt das Spektrum von 300 bis 240 nm auf. Man liest die Absorption bei 244,5 nm ab. Dann ermittelt man die „Nettoabsorption" bei 260,5 nm (siehe Eichung) und multipliziert diese mit dem Absorptionsquotienten R. Das Produkt zieht man von dem Absorptionswert bei 254,5 nm ab. Die Differenz sei A, sie entspricht der durch den 1,3-Diphenylharnstoff bedingten Absorption.

Berechnung. Die Milligramme $COCl_2$ in 100 ml der letzten Verdünnung *errechnen* sich als $A \cdot C \cdot 0{,}466$ (0,466 ist das Verhältnis der Molekulargewichte von Phosgen und Diphenylharnstoff).

Bemerkung. Bei Anwesenheit von *Chloracetylchlorid* ist eine Störung zu erwarten, da es quantitativ α-Chloracetanilid bildet, das bei 240 nm ein Absorptionsmaximum besitzt. Acetylchlorid dürfte dagegen wenig stören, da es nicht hydrolysiert.

b) Visuelle colorimetrische Spurenbestimmung.

Prinzip. Phosgen reagiert mit Gemischen aus p-Diphenylaminobenzaldehyd und einem aromatischen Amin wie Diphenylamin oder Dimethylanilin unter Bildung gefärbter Produkte (siehe auch Teil II dieses Handbuches, Kapitel: Phosgen, Abschnitt: II). Für die quantitative Auswertung der Färbung ist jedoch nach Dixon und Hands die Reaktion mit 4-p-Nitrobenzylpyridin (Tschitschibabin und Mitarbeiter) und N-Benzylanilin besser geeignet, da sie empfindlicher ist und die Färbung bei Ausführung auf Papier allein auf dessen Oberfläche entsteht. Die Autoren gründeten auf diese Reaktion die nachstehend beschriebene Feldmethode zur Bestimmung von Phosgen in Luft.

Arbeitsvorschrift. Streifen von Filterpapier (Whatman Nr. 1) taucht man in eine Lösung von 2% Nitrobenzylpyridin und 4% N-Benzylanilin (beides m/v) in Benzol. Man läßt an der Luft trocknen und spannt einen der Streifen in einen Halter, der einen Kreis von 1 cm Durchmesser des Papiers freiläßt. Am Orte der Untersuchung saugt man 120 ml Luft mit einer 3 ml/Sek. nicht übersteigenden Geschwindigkeit hindurch. Ist $COCl_2$ in der Luft vorhanden, so entsteht eine mehr oder weniger starke Rotfärbung auf dem Papier, die man mit derjenigen von Standardflecken (in gleicher Weise hergestellt aus abgestuften, künstlichen $COCl_2$-Luft-Gemischen von 0,25 bis 10 ppm Gehalt) oder mit Farbglas-Standards vergleicht.

Bemerkungen. α) Mehr als 10 ppm $COCl_2$ lassen sich auf diese Weise *nicht* bestimmen. Das Reagenspapier ist monatelang haltbar. β) *Chlor* (und Chlorwasserstoff, der ebenfalls, aber viel weniger stört) kann durch Vorschalten von Papier, das mit einer Lösung von 4% Natriumjodid und 10% Natriumthiosulfat getränkt und dann getrocknet wurde, unschädlich gemacht werden. Acetylchlorid unterdrückt in einer Konzentration von 140 ppm die Farbreaktion von 0,5 ppm $COCl_2$ völlig.

γ) Eine *spektrophotometrische* Methode mit dem Reagens 4-p-Nitrobenzylpyridin in Diäthylphthalatlösung hat vorher LAMOUROUX beschrieben.

δ) WITTEN und PROSTAK haben *Detektorstifte* entwickelt, die Nitrobenzylpyridin und ein aromatisches Amin enthalten. Mit den Flecken, die mit solchen Stiften auf Wände u. dgl. aufgetragen werden, kann man im Feldtest die Konzentration der Luft an Phosgen auf Grund der Zeit, die bis zur erkennbaren Verfärbung verstreicht, halbquantitativ abschätzen. Wegen der Herstellung solcher Stifte siehe Teil II dieses Handbuches, Kapitel: Phosgen, Abschnitt: A, II, 4.

V. Bestimmung durch direkte Ultraviolett- und Ultrarotabsorptionsspektrometrie.

Phosgen absorbiert im UV bei 253,7 nm, was eine gute Möglichkeit zu seinem Nachweis und zu seiner Bestimmung bietet. KLOTZ und DOLE haben ein automatisch arbeitendes Spektralphotometer dafür beschrieben. Auch im Ultrarotgebiet des Spektrums weist Phosgen starke, recht spezifische Banden auf. Sie liegen bei 5,5 und 11,8 μm. In dem UR-Spektrenkatalog von PIERSON und Mitarbeitern findet sich auch ein Spektrum von Phosgen neben denen vieler anderer Verbindungen für die Wellenlängen von 2 bis 15 μm. Von JOHANNESEN wird die Bestimmung des Phosgens im Titantetrachlorid, dessen technischen Wert zur Titanmetallherstellung es mindert, in Konzentrationen bis etwa 2 ppm unter Verwendung der Bande bei 5,51 μm mit NaCl-Optik beschrieben. Für den gleichen Zweck wird von TSEKHOVOLSKAJA und Mitarbeitern ebenfalls die UR-Methode angewendet und der Bestimmungsfehler zu 8–10% angegeben.

VI. Potentiometrische Bestimmung.

Eine von BLAEDEL, LEWIS und THOMAS angegebene potentiometrische Methode beruht auf der Messung der Potentials einer Konzentrationskette. Man absorbiert das Phosgen in einer Lösung von Natriumhydroxid in 50%igem Methanol und bestimmt die Chlorionenkonzentration nach Ansäuern mit Schwefelsäure. Dabei bildet eine Silber-Silberchloridelektrode in dieser Lösung das eine und eine gleiche Elektrode, eintauchend in 0,001 n Natriumchloridlösung in verdünnter Schwefelsäure, das andere Halbelement. Bei der Messung wird in beiden Lösungen die Konzentration an Schwefelsäure auf 0,4 molar und die an Natriumsulfat auf 0,2 molar eingestellt; die Methanolkonzentration wird ebenfalls gleich gehalten. Die Methode wurde von BLAEDEL und Mitarbeitern zur Bestimmung kleiner Phosgengehalte in der Luft (entsprechend Chloridionenkonzentrationen in der Lösung von 10^{-4} bis 10^{-5} normal) angewendet. Der relative Fehler betrug dabei 2 bis 10%. Wegen weiterer Einzelheiten der Ausführung und der Berechnungsformel muß auf die Originalarbeit verwiesen werden.

VII. Gaschromatographische Bestimmung.

Das gaschromatographische Verhalten von Phosgen im Gemisch mit anderen anorganischen Gasen wie ClCN, HCN, $(CN)_2$, HCl, NOCl, SO_2, CO_2 und CO an speziellen stationären Phasen wurde von RUNGE untersucht.

2. Wichtige Halogenverbindungen außer Phosgen.

Allgeme ines. Die einfachen Alkylhalogenide, insbesondere die Chloride, sind viel verwendete Lösungsmittel. Wirklich spezifische und rationelle Methoden der Bestimmung auf rein chemischem Wege gibt es wegen der Ähnlichkeit der Verbindungen kaum (siehe Abschnitt: I, c, β). Physikalisch-chemische Methoden (Polarographie, UR-Spektrometrie, Massenspektrometrie und vor allem Gaschromatographie) bieten dagegen gute Möglichkeiten zur Bestimmung mehrerer Halogenidkomponenten nebeneinander.

Ist nur eine einzige Halogenverbindung in der zu analysierenden Substanz vorhanden, so kann sie durch Elementaranalyse bzw. durch eine Halogenbestimmung irgendwelcher Art nach Abspaltung des Halogens quantitativ bestimmt werden. Da es sich bei den einfachen Halogenverbindungen überwiegend um leicht flüchtige Substanzen handelt (wegen der physikalischen Eigenschaften siehe Teil II dieses Handbuches), kommen für die Umsetzung vor allem Methoden mit geschlossenem Reaktionsraum in Betracht, weniger das für Nachweiszwecke ausreichende Verseifen durch Erwärmen mit äthanolischer Kalilauge im offenen Gefäß. Das Verseifen mit wäßriger Lauge kann aber in der Parr-Bombe ausgeführt werden (siehe weiter unten). Im Prinzip kann man auch die Carius-Methode (Erhitzen im Einschmelzrohr mit konzentrierter Salpetersäure und Silbernitrat) anwenden und das entstandene Halogenid gravimetrisch bestimmen. Gebräuchlicher ist das Oxydieren der in Dampfform vorliegenden oder in sie übergeführten Verbindung in einem beheizten Rohr mit feuchtem Luftsauerstoff zu Kohlendioxid, Wasser und Halogenwasserstoff mit anschließender gravimetrischer oder titrimetrischer Bestimmung des Halogenions. Einige Beispiele für solche Arbeitsweisen werden im folgenden beschrieben.

I. Allgemeine, mehr oder weniger unspezifische Bestimmungsmethoden.

a) Verseifungsmethoden.

α) Verseifung in der Bombe.

Allgemeines. Eine quantitative Verseifungsmethode, die speziell für Dichlormethan (Methylenchlorid) in wäßriger Lösung entwickelt wurde, aber auch für Chloroform und Tetrachlorkohlenstoff brauchbar ist, wird von TEMPLEMAN und JUNEAU beschrieben. Als Reaktionsgefäß dient eine Parr-Bombe vom Flammen-Erhitzungs-Typ, Inhalt etwa 22 ml. Das Halogenion wird argentometrisch bestimmt. Die Methode wurde von den Autoren für Methylenchloridgehalte von wenigen Zehntel Prozent bis 1,5% erprobt.

Arbeitsvorschrift. Man pipettiert 10 ml 0,1 n Natronlauge in die Bombe, wägt, gibt etwa 10 ml Probelösung hinein (mit bis zu 175 mg CH_2Cl_2) und wägt wieder. Nun verschließt man die Bombe und gibt mit einer Pipette 2 ml Wasser auf ihren Oberteil. Man setzt die Bombe in das Erhitzungsgehäuse und heizt sie mit mittelstarker Flamme eines Gasbrenners, bis das Wasser zu sieden beginnt. Nach 5 Min. (Stoppuhr) weiteren Erhitzens löscht man die Flamme. Man nimmt die Bombe mit einem Drahthaken heraus und kühlt sie durch Eintauchen in kaltes Wasser. Dann öffnet man sie und überführt ihren Inhalt quantitativ in einen 500-ml-Erlenmeyerkolben. Man fügt 5 Tropfen Methylrot (0,1%ige Lösung) hinzu und neutralisiert mit Schwefelsäure (etwa 1 normal) auf Rot. Darauf titriert man mit 0,1 n Silbernitratlösung gegen Kaliumchromat (5 g in 100 ml Wasser) als Indikator wie üblich.

$$\text{Gew.-\% Methylenchlorid} = \frac{\text{ml } 0{,}1\,\text{n AgNO}_3 \cdot 0{,}00425 \cdot 100}{\text{Einwaage [g]}}.$$

Die mittlere, relative Streuung wurde von den Autoren zu 0,26%, der mittlere relative Fehler zu etwa 1% gefunden.

Störungen. Anorganische Chloride oder Alkylchloride, wie auch Bromide und Jodide, dürfen in der Lösung nicht vorhanden sein, wenn die Berechnung für Methylenchlorid gelten soll.

β) Verseifung bei Zimmertemperatur.

Allgemeines. ROBINSON studierte die Hydrolyse des Chloroforms in wäßrigen Alkalilösungen in Abhängigkeit von der Art der Lauge und der Konzentration. Er fand, daß Kalilauge etwas schneller wirkt als Natronlauge und daß die wesentliche Bedingung einer quantitativen Umsetzung diejenige ist, daß in dem geschlossenen Gefäß oberhalb der Flüssigkeit kein größeres Volumen vorhanden ist, in das hinein Verdampfung stattfinden könnte. Die nachstehend beschriebene Arbeitsweise ist für die Bestimmung des Chloroforms ausgearbeitet worden und soll nahezu spezifisch für diese Verbindung sein; jedenfalls stellte ROBINSON fest, daß Tetrachlorkohlenstoff und Methylenchlorid selbst bei 20 Std. Einwirkungsdauer nur zu etwa 1% reagieren.

Arbeitsvorschrift. Man bringt die Lösung, die 0,2 bis 3,0 mg Chloroform je Milliliter enthält, mit einem Rohr (z.B. Waschflaschenaufsatz), unter die Oberfläche von 7n Kalilauge, die sich in einer 30-ml-Flasche aus Pyrexglas befindet und diese etwa zur Hälfte füllt. Die Flasche mit der Lauge hat man vorher gewogen. Erst beim Einlaufen der letzten Tropfen der Probelösung zieht man das Rohr aus der Flüssigkeit heraus. Unter dem Stopfen, den man nun wieder aufsetzt, soll nicht mehr als 1 ml Luftraum bleiben. Man wägt wieder (wobei man die Menge der angewendeten Probelösung erhält), mischt durch mehrmaliges Kippen der Flasche (nicht stark schütteln) und läßt mindestens 6 Std. bei 20 °C stehen. Dann titriert man nach Ansäuern mit Salpetersäure und Zugeben einer gemessenen Menge Silbernitratlösung den Überschuß an Silbernitrat nach VOLHARD zurück.

b) Methode der thermischen Zersetzung.

Allgemeines. Bei dieser Methode wird die organische Halogenverbindung, die als Flüssigkeit, in Lösung oder bereits verdampft, z.B. in Luft, vorliegen kann, mittels eines feuchten Luftstromes durch ein auf Rotglut erhitztes Rohr geleitet, wobei Umsetzung zu Kohlendioxid und Halogenwasserstoff stattfindet. Wenn die Umsetzung quantitativ verlaufen soll, muß die Konzentration niedrig sein, für Tetrachlorkohlenstoff z.B. nicht höher als 10 mg je Liter Luft. Nach MAFFI entsteht unter dieser Voraussetzung aus dem Chlor von CCl_4, $CHCl_3$, C_2HCl_3 und $C_2H_2Cl_4$ bei 950 °C quantitativ Chlorwasserstoff. Das gleiche trifft nach SOKOLOW und LOBASCHOW für 1,2-$C_2H_4Cl_2$ zu. OLSEN, SMYTH, FERGUSON und SCHEFLAN hatten für die Verbrennung ein mit Füllkörpern aus Quarz versehenes Quarzrohr empfohlen. Ein Quarzrohr wird von den meisten Autoren verwendet, z.B. auch von DESHUSSES und DESBAUMES. Allgemein für die Chlorid- bzw. Halogenbestimmung in organischen Verbindungen wird oft, u. a.von FILDES und MACDONALD, die Zersetzung (Verbrennung) mit Sauerstoff im „leeren" Quarzrohr angewendet. SUNDBERG, CRAIG und PARSONS empfahlen das Schmelzen mit Natriumperoxid in der Parr-Bombe. AGAZZI, PARKS und BROOKS bevorzugen eine Bombe mit kleineren Abmessungen sowie Verbrennung unter Sauerstoffdruck.

Die Methode der Verbrennung in der „Sauerstoff-Flasche" nach HEMPEL, MIKL, SCHÖNIGER (vgl. Kapitel: Kohlenstoff und Carbide, § 1, B, 1, I, c) bei Normaldruck wird ihrer Einfachheit wegen oft angewendet. Für die flüssigen, leicht flüchtigen, einfachen Halogenverbindungen dürften die in jenem Absatz genannten Arbeitsweisen weniger in Betracht kommen, obwohl CORNER sie u.a. zur Bestimmung des Chloroforms empfiehlt.

Die Bestimmung der Halogenmenge, die bei Vorliegen einer einzigen Halogenverbindung auch ein Maß für deren Menge ist, erfolgt fast immer argentometrisch. ISHIDATE und KIMURA haben vorgeschlagen, als Silbersalz zu fällen, dieses in ammoniakalischer Lösung von Dikaliumtetracyanonickelat zu lösen und die dabei freigesetzten Nickelionen mit m/300 ÄDTA-Lösung zu titrieren.

Die Zersetzungsmethode im Quarzrohr wird von CODELL und NORWITZ auch zur Bestimmung von $CHBr_3$, $CHCl_3$ und $CHBrCl_2$ in Brom, das oft durch kleine Mengen (etwa 0,01 %) dieser Verbindungen verunreinigt ist, verwendet. Dabei werden die Kohlenstoffverbindungen insgesamt als CO_2 bestimmt. Die Zersetzung erfolgt bei 1000 °C im Quarzrohr mit gereinigtem Sauerstoff. Der Bromdampf wird in mit Trockeneis gekühlten Vorlagen kondensiert, und das entstandene CO_2 wird nach Befreiung von Bromspuren durch Kupfersulfatasbest und von SO_2 durch MnO_2 in üblicher Weise (siehe Kapitel: Kohlendioxid) bestimmt.

Bei der Zersetzungsmethode ist es möglich, durch Austreiben einer in wäßriger Lösung vorliegenden, flüchtigen, organischen Halogenverbindung mittels des Luftstromes gleichzeitig eine Abtrennung von anorganischen Halogeniden vorzunehmen.

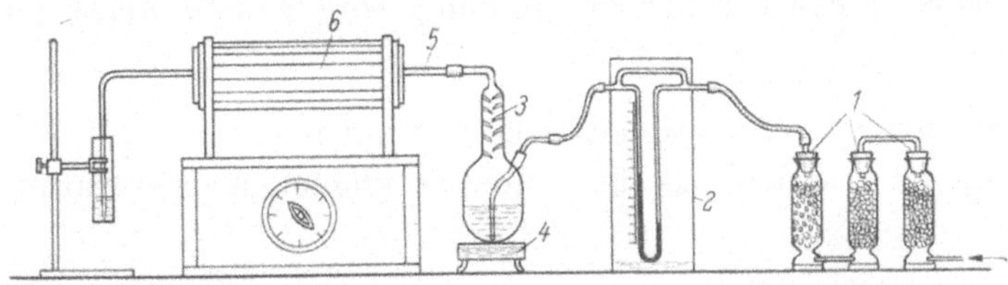

Abb. 91. Apparat nach SOKOLOW u. LOBASCHOW zur Bestimmung von Dichloräthan in Industrieabwasser.

Eine solche Anordnung zur Bestimmung von 1,2-Dichloräthan in Abwässern (von diese Verbindung oder Polyvinylchlorid erzeugenden Fabriken) wird von SOKOLOW und LOBASCHOW angegeben. Sie ist für Konzentrationen ab 0,1 mg $C_2H_4Cl_2$/l geeignet und wahrscheinlich auch für andere flüchtige Halogenide brauchbar. Die Endbestimmung erfolgt titrimetrisch. Abb. 91 zeigt ein Schema der *Apparatur*. Der Luftreinigungsteil besteht aus 3 Türmen, von denen der erste mit konz. Schwefelsäure getränkten Bimsstein, der zweite festes Alkalihydroxid und der dritte Silcagel enthält. Als günstigste Strömungsgeschwindigkeit der Luft wurde 40 bis 70 ml/Min. bei einem Querschnitt des auf 900 °C geheizten Quarzrohres (5) von 50 bis 75 mm und einer wirksamen Länge des Rohres von 250 bis 350 mm gefunden. Bei höherer Geschwindigkeit werden trotz des ,,Tannenbaum"-Dephlegmators (3) von 70 bis 80 mm Höhe aus dem Verdampfungskolben Flüssigkeitsspritzer mitgerissen. Als Absorptionsgefäß dient ein Glaszylinder von 120 bis 150 mm Höhe und 25 mm Durchmesser, der mit 0,025 n Natronlauge gefüllt ist. Zur Titration des Chloridions wird Quecksilber(II)-nitratlösung verwendet, und zwar für $C_2H_4Cl_2$-Gehalte über 15 mg/l 0,01 n, für kleinere Gehalte 0,0025 n Lösung.

Arbeitsvorschrift. Man bringt je nach Gehalt an $C_2H_4Cl_2$ 5 bis 25 ml des Wassers, aus dem man die groben Schwebestoffteile hat absitzen lassen, in den Verdampfer und stellt mit 0,1 n NaOH bzw. HCl gegen Universalindikator auf pH = 9 ein, nicht höher, da sonst eine teilweise Verseifung des $C_2H_4Cl_2$ eintreten kann, die zu niedrigen Ergebnissen führen würde. In das Absorptionsgefäß gibt man 10 ml 0,025 n Natronlauge und verbindet es mit dem Ausgangsende des Quarzrohres, das auf 900 °C geheizt ist. An das andere Ende des Rohres setzt man mittels der Schliffverbindung den Verdampfer an. In diesen setzt man das zur Capillare ausgezogene Einleitungsrohr (ebenfalls mit Glasschliffverbindung) ein, so daß dessen Ende in die Flüssigkeit taucht. Nun prüft man die Apparatur auf Dichtheit, stellt sodann den Luftstrom an und schaltet die Heizplatte unter dem Verdampfer ein. Die Beheizung wird so geregelt, daß etwa 8% der Probe in 40 bis 50 Min. verdampfen. Die Absorptionsanlage kühlt man zweckmäßig mit fließendem Wasser oder Eiswasser. Nachdem etwa 8% des Wassers verdampft sind, ist alles $C_2H_4Cl_2$ übergetrieben. Man nimmt das Absorptionsgefäß ab, gibt 4 bis 5 Tropfen Mischindikator (0,5 g Diphenylcarbazid + 0,05 g Bromphenolblau in 100 ml 96%igem Äthanol gelöst) hinzu und neutralisiert mit 0,2 n Salpetersäure, bis durch den letzten Tropfen Säure die Farbe von Blauviolett in Gelb umschlägt. Man gibt noch 2 ml der Säure zu und bringt das Volumen im Gefäß durch Wasserzugabe auf 25 bis 35 ml. Bei Tageslicht oder einer diesem entsprechenden künstlichen Beleuchtung titriert man nun mit 0,0025 n oder 0,01 n Quecksilber(II)-nitratlösung (siehe oben) bis zur deutlichen Rosafärbung. Unter den gleichen Bedingungen wie mit der Probe führt man einen Blindversuch mit der gleichen Menge doppelt destillierten Wassers aus; bei Serienbestimmungen täglich einmal.

Die *Dauer* einer Bestimmung beträgt 50 bis 60 Min. Der relative *Fehler* wird zu etwa $\pm 2\%$ angegeben.

Eine Trennung von Chlorkohlenwasserstoffen aus Abwässern durch Adsorbieren an Aktivkohle und Eluieren mit Methanol + Benzol vor Anwendung einer Kombination von nasser und trockener Verbrennung wird von ŠINGLIAR und SMEJKAL empfohlen.

c) Colorimetrische bzw. photometrische Methoden.

Diese Methoden werden zur Bestimmung kleiner Konzentrationen oft angewendet.

α) Reaktion mit Pyridin und Alkali.

Allgemeines. Diese von FUJIWARA stammende Methode hat mancherlei Abwandlungen erfahren. Eine Arbeitsweise zur quantitativen Bestimmung des Tetrachlorkohlenstoffs im Blut, nach der die rot gefärbte Verbindung in der organischen Schicht bei 535 nm photometriert wird und die bis zu 4 μg CCl_4/l anwendbar ist, wurde von KONDOS und MCCLYMONT beschrieben.

BURKE und SOUTHERN stellten fest, daß eine Arbeitsweise, nach der nur *eine* Flüssigkeitsphase entsteht, günstiger ist. Die nachstehend wiedergegebene Vorschrift für Tetrachlorkohlenstoff soll die optimalen Bedingungen beinhalten:

Arbeitsvorschrift. Zu 10 ml wasserfreiem Pyridin, dem eine Probemenge entsprechend 0,1 bis 1,0 mg CCl_4 zugesetzt wurde, gibt man im Reagensglas genau 0,4 ml 0,1 n Natronlauge, setzt einen Korkstopfen locker auf und stellt 15 Min. in ein siedendes Wasserbad. Dann gibt man 5 ml Wasser hinzu und kühlt auf Zimmertemperatur ab. Man mißt die Extinktion der Flüssigkeit mit Grünfilter (Ilford Nr. 604) und wertet nach einer Eichkurve, die mit bekannten CCl_4-Mengen hergestellt wurde, aus.

Bemerkungen. aa) Die Autoren fanden, daß ihre Methode etwa gleich empfindlich für CCl_4, Trichloräthylen und Tetrachloräthan, aber noch etwa 3mal *empfindlicher* für *Chloroform* ist. Wenn die gleiche Menge Natronlauge, aber in verdünnterer Form, angewendet wurde, sprach CCl_4 fast gar nicht an, die drei übrigen Verbindungen aber viel stärker.

bb) HUNOLD und SCHÜHLEIN bestätigten, daß Methoden, bei denen nur *eine* Flüssigkeitsphase entsteht, genauer sind. Sie benutzen eine ähnliche Arbeitsweise wie die obige zur Bestimmung der genannten Verbindungen sowie von Tetrachloräthylen, Dichloräthan und Äthylenchlorhydrin (jede für sich allein vorhanden) in der Luft. GRABOWICZ empfiehlt für die Bestimmung von $CHCl_3$ in der Luft, diese durch Pyridin zu leiten, das dann zur Reaktion verwendet wird.

cc) MANTEL, MOLCO und STILLER messen die Intensität der Rotfärbung bei 366 nm. Sie stellten fest, daß bei der Bestimmung in Wasser eine Nachweisgrenze von 0,2 ppm zu erreichen ist und bei 2 ppm $CHCl_3$ die Standardabweichung 3% relat. beträgt.

β) Reaktion mit Thymol und Kupfersulfat in alkalischer Lösung.

Diese führt zur Bildung einer roten Färbung; sie wird nach BLANC, GODFRAIN und LESCURE zur Bestimmung von Tetrachlorkohlenstoff wie folgt angewendet.

Arbeitsvorschrift. Man gibt 2 ml Reagens A [Gemisch aus 100 ml Natronlauge (36 °Bé; etwa 10 m) und 10 ml 5%iger wäßriger Kupfersulfatlösung] in ein Reagenzglas von 20 ml Durchmesser, fügt 2 ml Reagens B (5 g krist. Thymol, in 100 ml 95%igem Äthanol gelöst) ohne zu mischen hinzu und weiter 1 ml einer Lösung der Probe in 95%igem Äthanol. Nun verbindet man mit einem Rückflußkühler und taucht das Glas für 5 Min. in ein siedendes Wasserbad. Danach kühlt man schnell ab, wobei zwei Phasen entstehen. Die äthanolische Schicht zeigt eine in der Intensität von der CCl_4-Menge abhängige Rosarotfärbung.

Bemerkungen. aa) Die *Empfindlichkeit* beträgt 1 : 25000. bb) Anwesenheit von Säure, selbst von Säuredämpfen in der Luft, *stört.* cc) Die Reaktion soll nach Angabe der Autoren *spezifisch für* CCl_4 sein; aus Analogiegründen wurde sie trotzdem im vorliegenden Abschnitt mit angeführt.

γ) *UV-Spekrometrie.*

DIMITRIEVA bestimmt Chloroform in der Luft durch Absorption in Äthanol und Photometrieren bei 212 nm. Die Bestimmung ist schnell, aber nicht spezifisch.

II. Spezifische Bestimmungsmethoden.

a) Polarographische Bestimmung von Tetrachlorkohlenstoff, Chloroform und Methylenchlorid.

α) Eigentliche Polarographie (an der tropfenden Hg-Elektrode).

Allgemeines. Die Bestimmung von Tetrachlorkohlenstoff und Chloroform nebeneinander und in Gegenwart weiterer Halogenverbindungen wurde von v. STACKELBERG und STRACKE wie auch von KOLTHOFF und Mitarbeitern beschrieben. v. STAKKELBERG gibt eine tabellarische Übersicht über die Halbstufenpotentiale der Reduktion einer Reihe einfacher Halogenkohlenwasserstoffe an der tropfenden Quecksilberelektrode in Tetraäthylammoniumbromid-Dioxan als Grundlösung. Reduzierbare Verbindungen wie Aldehyde, Nitrokörper und viele Metallkationen stören. LEWINSKIJ, FILIMONOWA und GUDSENKO bestimmten *Chloroform* und *Methylenchlorid* nebeneinander. Als Grundlösung verwenden sie 0,05 n Tetraäthylammoniumhydroxid in 75%igem Dioxan. Die Halbwellenpotentiale von $CHCl_3$ und CH_2Cl_2 betragen dabei − 1,55 V bzw. − 2,35 V.

Eine Methode, mittels der Tetrachlorkohlenstoff, Chloroform und Methylenchlorid (CH_2Cl_2) nebeneinander bestimmt werden können, haben FILIMONOWA, LEWINSKIJ und GUDSENKO ebenfalls ausgearbeitet, und zwar für die kleinen Mengen dieser Stoffe, die in der Abfallchlorwasserstoffsäure der Tetrachlorkohlenstoff-Fabrikation enthalten sind. Die organischen Chlorverbindungen werden dazu mit Benzol extrahiert. An Stelle von Dioxan verwenden die Autoren hier 75%iges Äthanol. Die Halbwellenpotentiale verschieben sich in dieser Grundlösung etwas in negativer Richtung. Da die Welle von $CHCl_3$ mit der 2. Welle von CCl_4 beim Halbwellenpotential − 1,75 V zusammenfällt, wird der Anteil des CCl_4 an dieser Welle aus einer Eichkurve entnommen, welche die Höhe der beiden CCl_4-Wellen (− 0,75 und − 1,75 V) miteinander und mit der CCl_4-Konzentration in Beziehung setzt. Aus der Differenz zwischen der Höhe der Summenwelle (− 1,75 V) und der Höhe des CCl_4-Anteils an ihr ergibt sich die $CHCl_3$-Konzentration. Da die Höhe der Welle von CH_2Cl_2 (bei − 2,65 V gelegen) von der Konzentration der beiden anderen Komponenten abhängig ist, muß die Eichung für diese Verbindung mit Lösungen vorgenommen werden, welche CCl_4 und $CHCl_3$ in den festgestellten Konzentrationen enthalten. Näheres ergibt sich aus der Arbeitsvorschrift. Die Autoren benutzten einen schreibenden Polarographen mit Differentialkurven-Aufzeichnung.

Arbeitsvorschrift. Man gibt in die Elektrolysierzelle des Polarographen 10 ml 0,05 m Lösung von Tetraäthyammoniumhydroxid in 75%igem Äthanol und leitet 30 Min. sauerstofffreien und mit dem Dampf des Lösungsmittels gesättigten Stickstoff durch die Flüssigkeit. Inzwischen extrahiert man die Chlorverbindungen aus 800 ml der zu untersuchenden Säure mit 60 ml Benzol in 3 Anteilen zu 25, 20 und 15 ml. Von dem vereinigten Extrakt gibt man 0,1 bis 0,6 ml in die Zelle, die man auf (18 ± 1) °C temperiert.

Nun polarographiert man mit einer Capillare, die bei − 1 V ein Tropfenintervall von 4,5 Sek. ergibt, von 0 bis − 0,1 V und mißt die Höhe der 1. (Differential-)Welle von CCl_4 bei − 0,75 V. Man polarographiert weiter bis − 2,0 V und mißt die Höhe der Welle von CCl_4 (2. Welle) nebst $CHCl_3$ bei − 1,75 V. Unter den gleichen Bedingungen nimmt man die Polarogramme verschiedener Mengen einer Standardlösung, die 12,21 mg CCl_4/ml enthält, auf und zeichnet die *Eichkurven* für die 1. und 2. Welle des CCl_4 in Abhängigkeit von der Konzentration zusammen auf ein Diagramm. Beide sind gerade Linien; diejenige für die 1. Welle verläuft etwas oberhalb derjenigen für die 2. Welle.

Aus dem Diagramm entnimmt man nun auf Grund der Höhe der 1. Welle den CCl_4-Gehalt des Benzolextraktes und gleichzeitig die zugehörige Höhe der 2. CCl_4-Welle. Man subtrahiert letztere Höhe von der Gesamthöhe der Summenwelle bei − 1,75 V und erhält so die Höhe des $CHCl_3$-Anteils dieser Welle. Aus der Differenzhöhe ergibt sich der $CHCl_3$-Gehalt des Benzolextraktes durch Ablesung aus einer *weiteren* Eichkurve, die ausgehend von einer Lösung von 11,5 mg $CHCl_3$/ml aufgestellt wurde.

Nach Einsetzen einer Capillare, die bei − 2 V ein Tropfenintervall von 3,0 Sek. ergibt, polarographiert man nun bis − 2,85 V weiter und mißt die Höhe der CH_2Cl_2-Welle bei − 2,65 V. Schließlich stellt man für das Methylenchlorid mit Mengen von 0,1 bis 0,35 ml einer Standardlösung, die 15,5 mg CH_2Cl_2/ml enthält, in Gegenwart der vorher in der Untersuchungslösung festgestellten Mengen von CCl_4 und $CHCl_3$ eine *Eichkurve* auf. Aus dieser entnimmt man dann auf Grund des vorhin erhaltenen Meßwertes den unbekannten CH_2Cl_2-Gehalt.

Als *mittlere relative Fehler* stellten die Autoren in einer Versuchsreihe für $CCl_4 \pm 6{,}3$, für $CHCl_3 \pm 4{,}4$ und für $CH_2Cl_2 \pm 6{,}1$ % fest.

Produkte der Chlorierung von Erdgas wurden von Berezina, Kutanina und Kacion polarographisch analysiert. Diese Autoren arbeiteten mit einem Differentialkurven (di/dE) schreibenden Gerät.

Für die Bestimmung von CCl_4 in $CHCl_3$ benutzen sie dessen 1. Peak, der in der verwendeten Grundlösung aus 3 m $CaCl_2$ in Äthanol bei − 0,1 V liegt und dessen Höhe der CCl_4-Konzentration proportional ist. Der direkt meßbare Konzentrationsbereich ist 0,1 bis 4% CCl_4, die relative Abweichung betrug maximal 5%.

Für die Bestimmung von CCl_4 und $CHCl_3$ in Methylenchlorid verwenden die Autoren als Grundlösung eine 0,05 molare Lösung von Tetramethylammoniumjodid in 60%igem Äthanol, in der das Reduktionspotential des CH_2Cl_2 weit entfernt von denjenigen der zu bestimmenden Verbindungen liegt. Zur Auswertung dient für CCl_4 dessen 1. Peak bei 0,7 V, für $CHCl_3 + CCl_4$ der Peak bei − 1,6 V; $CHCl_3$ ergibt sich als Differenz. Die unteren Grenzen der Bestimmbarkeit sind 0,5% CCl_4 und 1% $CHCl_3$, die Fehler liegen für CCl_4 bei 5%, für $CHCl_3$ etwas höher.

β) Voltammetrie.

Die Anwendung dieser Methode, d.h. Reduktion an der ruhenden Quecksilberelektrode bei konstantem Potential, auf einige Halogen- (und Nitro-)Verbindungen wurde von EHLERS und SEASE untersucht. Die Autoren benutzten 0,05 n Tetramethylammoniumbromid als Lösungsmittel und Grundelektrolyt sowie eine Ag/AgBr-Bezugselektrode. Die Strommessung erfolgte bis zum 99%igen Verbrauch der Substanz, und zwar mit einem Kupfer/Platin-Coulometer. In einigen Fällen sind die Reduktionspotentiale so unterschiedlich, daß auch Gemische analysiert werden können, z.B. solche aus CCl_4 (– 1,00 V) und $CHCl_3$ (– 1,80 V). An und für sich wurde die Methode für genauer als die Polarographie befunden; der relative Fehler beträgt etwa 1%. Sie ist aber umständlicher und langwieriger (*Dauer* 35 bis 60 Min.).

b) Ultrarotspektrometrische Bestimmung.

Allgemeines. Die Ultrarotspektrometrie wurde von BERNSTEIN, SEMELUK und ARENDS zur Analyse kleiner Gehalte von Hexachloräthan, Pentachloräthan, symmetrischem Tetrachloräthan, Tetrachloräthylen und Methylenchlorid in Chloroform angewendet. Die Autoren benutzten ein schreibendes Doppelstrahl-Spektrometer mit NaCl-Optik und 0,116-mm-Cüvette (wegen einiger allgemeiner Angaben über die Methodik siehe Kapitel: Methan, § 2, A, 6). Die in der Arbeit mitgeteilten Zahlen und ein Diagramm zeigen, daß die genannten Verbindungen empfindlich und selektiv nebeneinander nachgewiesen und bestimmt werden können. Am größten ist die Empfindlichkeit für Tetrachloräthylen, von dem 0,01% im Gemisch noch eine Absorption von 2,2% erzeugen. Tetrachlorkohlenstoff zeigt in dem benutzten (NaCl-)Wellenlängenbereich keine Absorptionsbande, die in Gegenwart des Chloroformüberschusses auswertbar wäre.

Die charakteristischen Hauptbanden der Chlorderivate haben folgende Wellenzahlen (cm^{-1}):

Verbindung	$C_2H_2Cl_4$	CH_2Cl_2	C_2Cl_4	C_2HCl_5	C_2Cl_6
Wellenzahl	1279	1265	912	822	680

Die Bestimmung von symmetrischem Dichloräthan und Tetrachlorkohlenstoff nebeneinander in der Luft wurde von HESELTINE untersucht. Er benutzte ein schreibendes Doppelstrahl-Photometer mit Natriumchloridoptik und variablen Zellen. Für CCl_4 wurde die Absorption bei 12,7 μm bei 0,8 mm Schichtdicke gemessen, für $C_2H_4Cl_2$ waren die entsprechenden Daten 13,9 μm und 2 mm. Konzentrationen von 10 bis 500 mg der beiden Substanzen je Liter Luft konnten ohne gegenseitige Störung mit einem mittleren Fehler von 1 bis 2% gemessen werden. HESELTINE beschreibt eine Methode zur Probenahme und Aufbewahrung der organischen Chlorverbindungen bis zur Analyse, die im wesentlichen in folgendem besteht:

Arbeitsvorschrift. In die am unteren Teil eines 200-ml-Rundkolbens befindliche Ausbuchtung gibt man 5 ml Cyclohexan p. A. Dieses läßt man durch Kühlen mit Kohlendioxidschnee-Aceton erstarren und evakuiert den Kolben auf 1 bis 2 Torr, wobei praktisch kein Lösungsmittel verdampft. Nun läßt man bis zur Wiederverflüssigung erwärmen. Dann läßt man die zu untersuchende Luft einströmen, schließt den Hahn wieder und löst die zu bestimmenden Stoffe im Hexan durch Schütteln. Im Labor entnimmt man davon später Proben mit der Injektionsspritze für die UR-Analyse.

Bemerkungen. α) BERTON beschreibt die Bestimmung *verschiedener* Chlorkohlenwasserstoffe, z.T. in Gemischen, und gibt dazu auch die Hauptbanden einiger aromatischer Verbindungen, die oft als Gemischbestandteile in Lösungsmitteln auftreten, an. Er beurteilt die Bestimmung von Einzelkomponenten in Gemischen als schwierig und nur in günstig gelagerten Fällen unter Verwendung von Eichgemischen als quantitativ (mit Fehlern von ± 1 bis 2%) durchführbar. Als Beispiel für einen solchen Fall wird die Bestimmung von 0,1% Trichloräthylen in Perchloräthylen unter Benutzung der Bande 10,8 μm angeführt.

β) Die Bestimmung von *mehr als 10 verschiedenen* Chlorkohlenwasserstoffen der C-Zahl 1 und 2 in Luft wurde von URONE und DRUSCHEL untersucht. Diese Autoren absorbierten die betreffenden Verbindungen in Isooktan, das ein wenig flüchtiges, ungiftiges und in dem verwendeten UR-Gebiet transparentes Lösungsmittel darstellt. Sie fanden, daß 0,04 mg Chlorverbindung je Milliliter Lösung sich im allgemeinen auch in binären bis quaternären Gemischen mit nur etwa 3% Fehler bestimmen lassen. Die Bande 12,7 μm von CCl_4 wird durch $CHCl_3$ (13,21 μm) und $CHCl : CCl_2$ (12,8 μm) in gewissem, aber für praktische Zwecke tragbarem Maße gestört.

γ) Die Schnellbestimmung des Methylenchlorids in 5 bis 7 Min. bei der Wellenzahl 4456 cm^{-1} in Gemischen mit CCl_4 und $CHCl_3$ beschreiben GOSCHENKO und MALINKO. Die Bestimmung von Methylenchlorid, Tetrachloräthylen, Methylchloroform, Dichloräthan und cis-1,2-Dichloräthylen (Wellenzahlen: 1265, 906, 1088, 1055 bzw. 850 cm^{-1}) in Mengen von 10^{-1} bis 10^{-3}% als Verunreinigungen in Chloroform innerhalb 25 Min. mit 3 bis 10% Fehler wird von KOLBASSOW, BARDENSCHTEJN und DSHAGATSPANJAN beschrieben.

δ) Zur Bestimmung von Chloroform oder Tetrachlorkohlenstoff in pharmazeutischen Produkten, Blut oder tierischem Gewebe trennt man diese Verbindungen zweckmäßig vorher durch Extraktion mit Schwefelkohlenstoff ab (STEWART und Mitarbeiter), wobei man unter Umständen ein Destillat des Untersuchungsmaterials extrahiert (SOUDER und DELUCA) oder den Extrakt destilliert (ROBERTSON und ERLEY), um von störenden Stoffen abzutrennen.

Von FEUERBERG, MANJOCK und WEIGEL wird am Beispiel des Gemisches Aceton/Chloroform auf die Zweckmäßigkeit der Identifizierung gaschromatographisch getrennter Substanzen durch UR-Spektrometrie hingewiesen.

c) Gaschromatographische Bestimmung.

Allgemeines. Für die Analyse vielkomponentiger Gemische aus Halogenkohlenwasserstoffen mit ihren untereinander ähnlichen chemischen Eigenschaften und nahe beieinander liegenden Siedepunkten stellt die Gaschromatographie ein vielversprechendes Verfahren dar. ŠINGLIAR und BOBÁK haben eine Liste von 36 dieses Gebiet betreffenden Arbeiten zusammengestellt. Auf dieses Verzeichnis sei hingewiesen und hier nur auf einige Arbeiten näher eingegangen. (Wegen allgemeiner Angaben über die Methodik siehe Kapitel: Methan, § 2, A, 5.) Als Trennflüssigkeiten werden hauptsächlich Phthalate, Siliconöle und Paraffine verwendet.

α) Analyse von Chlorverbindungen.

ŠINGLIAR und BOBÁK untersuchten eine Reihe von Trennflüssigkeiten auf ihre Eignung als stationäre Phase bei der Chromatographie von 25 Chlorderivaten mit 1 bis 3 C-Atomen und 1 bis 3 Cl-Atomen (Kochpunkte von 12 bis 120 °C). Für am besten haben sie Triphenylphosphat befunden. Sie wendeten es auf Kieselgel von 0,2 bis 0,4 mm Korngröße als Träger in einer Menge von 17% des Gels an. Die Säulentemperatur betrug gewöhnlich 70 °C; Schleppgas war Stickstoff (32,5 ml je Minute). Welche günstigen Möglichkeiten die Methode bietet, zeigt das Beispiel der beiden Verbindungen 1,1-Dichlorpropan und Trichloräthylen mit den Kochpunkten 87 bis 88 °C bzw. 87,2 °C, die ganz verschiedene Retentionsvolumina aufweisen, nämlich 652 und 362, und daher sehr gut getrennt werden.

Gemische von Tetrachlorkohlenstoff mit Chloroform, von Tetrachlorkohlenstoff mit Aceton und von Chloroform mit Äthanol wurden von BROWNING und WATTS analysiert. Die Säulenfüllung bestand aus 50% Schamottekörnern (Armstrong C 22), 30% Glycerin und 20% 2-Bis(methoxyäthyl)phthalat in Länge von 4 Fuß (1,22 m). Als Schleppgas diente Helium (100 ml/Min.). Die Säulentemperatur betrug für das erstgenannte Substanzgemisch 60 °C, für die beiden anderen 60 bis

100 °C. Die Autoren stellten fest, daß in den Fällen, wo die Wärmeleitfähigkeiten der Komponenten nahezu gleich groß sind, wie z. B. bei CCl_4 (2,05) und $CHCl_3$ (2,33) die Peakflächen den Gewichtsprozenten (nicht den Molprozenten) proportional sind. In anderen Fällen gilt diese Beziehung, wenn man nicht die Peakfläche, sondern den Quotienten aus ihr und der Wärmeleitfähigkeit der betreffenden Komponente einsetzt. Die genauesten Ergebnisse werden aber statt durch Berechnung durch sorgfältige, regelrechte Eichung mit bekannten Substanzmengen erzielt. Zu der gleichen Feststellung kam, von den Untersuchungen von BROWNING und WATTS ausgehend, HEFT, der die Beziehungen zwischen Konzentrationen und Peakflächen an nicht homologen Verbindungen untersuchte.

Die große Überlegenheit der Gaschromatographie gegenüber der rein chemischen Analyse besonders in bezug auf den Zeitbedarf und ihre Überlegenheit gegenüber der Massenspektrometrie stellten u. a. auch WARREN und Mitarbeiter für die Analyse von Gemischen aus Chlorverbindungen fest. Die Autoren untersuchten technisches Äthylenchlorid (1,2-Dichloräthan), gereinigten Tetrachlorkohlenstoff und ebensolches Chloroform auf die mehr oder weniger geringen Beimengungen anderer Chlorverbindungen, die für manche Verwendungszwecke stören. Die Gaschromatographie gestattet u. a. die getrennte Bestimmung von cis- und trans-Dichloräthylen. Es wurde eine handelsübliche Apparatur mit 2 m-Säule benutzt. Als Schleppgas diente stets Helium, 180 bis 200 ml/Min. Die Proben wurden als Flüssigkeit in Mengen von 0,01 bis 0,02 ml injiziert. Der Linienschreiber mit 10 mV Meßbereich konnte in kontrollierbarer Weise auf geringere Empfindlichkeit eingestellt werden, so daß auch die Peaks der in nahezu 100 %iger Konzentration vorhandenen Hauptbestandteile registriert wurden.

Für die Analyse von *Äthylenchlorid* diente Didecylphthalat auf Celite (präparierte Kieselgur) bei 85 °C als stationäre Phase. Es wurden die Beimengungen von cis- und trans-Dichloräthylen (4,8 und 5,5), Chloroform (6,4), Tetrachlorkohlenstoff (10,7), 1,2-Dichlorpropan (11,7), Trichloräthylen (14,3), 1,1,2-Trichloräthan (20,4), Tetrachloräthylen (36,7) und 1,1,2,2-Tetrachloräthan (62,2) im 1,2-$C_2H_4Cl_2$ (7,5) festgestellt und bestimmt (die Zahlen in Klammern bedeuten die Retentionszeiten in Minuten bei 100 ml He/Min.). Die untere Bestimmungsgrenze lag zwischen 25 ppm bei den niedrig- und 1000 ppm bei den höhermolekularen Verbindungen, die Abweichungen vom Sollwert betrugen 0,2 bis 11 % relativ, wobei die letzte Zahl für das in sehr geringer Konzentration vorhandene CCl_4 gilt. Der Zeitbedarf betrug 50 Min.

Für die Analyse von *Tetrachlorkohlenstoff* diente Paraffin (30 %) auf Celite als Säulenfüllung; die Temperatur betrug 90 °C, die Zeitdauer 50 Min. Es wurden die Beimengungen: Chloroform (0,7), Trichoräthylen (16,0) und Tetrachloräthylen (44,5) im CCl_4 (12,5) bestimmt, wobei die untere Bestimmungsgrenze 200 bis 500 ppm war und die relativen Abweichungen vom Sollwert 8,3 bis 37 % (letzteres gilt für $CHCl_3$ bei 0,08 Gew.-%) betrugen.

Zur Analyse von *Chloroform* diente die gleiche Füllung wie vorher als stationäre Phase, aber bei 70 °C. Es wurde Methylenchlorid (4,0), 1,1-Dichoräthan (6,5), 1,2-Dichloräthan (11,5) und Tetrachlorkohlenstoff (17,5) neben Chloroform (10,0) bestimmt. Die untere Bestimmungsgrenze betrug 25 bis 400 ppm, die relative Abweichung vom Sollwert 12 bis 17% bei 0,04 bis 0,08 % Konzentration der Beimengungen.

Für die meisten Bestimmungen erwies sich *Paraffin* als stationäre Phase anderen Substanzen wie Didecylphthalat, Dioctylphthalat und Siliconöl deutlich *überlegen*. Alle bekanntermaßen in Betracht kommenden Begleitstoffe der untersuchten Substanzen wurden gut getrennt und angezeigt. Die Massenspektrometrie zeigte eine wesentlich geringere Empfindlichkeit und z. T. geringeres Trennvermögen.

Paraffinöl auf Kieselgur als stationäre Phase wurde auch von WYACHIREW und RESCHETNIKOWA zur Untersuchung von $CCl_4/CHCl_3/CH_2Cl_2$-Gemischen angewendet. Bei Beheizung mit beweglichem Ofen betrug die Analysendauer 20 bis 40 Min. BREALEY, ELVIDGE und PROCTOR beschreiben die Bestimmung des Chloroforms in wäßrigen pharmazeutischen Präparaten unter Verwendung von Carbowax (hochpolymerem Äthylenglycol) als stationäre Phase, von n-Propanol, dessen Peak zwischen denjenigen von $CHCl_3$ und Wasser erscheint, als innerem Standard und von Stickstoff als Schleppgas bei 15 Min. Analysendauer.

Das Verhalten gegenüber Paraffin, Apiezon und anderen stationären Phasen untersuchten URONE, SMITH und KATNIK für folgende Stoffe: CCl_4, CH_2Cl_2, $CHCl_2CH_3$, $CHCl_3$, CCl_3CH_3, CH_2ClCH_2Cl, $CCl_2{=}CHCl$, $CHCl_2CH_2Cl$, $CCl_2{=}CCl_2$, $CHCl_2CHCl_2$, C_6H_5Cl.

Die Trennung von CCl_4, CH_3Cl, $CHCl_3$, $C_2H_2Cl_4$, C_2Cl_6 und C_6Cl_6 mit verschiedenen Säulenfüllungen wurde von MALINOWSKA beschrieben.

Die Analyse der Monochlorderivate der C_3-Kohlenwasserstoffe untersuchte TOMI.

β) Analyse von Jodverbindungen.

Jodderivate haben große analytische Bedeutung, weil sich die verschiedensten organischen Verbindungsklassen leicht in sie überführen lassen. So werden z.B. Alkoxygruppen nach der bekannten Reaktion von ZEISEL durch Umwandlung in Jodide bestimmt. Die Identifizierung bestimmter Gruppen, z.B. die Unterscheidung von Methoxy- und Äthoxygruppen, ist dabei aber schwierig und sehr umständlich. Durch Gaschromatographie der entstandenen Alkyljodide ist die getrennte Bestimmung nun leicht durchzuführen, wie VERTALIER und MARTIN zeigen. Diese Autoren verwenden eine auf 100 °C beheizte Säule mit 1 Teil Octylphthalat als Trennflüssigkeit auf 2 Teilen Celite. Die Retentionszeiten betragen bei 1 l Stickstoff je Stunde Schleppgasmenge für Methyljodid 3,4, Äthyljodid 5,8, Isopropyljodid 8, Propyljodid 10,7, Isobutyljodid 15,2 und Butyljodid 20,2 Min. Die gleichen Autoren weisen u.a. darauf hin, daß sich die aliphatischen Alkohole nach Überführung in die Jodide gaschromatisch bequem analysieren lassen.

γ) Analyse von Fluorverbindungen.

Die Bestimmung von Trichlorfluormethan (Freon-11 bzw. Frigase oder Kaltron, Kp.: 23,8 °C) und Dichlordifluormethan (Freon-12, Kp.: −29,8 °C) nebeneinander sowie von letzterer Verbindung und 1,2-Dichlortetrafluoräthan (Freon-114, Kp.: 3,6 °C) nebeneinander durch Verteilungs- bzw. Adsorptionschromatographie wurde von PERCIVAL untersucht.

Der Autor verwendet eine *Führung des Schleppgasstromes*, welche einen Druckunterschied in den beiden Hälften der Wärmeleitfähigkeitszelle ausschließt und so zur guten Reproduzierbarkeit der Messungen beiträgt. Das Schleppgas wird nicht wie gewöhnlich in einem Zuge durch alle Apparateteile, d.h. zuerst durch die eine Seite der Zelle, dann durch die Säule und zum Schluß durch die andere Seite der Zelle geleitet, sondern es wird in 2 Teilströme aufgeteilt. So stehen beide Seiten annähernd unter dem gleichen, d.h. unter Atmosphärendruck. Die Präzision der Anzeigen wird weiter durch gute Konstanthaltung des Zellenstromes und der Säulentemperatur gesichert. Der Autor fand, daß es wichtig ist, die Apparatur vor Beginn der Analysen mindestens 12 Std. bei strömendem Trägergas und eingeschaltetem Zellenstrom einlaufen zu lassen. Bei Einhaltung aller dieser Bedingungen war es möglich, monatelang die gleiche Eichkurve zu benutzen.

Es wurden jeweils 2 bis 4 ml Probe angewendet; die Temperatur der Säulen betrug 56 °C (siedendes Aceton) und der Schleppgasstrom (Wasserstoff) 40 bis 50 ml/Min. Für das erstgenannte Gemisch wurde eine 160 cm lange Säule mit Di-n-octylphthalat auf Celite angewendet, für das zweite Gemisch eine 105 cm lange Säule mit 60 mesh-Aluminiumoxid.

Der Quotient aus Peakfläche, bestimmt als Höhe × Halbwertsbreite, und angewendeten Millilitern Gas wurde als sehr konstant befunden; der 95%ige Vertrauensbereich für die Mittelwerte wiederholter Doppelbestimmungen betrug ± 0,5 %; die *Genauigkeit* lag innerhalb der Grenzen der Reproduzierbarkeit.

Von ROTZSCHE wurde auf die großen Vorteile der gaschromatischen Analyse gegenüber der chemischen Analyse hingewiesen, die sich besonders dann zeigen, wenn destillative Trennung von Gemischen infolge azeotropischen Siedens nicht möglich ist und wenn wie im Falle der fluorsubstituierten Kohlenwasserstoffe das Fluor sehr fest gebunden ist und auch auf gleichzeitig im Molekül vorhandenes Chlor stabilisierend wirkt, so daß auch die Cl-Bestimmung schwierig ist.

ROTZSCHE beschreibt die gaschromatographische Analyse einer großen Reihe von Fluor, Fluorchlor- und Fluorbromkohlenwasserstoffen. Er benutzte 1,5 m lange Säulen mit verschiedenen stationären Phasen und stellte die Retentionszeiten der Verbindungen wie auch den Einfluß der Wechselwirkung zwischen den Fluorverbindungen und den als stationäre Phase dienenden Flüssigkeiten auf die Retentionszeiten fest.

Die Analyse von Perfluor-Kohlenwasserstoffen mit Thioharnstoff auf Chromosorb als Säulenfüllung führten MAILEN, REED und YOUNG aus. Hierbei werden die ungesättigten Perfluorverbindungen vor den gesättigten eluiert, während mit n-Hexadecan die Reihenfolge umgekehrt ist.

Gemische von niederen Fluorkohlenwasserstoffen und Schwefelfluoriden wurden von CAMPBELL und GUDZINOWICZ unter Verwendung von $(C_2F_3Cl)_n$ als stationärer Phase analysiert. Die Identifizierung der Komponenten erfolgte durch UR-Spektrometrie.

d) Massenspektrometrische Bestimmung.

Allgemeines zu dieser Methode siehe Kapitel: Methan, § 2, A, 7. Auch sie ist zur Analyse von Gemischen von Halogenderivaten gut brauchbar, wie u.a. BERNSTEIN, SEMELUK und ARENDS in der bereits im Abschnitt b) zitierten Arbeit an Gemischen der dort genannten 7 Chlorverbindungen zeigten. Lediglich die Bestimmung kleiner Mengen Methylenchlorids im Gemisch mit den übrigen Verbindungen ist infolge starker Überlagerung seiner charakteristischen m/e-Peaks schwierig. Für Tetrachlorkohlenstoff ist diese Methode recht empfindlich.

Die Massenspektrogramme werden von den genannten Verfassern in Tabellenform mit Angabe der relativen Intensitäten der Peaks und den sie verursachenden Ionen aufgeführt. Die relativen Fehler bei der Bestimmung der einzelnen Verbindungen bewegen sich zwischen ± 1 und ± 8 %.

KUPRIJANOW und Mitarbeiter benutzten bei der Analyse von Gemischen aus Methan, Methylchlorid, Methylenchlorid, Chloroform und Tetrachlorkohlenstoff die Peaks m/e = 16,52, 88,87 und 117 zur Bestimmung und stellten zwischen ± 0,7 und ± 1,7 % liegende Fehlerwerte fest.

HAPP, STEWART und COOPER fanden, daß in industriellen Abwässern gelöste Chlorkohlenwasserstoffe wie Methylenchlorid, 1,2-Dichloräthan und 1,2-Dichlorpropan neben anderen organischen Lösungsmitteln massenspektrometrisch in Konzentrationen von 1 ppm und darunter bestimmt werden können. Dabei ist die Anzeige des Geräts bis 500 ppm herauf linear. Die Autoren beschreiben Geräte zur Entnahme der Lösungsmitteldämpfe und deren Einführung in das Spektrometer.

Über die massenspektrometrische Analyse von Alkylchloriden und -jodiden mit den C-Zahlen von 1 bis 4 finden sich Angaben bei WASHBURN.

Spuren von cis- und trans-Dichloräthylen in Tetrachlorkohlenstoff können nach SERPINET durch eine Kombination von gaschromatographischer Anreicherung und Massenspektrometrie bestimmt werden. Die Substanz wird vor der Chromatographie mit 2 % Leichtbenzin, dessen Hexanisomere als Spurenträger und innerer Standard für das $C_2H_2Cl_2$ dienen, versetzt. Aus dem dann im Massenspektrometer ermittelten Verhältnis der Intensitäten von m/e = 96 für Dichloräthylen und m/e = 71 des inneren Standards wird die $C_2H_2Cl_2$-Menge berechnet.

Literatur.

AGAZZI, E. J., T. D. PARKS u. F. R. BROOKS: Anal. Chem. **23**, 1011 (1951).

BEREZINA, K. G., L. K. KUTANINA u. V. V. KACION: Fr. **206**, 124 (1964). – BERNSTEIN, R. B., G. P. SEMELUK u. C. B. ARENDS: Anal. Chem. **25**, 139 (1953). – BERTON, A.: Chim. anal. **38**, 207 (1956). – BLAEDEL, W. J., W. B. LEWIS u. J. W. THOMAS: Anal. Chem. **24**, 509 (1952); durch Fr. **137**, 463 (1952/53). – BLANC, P., GODFRAIN u. R. LESCURE: Chim. anal. **41**, 54 (1959); durch Anal. Abstr. **1959**, 4810. – BREALEY, L., D. A. ELVIDGE u. K. A. PROCTOR: Analyst **84**, 221 (1959). – BROWNING, L. C., u. J. O. WATTS: Anal. Chem. **29**, 24 (1957). – BURKE, J. E., u. H. K. SOUTHERN: Analyst **83**, 316 (1958); durch Anal. Abstr. **1959**, 203.

CAMPBELL, R. H., u. B. J. GUDZINOWICZ: Anal. Chem. **33**, 842 (1961); durch Fr. **191**, 461 (1962). – CODELL, M., u. G. NORWITZ: Anal. Chem. **29**, 967 (1957). – CORNER, M.: Analyst **84**, 41 (1959); durch Anal. Abstr. **1959**, 4005. – CRUMMETT, W. B.: Anal. Chem. **28**, 410 (1956); durch Fr. **153**, 310 (1956).

DESHUSSES, J., u. P. DESBAUMES: Hyg. **41**, 381 (1950); durch Brit. Abstr. C **1950**, 501. – DIMITRIEVA, N. V.: Gig. i. Sanit. **27**, 47 (1962); durch Fr. **196**, 374 (1963). – DIXON, B. E., u. G. C. HANDS: Analyst **84**, 463 (1959); durch Anal. Abstr. **1960**, 1058.

EHLERS, V. B., u. J. W. SEASE: Anal. Chem. **31**, 16 (1959).

FEUERBERG, H., M. MANJOCK u. H. WEIGEL: Fr. **219**, 241 (1966). – FILDES, J. E., u. A. M. G. MACDONALD: Anal. chim. Acta **24**, 121 (1961). – FILIMONOWA, M. M., M. I. LEWINSKIJ u. SH. D. GUDSENKO: Betriebslab. (russ.) **28**, 424 (1962). – FUJIWARA, K.: Sitz. Nat. Ges. Rostock **6**, 33 (1916); durch Anal. Chem. **24**, 629 (1952).

GOSCHENKO, N. A., u. B. M. MALINKO: Betriebslab. (russ.) **29**, 943 (1963). – GRABOWICZ, B.: Chem. analit. (Warszawa) **5**, 1027; durch Fr. **186**, 388 (1962).

HAPP, G. P., D. W. STEWART u. H. C. COOPER: Anal. Chem. **29**, 68 (1957). – HEFT, C.: Gaschromatographie 1958 (Abh. D. Akad. d. Wissensch., Kl. Chemie, Geol., Biol.; Berlin, **1959**, Nr. 9. – HESELTINE, H. K.: Chem. Ind. **1956**, 910. – HUNOLD, G. A., u. B. SCHÜHLEIN: Fr. **179**, 81 (1961).

ISHIDATE, M., u. E. KIMURA: Japan Analyst 8, 739 (1959); durch Anal. Abstr. **1961**; 1994.

JOHANNESEN, R. B., C. L. GORDON, J. E. STEWART u. R. GILCHRIST: J. Res. Nat. Bureau of Standards **53**, 197 (1954); durch Anal. Abstr. **1955**, 1490.

KLING, A., u. R. SCHMUTZ: C. r. **168**, 773 (1919). – KOLBASSOW, B. I., S. B. BARDENSCHTEJN u. P. W. DSHAGATSPANJAN: Betriebslab. (russ.) **29**, 938 (1963). – KÖLLIKER, R. A.: Ch. Fabr. **6**, 299 (1933); durch Fr. **97**, 424 (1934). – KOLTHOFF, I. M., T. S. LEE, D. STOCESOVA u. E. P. PARRY: Anal. Chem. **22**, 521 (1950). – KONDOS, A. C., u. G. L. MCCLYMONT: Analyst **84**, 67 (1959); durch Anal. Abstr. **1959**, 4068. – KUPRIJANOW, S. E., R. V. DSHAGATSPANJAN, M. V. TICHOMIROW u. N. N. TUNITZKIJ: Betriebslab. (russ.) **21**, 1182 (1955); durch Chem. Abstr. **1956**, 9234h.

LAMOUROUX, A.: Mém. poudres **38**, 383 (1956); durch Chem. Abstr. **1957**, 11174d. – LEWINSKIJ, M. I., M. M. FILIMONOWA u. SH. D. GUDSENKO: Betriebslab. (russ.) **27**, 546 (1961).

MAILEN, J. C., T. M. REED u. J. A. YOUNG: Anal. Chem. **36**, 1883 (1964); durch Fr. **213**, 61 (1965). – MALINOWSKA, K.: Chem. analit. (Warszawa) **9**, 585 (1964); durch Fr. **210**, 76 (1965). – MANTEL, M., M. MOLCO u. M. STILLER: Anal. Chem. **35**, 1737 (1963); durch Fr. **210**, 230 (1965). – MATUSZAK, M. P.: (a) Ind. eng. Chem. Anal. Edit. **6**, 374 (1934); durch C. **1934**, **II**, 3995; (b) Ind. eng. Chem. Anal. Edit. **6**, 457 (1934); durch C. **1935**, **I**, 2859. – MUFFI (MAFEI), M.: Ann. Falsific. **41**, 158 (1948); durch Chem. Abstr. **1949**, 973a.

NENITZESCU, C. D., u. C. PANĂ: Bl. Soc. România **15**, 45 (1933); durch C. **1933**, **II**, 3890.

OLSEN, J. C., G. E. FERGUSON, V. J. SABETTA u. L. SCHEFLAN: Ind. eng. Chem. Anal. Edit. **3**, 189 (1931); durch C. **1931**, **II**, 1325. – OLSEN, J. C., H. F. SMYTH, G. E. FERGUSON u. L. SCHEFLAN: Ind. eng. Chem. Anal. Edit. 8, 260 (1936).

PERCIVAL, W. C.: Anal. Chem. **29**, 20 (1957). – PIERSON, R. H., A. N. FLETCHER u. E. S. C. GANTZ: Anal. Chem. **28**, 1218 (1956).

REEVES, H. G.: J. Soc. chem. Ind. **43**, 279 (1924); durch Fr. **68**, 67 (1926). – ROBERTSON, D. N., u. D. S. ERLEY: Anal. Biochem. **2**, 45 (1961); durch Anal. Abstr. **1961**, 4285. – ROBINSON, E. A.: Anal. chim. Acta **23**, 305 (1960); durch Anal. Abstr. **1961**, 1586. – ROTZSCHE, H.: Fr. **175**, 338 (1960). – RUNGE, H.: Fr. **189**, 111 (1962). – RUSH, C. A., u. C. F. DANNER: Anal. Chem. **20**, 644 (1948); durch Chem. Abstr. **1948**, 7658b.

SERPINET, J.: Chim. anal. **42**, 433 (1960); durch Anal. Abstr. **1961**, 1069. – ŠINGLIAR u. BOBÁK; durch M. ŠINGLIAR u. V. SMEJKAL: Chem. Zvesti **10**, 70 (1956); durch Fr. **155**, 292 (1957). – ŠINGLIAR, M., u. V. SMEJKAL: Chem. Průmysl **14**, 283 (1964); durch Fr. **210**, 230 (1965). – SOKOLOW, W. P., u. K. A. LOBASCHOW: Betriebslab. (russ.) **28**, 285 (1962). – SOUDER, J. C., u. P. DELUCA: J. Am. pharm. Assoc., Sci. Edit. **49**, 255 (1960); durch Anal. Abstr. **1960**, 5423. – v. STACKELBERG, M., u. W. STRACKE: Z. El. Ch. **53**, 118 (1949). – STEWART, R. D., T. R. TORKELSON, C. L. HAKE u. D. S. ERLEY: J. Labor clin. Med. **56**, 148 (1960); durch Anal. Abstr. **1961**, 2062. – SUNDBERG, O. E., H. C. CRAIG u. J. S. PARSONS: Anal. Chem. **30**, 1842 (1958).

TEMPLEMAN, B. M., u. J. JUNEAU: Anal. Chem. **28**, 1324 (1956). – TERENTJEW, A. P., M. I. BUZLANOWA u. S. I. OBTEMPERANSKAJA: Zhur. Anal. Chim. (russ.) **16**, 743 (1961); durch Fr. **198**, 302 (1963). – TOMI, P.: Rev. Chim. (Bucarest) **16**, 40 (1965); durch Fr. **218**, 140 (1966). – TSCHITSCHIBABIN, A. E., B. M. KUINDSCHI u. S. W. BENEWOLENSKAJA: B. **58**, 1580 (1925). – TSEKHOVOLSKAJA, D. T., T. A. ZAVARITSKAJA, G. S. DENISOV u. V. M. CHULANOVSKIJ: Spektrochim. Acta **16**, 547 (1960); durch Fr. **180**, 228 (1961).

URONE, P. F., u. M. L. DRUSCHEL: Anal. Chem. **24**, 626 (1952). – URONE, P., J. E. SMITH u. R. J. KATNIK: Anal. Chem. **34**, 476 (1962); durch Fr. **199**, 448 (1964).

VERTALIER u. MARTIN: Chim. anal. **40**, 80 (1958). – VYAKHIREV; siehe WYACHIREW.

WARREN, G. W., L. J. PRIESTLEY, J. F. HASKIN u. V. A. YARBOROUGH: Anal. Chem. **31**, 1013 (1959). – WASHBURN; Kapitel: Massenspektrometrie in „Physical methods in chemical analysis", Bd. I; New York 1950. – WITTEN, B., u. A. PROSTAK: Anal. Chem. **29**, 885 (1957). WYACHIREW, D. A., u. L. A. RESCHETNIKOVA: Chem. J. Ser. B (russ.) **31**, 802 (1958); durch Anal. Abstr. **1959**, 956.

YANT, W. P., J. C. OLSEN, H. H. STORCH, J. B. LITTLEFIELD u. L. SCHEFLAN: Ind. eng. Chem. Anal. Edit. **8**, 20 (1936).

C. Cyanwasserstoff (HCN) und Cyanide.

Mol.-Gew. des Cyanwasserstoffs: 27,027; Fp.: –13,2 °C; Kp.: 25,7 °C.

1. Allgemeines, insbesondere die Abtrennung störender Substanzen und das Entbinden aus komplexen Cyaniden.

Der Cyanwasserstoff ist in wäßriger Lösung eine *schwache* Säure; die Dissoziationskonstante beträgt nur $7{,}2 \cdot 10^{-10}$. Er kann daher bereits bei pH = 9 z.B. mit Kohlensäure aus den einfachen Salzen freigesetzt werden. Da er leicht flüchtig ist, kann er aus Lösungen abdestilliert oder bei gewöhnlicher Temperatur durch einen Gasstrom ausgetrieben werden. Diese Eigenschaft erleichtert die Analyse sehr; man kann so den Cyanwasserstoff aus Gemischen mit den meisten störenden Stoffen abtrennen, auch von dem oft mit ihm zusammen vorkommenden Rhodanwasserstoff, der bei mehreren der gebräuchlichen CN-Bestimmungen mit erfaßt werden würde. Vom Schwefelwasserstoff ist eine Trennung durch Austreiben nicht möglich; ihn bindet man gewöhnlich durch Fällen mit Bleiacetat. In gewissem Grade ist auch eine Abtrennung durch Extraktion möglich.

Oftmals ist es erwünscht, bei der Cyanidbestimmung nicht nur den freien Cyanwasserstoff (unter diesen Begriff schließt man meist den in Form von Alkalicyanid vorhandenen mit ein), sondern auch den an Schwermetalle in komplexen Anionen fest gebundenen Cyanwasserstoff zu erfassen. Für diese „Gesamtcyanid"-Bestimmung gibt es besondere Entbindungsmethoden.

Für längere Aufbewahrung von cyanwasserstoffhaltigen Probelösungen empfiehlt WILL, den pH-Wert mit Natronlauge auf pH = 11 bis 12 zu bringen und die Lösung in den Kühlschrank zu stellen. Höherer pH-Wert kann Aufspaltung komplexer Metallcyanide bewirken. Bei niedrigen Gehalten und sehr hohen Genauigkeitsanforderungen soll man die Lösungen nicht filtrieren, sondern zentrifugieren oder bei pH = 11 bis 12 unter Kühlung absitzen lassen.

Die Bestimmung des Cyanwasserstoffgases ist in vielen Fällen mit derjenigen von Cyanidion identisch, da man für alle „nassen" Methoden zunächst in Lauge absorbiert.

I. Abtrennung durch Austreiben oder Destillieren.

Allgemeines. Nach einer älteren Arbeitsweise säuert man die äthanolische Analysenlösung mit Weinsäure an, mischt mit 90 %igem Äthanol und destilliert im Luftstrom. Nach SCHULEK (a) zersetzt verdünnte Borsäure die Cyanide (und Sulfide), läßt aber Sulfite, Thiosulfate und Thiocyanate unangegriffen. Der Autor hat einen speziellen Destillationsapparat angegeben (Abb. 92), der sich u. a. für toxikologische Fälle eignet, wo Cyan- und Thiocyanwasserstoff gewöhnlich gemeinsam vorkommen:

Arbeitsvorschrift. a) Man gibt die zu untersuchende Lösung in den Kolben, der etwa 100 ml faßt, ergänzt mit Wasser auf 80 ml, gibt 1 g kristallisierte *Borsäure* und eine Messerspitze grobkörnigen Bimssteinpulvers hinzu, verschließt sofort und destilliert unter ständigem Kühlen der n Natronlauge enthaltenden Vorlage 10 Min. Dann nimmt man den Apparat bei fortgesetztem Sieden auseinander. In der Vorlage befindet sich nun das gesamte Cyanidion. Die Trennung und gesonderte Bestimmung von 0,1 mg Cyanwasserstoff neben 50 mg Thiocyanwasserstoff bereitet keine Schwierigkeiten.

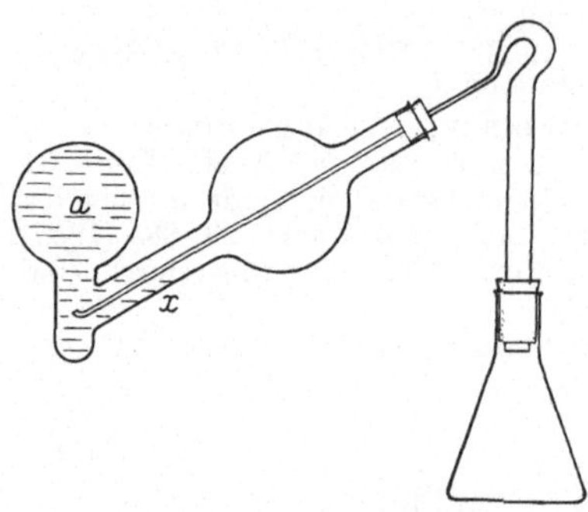

Abb. 92. Destilliergerät nach SCHULEK zum Austreiben von HCN aus Cyaniden.

Bei Verwendung von Gummistopfen am Destillierapparat nach BISHOP kann ein Verlust von HCN durch Absorption im Gummi eintreten. Es ist daher besser, die Apparate mit Glasschliffen zu versehen oder den Stopfen nach dem Vorschlag von MORRIS und LILLY mit Zinnfolie zu umhüllen.

Wenn keine von verdünnten Mineralsäuren zersetzbaren und flüchtigen Substanzen vorhanden sind, kann man auch aus *schwefelsaurer* Lösung destillieren. Nach PAGEL und CARLSON ist eine Schwefelsäurekonzentration von 0,35 bis 0,6 molar geeignet. Die Flüssigkeit muß rasch innerhalb etwa 5 Min. zum Sieden erhitzt werden; es soll höchstens 15 Min. destilliert werden, wobei 60 bis 80 ml von 250 ml Gesamtflüssigkeit übergehen sollen. Bei zu langsamer Destillation wird ein Teil der Cyanwasserstoffsäure durch die Schwefelsäure zu Ammoniumformiat verseift.

Abtrennung aus sulfidhaltiger Lösung. Eine weitere Destillationsmethode, die Sulfidgehalte berücksichtigt unter Anwendung von *Weinsäure*, wurde von RUCHHOFT und Mitarbeitern ausgearbeitet und von LUDZACK, MOORE und RUCHHOFT beschrieben. Als *Apparatur* dient ein 1-l-Destillierkolben, der durch Schliff mit einem Graham-Kühler verbunden ist. Am Ausgang des Kühlers ist ein Verlängerungsrohr angebracht, welches das Destillat unter die Oberfläche der Absorptionsflüssigkeit (2%ige Natronlauge) führt.

Arbeitsvorschrift. b) Man gibt zu der auf pH < 11 gebrachten Lösung festes Bleicarbonat und schüttelt durch, bis kein schwarzes Bleisulfid mehr ausfällt. Man filtriert, wäscht und destilliert das Filtrat bzw. einen aliquoten Teil desselben. Dazu wird das Volumen mit dest. Wasser auf 300 ml gebracht. Man stellt den pH-Wert mit 15%iger Weinsäure auf etwa 5,0 ein und fügt noch 5 ml Weinsäurelösung hinzu, so daß der pH-Wert schließlich etwa 2,5 beträgt. Besser ist es, an einem Aliquot die erforderliche Säuremenge festzustellen, diese Menge, vermehrt um 5 ml, in einem Guß zu der Lösung im Destillierkolben zu geben und sofort zu verschließen. Vorher hat man Bimssteinstückchen od. dgl. als Siedesteinchen hineingegeben. Die ersten 50 ml Destillat führen den gesamten Cyanwasserstoff bis auf Spuren in die Natronlauge der Vorlage über, wenn es sich um einfache Cyanide handelte. Sollen komplexe Cyanide miterfaßt werden, was aber nicht bei allen solchen Verbindungen quantitativ möglich ist, destilliert man 250 ml über. Thiocyanat- und Cyanationen bleiben im Rückstand.

Bemerkungen. a) WILL verwendete für Gehalte in der Größenordnung von *1 ppm* 1 ml 15%ige Weinsäure auf 500 ml der gegen Methylorange neutralisierten Flüssigkeit und stellte fest, daß vorhandene Thiocyanat- und Cyanationen vollständig im Destillationsrückstand blieben.

b) Wie LUDZACK und Mitarbeiter feststellten, kann man durch Zugabe von *1 g Bleinitrat* in den Destillierkolben, wodurch der pH-Wert der Lösung auf 5,6 erhöht wird, erreichen, daß absolut kein Cyanwasserstoff aus Eisenhexacyanoferrat(II) und -(III) freigemacht, die quantitative Zersetzung der einfachen Cyanide aber nicht verhindert wird. Die Zersetzung anderer komplexer Cyanide wird jedoch nicht unterbunden.

c) Bei der rein destillativen Abtrennung, bei welcher der als Schleppmittel dienende Wasserdampf kondensiert wird, genügen *einfache Gefäße* mit Lauge, in die der Kühlansatz eintaucht, zur vollständigen Absorption des Cyanwasserstoffs. Beim Austreiben mit Luft sind dagegen hoch wirksame Absorptionseinrichtungen, die eine längere Berührungszeit mit der Lauge gewährleisten, erforderlich.

d) Für den Fall, daß *freies* Cyanid mit *Sicherheit* allein zersetzt und von komplexen Cyaniden abgetrennt werden soll, empfehlen LURJE und NIKOLAJEWA, den Cyanwasserstoff mit Kohlendioxid auszutreiben. Auch durch Erhitzen mit Natriumhydrogencarbonat und Luftdurchleiten kann HCN ausgetrieben werden. Die Zersetzung von Cyanoferrat(II)-ion kann dabei durch Zusatz von Cadmiumnitrat unterbunden werden. BOYE (b) empfiehlt als bestes Mittel, bei der HCN-Bestimmung in Gaswerks- und Kokereiabwässern die Entstehung von HCN aus Hexacyanoferraten zu verhindern, das Austreiben mit Luft bei 35 °C unter Anwendung von Diäthylbarbitursäure (Veronal) als austreibende Säure. Diese ist eine noch schwächere Säure als die Kohlensäure.

II. Abtrennung durch Diffusion.

Von weniger flüchtigen Substanzen kann man den Cyanwasserstoff auch in der Weise abtrennen, daß man ihn bei gewöhnlicher oder wenig erhöhter Temperatur aus angesäuerter Lösung in eine in geringer Entfernung befindliche Absorptionslösung hineindiffundieren läßt, wobei natürlich das ganze System abgeschlossen ist. Gut geeignet sind für solche Mikrodiffusionen Gefäße nach CONWAY, flachen Wägegläschen ähnliche, innen eine ringförmige, niedrige Scheidewand aufweisende Glasgefäße mit eingeschliffenem Deckel. Diese Anordnung kann man nachahmen, indem man eine kleine Petrischale in ein größeres Wägeglas stellt. Das hat noch den Vorteil, daß man mit dem Inhalt des inneren Gefäßes durch Herausnehmen desselben bequem weiter manipulieren kann. Siehe auch Kapitel: Kohlenstoff, § 1, B, 2, II, a, β. Der innere Raum und der äußere Ringraum werden mit wenig Flüssigkeit gefüllt, um die Diffusion durch ein großes Verhältnis von Oberfläche zu Volumen zu begünstigen. Die Diffusionsmethode wird besonders auf physiologisch- und biologisch-chemische Analysen angewendet, so von BAKER und TAUBES-STEINFELD zur Bestimmung von Blausäure in pflanzlichem, glykosidhaltigem Material. FELDSTEIN und KLENDSHOJ wenden die Mikrodiffusion als Vorbereitung für die Bestimmung von Cyanidion im Blut an. Sie geben in den äußeren Raum 3 bis 5 ml der zu untersuchenden Lösung, in den inneren 2 ml 0,1 n Natronlauge. Sie geben dann 1 ml 10%ige Schwefelsäure zur Lösung im äußeren Raum, verschließen sofort und lassen nach leichtem Schwenken (zur Durchmischung) 2 Std. bei Zimmertemperatur stehen. Von der Lauge, die nun den Cyanwasserstoff enthält, wird 1 ml zur Ausführung der Pyridin-Pyrazolon-Methode entnommen.

OHLWEILER und MEDITSCH beschreiben die Anwendung des Conway-Gefäßes bei einer indirekten photometrischen Methode mit Quecksilbernitrat und Dimethylaminobenzylidenrhodanin. Sie geben 3 ml der etwa 3 µg/ml enthaltenden Cyanidlösung und 1 ml gesättigte Weinsäurelösung in den äußeren Raum, 3 ml Quecksilbernitratlösung in den inneren Raum und lassen 2 Std. bei 27 °C oder 1 Std. bei 38 °C diffundieren. Aus dem inneren Raum werden dann 2 ml zur Bestimmung (siehe Abschnitt: 4, VIII, f) entnommen.

III. Abtrennung durch Extraktion.

Die Extraktion kann darauf gerichtet sein, organische Stoffe, insbesondere Fettsäuren, die z.B. in Abwässern oft vorkommen und manche Bestimmungsmethoden stören, aus der wäßrigen Lösung zu entfernen; andererseits zielt sie darauf ab, den Cyanwasserstoff aus der störende, anorganische Stoffe (z.B. Thiocyanation) enthaltenden, wäßrigen Lösung in die organische Phase zu extrahieren und dann in eine wäßrige Phase zu reextrahieren.

a) Das erstgenannte Verfahren läßt sich gut durchführen. Wie LUDZACK, MOORE und RUCHHOFT feststellten, ist eine einmalige Extraktion der wäßrigen Lösung mit dem gleichen Volumen von Isooktan, Hexan oder Chloroform ausreichend, um organische Substanzen zu entfernen. Isooktan ist am besten geeignet; Chloroform neigt etwas zu Emulsionsbildung. Die beste Trennung wird nach Ansäuern auf pH = 6,0 bis 6,5 erreicht. Im Bereich von 0,1 bis 100 ppm Cyanwasserstoff war kein nennenswerter HCN-Verlust zu verzeichnen.

b) Zur Extraktion von Cyanwasserstoff aus wäßriger Phase in eine organische wurde bisweilen Äther verwendet. KRUSE und MELLON (b) empfehlen Isopropyläther. Die Trennung erfolgt nur in saurer, am besten essigsaurer Lösung (pH $\geqq$ 2,5), und es besteht daher die Gefahr des Verlustes von HCN. LUDZACK und Mitarbeiter erhielten bei der Arbeitsweise nach KRUSE und MELLON nur 70% des angewendeten Cyanids und lehnen sie daher ab. Möglicherweise sind die Werte aber bei stets genau gleicher Ausführung so gut reproduzierbar, daß sich die Fehler aufheben, wenn man zur Aufstellung der Eichkurve mit Standardlösungen das gleiche Verfahren anwendet. KRUSE und MELLON ermittelten mit der colorimetrischen Pyridin-Pyrazolon-Methode im Bereich von etwa 0,1 bis 10 ppm CN^- Variationskoeffizienten von nur 2 bis 4% ; nach ihren Angaben soll die Extraktion in die organische Phase mit über 95%, die Extraktion in die Lauge mit nahezu 100% Ausbeute, beides gut reproduzierbar, erfolgen.

Da diese Extraktionsmethode zur Bestimmung kleiner Mengen an Cyanidion in gleichzeitig Thiocyanation enthaltenden Lösungen mittels der sehr empfindlichen, über die Reaktion zu Cyanhalogenid verlaufenden colorimetrischen Methoden die durch Thiocyanation gestört werden, interessant erscheint, wird sie nachstehend beschrieben.

Arbeitsvorschrift. Eine Probe von 50 ml wird mit 2 bis 3 ml Eisessig angesäuert und mit 4 Anteilen von je 40 ml Isopropyläther nacheinander extrahiert. Der Extrakt wird 2mal mit je 8 ml 5%iger Essigsäure behandelt, die Waschsäure nach Absitzen verworfen. Aus der Ätherschicht wird 3mal mit je 35 ml 3%iger Natronlauge zurückextrahiert. Die vereinigten Laugeextrakte werden mit Wasser auf 100 ml aufgefüllt. Aus dieser Lösung entnimmt man einen aliquoten Teil zur colorimetrischen Bestimmung des Cyanidions.

IV. Abtrennung durch Fällen.

Von einer Reihe von störenden Substanzen kann die Cyanwasserstoffsäure, wie u.a. LURJE und NIKOLAJEWA beschrieben, durch Fällen mit einem Überschuß von Silbernitrat, Filtrieren und Austreiben des HCN aus dem Niederschlag mit verd. Schwefelsäure im Destillierapparat getrennt werden. Komplex gebundenes Cyanidion wird teilweise mit erfaßt.

V. Entbinden aus komplexen Metallcyaniden.

Allgemeines. Zur Erfassung des Gesamtcyanids, z.B. in industriellen Abwässern, wird die Destillationsmethode angewendet. Mit der im Abschnitt: 1, I beschriebenen Destillation nach RUCHHOFT aus weinsaurer Lösung soll der größte Teil des komplex gebundenen Cyanwasserstoffs erfaßt werden, wenn man 250 ml aus 300 ml Lösung überdestilliert. Wie LUDZACK und Mitarbeiter feststellten, trifft das nahezu quantitativ für die komplexen Cyanide des Zinks, Cadmiums, Nickels und Silbers zu; diejenigen von Kobalt und Nickel werden dagegen nur teilweise zersetzt. Die Autoren empfehlen besonders in den Fällen, wo letztere Komplexe vorliegen, die Rückflußmethode nach SERFASS und Mitarbeitern anzuwenden. Diese Methode erlaubt eine langdauernde Wärmebehandlung, durch welche auch die stabilsten Komplexe den Cyanwasserstoff allmählich fast quantitativ abgeben, und eine weitgehende Konzentrierung des HCN stattfindet. Beim Kobalt(III)-cyanidion dauert dieser Vorgang laut LUDZACK und Mitarbeitern etwa 30 Std. Diese Autoren gehen bei der Gesamtcyanidbestimmung bei Verdacht des Vorliegens schwer zersetzbarer Komplexe derart vor, daß sie 1 Std. unter Rückfluß nach SERFASS destillieren, die Vorlage wechseln und eine weitere Stunde destillieren. Ist in der 2. Absorptionsflüssigkeit kein Cyanidion festzustellen, so ist die Abwesenheit von schwer zersetzlichen Komplexen und die quantitative Erfassung des Gesamtcyanids erwiesen. Die Rückflußmethode hat, wie nochmals betont werden soll, auch den Vorteil, daß infolge der kleinen Destillatmengen eine Konzentrierung des Cyanwasserstoffs eintritt. SERFASS, FREEMAN, DODGE und ZABBAN geben für die Abtrennung des Gesamtcyanids aus Industrieabwässern die folgende

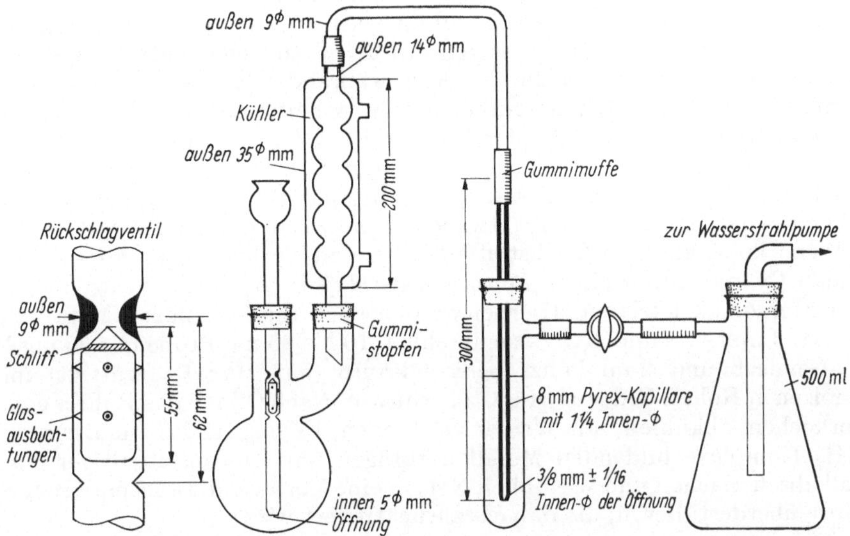

Abb. 93. Apparat nach SERFASS, FREEMAN, DODGE u. ZABBAN zum Austreiben von HCN aus komplexen Metallcyaniden.

Arbeitsvorschrift. Die *Apparatur* (Abb. 93) besteht im wesentlichen aus einem etwas abgeänderten Claisen-Kolben, der ein Einlaufrohrohr mit Rückschlagventil und einen Rückflußkühler trägt, einem Absorptionsgefäß und einem Sicherheitsgefäß, über welches der Apparat mit einer Wasserstrahlpumpe verbunden wird. Man gibt in den Absorber 30 ml 4%ige Natronlauge und setzt ihn in die Apparatur ein; nun stellt man die Pumpe an und regelt den Luftdurchgang mittels des zwischen Vorlage und Saugflasche befindlichen Hahnes derart, daß die Blasen noch einzeln erkennbar sind. Ist die Probe oxydierend, so versetzt man sie tropfenweise mit Natriumsulfitlösung, bis der Kaliumjodid-Stärke-Test negativ ausfällt. Durch das Einlaufrohr füllt man 250 ml Probe, 20 ml 0,125 m $HgCl_2$-Lösung, 10 ml 2,5 m $MgCl_2 \cdot 6H_2O$-Lösung in den Kolben und spült mit 5 ml Wasser nach. Nach 2 Min. gibt man langsam 5 ml konz. Schwefelsäure dazu und spült wieder mit 5 ml Wasser nach. Nun erhitzt man schnell mit einer Gasflamme und läßt die Flüssigkeit leicht sieden, wobei man auf ständigen Luftdurchgang achtet. Nach normalerweise einer halben Stunde schließt man den Hahn, nimmt den Absorber heraus und analysiert seinen Inhalt insgesamt oder Aliquots davon nach Auffüllen im Meßkolben. Da kaum Wasser überdestilliert, wird der Cyanwasserstoff in der Vorlage stark angereichert; man kann den Anreicherungsgrad durch das Verhältnis von Probemenge und Menge der vorgelegten Lauge regeln.

Eine weitgehende *Zersetzung stabiler* Cyanide wird nach KRUSE und MELLON (c) auch durch einfache Destillation mit Phosphorsäure unter Zusatz von überschüssiger *Äthylendiamintetraessigsäure* als noch stärkerem Metallkomplexbildner erreicht. Alle komplexen Cyanide *außer denjenigen des Kobalts* sollen dabei 99- bis 100%ige Ausbeute geben:

Arbeitsvorschrift. Man gibt zu der klaren Probe 10 ml einer alkalischen 10%igen Lösung von ÄDTA und läßt dieses Gemisch langsam in einen Destillierkolben mit siedender, verdünnter Phosphorsäure (35 ml 85%ige Säure in 135 ml Lösung) fließen. Man destilliert am besten unter etwas vermindertem Druck und fängt den entweichenden Cyanwasserstoff in 2%iger Natriumacetatlösung auf.

Bemerkungen. α) Auch die Zersetzung der komplexen Cyanide (des Kupfers, Silbers, Goldes u.a.) durch *Quecksilberoxid* in alkalischer Lösung ist empfohlen worden. WOGRINZ wendete auf 0,1 g Cyanid (als KCN gerechnet) in galvanotechnischen Bädern nach Verdünnen auf 50 ml die Suspension an, die aus 5 g in heißem Wasser gelöstem $HgCl_2$ durch Versetzen mit 10 ml 10%iger Natronlauge bereitet wurde. Die Umsetzung erfolgt durch 5 Min. währendes Kochen.

β) SERFASS und MURACA beschreiben eine Arbeitsweise für die Analyse von *Metallindustrieabwässern* mit Kupfer(I)-chlorid als Zersetzungskatalysator hauptsächlich für Cyanoferrate. Sie geben zu 100 ml der alkalischen Probe in dem oben beschriebenen Apparat nach SERFASS 0,5 g feingepulvertes Cu_2Cl_2, geben nach und nach 50 ml Schwefelsäure (1 + 1) (etwa 9,3 m) hinzu und lassen 2,5 Std. sieden.

γ) Wenn keine anderen Stickstoff enthaltenden Verbindungen anwesend sind, kann man Cyanid durch einen *Bomben-Aufschluß* in Ammoniumsalz überführen und als Ammoniak titrieren. Hierbei werden auch die komplexen Metallcyanide umgesetzt. JASELSKIS und LANESE empfehlen, 10 bis 25 mg Probe mit 50 mg HgO-$HgSO_4$-Gemisch und 2 ml konz. Schwefelsäure (mit $HgSO_4$ gesättigt) im zugeschmolzenen Rohr 2 Std. auf 315 °C zu erhitzen. Nach Öffnen des Rohres soll man SO_2 verkochen, abkühlen, mit Wasser verdünnen, 150 mg ÄDTA zur Bindung von mit NH_3 Komplexe bildenden Metallen zufügen, mit thiosulfathaltiger Natronlauge alkalisch machen und wie üblich NH_3 in eine Vorlage mit abgemessener Standardsäure überdestillieren, die danach zurücktitriert wird.

2. Gravimetrische Bestimmung.

Die gravimetrische Bestimmung wird auch für hohe Konzentrationen nur selten angewendet, da die titrimetrischen Methoden einfacher und schneller auszuführen sind. Für die Gravimetrie nutzt man die Schwerlöslichkeit des Silbercyanids, AgCN bzw. $Ag[Ag(CN)_2]$, aus. Liegt eine wäßrige Lösung von Cyanwasserstoff, von Alkali- oder Erdalkalicyanid vor, so versetzt man unter Umrühren in der Kälte mit überschüssiger Silbernitratlösung, gibt ein wenig verdünnte Salpetersäure hinzu und läßt absitzen. Dann filtriert man durch einen Glasfiltertiegel, wäscht mit Wasser, trocknet bei 100 °C und wägt (R. FRESENIUS). DUVAL bestätigte die Korrektheit des Trocknens bei 100 °C.

Man kann auch auf ein Papierfilter abfiltrieren, nach dem Trocknen das Filter in der Platinspirale veraschen, mit der Hauptmasse des Cyanids in einen gewogenen Porzellantiegel bringen, anfangs schwach, später stark, aber nicht bis zum Schmelzen des entstandenen metallischen Silbers glühen und das Silber wägen (TREADWELL).

1 g AgCN entspricht 0,1943 g CN,
1 g Ag entspricht 0,2412 g CN.

Beim Vorliegen von Alkalicyaniden in fester Form digeriert man am besten eine gewogene Menge mit überschüssiger Silbernitratlösung, verdünnt dann mit Wasser und säuert mit Salpetersäure an. Weiter verfährt man wie oben angegeben. Man vermeidet bei dieser Arbeitsweise die sonst beim Lösen des Cyanids in Wasser eintretenden Verluste durch Entweichen von Cyanwasserstoff. Von den komplexen Cyaniden lassen sich die Nickel- und die Zinkverbindungen in der gleichen Weise leicht zersetzen und bestimmen, diejenigen des Kupfers nur nach längerer Einwirkung des Silbernitrats und diejenigen des Eisens und des zweiwertigen Quecksilbers gar nicht.

Wegen der gravimetrischen Bestimmung des Cyanidions neben dem Thiocyanation siehe Kapitel: Thiocyansäure, Abschn.: E, 6, II.

3. Titrimetrische Bestimmung.

Allgemeines. Die titrimetrische Bestimmung dient im allgemeinen zur Bestimmung größerer Mengen von Cyanidionen u.a. in technischen Alkalicyaniden. Sie läßt sich aber auch bis zu recht niedrigen Konzentrationen herab ausführen, insbesondere bei elektrometrischer Indikation.

I. Argentometrie.

a) Direkte Titration mit Silbernitrat.

Diese Methode basiert auf derjenigen von v. Liebig, nach welcher zu der alkalischen cyanidhaltigen Lösung Silbernitrat gegeben wird, bis die erste bleibende Trübung von Silbercyanid eintritt. Da zunächst 1 Mol $AgNO_3$ mit 2 Molen Cyanidion zu dem löslichen Alkalidicyanoargentat zusammentritt, bevor nach weiterer Silberzugabe die Fällung von Silbercyanid eintritt, entspricht im Titrationsendpunkt 1 ml 0,1 n Silbernitratlösung 5,204 mg CN^-:

$$2\,KCN + AgNO_3 \rightarrow KNO_3 + K[Ag(CN)_2].$$

Der nach Erreichen des Äquivalenzpunktes bei weiterer Zugabe von Silbernitrat eintretende Vorgang ist folgender:

$$K[Ag(CN)_2] + AgNO_3 \rightarrow KNO_3 + 2\,AgCN \text{ oder } Ag[Ag(CN)_2].$$

Diesen Vorgang läßt man aber nur eben beginnen.

Die Titration kann in Gegenwart von Chlorid-, Bromid-, Jodid-, Thiocyanat-, Carbonat- und Phosphationen ausgeführt werden, erfaßt wird nur das Cyanidion allein. Schwefelwasserstoff stört. Das Auftreten der ersten Trübung ist nicht sehr gut erkennbar. Hoher Alkalisalzgehalt bewirkt zu spätes Auftreten der Trübung. In Gegenwart von Ammoniak erfolgt überhaupt keine Fällung, da der lösliche Ammoniumkomplex entsteht. Ist jedoch Jodidion in der Lösung vorhanden, so fällt auch in Gegenwart von Ammoniak und viel Alkalisalz das sehr schwer lösliche Silberjodid aus. Die Erkennung des Endpunktes wird erleichtert durch Titrieren auf bzw. vor einem schwarzen Unter- bzw. Hintergrund bei quer zur Blickrichtung einfallender künstlicher Beleuchtung in teilweise verdunkeltem Raum.

α) Jodidion als Indikator.

Allgemeines. Denigès führte Kaliumjodid als Indikator ein. Da sich Silberjodid, das beim Eintropfen der Silbernitratlösung infolge lokalen Überschusses von Silberion vorzeitig entsteht, schwer in der Cyanidlösung wieder auflöst, so daß die Erkennung des Umschlages erschwert und verzögert wird, die Auflösung in Gegenwart von Ammoniak jedoch schneller erfolgt, setzt man bei der Titration nach

LIEBIG-DENIGÈS gewöhnlich Ammoniaklösung zu (GREENE und BREAZEALE; RAUB und PETERS; SWOPE, HATTMAN und PELLKOFER; HOL). Der letztgenannte Autor z. B. verfährt bei der Bestimmung von freier Blausäure in verdünnten Lösungen wie folgt.

Arbeitsvorschrift. Man gibt in ein Wägeglas etwa 10 ml 2 n Natronlauge, wägt, läßt etwa 5 ml der zu untersuchenden Lösung einlaufen, setzt den Deckel auf, schwenkt vorsichtig um und wägt wieder. Nun bringt man den Inhalt des Wägeglases quantitativ in ein Becherglas und verdünnt mit Wasser auf etwa 250 ml. Man gibt dann 5 bis 8 ml 6 n Ammoniaklösung sowie 0,2 g Kaliumjodid hinzu und titriert mit 0,1 n Silbernitratlösung bis zur ganz schwachen Trübung durch Silberjodid.

Bemerkungen. aa) Bezüglich der *Ammoniak-* und der *Jodidmenge* finden sich in der Literatur viele Vorschriften, die derjenigen von HOL entsprechen. SERRIES macht darauf aufmerksam, daß die Jodidmenge nicht zu knapp bemessen werden darf. NOHSE und LASS empfehlen sogar, auf 100 ml Titrierendvolumen 20 ml einer 100 g Kaliumjodid im Liter enthaltenden Lösung, d. h. 2 g KJ, anzuwenden. MAUTE und OWENS stellen fest, daß der Endpunkt mit zu wenig Ammoniak zu früh, mit zuviel Ammoniak zu spät auftritt. Da der Ausfall der Titration etwas von der Konzentration der Reagenzien abhängig ist, sollte man die Bedingungen immer konstant halten, um vergleichbare Werte zu erhalten.

bb) Durch turbidimetrische Messung kann der Titrationsendpunkt *genauer* ermittelt werden. WILCOX sowie BARTHOLOMEW und RABY haben photoelektrische Apparate dazu konstruiert. Aber auch handelsübliche, photoelektrische Colorimeter wie dasjenige von KLETT-SUMMERSON und das von LANGE sind dazu brauchbar. BEERSTECHER titrierte in dem erstgenannten Gerät mit 420-nm-Filter Mikrogramm-Mengen unter Verwendung von 0,001 n Silbernitratlösung (1 ml = 52 μg CN^-). LURJE und TAL stellten fest, daß die Zunahme der Trübung in nicht zu großer Entfernung vom Äquivalenzpunkt dem Lambert-Beerschen Gesetz gehorcht; es genügt daher, zur Ermittlung des Äquivalenzpunktes wenige Meßpunkte vor und nach ihm aufzunehmen.

cc) Nach BRANDŠTETR und KOTRLÝ gibt man eine gemessene Menge der zu untersuchenden Lösung in die 100-ml-Cüvette des *Lange-Colorimeters*, versetzt mit 5 ml 4%iger Kaliumjodidlösung und titriert mit Silbernitratlösung passender Konzentration in die Cüvette hinein. Nach jedem Zusatz rührt man durch, schließt den Deckel und mißt bei eingeschaltetem Blaufilter die Extinktion. Diese steigt nach Erreichen des Äquivalenzpunktes stark an. Im allgemeinen genügen 2 Ablesungen vor und 3 nach diesem Punkt. Seine genaue Lage wird graphisch im Milliliter-Extinktions-Diagramm durch Verbinden der Punkte als Schnittpunkt zweier Geraden gefunden.

β) Rhodanin als Indikator.

Allgemeines. Die Verbindung: p-Dimethylaminobenzylidenrhodanin,

```
HN——CO
|    |
SC   C=CH—⟨benzene⟩—N(CH3)2,
 \  /
  S
```

ergibt in saurer Lösung mit Silberion eine spezifische, intensive rote Färbung (als Silbersalz), die auch in alkalischer Lösung auftritt. In dieser könnten allerdings viele andere Schwermetalle ebenfalls Färbungen erzeugen, wenn sie vorhanden wären. Das Rhodanin kann als Indikator für die Cyanidtitration dienen, da die Rotfärbung bereits erkennbar mit der sehr kleinen Silberkonzentration auftritt, welche nach Erreichen des Endpunktes infolge der geringen Dissoziation des sich dann bildenden Komplexes: $Ag[Ag(CN)_2]$ auftritt.

RYAN und CULSHAW, die diese Methode aufstellten, nachdem die qualitative Reaktion von FEIGL und FEIGL angegeben worden war, fanden, daß man mit ihr 0,02 n Natriumcyanid- mit 0,01 n Silbernitratlösung gut titrieren kann; der Umschlag erfolgt scharf von Blaßgelb (Farbe des Indikators) nach Rotviolett. Es darf nicht zuviel Rhodanin angewendet werden, weil sonst ein starkes Gelb das erste Erscheinen des Rotviolett überdeckt. Die Autoren stellten bei visueller Anwendung der Jodidmethode auf die oben genannten Lösungskonzentrationen einen Mehrverbrauch von 0,1 bis 0,2 ml Silbernitrat fest; diesen muß man in Abzug bringen.

Arbeitsvorschrift. Man versetzt 25 ml Probelösung im Erlenmeyerkolben mit 10 ml Natronlauge (10%ig) sowie 3 Tropfen einer 0,02%igen Lösung des Indikators in Aceton und titriert mit 0,01 n Silbernitratlösung bis zum ersten Auftreten einer Rotfärbung.

Bemerkungen. aa) Das Joint A.B.C.M.-S.A.C. Committee on Methods for the Analysis of Trade Effluents, das die Methode in ihre Standardvorschriften aufgenommen hat, empfiehlt für *Proben mit* > *200 mg* CN^-/l 0,1 n $AgNO_3$- und für kleinere Cyanidkonzentrationen 0,01 n $AgNO_3$-Lösung als Titrant.

bb) WILL hält das Arbeiten mit 0,001 n Silbernitratlösung (stets frisch herstellen!) für *möglich*. Er empfiehlt, den pH-Wert auf 10 bis 11 einzustellen, auf 100 ml zu titrierende Lösung 8 Tropfen der 0,02%igen acetonischen Rhodaninlösung anzuwenden und auf Lachsrot zu titrieren; auf diese Weise sei noch 0,1 ppm Cyanid erfaßbar.

cc) LUDZACK und Mitarbeiter empfehlen, bei der Bestimmung eine *Blindtitration* ohne CN^- mit auszuführen. Sie stellten fest, daß man nach einiger Übung den Umschlag nach Lachsfarben nach Verbrauch von 1 bis 2 Tropfen 0,02 n Silbernitratlösung über den Äquivalenzpunkt hinaus erkennen kann. Bei Konzentrationen > 2 ppm CN^- erhielten sie einen Variationskoeffizienten von 2%. Für weniger als 1 ppm Cyanid bevorzugen sie colorimetrische Methoden. MAUTE und OWENS empfehlen jedoch, bereits bei Konzentrationen von weniger als 20ppm auf potentiometrische Titration oder Colorimetrie überzugehen.

γ) Weitere Indikatoren (einschließlich Redoxindikatoren).

aa) *Diphenylcarbazon* als Indikator wurde von RIPAN-TILICI (a) vorgeschlagen:

Arbeitsvorschrift. Man versetzt die an Cyanid etwa 0,01 bis 0,05 molare Lösung mit 4 bis 5 Tropfen einer 0,3%igen alkoholischen Lösung des Carbazons, wobei die auf pH = 9 bis 10 gebrachte Probelösung rotbraun gefärbt wird. Beim Titrieren mit 0,1 bis 0,05 n Silbernitratlösung geht die Färbung beim Überschreiten des Äquivalenzpunktes 1 Ag^+ : 2 CN^- durch einen weiteren Tropfen in Violett über. Beim Weitertitrieren färbt sich der entstehende Niederschlag bei Erreichen des Verhältnisses 2 Ag^+ : 2 CN^- plötzlich blau und ballt sich zusammen.

bb) *Diphenylthiocarbozon* wird bei der Titration mit 0,01 n $AgNO_3$ von KRIEDEMAN angewendet.

cc) *Diphenylcarbazid* (Umschlag von Rot nach Gelb) wird von SALKA zur CN^--Bestimmung in Verzinkungsbädern verwendet.

dd) Dimethylglyoxim nebst Nickelsulfat wurde von BURRIEL und PÉREZ empfohlen; diese Kombination zeigt den Titrationsendpunkt durch Auftreten einer Rotfärbung (Nickeldimethylglyoxim) an.

ee) Ein „*äußerer*" Indikator wurde von KARABASCH angewendet:

Arbeitsvorschrift. Man titriert in schwach alkalischer Lösung (0,3 bis 0,6 n Ammoniak oder 0,1 bis 0,2 n Natronlauge) in Gegenwart von 0,01%iger Dithizonlösung in Tetrachlorkohlenstoff oder in 0,3 bis 0,6 n ammoniakalischer Lösung in Gegenwart von 1 Tropfen 0,025 m Bleinitratlösung und der gleichen Dithizonlösung. Im ersten Falle verfärbt sich die CCl_4-Schicht von Gelb nach Violett (Silberdithizonat), im zweiten Falle nach Kanariengelb. Geringe Mengen Zink (1 Mol Zn : 5 Mol KCN) und Cyanoferrat stören nicht.

Bemerkungen. αα) Die *große Empfindlichkeit* des Verfahrens kann durch Änderung des Verhältnisses von organischer zu wäßriger Schicht weiter gesteigert werden: Durch Anwendung einer kleinen Menge Chloroform wird die indizierende, gefärbte Verbindung konzentriert; gleichzeitig wird die Erkennung der Färbung auch in den Fällen ermöglicht, wo die Probelösung stark trübe ist.

ββ) ARCHER bestätigte, daß die Methode äußerst empfindlich ist, empfahl aber eine andere, *schnellere* Ausführungsweise mit *einer* Flüssigkeitsphase (wäßriges Äthanol):

Arbeitsvorschrift. Man bringt die Probelösung, die bis zu 0,15 Milliäquivalente CN^- enthält, in einen 250-ml-Kolben und gibt 50 ml 95%iges Äthanol, 1 ml n NaOH und 2,0 ml 0,01 %ige Dithizonlösung in Aceton hinzu. Man titriert mit 0,01 n $AgNO_3$-Lösung bis zum Auftreten einer tiefen Rotpurpurfärbung. Kurz vor dem Endpunkt wechselt die Farbe von Orangegelb nach Blaßrot, aber der wirkliche Endpunkt ist scharf und deutlich erkennbar. Ein Blindversuch ohne Probelösung wird ebenso ausgeführt, und der Blindwert vom Ergebnis der Haupttitration abgezogen.

Am Endpunkt soll einschließlich des Maßlösungsvolumens nicht mehr als 20% Wasser vorhanden sein; andernfalls wird der Farbumschlag weniger scharf.

ff) *Redoxindikation* kann ebenfalls angewendet werden. Hierbei wirkt das im Äquivalenzpunkt auftretende überschüssige Ag^+ als Oxydans.

αα) Ein geeigneter Redoxindikator ist, wie ERDEY, BUZÁS und VIGH fanden, *Variaminblau* (4-Amino-4'methoxydiphenylaminacetat; Redoxpotential 0,60 V bei pH = 2):

Arbeitsvorschrift. Man neutralisiert die Lösung mit Natronlauge bzw. Salpetersäure bis zur schwachen Rotfärbung des Phenolphthaleins, entfärbt gerade mit 0,1 n Essigsäure, gibt 10 ml Acetatpuffer (pH = 4,6) sowie 3 Tropfen Indikator (1%ige Lösung in 20%iger Essigsäure) hinzu und titriert mit 0,1 n $AgNO_3$ bis zur Blaufärbung, und zwar gegen Ende langsam unter häufigem Schütteln.

ββ) *Thiofluorescein* als Indikator wird von WROŃSKI empfohlen. Man gibt zu der weniger als 50 mg HCN enthaltenden Lösung 5 ml n NaOH und 1 ml frische 0,02%ige Lösung des Indikators in verdünntem Ammoniak und titriert mit 0,1 n $AgNO_3$-Lösung, bis die blaue Färbung scharf nach Hellgrün umschlägt.

gg) *Fluorexon* wird zur Indikation durch Fluorescenzauslöschung von VYDRA, MARKOVÁ und PŘIBIL angewendet. Diese Autoren titrieren bei pH 9 bis 11 (Borsäure-KOH-Puffer) bis zum Verschwinden der Fluorescenz, das durch Reaktion des Indikators mit überschüssigen Ag-Ionen bewirkt wird. Bei Titration mit 0,01 m $AgNO_3$-Lösung beträgt der relat. Fehler für 0,26 bis 0,8 mg CN^- $\pm 0,4$%.

δ) Potentiometrische Indikation.

Allgemeines. Zur potentiometrischen Titration werden gewöhnlich ein Silberdraht als Indikatorelektrode und die Kalomelelektrode oder Quecksilber/Quecksilber(I)-sulfat/Kaliumsulfat als Bezugselektrode verwendet. Über das erstgenannte Elektrodensystem und seine Anwendung auf die CN^--Titration auch in Gegenwart von Halogenidionen stellten MÜLLER und LAUTERBACH Untersuchungen an. Unter anderen RUNGE sowie WEINER und SCHMIDT benutzten das zweitgenannte Elektrodensystem, das auch von MAUTE und OWENS übernommen wurde. WEINER und SCHMIDT stellten fest, daß hohe Alkali- und Chloridkonzentrationen die Genauigkeit der Titration beeinträchtigen. Im übrigen wird die potentiometrische Titration, bei der entsprechend den beiden Stufen des Vorganges 2 Wendepunkte auftreten, als genau und vor allem sehr schnell betrachtet; sie läßt sich auch gut automatisch einrichten, wie MALMSTADT und FETT zeigten.

Wie WEINER und SCHMIDT sowie GREGORY und HUGHAN hervorheben, ist infolge der doppelten Wendepunkte die Titration von Cyanid- und Argentocyanidionen, z.B. in galvanischen Silberbädern, in einem Arbeitsgang möglich.

Nach letztgenannten Autoren betragen die Wendepotentiale für das Ende der

$[Ag(CN)_2]^-$-Bildung etwa Null und für das Ende der $Ag_2(CN)_2$-Bildung – 0,21 bis – 0,22 V gegen die gesättigte Kalomelelektrode, wenn der pH-Wert durch Sättigung mit Borsäure auf 5,0 eingestellt war; der Potentialsprung zeigt dann eine Höhe von 50 mV.

MAUTE und OWENS benutzten die potentiometrische Titration mit Silbernitrat zur Bestimmung von freiem und als Lactonitril gebundenem (sich oberhalb pH = 4 abspaltendem) Cyanwasserstoff in Acrylnitril. Die Methode dürfte auf rein wäßrige Probelösungen sinngemäß anwendbar sein:

Arbeitsvorschrift. Man gibt in ein 400-ml-Becherglas 75 ml Wasser, 10 ml gesättigte Trinatriumphosphatlösung, 50 ml Methanol und 5 Tropfen Thymolphthalein-Indikator. Dazu gibt man 50 ml des cyanwasserstoffhaltigen Acrylnitrils. Nun setzt man eine Silberelektrode und eine Quecksilber/Quecksilber(I)-sulfat/Kaliumsulfat-Bezugselektrode ein und titriert mit 0,01 oder 0,025 n Silbernitratlösung unter Rühren. Schlägt der Indikator nach Grün um, so gibt man mehr Phosphatlösung hinzu. Das Potential liest man an einem pH-Meter ab; es kann anfangs bis zu 900 mV betragen; der Potentialsprung tritt bei 450 bis 500 mV auf.

Genauigkeit. Selbst in dem niedrigen Konzentrationsbereich von 1 bis 10 ppm HCN wurde Übereinstimmung bis auf ± 1 ppm mit den Ergebnissen der colorimetrischen Phenolphthalin-Methode erreicht. Bei Konzentrationen um 50 ppm waren die absoluten Abweichungen nicht größer; die Liebig-Denigès-Titration ergab im Mittel etwa 1 bis 2 ppm höhere Werte als die potentiometrische Titration und die Colorimetrie.

ε) Amperometrische Titration.

Die amperometrische Titration mit Silbernitratlösung wird nach LAITINEN, JENNINGS und PARKS – siehe auch KURTENACKER – mit Platinelektrode und Quecksilberjodid-Bezugselektrode ausgeführt, an die man eine konstante Spannung von etwa 0,1 V legt. Da die Zersetzungsspannung der Cyanidlösung nicht erreicht wird, ist der Strom, der mit einem empfindlichen Galvanometer (0,02 Mikroampere/mm) gemessen wird, während der Titration zunächst sehr schwach. Nach Überschreiten des Äquivalenzpunktes steigt er stark an, so daß bei graphischer Auswertung durch Verbinden einiger Meßpunkte vor und nach dem Anstieg der Titrationsendpunkt als Schnittpunkt von zwei flachen Kurven sehr genau erhalten wird. Nach jeder Titration muß man das abgeschiedene Silber von der Platinelektrode durch Behandeln mit Salpetersäure entfernen, die Elektrode einige Minuten in Ammoniaklösung stehenlassen und dann mit dest. Wasser abspülen.

Der *relative Fehler* beträgt bei Cyanidkonzentrationen bis zu 0,002 m herab je nach Konzentration 0,05 bis 0,2%. $4 \cdot 10^{-6}$ n Lösungen können noch mit etwa 5% Fehler bestimmt werden.

Wegen einer apparativ etwas anderen Ausführungsform wird auf die Arbeiten von KOLTHOFF und HARRIS sowie von LAITINEN, JENNINGS und PARKS verwiesen. SHINOZUKA und STOCK teilten neuerdings eine verbesserte Arbeitsweise mit. Sie titrieren in Gegenwart von Natriumsulfit mit rotierender Pt-Elektrode, die auf ein Potential von – 0,20 V gegen die ges. Kalomelelektrode angestellt ist. Bis zu $2 \cdot 10^{-5}$ molare CN^--Lösungen sollen analysiert werden können, wobei Cl^- und Br^- in 100-fachem Überschuß nicht stören.

Ohne äußere Spannungsquelle arbeiten ČÍHALÍK und Mitarbeiter bei der *polarometrischen Titration* mit Silbernitratlösung. Es wird 0,5 m Kaliumnitrat als Grundlösung benutzt, und als Elektrodenpaar werden eine rotierende Platinelektrode und eine gesättigte Kalomelelektrode verwendet.

ζ) Radiometrische Titration.

Die radiometrische Fällungstitration mit $^{110}AgNO_3$-Lösung wird von STRAUB und CZAPÓ beschrieben. Die Autoren messen die Aktivität von Anteilen der niederschlagsfreien Lösung nach jedem Zusatz von Titrierlösung. Nach Überschreiten des Äquivalenzpunktes tritt zunehmende Aktivität in der Analysenlösung auf.

b) Rücktitrationsmethoden.

Allgemeines. Bei diesen Methoden wird eine gemessene Menge eingestellter Silbernitratlösung im Überschuß zu der neutralen, cyanidhaltigen Probelösung gegeben, der entstehende Niederschlag nach schwachem Ansäuern mit Salpetersäure durch Schütteln zum Zusammenballen gebracht und nach Auffüllen auf ein bestimmtes Volumen das überschüssige Silber zurücktitriert.

Die Rücktitration kann nach VOLHARD mit Kalium- oder Ammoniumthiocyanatlösung und Eisen(III)-salzlösung (z.B. 5 ml einer kalt gesättigten und mit Salpetersäure angesäuerten Lösung von Eisenammoniumalaun) als Indikator bis zum Auftreten der roten Eisen(III)-thiocyanatfärbung erfolgen. Man kann aber auch mit Kaliumjodidlösung [Cer(IV)-salz + Stärke als Indikator] oder potentiometrisch zurücktitrieren. Bei diesen Methoden entspricht 1 ml verbrauchte 0,1 n Silbernitratlösung 2,602 mg CN^-. Natürlich dürfen Halogenide und andere mit Silberion reagierende Stoffe nicht in der zu untersuchenden Lösung vorhanden sein. Man verwendet die Methoden daher meist nach Destillation der Blausäure oder z.B. zur Bestimmung in keine störenden Bestandteile enthaltender Luft. Hierbei kann man zur Absorption des Cyanwasserstoffs die Luft unmittelbar durch die Silbernitratlösung leiten (LOCKETT und GRIFFITHS).

Die Titration mit Cersalz-Stärke als Indikator wurde von MEHLIG und SHEPHERD beschrieben. Sie titrierten mit Kaliumjodidlösung bis zum Auftreten einer bleibenden Blaugrünfärbung. Diese wird von dem ersten Überschuß an Jodidion erzeugt, das vom Ce(IV)-ion zum Jod oxydiert wird, welches seinerseits die Stärke färbt.

Eine potentiometrische Rücktitration mit Jodidion zur Bestimmung von freiem Cyanwasserstoff in Acrylnitril wurde von MAUTE und OWENS beschrieben. Sie dürfte sich sinngemäß auch auf rein wäßrige Medien anwenden lassen. Der niedrige pH-Wert wurde im gegebenen Falle eingestellt, um die Spaltung des gleichzeitig vorhandenen Lactonitrils zu verhindern:

Arbeitsvorschrift. In ein 400-ml-Becherglas gibt man 30 ml Wasser, etwa 80 ml Methanol sowie einige Tropfen Thymolblauindikators und stellt mit 3%iger Schwefelsäure auf pH = 1 bis 2 (Rosafärbung) ein. Man fügt 20 ml 0,025 n Silbernitratlösung zu und gibt dann 50 ml der Acrylnitrilprobe in das Gemisch. Man rührt durch, läßt koagulieren und filtriert den Niederschlag durch einen feinporigen Glasfiltertiegel. Becherglas und Niederschlag wäscht man mehrmals mit kleinen Mengen Wassers. Filtrat und Waschwasser sammelt man in einem Becherglas, in das eine Silberelektrode und eine Quecksilber/Quecksilber(I)-sulfat/Kaliumsulfat-Bezugselektrode eingeführt werden. Man titriert unter Rühren mit 0,025 n Natriumjodidlösung und mißt das Potential mit einem pH-Meter. Zu Beginn der Titration ist das Potential sehr niedrig; es steigt allmählich an, und der Potentialsprung erfolgt bei 250 bis 300 mV.

Genauigkeit: Die Auswertung der Messungen erfolgt wie üblich auf graphischem Wege. Die Autoren stellten im niedrigen Konzentrationsbereich von 3 bis 10 ppm Abweichungen von ± 1 ppm und im Bereich von etwa 100 bis 1000 ppm Abweichungen von einigen ppm gegenüber dem Sollwert fest.

II. Mercurimetrie.

Allgemeines. Die der Methode von LIEBIG analoge Titration mit Quecksilber(II)-lösung als Titrant unter Bildung von $Hg(CN)_2$ wurde zuerst von HANNAY ausgeführt, der $HgCl_2$ verwendete. Man titriert in schwach ammoniakalischer Lösung bis zum Auftreten einer Opalescenz. Später führte man Quecksilber(II)-nitrat- als

Maßlösung ein. Zur Verbesserung der Erkennbarkeit des Endpunktes wurden verschiedene Indikatoren vorgeschlagen, so von VOTOČEK bzw. VOTOČEK und KOTRBA Natriumnitroprussiat und von ERDEY und BÁNYAI Kaliumjodat. Cyanat- und Thiocyanationen stören auch bei dieser Titration nicht.

Eine offenbar der Methode mit äußerem Indikator von KARABASCH (Abschnitt: I, a, γ) analoge Titration mit Hg^{2+}, bei der die Kupfer(II)-verbindung von Diäthyldithiocarbamidat, in Tetrachlorkohlenstoff gelöst, als Indikator dient, wird von TANAKA und YAMAMOTO empfohlen. Halogenide und organische Substanzen stören. HOFFMANN beschreibt eine Arbeitsweise zur CN^--Mikrobestimmung mit Diphenylcarbazon als Indikator, bei der eine Vergleichslösung ohne Cyanid so lange mit Quecksilberlösung titriert wird, bis die Färbung derjenigen der mit überschüssiger Maßlösung versetzten Probelösung gleich ist.

Redoxindikatoren können ebenfalls angewendet werden. Hg^{2+} erhöht das Oxydationspotential von Hexacyanoferrat(III) erheblich. Wenn man in Gegenwart dieser Verbindung mit Quecksilbernitrat titriert, werden daher auch Farbstoffe mit hohem Umschlagspotential wie Xylolblau, Patentblau und Cyanin B oxydiert und ergeben einen scharfen Umschlag, sobald im Äquivalenzpunkt überschüssiges Hg^{2+} auftritt. BOGNÁR, der diese Methode einführte, fand bei Titration mit 0,1 n Maßlösung einen Fehler von nur $\pm 0{,}2\%$.

Gegenüber Variaminblau (siehe auch Abschnitt: I, a, γ) wirkt schon Hg^{2+} selbst genügend stark oxydierend, um eine auf $\pm 1\%$ genaue Titration zu ermöglichen, wie GREGOROWICZ und BUHL (a) fanden. Hg^+ wirkt dabei anscheinend als Katalysator:

Arbeitsvorschrift. Man gibt zu der 5 bis 50 mg CN^- enthaltenden Lösung 1 Tropfen 0,1 n Quecksilber(I)-nitratlösung und 10 ml Pufferlösung von pH = 4,6. Dann läßt man rasch (um HCN-Verlust zu vermeiden) 0,1 oder 0,05 n Quecksilber(II)-nitratlösung zufließen, setzt kurz vor dem Endpunkt 2 Tropfen 1%ige Variaminblaulösung zu und titriert langsam zu Ende. Am Äquivalenzpunkt bleibt eine Violettfärbung bestehen.

Bemerkungen. a) Die Ausführung der Cyanidbestimmung mit Quecksilber(I)- oder (II)-nitrat als *dead-stop*-Titration wurde von KIES beschrieben (wegen der Theorie dieser Methode siehe z.B. TEGZE).

b) POMA hatte die polarometrische Titration in einer Grundlösung von verdünnter *Perchlorsäure* und *Tylose* beschrieben.

c) Das Verhalten von CN^- (und SCN^-) bei der Polarisationstitration mit Wechselstrom konstanter Stromstärke wurde von MORISAKA und HARADA untersucht.

III. Nickelometrie.

Allgemeines. Die Titration mit Nickelsalzlösung wurde von LUNDELL und BRIDGEMAN eingeführt. Die Methode beruht darauf, daß nach Verbrauch der gesamten vorgelegten CN^--Ionen für die Bildung des sehr wenig dissoziierten Komplexes $[Ni(CN)_4]^{2-}$ die weiter zugegebenen Nickelionen mit einem Indikator für Nickel eine Färbung erzeugen.

a) Diacetyldioxim als Metallindikator.

Arbeitsvorschrift. Zur Gehaltsbestimmung von Alkalicyaniden löst man 5 g Probe in Wasser und füllt im 500-ml-Meßkolben zur Marke auf. Von der Lösung gibt man 50 ml in einen Titrierbecher, verdünnt mit dem gleichen Volumen Wassers, setzt 1 ml konzentrierte Ammoniaklösung und 0,5 ml Diacetyldioximlösung (0,9 g in 100 ml 95%igem Äthanol) hinzu. Man titriert mit Nickellösung (15,3 g Nickelammoniumsulfat nebst 2 ml konz. Schwefelsäure je Liter), unter kräftigem Rühren bis zur Bildung eines bleibenden, roten Niederschlages bzw. einer roten Trübung. Die auftretende Färbung ist ähnlich derjenigen von Methylorange beim

Umschlag nach dem sauren Gebiet. Eine größere Menge Oxims muß vermieden werden, da der Niederschlag sonst vor dem Äquivalenzpunkt erscheint. Zu hohe Ammoniakkonzentration verzögert die Fällung. Das Einstellen der Nickellösung kann mit Diacetyldioxim, wie bei der gravimetrischen Nickelbestimmung üblich, erfolgen. 1 ml 0,1 m Nickellösung entspricht 10,81 mg HCN.

Bemerkungen. α) Kupfer, Kobalt, Zink und andere Metalle, die Cyanidkomplexe bilden, *stören.*

β) In neuerer Zeit wurden andere Indikatoren vorgeschlagen. So verwendet BHATKI *Resacetophenoxim* (10 Tropfen einer 2%igen Lösung in 40%igem Äthanol) und titriert in natriumacetathaltiger (10 g je 75 ml) Lösung – ohne Ammoniakzusatz – bis zum Auftreten einer grünlichgelben Trübung.

b) Diphenylcarbazon als Indikator.

RIPAN-TILICI (b) benutzte 0,3%ige äthanolische *Diphenylcarbazonlösung*, die im Äquivalenzpunkt eine intensive Rosafärbung erzeugt.

c) Murexid als Indikator.

Allgemeines. Murexid wurde von HUDITZ und FLASCHKA eingeführt. Diese Autoren haben empfohlen, zur Vermeidung von HCN-Verlusten einen Überschuß an Nickellösung zuzugeben und mit ÄDTA-Lösung zurückzutitrieren. Andere Autoren (ŠARŠUNOVÁ; MUKOYAMA; DOLEŽAL, SIMON und ZÝKA) empfehlen die direkte Titration.

Arbeitsvorschrift. (nach ŠARŠUNOVÁ). Zu der Probe, z.B. 25 g Bittermandelwasser, gibt man 2 ml 10%ige Ammoniaklösung; man verdünnt mit Wasser auf 100 ml und titriert nach Zugabe von Murexid sofort mit 0,1 n Nickelsulfatlösung bis zum Umschlag der zunächst violetten Färbung, die kurz vor dem Äquivalenzpunkt orangerot wird, nach Goldgelb. Die Nickellösung wird mit ÄDTA gegen Murexid als Indikator komplexometrisch eingestellt.

Bemerkungen. α) Der *relative Fehler* beträgt einige Zehntel Prozent.

β) MUKOYAMA weist darauf hin, daß die sonst sehr genaue Bestimmung durch *zu hohe* Indikatorkonzentration ungenauer wird. Er empfiehlt, je 100 ml Lösung 8 ml 6 n Ammoniaklösung und 0,03 bis 0,05 g Murexidgemisch (0,4 g Murexid zu 100 g Natriumchlorid) anzuwenden. Der Farbumschlag erfolgt dann von Violett nach Rosa.

d) Brenzcatechinviolett als Indikator.

Allgemeines. Dieser Indikator zeigt nach VŘEŠŤÁL und HAVÍŘ einen schärferen Umschlag als Murexid. Allerdings kann er nur in schwach ammoniakalischem Medium angewendet werden, in stärker alkalischem zersetzt er sich. Um HCN-Verluste zu vermeiden, titriert man daher in einem enghalsigen Erlenmeyerkolben, überschichtet die Lösung mit Toluol und titriert möglichst rasch.

Arbeitsvorschrift. Man verdünnt die Probelösung auf etwa 100 ml, versetzt mit 5 ml Pufferlösung (80 g Ammoniumnitrat und 350 ml 25%ige Ammoniaklösung auf 1 l) sowie mit 5 Tropfen 0,1%iger wäßriger Brenzcatechinviolettlösung und titriert mit 0,03 oder 0,01 n Nickelnitratlösung bis zum Farbumschlag von Violett nach rein Blau.

e) Tüpfeltitration.

Eine Tüpfeltitration mit Dithiooxamid als Indikator, bei der das Tüpfelpapier mit einer 0,5%igen äthanolischen Lösung desselben getränkt wird, verwenden LUSK und HOLENDA zur Analyse von Verzinkungsbädern. Am Endpunkt wird der Tüpfelfleck rot.

Die Titration mit Nickellösung ist in Gegenwart von Thiocyanat-, Acetat-.

Oxalat-, Halogenid-, Sulfat-, Phosphat-, Chromat- und Cyanoferrat(II)-ionen und nicht zu großen Mengen Cyanoferrat(III)-ion möglich. Die störende Wirkung des Calciumions kann durch Zugabe von Oxalationen beseitigt werden, diejenige des Bariumions durch Natriumsulfat (BORCHERT). Die Störung durch Sulfidion kann nach WROŃSKI durch Maskierung des S^{2-} mit o-Hydroxymercuribenzoesäure beseitigt werden.

IV. Zinkometrie.

a) Umsetzung mit Zinkion und komplexometrische Rücktitration

Zur Bestimmung von Cyanwasserstoff und Dicyan in technischen Gasen schlägt HUVERS vor, die Cyanverbindungen durch Einleiten des Gases in alkalische Eisen-(II)-sulfatlösung zum Cyanoferrat(II)-ion umzusetzen, dieses mit überschüssiger, eingestellter Zinksulfatlösung zu fällen, abzufiltrieren und das Zink nach Zusatz von alkalischer Pufferlösung und Eriochromschwarz T als Indikator mit ÄDTA zurückzutitrieren. Diese Titration entspricht einer von HOL und LEENDERTSE angegebenen Methode zur Bestimmung von Alkalicyanoferrat(II).

b) Direkte Titration von freiem Cyanidion mit Zinklösung in Gegenwart komplexer Cyanide.

Allgemeines. Bei der Titration in Gegenwart komplexer Kupfer- oder Zinkcyanide mit Silber- oder Quecksilberlösung erfassen diese Maßlösungen durch Verdrängung der schwächer komplex gebundenen Metalle auch das an Cu und Zn gebundene Cyanidion. Will man das freie (Alkali)-cyanid, z. B. in Verzinkungs- und Vermessingungsbädern, allein bestimmen, so titriert man nach NÖLKE mit Zinklösung. Ätzalkali und Carbonationen müssen vorher durch Fällen mit Barium- und Magnesiumchlorid entfernt werden. Der Endpunkt wird durch die Trübung erkannt, die beim ersten Auftreten von $Zn(CN)_2$ erscheint, nachdem alles freie CN^- in $K_2[Zn(CN)_4]$ umgewandelt worden ist.

Die *Maßlösung* wird durch Lösen von 13,7 g wasserfreiem Zinkchlorid in Wasser, Lösen des Niederschlages durch vorsichtiges Neutralisieren mit verdünnter Salzsäure bis zum Umschlag nach Gelb, Filtrieren durch ein Faltenfilter sowie Auffüllen im 1-l-Meßkolben hergestellt und gegen 0,1 m KCN-Lösung eingestellt.

Arbeitsvorschrift. Man pipettiert 20 ml des zu analysierenden Bades in einen 200-ml-Meßkolben. Dazu gibt man 25 ml einer Lösung von 200 g wasserfreiem $BaCl_2$ in 1 l Wasser und nach Umschütteln 25 ml einer Lösung von 200 g wasserfreiem $MgCl_2$ in 1 l Wasser, schüttelt wieder um und füllt mit Wasser zur Marke auf. Nach gutem Durchmischen filtriert man durch ein Faltenfilter und titriert 100 ml Filtrat in einem 400-ml-Becherglas (hohe Form) gegen einen dunklen Untergrund gleichmäßig, tropfenweise bis zur bleibenden Trübung. Die Bestimmung soll bis auf 0,08 bis 0,12 g CN^-/l genau sein.

V. Jodometrie.

a) Direkte Titration mit Jod.

Prinzip. Die Reaktion erfolgt in Gegenwart von Alkalicarbonat oder Hydrogencarbonat, wie schon KOLTHOFF fand, quantitativ nach der Gleichung:

$$KCN + J_2 \rightarrow KJ + CNJ.$$

Andere Jod verbrauchende Substanzen dürfen natürlich nicht zugegen sein. Nachstehend wird eine Ausführungsform nach CUPPLES beschrieben.

Arbeitsvorschrift. Man leitet die auf Cyanwasserstoff zu analysierende Luft durch ein Gemisch aus 100 ml 2%iger Natriumcarbonatlösung, 10 ml 10%iger Kaliumjodidlösung und 5 ml 2%iger Stärkelösung. Anschließend titriert man mit eingestellter Jodlösung bis zum Auftreten der blauen Jodstärkefärbung. Man kann auch in Natronlauge (z. B. 2%ig) absorbieren und dann zur Titration den pH-Wert durch Zugeben von Säure auf Hydrogencarbonat-Acidität senken. 1 ml 0,01 n Jodlösung entspricht 0,135 mg HCN.

b) Titration von Cyanwasserstoff neben Schwefelwasserstoff.

Die jodometrische Methode wird auch zur Bestimmung von Schwefelwasserstoff und Cyanwasserstoff nebeneinander in Stadtgas verwendet. Nach PAYER und LEHRENKRAUSS titriert man zunächst in einer Tutwiler-Bürette (Gasbürette mit aufgesetzter Flüssigkeitsbürette) in neutraler Lösung (Sperrwasser) mit Jodlösung gegen Stärke die Summe von H_2S und HCN. Aus letzterem entsteht eine äquivalente Menge Jodcyans. Dann läßt man die Flüssigkeit in einen Erlenmeyerkolben ab und spült die Gasbürette mit Wasser nach. Zu der Flüssigkeit gibt man 1 ml frischer Kaliumjodidlösung (5%ig) hinzu, säuert mit wenig Salzsäure an und titriert nach kurzem Stehen das Jod, das durch das Jodcyan freigemacht wurde, mit Thiosulfatlösung. Aus dem Verbrauch an Thiosulfat ergibt sich die HCN-Menge, aus der Differenz von 1. und 2. Titration die H_2S-Menge.

c) Titration von durch Bromcyan freigemachtem Jod.

Allgemeines. Cyanwasserstoff läßt sich in schwach saurer Lösung mit Brom leicht zu Bromcyan umsetzen, das seinerseits mit Jodwasserstoff quantitativ reagiert:

$$HCN + Br_2 \rightarrow CNBr + HBr;$$

$$CNBr + 2\,HJ \rightarrow HCN + HBr + 2\,J.$$

Hierauf hat SCHULEK eine Bestimmung des Cyanidions (und Thiocyanations, das analog reagiert) gegründet.

Arbeitsvorschrift. α) 50 ml der in diesem Volumen 0,1 bis 40 mg HCN enthaltenden Lösung gibt man in einen mit Schliffstöpsel versehenen Kolben von etwa 120 ml Fassungsvermögen. Man säuert den Inhalt mit 5 ml 20%iger Phosphorsäure an und gibt Bromwasser bis zur deutlichen Gelbfärbung hinzu. Dann gibt man 30 bis 40 Tropfen 5%ige-Phenollösung zu und schüttelt mehrmals gut durch; das überschüssige Brom wird so innerhalb 15 Min. gebunden. Danach fügt man 0,5 g Kaliumjodid hinzu, verschließt und stellt 30 Min. ins Dunkle. Nach Ablauf dieser Zeit titriert man das ausgeschiedene Jod mit 0,1 oder 0,01 n Natriumthiosulfatlösung in Gegenwart von Stärkelösung bis zur einige Minuten lang bleibenden Entfärbung.

Bemerkungen. aa) 1 Äquivalent Thiosulfat- bzw. Jodverbrauch entspricht $^1/_2$ Mol Cyanid; 1 ml 0,1 n Thiosulfatlösung zeigt *1,301 mg* CN^- an.

bb) *Thiocyanationen* werden mit erfaßt; dagegen kann die Methode in Gegenwart von *Sulfiden und Thiosulfaten* angewendet werden, da diese bei der Behandlung mit Brom zerstört werden.

cc) Zur *getrennten* Bestimmung von Cyanid- neben Thiocyanationen haben UYEDA und NOJI vorgeschlagen, nach SCHULEK einmal die Summe bei beiden Ionen festzustellen und in einer zweiten Bestimmung in einem anderen Aliquot der Lösung, das leicht alkalisch (Lackmus) gemacht und mit 1 ml Formaldehyd versetzt wurde, das Thiocyanation allein zu ermitteln. Die Differenz ergibt das Cyanidion.

dd) In einer Vorschrift zur Bestimmung von Cyan-(und Thiocyan-)wasserstoff im *Flüssiggas* (s. ZERBE) wird die Methode von SCHULEK in einer Weise abgewandelt, welche auf die Flüchtigkeit des Cyanwasserstoffs aus saurer Lösung Rücksicht nimmt.

Arbeitsvorschrift. β) Man leitet eine mit Gaszähler zu messende Gasmenge mit 30 bis 60 l/Std. Geschwindigkeit durch 100 ml 4 n Kalilauge, wobei man darauf achtet, daß die Lösung alkalisch gegen Phenolphthalein bleibt. Diese Lösung läßt man mittels einer Pipette bei eingetauchter Spitze in eine saure Bromwasserlösung (200 ml Wasser + 40 ml 8 n Schwefelsäure + 20 ml gesättigtes Bromwasser) einlaufen. Wenn Entfärbung eintritt, gibt man noch Bromwasser hinzu, bis die Färbung tiefgelb bleibt. Weiter verfährt man nach SCHULEK. Es empfiehlt sich, einen Blindversuch mit den gleichen Reagenzienmengen einschließlich der Kalilauge durchzuführen.

VI. Direkte Titration mit Jodmonochlorid.

Prinzip. Cyanidion reagiert in mit Natriumhydrogencarbonat gepufferter Lösung (pH = 6,5 bis 7,5) quantitativ mit Jodmonochlorid entsprechend der Gleichung:

$$CN^- + J^+ \rightarrow JCN$$

1 ml 0,1 m JCl entspricht 2,602 mg CN^-. Nach ČÍHALÍK und TEREBOVÁ titriert man potentiometrisch oder in Gegenwart von Stärkelösung:

Arbeitsvorschrift. Man setzt der Cyanidlösung etwas Stärkelösung wie auch genügend Natriumhydrogencarbonat zu und titriert unter ausgiebigem Durchschütteln mit Jodmonochloridlösung. Nach Zutropfen des Reagenses tritt vorübergehend eine Blaufärbung ein, die aber sofort verschwindet. Die Entfärbung verläuft sehr schnell auch noch dicht vor dem Erreichen des Äquivalenzpunktes, so daß es möglich ist, die ganze Titration in 1 bis 2 Min. zu beenden. Der Äquivalenzpunkt ist durch Entstehen einer bleibenden Blaufärbung gekennzeichnet.

Bemerkungen. a) Diese Methode ist für Cyanidbestimmungen, bei denen hauptsächlich *Schnelligkeit* und nicht maximale erreichbare Genauigkeit verlangt wird, sehr geeignet. Die Ergebnisse nach der visuellen Methode sind im Vergleich zu der potentiometrischen etwas höher ($^1/_2$ bis 1 Tropfen Maßlösung). Es ist möglich, die Genauigkeit durch Einführen einer Korrektur für die Jodmonochloridmenge, die zur Entstehung der Blaufärbung der Jodstärke notwendig ist, zu erhöhen.

b) Thiocyanation wird, wenn vorhanden, quantitativ mit titriert entsprechend der Gleichung:

$$SCN^- + 4\,J^+ + 4\,OH^- \rightarrow SO_4^{2-} + JCN + 3\,J^- + 4\,H^+.$$

c) 0,1 n Jodmonochloridlösung kann wie folgt *hergestellt* werden: Man löst 11,07 g KJ in 50 ml Wasser, fügt eine Lösung von 7,134 g KJO_3 in 250 ml Wasser und sofort 200 ml konz. Salzsäure, die frei von Chlor und Fe^{3+} ist, hinzu; man füllt mit Wasser zu 1 l auf. Die Lösung ist hellorange gefärbt.

VII. Titration mit Hypochlorition, Chloramin oder Hypobromition.

Prinzip. Hypochlorition oxydiert Cyanidion in stark alkalischer Lösung rasch und quantitativ nach folgender Gleichung:

$$CN^- + ClO^- \rightarrow CNO^- + Cl^-.$$

Eine Reihe reduzierender Stoffe wie Thiocyanate, Sulfite, Thiosulfate reagieren analog, Oxalsäure jedoch nicht. BITSKEI (a) oxydiert mit überschüssiger 0,1 n Natriumhypochloritlösung in alkalischer Lösung und hat ursprünglich (nach Zugabe von Kaliumjodid und Ansäuern mit Salzsäure das ausgeschiedene Jod mit Thiosulfatlösung) zurücktitriert. Später gab der Autor (b) eine nicht jodometrische, „kombinierte" Ausführung mit Brasilin als Indikator, bei der Hypochloritlösung die Maßlösung ist, an.

Arbeitsvorschrift. Von der Probenlösung verwendet man so viel, daß zur Oxydation 20 bis 25 ml Maßlösung verbraucht werden. Man macht mit 5 bis 8 ml

30%iger Natronlauge alkalisch und läßt aus einer Bürette einen Überschuß der gegen Thiosulfat eingestellten Hypochloritlösung

$$(S_2O_3^{2-} + 4ClO^- + 2OH^- \rightarrow 2SO_4^{2-} + 4Cl^- + H_2O)$$

zulaufen. Nach vollzogener Oxydation gibt man aus einer zweiten Bürette genau die dem angewendeten Hypochlorit äquivalente Menge Thiosulfatlösung zu, setzt dann 1 Tropfen 1%iger äthanolischer Brasilinlösung sowie als Katalysator 1 Tropfen 5%ige KJ-Lösung hinzu und titriert (gegen Ende langsam) mit der Hypochloritlösung von Rot auf Gelblichgrün. Der relative Fehler beträgt einige Zehntel Prozent.

Bemerkungen. a) Nach SAMEK kann man das Hypochloriti̇on durch *Chloramin T* (Natrium-p-toluolsulfochloramid), das in wäßriger Lösung zum entsprechenden Sulfonamid und Natriumhypochlorit dissoziiert, ersetzen. Eine Lösung von 11,4 g/l ist 0,05 molar bzw. 0,1 normal. Mit ihr läßt sich Cyanidion in einer Hydrogencarbonat und Spuren von Jodidion (als Katalysator) enthaltenden Lösung visuell und potentiometrisch direkt titrieren. Andere oxydierbare Stoffe dürfen nicht vorhanden sein. Die Maßlösung kann mit Hydrazin- oder Arsenitlösung eingestellt werden.

b) *Luminescenzindikation* zeitigt nach ERDEY und BUZÁS bei der Titration von Cyanidion mit Natriumhypobromit genauere Ergebnisse als die jodometrische und die bromatometrische Methode.

Zur *Herstellung* der Maßlösung mischt man 500 ml frisches Bromwasser mit 500 ml n Natronlauge. Das Reagens wird in dunkler Flasche an kühlem Ort aufbewahrt. Zur Herstellung der Indikatorlösung löst man 0,1 g *Luminol* in etwa 500 ml Wasser, versetzt mit 5 ml n Natronlauge und verdünnt mit Wasser auf 1 l. In dieser Konzentration wird das Luminol für die Titration mit 0,1 n Maßlösung verwendet; für die Titration mit 0,01 oder 0,001 n Hypobromitlösung verdünnt man es auf das Zehnfache. Am Äquivalenzpunkt tritt mehrere Stunden lang anhaltendes Leuchten ein; bei weiterem Zugeben von Maßlösung erlischt es.

Arbeitsvorschrift. Man gibt zur Probelösung 5 bis 25 ml n Natronlauge und 3 ml Luminollösung für 100 ml Endvolumen und titriert mit eingestellter Hypobromitlösung, bis die Lösung mehrere Sekunden lang aufleuchtet. Wenn die Titration mit 0,001 n Maßlösung erfolgte, entspricht dieser Zustand dem Äquivalenzpunkt. Mit stärkeren Maßlösungen wird der Äquivalenzpunkt leicht überschritten (Wiederauslöschen des Lichtes); in diesem Falle zieht man 0,07 ml als Korrektur ab.

Bemerkung. Thiocyanat-, Thiosulfat-, Sulfid-, Sulfitionen und andere Reduktionsmittel reagieren ebenfalls mit Hypobromit- und Hypochloritionen und *stören* daher.

VIII. Titration mit Permanganat- oder Manganation.

Die früher sehr gebräuchliche Titration von Cyanidionen mit Kaliumpermanganat wird nur noch verhältnismäßig wenig angewendet. GALL und LEHMANN stellten fest, daß die Oxydation auch in stark alkalischer Lösung und in Gegenwart von Kupfersulfat entsprechend einer Menge von 14 mg CuO je 65 mg KCN als Katalysator selbst bei 60 °C einige Minuten zum vollständigen Ablauf erfordert. Der Verbrauch an Permanganatlösung entspricht unter diesen Bedingungen 2 Äquivalenten Sauerstoff je 1 Mol KCN; das Oxydationsprodukt ist Cyansäure.

STAMM hat später eine schnelle permanganometrische Methode angegeben, nach der die Reduktion nur bis zur MnO_4^{2-}-Stufe erfolgt und nach der man bei Zimmertemperatur mit Oxydationskatalysator arbeitet; hierzu wird auf die analoge Ausführung zur Bestimmung von Ameisensäure (siehe Kapitel: F, 6, II) verwiesen.

Will man kleinere Mengen Cyanid- mit Manganation genau titrieren, so soll man nach POLAK und DEN BOEF bei 60 °C mit 0,03 bis 0,004 m K_2MnO_4 in stark alkalischer Lösung (3 n KOH) oxydieren (und den Überschuß von Manganat nach Ansäuern und Zugabe von Kaliumjodid jodometrisch zurücktitrieren). Unter diesen Bedingungen reagiert das Manganation quantitativ und genügend schnell (in 1,5 Std.). Thiocyanate, Ameisensäure und andere reduzierende Säuren wie Glycol- und Mandelsäure werden ebenso wie durch Permanganatlösung mit erfaßt. Jodid stört (Polak, Pronk und den Boef).

4. Colorimetrische bzw. photometrische Bestimmung.

Allgemeines. Die colorimetrische bzw. photometrische Bestimmung des Cyanidions kann auf Grund unmittelbarer Farbreaktion, z.B. mit Pikrinsäure, erfolgen oder nach Umsetzung zu Derivaten, die ihrerseits Farbreaktionen eingehen, z.B. Thiocyanation, oder auf Grund von Demaskierungsreaktionen. Besonders wichtig und viel im Gebrauch sind die Reaktionen, in denen Halogencyan das primäre Produkt ist, z.B. die Pyridin-Benzidin-Methode und die Pyridin-Pyrazolon-Methode, und von den auf oxydativer Farbentwicklung in Gegenwart von Kupfer(II)-ion beruhenden Verfahren die Phenolphthalinmethode. Die meisten dieser wichtigen, sehr empfindlichen Methoden sind an und für sich nicht so spezifisch, wie es z.B. die Berlinerblaumethode ist; sie werden daher oft nach destillativer Abtrennung des Cyanwasserstoffs angewendet.

I. Farbreaktion mit Pikrinsäure.

Prinzip. Cyanidion reagiert beim Erwärmen mit Pikration in alkalischer Lösung quantitativ zu Isopurpurat, wobei CN^- als Reduktionsmittel wirkt. Diese von Hlasiwetz entdeckte Reaktion ermöglicht infolge der intensiv orangeroten Färbung des Reaktionsproduktes, die ihr Absorptionsmaximum bei 520 nm hat, die Bestimmung kleiner Cyanidmengen.

a) Colorimetrie in Lösung.

Arbeitsvorschrift nach Smith. Man gibt 3 ml gesättigte Pikrinsäurelösung, 1 ml 5%ige Natriumcarbonatlösung und 1 ml der zu untersuchenden Lösung in ein Reagensglas mit Marke bei 25 ml. In einem siedenden Wasserbad erhitzt man 5 Min.; dann kühlt man in fließendem Wasser und füllt mit Wasser zur Marke auf. Die entstehende Färbung vergleicht man in einem Colorimeter mit derjenigen einer in gleicher Weise behandelten Standard-Cyanidlösung. Diese wird aus 1 ml n KCN- oder NaCN-Lösung hergestellt. Die Schichthöhe der Lösungen bei der Messung soll 20 mm betragen.

Bemerkungen. α) Die *Genauigkeit* dieser einfachen Methode wird mit 1% Abweichung vom Sollwert angegeben. β) *Reduzierende* Substanzen, wie Sulfide, Sulfite, Aldehyde, Ketone stören; Chapman stellte fest, daß die Bildung von Alkalipikramat die Ursache ist. γ) Möller und Stefansson fanden, daß das Lambert-Beersche Gesetz für die Isopurpuratfärbung nur innerhalb eines *engen* Konzentrationsbereiches Gültigkeit besitzt; die untere Grenze liegt bei etwa 10 µg HCN. δ) Die Methode kann zur Bestimmung von Cyanidion in Thiocyanaten dienen. Hierzu mischt man nach Boye eine Lösung von 1 g KSCN in 7 ml Wasser mit 2 ml Pikrinsäurelösung und 2 ml Natriumcarbonatlösung, erhitzt zum Sieden und mißt nach einigem Stehen im Colorimeter. Der gleiche Autor empfahl die Pikratmethode auch zur Bestimmung von HCN in Gasen, insbesondere Steinkohlengas. ε) Finkelschtejn (a) fand, daß die *maximale* Farbentwicklung bei 10 Min. währendem Erwärmen der mit Soda auf pH = 7,8 bis 10,2 eingestellten Lösung auf nur 70 bis 85 °C eintritt. Er empfiehlt, aus der zur Bindung von Schwefelwasserstoff mit Bleiacetat versetzten und dann mit Borsäure oder 3%iger Weinsäurelösung angesäuerten Cyanidlösung, z.B. Flotationslauge, 8 bis 10 ml Flüssigkeit in ein Colorimeterrohr, das 1 ml 0,5 n Natriumcarbonatlösung nebst 2 ml Wasser enthält, hineinzudestillieren (Kühleransatz dabei eintauchen lassen). Nach Abspülen des Ansatzes mit etwa 2 ml Wasser fügt man 2 ml gesättigte Pikrinsäurelösung (12 g/l) zu, füllt mit Wasser zu 15 ml auf, mischt, erwärmt 10 Min. auf 70 bis 85 °C, kühlt ab, füllt wieder zur Marke auf und colorimetriert. Die Färbung ist sehr beständig. Sulfat-, Nitrat-, Chlorid-, Acetat- und Thiocyanationen stören nicht.

ζ) Als Vergleichslösungen kann man an Stelle von Standardcyanidlösungen, die dem gleichen Arbeitsgang unterworfen wurden, *unmittelbar* gefärbte Lösungen verwenden, und zwar für den Konzentrationsbereich von 0,001 bis 0,075 mg/l z.B. Lösungen von Methylrot, Kobaltnitrat und Kaliumdichromat, denen man für die niedrigen Konzentrationen noch Pikrinsäure zufügt [FINKELSCHTEJN (b)].

η) Zur CN-Bestimmung in Abwässern wird die Pikratmethode (mit vorausgehender Destillation) von FISHER und BROWN und von ZDENĚK angewendet. Diese Autoren photometrierten bei 520 nm unter Verwendung von Eichkurven nach Standardlösungen. FISHER und BROWN stellten fest, daß Erhitzungszeit und Reaktionsvolumen genau eingehalten werden müssen. Sie verwenden 5 ml Probelösung, 5 ml 0,5 n Natriumcarbonatlösung sowie 5 ml 1%ige Pikrinsäurelösung und erhitzen im siedenden Wasserbad (5 ± 0,5) Min. Die Färbung bleibt mehrere Stunden konstant. 1 ppm CN^- kann noch erfaßt werden; die Reproduzierbarkeit beträgt 2%. Vorausgehende Destillation ist in den meisten Fällen erforderlich. Sulfite oxydiert man vorher in der Lösung durch überschüssiges Kaliumdichromat. Zum Unschädlichmachen von Sulfiden bringt man die Lösung mit 4 n Salzsäure unter Kühlen mit Eiswasser auf pH = 2 und fällt mit gesättigter Bleiacetatlösung.

b) Colorimetrie auf Trägermaterial.

Eine Abwandlung der Methode in Form der Benutzung von Detektorröhren für Cyanwasserstoff wird von KITAGAWA und KOBAYASHI beschrieben. In den Röhren befindet sich mit natronalkalischer Pikrinlösung getränktes und dann getrocknetes Kieselgel. Die Länge der nach Durchgang einer gemessenen Gasmenge von Gelb nach Rotbraun verfärbten Zone dient als Maß für die HCN-Konzentration des durchgeleiteten Gases. Es wird der Bereich von 0,001 bis 3,0 Vol.-% erfaßt. Dicyan, H_2S, SO_2 und Aceton stören die Messung.

Bei einer anderen Variante der Methode wird mit Reagens imprägniertes Papier der HCN enthaltenden Atmosphäre ausgesetzt bzw. mit der HCN enthaltenden Lösung getüpfelt. Aus der Intensität der eintretenden Färbung im Vergleich zu der durch Standardproben erzeugten schließt man auf die HCN-Konzentration. Nach GUIGNARD dient zur Tränkung des Papiers eine wäßrige Lösung, die im Liter 0,5 g Pikrinsäure und 5 g Natriumcarbonat enthält. FRANÇOIS und LAFFITTE stellten als untere Bestimmungsgrenze 2 µg HCN fest.

II. Colorimetrie mit Tetracyanonickelat.

Wie HEILMANN fand, wird die Farbtiefe einer Kaliumtetracyanonickelatlösung durch die Gegenwart von freiem Cyanidion in gesetzmäßiger Weise beeinflußt. Für zwei an $K_2[Ni(CN)_4]$ gleich konzentrierte Lösungen mit verschiedenen Gehalten an freiem Cyanidion gilt für Lösungen gleicher Temperatur:

$$c_1 \cdot s_2 = c_2 \cdot s_1,$$

wobei c die CN-Gehalte und s die Schichtdicken bei gleicher Farbintensität bedeuten. Diese Gesetzmäßigkeit gilt in dem für galvanische Bäder in Betracht kommenden Konzentrationsbereich. So kann die CN^--Konzentration einer unbekannten

Lösung gegen eine Standardlösung gemessen werden. Hoher Hydroxylionengehalt stört die Bestimmung.

III. Photometrie mit Phenanthrolin-Eisen(II)-ion.

Prinzip. Bei der Reaktion von Cyanidion mit Tris-1,10-Phenanthrolin-Eisen(II)-ion (Ferroin) entsteht eine sehr intensiv violett gefärbte Komplexverbindung, die mit Chloroform extrahierbar ist und deren Lösungen das Lambert-Beersche Gesetz befolgen (SCHILT).

Arbeitsvorschrift. Zu der Probelösung, die höchstens 200 μg Cyanidion enthalten soll, gibt man 5 ml n Dinatriumhydrogenphosphatlösung und 1 ml 10%ige Hydroxylammoniumchloridlösung. Falls die Lösung stark alkalisch ist, versetzt man zunächst mit so viel Essigsäure, daß Thymolblau (0,1%ige Lösung) nach Gelb umschlägt. Dann gibt man 0,5 n Natronlauge hinzu, bis gerade Umschlag nach Blau eintritt. Nun gibt man 5 ml des Reagenses (1,96 g Eisen(II)-ammoniumsulfat-6-hydrat und 3,17 g 1,10-Phenanthrolin-1-hydrat im Liter) hinzu und erhitzt im verschlossenen Gefäß 10 bis 15 Min. lang auf dem siedenden Wasserbad. Dann läßt man abkühlen, schüttelt 4mal mit je 5 ml Chloroform aus, vereinigt die Extrakte in einem 25-ml-Meßkolben und füllt mit Chloroform zur Marke auf. Die Lösung ist vor Sonnenlicht zu schützen. Man mißt innerhalb 2 bis 3 Std. ihre Extinktion bei 597 nm in einer 1-cm-Cüvette gegen Chloroform als Vergleichslösung. Den Gehalt liest man aus einer Eichkurve ab, die mittels entsprechend behandelter Standardlösung erhalten wurde. Die Grenzkonzentration beträgt 1 : 1500000.

Störend wirken Kupfer, Eisen(II), Kobalt, Nickel, Sulfide und oxydierende Anionen.

IV. Methoden auf Grundlage der Oxydation organischer Verbindungen durch Kupfer(II)-cyanid.

Allgemeines. Eine Reihe von Farbreaktionen beruht auf der Oxydationswirkung des Übergangs von Kupfer(II)- in Kupfer(I)-cyanid. Dabei entstehen aus Guajakharz, Guajakonsäure oder Benzidin blaugefärbte, chinoide Reaktionsprodukte bzw. aus den reduzierten Formen des Phenolphthaleins, Kresolphthaleins oder Fluoresceins die entsprechenden gefärbten Verbindungen. Die Reaktion mit Phenolphthalin wird viel angewendet.

a) Reaktion mit Guajak oder Benzidin.

Die von PAGENSTECHER gefundene sowie von SCHÖNBEIN und von SCHAER näher untersuchte Reaktion mit Guajakharz (äthanolische Guajaktinktur) wurde in verschiedenen Abwandlungen vielfach für den Cyanidnachweis (siehe Teil II dieses Handbuches, Bd. II, S. 90) verwendet. Für die quantitative Bestimmung von Blausäure in Branntwein wurde sie von NESSLER und BARTH benutzt. Sie setzten zu 10 ml Probe 3 Tropfen einer 0,5%igen Kupfer(II)-salzlösung und mit 1,5 ml frischer Guajaktinktur und verglichen die Färbung mit frisch hergestellten, ebenso behandelten Standardlösungen.

Diese Bestimmung wird ebenso wie die folgende durch viele oxydierende und reduzierende Substanzen sowie durch Ammoniak und Thiocyanation gestört; man sollte sie deshalb nur im Anschluß an eine Austreibung der Blausäure aus der ursprünglichen Probe anwenden.

Die zum Nachweis von HCN bestimmten Methoden mit Benzidin-Kupfersulfat-Reagenspapier (siehe loc., cit., S. 92) lassen sich bis zu einem gewissen Grade für eine halbquantitative Bestimmung verwenden. Nach DECKERT, der mit Filterscheiben arbeitete, die mit Benzidin-Kupferacetatlösung getränkt waren, kann man aus den durch 400 bis 600 mg HCN je Kubikmeter Luft erzeugten Färbungen durch Vergleichen mit einer Farbskala den HCN-Gehalt auf 25% genau ermitteln. Reagenskonzentration und Temperatur beeinflussen die Bestimmung wenig; doch ist der Farbvergleich sofort nach Entstehung der Färbung auszuführen. Halogene, HCl, SO_2 und H_2S *stören* (SIEVERTS und REHM).

FOMICHEVA empfahl zur Bestimmung von HCN in Luft mit Benzidin- und Kupferacetat imprägniertes Kieselgel.

b) Reaktion mit Phenolphthalin oder Kresolphthalin.

Prinzip. Cyanidion bewirkt in Gegenwart von Kupfersulfat Rotfärbung von Phenolphthalin, wie WEEHUIZEN fand. Die farblose Leukoverbindung wird zu Phenolphthalein oxydiert. Phenolphthalin, $(HO—C_6H_4)_2=CH—C_6H_4—COOH$, ist ein weißes, kristallines, in Äthanol und wäßrigen Alkalihydroxidlösungen lösliches Pulver vom Fp. 225 °C. Es ist im Handel erhältlich. Man kann es aber als Lösung auch nach folgender Vorschrift *herstellen*:

Man löst 0,5 g Phenolphthalein in 30 ml absolutem Äthanol, verdünnt etwas mit Wasser und gibt 20 g Natriumhydroxid hinzu. Diese Mischung versetzt man mit Aluminiumpulver in kleinen Anteilen bis zur Entfärbung; dann verdünnt man mit ausgekochtem Wasser, kühlt und filtriert unter Luftabschluß.

Arbeitsvorschrift (nach ROBBIE). In eine Colorimetercüvette gibt man 1 ml 0,05 %ige Kalilauge, 2 ml der zu untersuchenden Lösung und dann 1 ml Reagens (Gemisch aus 0,5 ml 1 %iger äthanolischer Phenolphthalinlösung und 99,5 ml 0,01 %iger wäßriger Lösung von Kupfersulfat-5-hydrat – bei Zimmertemperatur 1 Tag lang haltbar, im Kühlschrank monatelang). Man mischt durch und mißt innerhalb 10 Min. die Färbung im Vergleich mit Standardlösungen. Der relative Fehler beträgt etwa 3 %.

Für die Anwendung dieser Methode zur Bestimmung von HCN in Luft bis zu Konzentrationen von 0,02 ppm herab haben ROBBIE und LEINFELDER ein Verfahren angegeben:

Arbeitsvorschrift. Die Luft wird durch ein Gemisch aus 1 Teil der oben genannten Reagenslösung und 3 Teilen 0,05 m Lösung von Dinatriumhydrogenphosphat geleitet. Zum Einleiten kann man eine graduierte 50-ml-Injektionsspritze verwenden. Normalerweise werden 4 ml des Reagensgemisches angewendet, für höhere HCN-Konzentrationen mehr, und für niedrigere wird die Gasmenge erhöht. Schließlich wird das gleiche Volumen 0,1 %iger Kalilauge zugegeben und die Lichtabsorption bei 550 nm im Vergleich zu Standardlösungen gemessen.

Die *Erfassungsgrenze* soll bei dieser Ausführung etwa 0,02 ppm betragen, der *Fehler* bei 1 ppm Gehalt ± 5 %.

Bemerkungen α) Nach Angabe von WILL können bei der Phenolphthalinmethode Lösungen bis 10 ppm CN^--Gehalt *ohne Verdünnen* angewendet werden.

β) Cyanoferrat(III)-ion wird teilweise *miterfaßt*, Cyanoferrat(II)-ion, Nickelcyanokomplexe, Thiocyanat- und Cyanationen *nicht*.

γ) Freie Halogene, Schwefelwasserstoff und Oxydationsmittel wie Peroxide, Perchlorat- und Hypochloritionen *stören*, Salpetersäure, Chromat- und Eisen(III)-ionen *stören nicht*.

δ) Zinkionen üben nach FISCHER einen unkontrollierbaren Einfluß aus. Kleine Mengen erhöhen die Farbintensität, größere erniedrigen sie, aber in nicht konstanter und proportionaler Weise. Wenn man die Eichung in Gegenwart von Zinkionen ausführt, bleiben die Fehler unbeachtlich, solange die Schwankungen der Zinkkonzentrationen sich innerhalb der Grenzen von 3 bis 10 ppm bewegen.

ε) Eine Anwandlung der Methode wurde von MAUTE und OWENS für die Bestimmung des Gesamtcyanids in *Acrylnitril* ausgearbeitet; sie ist aber für andere Materialien, auch nichtorganische, ebenfalls anwendbar. Die wesentlichste Änderung besteht in der Anwendung eines Farbstabilisators in Form von Natriumsulfit und Triäthanolamin, der von NICHOLSON bei seiner Kresolphthalinmethode eingeführt wurde. Die Reproduzierbarkeit wird durch den Stabilisator wesentlich erhöht. *Reagenzien.* Kupfersulfatlsg., 0,02%ig. – Phosphat-Pufferlsg.: 2,14 g Dinatriumhydrogenphosphat, wasserfrei, auf 1 l. – Natronlauge 0,1 n. – Phenolphthalin-Vorratslsg.: 0,05 g Phenolphthalin in 100 ml Äthanol, im Kühlschrank aufzubewahren. – Reagenslösung: 3 ml Vorratslsg. mit der $CuSO_4$-Lsg. zu 100 ml auffüllen (tägl. frisch). – Stabilisatorlsg.: 5,0 g Natriumsulfit, wasserfrei, und 0,224 g Triäthanolammoniumchlorid in 100 ml Wasser; alle 5 Tage frisch herzustellen! – Alle Reagenzien werden mit sauerstofffreiem Wasser bereitet.

Arbeitsvorschrift (nach Maute und Owens). Man gibt 25 ml sauerstofffrei destilliertes Wasser in einen 50-ml-Meßkolben mit Glasstopfen. Dazu gibt man 10 ml Phosphatpuffer, 2 ml 0,1 n Natronlauge und 5 ml Phenolphthalinreagens. Man fügt 2 ml des zu untersuchenden Acrylnitrils hinzu (das ist eine Menge, die im Gesamtvolumen leicht löslich ist) und schüttelt durch. Im Augenblick der Probenzugabe betätigt man eine Stoppuhr. Genau 5 Min. danach gibt man 2 ml Stabilisatorlösung hinzu. Man füllt dann mit Wasser zur Marke auf, schüttelt durch und mißt in der 50-mm-Cüvette eines Spektrophotometers die Absorption bei 525 nm. Dies soll innerhalb 5 Min. nach Zugabe des Stabilisators geschehen. Eine Blindprobe wird der gleichen Behandlung unterzogen. Der Cyanidgehalt wird aus einer Eichkurve entnommen.

Die Ansätze für die Aufstellung der Eichkurve wurden von den Verfassern aus reinem Natriumcyanid (Reinheitsprüfung nach der Liebig-Denigès-Mikrotitration und gravimetrisch), das in Wasser gelöst und mit cyanidfreiem Acrylnitril verdünnt wurde, hergestellt.

Bemerkungen. aa) Die *Eichkurve* folgt zwischen 0 und 60 ppm HCN annähernd dem Beerschen Gesetz. Die Temperaturabhängigkeit ist gering.

bb) Die *Reproduzierbarkeit* wurde zu $\pm 0{,}05$ ppm im Bereich 0 bis 10 ppm und zu ± 2 ppm im Bereich 15 bis 50 ppm HCN festgestellt.

η) Nicholson fand, daß *o-Kresolphthalin* eine stärkere und beständigere Färbung ergibt als Phenolphthalin. Er wendete trotzdem den oben beschriebenen Stabilisator an. Der Nachteil des Reagenses ist, daß es bisher nicht handelsüblich ist. *Herstellen* kann man es durch Erhitzen von o-Kresolphthalein in alkalischer Lösung am Rückflußkühler mit Zinkstaub bis zur Entfärbung, Filtrieren, Fällen des Phthalins mit konz. Salzsäure und Lösen von 40 mg des Präparates in 10 ml Äthanol und 20 ml Wasser.

c) Reaktion mit Variaminblau.

Die Oxydation des Redoxindikators Variaminblau durch Cu(II)-Ionen in Gegenwart von CN^- oder SCN^- führt zu einer Farbvertiefung. Diese Reaktion wird von Gregorowicz und Buhl (b) zu einer empfindlichen Bestimmung verwendet. Sie photometrieren mit dem Filter S 53.

V. Colorimetrische bzw. photometrische Methoden auf Grundlage der Bildung von Halogencyan.

Allgemeines. Cyanide und Thiocyanate lassen sich in saurer oder neutraler Lösung leicht in Chlorcyan überführen, das seinerseits mit verschiedenen Agenzien sehr intensiv gefärbte Kondensationsprodukte bildet. Insbesondere ist die Fähigkeit der Halogencyane, Pyridin zu Derivaten des Glutaconaldehyds aufzuspalten, wichtig. Hierauf beruhen die empfindlichsten colorimetrischen Methoden. Man verwendet zur Halogenierung Bromwasser oder, bequemer, Chloramin T (Na-p-toluolsulfochloramid). Beide Reaktionen gehen schon bei Zimmertemperatur vor sich, mit Brom nach den untenstehenden Gleichungen, mit dem aus Chloramin abgespaltenen Chlor analog:

$$HCN + Br_2 \rightarrow CNBr + HBr;$$

$$KSCN + 4\,Br_2 + 4\,H_2O \rightarrow CNBr + KBr + H_2SO_4 + 6\,HBr.$$

Als weitere Reaktionskomponenten dienen hauptsächlich Pyridin, Pyridin nebst Benzidin, Pyridin nebst Pyrazolonderivat oder Pyridin nebst Barbitursäure. LUDZACK, MOORE und RUCHHOFT verglichen die Benzidin- und die Pyrazolonmethode untereinander und fanden die letztere empfindlicher. Erstere hat aber den Vorteil, daß man nur sehr einfache Reagenzien benötigt. In Gemischen von Cyanid- und Thiocyanationen bestimmt man in einem Teil der Lösung die Summe und in einem anderen Teil nach schwachem Ansäuern und Austreiben von HCN das Thiocyanation allein. Neuerdings wurde von KRATOCHVÍL Dimedon (3 %ig in 30 %igem Pyridin) in Verbindung mit Chloramin als Reagens empfohlen.

Kürzlich haben BARK und HIGSON untersucht, welche *nichtkrebserregende* Aminkomponente für die Reaktion mit Halogencyan und Pyridin gut geeignet ist. Sie fanden, daß p-Phenylen-diamin den Anforderungen entspricht.

a) Methode mit Pyridin und Benzidin.

Allgemeines. Diese im Prinzip schon früher bekannte Methode wurde von ALDRIGE verbessert. Der Autor benutzte als Reagens für 2 ml neutraler oder saurer Ausgangslösung mit 0,025 bis 1 mg CN^- je Liter nach Bromierung ein Gemisch von 3 ml des konstant (bei 93 °C mit 59% Pyridin) siedenden Pyridin-Wasser-Gemisches und 0,6 ml einer Lösung von 5% Pyridin in 2 volumenprozentiger Salzsäure. Die Farbmessung erfolgte nach 15 bis 20 Min. mit Grünfilter in einer 1-cm-Cüvette. Das Absorptionsmaximum der orangeroten Färbung liegt bei 480 bis 530 nm (BAKER und Mitarbeiter). NUSBAUM und SKUPEKO erhöhten die Reproduzierbarkeit weiter durch Einführen eines Extraktionsganges:

Arbeitsvorschrift. Man gibt zu 10 ml der bis zu 5 µg Cyanid enthaltenden Probe 2 Tropfen 10 %iger Phosphorsäure und einige Tropfen gesättigten Bromwassers, bis ein kleiner Bromüberschuß erkennbar ist. Dann gibt man tropfenweise 2 %ige Natriumarsenitlösung bis zum Verschwinden der Bromfärbung und dann einen weiteren Tropfen hinzu sowie 10 ml Butanol. Man setzt den Glasstopfen auf das Gefäß und schüttelt durch. Nun bereitet man das Reagens durch Mischen von 5 ml 25 %iger Pyridin- und 0,3 ml 2 %iger Benzidinlösung. Zu dieser Mischung gibt man das Gemisch aus bromierter Probelösung und Butanol und schüttelt im geschlossenen Gefäß kräftig durch. Nach mindestens 15 Min. Stehens, während deren sich die Orangefärbung in der Butanolschicht ausgebildet hat, trennt man diese ab und vergleicht die Färbung visuell oder photometrisch mit entsprechend hergestellten Standardlösungen.

Bemerkungen. α) Das *Absorptionsmaximum* liegt bei 480 nm. β) Der *Bestimmungsbereich* umfaßt bei dieser Ausführung 0,02 bis 0,50 ppm. γ) Wenn man die beiden Reagenskomponenten *nacheinander* zufügen würde, ergäben sich weniger intensive Färbungen.

δ) Eine eingehende Prüfung der Methode im Vergleich zu der *Pyridin-Pyrazolon*-Methode wurde von LUDZACK und Mitarbeitern unternommen. Sie fanden, daß die Messung in stark gepufferten Lösungen unzuverlässig wird und Destillation die beste Abhilfe dagegen ist. Das Natriumacetat, das bei der Neutralisation der zur Destillation vorgelegten überschüssigen Lauge mit Essigsäure entsteht, stört die Farbentwicklung nicht. Der pH-Wert der Lösung vor der Reagenszugabe kann in einem weiten Bereich (mindestens zwischen 3 und 8) liegen. Etwa 10 Min. genügen für die Farbentwicklung auch in sehr verdünnten Lösungen; danach nimmt die Intensität langsam ab, so daß es sich empfiehlt, Standardlösungen (und eine Blindlösung) gleichzeitig zu behandeln. Dadurch werden auch Unterschiede, die durch die rasch alternde Reagenslösung bedingt sind, ausgeschaltet. Die Präzision der Methode, ausgedrückt durch den Variationskoeffizienten, wurde mit 12,6% wesentlich ungünstiger gefunden als diejenige der Benzidin-Pyrazolon-Methode.

ε) HUDSON und POLLOCK untersuchten die z.B. bei der Analyse der Extrakte von *Vegetabilien* durch Glycin auftretenden Störungen näher. Diese Verbindung bildet mit Brom kleine Mengen an CNBr. Das kann aber verhindert werden durch Ansäuern des Substrates vor der Bromierung.

ζ) Die arsenige Säure zum Entfernen des Bromüberschusses kann nach LURJE und PANOWA durch Hydrazoniumsulfat ersetzt werden.

Zur Bestimmung von Cyanid-, Thiocyanation und α-Oxynitrilen in *Blutplasma* und Serum verwenden BRUCE, HOWARD und HANZAL die Aldrige-Methode in Verbindung mit einer Austreibung des Cyanwasserstoffs mit Luft nach Zugabe von Trichloressigsäure. Sie messen die Färbung in wäßrigem Medium bei 532 nm.

η) Nach Angabe von WILL *stören* große Mengen von Kupfer, Blei und Zink die Pyridin-Benzidin-Methode.

ϑ) Infolge der Anwendung von Brom bei der Durchführung dieser Methode läßt sie sich derart abwandeln, daß die Bestimmung von Cyanidion in *Lösungen, die einen großen Überschuß an Sulfidion enthalten,* ohne die sonst gebräuchliche Fällung des Sulfidions mit Bleiacetat möglich ist. BAKER und Mitarbeiter haben eine solche Arbeitsweise ausgearbeitet. Danach stellt man zunächst elektrometrisch den Sulfidgehalt der Probe fest. Auf Grund dessen stellt man in einer zweiten Probemenge den Sulfidgehalt durch Verdünnen oder entsprechenden Zusatz von Natriumsulfid auf 0,1 bis 2,5 mg ein. Weiter verfährt man wie folgt:

Arbeitsvorschrift. Man bringt einen aliquoten Teil der vorbereiteten Lösung in einen 25-ml-Meßkolben, neutralisiert mit Essigsäure und gibt weitere 0,5 ml Eisessig hinzu. Man fügt 2 ml gesättigtes Bromwasser hinzu und läßt 10 Min. unter gelegentlichem Umschütteln stehen. Ist das Brom verbraucht worden, gibt man weiteres in 0,2-ml-Anteilen hinzu, bis ein kleiner Überschuß vorhanden ist. Dann versetzt man tropfenweise mit Arsenitlösung bis zur Entfärbung und mit weiteren 0,2 ml im Überschuß, dann mit 4 ml Reagenslösung (hergestellt durch Zugeben von 0,5 g Benzidin zu 50 ml 0,5 n Salzsäure, Kochen, Filtrieren, Kühlen und Vermischen von 10 ml des Filtrats mit einer Lösung von 18 ml Pyridin in 12 ml Wasser und 3 ml konz. Salzsäure). Die Benzidinlösung hält sich in dunklen Flaschen längere Zeit; das Gemisch ist jeden Tag neu herzustellen. Nach 30 Sek. gibt man 5 ml Äthanol hinzu, füllt mit Wasser zu 25 ml auf und mißt nach 30 Min. die Absorption der rotgefärbten Lösung bei 530 nm. Als Vergleichslösung dient eine cyanfreie Lösung mit dem gleichen Sulfidgehalt. Die Eichkurve wird mit ebenso wie die Probe behandelten Standardlösungen hergestellt. Die Sulfidlösung enthält 0,75 g $Na_2S \cdot 9H_2O$ in 100 ml.

ι) Weniger als 0,5 μg Cyanid- sollen in Gegenwart von 2500 μg Sulfidion bestimmbar sein. Der *Fehler* beträgt ±5% bei 10 μg Cyanidion.

ϰ) Um nach der Oxydation des S^{2-} einen *konstanten* Bromüberschuß zu haben, empfiehlt WAGNER, das Brom in Form einer durch Sättigen von KBr-Lösung mit Brom erhaltenen KBr_3-Lösung von bekanntem Bromgehalt anzuwenden.

λ) Die Pyridin-Benzidin-Methode ist nach den Versuchen von WAGNER auch für *stark alkalische* oder ammoniakalische Flüssigkeiten mit hohen Alkalisulfidgehalten, z.B. Hydrierwerkabwässern und Waschlaugen, anwendbar. Er stellte bei Gehalten von > 1 mg $CN^- + SCN^-$ Fehler von $< \pm 5\%$ fest. Wenn die beiden Anionen getrennt bestimmt werden sollen, ist darauf zu achten, daß vor und bei der Vorbereitung der Lösung für die CN^--Bestimmung Berührung mit Luft weitgehend ausgeschlossen wird, da sonst durch Oxydation unter Polysulfidbildung CN^- zu SCN^- aufgeschwefelt wird.

μ) Neuerdings haben HIGSON und BARK die Methode überprüft und festgestellt, daß zur Erzielung guter Farbstabilität geringe Cyanid- und Benzidinkonzentrationen eingehalten werden müssen. Sie geben eine dementsprechend abgeänderte Vorschrift.

b) Methode mit Pyridin und Pyrazolon.

Allgemeines. Das durch Einwirken von Chlorcyan auf Pyridin entstehende Cyanpyridiniumchlorid hydrolysiert unter Abspaltung des Pyridinstickstoffs und Ringöffnung zu Glutakonaldehyd; dieses reagiert seinerseits mit 1-Phenyl-3-methyl-5-pyrazolon zu einem blauen Farbstoff von der Konstitution:

```
         CO                                    CO
       /    \                                /    \
C6H5—N        C=CH—CH=CH—CH2—CH=C              N—C6H5.
       \    /                      \         /
        N=C                          C=N
           \                        /
            CH3                  H3C
```

Die Reaktion wurde von Epstein zur Cyanidbestimmung benutzt, und sie hat, da sie sehr empfindlich und zuverlässig ist, große Bedeutung erlangt. Sie kann sowohl in saurer als auch in neutraler oder schwach alkalischer Lösung ausgeführt werden. Eisen katalysiert (beschleunigt) die Reaktion, stört aber nicht. Außer dem oben genannten Pyrazolonderivat wird ein geringer Zusatz von Bis(1-phenyl-3-methyl-5-pyrazolon) – als Stabilisator – zugesetzt. Epstein photometrierte bei 630 nm; ebenso später Jørgensen; andere Autoren (Kruse und Mellon sowie Ludzack und Mitarbeiter) fanden, daß das Absorptionsmaximum bei 620 nm liegt. Über die Beständigkeit der Färbung bestehen Widersprüche insofern, als Jørgensen nach 80 bis 90 Min. mißt, Noisette ebenfalls eine Beständigkeit der Färbung von 1 Std. angibt, während Ludzack und Mitarbeiter ein allmähliches, lineares Absinken der Absorption jenseits des nach 15 bis 20 Min. erreichten Intensitätsmaximums feststellten, wenn das Reaktionsprodukt nicht mit Butanol extrahiert wurde (siehe weiter unten).

Nach Noisette verfährt man derart, daß man zu 5 bis 50 ml Probe (Industrieabwasser) 2 ml Natriumacetat-Essigsäure-Puffer (pH = 5,5) und 1 ml Chloramin T (1%ige Lösung) und nach 1 Min. 2 ml Pyridin, das 4% des oben genannten Pyrazolonderivates und 0,08% des oben genannten Bispyrazolons enthält, zugibt und nach 20 Min. mißt.

Von einigen weiteren Ausführungsformen der Methode sei zunächst die von Jørgensen näher beschrieben.

Reagenzien. α) Pyrazolongemisch: Man mischt 5 Teile 1-Phenyl-3-methyl-5-pyrazolon (Handelsprodukt, Pulver vom Fp. 127 bis 128 °C) mit einem Teil Bis-(1-phenyl-3-methyl-5-pyrazolon) (hergestellt durch Reaktion von 3 Molen Phenylhydrazin und 1 Mol Äthylacetoacetat am Rückflußkühler).

β) Pyridin-Pyrazolonreagens: Man löst 150 mg von dem obigen Gemisch in 25 ml Pyridin; die Lösung ist im Kühlschrank 1 Woche haltbar. – γ) Chloramin T.

Arbeitsvorschrift. Man kühlt 4 ml Probe, die pH 4 bis 8 haben soll, im Eisbad und fügt 0,2 ml gekühlte Chloramin-T-Lösung hinzu. Man mischt, läßt 5 Min. im Eisbad stehen und versetzt dann mit 0,8 ml Pyridin-Pyrazolonreagens. Nach 80 bis 90 Min. Stehens bei Zimmertemperatur mißt man die Färbung bei 632 nm. Man behandelt eine Standardlösung in der gleichen Weise.

Eine weitere *Variante* wurde von Kruse und Mellon (b) für die Cyanidbestimmung in industriellen Abwässern angegeben:

Reagenzien. aa) Man löst 0,5 g umkristallisiertes 1-Phenyl-3-methyl-5-pyrazolon in 200 ml Wasser (75 °C) und läßt abkühlen. 5 Teile dieser Lösung werden mit 1 Teil einer 0,1%igen Lösung des Bispyrazolons in Pyridin versetzt. Das Gemisch ist einige Tage haltbar. Zur Herstellung des Bispyrazolons erhitzt man 17,4 g des obengenannten Pyrazolons mit 25 g Phenylhydrazin in 100 ml 95%igem Äthanol wenigstens 24 Std. Das entstehende unlösliche Bispyrazolon wird in Abständen von einigen Stunden abfiltriert und mit heißem Äthanol gewaschen. bb) Chloramin-T-Lösung, 1%ig. cc) Pufferlösung von pH = 6,8 aus Kaliumdihydrogenphosphat und Dinatriumhydrogenphosphat.

Arbeitsvorschrift. Man gibt zu 20 ml Wasserprobe oder gegebenenfalls zur vom Thiocyanation abgetrennten Lösung (siehe Abschnitt: 1, I) 10 ml Pufferlösung (pH = 6,8), filtriert alle gegebenenfalls vorhandenen Metalle als Hydroxide ab, gibt zum Filtrat 0,25 ml der Chloramin-T-Lösung und verschließt den Kolben sofort. Nach 60 Sek. gibt man 15 ml Pyridin-Pyrazolonreagens hinzu und mißt die entstehende blaue Färbung nach 30 Min. im Spektrophotometer bei 620 nm.

Bemerkungen. αα) Der *Variationskoeffizient* betrug bei Verwendung von 1-cm-Cüvetten für CN^--Gehalte von 0,05 bis 1,00 ppm 2,5 bis 1,9%. Störend wirkt nur das Thiocyanation.

ββ) Eine *Variante* der Pyrazolonmethode, bei der das gefällte Reaktionsprodukt analog wie bei der Benzidin-Methode von NUSBAUM und SKUPEKO mit Butanol extrahiert und die Färbung in der Butanollösung gemessen wird, empfehlen LUDZACK, MOORE und RUCHHOFT als vorteilhaft für die Untersuchung von Trübstoffe enthaltenden Proben wie Flußwasser. Der Variationskoeffizient, für den bei der Messung in wäßriger Phase mit 2 μg Cyanid in 25 ml bei klaren Proben der sehr günstige Wert von 1,7% gefunden wurde, erhöht sich zwar durch die Extraktion auf 3,9%, verschlechtert sich aber nicht bei trüben Proben. Außerdem wird die Empfindlichkeit durch die Extraktion um reichlich den Faktor 3 erhöht, so daß man Gehalte bis herunter zu etwa 0,005 ppm HCN erfassen kann. Der praktisch gut meßbare Bereich entspricht 0,2 bis 2 μg HCN in 25 ml Probe = 10 ml Extrakt. Zu beachten ist, daß das Absorptionsmaximum sich in Butanollösung von 620 nach 630 nm verschiebt. Die Peaks sind aber so breit, daß eine kleine Abweichung in der Wellenlängeneinstellung oder in der Filterwahl das Ergebnis nur wenig beeinflußt. Starke Pufferung der Lösungen ist zu vermeiden; in solchen Fällen ist der Cyanwasserstoff durch Destillation abzutrennen; das Natriumacetat, das bei Anwendung einer Destillation aus der vorgelegten Lauge durch Neutralisation mit Essigsäure entsteht, stört nicht. Die Farbentwicklung führt bei pH-Werten der Ausgangslösung von 3 bis 8 zu völlig gleichen Absorptionswerten, obwohl visuell gewisse Unterschiede im Farbton festgestellt werden. Die Farbe erreicht ihr Maximum in spätestens 10 Min. und bleibt mindestens 3 Std. konstant. Ein mehr oder weniger großer Überschuß an Reagens beeinflußt die Farbintensität nicht. Zur besseren Trennung der beiden Phasen und um Emulsionsbildung zu verhindern, wird noch Dinatriumhydrogenphosphat zugesetzt.

Arbeitsvorschrift. Man gibt, wie von EPSTEIN beschrieben, zu 1 ml Probelösung 0,2 ml 1%ige Chloramin-T-Lösung, verschließt und schüttelt. Nach 1 Min. fügt man 5 bis 6 ml Reagens (500 ml gesättigte wäßrige Pyrazolonlösung + 100 ml Pyridin, das 0,1 g Bispyrazolon enthält) hinzu, verschließt und schüttelt wieder. Nun läßt man 20 Min. stehen und gibt dann n-Butanol sowie 1 bis 2 ml 5%ige Lösung von Dinatriumphosphat hinzu. Nach Durchschütteln läßt man die Phasen sich trennen und mißt nach 10 Min. die Absorption bei 630 nm.

c) Methode mit Pyridin und Barbitursäure.

Prinzip. Mit Barbitursäure ergibt das Reaktionsprodukt aus Chlorcyan und Pyridin ebenfalls eine intensiv gefärbte Verbindung.

Arbeitsvorschrift (nach ASMUS und GARSCHAGEN). Zu 25 ml wäßriger Lösung mit pH = 2 bis 10 fügt man 1 ml 1%ige Lösung von Natrium-p-toluolsulfochloramid, schüttelt und läßt 1 Min. im geschlossenen Kolben stehen. Dazu gibt man unter Schütteln 3 ml Reagens. Dieses wird wie folgt *hergestellt*: Zu 3 g Barbitursäure gibt man ein wenig Wasser sowie 15 ml Pyridin und verdünnt mit Wasser, bis die Hauptmenge der Barbitursäure gelöst ist; weiterhin fügt man 3 ml Salzsäure (D 1,16) zu und füllt mit Wasser auf 50 ml auf. Nach 8 Min. Stehens des Reaktionsgemisches im geschlossenen Kolben mißt man die Absorption, z.B. im

Leitz-Kompensationsphotometer in Quecksilberlicht mit Filter 570 (Leitz). Die Messung soll spätestens 15 Min. nach Reagenszugabe erfolgen.

Bemerkungen. α) MUNK und MATOUŠKOVÁ wandten diese Methode mit Erfolg auf die Cyanbestimmung in *biologischem* Material (nach Abdestillieren aus angesäuerter Probelösung mit Wasserdampf) an und stellten fest, daß 2 μg CN^- in 1 bis 5 g Probe und 75 ml Destillat mit einer *Genauigkeit* von 100% ± 2% bestimmt werden können. GRIGORESCU und TOBĂ benutzen das Prinzip der Methode für die Bestimmung von HCN in der Atmosphäre von Industrieanlagen; die Luft wird dabei durch 2 hintereinandergeschaltete Waschflaschen mit 0,1 n NaOH geleitet.

β) *Prüfstifte* für den Nachweis und in gewissem Grade zur Abschätzung der Konzentration von Cyanwasserstoff in der Luft wurden von WITTEN und PROSTAK beschrieben. Eine Sorte der Stifte besteht aus Blanc fixe und Chloramin T, eine zweite Sorte aus Blanc fixe, Benzylpyridin und Barbitursäure. Für HCN werden beide in Kombination angewendet. Näheres siehe Teil II, S. 98, dieses Handbuches. Aus der bis zum Auftreten der Färbung vergehenden Zeit kann man grob die Konzentration ermitteln. 5 mg HCN/m^3 geben innerhalb 1 Min. eine deutliche Färbung.

γ) *Thiocyanation* reagiert mit Halogen, wie bereits erwähnt, ebenfalls zu Halogencyan und ergibt daher ebenfalls die in diesem Abschnitt: 3, V, beschriebenen Farbreaktionen.

Zwar verläuft die Reaktion mit Thiocyanation bei höheren pH-Werten langsamer als mit Cyanidion; doch ist dieser Unterschied nicht so ausgeprägt, daß man bei Vorhandensein beider Verbindungen eine selektive Bestimmung darauf gründen könnte, wie LUDZACK und Mitarbeiter feststellten. Bei der Flüchtigkeit des Cyanwasserstoffs liegt der Gedanke nahe, einerseits CN^- nebst SCN^- zu bestimmen und andererseits SCN^- allein (und damit CN^- als Differenz) nach Ansäuern und Belüften eines zweiten Aliquots der zu untersuchenden Lösung. Solche Vorschläge wurden gemacht; aber die zuletzt genannten Autoren fanden, daß auf diese Weise keine zuverlässigen Ergebnisse zu erhalten sind. Ähnliches hatten u.a. KRUSE und MELLON festgestellt. Sie empfehlen als einzig wirksam das vorausgehende Abtrennen des HCN durch Destillation, und zwar nach der Methode von RUCHHOFT und Mitarbeitern (siehe Abschnitt: 1, I). Durch das Abtreiben werden auch die an und für sich bei den in Rede stehenden colorimetrischen Methoden geringen Störungen durch Cyanation sowie durch einige organische Stickstoffverbindungen, z.B. Glycin und Harnstoff, beseitigt.

δ) Auch durch Extraktion des Cyanwasserstoffs, z.B. mit Isopropyläther aus schwach angesäuerter Lösung nach KRUSE und MELLON (b), kann die Trennung vom Thiocyanation erfolgen; siehe Abschnitt: 1, III.

ε) Nach MURTY und VISWANATHAN ist die über CNBr (mittels Brom erzeugt) erhaltene Färbung beständiger als die über CNCl erhaltene.

d) Methode mit gleichzeitiger Einwirkung von Pyridin und Chloramin.

Allgemeines. Eine solche Methode, bei der die unter gleichzeitiger Einwirkung von Pyridin und Chloramin T auf die Probelösung entstehende Gelbfärbung colorimetriert wird, haben DESHMUKH und TATWAWADI vorgeschlagen. Die Färbung wird durch viel Bisulfat-, Nitrit- oder Borationen verstärkt, durch Sulfit-, Arsenit-, Jodid- und Thiosulfationen verhindert. Thiocyanation wird mit erfaßt.

Arbeitsvorschrift. Man gibt zu 1 bis 3 ml Probelösung 1 ml 20%ige wäßrige Pyridinlösung und 1 ml 0,1 n Chloramin-T-Lösung. Dann füllt man zu 10 ml auf und mißt nach 2 bis 10 Min. die Absorption mit einem Violettfilter von maximaler Durchlässigkeit bei 430 nm. Man wertet mit *Eichkurve,* hergestellt durch gleiche Behandlung von Standard-KCN-Lösungen, aus.

Für 3,8 bis 16,5 ppm KCN fanden die Autoren einen *Fehler* von − 0,13 bis + 0,28 ppm.

VI. Colorimetrie des Berlinerblau-Komplexes.

Allgemeines. Die altbekannte, für Cyanidion spezifische Berlinerblau-Reaktion, bei der das Cyanidion mit Eisen(II)-salz in alkalischer Lösung in Hexacyanoferrat(II) und dieses mit Eisen(III)-lösung in Eisen(III)-hexacyanoferrat(II) übergeführt wird, kann zur colorimetrischen Bestimmung dienen. Dabei wird entweder die Farbdichte der entstandenen Suspension oder die Intensität der auf Filterpapier niedergeschlagenen Färbung gemessen. Für diese Methode werden nur einfache Chemikalien benötigt. Sie ist aber nicht sehr empfindlich.

a) Messung in Suspension.

Für die Untersuchung von Lösungen mit etwa 2 mg HCN/l (z.B. Auszüge aus mit Blausäure begasten Vegetabilien) erarbeiten RAINESS und KRUPKIN folgendermaßen:

Arbeitsvorschrift. Zu 2 ml Lösung gibt man 2 Tropfen 1 %ige Kali- oder Natronlauge und 0,5 ml 0,5 %ige Eisen(II)-sulfatlösung. Man erwärmt 5 Min. auf 60 bis 80 °C, kühlt auf Raumtemperatur ab und setzt 3 Tropfen 0,1 %ige Eisen(III)-chloridlösung und 5 ml 1 %ige HCl zu. Man erwärmt 1 bis 2 Min., läßt 1 bis 2 Std. stehen und colorimetriert. Die Suspension flockt nach 15 bis 20 Std. aus, läßt sich aber durch Schütteln wieder in den hochdispersen Zustand überführen, so daß man dann die gleiche Colorimeterablesung erhält.

Bemerkungen. α) Etwa 0,1 mg HCN in 2,5 ml Lösung lassen sich noch gut messen. Aus verdünnten Lösungen destilliert man HCN in 25 ml 2 %ige Alkalilauge und engt das Destillat zur Bestimmung auf 1 bis 2 ml ein.

β) FULTON und VAN DYKE lassen bei der *Mikrobestimmung* von HCN in tierischem und pflanzlichem Gewebe frisch hergestelltes, mit Schwefelsäure angesäuertes Eisen(II)-sulfat, 5 %ig, im Vakuum mit dem in verdünnter Natriumcarbonatlösung aufgefangenem Destillat 5 Min. lang reagieren, säuern mit Schwefelsäure (1 + 3) (etwa 4,7 m) an, füllen mit Wasser zu 5 ml auf und photometrieren bei 25 °C 10 Min. nach Zugabe des Eisen(II) unter Stehenlassen mit Grünfilter bei 520 nm. Durch das Reagierenlassen unter Luftabschluß im Vakuum soll erreicht werden, daß Suspensionen von gleicher Teilchengröße und somit reproduzierbarer Farbe entstehen. Die Autoren erzielten im Bereich von 0,05 bis 0,3 mg HCN eine Genauigkeit von ± 1,5 %. Blindbestimmungen sind nicht erforderlich.

b) Farbvergleich auf Reagenspapier.

Allgemeines. Durch Lokalisieren der Reaktion auf eine kleine Fläche wird die Empfindlichkeit erhöht. Bei einer Ausführung nach GETTLER und GOLDBAUM spannt man eine Scheibe aus dem Reagenspapier zwischen die beiden flaschenartig ausgebildeten Teile eines Rohres ein, welches den Ausgang des HCN-Entwicklers bildet. Dieser ist als Belüftungsgefäß ausgebildet. Am anderen Ende des Abgangsrohres wird Vakuum angelegt, so daß Luft mit dem freigemachten Cyanwasserstoff durch den Entwickler und das Reagenspapier strömt.

Herstellung des Reagenspapiers. Man taucht alkali- und säurebehandeltes, geglättetes Papier (Whatman Nr. 50) 5 Min. in eine filtrierte 10 %ige Lösung von kristallisiertem Eisen(II)-sulfat, trocknet an der Luft, taucht in 20 %ige Natronlauge und trocknet wieder an der Luft.

Arbeitsvorschrift. Man bringt 2 ml zu untersuchende Lösung oder 2 g fein mazeriertes Gewebe und 9 ml Wasser in das 50-ml-Belüftungsgefäß. Man säuert mit verdünnter Schwefelsäure, oder, im Falle von Blutproben, mit 20 %iger Chloressigsäure an und setzt das Abgangsrohr mit dem Reagenspapier auf. Das Gefäß setzt man in ein auf 90 °C geheiztes Wasserbad, und man saugt 5 Min. lang Luft durch. Dann nimmt man das Papier heraus, taucht es zum Entfernen von Eisenhydroxiden in Salzsäure (1 + 4) (etwa 2,5 m), spült mit Wasser und trocknet. Die der HCN-Konzentration proportionale Färbung wird mit Standardfarbflecken verglichen.

Bemerkungen. α) Den *Durchmesser* der Flaschenöffnung und damit die Reaktionsfläche paßt man zweckmäßig der HCN-Menge an; 4 mm Durchmesser sind für 0,2 bis 1 μg, 10 mm Durchmesser für 1 bis 5 μg und 15 mm Durchmesser für 5 bis 20 μg passend. β) Die *Genauigkeit* soll mindestens 0,1 μg für Mengen bis 1 μg und 1 μg für Mengen zwischen 1 und 5 μg betragen.

γ) DIXON, HANDS und BARTLETT wenden die Reagenspapiermethode auf die Bestimmung von HCN in Konzentrationen bis 1 ppm herunter in der *Luft* an. Sie stellen dazu das Reagenspapier mit besonderer Sorgfalt und auf Vorrat her. Ein ganzer Bogen des oben genannten Papiers wird 5 Min. in 100 ml 10%ige Eisen(II)-sulfatlösung getaucht und über einen Heizkörper hängend getrocknet. Vom unteren Rande des Blattes schneidet man einen Streifen von 2 cm ab, der verworfen wird. Den Hauptteil des Blattes schneidet man in Stücke von $3{,}5 \times 2{,}5\ cm^2$. Diese Stücke taucht man eines nach dem anderen 15 Min. in 20%ige carbonatfreie Natronlauge. Man trocknet die Stücke auf Fließpapier und dann vollständig im Vakuumexsikkator. Jedes Stück wird in ein Glasrohr unter Vakuum eingeschmolzen und kann lange Zeit bis zur Verwendung aufbewahrt werden.

δ) Schwefeldioxid und Schwefelwasserstoff in Konzentrationen von mehr als 50 ppm *stören* die Reaktion; Chlor verhindert sie vollständig.

VII. Colorimetrie als Eisen(III)-thiocyanat nach Aufschwefelung.

Prinzip. Diese Methode beruht auf der Überführung des Cyanid- ins Thiocyanation, das seinerseits mit Eisen(III)-ion die bekannte blutrote Färbung von wasserlöslichem Eisenthiocyanat erzeugt. Das Absorptionsmaximum liegt bei 460 nm (IWASAKI und Mitarbeiter). Die Aufschwefelung des Cyanids kann durch Eindampfen mit Ammoniumpolysulfid und Aufnehmen mit Salzsäure erfolgen, mit Natriumsulfid (YOE), eine Methode, die von IOFIMOWA-GOLDFEIN und GURWITZ sehr zuverlässig befunden wurde, oder mit Natriumtetrathionat nach KURTENACKER und FRITSCH. Letztere Reaktion wurde für quantitative Zwecke von KOLTHOFF (b) besonders empfohlen. Sie verläuft nach der Gleichung:

$$Na_2S_4O_6 + NaCN + 2NaOH \rightarrow NaSCN + Na_2S_2O_3 + Na_2SO_4 + H_2O.$$

Die Färbung ist ziemlich unbeständig, besonders unter Lichteinwirkung; man muß stets gleiche Erhitzungszeiten einhalten.

Arbeitsvorschrift. Man versetzt 5 bis 10 ml Probelösung mit 1 ml 1%iger Natriumtetrathionatlösung und 5 Tropfen 10%iger Ammoniaklösung. Das Gemisch erwärmt man im Wasserbad 5 Min. auf 50 bis 55 °C und kühlt dann ab, oder man läßt es bei Raumtemperatur über Nacht stehen. Danach setzt man 2 ml 4 n Salpetersäure und 3 Tropfen Eisen(III)-chloridlösung zu und colorimetriert. Starkes Erwärmen beim Umsatz zum Thiocyanat ist zu vermeiden, da sonst zuviel Thiosulfation entsteht, das mit Eisen(III) eine schwache Violettfärbung erzeugt.

Bemerkungen. α) MARENZI und BANDONI verwenden zur HCN-Bestimmung in *Kirschlorbeerwasser* diese Methode, wobei sie 0,5 ml davon mit 3 bis 4 ml Wasser, 2 Tropfen Ammoniaklösung und 0,3 ml 10%iger Tetrathionatlösung behandeln. Sie erwärmen wie oben (KOLTHOFF), setzen 20 ml Wasser, 2 ml 4 n Salpetersäure sowie 1 ml gesättigte Eisenalaunlösung hinzu, füllen zu 25 ml auf und colorimetrieren.

β) Natriumtetrathionat kann man nach MARENZI und BANDONI wie folgt *herstellen:* Man verreibt 50 g Jod, etwa 5 ml Wasser und 95 bis 96 g Natriumthiosulfat zu einer noch schwach gelblichen Paste, läßt unter öfterem Durchmischen $^1/_2$ bis 1 Std. stehen, setzt 200 ml Äthanol zu, bringt auf ein Filter, wäscht die Masse mit Äthanol und löst in 40 bis 50 ml Wasser, das man in Anteilen von 10 ml zusetzt. Zu der Lösung gibt man eine gleiche Menge 95%igen Äthanols, läßt 6 bis 8 Std. auskristallisieren, wäscht die Kristallmasse mit Äthanol und stellt aus ihr eine 10%ige Reagenslösung her.

γ) Die *Ammoniumpolysulfidmethode* in einer etwas abgewandelten Form wurde von ROZINA und Mitarbeitern auf die HCN-Bestimmung in Koksofengas angewendet. Sie leiten das Gas durch 2mal 25 ml 4n Natronlauge und füllen mit Wasser auf 100 ml auf. Zu 50 ml der Lösung geben sie 0,2 ml Polysulfidlösung sowie 5 ml 10%ige Cadmiumchloridlösung und kochen 2 Min. Es wird gekühlt, in einen 100-ml-Kolben filtriert, der Rückstand mit kleinen Mengen Wassers gewaschen, mit 10 ml 60%iger Salpetersäure angesäuert und wieder gekühlt. Dann werden 5 ml 10%ige Eisen(III)-chloridlösung zugesetzt, und es wird zur Marke aufgefüllt. Nach 30 Min. wird mit Grünfilter gegen eine Blindlösung gemessen und mit einer Eichkurve ausgewertet.

δ) Eine *neuartige* Umsetzung des Cyanid- zum Thiocyanation wird von UTSUMI empfohlen. Man läßt die zu untersuchende Lösung auf festes (wasserunlösliches) Kupfer(I)-thiocyanat einwirken, wobei Cyanidion mit der Kupferverbindung zum Kupfercyanokomplex und Thiocyanation reagiert. Danach filtriert man den Überschuß von $Cu_2(SCN)_2$ ab, fügt salpetersaure Eisenalaunlösung zum Filtrat und colorimetriert wie üblich. Noch 0,05 mg Cyanid- können bestimmt werden, neben maximal 500 mg Chlorid-, 200 mg Bromid- und 5 mg Jodidion.

ε) Eine ähnliche Umsetzung mit *Silberthiocyanat*, welche die Bestimmung von Cyanid-, Thiocyanat- und Chloridion nebeneinander gestattet, wird von IWASAKI und Mitarbeitern beschrieben.

ζ) *Störungen*. Störend wirken auf die Thiocyanatmethode reduzierende Substanzen [Reduktion des Eisen(III)], organische Oxysäuren, Phosphorsäure und Fluorid [Komplexbildung mit Fe(III)], Jodidion wegen Freisetzung von Jod und Cyanoferrat(II)-ion wegen Bildung von Berlinerblau. Natürlich darf Thiocyanation nicht von vornherein in der zu untersuchenden Lösung vorhanden sein.

VIII. Weitere colorimetrische Methoden.

In diesem Abschnitt wird eine Reihe älterer und neuerer, teilweise weniger verbreiteter Methoden behandelt.

a) Silbernitrat-Kongorot-Methode.

Freier Cyanwasserstoff reagiert mit Silbernitrat unter Freisetzung von Salpetersäure, die ihrerseits einen Säure/Base-Indikator mehr oder weniger stark verfärbt. Gewöhnlich wird die Reaktion auf Reagenspapier vorgenommen, durch das oder über das man die HCN enthaltende Luft in abgemessener Menge, z.B. mit einer Handpumpe, leitet.

Herstellung des Reagenspapiers (nach der Vorschrift des Department of Scientific and Industrial Research). Man löst 1 g reines Kongorot in 100 ml Wasser und verdünnt 5 ml davon auf 100 ml (Lösung 1). Weiter löst man 5 g Silbernitrat in 100 ml Wasser (Lösung 2). Man taucht Papierstreifen 1 Min. in Lösung 1, trocknet vollständig, taucht in Lösung 2 ein und trocknet so schnell wie möglich an einem vor hellem Licht geschützten Platz.

Die *halbquantitative* Bestimmung von Konzentrationen zwischen etwa 1 Teil HCN in 1000 und in 10000 Teilen Luft kann durch Vergleichen mit Farbflecken, die mit Standardgemischen hergestellt werden, vorgenommen werden. Auch aus der Länge der Verfärbung eines Streifens, über den man in einem Glasrohr die Luft leitet, kann deren HCN-Gehalt abgeschätzt werden (WILLIAMS).

b) Methode mit Palladiumfuryldioxim und Nickelion.

Prinzip. Cyanidion setzt sich in alkalischer Lösung mit dem α-Furyldioximkomplex des Palladiums zum Palladiumcyanokomplex unter Freiwerden des

Furildioximums. Letzteres bildet mit Nickel(II)-ionen eine intensiv gefärbte, aber nicht sehr stabile Suspension, aus deren Stärke man im Vergleich mit Standardproben den Cyanidgehalt bestimmen kann. Diese Reaktion ist noch empfindlicher als diejenige nach FEIGL mit Dimethylglyoxim. Die dabei einzuhaltenden Bedingungen wurden von BROOKE beschrieben. Der Anwendungsbereich erstreckt sich von 0,5 bis 3 ppm Cyanid. Liegt dieses nicht als Alkaliverbindung vor, wird es durch Ionenaustausch in eine solche übergeführt. Der Autor fand, daß z.B. für die Analyse von Gasölcrackprodukten kein vorheriges Abdestillieren der Blausäure erforderlich ist.

Zur *Herstellung* der Reagenslösung löst man 0,01 g α-Furyldioxim in 25 ml 95%igem Äthanol und fügt 0,3 ml 5%ige Palladiumchloridlösung hinzu. Die ausgefallene Pd-Komplexverbindung saugt man ab; man wäscht sie mit Äthanol und löst sie in 5%iger Kalilauge. Die Lösung muß täglich frisch bereitet werden.

Arbeitsvorschrift. Man gibt 100 ml des zu analysierenden Abwassers, das zu verdünnen ist, wenn es mehr als 3 mg/l enthält, und daneben reines Wasser, das mit 0,5, 1,0 usw. bis 3 ml einer Lösung, die 1 ppm Kaliumcyanid je Milliliter enthält, in Nessler-Rohre. In jedes Rohr gibt man dazu 3 ml gesättigte Natriumacetatlösung, 5 ml Reagenslösung, mischt und fügt weiter 0,5 ml Nickellösung (5%ig an Nickelnitrat-6-hydrat) hinzu. Man mischt wieder und vergleicht die fast momentan entstandenen Färbungen innerhalb von 10 Min. Die Färbungen ersieht man aus Tab. 3.

Tabelle 3. *Färbungen, hervorgerufen durch CN^- mit Hilfe von Palladiumfuryldioxim und Ni^{++}.*

CN^-, ppm	Farbe		
0	Grün	1,0	Lavendel
0,5	Grünlichlavendel	3,0	Rosa
		6,0	Bronzerot.

Bemerkung. Von den Anionen stören nur Sulfid- und große Mengen an Phosphation oder Phenol. Fe, Al und Mg, die Fällungen verursachen, sind mit Citrat- oder Tartration zu maskieren oder besser durch Ionenaustausch zu entfernen.

c) Methode mit Palladiumnitrosonaphthol.

Allgemeines. KATO und SHINRA fanden, daß Cyanidion mit dem Palladiumkomplex des 1-Nitroso-2-naphthols unter quantitativer Bildung von $Pd(CN_4)^{2-}$ und Freiwerden der organischen Komponente reagiert, deren Absorption im UV bei pH 10 dem CN^--Gehalt proportional ist.

Arbeitsvorschrift. Man stellt zunächst das *Reagens* her durch Lösen von 2 g $PdCl_2 \cdot 2H_2O$ in 200 ml verd. Salzsäure, Behandeln mit 10 ml 30%igem Wasserstoffperoxid, Alkalisieren mit Natronlauge, Zusetzen von 300 ml Essigsäure, Verdünnen auf 3 l, Vermischen mit 450 ml 1%iger Lösung des Naphthols in 50%iger Essigsäure, 20 bis 30 Min. langes Kochen, Filtrieren und Auswaschen des Niederschlages mit Essigsäure und Wasser. Für die Analyse versetzt man 40 ml Probelösung (0,5 bis 10 µg HCN/l) mit 3 ml Pufferlösung [67 g Ammoniumchlorid nebst 500 ml Ammoniaklösung (D = 0,88) zu 1 l aufgefüllt], mit Wasser zu 50 ml und mit 20 mg Reagens. Man mißt dann die Absorption bei 375 nm.

Bemerkungen. Sulfid-, Sulfit- und Nitritionen *stören nicht*, wohl aber fast alle Schwermetalle, auch Eisen. Die Störung durch Kupfer, Nickel und Kobalt kann jedoch durch Zugabe von Natriumdiäthyldiaminotetraacetat beseitigt werden.

d) Methode mit Palladium-jodosulfooxychinolin.

Der Kalium-bis(7-jodo-5-sulfo-8-chinolinol)-palladium(II)-Komplex reagiert nach HANKER, GELBERG und WITTEN mit Cyanidion und Eisen(III)-chlorid unter Entstehung einer intensiven Blaugrünfärbung (Absorptionsmaximum bei 650 nm), welche die Bestimmung bis 1 µg CN^-/ml herunter erlaubt. Man gibt zu 1 ml Kalilauge 1 ml Probelösung, 1 ml 0,2 %ige Reagenslösung sowie 1 ml 10 %ige Eisen(III)-chloridlösung und mißt nach 1 Min. die Färbung im Colorimeter. Sulfidion reagiert ebenso, Thiocyanation und Thioalkohol stören ebenfalls.

e) Indirekte Methode mit Jod in Tetrachlorkohlenstoff.

Für die Bestimmung von kleinen Mengen Cyanwasserstoffs in Luft haben PAGE und GLOYNS vorgeschlagen, die Entfärbung einer 0,0005 n Jodlösung in Tetrachlorkohlenstoff anzuwenden. Die Autoren benutzen eine besondere Apparatur, und die Arbeitsweise erfordert in Anbetracht der Unbeständigkeit von Jodlösungen derartigen Verdünnungsgrades große Sorgfalt. Wegen Einzelheiten wird auf die Originalarbeit verwiesen.

f) Indirekte Methode mit Quecksilbersalz und Rhodanin.

Prinzip. Die Methode beruht auf der Maskierung von Quecksilber(II)-nitrat durch Cyanidion und der entsprechenden Verminderung der Färbung, die mit dem Quecksilbersalz und zugegebenem p-Dimethylaminobenzylidenrhodanin entsteht. OHLWEILER und MEDITSCH wenden diese Methode zur Mikrobestimmung von HCN nach Diffusionstrennung aus der Cyanidlösung an.

Arbeitsvorschrift. Man gibt 3,000 ± 0,005 ml einer etwa 3 μg CN^-/ml enthaltenden Probelösung in die äußere Ringkammer eines Conway-Gefäßes und 3,000 ± 0,005 ml einer Hg(II)-nitratlösung mit 18,7 μg Hg/ml in die innere Kammer. Nun gibt man zu der cyanidhaltigen Lösung 1 ml gesättigte Weinsäurelösung, ohne daß Vermischung eintritt, schließt rasch das Gefäß und mischt durch vorsichtiges Bewegen. Man läßt die freiwerdende Blausäure in die Quecksilberlösung diffundieren, was bei 27 °C 2 Std. und bei 38 °C 1 Std. erfordert. Dann pipettiert man genau 2 ml des Inhalts der inneren Kammer in einen 200-ml-Meßkolben, fügt 41 ml chlorfreies Wasser sowie 5 ml 0,8 n Salpetersäure und dann unter Schütteln 2 ml Rhodaninlösung (0,075 g auf 500 ml Äthanol) hinzu. Nach 20 Min. Stehens im Dunkeln mißt man die Absorption bei 470 bis 480 nm. Den CN^--Gehalt entnimmt man einer in entsprechender Arbeitsweise mit Standardlösungen hergestellten *Eichkurve.*

Empfindlichkeit. Man kann auf diese Weise 0,15 bis 9,0 μg CN^- bestimmen; Sulfidion muß vorher durch Fällen mit Cadmiumacetat entfernt werden.

g) Indirekte Methode mit Silberdithizonat.

Allgemeines. Bei pH $\geqq$ 8,0 zerstören einfache Cyanide und komplexe Cyanide des Kupfers und Zinks (nicht Cyanoferrate) den Dithizonkomplex des Silbers. Die entsprechende Abnahme der Färbung kann nach MILLER und ARANOWITSCH zur photometrischen Bestimmung des Cyanidions benutzt werden. Das Reagens stellt man her durch Schütteln eines passenden Volumens einer Lösung von Dithizon in CCl_4, die eine etwa 10 μg Ag äquivalente Menge Dithizons enthält, mit überschüssiger Silberlösung (10 bis 30 μg Ag^+/ml, 0,5 normal an Schwefelsäure) und Waschen mit Wasser zum Entfernen des Ag^+-Überschusses. Für die Analyse von Wasser entfernt man zunächst organische Substanz durch Ausschütteln mit CCl_4 bei pH = 5.

Arbeitsvorschrift. Ein 2 bis 20 μg CN^- enthaltendes Volumen der Probe mischt man mit 5 ml 0,1 n ÄDTA (als Dinatriumsalz) zur Bindung von Cu-, Zn- und Pb-Ionen und fügt 0,1 n Natronlauge bis zur Blaufärbung von Bromthymolblau hinzu. Dann gibt man 5 ml 0,05 m Natriumtetraboratlösung von pH = 9,24 und 2 ml Silberdithizonkomplex in CCl_4 (mit etwa 10 μg Ag^+/ml) hinzu, schüttelt 3 Min. und mißt die Extinktion der gelbgefärbten CCl_4-Schicht.

Bemerkungen. α) Die Auswertung erfolgt durch eine entsprechend mit bekannten CN^--Lösungen hergestellte, leicht gekrümmt verlaufende *Eichkurve.*

β) Proben, die Sulfidion oder freies Chlor enthalten, müssen *vor* der ÄDTA-Zugabe mit Bleinitrat bzw. Natriumthiosulfat behandelt werden.

γ) Thiocyanat- ($\leqq$ 300 mg/l), Chlorid- ($\leqq$ 1000 mg/l) und Bromidionen *stören nicht*.

δ) Der *Fehler* beträgt > ± 12% bei 8 μg CN^-.

ε) Das gleiche Reagens wird von KIELCZEWSKI und TOMKOWIAK für eine Tüpfelmethode (auf Reagenspapier) verwendet. Die Größe des auf violettrosa Untergrund entstehenden weißen Fleckes ist der CN-Konzentration proportional.

h) Indirekte Methode mit Quecksilber(II)-diphenylcarbazid.

Mit diesem Reagens imprägniertes Papier verfärbt sich durch Einwirkung von HCN in neutraler oder schwach basischer Lösung von Blauviolett nach Rot. Wenn HCN-haltiges Gas in einem engen Rohr über einen solchen Papierstreifen strömt, ist bis zu 10 μg HCN die Länge der verfärbten Zone der HCN-Konzentration proportional (TANAKA und YAMAMOTO).

i) Methode mit Thiofluorescein und Silbernitrat.

Eine solche Arbeitsweise, nach der das Thiofluorescein mit Silbernitrat entfärbt wird und sich nach Zugabe der Probelösung je nach CN^--Gehalt (etwa 1 bis 7 μg) mehr oder weniger stark blau färbt, wird von WROŃSKI beschrieben.

j) Indirekte Methode mit Nickelion und Furyldioxim.

Prinzip. Bei dieser von YAMASAKI und ITO angegebenen Methode wird das Cyanidion mit überschüssiger Nickelsalzlösung bei pH = 9 zum Komplex $Ni(CN)_4^{2-}$ umgesetzt und der Überschuß an Ni^{2+} in der auf pH = 4 gebrachten Lösung durch Reaktion mit Furyl-α-dioxim und Messen der Extinktion der stabilisierten Suspension bestimmt.

Arbeitsvorschrift. 40 ml Probelösung mit < 10 μg CN/ml – bis zu dieser Konzentration ist die Eichkurve eine Gerade – mischt man mit 2 ml Nickellösung (7,5 ml 0,5%ige Lösung von $NiSO_4 \cdot 7H_2O$ + 20 ml NH_3-Lösung + 4 g NH_4Cl in 100 ml Wasser). Dazu gibt man 1 ml 0,5%ige äthanolische Lösung des Oxims und 1 ml 0,5%ige Gelatinelösung, mischt durch, verdünnt auf 50 ml und mißt innerhalb von 10 Min. bei 480 nm.

k) Methode mit INT und Kobalt(II)-ion.

Nach HANKER, SULKIN, GILMAN und SELIGMAN mißt man die Färbung, die durch die Reduktion des Redoxindikators INT (3 p-Jodophenyl-2 p-nitrophenyltetrazoliumchlorid) durch Co(II)-Ionen entsteht, bei 502 nm. Die Reduktion wird durch Cyanidionen gefördert, die einen stabilen Komplex mit den entstehenden Co(III)-Ionen bilden.

5. Fluorimetrische Bestimmung.

Allgemeines. Bei diesen Methoden wird die Intensität der durch Ultraviolettbestrahlung angeregten Fluorescenz von Produkten gemessen, die bei bestimmten Reaktionen des Cyanidions in einer ihm äquivalenten Menge entstehen.

I. Chlorcyan-Nicotinamid-Reaktion.

Allgemeines. Diese Methode wurde von HANKER, GAMSON und KLAPPER zur Bestimmung von Cyanwasserstoff in dem Kampfstoff Tabun ausgearbeitet. Sie beruht auf der Umsetzung zu Chlorcyan und Reaktion desselben mit Nicotinamid, wobei dessen Pyridinring aufgesprengt wird und ein stark blau fluorescierendes Produkt entsteht. Bei der Analyse von Tabun wird dieses zunächst durch Waschen des Gases mit Diäthylphthalat ausgewaschen. Den Cyanwasserstoff, der dabei nicht gelöst wird, absorbiert man dann in 2 hintereinandergeschalteten Waschflaschen mit je 2 ml 0,5 n Natronlauge.

Arbeitsvorschrift. Man spült den Inhalt der beiden Waschflaschen in einen Meßzylinder, spült mit je 1 ml Wasser nach, gibt 1 ml Chloranim T (10 g in 100 ml Wasser), 4 ml 2 n Kaliumhydrogencarbonat, 2 ml Nicotinamidlösung (25 g in 100 ml Wasser gelöst) hinzu, verdünnt mit Wasser auf 20 ml und gießt in die Cüvette des Fluorimeters. Im Augenblick der Zugabe des Nicotinamids setzt man eine Stoppuhr in Gang. Wenn diese genau 3 Min. anzeigt, gibt man 4 ml 6 n Kalilauge zu der Lösung und beobachtet die zunehmende Fluorescenz an Hand der Galvanometeranzeige. Die Ultraviolettstrahlung muß bis zum Ablauf der 3 Min. abgeschirmt sein; dann erst wird das Reaktionsgemisch bestrahlt. Hierbei verwendet man ein Primärfilter Corning 5970 (5,0 mm stark) und Sekundärfilter Corning 4308 und 3389 (je 2,55 mm stark). Den maximalen Galvanometerausschlag, der etwa 45 Sek. nach Zugabe der Kalilauge erreicht wird, notiert man.

Bemerkungen. a) Mit den Reagenzien ohne Cyanidion macht man eine *Blindbestimmung* und zieht den Blindwert vom Meßwert der Probe ab. Die Auswertung wird nach einer *Eichkurve* vorgenommen, welche durch Ausführung der Reaktion mit Standardlösungen von Kaliumcyanid (Verdünnungen, ausgehend von einer Stammlösung von 100 µg CN^-/ml auf 0,3 bis 6 µg CN^-/ml) hergestellt wird. Von diesen Lösungen wird je 1 ml in einen 25-ml-Meßzylinder gegeben, mit 4 ml 0,5 n Kalilauge versetzt und wie oben beschrieben weiter behandelt.

b) Die Abhängigkeit der Fluorescenz von der Cyanidkonzentration entspricht dem Lambert-Beerschen Gesetz.

II. Reaktion mit einem Oxychinolinderivat und Magnesiumion.

Allgemeines. Die Fluorescenz der Verbindung eines Oxychinolinderivates mit Magnesiumion wird von HANKER, GELBERG und WITTEN auf die fluorimetrische Bestimmung des Cyanidions angewendet. Als Hauptreagens dient Kalium-bis(5-sulfo-8-oxychinolin)-palladium(II), aus der die organische Komponente durch Cyanidion frei gemacht wird. Die Reaktion verläuft optimal bei pH = 9,2 (Glycin-Alkali-Puffer).

Arbeitsvorschrift. Man gibt zu 1 ml n Kalilauge in einer Cüvette 1 ml der cyanidhaltigen Probelösung und weiterhin 1 ml Glycinpufferlösung (77,4 g Glycin + 58,6 g Natriumchlorid), 1 ml einer 0,01 %igen wäßrigen Lösung des obengenannten Reagens und 1 ml Magnesiumchloridlösung (1 %ig an $MgCl_2 \cdot 6H_2O$). Man mißt nach 8 Min. im Fluorimeter mit den gleichen Filtern wie bei der oben beschriebenen Methode und entnimmt den CN^--Gehalt aus einer mit Standardlösungen aufgestellten *Eichkurve.*

Bemerkungen. a) Die Messung ist bis herunter zu 0,02 µg CN^- möglich. b) *Sulfidion* reagiert analog.

6. Bestimmung auf Grund von Luminescenz-Unterdrückung.

Allgemeines. Die von WEBER und KRAJČINOVIĆ aufgefundene Inhibierung der Luminescenz, die bei der Reaktion von Luminol (3-Aminophthalhydrazid) mit Wasserstoffperoxid in Gegenwart von Kupfer(II)-ionen auftritt, durch Cyanidion wurde von MUSHA und Mitarbeitern zu einer quantitativen Methode ausgebaut. Die Induktionszeit für das Auftreten der Luminescenz wächst mit der CN^--Konzentration, und zwar ist diese dem Logarithmus der Zeit bis 12 ppm CN^- proportional; die Intensität wird nicht vermindert. H_2O_2 oxydiert je nach Menge des Cyanidions schneller oder langsamer den zunächst gebildeten Komplex $CuCN \cdot NH_3$ unter Freisetzen des Cu, das dann die Luminescenzreaktion katalysiert.

Arbeitsvorschrift. Man mischt die Probelösung mit 10 ml 0,1 %iger Lösung von Luminol in 0,04 n NH_3-Lösung, die 0,7 % NH_4Cl enthält, und mit 1 ml 0,01 %iger Kupfersulfatlösung. Das Gemisch gibt man zu 1 ml 0,2 %iger H_2O_2-Lösung. Von diesem Moment an mißt man die Zeit, die bis zum Eintreten einer gewissen Intensität der Luminescenz verstreicht.

Bemerkung. Eisen(III)(> 5 ppm), Nitrit-(> 0,4), Jodid-(> 20) und Sulfition (> 0,5 ppm) *stören*.

7. Bestimmung durch negative Katalyse einer Verbrennungsreaktion.

Die katalytische Verbrennung von Methanol in Luft bei niedriger Temperatur am Platinkontakt wird durch Cyanwasserstoff (ebenso durch Kohlenoxid) infolge Kontaktvergiftung gehemmt. Auf diese Erscheinung läßt sich eine mindestens halbquantitative, kontinuierliche HCN-Bestimmung in der Luft gründen. BECKE hat ein solches Gerät für die kontinuierliche Anzeige beschrieben. Näheres ist im Kapitel: Kohlenoxid, § 3, A, 4, II, e, ausgeführt.

8. Bestimmung durch Ultrarotspektrometrie.

Cyanwasserstoff weist in seinem Absorptionsspektrum eine starke und charakteristische Bande bei 14,1 μm auf. Aus den von PIERSON und Mitarbeitern aufgestellten Diagrammen, die u.a. ein Beispiel für die Analyse eines Gasgemisches mit 0,03 % HCN und 8 weiteren Komponenten enthalten, geht das deutlich hervor. Wegen einiger Angaben zu den Grundlagen der Methode siehe Kapitel: Methan.

9. Polarographische und ähnliche Methoden.

I. Normale Polarographie.

Allgemeines. Cyanidion kann durch anodische Polarographie mit der tropfenden Quecksilberelektrode bestimmt werden. Dabei wird das aus der Capillare austretende Quecksilber in Cyanid übergeführt:

$$Hg^\circ + 2CN^- \rightarrow Hg(CN)_2 + 2e.$$

Nach KOLTHOFF und MILLER verwendet man verdünnte (0,1 n) Natronlauge als Grundlösung, wodurch ein Verflüchtigen von Cyanwasserstoff ausgeschlossen wird, und polarographiert nach Entlüften mit Stickstoff. Die CN^--Stufe beginnt in 0,005 n Lösung bei − 0,45 V (gegen Normalkalomelelektrode gemessen) und ist gut ausgebildet. Bei 10facher Erhöhung der CN^--Konzentration verschiebt sich die Stufe um 0,03 V in positiver Richtung. Die CN^--Bestimmung in der gleichen Grundlösung mit einem modernen Kathodenstrahl-Polarographen wird von HETMAN (a) beschrieben. Chloridion, auch in großem Überschuß, stört nicht. Derselbe Autor (b) hat festgestellt, daß in einer Grundlösung aus Pyridin und Kaliumnitrat mit Quecksilber(II)-zusatz die Wellenhöhe des CN^- im Bereich 2 bis 48 ppm dieser Konzentration proportional ist. Er gibt die folgende

Arbeitsvorschrift. Man fügt zu 2 ml 0,2 %iger $HgCl_2$-Lösung 2 ml Pyridin und 2 ml 0,2 %ige Gelatinelösung; man gibt die Probelösung dazu und verdünnt das Gemisch mit n KNO_3-Lösung auf genau 20 ml. Ein Aliquot von 5 ml spült man sauerstofffrei und polarographiert von 0 bis 0,5 V.

Bemerkungen. a) Kupfer(II)- und Sulfidionen *stören*. Ammoniak, Azide oder Methylcyanid stören nicht.

b) Michlin untersuchte die Polarographie in *neutraler und schwach saurer* Lösung mit 0,1 n Kaliumnitratlösung als Grundelektrolyt. Er stellte fest, daß Chloridion in 1000fachem, Bromidion in 50- bis 60fachem, Jodid-, Phosphat- und Carbonation in 30- bis 40fachem Überschuß nicht stören.

c) Eine polarographische Methode zur Bestimmung von Cyanidion in Lösungen, die *Sulfidion* enthalten, bei der die Hauptmenge des Sulfidions vorher unter potentiometrischer Kontrolle mit Silberlösung gefällt wird und für das am Niederschlag adsorbierte CN^--Korrekturen angebracht werden, beschrieben Karchmer und Walker ausführlich.

d) Jura hat eine Anordnung mit *abgeschirmter* Tropfelektrode entwickelt, in der man kontinuierlich Cyanidion in strömenden, luftgesättigten, alkalischen Lösungen bestimmen kann. Die Stufenhöhe soll nur $\pm 2\%$ von derjenigen der klassischen, statischen Methode abweichen.

Die Messung des Diffusionsstroms, der auf Grund einer anodischen Reaktion an einer Goldelektrode entsteht, ermöglicht nach Miller, Long, George und Sikes eine sehr empfindliche CN-Bestimmung – relat. Standardabweichung 0,1 % bei 10^{-5} bis 10^{-15} g CN^- –, die von SCN^- und S^-, nicht aber von Cl^-, Br^- und J^- gestört wird.

II. Oscillopolarographie.

Bei der oscillographischen Polarographie, bei der mit reinen Grundlösungen Figuren [$dV/dt = f(V)$-Diagramme] von Ellipsenform entstehen, machen sich Depolarisatoren durch Einschnitte bemerkbar, deren Lage charakteristisch für ihre Art und deren Tiefe ein Maß für ihre Konzentration ist; Cyanidion wirkt in gleicher Weise (Heyrovský). Jedlička und Pašek verwendeten 1 m NH_4Cl als Grundlösung und analysierten CN^--Gehalte bis zu 100 μg/ml.

III. Amperometrie bei innerer Elektrolyse.

Taucht man ein Elektrodenpaar, das aus einer Silberdrahtspirale und einer Platindrahtspirale, die z.B. auf die Schenkel eines U-Rohres aufgewickelt sind, in 0,1 n Natronlauge, so entsteht ein Strom (Ag wird Anode, Pt wird Kathode), der schnell auf nahezu die Stromstärke Null zurückgeht (Ruhestrom). Er wird mittels eines in die äußere Verbindung der beiden Elektroden geschalteten empfindlichen Galvanometers gemessen. Setzt man nun einige Milligramm Cyanidion, in 0,1 n Natronlauge gelöst, hinzu, so entsteht ein der Cyanidmenge proportionaler Strom, und mit Hilfe einer mit Standardlösungen hergestellten Eichkurve (Stromstärke gegen Cyanidmenge) kann man unbekannte Cyanidmengen bestimmen.

Eine solche Arbeitsweise wurde von Baker und Morrison näher beschrieben. Die Autoren benutzen eine Zelle von 10 ml Flüssigkeitsinhalt mit magnetischer Rührung und ein Amperemeter von 200 μA Meßbereich und 571 Ω innerem Widerstand. Der Ruhestrom betrug weniger als 1 μA; 2,6 μg CN^- bewirkten bereits ein Ansteigen auf etwa 17 μA. Die Messung erfolgte stets 1 Min. nach Zugabe der Natriumcyanid-Natronlauge. Die Methode kann auch in der Weise angewendet werden, daß man eine gemessene Menge auf HCN zu analysierender Luft direkt in die Zelle einleitet. Sie ist für Mikromengen Cyanidions sehr gut brauchbar; für größere Mengen ist sie zu ungenau. Schwefelwasserstoff bzw. Sulfidion, Chlor bzw. Hypochlorition in größerer Menge *stören*; von letzterem verursachte 1 mg bei der Messung von 2,6 μg CN^- eine deutliche Störung.

Eine ähnliche Arbeitsweise, aber mit einer rotierenden Silberelektrode (versilbertes Platin), wurde von McCloskey beschrieben.

10. Potentiometrische Bestimmung.

Ein galvanisches Element, das aus einem Silberdraht und einer Normalkalomelelektrode in einem schwach alkalischen Elektrolyten besteht, ergibt eine Spannung von etwa −100 mV. Setzt man dem Elektrolyten Cyanidion (oder eine andere Silberionen bindende Substanz, z.B. Sulfidion) zu, so verschiebt sich das Potential weiter ins Negative. Im Bereich niedriger Konzentration hängt das Potential der Silberelektrode entsprechend der Gleichung von NERNST:

$$E = E_0 + 0{,}0591 \log C$$

linear von dem Logarithmus der Konzentration ab. In der Gleichung ist E_0 das Potential der Kalomelelektrode und C die Silberionen-Konzentration. Nach den Messungen von STRANGE beträgt die EMK für 0,001 m Natriumcyanid etwa −250 mV, für 0,01 m NaCN etwa −380 mV und für 0,1 m NaCN etwa −500 mV. Richtige Ablesungen erhält man aber nur, wenn man die Silberelektrode schnell rotieren oder vibrieren läßt, um lokale Konzentrationsänderungen in der Nähe der Elektrode zu verhindern.

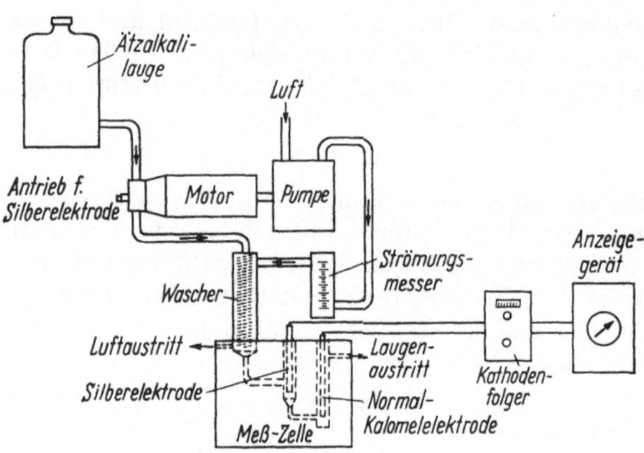

Abb. 94. Apparat von STRANGE zur potentiometrischen Bestimmung von Cyanwasserstoff in der Luft.

ROTH hat eine kontinuierliche, potentiometrische Anzeigevorrichtung für Cyanwasserstoff (oder Schwefelwasserstoff) in der Luft angegeben, die von STRANGE weiterentwickelt und eingehend beschrieben wurde. In diesen Vorrichtungen wird die Luft und eine schwach alkalische Absorptionsflüssigkeit mittels je einer vom gleichen Motor angetriebenen Pumpe gemeinsam durch eine Waschkolonne und weiter durch die potentiometrische Zelle gedrückt. Der Motor setzt gleichzeitig die Silberelektrode in Vibration. Die Spannung wird registrierend gemessen. Die ganze Anordnung ist in Abb. 94 schematisch dargestellt.

Der Apparat von STRANGE ist so regelbar, daß volle Skalenausschläge für 0,004 bis 50 ppm oder mehr HCN erhalten werden. Bei Konzentrationsänderungen reagiert er innerhalb von 1 Min. zu 90% auf diese. Volle Gleichgewichtseinstellung wird nach 10 bis 15 Min. erreicht.

Schwefelwasserstoff wird ebenfalls angezeigt, und zwar verhalten sich bei gleichzeitiger Anwesenheit von H_2S und HCN die Ausschläge nicht additiv. Kohlendioxid bis 0,4% und Schwefeldioxid bis mindestens 30 ppm *stören nicht*. Größere Mengen SO_2 verringern die durch HCN bewirkte Anzeige merklich.

11. Papierchromatographische Bestimmung.

Eine von KIELCZEWSKI und TOMKOWIAK angegebene Methode beruht auf der Entfärbung von mit Silberdithizonat imprägniertem Papier durch Cyanid. Die Größe der entstehenden weißen Flecke dient zur Auswertung. Thiocyanat und Halogenide stören nicht.

Von GANCHEV und KOEV wird Filtrierpapier verwendet, das mit Silberchromat, -chlorid oder -bromid getränkt ist. Die entstehenden Flecke werden ausgeschnitten und gewogen. Bei 8 bis 80 μg KCN soll der Fehler weniger als 1,5% betragen. Jodid und Jod stören.

12. Gaschromatographische Bestimmung.

Diese im letzten Jahrzehnt sehr stark aufgekommene Methode (Allgemeines siehe Kapitel: Methan) ist von WOOLMINGTON auf die Analyse HCN enthaltender Gase angewendet worden, die außerdem O_2, N_2, CH_4, CO und Wasserdampf enthalten. Der Autor arbeitet bei 107 °C (wenn kein H_2O vorhanden, bei tieferer Temperatur) mit einer 7 Fuß (2,13 m) langen Säule mit 20% Polyäthylenglycol „1500" auf Chromosorb oder Celite (Kieselgur) von 30 bis 60 mesh als stationärer Phase und etwa 160 ml/Min. Wasserstoff als Schleppgas. Die Inertgase eluieren dabei innerhalb 1 bis 2 Min., dann folgt nach 3 bis 4 Min. HCN und nach 8 bis 10 Min. H_2O. Bei Anwendung von Eichgemischen und Auswertung auf Grund der Peakhöhe soll die *Genauigkeit* für Gehalte von einigen Prozenten HCN im Gas größer als mit üblichen chemischen Methoden sein.

Nach ISBELL lassen sich Dicyan und Cyanwasserstoff, auch im Gemisch mit O_2, CH_4, CO und CO_2, in einer Säule mit Glycerintriacetat (Triacetin) auf Chromosorb bei 60–75 °C gut analysieren. Die Permanentgase und CO_2 eluieren nach 0,48 bzw. 0,54 Min., $(CN)_2$ nach 1,0 und HCN nach 4,4 Min.

Von RUNGE wird die Gaschromatographie von Gemischen von HCN, $(CN)_2$, CNCl und anderen anorganischen Gasen beschrieben.

13. Bestimmung von Cyanwasserstoff bzw. Cyanidion in einigen besonderen Fällen.

I. Gehaltsbestimmung von Quecksilber(II)-cyanid und Eisenblaufarben.

Prinzip. Quecksilber(II)-cyanid ist, da undissoziiert, nicht direkt mit Jod titrierbar, wird aber durch alkalische Hypobromitlösung nach der Gleichung:

$$Hg(CN)_2 + 2NaBrO + 2NaOH = HgO + 2NaCNO + 2NaBr + H_2O$$

zersetzt und oxydiert. Auf dieser Reaktion beruht eine jodometrische Bestimmung nach GOLSE.

Arbeitsvorschrift. Man löst eine Einwaage von 1 g des Quecksilbercyanid-Präparates im Meßkolben zu 100 ml. In zwei 250-ml-Glasstöpselflaschen gibt man je 10 ml Hypobromit-Maßlösung (1 ml Brom und 10 ml Natronlauge mit Wasser zu 100 ml aufgefüllt und jodometrisch gegen Thiosulfat eingestellt). In die eine Flasche gibt man 10 ml Probelösung. Nach 1 Min. setzt man dem Inhalt beider Flaschen je 10 ml 20%ige Kaliumjodidlösung und 10 ml Salzsäure (1 + 5) (etwa 2 m) zu. Nach Ablauf einer halben Stunde titriert man den Inhalt beider Flaschen mit 0,1 n Natriumthiosulfatlösung.

Bemerkungen. a) War die Hypobromitlösung 0,1 normal und betrug der Thiosulfatverbrauch für die Kontrolltitration a ml, für die eigentliche Titration b ml, so beträgt die *CN-Menge* $(a - b) \cdot 0{,}0013$ g und die *$Hg(CN)_2$-Menge* $(a - b) \cdot 0{,}0063$ g in der 0,1-g-Einwaage.

b) Quecksilber(II)-cyanid kann auch durch Behandeln mit Kaliumjodid in *stark salzsaurer* Lösung zersetzt werden. Man führt anschließend das freie Cyanidion mit Ammoniak und Natriumtetrathionat in Thiocyanation über und bestimmt dieses colorimetrisch (MARENZI und BANDONI – siehe auch Abschnitt: 3, VII).

c) Eine analoge Arbeitsweise für die Zersetzung von *Quecksilberoxycyanid* wurde von ANGELETTI beschrieben.

d) Eine ältere, etwas *umständliche* Arbeitsweise besteht darin, das Quecksilber(II)-cyanid nach ROSE in ammoniakalischer Lösung mit Schwefelwasserstoff zu zersetzen und im Filtrat des Quecksilbersulfids das Cyanidion, z.B. gravimetrisch als Silbercyanid oder titrimetrisch, zu bestimmen. Vor der Zersetzung wird Zinksulfatlösung zugegeben, das als Indikator zur Vermeidung bzw. Bindung eines Überschusses von H_2S-Wasser dient, indem ein solcher sich nach vollständiger Fällung des Quecksilbers als schwarzes Sulfid durch einen weißen Niederschlag von Zinksulfid zu erkennen gibt (TREADWELL, S. 289).

e) Auch über die Umsetzung zu *Bromcyan* kann gearbeitet werden (SCHULEK und STASIAK).

f) Die Bestimmung von CN^- in *Eisenblaufarben* über das Quecksilber(II)-cyanid wird von TRICULESCU beschrieben.

II. Cyanidbestimmung in Metallplattierungsbädern.

In Bädern zur galvanischen Vermessingung ist die Bestimmung des freien Cyanidions schwierig, da der Komplex $[Zn(CN)_3]^-$ unbeständig ist und seine Dissoziation stark von Temperatur, pH und Reagenzienkonzentration, z.B. bei der direkten Titration nach LIEBIG-DENIGÈS (siehe Abschnitt: 3, I), abhängt. HEIMAN untersuchte die Verhältnisse näher und arbeitete eine spezielle direkte Titrationsmethode und eine indirekte Methode (mit Zerstörung des Zinkkomplexes) aus. Es wird auf die Originalarbeit verwiesen. Einfacher erscheint die Methode der Titration mit Zinklösung nach NÖLKE (Abschnitt: 3, IV).

Die polarographische Methode wird von COLLARD und LIU zur Bestimmung von Gesamtcyanid, Zink, Natriumhydroxid und Carbonat in Verzinkungsbädern empfohlen. Bei der Cyanidbestimmung wird von der Zersetzung des Cyankomplexes durch Äthylendiamintetraacetat als stärkerem Metallkomplexbildner (siehe auch KRUSE und MELLON, Abschnitt: 1, V) Gebrauch gemacht. Die Polarographie von Cadmiumbädern beschreibt FORSYTH.

Titrationsmethoden für Gesamtcyanidionen in Zinkbädern wurden u.a. von GUJWA (sulfithaltige Bäder) und SALKA (Argentometrie mit Diphenylcarbazid als Indikator) beschrieben.

Für die Untersuchung von Versilberungsbädern empfiehlt WICK zur Bestimmung des freien Cyanidions die potentiometrische Ausführung der Methode von HANNEY [direkte Titration mit Quecksilber(II)] (siehe Abschnitt: 3, II), zur Gesamt-CN-Bestimmung Destillation mit Schwefelsäure und Titration des Destillats mit Jodlösung.

Wegen der Analyse von Vergoldungsbädern wird auf eine Arbeit von NELL verwiesen.

III. CN-Bestimmung in Metallhärtungssalzen.

Für die Bestimmung des Cyanids in solchen Präparaten wird von mehreren Autoren die nickelometrische Methode empfohlen, so von STUDER die Methode mit Endpunktsindikation durch Diacetyldioxim und von BORCHERT die neuere Variante mit Murexid als Indikator nach HUDITZ und FLASCHKA (siehe Abschnitt: 3, III, c). BORCHERT macht darauf aufmerksam, daß Barium vor der Titration durch Fällen mit Natriumsulfat entfernt werden muß.

IV. Bestimmung von Cyanid- neben Thiosulfat-, Sulfit-, Sulfid-, Cyanat- und Thiocyanationen.

Zur Bestimmung von Cyanid- neben Thiosulfation und anderen reduzierenden Schwefelverbindungen eignen sich besonders die Methoden, bei denen eine vorherige Oxydation (mit Brom oder Chloramin) ohnehin vorgenommen wird, d.h. diejenigen, denen eine Reaktion des Jod-, Brom- oder Chlorcyans zugrunde liegt (siehe Abschnitt: 4, V, a und 3, V, b; c, insbesondere die Arbeiten von BAKER und Mitarbeitern sowie von WAGNER: Bestimmung in Gegenwart von Sulfidion). WROŃSKI maskiert das Sulfidion durch Titration mit o-Hydroxymercuribenzoesäure und titriert dann nickelometrisch das Cyanidion (siehe Abschnitt: 3, III).

Von den Titrationsmethoden sind für die CN^--Bestimmung in Gegenwart der oben genannten Anionen außer Sulfidion besonders geeignet die direkte Argentometrie (3, I) und von den colorimetrischen Methoden diejenigen, die auf Zersetzung weniger stabiler Metallkomplexe durch CN^- beruhen (z.B. 4, VIII, b, c, f) und die Berlinerblau-Methode (4, VI). Die beiden letztgenannten Methoden sowie die argentometrische Titration empfehlen sich für die Bestimmung neben Thiocyanation. Auch Trennungsgänge vor der eigentlichen Bestimmung führen zum Ziel (Abschnitt: 1).

Die Bestimmung von Spuren von Cyanid in Alkalisulfiden wird von GREGOROWICZ, BUHL und ŠLIWA beschrieben.

Wegen spezieller Methoden zur Bestimmung von Cyanid- und Cyanation nebeneinander wird auf das Kapitel Cyanate, Abschnitt: 2, I, b und 2, III verwiesen, wegen solcher zur Bestimmung von CN^- neben SCN^- und Cl^- auf das Kapitel Thiocyanat, Abschnitt: 6, II.

V. Cyanidbestimmung im Wasser und Abwasser.

Die Cyanidtoxizität von Abwässern, der besondere Beachtung in den Fällen gewidmet werden muß, wo die Abwässer in die Flüsse abgelassen oder mit biologischen Reinigungsmethoden behandelt werden sollen, wird im wesentlichen durch das freie Cyanidion bedingt. Darunter versteht man gewöhnlich außer vielleicht vorhandenem Cyanwasserstoff die Alkali- und Erdalkalicyanide sowie die leicht aufspaltbaren komplexen Cyanide des Zinks und Cadmiums. Die Cyanoferrate sind schon beständiger, und besonders das Hexacyanoferrat(II)-ion wird als verhältnismäßig harmlos betrachtet. Es interessiert aber oft, auch den Gesamtcyanidgehalt zu kennen. Cyanidhaltige Abwässer, die beide Gruppen, freies und mehr oder weniger fest komplex gebundenes Cyan, enthalten, fallen vor allem in Metallveredlungsbetrieben an. Die analytischen Probleme sind dann sehr ähnlich den in Abschnitt II behandelten. Bezüglich der Unterscheidung der beiden Cyanidgruppen wird weiter auf die Abschnitte: 1, I und V verwiesen. Der Cyanwasserstoff wird fast immer durch Destillation abgetrennt. Für die Bestimmung des HCN in Gaswerks- und Kokereiabwässern ohne Störung durch Cyanwasserstoff, der aus Hexacyanoferraten entstehen könnte, empfiehlt BOYE (b) das Austreiben durch Diäthylbarbitursäure, deren Dissoziationskonstante zwischen derjenigen von H_2CO_3 und HCN liegt, bei 35 °C mittels Luftstromes.

Das Entfernen von Sulfiden, die natürlich durch Destillation nicht vom Cyanidion getrennt werden können, erfolgt durch Zusatz von Bleinitrat oder Bleiacetat vor der Destillation. Auch Cadmiumsulfat (z.B. in 10%iger Lösung) findet Verwendung. Cadmiumsulfid ist in Weinsäure unlöslich, so daß es vor der Destillation mit dieser Säure nicht abfiltriert zu werden braucht (GAD und SCHLICHTING). Für die Gesamtcyanidbestimmung unter Destillation mit Schwefelsäure empfehlen diese Autoren, das Sulfidion in der Vorlage mit Cadmiumsulfat zu fällen und das Destillat nach Ansäuern mit Weinsäure nochmals zu destillieren.

Für die Endbestimmung werden besonders die Titration mit Silbernitrat und Benzylidenrhodanin als Indikator, die Colorimetrie mit Phenolphthalein (CHILDS und BALL) und für sehr niedrige Konzentrationen diejenige mit Pyridin und Pyrazolon verwendet [z.B. KRUSE und MELLON; LUDZACK und Mitarbeiter; SERFASS und MURACA (siehe 4)]. Empfindliche Methoden, wie die zuletztgenannten, können natürlich durch Variieren der angewendeten Probemenge und entsprechendes Verdünnen weitgehend auch an Abwässer mit höherer Cyanidkonzentration angepaßt werden.

Nach den „Deutschen Einheitsverfahren“ werden folgende Methoden verwendet:

1. Maßanalytische Bestimmung der Cyanidionen mittels Silbernitrates unter Zusatz von Kaliumjodid.

2. Maßanalytische Bestimmung der Cyanidionen mittels Silbernitrates und p-Dimethylaminobenzylidenrhodanins.

3. Colorimetrische Bestimmung kleiner Cyanidionenkonzentrationen mittels Pyridin-Benzidins.

VI. Bestimmung in Kohlengas- und Erdölprodukten.

a) In Kohlendestillationsgasen und in Reinigungsmassen.

Allgemeines. In Stadtgas bestimmt man HCN neben H_2S nach der Methode von Payer und Lehrenkrauss jodometrisch (siehe Abschnitt: 3, V, b), oder man arbeitet nach einer der nachstehend aufgeführten Methoden.

Man leitet z.B. eine gemessene Menge Gas zur Abtrennung des Cyanwasserstoffs über ein cyanokomplexbildendes Agens. Nach Taylor dient als Absorptionsmittel ein feuchtes Gemisch aus Nickelcarbonat und Natriumcarbonat, das auf gekörnte Cellulosemasse aufgebracht ist. Das Reaktionsprodukt, Natriumcyanonickelat, wird mit verdünnter Schwefelsäure destilliert, der Cyanwasserstoff in Alkalilauge absorbiert und mit Silbernitrat titriert.

Die Absorption in alkalischer Eisen(II)-sulfatlösung und anschließende Bestimmung des entstandenen Hexacyanoferrats(II) nach Hol und Leendertse wird von Huvers empfohlen. Die Methode besteht in der Fällung des Cyanoferrats mit überschüssiger gestellter Zinklösung, Filtration durch ein trockenes Filter und Rücktitration des Zinks mit Äthylendiamintetraacetat und Eriochromschwarz T als Indikator.

Es ist zu beachten, daß auch das im Gas enthaltene Dicyan vom Eisen(II)-sulfat oder Silbernitrat als Cyanid gebunden und daher mitbestimmt wird. Die Absorption der Blausäure mit alkalischem Eisen(II)-hydroxid wurde schon von Drehschmidt und Feld angewendet. Diese Autoren bestimmen den Cyanwasserstoff nach Austreiben durch Destillation mit Säure aus der Absorptionsflüssigkeit. Bei diesem Verfahren wird in Rohgasen oft zu wenig Cyanwasserstoff gefunden, weil ein Teil desselben durch Schwefel, der durch Oxydation von Schwefelwasserstoff, besonders in relativ sauerstoffreichem Gas, entsteht, in das Thiocyanation umgewandelt wird und sich der unmittelbaren Bestimmung entzieht. Hierauf weisen u.a. Voituret sowie Klempt und Riese hin. Man müßte also zusätzlich das Thiocyanation bestimmen.

Gluud und Klempt haben eine Methode entwickelt, die auf der vollständigen Umsetzung des Cyanwasserstoffs mit Polysulfid- zum Thiocyanation und Titration desselben mit Silbernitrat beruht. Sie wurde von Klempt und Riese verbessert.

Arbeitsvorschrift. In zwei Friedrichsche Schraubenwaschflaschen mit eingeschliffenem Schraubeneinsatz werden je 50 bis 60 ml einer Ammoniumpolysulfidlösung eingefüllt, und es werden durch die Lösung stündlich etwa 40 bis 60 l Gas geleitet. Zur Herstellung der Ammonpolysulfidlösung wird 1 l 3%iges NH_3 mit H_2S gesättigt (Bildung von NH_4HS und darauf nochmals 1 l 3%iges NH_3 zugefügt (Bildung von $[NH_4]_2S$). Die so erhaltene Lösung wird mit überschüssiger Schwefelblume bis zur braungelben Farbe geschüttelt (Bildung von $[NH_4]_2S_5$). Für eine Blausäurebestimmung werden vor dem Cyanwascher insgesamt 100 bis 300 l Rohgas verwendet (100 l Rohgas bei einem HCN-Gehalt des Gases von etwa 1,5 g/m^3; 300 l Rohgas bei etwa 0,5 g HCN/m^3), während hinter dem Cyanwascher je nach der Güte der Auswaschung bis zu 1 m^3 Gas durch die Waschflaschen geschickt werden sollte.

Die Lösung wird mit Wasser in ein Becherglas gespült und zur Entfernung des Ammoniaks und Schwefelwasserstoffs bis zur neutralen Reaktion (Prüfen mit Lackmuspapier) verkocht, wobei sich der Schwefel zusammenballt und die Lösung schwach gelbliche Farbe annimmt (Dauer etwa $^1/_2$ Std.). Sie wird dann durch ein Faltenfilter in einen 500 ml fassenden Meßkolben filtriert und der auf dem Filter verbleibende Schwefel mit Wasser gut ausgewaschen. Der Kolbeninhalt wird auf Zimmertemperatur abgekühlt und zur Marke aufgefüllt.Von der Lösung werden 100 ml zur Ermittlung des Ammoniumthiocyanats nach folgender Vorschrift verwendet: 100 ml Lösung (im allgemeinen genügen 100 ml, wenn wie in oben angegebener Weise der Gasdurchgang dem ungefähren Blausäuregehalt des Gases angepaßt wurde) werden in einem 250 ml fassenden Erlenmeyer- oder Rundkolben mit aufgesetztem Luftkühlrohr mit 3 ml 5 n Salpetersäure oder Schwefelsäure (bei Verwendung größerer Lösungsmengen ist auch entsprechend mehr Säure anzuwenden) versetzt und 15 bis 20 Min. in gelindem Sieden gehalten. Nach Abkühlen unter der Wasserleitung und Ausspülen des Luftkühlrohres wird die Lösung mit 10 ml 5 n HNO_3 und 5 ml konz. Eisenalaunlösung (als Indikator) versetzt und mit 0,1 n $AgNO_3$-Lösung bis zum Verschwinden der Rotfärbung titriert, worauf mit 0,1 n NH_4CNS-Lösung bis zum eben bleibenden rötlichen Hauch zurücktitriert wird. (Dieses Vorgehen empfiehlt sich, um mit Sicherheit einen Silbernitratverbrauch für etwa nach dem Verkochen noch vorhandene Spuren Thiosulfats auszuschließen. Der Niederschlag darf nach längerem Stehen nicht nachdunkeln.

Bemerkungen. α) Für die *Auswertung* gilt, daß 1 ml 0,1 n $AgNO_3$ 0,0027 g HCN entspricht.

β) Es ist zu beachten, daß *Dicyan* und *Schwefelkohlenstoff*, die allerdings normalerweise nur in geringer Menge vorhanden sind, miterfaßt werden. Wegen des Vergleichs der Ergebnisse mit denjenigen einiger anderer gebräuchlicher Methoden, die in vielen Fällen zu niedrige Werte liefern, wird auf die Ausführungen in der Originalarbeit verwiesen.

γ) Eine von ADELSBERGER angegebene Methode beruht auf den gleichen Reaktionen; bei ihr wird aber die Umsetzung zur Bestimmung des Gesamtcyans in Lösungen und in festen Substanzen in einer Druckflasche bei 130 °C vorgenommen. Für die gleichzeitige Bestimmung des Gesamtcyans und des freien Schwefels in gebrauchter Gasreinigungsmasse digeriert der Autor mit Ammoniummonosulfidlösung unter den gleichen Bedingungen und bestimmt jenes ebenfalls als Thiocyanation.

δ) Eine ebenfalls auf der Umwandlung in Thiocyanation beruhende Methode zur Bestimmung von HCN in Koksofengas wurde in Abschnitt: 4, VII, γ erwähnt.

b) In sonstigen Gasen.

SHAW, HARTIGAN und COLEMAN beschreiben eine Methode, nach der das durch Behandlung des Cyanidions mit $(NH_4)_2S_2$ entstandene Thiocyanation zu Bromcyan umgesetzt und jodometrisch bestimmt wird (siehe auch 3, V, c).

Die Bestimmung des Cyanwasserstoffs in gasförmigen Kraftstoffen kann nach der bromjodometrischen Methode in der Ausführung nach EYMANN erfolgen, nach der das Gas durch Kalilauge geleitet und die Lösung dann in einer der Methode von SCHULEK (Abschnitt: 3, V, c) fast genau entsprechenden Weise weiter analysiert wird. Für die Cyanbestimmung in Crackgasen bzw. in Waschlaugen von Gasölcrackprodukten empfiehlt BROOKE die Methode der Demaskierung des Palladium(II)-furyldioximkomplexes (siehe Abschnitt: 4, VIII, b), für deren Anwendung keine vorherige Destillation erforderlich ist.

Eine Einrichtung, mittels deren Gase, u.a. HCN, zur Beschleunigung der Aufnahme unter erhöhtem Druck, aber in üblichen Waschflaschen absorbiert werden können, beschrieben SEEBAUM und HARTMANN. Auf die Analyse von Gasgemischen mit Cyanwasserstoff kann in vielen Fällen die Ultrarotspektrometrie (siehe Abschnitt: 8) als schnelle Methode Anwendung finden. Die Gaschromatographie wird neuerdings ebenfalls mit Erfolg zur Bestimmung von Cyanwasserstoff neben anderen Gasen angewendet (WOOLMINGTON – siehe Abschn.: 11). Aber auch die Kolorimetrie findet Anwendung, so für die Bestimmung kleiner HCN-Konzentrationen in der Luft nach APIGORESCU und TOBA (siehe Abschnitt: 4, V, c). Für die HCN-Bestimmung in Luft finden sich auch in mehreren anderen Abschnitten Beispiele.

VII. Bestimmung in Vegetabilien.

Allgemeines. Die Art der Abtrennung des Cyanwasserstoffs hängt davon ab, ob er in den betreffenden Materialien nur adsorbiert oder aber gebunden vorliegt.

Im ersteren Falle, z.B. für die Bestimmung von HCN in zur Schädlingsbekämpfung bei der Lagerung begasten Lebensmitteln wie Getreide, Tabak, Kakao, genügt es nach LUBATTI, durch das aufgeschlämmte (nicht fein zerkleinerte) Material nach Einstellen eines pH-Wertes der Suspension auf 1,0 bis 2,0 die Blausäure durch einen Luftstrom in die Absorptionsvorlage zu treiben. Hierbei werden die gleichen Ergebnisse erzielt wie mit einer Destillation.

In gebundener Form liegt der Cyanwasserstoff in verschiedenen Pflanzenprodukten als Cyanoglycosid vor. Aus dieser Bindung, die offenbar unterschiedliche Festigkeit aufweist, kann HCN durch Hydrolyse mit Säure oder enzymatische Spaltung (autoenzymatisch oder durch künstlichen Zusatz von Enzym) freigesetzt werden. Eine kombinierte Methode wird von WINKLER empfohlen. PULSS bezeichnet pH 5 als die optimale Acidität für das Austreiben des HCN mit Luft oder Stickstoff, empfiehlt aber das Destillieren als die einfachere Arbeitsweise (und die anschließende Bestimmung nach ASMUS und GARSCHHAGEN – siehe 4, V, c).

Arbeitsvorschriften. a) Zur Analyse von *Limabohnen* läßt man nach HAGEN 50 g feingemahlener Bohnen mit 400 ml Citratpuffer von pH = 6 nach SÖRENSEN im geschlossenen Kolben 3 Std. lang stehen und destilliert dann nach Zugabe von 50 ml 30%iger Weinsäurelösung den Cyanwasserstoff im Wasserdampfstrom in vorgelegte etwa 0,1 n Natronlauge. Das Destillat kann nach LIEBIG-DENIGÈS mit Silbernitratlösung titriert werden.

b) Zur Bestimmung in *Weißkleepflanzen* läßt man die zermahlenen Blätter nach Zugabe von etwas Linamarase und Toluol mindestens 1 Tag im geschlossenen Gefäß stehen und destilliert dann (SULLIVAN).

c) Den Zusatz von *Enzym* in Form von 5 g feingepulverten süßen (cyanoglycosidfreien) Mandeln zu 20 g des zerschnittenen oder grob gepulverten Pflanzenmaterials in 250 ml Wasser wenden FINNEMORE und WILLIAMS an. Bei der anschließenden jodometrischen Cyanidbestimmung störten andere Spaltprodukte der Glycoside wie Benzaldehyd und Oxybenzaldehyd (aus Sorghum) nicht; Aceton aus Linamarin und ätherisches Öl mußten durch Abdestillieren aus dem alkalischen ersten Destillat entfernt werden.

d) Zur Bestimmung von Cyanwasserstoff in *bitteren Mandeln* leitete WILLIAMS 200 ml Luft durch eine Aufschlämmung der feingemahlenen Mandeln in 5 ml Wasser nach Zugabe von 1 ml 5%iger Weinsäure und weiter über mit Silbernitrat und Kongorot imprägnierte Papierstreifen (siehe Abschnitt: 4, VIII, a). WOKES und ALMOND empfahlen zur Analyse von bitteren Mandeln und anderem Pflanzenmaterial die Destillation und HCN-Bestimmung nach der empfindlichen Pyridin-Pyrazolon-Methode, mittels deren Blausäure in Samen festgestellt wurde, in denen ihr Vorkommen bis dahin nicht bekannt war. Die Analyse von *Leinsamenprodukten* behandelten ANDRÉ und MAILLE.

e) Zur Bestimmung in Drogen wie *Kirschlorbeerblättern* hält TORRES die Einleitung der autoenzymatischen Hydrolyse durch 10 Min. langes Stehenlassen von 1 g feingepulverter Probe mit 25 ml Wasser bei 50 °C vor dem einfachen Destillieren (ohne Säurezusatz) für ausreichend. Er fand bei 21 Bestimmungen eine relative Standardabweichung von 2% für 0,197% HCN-Gehalt.

f) Baker und Taubes-Steinfeld haben die Zugabe von Säure (z.B. Weinsäure) bei der Hydrolyse mancher Pflanzenmaterialien ebenfalls überflüssig gefunden; nach früheren Befunden von Bishop führt sie sogar zu HCN-Verlusten. Baker und Mitarbeiter wenden statt der Destillation die *Mikrodiffusion* in Conway-Gefäßen an (siehe Abschnitt: 1, II).

g) Die Bestimmung der Cyanidkomponente in Vitamin B_{12} durch eine Belüftungs- und Colorimetriemethode (Reagens: Pyridin-Pyrazolon), mit der eine Empfindlichkeit von 10^{-11} Teilen HCN mit einem mittleren *relativen Fehler* von 1,5% möglich sein soll, wurde von Boxer und Richards beschrieben. Wijmenga und Hurenkamp verwenden in sonst ähnlicher Arbeitsweise die Phenolphthaleinmethode zur Endbestimmung.

h) Für die Bestimmung von HCN-Resten in begastem Obst beschreibt Feuersenger das Austreiben des Gases durch Destillation unter Zusatz von Wasser, Trichloressigsäure und Antischaummittel wie auch die Colorimetrie mit Pikrinsäure.

i) Die Bestimmung von HCN in mit Cyanoferrat behandeltem Wein nach der Methode von Epstein (siehe Abschnitt: 4, V, b) wird von Jaulmes und Mestres beschrieben.

VIII. Bestimmung in tierischem Material.

Zur toxologischen Bestimmung des Cyanwasserstoffs in Organteilen, insbesondere exhumierten Leichen, in denen immer auch Thiocyanate vorhanden sind, empfahl Schulek die Destillation in Gegenwart von Borsäure, welche die Bestimmung von 0,1 mg HCN neben 50 mg HSCN ermöglicht (siehe auch Abschnitt: 1, I).

Von Fulton und van Dyke wird auf die Bestimmung von Cyanwasserstoff in Insekten (oder Pflanzengewebe) eine Vakuummethode in Verbindung mit der spezifischen Berlinerblau-Reaktion angewendet (siehe Abschnitt: 4, VI). Zur Cyanidbestimmung in biologischen Flüssigkeiten, insbesondere Blut, empfahlen Feldstein und Klendschoy die Anwendung der Mikrodiffusionsmethode in Verbindung mit der Pyridin-Pyrazolon-Methode. Zum Freimachen von HCN verwenden sie 10%ige Schwefelsäure (Näheres siehe auch Abschnitt: 1, I). Marsden arbeitet bei der Bestimmung von Cyanidion im Gewebe von vergifteten Fischen sehr ähnlich; er hebt den Vorteil der Diffusionsmethode gegenüber der Destillation, bei der aus proteinhaltigem Material oft trübe Destillate erhalten werden, hervor.

Die Pyridin-Benzidin-Methode wird von Bruce, Howard und Hanzal auf die Analyse von Plasma und Serum nach Destillation mit Trichloressigsäure und von Tompsett auf die Analyse von biologischem Material nach Destillation mit gepufferter Salzsäure angewendet.

Für die Bestimmung in Gewebe empfahlen Gettler und Goldbaum die Berlinerblau-Methode (siehe Abschnitt: 4, VI, b).

Literatur.

Adelsberger, A.: Brennstoffchemie **35**, 75 (1954); durch Chem. Abstr. **1954**, 7489i. – Aldridge, W. N.: Analyst **69**, 262 (1944); **70**, 474 (1945). – André, E., u. M. Maille(r): C. r. **244**, 2091 (1957). – Angeletti, A.: Ann. Chim. applic. **23**, 38 (1933); durch C. **1933, I**, 2284. – Archer, E. E.: Analyst **83**, 571 (1958). – Asmus, E., u. H. Garschagen: (a) Fr. **138**, 414 (1953); (b) **159**, 383 (1957/58).

Baker, B. B., u. J. D. Morrison: Anal. Chem. **27**, 1306 (1955); durch C. **1956**, 12353. – Baker, M. O., R. A. Foster, B. G. Post u. T. A. Hiett: Anal. Chem. **27**, 448 (1955). – Baker, G. W., u. S. Taubes-Steinfeld: Analyst **74**, 189 (1949); durch Chem. Abstr. **1949**, 6110c. –

BARK, L. S., u. H. G. HIGSON: Talanta 11, 471, 621; durch Fr. **211**, 134 (1965). – BARTHOLOMEW, E. T., u. E. C. RABY: Ind. eng. Chem. Anal. Edit. **7**, 68 (1935); durch C. **1935, I**, 3170. – BEERSTECHER, E.: Analyst **75**, 280 (1950); durch Chem. Abstr. **1950**, 6344e. – BHATKI, K. S.: Analyst **82**, 24 (1957); durch Fr. **158**, 288 (1957). – BISHOP, L. R.: Biochem. J. **21**, 1162 (1927); durch C. **1928, I**, 1985. – BITSKEI (BICSKEI), J.: (a) Z. anorg. Ch. **160**, 271 (1927); durch Fr. **81**, 232 (1930); (b) Magyar Chem. Folyóirat **61**, 406 (1955); durch Fr. **154**, 46 (1957). – BOEKE, J.: Chem. Weekbl. **46**, 929 (1950); durch Fr. **135**, 219 (1952). – BOGNÁR, J.: Magyar Chem. Folyóirat **64**, 37 (1958); durch Anal. Abstr. **1958**, 3661. – BORCHERT, O.: Chem. Tech. **7**, 736 (1955); durch C. **1957**, 10294. – BOXER, G. E., u. J. C. RICHARDS: Arch. Biochem. **30**, 372 (1951); durch Chem. Abstr. **1951**, 5225e. – BOYE, E.: (a) Ch. Z. **60**, 508 (1936); durch C. **1936, II**, 2065; Pharmazie **6**, 473 (1951); durch Chem. Abstr. **1952**, 4426b. (b) Fr. **207**, 260 (1965). – BRANDŠTETR, J., u. S. KOTRLÝ: Chem. Listy **50**, 1316 (1956); durch C. **1957**, 5949. – BROOKE, M.: Anal. Chem. **24**, 583 (1952); durch Fr. **139**, 305 (1953). – BRUCE, R. B., J. W. HOWARD u. R. F. HANZAL: Anal. Chem. **27**, 1346 (1955); durch C. **1957**, 1267. – BURRIEL, F., u. F. P. PÉREZ: An. Españ. **45**, B, 43 (1949); durch Chem. Abstr. **1950**, 3836g.

CHAPMAN, A. C.: Analyst **35**, 469 (1910); durch Chem. Abstr. **1911**, 1040. – CHILDS, A. E., u. W. C. BALL: Analyst **60**, 294 (1935); durch C. **1935, II**, 3808. – ČÍHALÍK, J., J. DOLEŽAL, V. ŠERY u. J. ZÝKA: Českoslov. Farmac. **3**, 136 (1954). – ČÍHALÍK, J., u. K. TEREBOVÁ: Coll. Czechoslov. Chem. Comm. **22**, 748 (1957); durch C. **1957**, 7445, 13441. – COLLARD, T. H., u. D. K. H. LIU: Tech. Proc. Am. Electroplaters Soc. 43rd. Ann. Conv. 56 (1956); durch Anal. Abstr. **1958**, 1464. – CONWAY, E. J., u. E. O'MALLEY: Biochem. J. **68**, 57 (1943). – CUPPLES, H. L.: Ind. eng. Chem. Anal. Edit. **5**, 50 (1933); durch C. **1933, I**, 3978.

DECKERT, W.: Z. Desinfektion **22**, 81 (1930); durch C. **1930, I**, 1833. – DENIGÈS, G.: Ann. Chim. et Phys. **6**, 381 (1895). – Deutsche Einheitsverfahren zur Wasser-, Abwasser- und Schlamm-Untersuchung, Verlag Chemie 1960. – Department of Scientific and Industrial Research: Leaflet Nr. **2**; durch Analyst **63**, 658 (1938). – DESHMUKH, G. S., u. S. V. TATWAWADI: J. Sci. Ind. Res. India B **19**, 195 (1960); durch Anal. Abstr. **1961**, 971. – DIXON, B. E., G. C. HANDS u. A. F. F. BARTLETT: Analyst **83**, 199 (1958); durch Chem. Abstr. **1958**, 13527f. – DOLEŽAL, J., V. SIMON u. J. ZÝKA: Českoslov. Farmac. **5**, 339 (1956); durch Fr. **155**, 309 (1957). – DREHSCHMIDT u. FELD; durch FELD, W.: J. Gasbeleuchtung **47**, 181 (1904) – DUVAL, C.: Anal. chim. Acta **5**, 506 (1951).

EPSTEIN, J.: Anal. Chem. **19**, 272 (1947); durch C. **1948, II**, 641. – ERDEY, L., u. E. BÁNYAI: Acta Chim. Acad. Sci. Hung. **3**, 437 (1953); durch Chem. Abstr. **1954**, 7493c. – ERDEY, L., u. I. BUZÁS: Acta Chim. Acad. Sci. Hung. **6**, 93 (1955); durch Fr. **149**, 132 (1956). – ERDEY, L., I. BUZÁS u. K. VIGH: Talanta **1**, 377 (1958). – EYMANN; durch ZERBE.

FEIGL, F., u. H. E. FEIGL: Anal. chim. Acta **3**, 300 (1949). – FELD, W.: J. Gasbeleuchtung **47**, 181 (1904). – FELDSTEIN, M., u. N. C. KLENDSHOJ(Y): J. Labor. clin. Med. **44**, 166 (1954); durch Chem. Abstr. **1954**, 12859i. – FEUERSENGER, M.: Lebensmittel-Rdsch. **55**, 277 (1959); durch Anal. Abstr. **1960**, 3505. – FINKELSCHTEJN, D. N.: (a) Zhur. Anal. Chim. (russ.) **3**, 188 (1948); durch Chem. Abstr. **1948**, 8708g; (b) Gigiena i Sanit. **21**, 85 (1956); durch Chem. Abstr. **1957**, 4877f. – FINNEMORE, H., u. C. H. WILLIAMS: Australasian J. Pharmac. **16**, 40 (1935); durch C. **1935, II**, 561. – FISCHER, W. H.: Science **128**, 86 (1958); durch Anal. Abstr. **1959**, 92. – FISHER, F. B., u. J. S. BROWN: Anal. Chem. **24**, 1440 (1952); durch Chem. Abstr. **1953**, 5052c. – FOMICHEVA, N. J.: Betriebslab. (russ.) **13**, 172 (1947); durch Chem. Abstr. **1948**, 1151d. – FORSYTH, G. T.: Tech. Proc. Am. Electroplaters' Soc. **1956**, 91; durch Anal. Abstr. **1958**, 1465. – FRANÇOIS, M.-T., u. N. LAFFITTE: Bl. Soc. Chim. biol. **17**, 1088 (1935); durch C. **1936, II**, 1395. – FULTON, R. A., u. M. J. VAN DYKE: Anal. Chem. **19**, 922 (1947); durch C. **1948, I**, 1245.

GAD, G., u. H. SCHLICHTING: Gesundheits-Ing. **76**, 373 (1955); durch Fr. **151**, 302 (1956). – GALL, H., u. G. LEHMANN: B. **61**, 670 (1928); durch C. **1928, I**, 2596. – GANCHEV, N., u. K. KOEV: Mikrochim. Acta **1964**, 87, 92; durch Fr. **210**, 126 (1965). – GETTLER, A. O., u. L. GOLDBAUM: Anal. Chem. **19**, 270 (1947); durch C. **1948, II**, 641. – GLUUD, W., (u. W. KLEMPT): Handbuch d. Kokerei **II**, 85 (1928); durch Fr. **99**, 36 (1934). – GOLSE, J.: Bl. Soc. Pharm. Bordeaux **66**, 212 (1928); durch C. **1929, I**, 2088. – GREENE, R. A., u. E. L. BREAZEALE: J. Am. Water Works Assoc. **29**, 1971 (1937); durch C. **1938, I**, 3510. – GREGOROWICZ, Z., u. F. BUHL: (a) Fr. **173**, 115 (1960); (b) Fr. **187**, 1 (1962). – GREGOROWICZ, Z., F. BUHL u. E. ŠLIWA: Fr. **186**, 407 (1962). – GREGORY, J. N., u. R. R. HUGHAN: Ind. eng. Chem. Anal. Edit. **17**, 109 (1945); durch Chem. Abstr. **1945**, 4301[6]. – GRIGORESCU, I., und GH. TOBĂ: Rev. Chim. (Bucarest) **15**, 572 (1964); durch Fr. **215**, 64 (1966). – GUIGNARD, M. L.: C. r. **142**, 545 (1906). – GUJWA, A. M.: Betriebslab. (russ.) **11**, 617 (1945); durch Chem. Abstr. **1946**, 2416[4].

HAGEN, S. K.: Z. Lebensm. **55**, 284 (1928); durch Fr. **77**, 235 (1929). – HANKER, J. S., R. M. GAMSON u. H. KLAPPER: Anal. Chem. **29**, 879 (1957). – HANKER, J. S., A. GELBERG u. B. WITTEN: Anal. Chem. **30**, 93 (1958). – HANKER, J. S., M. D. SULKIN, M. GILMAN u. A. M. SELIGMAN: Anal. chim. Acta **28**, 150 (1963); durch Fr. **207**, 43 (1965). – HANNEY, J. B.: Am. Soc. **33**, 245 (1878); B. **11**, 807 (1878); durch Fr. **17**, 368 (1878). – HEILMANN, G.: Fr. **148**, 29 (1955/56).– HEIMAN, S.: Plating **37**, 476, 745, 835 (1950); durch Chem. Abstr. **1950**, 9276b. – HETMAN, J.: (a) J. appl. Chem. **10**, 16 (1960); durch Anal. Abstr. **1960**, 4027; (b) Lab. Practice **10**, 155 (1961); durch Anal. Abstr. **1961**, 4108. – HEYROVSKÝ, J.: Öst. Ch. Z. **58**, 94 (1957); siehe auch Anal.

chim. Acta 8, 283 (1953). – HIGSON, H. G., u. L. S. BARK: Analyst **89**, 338 (1964); durch Fr. **215**, 210 (1966). – HLASIWETZ, H.: A. **110**, 289 (1859). – HOFFMANN, E.: Fr. **169**, 258 (1959). – HOL, P. J.: Chem. Weekbl. **48**, 448 (1952); durch Fr. **137**, 456 (1952/53). – HOL, P. J., u. G. C. H. LEENDERTSE: Chem. Weekbl. **48**, 181 (1952). – HUDITZ, F., u. H. FLASCHKA: Fr. **136**, 185 (1952). – HUDSON, J. R., u. J. R. A. POLLOCK: Analyst **82**, 374 (1957); durch C. **1957**, 11669. – HUVERS, P. C.: Het Gas **76**, 118, 131 (1956); durch Chem. Abstr. **1958**, 2652g.

IOFIMOWA-GOLDFEIN, J. M., u. S. S. GURWITZ: Chem. J. Ser. A. (russ.) **5**, 34 (1935); durch C. **1936, II**, 3155. – ISBELL, R. E., Anal. Chem. **35**, 255 (1963); durch Fr. **207**, 233 (1965). – IWASAKI, I., S. UTSUMI, F. OZAWA u. R. HASEGAWA: J. chem. Soc. Japan, Pure Chem. Sect. **78**, 468 (1957); durch C. **1957**, **11393**.

JASELSKIS, B., u. J. G. LANESE: Anal. chim. Acta **23**, 6 (1960); durch Anal. Abstr. **1961**, 481. – JEDLIČKA, V., u. A. PAŠEK: Českosl. Farm. **8**, 138 (1959); durch Anal. Abstr. **1959**, 4968. – Joint A.B.C.M.-S.A.C. Committee on Methods for the Analysis of Trade Effluents: Analyst **83**, 230 (1958); durch Anal. Abstr. **1958**, 3186. – JØRGENSEN, K.: Acta chem. Scand. **9**, 548 (1955); durch Fr. **149**, 155 (1956). – JURA, W. H.: Anal. Chem. **26**, 1121 (1954); durch C. **1956**, 12643.

KARABASCH, A. G.: Zhur. Anal. Chim. (russ.) **8**, 140 (1953); durch Fr. **143**, 298 (1954). – KARCHMER, J. H., u. M. T. WALKER: Anal. Chem. **27**, 37 (1955). – KATO, T., u. K. SHINRA: J. chem. Soc. Japan, Pure Chem. Sect. **77**, 885 (1958). – KIELCZEWSKI, W., u. J. TOMKOWIAK: Chem. Anal. Warschau **5**, 889 (1960); durch Anal. Abstr. **1961**, 2802. – KIES, H. L.: Anal. chim. Acta **10**, 575 (1954); **11**, 382 (1954); **12**, 280 (1955); durch Fr. **148**, 137 (1955/56). – KITAGAWA, T., u. Y. KOBAYASHI: J. chem. Soc. Japan, Ind. Chem. Sect. **56**, 222 (1953); durch Chem. Abstr. **1954**, 10489e. – KLEMPT, W., u. W. RIESE: Brennstoffchem. **14**, 21 (1933); durch C. **1933**, **I**, 1883. – KOLTHOFF, I. M. (a): Fr. **61**, 232, 237, 370 (1922). (b) Fr. **63**, 188 (1923). – KOLTHOFF, I. M., u. W. E. HARRIS: Ind. eng. Chem. Anal. Edit. **18**, 161 (1946). – KOLTHOFF, I. M., (u. H. A. LAITINEN): Trans. electrochem. Soc. **78** (1940); durch C. **1941**, **I**, 933. – KOLTHOFF, I. M., u. MILLER: Am. Soc. **63**, 1405 (1941). – KRATOCHVÍL, V.: Coll. Czechoslov. Chem. Comm. **25**, 299 (1960); durch Anal. Abstr. **1960**, 3679. – KRIEDEMAN, P. E.: Analyst **89**, 145 (1964); durch Fr. **218**, 220 (1966). – KRUSE, J. M., u. M. G. MELLON: (a) Sewage and Industrial Wastes **23**, 1402 (1951); (b) **24**, 1254 (1952); durch Chem. Abstr. **1953**, 1316h; (c) Anal. Chem. **25**, 446 (1953); durch Fr. **141**, 283 (1954). – KURTENACKER, A.: Fr. **128**, 319 (1948). – KURTENACKER, A., u. A. FRITSCH: Z. anorg. Ch. **117**, 202, 262 (1921).

LAITINEN, H. A., W. P. JENNINGS u. T. D. PARKS: Ind. eng. Chem. Anal. Edit. **18**, 358, 574 (1946); durch Chem. Abstr. **1946**, 6020[8]. – v. LIEBIG, J.: A. **77**, 102 (1851). – LOCKETT, W. T., u. J. GRIFFITHS: Inst. Sewage Purif. J. and Pr. **1947** Pt. **2**, 121; durch Chem. Abstr. **1951**, 5851b. – LUBATTI, O. F.: Chem. Ind. **45**, Trans. 275 (1935); durch C. **1936**, **I**, 621. – LUDZACK, F. J., W. A. MOORE u. C. C. RUCHHOFT: Anal. Chem. **26**, 1784 (1954). – LUNDELL, G. E. F., u. J. A. BRIDGEMAN: J. Ind. eng. Chem. **6**, 554 (1914); durch Fr. **62**, 147 (1923). – LURJE, J. J., u. S. W. NIKOLAJEWA: Betriebslab. (russ.) **14**, 925 (1948); durch Chem. Abstr. **1949**, 2547a. – LURJE, J. J., u. W. A. PANOWA: Betriebslab. (russ.) **21**, 672 (1955); durch C. **1958**, 215. – LURJE, J. J., u. E. M. TAL: Betriebslab. (russ.) **11**, 504 (1945); durch Chem. Abstr. **1946**, 2406[9]. – LUSK, K., u. B. HOLENDA: Chem. Listy **52**, 1829 (1958); durch Anal. Abstr. **1959**, 2078.

MALMSTADT, H. V., u. E. R. FETT: Anal. Chem. **27**, 1757 (1955). – MARENZI, A. D., u. A. J. BANDONI: An. Farm. Bioquim. **5**, 135 (1934); durch C. **1935**, **II**, 883. – MARSDEN, K.: Analyst **84**, 746 (1959). – MAUTE, R. L., u. M. L. OWENS: Anal. Chem. **26**, 1723 (1954). – MCCLOSKEY, J. A.: Anal. Chem. **33**, 1842 (1961); durch Fr. **195**, 296 (1963). – MEHLIG, J. P., u. M. J. SHEPHERD: Chemist Analyst **35**, 81 (1946); durch Chem. Abstr. **1947**, 1952c. – MICHLIN, S. G.: Trudy Wsesojus. Konferenz. Anal. Chim. **2**, 507 (1943); durch Chem. Abstr. **1945**, 3757[8]. – MILLER, A. D., u. M. I. ARANOVITSCH: Betriebslab. (russ.) **26**, 426 (1960); durch Anal. Abstr. **1960**, 5185. – MILLER, G. W., L. E. LONG, G. M. GEORGE u. W. L. SIKES: Anal. Chem. **36**, 980 (1964); durch Fr. **210**, 125 (1965). – MÖLLER, K. O., u. K. STEFANSSON: Bio. Z. **290**, 44 (1937); durch C. **1938**, **I**, 1842. – MORISAKA, K., u. T. HARADA: J. pharmac. Soc. Japan **81**, 751 (1961); durch Fr. **189**, 349 (1962). – MORRIS, S., u. V. G. LILLY: Ind. eng. Chem. Anal. Edit. **5**, 407 (1933); durch C. **1934**, **I**, 1529. – MUKOYAMA, T.: Jap. Analyst **5**, 12 (1956); durch Fr. **154**, 278 (1957). – MÜLLER, E., u. H. LAUTERBACH: Z. anorg. Ch. **121**, 178 (1922). – MUNK, V., u. J. MATOUŠKOVÁ: Českoslov. Farmac. **6**, 252 (1957); durch Fr. **159**, 383 (1957/58). – MURTY, G. V. L. N., u. T. S. VISWANATHAN: A. c. A. (Amsterdam) **25**, 293 (1961); durch Fr. **190**, 347 (1962). – MUSHA, S., M. ITO, Y. YAMAMOTO u. Y. INAMORI: J. chem. Soc. Japan, Pure Chem. Sect. **80**, 1285 (1959); durch Anal. Abstr. **1960**, 4186.

NELL, K.: Plating **35**, 345 (1948); durch Chem. Abstr. **1948**, 5799b. – NESSLER, J., u. M. BARTH, Fr. **22**, 37 (1883). – NICHOLSON, R. I.: Analyst **66**, 189 (1941); durch C. **1943**, **I**, 1594. – NOHSE, W., u. H. LASS: Metallwaren-Ind. Galvano-Techn. **46**, 563 (1955); durch C. **1957**, 6233. – NOISETTE, G.: Bl. centre belge étude et document eaux (Liège) Nr. **16**, 115 (1952); durch Chem. Abstr. **1953**, 11616h. – NÖLKE, F.: Fr. **122**, 6 (1941). – NUSBAUM, I., u. P. SKUPEKO: Metal Finishing **49**, 61 (1951); durch Chem. Abstr. **1951**, 10443e; Sewage and Ind. Wastes **23**, 875 (1951); durch Anal. Chem. **27**, 449 (1955).

OHLWEILER, O. A., u. J. O. MEDITSCH: Anal. Chem. **30**, 450 (1958).

PAGE, A. B. P., u. F. P. GLOYNS: J. Soc. chem. Ind. **55**, 209T (1936); durch Fr. **119**, 457 (1940). – PAGEL, H. A., u. W. CARLSON: Am. Soc. **54**, 4487 (1932); durch C. **1933**, **I**, 820. – PAGENSTECHER; durch W. CASSELMANN: Fr. **8**, 67 (1869). – PAYER, T., u. A. LEHRENKRAUSS: Gas- und Wasserfach **82**, 713 (1939); durch C. **1940**, **I**, 162. – PIERSON, R. H., A. N. FLETCHER u. S. C. GANTZ: Anal. Chem. **28**, 1218 (1956). – POLAK, H. L., u. G. DEN BOEF: Fr. **175**, 265 (1960). – POLAK, H. L., H. F. PRONK u. G. DEN BOEF: Fr. **189**, 411 (1962). – POMA, K.: Bl. Soc. chim. Belg. **54**, 277 (1945); durch Chem. Abstr. **1947**, 3011h. – PRZYBYLOWICZ, E. P., u. L. B. ROGERS: Anal. Chem. **30**, 65 (1958); **28**, 799 (1956). – PULSS, G.: Fr. **190**, 402 (1960).

RAINESS, M. M., u. A. I. KRUPKIN: Probl. Ernährung (russ.) **6**, 3 (1937); durch C. **1937**, **II**, 2920. – RAUB, E., u. J. PETERS: Mitt. Forsch.-Inst. Edelmetalle staatl. höh. Fachschule Schwäb. Gmünd **1941**, 1; durch C. **1941**, **II**, 236. – RIPAN-TILICI, R.: (a) Fr. **118**, 305 (1939/40); (b) **118**, 308 (1939/40). – ROBBIE, W. A.: Arch. Biochem. **5**, 49 (1944); durch Chem. Abstr. **1945**, 2467[7]. – ROBBIE, W. A., u. P. J. LEINFELDER: J. Ind. Hyg. Toxicol. **27**, 136 (1945); durch Fr. **138**, 399 (1953); Chem. Abstr. **1945**, 4813[5]. – ROSE, P. H.: Fr. **143**, 195 (1954). – ROTH, H. H.: Brit. Pat. 841548 (25. 6. 1958). – ROZINA, A. M., N. M. DANKOVA, N. I. AMITINA u. E. M. RUTSCHTEJN: Koks u. Chem. (russ.) **1957**, 45; durch Anal. Abstr. **1958**, 3805. – RUCHHOFT; durch LUDZACK, MOORE u. RUCHHOFT. – RUNGE, H.: Fr. **189**, 111 (1962). – RUNGE, P. W.; durch MAUTE u. OWENS. – RYAN, J. A., u. G. W. CULSHAW: Analyst **69**, 370 (1944); durch Chem. Abstr. **1945**, 673[8].

SALKA, A.: Metal Finish. **58**, 59 (1960); durch Anal. Abstr. **1961**, 48. – SAMEK, B.: Časopis československ. Lékárn. **21**, 77 (1941); durch C. **1942**, **I**, 517. – ŠARŠÚNOVÁ, M.: Farmácia **25**, 196 (1956); durch Anal. Abstr. **1958**, 256; Pharmazie **12**, 33 (1957); durch Fr. **159**, 79 (1957). – SCHAER, E.: B. **3**, 21 (1870); durch Fr. **9**, 93 (1870); **22**, 37 (1883). – SCHILT, A. A.: Anal. Chem. **30**, 1409 (1958). – SCHÖNBEIN, C. F.: B. **2**, 730 (1869); durch Fr. **8**, 67 (1869). – SCHULEK, E.: (a) Fr. **62**, 341 (1923); (b) **62**, 337 (1923). – SCHULEK, E., u. A. STASIAK: Ar. **266**, 638 (1928); durch Fr. **77**, 395 (1929). – SEEBAUM, H., u. E. HARTMANN: Oel u. Kohle **39**, 690 (1943); durch Chem. Abstr. **1944**, 1151[1]. – SERFASS, E. J., R. B. FREEMAN, B. F. DODGE u. W. ZABBAN: Plating **39**, 267 (1952); durch Chem. Abstr. **1952**, 6514b. – SERFASS, E. J., u. R. F. MURACA: Plating **43**, 1027 (1956); durch Chem. Abstr. **1956**, 16561a. – SERRIES, N.: Trav. Soc. pharm. Montpellier 8, 71 (1948); durch Chem. Abstr. **1954**, 8130h. – SHAW, J. A., R. H. HARTIGAN u. A. M. COLEMAN: Ind. eng. Chem. Anal. Edit. **16**, 550 (1944); durch Chem. Abstr. **1944**, 5751[1]. – SHINOZUKA, F., u. J. T. STOCK: Anal. Chem. **34**, 926 (1962); durch Fr. **196**, 294 (1963). – SIEVERTS, A., u. K. REHM: Angew. Ch. **50**, 88 (1937). – SMITH, R. G.: Am. Soc. **51**, 1171 (1929). – SÖRENSEN, S. P. L.: Bio. Z. **21**, 131 (1909); **22**, 352 (1909); durch Fr. **56**, 27 (1917). – STAMM, H.: Angew. Ch. **47**, 791 (1934); durch C. **1935**, **I**, 3448. – STRANGE, J. P.: Anal. Chem. **29**, 1878 (1957). – STRAUB, GY., u. Z. CZAPÓ: Acta chim. Acad. Sci. hung. **26**, 267 (1961); durch Fr. **185**, 386 (1962). – STUDER, C. W.: Machinery (N. Y.) **48**, 150 (1941); durch C. **1943**, **II**, 252. – SULLIVAN, J. T.: J. Assoc. offic. agric. Chem. **27**, 320 (1944); durch Chem. Abstr. **1944**, 4058[7]. – SWOPE, H. G., B. HATTMAN u. C. PELLKOFER: Water and Sewage Works **97**, 172 (1950); durch Chem. Abstr. **1950**, 8574h.

TANAKA, Y., u. S. YAMAMOTO: Japan Analyst **9**, 6, 8 (1960); durch Anal. Abstr. **1961**, 4546, 4547. – TAYLOR, H. F.: Gas J. **252**, 293 (1947); durch Chem. Abstr. **1948**, 1040c. – TEGZE, M.: Acta Chim. Acad. Sci. hung. **3**, 391 (1953). – TOMPSETT, S. L.: Clin. Chem. **5**, 587 (1959); durch Anal. Abstr. **1960**, 4908. – TORRES, J. C.: Inform. quim. anal. **6**, 145 (1952); durch Chem. Abstr. **1953**, 5069g. – TRICULESCU, M.: Rev. Chim. (Bukarest) **12**, 99 (1961); durch Fr. **186**, 461 (1962). – TRTÍLEK, J.: Coll. Trav. chim. Tchécosl. **10**, 242 (1938); durch C. **1939**, **I**, 191.

UTSUMI, S.: J. chem. Soc. Japan, Pure Chem. Sect. **74**, 479 (1953); durch Chem. Abstr. **1954**, 2521f. – UYEDA, T., u. K. NOJI: J. pharm. Soc. Japan **67**, 220 (1947); durch Chem. Abstr. **1951**, 6538g.

VOITURET, K.: Brennstoffchemie **13**, 264 (1932); durch C. **1932**, **II**, 1994. – VOLHARD, J.: A. **190**, 47 (1878). – VOTOČEK, E.: Ch. Z. **42**, 257 (1918); durch Fr. **60**, 417 (1921). – VOTOČEK, E., u. J. KOTRBA: Chim. Ind. **21**, 2 (1929), durch C. **1930**, **I**, 1977. – VŘEŠTÁL, J., u. J. HAVÍŘ: Coll. Czechoslov. Chem. Comm. **21**, 1350 (1956); Chem. Listy **50**, 1321 (1956); durch Fr. **156**, 140 (1957); Chem. Abstr. **1956**, 13661g. – VYDRA, F., V. MARKOVÁ u. R. PŘIBIL: Collect. czechoslov. chem. Commun. **26**, 2449 (1961); durch Fr. **192**, 419 (1963).

WAGNER, F.: Fr. **162**, 106 (1958). – WEBER, K., u. M. KRAJČINOVIĆ: B. **75**, 2051 (1942). – WEEHUIZEN, F.: Pharm. Z. **282** (1905); Pharm. Weekbl. **42**, 271 (1905); durch C. **1905**, **I**, 1191. – WEINER, R., u. S. SCHMIDT: Z. El. Ch. **46**, 249 (1940); durch C. **1940**, **II**, 936. – WICK, R. M.: Bur. Stand. J. Res. **7**, 913 (1931); durch C. **1932**, **I**, 2210. – WIJMENGA, H. G., u. B. HURENKAMP: Chem. Weekbl. **1951**, 217; durch Fr. **138**, 399 (1953). – WILCOX, L. V.: Ind. eng. Chem. Anal. Edit. **6**, 167 (1934); durch Fr. **117**, 297 (1939). – WILL, E. G.: Sewage and Industrial Wastes **23**, 1288 (1951). – WILLIAMS, H. A.: Analyst **68**, 50 (1943); durch C. **1943**, **II**, 651. – WINKLER, W. O.: J. Assoc. offic. agr. Chem. **34**, 541 (1951); durch Chem. Abstr. **1951**, 10493a. – WITTEN, B., u. A. PROSTAK: Anal. Chem. **29**, 885 (1957). – WOGRINZ, A.: M. **74**, 233 (1943); durch C. **1943**, **II**, 2079; durch Chem. Abstr. **1944**, 3552[8]. – WOKES, F., u. S. G. WILLIMOTT: J. Pharm. Pharmacol. **3**, 905 (1951); durch Chem. Abstr. **1952**, 2608h. – WOOLMINGTON, K. G.: J. appl. Chem. (Lond.) **11**, 114 (1961); durch Anal. Abstr. **1961**, 4107. – WROŃSKI, M.: (a) Analyst **84**, 668 (1959); durch Anal. Abstr. **1960**, 2658; (b) Chem. anal. Warschau **5**, 457 (1960); durch Anal. Abstr. **1961**, 1496.

YAMASAKI, K., u. R. ITO: J. chem. Soc. Japan. Pure Chem. Sect. **80**, 271 (1959); durch Anal. Abstr. **1960**, 920. – YOE, J. H.: Ann. Chim. anal. [2], **8**, 1 (1926); durch Fr. **69**, 63 (1926).

ZDENĚK, K.: Korose a ochrana materialu **1**, 26 (1957); durch Chem. Abstr. **1958**, 977g. – ZERBE, C.: Mineralöle und verwandte Produkte, Berlin, Göttingen, Heidelberg, 1952.

D. Cyanate.

Allgemeines. Cyansäure ist eine schwache Säure (pK = 3,8) und wird von verdünnten Mineralsäuren aus ihren Salzen ausgetrieben, ist aber nicht sehr flüchtig. In wäßriger Lösung zerfällt sie schnell zu Ammoniak und Kohlendioxid. Der Analytiker hat es also praktisch niemals mit der freien Säure zu tun.

Die Bestimmung des Cyanations kann gravimetrisch, titrimetrisch oder colorimetrisch erfolgen. Die colorimetrische Bestimmung ist für kleine Mengen geeignet, diejenige als Ammoniumion nach Hydrolyse des Cyanations kann besonders empfindlich und spezifisch ausgeführt werden. Da die Cyanate häufig mit Cyaniden und Thiocyanaten zusammen vorkommen, sind spezifische Methoden von besonderer Bedeutung.

1. Gravimetrische Bestimmung als Hydrazodicarbamid.

Prinzip. Mit Semicarbazid reagiert Cyansäure unter Bildung der in Wasser schwer (1 : 6666) löslichen Verbindung Hydrazodicarbamid:

$$NH_2 \cdot NH \cdot CO \cdot NH_2 + HOCN = NH_2 \cdot CO \cdot NH \cdot NH \cdot CO \cdot NH_2.$$

Die Bestimmung wird nach LEBOUCQ wie folgt vorgenommen.

Arbeitsvorschrift. Zu der Lösung, die 0,2 bis 0,5 g Kaliumcyanat oder eine äquivalente Menge eines anderen löslichen Cyanats in etwa 20 ml Wasser enthält, gibt man 1 g 98%iges Semicarbazidhydrogenchlorid und läßt 24 Std. lang stehen. Dann filtriert man in einen gewogenen Filtertiegel, wäscht mit 10 ml an Hydrazodicarbamid gesättigtem Wasser, trocknet den Niederschlag bei 100 °C und wägt. 1 Mol Hydrazodicarbamid entspricht nach obiger Gleichung einem Mol Cyanat.

2. Titrimetrische Bestimmung.

I. Argentometrie.

Allgemeines. Da die Aufgabe oft darin besteht, Cyanation als Beimengung in einem Cyanid zu bestimmen, werden die argentometrischen Methoden gewöhnlich auf die Bestimmung der beiden Substanzen nebeneinander abgestellt. Beispiele dafür sind weiter unten zu finden.

a) Direkte oder indirekte Titration unter Anwendung eines Adsorptionsindikators.

Hierzu muß man ziemlich starke Silber-Maßlösung anwenden, um einen genügend scharfen Farbumschlag zu erhalten. Wegen einiger Bemerkungen zur Theorie der Adsorptionsindikation siehe weiter unten, Abschnitt: E, 2, I, a, α. RIPAN-TILICI (a) gab die folgende

Arbeitsvorschrift. Man wendet 25 bis 30 ml einer an Cyanat etwa 0,01 molaren Lösung an. Man versetzt sie mit 4 bis 5 Tropfen 0,2%iger äthanolischer Fluoresceinlösung und titriert mit 0,8 bis 1 n Silbernitratlösung aus einer in 0,01 ml geteilten 3-ml-Bürette unter fortwährendem Schütteln. Schon kurz bevor alles Cyanation gefällt ist, zeigt sich eine schwache Rosafärbung des Niederschlages.

Dem Äquivalenzpunkt entspricht eine kräftig rote Färbung, die in der ganzen Flüssigkeit vorhanden ist. Das Intervall, in dem die Färbung zunimmt, entspricht etwa 0,02 ml Maßlösung, also einem Fehler von höchstens 1 %. Die Methode ist schnell auszuführen.

Bemerkung. Der gleiche Autor hat in derselben Arbeit auch eine Arbeitsweise angegeben, nach der mit verdünnter, *überschüssiger* Silberlösung gefällt, vom Niederschlag nach Auffüllen im Meßkolben abfiltriert, mit überschüssiger, gestellter Thiocyanatlösung gefällt und deren Überschuß mit starker Silberlösung wie oben titriert wird.

b) Titration von Cyanat- und Cyanidionen nebeneinander.

Durch Anwendung von Adsorptionsindikatoren (z.B. Fluorescein) kann man nach RIPAN-TILICI in sehr einfacher Weise in einer und derselben Lösung hintereinander Cyanid- und Cyanationen bestimmen. Die Arbeitsweise ist ganz analog der von dem gleichen Autor beschriebenen Bestimmung von Thiocyanat- neben Cyanidion (siehe Kapitel: Thiocyanate, Abschnitt: E, 2, I, a, α und 6, II). Die rotgefärbte Adsorptionsverbindung des Indikators mit dem Niederschlag tritt nach zuvor erfolgter Titration des Cyanidions bis zum $[Ag(CN)_2]^-$ erst in Erscheinung, wenn so viel weitere Silbernitratlösung hinzugefügt wurde, daß alle Pseudohalogenid- (oder Halogenid-)ionen vollständig gefällt sind. Halogenidionen werden in der zweiten Titrationsphase miterfaßt. Man titriert auch hier mit 0,8 n Silbernitratlösung.

c) Konduktometrische Titration.

RIPAN-TILICI (b) untersuchte auch die Leitfähigkeitsindikation der argentometrischen Titration von Cyanat- neben Cyanidionen, nachdem PFUNDT reine Cyanate konduktometriert hatte, und stellte folgendes fest: Während der Entstehung des löslichen Komplexes $[Ag(CN)_2]^-$ nimmt die Leitfähigkeit ab. Wenn dieser Vorgang beendet ist und $Ag_2(CN)_2$ ausfällt, steigt die Leitfähigkeit wieder leicht an. Silbercyanat entsteht wahrscheinlich erst, wenn alles CN^- ausgefallen ist; die Leitfähigkeit nimmt weiter nur wenig zu. Nach quantitativer Abscheidung des Silbercyanats steigt sie dann stark an. Aus der Lage der Knickpunkte, die recht scharf in Erscheinung treten, läßt sich der Gehalt an CN^- und CNO^- berechnen. Der Verbrauch an Silbernitrat bis zum ersten Knickpunkt entspricht dem Molverhältnis $Ag^+ : CN^- = 0{,}5 : 1$ (analog der Titration nach LIEBIG bis zur beginnenden Trübung – siehe Kapitel: Cyanwasserstoff, Abschnitt: 3, I), der letzte Knickpunkt dem Verbrauch 1 : 1 für das Cyanid- und 1 : 1 für das Cyanation.

d) Amperometrische Titration.

IKEDA und NISHIDA geben folgende, für die Anwendung der rotierenden Platinelektrode zugeschnittene

Arbeitsvorschrift. Man gibt zu der neutralen, an Cyanat etwa 0,001 normalen Lösung 10 ml 1 n KNO_3- und 2 ml 1 %ige Gelatinelösung sowie 25 ml Methanol, Äthanol oder Aceton und, bei Gegenwart von Carbonat, 10 ml 1 n Bariumnitratlösung, verdünnt auf 100 ml und kühlt auf unter 5 °C. Dann titriert man mit 0,1 n $AgNO_3$-Lösung. Der Endpunkt wird graphisch ermittelt, der Fehler ist kleiner als 1 % relativ.

II. Jodometrie.

Prinzip. Eine von TAKEI und KATO vorgeschlagene (in Gegenwart von Cyanidion nicht brauchbare) Methode beruht auf der Fällung des Kupfer(II)-Pyridin-Cyanatkomplexes: $CuPy_2(OCN)_2$ und der jodometrischen Titration des in diesem enthaltenen Kupfers.

Arbeitsvorschrift. Man säuert in einem Scheidetrichter 15 bis 20 ml etwa 0,1 n Cyanatlösung mit Essigsäure an und versetzt zur Bildung des Komplexes mit 5 bis 7 ml 4 n Pyridinlösung und 2,5 ml n $CuSO_4$- oder $Cu(NO_3)_2$-Lösung. Dann extrahiert man den Komplex 4mal mit $CHCl_3$, insgesamt mit 20 ml, wäscht den Extrakt mit 10 ml Waschflüssigkeit (2 g $CuSO_4 \cdot 5H_2O$ + 20 g Py/l) und zerstört den Komplex durch 6 n HCl. Man neutralisiert die wäßrige Lösung mit Na_2CO_3, versetzt mit 2 ml Eisessig sowie 2 g festem KJ und titriert das in Freiheit gesetzte Jod unter kräftigem, magnetischem Rühren mit 0,1 n $Na_2S_2O_3$-Lösung. Der CNO^--Gehalt errechnet sich aus dem auf diese Weise bestimmten Cu-Wert, entsprechend der obigen Formel.

Co^{2+}, Ni^{2+}, Cd^{2+}, Ag^+, NH_4^+, SCN^-, Br^-, J^- und besonders CN^- stören. Durch das Waschen wird der mitextrahierte Komplex $CuPy_2Cl_2$ in die wäßrige Phase zurückextrahiert. Die durch NH_4^+ hervorgerufene Störung kann durch Erhöhen der Py-Menge beseitigt werden. Für 500 mg NH_4^+ genügen 10 ml Py. Beim Versuch, CN^- durch Einleiten von CO_2 zu beseitigen, zeigte sich wesentlicher Zerfall auch des Ions CNO^-.

III. Acidimetrie (Bestimmung im Kaliumcyanid).

Allgemeines. Nach einem Vorschlag von MELLOR soll man zur Bestimmung des Cyanations die Tatsache ausnutzen, daß Silbercyanat von Salpetersäure vollständig und unter stöchiometrischem Verbrauch von Säure zersetzt wird. Da Silbercyanid von m Salpetersäure nicht angegriffen wird, kann die Bestimmung auch in Gegenwart von viel Cyanidionen, z. B. im Kaliumcyanid, ausgeführt werden. Nach MELLOR fällt man nach Abscheidung von Carbonaten durch Fällen mit Calciumnitrat und Filtrieren beide Anionen mit überschüssiger konzentrierter Silbernitratlösung, filtriert ab und wäscht den Niederschlag mit eiskaltem Wasser. Dann fügt man genau 5,0 ml n Salpetersäure hinzu, erwärmt einige Zeit, filtriert, wäscht aus und titriert im Filtrat die Säure mit n NaOH zurück. Bei Anwendung von 1,0 g Probe und n ml Laugeverbrauch ist der Kaliumcyanatgehalt der Probe 0,0405 $(5 - n)$ g bzw. 4,05 $(5 - n)$ %.

HERTING beurteilte die Methode von MELLOR als nicht gut, da die Titration wegen des Ammoniumsalzgehaltes der Lösung nicht einwandfrei wäre. Er empfahl eine Methode, nach der das nach der Gleichung:

$$KOCN + 2HCl + H_2O \rightarrow KCl + NH_4Cl + CO_2$$

entstehende Ammoniumsalz als Ammoniak destilliert und acidimetrisch bestimmt wird. Der aus dem Cyanidion entstehende Cyanwasserstoff entweicht bei der Säurebehandlung.

Arbeitsvorschrift. Man löst 0,2 bis 0,5 g Kaliumcyanid in einer Porzellanschale mit einigen Millilitern Wassers, setzt überschüssige verdünnte Salz- oder Schwefelsäure hinzu und bringt auf dem Wasserbad zur Trockne. Den Rückstand löst man in Wasser und bestimmt in der Lösung durch Destillieren mit Natronlauge, Auffangen in 0,2 n Schwefelsäure und Rücktitration nach Art einer Kjeldahl-Bestimmung den N-Gehalt.

3. Colorimetrie bzw. Photometrie.

I. Als Kupferpyridinkomplex.

Nach BAILEY und BAILEY wird die blaue Färbung des Komplexes: $CuPy_2(OCN)_2$ verwendet.

Arbeitsvorschrift. Man macht die Probe mit Ammoniak bzw. Essigsäure neutral oder schwach sauer. Dann gibt man 1,5 bis 2 ml 20 %ige Pyridinlösung und 0,2 %ige Kupfersulfatlösung hinzu, bis nach Rühren mit Chloroform eine schwach blaue Färbung in der wäßrigen Schicht bemerkbar wird. Man läßt die Chloroformschicht ab, extrahiert noch einige Male mit kleinen Anteilen Chloroforms, filtriert die Extrakte, füllt sie zu 10 ml auf und vergleicht im Colorimeter mit einer ebenso behandelten Standardlösung.

Bemerkungen. a) Hydrogenphosphat-, Tartrat-, Thiosulfat-, Nitrit-, Sulfit-, Cyanid- und Thiocyanation *stören*.

b) MARTIN und McCLELLAND studierten das *Absorptionsspektrum* des Komplexes in Chloroform. Sie fanden, daß das Absorptionsmaximum bei 680 nm liegt, daß Kupfernitrat besser geeignet ist als -sulfat und daß die stärkste Absorption bei einem 10fachen Überschuß an Pyridin erzielt wird. Änderungen des pH-Wertes zwischen 7 und 11 üben keinen Einfluß auf die Farbintensität aus, durch niedrige Temperatur wird diese jedoch begünstigt. Die Färbung entsteht bei Zimmertemperatur innerhalb weniger Minuten und ist 36 Std. beständig.

Arbeitsvorschrift. Zu 10 ml Kupfernitrat-Pyridinlösung (0,13 mMol Cu und 2,1 mMol Pyridin je Milliliter) gibt man 5 ml Probelösung; man mischt, stellt das pH auf 8,0 und die Temperatur auf 25 °C ein, führt in einen Scheidetrichter über und extrahiert mit 20 ml Chloroform in 4 Anteilen. Man filtriert, füllt zu 25 ml auf und mißt die Absorption bei 680 nm. Der Fehler beträgt bei 1,5 bis 5,0 mg CNO^- 3,3 bis 1,2%. Cyanidion stört, wenn seine Konzentration mehr als doppelt so groß wie diejenige des Cyanations ist. Der Einfluß von *Fremdionen* außer CN^- wurde nicht untersucht.

Für die Bestimmung von Cyanat in wäßrigen *Harnstoff*lösungen empfehlen MARIER und ROSE in einen 60-ml-Scheidetrichter 1 ml Kakodylatpuffer (pH 6,3), 2,5 ml 0,4%ige Kupfersulfatlösung, 0,5 ml Pyridin und dazu 5 ml der zu untersuchenden Lösung zu geben, mit 3,0 ml Chloroform auszuschütteln und die Extrinktion des Extraktes bei 700 nm zu messen.

II. Mit Pyridin-Pyrazolon nach Reaktion mit Chloramin.

Allgemeines. Das Pyridin-Pyrazolon-Reagens (siehe Kapitel: Cyanwasserstoff, Abschnitt: C, 4, V, b) reagiert in schwach saurer Lösung mit dem Produkt der Behandlung von Cyanationen mit Chloramin unter Farbbildung.

Die durch CNO^- erzeugte Färbung wird nach den Feststellungen von KRUSE und MELLON durch Extrahieren mit Tetrachlorkohlenstoff stark angereichert, während die durch SCN^- und CN^- erzeugte dadurch herabgemindert wird; auf diese Weise wird die Bestimmung des Cyanations in Gegenwart der beiden anderen Verbindungen möglich. 0,1 bis 10 ppm Cyanationen ergeben gut meßbare Färbungen. Ammoniumion *stört* und muß gegebenenfalls entfernt werden, am besten durch Kationenaustausch. Die nachstehend beschriebene Arbeitsweise von KRUSE und MELLON ist hauptsächlich für die Bestimmung in Industrieabwässern bestimmt.

Reagenzien. 3-Methyl-1-phenyl-5-pyrazolon wird 2mal aus 95%igem Äthanol umkristallisiert und in dunkler Flasche aufbewahrt (mehrere Monate haltbar).

Zur *Herstellung* von Bis-(3-methyl-1-phenyl-5-pyrazolon) löst man 17,4 g der umkristallisierten einfachen Pyrazolonverbindung in 100 ml 95%igem Äthanol, gibt 25 g Phenylhydrazin hinzu und kocht unter Rückfluß. Das entstehende unlösliche Produkt – das Bis-pyrazolon – filtriert man in Intervallen von einigen Stunden ab, und man erhitzt das Filtrat jeweils weiter, im ganzen mehrere Tage, wobei man 60% Ausbeute erhält. Das Produkt wäscht man mit mehreren Anteilen 95%igen Äthanols. Es ist mehrere Monate haltbar. Von dem umkristallisierten einfachen Pyrazolon löst man 0,63 g bei 75 °C in Wasser und läßt unter Rühren abkühlen. Zu dieser Lösung gibt man 50 ml destilliertes Pyridin, in dem man kurz vorher 0,050 g des Bis-pyrazolons gelöst hat. Das Mischen der beiden Lösungen soll kurz vor Gebrauch erfolgen, während die wäßrige Lösung des einfachen Pyrazolons 2 bis 3 Tage haltbar ist.

Standard-Cyanatlösung bereitet man durch Lösen von 2 g Kaliumcyanat in Wasser zu 1 l, Einstellen mit Silbernitratmaßlösung und Verdünnen auf das 200fache. Diese Lösung ist schwach alkalisch zu machen. Für *alle* Lösungen ist stets destilliertes Wasser zu verwenden.

Arbeitsvorschrift. Die Reinigung der filtrierten Probe von Ammoniumion erfolgt in einer Austauschersäule mit einem Harz wie Amberlite IR 100-H, IR 120, Dowex 50 oder Illco C-211, das durch Behandlung mit etwas Natronlauge enthaltender Natriumchloridlösung mit Alkali beladen und dann mit H_2O gewaschen wurde. Als Gefäß kann z.B. ein Rohr von 22 mm Durchmesser und 40 cm Höhe, das unten verengt und mit Hahn versehen ist, dienen. Es wird zu etwa 20 cm Höhe mit Harz gefüllt. Der Austauscher sollte hin und wieder auf Rückhaltefähigkeit für NH_4^+ geprüft werden; er hält aber für mehr als 100 Bestimmungen vor.

Man gibt eine vorher filtrierte Probe des Abwassers durch den Austauscher, verwirft die ersten 75 bis 100 ml des Durchlaufs der Probe und verwendet die nächsten 50 bis 60 ml. 50 ml davon gibt man in einen 125-ml-Scheidetrichter. Die Austauschsäule macht man durch Waschen mit Wasser für die nächste Probe verwendungsbereit.

Die Probe im Scheidetrichter stellt man durch Zugabe von Essigsäure auf etwa pH = 3,7 ein, fügt 10 ml Puffer von pH = 3,7 (45 ml 10%ige Natriumacetatlösung nebst 440 ml Wasser und so viel Eisessig, daß pH = 3,7 erreicht wird) hinzu und mischt. Man gibt 0,9 ml 3%ige Chloramin-T-Lösung (0,6 g in 20 ml Wasser) hinzu, verschließt mit dem Stopfen und schüttelt durch. 90 Sek. nach Zusatz des Chloramins gibt man 30 ml Pyridin-Pyrazolon-Reagens hinzu und schüttelt wieder durch. Nach 150 Sek. extrahiert man die Farbkomponente mit reinem Tetrachlorkohlenstoff. Wenn Thiocyanat- und Cyanidionen nicht vorhanden sind, kommt es auf die Wartezeit nicht an. Man verwendet 50 ml CCl_4 oder 25 ml, wenn die wäßrige Phase vor der Extraktion nur schwach purpur gefärbt ist. Das CCl_4 mißt man in Meßkolben ab.

Man mißt die Absorption des CCl_4-Extraktes, in dem die Färbung einige Stunden beständig ist, bei 450 nm und entnimmt den Cyanatgehalt aus einer *Eichkurve*. Diese erhält man durch Verdünnen von 1, 2, 5, 10, 25 und 50 ml der Standardlösung auf etwa 50 ml und Durchführen der Extraktion mit 50 ml CCl_4, wie für die Probe beschrieben. Man trägt Absorption gegen mg CNO^- auf. Ein Blindversuch ist durchzuführen und sein Ergebnis von demjenigen der Probe abzuziehen.

Berechnung: $$\text{ppm CNO} = \frac{\text{mg CNO}^-}{2{,}5} \cdot \text{ml angewendetes } CCl_4.$$

Störungen und deren Beseitigung siehe Anfang dieses Abschnittes.

III. Mit Neßlers Reagens nach Hydrolyse zu Ammoniak.

a) Hydrolyse in der Wärme.

Allgemeines. Cyanation wird durch Einwirkung von verd. Schwefelsäure sehr rasch hydrolysiert nach der Gleichung:

$$CNO^- + 2H^+ + 2H_2O \rightarrow NH_4^+ + H_2CO_3.$$

Diese Reaktion wurde schon von Herting zur quantitativen, titrimetrischen Bestimmung benutzt. Neuerdings wurde sie von Dodge und Zabban wie auch von Gardner, Muraca und Serfass in Verbindung mit der Neßler-Reaktion angewendet. Letztgenannte Autoren stellten eine Empfindlichkeit von 5 ppm und eine Nachweisgrenze von 1 ppm fest.

Herstellung des Reagens (Neßler-Lösung). Man löst 50 g KJ in etwa 35 ml kaltem, ammoniakfreiem Wasser und stellt 5 ml dieser Lösung beiseite. Zu der

Hauptmenge gibt man unter Rühren aus einer Mensur gesättigte $HgCl_2$-Lösung, bis ein bleibender, roter Niederschlag von HgJ_2 entstanden ist. Weiter gibt man unter Rühren die vorhin beiseite gestellte KJ-Lösung und dann etwa $^1/_{10}$ der vorher angewendeten Menge an $HgCl_2$-Lösung tropfenweise hinzu, bis eine schwache Rotfärbung bestehen bleibt. Nun gießt man die Lösung in einen 1-l-Meßkolben, fügt 400 ml 30%ige Natronlauge hinzu und füllt mit ammoniakfreiem Wasser zur Marke auf. Nach Stehenlassen bis zur Klärung der Flüssigkeit gießt man sie vom Bodensatz ab und bewahrt in dunkler Flasche auf.

Arbeitsvorschriften *nach* DODGE *und* ZABBAN *für Industrieabwässer. Ausführung α).* Wenn *keine* Ammoniumsalze oder zu solchen sich umsetzende N-Verbindungen vorhanden sind, gibt man 100 ml Probe in ein 400-ml-Glas, fügt 0,2 ml konz. Schwefelsäure hinzu (der pH-Wert soll 3 bis 4 oder niedriger sein) und erhitzt auf nahezu Siedetemperatur 30 Min. lang. Dann kühlt man ab, verdünnt auf 100 ml im Meßkolben und gibt zu 10 ml dieser Lösung und zu einer Blindlösung (10 ml Wasser) je 1 ml Neßler-Reagens. Man photometriert beide Lösungen, wertet nach einer Eichkurve (0 bis 14 ppm CNO^-) aus und zieht den Blindwert ab. Befinden sich mehr als 5 ppm Metallionen in der Probe, so muß man zu deren Maskierung vor dem Messen 5 ml Kaliumnatriumtartratlösung (10 g $KNaC_4H_4O_6 \cdot 4H_2O$ in 100 ml) zusetzen und auch einen Blindwert für 9,5 ml Wasser nebst 0,5 ml Tartratlösung berücksichtigen.

Ausführung β). Sind *Ammoniumionen oder Ammoniak* in der Probe, so mißt man in 10 ml Probe nach Zugabe von 1 ml Reagens die Absorption nach 5 Min., verfährt außerdem wie oben (α) und bildet die Differenz (= Cyanation).

Ausführung γ). Sind *Ammoniak bildende* N-Verbindungen vorhanden, so trennt man CNO^- ab und behandelt die Restlösung wie oben: Man gibt zur Abtrennung zu 100 ml Probe eine gemessene Menge (einige Milliliter) n Silbernitratlösung, filtriert, wäscht den Niederschlag mit 20 ml ammoniakfreiem Wasser, das 1 Tropfen n $AgNO_3$-Lösung enthält, säuert das Filtrat mit etwa 1 ml HNO_3 (1 + 1) (etwa 7 m) an und gibt unter Rühren ein der angewendeten $AgNO_3$-Lösung gleiches Volumen 1 m NaBr zur Fällung des Ag^+-Überschusses hinzu. Man erwärmt 30 Min. auf der Heizplatte unter Vermeiden von hellem Licht, kühlt, filtriert, füllt auf ein bestimmtes Volumen auf und verfährt weiter wie unter α). Die Differenz der Messung ohne und mit CNO^--Abtrennung entspricht CNO^-.

Bemerkungen. aa) Die mit Neßler-Reagens entstehende, gelbe Färbung wird durch eine *kolloidale* Fällung hervorgerufen. Diese flockt als orangefarbener Niederschlag aus, wenn die Ammoniumkonzentration größer als 10 mg/l wird. Proben, die einen höheren CNO^--Gehalt als 14 ppm aufweisen, müssen daher verdünnt werden. bb) Unterchlorige Säure und freies Chlor, die *stören* würden, können mit Sulfition unschädlich gemacht werden (SERFASS). Sonst sind außer durch an und für sich schon vorhandene Färbungen kaum weitere Störungen denkbar.

b) Hydrolyse bei Zimmertemperatur.

Prinzip. SHAW und BORDEAUX hydrolysieren bei Zimmertemperatur, bei der kaum andere N-Verbindungen Ammoniak bilden dürften. Sie kombinierten die Reaktion mit einem Ionenaustauschverfahren.

Die Lösung, die auch NH_4^+ enthalten darf, wird durch einen natriumbeladenen Austauscher gegeben, wobei CNO^- mit den anderen Anionen durchläuft. Der Durchlauf, der von Kationen nur noch Na^+ und außerdem die Neutralmoleküle enthält, wird mit Säure behandelt, wobei das CNO^- in NH_4^+ übergeht. Die Lösung wird noch einmal durch den inzwischen mit Natronlauge regenerierten, von anderen Kationen befreiten Kationenaustauscher gegeben. Die NH_4^+-Ionen werden quantitativ in ihm festgehalten; Anionen, Neutralmoleküle und freiwerdende Natriumionen laufen durch und werden verworfen. Darauf wird NH_4^+ eluiert und seine

Menge durch die Neßler-Reaktion ermittelt. Das in der Ausführung benutzte Wasser ist destilliertes Wasser, das noch durch Dowex 50 absolut ammoniumfrei gemacht wird.

Arbeitsvorschrift. α) Zu einem geeigneten Aliquot der Probelösung gibt man einige Tropfen Citratpuffer zur guten Erkennung des Endpunktes bei der pH-Einstellung und genügend Thymolblau. Man titriert mit verdünnter Schwefelsäure oder Natronlauge auf Hellgrün und gibt die Lösung auf die Austauschsäule, die mit etwa 11 ml hellem Dowex 50 (Körnung 20 bis 50 mesh) gefüllt wurde. Den Austauscher hat man vor der Benutzung 3 mal in die Natriumform, zurück in die Hydrogen- und wieder in die Natriumform überführt. Man läßt die Flüssigkeit mit einer Geschwindigkeit von 1 Tropfen in 3 Sek. in einen 100-ml-Meßkolben abfließen.

β) Danach wäscht man mit Wasser, bis der Gesamtdurchlauf etwa 90 ml beträgt.

γ) Nun gibt man etwa 90 ml Wasser auf die Säule und fügt 10 Tropfen 4 n Natronlauge hinzu. Man läßt frei ablaufen und wäscht gründlich mit reinem Wasser nach (zum Entfernen der störenden Kationen).

δ) Den vorhin erhaltenen Durchlauf (α, β) versetzt man mit 10 ml 1,0 n Schwefelsäure; man füllt zur Marke (100 ml) auf und läßt mindestens 10 Min. stehen.

ε) Nun wiederholt man mit einem Aliquot der jetzt statt CNO^- die äquivalente Menge NH_4^+ enthaltenden Lösung, die unter α) beschriebenen Vorgänge, ohne aber den Durchlauf aufzuheben. Man wäscht den Austauscher, bis der Ablauf keine Indikatorfärbung mehr zeigt. Dann gibt man etwa 40 ml Wasser sowie 10 Tropfen 4 n Natronlauge auf die Säule und eluiert mit einer Geschwindigkeit von 1 Tropfen in 2 Sek. in einen 100-ml-Meßkolben. Nun gibt man 4 ml Neßler-Reagens zum Eluat und füllt zur Marke auf. Nach 15 Min. mißt man die Absorption und wertet mit Hilfe einer Eichkurve oder direkt gegen Standard-NH_4Cl-Lösung aus. Wenn störende Substanzen bekanntermaßen fehlen, kann man sofort bei Vorgang γ) beginnen.

Bemerkungen. aa) Die rasche Umsetzung des Cyanations erfordert ein Verhältnis Säure : Cyanation von mindestens $2{,}5 \cdot 10^3$. Andererseits muß eine zu *hohe* Säurekonzentration *vermieden* werden, da die sonst nach der Neutralisation mit NaOH vorhandene, sehr hohe Na-Konzentration offenbar die Bindung von NH_4^+ an den Austauscher beeinträchtigt.

bb) Bei 10 Wiederholungsbestimmungen an einer 170 µMol CNO^-/l enthaltenden Lösung wurde eine relative *Standardabweichung* von 1,5% festgestellt. Zwei Eichkurven, von denen die eine mit Standard-Cyanatlösungen über die beschriebene Arbeitsweise, die andere mit äquivalenten Standard-Ammonchloridlösungen hergestellt wurden, decken sich nahezu völlig.

cc) Die Methode kann auf *40 bis 200 µMol/l* enthaltende Lösungen direkt angewendet werden; stärkere Lösungen sind zu verdünnen.

Literatur.

Bailey, K. C., u. D. F. H. Bailey: Pr. Roy. Irish Acad. **37 B**, 1 (1924); durch Chem. Abstr. **1925**, 946.

Dodge, B. F., u. W. Zabban: Plating **49**, 381 (1952); durch Chem. Abstr. **1952**, 6513i.

Gardner, D. G., R. F. Muraca u. E. J. Serfass: Plating **43**, 743 (1956); durch Chem. Abstr. **1956**, 16560i.

Herting, O.: Angew. Ch. **14**, 585 (1901).

Ikeda, S., u. G. Nishida: Jap. Analyst **13**, 433 (1964); durch Fr. **211**, 135 (1965).

Kruse, J. M., u. M. G. Mellon: Sewage and Industrial Wastes **24**, 1254 (1952); Anal. Chem. **25**, 1188 (1953); durch Fr. **146**, 64 (1955).

Lebouq, J.: J. Pharm. Chim. **5**, 531 (1927); Chem. durch Abstr. **1927**, 3174.

Marier, J. R., u. D. Rose: Analyt. Biochemistry **7**, 304 (1964); durch Fr. **212**, 341 (1965). – Martin, E. L., u. J. McClelland: Anal. Chem. **23**, 1519 (1951); durch Fr. **136**, 45 (1952). – Mellor, J. W.: Fr. **40**, 17, 462 (1901).

PFUNDT, O.: Angew. Ch. **46**, 200, 218 (1933); durch Fr. **97**, 201 (1934).
RIPAN-TILICI, R.: (a) Fr. **102**, 32 (1935); **104**, 16 (1936); (b) Fr. **99**, 415 (1934).
SERFASS; durch GARDNER, MURACA u. SERFASS. – SHAW, W. H. R., u. J. J. BORDEAUX: Anal. Chem. **27**, 136 (1955).
TAKEI, S., u. T. KATO: Technol. Rep. Tôhoku Univ. Sendai **19**, 61 (1955); durch C. **1957**, 10294.

E. Thiocyanate (Rhodanide).

Allgemeines. Thiocyansäure (Rhodanwasserstoffsäure) ist eine verhältnismäßig starke Säure (K = 0,85) und wird daher aus ihren Salzen durch verdünnte Mineralsäuren, z.B. 2 n H_2SO_4, nicht freigesetzt. So ist auch die Trennung vom Cyanidion durch Abtreiben des letzteren als HCN aus schwach saurer Lösung, wobei das Thiocyanation zurückbleibt, möglich.

Da HSCN in freiem Zustande wenig beständig ist, hat man es bei der Analyse praktisch immer mit den Salzen bzw. dem Thiocyanation zu tun. Dieses ähnelt ebenso wie die Anionen der Cyanwasserstoff- und der Cyansäure den Halogeniden. Insbesondere sind die Thiocyanate des Silbers, Quecksilbers und Kupfers schwer löslich, worauf verschiedene Bestimmungsmethoden beruhen. Auf der leichten Oxydierbarkeit durch starke Oxydationsmittel beruhen weitere gravimetrische und vor allem titrimetrische Methoden. Für geringe Konzentrationen kommen colorimetrische bzw. photometrische Methoden in Betracht, für sehr kleine Mengen besonders die allerdings nicht spezifischen über die Umsetzung zu Halogencyan verlaufenden Farbreaktionen.

Hier sei noch ein Vorschlag (von KAYSSI und MAGEE) erwähnt, Anionen, darunter Thiocyanat, durch Ultrarotspektrometrie der Verbindungen mit Tetraphenylarsoniumchlorid nach der KBr-Tabletten-Methode zu bestimmen.

1. Gravimetrische Bestimmung.

I. Als Silberthiocyanat in Abwesenheit von Cyan- und Halogenwasserstoff.

Arbeitsvorschrift. Man versetzt die verdünnte Lösung des Alkalithiocyanats in der Kälte mit einem geringen Überschuß von schwach mit Salpetersäure angesäuerter Silbernitratlösung, rührt kräftig um, filtriert in einen Glasfiltertiegel, wäscht mit Wasser, dann mit Äthanol, trocknet bei 130 bis 150 °C im Trockenschrank und wägt. 1 g Auswaage entspricht 0,3500 g SCN^-.

Bemerkungen. a) DUVAL bezeichnet auf Grund thermogravimetrischer Messungen 115 °C als *optimale* Trockentemperatur für AgSCN.

b) Nach DICK genügt es, den mit Äther nachgewaschenen Niederschlag 10 Min. im *Vakuum* bei Zimmertemperatur zu trocknen.

II. Als Kupfer(I)-thiocyanat.

Arbeitsvorschrift. Nach dieser allgemeinen, d.h. auch bei Gegenwart von Cyanid- und Halogenidionen anwendbaren Methode versetzt man die neutrale oder schwach salz- oder schwefelsaure Probelösung mit 20 bis 50 ml gesättigter Lösung von Schwefeldioxid und fügt unter Umrühren so viel 10%ige Kupfersulfatlösung hinzu, daß die Lösung schwach grün gefärbt ist. Man läßt einige Stunden stehen, filtriert dann in einen Filtertiegel, wäscht den weißen Niederschlag mit kaltem, SO_2 enthaltendem Wasser, einige Male mit Äthanol und trocknet bei 110 bis 120 °C bis zur Gewichtskonstanz (TREADWELL). Der Umrechnungsfaktor auf SCN^- beträgt 0,4776.

Bemerkung. Man kann das Schwefeldioxid auch durch Einleiten als *Gas* bis zur Sättigung (vor und nach der $CuSO_4$-Zugabe) in die Lösung bringen.

Für den umgekehrten Fall, die Fällung von Kupferthiocyanat zur Kupferbestimmung, hat neuerdings NEWMAN festgestellt, daß bei Anwendung von Hydroxylammoniumchlorid als Reduktionsmittel besonders gut filtrierbare Niederschläge entstehen.

III. Durch Fällung als Kupfer- oder Nickelpyridinthiocyanat.

Prinzip. Nach SPACU sowie MACAROVICI bildet das Thiocyanat mit Kupfer(II)- oder Nickelsalzlösungen in Gegenwart von Pyridin quantitativ $[Cu(Py)_2](SCN)_2$ bzw. $[Ni(Py)_4](SCN)_2$. Im ersten Falle versetzt man die neutrale Probelösung mit einigen Tropfen Pyridins und dann mit 10%iger Kupfersulfatlösung im Überschuß. Der Pyridinüberschuß darf nur gering sein, da die Komplexverbindung in Pyridin etwas löslich ist. Man filtriert, wäscht mit schwach pyridinhaltigem Wasser, glüht und wägt als CuO.

Die Bestimmung über die Nickel-Pyridin-Verbindung nach SPACU erfolgt nach folgender

Arbeitsvorschrift. Man gibt zu der thiocyanathaltigen Lösung unter Rühren einen Überschuß an wäßriger Lösung eines Nickelsalzes und 10 bis 20 Tropfen Pyridins. Nach Erscheinen des blauen Niederschlages erhitzt man unter fortgesetztem Rühren bis nahe zum Sieden. Dann läßt man langsam abkühlen, dekantiert bei Zimmertemperatur die überstehende Lösung und bringt den Niederschlag auf das Filter. Man wäscht ihn mit 5%iger wäßriger Pyridinlösung nickelfrei, trocknet in einem Porzellantiegel bei 130 °C, verascht langsam und glüht dann 2 bis 3 Std. vor dem Gebläse. Um Spuren an Ni_2O_3 in NiO umzuwandeln, muß zuletzt bei bedecktem Tiegel erhitzt werden. Aus dem Gewicht des erhaltenen NiO berechnet man das Gewicht des Thiocyanations auf Grund der oben angegebenen Formel der Komplexverbindung.

Bemerkung. DUVAL fand, daß $[Ni(Py)_4](SCN)_2$ bis 63 °C stabil ist und daß man es, im Exsiccator getrocknet, zur Wägung bringen kann. Man kann es auch bei 110 bis 130 °C trocknen, wobei es in $[Ni(Py)_3](SCN)_2$ übergeht, und als solches wägen.

IV. Als Bariumsulfat nach Oxydation.

Allgemeines. Auch diese Methode kann in Gegenwart von Cyanid- und Halogenidionen angewendet werden. Die Oxydation zur Schwefelsäure erfolgt am schnellsten mit Bromwasser, kann aber auch mit Salpetersäure ausgeführt werden. Im letzteren Falle oxydiert man am besten das durch vorausgehende Fällung erhaltene Silberthiocyanat, wobei auch eine Trennung von etwa in der Probe vorhandenen Sulfationen, welche natürlich die Endbestimmung des Thiocyanations als Sulfation illusorisch machen würden, möglich ist.

a) Oxydation mit Bromwasser.

Arbeitsvorschrift. Man gibt zu der Alkalithiocyanatlösung Bromwasser im Überschuß (bis zur bleibenden Gelbfärbung durch Brom), erwärmt 30 bis 60 Min. im Wasserbad, säuert leicht mit Salzsäure an und fällt das Sulfation wie bei Anwesenheit von Kationen üblich, d.h. in nicht zu kleinem Volumen, mit zum Sieden erhitzter etwa 0,1 normaler Bariumchloridlösung in einem Guß. Man filtriert, wäscht und glüht bei 800 bis 1000 °C; 1 g $BaSO_4$ entspricht 0,2532 g HSCN; der Umrechnungsfaktor von $BaSO_4$ auf SCN^- ist 0,2488.

Bemerkung. TSCHIRCH und KRÜGER fanden, daß die Methode auch für schwer lösliche Thiocyanate anwendbar und dabei auf $\pm 0,15\%$ rel. genau ist.

b) Oxydation mit Salpetersäure nach Fällen als Silberthiocyanat.

Arbeitsvorschrift (nach BORCHERS). Man fällt das Thiocyanation wie unter I, a mit Silbernitratlösung, filtriert, stellt den Trichter auf einen kleinen Kolben, durchsticht das Filter und spritzt den Niederschlag mit Salpetersäure (D = 1,37 bis 1,40) in den Kolben hinein. (Wenn kein Sulfation vorhanden ist, kann der Niederschlag gleich, ohne ihn abzufiltrieren, in der Fällungsflüssigkeit mit HNO_3 behandelt werden.) Man erwärmt etwa 45 Min. lang zum Sieden; dann noch bestehende Entwicklung roter Dämpfe rührt von Filtrierpapierfasern her und ist ohne Belang. Man dampft zum Entfernen der Salpetersäure auf ein kleines Volumen ein, nimmt mit Wasser auf, fällt mit einem kleinen Überschuß an Salzsäure das Silberion aus und filtriert ab. Im Filtrat bestimmt man die Schwefelsäure als Bariumsulfat wie üblich, d.h. in der Siedehitze mit stark verdünnter, heißer Bariumchloridlösung.

c) Oxydation mit Wasserstoffperoxid.

Die Oxydation kann nach SCHUSTER auch mit 30%igem Wasserstoffperoxid in alkalischer Lösung vorgenommen werden. Man verwendet je 0,1 bis 2 g Probe 50 ml 0,5 n Kalilauge und 5 ml Perhydrol, erhitzt im Verlauf einer Stunde bis zum Sieden, kocht 15 Min. weiter und säuert zur Fällung des Sulfations mit Salzsäure an.

2. Titrimetrische Bestimmung.

Allgemeines. Die klassische Methode der Thiocyanattitration ist eine indirekte, die Rücktitration eines zur unbekannten Lösung zugegebenen Überschusses von Silbernitrat- mit eingestellter Thiocyanatlösung unter Anwendung von Eisen(III)-salz als Indikator (nach VOLHARD).

Bezüglich der Indikation sind aus dieser bis heute viel verwendeten Methode verschiedene Abwandlungen hervorgegangen. Andrerseits sind in neuerer Zeit direkte Methoden aufgekommen, von denen die argentometrische mit Adsorptionsindikatoren hervorzuheben ist. Auch oxydimetrische Methoden, insbesondere jodo- und bromometrische, spielen eine Rolle. Unter diesen haben diejenigen, nach denen die Bestimmung über die Umwandlung von SCN^- in CNBr vorgenommen wird, eine besondere Bedeutung, da bei ihnen die Störung durch andere reduzierende Stoffe – außer Cyanidion – entfällt.

I. Argentometrie.

a) Direkte Titration.

α) Mit Adsorptionsindikation.

Entsprechend der von FAJANS zuerst angewendeten Technik der Titration von Halogenidionen mit Silbernitrat in Gegenwart von Adsorptionsindikatoren läßt sich auch das Pseudohalogenidion Thiocyanation bestimmen. Dem Vorgang liegt zugrunde, daß der bei der Titration entstehende Niederschlag im Äquivalenzpunkt, d.h. wenn die letzten Thiocyanationen verschwinden und die ersten überschüssigen Metallionen in der Lösung auftreten, ein elektrostatischer Ladungswechsel der suspendierten (oder bereits ausgeflockten) Niederschlagsteilchen eintritt. Der Ladungswechsel ist von einer schlagartigen Änderung der Adsorptionswirkung auf die Indikatorionen begleitet, die ihrerseits Umfärbungen des Niederschlags und unter Umständen auch der Lösung verursacht.

FAJANS verwendete u.a. *Fluorescein* als Adsorptionsindikator. RIPAN-TILICI beschreibt die Titration von Cyanid- und Thiocyanation nacheinander in der gleichen Lösung. Hierbei wird zunächst CN^- nach LIEBIG bis zum Auftreten einer Opalescenz titriert; dann werden 2 Tropfen 2%ige äthanolische Fluoresceinlösung zugesetzt, und man titriert auf weißem Untergrund weiter bis zum Ansprechen des Adsorptionsindikators, das nach Fällung aller CN^-- und SCN^--Ionen erfolgt.

Im Falle des Indikators *Kongorot* (Diphenyl-bis-azo-α-naphthylamin-4-sulfosäure), eines ausgesprochen amphoteren Stoffes, z.B. werden vor dem Äquivalenzpunkt von den negativ geladenen Niederschlagsteilchen nur die blauen Indikatorkationen, nach dem Äquivalenzpunkt von dem dann positiv geladenen Niederschlag nur die roten Indikatoranionen adsorbiert. Der Farbumschlag des Niederschlages erfolgt also von Blau bzw. Blaugrün nach Rot. Voraussetzung ist, daß man im pH-Bereich 3 bis 5 titriert, in welchem beide Formen des Kongorotes vorhanden sind. Man kann dieses selbst als Säure/Base-Indikator verwenden und die zu titrierende Lösung mit 0,001 n Salpetersäure auf violette Färbung einstellen. Mit einem solchen Indikator kann hin- und zurücktitriert werden. Der Farbumschlag ist in beiden Richtungen annähernd gleich gut [MEHROTRA (a)].

Der Farbumschlag der Indikatoren wird unter Umständen durch ein Schutzkolloid verbessert, was schon FAJANS feststellte. MEHROTRA fand allerdings, daß die Koagulation des Silberthiocyanats durch ein solches nicht beeinflußt werden kann. Über den Mechanismus der Adsorption hat dieser Autor (c) Untersuchungen angestellt, er kommt zu der Annahme, daß es sich um Chemisorption handelt.

Von Kongorot verwendet man nach MEHROTRA 2 Tropfen einer 0,1 %igen äthanolischen Lösung auf 10 ml zu titrierender Lösung. Man erhält scharfe Umschläge noch mit 0,004 n Thiocyanatlösungen.

Als ebenso empfindlichen Indikator für die Thiocyanattitration ermittelte MEHROTRA (b) das schon von KOLTHOFF für Halogenidionen verwendete *Bromphenolblau* (Tetrabromphenolsulfophthalein), das noch den Vorteil besitzt, in relativ sauren Lösungen bis pH = 3 herunter brauchbar zu sein. Als Säure/Base-Indikator schlägt es im pH-Bereich 3,0 bis 4,6 von Gelb nach Violett um. In solchen Lösungen bleibt die überstehende Suspension bis zum Äquivalenzpunkt farblos und wird dann blau. Es werden ebenfalls 2 Tropfen 0,1 %ige Lösung auf 10 ml zu titrierende Lösung angewendet. *Bromkresolpurpur* (Dibrom-o-kresolsulfophthalein) ergibt ebenfalls charakteristische Umschläge, die aber in sehr verdünnten Lösungen unscharf werden. In 0,01 n Lösungen koaguliert der Niederschlag nicht; aber es tritt noch ein scharfer Farbumschlag der Suspension von Purpur nach Grün im Äquivalenzpunkt ein.

MEHROTRA (d) hat noch eine Reihe weiterer Indikatoren geprüft und fand zur Thiocyanattitration *Tetrajodphenolsulfophthalein* als ganz besonders geeignet. Dieser Indikator kann im pH-Bereich 2,0 bis 4,5 angewendet werden, d.h. in 0,001 bis 0,05 n salpetersauren Lösungen. Man verwendet ihn in 0,2 %iger äthanolischer Lösung. Der Farbumschlag, d.h. der Farbwechsel des Niederschlages, ist reversibel, sehr scharf und noch in 0,002 n Lösungen deutlich erkennbar. Die überstehende Suspension ist gelb, und die Koagulation des Silberthiocyanats beginnt frühzeitig; aber die koagulierten Teilchen bleiben farblos bis zum Äquivalenzpunkt. Danach nehmen sie einen tiefblauen Farbton an. Bei sehr verdünnten Thiocyanat- und Silbernitratlösungen (0,01 n und darunter) findet keine Koagulation statt; der Äquivalenzpunkt ist dann aber an einem Umschlag der Färbung der Suspension von Bläulichbraun nach Tiefblau ebenfalls sehr gut zu erkennen. Bei pH < 2 ist der Umschlag noch erkennbar, erfolgt aber erst bei einem kleinen Überschuß von Silberion. Die günstigste Indikatorkonzentration ist 2 Tropfen 0,2 %iger (äthanolischer) Lösung in 10 ml zu titrierender Lösung.

Bezüglich der *Genauigkeit* der Titration von 0,005 n SCN^- mit 0,1 n $AgNO_3$-Lösungen und Cyanosin als Indikator (Farbumschlag des Niederschlages in saurer Lösung von Weiß nach Kirschrot) machte SAKAGUCHI die Angabe, daß der Fehler 0,5 % beträgt.

Nach BOGNÁR und VERESKÖI ist auch Brillantgelb ein ausgezeichneter Indikator. Der Umschlag bei der argentometrischen Titration erfolgt unterhalb pH = 2 von Gelb nach Orangerot, bei höherem pH-Wert von Gelb nach Violett. Selbst in

0,0005 n Lösungen soll der Farbwechsel durch 1 Tropfen Maßlösung hervorgerufen werden. Man verwendet wenige Tropfen einer 5 %igen Lösung des Indikators; 5 bis 6 Tropfen wirken solstabilisierend, selbst in 0,1 normalen Lösungen.

Berg und Becker haben den Metallindikator Indooxin (ein Chinolinderivat), der von Rosa nach Blau umschlägt, zur Titration in essigsaurer, Äthanol enthaltender Lösung empfohlen.

Besonders scharf ist nach Angabe von Légrádi der Umschlag des Absorptionsindikators 4-(2'-Äthylphenylazo)-1-naphthylaminhydrochlorid. Man verwendet einen Tropfen der Lösung von 0,1 g Indikator in 5 ml Äthanol und 5 ml Eisessig auf 100 ml Probelösung bei pH 3,5 bis 4,5. Das entstehende Silberthiocyanat wird rot, vor dem Umschlag zunächst violett, dann wieder rot, und im Endpunkt verschwindet die Färbung.

β) Mit Redox-Adsorptionsindikation.

Das Wirkungsprinzip solcher Indikationssysteme besteht darin, daß durch das Auftreten überschüssiger Metallionen im Endpunkt der Titration das Oxydationspotential mancher Redoxsysteme beträchtlich ansteigt. Der Farbumschlag beruht auf Redoxreaktionen und Adsorptionsvorgängen. Für die Halogenid- und Thiocyanationenbestimmung ist nach Sierra und Romojaro sowie Ramón und Sánchez Kaliumvanadat nebst Benzidin gut geeignet. Die Titrationsfehler sind $< 1\%$; die Reaktion ist reversibel. Man verwendet 3 bis 5 Tropfen 1 %iger Benzidinlösung (1 g Benzidin, 0,9 ml 95 %iges Äthanol, 1 ml Eisessig) und 1 bis 3 Tropfen 1 %ige wäßrige Kaliummetavanadatlösung. Der Umschlag erfolgt von Violett nach Gelbgrün.

γ) Mit nephelometrischer Indikation.

Nach dem Vorschlag von Escolar titriert man mit 0,1 n Silbernitrat- in schwach salpetersaurer Lösung mit einer Geschwindigkeit von 1 Tropfen/Sek. und mißt die Trübung photoelektrisch. Das Maximum der Trübung entspricht dem Titrationsendpunkt. Zu große Acidität bewirkt vorzeitige Koagulation. Bei 0,2 bis 6 mg SCN^- soll der Fehler kleiner als 1 % sein. Neben Cyanidionen ist diese Bestimmung nicht möglich.

δ) Mit Luminescenzindikation.

Allgemeines. Wie Kocsis, Zádor und Kallós zeigten, kann man Jodid- und Thiocyanat- oder Thiocyanat- und Chloridionen nebeneinander argentometrisch bestimmen, wenn man in Gegenwart von Luminescenzindikatoren im ultravioletten Licht titriert.

Arbeitsvorschrift. Im Falle des Gemisches Jodid-Thiocyanationen setzt man 4 bis 5 Tropfen 1 %ige wäßrige Thioflavin-S-Lösung zu und titriert bis zum Umschlag von tiefblauer zu fahlblauer Luminescenz; dann gibt man weitere 4 bis 5 Tropfen Indikatorlösung hinzu und titriert auf Farblos. Der Verbrauch an Ag^+ bis zum 1. Umschlag entspricht dem Jodidion, der Verbrauch vom 1. bis zum 2. Umschlag dem Thiocyanation. Im Falle der Thiocyanat- und Chloridionentitration benutzt man Umbelliferon (0,2 %ige wäßrige Lösung). Die Umschläge sehen ebenso wie beim Thioflavin aus. Der erste Umschlag entspricht aber jetzt dem Thiocyanation; nach Austitrieren des Chloridions erlischt in scharfem Umschlag die Luminescenz völlig.

b) Indirekte Titration.

α) Rücktitration mit Thiocyanatlösung und Eisen(III) als Indikator.

Prinzip. Nach Volhard versetzt man die zu untersuchende Lösung mit überschüssiger Silbernitratlösung und titriert den Überschuß zurück.

Arbeitsvorschrift. Man bringt etwa 100 ml Thiocyanatlösung in einen Kolben, gibt eine gemessene, überschüssige Menge 0,1 n Silbernitratlösung hinzu und säuert mit Salpetersäure an. Nun versetzt man mit 2 bis 3 ml chloridfreier Eisenammoniumlösung (kalt gesättigte Lösung mit so viel Salpetersäure, daß die braune Färbung verschwunden ist) und titriert mit eingestellter (0,1 n Alkali- oder Ammoniumthiocyanatlösung, bis nach kräftigem Umschütteln eine bleibende, schwache Rosafärbung erkennbar wird. Der Thiocyanatgehalt ergibt sich aus der Differenz von zugegebener Silbernitrat- und verbrauchter Thiocyanatmaßlösung. Halogenidionen werden miterfaßt, ebenso Cyanidionen.

Bemerkungen. aa) *Einstellen* der Thiocyanattiterlösung. Da Kalium- und Ammoniumthiocyanat hygroskopisch sind und sich nicht ohne Zersetzung trocknen lassen, stellt man ihre angenähert hergestellten Lösungen (10 g KSCN oder 9 g NH_4SCN zu 1 l) mit Silbernitrat ein. Man bringt dazu 20 ml 0,1 n Silberlösung in einen 200-ml-Kolben mit Glasstopfen, verdünnt mit Wasser auf 50 bis 100 ml, fügt 2 bis 3 ml Eisenalaunlösung hinzu und titriert mit der einzustellenden Thiocyanatlösung unter Schütteln wie oben, wobei man besonders in der Nähe des Äquivalenzpunktes sehr kräftig bei aufgesetztem Stopfen umschüttelt.

bb) *Herstellung* der Silbernitratlösung. Man wägt 10,788 g Feinsilber ab, löst es in chlorfreier Salpetersäure, kocht bis zur vollständigen Zersetzung der salpetrigen Säure unter Vertreiben des Stickoxids und füllt im Meßkolben mit Wasser zu 1 l auf. Die Lösung ist 0,1 normal. 1 ml 0,1 n Silbernitratlösung bzw. 0,1 n Thiocyanatlösung entspricht 5,9093 mg HSCN.

cc) Nach TREADWELL (S. 613) wird bei der Titration von Silber- mit Kaliumthiocyanatlösung stets etwa 0,4% zuviel der letzteren verbraucht, wahrscheinlich infolge Adsorption von SCN^- an den frisch gefällten Silberthiocyanatniederschlag (HOITSEMA). Umgekehrt müßte bei der Thiocyanatbestimmung ein entsprechender Unterbefund auftreten.

β) Rücktitration mit Jodidlösung und Adsorptionsindikation.

Allgemeines. In dieser Abwandlung der Volhard-Methode wird die Anwendung von Thiocyanat- als Titrierlösung vermieden; es wird mit Jodidlösung zurücktitriert. Wegen der Anwendung von Adsorptionsindikatoren siehe Abschnitt: 2, I, a. Nach SCHULEK und PUNGOR verfährt man gemäß folgender

Arbeitsvorschrift. Man gibt zu der Lösung, die 0,6 bis 3,0 mg SCN^- in 10 bis 20 ml enthalten soll, 1 Tropfen 0,1%iger äthanolischer Lösung von p-Äthoxychrysoidin oder der entsprechenden Methoxyverbindung, neutralisiert sorgfältig und fügt 10,00 ml 0,01 n Silbernitratlösung hinzu. Man koaguliert den entstandenen Niederschlag durch Erwärmen auf 70 bis 80 °C, Zugeben von 1 g Kalium- oder Ammoniumnitrat und Schütteln. Dann kühlt man ab, verdünnt auf 80 bis 100 ml, gibt weitere 6 bis 8 Tropfen Indikator hinzu und titriert bei einem innerhalb dessen Umschlagsbereiches liegenden Säuregrad (pH = 4 bis 5) den Silberüberschuß mit 0,01 n Kaliumjodidlösung. Der Endpunkt wird durch Farbumschlag der Lösung von Rot nach Gelb und eine intensive Himbeerrotfärbung des Niederschlages angezeigt.

Bemerkung. Die Bestimmung kann auch mit *0,002 n KJ-Lösung* ausgeführt werden. Dazu fügt man nach Koagulieren ein wenig 0,002 n Schwefelsäure zu und titriert in einem Volumen von 40 bis 50 ml. Bei Anwendung von konzentrierteren Lösungen, z. B. 0,1 normalen, ist der Umschlag unscharf.

II. Mercurimetrie.

Eine direkte Titration des Thiocyanations kann mit Quecksilber(II)-nitratlösung und Nitroprussidnatrium als Indikator (bis zum Auftreten einer Trübung) erfolgen. Der Endpunkt ist dabei aber nicht scharf, da, wie TOMIČEK und PROČKE annehmen, ein Teil der überschüssigen Quecksilberionen komplex gebunden wird, bevor die Ausfällung der Nitroprussidverbindung erfolgt.

Genau läßt sich die Titration potentiometrisch ausführen, wie u.a. die zuletztgenannten Autoren feststellten; auch BOGNÁR empfiehlt, die Indikatorkorrektur für Farbindikatormethoden potentiometrisch zu ermitteln.

Für verdünnte Thiocyanatlösungen, von 0,1 bis 0,01 n herunter, können *Redox-Farbindikator-Systeme* benutzt werden. Sobald im Endpunkt freie Hg^{2+}-Ionen auftreten, wird das Oxydationspotential z.B. des Hexacyanoferrat(III)-ions beträchtlich erhöht und dadurch ein Triarylmethanfarbstoff zum Farbumschlag gebracht. So empfiehlt BOGNÁR eine ganze Reihe derartiger Farbstoffe, darunter p-Xylenolsulfophthalein und Cyanin B. Sie werden als 0,1 %ige Lösungen angewendet, als 2. Komponente 1 Tropfen 0,033 m Kaliumhexacyanoferrat(III)-lösung. Die Titration kann auch in stark sauren Lösungen, bis 12 n Schwefelsäure, erfolgen. Der Indikatorfehler (Mehrverbrauch an Hg) wurde potentiometrisch zu 0,05 ml 0,1 n Lösung ermittelt. Gegenüber dem Indikator Variaminblau wirkt das im Äquivalenzpunkt auftretende Hg^{2+} schon als Oxydationsmittel, wenn man der Lösung ein wenig Hg^{+}-Lösung zugesetzt hat. Der Umschlag erfolgt von Farblos nach Violett (GREGOROWICZ, BUHL und PIWOWARSKA).

Von WILLIAMS wurde beschrieben, wie man analog einer umgekehrten Volhard-Titration mit 0,1 n $Hg(NO_3)_2$-Lösung in salpetersaurer Lösung (entsprechend etwa 10 % HNO_3) in Gegenwart von Eisenammoniumalaun titrieren kann. Der Endpunkt wird durch Verschwinden der Rotfärbung angezeigt. 1 ml 0,1 n Quecksilber(II)-nitratlösung entspricht 5,8 mg SCN^-.

Nach KOLTHOFF läßt sich die direkte Titration mit Quecksilber(II)-nitrat oder -perchloratlösung gut *konduktometrisch* ausführen. Man findet 2 Knickpunkte der Leitfähigkeitskurve. Der erste entspricht der Zusammensetzung $K_2Hg(SCN)_4$ und ist etwas von der Verdünnung abhängig. Der zweite entspricht dem vollständigen Umsatz zu $Hg(SCN)_2$ und liegt stets im Äquivalenzpunkt. MUKHERJI und SANT wendeten die *Hochfrequenztitration* an und fanden sie sehr empfindlich und genau; erst bei $3 \cdot 10^{-5}$ bis $6 \cdot 10^{-5}$ molaren Lösungen wird der *relative Fehler* 2 bis 4 %; sonst ist er wesentlich kleiner. Die Autoren titrieren mit $Hg(NO_3)_2$-Lösung; Salpetersäure bis zu 0,003 n darf anwesend sein.

Über die *polarometrische Titration* von Thiocyanationen mit Quecksilber(II)-lösung macht POMA einige Angaben (Grundlösung $NaClO_4$ nebst Tylose).

Die Polarisationstitration mit konstanter Stromstärke wird von MORISAKA und HARADA beschrieben.

III. Jodometrie, Bromometrie und Hypobromit-Oxydimetrie.

a) Oxydation mit elementarem Jod – Rücktitration.

Allgemeines. Die Oxydation von Thiocyanationen mit elementarem Jod nach der Bruttogleichung:

$$SCN^- + 4J_2 + 8OH^- = SO_4^{2-} + 7J^- + 4H_2O + CNJ \qquad (1)$$

kann nach RUPP und SCHIED bzw. nach THIEL zur indirekten jodometrischen Bestimmung dienen, wenn man durch Zugabe von Hydrogencarbonaten leicht alkalisches Milieu herstellt. Die Reaktion erfolgt aber sehr langsam (im Laufe von Stunden). Schneller verläuft sie nach SCHWICKER (a) in Gegenwart von Boraxlösung und fast momentan in Gegenwart von Ammoniumborat. SCHWICKER säuert nach erfolgter Oxydation mit Schwefel- oder Salzsäure an und titriert das unverbrauchte Jod mit Thiosulfatlösung. Da beim Ansäuern das Jodcyan gespalten wird, ist der Berechnung des Thiocyanatgehaltes dann die Gleichung:

$$SCN^- + 3J_2 + 4H_2O = SO_4^{2-} + 6J^- + 8H^+ + CN^- \qquad (2)$$

zugrunde zu legen.

Eine Abwandlung der Methode, nach der das Ansäuern vor der Titration entfällt, hat SANT entwickelt. Hierbei wird mit arseniger Säure in dem gleichen pH-Bereich, bei dem oxydiert wurde, das Jod titriert, ohne daß das gleichzeitig vorhandene Jodcyan eingreift und Jodstärke bildet. Arsenige Säure ist eine einfach herzustellende und sehr beständige Urtiterlösung. In diesem Falle drückt die oben angegebene Gleichung (1) den zur Berechnung maßgebenden Reaktionsverlauf aus. Die Umsetzung bei der Titration des überschüssigen Jods erfolgt nach der Gleichung:

$$2\,J_2 + As_2O_3 + 2\,H_2O \rightleftarrows 4\,HJ + As_2O_5, \qquad (3)$$

wobei das Gleichgewicht durch den schon für die Oxydation zugegebenen Boraxpuffer nach rechts verschoben wird.

Arbeitsvorschrift. Zu einem abgemessenen Volumen der verdünnten Thiocyanatlösung gibt man in einem 250-ml-Kolben mit Glasstopfen eine abgemessene, überschüssige Menge gegen Arsenitlösung eingestellter Jodlösung (0,1 bis 0,01 normal, je nach Thiocyanatmenge) und 40 bis 50 ml Boratpuffer (8 g Borax und 4 g Borsäure in 100 ml Wasser gelöst). Um Jodverluste zu vermeiden, stellt man den Kolben in Eiswasser. Nach 30 Min. titriert man das überschüssige Jod mit 0,1 n Natriumarsenitlösung in Gegenwart von Stärke zurück. Die Differenz zwischen dem Titrationswert für die vorgelegte Jodlösung und dem Verbrauch an arseniger Säure bei der Rücktitration entspricht dem zur vollständigen Oxydation des Thiocyanations nach Gleichung (1) verbrauchten Jod. 1 ml 0,1 n $NaAsO_2$ entspricht also 1,2148 mg KSCN. Der *Titrationsfehler* beträgt maximal $\pm 0{,}2\,\%$.

b) Direkte Titration mit Jodmonochlorid.

Jodmonochlorid (bzw. J^+) oxydiert das Thiocyanation in leicht alkalischer Lösung quantitativ entsprechend der Gleichung:

$$SCN^- + 4\,J^+ + 4\,OH^- \rightarrow SO_4^{2-} + JCN + 3\,J^- + 4\,H^+.$$

Cyanidion wird ebenfalls oxydiert. Eine von ČÍHALÍK und TEREBOVÁ angegebene Vorschrift mit Jodstärkeindikation, mit der der *relative Fehler* für das Thiocynation etwa $\pm 0{,}3\,\%$ beträgt, findet sich im Kapitel: Cyanwasserstoff, Abschnitt: C, 3, VI.

c) Direkte Titration mit Jodat- oder Perjodatlösungen.

α) Titration mit Jodatlösung.

Allgemeines. Kaliumjodat ist ein vorteilhaftes Reagens, da es als Urtitersubstanz angesehen werden kann und seine Lösungen sehr beständig sind.

Diese von JAMIESON, LEVY und WELLS stammende Methode, die auch von KORENMAN und ANBROCH empfohlen wurde, gibt nach den Untersuchungen von HAMMOCK, BEAVON und SWIFT beträchtliche Unterbefunde, wenn man nicht die Oxydationswirkung des Jodations durch Zugabe von Jodmonochlorid verstärkt bzw. mit ihm voroxydiert. Diese Verbindung entsteht an und für sich auch im Verlauf der Reaktion, die nach potentiometrischen Untersuchungen von GAUGUIN folgendermaßen verläuft:

$$2\,SCN^- + 3\,JO_3^- + 2\,H^+ + Cl^- = 2\,SO_4^{2-} + 2\,JCN + JCl + H_2O.$$

Arbeitsvorschrift (nach HAMMOCK und Mitarbeitern). Man bringt die Thiocyanatlösung und dazu 15 ml Tetrachlorkohlenstoff in einen Kolben mit Glasstopfen (Jodierungskolben) und kühlt auf unter 10 °C ab. Dann fügt man 5 ml 0,5 molare JCl-Lösung, deren Salzsäurekonzentration etwa 3 normal ist, hinzu, schüttelt gut durch und gibt so viel gekühlte 12 n Salzsäure zu, daß deren Konzentration am Ende der Reaktion 3,5 n beträgt. Nun titriert man mit eingestellter Jodatlösung unter kräftigem Durchschütteln, bis die von ausgeschiedenem Jod zunächst violettgefärbte CCl_4-Schicht entfärbt ist. 1 ml 0,01 m KJO_3-Lösung entspricht 0,3872 mg SCN^-, und 1 ml 0,01 n KJO_3-Lösung entspricht 0,06454 mg SCN^-.

Bemerkungen. aa) Die Jodmonochloridlösung kann analog wie in Kapitel: Cyanwasserstoff, Abschnitt: C, 3, VI beschrieben hergestellt werden.

bb) Neuerdings erhielt JOSHI (b) auch *ohne* Zusatz von Jodmonochlorid gute Ergebnisse sowohl bei der Indikation mit Tetrachlorkohlenstoff (er verwendet nur 5 ml davon) als auch bei der potentiometrischen Titration. Die Normalität an Salzsäure soll nach JOSHI zwischen 1,5 und 3 liegen. Unterhalb 1,5 n tritt ein positiver, oberhalb 3 n ein negativer Fehler auf. Der Überbefund könnte auf Hydrolyse von JCl, der Unterbefund auf Zersetzung oder Luftoxydation des Thiocyanwasserstoffs beruhen.

Arbeitsvorschrift (potentiometrisch). Man verwendet eine Platinindikatorelektrode, eine Kalomelbezugselektrode und ein pH-Meter mit empfindlichem Galvanometer als Nullinstrument. Man titriert mit Kaliumjodatlösung und erhält am Äquivalenzpunkt einen charakteristischen Potentialsprung.

Bemerkungen. αα) Bei Mengen von etwa 8 bis 125 mg KSCN wurden *Abweichungen* von 0,00 bis 0,32 % gegenüber der Volhard-Titration erhalten.

ββ) Die *coulometrische* Bestimmung (bei der Brom durch Elektrolyse frei gemacht und zur Rektion gebracht wird), wurde von SZEBELLÉDY und SOMOGYI beschrieben.

β) Titration mit Perjodatlösung.

Mit Perjodat in Gegenwart von Bromid kann nach SINGH und SINGH ganz analog wie mit Jodat sowohl unter Verwendung von Tetrachlorkohlenstoff als Indikator als auch potentiometrisch titriert werden. Als Zwischenprodukte treten dabei J^+-Ionen und $[JBr_2]^-$-Ionen auf.

Titriert man z. B. eine Kaliumthiocyanatlösung, der auf 20 ml Volumen 20 bis 25 g Kaliumbromid und 5 ml konzentrierte Salzsäure zugesetzt wurden, mit 0,0165 n Perjodatlösung, so zeigt die Platin-Kalomel-Kette am Äquivalenzpunkt einen Potentialsprung von 150 mV.

d) Oxydation mit Jodatlösung – Rücktitration.

SCHWICKER (b) schlug vor, die mit 20 bis 25 ml Salzsäure angesäuerte Thiocyanatlösung mit überschüssiger 0,1 n Bijodatlösung zu versetzen und nach Ablauf einiger Minuten mit gegen Bijodat eingestellter Bisulfitlösung zurückzutitrieren. Da Sulfit auch das Reaktionsprodukt Jodcyan quantitativ reduziert, ergibt sich im Endeffekt ein anderer Jodatverbrauch als bei der vorbeschriebenen Methode: 1 Mol Thiocyanat- entspricht nur 1 Mol Jodation, falls man bis zur völligen Entfärbung der gebildeten Jodstärke titriert.

e) Oxydation mit Bromation, Brom (Bromat- nebst Bromidionen) oder Hypobromition.

α) Direkte Titration mit Bromatlösung.

Prinzip. Die Reaktion, die bei Zimmertemperatur verläuft, ist folgende:

$$KSCN + KBrO_3 + H_2O = K_2SO_4 + HCN + HBr.$$

Die Indikation kann auf verschiedene Weise erfolgen.

α_1) *Indikation mit Goldchlorid.*

Der Endpunkt der direkten Titration mit Bromatlösung in saurer Lösung in Gegenwart von Bromidion kann nach SZEBELLÉDY und MADIS durch Goldchlorid erkannt werden, wenn man zum Binden des entstehenden Cyanwasserstoffs Fe^{3+}-Lösung zusetzt, die gleichzeitig als Vorindikator dient.

Arbeitsvorschrift. Die neutrale Lösung des Thiocyanates verdünnt man mit Wasser auf 35 ml. Man gibt 3 g Natriumbromid sowie 15 ml 2 n Salzsäure und dann 5 mg Eisen(III)-ammoniumsulfat (als Vorindikator) hinzu. Nach Auflösen titriert man mit 0,1 n Kaliumbromatlösung, bis die rote Lösung sich entfärbt. Dann gibt man 1 ml 0,1 %ige Gold(III)-chloridlösung zu, wonach vorübergehend eine hellgelbe Färbung auftritt; man titriert tropfenweise und mit Pausen von einigen Sekunden mit 0,1 n Kaliumbromatlösung, bis wieder eine bleibende Gelbfärbung entstanden ist. Man titriert auf den Farbton einer Vergleichslösung [3 g NaBr und 5 mg Eisen(III)-ammoniumsulfat in 35 ml Wasser lösen, 15 ml 2 n Salzsäure, 3 g NaBr, 1 ml 0,1 %ige Goldchloridlösung und so viel Wasser zusetzen, wie der Verbrauch an Maßlösung bei der Titration beträgt]. Die Vorschrift muß genau eingehalten werden.

α_2) *Indikation durch Farbstoffausbleichung.*

Allgemeines. Der Endpunkt kann auch, wie vielfach in der Bromatometrie üblich, durch Entfärbung von Methylorange festgestellt werden. NAKAZONO und INOKO wollen festgestellt haben, daß dafür die Salzsäurekonzentration der Lösung bei 0,3 bis 0,6 n liegen muß und daß die Normalität bei der genaueren potentiometrischen Ausführung bis zu 3,0 betragen darf. Die potentiometrische Titration mit Platinindikatorelektrode ergibt einen scharfen Potentialsprung (JOSHI). Nach einer anderen Vorschrift von JOSHI (a) arbeitet man mit Indikation durch Farbstoffoxydation wie folgt:

Arbeitsvorschrift. Zu der Probelösung gibt man so viel Salzsäure, daß am Ende eine Gesamtacidität von 1,5 bis 3,0 normal gewährleistet ist, sowie 2 bis 3 Tropfen Methylorangelösung und titriert mit Kaliumbromatmaßlösung, gegen Ende langsam, bis die Färbung scharf von Rot zu Farblos oder ganz schwach Gelb umschlägt.

Berechnung. 1 ml m Kaliumbromatlösung entspricht 0,09718 g Kalium- oder 0,07612 g Ammoniumthiocyanat, für 0,1 n Lösung sind die Zahlen durch 60 zu dividieren. Der *relative Fehler* wird zu 0,3 % angegeben.

α_3) *Indikation mit Jodstärke.*

Allgemeines. Auch durch Jodstärke kann der Endpunkt indiziert werden, wie von SUGÁR und SZEKERES beschrieben wird. Diese Indikation hat den Vorzug, *reversibel* zu sein; man kann mit SCN^- *zurücktitrieren.*

Arbeitsvorschrift. Man gibt 10 ml der an Thiocyanationen etwa 0,1 normalen Probelösung in einen Titrierkolben, versetzt mit 50 ml n Salzsäure, 1 ml Stärkelösung und 3 Tropfen alkalischer Jodlösung. Nun läßt man unter gleichmäßigem Schwenken 0,1 n Kaliumbromatlösung aus der Bürette langsam zufließen. Die blaue Färbung der Jodstärke wird während der Titration violett, unmittelbar vor dem Endpunkt rosa, ein weiterer Tropfen Maßlösung bewirkt Entfärbung. Man führt eine Blindtitration mit der gleichen Indikatormenge aus und zieht den Blindverbrauch ab.

α_4) *Potentiometrische Indikation.*

Sehr genau wird die Titration auch bei der potentiometrischen Ausführung. Diese kann z.B. [nach JOSHI (a)] in einem 250-ml-Becherglas mit Rührwerk und Platindraht als Indikator sowie gesättigter Kalomelelektrode als Bezugselektrode mit direkt anzeigendem Galvanometer vorgenommen werden. In 1,5 bis 3,0 n Salzsäure erhält man einen scharfen Potentialsprung.

β) Oxydation mit Bromat-Bromidlösung – Rücktitration.

Prinzip. Die Oxydation des Thiocyanations mit nascierendem Brom entsprechend der Gleichung:

$$HSCN + 4H_2O + 3Br_2 = H_2SO_4 + HCN + 6HBr$$

verläuft praktisch momentan; hierauf gründeten TREADWELL und MAYR eine präzise Bestimmungsmethode. Nachstehend wird diese Arbeitsweise und anschließend eine vereinfachte Form (direkte Titration) nach MONTEQUI und CARRERÓ wiedergegeben.

aa) ***Arbeitsvorschrift*** nach TREADWELL und MAYR. Man bringt eine abgemessene Menge der Probelösung mit abgemessener 0,1 n Kaliumbromatlösung in erheblichem Überschuß und 2 bis 3 g Kaliumbromid in eine mit einem geschliffenen Tropftrichter versehene Flasche. Man evakuiert die Flasche über den Tropftrichter mit einer Wasserstrahlpumpe und schließt dann den Hahn des Tropftrichters. Nun läßt man durch den Trichter 30 bis 40 ml Salzsäure (1 + 1) (etwa 6 m) auf je 100 ml Flüssigkeit in die Flasche fließen, ohne daß dabei Luft nachströmt, und schüttelt kräftig um. Nach 5 bis 10 Min. läßt man aus dem Trichter, den man vorher mit etwas Wasser gespült hat, eine Lösung von 2 bis 3 g Kaliumjodid in wenig Wasser zufließen ohne dabei Luft in die Flasche einströmen zu lassen. Man schüttelt und titriert das ausgeschiedene Jod mit 0,1 n Thiosulfatlösung unter Anwendung von Stärke als Indikator bis zur Entfärbung.

bb) ***Vereinfachte Arbeitsvorschrift.*** Das Thiocyanat in einer höchstens 75 mg KSCN entsprechenden Menge wird in einem Kolben mit Glasstopfen in 15 bis 25 ml Wasser gelöst. Man versetzt mit 0,5 g Kaliumbromid sowie 15 ml konz. Salzsäure und titriert dann unter Umrühren mit 0,1 n Kaliumbromatlösung, bis die gelbe Färbung durch Brom nach einigen Minuten Stehens erhalten bleibt. Dann setzt man etwa 0,5 g Kaliumjodid zu und titriert wie oben (aa) angegeben. Die Differenz aus Millilitern angewendeter Bromatlösung und verbrauchter Thiosulfatlösung entspricht dem Thiocyanatgehalt.

Berechnung. 1 ml 0,1 n $Na_2S_2O_3$- bzw. 0,1 n $KBrO_3$-Lösung entspricht 0,968 mg SCN^-.

Bemerkung. D'ANS und MATTNER empfehlen, bei der 1. (indirekten) Ausführung das KJ *sofort* nach dem ersten Auftreten einer Gelbfärbung (durch Brom) zuzusetzen, um Reduktion von Brom durch den entstandenen Cyanwasserstoff zu verhindern.

γ) Oxydation mit Hypobromition – Rücktitration.

Eine solche Arbeitsweise ist von GOLSE beschrieben worden. Sie ist in Gegenwart von Ammoniumsalzen wegen deren Einwirkung auf die alkalische Bromlauge nicht anwendbar.

Eine mindestens 1 Monat haltbare Hypobromitmaßlösung stellt man nach CLAEYS und SION durch Zugabe von Natronlauge zu einer Lösung von Kaliumbromat und -bromid in verd. Schwefelsäure her. Diese Autoren empfehlen, ein Gemisch von 25 ml Probelösung mit 2 ml Natronlauge zu 50 ml 0,01 bis 0,1 m Hypobromitlösung zu geben und deren Überschuß nach 1 Std. jodometrisch zurückzutitrieren. Der *Fehler* wird zu nur 0,15 % relativ angegeben. Die Oxydation mit Hypobromit- führt zum Sulfat- und Cyanation.

δ) Direkte Titration mit Hypobromitlösung.

Prinzip. Nach Angabe von DESHMUKH und ESHWAR verläuft die Oxydation des Thiocyanat- mit Hypobromition bei pH = 8,2 vollständig und rasch genug, um direkt zu titrieren. Die Autoren arbeiten amperometrisch mit der rotierenden Platinelektrode nach KOLTHOFF und Mitarbeitern.

Arbeitsvorschrift. Man gibt die Probelösung zu 10 ml etwa 0,6 m Natriumhydrogencarbonatlösung, verdünnt auf 50 ml und titriert mit Natriumhypobromitlösung, die man in gleicher Weise gegen Standard-Natriumarsenitlösung eingestellt hat, bei +0,3 V als Potential der Platinelektrode gegen die gesättigte Kalomelelektrode. Der *relative Fehler* beträgt bei 0,33 bis 2,3 mg SCN^- −0,85 bis +0,58 %.

f) Oxydation bzw. Titration mit Hypochlorit- oder Chloraminlösung.

Chloramin T (p-Toluolchlorsulfonamid) ist in Lösung vor Licht geschützt stabiler als Hypochloritlösung. Eine indirekte Bestimmung, d.h. Zugabe von Chloramin T, das zum Hypochlorition hydrolysiert, im Überschuß zu der Probe und Rücktitration mit Natriumarsenitlösung wurde von KOMAROWSKIJ und KORENMAN empfohlen.

Die Oxydation des Thiocyanations mit 0,02 n Chloraminlösung wird in Gegenwart von Natriumhydrogencarbonat vorgenommen; sie dauert bei Zimmertemperatur etwa 4 Std. und läßt sich *nicht* wie die Oxydation mit Jod (nach SCHWIKKER) durch Alkalisieren mit einem Borat beschleunigen. Nach Ansäuern mit Salzsäure wird gestellte arsenige Säure im Überschuß zugegeben und mit eingestellter Chloraminlösung unter Zugabe eines Körnchens Kaliumjodid zurücktitriert. Die *Titerstellung* der Chloraminlösung kann mit arseniger Säure oder jodometrisch (Zugabe von Kaliumjodid und Säure, Titration des ausgeschiedenen Jods mit Thiosulfat) erfolgen. 1 Mol Thiocyanation verbraucht 4 Mole Chloramin.

WILLARD und MANOLA fanden, daß die direkte Titration des Thiocyanations mit Hypochloritlösung unter Anwendung von Diphenylaminsulfosäure als Redoxindikator möglich ist.

g) Oxydation mit Permanganatlösung

Prinzip. In alkalischer Lösung oxydiert überschüssiges Permanganat- das Thiocyanation quantitativ zum Cyanat- und Sulfation und wird selbst zum Manganation reduziert:

$$SCN^- + 8MnO_4^- + 10OH^- \rightarrow OCN^- + SO_4^{2-} + 8MnO_4^{2-} + 5H_2O.$$

Hierauf gründeten SCHTSCHIGOL und BURTSCHINSKAJA eine Bestimmungsmethode.

Arbeitsvorschrift. Man gibt zu 10 ml 0,1 n $KMnO_4$-Lösung 15 ml 2 n Natronlauge und eine gemessene Menge der Thiocyanation enthaltenden Lösung. Nach 15 Min. Stehens im Dunkeln gibt man 1,5 g Kaliumjodid sowie 15 ml 8 n Schwefelsäure hinzu und titriert nach 10 Min. das ausgeschiedene Jod wie üblich mit Thiosulfatlösung. Die Differenz aus Milliliter 0,1 m $KMnO_4$- und Milliliter 0,1 n $Na_2S_2O_3$-Lösung dividiert durch 8 entspricht Milliliter 0,1 m SCN^--Lösung.

Bemerkung. Bei *Mikroausführung* verwendet man 10 ml 0,02 n Permanganatlösung, 5 ml 2 n Natronlauge sowie 0,5 g Kaliumjodid und titriert mit 0,01 n Thiosulfatlösung. Wegen der direkten Titration mit Permanganat siehe Abschnitt: IV.

h) Oxydation mit Manganatlösung.

Mit Manganat erfolgt nach POLAK, PRONK und DEN BOEF in alkalischer Lösung (1 bis 3 molar an Lauge) die Oxydation von Thiocyanat zu Cyanat und Sulfat bei 60 °C quantitativ in einigen Stunden. Nach Ansäuern und Zugabe von KJ kann das überschüssige Manganat zurücktitriert werden. Viele organische und anorganische Verbindungen (CN^-) werden miterfaßt. Jodid stört.

i) Bromierung und Bestimmung als Bromcyan.

In schwach saurer Lösung wird das Thiocyanat- ebenso wie Cyanidion durch freies Brom in Bromcyan übergeführt, das seinerseits aus Jodwasserstoff quantitativ Jod frei macht:

$$HSCN + 4Br_2 + 4H_2O = H_2SO_4 + 7HBr + CNBr; \quad (1)$$

$$CNBr + 2HJ = HCN + HBr + J_2. \quad (2)$$

Der Überschuß an freiem Brom wird nach Beendigung der Reaktion (1) mit Phenol gebunden. Das nach Reaktion (2) frei werdende Jod reagiert, wie SCHULEK feststellte, im Dunkeln auch innerhalb von 4 bis 5 Std. nicht mit dem überschüssigen Phenol, so daß ersteres bei der Titration mit Thiosulfat vollständig erfaßt wird. Auch das Bromcyan selbst, das in der schwach sauren Lösung beständig ist, reagiert mit Phenol nicht merklich.

Arbeitsvorschrift (nach SCHULEK). Man gibt 50 ml etwa 0,3 bis 90 mg HSCN enthaltender Thiocyanatlösung in eine etwa 120 ml fassende Flasche mit gut eingeschliffenem Glasstopfen, säuert mit 5 ml 20%iger Phosphorsäure an und tröpfelt so viel Bromwasser hinzu, bis die Lösung stark gelb geworden ist. Nun gibt man 30 bis 40 Tropfen 5%ige wäßrige Phenollösung zur Entfernung des Broms hinzu und läßt unter mehrmaligem kräftigem Durchschütteln 15 Min. im Dunkeln stehen. Danach gibt man 0,5 g Kaliumjodid hinein, schüttelt durch und stellt wieder ins Dunkle. Nach 30 Min. titriert man das ausgeschiedene Jod mit 0,1 oder 0,01 n Thiosulfatlösung unter Anwendung von Stärke als Indikator.

Bemerkungen. α) Das *Äquivalentgewicht* des Thiocyanations ist gleich der Hälfte seines Molekulargewichtes; 1 ml 0,1 n Thiosulfat entspricht 2,904 mg SCN^-.

β) In der Literatur finden sich Hinweise, daß die Methode nach SCHULEK etwas zu *niedrige* Werte liefert. BAJEW, FRENKELJ und STOROSCHENKO stellten fest, daß dies nicht der Fall ist, wenn man die verwendete Thiosulfatlösung nicht einfach jodometrisch, sondern mit Standardthiocyanatlösung unter den gleichen Bedingungen wie bei dessen Bestimmung einstellt. Die Standardlösung könnte man z.B. nach TREADWELL und MAYR (Abschnitt: c) einstellen.

γ) Die Bromcyanmethode hat den Vorteil, daß sie ohne weiteres in *Gegenwart* von *reduzierenden* Substanzen wie Sulfit-, Sulfid- und Thiosulfationen angewendet werden kann. BAJEW und Mitarbeiter empfehlen sie zur Bestimmung von Thiocyanat- neben viel Thiosulfationen (in Sulfidierungsbädern) und fanden dabei unter Anwendung der oben genannten Einstellungsweise für 59 mg KSCN Abweichungen, die zwischen $-0,7$ und $+0,8\%$ relativ lagen.

δ) Die *Störung* durch Cyanidion kann beseitigt, bzw. Thiocyanat- und Cyanidionen (als Differenz) können nebeneinander bestimmt werden, indem man zu der gegen Lackmus leicht alkalisch gemachten Probelösung 1 ml Formaldehydlösung gibt und dann genau wie SCHULEK weiterarbeitet. So erhält man nur das SCN^-; die Bestimmung ohne Formaldehydzusatz ergibt die Summe aus CN^- und SCN^- (ähnlich arbeiten auch UYEDA und NOJI).

IV. Permanganometrie.

a) Direkte Titration.

Allgemeines. Die Oxydation mit Permanganat und jodometrische Rücktitration ist in Abschnitt: III, g behandelt. Die direkte Titration mit Permanganat ist lange Zeit ein umstrittenes Problem gewesen. Bei der einfachen Titration in schwefelsaurer Lösung tritt gegenüber dem angenommenen Reaktionsverlauf:

$$5SCN^- + 6MnO_4^- + 18H^+ = 5HSO_4^- + 6Mn^{2+} + 5HCN + 4H_2O,$$

nach dem 1 ml 0,1 n $KMnO_4$ 1,620 mg KSCN entspricht, Minderverbrauch an MnO_4^-, also ein zu niedriger Befund, auf. Dies wurde auf Entstehung von Dithionsäure und Zurückbleiben von unoxydiertem Thiocyanation (REINITZER und POLLET) oder auf Komplexbildung und induzierte Oxydation durch Luftsauerstoff (SCHRÖDER) oder auf Verdunstung von Thiocyanwasserstoff unter Einwirkung der entstehenden, flüchtigen Blausäure (ILLARIONOW) zurückgeführt. GOLSE fand, daß zu geringe Schwefelsäurekonzentration unvollständige Oxydation und zu niedrigen Permanganatverbrauch verursacht, zu hohe Säurekonzentration dagegen zu hohen Verbrauch infolge Bildung von Kohlenoxysulfid. Teilweise empfahl man Titration bei erhöhter Temperatur.

Illarionow schlug vor, bei Anwendung von 5 ml Schwefelsäure (1 + 10) (etwa 1,7 m) auf 10 ml 0,005 bis 0,002 n Thiocyanatlösung und Titration mit 0,1 n Permanganatlösung mit einem empirisch gefundenen molaren Umsetzungskoeffizienten von 5,5 statt der theoretischen Zahl 6 (siehe obige Gleichung) zu rechnen. Die Fehler würden dann nur noch ±0,3 bis 0,4% betragen.

Gleichzeitig haben Györbiró sowie Deshmukh und Joshi gefunden, daß bei Anwendung von Jodmonochlorid als *Katalysator* quantitative Umsetzung nach der oben angegebenen Reaktionsgleichung erfolgt. Györbiró zeigte, daß dann die Oxydation eigentlich durch das intermediär entstehende J^+-Ion bewirkt wird. Die Säurekonzentration ist auch in diesem Falle wichtig, worauf Deshmukh und Joshi hinwiesen. Die Arbeitsweise dieser Autoren wird nachfolgend beschrieben.

Arbeitsvorschrift. Man versetzt 10 ml Probelösung in einem konischen Kolben mit Glasstopfen mit 10 ml Jodmonochloridlösung und so viel konz. Salzsäure, daß deren Konzentration am Ende der Titration noch 1,5 bis 2 n ist. Die benötigte Säuremenge ermittelt man in einem Vorversuch. Man fügt dann 5 ml Tetrachlorkohlenstoff hinzu und titriert mit Kaliumpermanganatlösung (die gegen Natriumoxalat eingestellt wurde) unter kräftigem Umschütteln. Man titriert tropfenweise zu Ende, bis die Jodfärbung aus der CCl_4-Schicht gerade verschwindet. Um Verluste an Jod zu vermeiden, setzt man zum Umschütteln jedesmal den Stopfen auf. (Wegen der Herstellung von JCl-Lösung siehe Kapitel: Cyanwasserstoff: C 3, VI.)

Bemerkungen. α) Cyanidion *stört* bei der permanganometrischen Titration in saurer Lösung *nicht*.

β) Bei nicht sehr hohen Genauigkeitsforderungen kann man für *technische* Zwecke nach Savelsberg die einfache, direkte Titration thiocyanathaltiger Lösungen mit Pergamanatlösung bis zur Rotfärbung anwenden und mit einem empirischen Faktor rechnen (siehe Abschnitt: 9, I, f), der nicht ganz der oben im Absatz: *Allgemeines* angegebenen Gleichung entspricht.

b) Titration als Kupferverbindung.

Von Travers und Avenet ist vorgeschlagen worden, zur Bestimmung von Thiocyanat- neben Cyanid- und Sulfitionen (in Kokereiabwässern) nach Fällen der Sulfide mit Zink- oder Cadmiumlösung das Thiocyanation mit Kupfersulfat aus mit Schwefeldioxyd gesättigter Lösung (siehe Abschnitt: 1) als Kupfer(I)-verbindung zu fällen, den Niederschlag nach 2 bis 3 Std. abzufiltrieren, zu waschen, in überschüssiger Ammoniaklösung zu lösen, durch etwa viertelstündiges Kochen in den Kupfer(II)-komplex zu überführen und nach Abkühlen und Zugabe von überschüssiger Schwefelsäure mit Permanganatlösung zu titrieren. Die Genauigkeit würde 1% relativ betragen; das Umsetzungsverhältnis ist 6 MnO_4^- je 5 SCN^-.

V. Oxydation bzw. Titration mit Cer(IV)- oder Vanadationen.

a) Oxydation mit Cer(IV)-ion.

Eine indirekte Bestimmung des Thiocyanations mit Cer(IV)-sulfat, nach welcher der Überschuß dieses Oxydationsmittels mit Eisen(II)-äthylendiaminsulfat bei potentiometrischer Indikation (Platin- und Kalomelelektrode) titriert wird, wurde von Singh, Singh und Singh angewendet.

b) Direkte Titration mit Cer(IV)-ion.

In Gegenwart von JCl kann man nach Deshmukh und Rao auch bei Zimmertemperatur direkt titrieren. 2 ml JCl auf 100 ml Lösung genügen. Die Indikation kann mit Ferroin oder nach dem dead stop-Prinzip erfolgen. Die große Stabilität des Cer(IV)-ions bewirkt gute Titerkonstanz seiner Lösungen. 1 Mol KCNS entspricht 6 Mol $Ce(SO_4)_2$.

Eine direkte Titration mit Cer(IV)-lösung mit photometrischer Indikation wurde von Stoljarov beschrieben. Dieser Autor benutzte die Tatsache, daß Cer(IV) bei 365 nm stark absorbiert, das entstehende Cer(III) jedoch nicht.

c) Oxydation mit Vanadation.

Rao, Murthi und Rao untersuchten die Oxydation mit Vanadation und arbeiteten eine indirekte Methode zur Thiocyanatbestimmung aus. Sie stellten fest, daß die Reaktion bei gewöhnlicher Temperatur langsam verläuft, aber durch Jodid-, Jodationen und besonders durch Jodmonochlorid katalysiert wird. Die Rücktitration des im Überschuß angewendeten Vanadations kann mit einer Lösung von Mohrschem Salz in Gegenwart von N-Phenylanthranilsäure als Indikator erfolgen. Die Bestimmung wird durch den Luftsauerstoff nicht beeinflußt, was nach Feststellung der genannten Autoren bei der Oxydation mit Permanganat und Cer(IV)-salz in gewissem Grade der Fall ist.

VI. Verschiedene weitere Titrationsmethoden.

a) Oxydation mit Cyanoferrat(III).

Diese Reaktion wurde von Suseela untersucht, der eine Bestimmungsmethode darauf gründete. Das unverbrauchte Cyanoferrat wird dabei jodometrisch zurücktitriert. Die Oxydation des Thiocyanations muß bei 60 bis 70 °C mit Osmiumsäure als Katalysator ausgeführt werden und erfordert trotzdem 15 bis 30 Min.

b) Indirekte Titration mit ÄDTA-Lösung nach Fällung als Kupfer(I)-salz.

Allgemeines. Eine jodometrische Bestimmung über das Kupfersalz haben bereits Jamieson und Mitarbeiter angewendet. Nach einem Vorschlag von Ralea und Siminiuc arbeitet man chelatometrisch mit ÄDTA (Dinatriumsalz der Äthylendiamintetraessigsäure):

Arbeitsvorschrift. Man gibt zu der Probelösung eine gemessene Menge 0,01 n Kupfer(II)-lösung im Überschuß, füllt mit Wasser zu 50 ml auf und leitet einige Minuten lang Schwefeldioxid hindurch (vgl. Abschnitt: 1). Man filtriert den entstandenen Niederschlag von Kupfer(I)-thiocyanat in einen Glasfiltertiegel ab und wäscht mit 100 ml Wasser. Zum Filtrat gibt man 2 ml n Ammoniak- und 2,5 ml m Ammoniumchloridlösung, dann 0,04 g Murexid (1 %iges Gemisch mit NaCl) und titriert den Kupferüberschuß mit 0,01 m ÄDTA-Lösung.

Bemerkung. Die Bestimmung kann in Gegenwart von Cl^-, Br^-, und Erdalkalisalzen ausgeführt werden; Jodid-, Cyanid-, Kobalt-, Nickel- und Cadmiumionen *stören*.

c) Titration nach Umsetzung zu Ammoniak.

Cyanid- und Thiocyanationen können, insbesondere wenn sie als komplexe, sonst schwer analytisch erfaßbare Metallverbindungen vorliegen, durch längeres Erhitzen mit konz. Schwefelsäure und Quecksilbersulfat im Bombenrohr in Ammoniumsulfat umgewandelt und als Ammoniak bestimmt werden. (Jaselskis und Lanese; siehe auch Kapitel: Cyanwasserstoff, C, 1, V). Natürlich darf die Analysensubstanz keine anderen Stickstoffverbindungen enthalten.

d) Indirekte komplexometrische Titration nach Oxydation zu Sulfat.

Nach dieser Methode, die von de Sousa angegeben wurde, kann man Thiocyanat neben Cyanid und Halogenid bestimmen. Man fällt aus neutraler Lösung alle Ionen mit überschüssiger 5 %iger Silbernitratlösung, filtriert und wäscht. Den gewaschenen Niederschlag kocht man mit konz. Salpetersäure, wobei aus dem Thiocyanat Sulfat entsteht und das Cyanid zersetzt wird. Man fällt nun mit einer gemessenen Menge

Bariumchloridlösung und titriert dann den Überschuß von Ba^{2+} mit ÄDTA-Lösung zurück.

3. Colorimetrische Bestimmung.

I. Bestimmung als Eisen(III)-thiocyanat.

Allgemeines. Diese Methode ist spezifisch und einfach auszuführen. Sie wird daher trotz einiger Mängel, deren wesentlichster die Unbeständigkeit der entstehenden blutroten Färbung besonders unter Lichteinwirkung ist, viel verwendet. Verbindungen, die mit Fe^{3+} Komplexe bilden, z.B. Oxalat-, Phosphat-, Fluoridionen, stören; in ihrer Gegenwart ist ein großer Überschuß an Eisenlösung anzuwenden.

a) Angleichmethode.

Diese beruht auf Herstellung gleicher Farbintensität in der Probelösung und einer Vergleichslösung durch Zugabe bekannter Mengen an Standard-Thiocyanatlösung. Sie berücksichtigt eine etwaige natürliche Färbung der Probe. Im Prinzip ist sie schon sehr lange bekannt.

Nachstehend wird eine Anwendung auf die Bestimmung des Thiocyanations im Wasser nach der Vorschrift des A.B.C.M.-S.A.C.-Committee wiedergegeben, die offenbar auf LOVETT und FISH zurückgeht.

Arbeitsvorschrift. Zunächst stellt man eine Stammlösung durch Auflösen von 5 g Kaliumthiocyanat in Wasser unter Auffüllen auf 500 ml her und bestimmt ihren SCN^--Gehalt durch Titration mit 0,1 n Silbernitrat nach VOLHARD; 1 ml 0,1 n $AgNO_3$-Lösung entspricht 5,81 mg SCN^-. Man *stellt* die Stammlösung dann durch Wasserzugabe derart ein, daß 1 ml 5,0 mg SCN^- enthält. Von dieser Lösung verdünnt man 10 ml auf 500 ml mit Wasser, so daß diese verdünnte Lösung, die als Standardlösung dient, 0,1 mg SCN^-/ml enthält. Sie muß immer frisch hergestellt werden.

Zu 50 ml filtrierter Abwasserprobe (oder einem auf 50 ml verdünnten aliquoten Teil davon) in einem Neßler-Zylinder gibt man 0,5 ml 0,1 n Salzsäure und 0,5 ml Eisenchloridlösung (10 g $FeCl_3 \cdot 6H_2O$ in 1 l Wasser). In einen zweiten Neßler-Zylinder gibt man etwas weniger als 50 ml dest. Wasser, 0,5 ml 0,1 n Salzsäure und 0,5 ml Eisenchloridlösung. Nun gibt man aus einer Bürette tropfenweise Standardthiocyanatlösung in den 2. Zylinder und rührt jedesmal durch, bis die Färbung derjenigen im 1. Zylinder gleich ist. Die verbrauchten Milliliter Standardlösung liest man ab (x ml).

Dann zerstört man die rote Färbung im ersten Zylinder durch Zugabe von 1 ml gesättigter Quecksilber(II)-chloridlösung und vergleicht eine etwa zurückgebliebene Färbung mit Standardthiocyanatlösung wie oben beschrieben (Verbrauch $= y$ ml). Man muß bei der Durchführung der Methode darauf achten, daß die benutzten Zylinder nicht unbeabsichtigt mit Quecksilberchlorid verunreinigt werden.

Berechnung: $$\text{mg SCN}^-/\text{l} = \frac{100\,(x-y)}{\text{Probevolumen [ml]}}.$$

b) Visuell-colorimetrische Methode.

Zur grob quantitativen Bestimmung kann man nach FRANZUSOWA mit 10%iger Eisenchloridlösung getränkte Papierstreifen verwenden, deren beim Benetzen mit der thiocyanathaltigen Lösung (z.B. Speichel) entstehende Färbung man mit einer geeichten Farbskala vergleicht.

c) Photometrische Messung.

Bei spektrophotometrischer Messung der Farbintensität (Absorption) arbeitet man bei 460 bis 490 nm (UTSUMI bzw. CHESLEY). Man mißt 5 Min. nach Zugabe der Eisen(III)-lösung; nach Stehen der Lösungen im Dunkeln kann die Messung auch später erfolgen. Nach GOLDSTEIN beträgt der Fehler für 25 bis 400 μg Thiocyanat $\pm 2{,}5\%$. CHESLEY gibt die Fehlergrenzen mit $\pm 1\%$ an. Nach URBACH können wenige tausendstel Prozente Thiocyanationen noch gut bestimmt werden, wenn man 1 bis 2 ml klare Probelösung mit 1 ml Reißnerschem Reagens (80 ml ausgekochte 10%ige Salpetersäure + 40 ml n Eisenchloridlösung + 40 ml Wasser) versetzt, mit Wasser zu 5 ml auffüllt und im Stufenphotometer mit Filter S 47 bei einer Schichtdicke von 5 mm gegen ein Gemisch aus 1 ml des Reagens und 4 ml Wasser mißt.

Eisennitrat in Salpetersäure als Reagens (z.B. nach POWELL 50 g krist. Eisennitrat und 25 ml konz. Salpetersäure mit Wasser zu 1 l aufgefüllt) ist in der physiologischen Chemie vielfach gebräuchlich.

II. Bestimmung als Dipyridinkupfer(II)-thiocyanat.

Prinzip. Mit Kupfersulfat und Pyridin bildet das Thiocyanation eine in Wasser unlösliche, hellgrüne Verbindung $[CuPy_2](SCN)_2$ (SPACU), die, in einem organischen Lösungsmittel gelöst, zur colorimetrischen Bestimmung dienen kann. Diese Methode ist recht spezifisch; trotzdem ist es vorteilhaft, z.B. aus biologischen Substraten (LANG) oder aus Abwasser (LURJE) das Thiocyanation zunächst als Silberthiocyanat abzuscheiden. LANG verwendet Brombenzol als Lösungsmittel, LURJE Chloroform. Die Arbeitsweise des letztgenannten Autors wird nachstehend wiedergegeben.

Arbeitsvorschrift. Man gibt zu 500 ml Abwasserprobe einige Tropfen 10%iger Natriumchloridlösung und 10 bis 15 ml 0,1 n Silbernitratlösung, läßt 4 Std. stehen, filtriert dann den Chlorid-Thiocyanat-Niederschlag ab und wäscht ihn mehrmals mit kleinen Anteilen Wassers, Äthanols, Toluols, nochmals mit Äthanol und wieder Wasser. Man legt das Filter mit dem gewaschenen Niederschlag in einen 100-ml-Kolben, gibt 20 ml gesättigtes Schwefelwasserstoffwasser hinzu und läßt unter beständigem Rühren bzw. Schütteln 30 Min. auf dem siedenden Wasserbad stehen. Dann filtriert man das entstandene Silbersulfid ab, wäscht mit Wasser nach und dampft das Filtrat (nebst Waschwasser) auf 10 ml ein. Diese Lösung überführt man in ein Eggertz-Rohr, gibt 3 ml 5%ige Ammoniumnitratlösung, 0,5 ml Pyridin, 0,5 ml 10%ige Kupfersulfatlösung und 3 ml Chloroform hinzu und schüttelt durch.

In ein gleiches Eggertz-Rohr gibt man 10 ml reines Wasser, die gleichen Mengen aller Reagenzien wie vorher zu der Probe und fügt aus einer Bürette tropfenweise Standardthiocyanatlösung hinzu, bis die Färbungen der beiden Chloroformschichten gleich stark sind. Die *Berechnung* erfolgt analog wie bei der Methode unter I,a.

Bemerkungen. a) Die Messung kann natürlich auch regelrecht colorimetrisch, z.B. im *Stufenphotometer*, erfolgen, wie es von LANG beschrieben wird. Thiocyanatmengen bis 5 μg herab können auf diese Weise quantitativ erfaßt werden. Sulfit-, Nitritionen, Thioharnstoff, Cyanid-, Thiosulfat-, Hydrogenphosphat- und Tartrationen *stören*, worauf u.a. schon BAILEY und BAILEY hinwiesen, wenn nicht wie in der obigen Vorschrift von LURJE durch Silberfällung getrennt wird.

b) Eine *vereinfachte* Methode zur Bestimmung kleiner Thiocyanatmengen in industriellen Abwässern, nach der die Abscheidung als Silberthiocyanat entfällt, wurde von KRUSE und MELLON beschrieben:

Arbeitsvorschrift. Man bringt 100 ml Probe mit Schwefelsäure bzw. Natronlauge auf pH = 2,5 bis 4. Wenn Cyanidion vorhanden ist, kocht man zunächst 15 Min. und schüttelt die Lösung 1 mal mit 25 ml Chloroform aus. Dann fügt man 2 ml 10%ige Kupfersulfatlösung und 4 ml Pyridin hinzu, extrahiert die entstandene Komplexverbindung mit 20 ml Chloroform und ein zweites Mal mit weiteren 5 ml Chloroform. Beide Extrakte sammelt man in einem 25-ml-Meßkolben. Man mißt die Absorption des Extraktes bei 410 nm und liest den Gehalt aus einer *Eichkurve* ab, die mit Standardlösungen aufgestellt wurde. Die Färbung gehorcht nicht dem Beerschen Gesetz. Eine Erhöhung der Reagenzienmenge auf das Dreifache hat keinen Einfluß auf die Farbintensität; das angewendete Probenvolumen soll aber innerhalb ± 3 ml gleich gehalten werden. Die Probe soll mindestens 0,5 mg SCN^- enthalten; ist dies in 100 ml nicht der Fall, nimmt man eine größere Probenmenge und dampft auf 100 ml ein.

Bemerkung. Für Gehalte von 0,50 bis 20,0 ppm SCN^- fanden KRUSE und MELLON bei Reproduzierbarkeitsversuchen *Variationskoeffizienten* zwischen 0,3 und 5,7%. *Störend* wirken Jodid-, Cyanidionen, komplexe Cyanide, Cyanat-, Quecksilber-, Nickel- und größere Mengen Magnesiumionen. Die genannten Kationen können gegebenenfalls durch Ionenaustausch oder Fällung als Hydroxide bei pH = 11 und doppelte Filtration, die Cyanverbindungen durch Zersetzen mit Säure in der Wärme, Jodidion durch Oxydation zu Jod und Extraktion mit Tetrachlorkohlenstoff entfernt werden.

III. Bestimmung nach Umsetzung zu Halogencyan.

Thiocyanat- wird durch Brom oder durch chlorierende Agenzien ebenso wie Cyanidion (siehe Kapitel: Cyanwasserstoff, Abschnitt: C, 4, V) in Bromcyan bzw. Chlorcyan übergeführt. Diese Verbindungen gehen empfindliche Farbreaktionen mit Pyridin bzw. Pyridin und einer weiteren Reaktionskomponente ein. Als solche Komponenten kommen hauptsächlich Benzidin, Pyrazolon und Barbitursäure in Betracht. Die Halogenierung mit Chlor (z. B. mittels Natrium-p-toluolsulfochloramid) verläuft nach der Gleichung:

$$SCN^- + 4Cl_2 + 4H_2O \rightarrow CNCl + 7Cl^- + H_2SO_4 + 6H^+.$$

Im übrigen erfolgt die Bestimmung genau so wie bei der HCN-Bestimmung. Auch die Bestimmung von Thiocyanat- *neben* Cyanidionen durch Austreiben des Cyanids als Cyanwasserstoff, Belüften oder Destillation ist in jenem Kapitel beschrieben. In diesem Zusammenhang wird zur Pyridin-Benzidin-Methode insbesondere auf die Arbeiten von NUSBAUM und SHUPEKO, von SCHULEK, von LURJE und PANOWA, von HUDSON und POLLOCK sowie von BAKER und Mitarbeitern (Bestimmung in Gegenwart eines großen Sulfidüberschusses) hingewiesen.

Für die Pyridin-Pyrazolon-Methode sind die Arbeiten von EPSTEIN, von KRUSE und MELLON und von LUDZACK und Mitarbeitern, für die Pyridin-Barbitursäure-Methode die Arbeit von ASMUS und GARSCHAGEN zu nennen.

Für die *Chlorierung* des Thiocyanations wird bisweilen Fe^{3+} als Katalysator empfohlen. ASMUS und GARSCHAGEN geben folgende

Arbeitsvorschrift. Man gibt 25 ml Probelösung in einen kleinen Kolben mit Schliffstopfen, fügt 1 ml 0,1%ige Eisenchloridlösung und 1 ml 1%ige Chloraminlösung hinzu. Nach Durchschütteln läßt man 2 Min. stehen und gibt dann 3 ml Barbitursäurereagens [3 g Barbitursäure mit wenig Wasser und 15 ml Pyridin versetzen, mit Wasser verdünnen und schütteln, bis die Hauptmenge der Barbitursäure gelöst ist, 3 ml Salzsäure (D = 1,16) hinzugeben und mit Wasser auf 50 ml auffüllen] hinzu. Nach 5 Min. mißt man die Lichtabsorption mit Filter 570 im Quecksilberlicht.

Eine colorimetrische Methode, nach der man Chloramin und Pyridin gleichzeitig auf das Thiocyanation einwirken läßt, wird von DESHMUKH und TATWAWADI beschrieben (siehe ebenfalls Kapitel Cyanwasserstoff, Abschnitt: C, 4, V, d).

IV. Bestimmung nach Reduktion zu Schwefelwasserstoff.

Prinzip. Nach dem Vorschlag von ČŮTA, HEJTMÁNEK und KUČERA reduziert man das Thiocyanation mit nascierendem Wasserstoff (aus Aluminium und Salzsäure) zu Schwefelwasserstoff und führt diesen in Bleisufid über, welches photometriert wird.

Arbeitsvorschrift. Man bringt die Probe in einen 100-ml-Erlenmeyerkolben, gibt 2 Aluminiumblechstückchen (1 cm × 4 cm) sowie verd. Salzsäure hinzu und leitet einen Wasserstoffstrom hindurch. Die entweichenden Gase leitet man in ein 25-ml-Meßkölbchen, das 1 ml Absorptionslösung nach LUKE (5 g Bleinitrat + 20 g Citronensäure zu 100 ml gelöst) und 20 ml verd. Ammoniaklösung enthält. Wenn die Farbintensität der Absorptionslösung nicht mehr zunimmt, unterbricht man das Durchleiten, füllt die Flüssigkeit im Kölbchen mit verd. Ammoniak zur Marke auf, mischt und photometriert mit Violettfilter (Ilford Nr. 601).

Bemerkungen. a) Die Umsetzung erfolgt nur zu etwa 91 %, ist aber *reproduzierbar* mit Abweichungen von etwa 7 % vom Mittelwert. b) Man stellt eine *Eichkurve* mit Hilfe von bekannten Thiocyanatlösungen her. Die Eichkurve ist im Bereich von 0 bis 40 μg Schwefel eine Gerade. c) Thiocyanation, entsprechend *3 μg S*, läßt sich noch bestimmen. d) Sulfition, Thioharnstoff, Cystin und andere Schwefelverbindungen reagieren analog und *stören* daher.

V. Bestimmung mit Variaminblau.

Die Oxydation des Redoxindikators Variaminblau durch Kupfer(II)-ionen in Gegenwart von Thiocyanat (oder Cyanid) wird von GREGOROWICZ und BUHL zu einer empfindlichen photometrischen Bestimmung benutzt. Sie messen die sich vertiefende Färbung mit dem Pulfrich-Photometer unter Anwendung des Filters S 53.

4. Polarographische Bestimmung.

Allgemeines. Thiocyanat- liefert ebenso wie Cyanidion beim anodischen Polarographieren an der Quecksilber-Tropfelektrode eine gut ausgebildete Stufe. Für 0,001 molare Thiocyanatlösung liegt nach KOLTHOFF und MILLER das Halbstufenpotential in neutralem oder schwach saurem Medium bei +0,18 V gegen die gesättigte Kalomelelektrode.

Der Vorgang entspricht der Gleichung:

$$Hg + 2\,SCN^- \leftrightharpoons Hg(SCN)_2 + 2e.$$

PLOWMAN und WILSON fanden neuerdings bei Messung gegen die Standard-Kalomelelektrode das Potential 0,205 V.

PLOWMAN und WILSON haben eine polarographische Methode zur Bestimmung von Thiocyanat- in Gegenwart von Cyanidion, Wasserstoffperoxid und Sulfation entwickelt. Sie verwenden die tropfende Quecksilberelektrode, als Grundlösung 0,1 n Perchlorsäure, und polarographieren von etwa ±0,4 bis −0,1 V. Die Stufe liegt etwa zwischen 0,30 und 0,15 V, gegen die gesättigte Kalomelelektrode gemessen; sie tritt bei der Thiocyanatkonzentration $5 \cdot 10^{-4}$ molar schon sehr gut in Erscheinung, ist aber auch noch bei $2 \cdot 10^{-4}$ zu erkennen. Sauerstoff beeinflußt die Stufe nicht. Im Gegensatz zum Arbeiten in 0,1 n Kaliumnitrat- oder Acetatpufferlösung von pH = 6 tritt keine Stufe von HCN auf.

Im Gegensatz zum Arbeiten an der tropfenden Quecksilberelektrode ist nach NICHOLSON die Voltametrie mit der Platinelektrode auch in Gegenwart eines großen Überschusses von Chloridionen möglich. Die Elektrooxydation wird in Pyridin-Pyridiniumion-Grundlösung und bei linearer Steigerung der Spannung vorgenommen. Die Reaktion ist reversibel. Das Stromstärkemaximum zeigt sich bei etwa 0,8 V gegen die gesättigte Kalomelelektrode. Obwohl der Strom keine lineare Funktion der Thiocyanatkonzentration ist, wird zwischen 0,1 und 4 Mol/l gute Reproduzierbarkeit erreicht; die mittlere Abweichung beträgt etwa ±1 %. Erforderlich ist allerdings eine sorgfältige Reinigung der Platinelektrode, auf der sich ein Reaktionsprodukt niederschlägt, vor jeder Analyse.

Cyanidion in gleicher Konzentration *stört nicht merklich.*

5. Bestimmung auf Grund der Katalyse der Reaktion von Natriumazid mit Jod

I. Gasvolumetrische bzw. -manometrische Methode.

Das Thiocyanation besitzt (ebenso wie Sulfid-, Thiosulfation, Thioharnstoff und einige andere organische S-Verbindungen) die Eigenschaft, die Zersetzung des Azidions nach der Gleichung:

$$2N_3^- + J_2 = 3N_2 + 2J^-$$

zu katalysieren (siehe auch Teil II dieses Handbuches, Kapitel: Rhodanwasserstoff, Abschnitt: IV). Es sind verschiedentlich Vorschläge gemacht worden, diese Reaktion zur quantitativen Bestimmung anzuwenden (u.a. KARASIK und NEMTSCHINSKAJA; SHISHIOKAWA und SUZUKI; SENISE). Die Reaktion verläuft in einem begrenzten Zeitintervall und in einem gewissen Konzentrationsbereich derart, daß das Volumen des entwickelten Stickstoffs der Thiocyanatkonzentration proportional ist. Eisen(III) und Chrom(II) *stören*, Sulfat-, Chlorid- und Acetationen nicht.

Arbeitsvorschrift (nach SHISHIOKAWA und SUZUKI). Man mißt das N_2-Volumen in einem Lungeschen Nitrometer: Hierbei gibt man zu 3,5 ml 3%iger Natriumazidlösung 0,4 bis 3,0 ml 0,1 n Essigsäure sowie 0,5 bis 2,0 ml 0,5 n Jodlösung, verdünnt auf 20 ml, fügt die Probelösung hinzu und mischt durch. Den entstandenen Stickstoff mißt man 2 Min. nach dem Mischen.

Bemerkungen. SENISE gab eine Ausführung mit *Thermostat* für das Reaktionsgefäß, in dem das Lösungsgemisch ständig geschüttelt wird, und Differentialmanometer zur Messung des N_2 an. Er verwendet bei einem Gesamtvolumen von 3,0 ml Flüssigkeit 0,5 ml wäßrige Natriumazidlösung, 1,0 ml Kaliumtrijodid- und 1,2 ml Acetatpufferlösung.

II. Titrimetrische Methode.

Wie KURZAWA hervorhebt, wird die durch SCN^--Ionen induzierte Jod-Azid-Reaktion durch höhere J^--Konzentration gehemmt, im Gegensatz zu der entsprechenden durch S^{2-} oder $S_2O_3^{2-}$ induzierten Reaktion, bei der dieser Effekt nicht besteht. Hierauf gründete KURZAWA eine Methode der Bestimmung von Spuren von Thiocyanat und Thiosulfat nebeneinander. Gemessen wird dabei der Verbrauch an Jod. Nachstehend die gekürzte

Arbeitsvorschrift. 70 ml der neutralen, von Jod reduzierenden Substanzen freien Lösung versetzt man mit 10 ml 20%iger Natriumazidlösung und nach Durchmischen mit 6 ml 0,1 n HCl; das pH ist jetzt etwa 5,9. Man ergänzt das Volumen mit Wasser auf 100 ml und fügt unter mechanischem Rühren 10 ml 0,02 n Jodlösung hinzu. 30 Sek. nach der Jodzugabe titriert man den Jodüberschuß mit 0,02 n Arsenitlösung zurück. Man ermittelt die Menge des Thiocyanats bzw. von Thiocyanat + Thiosulfat und/oder Sulfid aus dem Jodverbrauch und einer Eichkurve. Diese ist im Bereich von 0,0025 bis 70 mg SCN^-/l linear. Der relative Fehler soll $\pm 2{,}5\%$ betragen.

Sind S^{2-}- und $S_2O_3^{2-}$-Ionen vorhanden, so ermittelt man einmal wie oben die Summe der induzierenden Ionen und in einem weiteren Anteil der Probenlösung nach Zugabe von Kaliumjodid (1 g auf 100 ml) in sonst gleicher Weise nur Sulfid+Thiosulfat. Die Differenz ergibt das Thiocyanat.

Bemerkungen. Sind Jod reduzierende Substanzen vorhanden, so werden diese in einem anderen Probenanteil nach Ansäuern auf pH 5 in üblicher Weise jodometrisch bestimmt und wird dieser Jodverbrauch berücksichtigt.

6. Bestimmung in cyanidhaltigen Substanzen.

I. Bestimmung ohne Erfassung des Cyanidions.

Allgemeines. Liegt Thiocyanat- neben Cyanidion vor, so ist für manche Methoden der Thiocyanatbestimmung eine Abtrennung des Cyanidions erforderlich.

Diese kann durch Destillation (Abdestillieren des Cyanwasserstoffs) oder Extraktion erfolgen, wie in Kapitel: Cyanwasserstoff, Abschnitt: C, 1, ausführlich beschrieben.

Für die argentometrische Titration (siehe Abschnitt: E, 2, I) kann man das störende Cyanidion nach einem Vorschlag von POLSTORFF und MEYER, der von SCHULEK aufgegriffen wurde, durch Formaldehyd binden:

Arbeitsvorschrift. Man löst 0,1 bis 0,3 g Probe in 150 ml Wasser. Zur Lösung gibt man 5 ml 20%ige Formaldehydlösung, schüttelt gut durch und säuert mit 5 ml 30%iger Salpetersäure an. Nun kann man das Thiocyanation z.B. nach VOLHARD titrieren.

Bemerkungen. a) MUTSCHIN untersuchte den Vorgang der Bindung von HCN durch Formaldehyd näher. Er stellte fest, daß der *Überschuß* an Aldehyd mindestens ein 3facher sein muß und man saure Lösungen vor der Zugabe alkalisch machen muß. Deutlicher Geruch nach Formaldehyd zeigt ausreichenden Überschuß an; eine Wartezeit ist nicht erforderlich.

b) Neben annähernd gleichen Mengen von Cyanid- kann das Thiocyanation auch *polarographisch* (siehe Abschnitt: 4) bestimmt werden.

c) Eine weitere Möglichkeit besteht darin, das Thiocyanat gemeinsam mit dem Cyanid durch Silbernitrat zu fällen und durch Kochen mit konz. Salpetersäure in Sulfation überzuführen, als welches es auf verschiedene Weise gravimetrisch oder titrimetrisch, z.B. durch komplexometrische Rücktitration nach DE SOUSA (Abschnitt: 2, VI, d), bestimmt werden kann.

II. Bestimmung von Thiocyanat-, Cyanid- und Chloridionen nebeneinander.

Nach TREADWELL (S. 621) bestimmt man zunächst in einem Aliquot der Probe ungestört von den anderen Komponenten das Cyanidion nach LIEBIG (Kapitel: Cyanwasserstoff, C, 3, I, a). Ein zweites Aliquot versetzt man mit einer bestimmten Menge 0,1 n Silbernitratlösung im Überschuß, säuert mit Salpetersäure an, filtriert, wäscht den Niederschlag mit Wasser und titriert in Filtrat nebst Waschwasser das überschüssige Silberion nach VOLHARD (Abschnitt: 2, I, b); auf diese Weise erhält man die Summe aller drei Komponenten. Nun durchsticht man das Filter, spült den Niederschlag mit konz. Salpetersäure in einen Kolben und kocht 45 Min. lang, wobei das an Cyanid- und Thiocyanationen gebundene Silber in Lösung geht, während Silberchlorid ungelöst bleibt. Man verdünnt auf 100 ml, fügt genügend Bariumnitrat hinzu, um die entstandene Schwefelsäure zu fällen, und titriert, ohne die Niederschläge von Silberchlorid und Bariumsulfat abzufiltrieren, das gelöste Silberion nach VOLHARD. Auf diese Weise erhält man die Summe aus Cyanid- und Thiocyanationen. Aus den 3 erhaltenen Zahlen errechnet man schließlich die Mengen der Einzelkomponenten Thiocyanation und Chloridion:

$$(CN^- + SCN^-) - (CN^-) = (SCN^-); \quad (CN^- + SCN^- + Cl^-) - (CN^-) - (SCN^-) = (Cl^-).$$

Von SLOOFF und VAN DUYN wurde eine Variante angegeben, bei der man die Filtration erspart:

Arbeitsvorschrift. Das Cyanidion bestimmt man in einem Aliquot wie oben. In einem zweiten Aliquot bestimmt man die Summe der 3 Komponenten nach VOLHARD. Ein drittes Aliquot verdünnt man auf 100 ml, setzt 10 ml Salpetersäure (D = 1,3) hinzu, kocht zur Zerstörung von Cyanid- und Thiocyanationen und bestimmt dann das allein in der Lösung zurückgebliebene Chloridion nach VOLHARD (hierbei die üblichen Maßnahmen zur Verhinderung einer Umsetzung des Silberchlorids mit dem Eisenthiocyanat – z.B. Schütteln mit etwas Äther – beachten). Die Thiocyanatmenge ergibt sich als Differenz:

$$(CN^- + SCN^- + Cl^-) - (CN^-) - (Cl^-) = SCN^-.$$

Eine Möglichkeit der einfachen und genauen Bestimmung von *Cyanid-* und *SCN-Ion* in der gleichen Lösung ohne Filtration gibt die Anwendung von Adsorptionsindikatoren, wie RIPAN-TILICI zeigte. Der Autor verwendete Fluorescein als Indikator. Die Methode ist für mittlere Konzentrationen (0,05 bis 0,01 molare Probelösung; 0,1 bis 0,05 molare Silberlösung) gut geeignet; bei höheren Konzentrationen tritt Koagulation vor Erreichen des Äquivalenzpunktes ein. Man titriert zuerst das Cyanidion nach dem Prinzip von LIEBIG-DENIGÈS (vgl. Kapitel: Cyanwasserstoff, C, 3, I); nach weiterer Zugabe von Silberion tritt der Umschlag (Adsorption des Farbstoffes an die Suspension unter Auftreten einer Rosafärbung) ein, wenn alle Thiocyanat- (und Halogenidionen) gefällt sind. Jodid- und Chloridionen werden nicht vom Thiocyanation unterschieden.

Arbeitsvorschrift. Man titriert die Probelösung mit Silbernitratlösung in einem auf schwarzes Papier gestellten Becher bis zum Erscheinen der ersten Trübung (vollständige Umwandlung des Cyanidions in $[Ag(CN)_2^-]$), stellt dann auf weißes Papier, setzt 2 Tropfen 2%ige äthanolische Fluoresceinlösung hinzu und titriert weiter bis zum Auftreten einer Rosafärbung (vollständige Bindung aller Halogenid- und Pseudohalogenid-Ionen als Silbersalze).

7. Bestimmung neben Jodid- (oder Chloridionen).

Diese Bestimmung kann durch argentometrische Titration mit Luminescenzindikatoren ausgeführt werden (siehe Abschnitt: 2, I, a, δ). In Gegenwart von Chloridionen in großer Menge kann die Bestimmung auch polarographisch durchgeführt werden (Abschnitt: 4).

8. Bestimmung in Gegenwart von Sulfid-, Thiosulfat- oder Sulfitionen.

Allgemeines. Das Sulfidion fällt man am besten vor der Bestimmung mit Bleiacetat oder Cadmiumacetat aus. Sulfit- und Thiosulfationen stören nicht, wenn man eine der Methoden, nach denen die Bestimmung über Halogencyan erfolgt, benutzt (siehe Abschnitt: 3, III), da hierbei die Sulfite und Thiosulfate durch das im Überschuß angewendete Halogen oxydiert und unschädlich gemacht werden.

Als Beispiel sei eine Vorschrift von BAJEW, FRENKELJ und STOROSHENKO für die Bestimmung von Thiocyanationen in Bädern für die thermische Metallsulfidierung (die viel Thiosulfat enthalten) beschrieben:

Arbeitsvorschrift. Man wägt etwa 2 g Probe im Wägeglas ein, löst sie im 200-ml-Meßkolben mit Wasser und pipettiert 20 ml Lösung in einen 200 bis 300 ml fassenden Kolben mit eingeschliffenem Stopfen. Dann säuert man mit 5 ml 10%iger Phosphorsäure an und arbeitet weiter genau so, wie von SCHULEK (siehe Abschnitt: 2, III, h) beschrieben. Die Anwesenheit des Thiosulfations macht sich lediglich durch einen höheren Bromverbrauch bis zum Auftreten der Gelbfärbung (Bromüberschuß) bemerkbar.

Bemerkung. Die Jod-Azid-Reaktion (siehe Abschnitt: 5, II) scheint ebenfalls eine Möglichkeit zur Bestimmung von Thiocyanat neben Thiosulfat und Sulfid zu bieten.

9. Bestimmung in einigen besonderen Fällen.

I. Bestimmung in einigen anorganischen Substanzen.

a) Im Silberthiocyanat.

Allgemeines. Silberthiocyanat bildet mit überschüssiger Kaliumcyanidlösung in quantitativ ablaufender Reaktion eine Komplexverbindung:

$$AgSCN + 2\,KCN = [Ag(SCN)(CN)_2]K_2.$$

Auf diese Reaktion gründete CERNATESCO eine titrimetrische Gehaltsbestimmung des Silberthiocyanats, die allerdings in Gegenwart von löslichen Halogen- und Cyansalzen nicht unmittelbar anwendbar ist.

Arbeitsvorschrift. Man versetzt die Probe mit 5 ml Wasser und überschüssiger, gegen Silbernitrat eingestellter Kaliumcyanidlösung, bringt durch Rühren vollständig in Lösung und titriert mit Silbernitratlösung zurück (z.B. bis zum Auftreten einer Trübung nach LIEBIG; siehe Kapitel: Cyanwasserstoff, C, 3, I).

b) Im Quecksilberthiocyanat.

Man behandelt das Quecksilber(II)-thiocyanat mit Chloridionen enthaltender, wäßriger Lösung, wobei $HgCl_2$ entsteht und SCN^- frei wird (UTSUMI). Man mißt dann nach Zusatz von Eisenalaun die orangerote Färbung bei 460 nm. Cyanoferrat(III)- und -(II)-ionen *stören* bei der Messung.

c) In Gegenwart von Quecksilber(II)-ionen.

Prinzip: Aceton reagiert mit Quecksilber(II)-ionen unter Bildung von Wasserstoffion und einer Komplexverbindung des Quecksilbers. Das ermöglicht die Anwendung der Titration nach MOHR auf die Bestimmung von Thiocyanat-, Chlorid- und Bromidionen in Lösungsgemischen mit Quecksilbersalzen (FERNANDEZ, SNIDER und RIETZ):

Arbeitsvorschrift. Von der salpetersauren, an Thiocyanat etwa 0,1 normalen, beliebig viel Quecksilberion im Überschuß enthaltenden Probelösung mischt man ein Aliquot mit 20 ml Aceton. Man macht mit etwa n Natronlauge leicht über die Rotfärbung von Phenolphthalein hinaus alkalisch, gibt 1 ml Chromatindikator (1 molar an Kaliumchromat und 1 molar an Natriumhydrogencarbonat) zu und titriert nach MOHR bis zum Auftreten der Silberchromatfärbung.

d) In Blutlaugenschmelze.

Hierfür empfahl ZULKOWSKI die Anwendung der Fällung als Kupfer(I)-thiocyanat (siehe Abschnitt: 1) nach Ausziehen mit schwefliger Säure. Man läßt die Schmelze mit einem reichlichen Überschuß von starker schwefliger Säure 1/2 bis 1 Tag stehen, neutralisiert mit Zinkoxid, fällt das restliche Cyanoferrat(II)-ion mit Zinksulfat und filtriert. In dem gegebenenfalls auf dem Wasserbad eingeengten Filtrat bestimmt man das Thiocyanation.

e) In technischem Ammoniumsulfat.

Hierzu nützt man nach OFFERMANN die Löslichkeit des Thiocyanates in Äthanol aus. Man extrahiert die Probe 1 Std. mit absolutem Äthanol und bestimmt in dem Auszug das Thiocyanation nach einer der üblichen Methoden (titrimetrisch oder colorimetrisch). CHARATZ macht darauf aufmerksam, daß bei Anwendung der Eisen(III)-thiocyanatmethode auch für die Vergleichslösung Ammonium-(nicht Kalium)-thiocyanat genommen werden muß.

f) In Schwarznickelbädern.

Allgemeines. SAVELSBERG empfiehlt hierfür die einfache, direkte Titration mit Permanganatlösung in saurer Lösung unter Anwendung eines empirischen Faktors (siehe auch Abschnitt: 2, IV).

Arbeitsvorschrift. Man entnimmt dem Bad 10 ml Elektrolyt, füllt diese Menge in einem 100-ml-Meßkolben auf, gibt von der verdünnten Lösung 10 ml in einen Erlenmeyerkolben, versetzt mit 10 ml verdünnter Schwefelsäure und verdünnt mit Wasser auf etwa 200 ml. Man titriert mit 0,1 n Kaliumpermanganatlösung bis zur bleibenden Rotfärbung.

Berechnung. 1 ml 0,1 n $KMnO_4$-Lösung entspricht 1,22 mg NH_4SCN oder 1,56 mg KSCN unter Berücksichtigung eines Minderbefundes von 4% relativ.

II. Bestimmung in Industrieabwässern.

Zur genauen Bestimmung von Thiocyanat- und Cyanidionen empfehlen LOVETT und FISH die Methode nach ALDRIDGE (siehe Abschnitt: E, 3, III und C, 4 V, a); für bezüglich Genauigkeit weniger anspruchsvolle Zwecke halten sie die visuelle Eisen(III)-Methode (siehe Abschnitt: E, 3, I) für ausreichend.

Weiter sei auf die Arbeiten von KRUSE und MELLON, von LURJE sowie von LUDZACK und Mitarbeitern hingewiesen, die ebenfalls im Abschnitt: 3 behandelt wurden.

Zur Thiocyanatbestimmung in Kokerei- und ähnlichen Abwässern schlugen TRAVERS und AVENET vor, SCN^- als Kupferverbindung zu fällen und mit Permanganatlösung zu titrieren (näheres siehe Abschnitt: 2, IV, b).

Zur Bestimmung in phenolhaltigen Abwässern verschiedener Art kann man das Thiocyanat vom störenden Phenol durch Ionenaustausch trennen. Man läßt das SCN^- am Anionenaustauscher sorbieren – Phenol läuft durch – und eluiert das Thiocyanation dann mit 3 n Ammoniaklösung. Nun ist die kolorimetrische Bestimmung mit Eisen(III) möglich (WHISTON und CHERRY).

III. Bestimmung in physiologischen Substraten.

Allgemeines. Auf die Thiocyanatbestimmung in Körperflüssigkeiten, Geweben, Seren und dergleichen wurde und wird vielfach die Eisen(III)-Methode angewendet, so von URBACH; GRIFFITH und LINDAUER; BRODIE und FRIEDMAN; CHESLEY; BOWLER; GIBSON; GOLDSTEIN; gemessen wird mit visuellen oder photoelektrischen Colorimetern. Besondere Bedeutung gewinnt die Bestimmung im Zusammenhang mit der Thiocyanattherapie gegen Hypertension.

Gewebe wird nach BRODIE und FRIEDMAN mit äthanolischer Kalilauge (40 g KOH auf 1 l 95%iges Äthanol) behandelt; das Filtrat wird eingedampft, der Rückstand mit Wasser aufgenommen, mit 4 n Salpetersäure neutralisiert und mit weiteren 0,5 ml Säure versetzt. Gelöste Proteine werden mit 10%iger Natriumwolframatlösung gefällt; das Filtrat der Fällung wird mit 10%iger Kalilauge neutralisiert und mit weiteren 0,5 ml Lauge versetzt. Aus der alkalischen Lösung werden Pigmente mit Tierkohle entfernt. Darauf wird wieder filtriert, das Filtrat eingeengt und mit 0,5 ml 4 n Salpetersäure versetzt. Nach Zugabe von Eisen(III)-nitratlösung wird colorimetriert; salpetersaure Eisen(III)-lösungen werden für diese Zwecke zur Colorimetrie bevorzugt; es ist eine Reihe von Zusammensetzungen dafür angegeben worden, z.B. von REISSNER (80 ml ausgekochte 10%ige Salpetersäure nebst 40 ml Eisenchlorid und 40 ml Wasser), von BOWLER [80 g $Fe(NO_3)_3 \cdot 9\,H_2O$ nebst 250 ml 2 n Salpetersäure, aufgefüllt auf 0,5 l] und anderen.

GOLDSTEIN verwendete ein Eisenreagens, das aus 50 g kristallisiertem Eisennitrat, 500 ml Wasser und 525 ml konz. Salpetersäure hergestellt wird. Diese stark salpetersauren Reagenzien haben offenbar die Eigenschaft, weitere Eiweißstoffe aus dem vorbehandelten Substrat abzuscheiden. So verfährt man bei der Thiocyanatbestimmung im Blut nach GOLDSTEIN wie folgt.

Arbeitsvorschrift. Man vermischt 1 ml Blut mit 1 ml Wasser, versetzt tropfenweise bis zu einem Volumen von 25 ml mit Äthanol, filtriert, gibt 1 ml des obengenannten Eisennitratreagenses zu und filtriert nochmals von neu ausgefallenen Eiweißspuren. Nach 5 Min. colorimetriert man. Das Ausbleichen der Färbung durch Stehen im Licht ist zu vermeiden.

Bemerkungen. a) 25 bis 400 µg Thiocyanationen können auf ± *2,5% genau* bestimmt werden.

b) Eine *Störung* durch vorhandene Oxalate oder Fluoride macht sich nicht bemerkbar, wenn genügend Eisenlösung – gleiche Menge Substrat und Reagens –

angewendet wird, wie GIBSON feststellte, der aber rät, Oxalat- und Citrationen bei der Vorbehandlung zu vermeiden. c) CHESLEY empfiehlt, *bei Blutplasma und Serum* die Eiweißstoffe mit Lösung nach FOLIN-WU abzuscheiden, *bei Harn* dagegen Natriumwolframat und Schwefelsäure anzuwenden. Trichloressigsäure wird ebenfalls für die Enteiweißung von Blut und Blutserum verwendet; GRIFFITH und LINDAUER benutzen sie als 10%ige Lösung. BOWLER empfiehlt 20 g in 100 ml Wasser. Dieser Autor stellte fest, daß die Chloressigsäure im zu colorimetrierenden Filtrat die Farbintensität verringert. Um diesem Einfluß zu begegnen, muß viel Eisen angewendet werden; das Verhältnis in Äquivalenten soll 16000 : 1 betragen, d.h. 27 g $Fe(NO_3)_3 \cdot 9H_2O$ auf 0,001 g Natriumthiocyanat.

d) Nach BOWLER mischt man *1,5 ml Blutserum*, 6,5 ml Wasser und 2,5 ml Chloressigsäure, filtriert nach 10 Min. durch ein Whatman-Filter Nr. 40, nimmt 5 ml Filtrat ab und fügt 5 ml des obengenannten Reagenses hinzu. Mit Oxalat- oder Citrationen behandeltes Plasma sollte man auch hier *nicht* verwenden.

e) GINSBURG und BENOTTI fanden, daß die Eisen(III)-methode auch *ohne* vorausgehende Abscheidung des Proteins aus dem Blutserum angewendet werden kann.

f) Eine andere, von HARTNER empfohlene Arbeitsweise ist die Behandlung des Serums, Liquors u. dgl. mit *Cadmiumhydroxid*, anschließende Fällung des salpetersauer gemachten Filtrats mit Silbernitrat zur Abtrennung von allen noch vorhandenen Eiweißsubstanzen, Umsetzen des gewaschenen Silberthiocyanatniederschlages mit Natriumbromidlösung, Filtrieren und Titrieren des in Lösung gegangenen CNS^- auf jodometrischem Wege, z.B. nach TREADWELL und MAYR (siehe Abschnitt: 2, III, c, β). Das Cadmiumhydroxid entfernt die Hauptmenge der Purinderivate, des Kreatins, Kreatinins und Gluthations.

g) Auch die *Oxydation* des Thiocyanations zum Cyanid- und Sulfation und Bestimmung des Cyanwasserstoffs findet Anwendung. BAUMANN, SPRINSON und METZGER oxydierten die aus Urin (durch Fällung mit Bariumhydroxid, Äthanolextraktion des eingedampften Filtrates, Abdampfen des Äthanols und Aufnehmen mit Wasser) erhaltene Lösung mit Chromsäure. Sie versetzten die Lösung dazu in einer Gaswaschflasche mit einigen Tropfen 85%iger Phosphorsäure, etwas Caprylalkohol sowie 10 ml Chromsäurelösung und trieben den entstehenden Cyanwasserstoff durch 30 Min. langes Einleiten von Luft in 10 ml 10%ige Natronlauge über. Das Austreiben wurde durch 2stündiges Erwärmen im Wasserbad auf 50 °C vervollständigt. Die CN^--Bestimmung erfolgte durch Titration nach LIEBIG-DENIGÈS (siehe Kapitel: Cyanwasserstoff, Abschnitt: 3, I, a).

h) BOXER und RICKARDS benutzten eine ähnliche Arbeitsweise für die Thiocyanatbestimmung in *Serum, Cerebrospinalflüssigkeit, Urin, Magensaft* und *Speichel*.

Auch die empfindliche Bestimmung über die Umwandlung in Bromcyan nach ALDRIDGE (siehe auch Abschnitt: 3, III) findet neuerdings Anwendung. MOGLIA verwendete sie für die Analyse von Speichel, STØA für die von Blutserum:

Arbeitsvorschrift. Man versetzt 1 ml des nach Zusatz von 3 ml 5%iger Chloressigsäure zu 1 ml Serum erhaltenen Filtrats mit 0,1 ml Bromwasser, mischt und gibt zum Entfernen des Bromüberschusses 0,1 ml 3%ige Arsenitlösung hinzu. Weiterhin gibt man 3 ml Pyridinreagens (0,2 g Benzidiniumchlorid, 10 ml 10%ige Salzsäure und 25 ml Pyridin auf 100 ml aufgefüllt) hinzu, läßt 21 bis 27 Min. stehen und mißt dann die Absorption bei 510 nm gegen destilliertes Wasser). Den SCN^--Gehalt entnimmt man aus einer mit Standardlösung hergestellten *Eichkurve*.

Literatur.

A.B.C.M.-S.A.C.-Committee: Analyst **83**, 230 (1958). – AL KAYSSI, M., u. R. J. MAGEE: Talanta **9**, 667 (1962); durch Fr. **196**, 47 (1963). – ASMUS, E., u. H. GARSCHAGEN: Fr. **138**, 414 (1953).

BAILEY, K. C., u. D. F. H. BAILEY: Pr. Roy. Irish Acad. **37**, **B**, 1 (1924); durch J. Soc. chem. Ind. **44**, **B**, 313 (1925). – BAJEW (BAEV), F. K., R. I. FRENKELJ u. Z. I. STOROSCHENKO: Betriebslab. (russ.) **23**, 1428 (1957); durch Anal. Abstr. **1958**, 2972. – BAKER, M. O., R. A. FOSTER, B. G. POST u. T. A. HIETT: Anal. Chem. **27**, 448 (1955). – BAUMANN, E. J., D. B. SPRINSON u. N. METZGER: J. biol. Chem. **105**, 269 (1934); durch C. **1935**, **I**, 279. – BERG, R., u. E. BECKER: Fr. **119**, 81 (1940). – BOGNÁR, J.: Acta Chim. Acad. Sci. Hung. **17**, 27 (1958); Magyar Chem. Folyóirat **64**, 37 (1958); durch Fr. **165**, 145 (1959). – BOGNÁR, J., u. O. JELLINEK: Magyar Chem. Folyóirat **63**, 309 (1957). – BOGNÁR, J., u. J. VERESKÖI: Magyar Chem. Folyóirat **60**, 197 (1954); durch Fr. **145**, 229 (1955). – BORCHERS, W.: Repert. anal. Chem. **1881**, 130. – BOWLER, R. G.: Biochem. J. **38**, 385 (1944); durch Chem. Abstr. **1945**, 4108[2]. – BOXER, G. E., u. J. C. RICKARDS: Arch. Biochem. Biophys. **39**, 292 (1952); durch Chem. Abstr. **1953**, 1220b. – BRODIE, B. B., u. M. M. FRIEDMAN: J. biol. Chem. **120**, 511 (1937); durch C. **1938**, **II**, 3285.

CERNATESCO, R.: Ann. Sci. Univ. Jassy **11**, 302 (1923); durch C. **1923**, **IV**, 633. – CHARATZ, Z.: Ch. Z. **51**, 251 (1927); durch Fr. **74**, 459 (1928). – CHESLEY, L. C.: J. biol. Chem. **140**, 135 (1941); durch C. **1942**, **I**, 905. – ČÍHALÍK, J., u. K. TEREBOVÁ: Coll. Czechoslov. Chem. Comm. **22**, 748 (1957); Chem. Listy **50**, 1761, 1768 (1956); durch C. **1957**, 7445. – CLAEYS, A., u. H. SION: Bl. Soc. chim. Belg. **70**, 197, 213 (1961); durch Anal. Abstr. **1961**, 4968, 4969. – ČŮTA, F., M. HEJTMÁNEK u. Z. KUČERA: Coll. Czechoslov. Chem. Comm. **21**, 886 (1956); durch Fr. **154**, 150 (1957).

D'ANS, J., u. J. MATTNER: Angew. Ch. **63**, 45 (1951); durch Fr. **134**, 124 (1951/52). – DESHMUKH, G. S., u. M. C. ESHWAR: Current Sci. **29**, 388 (1960); durch Anal. Abstr. **1961**, 3235. – DESHMUKH, G. S., u. M. K. JOSHI: Fr. **142**, 275 (1954). – DESHMUKH, G. S., u. A. L. J. RAO: Fr. **185**, 376 (1962). – DESHMUKH, G. S., u. S. V. TATWAWADI: J. Sci. Ind. Res. (India) B **19**, 195 (1960); durch Anal. Abstr. **1961**, 971. – DE SOUSA, A.: Inform. Quim. Anal. (Madrid) **16**, 126 (1962); durch Fr. **202**, 284 (1964); Inform. Quim. Anal. **17**, 130 (1963); durch Fr. **217**, 298 (1966). – DICK, J.: Fr. **77**, 361 (1929). – DUVAL, C.: Anal. chim. Acta **5**, 506 (1951).

EPSTEIN, J.: Anal. Chem. **19**, 272 (1947). – ESCOLAR, L. G.: An. Españ. **43**, 1005 (1947); durch Chem. Abstr. **1948**, 4869f.

FAJANS, K., u. O. HASSEL: Z. El. Ch. **29**, 495 (1923); durch Fr. **64**, 351 (1924). – FERNANDEZ, J. B., L. T. SNIDER u. E. G. RIETZ: Anal. Chem. **23**, 899 (1951); durch Fr. **136**, 43 (1952). – FOLIN, O., u. H. WU: J. biol. Chem. **38**, 81 (1919); durch Fr. **183**, 47 (1961). – FRANZUSOWA, M. A.: Lab.-Praxis (russ.) **15**, 21 (1940); durch C. **1940**, **II**, 1624.

GAUGUIN, R.: Anal. chim. Acta **3**, 272 (1949); durch Fr. **131**, 60 (1950); Chem. Abstr. **1950**, 52i. – GIBSON, R. B.: J. Iowa State Med. Soc. **35**, 138 (1945); durch Chem. Abstr. **1945**, 4106[7]. – GINSBURG, E., u. N. BENOTTI: J. biol. Chem. **131**, 503; durch Chem. Abstr. **1940**, 784[9]. – GOLDSTEIN, F.: J. biol. Chem. **187**, 523 (1950); durch Fr. **141**, 232 (1954). – GOLSE, J.: Bl. Soc. Pharm. Bordeaux **67**, 221 (1929); durch C. **1930**, **I**, 1661. – GOTÔ, H., u. T. SHIOKAWA: Sci. Rep. Res. Inst. Tôhoku Univ. Ser., A **1**, 179 (1949); durch Fr. **135**, 68 (1952). – GREGOROWICZ, Z., F. BUHL u. B. PIWOWARSKA: Fr. **188**, 2 (1962). – GRIFFITH, J. Q., u. M. A. LINDAUER: Am. Heart J. **14**, 710 (1937); durch C. **1938**, **I**, 2583. – GYÖRBIRÓ, K.: Magyar Chem. Folyóirat **60**, 201 (1954); durch C. **1956**, 2552.

HAMMOCK, E. W., D. BEAVON u. E. H. SWIFT: Anal. Chem. **21**, 970 (1949); durch Chem. Abstr. **1949**, 8968h. – HARTNER, F.: Mikrochemie **16**, 141 (1935); durch C. **1935**, **I**, 2859. – HOITSEMA, C.: Angew. Ch. **17**, 647 (1904). – HUDSON, J. R., u. J. R. A. POLLOCK: Analyst **82**, 374 (1957); durch C. **1957**, 11669.

ILLARIONOW, W.: Fr. **87**, 26 (1932).

JAMIESON, G. S., L. H. LEVY u. H. L. WELLS: Am. Soc. **30**, 760 (1908). – JASELSKIS, B., u. J. G. LANESE: Anal. chim. Acta **23**, 6 (1960); durch Anal. Abstr. **1961**, 481. – JOSHI, M. K.: (a) Fr. **157**, 192 (1957); (b) Anal. chim. Acta **17**, 288 (1957).

KARASIK, V. M., u. V. L. NEMSCHINSKAJA: Chem. J. Ser. A (russ.) **18**, 1228 (1948); durch Chem. Abstr. **1949**, 6931i. – KOCSIS, E. A., G. ZÁDOR u. J. F. KALLÓS: Fr. **126**, 177 (1943). – KOLTHOFF, I. M.: Fr. **61**, 337 (1922). – KOLTHOFF, I. M., u. C. S. MILLER: Am. Soc. **63**, 1405 (1941). – KOMAROWSKIJ, A. S., W. F. FILONOWA u. J. M. KORENMAN: Chem. J. Ser. B (russ.) **6**, 742 (1933); durch Chem. Abstr. **1934**, 3684. – KORENMAN, J. (I.) M., u. A. ANBROCH: Mikrochemie **21**, 60 (1936); durch C. **1937**, **I**, 2827. – KRUSE, J. M., u. M. G. MELLON: Anal. Chem. **25**, 446 (1953). – KURZAWA, Z.: Chem. analit. (Warszawa) **5**, 731, 741 (1960); durch Fr. **183**, 368 (1961).

LANG, K.: Bio. Z. **262**, 14 (1933); durch C. **1933**, **II**, 1559. – LÉGRÁDI, L.: Magyar Kémiai Folyóirat **70**, 61 (1964); durch Fr. **207**, 202 (1965). – LOVETT, M., u. H. FISH: Inst. Sewage Purif. J. and Proc. **1950**, 5; durch Chem. Abstr. **1951**, 2611e. – LUDZACK, F. J., W. A. MOORE u. C. C. RUCHHOFT: Anal. Chem. **26**, 1784 (1954). – LURJE, J. J.: Betriebslab. (russ.) **11**, 273 (1945);

durch Chem. Abstr. **1946**, 1112[9]. – LURJE, J. J., u. W. A. PANOWA: Betriebslab. (russ.) **21**, 672 (1955); durch C. **1958**, 215.

MACAROVICI; durch G. SPACU u. C. G. MACAROVICI: Bl. Soc. Stiinte Cluj **8**, 291 (1934); durch Fr. **103**, 218 (1935). – MEHROTRA, R. C.: (a) Anal. chim. Acta **2**, 36 (1948); durch Fr. **130**, 444 (1949/50); (b) Anal. chim. Acta **3**, 69 (1949) ; durch Fr. **130**, 395 (1949/50); (c) Fr. **130**, 390 (1949/50); (d) Anal. chim. Acta **4**, 38 (1950); durch Fr. **133**, 434 (1951). – MOGLIA, J. L.: An. Farm. Bioquim. **17**, 18 (1946); durch Chem. Abstr. **1947**, 2103ef. – MONTEQUI, R., u. J. G. CARRERÓ: An. Españ. **31**, 242 (1933); durch C. **1933**, I, 3987. – MORISAKA, K., u. T. HARADA: J. pharmac. Soc. Japan **81**, 751 (1961); durch Fr. **189**, 349 (1962). – MUKHERJI, A. K., u. B. R. SANT: Anal. chim. Acta **20**, 124, 259 (1959); durch Anal. Abstr. **1959**, 4696. – MUTSCHIN, A.: Fr. **99**, 335 (1934).

NAKAZONO, T., u. S. INOKO: Sci. Rep. Tôhoku (Imp. Univ.) Ser. I, **26**, 303 (1937); durch C. **1938**, II, 2624. – NEWMAN, E. J.: Analyst 88, 500 (1963); durch Fr. **213**, 355 (1965). – NICHOLSON, M. M.: Anal. Chem. **31**, 128 (1959). – NÖLKE, F.: Fr. **122**, 6 (1941). – NUSBAUM, I., u. P. SKUPEKO (SHUPEKO): Sewage and Ind. Wastes **23**, 875 (1951); durch Anal. Chem. **27**, 449 (1955).

OFFERMANN: Apoth.-Z. **1893**, 531; durch Fr. **35**, 631 (1896).

PLOWMAN, R. A., u. I. R. WILSON: Analyst **85**, 222 (1960). – POLSTORFF, K., u. H. MEYER: B. **45**, 1905 (1912); Fr. **51**, 601 (1912). – POLAK, H. L., H. F. PRONK u. G. DEN BOEF: Fr. **189**, 411 (1962). – POMA, K.: Bl. Soc. chim. Belg. **54**, 277 (1945); durch Chem. Abstr. **1947**, 3011h. – POWELL, W. N.: J. Labor clin. Med. **30**, 1071 (1945); durch Chem. Abstr. **1946**, 2181[9].

RALEA, A., u. E. SIMINIUC: Ann. Stiint. Univ. Iasi, Sect. I, **6**, 171 (1960); durch Anal. Abstr. **1961**, 3641. – RAMÓN, F., u. R. SÁNCHEZ: An. Univ. Murcia **11**, 533 (1952/53); durch Chem. Abstr. **1954**, 6910c. – RAO, K. B., R. V. V. S. MURTHI u. G. G. RAO: Fr. **157**, 178 (1957). – REINITZER, B., u. H. POLLET: Fr. **81**, 286 (1930). – REISSNER, R.: Zbl. Mineral. Geol. Paläont. A **1935**, 170; durch Fr. **112**, 441 (1938). – RIPAN-TILICI, R.: Fr. **104**, 16 (1936). – RUPP, E., u. A. SCHIED: B. **35**, 2191 (1902).

SAKAGUCHI, T.: J. pharm. Soc. Japan **62**, 404 (1942); durch Chem. Abstr. **1951**, 2362f. – SANT, B. R.: B. **88**, 581 (1955); durch Fr. **148**, 217 (1955/56). – SAVELSBERG, W.: Metallwaren-Ind. Galvano-Techn. **47**, 116 (1956); durch C. **1957**, 10833. – SCHRÖDER, K.: Fr. **81**, 308 (1930). – SCHTSCHIGOL, M. B., u. N. B. BURTSCHINSKAJA: Betriebslab. (russ.) **13**, 1178 (1947); durch C. **1948**, I, 744. – SCHULEK, E.: (a) Fr. **62**, 337 (1923); (b) Fr. **66**, 169 (1924/25); (c) Fr. **65**, 433 (1925). – SCHULEK, E., u. E. PUNGOR: Anal. chim. Acta **4**, 109 (1950); durch Chem. Abstr. **1950**, 9867d. – SCHUSTER, F.: Z. anorg. Ch. **186**, 253 (1930); durch Fr. **83**, 219 (1931). – SCHWIKKER, A.: (a) Fr. **77**, 278 (1929); (b) **77**, 165 (1929). – SENISE, P.: Mikrochem. **36/37**, 206, 210 (1951); durch Chem. Abstr. **1951**, 5069f. – SHISHIOKAWA, T., u. S. SUZUKI: J. chem. Soc. Japan Pure Chem. Sect. **71**, 629 (1950); durch Chem. Abstr. **1953**, 4246i. – SIERRA, F., u. F. ROMOJARO: An. Españ. B, **49**, 351 (1953); durch Fr. **143**, 125 (1954); Chem. Abstr. **1954**, 502b. – SINGH, B., u. A. SINGH: Anal. chim. Acta **9**, 22 (1953); durch Fr. **143**, 124 (1954); J. Indian chem. Soc. **30**, 786 (1953); durch Fr. **144**, 34 (1955). – SINGH, B., S. SINGH u. H. SINGH: J. Sci. Ind. Res. (India) **16** B, 173 (1957); durch Chem. Abstr. **1957**, 16192h. – SLOOFF, A., u. D. VAN DUYN: Chem. Weekbl. **37**, 69 (1940); durch C. **1940**, I, 2510. – SPACU, G.: Bl. Soc. stiinte Cluj **1**, 284, 302, 314 (1922); durch Fr. **64**, 330, 335 (1924); Chem. Abstr. **1923**, 3848. – STØA, K. F.: Scand. J. Clin. Lab. Invest. **5**, 1 (1953); durch Chem. Abstr. **1953**, 7572f. – STOLJAROV, K. P.: Ž. anal. Chim. (russ.) **9**, 141 (1954); durch Chem. Abstr. **1954**, 9257f.; Fr. **145**, 293 (1955). – SUGÁR, E., u. I. SZEKERES: Fr. **163**, 401 (1958). – SUSEELA, B.: Fr. **145**, 175 (1955). – SZEBELLÉDY, L., u. W. MADIS: Fr. **114**, 343 (1938). – SZEBELLÉDY, L., u. Z. SOMOGYI: Fr. **112**, 385 (1938).

THIEL, A.: B. **35**, 2766 (1902); durch Fr. **56**, 55 (1917); **96**, 323 (1934). – TOMIČEK, O., u. O. PROČKE: Coll. Trav. chim. Tchécosl. **3**, 116 (1931); durch C. **1931**, II, 2486. – TRAVERS, A., u. AVENET: C. r. **190**, 1128 (1930); durch C. **1930**, II, 1169; C. r. **192**, 52 (1931); durch C. **1931**, I, 2098. – TREADWELL, F. P.: Kurzes Lehrbuch der analytischen Chemie, 2. Bd., 11. Aufl., Wien 1949. – TREADWELL, F. P., u. C. MAYR; durch TREADWELL. – TSCHIRCH, E., u. D. KRÜGER: Ch. Z. **66**, 159 (1942); durch C. **1942**, II, 202.

URBACH, C.: Bio. Z. **237**, 189 (1931); durch C. **1932**, I, 2871. – UTSUMI, S.: J. chem. Soc. Japan, Pure Chem. Sect. **73**, 835; durch Chem. Abstr. **1953**, 5839i; J. chem. Soc. Japan, Pure Chem. Sect. **74**, 32 (1953); durch Chem. Abstr. **1953**, 6815f. – UYEDA, T., u. K. NOJI: J. pharm. Soc. Japan **67**, 230 (1947); durch Chem. Abstr. **1951**, 6538g.

VOLHARD, J.: A. **190**, 42 (1878); durch Fr. **18**, 281 (1879).

WHISTON, T. G., u. G. W. CHERRY: Analyst **87**, 819 (1962); durch Fr. **199**, 319 (1964). – WILLARD, H. H., u. G. D. MANOLA: Anal. Chem. **19**, 167 (1947); durch Chem. Abstr. **1947**, 2655i. – WILLIAMS, H. E.: J. Soc. chem. Ind. **58**, 77 (1939); durch C. **1940**, I, 2686.

ZULKOWSKY, K.: Dingl. J. **249**, 168; durch Fr. **23**, 582 (1884).

F. Ameisensäure (HCOOH) und Formiate.

Allgemeines. Zur Bestimmung der Ameisensäure werden in der Hauptsache Methoden benutzt, die auf dem Reduktionsvermögen der Säure beruhen. Die meisten dieser Methoden werden natürlich gestört, wenn andere reduzierende Stoffe die Ameisensäure begleiten. Chromatographische Methoden sind von solchen Störungen frei; in schwierigen Fällen, insbesondere auch bei der gleichzeitigen Bestimmung der Ameisensäure und ihrer Homologen, ist die Chromatographie trotz ihrer etwas umständlichen Methodik besonders vorteilhaft.

1. Abtrennungsverfahren.

Allgemeines. Eine einfache Trennung der Ameisensäure von den Homologen und vielen anderen störenden Substanzen ist durch die azeotrope Destillation nach WARNER und RAPTIS möglich. Durch dieses Verfahren dürften andere, langwierigere und weniger effektive Destillations- und Extraktionsmethoden überflüssig geworden sein.

Eine gegenüber der klassischen Arbeitsweise beschleunigte destillative Abtrennung der niederen Fettsäuren einschließlich Ameisensäure kann man durch Destillation als Methylester erreichen (siehe BASTRUP, Abschnitt: 16, IX). Hierbei geht vorhandene Essigsäure quantitativ mit über, da Essigsäuremethylester einen noch niedrigeren Siedepunkt aufweist als der Ameisensäureester und das Methanol. CIARANFI und FONNESU empfehlen, das neutralisierte und zur Trockne eingedampfte Substrat mit 1 ml konz. Schwefelsäure zu versetzen und dann in Gegenwart von überschüssigem Methanol zu destillieren.

Bei Destillationen aus saurer Lösung ist zu beachten, daß sich dabei aus etwa vorhandenen Zuckern Ameisensäure bilden kann, wie FRESENIUS und GRÜNHUT bemerkten.

Von Milchsäure kann die Ameisensäure, auch wenn diese in großem Überschuß (als technische Milchsäure) vorliegt, durch einfache Wasserdampfdestillation abgetrennt und auf 1 % genau bestimmt werden (JAMET). Aus ihren Salzen kann man die Ameisensäure auch durch Zugabe von Phosphorsäure, Salicyl- oder Weinsäure und Destillation freimachen.

MARCONI (b) empfahl, die Dämpfe in eine Aufschlämmung von mindestens 2 g Bariumcarbonat in 100 ml Wasser einzuleiten, das überschüssige Carbonat abzufiltrieren, mit warmem Wasser zu waschen und in dem Filtrat die Ameisensäurebestimmung (über die Reduktion von Quecksilberchlorid – siehe Abschnitt: 3, IV,b) auszuführen.

Flüchtige Stoffe nichtsauren Charakters wie Aldehyde und Alkohole, welche bei vielen Bestimmungsmethoden stören, kann man von der Ameisensäure leicht durch Alkalischmachen mit Lauge und Eindampfen oder durch Ionenaustausch abtrennen. Bei den beiden letztgenannten Verfahren bleiben natürlich alle anderen Säuren, wenn vorhanden, bei der Ameisensäure.

I. Abtrennung durch Ionenaustausch.

Ein Ionenaustauschverfahren wurde von GABRIELSON und SAMUELSON beschrieben:

Arbeitsvorschrift. Man läßt das Gemisch von aliphatischen Säuren, Aldehyden und Ketonen durch einen in die Hydrogencarbonatform übergeführten stark basischen Anionenaustauscher laufen und wäscht mit Wasser nach. Im Ablauf befinden sich die Aldehyde und Ketone. Die Säuren werden nun mit 0,1 m Natriumcarbonatlösung als Natriumsalze eluiert. Diese können durch Behandeln mit einem in die Wasserstoffionenform gebrachten Kationenaustauscher (zunächst schütteln, dann das Ganze in eine Säule bringen, in der sich eine dünne Schicht Austauscher befindet) wieder in die freien Säuren übergeführt werden. Schließlich kann das Kohlendioxid durch Kochen der Säurelösung am Rückfluß ausgetrieben und die Säure insgesamt alkalimetrisch titriert oder anderweitig bestimmt werden.

Bemerkung. Eine *ähnliche* Arbeitsweise beschrieb MARCONI (a).

II. Abtrennung durch azeotrope Destillation.

Prinzip. Diese Trennung beruht darauf, daß die Ameisensäure als einzige der homologen Fettsäuren mit Chloroform ein azeotropisch siedendes Gemisch bildet. Es besitzt die Zusammensetzung: 15% HCOOH, 85% $CHCl_3$ und den Siedepunkt 59,15 °C. Mit Wasser bildet Chloroform ein noch niedriger siedendes azeotropisches Gemisch. Es ist daher zweckmäßig, zuerst das Wasser destillativ zu entfernen und dann erst die Ameisensäure abzudestillieren.

Arbeitsvorschrift. Man neutralisiert die ameisensäurehaltige Lösung mit verdünnter Lauge, z.B. 0,1 n Natronlauge, setzt überschüssiges Chloroform hinzu und destilliert über eine mit Füllkörpern und Wärmeisolierung ausgestattete Fraktioniersäule von z.B. 1 m Länge und 20 mm Innendurchmesser. Wenn kein Wasser mit dem Chloroform mehr übergeht, säuert man mit fester Salicylsäure an und destilliert weiter, bis knapp 50 ml Destillat übergegangen sind. Man füllt im Meßkolben mit Chloroform auf und kann die Ameisensäure durch einfache, acidimetrische Titration bestimmen.

Bemerkung. WARNER und RAPTIS fanden von freier Ameisensäure 97 bis 100% der vorgelegten Menge und von Formiationen 94 bis 97% wieder. Essigsäure blieb vollständig im Destillationsrückstand.

III. Abtrennung durch Extraktion.

Bei Extraktionsverfahren wird der Fehler vermieden, der beim Destillieren unter Umständen durch Bildung von Ameisensäure aus anderen organischen Substanzen entstehen kann (FELLENBERG und KRAUZE).

Aus wäßrigen Lösungen oder anderen alkoholfreien Flüssigkeiten kann die Ameisensäure mit Äthyläther extrahiert werden. Allerdings müssen große Mengen Äther angewendet werden. Nach einer Angabe von FELLENBERG und KRAUZE gehen in die doppelte Menge Äthers nur 40% der in der wäßrigen Lösung enthaltenen Säure über. Durch mehrfach wiederholtes Extrahieren kann nahezu quantitative Extraktion erreicht werden. Dazu ist nach DOERING mindestens 3mal die 5fache oder 2mal die 10fache Äthermenge, bezogen auf die Menge der wäßrigen Lösung, anzuwenden.

Eine Trennung der Ameisensäure von Essigsäure ist jedoch auf diese Weise praktisch nicht möglich; der Verteilungskoeffizient in Wasser/Äther ist, wie WIDMAIER und MAUSS fanden, für Ameisensäure mit 3,34, und Essigsäure mit 2,81 sehr ähnlich. OSBURN, WOOD und WERKMAN haben ziemlich komplizierte Trennungsmethoden der Ameisen- und Essigsäure von anderen organischen Säuren ausgearbeitet, bei denen Destillationen, Extraktionsvorgänge und Titrationen miteinander kombiniert sind. Für die Bestimmung der Ameisensäure wird bei diesen Verfahren stets ein besonderer, für sie spezifischer Arbeitsgang [Oxydation mit einer Hg(II)-Verbindung] angewendet.

Nach TSAI und FU kann statt des Äthyläthers zur Extraktion Isopropyläther verwendet werden. WIDMAIER und MAUSS verwenden Heptan zur extraktiven Trennung der Säuren von Aldehyden.

2. Bestimmung durch acidimetrische Titration.

In reinen, wäßrigen Ameisensäurelösungen kann die Säure mit Natronlauge gegen Phenolphthalein als Indikator titriert werden. In Gegenwart von viel Formaldehyd verschiebt sich der Endpunkt nach niedrigerem pH-Wert hin (7,8 $\rightarrow < 7$), wie MÜLLER durch Messung mit der Glaselektrode feststellte, so daß Phenolphthalein nicht geeignet ist. Man titriert in diesem Falle gegen Bromthymolblau auf Blaugrün. Liegt die Säure in Chloroform gelöst, als Destillat aus der Trennung nach WARNER und RAPTIS (vgl. Abschnitt: 1) vor, so entnimmt man einen aliquoten Teil der Lösung, z.B. 10 ml, versetzt mit 10 ml Methanol sowie 2 ml Wasser und titriert mit 0,005 n Natronlauge, hergestellt durch Verdünnen wäßriger n Natronlauge mit Methanol. Die Titration erfolgt am besten potentiometrisch mit Glaselektrode und Kalomel-Bezugselektrode.

Die Titration in nichtwäßrigem Medium wurde von TOMÍČEK und VIDNER sowie von TOMÍČEK und KŘEPELKA untersucht: In Pyridin kann man Ameisensäure mit ebenfalls in Pyridin gelöstem Ammoniak (0,5 n), Diäthanolamin (1 n) oder Piperidin (1 n) titrieren, und zwar photometrisch oder visuell gegen Bromthymolblau als Indikator.

3. Bestimmung über die Reduktion von Quecksilber(II)-verbindungen.

Prinzip. Als Quecksilberverbindung wird Quecksilber(II)-chlorid oder -oxid verwendet. Die Reaktion mit dem Chlorid verläuft nach der Gleichung:

$$HCOONa + 2HgCl_2 = NaCl + Hg_2Cl_2 + HCl + CO_2.$$

I. Gravimetrische Bestimmung des Quecksilber(I)-chlorids.

Formiation reduziert Quecksilber(II)-chlorid zum Kalomel; Essigsäure und höhere Homologe reagieren nicht (SCALA). Wenn die Säure bzw. das Fettsäuregemisch frei vorliegt, neutralisiert man mit Alkali. Man fügt Quecksilber(II)-chlorid als konzentrierte Lösung im Überschuß zu und erhitzt im bedeckten Becherglas 2 Std. auf dem Wasserbad. Dann filtriert man den ausgefallenen Niederschlag im gewogenen Filtertiegel G 3 ab, wäscht mit Wasser von 60 °C, trocknet bei 100 bis 105 °C und wägt als Hg_2Cl_2. Das günstige Gewichtsverhältnis des Niederschlags zu äquivalenter Ameisensäure (1 mg HCO_2H entspricht 10,26 mg Niederschlag – Faktor = 0,0975) erlaubt eine genaue Bestimmung.

Nach HAYDEN beträgt der relative Fehler $\pm 0,5\%$. FINKE wies darauf hin, daß ein Zusatz von Natriumchlorid zur Lösung (1,5 bis 2 g NaCl) je 100 ml Flüssigkeit die Reinheit des Niederschlages bei Fällung in Gegenwart von Verunreinigungen fördert. Zusatz von Natriumacetat, das die bei der Reaktion entstehende Salzsäure bindet, ist nützlich. AUERBACH und ZEGLIN empfehlen, saure Lösungen mit Natriumcarbonat (nicht -hydroxid, das bisweilen reduzierende Stoffe enthält) und stark alkalische Lösungen mit ameisensäurefreier Essigsäure zu neutralisieren. Die $HgCl_2$-Menge soll mehr als das 12fache des Gewichtes der HCO_2H betragen.

Eine *günstige Reagenszusammensetzung* ist nach ZÄCH die folgende: 10 g $HgCl_2$, 4 g NaCl, 10 g krist. Natriumacetat in 100 ml Wasser. Man erhitzt die Lösung 1 Std. in siedendem Wasser und filtriert. Mit solchem Reagens ist die Umsetzung bereits nach 1 Std. beendet. Beträgt das Gewicht des Niederschlages bei Anwendung von 10 ml Reagens mehr als 0,5 g, ist die Bestimmung mit weniger Ausgangsmaterial zu wiederholen.

Wie schon GERMUTH feststellte, ist die Methode auch zur Bestimmung von Ameisensäure in Essigsäure anwendbar. Er verwendet auf 2 g Essigsäure (99,5 %ig) 20 ml 4 %ige $HgCl_2$-Lösung und 20 ml einer Lösung von 150 g Kaliumacetat in 1 l

Wasser sowie eine 2%ige Lösung von Hydroxylammoniumchlorid, das eine katalytische Wirkung auf die Reduktion des Formiats ausüben soll. Einstündiges Erwärmen auf 50 °C genügt.

Es ist auch eine Methode beschrieben worden (LEYS), bei der Quecksilberacetat zur Oxydation verwendet, das ausgefallene Quecksilber(I)-acetat abfiltriert, in verdünnter Salpetersäure gelöst und dann mit Natriumchloridlösung zu Kalomel umgesetzt wird. Diese Methode soll auch in Gegenwart von Acet- und Formaldehyd anwendbar sein. Die mildere Oxydationswirkung von Quecksilberoxid (das sich in der sauren Lösung zum Acetat löst) und dessen Indifferenz gegenüber gewissen Reduktionsmitteln wie Äthylmethylcarbinol wurde von OSBURN, WOOD und WERKMAN bestätigt. Diese Autoren bestimmen übrigens titrimetrisch das bei der Oxydation aus der Ameisensäure entstehende Kohlendioxid (vgl. auch Abschnitt: 3, VI).

Die gravimetrische Methode bzw. die auf der Umsetzung zu Kalomel und Bestimmung dieser Verbindung beruhenden Methoden überhaupt sind, wie MARCONI (b) angibt, bis 10 mg Ameisensäure herunter anwendbar.

II. Differenztitration vor und nach selektiver Oxydation der Ameisensäure.

Mit überschüssigem Quecksilberoxid reagiert Ameisensäure nach der Bruttogleichung:

$$HCOOH + HgO = CO_2 + H_2O + Hg.$$

Eine Ausführungsform der darauf beruhenden Methode wurde von STAINIER und MASSART beschrieben. Vornehmlich zur Bestimmung von Ameisensäure und Essigsäure nebeneinander empfehlen sie, nach Verdünnen auf etwa 5% Gesamtsäure 10 ml dieser Lösung a) mit n Natronlauge gegen Phenolphthalein zu titrieren (a ml, entsprechend Gesamtsäure); b) 10 ml mit 60 ml Wasser und 5 g gelbem Quecksilberoxid 2 Std. am Rückfluß zu kochen und nach dem Erkalten wie bei a) zu titrieren (Verbrauch b ml, entsprechend der vorhandenen Essigsäure). $(a - b)$ entspricht der Ameisensäure; $b \cdot 0{,}06 =$ g Essigsäure; $(a - b) \cdot 0{,}046 =$ g Ameisensäure.

III. Acidimetrische Bestimmung der entstehenden Salzsäure.

Allgemeines. Diese von FUCHS angegebene Methode ist etwas weniger genau als die gravimetrische, aber schnell (Dauer etwa 40 Min.) und für die Betriebskontrolle z.B. zur Bestimmung der Ameisensäure in Essigvorläufen brauchbar.

Arbeitsvorschrift. Man neutralisiert das Säuregemisch, entfernt etwa vorhandenen Formaldehyd durch Auskochen, gibt Quecksilber(II)-chlorid hinzu und titriert nach erfolgter Umsetzung die nach der am Kopf des Abschnitts 3 angegebenen Gleichung freiwerdende Salzsäure.

Bemerkung. OLDEMAN empfiehlt, mit Natronlauge gegen Phenolphthalein zu titrieren und *vorher* noch Natriumchlorid zuzusetzen zur komplexen Bindung des $HgCl_2$, wodurch die Genauigkeit erhöht wird.

IV. Jodometrische Bestimmung des Quecksilber(I)-chlorids.

a) Umsetzung mit freiem Jod.

Allgemeines. Solche Methoden wurden von RIESSER und von UTKIN-LJUBOWZOW angewendet. Die Umsetzung mit Jod erfolgt nach der Gleichung:

$$Hg_2Cl_2 + J_2 = HgCl_2 + HgJ_2.$$

Durch gleichzeitig zugegebenes Kaliumjodid wird das entstehende Quecksilber(II)-jodid zu K_2HgJ_4 gelöst.

Arbeitsvorschrift. Man gibt nach UTKIN das mit heißem Wasser ausgewaschene Quecksilber(I)-chlorid samt Filter in einen Kolben mit Schliffstopfen und übergießt mit einer abgemessenen Menge 0,1 n Jodlösung sowie 10 ml 10%iger Kaliumjodidlösung. Man verschließt, schüttelt kräftig durch und titriert das überschüssige Jod mit 0,1 n Thiosulfatlösung gegen Stärke als Indikator zurück.

Bemerkungen. α) 1 ml 0,1 n Jod- bzw. Thiosulfatlösung entspricht 2,3 mg Ameisensäure.

β) Eine Arbeitsweise *ohne* Filtration des abgeschiedenen Kalomels, entsprechend der ursprünglichen Vorschrift von RIESSER, empfiehlt HOPTON für kleine Mengen Ameisensäure:

Arbeitsvorschrift. Zu 5 ml der 0,1 bis 2,5 mg Formiat enthaltenden Lösung gibt man 5 ml Reagenslösung [50 ml 0,166 m Quecksilber(II)-chloridlösung, 8 ml 0,5 m Natriumacetatlösung und 3,5 ml 0,5 m Essigsäure mit Wasser zu 100 ml aufgefüllt]. Man erwärmt 30 Min. im siedenden Wasserbad, kühlt dann ab und gibt unmittelbar in das Reaktionsgemisch nacheinander unter jedesmaligem Schütteln 2 ml 2 n Salzsäure, 3 ml Kaliumjodidlösung (10 g in 100 ml) und 5 ml Jod-Maßlösung, die je nach der Formiatmenge 0,005 bis 0,025 normal sein soll. Man schüttelt bis zur Auflösung des Niederschlags und titriert das überschüssige freie Jod mit 0,005 n Thiosulfatlösung. Der Verbrauch an Thiosulfatlösung soll mindestens 25 ml betragen. Ein Blindversuch mit 5 ml dest. Wasser ist durchzuführen.

Berechnung. 1 ml verbrauchte 0,1 n Jodlösung entspricht 0,0023 g HCOOH.

b) Umsetzung mit Jodation.

Prinzip. Das Kalomel reagiert nach der Gleichung:

$$2Hg_2Cl_2 + JO_3^- + 5Cl^- + 6H^+ = JCl + 4Hg^{++} + 8Cl^- + 3H_2O.$$

Dieses Prinzip wurde von JAMIESON eingeführt. Seine Anwendung mit Choroform als Indikatorphase (äußerer Indikator) wurde neuerdings von MARCONI (b) beschrieben:

Arbeitsvorschrift. Das Ameisensäure enthaltende Filtrat einschließlich Waschwasser (vgl. Abschnitt 1) von nicht mehr als 150 ml Volumen versetzt man mit 10 ml Natriumacetatlösung (50 g $CH_3COONa \cdot 3H_2O$ in 100 ml Wasser), 2 ml 10%iger Salzsäure und 25 ml Quecksilber(II)-chloridlösung (100 g $HgCl_2$ und 150 g NaCl in Wasser gelöst, auf 1 l aufgefüllt und gegebenenfalls filtriert). Man rührt durch und läßt 2 Std. im siedenden Wasserbad stehen. Den entstandenen Niederschlag bringt man in einen 100-ml-Titrierkolben, der etwa 100 ml verd. Salzsäure (3 Vol. Säure von D = 1,19 + 2 Vol. Wasser) enthält. Man gibt 4 ml reines Chloroform sowie 2 Tropfen Jodmonochloridlösung (Herstellung siehe weiter unten) hinzu und titriert unter Schütteln mit 0,01 m Kaliumjodatlösung (2,1401 g KJO_3 in Wasser gelöst und zu 1 l aufgefüllt), bis die rote Färbung des Chloroforms verschwindet. Wenn mehr als 40 mg Ameisensäure vorliegen, soll stärkere Jodlösung genommen werden.

Es ist ein *Blindversuch* auszuführen, indem man 150 ml Wasser, 1 ml 10%ige Bariumchloridlösung (wenn in Bariumcarbonat destilliert wurde), 10 ml der Natriumacetatlösung und 25 ml der $HgCl_2$-Lösung 2 Std. erwärmt, einen gegebenenfalls entstandenen Niederschlag abfiltriert und wie oben titriert. Der Blindwert wird vom Meßwert der Probe abgezogen.

Die *Jodmonochloridlösung* wird wie folgt hergestellt. Man löst in einer Glasstöpselflasche 10 g Kaliumjodid wie auch 6,44 g Kaliumjodat in 75 ml Wasser nebst 75 ml Salzsäure (D = 1,19) und gibt 5 ml Chloroform hinzu. Wenn die Chloroformschicht sich beim Schütteln färbt, gibt man tropfenweise 0,01 m Jodatlösung hinzu, bis nur noch eine schwache Rosafärbung bleibt. Wenn sie dagegen farblos blieb, gibt man tropfenweise verdünnte Kaliumjodidlösung hinzu, bis sich das Chloroform beim Schütteln leicht rosa färbt.

Die *relativen Fehler* gegenüber den theoretischen Werten betragen nach den Versuchen des Autors 0,5% bei 1 mg bis etwa 1% bei 10 mg Ameisensäure.

1 ml 0,01 m KJO_3 *entspricht* 9,4418 mg Hg_2Cl_2 und 0,9205 mg HCOOH.

c) Umsetzung mit Perjodation.

Kaliumperjodat in stark salzsaurer Lösung kann nach SINGH und SINGH ebenfalls zur Oxydation des Reaktionsproduktes Kalomel verwendet werden. 3 Mole davon verbrauchen 1 Mol KJO_4.

V. Colorimetrische Bestimmung des Quecksilber(I)-chlorids.

Siehe Abschnitt: 11, III.

VI. Bestimmung des entstehenden Kohlendioxids.

Prinzip. Von älteren Autoren (OSBURN und Mitarbeiter) wurde bereits das bei der Oxydation der Ameisensäure mit Quecksilberoxid gebildete CO_2 zur Bestimmung herangezogen.

a) Titrimetrische Bestimmung des Kohlendioxids.

Allgemeines. REID und WEIHE haben eine geeignete Apparatur und die Arbeitsweise mit ihr näher beschrieben.

Abb. 95 zeigt den Apparat. *A* ist ein Rohr mit Glasfritte am Boden, durch welche die Luft von unten eintritt. Die Bedeutung der übrigen Teile geht aus der Beschreibung der Methode hervor.

Arbeitsvorschrift. Man bringt die 50 bis 100 mg Ameisensäure enthaltende Probe in das Gefäß *E*, verdünnt mit Wasser auf 50 ml und versetzt mit 5 ml n Essigsäure sowie zum Verhindern von Schaumbildung mit etwas Paraffin. In den Tropftrichter *G* füllt man 20 ml Quecksilber(II)-acetatlösung (hergestellt durch Lösen von 100 g Salz in 1 l 0,5 n Essigsäure und einstündiges Kochen unter Rückfluß). Man verbindet Schlauch *J* mit der Vakuumleitung *L* und saugt Luft in Menge von 200 bis 250 ml je Minute (Regelung durch Quetschhahn *Q*) durch den Apparat. Nun erhitzt man den Inhalt von *E* und läßt ihn 10 Min. lang leicht sieden, um gelöstes CO_2 zu entfernen. In *K* führt man inzwischen 4 Tropfen Butanol und 50 ml 0,1 n Natronlauge ein und setzt Stopfen *C* rasch auf. Nach Ablauf der 10 Min. entfernt man die Flamme von *E* und quetscht bei *P* ab. Nun schließt man Schlauch *J* bei *D* an und verbindet die Vakuumleitung *L* bei *M* mit dem Absorptionsrohr *A*. Man stellt die Flamme wieder unter *E*, öffnet bei *D* den Zugang zum Absorber und läßt nach eingetretenem Sieden die Quecksilberlösung innerhalb von 5 bis 10 Min. nach *E* eintropfen.

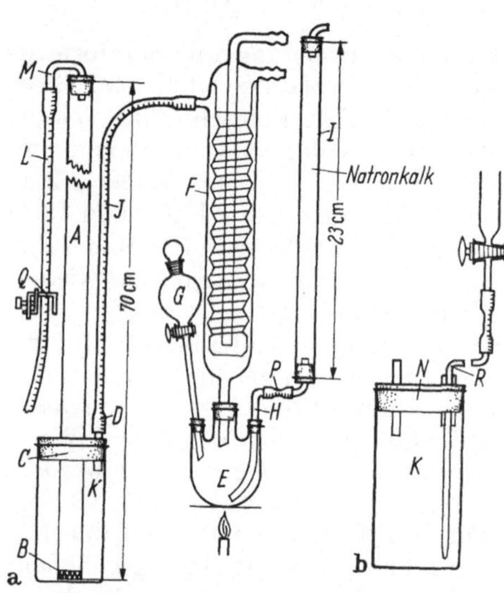

Abb. 95a u. b. Apparat nach REID u. WEIHE zur Bestimmung von Ameisensäure durch Oxydation mit Quecksilber(II)-acetat zu Kohlendioxid.

Nach Ablauf von 20 Min. entfernt man die Flamme und klemmt bei *P* ab. Man löst die Verbindungen bei *M* und *D*, läßt den Inhalt von *A* (erforderlichenfalls unter leichtem Pressen mit kohlendioxidfreier Luft) nach *K* auslaufen und spült 3mal mit je 40 ml heißem, kohlendioxidfreiem Wasser nach. Nun hebt man Stopfen *C* leicht an, spült Rohr *A* rasch ab, entfernt *C* und *A* und setzt Stopfen *N* auf *K*. Durch eine der beiden Öffnungen setzt man 10 ml 15%ige Bariumchloridlösung und einige Tropfen Phenolphthaleins hinzu; dann titriert man mit 0,1 n Salzsäure, mit der vor Beginn der Titration auch Rohr *C* gefüllt wurde, bis zur Entfärbung. Durch Blindversuch ermittelt man den Säurewert für das aus der Luft und den Reagenzien stammende Kohlendioxid und subtrahiert ihn von der bei der Bestimmung verbrauchten Säure.

Bemerkungen. α) 1 ml 0,1 n Salzsäure *entspricht* 2,3 mg Ameisensäure.

β) Der *Fehler* soll bei Anwendung reiner Ameisensäure nur 0,4% betragen.

b) Andere Endbestimmungsmethoden für das Kohlendioxid.

Auch die volumetrische und die manometrische Endbestimmung des Kohlendioxids können angewendet werden. So beschreibt PIRIE die Vorbereitung von ameisensäurehaltigen Lösungen und ihre Behandlung mit Quecksilber(II)-chlorid für die Messung des Kohlendioxids nach der manometrischen Methode von VAN SLYKE und FOLCH (vgl. Kapitel: Kohlenstoff, § 1, Abschnitt: B, 2, II, a, α).

4. Bestimmung über die Oxydation durch Blei(IV)-acetat.

Allgemeines. Ameisensäure wird in Essigsäurelösung durch Blei(IV)-acetat langsam zum Kohlendioxid oxydiert. Wie PERLIN fand, wird die Reaktion durch Kaliumacetat stark beschleunigt. Die Bestimmung der Ameisensäure kann in Verbindung mit dieser Reaktion titrimetrisch erfolgen, indem man das nicht umgesetzte Blei(IV)-acetat jodometrisch zurücktitriert. Gasvolumetrisch und gravimetrisch kann die Bestimmung ebenfalls ausgeführt werden. Die Reaktion wird bei Zimmertemperatur vorgenommen. Essigsäure, Propionsäure, Bernsteinsäure und selbst Formaldehyd reagieren nicht (von Hg^{2+} wird Formaldehyd oxydiert). So können Gärungsflüssigkeiten auf HCO_2H analysiert werden. Einige Substanzen, z.B. Glycole, reduzieren zwar Blei(IV)-acetat, aber nicht unter CO_2-Entwicklung; auch in Gegenwart solcher Stoffe ist also die Ameisensäurebestimmung über die CO_2-Bestimmung möglich.

Glycerin und Erythrit werden von Blei(IV)-acetat unter Bildung von Ameisensäure oxydiert und stören daher in jedem Falle.

Alle drei nachstehend beschriebenen Varianten der Methode wurden von PERLIN angegeben.

I. Jodometrische Bestimmung des Blei(IV)-überschusses.

Arbeitsvorschrift. Man gibt 5 ml einer 1 bis 5 mg Ameisensäure in 80%iger Essigsäure enthaltenden Lösung zu 5 ml Oxydationslösung (je 100 mg Bleitetraacetat und Kaliumacetat in 5 ml Eisessig) in einem Kolben mit Glasstopfen. Eine Blindlösung stellt man aus 5 ml 80%iger Essigsäure und 5 ml Oxydationslösung her. Nach 20 bis 30 Min. Reaktionsdauer bei 25 bis 27 °C gibt man 10 ml einer Lösung von 10 g Kaliumjodid und 50 g Natriumacetat in 100 ml Wasser hinzu. Man löst den entstandenen gelben Niederschlag von Bleijodid durch Zugabe von Wasser auf und titriert das ausgeschiedene Jod mit Thiosulfatmaßlösung bis zur Entfärbung von zugesetzter Jodstärke.

II. Manometrische Bestimmung des Kohlendioxids.

Arbeitsvorschrift (nach PERLIN). In das Reaktionsgefäß eines Warburg-Manometers gibt man 1 ml Oxydationslösung und in den Seitenarm 0,2 ml der 0,1 bis 0,5 mg Ameisensäure in 90%iger Essigsäure enthaltenden Probelösung. Einen Blindversuch führt man ebenso, aber nur mit 90%iger Essigsäure im Seitenarm aus. Nach 10 bis 15 Min. langer Einstellung des Temperaturgleichgewichts (bei 25 bis 27 °C) läßt man die Lösungen zusammenfließen und beobachtet die Druckänderung, die nach 20 bis 25 Min. (bei 27 °C) konstant wird. Der Apparat wird mit bekannten Mengen Ameisensäure oder Glycerin geeicht. Die Druckänderung ist dem Gehalt proportional. Die Oxydationslösung besteht bei dieser Variante aus je 10 mg Bleitetraacetat und Natriumacetat in 1 ml 90%iger Essigsäure.

III. Gravimetrische Bestimmung des Kohlendioxids.

Allgemeines. Man benutzt nach PERLIN einen Apparat zur Kohlendioxidbestimmung, der aus einem Reaktionsgefäß mit Gasein- und -austrittsrohr, Tropftrichter, einer Trockeneisfalle, einer Waschflasche mit konz. Schwefelsäure und einem mit Ascarite (Natronasbest) gefüllten CO_2-Absorptionsrohr besteht.

Arbeitsvorschrift. Die Ameisensäurelösung, die z.B. 20 mg HCOOH in 10 ml 90%iger Essigsäure enthält, gibt man in den Reaktionskolben. Man schließt den Gasaustritt und läßt die Oxydationslösung (1 g Bleitetraacetat und 1 g Kaliumacetat in 25 ml 90%iger Essigsäure) durch den Tropftrichter einfließen. Wenn die Reaktion beendet ist (nach 30 bis 40 Min.), läßt man 30 bis 40 Min. lang einen schwachen Strom von kohlendioxidfreiem Stickstoff durch den Apparat strömen, wobei man den Reaktionskolben gelegentlich schüttelt. Ein Blindversuch ist mit 90%iger Essigsäure allein auszuführen. Die Gewichtszunahme des Ascariterohrs bei der Analyse, vermindert um den Blindwert, ergibt die Kohlendioxidmenge, die der Ameisensäure äquivalent ist.

5. Gravimetrische Bestimmung durch Reduktion von Platinchlorid zu Platin nach Bacon.

Arbeitsvorschrift. Die gegebenenfalls durch Destillation des Probenmaterials mit Phosphorsäure erhaltene Lösung wird neutralisiert und eingedampft. Man setzt Platinchlorid [Hexachloroplatin(IV)-säure-Lösung] im Überschuß sowie 1 bis 2 ml Eisessig zu und kocht 1 Std. am Rückflußkühler. Das ausgeschiedene Platin filtriert man ab; man glüht und wägt es. Der Umrechnungsfaktor von Pt auf Ameisensäure ist 0,4712.

6. Permanganometrische Bestimmung.

I. Reduktion des Permanganations bis zum Manganition.

In saurer Lösung wird Ameisensäure durch MnO_4^- weder bei gewöhnlicher Temperatur noch in der Wärme quantitativ oxydiert. LIEBEN verbesserte die Umsetzung durch Zugabe überschüssigen Natriumhydrogencarbonats. Der Umschlag erfolgt aber langsam, und seine Erkennung wird durch das entstehende Mangan(IV)-oxid weiter erschwert. Die Erkennbarkeit kann allerdings nach OBERHAUSER und HENSINGER durch Zugabe von Natriumcarbonat und Natriumacetat (Ausflocken des MnO_2) verbessert werden. Das Ausflocken wird durch Zugabe von etwas 10%iger Zinksulfatlösung weiter gefördert (SZELÉNYI). JONES empfahl, die sodaalkalische Lösung in der Wärme mit überschüssiger Permanganat-Maßlösung zu behandeln, dann mit Schwefelsäure anzusäuern, ein gemessenes Volumen Oxalsäure-Maßlösung zuzugeben und deren Überschuß mit der Permanganatlösung zurückzutitrieren. Der Gesamtverbrauch an Permanganatlösung, abzüglich der der Oxalsäure äquivalenten Menge, entspricht der Ameisensäuremenge. 2 Mol Permanganationen oxydieren 3 Mole Formiationen. Der Fehler beträgt bei dieser Ausführung nach Angabe von HAYDEN $\pm 3\%$. MOLOTKOWA und ZOLOTUCHIN geben an, daß die Oxydation bei Raumtemperatur innerhalb 2 bis 3 Min. abläuft; sie titrieren mit Mohrschem Salz zurück.

Andere durch Permanganation oxydierbare Stoffe, u.a. Methanol, stören natürlich alle permanganometrischen Methoden; Essigsäure stört nicht. Es sei erwähnt, daß auch die colorimetrische Bestimmung des überschüssigen $KMnO_4$ angewendet wurde (HANAK und KÜRSCHNER).

II. Reduktion des Permanganations bis zum Manganation.

Allgemeines. Wie schon HOLLUTA feststellte, verlaufen Oxydationen durch Permanganat in alkalischer Lösung allgemein in zwei Stufen, wobei die erste (zum Manganat) eine schnelle, die zweite (zum Manganit) eine langsame ist. Die Oxydation kann durch Zugabe von Bariumionen, welche die entstandenen Manganationen als unlösliches Bariummanganat abfangen, nach Ablauf der 1. Stufe zum Stillstand gebracht werden (STAMM). Dabei läßt sich die Geschwindigkeit der ersten Stufe noch erhöhen durch Zugabe eines Oxydationskatalysators wie Co, Ni, Cu oder Ag.

Arbeitsvorschrift (nach STAMM). Man bringt in einen Kolben 10 Plätzchen (= etwa 1,5 g) Natriumhydroxids und löst unter Erhitzen in 5 ml Wasser. Dazu gibt man 10 ml heiß gesättigte Bariumnitratlösung [etwa 2,6 g $Ba(NO_3)_2$] oder 5 bis 7 ml konz. Bariumchloridlösung. In die abgekühlte Lösung pipettiert man 20 ml 0,1 n Permanganatlösung. Nun läßt man aus einer Bürette die zu analysierende Formiatlösung unter ständigem Umschwenken zulaufen, anfangs schnell, später nur 2 bis 3 Tropfen je Sekunde. Wenn etwa 95% der erforderlichen Menge zugesetzt sind, ist eine deutliche Aufhellung der über dem dunkelgrünen Bariummanganat stehenden Lösung festzustellen. Jetzt gibt man etwa 0,5 ml (10 Tropfen) Nickellösung [1 g $Ni(NO_3)_2 \cdot 6H_2O$ in 100 ml Wasser] hinzu und titriert unter abwechselndem Umschwenken und Absitzenlassen bis zum vollständigen Verschwinden der Permanganatfärbung weiter.

Bemerkungen. a) Die *Gesamtdauer* der Titration beträgt etwa 5 Min. b) Der *Wirkungswert* des $KMnO_4$ ist bei dieser Methode 1/5 des bei der Permanganometrie in saurer Lösung geltenden. c) Die Ergebnisse stimmen mit denjenigen der Brom-Oxydationsmethode gut überein.

d) Etwa in *größerer* Menge vorhandene *Sulfationen* sind vor der Titration zu entfernen, da ausfallendes Bariumsulfat Permanganationen einschließt. Reduzierende Stoffe wie Formaldehyd, Methanol, Cyanid- oder Thiocyanationen *stören.*

e) Anstatt mit der zu analysierenden Lösung zu titrieren, kann man auch eine zur Reduktion des Permanganats nach STAMM nicht ausreichende Menge der ersteren anwenden und den Überschuß an Permanganat mit Natriumarsenit- oder Natriumformiat-Maßlösung zurücktitrieren (HEREDIA).

7. Jodometrische Bestimmung.

I. Oxydation mit freiem Brom und jodometrische Titration.

Allgemeines. Zur Oxydation mit freiem Brom gibt man nach OBERHAUSER und HENSINGER zu 10 ml Formiation enthaltender Lösung 20 ml 0,1 n Bromwasser und einen großen Überschuß von Natriumhydrogencarbonat, läßt 15 Min. im verschlossenen Kolben stehen, setzt dann Kaliumjodidlösung hinzu, säuert vorsichtig mit Salzsäure an und titriert das ausgeschiedene Jod mit Thiosulfatlösung zurück. VAN DER MEULEN empfahl, statt des unbeständigen, leicht Brom abgebenden Bromwassers eine Lösung von 40 g Brom nebst 100 g Kaliumbromid je Liter (etwa 0,5 normal) zu verwenden und zur Oxydation 30 Min. stehenzulassen. HAYDEN ermittelte den Fehler solcher Methoden zu etwa $\pm 1\%$.

Eine Weiterentwicklung der Brommethode wurde von LONGSTAFF und SINGER gegeben. Ausgehend von der Feststellung von HANNICK, HUTCHINSON und SNELL, daß die Oxydation auf einer Reaktion von Brommolekülen mit dem Formation, die durch Bromid- und Wasserstoffionen verzögert wird, beruht, setzen sie Pyridin zu. Dadurch wird die Reaktion stark beschleunigt, und Verdampfungsverluste an Brom werden gleichzeitig eingeschränkt. Es resultiert eine schnelle, auch für kleine Mengen Ameisensäure (10^{-4} Mol) geeignete Methode, für die allerdings sehr reines Pyridin erforderlich ist. Das Pyridin, auch solches „pro analysi", ist mit einem Zusatz von 1% Brom unter vermindertem Druck zu destillieren.

Arbeitsvorschrift. Man gibt etwa 2,5 ml reines Pyridin und 5 bis 10 ml Ameisensäurelösung (1 bis $5 \cdot 10^{-4}$ Mol) in einen 250-ml-Meßkolben, fügt 20 ml etwa 0,1 n Bromlösung (in Eisessig) hinzu und läßt 3 Min. stehen. Danach gibt man 10 ml 20%ige Kaliumjodidlösung hinzu, spült die Wandung des Kolbens rasch mit etwa 50 ml Wasser ab, setzt 5 ml 0,1 n Natriumthiosulfatlösung mit einem Male aus einer Pipette zu und titriert den Rest des Jods mit 0,04 n Thiosulfatlösung gegen Stärke als Indikator.

Bemerkungen. a) Um die unvermeidlichen kleinen *Bromverluste* beim Entnehmen der Bromlösung aus dem Vorrat stets gleich zu halten, entnimmt man die Lösung mit der Pipette aus einem ständig mindestens halbvoll gehaltenen 500-ml-Meßkolben. b) Ein *Blindversuch* mit Wasser an Stelle von Probelösung ist auszuführen, bei Serienanalysen je einer zu Beginn und am Ende der Serie. c) Längere Oxydationszeit als 3 Min. muß vermieden werden, da eine gewisse, wenn auch sehr langsame Reaktion des Broms mit dem Pyridin stattfindet.

d) Die etwa 0,1 normale Bromlösung wird wie folgt *hergestellt:* Man löst 2,9 ml Brom in 1 l Eisessig und versetzt mit einer kleinen Menge Wassers, um Kristallisation der Säure zu verhindern.

e) Der *Analysenfehler* wird für 5 ml 0,05 n Ameisensäure zu kleiner als 0,5% angegeben. f) Formaldehyd und andere leicht oxydierbare Stoffe *stören* bzw. werden *miterfaßt.*

II. Oxydation mit Bromat-Bromidlösung.

Allgemeines. Bromat-Bromidionen werden auch für die oxydimetrische Bestimmung der Ameisensäure schon seit langem angewendet, z.B. von Feit, Kubierschky und Schwicker. Als eigentliche, oxydierende Maßlösung wird Bromatlösung angewendet, die bequem herzustellen und titerbeständig ist. Brom entsteht aus Bromat- und im Überschuß vorhandenen Bromidionen nach der Gleichung:

$$BrO_3^- + 5Br^- + 6H^+ \rightarrow 3H_2O + 3Br_2.$$

Poethke gibt die folgende Vorschrift, nach der in salzsaurer Lösung – rasch – oxydiert wird.

Arbeitsvorschrift. Man gibt zu der Ameisensäure- oder Formiatlösung in einen langhalsigen 250-ml-Meßkolben einen Überschuß von mindestens 10 ml 0,1 n Kaliumbromatlösung, 3 bis 4 g Kaliumbromid und so viel Wasser, daß das Gesamtvolumen 80 bis 100 ml beträgt. Nachdem alles gelöst ist, säuert man mit 6,5 ml 12,5%iger Salzsäure an und setzt den Stopfen dichtschließend auf den Kolben. Nach 2 Min. neutralisiert man mit 12 ml 2 n Natriumacetatlösung und stellt den gut verschlossenen Kolben 30 Min. ins Dunkle. Danach gibt man 1 g Kaliumjodid in 5 ml Wasser sowie 6 ml 12,5%ige Salzsäure hinzu und titriert das ausgeschiedene Jod wie üblich.

III. Oxydation mit Jodlösung.

Das Formiat wird nach Verma und Bose (a) indirekt durch Jodatometrie des bei der Reduktion von J entstandenen HJ bestimmt. 1 ml n/80 KJO_3 entspricht 3,45 mg HCOOH unter Berücksichtigung des unten angegebenen Jods.

Arbeitsvorschrift. Man versetzt 10 bis 20 ml neutrale Lösung, enthaltend 30 bis 90 mg Formiat, mit 20 ml n/80 *Jodat-* und 10 ml 0,4 n *Jod-*Lösung (mit 75 g KJ/l), verdünnt auf 40 ml und stellt 30 Min. ins siedende Wasserbad. Nach Kühlen nimmt man mit n/2- und zuletzt gegen Stärke mit n/40 $Na_2S_2O_3$-Lösung des *Jod* weg. Man säuert nun mit 2 ml n H_2SO_4 an und titriert das freigesetzte, dem unverbrauchten JO_3^- äquivalente J mit *Thiosulfat*-Lösung. Man führt eine Blindtitration aus; die Differenz beider Titrationen, ausgedrückt in ml 0,1 n $Na_2S_2O_3$, mit 4,6 multipliziert, ergibt Milligramme HCOOH. Alle *Jod* reduzierenden Stoffe *stören*.

In einer anderen Arbeit oxydieren VERMA und BOSE (b) mit Jodlösung in Gegenwart von 1 g Kaliumhydrogentartrat, wodurch die Selektivität erhöht werden soll.

IV. Oxydation mit Manganation und jodometrische Titration.

Eine Methode, nach der in alkalischem Medium mit K_2MnO_4 bei 60 °C (etwa 1 Std.) oxydiert wird, beschreibt POLAK. Essig- und Oxalsäure werden nicht oxydiert.

8. Arsenometrische Bestimmung nach Oxydation mit Hypobromitlösung.

Allgemeines. Bei pH = 5 bis 9 wird Ameisensäure durch Natriumhypobromitionen vollständig zum Kohlendioxid oxydiert. MOLNÁR, SZEKERES und ZERGÉNYI-BALÁSFALVY haben eine Methode angegeben, nach der zuerst aus Bromat- und Bromidionen Brom entwickelt und dieses dann durch Alkalizugabe in Hypobromitionen übergeführt wird. Die Rücktitration des überschüssigen Broms erfolgt mit arseniger Säure gegen Kaliumjodid-Stärke als Indikator. In dieser Methode, die als Arsenometrie bezeichnet wird, spart man gegenüber der jodometrischen Ausführung viel Jod ein.

Aus der zugesetzten kleinen Menge Kaliumjodids entsteht durch Einwirkung des freien Broms Jodmonobromid. Wenn am Ende der Rücktitration kein freies Brom mehr vorhanden ist, entsteht aus dem Jodbromid Bromidion und freies Jod, das seinerseits die Stärke bläut.

Arbeitsvorschrift. Man gibt 10 ml der Bromat-Bromid-Lösung in einen Buchböck-Bromierungskolben, fügt 10 ml Wasser und 10 ml 2 n Salzsäure hinzu und läßt einige Minuten stehen. Dann werden 7,5 ml 5 n Natronlauge auf den Rand des Kolbens gegeben und ohne Bromverlust in den Kolben gebracht, indem man den Stopfen etwas lüftet. Die NaOBr-Lösung, die man auf diese Weise erhält, wird jetzt mit 5 ml der zu untersuchenden, etwa 0,1 normalen Natriumformiatlösung versetzt. Man fügt 10 ml Wasser zu, läßt 30 Min. stehen, säuert mit 5 ml 50%iger Essigsäure an und läßt nochmals 30 Min. stehen. Dann fügt man 5 ml 10 n Salzsäure hinzu, worauf man mit As_2O_3-Lösung in Gegenwart von KJ- und Stärkelösung bis zur Blaufärbung titriert.

Bemerkungen. I. Von den Autoren wurden bei vorgelegten Mengen von etwa 15 bis 20 mg Natriumformiat *mittlere Fehler* von 0 bis +0,06 mg festgestellt. Die Standardabweichungen bei Mehrfachbestimmung der gleichen Lösung betrugen 0,03 bis 0,08 mg.

II. Durch Hypobromition oder Brom oxydierbare Stoffe *stören* natürlich auch bei dieser Methode.

9. Cerimetrische Bestimmung.

Prinzip. Ameisensäure wird von Cer(IV)-ionen in stark saurer Lösung quantitativ zu Kohlendioxid und Wasser oxydiert. Die Oxydation kann in der Wärme oder – mit Brom katalysiert – bei Zimmertemperatur erfolgen.

I. Oxydation in der Wärme.

Arbeitsvorschriften (nach SHARMA und MEHROTRA). α) (Ameisensäure allein). Man mischt 15 ml 0,1 n Cer(IV)-sulfatlösung mit 30 ml konz. Schwefelsäure, gibt nach dem Abkühlen die zu untersuchende Ameisensäurelösung hinzu und erhitzt 1 Std. auf dem Wasserbad am Rückflußkühler. Dann verdünnt man mit Wasser auf 200 ml und titriert das überschüssige Cer(IV)-ion mit Eisen(II)-ammoniumsulfatlösung gegen N-Phenylanthranylsäure als Indikator zurück.

Bemerkungen. a) Oxal-, Wein-, Äpfel-, Malon- und Glycolsäure *stören*, Essigsäure nicht. b) Die *Genauigkeit* beträgt $\pm 0{,}1\,\%$.

c) In *schwach saurer* Lösung wird Ameisensäure von Cer(IV)-sulfat nicht oxydiert im Gegensatz zur Oxalsäure, während nach Erhöhen der Schwefelsäurekonzentration und Zugabe von Chrom(III)-ionen beide Säuren zu Kohlendioxid und Wasser oxydiert werden, so daß man die Ameisensäure und Oxalsäure nebeneinander (Ameisensäure als Differenz) bestimmen kann [SHARMA (a)]:

β) (In Gegenwart von *Oxalsäure*). Man erhitzt ein gemessenes kleines Volumen (wenige Milliliter) der die beiden Säuren enthaltenden Lösung 5 Min. mit einem gemessenen Volumen überschüssiger 0,13 n Cersulfatlösung in 2 n Schwefelsäure. Nach Abkühlen titriert man das überschüssige Oxydationsmittel mit gestellter Eisen(II)-lösung gegen Phenylanthranilsäure zurück. Einen zweiten, gleichen Anteil der Analysenlösung behandelt man zunächst ebenso. Dann fügt man einige Tropfen 1 %iger Chromalaunlösung und 7 ml konz. Schwefelsäure hinzu und erhitzt 1 Std. am Rückflußkühler. Danach titriert man den Cer(IV)-Überschuß wie vorhin zurück. Der erste Cer(IV)-Verbrauch entspricht der Oxalsäure, der zweite der Summe aus Oxalsäure und Ameisensäure; die Differenz ergibt die Ameisensäure. Jede der beiden Säuren verbraucht je Mol 2 Äquivalente Oxydationsmittel.

Bemerkungen. a) Die *Genauigkeit* beträgt für ein Gemisch einige Zehntel Prozent. b) *Zucker* und einige andere organische Verbindungen werden bei der zweiten Oxydation miterfaßt, Essigsäure nicht.

c) Analog kann man nach SHARMA (b) Ameisensäure *neben Formaldehyd* titrieren. Formaldehyd wird in *schwach* saurer Lösung von Ce(IV) nach der Gleichung:

$$HCHO + O \rightarrow HCOOH$$

oxydiert; Ameisensäure reagiert dabei nicht. In *stark* saurer Lösung wird Formaldehyd in Gegenwart von Chrom nach folgender Gleichung oxydiert:

$$HCHO + 2O \rightarrow CO_2 + H_2O,$$

wobei es doppelt soviel Oxydationsmittel verbraucht wie Ameisensäure. Die nach Zugabe von konz. Schwefelsäure sowie Chromalaun und neuerlichem Sieden unter Rückfluß bei der zweiten Titration des Gemisches verbrauchten Äquivalente Ce(IV), abzüglich der mit 2 multiplizierten Äquivalente Ce(IV) der 1. Titration, entsprechen demnach der Ameisensäure.

II. Katalysierte Oxydation.

MATHUR, RAO und CHOWDHARY fanden eine Methode, welche wie die bromometrische keine erhöhte Temperatur erfordert, aber die bei jener Methode bestehende Gefahr von Bromverlusten vermeidet, indem nur eine kleine Menge Brom angewendet wird. Das Brom wirkt wie ein Katalysator:

$$HCOOH + Br_2 \rightarrow 2HBr + CO_2;$$

$$2Br^- + 2Ce^{4+} \rightarrow 2Ce^{3+} + Br_2.$$

Arbeitsvorschrift. Zu der Formationen entsprechend 1 bis 10 ml 0,02 m Ameisensäure enthaltenden Lösung gibt man in einem Kolben mit Schliffstopfen eine gemessene Menge 0,05 m Cer(IV)-sulfatlösung und 0,5 bis 1,0 ml 1 %ige Kaliumbromidlösung. Dann fügt man so viel Schwefelsäure hinzu, daß deren Konzentration 2 normal ist. Nach etwa 1 Std. gibt man einen Überschuß an 10 %iger

Kaliumjodidlösung hinein und titriert das ausgeschiedene Jod mit Thiosulfatlösung wie üblich. Die Differenz zwischen dem aus einem Blindansatz (ohne Ameisensäure) und dem aus der Analysenlösung entstehenden Jod ist dem zur Oxydation der Ameisensäure verbrauchten Ce^{4+} und damit der Ameisensäure äquivalent. 2 Mole Ce^{4+} entsprechen 1 Mol Ameisensäure.

Bemerkungen. α) Auch *mehrwertige* Alkohole und Zucker werden quantitativ oxydiert.

β) Ebenso *stören* natürlich zahlreiche weitere, durch Brom oxydierbare Verbindungen.

10. Oxydimetrische Bestimmung mit Chromsäure.

Prinzip. Chromsäure in nicht zu stark saurer Lösung oxydiert Ameisensäure selektiv, d. h. ohne Essigsäure und höhere Fettsäuren merklich anzugreifen. FREYER wendete auf 10 bis 20 ml Lösung mit einem Gehalt bis zu 0,5 g Ameisensäure 50 ml 6%ige $K_2Cr_2O_7$-Lösung sowie 10 ml konz. H_2SO_4 an und kochte 30 bis 60 Min. auf dem Wasserbad. Die Endbestimmung erfolgte jodometrisch.

Arbeitsvorschrift. Nach SEMICHON und FLANZY gibt man zu 5 ml Chromsäurelösung (100 g CrO_3/l) und 5 ml Schwefelsäure von 60° Bé (D = 1,71) nach dem Abkühlen 5 ml der Formiatlösung. Man läßt 15 bis 20 Min. einwirken und titriert dann den Chromsäureüberschuß mit Eisen(II)-ammoniumsulfatlösung (98 g/l) zurück.

Bemerkung. Milchsäure, Formaldehyd, Glycerin, Methanol, Acetaldehyd, Oxalsäure, Glycolsäure und Glycole *stören.*

11. Colorimetrische bzw. photometrische Bestimmung.

I. Über die Reduktion von Dichromationen.

a) Visuelle Ausführung.

Die selektive Oxydation der Ameisensäure mit Chromsäure (vgl. Abschnitt: 10) kann auch colorimetrisch ausgewertet werden. CRAVEN verwendete dazu eine Lösung von 4,9 g Kaliumdichromat, die mit einem Gemisch von 3 Volumina konz. Salpetersäure und 1 Volumen Wasser zu 1 l aufgefüllt und durch Lufteinblasen von nitrosen Dämpfen befreit wurde. Bestimmte, gleiche Mengen der zu prüfenden Flüssigkeit (z. B. auf Ameisensäure zu analysierende Essigsäure) werden in mehrere Reagensgläser gegeben. Man fügt abgemessene, zunehmende Mengen des Chromsäurereagens hinzu, läßt 5 Min. stehen und stellt fest, in welchem Gemisch die Farbe gerade noch nicht völlig rein blau geworden ist; bzw. man vergleicht mit bekannten Ameisensäurelösungen, die ebenso behandelt wurden.

b) Spektrophotometrische Ausführung.

Allgemeines. Nach CARDONE und COMPTON ist die spektrophotometrische Messung des überschüssigen Chromations besonders günstig im nahen Ultraviolett auszuführen. Dort hat saure Dichromatlösung ein scharf ausgeprägtes Absorptionsmaximum bei 349 nm, während das bei der Reaktion entstandene Chrom(III), besonders in Gegenwart von Phosphorsäure, so gut wie gar nicht absorbiert. Für den Bereich von 0,12 bis 0,30 m Äquivalenten Dichromat in 100 ml ist das Beersche Gesetz gültig. In der zu messenden Lösung soll die Molarität der Schwefelsäure weniger als 0,45, diejenige der Phosphorsäure etwa 5 betragen.

Arbeitsvorschrift. Man versetzt 10,0 ml n Kaliumdichromatlösung mit so viel Wasser, daß das Gesamtvolumen 50 ml beträgt, gibt aus der Bürette vorsichtig

25 ml konz. Schwefelsäure hinzu (an der Kolbenwandung herunterfließen lassen und dauernd den Kolbeninhalt in kreisender Bewegung halten), kühlt und läßt 10 ml der zu analysierenden, etwa 10 bis 40 mg Formiation enthaltenden Lösung unter Umschwenken aus der Pipette zufließen. Man erhitzt das Gemisch mindestens 30 Min. unter Rückfluß im siedenden Wasserbad und füllt dann in einem Meßkolben zur Marke auf. Von der Lösung gibt man ein passendes Aliquot in einen 100-ml-Meßkolben, versetzt mit 50 ml 10 m Phosphorsäure aus der Bürette (15 bis 30 Sek. nachlaufen lassen), füllt zur Marke auf und mißt die Absorption dieser Lösung in einer 1-cm-Quarzcüvette spektrophotometrisch bei 349 nm.

Bemerkungen. α) Wegen der Einzelheiten der Messung, Cüvetten- und Untergrund-*Korrekturen* muß auf die Originalarbeit verwiesen werden.

β) Die *Abweichungen* betrugen $\pm 0{,}06$ Oxydationsäquivalente Dichromats bei 20 Äquivalenten Gesamtverbrauch je 100 ml, entsprechend einer *Genauigkeit* von $\pm 0{,}3$ %. Die Konzentration der zur Messung kommenden Lösungen an Dichromat ist etwa 0,2 Milliäquivalente je 100 ml und darunter, je nach Menge der reduzierenden Ameisensäure. γ) Wegen *Störungen* siehe Abschnitt: 10.

II. Nach Reduktion zu Formaldehyd.

Prinzip. Ameisensäure wird durch nascierenden Wasserstoff zum Formaldehyd reduziert. Wenn auch die Ausbeute nicht quantitativ ist, kann die Reaktion zur empfindlichen Bestimmung der Ameisensäure dienen. GRANT (b) benutzt Chromotropsäure (1,8-Dioxynaphthalin-3,6-disulfosäure) als Formaldehydreagens:

Arbeitsvorschrift. Man gibt 0,5 ml der schwach sauren Probe, die nicht mehr als 1,5 μg Ameisensäure enthalten soll, in ein Reagenzrohr, in dem sich 80 mg Magnesiumband (ein Streifen von 10×3 mm² zu einer Spirale gerollt), befinden, und stellt das Rohr in ein Eisbad. Dazu gibt man in Abständen von 1 Min. in 10 Anteilen insgesamt 0,5 ml konz. Salzsäure. Nun fügt man 1,5 ml Chromotropsäurelösung (0,6 g Chromotropsäure in 20 ml Wasser gelöst und mit 180 ml konz. Schwefelsäure vermischt) hinzu und erwärmt 30 Min. auf dem Wasserbad. Man zentrifugiert dann und mißt die Absorption der klaren Lösung bei 570 nm.

Bemerkungen. a) Zur Aufstellung einer *Eichkurve* behandelt man Standardlösungen von 0 bis 15 μg Ameisensäure in 0,01 n Salzsäure ebenso. Zwischen 0 und 10 μg besteht eine lineare Beziehung zwischen Ameisensäurekonzentration und Galvanometerausschlag.

b) In der zu untersuchenden Lösung etwa vorhandener Formaldehyd kann mit Phenylhydrazin beseitigt werden. Acetaldehyd und Essigsäure *stören* nur in hohen Konzentrationen.

c) Eine ähnliche Methode für *höhere* Ameisensäurekonzentrationen (40 bis 1000 μg), bei der Fuchsinschwefelsäure als Reagens dient und die nach Angabe von GRANT etwas langwieriger ist, war von DROLLER angegeben worden.

III. Über die Reduktion von Quecksilber(II)-chlorid.

Allgemeines. Das durch die Reduktion von Quecksilber(II)-chlorid entstandene Kalomel (vgl. Abschnitt: 3) geht, wie GRANT (a) zeigte, eine empfindliche Farbreaktion mit Phosphorwolframmolybdänsäure ein. Das Reagens wird aus 10 g Phosphorwolframsäure, 130 g Phosphormolybdänsäure, Auffüllen mit Wasser auf 400 ml, Zufügen von 50 ml konz. Salzsäure und 50 ml 85 %iger Phosphorsäure hergestellt.

Arbeitsvorschrift. Man fördert das Absetzen und Sammeln der Kalomelfällung durch Zugeben von Kieselgur und behandelt den Niederschlag mit dem Reagens. Danach gibt man etwas Natriumcarbonatlösung hinzu und mißt.

Bemerkungen. a) Die Bestimmung soll etwa 100mal *empfindlicher* sein als die gravimetrische Methode. b) Der *Fehler* beträgt bei Mengen von 5 bis 30 μg Ameisensäure etwa 1 μg.

12. Gasvolumetrische und gasmanometrische Bestimmung.

I. Als Kohlenoxid nach Zersetzung mit Schwefelsäure.

Prinzip. Konzentrierte Schwefelsäure zersetzt Ameisensäure entsprechend der Gleichung:

$$HCOOH \rightarrow H_2O + CO.$$

Das entstehende Kohlenoxid kann als Meßgröße zur Bestimmung der Ameisensäure dienen; für die Messung sind gasvolumetrische Arbeitsweisen angegeben worden, so von SCHUT, der die Schwefelsäure bei 104 °C etwa 4 Std. lang einwirken ließ und eine gute Übereinstimmung mit der gravimetrischen Hg_2Cl_2-Methode feststellte. 1 ml Gas entspricht etwa 2 mg Ameisensäure.

HANAK verwendete ein Eudiometer für die Ausführung und fand die Methode bei angemessener Beachtung der Temperaturen sehr genau. Auch von Essigsäureanhydrid in Gegenwart von etwas Schwefelsäure wird die Ameisensäure entsprechend obiger Formel rasch zersetzt (HOTTENROTH).

Eine Mikromethode unter Anwendung des Nernstschen Capillarvolumeters bauten WEYGAND und GROSSKINSKY auf dieser Reaktion auf. Der von ihnen benutzte Apparat ist in Abb. 96 dargestellt.

Arbeitsvorschrift. Von der volumenmäßig gemessenen Formiatlösung gibt man mit einer Mikropipette 0,02 ml (entsprechend $\approx$ 0,003 mMol Ameisensäure) in den mit schräg seitlich angebrachtem Ansatz *B* versehenen Kolben *A*. Dazu gibt man 0,5 ml Essigsäureanhydrid und läßt 1 Std. stehen. Nach kurzem Erwärmen auf 50 bis 60 °C zum Austreiben von Gasresten (CO_2) gibt man in das Nebengefäß *B* 0,3 ml einer Mischung aus 2 ml Essigsäure, 5 ml Essigsäureanhydrid und 1 ml konz. Schwefelsäure. Nun setzt man das Gerät bis zum Eintauchen des mit dem Gefäß durch Schliff verbundenen, waagerechten Capillarrohres *C*, in dem sich ein Quecksilbertropfen *D* befindet, in einen Wasserbadthermostaten. Man mißt den Abstand des Tropfens von einer Nullmarke. Jetzt nimmt man das Gefäß aus dem Bad, bringt durch Kippen die beiden Flüssigkeiten zur Vereinigung in *A* und erhitzt über einer Mikroflamme auf 50 bis 60 °C. Man fördert die Kohlenoxidentwicklung durch Klopfen gegen *A*. Man setzt das Erwärmen so lange fort, bis das Quecksilber seine Stellung nach Einbringen in das Temperaturbad nicht mehr verändert. Ein auftretender zusätzlicher Volumeneffekt ist durch Blindversuch mit 0,02 ml reinem Wasser an Stelle der Formiatlösung zu ermitteln und abzuziehen; er kann außerdem durch einen Vergleichsversuch mit einer Formiatlösung bekannten Gehaltes ausgeschaltet werden.

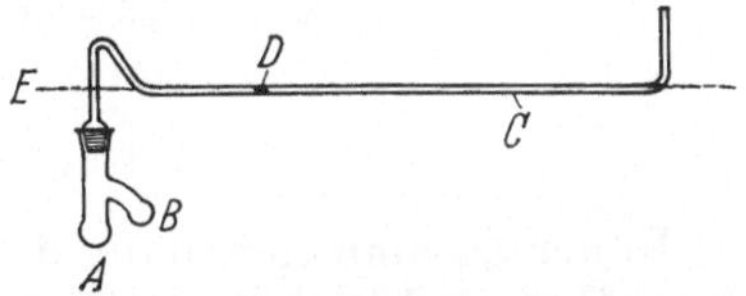

Abb. 96. Apparat nach WEYGAND u. GROSSKINSKY zur gasvolumetrischen Bestimmung der Ameisensäure.

Bemerkungen. a) Bei einem Radius der Capillare von 0,513 mm und einer Badtemperatur von 24,5°C ergab sich für 10^{-3} mMol Ameisensäure eine *Verschiebung* des Quecksilbertropfens um 29,5 mm. b) Bei 0,150 bzw. 0,200 mg Natriumformiat wurden *98,3 bzw. 98,7*% der angewendeten Menge wiedergefunden.

II. Bestimmung des überschüssigen Sauerstoffs bei Reaktion mit Jod und Wasserstoffperoxid.

Eine gasvolumetrische Methode, nach der ein Sauerstoffvolumen gemessen wird, wurde von KUX ausgearbeitet. Er oxydiert die Ameisensäure mit aus abgemessener Menge Jodid- und Jodationen in salzsaurer Lösung gebildetem Jod und mischt mit alkalischer Wasserstoffperoxidlösung, wobei das nicht zur Oxydation verbrauchte Jod als Hypojodition nach der Reaktion von BAUMANN mit dem Peroxid zu Jodidion, Wasser und Sauerstoff reagiert. Die Ameisensäuremenge ergibt sich aus der Differenz der Oxydationsäquivalente (Minderbetrag an Sauerstoff). Wegen Einzelheiten dieser nicht spezifischen Methode wird auf die Originalarbeit verwiesen.

III. Als Kohlendioxid nach Oxydation mit Cer(IV)-lösung.

Als quantitativ wirkendes Oxydationsmittel läßt sich Cer(IV)-sulfat verwenden, dem eine katalytische Menge Palladiums zugesetzt ist. Eine manometrische Arbeitsweise dieser Art wurde von PICKETT, LEY und ZYGMUNTOWICZ beschrieben. Milch- und Benztraubensäure, die bei Anwesenheit in größerer Menge viel von dem Oxydationsmittel reduzieren, und Stoffe, die bei der Oxydation in Gegenwart des Katalysators Ameisensäure bilden, stören.

Wegen manometrischer Methoden, die auf Oxydation der Ameisensäure durch Quecksilber(II)- oder Blei(IV)-salz beruhen, siehe die Abschnitte: 3, VI, b und 4, II.

13. Polarographische Bestimmung.

Die Konzentration von Ameisensäure und anderen Säuren, die eine Dissoziationskonstante $>10^{-8}$ haben, kann polarographisch in einer Grundlösung von Tetramethylammoniumjodid gemessen werden, wie KORSHUNOW, KUSNETZOWA und SCHTSCHENNIKOWA feststellten. Zwischen dem Koeffizienten des Diffusionsstromes, Kd, und dem colog der Dissoziationskonstante, pK, besteht die Beziehung

$$Kd = 5{,}25 - 0{,}725\, pK.$$

14. Ultrarotspektrometrische Bestimmung.

In der Zusammenstellung der Absorptionsspektren einer großen Zahl verschiedener Gase und Dämpfe im Wellenlängenbereich von 2 bis 15 μm, die von PIERSON, FLETCHER und GANTZ veröffentlicht wurde, sind auch diejenigen von Ameisen- und Essigsäure enthalten. In den Spektren sind Unterschiede erkennbar, auf Grund deren eine spezifische Bestimmung der Ameisensäure und eine gleichzeitige Bestimmung von Ameisen- und Essigsäure in Dampfform bei nicht zu extremen Mischungsverhältnissen auch in Gegenwart anderer mehratomiger Gase möglich erscheint.

Der stärkste Peak der Ameisensäure bei 5,7 μm ist nicht sehr charakteristisch; mehr ist es derjenige bei 8,25 μm und in besonderem Maße der noch etwas schwächere Peak bei 14,4 μm. Letztgenannter Peak dürfte gut brauchbar sein zur Messung in Gegenwart vieler anderer Verbindungen einschließlich Essigsäure. Für die sicher schwierigere Essigsäurebestimmung in Gemischen dürfte der Peak bei 8,5 μm in vielen Fällen brauchbar sein.

15. Chromatographische, gaschromatographische und massenspektrometrische Bestimmung.

Diese Methoden, die besonders gut zur gleichzeitigen Bestimmung der homologen Säuren einschließlich Ameisensäure geeignet sind, werden in den entsprechenden Abschnitten des Kapitels: Essigsäure behandelt.

16. Bestimmung in einigen besonderen Fällen.

I. Bestimmung in Gegenwart von Essigsäure.

Zur Ameisensäurebestimmung in bzw. in Gegenwart von Essigsäure eignen sich mehrere bereits in den entsprechenden Kapiteln behandelte Methoden wie die

Quecksilbermethode in ihren verschiedenen Abwandlungen (z.B. GERMUTH), die Chromsäuremethoden, die Permanganattitration und die Oxydimetrie mit Brom. Zur Trennung ist vor allem die azeotropische Destillation (Abschnitt: 1) zu empfehlen. Sollen die Essigsäure und vorhandene, weitere Fettsäuren gleichzeitig mitbestimmt werden, so arbeitet man am besten chromatographisch (siehe Kapitel: Essigsäure, Abschnitt: G, 5).

II. Bestimmung neben Formaldehyd, Acetaldehyd und ähnlichen Substanzen.

Formaldehyd, Acetaldehyd, Methanol und andere leichtflüchtige nichtsaure Verbindungen können grundsätzlich durch Eindampfen der alkalisch gemachten Analysenlösung auf dem Wasserbad und erforderlichenfalls durch längeres Erwärmen im Trockenschrank beseitigt werden, um dann die Ameisensäure oxydimetrisch zu bestimmen.

Zur Bestimmung der Ameisensäure in synthetischer Essigsäure, die auch Acetaldehyd und Acetylen enthält, empfiehlt LAZZARI, die Säure mit konz. Natronlauge zu neutralisieren und auf einem Sandbad zur Hälfte einzudampfen. Nach Neutralisation mit 14%iger Salzsäure gegen Bromphenolblau auf Gelbgrün kann man dann die Ameisensäure bromometrisch bestimmen.

In Gemischen, in denen nur Formaldehyd neben Ameisensäure vorliegt, kann man nach SPITZER bromometrisch den Gesamtverbrauch beider Verbindungen an Oxydationsmittel bestimmen, in einem anderen Probeteil den Formaldehyd (z.B. nach ROMIJN) ermitteln und dann die Ameisensäure als Differenz berechnen. Eine weitere Möglichkeit der Bestimmung dieser beiden Verbindungen nebeneinander bietet die cerimetrische Methode nach SHARMA (b) (vgl. Abschnitt: 9).

III. Bestimmung in Gegenwart von Schwefelsäure.

Allgemeines. Um in Akkumulatorensäure auf die Bleiplatten stark korrodierend wirkende, kleine Mengen Ameisen- und Essigsäure zu bestimmen, neutralisiert CRAIG den größten Teil der Schwefelsäure und destilliert die Fettsäuren dann bei 85 °C ab. In einem Teil des Destillats bestimmt man acidimetrisch gegen Phenolphthalein oder elektrometrisch die Summe der beiden Säuren und in einem anderen Teil nach Oxydation mit Permanganat ebenso die Essigsäure allein, so daß die Ameisensäure sich als Differenz ergibt.

Eine bequemere Methode zur Bestimmung von Ameisensäure-Schwefelsäure-Gemischen wird von ELGORT und SSOROKIN angegeben.

Arbeitsvorschrift. Man wägt 25 ml Probe auf 0,01 g genau ein, führt in einen 500-ml-Kolben über und füllt mit Wasser zur Marke auf. Von dieser Lösung titriert man 10 ml unmittelbar mit 0,5 n Natronlauge gegen Phenolphthalein. Weitere 10 ml dampft man auf dem Sandbad bei 140 bis 150 °C bis auf 1,5 bis 2 ml ein; dann füllt man wie oben auf und titriert gegen Methylorange. Die zweite Titration ergibt den Schwefelsäuregehalt, die Differenz zur ersten Titration unter Berücksichtigung einer Korrekturkonstanten die Ameisensäure.

Bemerkung. Zur Bestimmung der Ameisensäure in Gemischen mit Schwefelsäure oder Salzsäure empfahl ACHIWA, konduktometrisch zunächst mit Natronlauge die Gesamtsäure zu bestimmen und dann mit Salzsäure das Formiation zurückzutitrieren oder einen Teil der Probe mit Natronlauge und einen anderen mit Silbernitrat- bzw. Bariumchloridlösung zu titrieren.

IV. Bestimmung im Graukalk.

Die Brauchbarkeit einiger Methoden zur Ameisensäurebestimmung im Graukalk wurde von DEREWJAGIN und WOLODUTZKAJA überprüft. Sie fanden, daß die Reduktion von Quecksilber(II)-chlorid offenbar richtige Werte ergibt, während die Permanganometrie, wahrscheinlich wegen eines Gehaltes an anderen Permanganat reduzierenden Substanzen in den Acetatpulvern zum Teil wesentlich höhere Ergebnisse zeitigte. Zu der gleichen Feststellung war auch SUNAWALA gekommen, der ebenfalls die Quecksilber(II)-Methode empfahl.

V. Bestimmung in Kupfersalzen.

Zur Bestimmung von Ameisensäure in Lösungen von Kupferammoniumformiat verdünnt man nach GRINEWITSCH stark, gibt 10 ml Lösung zu 50 ml heißem Wasser sowie 6 ml n Natronlauge und kocht 5 Min. Man filtriert den entstandenen Niederschlag ab, wäscht mehrmals mit Wasser, versetzt das Filtrat mit 0,5 bis 1 g Natriumhydrogencarbonat und bestimmt das Formiation permanganometrisch, z.B. durch Kochen mit 0,1 n Permanganatlösung und Rücktitration mit Oxalsäurelösung.

Auch GAUTHIER empfiehlt das Erhitzen der sauren oder der neutralen Lösung des Kupfer(II)-formiats oder der Suspension von basischem Formiat mit überschüssiger Natronlauge bis zur Ausfällung des schwarzen Kupferoxids vor der Formiatbestimmung. Auf diese Weise wird die Störung, welche durch die Oxydationswirkung von Kupfer(II)-ionen hervorgerufen werden kann, im weiteren Analysengang vermieden.

VI. Bestimmung in Galvanisierbädern.

Zur Bestimmung der Ameisensäure in Silberbädern kocht man 10 ml Badflüssigkeit vor der permanganometrischen Titration zum Entfernen der reduzierenden Begleitsubstanzen wie Cyanid- und Sulfitionen 1 Std. mit 15 ml konz. Essigsäure unter Einleiten von Kohlendioxid. Anschließend filtriert man die Lösung (ENGEL).

Zur Ameisensäurebestimmung in Nickel-Kobalt-Galvanisierbädern empfiehlt SALT ebenfalls die Permanganometrie.

VII. Bestimmung in Produkten der organisch-chemischen Industrie.

Zur Bestimmung der Ameisensäure in rohem Holzessig empfahlen WEIHE und JAKOBS die Oxydation mit Quecksilber(II)-acetat und Titration des entstehenden Kohlendioxids (vgl. Abschnitt: 3, VI).

Aus Produkten der Holzhydrolyse extrahieren HOSTOMSKÝ und DOMANSKÝ Ameisen- und Essigsäure mit Äther und bestimmen die Ameisensäure über die Oxydation mit Quecksilber(II)-chlorid.

Eine Übersicht über die Bestimmung von Säuren einschließlich Ameisensäure in Gerbflüssigkeiten gibt BURTON. SELIGSBERGER empfiehlt für Chromleder die Differenzbestimmung der Ameisensäure unter Oxydation mit Chromschwefelsäure nach Extraktion des Leders mit ammoniakalischen Lösungen, Freimachen der Säuren mit Phosphorsäure und Wasserdampfdestillation.

Die Bestimmung der flüchtigen Fettsäuren einschließlich Ameisensäure, die bei natürlicher Zersetzung von Kautschuklatex entstehen, wird von PHILPOTT und SEKAR beschrieben. Ihre Methode tritt mit Vorteil an die Stelle der acidimetrischen Bestimmung der Gesamtsäure zur Feststellung des Zersetzungsgrades.

VIII. Bestimmung in Produkten der Lebensmittel- und Gärungsindustrie.

Früher wurde teilweise das Extrahieren der Ameisensäure, z.B. aus Fruchtsäften u.dgl., mit Äther angewendet (AUERBACH und BECK; v. FELLENBERG). Gebräuchlicher ist die Wasserdampfdestillation unter Zusatz von Phosphorsäure oder Weinsäure (HANAK und KÜRSCHNER; ZÄCH).

Die Anreicherung und Bestimmung kleiner Mengen Ameisensäure in Lebensmitteln verschiedener Art, u.a. Honig, und insbesondere das Entfernen störender Kolloidstoffe wurde von GROSSFELD und PAYFER ausführlich beschrieben.

Die Endbestimmung erfolgt meistens über die Reduktion des Quecksilber(II)-chlorids oder durch Titration mit Permanganatlösung. Neuerdings führt sich die chromatographische Methode (siehe Kapitel: Essigsäure, Abschnitt: G, 5) auch auf diesem Gebiet ein.

Die Bestimmung in Wein und anderen Gärungsprodukten wurde u.a. von SEMICHON und FLANZY und von FUCHS beschrieben. In beiden Fällen wird mit Wasserdampf destilliert und die Ameisensäure mit Dichromat- bzw. Permanganatlösungen bestimmt; im ersten Falle werden vor dem Abdestillieren der Säure Äthanol und andere nichtsaure Substanzen durch Abdampfen der mit Kalkmilch versetzten Flüssigkeit auf die Hälfte des Volumens entfernt. DIEMAIR und GUNDERMANN verwenden die colorimetrische Methode mit Chromotropsäure; sie geben Korrekturgrößen für den Ausgleich von Verlusten und Nebenreaktionen während der Abtrennung an. Aus technischer Milchsäure kann die Ameisensäure nach JAMET zur Bestimmung ebenfalls durch Wasserdampfdestillation abgetrennt werden. Aus Fleischextrakt destilliert WASER die Ameisensäure nach Lösen von 10 bis 20 g Substanz in 10 ml Wasser und Zugabe von 3 ml 6%iger Phosphorsäure bei gleichbleibendem Volumen mit Wasserdampf ab, bis 1500 ml Destillat gesammelt sind.

IX. Bestimmung in physiologischen Substraten.

Zur Bestimmung von Ameisensäure im Urin empfahl BASTRUP, die Säure zur Abtrennung in den Methylester umzuwandeln. Dazu werden 10 ml Urin, 5 ml Wasser, 0,35 ml 6n Salzsäure und 5 ml reines Methanol in einen kleinen Destillierapparat gebracht. Man leitet einen Strom von gereinigter Luft durch die Flüssigkeit, erhitzt zum Sieden und leitet das entstehende Dampf-Luft-Gemisch durch ein Gemisch aus 1,5 ml n Natronlauge und 3,5 ml Wasser, das sich in einem Reagensglas befindet, welches in einem Glas mit kaltem Wasser steht. Wenn 5 ml Flüssigkeit übergegangen sind, dampft man den Inhalt der Vorlage in einer Schale zur Trockne und bestimmt die Ameisensäure, z.B. nach RIESSER (siehe Abschnitt: 3, IV, a). Die Ausbeute beträgt etwa 97% der vorhandenen Ameisensäure bei Mengen bis etwa 0,5 mg herunter.

Literatur.

ACHIWA, S.: J. electrochem. Soc. Japan **16**, 66 (1948); durch Chem. Abstr. **1950**, 9869b. – AHLÉN, L., u. O. SAMUELSON: Anal. Chem. **25**, 1263 (1953); durch Chem. Abstr. **1953**, 12130b. – AUERBACH, F., u. K. BECK: Arch. Reichsgesundh.-Amt **57**, 24 (1926); durch Fr. **75**, 142 (1928). – AUERBACH, F., u. H. ZEGLIN: Ph. Ch. **103**, 161, 178, 200 (1922); durch C. **1923**, **I**, 1487; **II**, 1138.

BACON, R. F.: Circular, U.S. Dept. Agriculture **1911**; durch Analyst **36**, 507; Fr. **52**, 55 (1913). – BASTRUP, J. T.: Acta Pharmacol. Toxicol. **3**, 303 (1947); durch Chem. Abstr. **1948**, 5935i. – BAUMANN, A.: Angew. Ch. **1891**, 203. – BROUWER, E., u. H. J. NIJKAMP: Chem. Weekbl. **46**, 37 (1950); durch Chem. Abstr. **1950**, 5495e. – BURTON, D.: J. Soc. Leather Trades' Chemists **32**, 362 (1948); durch Chem. Abstr. **1949**, 1205f.

CARDONE, M. J., u. J. W. COMPTON: Anal. Chem. **24**, 1903 (1952); durch Fr. **146**, 40 (1955). – CIARANFI u. FONNESU; durch CASELLI, P., u. E. CIARANFI: Bio. Z. **313**, 11 (1942); durch C. **1943**, **I**, 2117. – CRAIG, D. N.: Bur. Stand. J. Res. **6**, 169 (1931); durch C. **1931**, **I**, 3378. – CRAVEN, E. C.: Chem. Ind. **52**, Trans. 239 (1933); durch C. **1933**, **II**, 2707.

DEREWJAGIN, A., u. S. WOLODUTZKAJA: Holzchem. Ind. (russ.) **3**, 3 (1940); durch C. **1940**, **II**, 1333. – DIEMAIR, W., u. C. GUNDERMANN: Z. Lebensm. **110**, 261 (1959); durch Anal. Abstr. **1960**, 2471. – DOERING, H.: Papierfabrikat. **1943**, 215; durch C. **1944**, **I**, 197. – DROLLER, H.: H. **211**, 57 (1932).

ELGORT, R. J., u. M. M. SSOROKIN: Holzchem. Ind. (russ.) **2**, 55 (1939); durch C. **1940**, **I**, 438. – ENGEL, M.: Mitt. Forsch.-Inst. Probieramt Edelmetalle Schwäb.-Gmünd **12**, 95 (1939); durch C. **1939**, **II**, 1132.

FEIT, KUBIERSCHKY u. SCHWICKER: Ch. Z. **15**, 351, 845 (1891); durch Fr. **60**, 270 (1921). – v. FELLENBERG, T.: Mitt. Geb. Lebensmitteluntersuch. Hyg. **27**, 182 (1936); durch C. **1936**, **II**, 3012. – v. FELLENBERG, T., u. S. KRAUZE: Mitt. Geb. Lebensmitteluntersuch. Hyg. **23**, 111 (1932); durch Fr. **92**, 135 (1933). – FINKE, H.: Z. Lebensm. **25**, 386 (1913); durch Chem. Abstr.

1913, 2258. – FRESENIUS, W., u. L. GRÜNHUT: Fr. **60**, 457 (1921). – FREYER, F.: Ch. Z. **19**, 1184; durch Fr. **36**, 328 (1897). – FUCHS, P.: (a) Fr. **78**, 125 (1929); (b) Ch. Z. **68**, 163 (1944); Fr. **126**, 289 (1943).

GABRIELSON, G., u. O. SAMUELSON: Acta chem. Scand. **6**, 729 (1952); durch Fr. **139**, 433 (1953). – GAUTHIER, J.: Bl. **1956**, 657; durch Chem. Abstr. **1956**, 9943. – GERMUTH, F. G.: Chemist-Analyst **17**, 7; durch C. **1928**, **I**, 1984. – GRANT, W. M.: (a) Anal. Chem. **19**, 206 (1947); durch Chem. Abstr. **1947**, 2660a; (b) Anal. Chem. **20**, 267 (1948); durch Chem. Abstr. **1948**, 4496g. – GRINEWITSCH, W. M.: Betriebslab. (russ.) **6**, 1028 (1937); durch C. **1938**, **II**, 1647. – GROSSFELD, J., u. R. PAYFER: Z. Lebensm. **78**, 1 (1939); durch Fr. **119**, 440 (1940).

HANAK, A.: Z. Lebensm. **60**, 403 (1930); durch Fr. **85**, 469 (1931). – HANAK, A., u. K. KÜRSCHNER: Z. Lebensm. **60**, 278 (1930); durch Fr. **84**, 387 (1931). – HANNICK, O. L., W. K. HUTCHINSON u. F. R. SNELL: J. chem. Soc. **127**, 2715 (1925). – HAYDEN, H. S.: Chem. Age **31**, 196 (1934); durch C. **1935**, **I**, 116. – HEREDIA, P. A.: Arch. Farm. Bioquim. Tucumán **3**, 173 (1947); durch Chem. Abstr. **1948**, 59b. – HOLLUTA, J.: Ph. Ch. **113**, 464 (1924). – HOPTON, J. W.: Anal. chim. Acta **8**, 429 (1953); durch Fr. **143**, 447 (1954). – HOSTOMSKÝ, J., u. R. DOMANSKÝ: Chem. Zvesti **6**, 37 (1952); durch Chem. Abstr. **1953**, 11080c. – HOTTENROTH, V.: Ch. Z. **38**, 598 (1914).

JAMET, A.: J. int. Soc. Leather Trades Chemists **19**, 454 (1935); durch C. **1935**, **II**, 4015. – JAMIESON: Am. J. Sci. **33**, 349 (1912). - JONES, C.: Am. Chem. J. **17**, Nr. 7; durch Fr. **35**, 90 (1896).

KORS(c)HUNOW, J. A., Z. B. KUSNETZOWA u. M. K. SCHTSCHENNIKOWA: Ž. anal. Chim. (russ.) **6**, 96 (1951); durch Chem. Abstr. **1951**, 6968e. – KUX, H.: Fr. **32**, 134 (1893).

LAZZARI, G.: Ann. Chim. appl. **31**, 266 (1941); durch C. **1942**, **I**, 520. – LEYS, A.: Ann. Chim. anal. **3**, 255; durch Fr. **38**, 677 (1899). – LIEBEN, A.: M. **14**, 746 (1893); durch Fr. **33**, 471 (1894); M. **16**, 219 (1895). – LONGSTAFF, J. V. L., u. K. SINGER: Analyst **78**, 491 (1953); durch Chem. Abstr. **1953**, 10410d.

MARCONI, M. M.: (a) Chim. e Ind. (Milano) **6**, 384 (1951); durch Chem. Abstr. **1952**, 4427b. (b) Chim. e Ind. (Milano) **6**, 315 (1951); durch Chem. Abstr. **1952**, 859b. – MATHUR, N. K., S. P. RAO u. D. R. CHOWDHARY: Anal. chim. Acta **24**, 533 (1961). – MOLNÁR, L. G., L. SZEKERES u. M. ZERGÉNYI-BALÁSFALVY: Fr. **159**, 161 (1957/58). – MOLOTKOWA, A. S., u. W. K. ZOLOTUCHIN: Betriebslab. (russ.) **15**, 1284; durch Chem. Abstr. **1950**, 3844d. – MÜLLER, F.: H. **33**, 796 (1931); durch Chem. Abstr. **1950**, 8285bc.

OBERHAUSER, F., u. W. HENSINGER: Z. anorg. Ch. **160**, 366 (1927). – OLDEMAN, R. G. C.: Pharm. Weekbl. **68**, 379 (1931); durch C. **1931**, **II**, 3642. – OSBURN, O. L., H. G. WOOD u. C. H. WERKMAN: (a) Ind. eng. Chem. Anal. Edit. **5**, 247 (1933); durch C. **1933**, **II**, 2566; (b) Ind. eng. Chem. Anal. Edit. **8**, 270 (1936); durch C. **1937**, **I**, 5003.

PERLIN, A. S.: Anal. Chem. **26**, 1053 (1954); durch Chem. Abstr. **1954**, 13539c. – PHILPOTT, M. W., u. K. C. SEKAR: J. Rubber Res. Instr. Malaya **14**, 93 (1953); durch Chem. Abstr. **1953**, 4639i. – PICKETT, M. J., H. L. LEY u. N. S. ZYGMUNTOWICZ: J. biol. Chem. **156**, 303 (1944); durch Chem. Abstr. **1945**, 722[7]. – PIERSON, R. H., A. N. FLETCHER u. E. S. C. GANTZ: Anal. Chem. **28**, 1218 (1956). – PIRIE, N. W.: Biochem. J. **40**, 100 (1946); durch Chem. Abstr. **1946**, 4002[4]. – POETHKE, W. : P. C. H. **86**,357 (1947); durch Chem. Abstr. **1950**, 9303g. – POLAK, H. L.: Fr. **176**, 34 (1960).

REID, J. D., u. H. D. WEIHE: Ind. eng. Chem. Anal. Edit. **10**, 271 (1938); durch Fr. **125**, 455 (1943). – RIESSER, O.: H. **96**, 355 (1916); durch Chem. Abstr. **1916**, 2754. – RIGAMONTI, R.: Ann. Chim. applic. **22**, 744 (1932); durch C. **1933**, **I**, 2848. – ROMIJN, G.: Fr. **36**, 19 (1897).

SALT, E. W.: J. Elektrodepositors' Tech. Soc. **22**, 19 (1947); durch Chem. Abstr. **1947**, 4402b. – SCALA, A.: G. **1890**, 393; durch Fr. **31**, 346 (1892). – SCHUT, W.: Chem. Weekbl. **26**, 228; durch C. **1929**, **I**, 2932. – SELIGSBERGER, L.: J. Am. Leather Chem. **43**, 226 (1948); durch Chem. Abstr. **1948**, 7076e. – SEMICHON, L., u. M. FLANZY: Ann. Falsific. **24**, 516 (1931); durch Fr. **89**, 472 (1932). – Ann. Sci. agronom. Franç. **2**, 504 (1932); durch C. **1932**, **II**, 2751. – SHARMA, N. N.: (a) Fr. **157**, 110 (1957); (b) **162**, 321 (1958). – SHARMA, N. N., u. R. C. MEHROTRA: Anal. chim. Acta **11**, 417 (1954); durch Fr. **147**, 201 (1955); Anal. Chim. Acta **13**, 419 (1955); durch Fr. **152**, 379 (1956). – SINGH, B., u. A. SINGH: Res. Bull. East Punjab Univ. **17**, 51 (1951); durch Chem. Abstr. **1953**, 6303a. – SPITZER, L.: Ann. Chim. applic. **27**, 292 (1937); durch C. **1937**, **II**, 2565. – STAINIER, C., u. J. MASSART: J. Pharm. Belg. **15**, 869, 891 (1933); durch C. **1934**, **I**, 1360. – STAMM, H.: Angew. Ch. **47**, 791 (1934); durch C. **1935**, **I**, 3448. – SUNAWALA, S. D.: J. Indian chem. Soc. **13**, 545 (1936); durch C. **1937**, **I**, 1490. – v. SZELÉNYI, G.: Z. Lebensm. **63**, 534 (1932); durch C. **1932**, **II**, 1248.

TOMÍČEK, O., u. S. KŘEPELKA: Chem. Listy **47**, 526 (1953); durch Chem. Abstr. **1954**,3186a. - TOMÍČEK, O., u. P. VIDNER: Chem. Listy **47**, 521 (1953); durch Fr. **142**, 56 (1954). – TRÖGER, J., u. W. MÜLLER: Ar. **252**, 459 (1914); durch Fr. **88**, 136 (1932). – TSAI, R. K., u. Y. FU: Anal. Chem. **21**, 818 (1949); durch Fr. **131**, 62 (1950).

UTKIN-LJUBOWZOW, L.: Bio. Z. **138**, 205 (1923); durch Fr. **82**, 263 (1930).

VAN DER MEULEN, J. H.: Chem. Weekbl. **27**, 550 (1930); durch C. **1930**, **II**, 3060. – VERMA, R. M., u. S. BOSE: (a) J. Indian. chem. Soc. **38**, 109 (1961); durch Anal. Abstr. **1961**, 3324; (b) Anal. chim. Acta **27**, 176 (1962); durch Fr. **196**. 132 (1963).

WARNER, B. R., u. L. Z. RAPTIS: Anal. Chem. **27**, 1783 (1955). – WASER, E.: H. **99**, 67 (1917); durch Fr. **63**, 474 (1923). – WEIHE, H. D., u. P. B. JACOBS: Ind. eng. Chem. Anal. Edit. **8**, 44 (1936); durch C. **1936**, I, 3374. – WEYGAND, F., u. O. A. GROSSKINSKY: B. **84**, 839 (1951). – WIDMAIER, O., u. F. MAUSS: Rev. Inst. franç. petrole **5**, 168, 239 (1950); durch Chem. Abstr. **1950**, 10603e.

ZÄCH, C.: Mitt. Geb. Lebensmittelunters. Hyg. **24**, 35 (1933); durch C. **1933**, **I**, 3813.

G. Essigsäure (CH_3COOH), Acetate und Acetanhydrid [$(CH_3CO)_2O$].

Eisessig: Fp. 16,6 °C; Kp.: 118 °C; Dichte $D_{20} = 1{,}0492$; Dissoziationskonstante in wäßriger Lösung: $K = 1{,}76 \cdot 10^{-5}$ bei Zimmertemperatur.

Allgemeines. Die Bestimmung der Essigsäure und der Acetate wird häufig durch acidimetrische Titration vorgenommen, wobei aber nur in einfach gelagerten Fällen oder nach Trennoperationen Spezifität erreicht wird. Die oxydimetrischen Methoden sind einigermaßen spezifisch. Colorimetrische Methoden sind für kleine Mengen geeignet und zum Teil spezifisch.

In komplizierten Gemischen mit anderen organischen Säuren ist die Bestimmung der Essigsäure am sichersten durch chromatographische Methoden, insbesondere die Flüssig/Flüssig-Verteilungs- und die Gaschromatographie zu erreichen.

1. Einfache Gehaltsbestimmung des Eisessigs.

Prinzip. Der Gehalt von starker, reiner, nur wenig Wasser enthaltender Essigsäure (Eisessig) kann durch einfache Messung der Dichte (1 % H_2O erniedrigt sie um 0,7 %) oder des Erstarrungspunktes ermittelt werden. C. R. FRESENIUS gab folgende Formel zur Berechnung an:

$$\text{Säuregehalt} = 0{,}64 \cdot t\ (\text{Erstarrungstemp. [°C]}) + 89{,}5.$$

Zur *Bestimmung* des *Erstarrungspunktes* verfährt man am besten nach HARVEY.

Arbeitsvorschrift. Zunächst unterkühlt man eine Probe des Eisessigs mittels einer Kältemischung und mißt die bei der Erstarrung in der Säure herrschende Temperatur T; sie stellt annähernd den Erstarrungspunkt dar. Dann stellt man die Temperatur eines Wasserbades auf 5 ° unterhalb der vorhin festgestellten Erstarrungstemperatur T ein. Man kühlt darin einen weiteren Teil der Probe auf 1 ° unterhalb der Temperatur T, nimmt das bei der ersten Messung verwendete Thermometer aus dem ersten Probegefäß und taucht es rasch in die zweite, schwach unterkühlte Probemenge, so daß diese sofort kristallisiert. Die jetzt abzulesende Temperatur t ist die Erstarrungstemperatur.

Bemerkung. Für die Bestimmung sehr kleiner Wassergehalte (bis 0,01 % herunter) in Eisessig ist nach Angabe von BRUCKENSTEIN die bekannte, für organische Flüssigkeiten viel verwendete Karl-Fischer-Methode gut geeignet.

BRUCKENSTEIN empfiehlt für noch niedrigere Wassergehalte (bis 0,001% herunter) eine *spektrophotometrische Methode.* Diese beruht darauf, daß Essigsäureanhydrid eine starke selektive Absorption im Ultraviolett bei 252 nm aufweist und andererseits leicht mit Wasser zur Reaktion gebracht werden kann:

Arbeitsvorschrift. Man setzt der Essigsäure eine abgemessene kleine Menge Anhydrids zu und mißt die Absorption der Lösung im Spektralphotometer mit Quarzoptik bei 252 nm. Dann erhitzt man 90 Min. auf 110 °C und mißt wieder. Abnahme der Absorption zeigt Wassergehalt in der ursprünglichen Säure an. Nun setzt man eine gemessene, sehr kleine Menge Wassers zu, erhitzt wieder und mißt nochmals. Aus der diesmal und der vorher gemessenen Abnahme der Absorption sowie der zugesetzten bekannten Wassermenge errechnet man nach dem Dreisatz die unbekannte Wassermenge.

Bemerkung. Auch die Absorption des Wassers im *nahen Ultrarot* bei 0,995 μm kann nach SCHTSCHERBATOW und SCHEWZOW zu seiner Bestimmung in Essigsäure bzw. zur Gehaltsbestimmung der Essigsäure herangezogen werden. Der Bestimmungsfehler wird mit höchstens 1 % angegeben.

2. Abtrennung der Essigsäure, insbesondere von anderen Säuren.

Allgemeines. Die Abtrennung der Essigsäure zusammen mit anderen Säuren von nichtsauren Bestandteilen kann, soweit letztere flüchtig sind, durch Eindampfen in alkalischer Lösung, sonst durch Ionenaustausch erfolgen (siehe Anfang des Kapitels: F Ameisensäure).

I. Abtrennung durch Destillation.

Allgemeines. Für die titrimetrische Bestimmung der Essigsäure in Gemischen mit anderen Säuren ist ihre Abtrennung von diesen erforderlich. Die Trennung von schwerflüchtigen Säuren ist naturgemäß durch Destillation verhältnismäßig leicht zu erreichen. Liegt die Säure als Acetat vor, so setzt man sie am besten mit Phosphorsäure in Freiheit und destilliert anschließend. Das Übertreiben wird durch Einleiten von Wasserdampf beschleunigt und quantitativer gestaltet. Durch einfache Destillation, auch wiederholte, ist kaum vollständiges Abtreiben zu erreichen. Als Destillationshilfsstoff kann man nach PICKETT auch Xyloldampf anwenden, und zwar in folgender Weise.

Arbeitsvorschrift. Man löst 2,5 g acetathaltige Probe in einem 500-ml-Destillierkolben in 40 ml Wasser und gibt 20 ml 85%ige Phosphorsäure sowie 350 ml Xylol hinzu. Nun destilliert man über einen absteigenden Kühler, bis nur noch eine dünne Schicht von Xylol auf der wäßrigen Phase zurückgeblieben ist. Die Essigsäure ist jetzt quantitativ übergegangen. Soll sie durch Titration, z.B. mit carbonatfreier Natronlauge, gegen Phenolphthalein titriert werden, so muß man beim Titrieren kräftig schütteln, damit auch der im Xylol gelöste Teil der Säure erfaßt wird.

Bemerkungen. a) Enthält die Lösung *Chloridionen*, so destilliert auch Salzsäure über. Diese kann man durch Titration des neutralisierten Destillats mit Silbernitrat z.B. gegen Kaliumchromat als Indikator bestimmen und vom Gesamtalkaliverbrauch in Abzug bringen.

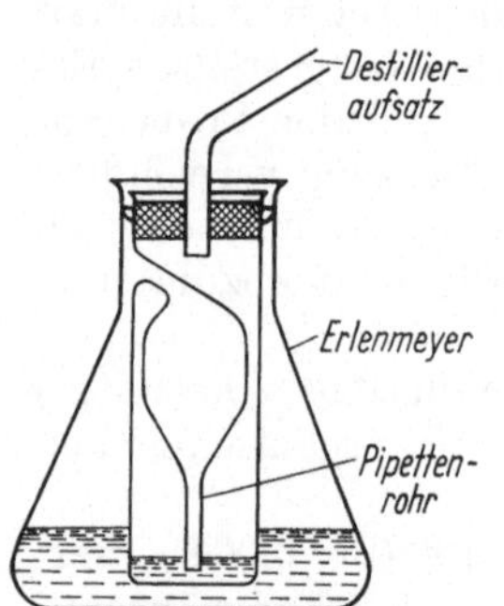

Abb. 97. Kolben nach BOHM zum Abtreiben flüchtiger Säuren durch Wasserdampfdestillation.

b) Ein Apparat, bei dem Destillierkolben und Wasserdampferzeuger in *kompakter* Form miteinander vereinigt sind, wurde von BOHM angegeben, siehe Abb. 97. Der Apparat dient zum Abtreiben der flüchtigen Säuren aus Wein. Dieser befindet sich im inneren Zylinder; der äußere Teil des Kolbens enthält Wasser zur indirekten Beheizung und zur Dampferzeugung.

c) Eine ebenfalls recht *schnelle* und *relativ* wirksame Methode zur destillativen Abtrennung der Essigsäure von dem Hauptteil gleichzeitig vorhandener höherer Homologen – weniger der Ameisensäure – besteht in der Destillation als *Methylester*.

Nach CIARANFI und FONNESU neutralisiert man das die Säuren enthaltende Substrat, dampft es zur Trockne und versetzt den Rückstand mit 1 ml konz. Schwefelsäure sowie einem Überschuß an Methanol. Von den entstehenden Estern hat das Methylacetat den niedrigsten Siedepunkt; dieser liegt noch unter demjenigen des Methanols. Das Methylformiat hat den nächst höheren Siedepunkt, es destilliert in erheblichem Anteil mit, die Ester der höheren Homologen nur zu einem geringen Teil. Durch mehrfach wiederholte Destillation sollen sie praktisch völlig abgetrennt werden können.

d) Früher sind Methoden der Destillation und dazu Formeln zur Berechnung der Gehalte der beiden Säuren in Essigsäure-Propionsäure-Gemischen angegeben worden [DUCLEAUX; RICHMOND; VIRTANEN; („Halbdestillationsmethode") TASMAN und SMITH], die aber nur *angenäherte* Werte ergeben.

e) Ist *Ameisensäure* in der auf Essigsäure zu analysierenden Probe *vorhanden*, so entfernt man die Ameisensäure am besten durch azeotrope Destillation (siehe Kapitel: F, Ameisensäure, Abschnitt: 1).

II. Oxydatives Zerstören von Ameisensäure.

Prinzip. Man kann die Ameisensäure auch durch selektive Oxydation zerstören; die Oxydation kann durch Erhitzen mit mäßig starker Chromschwefelsäure (MC NAIR) oder mit Quecksilberoxid erfolgen.

a) Oxydation mit Chromschwefelsäure.

Arbeitsvorschrift. Man versetzt das Gemisch mit dem gleichen Volumen einer Lösung aus 12 g Kaliumdichromat, 30 ml konz. Schwefelsäure und 100 ml Wasser und erhitzt 15 Min. unter Rückfluß zum Sieden, wobei die Ameisensäure vollständig zu CO_2 und H_2O oxydiert wird. Anschließend wird die Essigsäure mit absteigendem Kühler überdestilliert.

b) Oxydation mit Quecksilberoxid.

Arbeitsvorschrift. Zu der etwa 5% Gesamtsäure enthaltenden Lösung in einem 250-ml-Kolben gibt man 60 ml Wasser wie auch 5 g gelbes Quecksilberoxid und kocht 2 Std. unter Rückfluß bei öfterem Schütteln (STAINIER und MASSART). Statt des Oxids kann man auch Quecksilber(II)-sulfat und etwas Schwefelsäure anwenden.

III. Abtrennung durch Extraktion.

Wenn es darauf ankommt, die Essigsäure aus einem Gemisch mit Salzsäure zu extrahieren, so kann die Extraktion mit n-Tributylphosphat erfolgen. PAGEL, TOREN und MCLAFFERTY stellten fest, daß beim Ausschütteln nahezu die gesamte Salzsäure in der wäßrigen Phase zurückbleibt. Die insbesondere von OSBURN und Mitarbeitern ausgearbeiteten Methoden zur Bestimmung der niederen Fettsäuren nebeneinander auf Grund ihres unterschiedlichen Verteilungskoeffizienten zwischen Wasser und Äther ermöglichen wegen der nahezu gleich großen Koeffizienten von Essigsäure und Ameisensäure keine getrennte Bestimmung dieser beiden Säuren. Die Trennung der Essigsäure von den höheren Homologen ist nach solchen Verfahren bis zu einem gewissen Grade möglich. Aus Gemischen von Essig-, Propion- und Buttersäure kann die Buttersäure nach CROWELL in Gegenwart von Calcium- und etwas Kaliumchlorid durch Extrahieren mit Kerosin entfernt werden. Auch höhere Äther wie Isopropyl- und Isoamyläther sind zur extraktiven Trennung herangezogen worden (z.B. WERKMAN).

Durch Anwendung des Extraktionssystems Heptan/Wasser erreichten WIDMAIER und MAUSS die Trennung der Butter- und Propionsäure aus dem Gemisch mit Essigsäure, nicht aber die getrennte Bestimmung dieser beiden Säuren. Es sind auch Kombinationen von Destillation und Extraktion vorgeschlagen worden, u.a. von OSBURN und Mitarbeitern (vgl. Kapitel: F, Ameisensäure, Abschnitt: 1, II), welche aber kaum noch praktische Bedeutung haben.

IV. Abtrennung durch Ionenaustausch oder Chromatographie.

Auf die von BAUMANN sowie WHEATON und BAUMANN untersuchte Möglichkeit der Trennung von Substanzen verschiedenen Dissoziationsgrades, z.B. Essigsäure und Trichloressigsäure, durch Ionenaustauschharze sei nur hingewiesen.

Für die getrennte Bestimmung der Essigsäure und ihrer höheren Homologen sowie auch der Ameisensäure in Gemischen sind die modernen verteilungschromatographischen Verfahren besonders zu empfehlen – diese werden in den Abschnitten 5 und 6 gesondert behandelt.

3. Titrimetrische Bestimmung.

I. Acidimetrie.

a) Mit Farbindikator.

Die gebräuchlichste Form der Essigsäuretitration ist die acidimetrische mit Natron- oder Kalilauge und Phenolpthalein als Indikator. Bei Einhaltung aller Vorsichtsmaßnahmen, d.h. Titration mit carbonatfreier Lauge und Fernhaltung der Luftkohlensäure wird eine Genauigkeit von 0,1 % (relativ) erreicht (McAlpine).

In einer spektrophotometrischen Titriereinrichtung, wie Malmstadt und Roberts sie beschreiben, kann diese Titration leicht automatisch ausgeführt werden. Der Farbumschlag des Phenolphthaleins (4 Tropfen 0,03 molarer Lösung auf 150 ml) im Äquivalenzpunkt erzeugt eine starke Änderung der Lichtabsorption (Maximum bei 555 nm) und ist gut geeignet, im Photomultiplier ein elektrisches Signal auszulösen, das über eine relativ einfache Schaltung den Bürettenablauf steuert. Nach Angabe der Autoren wird mit einem solchen Gerät auch bei der Titration von Essigsäure mit 0,1 n Natronlauge eine Reproduzierbarkeit von ± 1 % relativ erreicht.

Korenman empfahl zur Mikrobestimmung 0,1 % Phenolrotlösung in 20 %igem neutralem Äthanol als Indikator (1 Tropfen je 5 ml) und Titration in der Wärme. Die Titration soll bis zum Umschlag von Gelb nach Rosa einmal ungefähr und dann ein zweites Mal unter Zugabe von 90 % der benötigten Maßlösungsmenge mit einem Male und raschem Zuendetitrieren erfolgen. Der Blindverbrauch des Indikators soll außerdem in Wasser ermittelt und abgezogen werden.

Lucas stellte fest, daß mit 1 %iger Gentianaviolettlösung bei der Titration von Essig-, Ameisen- und anderen schwachen Säuren ein scharfer Umschlag von Violett nach Blau erfolgt. Hurka empfahl Thymolblau, einige Sekunden währendes Aufkochen kurz vor dem Endpunkt und Einhalten einer Endkonzentration des Natriumacetats von 0,01 molar.

Zur Bestimmung von Essigsäuredampf in der *Luft* empfehlen Miller und Mitarbeiter, die Luft zur Ausschaltung des Einflusses von Kohlendioxid durch eine Mischung von Glycerin und Wasser (1 + 1), die einige Tropfen Silicon-Antischaummittel enthält, zu leiten und dann mit Lauge unter Verwendung von Methylpurpur als Indikator zu titrieren.

Nach Leithe wird bei der Titration schwacher Säuren der Umschlag von Farbindikatoren durch Zusatz von Natriumchlorid bis zur Sättigung mit dem Salz verschärft.

b) Mit Luminescenzindikator.

Zur Titration in trüben oder gefärbten Lösungen kann man Luminescenzindikatoren verwenden, und zwar verhält sich nach dem Befund von Erdey Lucigenin (N,N-Dimethylacridyliumnitrat) als Indikator besonders günstig. Es luminesciert in alkalischer Lösung in Gegenwart von Wasserstoffperoxid grün. Sein Umschlag, der reversibel ist, liegt bei pH = 8,5; daher stört Kohlendioxid bei der Säure/Base-Titration. Äthanol wirkt als Katalysator der Luminescenzreaktion; in seiner Gegenwart sind für eine Titration nur 1 bis 3 ml 0,05 %iger Lösung des Indikators erforderlich. Außerdem setzt man 5 ml 2 %iges Wasserstoffperoxid zu. Die Autoren haben auch eine Apparatur zur automatischen photoelektrischen Ausführung der Titration beschrieben. Turowska bestätigte die Genauigkeit der Titration mit Diacridinderivaten als Fluoreszenzindikatoren.

c) Potentiometrische und coulometrische Titration.

Die potentiometrische Ausführung ist für die Titration der Essigsäure eine genaue Methode. Wie KILPI fand, wird der Endpunkt weder bei der Titration mit Natronlauge noch bei derjenigen mit Ammoniaklösung von dem Salzgehalt der Lösung beeinflußt.

Wegen der Schwierigkeit, alkalische Maßlösungen *carbonatfrei* herzustellen und zu erhalten, empfehlen CARSON und KO, coulometrisch zu arbeiten. Sie benutzen konstante (elektronisch geregelte), aber einstellbare Stromstärke (CARSON) und 70%iges Isopropanol mit Lithiumchlorid als Elektrolyt. Aus ihm wird Lithiumhydroxid elektrolytisch (mit konstanter Stromstärke von 10 bis 15 mA) erzeugt, und es tritt vor Erreichen des Titrationspunktes kein freies Alkali auf. Als Anode dient ein glatter Platindraht. Anoden- und Kathodenraum sind getrennt sowie durch Agar-KCl-Brücke verbunden. Die Probe (0,4 ml) wird mit Isopropanol und Wasser auf 5 ml verdünnt und mit 1 Tropfen 0,1 m LiCl-Lösung versetzt. Die Indikation erfolgt potentiometrisch mit Glaselektrode gegen Kalomelelektrode. So lassen sich auch sehr gut eine starke Säure und Essigsäure im Gemisch nacheinander titrieren. Vor Erreichen des Äquivalenzpunktes der Essigsäure muß die Stromstärke gesenkt werden, z.B. auf 3 mA, und es muß mit Unterbrechungen (5- bis 10-Sekunden-Intervalle) elektrolysiert werden wegen des langsamen Ansprechens der Glaselektrode. Man wartet jedesmal konstante Anzeige ab (bis zu 2 Min. lang). Die Endpunkte ergeben sich als pH-Sprünge in der pH-Zeit-Kurve. Die Titration dauert etwa 10 Min. Bei einer Arbeitsweise mit 70%igem Propanol können auch Salpetersäure-Essigsäure-Gemische titriert werden, da in diesem Medium keine elektrolytische Reduktion der Salpetersäure eintritt.

ROSSET und TRÉMILLON beschreiben eine ähnliche Arbeitsweise, nach der im Aceton-Wasser-Gemisch (4 + 1) mit Natriumchlorid als Elektrolyt gearbeitet wird und Essigsäure neben Perchlorsäure im Gemisch (0.001 molar) getrennt titriert werden kann.

d) Thermometrische Titration.

Diese Methode nutzt die 13,6 kcal/Mol betragende Wärmetönung der Reaktion:

$$H^+ + OH^- \rightarrow H_2O$$

aus. Scharfe Endpunkte der Milliliter/Temperatur-Kurven erhält man bei der thermometrischen Titration in einer geeigneten Apparatur. LINDE, ROGERS und HUME haben ein Gerät beschrieben, das mit einem Thermistor ausgerüstet und für automatische Arbeitsweise eingerichtet ist. Zur Titration der Essigsäure werden etwa 10 m Äquiv. vorgelegt und Natronlauge als Titrant benutzt. Die Autoren erreichten eine Reproduzierbarkeit der Bestimmung, die 1 % relativer Standardabweichung entspricht.

e) Konduktometrische Titration.

Allgemeines. Die konduktometrische Titration einer schwachen Säure mit einer starken Base ist der Störung durch Luftkohlensäure und Carbonatgehalt der Maßlösung ebenso unterworfen wie die anderen Titrationsmethoden. Wenn man nicht in einem völlig geschlossenen Gefäß und mit völlig carbonatfreier Lauge arbeitet, fällt der in üblicher Weise durch Verbinden je einiger weniger Meßpunkte vor und nach dem Endpunkt erhaltene Kurvenschnittpunkt nicht mit dem Äquivalenzpunkt zusammen. Man muß dann viele Kurvenpunkte in der Nähe des Äquivalenzpunktes bestimmen. Bei Serientitrationen genügt es aber, wie POETHKE beschreibt, durch Titration einer der Lösungen auf diese Weise die Entfernung des Äquivalenzpunktes vom Kurvenschnittpunkt festzustellen. Bei Titration weiterer Lösungen mit der gleichen Lauge (gleicher Carbonatgehalt) unter den gleichen Bedingungen kann man dann in üblicher Weise aus wenigen Meßpunkten den Schnittpunkt ermitteln und durch Anwendung der vorher festgestellten Korrektur (Differenz zwischen Schnittpunkt und Äquivalenzpunkt) den Äquivalenzpunkt selbst erhalten.

Wie POETHKE weiter feststellt, ist es für die konduktometrische Titration von Essigsäure mit Natronlauge von Vorteil, in einer etwa 50% Äthanol enthaltenden Lösung zu arbeiten. Dadurch, daß sich zwei durch die Reagenszugabe verursachte Verdünnungseinflüsse auf die Leitfähigkeit des Systems kompensieren, werden völlig geradlinige Kurvenäste erhalten.

RIGHELLATO und DAVIES fanden, daß bei der Konduktometrie schwacher Säuren mit Ammoniaklösung an Stelle von Kalilauge sehr viel schärfere Endpunkte erhalten werden und daß außerdem durch Hydrolyse und Kohlendioxideinfluß bedingte Fehler dabei weniger ins Gewicht fallen. Die Autoren empfahlen folgende

Arbeitsvorschrift. Man setzt der zu analysierenden Lösung zunächst eine gemessene kleine Menge Ammoniaklösung zu, dann titriert man mit n Kalilauge zu Ende. Wenn die gesamte Säuremenge neutralisiert ist, wird durch die überschüssige Kalilauge ein Austausch von Ammoniumion gegen das eine kleinere Überführungszahl besitzende Kaliumion bewirkt:

$$NH_4^+ + K^+ + OH^- \rightarrow NH_4OH + K^+,$$

wobei die Leitfähigkeitskurve fällt. Sobald diese Umsetzung beendet ist, erzeugt die weiter zugesetzte Kalilauge einen starken Leitfähigkeitsanstieg, und auf diese Weise wird ein besonders scharfer Kurvenknick erreicht. Der Verbrauch an Kalilauge bis zum Knickpunkt entspricht dem Essigsäuregehalt wie bei der üblichen Titration.

Bemerkungen. α) Die konduktometrische Titration gestattet in vielen Fällen eine *besonders sichere* Bestimmung einer starken und einer schwachen Säure nebeneinander, worauf u.a. NEBE hinweist.

β) Eine spezielle Apparatur zur Konduktometrie mit *Gleichstrom* wurde von TAYLOR und FURMAN beschrieben, die als Beispiel die Titration von Essigsäure und Salzsäure nebeneinander anführen.

γ) Die *Hochfrequenztitration*, im Grunde eine Abart der Leitfähigkeitstitration, gestattet in vielen Fällen eine Bestimmung von ein- und zweibasischen Säuren nebeneinander, da letztere sehr charakteristische Kurven mit zwei Äquivalenzpunkten liefern. Dieses Verfahren beschrieben ISHIDATE und MASUI u.a. für das Gemisch aus Essigsäure und Malonsäure.

f) Titration in nichtwäßrigem Medium.

Allgemeines. Wenn die Essigsäure in einer organischen Flüssigkeit zu bestimmen ist, so liegt es besonders nahe, die Titration in nichtwäßrigem Medium auszuführen. Bei kleinen Säuremengen macht sich dann der Vorteil, daß man die Störungen durch Luftkohlensäure bzw. umständliche und nicht absolut wirksame Maßnahmen zu deren Ausschaltung vermeidet, stark bemerkbar.

α) Titration mit methanolischer Natronlauge.

Allgemeines. Bei der Bestimmung von weniger als 0,002% Essigsäure in Acrylnitril erhielten OWENS und MAUTE nach Extraktion mit zuvor von CO_2 befreitem Wasser und Titrieren in wäßriger Lösung trotz Spülung mit Inertgas Blindwerte, die um ein Mehrfaches höher waren als die korrigierten Meßwerte. Wesentlich bessere Ergebnisse werden erhalten, wenn man das Acrylnitril potentiometrisch nur nach Verdünnen mit Äthylenglycol/Isopropanol (1 + 1 Vol.) oder ganz unmittelbar mit Farbindikator und methanolischer Lauge titriert.

Arbeitsvorschrift. Zu einer 25-ml-Probe Acrylnitrils gibt man 6 Tropfen Bromthymolblaulösung (100 mg Indikator, in 100 ml reinem Methanol gelöst und mit 0,01 n Natronlauge auf Grün neutralisiert) und titriert mit 0,02 n methanolischer Natronlauge [0,80 g Natriumhydroxid p.a. in 1 l Methanol gelöst und in einer Flasche mit Ascarit-(Natronasbest-)Rohr aufbewahrt] aus einer Mikrobürette bis zum Umschlag von Gelb nach Blau.

Bemerkungen. aa) Der Umschlag erfolgt *scharf*. Die Autoren fanden eine Präzision, ausgedrückt als Standardabweichung, von 0,0002 Gew.-% Essigsäure.

bb) Auf die Titration in nichtwäßrigem Medium wird mit Vorteil die *potentiometrische* Endpunktbestimmung angewendet. Für Essigsäure erhält man einen sehr ausgeprägten Potentialsprung, wenn man Butanol, dem Lithiumchlorid und zur Löslichkeitserhöhung Aceton, Anisol oder 1,4-Dioxan zugesetzt werden, als Lösungsmittel verwendet. Die Chinhydronelektrode arbeitet in solchen Lösungen einwandfrei (RUEHLE). cc) Eine Übersicht über die Anwendung nichtwäßriger basischer Maßlösungen wurde von DEAL und WYLD gegeben.

β) Titration mit Tetrabutylammoniumhydroxid.

Allgemeines. Die Glaselektrode wird von CUNDIFF und MARKUNAS angewendet. Diese Autoren benutzen als nichtwäßrige Maßlösung zur Titration verschiedenster, starker und schwacher Säuren, darunter Essigsäure und Oxalsäure, 0,1 n Tetrabutylammoniumhydroxid, gelöst in Benzol-Methanol (10 + 1). In diesem Medium können auch Farbindikatoren, z.B. für Essigsäure Thymolblau, angewendet werden. Das Titriermittel hat vor anderen, z.B. Natriummethylat, auch den Vorzug, sehr gut haltbar zu sein und keine Fällungen zu verursachen.

Herstellung des Reagens. Zunächst stellt man Tetrabutylammoniumjodid her. Dazu erhitzt man Butyljodid mit n-Tributylamin unter Rückfluß und kristallisiert das erhaltene Produkt aus Benzol um. Von der erhaltenen Verbindung löst man 40 g in 90 ml wasserfreiem Methanol. Zu der Lösung gibt man 20 g fein gepulvertes Silberoxid, dann stöpselt man den Kolben zu und schüttelt 1 Std. kräftig. Danach zentrifugiert man einige Milliliter Lösung und prüft auf Jodidion. Bei positivem Ausfall der Prüfung gibt man noch 2 g Silberoxid hinzu und schüttelt weitere 30 Min. Man filtriert in einen feinporigen Sinterglastrichter, spült den Kolben und den Trichter 3mal mit je 50 ml trockenem Benzol, das man zum Filtrat laufen läßt, und füllt dieses mit trockenem Benzol zu 1 l auf. Man leitet 5 Min. lang einen kräftigen Strom gereinigten Stickstoffs durch die Lösung und bewahrt sie dann in einem vor Kohlendioxid und Feuchtigkeit geschützten Behälter auf. Zur Titration stellt man sie mit Benzoesäure gegen Thymolblau ein.

Arbeitsvorschrift. Wegen Einzelheiten der *potentiometrischen* Titration wird auf die Originalarbeit verwiesen. Die *visuelle* Titration wird wie folgt ausgeführt: Man wägt eine Menge der Probe, die 6 bis 8 ml Maßlösung entspricht, in einen 125-ml-Erlenmeyerkolben ein. Dazu gibt man 25 ml Lösungsmittel (100 ml Isopropanol nebst 1 l Benzol) und 4 Tropfen Indikators (0,3 g Thymolblau in 100 ml Isopropanol). Nun titriert man so schnell wie möglich mit der 0,1 n Tetrabutylammoniumhydroxid-Lösung bis zum Umschlag des Indikators von Grün nach Blau. Man muß eine *Blindtitration* für das Lösungsmittel ausführen und den erhaltenen Wert vom Verbrauch der Probensubstanz abziehen.

Bemerkungen. aa) Bei der Prüfung der Reproduzierbarkeit fanden die Autoren eine *Standardabweichung* von wenigen Zehntel Prozenten.

bb) Die potentiometrische Ausführung gibt die Möglichkeit der Bestimmung von Essigsäure und anderen, schwächeren oder stärkeren Säuren mit *einer* Titration.

cc) KREŠKOV, BYKOVA und KAZARJAN empfehlen die potentiometrische Ausführung der Titration schwacher Säuren in komplizierten Gemischen in organischem Medium.

g) Titration von Acetaten.

α) Direkte Titration mit Perchlorsäure.

Allgemeines. In Eisessig und manchen anderen organischen Lösungsmitteln gelöste Alkaliacetate (und Alkalisalze anderer organischer Säuren sowie – nach Angaben von PIFER und WOLLISH – der Phosphor- und Salpetersäure) verhalten sich beim Titrieren mit Perchlorsäure wie Basen. Sie lassen sich auf diese Weise direkt alkalimetrisch bestimmen. Die Titration kann potentiometrisch mit Glaselektrode oder mit Farbindikatoren wie Methylorange, Methylrot, Thymolblau oder Kristallviolett erfolgen. An Stelle von Eisessig verwendet GREEN ein Gemisch aus gleichen Volumenteilen Propylenglycols und Isopropanols als Lösungsmittel für das zu analysierende Salz und die Perchlorsäure. Diese Flüssigkeit löst aber die Acetate ziemlich schwer und teilweise unvollständig; außerdem erfordert ihre Viscosität eine kräftige mechanische Rühreinrichtung.

BECKETT, CAMP und MARTIN empfehlen völlig wasserfreie Essigsäure als Lösungsmittel (Zusatz von so viel Essigsäureanhydrid, daß 1 % davon im Überschuß bleibt) und Kristallviolett (0,5 g in 100 ml wasserfreier Essigsäure) als Indikator. Die etwa 0,1 normale Titriersäure stellt man durch langsames Zugeben von 20,5 ml Perchlorsäure (70 %ig) unter Rühren in eine mit Eiswasser gekühlte Flasche, in der sich 2 l Eisessig befinden, langsames Zugeben von 50,5 ml Acetanhydrid und Auffüllen mit wasserfreier Essigsäure zu 2,5 l her. Man läßt 24 Std. stehen, stellt dann den Titer gegen 0,1 n Kaliumhydrogenphthalat- und 2 Tropfen Kristallviolettlösung.

Arbeitsvorschrift. Man löst so viel von dem zu analysierenden Salz in 50 ml völlig wasserfreiem Eisessig, daß etwa 20 bis 25 ml 0,1 n Perchlorsäure zur Titration gebraucht werden. Das Lösen kann durch vorsichtiges Erwärmen beschleunigt werden; danach wird auf Zimmertemperatur abgekühlt. Man setzt 2 Tropfen Kristallviolettlösung zu und titriert bis zum Farbumschlag von Reinblau zu Blaugrün.

Bemerkungen. aa) Die Titration des Natriumacetats mit Perchlorsäure in Eisessig oder Propionsäure ergibt nach HENNART und MERLIN in der potentiometrischen Ausführung mit Glaselektrode einen *guten Potentialsprung.* bb) Nach DAS und PALIT läßt sich *Quecksilberacetat,* in Äthylenglycol-Alkanol-Gemisch gelöst, mit Salzsäure potentiometrisch oder gegen Thymolblau titrieren.

β) Titration nach Umsetzung zu Essigsäure durch Ionenaustausch.

Eine andere Möglichkeit, Acetate – und zwar der verschiedensten Metalle – zu bestimmen, ist das Umsetzen der Lösung in einem mit H-Ionen beladenen Kationenaustauscher und einfaches Titrieren der freigewordenen Essigsäure mit Alkalilauge gegen Phenolphthalein oder Thymolblau + Kresolrot (3 + 1), das im Bereich pH = 8,2 bis 8,4 von Gelb über Rosa nach Violett umschlägt (MARCONI). Das recht allgemein anwendbare Umsetzungsprinzip wurde von SAMUELSON und vorher von WISENBERGER und SAMUELSON näher beschrieben.

DARASCHKEWITSCH wandte es auf die Bestimmung der Acetationen in Alkali-, Erdalkali-, Mangan-, Kobalt-, Zink-, Chrom-, Cadmium-, Kupfer-, Blei- und Quecksilberacetaten an.

II. Jodometrische Bestimmung über die Oxydation mit Chromschwefelsäure.

a) In saurer Lösung.

α) Oxydation der Essigsäure selbst.

Essigsäure wird durch Chromschwefelsäure nur in sehr stark saurer Lösung und quantitativ auch in der Wärme nur bei gleichzeitiger Gegenwart von Silberionen oxydiert. (Siehe auch FONNESU, Abschnitt: 4, I). SIMON fand, daß kein anderer Oxydationskatalysator so wirksam ist wie Silberchromat.

Nach CORDEBARD und MICHL wird in 10 ml Probe, deren Essigsäuregehalt 10 ml 0,1 n Säure entspricht, quantitative Oxydation erreicht, wenn man zu der in einem Kolben mit Rückflußkühler befindlichen Lösung 10 ml n Kaliumdichromatlösung, 0,5 g Silbernitrat sowie (durch den Kühler) 20 ml konz. Schwefelsäure gibt und 30 Min. sieden läßt. Acetate werden ebenso behandelt. Anschließend wird das überschüssige Chromation jodometrisch zurücktitriert.

Durch Oxydationslösungen, die außer Chromat- noch Jodationen, rauchende Schwefelsäure und Phosphorsäure enthalten, wie die Lösung von VAN SLYKE (siehe Kapitel: Kohlenstoff, § 1, Abschnitt: B, 2, I), wird auch Essigsäure glatt oxydiert. Daher sind die Methoden der nassen Verbrennung mit ihren verschiedenen, zum Teil titrimetrischen (zur Erfassung von CO_2 acidimetrischen) und sonstigen Varianten im Prinzip auf die Essigsäure anwendbar.

β) Indirekte Bestimmung durch selektive Oxydation anderer gleichzeitig anwesender organischer Säuren.

Allgemeines. Wesentlich ist gerade die Möglichkeit der *selektiven* Bestimmung der Essigsäure infolge ihrer größeren *Resistenz*.

Auf diese Weise kann die Essigsäure in Gemischen mit Ameisensäure oder mit Salicyl- und Benzoesäure, in denen keine andere gegen Chromsäure resistente Säure enthalten ist, durch acidimetrische Titration der Gesamtsäure und indirekte jodometrische Titration der übrigen Säuren als Differenz bestimmt werden. SAINT-RAT und HATEY geben für ein Gemisch von Essig-, Salicyl- und Benzoesäure die folgende

Arbeitsvorschrift. Sind flüchtige, nicht saure oxydierbare Substanzen vorhanden, so entfernt man sie zunächst durch Wasserdampfdestillation aus der alkalisch gemachten Lösung. Im Falle der Anwesenheit nichtflüchtiger, oxydierbarer Substanzen destilliert man die zu bestimmenden Säuren nach Ansäuern durch weitere Wasserdampfdestillation aus dem Gemisch heraus. Zum vollständigen Übertreiben müssen mindestens 1000 ml Destillat aufgefangen werden. Man füllt das Destillat im Meßkolben auf ein bestimmtes Volumen auf und entnimmt daraus aliquote Teile für die Titrationen. In einem Aliquot titriert man die Gesamtheit der Säuren. Ein anderes Aliquot neutralisiert man mit der bei der 1. Titration ermittelten Menge Alkalilauge. Dann dampft man die Lösung in einem 250-ml-Kolben im Vakuum ein. Diese Maßnahme hat den Zweck, übermäßig große Mengen von Schwefelsäure zum Erreichen der zur anschließenden Oxydation erforderlichen Acidität zu vermeiden. Man gibt zum Rückstand 2 bis 3 ml Wasser, 2,00 ml n Kaliumdichromatlösung und so viel Schwefelsäure, daß deren Konzentration im Gemisch 40 bis 80 % beträgt. Darauf taucht man den Kolben genau 15 Min. in ein siedendes Wasserbad. Man kühlt ab, setzt Kaliumjodidlösung hinzu und titriert das dem Chromatüberschuß entsprechende Jod mit Thiosulfatlösung wie üblich. Aus dem verbrauchten Chromat *errechnet* man die Menge der oxydierbaren Säuren (Salicyl- und Benzoesäure) und aus der Differenz zur Gesamtsäure die Essigsäure.

Bemerkungen. aa) Darauf, daß die Methode der selektiven Oxydation nicht in Gegenwart beliebiger oxydierbarer Stoffe angewendet werden kann, wurde u.a. von MICHL vermerkt, der feststellte, daß Stoffe, die als Zwischenprodukte *Propionaldehyd* ergeben – wie anscheinend manche Alkaloide – mehr als die theoretische Menge Dichromat verbrauchen.

bb) Es sei nur erwähnt, daß auch eine *jodometrische* Methode vorgeschlagen wurde [PREGL und SOLTYS; HURKA (b)] nach der die Essigsäure mit Jodation oxydiert wird; die Oxydation ist aber nur schwer quantitativ durchzuführen.

b) In alkalischer Lösung.

Prinzip. In schwach alkalischer Lösung werden Acetate durch Dichromat bei Siedehitze rasch oxydiert, so daß sie oxydimetrisch erfaßt werden können. Natürlich dürfen zu ihrer Bestimmung auch in diesem Falle keine anderen oxydierbaren Substanzen vorliegen. Köszegi und Simonyi verfahren nach folgender

Arbeitsvorschrift. Man setzt die Acetate zunächst mit Phosphorsäure frei und destilliert die Essigsäure mit Wasserdampf in einen Bariumcarbonat-Suspension enthaltenden Meßkolben. Nach Beendigung der Destillation kocht man den Inhalt des Kolbens kurz auf, kühlt dann rasch ab und füllt zur Marke auf. Man filtriert, entnimmt die Hälfte des Filtrates, macht es schwach alkalisch, gibt eine abgemessene Menge 0,05 n Kaliumdichromatlösung hinzu und kocht einige Minuten. Danach kühlt man die Lösung ab, füllt sie im Meßkolben zur Marke auf und filtriert. Einen gemessenen Teil des Filtrates säuert man mit Salzsäure an, und dann bestimmt man den Dichromatüberschuß jodometrisch wie üblich.

III. Permanganometrische Bestimmung nach Oxydation zum Oxalation.

Acetate werden durch Schmelzen mit Ätzalkali und Kupferoxid bei 200 bis 240 °C in Oxalate übergeführt entsprechend der Gleichung:

$$CH_3COOK + 6CuO + KOH = K_2C_2O_4 + 2H_2O + 3Cu_2O.$$

Mugdan und Wimmer geben zur Acetatbestimmung auf diesem Wege die folgende

Arbeitsvorschrift. Man erhitzt die abgewogene, etwa 1 g Acetat enthaltende Substanz mit 10 g Kaliumhydroxid (mit 10 bis 20% Wassergehalt) und 8 g Kupferoxid in einem Jenaer Reagensglas unter Umrühren mit einem Kupferdraht 15 Min. auf 220 bis 240 °C. Danach löst man unter Erwärmen in Wasser (in Gegenwart von Calciumion, welches Oxalation ausgefällt haben würde, kocht man mit Natriumcarbonat auf) und filtriert. Nun säuert man das Filtrat an und titriert mit Permanganatlösung wie üblich (vgl. auch Kapitel: H, Oxalsäure, Abschnitt: 3, I).

Bemerkungen. a) Bei Vorhandensein von *Sulfitionen* in der Probe behandelt man die Lösung nach dem Filtrieren mit wenig Wasserstoffperoxid, das man durch anhaltendes Kochen zerstört, und titriert erst dann.

b) Ameisensäure *stört nicht.*

c) *Höhere Homologe* der Essigsäure, Glycolsäure, Weinsäure, Zucker, Phenol und andere Verbindungen bilden bei der Schmelze ebenfalls Oxalsäure. Von den störenden Säuren außer Propion- und Buttersäure kann durch vorherige Destillation getrennt werden.

4. Colorimetrische bzw. photometrische Bestimmung.

I. Farbänderung von Dichromat-Schwefelsäure.

Die Reduktion von Dichromaten durch Essigsäure unter im Vergleich mit anderen, stärker reduzierenden Substanzen verschärften Bedingungen erlaubt auch eine photometrische Bestimmung. Nach Fonnesu, der dieses Prinzip zunächst auf die Bestimmung von Essigsäure und ihren Estern in Wein, dann auch in Körperflüssigkeiten anwendete, verfährt man mit der (im Falle der Analyse von Urin nach spezieller Präparation erhaltenen) acetathaltigen Substanz nach folgender

Arbeitsvorschrift. Man oxydiert die Substanz mit Kaliumdichromat und 50%iger Schwefelsäure, wobei die Essigsäure nicht angegriffen wird. Dann gibt man Silbernitrat hinzu und erhöht die Schwefelsäurekonzentration auf 60%. Die Absorption der Lösung wird vor und nach der zweiten Reaktion spektrophotometrisch gemessen, und aus der Differenz der Ablesungen wird die Essigsäuremenge ermittelt.

Bemerkungen. a) Der *Fehler* beträgt bei 0,1 bis 1,0 mg CH_3COOH ± 10%. b) Wegen einer offenbar sehr *genauen* Variante der Photometrie des Dichromations (im UV bei 349 nm) siehe Kapitel: F, Ameisensäure, Abschnitt: 11, I, b.

II. Farbbildung mit Lanthansalz und Jod.

Allgemeines. Die Reaktion beruht nach früherer Auffassung darauf, daß aus dem Lanthanion in ammoniakalischer Lösung durch die Acetationen basisches Lanthanacetat gebildet wird – um so mehr, je mehr Acetat vorhanden ist – und der Niederschlag bzw. die Suspension von basischem Acetat das Jod adsorbiert, wobei eine bläuliche Färbung auftritt.

Neuerdings hält man die Bildung einer Komplexverbindung für wahrscheinlicher (KRÜGER und TSCHIRCH; WHITEHEAD und WRIGHT). Die Intensität der Färbung ist der Acetatkonzentration nicht proportional, und mit dem Anstieg der Konzentration tritt gleichzeitig mit der Verstärkung der Farbe auch eine gewisse Veränderung des Farbtones auf. Fremdsalze üben einen Einfluß auf die Farbe aus. In ihrer Gegenwart liegen nach den Feststellungen von TEISS und JOFIMOWA-GOLDFEIN die Grenzen der Anwendbarkeit zwischen etwa 0,2 und 2,5 mg Acetation/ml.

NEELOKANTAM und VISWANADHAM fanden, daß die Blaufärbung noch bei 120 mg Essigsäure/ml auftritt, bei höheren Konzentrationen aber überhaupt nicht mehr. Für geringe Essigsäurekonzentrationen wird die Methode wegen ihrer Einfachheit oft verwendet, insbesondere in der physiologischen Analyse. Sie ist *spezifisch* gegenüber Ameisensäure, nicht gegenüber Propionsäure und höheren Homologen.

HUTCHENS und KASS empfehlen die spektralphotometrische Messung bei 625 nm für Essigsäuremengen von 0,08 bis 0,25 mg insgesamt; in diesem Bereich soll die Methode zuverlässig sein. Fluoressigsäure reagiert ebenso. Chloridionen stören die Farbentwicklung, Calcium-, Magnesium-, Sulfat- und Phosphationen durch Trübung der Lösung ebenfalls. Cl^- entfernt man durch Zusatz von 1 ml 0,03 n $AgNO_3$- und danach 1 ml 0,01 n KJ-Lösung, SO_4^{2-}, PO_4^{3-}, Ca^{2+} und Mg^{2+} durch Zusatz von 0,015 n $Ba(OH)_2$- nebst 0,015 n $Ba(NO_3)_2$-Lösung bei pH = 9,5 zu 1 ml der Acetatlösung und Zentrifugieren.

In Anlehnung an die vorgenannten Autoren gibt OONO folgende

Arbeitsvorschrift. Zu 1 ml der ganz schwach alkalischen, 0,1 bis 0,4 mg Essigsäure enthaltenden Lösung gibt man in einem Reagensglas 1 ml 0,02 n Jodlösung, 0,5 ml 0,2 n Lanthannitratlösung und 0,5 ml 0,2 n Ammoniakwasser. Man mischt durch, erwärmt 5 Min. im siedenden Wasserbad, kühlt, verdünnt auf 6 ml und mißt die Lichtabsorption unter Anwendung eines für das obengenannte Absorptionsmaximum passenden Filters. Die Auswertung erfolgt an Hand einer Eichkurve.

Bemerkungen. a) Auch WHITEHEAD und WRIGHT empfehlen die Methode für *kleine* Acetatmengen. Sie fanden, daß sie bei Pufferung der Lösung auf pH = 9 reproduzierbare Werte ergibt. Bei höherem pH-Wert bilden sich Niederschläge; bei niedrigerem ist die Färbung schwach. Das Maximum der Absorption liegt zwischen 600 und 625 nm und verschiebt sich innerhalb dieses Bereiches mit steigender Acetatkonzentration ein wenig von kleineren zu größeren Wellenlängen. b) Die *Genauigkeit* wurde als ziemlich gering befunden (*10% Fehler*). Sie genügt aber für technische Zwecke, z.B. für die Acetatbestimmung in Bädern zur galvanischen Verzinkung. c) Da hierbei die Abtrennung von *Sulfationen*, welche die Jod-Lanthan-Methode sehr stören, eine wesentliche Rolle spielt, wird nachstehend die Arbeitsvorschrift nach WHITEHEAD und WRIGHT für solche Bäder einschließlich der vorbereitenden Operationen wiedergegeben.

Arbeitsvorschrift. Man stellt eine *Doppeldestillationsapparatur* zusammen, die aus folgenden Teilen besteht: Ein 500-ml-Kjeldahl-Kolben ist mit 3fach durchbohrtem Gummistopfen versehen, der ein Thermometer, ein Ausgangsrohr und einen 60-ml-Tropftrichter trägt. Das Ausgangsrohr mündet in einem 250-ml-Claisen-Kolben dicht über dem Boden, es ist zwischen den beiden Kolben durch eine kurze Schlauchverbindung mit Quetschhahn unterbrochen. Der eine Hals des Claisen-Kolbens ist mit einem doppelt durchbohrten Gummistopfen verschlossen, der einen 60-ml-Tropftrichter und ein Ableitungsrohr trägt; der andere Hals ist mit einfach durchbohrtem Stopfen und Thermometer versehen. An das Ableitungsrohr ist ein Liebig-Kühler angeschlossen, dessen Ablauf in einen 200-ml-Erlenmeyerkolben führt. Der Kolben taucht in ein Eiswasserbad.

In den Kjeldahl-Kolben gibt man 50 ml der zu analysierenden Lösung und 5 ml 85%ige Phosphorsäure, in den Claisen-Kolben 50 ml gesättigte Bariumchloridlösung und 5 ml Phosphorsäure. In die beiden Tropftrichter füllt man je 50 ml Wasser. Nun erhitzt man den Kjeldahl-Kolben mit Bunsenbrenner oder einer Heizplatte und destilliert, bis das Thermometer 105 °C zeigt. Man nimmt die Beheizung fort, läßt unmittelbar nach Aufhören des Siedens das Wasser aus dem Tropftrichter einlaufen, schließt diesen wieder und destilliert noch einmal bis zum Erreichen des Thermometerstandes 105 °C. Danach entfernt man die Beheizung, klemmt die Verbindung zwischen den beiden Kolben ab und belüftet den Kjeldahl-Kolben durch Öffnen des Tropftrichterhahnes. Nun beheizt man den Claisen-Kolben und destilliert aus ihm zweimal in der gleichen Weise wie vorher, wobei das Destillat in den Erlenmeyerkolben übergeht.

Aus diesem Kolben führt man die Flüssigkeit unter mehrmaligem Nachspülen mit je 10 ml Wasser in ein 400-ml-Becherglas über. Man stellt unter elektrometrischer Kontrolle mit 7,5 m Ammoniak auf pH = 8 bei 20 °C ein. Nun führt man die Flüssigkeit quantitativ in einen 250-ml-Meßkolben über und füllt zur Marke auf. In ein 50-ml-Becherglas pipettiert man 5 ml Lanthanlösung (50 g Lanthannitrat p.a. in dest. Wasser gelöst und auf 1 l aufgefüllt) sowie 3 ml Jodlösung (1,2692 g Jod p.a. mit 95%igem Äthanol zu 500 ml gelöst) und ein passendes Aliquot (normalerweise 5 ml) des Destillates. Man füllt mit Wasser zu etwa 15 ml auf und stellt den pH-Wert mit 7,5 m Ammoniak rasch auf 9,0 (mit pH-Meßgerät) bei 20 °C ein. Nach 5 Min. Stehens führt man die gefärbte Lösung in einen 100-ml-Meßkolben über, wobei man mit Pufferlösung (2,70 g Ammoniumchlorid p.a. in 1 l Wasser gelöst, bei 20 °C mit 7,5 m Ammoniak sorgfältig auf pH = 9,0 eingestellt und nach einigen Stunden, wenn verändert, nochmals eingestellt) spült. Dann füllt man mit der Pufferlösung zur Marke auf, schüttelt gut durch und mißt die Lichtabsorption in dem oben bezeichneten Spektralgebiet (z.B. mit Filter A-650). Man ermittelt den Gehalt der Badlösung an Acetationen unter Berücksichtigung der Verdünnungen und Abnahme an Hand einer *Eichkurve*.

Bemerkungen. α) Die doppelte Destillation in der beschriebenen Ausführung bewirkt eine Abtrennung nicht nur des Sulfations, sondern auch des Furfurols, welches sich aus der in Verzinkungsbädern vorhandenen Glucose bildet und die photometrische Bestimmung des Acetats erheblich *stören würde*.

β) Nach Angabe von KIMURA, IKEDA und NOMURA kann man bei Anwendung von *Praseodym* bzw. *Neodym* an Stelle von Lanthan im Bereich von 7 bis 10 mg bzw. 4 bis 8 mg Acetation/ml messen; der günstigste pH-Wert ist in diesen Fällen 6,5 bzw. 6,0. Die entstehenden Färbungen sind blau bzw. blauviolett.

γ) ARCYBAŠOVA und FAVORSKAJA beschreiben eine Mikroausführung der Lanthan/Jod-Reaktion in Säuregemischen mit viel Ameisensäure.

III. Farbbildung mit Eisenchlorid.

Prinzip. Die bekannte Rotfärbung, die bei der Reaktion des Acetations mit Eisenchlorid eintritt und wahrscheinlich auf der Bildung von Hexaacetatodihydroxyeisen(III)-acetat beruht, kann auch zur quantitativen Bestimmung angewendet werden. Nachstehende Methode stammt von BRADA.

Arbeitsvorschrift. Man gibt zu der neutralen, 0,2 bis 20 mg Acetation enthaltenden Lösung in einem mit Marke versehenen Reagensglas 1 ml 2%ige Eisenchloridlösung, füllt mit Wasser zur Marke auf und erwärmt 13 Min. lang auf 35 °C. Dann vergleicht man die Färbung mit denjenigen eines Satzes von ebenso behandelten Standardlösungen. Aceton *stört* die Reaktion *nicht*.

IV. Indirekte Methode mit Diphenyldiazomethan.

ROBERTS und McREGAN haben eine Methode ausgearbeitet, nach der in Gemischen von Carbonsäuren und ihren einfachen Derivaten einzelne Komponenten auf Grund ihrer unterschiedlichen Reaktionsgeschwindigkeit mit Diphenyldiazomethan bestimmt werden können. Die Abnahme der Konzentration des intensiv permanganatähnlich gefärbten Reagenses wird spektralphotometrisch verfolgt. Bei der Bestimmung von Essigsäure und Monochloressigsäure, deren Reaktionskonstanten um den Faktor 100 verschieden sind, wird eine mittlere relative *Genauigkeit* von etwa 2% erreicht; in anderen Fällen ist sie wesentlich geringer. Wegen Einzelheiten muß auf die Originalarbeit verwiesen werden.

5. Chromatographische Bestimmung.

I. Säulenchromatographie.

Allgemeines. Zur Trennung und Bestimmung der Ameisensäure und Essigsäure sowie ihrer höheren Homologen ist die Flüssig/Flüssig-Verteilungschromatographie gut geeignet. Es werden gewöhnlich Kieselgel, das dabei keine Adsorptionswirkung auf die zu trennenden Substanzen ausüben soll, als Träger für die stationäre, flüssige Phase und Chloroform-Butanol-Gemisch als Elutionsmittel verwendet. Eine qualitative Methode dieser Art wurde von RAMSEY und PATTERSON entwickelt. Die quantitative Bestimmung haben zuerst ELSDON und später PETERSON und JOHNSON; MOYLE; BALDWIN und SCARISBRICK; FAIRBAIRN und HARPUR; BULEN, VARNER und BURELL; RICE und PEDERSON sowie BAUMANN und BLAEDEL beschrieben. Die letztgenannten Autoren zeigen, wie man die Säuregemische chromatographisch mit wasserhaltigem Kieselgel und Chloroform-Butanol auf Grund der Retentionsvolumina identifizieren kann, an dem Beispiel eines Gemisches von je 0,1 Milliäquivalent Salicyl-, Mandel-, Essig- und Ameisensäure. Die Säuren mit der größeren Wasserlöslichkeit zeigen – da die stationäre Phase Wasser ist – naturgemäß das größte Retentionsvolumen. So erfolgt die Elution in der oben genannten Reihenfolge, und zwar waren die Retentionszeiten wie folgt: Salicylsäure 30, Mandelsäure 140, Essigsäure 180, Ameisensäure 280 Min. Die Autoren verwendeten eine Hochfrequenzmethode mit außen an die Säule angelegten Elektroden zur Detektion der Substanzzonen und erhielten auf diese Weise Konzentrations-Zeit-Diagramme, in denen die Flächen der Registrogramm-Peaks den Konzentrationen der einzelnen Säuren in grober Annäherung proportional sind. Soll die Bestimmung der Säure titrimetrisch erfolgen, so ist eine erhebliche Zahl von Fraktionen des Eluats zu entnehmen, und man verwendet zweckmäßig einen automatischen Fraktionssammler.

CORCORAN untersuchte diese Arbeitsweise näher und ermittelte Bedingungen, unter denen eine Genauigkeit der Bestimmung der einzelnen Säuren von $\pm 1\%$ relativ erreicht wird. Die flüssige Phase ist 2 m Glycin in Wasser, für die Bestimmung der ersten 3 Glieder der Monocarbonsäurereihe auf pH = 2 eingestellt. Das Kieselgel wird einer besonderen Behandlung unterzogen, um seine Adsorptionsfähigkeit gegenüber den Säuren zu beseitigen.

Präparation des Kieselgels und der Säule. Kieselgel von 100 mesh Korngröße für chromatographische Zwecke (die Autorin verwendete solches von Mallinckrodt) wird 24 bis 36 Std. bei Zimmertemperatur mit 10 n Salzsäure behandelt. Danach wird die überstehende Säure abgegossen, das Gel mit Wasser säurefrei gewaschen, weiter mit absolutem Methanol bis zur gegen Lakmus neutralen Reaktion des Ablaufes und schließlich mit wasserfreiem Äther gewaschen, dann über Phosphorpentoxid getrocknet. Das Gel muß in luftdichten Behältern aufbewahrt werden.

Für die *Herstellung der wäßrigen Phase* bereitet man zunächst eine 2 m Glycinlösung; diese ist im Kühlschrank aufzubewahren. Einen Teil davon entnimmt man und stellt den pH-Wert durch Zugeben von 0,5 n Salzsäure unter Kontrolle mit einem pH-Meßgerät auf 2 ein. Man vermischt in einem Becherglas 25 ml Glycinlösung mit 25 g säurebehandeltem Kieselgel durch etwa 5 Min. langes Rühren (mit einem Reagensglas). Dann gibt man nach und nach unter weiterem Rühren 75 ml eines Gemisches von 1 % n Butanol und 99 % Chloroform hinzu, wobei ein weicher Brei entsteht. Diesen Brei füllt man in kleinen Anteilen in eine Chromatographiesäule aus Glas von 18 mm Innendurchmesser und 600 mm Länge, die ein Aufgaberohr und einen Hahn besitzt und am unteren Ende mit einem Glaswollpfropf versehen wurde. Lufteinschlüsse sind zu vermeiden. Das Gel wird mit einem Glasstempel festgedrückt und die überschüssige Flüssigkeit läßt man ablaufen.

Arbeitsvorschrift. Man bringt das Säuregemisch (maximal 35 mg Monocarbonsäure), in Chloroform gelöst, mit der Pipette in den Oberteil der Säule, von wo es in das Gel eindringt. Gleichzeitig setzt man den Fraktionssammler in Gang, den man auf Fraktionen von 400 Tropfen bzw. 10 ml eingestellt hat. Man spült die Wandung mehrmals mit kleinen Mengen des oben genannten Chloroform-Butanol-Gemisches ab und füllt dann das Aufgaberohr mit dem Gemisch. Das Durchlaufen der Flüssigkeit beschleunigt man durch Anwendung von Druck (etwa 0,6 atü, reiner Stickstoff), so daß etwa 100 Tropfen je Minute ablaufen. Man eluiert mit 200 ml Chloroform-Butanol-Gemisch und anschließend mit je 200 ml der 10 bzw. 25 % Butanol enthaltenden Gemische. Man sammelt 60 Fraktionen und titriert jede mit 0,03 n methanolischer Natronlauge gegen Metakresolpurpur (1 % in 95 %igem Methanol) als Indikator. Man rührt die Lösungen durch Einleiten von Stickstoff, der gleichzeitig das Luftkohlendioxid ausschließt.

Bemerkungen. a) Der ganze Vorgang *dauert* etwa 2 Std.

b) Die C_{10}- bis C_{14}-*Säuren* werden in der 2. bis 6. Fraktion eluiert, die Propionsäure in der 6. bis 12., die Essigsäure in der 16. bis 28., die Ameisensäure in der 40. bis 53. Fraktion. c) *Dicarbonsäuren* mit C_4 bis C_{14} stören die Bestimmung der 3 letztgenannten Säuren nicht; sie werden bereits vor ihnen eluiert; es tritt nur eine Verschiebung des Elutions-„Spektrums" nach höheren Fraktionszahlen ein. d) Nach der gleichen Methode bestimmten BUYSKE, WILDER und HOBBS die *flüchtigen Säuren des Tabakrauches*. Sie erzielten eine sehr gute Trennung und Bestimmung von Ameisen-, Essig- und Propionsäure.

e) ZBINOVSKI und BURRIS haben eine Methode zum *Aufbringen des Probematerials* in wäßriger Phase auf die Säule beschrieben. Hierbei soll eine Entwässerung des Kieselgels vermieden und eine besonders gute Trennung der Säuren erreicht werden. In dieser Arbeit werden vor allem zweibasische Säuren, darunter Oxalsäure, behandelt. f) Auch *andere Flüssigkeitsgemische* sind mit Erfolg zur Trennung der Carbonsäuren für ihre quantitative Bestimmung angewendet worden, so Butanol/Tetrachlorkohlenstoff (NIJKAMP) und Butanol/Benzol (NEISH; WISE). Mit diesen Elutionsmitteln wird die Trennung der Ameisen- von der Essigsäure ebenfalls erreicht. KINNORY, TAKEDA und GREENBERG empfehlen Benzol/Äthyläther in variierendem Mischungsverhältnis zur Trennung komplizierter Säuregemische, die u.a. Essigsäure enthalten.

g) Zur Trennung komplizierter Gemische *mehrbasiger* Säuren einschließlich Oxalsäure benutzte SCOTT als Elutionsmittel, das sich durch einfaches Abdampfen ohne Esterbildung aus dem Eluat entfernen läßt, 4-Methyl-2-pentanon und Gemische dieses Ketons mit Methylenchlorid.

h) Eine *Vorschrift* zur Selbstherstellung des Kieselgels aus Wasserglas haben GORDON, MARTIN und SYNGE gegeben. Handelsübliches Wasserglas (140 °Tw. bzw. D = 1,7) wird mit Wasser auf das 3fache Volumen verdünnt; zum Wasser gibt man ein wenig Methylorange. Dann gibt man 10 n HCl in dünnem Strahl unter kräftigem Rühren hinzu. Zeitweise unterbricht man den Zufluß, um besseres Mischen zu erreichen. Die Lösung geht erst langsam, dann schnell in einen dicken Brei über; man zerteilt alle Klumpen bis auf die kleinsten durch Rühren. Wenn das Gemisch bleibend sauer gegen Thymolblau reagiert, unterbricht man die Säurezugabe und läßt 3 Std. stehen. Man filtriert in einen Büchner-Trichter und wäscht mit etwa 2 l Wasser je 250 g trockenes Gel. Nun schlämmt man das Gel in 0,2 n HCl auf und läßt es 2 Std. bei Zimmertemperatur altern. Man filtriert wieder und wäscht mit Wasser (jetzt etwa 5 l/250 g trockenes Gel), bis der Ablauf frei von Methylorange ist. Dann zerstößt man das Gel und trocknet es bei 110 °C im Trockenschrank. Solches Gel ist geeignet für die Zugabe von 53 Gew.- % Indikatorlösung, bezogen auf die Gelmenge, zum Arbeiten mit Butanol-$CHCl_3$ oder Propanol-Cyclohexan. Es kann in geschlossenem Gefäß lange Zeit aufbewahrt werden, ohne daß seine Wirksamkeit nachläßt.

i) Statt Kieselgel hat man bisweilen auch *Celite* (präparierte Kieselgur) als Trägersubstanz angewendet, so PHARES und Mitarbeiter für die Trennung biosynthetisch gebildeter Säuregemische, die u.a. Ameisen-, Essig- und Oxalsäure enthalten.

II. Papierchromatographie.

a) Analyse von Gemischen aus Fettsäuren und anderen organischen Säuren, darunter Oxalsäure.

Allgemeines. Zur quantitativen Bestimmung der gradkettigen aliphatischen Säuren entwickelten REID und LEDERER sowie DUNCAN und PORTEOUS brauchbare Methoden. Als bewegliche Phase dient n-Butanol-Ammoniak-Gemisch und zum Sichtbarmachen der Flecke ein Gemisch aus Methylrot und Bromthymolblau in Formalin. Die letztgenannten Autoren stellten fest, daß bei Säuremengen zwischen 16 und 80 μg (jeder einzelnen Säure) in 5 ml Lösung eine lineare Beziehung zwischen der Gewichtsmenge und der Fleckfläche besteht. Sie stellten Fehler von 7 bis 9 % relativ fest und bemerkten, daß persönliche Fehler eine große Rolle spielen, da die Umrisse der Flecke nicht sehr gut erkennbar sind.

HISCOX und BERRIDGE fanden, daß die Chromatographie der Säuren in Form der Äthylaminsalze noch besser verläuft als in Form der Ammoniumsalze (Alkalisalze sind gar nicht geeignet). MANGANELLI und BROFAZI verwendeten die gleichen Reagenzien; sie chromatographierten absteigend bei Zimmertemperatur und benötigten 20 Std. zur Entwicklung.

Demgegenüber kann man eine bedeutende Beschleunigung erzielen, indem man nach ROBERTS und BUCEK bei erhöhter Temperatur (50 °C) entwickelt. Um leichter eine gleichmäßige Temperaturverteilung im Entwicklungsgefäß zu erreichen, wird dabei mit horizontaler Lagerung des Papiers gearbeitet.

Arbeitsvorschrift. Die in wäßriger Lösung vorliegenden Fettsäuren werden mit einer 33 %igen wäßrigen Lösung von Äthylamin auf pH = 8 neutralisiert. Von der erhaltenen Lösung bringt man 0,5 μl mittels Ultramikrobürette oder Platinschleife auf das Papier, das aus einem Streifen von 12 × 17 cm besteht; die Autoren benutzten Whatman-Papier Nr. 1. Zur Erleichterung der Identifizierung im Falle komplizierter Säuregemische tüpfelt man ebenso vorbehandelte, bekannte Säuren neben den Fleck des unbekannten Gemisches auf das Papier.

Der Papierstreifen ruht innerhalb einer korrosionsfesten, hermetisch verschließbaren Kammer nach ROBERTS auf einem aus Glasstäben gebildetem Rost. Der Streifen ist an beiden Enden rechtwinklig gefalzt; das eine Ende taucht durch einen Schlitz des Behälters, in dem sich die Entwicklungsflüssigkeit befindet, in diese ein; das andere Ende ist zackenförmig geschnitten. Die Entwicklungsflüssigkeit hat man durch Schütteln von n-Butanol mit Wasser bei etwa 22 °C bis zur Sättigung hergestellt; die gleichzeitig entstehende butanolgesättigte, wäßrige Phase hat man mit so viel Äthylamin versetzt, daß sie 0,1 normal an Amin ist, und auf den Boden der Kammer gegeben, um in dieser eine optimale Atmosphäre aufrechtzuerhalten. Die Kammer befindet sich in einem auf 50 °C geheizten Ofen oder Luftbad mit gleichmäßiger Temperaturverteilung.

Nach 2 Std. Entwicklung nimmt man den Streifen heraus und taucht ihn kurz in eine 0,2 %ige Lösung von Chlorphenolrot in 95 %igem Äthanol. Um das Chromatogramm für Beleg- und Vergleichszwecke längere Zeit haltbar zu machen, kann man es mit einer Lösung von farblosem Kunststoff übersprühen.

Bemerkungen. α) Bei diesen Methoden haben Ameisensäure und Essigsäure einen derart *ähnlichen* R_f-Wert, daß sie einen gemeinsamen Fleck bilden. Die übrigen Fettsäuren bis einschließlich Capronsäure werden deutlich voneinander getrennt.

β) Zur Trennung und Bestimmung verschiedener organischer Säuren in *freier Form*, darunter Essigsäure und Oxalsäure, empfehlen RESNIK, LEE und POWELL ein Gemisch von n-Amylalkohol, Ameisensäure und Wasser (20 + 12 + 1). Nach Trennung der Phasen setzten sie der organischen Phase noch 0,05 % 8-Oxychinolin zu.

γ) KALBE benutzte zur Chromatographie von Gemischen 1- und 2basischer, *normaler* und *verzweigter* Säuren, die u.a. Oxalsäure enthielten, Tetrahydrofuran/3 n Ammoniaklösung (4 + 1 Vol.) bei 7 bis 10 Std. Entwicklungszeit und zum Anfärben 0,03 %ige Lösung von Methylrot in 0,05 m Boratpuffer von pH = 8.

δ) Die Papierchromatographie *komplizierter* Gemische mehrbasiger Säuren, darunter Oxalsäure, wird von SCOTT beschrieben. Der Autor verwendet Rundfilter und als Entwicklungsflüssigkeit ein mit 10 %iger Ameisensäure bis zur Gleichgewichtsherstellung geschütteltes Gemisch aus 75 % Butanol und 25 % Chloroform. Von den untersuchten Säuren hat die Oxalsäure mit 0,10 den kleinsten R_f-Wert; sie wird klar von den nächst folgenden Säuren: cis-Aconitsäure (0,18), Weinsäure (0,19), Citronensäure (0,26) getrennt.

ε) Zur Bestimmung von *Mikromengen* niederer Fettsäuren – getrennte Bestimmung von Ameisen-, Essig-, Propion- bis Valeriansäure – empfehlen BERGMANN und SEGAL, die Säuren in die entsprechenden Hydroxamsäuren überzuführen und diese der zweidimensionalen Papierchromatographie zu unterziehen. Dazu werden zwei Lösungsmittelsysteme wahlweise verwendet: aa) 95 %iges Äthanol + Dioxan + Wasser + Essigsäure (60 + 20 + 19 + 1); bb) Ammoniak + Pyridin + Wasser (3 + 1 + 1). Die R_f-Werte der Hydroxamsäuren für das 2. Lösungsmittelsystem sind: Ameisensäure 0,25, Fluoressigsäure 0,37. Essigsäure 0,59, Propionsäure 0,68, Buttersäure 0,76, Valeriansäure 0,84. Die Endbestimmung der Säuremengen erfolgt colorimetrisch auf Grund des Stickstoffs der Hydroxamsäuren, der mit Jod zum Nitrition oxydiert und mit Sulfanilsäure und α-Naphthylamin zum Farbstoff umgesetzt wird, unter Verwendung von *Eichkurven*. Die Flecke der Säuren werden zu dieser Bestimmung aus dem Chromatogramm herausgeschnitten und mit 5 ml 5 %iger Natriumacetatlösung extrahiert.

b) Bestimmung der Essigsäure neben Milchsäure.

Allgemeines. In der Analyse von Silageproben tritt das Problem der gleichzeitigen Bestimmung von Essig- und Milchsäure auf. Bei der am meisten benutzten Arbeitsweise mit Butanol als Fließmittel verhalten sich die beiden Säuren so ähnlich, daß sie gemeinsame Flecke bilden. BIRK und BONDI haben ein etwas abgeändertes Verfahren ausgearbeitet, durch welche die Trennung auf indirektem Wege sehr einfach erreicht wird. Dabei wird die Flüchtigkeit des Ammoniumacetats ausgenutzt. Lösungen bekannter Konzentration der beiden Säuren werden als Standards verwendet.

Arbeitsvorschrift. Die Säuren werden als 1- bis 3 %ige Lösungen verwendet, und ihr pH-Wert wird mit 1,5 n Ammoniak auf 8,0 eingestellt. Von dem Silagematerial werden entsprechende Säuremengen enthaltende Aliquots wäßriger Auszüge angewendet und ebenso neutralisiert. Das Papier (Whatman Nr. 1 oder entsprechendes) behandelt man vor, indem man es 20 Min. mit redestilliertem (116 bis 118 °C) n-Butanol wäscht, das mit dem gleichen Volumen 1,5 n Ammoniak (redestilliert) gesättigt und nach Phasentrennung mit 5 Vol.-% Äthanol versetzt wurde. Man läßt es im Abzug ohne Berührung mit Metall hängen, bis es trocken und geruchlos ist.

Auf zwei Papierstreifen (25×20 cm) bringt man in einer Linie, 3 cm vom unteren Rande entfernt, in seitlichen Abständen von 3,5 cm je 5 μl der Standard- und der unbekannten Lösungen auf. Den einen Streifen entwickelt man sofort in der Chromatographierkammer, auf deren Boden sich eine Schicht des mit Ammoniakwasser gesättigten Butanols und ein Gefäß mit dem butanolgesättigten Ammoniakwasser (zur Aufrechterhaltung des Phasengleichgewichts) befindet. Den anderen Streifen bewahrt man 5 bis 7 Std. bei 26 bis 30 °C an der Luft auf, wobei die Ammoniumsalze der niederen Fettsäuren sich verflüchtigen, und bringt ihn dann in die Kammer zur Entwicklung des Chromatogramms. (Die Autoren entwickelten aufsteigend, bis die Flüssigkeitsfront das obere Ende des Papierstreifens erreichte, was bei 26 bis 30 °C etwa 10 Std. dauerte.) Danach trocknet man die Streifen 10 bis 15 Min. bei 26 bis 30 °C, oder bei niedrigerer Zimmertemperatur entsprechend länger, und besprüht sie dann gleichmäßig mit etwa 20 ml Indikatorlösung (0,08%ige Lösung von Methylrot-Bromthymolblau-Gemisch (1 + 1) in einem Gemisch von 1 Volumenteil Formalin und 5 Volumenteilen redestilliertem Äthanol; das Ganze wird mit 0,1 n Natronlauge mit pH-Meßgerät auf pH = 5,2 eingestellt. Man führt den Streifen sofort für einige Sekunden in einen hohen Zylinder ein, auf dessen Boden sich 3 vol.-%ige Ammoniaklösung befindet. Diese Behandlung wiederholt man mehrmals in Abständen von etwa 1 Min. Man umreißt die rot auf grünem Untergrund erscheinenden Säureflecke mit dem Bleistift und mißt ihre Flächen mit aufgelegtem durchscheinendem Millimeterpapier oder mit einem Planimeter aus.

Auf dem sofort chromatographierten Streifen bildet die Summe aus Essig- und Milchsäure einen einzigen Fleck; auf dem vorher 5 bis 7 Std. aufbewahrten Streifen wird der entsprechende Fleck nur von der Milchsäure gebildet. Die Flächendifferenz ist der Essigsäuremenge proportional.

Bemerkungen. α) *Propionsäure* und *Buttersäure* bilden getrennte Flecke; sie können aus dem sofort chromatographierten Streifen bestimmt werden. Die Fläche der Flecke beträgt für 100 μg Säure etwa 500 mm². Die besten Ergebnisse wurden von den Autoren mit Mengen von 40 bis 120 μg in 5 μl erhalten.

β) Zur Erhöhung der *Genauigkeit* führen sie 4 Parallelversuche aus, arbeiten also mit insgesamt 8 Papierstreifen und mitteln die Flächengrößen. Auf diese Weise senken sie die relativen Standardabweichungen auf 10 bis 5%. Die lineare Beziehung zwischen Fleckfläche und Säuremenge, die DUNCAN und PORTEOUS für Whatman-Papier Nr. 54 gefunden hatten, bestätigte sich auch in diesem Falle, wo Nr. 1 benutzt wurde.

c) Auswertungsmethoden.

Zwischen der Säuremenge und dem Logarithmus der Fleckgröße (Fläche) besteht im allgemeinen eine lineare Abhängigkeit, wie FISHER, PARSONS und MORRISON fanden und u.a. von REID und LEDERER sowie TRAITER bestätigt wurde. Man kann aber so, wie z.B. BRYANT und OVERELL verfahren, die Flecke ausschneiden und wägen. Man verfährt ebenso mit den aus Standardlösungen erhaltenen Flecken und trägt die Gewichte gegen den Logarithmus der Konzentration als *Eichkurve* auf. Auf Grund dieser Parameter lassen sich einfach geformte Eichkurven aufstellen.

KALKWARF und FROST empfehlen, eine objektive Ausmessung von Chromatogrammstreifen durch Ultrarotphotometrie mit Linienschreiber vorzunehmen.

Mykolajewycz stellt fest, daß die Auswertung von Farbflecken einfacher und genauer wird, wenn man statt der Originalchromatogramme deren photographische Negative (weiß auf schwarzem Untergrund) verwendet.

d) Ionenaustausch auf präpariertem Papier.

Murata hat, an Arbeiten früherer Autoren (u.a. Kubli) anknüpfend, eine Methode beschrieben, nach der ein Austausch von Perchlorationen, die an Aluminiumoxid adsorbiert sind, gegen die zu bestimmenden Anionen stattfindet. Papierstreifen werden mit Natriumaluminatlösung getränkt, bei 100 °C getrocknet, mit Wasser gewaschen, in 0,01 m Perchlorsäure getaucht und wieder getrocknet. Die Breite der beim Aufsaugen der Analysenlösung auf dem Streifen entstehenden Austauschzonen ist ein Maß für die Konzentration der Säuren, von denen neben vielen anderen (hauptsächlich anorganischen) auch Essigsäure und Oxalsäure in der Arbeit bzw. im Referat genannt werden.

6. Gaschromatographische Bestimmung.

Wegen einiger allgemeiner Ausführungen über Gaschromatographie und quantitative Auswertung der Chromatogramme siehe Kapitel: Methan, § 2, Abschnitt: A, 5.

Die Gaschromatographie von flüchtigen Fettsäuren wurde von James und Martin eingeführt. Diese Autoren verwendeten eine 4 Fuß lange Säule mit 0,5 g Stearinsäure-Siliconöl DC 550 (1 + 10) auf Kieselgur als stationäre Phase bei 100 °C für die C_1- bis C_5-Säuren und Stickstoff als Schleppgas. Sie indizierten durch automatische, photoelektrische Titration. Die Apparatur bestand vollständig aus Glas. Van de Kamer, Gerritsma und Wansink haben die Methoden durch Anwendung steigender Temperatur derart ausgebaut, daß eine getrennte Bestimmung der Komponenten von der Ameisen- bis zur Dodekansäure in einem Arbeitsgang möglich ist. Tilley, Canaway und Terry verbesserten die Methode von James und Martin weiter. Sie verwenden Celite als Säulenfüllung.

Lanigan und Jackson chromatographieren die beiden Säuren nach Absorption in NaOH, Konzentrieren und Wiederfreimachen mit H_3PO_4. Sie verwenden eine Säulenfüllung aus 100 T. Chromosorb W + 20 T. Behensäure + 4 T. Phosphorsäure, die relativ unempfindlich gegen Wasserdampf ist, bei 180 °C und eine automatische, potentiometrische Titriereinrichtung. Ritter und Hänni verwenden Diäthylhexylsebazat + Sebazinsäure auf Kieselgur als stationäre Phase.

Das Arbeiten mit freien Säuren in den üblicherweise aus Metall bestehenden Gaschromatographie-Geräten ist wegen der Korrosion schlecht möglich. Deshalb verwendet man besser die Säuren in Form ihrer Ester, insbesondere der Methylester. Nachweis und Bestimmung von Essigsäure oder Ameisensäure bzw. beider nebeneinander sind dann sehr leicht auszuführen. James macht allerdings darauf aufmerksam, daß beim Arbeiten mit den Methylestern infolge ihrer Flüchtigkeit Substanzverluste vor dem Chromatographieren eintreten könnten.

Für die bequeme Veresterung mit Methanol und Phosphorsäure als Katalysator haben Kokes, Tobin und Emmet einen kleinen Katalyseofen beschrieben. Van Bawel und Kwantes verwenden nach Mitteilung von Dahmen einfach einen aus einem gewöhnlichen Stück bleiernen Wasserleitungsrohres von 15 cm Länge bestehenden Veresterungsteil. Dieser enthält 2,5% 85%ige Phosphorsäure auf einem inerten Träger und ist vor die kupferne Säule eines üblichen Gaschromatographen geschaltet. Man gibt die Probe gemeinsam mit einem Überschuß von Methanol in den aufgeheizten Veresterungsteil und erhält innerhalb von 15 Min. das Chromatogramm, d.h. die Peaks für Methylformiat, Methylacetat und das überschüssige Methanol.

Von anderen Veresterungsagenzien ist Diazomethan-Äther-Gemisch zu nennen, das relativ schnell wirkt, aber jedesmal frisch hergestellt werden muß und außerdem giftig und explosiv ist. Günstiger und sehr schnell arbeitet man dagegen nach den Erfahrungen von METCALFE und SCHMITZ mit Borfluorid, das auch schon von MITCHELL, SMITH und BRYANT vorgeschlagen wurde. Man leitet in 1 l reinen Methanols, der sich in einem von Eiswasser umgebenen 2-l-Kolben befindet, langsam – es sollen keine Nebel entweichen – BF_3 aus einer Stahlflasche durch ein Gasrohr ein, bis 125 g des Gases aufgenommen sind. Man arbeitet dabei unter einem Abzug. Um Zurücksteigen der Lösung zu vermeiden, ist der Gasstrom vor Eintauchen des Glasrohres in die Flüssigkeit anzustellen und erst nach dem Herausnehmen abzustellen. Die Lösung ist mehrere Monate haltbar. Zur Veresterung erwärmt man 100 bis 200 mg Fettsäuren mit 3 ml BF_3-Lösung 2 Min. auf dem Wasserbad, überführt mit 20 ml Wasser in einen Scheidetrichter und trennt die obere, die Ester enthaltende Schicht von der wäßrigen Schicht ab.

Zur Chromatographie der Ester kann man hochsiedende Ester oder Paraffinkohlenwasserstoffe als stationäre Phase verwenden (JAMES). SZCZEPAŃSKA und BELDOWICZ verwenden für die Methylester Polyäthylenglycolester oder Apiezon als Säulenfüllung und arbeiten mit dem Ionisationsdetektor.

Für die Analyse in Form der freien Säuren ist es zweckmäßig, sie wasserfrei anzuwenden. JAMES und MARTIN beschrieben bereits eine Methode zur Präparation aus wäßrigen Lösungen der Natriumsalze. Bei Benutzung eines *Ionisationsdetektors* ist das häufig angewendete Verfahren, die Säuren nach Austreten aus der Säule zu Kohlendioxid zu verbrennen, nicht anwendbar, da dieser Detektor auf CO_2 nicht anspricht; in Gegenwart von Wasserdampf versagt er ebenfalls. HUNTER, HAWKINS und PENCE arbeiten daher mit den freien Säuren in wasserfreiem Zustand. Sie stellen diese durch Überführen in die Na-Salze und Umsetzen derselben in Acetonlösung mit Dichloressigsäure her. Hierbei erfolgt gleichzeitig eine Anreicherung, und auf diese Weise wird die Empfindlichkeit erhöht.

Der Flammen-Ionisationsdetektor dagegen arbeitet bei Anwendung *wäßriger* Lösungen sehr gut (ohne tailing). EMERY und KOERNER spritzen 20 ml der die Säuren zu je 0,1% enthaltenden Lösung in einen der Säule („Tween“ auf Chromosorb 20 : 80) vorgeschalteten, auf 210 °C geheizten Verdampfer.

7. Ultrarotspektrometrische Bestimmung.

Allgemeines. Die Bestimmung freier Essigsäure in Dampfform in einfachen Gemischen, z.B. mit Ameisensäure, dürfte möglich sein (vgl. Kapitel: Ameisensäure, Abschnitt: F, 14 und den Katalog der UR-Spektren einer großen Zahl verschiedenartiger Verbindungen, der von PIERSON, FLETCHER und GANTZ aufgestellt wurde.

In manchen Gemischen ist eine sehr genaue Bestimmung möglich, und die Bestimmung läßt sich apparativ relativ einfach zu einer kontinuierlichen, automatischen Anzeige ausbauen. SMITH beschrieb eine derartige Einrichtung. Von dieser wird Essigsäure in Essigsäureanhydrid auf $\pm 0,1\%$ und Essigsäure in Benzol auf $\pm 0,2\%$ genau angezeigt. Für die *Genauigkeit* ist von ausschlaggebender Bedeutung, die Arbeitstemperatur möglichst konstant zu halten.

Die Analyse mehrkomponentiger Säuregemische auf ultrarotspektrometrischem Wege ist schwierig, da solche Gemische in dem üblicherweise benutzten Gebiet von 2 bis 15 μm eine hohe Allgemeinabsorption aufweisen. Diese wird hauptsächlich auf Molekülassoziation infolge Wasserstoffbrücken-Bindungen zurückgeführt (SCHIELDT).

Wesentlich besser, allerdings etwas umständlicher ist es, die Säuren zu verestern und die Ester der Ultrarotspektrometrie zu unterwerfen. Noch vorteilhafter ist, wie CHILDERS und STRUTHERS beschreiben, die Umsetzung der Säuren zu den

Natriumsalzen. Das Spektrum wird dann durch die Art des Anions und durch die Kristallstruktur des Salzes bedingt, das Kation selbst hat wenig Einfluß. Die genannten Autoren untersuchten die Natriumsalze der einfachen einbasigen (Essig- bis Capronsäure) und zweibasigen (Oxal- bis Pimelinsäure). Sie fanden, daß fast alle Anionen zwischen 7 und 15 μm mehrere ausgeprägte und spezifische, zur analytischen Auswertung geeignete Banden zeigen, und zwar auch in Fällen, in denen die Spektren der Säuren selbst nahezu identisch sind. Aus den zahlreichen abgebildeten Spektren ist ersichtlich, daß z.B. das Acetation bei etwa 9,4, 9,9 und 10,8, das Propionation bei 11,3 und 12,2 μm charakteristische Banden besitzt.

Arbeitsvorschrift. Etwa 3 g Säure werden mit 20 ml Wasser versetzt (völliges Auflösen nicht erforderlich) und mit 25%iger Natronlauge gegen Phenolphthalein neutralisiert. Die wäßrige Lösung wird auf der Heizplatte langsam zu einem dicken Salzbrei eingedampft. Nach Abkühlen werden unter Rühren 125 ml Aceton hinzugefügt. Das Salz wird dann in einen Glasfrittentiegel mittlerer Frittenkörnung abfiltriert, mit 150 ml Aceton gewaschen und bei 110 °C 3 Std. getrocknet. Die so gewonnenen Salze sind frei von Hydratwasser. Von dem Salz werden 0,40 g in einem Achatmörser zu feinem Pulver zerrieben. Unter weiterem Reiben werden aus einer Bürette langsam 2 ml helles Mineralöl zugegeben, und es wird weiter verrieben, bis eine homogene Paste entstanden ist. Von dieser Paste gibt man 1 Teil in die NaCl-Cüvette eines registrierenden UR-Spektrophotometers und fährt das Spektrum von 7 bis 15 μm ab. Entsprechend hergestellte *Standardpräparate* aus reinen Säuren werden zum Vergleich herangezogen.

Die Photometrie in *Lösung*, und zwar in Tetrachlorkohlenstoff, wird von SATO, IKEGAMI und KANEKO angewendet. Die Autoren messen die Absorption bei 7,72 μm.

8. Massenspektrophotometrische Bestimmung.

Auch in der massenspektrometrischen Analyse ist das Arbeiten mit den Estern günstiger als dasjenige mit den freien Säuren. SHARKEY, SHULTZ und FRIEDEL haben die Spektren einer großen Zahl von Estern, angefangen beim Methylformiat, in Tabellenform mit Angabe der relativen Intensitäten zusammengestellt. Wegen der allgemeinen Methodik wird auf die einschlägigen Werke hingewiesen (z.B. EWALD und HINTENBERGER). Die den Molekülbruchstücken $R_1 \cdot CO$— (Acylen) entsprechenden Ionen mit den Massen 29, 43, 57 usw. (Ameisen-, Essig-, Propionsäure usw.) bilden starke Peaks; bei den Essigsäureestern ist 43 der Hauptpeak. Die den Alkoholresten —O · R mit den Massen 31, 45 usw. (Methyl-, Äthyl- usw.) entsprechenden Ionen bilden ebenfalls charakteristische, wenn auch im allgemeinen schwächere Peaks, bei den Ameisensäureestern sind sie die Hauptpeaks.

Der chemisch-analytisch schwierige Fall des Nachweises von wenig Essigsäure neben viel Ameisensäure ist, wie DAHMEN hervorhebt, massenspektrometrisch sehr gut zu meistern. Der Peak $m/e = 60$ wird allein durch Essigsäure (als Molekülion) erzeugt. Bei Vorhandensein höherer Homologe wird die Auswertung des Spektrogramms etwas schwieriger.

Die Analyse komplizierter Säuregemische (einschließlich ungesättigter Säuren) wird auch von HALLGREN, STENHAGEN und RYHAGE beschrieben. Die Autoren empfehlen die Anwendung von Vergleichssubstanzen in Form reiner Präparate zur Erleichterung der Auswertung.

9. Isotopenverdünnungsanalytische Bestimmung.

Eine Methode zur Bestimmung von Carbonsäuren (darunter Essigsäure), Säureanhydriden und Säurechloriden durch Isotopenverdünnung unter Verwendung von ^{36}Cl als radioaktiver Komponente wurde von SORENSEN beschrieben.

Arbeitsvorschrift. Die Säure in der zu analysierenden Probe wird in einem ein- oder zweistufigen präparativen, aber quantitativ durchgeführten Arbeitsgang (im ersten Falle mit p-Chlorphenylphosphazo-p-chloranilid und p-Chloranilin) in ihr p-Chloranilid überführt. Mit diesem wird dann unter Anwendung von gleichzeitig hergestelltem, mit ^{36}Cl markiertem p-Chloranilid eine reguläre Isotopenverdünnungsanalyse ausgeführt. Das heißt, die Lösung des Chloranilids wird mit einer gemessenen Menge Lösung von aktiv markiertem Chloranilid versetzt. Das danach ausgeschiedene feste Chloranilid wird mehrfach umkristallisiert, bis es nahezu den theoretischen Schmelzpunkt aufweist. In gleicher Weise wird ein *Standardpräparat* aus einer gemessenen Menge reinen Chloranilids der gleichen Säure und dem markierten Chloranilid hergestellt. Schließlich werden die spezifischen Aktivitäten der beiden Präparate gemessen und wird aus dem Aktivitätsverhältnis der Gehalt der ursprünglichen Probe an der Säure berechnet.

Bemerkung. Die Methode soll bei gründlichem Umkristallisieren des Chloranilids – Substanzverluste nach erfolgter Zugabe des aktiven Reagenses spielen wie immer bei der Isotopenverdünnungsanalyse keine Rolle – *absolut spezifisch* sein. Wegen der Umständlichkeit des Verfahrens, bei dessen obiger, kurzgefaßter Beschreibung von wesentlichen Arbeitsgängen die Präparation der markierten Verbindung ganz ausgelassen wurde, dürfte die Methode kaum verbreitete praktische Anwendung finden.

10. Bestimmung der Essigsäure in Gegenwart von Acetanhydrid und umgekehrt.

I. Direkte Titration der Essigsäure.

Prinzip. Zur Bestimmung von Essigsäure (oder anderen Säuren) in Gegenwart von Essigsäureanhydrid kann man die Säure mit Triäthylamin titrieren, das mit dem Anhydrid nicht reagiert. Die freie Säure bildet anscheinend eine Anlagerungsverbindung:

$$(C_2H_5)_3N \cdot 3CH_3COOH$$

(McClure, Roder und Kinsey). Der Endpunkt wird mit Farbindikator oder thermometrisch bestimmt.

Arbeitsvorschrift. a) Man versetzt die 5 bis 60 mVal Säure im Gemisch enthaltende Probe mit 5 Tropfen gesättigter Lösung von Methylrot in wasserfreiem Acrylnitril und titriert sofort mit 2 m Lösung von Triäthylamin in Benzol. Die Maßlösung stellt man mit wäßriger 0,5 n Salzsäure potentiometrisch (auf pH = 4 bis 6) ein. Den Farbumschlag der Titration erkennt man gut, wenn man eine Vergleichslösung von 5 Tropfen Indikatorlösung in 100 ml reinem Benzol anwendet.

Arbeitsvorschrift. b) Man bringt 20 ml des Säure enthaltenden Anhydrids in ein 200-ml-Dewargefäß und mißt die Temperatur der Probe. Dann gibt man unter Rühren ($1{,}2 \pm 0{,}1$) ml der 2 m Triäthylaminlösung von gleicher Temperatur hinzu und mißt wieder die Temperatur.

Die Auswertung wird bei Vorschrift b) mittels einer *Eichkurve* Δt/Säuregehalt vorgenommen, die durch entsprechende Messungen an Anhydridproben mit verschiedenen, bekannten Säuregehalten hergestellt wird.

Bemerkung. Die Autoren erprobten die beiden Ausführungsformen an Anhydrid mit 0,5 bis 3,5 bzw. 0,8 bis 5,5 % Essigsäure und ermittelten Fehler (mittlere *Standardabweichung*) von $\pm 0{,}07$ bzw. $\pm 0{,}09$ % absolut.

II. Titration von Säure und Anhydrid nebeneinander.

Prinzip. Nach Nicolas und Burel wird das Gemisch, in Äthanol oder Aceton gelöst, erstens mit wäßriger und zweitens mit methanolischer Lauge titriert. Während die Säure von beiden Laugen die gleiche Menge zur Neutralisation verbraucht, erfordert das Anhydrid von der wäßrigen Lauge doppelt so viel wie von der methanolischen:

$$(RCO)_2O + 2KOH = 2RCOOK + H_2O\,, \tag{1}$$

$$(RCO)_2O + CH_3OK = RCOOK + RCOOCH_3\,. \tag{2}$$

Die in Millimolen ausgderückte Differenz der Laugenverbräuche zeigt also die Menge des Anhydrids in Millimolen an. Durch Subtraktion dieser Differenz von den an methanolischer Lauge verbrauchten Millimolen erhält man die Menge der freien Säure.

Arbeitsvorschrift. Man löst 5 g Probe in Aceton und titriert mit methanolischer n Natronlauge. Weitere 5 g Probe gibt man in überschüssige wäßrige n Natronlauge, schüttelt öfters durch und titriert nach etwa 30 Min. den Laugenüberschuß mit n Salzsäure zurück. Die *Berechnung* der beiden Gemischbestandteile ergibt sich aus dem oben Dargelegten.

RAIJNES und LARIONOW empfehlen, das Anhydrid durch Zusatz von mindestens der doppelten ihm äquivalenten Menge *Anilins* zu binden und die Essigsäure dann mit wäßriger Natronlauge potentiometrisch (Platin und ges. Kalomelelektrode) zu titrieren. Das aus dem Anhydrid entstandene Acetanilid hydrolysiert dabei nicht. Die Titration kann in Gegenwart von Aceton und von teerigen Substanzen, wie sie bei der Erzeugung von Essigsäureanhydrid aus Aceton vorhanden sind, ausgeführt werden.

Arbeitsvorschrift. Man titriert z.B. 0,5 ml Probe nach Versetzen mit 30 ml frisch bereitetem, gesättigtem Anilinwasser und 20 ml Wasser mit 0,5 n Natronlauge, wobei die ursprünglich vorhandene Essigsäure und die nach der Gleichung:

$$(CH_3CO)_2O + C_6H_5NH_2 = CH_3CO \cdot NH \cdot C_6H_5 + CH_3COOH$$

entstandene Säure erfaßt wird. Außerdem titriert man die Summe von Essigsäure und Anhydrid in 0,5 ml Probe nebst 50 ml Wasser unmittelbar mit der Natronlauge, wobei nach der oben angeführten Gleichung (1) 1 Mol Anhydrid 2 Mol NaOH (statt vorher 1 Mol) verbraucht. Aus den beiden Verbräuchen lassen sich Essigsäure- und Anhydridgehalt *berechnen.*

Bemerkung. GÖRÖG und TRISCHLER empfehlen, ein Aliquot der Probe in propanolischer, ein zweites in wäßriger Pyridinlösung mit Lauge gegen Phenolphthalein zu titrieren.

III. Titration von Säure und Anhydrid unter Anwendung der Reaktion von Morpholin mit dem Anhydrid.

Prinzip. Die Methode beruht darauf, daß sich Morpholin als Amin a) mit Essigsäureanhydrid zu 1 Mol Säureamid und 1 Mol Säure und b) mit Schwefelkohlenstoff zu einer Dithiocarbaminsäure umsetzt, die mit Lauge titriert werden kann. Im vorliegenden Falle neutralisiert man nach CRITCHFIELD und JOHNSON zunächst die Summe von ursprünglich vorhandener und aus dem Anhydrid in der Reaktion mit überschüssigem Morpholin entstandener Essigsäure. Dann setzt man Schwefelkohlenstoff zu und titriert die aus dem Überschuß an Morpholin entstandene, ihm äquivalente Dithiocarbaminsäure. Außerdem titriert man in einem Parallelansatz die dem gesamten Morpholin entsprechende Dithiocarbaminsäure. Man erhält dadurch indirekt die Menge des Anhydrids, und die ursprüngliche freie Essigsäure ergibt sich aus einer Differenzbildung. Die Methode spricht auch auf andere Säureanhydride an.

Arbeitsvorschrift. Man pipettiert je 25 ml 0,2 n Morpholinlösung (17 ml Morpholin in einem Meßkolben mit Acetonitril zu 1 l aufgefüllt) in zwei 250-ml-Erlenmeyerkolben mit Glasschliffstopfen. Einer der Kolben dient dem Vergleichsversuch ohne Probe. In den anderen Kolben gibt man eine 2,0 bis 3,5 mÄquiv. Anhydrid und Säure enthaltende, abgemessene Probemenge. Man läßt beide Kolben verschlossen 15 Min. stehen. Dann gibt man in jeden von ihnen 75 ml Isopropanol und 5 bis 6 Tropfen Indikator (1 %ige Lösung von Thymolphthalein in Pyridin).

Man titriert den Inhalt beider Kolben mit 0,1 n Natronlauge bis zur mindestens 15 Sek. bestehen bleibenden Blaufärbung. Übertitrieren ist zu vermeiden. Man notiert den Laugeverbrauch und füllt die beiden Büretten wieder zur 0-Marke auf. Nun gibt man zu dem Vergleichsansatz 20 ml Wasser, zu beiden Ansätzen mit Pipette je 5 ml Schwefelkohlenstoff und schwenkt gut durch. Man titriert in beiden Kolben nochmals mit 0,1 n Natronlauge. Dabei muß man gut durchschwenken, um Ausbildung eines lokalen Laugenüberschusses zu vermeiden. Als Endpunkt nimmt man den ersten blauen oder blaugrünen Farbton, der mindestens 1 Min. bestehen bleibt.

Berechnung. Die Differenz des Laugenverbrauches für Vergleichsansatz und Probe bei dieser 2. Titration ist dem Verbrauch an Morpholin und damit dem Anhydridgehalt der Probe äquivalent. Die Differenz aus dem Laugenverbrauch für die 1. Titration des Probenansatzes und der dem Anhydrid äquivalenten Laugenmenge entspricht dem ursprünglichen Gehalt der Probe an freier Säure, da die 1. Laugenmenge der Summe von ursprünglicher und dem Anhydrid äquivalenter Säure entspricht.

IV. Indirekte Titration des Anhydrids in Gegenwart der Säure.

Das *Prinzip* der von SIGGIA und HANNA angegebenen Methode besteht darin, daß (in Anlehnung an MALM und NADEAU) das Substanzgemisch mit einer gemessenen Menge überschüssigen Anilins umgesetzt und der Überschuß mit starker Säure zurücktitriert wird. Die Essigsäure, sowohl die ursprünglich vorhandene als auch die bei der Reaktion des Anhydrids (siehe Gleichung) entstandene, wird durch die starke Säure aus ihrer Verbindung mit Anilin leicht ausgetrieben, so daß für sie kein Anilinverbrauch festgestellt wird. Das aus dem Anhydrid entstandene Acetanilid ist dagegen stabil, und der Anilinverbrauch ist ein Maß für die Menge des Anhydrids in der Probe:

$$(RCO)_2O + C_6H_5{-}NH_2 \rightarrow RCO \cdot NH{-}C_6H_5 + RCOOH.$$

Die Reaktion verläuft analog mit anderen Säureanhydriden.

Arbeitsvorschrift. Man wägt die etwa 0,004 Mol Acetanhydrid enthaltende Probe in ein Reagensglas von 20×150 mm ein. Dazu gibt man, ebenfalls genau abgewogen, 0,9 g Anilin. Man läßt 5 Min. stehen und führt den Inhalt des Glases dann mit Äthylenglycol/Isopropanolgemisch (1 + 1) quantitativ in ein Becherglas über. Von dem Lösungsmittelgemisch gibt man noch so viel hinzu, daß das Gesamtvolumen etwa 50 ml beträgt. Dann titriert man mit 0,2 n Salzsäure (19 ml konz. Salzsäure mit dem gleichen Lösungsmittelgemisch zu 1 l aufgefüllt). Zur Indikation verwendet man ein pH-Meßgerät.

Zur *Einstellung* des Anilins titriert man eine genau abgewogene Menge desselben, und zwar 0,4 g, in der gleichen Weise. Der *Prozentgehalt* an Säureanhydrid ist:

$$\frac{(b-a) \cdot \text{Normalität der HCl} \cdot \text{Molgewicht des Anhydrids} \cdot 100}{1000 \cdot \text{Einwaage [g]}}.$$

Dabei ist a der Verbrauch an HCl in Milliliter zur Titration des Anilinüberschusses und b die dem insgesamt angewendeten Anilin entsprechende Salzsäuremenge (Milliliter). Der *Fehler* beträgt nach Feststellung der Autoren weniger als 0,5 % relativ.

Eine *analoge Methode* wurde von ELLERINGTON und NICHOLLS angegeben. Sie unterscheidet sich nur dadurch, daß Eisessig als Lösungsmittel dient und daß mit *Perchlorsäure* titriert wird. Sie kann auch mit Farbindikator (Kristallviolett) ausgeführt werden.

V. Thermometrische Bestimmung.

Die Wärmetönung der Reaktion des Essigsäureanhydrids mit Anilin ist mehrfach zur Bestimmung des Anhydrids in Essigsäure benutzt worden. In letzter Zeit haben ANGELESCU und BARBULESCU eine solche Methode beschrieben. Nach dieser gibt man 1 ml Probe zu 10 ml einer 20%igen Lösung von Anilin in Toluol in ein Gerät, wie es zur Bestimmung des Gefrierpunktes benutzt wird, und mißt die auftretende Maximaltemperatur. Die Auswertung erfolgt mit *Eichkurve*. Der *Fehler* soll $\pm 1,2\%$ betragen.

GREATHOUSE, JANSSEN und HAYDEL haben eine ähnliche Methode beschrieben. Die Autoren bestimmen sowohl Anhydrid als auch Wasser in Essigsäureproben, welche die eine oder die andere Beimengung enthalten, indem sie entweder Wasser oder Anhydrid zusetzen und die Temperaturerhöhung messen. Solche Methoden können auch zur thermometrischen *Titration* abgewandelt werden. Nach dieser Arbeitsweise titriert man mit der zuzusetzenden Reaktionskomponente bis zum Aufhören der Temperatursteigerung.

VI. Spektrophotometrische Bestimmung des Anhydrids oder der Säure.

Essigsäureanhydrid weist eine starke Absorptionsbande im UV bei 252 nm auf. In diesem Gebiet absorbiert Essigsäure nicht, so daß man Anhydridgehalte in ihr mittels UV-Spektrophotometers gut und empfindlich bestimmen kann (BRUCKENSTEIN). Im nahen Ultrarot weist die Essigsäure zwischen 1450 und 1600 nm eine Absorptionsbande auf. Bei 1505 nm zeigt das Anhydrid ein Absorptionsminimum. Durch Photometrieren bei dieser Wellenlänge kann daher nach FERNANDEZ und Mitarbeitern die *Säure* in Konzentrationen von 0 bis 7% im Anhydrid gut gemessen werden, und zwar genauer als nach der Anilinmethode.

Die *Ultrarot*spektrometrie im meist üblichen UR-Gebiet wird von SATO, IKEGAMI und KANEKO angewendet. Diese Autoren arbeiten in Tetrachlorkohlenstofflösung und verwenden für die Säure die Bande 7,72, für das Anhydrid die Bande 8,89 μm.

Auf die Möglichkeit der Bestimmung von Säureanhydriden und Estern (u.a. der Essigsäure) über die Reaktion mit Hydroxylamin zu Hydroxamsäure und Photometrie von dessen Komplexverbindung mit Eisen(III) [GODDU, LE BLANC und WRIGHT sowie DIGGLE und GAGE (in Gegenwart von Keten) sei nur hingewiesen.

Spuren von Essigsäure im Anhydrid können nach MITRA, GOSH und PALIT auf Grund der Farbänderung bestimmt werden, die Rhodamin 6 Gx in Benzol, in dem es an und für sich unlöslich ist, bei Gegenwart von Säure hervorruft. Man löst 0,1 g des Anhydrids in 10 ml trockenem Benzol und verdünnt nochmals im Verhältnis 1 : 100 mit Benzol. Zu 2 ml dieser Lösung gibt man 2 ml Reagens (3 bis 4 mg Rhodamin 6 Gx in 2,5 ml Natriumphosphat/hydroxid-Puffer, pH 10 bis 12, gelöst und mit 100 ml Benzol extrahiert). Nun mißt man die Färbung bei 515 nm gegen eine Blindlösung und wertet mit Hilfe einer mit künstlichen Gemischen aufgestellten Eichkurve aus. Konzentrationen bis zu 10^{-5} m Essigsäure herab sollen gemessen werden können.

Durch *Raman*spektrometrie können Essigsäure, ihr Anhydrid und Propionsäure nebeneinander bestimmt werden (MIRONOV und ŽARKOV). Die Intensität der Linien 895, 666 bzw. 847 cm^{-1} ist den Konzentrationen proportional; Xylol (724 cm^{-1}) dient als innerer Standard.

11. Bestimmung der Essigsäure in einigen besonderen Fällen.

I. In Gemischen mit starken Säuren.

Außer den nachstehend aufgeführten Möglichkeiten gibt es noch potentiometrische Methoden (siehe Abschnitt: 3, I, c), die für diesen Zweck brauchbar sind.

a) Titration mit Farbindikator.

Arbeitsvorschrift. Zur Bestimmung starker anorganischer Säuren neben Essigsäure empfehlen Täufel und Haber, 10 ml Lösung etwa auf die Konzentration 0,1 n zu bringen, mit 0,1 n Lauge gegen Phenolphthalein die Gesamtsäure zu titrieren, darauf 4 bis 6 Tropfen einer 0,1 %igen Lösung von Dimethylgelb in 90 %igem Äthanol zuzugeben und mit 0,1 n Salzsäure bis zur Orangefärbung zu titrieren. Zum genauen Austitrieren der Essigsäure soll man 0,5 ml reines Aceton je 10 ml Flüssigkeit zusetzen, wodurch die Färbung wieder gelb wird, und mit Salzsäure weiter titrieren, bis zu der Färbung einer Vergleichslösung, die aus Pufferlösung von pH = 3,1 (z.B. 17,51 ml 0,1 n Salzsäure und 50 ml 0,1 n Kaliumhydrogenphthalatlösung auf 100 ml aufgefüllt) besteht und die gleichen Konzentrationen an Dimethylgelb, Phenolphthalein und Aceton wie die zu titrierende Lösung aufweist.

Bemerkungen. α) Der Umschlag ist schärfer und die Ergebnisse sind *genauer* als bei der Rücktitration gegen Methylorange. β) Der Salzsäureverbrauch entspricht der *Essigsäuremenge;* die Differenz aus dem Lauge- und Salzsäureverbrauch entspricht der *Mineralsäuremenge.*

γ) Essigsäure-Schwefelsäure-Gemische können auch auf die Weise analysiert werden, daß man zunächst bei auf etwa 1 normal eingestellter bzw. durch Einengen hergestellter Konzentration in einem Aliquot die Gesamtsäure titriert, ein anderes Aliquot in einer Porzellanschale *fast zur Trockne* eindampft, nach dem Erkalten mit Wasser aufnimmt und gegen Methylorange die Schwefelsäure titriert. Die Essigsäuremenge ergibt sich als Differenz (Magidowa und Diwinskaja).

δ) Eine andere, im Falle des Vorhandenseins *mehrerer* organischer Säuren angebrachte Arbeitsweise besteht darin, diese Säuren aus der Schwefelsäure herauszudestillieren und im Destillat zu bestimmen (Craig – siehe Kapitel: F, Ameisensäure, Abschnitt: 16, III).

ε) Zur Bestimmung von Essigsäure neben Schwefelsäure kann man die Tatsache benutzen, daß bei Zusatz von Äthanol zu der Lösung die Dissoziation der Essigsäure vollständig *zurückgedrängt* wird (Ugrjumow). So laugt man z.B. den Rückstand der Holzhydrolyse mehrmals mit Wasser aus, füllt die vereinigten Extrakte im Meßkolben bis zur Marke auf, titriert in einem Aliquot gegen Phenolphthalein die Gesamtsäure, gibt zu einem anderen Aliquot von 25 ml Lösung 10 ml Äthanol und titriert gegen Methylorange auf Gelb. Die Differenz beider Titrationen ergibt die Essigsäuremenge.

b) Leitfähigkeitstitration bzw. Leitfähigkeitsmessung.

Im Abschnitt: 3, I, e sind Beispiele gebracht worden, in denen gezeigt wurde, daß die Leitfähigkeitstitration infolge des Auftretens mehrerer Knickpunkte der Titrationskurven gut zur Analyse von Säuregemischen geeignet ist.

Speziell zur Untersuchung von Essigsäure-Schwefelsäure-Gemischen hat Sommer eine Methode ausgearbeitet. Zunächst wird die Gesamtsäure in einem gemessenen Volumen der auf etwa 0,1 n verdünnten Probe mit Baritlauge gegen Phenolphthalein titriert, und dann wird, ohne zu filtrieren, die Leitfähigkeit gemessen. Aus einer Tabelle und einem Diagramm, die von Sommer aufgestellt wurden, kann die Essigsäuremenge unmittelbar abgelesen werden; die Schwefelsäuremenge ergibt sich als Differenz. Infolge der nur einmaligen Leitfähigkeitsablesung ist die Methode schneller als eine Leitfähigkeitstitration; die *Fehler* sollen innerhalb 0,5 % liegen.

II. In Gemischen mit sehr schwachen Säuren.

a) Essigsäure und *Borsäure* lassen sich nebeneinander titrieren, ohne daß man auf das Mittel, einmal die Gesamtsäure und dann nach Zerstören der Essigsäure die Borsäure allein zu bestimmen, zurückzugreifen braucht. Nach Hagen bestimmt man mit Natronlauge die Gesamtsäure unter Zusatz von Mannit durch Titration von pH = 3 bis zum Umschlag des Phenolphthaleins und in einer 2. Probe die Borsäure zwischen pH = 6,7 und dem gleichen Endpunkt. Die Differenz entspricht annähernd der Essigsäuremenge.

b) Eine Methode zur acidimetrischen Bestimmung von *Phenol* und Essigsäure nebeneinander besteht darin, daß man das Gemisch konduktometrisch einmal mit Natronlauge, ein zweites Mal mit Ammoniaklösung titriert. Der Laugenverbrauch entspricht der Summe aus Phenol und Essigsäure, der Ammoniakverbrauch der Essigsäure allein (LAPSCHIN).

III. In Gemischen mit anderen organischen Säuren.

Auf die Selektivität oder Nichtselektivität der einzelnen Methoden in bezug auf die Unterscheidung zwischen Essigsäure und Ameisensäure ist bei der Beschreibung der Methoden in den Abschnitten 1 bis 9 stets eingegangen worden. Hier sei nur kurz wiederholt, daß vielverwendete Mittel zur Vorbereitung der Bestimmung der Essigsäure in Gemischen mit Ameisensäure die Zerstörung der letzteren durch Oxydation mit Quecksilber(II)-salz oder gelbem Quecksilberoxid (ARTHUR und STRUTHERS) oder das azeotropische Abdestillieren sind, daß die selektive Oxydation mit Chromsäure, (Abschnitt: 4, I) die colorimetrische Bestimmung der Essigsäure mit Lanthansalz (Abschnitt: 4, II) und vor allem die chromatographischen Verfahren in Betracht kommen. Letztere geben gleichzeitig die beste Möglichkeit der Bestimmung neben höheren Fett- und anderen organischen Säuren. Die selektive Oxydation ist nicht nur in Gemischen mit Ameisensäure, sondern auch mit anderen leichter als Essigsäure oxydierbaren Säuren wie Salicyl- und Benzoesäure anwendbar (siehe SAINT-RAT und HATEY, Abschnitt: 3, II, a, β).

IV. In verschiedenen Acetaten.

Über die unmittelbare Titration löslicher Acetate und die Titration nach Umsetzung durch Ionenaustausch sind in Abschnitt: 3, I, g bereits Ausführungen gemacht worden.

Zur Bestimmung der Essigsäure in essigsaurem Kalk empfahl HABERLAND, zum Abtreiben der Essigsäure mit Salzsäure bis zur Sirupkonsistenz, dann nach Wasserzusatz bis zur Trockne zu destillieren und im Destillat die Gesamtsäure acidimetrisch und parallel in einem anderen Aliquot des Destillates die Salzsäure argentometrisch zu titrieren, worauf sich die Essigsäuremenge als Differenz ergibt.

Zur Bestimmung der Essigsäure in *essigsaurer Tonerde* wurde von ROHMANN empfohlen, zu 5 ml Lösung 5 ml Phosphorsäure (85%ig) zuzufügen, die Essigsäure mit Wasserdampf in 0,5 n Natronlauge überzudestillieren und die Destillation so lange fortzusetzen, bis in dem schon austitrierten Destillat nach Zugabe einer weiteren Fraktion kein Farbumschlag des Indikators mehr eintritt.

Für die Essigsäurebestimmung in *Bleiacetat* kann auf eine Destillation verzichtet werden. Man fällt (nach HAN und CHU) in einer Lösung von etwa 1 g Probe in 20 ml Wasser durch Zugeben von 0,2 n Schwefelsäure bis zur orangeroten Färbung von Thymolblau, fügt 50 ml Äthanol hinzu, filtriert, fällt den Schwefelsäureüberschuß mit Benzidin, filtriert wieder und titriert die Essigsäure im Filtrat mit 0,1 n Natronlauge bis zur gelblichgrünen Färbung. Nach dieser Methode kann gleichzeitig das Blei durch Wägen des Sulfatniederschlages bestimmt werden. Ohne Fällen und Filtrieren arbeiten FRANÇOIS und SEGUIN bei der Analyse von offizinellen Bleiacetaten: Man fällt das Blei mit n Schwefelsäure bis zum Umschlag von Gentianaviolett nach Blau, zerstört den Indikator durch 1 Tropfen Hypochloritlösung, setzt Phenolphthalein hinzu und titriert mit n Lauge die Essigsäure.

Zur Bestimmung der Essigsäure in ihren neutralen oder basischen *Kupfersalzen* versetzt man diese mit Wasser und Phosphorsäure, destilliert mehrmals nach jedesmaliger Zugabe von Wasser und titriert die Essigsäure im Destillat acidimetrisch (GAUTHIER). Nach Angabe von LUTSCHINSKI und TSCHURILKINA soll man das Acetation mit Bariumsalzlösung fällen, im Niederschlag das Barium bestimmen und daraus die Acetatmenge berechnen können.

Um im *Schweinfurtergrün* die Essigsäure nach Abdestillieren in der üblichen Art (siehe oben) zu bestimmen, soll man nach KOGAN, JAWNEL und CHURDENKO die Einwaage vorher in Schwefelsäure (1 + 4) (etwa 3,7 m) lösen, mit festem Natriumcarbonat neutralisieren und die arsenige Säure mit 10 bis 20 ml Wasserstoffperoxid oxydieren.

Zur Analyse von *Verzinkungsbädern* empfehlen WHITEHEAD und WRIGHT die Colorimetrie mit Lanthansalz und Jod zur Acetatbestimmung (siehe Abschnitt: 4, II).

Die Bestimmung von freier Essigsäure und Acetationen in *Chromacetat*-Essigsäuregemischen durch potentiometrische Titration wurde von SEREBRENNIKOVA und TOLSTIKOVA beschrieben.

V. In substituierten Essigsäuren.

Über verschiedene Methoden zur Bestimmung von Essigsäure und Dichloressigsäure in Monochloressigsäure berichten DALIN und HAIMSOHN; die Bestimmung von Essigsäure, Mono-, Di-, und Trifluoressigsäure mit Trennung durch Säulenchromatographie unter Verwendung von Chloroform/Amylalkohol-Gemisch als mobile Phase beschreibt RAMSEY.

VI. In Produkten der organisch-chemischen Industrie.

Wegen der Analyse von Acetylierungslösungen für Cellulose wird auf die Arbeiten von SOMIYA und von HARDY verwiesen.

Für die Bestimmung von Essigsäure in flüssigen Produkten der *Holzdestillation* schlugen MENE und WARHADPANDE vor, diese zunächst durch Oxydation mit Permanganat in äthanolischer Lösung zu reinigen, dann die Essigsäure mit überschüssiger Schwefelsäure in Freiheit zu setzen und potentiometrisch oder gegen Methylviolett in Gegenwart der Schwefelsäure zu titrieren.

Zur Bestimmung in stark schwefelsauren Holzhydrolysaten haben SAKAI und KUMAGAI eine colorimetrische Methode angegeben.

Eine Methode zur Bestimmung von Essig- und Ameisensäure in Gummilatex wurde von PHILPOTT und SEKAR beschrieben.

VII. In physiologischen Substraten.

In dieser Gruppe spielt die Analyse des Urins die wichtigste Rolle. Wie bei allen Bestimmungen in Produkten dieser Art nimmt die Vorbereitung der Proben einen wesentlichen Teil des Gesamtarbeitsganges ein. Auf sie kann hier nicht näher eingegangen werden; es werden nur grundsätzliche Hinweise unter Bezugnahme auf die Originalarbeiten gegeben.

CASELLI und CIARANFI zerstören nach Entfernen der Hauptmenge der Eiweißstoffe und Kohlenhydrate zunächst Ameisensäure, Cystin und Cystein durch Kochen mit Quecksilbersulfat und wenig Schwefelsäure, dampfen das leicht alkalische Filtrat ein und verestern die Säuren mit Methanol durch Zugabe von 1 ml konz. Schwefelsäure sowie überschüssigem Methanol. Die Ester destillierten sie, wobei der Essigsäureester quantitativ, die Ester der höheren Säuren nur zum Teil übergehen. Das Destillat wird leicht alkalisch gemacht, geteilt, und beide Lösungen werden eingedampft. Der eine Teil wird mit Kaliumdichromat in 50%iger Schwefelsäure, der andere mit

Silberdichromat in 60%iger Schwefelsäure oxydiert. In der ersten Lösung wird so gut wie keine Essigsäure, aber 75% der anderen Säuren oxydiert; in der zweiten Lösung findet vollständige Oxydation statt. Die Autoren stellen eine Formel zur Berechnung der Essigsäure aus den beiden Chromatverbräuchen auf, die empirische Faktoren enthält.

Eine ähnliche Arbeitsweise mit photometrischer Endbestimmung beschreibt FONNESU (siehe Abschnitt: 4, I).

Neuerdings hat auch bei der Analyse von Urin und Faeces die Verteilungschromatographie Eingang gefunden. Solche Arbeitsweisen wurden u.a. von GERRITSMA, von MEITES und von OKAZAKI beschrieben. Sie entsprechen bezüglich der Trennung der Säuren im wesentlichen den im Abschnitt: 5, I behandelten Verfahren.

Die getrennte Bestimmung der Essig- und Propionsäure in bakteriologischen Kulturmedien unter Trennung nach der „Halbdestillationsmethode" wurde von TASMAN und SMITH beschrieben.

VIII. In Nahrungsmitteln, Getränken, Futtermitteln.

Zur Vorbereitung der acidimetrischen Bestimmung der Essigsäure in solchen Materialien wurden früher die von anderen Säuren mehr oder weniger unvollkommen trennenden Destillationsverfahren angewendet. Als Beispiele seien die Arbeiten von IONESCU und POPESCU, von SCHWEDOW, von PEYNAUD und von BOHM für die Untersuchungen von Wein bzw. Maische genannt (siehe auch Abschnitt: 2, I). PEYNAUD gibt eine Bibliographie über die Analyse der sauren Bestandteile des Weines mit über 60 Titeln bis etwa 1945.

In den letzten Jahren wurde auch in der Nahrungsmittelindustrie eine Orientierung auf Ionenaustausch und Chromatographie eingeleitet. Als Beispiele mögen dienen die Arbeiten von OWENS, GOODBAN und STARK (Zuckerrübensaft), MADER und WEBSTER (Sorghumsirup), McROBERTS (Brotteigzusätze), von RICE und PEDERSON sowie von VAN DAME (Tomatenprodukte), RESNIK, LEE und POWELL (Tabak), BUYSKE, WILDER und HOBBS (Tabakrauch), PETERSON und JOHNSON (biologisches Material), PHARES und Mitarbeitern (biosynthetische Säuren), HARPER (Käse), DREWS (Konservierungsmittel). Die Gaschromatographie wird von RITTER und HÄNNI zur Bestimmung der flüchtigen Fettsäuren in *Käse* angewendet.

Über die Analytik der *Futtermittelsilage* gibt es eine umfangreiche Literatur mit zahlreichen Versuchen, die Methodik der Destillation präziser zu gestalten; Beispiele sind die Arbeiten von WIEGNER und MAGASANIK, von GNEIST, von STOLLENWERK, von LEPPER, von SUTÔH, von BEHRENS und von BOTTINI. Die beiden letztgenannten Autoren kombinierten Destillation und Extraktion. BROUWER und NIJKAMP sowie VIRTANEN und MIETTINEN verwendeten bereits die Chromatographie. BROUWER und NIJKAMP bestätigten durch chromatographische Trennung die Unzuverlässigkeit der destillativen Trennung bei Silage von höherem Säuerungsgrad.

Für die Analyse von Abwässern bzw. Schlämmen benutzten BIRK und BONDI sowie MANGANELLI und BROFAZI die chromatographische Methode, ebenso MUELLER, BUSWELL und LARSON. Letztgenannte Autoren heben die Genauigkeit dieser Methode hervor. Die überwiegend übliche Arbeitsweise ist auch hier die Chromatographie auf Kieselgel als Träger und Butanol/Chloroform als bewegliche Phase (vgl. Abschnitt: 5, I).

IX. Als Essigsäuredampf in der Luft.

Man kann die Luft durch Alkalilauge leiten und die Essigsäure neben dem mitabsorbierten Kohlendioxid als Differenz zwischen verbrauchter Lauge und als Bariumcarbonat bestimmter Kohlensäure bestimmen (KUNI und NIKOLSKI). Einfacher läßt sich die Bestimmung nach MILLER und Mitarbeitern in der Weise ausführen, daß man in Glycerin-Wasser (1 + 1), dem einige Tropfen Silicon-Antischaummittel zugefügt sind, absorbiert und die dann allein (ohne Kohlensäure) in der Lösung befindliche Essigsäure mit Lauge gegen Methylpurpur direkt titriert.

Literatur.

ANGELESCU, E., u. N. BARBULESCU: Ann. Univ. Parhon, Bucuresti, Ser. St. Nat. **1957**, 93; durch Anal. Abstr. **1960**, 182. – ARCYBAŠOVA, JU. P., u. I. A. FAVORSKAJA: Ž. anal. Chim. **16**, 370 (1961); durch Fr. **187**, 214 (1962). – ARTHUR, W. J., u. G. W. STRUTHERS: Anal. Chem. **21**, 1209 (1949); durch Fr. **131**, 383 (1950).

BALDWIN, E., u. R. SCARISBRICK; durch MOYLE, BBALDWIN u. SCARISBRICK: Biochem. J. **43**, 308. – BAUMANN, F., u. W. J. BLAEDEL: Anal. Chem. **28**, 2 (1956). – BAUMANN, W. C.: U.S.P. 2684331 (1954); durch Chem. Abstr. **1954**, P. 11853a. – BECKETT, A. H., R. M. CAMP u. H. W. MARTIN: J. Pharm. Pharmacol. **4**, 399 (1952); durch Chem. Abstr. **1952**, 8325b. – BEHRENS, W. U.: Angew. Ch. **39**, 1350 (1926); durch Fr. **89**, 394 (1932). – BERGMANN, F., u. R. SEGAL: Biochem. J. **62**, 542 (1956); durch Fr. **155**, 295 (1957). – BIRK, Y., u. A. BONDI: Analyst **80**, 454 (1955). – BOHM, E.: Dtsch. Lebensmittel-Rdsch. **51**, 286 (1955); durch Fr. **152**, 456 (1956). – BOTTINI, E.: Ann. regia staz. chim. agr. Torino **14 A**, 41 (1940); durch Chem. Abstr. **1948**, 5135c. – BRADA, Z. B.: Chem. Listy **37**, 289 (1943); durch Chem. Abstr. **1950**, 5762d. – BROUWER u. NIJKAMP; durch NIJKAMP. – BRUCKENSTEIN, S.: Anal. Chem. **28**, 1920 (1956). – BRYANT, F., u. B. T. OVERELL: Biochim. et Biophys. Acta **10**, 471 (1953). – BULEN W. A., J. E. VARNER u. R. C. BURELL: Anal. Chem. **24**, 187 (1952); durch Fr. **137**, 450 (1952/53). – BUYSKE, D. A., P. WILDER u. M. E. HOBBS: Anal. Chem. **29**, 105 (1957).

CARSON, W. N.: Anal. Chem. **22**, 1565 (1950). – CARSON, W. N., u. A. R. KO: Anal. Chem. **23**, 1019 (1951); durch Chem. Abstr. **1951**, 8941h. – CASELLI, P., u. E. CIARANFI: Bio. Z. **313**, 11 (1942). – CHILDERS, E., u. G. W. STRUTHERS: Anal. Chem. **27**, 737 (1955). – CIARANFI, E., u. A. FONNESU: Biochem. J. **50**, 698 (1952); durch Fr. **142**, 399 (1954). – CORCORAN, G. B.: Anal. Chem. **28**, 169 (1956). – CORDEBARD, H., u. V. MICHL: Bl. [4] **43**, 97 (1928); durch C. **1928, I**, 1683. – CRAIG, D. N.: Bur. Stand. J. Res. **6**, 169 (1931); durch C. **1931, I**, 3378. – CRITCHFIELD, F. E., u. J. B. JOHNSON: Anal. Chem. **28**, 430 (1956). – CROWELL, R. D.: Am. Soc. **40**, 453 (1918); durch Fr. **77**, 227 (1929). – CUNDIFF, R. H., u. P. C. MARKUNAS: Anal. Chem. **28**, 792 (1956).

DAHMEN, E. A. M. F.: Chim. anal. **40**, 430 (1958). – DALIN, G. A., u. J. N. HAIMSOHN: Anal. Chem. **20**, 470 (1948); durch Fr. **148**, 303 (1955/56). – DARASCHKEWITSCH, M. L.: Trudy Moskowsk. Chim. Technol. Inst. im. Mendelejewa **1956**, Nr. 22, 113; durch Chem. Abstr. **1957**, 16206e. – DAS, M. N., u. S. R. PALIT: J. Indian chem. Soc. **31**, 34 (1954); durch Chem. Abstr. **1954**, 9276a. – DEAL V. Z., u. G. E. A. WYLD: Anal. Chem. **27**, 47 (1955). – DIGGLE, W. M., u. J. C. GAGE: Analyst **78**, 473 (1953). – DREWS, E.: Getreide und Mehl **3**, 85 (1953); Food Sci. Abstr. **26**, 595 (1954); durch Chem. Abstr. **1956**, 10611d. – DUCLEAUX, E.: Ann. Chim. Phys. [**5**] **2**, 223; durch Fr. **39**, 376 (1900). – DUNCAN, R. E. B., u. J. W. PORTEOUS: Analyst **78**, 641 (1953).

ELLERINGTON, T., u. J. J. NICHOLLS: Analyst **82**, 233 (1957). – ELSDON, S. R.: Biochem. J. **40**, 252 (1946); durch Chem. Abstr. **1946**, 6534². – EMERY, E. M., u. W. E. KOERNER: Anal. Chem. **33**, 146 (1961). – ERDEY, L.: Acta Chim. Acad. Sci. Hung. **3**, 81 (1953); durch Fr. **142**, 284 (1954). – EWALD, H., u. H. HINTENBERGER: Methoden und Anwendungen der Massenspektrometrie, Weinheim 1953.

FAIRBAIRN, D., u. R. P. HARPUR: Nature **166**, 789 (1950); durch Chem. Abstr. **1951**, 4062. – FERNANDEZ, J. E., R. T. MCPHERSON, G. K. FINCH u. C. D. BOCKMAN: Anal. Chem. **32**, 158 (1960). – FISHER, R. B., D. S. PARSONS u. G. A. MORRISON: Nature **161**, 764 (1948). – FONNESU, A.: Bio. Z. **324**, 512 (1953); durch Chem. Abstr. **1954**, 5918h. – FRANÇOIS, M., u. L. SEGUIN: J. Pharm. Chim. [8] **28**, 193 (1938); durch C. **1939, I**, 725. – FRESENIUS, C. R.: 7. engl. Ausgabe der Quantitativen Analyse, Bd. II, S. 204; durch Fr. **77**, 222 (1929).

GAUTHIER, J.: Bl. [5] **1956**, 657; durch C. **1956**, 11260. – GERRITSMA, K. W.: Centraal Inst. Voedingsonderzoek, T.N.O. Utrecht, Pub. No. **186**, (1954); durch Chem. Abstr. **1954**, 13787f. – GNEIST, K.: L. V.St. **128**, 257 (1937); durch C. **1937, II**, 4258. – GODDU, R. F., N. F. LEBLANC u. C. M. WRIGHT: Anal. Chem. **27**, 1251 (1955). – GORDON, A. H., A. J. P. MARTIN u. R. L. M. SYNGE: Biochem. J. **37**, 79 (1943); durch Chem. Abstr. **1943**, 5436⁶. – GÖRÖG, S., u. F. TRISCHLER: Acta chim. Acad. Sci. hung. **26**, 437 (1961); durch Fr. **187**, 217 (1962). – GREATHOUSE, L. H., H. J. JANSSEN u. C. H. HAYDEL: Anal. Chem. **28**, 357 (1956). – GREEN, M. W.: J. Am. pharm. Assoc. **37**, 240 (1948); durch Analyst **74**, 273 (1949). – GRYNBERG, H., H. SZCZEPAŃSKA u. M. BELDOWICZ: Chem. analit. (Warszawa) **8**, 881 (1963); durch Fr. **206**, 133 (1964).

HABERLAND, K. R.: Fr. **38**, 217 (1899). – HAGEN, S. K.: Fr. **123**, 187 (1942). – HALLGREN, B., F. STENHAGEN u. R. RYHAGE: Acta chem. Scand. **11**, 1064 (1954). – HAN, J. E. S., u. T. L. CHU: Ind. eng. Chem. Anal. Edit. **3**, 379 (1931); durch C. **1932, I**, 106. – HARDY, P. J.: Rev. gén.

matières plast. **11**, 379 (1935); durch C. **1936, II**, 515. – HARLOW, G. A., C. M. NOBLE u. G. E. A. WYLD: Anal. Chem. **28**, 787 (1956). – HARPER, W. J.: J. Dairy Sci. **36**, 808 (1953); durch Chem. Abstr. **1953**, 11591f. – HARVEY, C. O.: Analyst **51**, 238 (1926); durch Fr. **77**, 221 (1929). – HENNART, C., u. E. MERLIN: Chim. Anal. **40**, 20 (1958); durch Fr. **163**, 290 (1958). – HICKINBOTHAM, A. R.: Analyst **73**, 509 (1948); durch Chem. Abstr. **1949**, 2895c. – HISCOX, E. R., u. N. J. BERRIDGE: Nature **166**, 522 (1950). – HUNTER, I. R., N. HAWKINS u. J. W. PENCE: Anal. Chem. **32**, 1757 (1960). – HURKA, W.: (a) Mikrochemie **31**, 5 (1943); durch C. **1944, II**, 52; (b) Mikrochemie **30**, 228 (1942); durch Chem. Abstr. **1943**, 3701[1]. – HUTCHENS, J. O., u. B. M. KASS: J. biol. Chem. **177**, 571 (1949); durch Chem. Abstr. **1949**, 4976f.

IONESCU, M. V., L. GAAL u. O. POPESCU: Ann. Inst. Rech. agron. Roumanie **5**, 1 (1933); **6**, 3 (1934); durch C. **1935, II**, 2466. – ISHIDATE, M., u. M. MASUI: J. pharm. Soc. Japan **73**, 487 (1953); durch Chem. Abstr. **1953**, 7363g.

JAMES, A. T.: Fette, Seifen, Anstrichmittel **59**, 73 (1957). – JAMES, A. T., u. A. J. P. MARTIN: Biochem. J. **50**, 679 (1952); Analyst **77**, 915 (1952); durch Chem. Abstr. **1953**, 1529f.

KALBE, H.: H. **297**, 19 (1954); durch Fr. **149**, 315 (1956). – KALKWARF, D. R., u. A. A. FROST: Anal. Chem. **26**, 191 (1954). – KILPI, S.: Ph. Ch. A. **172**, 277 (1935); durch C. **1935, II**, 329. – KIMURA, K., N. IKEDA u. M. NOMURA: Bl. chem. Soc. Japan **26**, 119 (1953); durch Chem. Abstr. **1954**, 3201c. – KINNORY, D. S., Y. TAKEDA u. D. M. GREENBERG: J. biol. Chem. **212**, 379 (1955): durch Fr. **149**, 316 (1956). – KOGAN, A. I., N. J. JAWNEL u. N. I. CHURDENKO: J. chem. Ind. (russ.) **8**, 45 (1931); durch C. **1932, II**, 593. – KOKES, P. J., H. TOBIN u. P. H. EMMET: Am. Soc. **77**, 5860 (1955). – KORENMAN, I. M.: Laboratoriumspraxis (russ.) **12**, 36 (1937); durch C. **1937, II**, 2875. – KÖSZEGI, D., u. J. SIMONYI: Magyar Chem. Folyóirat **60**, 231 (1954); durch Fr. **147**, 206 (1955). – KREŠKOV, A. P., L. BYKOVA u. N. A. KAZARJAN: Ž. anal. Chim. **16**, 121 (1961); durch Fr. **187**, 127 (1962). – KRÜGER, D., u. E. TSCHIRCH: Mikrochemie **8**, 337 (1930). – KUBLI, H.: Helv. **30**, 453 (1947); durch C. **1948, II**, 107. – KUNI, V., u. S. NIKOLSKI: Gigiena truda **1927**, 41; durch C. **1927, II**, 2329.

LANIGAN, G. W., u. R. B. JACKSON: J. Chromatogr. **17**, 238 (1965); durch Fr. **218**, 142 (1966). – LAPSCHIN, M. I.: Betriebslab. (russ.) **6**, 1405 (1937); durch C. **1939, I**, 2837. – LEITHE, W.: Fr. **189**, 396 (1962). – LEPPER, W.: (a) L. V.St. **128**, 127 (1937); durch C. **1937, II**, 2767; (b) Z. Tierernähr. Futtermittelk. **1**, 147 (1938); durch C. **1939, I**, 1474. – LINDE, H. W., L. B. ROGERS u. D. N. HUME: Anal. Chem. **25**, 404 (1953); durch Fr. **142**, 65 (1954). – LUCAS, V.: Rev. Ass. brasil. Farmac. **20**, 138 (1939); durch C. **1939, II**, 2819. – LUTSCHINSKI, G. P., u. W. F. TSCHURILKINA: Betriebslab. (russ.) **9**, 297 (1940); durch C. **1942, I**, 2169.

MADER, C., u. J. E. WEBSTER: Food Technol. **8**, 171 (1954); durch Fr. **146**, 377 (1955). – MAGIDOWA, S. S., u. J. K. DIWINSKAJA: Betriebslab. (russ.) **6**, 820 (1937); durch C. **1938, II**, 730. – MALM, C. J., u. G. F. NADEAU: U.S.P. 2063324 (1936). – MALMSTADT, H. V., u. C. B. ROBERTS: Anal. Chem. **28**, 1408 (1956). – MANGANELLI, R. M., u. F. R. BROFAZI: Anal. Chem. **29**, 1441 (1957). – MARCONI, M.: Chim. (e Ind.) (Milano) **6**, 384 (1951); durch Chem. Abstr. **1952**, 4427b. – MCALPINE, R. K.: J. chem. Educat. **25**, 694 (1948). – MCCLURE, J. H., T. M. RODER u. R. H. KINSEY: Anal. Chem. **27**, 1599 (1955). – MCNAIR: Chem. N. **55**, 229; durch Fr. **27**, 398 (1888). – MCROBERTS, L. H.: J. Assoc. offic. agric. Chem. **36**, 769 (1953); durch Chem. Abstr. **1954**, 9572e. – MEITES, S.: Clin. Chemistry **3**, 263 (1957); durch Fr. **165**, 225 (1959). – MENE, P. S., u. U. R. WARHADPANDE: Current Sci. (India) **18**, 296 (1949); durch Chem. Abstr. **1950**, 823a. – METCALFE, L. D., u. A. A. SCHMITZ: Anal. Chem. **33**, 363 (1961). – MICHL, V.: Časopis českoslov. Lékárn. **12**, 57 (1932); durch C. **1932, II**, 257. – MILLER, F., R. SCHERBERGER, H. BROCKMYRE u. D. W. FASSET: Am. ind. Hyg. Assoc. Quart. **17**, 221 (1956); durch C. **1957**, 13759. – MIRONOV, D. P., u. V. V. ŽARKOV: Betriebslab. (russ.) **29**, 1441 (1963); durch Fr. **206**, 133 (1964). – MITCHELL, J., D. M. SMITH u. W. M. D. BRYANT: Am. Soc. **62**, 4 (1940). – MITRA, B. C., P. GOSH u. S. R. PALIT: Anal. Chem. **33**, 1441 (1961); durch Fr. **218**, 142 (1966). – MOYLE, V., E. BALDWIN u. R. SCARISBRICK: Biochem. J. **43**, 308 (1948); durch Chem. Abstr. **1951**, 4062h; Anal. Chem. **29**, 108 (1957). – MUELLER, H. F., A. M. BUSWELL u. T. E. LARSON: Sewage and Ind. Wastes **28**, 255 (1956); durch Chem. Abstr. **1958**, 7031e. – MUGDAN, M., u. J. WIMMER: Angew. Ch. **46**, 117 (1933); durch C. **1933, I**, 2848. – MURATA, A.: Nippon Kagaku Zasshi **76**, 1040 (1955); durch Chem. Abstr. **1957**, 11156i. – MYKOLAJEWYCZ, R.: Anal. Chem. **29**, 1300 (1957).

NEBE, E.: Fette, Seifen, Anstrichmittel **59**, 54 (1957); durch C. **1958**, 7562. – NEELAKANTAM (NEELOKANTAM), K., u. N. VISWANADHAM: Pr. Indian Acad. Sci. **27 A**, 138 (1948); durch Chem. Abstr. **1948**, 5373de. – NEISH, A. C.: Canadian J. Res. **27 B**, 6 (1949); durch Chem. Abstr. **1949**, 4807i. – NICOLAS, L., u. R. BUREL: Chim. anal. **33**, 341 (1951); durch Fr. **138**, 291 (1953). – NIJKAMP, H. J.: Chem. Weekbl. **45**, 480 (1949); durch Chem. Abstr. **1950**, 977e.

OKAZAKI, S.: Fukuoka-Igaku-Zasshi **47**, 1461 (1956); durch Chem. Abstr. **51**, 17604g; C. **1958**, 1106. – OONO, K.: J. Biochem. Japan **39**, 133 (1952); durch Chem. Abstr. **1952**, 9141e. – OSBURN, O. L., H. G. WOOD u. C. H. WERKMAN: Pr. Soc. exp. Biol. Med. **29**, 924 (1932); durch C. **1933, I**, 2586; Ind. eng. Chem. Anal. Edit. **8**, 270 (1936); durch C. **1937, I**, 5003. – OWENS, H. S., A. E. GOODBAN u. J. B. STARK: Anal. Chem. **25**, 1507 (1953); durch Chem. Abstr. **1954**, 1718i. – OWENS, M. L., u. R. L. MAUTE: Anal. Chem. **27**, 1177 (1955).

PAGEL, H. A., P. E. TOREN u. F. W. McLAFFERTY: Anal. Chem. **21**, 1150 (1949); durch Anal. Abstr. **1949**, 8948hi. – PETERSON, M. H., u. M. J. JOHNSON: J. biol. Chem. **174**, 775 (1948); durch Chem. Abstr. **1948**, 8240f. – PEYNAUD, E.: Ann. Chim. anal. **28**, 127 (1946); durch Chem. Abstr. **1946**, 6208². – PHARES, E. F., E. H. MOSBACH, F. W. DENISON, S. F. CARSON, M. V. LONG u. B. A. GWIN: Anal. Chem. **24**, 660 (1952); durch Chem. Abstr. **1952**, 11289g. – PHILPOTT, M. W., u. K. C. SEKAR: J. Rubber Res. Inst. Malaya **14**, 93 (1953); durch Chem. Abstr. **1953**, 4639i. – PICKETT, O. A.: Ind. eng. Chem. **12**, 570 (1920); durch Fr. **64**, 359 (1924). – PIERSON, R. H., A. N. FLETCHER u. E. S. C. GANTZ: Anal. Chem. **28**, 1218 (1956). – PIFER, C. W., u. E. G. WOLLISH: Anal. Chem. **24**, 519 (1952); durch Fr. **138**, 56 (1953). – POETHKE, W.: Fr. **86**, 45, 50, 414 (1931). – PREGL, F., u. A. SOLTYS: Mikrochemie **7**, 1 (1929).

RAIJNES, M. M., u. J. A. LARIONOW: Betriebslab. (russ.) **15**, 538 (1949); durch Chem. Abstr. **1950**, 10602i. – RAMSEY, L. L.: J. Assoc. offic. agric. Chem. **33**, 1010 (1950); durch Chem. Abstr. **1951**, 2822b. – RAMSEY, L. L., u. N. J. PATTERSON: J. Assoc. offic. agric. Chem. **28**, 644 (1945); durch Chem. Abstr. **1946**, 812¹. – REID, R. L., u. M. LEDERER: Biochem. J. **50**, 60 (1951). – RESNIK, F. E., L. A. LEE u. W. A. POWELL: Anal. Chem. **27**, 928 (1955). – RICE, A. C., u. C. S. PEDERSON: Food Res. **19**, 106 (1954); durch Fr. **144**, 296 (1955). – RICHMOND, H. D.: Analyst **20**, 193, 217; durch Fr. **39**, 376 (1900). – RITTER, W., u. H. HÄNNI: Milchwissenschaft **15**, 296 (1960); durch Fr. **185**, 152 (1962). – RHIGHELLATO, E. C., u. C. W. DAVIES: Trans. Faraday Soc. **29**, 429 (1933); durch C. **1933**, **II**, 251. – ROBERTS, H. R.: Anal. Chem. **29**, 1443 (1957). – ROBERTS, H. R., u. W. BUCEK: Anal. Chem. **29**, 1447 (1957). – ROBERTS, J. D., u. C. McREGAN: Anal. Chem. **24**, 360 (1952). – ROHMANN, C.: P. C. H. **74**, 393 (1933); durch Fr. **108**, 369 (1937). – ROSSET, R., u. B. TRÉMILLON: Bl. **26**, 139 (1959); durch Anal. Abstr. **1959**, 4768. – RUEHLE, A. E.: Ind. eng. Chem. Anal. Edit. **10**, 130 (1938); durch C. **1939**, **I**, 190.

DE SAINT-RAT, L., u. J. HATEY: Ann. pharm. franc. **3**, 166 (1945); durch Chem. Abstr. **1947**, 57g. – SAKAI, Y., u. W. KUMAGAI: Agric. Biol. Chem. Japan **25**, 71 (1961); durch Anal. Abstr. **1961**, 3369. – SAMUELSON, O.: (a) Svensk kem. Tidskr. **58**, 247 (1946); durch Chem. Abstr. **1947**, 1571h; (b) Fr. **116**, 328 (1939); durch Fr. **133**, 204 (1951). – SATO, T., A. IKEGAMI u. S. KANEKO: Jap. Analyst **10**, 854 (1961); durch Fr. **189**, 224 (1962). – SCHIELDT, U.: Z. Naturforschg. **7b**, 270 (1952); durch Anal. Chem. **27**, 741 (1955). – SCHWEDOW, A.: Gärungs-Ind. **12**, 42 (1935); durch C. **1937**, **I**, 1819. – SCOTT, R. W.: Anal. Chem. **27**, 367 (1955). – SCHTSCHERBATOW, I. D. P., u. P. L. SCHEW(T)SOW: Isvest. Akad. Nauk. Kasachst. SSSR, Ser. Chim. **1957**, 25; durch Chem. Abstr. **1957**, 17567b. – SELIGSBERGER, L.: J. Am. Leather Chem. **43**, 226 (1948); durch Chem. Abstr. **1948**, 7076e. – SEREBRENNIKOVA, M. T., u. E. I. TOLSTIKOVA: Trudȳ Ural'sk. Nauch. Chim. Inst. **1955**, 61; durch Anal. Abstr. **1960**, 479. – SHARKEY, A. G., J. L. SHULTZ u. R. A. FRIEDEL: Anal. Chem. **31**, 87 (1959). – SIGGIA, S., u. J. G. HANNA: Anal. Chem. **23**, 1717 (1951). – SIMON, L. J.: C. r. **178**, 1816 (1924); durch Fr. **77**, 224 (1929). – SMITH, G. E.: Ind. eng. Chem. **46**, 1376 (1954); durch Chem. Abstr. **1954**, 11121i. – SOMIYA, T.: J. Soc. chem. Ind. Japan (Supplement) **32**, 153 B; durch C. **1929**, **II**, 2081. – SOMMER, E.: Chem. Techn. **6**, 83 (1954); durch Chem. Abstr. **1954**, 11976d. – SORENSEN, P.: Anal. Chem. **28**, 1318 (1956). – STAINIER, C., u. J. MASSART: J. Pharm. Belg. **15**, 869, 891 (1933); durch Fr. **104**, 365 (1936). – STOLLENWERK, W.: Landw. Jahrb. **76**, 809 (1932); durch Fr. **110**, 61 (1937). – SUOMALAINEN, H., u. E. ARHIMO: Fr. **128**, 299 (1948). – SUTÔH, H.: J. Agr. chem. Soc. Japan **23**, 369 (1950); durch Chem. Abstr. **1951**, 8674c.

TASMAN, A., u. L. SMITH: R. **68**, 286 (1949); durch Chem. Abstr. **1949**, 7545d. – TÄUFEL, K., u. G. A. HABER: Z. Lebensm. **62**, 335 (1931); durch Fr. **94**, 56 (1933). – TAYLOR, R. P., u. N. H. FURMAN: Anal. Chem. **24**, 1931 (1952); durch Fr. **140**, 139 (1953). – TEISS, R. W., u. J. M. JOFIMOWA-GOLDFEIN: Chem. J. Ser. B (russ.) **9**, 957 (1936); durch C. **1937**, **II**, 2405. – TILLEY, J. M. A., R. J. CANAWAY u. R. A. TERRY: Analyst **89**, 363 (1964); durch Fr. **217**, 58 (1966). – TRAITER, M.: Chem. Zvesti **11**, 583 (1957); durch Fr. **163**, 213 (1958). – TUROWSKA, M.: Chem. analit. (Warszawa) **5**, 815 (1960); durch Fr. **187**, 129 (1962).

UGRJUMOW, W. D.: Holzchem. Ind. (russ.) **5** Nr. 9 (1936); durch C. **1937**, **II**, 1628.

VAN BAWEL, T. H., u. KA. WANTES; durch DAHMEN. – VAN DAME, H. C.: J. Assoc. offic. agric. Chem. **37**, 572 (1954); durch Chem. Abstr. **1954**, 10252h. – VAN DE KAMER, J. H., K. W. GERRITSMA u. E. J. WANSINK: Biochem. J. **61**, 174 (1955); durch C. **1956**, 2271. – VIRTANEN, A. J., u. J. K. MIETTINEN: Nature **168**, 294 (1951). – VIRTANEN, A. J., u. L. PULKI: Am. Soc. **50**, 3188 (1928).

WERKMAN, C. H.: Ind. eng. Chem. Anal. Edit. **2**, 302 (1930); durch C. **1930**, **II**, 1891. – WHEATON, R. M., u. W. C. BAUMANN: Ann. N. Y. Acad. Sci. **57**, 67 (1953); durch Chem. Abstr. **1954**, 3755d. – WHITEHEAD, T. H., u. H. W. WRIGHT: Anal. Chem. **27**, 1834 (1955). – WIDMAIER, O., u. F. MAUSS: Rev. Inst. franc. Pétrole **5**, 168 239 (1950). – WIEGNER, G., u. J. MAGASANIK: Mitt. Geb. Lebensmitteluntersuch. Hyg. **10**, 156 (1919); durch Fr. **89**, 392 (1932). – WISE, W. S.: Analyst **76**, 316 (1951); durch Chem. Abstr. **1951**, 6968d. – WISENBERGER u. SAMUELSON; durch SAMUELSON.

ZBINOVSKI, V., u. R. H. BURRIS: Anal. Chem. **26**, 208 (1954).

H. Oxalsäure ($H_2C_2O_4$) und Oxalate.

Allgemeines. Als ein wirksames Mittel zur Abtrennung der Oxalsäure aus Gemischen mit anderen, insbesondere reduzierenden Substanzen zur permanganometrischen Bestimmung, aber auch für andere Methoden dient die Abscheidung als Calciumoxalat. Wegen der Ausführung der Fällung und des Verhaltens von Weinsäure, Citronensäure und einigen anderen Säuren bei der Fällung siehe Abschnitt: 2, I. Liegt die Oxalsäure in biologischen Substraten im Gemisch mit organischen Substanzen verschiedenster Art vor, so muß häufig noch eine *Vortrennung* ausgeführt werden. Dazu kommen hauptsächlich Extraktions- und Destillationsverfahren in Betracht. Die Möglichkeit der gleichzeitigen Trennung und Bestimmung insbesondere bei der Analyse komplizierter Gemische homologer Verbindungen bieten die chromatographischen Verfahren.

1. Abtrennverfahren.

Die Extraktion mit Äther bzw. äthanolhaltigem Äther wurde schon von SALKOWSKI beschrieben, der die dadurch erreichte Trennung von Phosphorsäure, welche die gravimetrische Bestimmung der Oxalsäure stört, hervorhob. Die Phosphorsäure behindert übrigens auch das Abscheiden von Calciumoxalat durch Centrifugieren (LEULIER, VELLUZ und GRIFFON). Äthanol allein ist als Extraktionsmittel unzureichend (ELSDON und STUBBS); dagegen kann er, bis zu einem Gehalt von 50% zugesetzt, zur Fällung von Proteinen, Pectinen und Schleimstoffen aus auf Oxalsäure zu analysierenden Fruchtsäften dienen (BOTTINI). Die Extraktion mit Äther erfolgt am besten aus an Säure normaler Lösung, wobei man Schwefelsäure (PUCHER, VICKERY und WAKEMAN) oder Salzsäure (YARBRO und SIMPSON; POWERS und LEVATIN) verwendet. Die Angaben über die Dauer der Extraktion schwanken von 6 bis zu 18 Std. für Urin; YARBRO und SIMPSON beschreiben einen speziellen Perforator.

Zur Oxalsäurebestimmung in Körperflüssigkeiten läßt man der Abscheidung als Calciumsalz vielfach eine Enteiweißung mit Trichloressigsäure (MAUGERI; MÓTTO-SYRA) oder Phosphorwolframsäure vorausgehen. BAKER verwendet letztere auch zur Reinigung der Salzsäureextrakte von Pflanzenmaterial.

Das Ausziehen der Gesamtoxalsäure aus Pflanzenmaterial geschieht entweder durch Erhitzen im Becherglas mit n HCl (BAKER), im Kolben am Rückfluß mit 1,5 n HCl, 12 Std. (HOOVER und KARUNAIRATNAM), im Soxhlet-Apparat mit 3 bis 4 n HCl, 5 Std. (ANDREWS und VIZER) oder im Meßkolben bei 70 °C im Wasserbad mit 0,25 n HCl, 1 Std. (MOIR). Weitgehendes Eindampfen saurer Lösungen in offenen Gefäßen muß vermieden werden, weil sich dabei Oxalsäure verflüchtigt. Wasserunlösliche Oxalate in Vegetabilien werden auch durch Kochen mit etwa 4%iger Natriumcarbonatlösung umgesetzt (TALAPATRA, RÂY und SEN). Ein solcher Carbonataufschluß kann auch zur Vorbereitung der Analyse beliebiger anderer fester Substanzen angewendet werden (CURTMAN und EDMONDS).

Teilweise wurde zur Abtrennung der Oxalsäure aus Vegetabilien und physiologischen Substraten die Fällung mit Bleiacetat angewendet. Hierbei fällt allerdings Citronensäure mit. Aus dem Bleioxalat wurde die Oxalsäure mit Schwefelwasserstoff (ELSDON und STUBBS) oder Schwefelsäure (BOTTINI; WILKINSON und Mitarbeiter) wieder in Freiheit gesetzt. Solche Trennungsmethoden sind exakt, aber umständlich.

Eine weitere Methode ist die destillative Trennung als Ester; sie wurde u.a. von DODDS und GALLIMORE wie auch von FLASCHENTRÄGER und MÜLLER beschrieben.

Die Destillation trennt selektiver von anderen organischen Substanzen als die Ätherextraktion. LEHMANN und GRÜTZ verestern mit Methanol in Gegenwart von Schwefelsäure und destillieren den Ester in methanolische Natronlauge, wo er verseift wird. Nach Abtreiben des Methanols wird als Calciumoxalat gefällt. Die Autoren beschreiben eine Apparatur zur Destillation. Veresterung, Destillation und Verseifung können in einem Arbeitsgang durchgeführt werden. Die *Genauigkeit* der Methode einschließlich Titration mit Permanganatlösung wird zu 0,3 % angegeben.

Heute wird man im Falle des Vorliegens von Gemischen mit Estern anderer organischer Säuren, wenn diese auch bestimmt werden sollen, nach erfolgter Veresterung die Gaschromatographie (siehe Kapitel: Essigsäure, Abschnitt: G, 6) anwenden.

Für die Trennung und Analyse komplizierter Gemische von *freien* organischen Säuren als solchen ist die Flüssig/Flüssig-Verteilungs-Chromatographie, die in einem besonderen Abschnitt behandelt wird (Abschnitt: 6), eine sehr wichtige Methode. Auch am Anionenaustauscher kann die Oxalsäure von einer Reihe anderer Säuren getrennt werden (KAMP und KNOP).

2. Gravimetrische Bestimmung.

I. Fällung als Calciumoxalat.

Allgemeines. Auf der Schwerlöslichkeit des Calciumsalzes, $CaC_2O_4 \cdot H_2O$, beruht eine relativ bequeme gravimetrische Bestimmung der Oxalsäure. Die Fällung wird zweckmäßig in der Wärme und bei einem pH-Wert von etwa 3,5 bis 4 vorgenommen. Nach PERCIABOSCO erhält man auch in der Kälte quantitative Fällung, wenn man sie 12 Std. stehen läßt. GROSSFELD, LINDEMANN und SCHNETKA fanden, daß zwischen pH = 3,3 und 4 in ammoniumacetathaltiger Lösung gleichermaßen quantitative Abscheidung eintritt. Es empfiehlt sich, die Fällung einige Stunden stehen zu lassen, bevor man filtriert. DICK stellte fest, daß 30 Min. Stehens genügen, wenn man mit dem halben Volumen Äthanol versetzt. Größere Salzkonzentrationen erhöhen die Löslichkeit des Oxalats. Diese wird nach den Messungen von MALJAROW und GLUSCHAKOW durch 1,25 % Ammoniumchlorid in der Lösung bei 18 bis 20 °C auf 21,64 mg/l, d. h. auf etwa das Vierfache der Löslichkeit in reinem Wasser erhöht; für den Einfluß des Ammoniumnitrats der gleichen Konzentration fanden sie den Wert 9,71 und für denjenigen des Magnesiumchlorids 104,9 mg/l. Natürlich ist zu bemerken, daß überschüssiges Fällungsmittel wie in vielen Fällungsreaktionen auch hier die Löslichkeit des Niederschlages verringert.

Nachstehend wird für die Fällung die Arbeitsweise von GROSSFELD, LINDEMANN und SCHNETKA beschrieben, welche auf die Bestimmung in Ausgangslösungen mit erheblichem Salzsäuregehalt, wie sie z. B. beim Ausziehen der Oxalsäure aus Vegetabilien vorliegen, abgestellt ist.

Arbeitsvorschrift. Man neutralisiert 30 ml zu analysierende Lösung, die etwa 10 %ig an Salzsäure ist, mit Ammoniakwasser gegen Methylorange und gibt 12 ml 96 %ige Essigsäure sowie 10 ml Ammoniumacetatlösung (40 g kristallisiertes Salz in 100 ml gelöst) hinzu. Der pH-Wert beträgt nun etwa 4. Man erhitzt die Lösung annähernd bis zum Sieden, fällt mit 5 ml Calciumchloridlösung (10 g kristallisiertes Salz in 100 ml gelöst), läßt etwa 12 Std. stehen und arbeitet weiter nach Abschn.: b.

Bemerkung. *Störungen.* Gegenwart von Phosphorsäure beeinträchtigt die Oxalsäurebestimmung stark, wenn die Lösung nur schwach sauer ist, bei pH = 4 nach Angabe von GROSSFELD und LINDEMANN jedoch nicht mehr. Zur Abtrennung von der Phosphorsäure wird vielfach die Extraktion der Oxalsäure mit Äther empfohlen (SALKOWSKI). Von organischen Säuren verursachen Citronensäure, Weinsäure und Äpfelsäure infolge Adsorption an das Oxalat erhöhte Werte, lassen sich aber durch 3maliges Umkristallisieren des Calciumoxalatniederschlages vollständig abtrennen (GROSSFELD und Mitarbeiter). Die Citronensäure ist jedoch nach den Befunden von SSOTNIKOW sowie PERCIABOSCO in so geringem Maße im Niederschlag enthalten, daß ihre quantitative Bestimmung schon im Filtrat der 1. Fällung möglich ist. Auch Malonsäure stört (KUŽEL), Milch-, Harn- und Asparaginsäure sowie Cholesterin dagegen nicht. Malonat- und Aconitationen können durch Waschen leichter entfernt werden als Citrat- und Tartrationen, wie VAVRINEZ und VUKOV fanden. Von anorganischen Substanzen stören außer Phosphorsäure auch Fluorid-, Aluminium- und Eisenionen. Aluminium- und Eisenionen können nach dem Vorschlag von ČERNY durch Zugeben von Kaliumnatriumtartrat in Lösung gehalten und für die Fällung unschädlich gemacht werden; Phosphate lassen sich nach Angabe des gleichen Autors durch Waschen mit Acetatpufferlösung von pH = 3,7 aus dem Niederschlag entfernen.

Eine Reihe von in der physiologischen Chemie zu beachtenden Verbindungen *verhindert* die quantitative Ausfällung des Calciumoxalats, so Hyaluronsäure. Hierauf machte DULCE aufmerksam, der diese Erscheinung auf Schutzkolloidbildung zurückführte und auf ihre Bedeutung für die Analytik der Nierenphysiologie hinwies.

Bisweilen wird als Fällungsmittel Calciumacetat an Stelle von Calciumchlorid angewendet. Die Fällung erfolgt ebenfalls in essigsaurer Lösung. Zur Bestimmung der Oxalsäure in Gärungsprodukten verschiedener Art hat RAO die Herstellung einer solchen Reagenslösung beschrieben. Die Mitfällung von Weinsäure soll dabei durch Zugabe von $^1/_4$ Mol Borsäure verhindert werden.

a) Bestimmung als Calciumoxid.

Allgemeines. Diese Art der Endbestimmung wird nicht mehr oft angewendet, seitdem Glasfiltertiegel zur Verfügung stehen, welche die bequemere Wägung als Oxalat ermöglichen. Wenn als Oxid bestimmt werden soll, filtriert man den Niederschlag auf ein aschefreies Papierfilter, wäscht mit heißem Wasser oder verdünnter Ammoniumacetatlösung bis zum Verschwinden der Chloridreaktion – nach JANDER erhält man beim Waschen mit reinem Wasser um 0,1 bis 0,2% niedrigere Werte.

Arbeitsvorschrift (nach TREADWELL). Man verascht das nasse Filter im Platintiegel vorsichtig (Verlust an Niederschlag durch zu rasche Entwicklung von Kohlenmonoxid!) und glüht dann kräftig, zuletzt 20 Min. vor dem Gebläse (oder bei entsprechender Temperatur im elektrischen Ofen). Danach stellt man den Tiegel noch recht warm neben ein offenes Wägegläschen in einen Exsiccator, der durch ein im Außenteil Natronkalk und nach innen zu Calciumchlorid enthaltendes Rohr mit der Atmosphäre verbunden ist. Hierdurch wird Umsetzung des Calciumoxids mit Kohlendioxid der beim Erkalten einströmenden Luft vermieden. Nach dem Erkalten stellt man den Tiegel in das Wägeglas, verschließt dieses sofort mit dem Deckel und wägt im Wägeglas nach 30 Min. Stehens an der Waage. Durch *wiederholtes* Glühen sollte man sich von der Konstanz des Gewichtes überzeugen.

Berechnung. 1 g CaO entspricht 1,606 g wasserfreier Oxalsäure ($H_2C_2O_4$).

b) Bestimmung als kristallwasserhaltiges Calciumoxalat.

Diese Bestimmung unter Anwendung eines Gooch-Tiegels wurde schon von GOY und WINKLER besonders für große Niederschlagsmengen empfohlen. Nach den Untersuchungen von KRUSTINSONS ist 130 °C die optimale Trockentemperatur für das Auswägen als $CaC_2O_4 \cdot H_2O$, da das Trocknen dabei schnell vor sich geht und noch keine wesentliche Abspaltung von Kristallwasser eintritt, obwohl eine meßbare Dampfspannung auch schon bei 105 °C festzustellen ist. Filtriert und getrocknet wird am besten im Glasfiltertiegel. Der Faktor zur Berechnung von $C_2O_4^{2-}$ aus der Auswaage ist 0,6024. DICK empfahl das Trocknen im Wasserstrahlvakuum bei Zimmertemperatur nach Waschen mit Wasser, dann mit Äthanol und schließlich mit Äther, das mindestens ebenso gute Werte liefert wie das Trocknen bei 130 °C. *Üblicher* ist das Waschen mit wenig heißem Wasser, dann 3 × mit Aceton und Trocknen bei 110 °C.

II. Bestimmung als Kohlendioxid.

Allgemeines. Naturgemäß kann Oxalsäure wie jede organische Substanz durch trockne oder nasse Verbrennung (siehe Kapitel: Kohlenstoff, § 1B) in Kohlendioxid übergeführt und als solches bestimmt werden. Eine spezifische Methode jedoch gründet sich auf die Oxydation mit Braunstein in verdünnter Schwefelsäure (TREADWELL, S. 363):

Arbeitsvorschrift. Man bringt eine gewogene Menge des Oxalats mit der 1,5fachen Menge carbonatfreien Mangandioxids in einen Apparat nach FRESENIUS und CLASSEN oder ähnliches Gerät (Abb. 72), setzt verdünnte Schwefelsäure hinzu und verfährt weiter wie bei einer gravimetrischen Kohlendioxidbestimmung.

1 g Kohlendioxid entspricht 1,023 g wasserfreier Oxalsäure. Natürlich könnte das Kohlendioxid auch titrimetrisch oder manometrisch bestimmt werden [SENDROY (b)].

III. Weitere Fällungsmethoden.

Zur Fällung von Oxalationen wurde zuweilen Benzidin (DUTOIT und GROBET; DEL CAMPO und SIERRA) verwendet; doch ist die Löslichkeit des Benzidinoxalats nicht unbeachtlich und neigt andrerseits der Niederschlag zur Adsorption des Fällungsmittels. Bei Fällung aus sehr schwach salzsaurer Lösung unter intensivem Rühren sollen beide Einflüsse zu vernachlässigen sein. Die genannten Autoren arbeiteten übrigens mit titrimetrischer Endbestimmung.

Die Fällung der Oxalsäure als Silberoxalat ist ebenfalls in Betracht gezogen worden. Hierbei muß die Löslichkeit dieser Verbindung berücksichtigt werden (GUZMÁN und QUINTERO). Wegen der Fällungstitration mit $^{110}Ag^+$ siehe Abschnitt: 3, VI.

SPACU und HLEVKA haben die Fällung und Wägung als Pentamminonitrokobalt(II)-oxalat, $[Co(NH_3)_5NO_2]C_2O_4$, beschrieben. Sie setzen der Analysenlösung eine konzentrierte Lösung des Chlorides des komplexen Kobaltkations zu, filtrieren nach 1 Std. in einen Glasfiltertiegel (A 2); sie waschen mit 15 bis 20 ml einer Lösung von 1,25 g des Fällungsreagenses und einiger Tropfen Ammoniaklösung in 1 l Wasser, dann nacheinander mit 1 bis 3 ml Wasser, zweimal mit 2 ml 96 %igem Äthanol, schließlich dreimal mit 1 ml Äther und trocknen vor der Wägung 20 Min. in einem Vakuumexsiccator. Citronen- und Weinsäure *stören,* wenn in mehr als gleicher Menge wie die Oxalsäure vorhanden, Sulfation nur in mehr als 5facher Menge.

3. Titrimetrische Bestimmung.

I. Permanganometrie.

a) Titration in der Wärme.

Sie ist eine gebräuchliche Bestimmungsmethode für Oxalsäure. Bekanntlich dienen reines Oxalsäure-2-hydrat oder Natriumoxalat nach SÖRENSEN als Urtitersubstanzen zur Einstellung von Permanganatlösungen. Dazu verdünnt man 25 ml 0,1 n Oxalsäurelösung auf 200 ml Wasser von 70 °C, fügt 10 ml Schwefelsäure (1 + 4) (etwa 3,7 m) hinzu und läßt die Permanganatlösung unter beständigem Umrühren zufließen (TREADWELL). Anfangs erfolgt die Reaktion langsam; später wird jeder Tropfen sofort entfärbt. Gegen Ende muß wieder langsam titriert werden. Die Temperatur soll 60 °C nicht unterschreiten. Bei zu schnellem Titrieren kann Mehrverbrauch durch Bildung von Mangan(IV)-oxid eintreten. Eine *Genauigkeit* von 0,1% läßt sich erreichen (Bureau of Standards). RENAUDIN stellte eine Genauigkeit von 0,5% fest. Wie SCHRÖDER fand und KOLTHOFF bestätigte, spielt bei der nach der Bruttogleichung:

$$5H_2C_2O_4 + 2KMnO_4 + 3H_2SO_4 = K_2SO_4 + 2MnSO_4 + 10CO_2 + 8H_2O$$

verlaufenden, im einzelnen nicht geklärten Reaktion der Luftsauerstoff eine Rolle. Neuere reaktionskinetische Untersuchungen stellte SCHAFFIGULLIN an.

Die gleiche Arbeitsweise kann zur Analyse reiner Oxalsäure- oder Oxalatlösungen angewendet werden. Aus unbekannten Lösungen fällt man jedoch gewöhnlich die Oxalsäure zunächst als Calciumoxalat aus und titriert dieses nach Abfiltrieren oder Centrifugieren, Waschen mit kaltem Wasser und Auflösen in verdünnter Säure, gewöhnlich 20%iger Schwefelsäure. Natürlich darf hier nicht wie für die gravimetrische Bestimmung des Calciums mit ammoniumoxalathaltigem Wasser ausgewaschen werden. Zum Filtrieren sind Glasfiltertiegel vorteilhaft (vgl. Abschnitt: 2, I). Besonders für Mikrobestimmungen kann es noch zweckmäßiger sein, die überstehende Flüssigkeit durch ein Glasfilterstäbchen abzusaugen, wobei der Oxalatniederschlag selbst im Fällungsgefäß verbleibt (HALLIWELL).

b) Titration bei Zimmertemperatur.

Die Reaktion zwischen Oxalat- und Permanganation wird in schwefelsaurer Lösung durch Mangan(II)-ionen so stark beschleunigt, daß man nach Zugabe von etwas Mangansulfat in der Kälte titrieren kann. Dann ist es auch möglich, die Titration *thermometrisch* auszuführen. MAYR und FISCH versetzen dazu 10 ml Oxalsäurelösung mit 10 Tropfen einer gesättigten Mangansulfatlösung, 10 bis 20 ml verdünnter Schwefelsäure (1 + 5) (etwa 3,1 m) und 40 ml Wasser. Sie setzen nach eingetretener Temperaturkonstanz die Permanganatlösung milliliterweise zu und finden, daß die Temperatursteigerungen bis zum Äquivalenzpunkt von Anfang an regelmäßig verlaufen und der bei Farbumschlagtitration erhaltene Titer auch für die thermometrische Titration gültig ist.

Wie BRASTED feststellte, kann die Titration in einem weiten pH-Bereich bis zu einer Schwefelsäurekonzentration von 8 normal ausgeführt werden.

Auch Eisen(III)-ionen katalysieren die Reaktion (MAPSTONE und SMITH). Neuerdings wurde von ISSA, EL-AASSER und EL-MERZIBANI gefunden, daß eine Kombination von Mn^{2+} und Cu^{2+} besonders gut katalytisch wirkt. Die Autoren stellten fest, daß die Entfärbung des Permanganations bei Anwendung von 0,1 normalen Lösungen und einer Acidität entsprechend 2 n H_2SO_4 für den ersten Milliliter Maßlösung innerhalb 5 Sek., für den zweiten Milliliter in 3 Sek. erfolgt, wenn 5 ml 0,05 m $MnSO_4$ und 5 ml 0,25 m $CuSO_4$ zugesetzt werden.

Arbeitet man mit einem Überschuß an Permanganation und Rücktitration desselben mit Eisen(II)-sulfat oder auf jodometrischem Wege, so genügen offenbar einige Tropfen 1%iger Mangansulfatlösung, um die Reduktion des Permanganations in wenigen Minuten in der Kälte ablaufen zu lassen (z.B. MÓTTO-SYRA).

c) Titration mit Indikator.

Die Erkennung des Farbumschlages wird durch Anwendung von Indikatoren verbessert. KMÍNEK empfahl als solchen den Triphenylmethanfarbstoff Erioglaucin, den schon KNOP angewendet hatte. Der Indikator ist in schwach saurem Medium grün und schlägt durch eine Spur Permanganations über Grau nach Rosa um. KMÍNEK arbeitet in schwach salpetersaurer Lösung, d.h. er löst das Calciumoxalat in etwa 20%iger Salpetersäure. Farbindikation wurde auch von TUTUNDŽIĆ und MLADENOVIĆ (vgl. folgenden Abschnitt) angewendet.

d) Coulometrische Titration.

Allgemeines. Die optimalen Bedingungen zur Erzeugung von MnO^{4-} bei der coulometrischen Titration von Oxalat- (und anderen) Ionen wurde von Tutundžić und Mladenović ermittelt. Nach ihren Feststellungen entsteht quantitativ nur Permanganation, wenn die Lösung 3,6 normal oder etwas stärker an Schwefelsäure und 0,45 bis 0,025 molar an Mangan(II)-sulfat ist, das Anodenpotential + 1,43 bis 1,62 V und die Stromdichte 1,2 bis 3,4 mA/cm² beträgt. Die Autoren benutzten als Katholyten 5%ige Schwefelsäure; die Verbindung zum Anodenraum (Reaktionsraum), der mit dem oben bezeichneten Elektrolyten befüllt wurde, erfolgte durch übliche Elektrolytbrücke oder Glasfrittenmembran. Elektrolysiert wurde bei der sich in den oben genannten Grenzen bewegenden Stromdichte mit einer Stromstärke von 7 bis 20 mA, d.h. mit 3 bis 15 Coulomb. Die Titrationen dauerten dabei 5 bis 20 Min.

Es wurde 1 ml Ferroinlösung (4 ml 0,025 normale o-Phenanthrolineisen(II)-sulfatlösung + 4 ml 0,1 n Lösung von Mohrschem Salz + 30 ml Wasser) als *Indikator* verwendet (Umschlag von Rot nach Grünblau). Da die Reaktion des Permanganations mit dem Oxalation langsamer erfolgt als mit dem Indikator, verfährt man zur Titration des in dem Anolyten gegebenen Oxalations gemäß folgender

Arbeitsvorschrift. Man elektrolysiert unter den oben genannten Bedingungen bis zur deutlichen Rotfärbung durch überschüssiges Permanganation. Dann setzt man zur Entfärbung eine abgemessene Menge (1 ml) der Ferroinlösung zu und „titriert" bis zum Indikatorumschlag weiter. Der Permanganatverbrauch der Indikatorlösung wird durch Blindanalyse festgestellt und vom Verbrauch der Analyse abgezogen.

Bemerkung. Die Autoren ermittelten als *Fehlergrenzen* für $1{,}5 \cdot 10^{-3}$ bis $3 \cdot 10^{-4}$ m Oxalatlösungen ± 0,9% relativ.

e) Potentiometrische Titration.

Die Indikation der Titration von Oxalsäure mit Permanganationen kann auch potentiometrisch erfolgen. Štolcová und Buriánek fanden eine Kombination von einem blanken Platindraht und einem mit einem Collodiumfilm überzogenen Platindraht, wie von Jensovsky angegeben, für geeignet. Eine Ausführung, nach welcher ein Bezugselektrolyt derart gewählt wird, daß die Voltmeteranzeige bis zum Äquivalenzpunkt konstant = 0 bleibt und dann plötzlich ansteigt, wurde von Giunta beschrieben.

f) Permangano-jodometrische Titration.

Durch jodometrische Titration des nach Reaktion mit überschüssigem Permanganation verbliebenen Oxydationsmittels wird die Bestimmung der Oxalsäure besonders bequem und auch für kleine Mengen genau. Renaudin untersuchte verschiedene derartige Arbeitsweisen und fand den relativen Fehler zu etwa 0,5%, bei Mikrobestimmungen zu etwa 1%. Diese Zahlen gelten für Konzentrationen von etwa 1% Schwefelsäure und nicht weniger als 1% Kaliumjodid in der Lösung.

Die Methode wird oft zur Bestimmung kleiner Oxalatmengen in physiologischen Substraten, meist nach Vorreinigung und Fällung als Calciumoxalat, angewendet. Maugeri empfahl Lösen des Niederschlages in 20%iger Schwefelsäure, Zugeben von etwas Mangansulfat- und überschüssiger Permanganatlösung zur Oxydation und Titration nach Zusatz von 3 Tropfen 10%iger Kaliumjodidlösung mit 0,01 n Thiosulfatlösung gegen Jodstärke als Indikator. Er bestimmt auf diese Weise die Oxalsäure in Harn, ausgehend von 5 ml desselben. Ähnlich arbeiten Powers und Levatin sowie Yarbro und Simpson gemäß folgender

Arbeitsvorschrift. Den aus 25 ml Urin erhaltenen, zweimal mit je 2 ml Pufferlösung (Mischung aus 60 ml 95%igem Äthanol, 10 ml 2%iger Essigsäure und 20 ml Wasser durch tropfenweisen Zusatz von konz. Ammoniaklösung auf pH = 4 gebracht) gewaschenen Niederschlag von Calciumoxalat trocknet man auf dem siedenden Wasserbad und löst ihn in 5 ml n Schwefelsäure. Dann gibt man 0,5 ml 10%ige Mangansulfatlösung zu, oxydiert mit 5 ml 0,01 n $KMnO_4$-Lösung, fügt 0,5 ml 10%ige Kaliumjodidlösung hinzu und titriert das ausgeschiedene Jod mit 0,01 n Thiosulfatlösung zurück.

g) Oxydation mit Mangan(III)-salz und Rücktitration.

Nach Ishibashi, Shigematsu und Shibata wird die Oxalsäure mit gemessener, überschüssiger Standard-Mangan(III)-pyrosulfatlösung in 1,2 n schwefelsaurem Medium durch 15 Min. langes Erwärmen auf dem Wasserbad oxydiert, der Überschuß mit gemessener Eisen(II)-lösung reduziert und der Eisen(II)-Überschuß mit Mangan(III)-Lösung und Diphenylamin als Indikator zurücktitriert. Malon-, Citronen-, Wein- und Salicylsäure werden teilweise mitoxydiert.

II. Jodometrie und Bromometrie.

Prinzip. Oxalsäure reduziert Jod und Brom bzw. Hypobromition und kann daher jodometrisch oder bromometrisch bestimmt werden, wenn keine anderen reduzierenden Verbindungen vorliegen. Um Störungen auszuschalten, wird man in den meisten Fällen auch bei diesen und weiteren oxydimetrischen Methoden die Oxalsäure zunächst als Calciumoxalat abtrennen.

a) Jodometrie.

Allgemeines. Die Oxydation erfolgt wegen der bequemen Herstellung und guten Haltbarkeit von Jodatlösungen am besten mit Jodat-Jodidlösungen. Man gibt zu der schwach sauren Probelösung überschüssige Kaliumjodidlösung sowie überschüssige 0,1 n oder schwächere Jodatlösung und titriert das überschüssige, freiwerdende Jod wie üblich gegen Stärkelösung als Indikator mit 0,1 n Thiosulfatlösung zurück. Die Titration kann auch potentiometrisch ausgeführt werden, wie Singh und Singh zeigten:

Arbeitsvorschrift. Zu 20 ml der 0,02 bis 0,2 g Oxalationen enthaltenden Lösung, der 0,03 g Weinsäure zugesetzt wurden, gibt man 10 ml 10%ige Bariumchloridlösung, je 10 ml 0,1 m Kaliumjodidlösung und 0,05 m Kaliumjodatlösung. Man titriert bei 10 °C potentiometrisch unter Verwendung einer Platin-Indikatorelektrode und einer gesättigten Kalomel-Bezugselektrode mit Thiosulfatlösung. Das Potential fällt anfangs allmählich, am Äquivalenzpunkt stark und danach wieder nur allmählich ab.

Bemerkung. Verma und Bose halten Anwendung eines großen (9fachen) Überschusses an Jod und Erhitzen (unter Rückfluß) für erforderlich, wenn mit 0,1 n Jodlösung oxydiert wird. Sie titrieren mit Indikation durch Stärke und stellten fest, daß bei Gegenwart von viel Chlorid eine Korrektur erforderlich ist.

b) Oxydation durch Hypobromit – Arsenometrie.

Das *Prinzip* dieser von Szekeres und Mitarbeitern ausgearbeiteten Methode, bei der Jod als Indikationsmittel verwendet wird, aber gegenüber der Jodometrie der Jodverbrauch sehr gering ist, wurde bereits im Kapitel: F, Ameisensäure, Abschnitt: 8 erläutert. Zur Bestimmung der Oxalsäure geben Szekeres, Balázsfalvy-Zergényi und Molnár die nachstehende

Arbeitsvorschrift. Zu 10 bis 20 ml 0,1 n Kaliumbromatlösung, die je Liter 15 bis 20 g Kaliumbromid enthält, gibt man 10 ml 2 n Salzsäure. Man läßt im geschlossenen Kolben einige Minuten stehen, macht dann durch Zugabe von 7,5 ml 5 n

Natronlauge alkalisch, gibt die Probelösung, deren Gehalt etwa 5 bis 10 ml einer 0,1 n Oxalatlösung entsprechen soll, hinzu, setzt 5 ml 50%ige Essigsäure hinzu und läßt 30 Min. stehen. Danach säuert man mit 5 ml konz. Salzsäure an, versetzt mit 1 bis 2 Tropfen 0,1 n alkalischer Jodlösung wie auch 1 ml Stärkelösung und titriert das freigewordene, überschüssige Brom mit 0,1 n arseniger Säure bis zum Erscheinen der blauen Jodstärke-Färbung.

Bemerkungen. α) Die erhaltenen Werte stimmen gut mit *jodometrisch* erhaltenen überein.

β) Eine analoge Arbeitsweise, nach der aber die Titration des Bromüberschusses mit 0,1 n Hydrazoniumsulfatlösung erfolgt, wurde von SZEKERES, MOLNÁR und NAGY beschrieben. Der Bestimmungsfehler soll hierbei innerhalb ±0,2% liegen.

c) Chloraminometrie (direkte Titration).

Chloramin T (Toluolsulfochloramid) oxydiert eine Reihe organischer Verbindungen rasch, in saurer Lösung z.B. Milchsäure, Citronensäure und Oxalsäure. Letztere wird vollständig zu Kohlendioxid und Wasser oxydiert, mit für eine Titration ausreichender Geschwindigkeit allerdings nur in der Wärme. 0,1 n Chloramin-T-Lösungen können in dunklen Flaschen monatelang unverändert aufbewahrt werden. AFANASJEW empfiehlt die direkte Titration von Oxalationen in verdünnter Schwefelsäure bei 80 bis 90 °C mit Indigocarmin als Indikator bis zu dessen Entfärbung. Die Chloraminlösung darf nicht zu schnell zugesetzt werden.

III. Cerimetrie.

a) Titration mit Cer(IV)-sulfat und Ferroin als Indikator.

Prinzip. Cer(IV)-ion oxydiert Oxalation zum Kohlendioxid; 2 Äquivalente Cersalz entsprechen 1 Mol Oxalation. Die Reaktion verläuft bei Zimmertemperatur zu langsam für eine direkte Titration. Auch bei Anwendung von Mangansulfat als Katalysator (in diesem Falle ist Mn^{3+} das Oxydans, das nach Reduktion durch Oxalation von Ce^{4+} wieder oxydiert wird; vgl. auch SAITO und SATO, die unmittelbar mit Mn(III)-Lösung titrieren) ist noch eine Temperatur von 45 bis 50 °C erforderlich. Auch Jodmonochlorid wurde als Katalysator vorgeschlagen; aber das von SZEBELLÉDY und TANAY in Verbindung mit Ferroin als Redoxindikator verwendete Mangansulfat ist wirksamer, wie WATSON feststellte. Es folgt dessen

Arbeitsvorschrift. Man hält die zu titrierende, schwefelsaure Oxalatlösung auf 45 bis 50 °C, gibt 1 ml 0,01 m Mangansulfatlösung sowie 1 Tropfen 0,025 n Ferroinlösung hinzu und titriert mit Ce(IV)-sulfatlösung bis zum Verschwinden der roten Färbung.

Bemerkungen. α) Wenn man das Titrieren in der *Wärme vermeiden* will, setzt man der sauren Oxalatlösung eine gemessene Menge der Cer(IV)-sulfatlösung im Überschuß zu, erhitzt kurz, läßt abkühlen und titriert den Überschuß des Oxydationsmittels mit einer Lösung von Mohrschem Salz oder Eisen(II)-äthylendiaminsulfat, z.B. einer 0,02 normalen Lösung dieser Verbindung (B. SINGH, S. SINGH und H. SINGH), zurück. Dabei kann die Indikation mit Ferroin oder potentiometrisch erfolgen.

β) Wie RAO und ARAVAMUDAN (a) feststellten, kann das Erwärmen der Lösung durch etwa 15 Min. währendes Bestrahlen mit einer *1000-W-Wolframfadenlampe* ersetzt werden.

γ) Die zu analysierende Lösung muß natürlich *frei* sein von Ce(IV) reduzierenden Substanzen wie Eisen(II)-salzen, Thiocyanat-, Sulfit-, Thiosulfat-, Jodidionen, Wasserstoffperoxid und starken organischen Reduktionsmitteln. Ameisensäure *stört* auch beim Arbeiten in der Wärme *nicht*, woraus sich eine Möglichkeit der Bestimmung von Ameisensäure und Oxalsäure nebeneinander ergibt (siehe auch

SHARMA, Kapitel: F, Ameisensäure, Abschnitt: 9). In der Kälte soll auch Äthanol, Isopropanol, Aceton und selbst Formaldehyd nicht stören (HINSVARK und STONE), wohl aber Weinsäure und Zucker durch Verhinderung der Endpunktsanzeige in der Amperometrie (siehe weiter unten).

d) Neuerdings fanden RAO und RAO, daß die Reaktion bei 20 °C mit einer zur direkten Titration *ausreichenden* Geschwindigkeit verläuft, wenn man in 0,2 bis 0,6 normal salzsaurer Lösung arbeitet und die Sulfationen, welche die Reaktionen zwischen Oxalsäure und Ce(IV) sowie oxydiertem Ferroin stören, durch Bariumionen abfängt:

Arbeitsvorschrift. Zu 5 bis 10 ml etwa 0,1 normaler Probelösung gibt man 15 bis 20 ml konz. Salzsäure und 20 ml 0,5 m Bariumchloridlösung, verdünnt mit Wasser auf etwa 300 ml und fügt 3 bis 4 Tropfen 0,01 m Ferroinlösung hinzu. Man titriert bei mindestens 20 °C – gegen Ende tropfenweise – mit Cer(IV)-sulfatlösung bis zum Verschwinden der roten Färbung.

b) Photometrische Titration.

Die Bestimmung kann nach einem Vorschlag von SENDROY (a) auch durch Photometrie erfolgen, indem man eine bekannte Menge der Cerlösung in kleinem Überschuß zugibt, danach Kaliumjodid zusetzt und die Größe des Ce(IV)-Überschusses aus der Intensität der Färbung, die durch das freigemachte Jod entsteht, ermittelt.

STOLJAROW hat vorgeschlagen, die Tatsache, daß Ce^{4+} eine starke Lichtabsorption im Gebiet von 365 nm aufweist, Ce^{3+} dagegen nicht, zur Endpunktsanzeige der Cerimetrie u.a. von Oxalsäure anzuwenden. Er hat eine Methode ausgearbeitet, nach der verschiedene Schwermetalle durch Fällen als Oxalat und photometrische Rücktitration des überschüssigen Fällungsmittels bestimmt werden können.

c) Titration mit Ammoniumhexanitratocerat(IV).

Allgemeines. Die Anwendung dieses Reagenses, $(NH_4)_2[Ce(NO_3)_6]$, zur Titration kleinster Oxalsäuremengen nach dem Dead-stop-Prinzip wurde von SAMSON beschrieben. Die Verbindung bewirkt offenbar eine rasche Oxydation vieler reduzierender Substanzen, auch der Oxalsäure (nicht aber Ameisensäure) schon bei Zimmertemperatur. Sie kann durch Verglühen des käuflichen Ceroxalats zum Oxid, Lösen in konz. Salpetersäure, Verdünnen mit der gleichen Menge Wassers, Versetzen mit überschüssigem Ammoniumnitrat, Eindampfen auf dem Wasserbad bis zur beginnenden Kristallisation und Lösen von 3,5 g des kristallisierten Ammoniumhexanitratocerats in 1 l 1,4 n Salpetersäure *hergestellt* werden. Die entstehende, etwa 0,006 normale Lösung soll lange Zeit haltbar sein.

HINSVARK und STONE verwenden eine Lösung von Ammoniumhexanitratocerat in Eisessig (bei 60 °C gesättigte und zum Abkühlen ins Dunkle gestellte, durch einen Filtertiegel filtrierte Lösung). Sie empfehlen Aufbewahren der Lösung in dunkler Flasche und täglich neues Einstellen der Maßlösung, da das Cerat, wenn auch sehr langsam, mit der Essigsäure reagiert. Die Reaktion wird durch Titrieren in Gegenwart von Perchlorsäure beschleunigt:

Arbeitsvorschrift. Man löst das Alkalioxalat in 50 ml Eisessig, setzt so viel 70%ige Perchlorsäure hinzu, daß die Lösung 1 normal daran ist, und titriert amperometrisch unter Verwendung von Platinelektroden bei 275 mV angelegter Spannung mit obiger Reagenslösung aus einer dunklen Bürette unter ständigem Rühren mit Magnetrührer.

Bemerkungen. α) Weinsäure und Zucker *stören* die Endpunktanzeige. Ameisensäure, Alkohole und sogar Formaldehyd stören nicht. β) Auch mit *Hexaperchloratoceratlösung* kann bei Zimmertemperatur titriert werden. Wenn diese Titration potentiometrisch ausgeführt wird, wie SMITH und GETZ beschreiben, liegt der Potentialsprung bei 650 mV.

IV. Photochemische Oxydation mit Eisen(III)-salz und Titration des Eisens(II).

Eine von RAO und ARAVAMUDAN (b) beschriebene Methode dieser Art, nach der die saure Oxalatlösung, mit überschüssiger Eisen(III)-sulfatlösung versetzt, im Quarzgefäß mehrere Stunden der Bestrahlung durch die Sonne oder eine starke Wolframfadenlampe ausgesetzt und das entstandene Eisen(II) mit Natriumvanadatlösung und Diphenylaminsulfonat als Indikator titriert wird, sei nur erwähnt.

V. Acidimetrie.

Für die Acidimetrie der Oxalsäure, bei der diese unspezifische Titrationsart weniger Anwendung findet als bei der Essigsäure, da spezifischere, oxydimetrische Methoden zur Verfügung stehen, können die gleichen Methoden benutzt werden wie für diejenige der Essigsäure. Es wird daher auf Abschnitt: 3, I des Kapitels: G, Essigsäure, verwiesen. Es sei lediglich noch erwähnt, daß bei der Titration mit Tetrabutylammoniumhydroxid in nichtwäßrigem Medium nach CUNDIFF und MARKUNAS für Oxalsäure und andere zweibasige Säuren Azoviolett (p-Nitrobenzolazoresorcinol) ein besonders geeigneter Indikator ist und daß für die elektrometrische Ausführung der Titration mit äthanolischer Lauge in Amylalkohol und anderen organischen Flüssigkeiten (denen Lithiumchlorid zugesetzt wird) als Medium die Tellurelektrode günstige Eigenschaften aufweist, wie TOMIČEK und FELDMANN fanden. Die Luftkohlensäure ist bei der acidimetrischen Titration der Oxalsäure ebenso ein Störfaktor wie bei derjenigen der Essigsäure und anderer schwacher Säuren. Daher verdient die coulometrische Titration, bei der die Lauge im Titrationsmedium selbst erzeugt wird, besondere Beachtung; es wird auf die bereits im Abschnitt: 3, I, c des Kapitels: G, Essigsäure, beschriebene Ausführung nach CARSON und Ko hingewiesen. Bei der konduktometrischen Acidimetrie mit Alkalilauge verhält sich die Oxalsäure wie ein äquimolares Gemisch einer stärkeren und einer schwächeren Säure, d.h. es zeigen sich zwei Knickpunkte der Leitfähigkeitskurve und zwar der erste nach Zusatz der Hälfte der zur vollständigen Titration erforderlichen Laugenmenge. Dies wurde bereits von HARNED erwähnt. Die Erscheinung kann zur Unterscheidung in der Analyse von Gemischen der Oxalsäure mit einbasigen Säuren dienen.

VI. Argentometrie und ähnliche Methoden.

Prinzip. Auf der Tatsache, daß die Oxalsäure mit einigen Schwermetallen schwerlösliche Salze bildet, beruhen Fällungstitrationen. Es ist jedoch zu beachten, daß auch Weinsäure, Bernsteinsäure, Äpfelsäure, Malonsäure und andere organische sowie anorganische Säuren mit den Metallen schwerlösliche Salze bilden und also mitgefällt werden.

a) Direkte Titration mit Silbernitrat (nach SPACU).

Arbeitsvorschrift. Man titriert die etwa 0,1 bis 0,2 molare Oxalatlösung mit elektrometrisch eingestellter Silbernitratlösung, die 60% Äthanol enthält, potentiometrisch unter Verwendung eines Platindrahtes als Indikatorelektrode. Das Anfangspotential beträgt −0,100 bis −0,190 V gegen die Normalkalomelelektrode. Am Äquivalenzpunkt beträgt das Potential −0,27 V. Nach jedem Zusatz von Silbernitratlösung ist einige Minuten auf die Einstellung des Potentials zu warten.

Bemerkungen. α) SCHTSCHIGOL und BIRNBAUM stellten fest, daß bei der potentiometrischen Titration in neutraler oder ammoniakalischer Lösung vor dem starken Potentialsprung, welcher der vollständigen Fällung der Oxalsäure als $Ag_2C_2O_4$ entspricht, ein *schwächerer*, aber deutlicher Sprung bei der dem Ion $AgC_2O_4^-$ entsprechenden Silbermenge auftritt. In sehr verdünnten Lösungen gibt es noch einen dritten, nicht sicher erklärbaren Sprung. In ammoniakalischer Lösung kann Oxalation auch in Gegenwart von Chloridion bestimmt werden; in diesem Falle tritt vor den oben erwähnten Potentialsprüngen ein weiterer, der vollständigen Fällung des Chlorids als AgCl entsprechender Sprung auf.

β) Der Endpunkt der direkten Fällungstitration mit Silbernitratlösung dürfte auch durch *Adsorptionsindikatoren* angezeigt werden können, analog der Titration mit Bleiacetat (siehe weiter unten).

γ) Die radiometrische Fällungstitration mit $^{110}Ag^+$ wird von STRAUB und CZAPÓ beschrieben. Näheres darüber wurde im Kap.: C, 3, I, ζ ausgeführt.

b) Rücktitration von Silberion nach VOLHARD.

Hierbei fällt man mit überschüssiger Silbernitratlösung nach VOLHARD, nachdem die Konzentration der zu bestimmenden Säure auf etwa 0,2 bis 0,3 normal gebracht wurde (SMOLIN), und titriert den Silberüberschuß mit Thiocyanatlösung gegen Eisenalaun als Indikator in bekannter Weise (siehe auch Kapitel: Thiocyansäure, Abschnitt: E, 2, I, b, Cyanwasserstoff, Abschnitt: C, 3, I, b) zurück. Eine analoge Titration mit 0,1 n *Quecksilber*(II)-nitratlösung als Fällungsmittel (ohne Filtration) wurde von ABELMANN beschrieben.

c) Direkte Titration mit Bleiacetat.

Zur Titration von Oxalationen mit Bleiacetatlösung kann Fluorescein als Adsorptionsindikator verwendet werden, wie WELLINGS feststellte. Man titriert in neutraler Lösung bei Zimmertemperatur mit einer aus $Pb(C_2H_3O_2)_2 \cdot 3H_2O$ hergestellten 0,1 m Bleilösung bis zur bleibenden Rotfärbung (zur Wirkungsweise der Adsorptionsindikatoren siehe Kapitel: E, Thiocyanate, Abschnitt: 2, I, a, α).

Von ALLARD ist vorgeschlagen worden, den Äquivalenzpunkt durch Verfolgen des Brechungsindex der Lösung mit dem Eintauchrefraktometer von Zeiss festzustellen. Man soll dabei für 0,0025 bis 0,25 normale Oxalatlösungen m Bleiacetatlösung verwenden und den Brechungsindex in Abhängigkeit von der Menge der zugesetzten Maßlösung auftragen. Es ergeben sich zwei Geraden, deren Schnittpunkt wie bei einer Leitfähigkeitstitration dem Äquivalenzpunkt entspricht. Der Temperatureinfluß ist zu korrigieren; der *Fehler* beträgt dann nur etwa 2%.

d) Amperometrische Titration mit Bleinitrat.

Mit 0,1 m Bleinitratlösung läßt sich nach KOLTHOFF und PAN die Titration bei $-1{,}2$ V gut durchführen, wenn man 1 Tropfen 0,1%ige Methylrotlösung zur Maximadämpfung zusetzt und nach jeder Zugabe von Pb^{2+}-Lösung 1 Min. Stickstoff durchleitet.

e) Titration mit Wismutnitrat.

Bei dieser Methode titriert man nach BAKÁCS-POLGAR und KURCZ-CSIKY mit 0,1 m Wismutnitratlösung und mit Xylenolorange-Methylenblau-Gemisch als Metallindikator in Gegenwart von Chloroform. Der Umschlag erfolgt scharf von Grün nach Violett.

VII. Photometrische Titration.

Über die allgemein in der Acidimetrie gegebene Möglichkeit, den Farbumschlag eines Indikators colorimetrisch (visuell oder photoelektrisch) zu fixieren und seine Ermittlung dadurch zu präzisieren, hinaus bieten sich bei der Oxalsäure spezielle Verfahren an, die auf der Eigenschaft dieser Säure, mit 3wertigem Eisen Komplexe zu bilden, beruhen. Siehe aber auch die Cerimetrie nach Abschn. III b.

Eine besonders einfache Methode haben ERÄMETSÄ und PARPOLA beschrieben. Als Farbbildner dient Sulfosalicylsäure. Es wird dabei das Pulfrich-Photometer mit dem Rotfilter S 61 benutzt, das eine Eigenextinktion von 0,8 aufweist. Eine mit Sulfosalicylsäure versetzte und dadurch stark gefärbte, bekannte Menge eingestellter Eisenchloridlösung wird mit der zu analysierenden Oxalsäurelösung so lange titriert, bis die Extinktion auf den Wert 0,8 heruntergegangen ist. Dieser Punkt entspricht dem Äquivalenzpunkt; Aufstellung einer Eichkurve ist unnötig.

Eine andere Ausführung wurde von BOBTELSKY, CHASSON und KLEIN beschrieben. Diese Autoren arbeiten mit 20 ml Flüssigkeit in einer Titrationscüvette von 4,8 cm Durchmesser unter Zuhilfenahme einer Photozelle mit empfindlichem Mikroamperemeter und Farbfilter. Für höhere Oxalatkonzentrationen wird kein besonderer Farbbildner verwendet, sondern die Färbungen der verschiedenen Komplexe des Oxalations mit Eisen(III)-ion selbst dienen zur Indikation. Bei der Titration der Eisenlösung mit Oxalationen und Messung mit Corning-Schmalbandfilter von 430 nm steigt die Extinktion zunächst stark an, bis beim Molekularverhältnis 1 : 1 der intensiv gelbe Komplex dieser Zusammensetzung vollständig gebildet ist; dann sinkt die Extinktion rasch ab infolge Entstehung der hellgrünen Komplexverbindung vom Molverhältnis 1 Fe^{3+} : 3 $C_2O_4^{2-}$, und sie bleibt bei weiterem Oxalatzusatz nahezu konstant. Zur Auswertung ist der 1. Äquivalenzpunkt besser geeignet als der zweite, da er von starker Säure bis zu 0,05 n Salzsäure nicht beeinflußt wird. Die Bestimmung ist bis zu Oxalsäurekonzentrationen von 0,02 molar herunter genau. Höhere Säuregehalte vermindern die Genauigkeit.

Für sehr *niedrige* Oxalatkonzentrationen empfehlen die Autoren die photometrische Bestimmung mit Eisen(III)-thiocyanatlösung unter Verwendung des Grünfilters (500 bis 540 nm).

4. Colorimetrische bzw. photometrische Bestimmung.

Allgemeines. Es gibt eine Reihe von Reaktionen, in denen mit Oxalation gefärbte Verbindungen entstehen, welche colorimetriert werden können. Auch gibt es mittelbare Bestimmungsmethoden, bei denen die Färbung in getrenntem Arbeitsgang aus Reaktionsprodukten der Oxalsäure entsteht. Andererseits werden indirekte Methoden angewendet, in denen die Oxalsäure die Färbung anderer Verbindungen durch Reduktion oder Komplexbildung vermindert (siehe auch Abschn.: 3, VII) oder Entfärbungsvorgänge katalysiert. Siehe aber auch Abschn. 3, III, b.

I. Direkte Colorimetrie.

a) Mit Indol.

Mit Indol ergibt die schwefelsaure Lösung der Oxalsäure eine Rosa- bis Rotfärbung mit Absorptionsmaximum bei 525 nm (BERGERMAN und ELLIOT).

Arbeitsvorschrift. Man löst die Probe in n Schwefelsäure in der Weise, daß im Milliliter 0,05 bis 1 mg Oxalsäure enthalten sind. Zu 2 ml dieser Lösung gibt man vorsichtig 2 ml einer am gleichen Tage bereiteten Lösung von 100 mg Indol in 100 ml konz. Schwefelsäure und erwärmt 45 Min. im Wasserbad auf 80 bis 90 °C. Man kühlt ab und mißt die Absorption der rötlich gefärbten Lösung bei 525 nm. Die Messung kann einige Stunden nach der Farbentwicklung vorgenommen werden.

Bemerkungen. α) Man kann auch vom *Calciumoxalat* ausgehen. β) Essig-, Propion-, Wein-, Citronen-, Benzoe-, Harnsäure und Phosphat *stören nicht*, Chloridionen nur in höherer Konzentration. Ameisensäure stört durch Farbbildung.

γ) Eine sehr *ähnliche* Arbeitsweise wird von HAUSMAN, MCANALLY und LEWIS auf die Bestimmung der Oxalsäure im *Harn* über die Abscheidung als Calciumoxalat angewendet. Diese Autoren benutzen eine Lösung von 0,40 g Indol in 100 ml 95 %igem Äthanol als Reagens. Sie vermischen 1,5 ml schwefelsaure Oxalatlösung mit 0,5 ml Reagens, unterschichten mit 2 ml konz. Schwefelsäure, mischen, erwärmen und kühlen genau wie BERGERMAN und ELLIOT; sie füllen dann aber mit Wasser zu 5 ml auf und lassen vor der Messung mit Grünfilter (Nr. 54) noch 45 Min.

bei Zimmertemperatur stehen. Die Vergleichslösungen sollen nach gleicher Standzeit wie die Analysenlösungen gemessen werden.

b) Mit Metavanadation und Wasserstoffperoxid.

Nach MITCHELL entsteht eine rote Färbung, die mit Färbungen, welche aus Lösungen bekannten Gehalts bei gleicher Behandlung entstehen, verglichen wird.

Arbeitsvorschrift. Zu 5 ml etwa 0,1%iger Oxalsäurelösung in einem Colorimeterglas gibt man 5 ml 1%ige Lösung von Natriummetavanadat und danach 3 ml 10%iges Wasserstoffperoxid. Nach Umschütteln vergleicht man die Farbintensität mit derjenigen der Testgemische.

Bemerkungen. α) Die *Nachweisgrenze* beträgt 3 ppm Oxalsäure. β) *Weinsäure* und *Citronensäure* ergeben ebenfalls Färbungen (Gelb), die aber schwächer sind; Bernsteinsäure und Äpfelsäure erzeugen nur *vorübergehend* auftretende Färbungen. γ) Nach BURROWS darf Mineralsäure, z.B. vom Auflösen des Calciumoxalats herstammend, nicht vorhanden sein, da sie ebenfalls Rotfärbung erzeugt.

δ) Eine ähnliche Methode mit Metavanadat wurde von USLAR für die Oxalsäurebestimmung in Bädern für die *Oberflächenbehandlung* von Leichtmetallen empfohlen.

c) Mit Benzidin und Kupfer(II)-ion.

Allgemeines. Eine Farbreaktion zum Nachweis von Oxalsäure durch die mit Benzidin und Kupferacetat entstehende Braunfärbung wurde von KRESCHKOW und Mitarbeitern (siehe den qualitativen Teil dieses Handbuches) angegeben. DRAGANIĆ und DRAGANIĆ benutzten die Absorption des Reaktionsproduktes dieser Agenzien im Ultraviolett zur Mikrobestimmung.

Arbeitsvorschrift. Zur *Herstellung* des Reagenses mischt man 32,5 mg Benzidin in 2 ml 30%iger Essigsäure und verdünnt mit Wasser auf 250 ml. Diese Lösung mischt man mit einer Lösung von 125 mg Kupferacetat in 250 ml Wasser. Das Gemisch weist einen pH-Wert von 3,8 auf. Man mischt die gemessene (wenige Milliliter) Oxalatlösung mit 2 ml Reagenslösung und verdünnt auf 10 ml. Nun mißt man die Absorption bei 248 nm im Spektralphotometer und wertet nach einer *Eichkurve* aus.

Bemerkungen. α) Die Reaktion verläuft momentan bei *Zimmertemperatur*. Das Beersche Gesetz gilt für die entstehende Färbung. β) Die *Genauigkeit* beträgt 2 bis 3%. γ) Wasserstoffperoxid *stört nicht*. Weinsäure und Citronensäure stören erheblich, Ameisensäure und Glycolsäure weniger. Fremdionen beeinflussen die Färbung beträchtlich. Daher dürfte Vortrennung durch Fällung als Calciumoxalat zu empfehlen sein.

d) Mit Diphenylamin.

Eine quantitative Ausführung der sehr spezifischen Methode von FEIGL und FREHDEN, nach der aus Oxalsäure und Diphenylamin in der Hitze Anilinblau entsteht (siehe qualitativen Teil dieses Handbuches) wird von RUBIA-PACHECO und LÓPEZ-RUBIO empfohlen.

e) Mit Dioxynaphthalin oder Chromotropsäure nach Reduktion zu Glycolsäure.

Prinzip. Die Methode beruht letztlich auf der Farbreaktion von EEGRIWE für Glycolsäure, bei der wahrscheinlich aus letzterer durch konz. Schwefelsäure abgespaltener Formaldehyd sich mit dem Reagens 2,7-Dioxynaphthalin zu 2,7,2′,7′-Tetraoxy(dinaphthyl-1-methan) kondensiert und aus dieser Verbindung mit Luftsauerstoff rotgefärbte Oxydationsprodukte entstehen.

Arbeitsvorschrift nach PEREIRA. Man bringt 0,2 ml einer Lösung der oxalsäurehaltigen Probe in 2 n Schwefelsäure in ein Reagensglas, das bei 5 und 6 ml mit Marken versehen ist. Dazu gibt man 10 bis 15 mg gepulvertes Magnesium; man setzt den Stöpsel lose auf, durchmischt durch Klopfen gegen das Glas und läßt unter noch 1- bis 2maligem Klopfen mindestens 15 Min. stehen. Dann stellt man das Glas in ein Gefäß mit kaltem Wasser und gibt 2 ml Reagens [10 mg 2,7-Dioxynaphthalin in 100 ml Schwefelsäure p.a. (D = 1,84) gelöst und in dunkler Flasche aufbewahrt bzw. bei Verfärbung frisch hergestellt] aus einer Bürette hinzu. Man mischt durch Klopfen und taucht das Glas mindestens 30 Min. in ein stark siedendes Wasserbad so weit ein, daß der Spiegel des Bades über dem der Flüssigkeit im Glas steht; es soll aber kein Kondenswasser in das Glas eindringen. Nun verdünnt man die gefärbte Lösung mit 2 n Schwefelsäure auf 5 bis 6 ml, wobei man die Säure an der Wandung entlang einlaufen läßt. Das überschüssige Magnesium löst sich, und die Flüssigkeit wird klar. Nun kühlt man ab und füllt zur Marke auf. Man mischt durch und mißt die Färbung. Bei Verwendung eines Klett-Summerson-Photometers benutzt man das Filter KS Nr. 54 gegen einen Blindansatz. Gleichzeitig hat man Verdünnungen einer Standardoxalatlösung in genau gleicher Weise behandelt, deren Meßwerte zur Eichung dienen.

Bemerkungen. α) Die Bestimmung kann bis *2,5 µg Oxalsäure* herunter erfolgen. β) Viele Verbindungen, die Aldehyd abspalten, *stören;* daher ist Abtrennung als Calciumoxalat zu empfehlen.

γ) HODGKINSON und ZAREMBSKI geben eine Vorschrift mit Chromotropsäure als Farbreagens.

f) Mit Phenylhydrazin oder Chromotropsäure nach Reduktion zu Glyoxylsäure.

Allgemeines. Diese von SCHRYVER-FOSSE entdeckte Reaktion wurde von PAGET und BERGER zur quantitativen Mikrobestimmung ausgebaut.

Arbeitsvorschrift. Man schüttelt 2 ml Probelösung 30 Min. mit 1 ml Salzsäure und etwas reiner Zinkfolie. Dann versetzt man 2 ml der klaren Flüssigkeit mit 2 Tropfen 1%iger Lösung von Phenylhydrazoniumchlorid und erwärmt 2 Min. auf dem siedenden Wasserbad. Man kühlt im Eiswasserbad, versetzt mit 1,8 ml konz. Salzsäure sowie 2 Tropfen Wasserstoffperoxids und vergleicht die Färbung, nach 10 Min. Stehens im Dunkeln, mit derjenigen von Standards.

Bemerkungen. α) Die *Erfassungsgrenze* beträgt 5 µg Oxalsäure. β) Die Reaktion ist sehr spezifisch; nur Glyoxyl- und Glycolsäure *stören.* Sie können nach Calciumoxalattrennung beseitigt werden. Soweit die Glyoxylsäure zu Glycolsäure weiter reduziert wurde, oxydiert das nachher zugegebene Peroxid sie wieder zu Glyoxylsäure.

γ) VEGA empfahl, das gefärbte Reaktionsprodukt mit *Chloroform* zu extrahieren und den Extrakt zu colorimetrieren.

II. Indirekte Colorimetrie.

Es ist zu beachten, daß bei den Farbschwächungsmethoden mit Eisen(III) Phosphorsäure als starker Komplexbildner stört. Auch stören natürlich größere Mengen Eisens in der Probenlösung.

a) Mit Salicyl- oder Sulfosalicylsäure und Eisen(III)-ionen.

Prinzip. Die Abnahme der durch Reaktion von Salicyl- oder Sulfosalicylsäure mit Fe(III) entstandenen Färbung, die bei Hinzutreten von Oxalationen eintritt, kann zur Bestimmung der letzteren dienen. Das Beersche Gesetz ist für diese Reaktion gültig. BURRIEL-MARTÍ, RAMÍREZ-MUÑOZ und FERNÁNDEZ-CALDAS haben Salicylsäure verwendet und die Methode für Oxalsäuremengen zwischen $2{,}5 \cdot 10^{-6}$ und $2{,}5 \cdot 10^{-5}$ Mol für verläßlich befunden, wenn bei gedämpftem Licht gearbeitet wird, um Photozersetzung des Eisen(III)-salicylsäure-Komplexes und Reduktion von Fe(III) durch Oxalation zu verhindern.

Arbeitsvorschrift. In einen 50-ml-Meßkolben bringt man höchstens 20 ml Analysenlösung mit $2,5 \cdot 10^{-6}$ bis $2,5 \cdot 10^{-5}$ Molen $C_2O_4^{2-}$ und gibt 20 ml Reagens [500 ml Eisen(II)-ammoniumsulfatlösung mit 250 ml 1%iger Natriumsalicylatlösung vermischt, mit Ammoniak (1 + 1) (etwa 9 m) bis zur Gelbfärbung, mit weiteren 10 Tropfen der NH_3-Lösung versetzt und mit Essigsäure (1 + 1) (etwa 51%ig) auf 1 l aufgefüllt]. Man ergänzt mit Wasser auf 50 ml und mißt die optische Dichte mit einem Photometer unter Benutzung eines Grünfilters. Den Oxalatgehalt entnimmt man einer entsprechend hergestellten *Eichkurve.*

Bemerkung. Die entsprechende Bestimmung mit Sulfosalicylsäure unter Anwendung des Pulfrichschen Stufenphotometers wurde von JENDRASSIK und TAKÁCS beschrieben.

b) Mit Thiocyanat- und Eisen(III)-ionen.

Allgemeines. Diese von BOBTELSKI, CHASSON und KLEIN beschriebene, im Prinzip schon vorher bekannte Methode ist für Oxalsäurekonzentrationen von 0,01 molar und weniger geeignet. Die Abnahme der Eisenthiocyanatfärbung ist der zugefügten Oxalatmenge proportional, bis nahezu das Molverhältnis 1 $C_2O_4^{2-}$: 1 Fe^{3+} erreicht ist. Auf diese Weise bekommt man bei Messung der Extinktion mit Grünfilter (500 bis 540 nm) lineare Eichkurven.

Arbeitsvorschrift. Man gibt zu 13 ml der etwa 2 bis 3 mg Oxalsäure in 100 ml enthaltenden, neutralisierten Oxalatlösung 5 ml 0,002 m Eisenchloridlösung, die 0,01 normal an Salzsäure bereitet wurde, und 2 ml 0,06 m Ammoniumthiocyanatlösung. Man mißt die Extinktion mit dem Grünfilter und wertet an Hand einer *Eichkurve* aus. Der *Fehler* beträgt etwa 1% relativ.

c) Mit Ferron und Eisen(III)-ionen.

Allgemeines. Ferron (7-Jod-8-hydroxychinolin-5-sulfosäure) ergibt mit Fe^{3+} einen Komplex, der ebenfalls von Oxalsäure zersetzt wird, aber an und für sich in ziemlich stark saurer Lösung beständig ist. Das ist, wie BURROWS fand, vorteilhaft, wenn man in Lösungen von pH = 1 bis 2 arbeitet, um Störung durch Phosphorsäure zu vermindern. Ferron ist besonders vorteilhaft für die Analyse von Kompostproben u.dgl., die bräunliche Substanzen in die Lösung abgeben, da die Komplexverbindung Eisen-Ferron grün gefärbt ist; auf diese Weise kann mit einem Filter gearbeitet werden, das die Störung durch braune Substanzen weitgehend ausschaltet. In saurer Lösung ist allerdings der Eisen-Ferron-Komplex erheblich dissoziiert, und um genügende Empfindlichkeit gegenüber Oxalationen zu erreichen, muß mit ziemlich konzentrierten Reagenslösungen, d.h. stark gefärbten Analysen- und Vergleichslösungen gearbeitet werden. Das erfordert Anwendung eines empfindlichen, photoelektrischen Colorimeters, wie z.B. das Modell „Hilger-Spekker Sensitize".

In Substanzen, die neben Calciumoxalat Phosphorsäure und außerdem Eisen enthalten, ist es zweckmäßig, den größten Teil dieser Stoffe wie auch der gegebenenfalls vorhandenen färbenden Substanzen durch Extraktion mit Calciumchlorid enthaltender, an Calciumoxalat gesättigter Citronensäurelösung zu entfernen. Da ähnliche Verhältnisse bei Oxalatbestimmungen öfters auftreten dürften, sei die vollständige Vorschrift von BURROWS zur Analyse von *Kompost* zur Pilzdüngung wiedergegeben.

Arbeitsvorschrift. Man extrahiert 1,00 g getrocknete und gemahlene Kompostprobe in einem 100-ml-Erlenmeyerkolben mit 10 ml Wasser und 10 ml Citronensäurereagens (20 g Säure und 50 g wasserfreies Calciumchlorid in Wasser zu 1 l gelöst, zum Sieden erhitzt, tropfenweise mit gesättigter Ammoniumoxalatlösung bis zur bleibenden Trübung versetzt und nach Stehen über Nacht filtriert) durch halbstündiges Kochen auf der Heizplatte. Als Rückflußkühler verwendet man einen in den Kolbenhals eingesetzten kleinen Glastrichter. Anschließend filtriert man durch ein Whatman-Nr.-30- oder ähnliches Filter und wäscht mit kaltem Wasser gut aus. In den vorher benutzten, gut geleerten Kolben gibt man Filter und Niederschlag, nachdem man sie 1 Std. bei 100 °C teilweise getrocknet hat. Nun gibt man aus der Pipette 25 oder 50 ml 0,4 n Salzsäure, je nachdem, ob der erwartete Gehalt der Probe weniger als 1 % oder 1 bis 3 % beträgt. Man bringt die Flüssigkeit gerade bis zum Sieden und hält sie 5 Min. nahe unter dem Siedepunkt, wobei man gelegentlich umschwenkt. Dann filtriert man durch ein kleines Filter, verwirft dabei den ersten Anteil des Durchlaufs und pipettiert 4 ml des Filtrates in ein trockenes Becherglas. Man fügt 5 ml des Ferron-Reagenses (4,00 g Ferron in etwa 500 ml heißem Wasser, dem 1,0 g reines Eisenchlorid-6-hydrat zugegeben wurde, gelöst, mit 300 ml 2 n Salzsäure und 68 g Natriumacetat-3-hydrat versetzt und nach dem Abkühlen zu 1 l aufgefüllt) hinzu. Die Lösung ist jetzt vor direktem Sonnenlicht zu schützen. Man mißt in einer 1-cm-Cüvette mit Ilford-Nr.-607- oder entsprechendem Filter, wobei man die Anzeige gegen eine Blindlösung, die 4 ml 0,4 n Salzsäure und 5 ml Ferron-Reagens enthält, auf Null einstellt. Möglicherweise muß man links von der Lichtquelle des Hilger-Spekker-Gerätes eine Graublende (neutrale Blende) anbringen, um den Zeiger des Galvanometers auf die Skala zu bringen. Die Temperatur von Blindprobe und Probenlösung sollen auf 0,5 °C übereinstimmen. Man stellt eine *Eichkurve* her, indem man Lösungen mit 0 bis 4 mg $CaC_2O_4 \cdot H_2O$ in 4 ml 0,4 n Salzsäure ebenso behandelt und aus ihr den Gehalt der Probenlösung abliest.

Bemerkungen. α) Der *Fehler* liegt innerhalb ± 4 % relativ.

β) *Störend* wirken Phosphat- (über 100 ppm P), Eisen(III)- (über 3 ppm Fe^{3+}), Citration (über 1000 ppm) und Salzsäure (bei mehr als ± 1 % Abweichung von der in der Blindlösung enthaltenen Menge). Ameisen-, Essig-, Propion-, Bernstein-, Malon-, Wein-, Glutar-, Glucon-, Fumar-, Maleinsäure, Dextrose und Sucrose stören nicht.

d) Mit Chromsäure und Diphenylcarbazid.

Die katalytische Aktivierung der Reaktion zwischen Chrom(VI) und Mangan(II) durch Oxalation kann nach ALMÁSSY und DEZSÖ zu dessen Bestimmung verwendet werden. Gemessen wird dabei die Abnahme der durch Diphenylcarbazid mit stark verdünnter Dichromatlösung gebildeten Färbung. 0,5 µg Oxalationen in 1 ml Lösung können bestimmt werden. Die Reaktion ist recht spezifisch; ein Vielfaches an Fremdionen stört nicht.

5. Polarographische Bestimmung.

Allgemeines. KŮTA untersuchte das allgemeine polarographische Verhalten der Oxalsäure und stellte folgendes fest: In einer Grundelektrolytlösung aus 1 bis 3 m Kaliumchlorid, die 0,03 n an Salzsäure ist, gibt die Oxalsäure gut ausgebildete Stufen, wenn ihre Konzentration größer als 0,001 normal ist. Eine Stufe liegt bei − 1,3 V; diese ist diffusionsbedingt; ihr Charakter hängt von der Kaliumchloridkonzentration ab. Gut ausgeprägte Stufen werden auch in Phosphat- oder Citrat-Pufferlösungen von pH = 2, die 1 molar an KCl sind, erhalten. In Anwesenheit von mehrwertigen Kationen wie Ca^{2+}, Ba^{2+}, Al^{3+} und La^{3+} sind die Stufen der Oxalsäureanionen zu positiveren Potentialen verschoben.

Auf den dV/dt-V-Kurven der oscillographischen Polarographie findet sich ein anodischer Einschnitt, welcher der Oxydation eines durch Reduktion der Oxalsäure entstandenen Produktes entspricht.

Eine katalysierte polarographische Reduktion der Oxalsäure und ihre Anwendung zur Bestimmung der Säure wurde von GRABOWSKI und GRABOWSKA beschrieben. Uranylion, UO_2^{2+}, ist das katalytisch wirkende Agens. Es wird in einer Konzentration von $9 \cdot 10^{-5}$ bis $5 \cdot 10^{-4}$ normal angewendet. Die Stufe bei $-1{,}3$ V, gegen Kalomelelektrode gemessen, wird zur analytischen Auswertung verwendet. Bei Oxalsäurekonzentrationen von 10^{-4} bis 10^{-3} normal betrug der Bestimmungsfehler 4,5%.

Eine indirekte polarographische Methode zur Bestimmung kleinster Oxalsäuremengen neben viel Ammoniumnitrat wurde von Reynolds und Smart ausgearbeitet. Sie besteht in der polarographischen Messung der Konzentration der Lösung an Europiumion, die vor und nach Zugabe der zu analysierenden Oxalatlösung vorhanden ist. Die Abnahme der Höhe der Europiumstufe ist der Oxalsäurekonzentration direkt proportional.

Arbeitsvorschrift. Man versetzt die Lösung, die 50 bis 125 µg Oxalsäure in einer Konzentration der Größenordnung 10 µg/ml enthält und etwa molar an Ammoniumnitrat ist, mit 0,01 n Ammoniaklösung bis zum Umschlag der Methylorange nach Gelb (pH etwa 3,5). Dann gibt man 0,1 ml einer Europiumlösung, die 25 µg Eu/ml enthält (14,5 mg spektralreines Europiumoxid in 2 ml 10 n Salzsäure gelöst, mit Wasser zu 10 ml und hiervon 5 ml zu 250 ml ergänzt), hinzu. Man füllt die Lösung zu 50 ml auf und läßt 15 Min. bei 25 °C stehen. Einen aliquoten Teil behandelt man in der polarographischen Zelle mit Wasserstoff und polarographiert dann zwischen $-0{,}4$ und $-1{,}1$ V gegen die Bodenanode. Man mißt die Höhe der Europiumstufe bei $-0{,}77$ V. Da die Löslichkeit des Europiumoxalats nicht unbeachtlich ist (6 µg Oxalsäure/ml), arbeitet man mit einer *Eichkurve.*

Bemerkungen. a) Der *Bestimmungsfehler* beträgt ± 3%, wenn der pH-Wert auf $3{,}5 \pm 0{,}5$ und die Temperatur auf 25 °C gehalten wird. b) Eisen und Chrom *stören* stark und sind daher abzutrennen; die Störung durch Mg und Ba kann durch entsprechende Eichung eliminiert werden. Wegen einer polarographischen Titration siehe Abschnitt: 3, VI, d.

6. Chromatographische Bestimmung.

Die Trennung von anderen aliphatischen Säuren durch *Säulenchromatographie* kann nach den Prinzipien erfolgen, die im Kapitel G, Essigsäure, Abschnitt: 5, I beschrieben wurden. In mehreren der dort als Beispiel angegebenen Arbeiten werden neben einbasigen Säuren auch die Oxalsäure und andere mehrbasige Säuren ausdrücklich erwähnt. In diesen Fällen ist die Lage der Oxalsäure im Elutions-„Spektrum“ aus den Diagrammen der Originalarbeiten zu ersehen.

Die Fraktionierung mehrbasiger Säuren, darunter Oxalsäure, kann auch durch Ionenaustausch bewirkt werden (Owens, Goodban und Stark sowie Kamp und Knop). Nach letztgenannten Autoren wendet man den Anionenaustauscher Dowex 1 X 2 in mit Chlorid- oder Boration beladener Form an, wäscht nach erfolgtem Austausch mit Wasser, eluiert dann die Säuren mit verdünnter Salzsäure (pH = 1,5) oder gepufferter Borsäurelösung (pH = 6,15) und bestimmt sie oxydimetrisch. Milchsäure wird dabei mit Oxalsäure gemeinsam eluiert.

Für die *Papierchromatographie* gilt bezüglich ihrer Anwendbarkeit auf Oxalsäure das gleiche wie für die Säulenchromatographie; es kann also ebenfalls auf das Kapitel G, Essigsäure, verwiesen werden. Im folgenden werden einige weitere Arbeiten,welche speziell mehrbasige Säuren behandeln, genannt und in ihren Besonderheiten ganz kurz charakterisiert.

Die Trennung und quantitative Bestimmung von Oxal-, Citronen-, Malon- und Bernsteinsäure bewirkte Owerell durch zweidimensionale Papierchromatographie unter nacheinanderfolgender Anwendung von Äthanol-Ammoniak-Wasser und von Mesityloxid-Ameisensäure-Wasser als beweglicher Phase.

Eine zweidimensionale Arbeitsweise mit zuerst alkalischem Medium [Äthanol-Ammoniak-Wasser (80 + 5 + 15)], dann saurem Medium [Propanol-Eucalyptol-Ameisensäure (50 + 50 + 20), wassergesättigt] wurde auch von CHEFTEL, MUNIER und MACHEBOEUF empfohlen, und zwar für Fälle, in denen komplizierte Gemische vorliegen, die u.a. Adipin-, Sebacin-, Glycol- und Aconitsäure enthalten.

Butanol-Ameisensäure-Wasser (10 + 2 + 5) zu eindimensionaler Arbeitsweise verwendeten KALYANKAR, KRISCHNASWAMY und SREENIVASAYA. Sie fanden folgende R_f-Werte: Oxalsäure 0,05, Weinsäure 0,23, Citronensäure 0,37, Äpfelsäure 0,44, Maleinsäure 0,46, Malonsäure 0,60, Tricarballylsäure 0,67, Bernsteinsäure 0,72, Milchsäure 0,77, Aconitsäure 0,78, Glutarsäure 0,80, Itaconsäure 0,81, Fumarsäure 0,86. Die Oxalsäure läßt sich also infolge ihrer geringen Beweglichkeit gut von allen anderen genannten Säuren trennen. Zur Sichtbarmachung der Flecke benutzten die Autoren das viel gebräuchliche Bromkresolgrün, die Extraktion der Säuren aus den untersuchten Früchten erfolgte mit angesäuertem 50%igem Äthanol.

Butanol-Essigsäure war vorher von GOVINDARAJAN und SREENIVASAYA angewendet worden. Die gleichen Lösungsmittel (Butanol-Essigsäure-Wasser) im Verhältnis 8 : 1 : 5 benutzten JORDAN, KORTE und SENGBUSCH zur aufsteigenden Chromatographie von 20-μg-Mengen von Substanz (Fruchtsäften u.dgl.) auf Schleicher-&-Schüll-Papier 2043 b Mgl bei 25 bis 26 °C und 12 Std. Laufzeit. Diese Autoren bestätigten die Feststellung, daß die R_f-Werte der Säuren unabhängig von ihrer Konzentration und der Anwesenheit der anderen Säuren sind.

TRAITER untersuchte verschiedene alkalische Lösungsmittelsysteme und fand das Gemisch n-Propanol-Wasser-Pyridin (75 + 20 + 5) für die quantitative Analyse von Oxalsäure enthaltenden Substanzen als am besten geeignet.

GANČEV beschreibt eine Methode, nach der mit Eisenoxid imprägniertes Papier verwendet wird und die entstehenden weißen Flecke ausgeschnitten und gewogen werden.

Es sei noch auf die Möglichkeit, farblose Banden auf streifenförmigen Papierchromatogrammen durch Ultrarotphotometrie mit UR-Strahler, Bolometer, Meßverstärker und Schreiber quantitativ auszuwerten, hingewiesen. Eine derartige Apparatur wie auch Beispiele für Diagramme Oxalsäure enthaltender Substanzgemische wurden von KALKWARF und FROST beschrieben.

Über die *Dünnschichtchromatographie* komplizierter Gemische von Dicarbonsäuren einschließlich Oxalsäure berichten KNAPPE und ROHDEWALD. Sie untersuchten 5 verschiedene stationäre Phasen und fanden, daß bei einem der Systeme, nämlich Polyamid „Woelm" und Diisopropyläther + CCl_4 + HCOOH + H_2O (50 : 20 : 20 : 8 : 1) Oxalsäure „Einzelläufer", d.h. bestimmbar ist. Siehe auch KNAPPE und PETERI.

Die *Gaschromatographie* kurzkettiger Dicarbonsäuren in Form ihrer Ester wird von ACKMAN, BANNERMAN und VANDENHEUVEL beschrieben, die feststellten, daß die Anwendung von Siliconfett als stationäre Phase günstig ist, während an Polyestern teilweise Zersetzung eintritt.

7. Gasometrische Bestimmung.

I. Kohlenoxidentwicklung.

Allgemeines. Eine für Oxalsäure nahezu spezifische gasvolumetrische Methode wurde von KRAUSE ausgearbeitet. Sie beruht auf der Reaktion:

$$H_2C_2O_4 \rightarrow CO + CO_2 + H_2O$$

und Messung des entstehenden Kohlenoxids in einem mit Kalilauge gefüllten Azotometer. Die Reaktion kann durch konzentrierte Schwefelsäure bewirkt werden; mit dieser entwickeln aber verschiedene andere organische Säuren ebenfalls Kohlenoxid. Besonders leicht und quantitativ verläuft ab 50 °C die Reaktion mit freier Oxalsäure bei Anwendung von Essigsäureanhydrid (20 Teile auf 1 Teil Oxalsäure). Bei Temperaturen bis zu 100 °C bildet mit diesem Reagens nur Ameisensäure ebenfalls CO. Für die Analyse wasserlöslicher Salze empfiehlt KRAUSE, das Salz in überschüssiger 15%iger Salzsäure zu lösen, die Lösung im kochenden Wasserbad unter häufigem Schütteln zu einem Kristallbrei einzudampfen und dann wie bei freier Säure zu verfahren. Unlösliche Oxalate können mit einem Gemisch von 4,5 ml Essigsäureanhydrid und 0,5 ml Schwefelsäure behandelt werden. Dann ist aber ein Blindversuch auszuführen, und die Reaktion ist nicht mehr so spezifisch, insbesondere reagiert Milchsäure teilweise mit.

Arbeitsvorschrift. Zur Bestimmung der freien Oxalsäure werden 0,1 bis 0,3 g Substanz in einem weiten Reagensglas abgewogen, welches durch einen mit Zu- und Ableitungsrohr (für Gase) versehenen Gummistopfen verschlossen werden kann. Das Zuleitungsrohr reicht ziemlich tief in das Reagensglas, das Ableitungsrohr endet unmittelbar unter dem Stopfen, durch dessen 3. Bohrung das spitz ausgezogene Ablaufrohr eines kleinen Tropftrichters führt. Durch das Reagensglas wird luftfreies, getrocknetes Kohlendioxid geleitet; das Gasableitungsrohr steht mit einem mit 50%iger Kalilauge gefüllten Schiffschen Azotometer in Verbindung. Nachdem alle Luft verdrängt ist, wird der Kohlendioxidstrom so weit gemäßigt, daß etwa 1 Blase je Sek. die Waschflasche durchstreicht; dann läßt man 5 ml Essigsäureanhydrid durch den Tropftrichter zu der Substanz zufließen, wobei das Abflußrohr des Tropftrichters immer mit Anhydrid gefüllt bleiben muß. Man erwärmt hierauf durch Eintauchen des Reagenzglases in ein mit 50 bis 60 °C warmem Wasser gefülltes Becherglas und bringt das Wasser rasch zum gelinden Sieden. Nach etwa 5 Min. ist die Kohlenoxidentwicklung beendet; man erwärmt aber noch 4 bis 5 Min. länger und verdrängt durch einen lebhafteren Kohlendioxidstrom das CO aus dem Reagenzglas. Aus dem Volumen des CO wird (sein Gewicht und daraus) das Gewicht der Oxalsäure berechnet.

Bemerkungen. a) Das anzuwendende Anhydrid muß im Kohlendioxidstrom *ausgekocht* und unter einer Kohlendioxidatmosphäre aufbewahrt werden. b) Um die Luft aus *pulverigen* Substanzen vollständig zu entfernen, empfiehlt es sich, durch Eintauchen des Reagensglases in ein auf 105 °C angewärmtes Bad (20%ige Calciumchloridlösung) die Substanz eben zum Schmelzen zu bringen. In anderen Fällen erhält man die Substanz durch Eindampfen mit Wasser annähernd luftfrei.

II. Kohlendioxidentwicklung.

VAN SLYKE und SENDROY empfehlen, die Oxalsäure im van-Slyke-Apparat mit n Schwefelsäure sowie einem Überschuß an Kaliumpermanganat zu versetzen und das entstehende Kohlendioxid durch die Druckveränderung in der üblichen Weise (siehe Kapitel: Kohlenstoff, § 1, Abschnitt: B, 2, II, a, α) zu bestimmen. 1 Mol Oxalsäure liefert 2 Mole Kohlendioxid. Diese Methode ist natürlich nicht spezifisch; man wird sie am besten mit Calciumoxalat ausführen, das durch Fällung mit Calciumchlorid aus der Analysenlösung enthalten wurde, und auf diese Weise Störungen ausschließen. So arbeiten z.B. DODDS und GALLIMORE bei der Oxalsäurebestimmung in Blutserum.

Es gibt in der biologischen Chemie eine Methode, nach der aus Nahrungsmitteln, Getränken oder Körperflüssigkeiten in Form von Calciumoxalat abgeschiedene Oxalsäure enzymatisch zu CO_2 zersetzt und letzteres manometrisch bestimmt wird. Zum Beispiel verwenden MAYER, MARKOW und KARP die Oxalsäuredecarboxylase des Pilzes Collybia volutypes für die Bestimmung im Harn.

8. Bestimmung in einigen besonderen Fällen.

Allgemeines. Die Endbestimmung erfolgt stets nach einer der in den vorausgegangenen Abschnitten behandelten Methoden. Die zur *Vorbereitung* erforderlichen Verfahren können im folgenden nur angedeutet werden.

I. In Gegenwart von Weinsäure und Citronensäure.

Nach einem Vorschlag von WILKINSON und Mitarbeitern könnte man Oxalsäure und Citronensäure (gegebenenfalls nach Abtrennung von anderen Säuren über die Fällung als Bleisalze) durch Differenztitration nebeneinander bestimmen. Dazu würde man den Gesamtsäuregehalt acidimetrisch, das Gesamtreduktionsvermögen durch Oxydation bei 90 bis 95 °C mit Cer(IV)-sulfat in schwefelsaurer Lösung sowie Rücktitration bestimmen und das Mengenverhältnis auf Grund der unterschiedlichen Reduktionskapazität berechnen. Für Citronensäure ist die Reduktionsnormalität 6mal so groß wie die Säurenormalität; ihr O-Verbrauch je Mol ist 9mal so groß wie derjenige der Oxalsäure.

Der *Fehler* soll etwa 1 % betragen.

Über die gravimetrische Bestimmung der Oxalsäure in Gegenwart der oben genannten Säuren sind im Abschnitt: 2 Angaben gemacht worden. Weiter wird insbesondere auf die Möglichkeit der chromatographischen Trennung (Abschnitt: 6) hingewiesen. Auch manche colorimetrischen Methoden sind spezifisch.

II. In speziellen Produkten und Hilfsstoffen der Industrie.

Über die Bestimmung von Oxalsäure in nitroglycerinhaltigen Pulvern machten KUEPPERS wie auch TONEGUTTI Angaben. Zur Bestimmung in Wasserstoffperoxid enthaltenden Bleichbädern empfiehlt FEHRE die Fällung als Calciumoxalat in der Hitze oder, wenn das Peroxid ebenfalls bestimmt werden soll, die Fällung mit Bariumchloridlösung bei Zimmertemperatur. Zur Bestimmung der Oxalsäure neben Salpetersäure und Trioxyglutarsäure in Gemischen, die bei der Oxydation von Xylose mit Salpetersäure entstehen, verwendeten CHALOW und KRUZHEWNIKOWA ebenfalls die Fällung als Calciumoxalat aus schwach saurer Lösung. Eine papierchromatographische Methode zur Bestimmung in den schwefelsäurehaltigen Lösungen von der Erzeugung der Citronensäure aus Tabak beschreiben PERLUSZ und JENEY.

Zur Bestimmung der freien Oxalsäure in Bädern für die anodische Oberflächenbehandlung von Leichtmetallen empfahl USLAR eine colorimetrische Methode mit Metavanadationen (siehe Abschnitt: 4, I, b).

III. In Pflanzen und Pflanzenprodukten.

Allgemeines. Die Extraktion der freien Oxalsäure erfolgt gewöhnlich mit heißem Wasser, diejenige der als Calciumoxalat gebundenen mit verdünnter (0,2 bis 2 normal) Salzsäure auf dem Wasserbad oder im Extraktor.

Aus stark mit Fremdstoffen verunreinigten Auszügen wird vielfach anschließend noch mit Äther extrahiert. GROSSFELD, LINDEMANN und SCHNETKA machen darauf aufmerksam, daß es nicht ratsam ist, freie Oxalsäure enthaltende, salzsaure Lösungen vor dem Extrahieren mit Äther weitgehend einzudampfen, da hierbei Verluste durch Sublimieren der Oxalsäure eintreten würden. In manchen Fällen kann die Extraktion mit Äther dadurch vermieden werden, daß man die Proteine und andere störende Stoffe durch Zusatz von Phosphorwolframsäure, z.B. 10 ml 5 %ige Lösung auf 200 ml Salzsäureextrakt, und Filtrieren entfernt (SCHARRER und JUNG; BAKER).

Arbeitsvorschrift nach BAKER. Man zerkleinert 60 g frisches Pflanzenmaterial unter Zusatz von 100 ml Wasser möglichst fein, fügt je 10 ml Brei 2 ml Salzsäure (1 + 1) (etwa 6 m) hinzu und kocht 15 Min. nach Zugabe von 1 bis 2 Tropfen Octanol-(2) als Entschäumer. Dann verdünnt man in einem Meßkolben auf 500 ml, läßt über Nacht stehen und filtriert. Von dem Filtrat versetzt man 25 ml mit 5 ml Phosphorwolframatlösung [24 ml Natriumwolframat + 40 ml Phosphorsäure (D = 1,75), mit Wasser zu 1 l aufgefüllt] und läßt 5 Std. stehen. Danach centrifugiert man, fällt mit gepufferter Calciumchloridlösung (25 g Calciumchlorid + 250 ml

Essigsäure + 330 g Natriumacetat, mit Wasser zu 1 l aufgefüllt) und titriert schließlich den Niederschlag wie üblich mit Permanganatlösung.

Bemerkungen. a) LEHMANN und GRÜTZ wenden die Abtrennung durch Destillation als *Äthylester* vor der $KMnO_4$-Titration an. b) Trennungs- und Bestimmungsmethoden unter Anwendung der Extraktion mit *Salzsäure* wurden u.a. von HOOVER und KARUNAIRATNAM, von MOIR, von DUQUÉNOIS (für Drogen) sowie von TALAPATRA, RÂY und SEN beschrieben. c) ANDREWS und VISER empfahlen, Nahrungsmittel mit 10% überschreitendem Fettgehalt vorher mit *Tetrachlorkohlenstoff* zu extrahieren. Diese Autoren wenden Flüssig/Flüssig-Extraktion des Salzsäureauszuges mit Äther als weitere Reinigungsmaßnahme an.

d) Für die Oxalsäurebestimmung in *Zuckerrübenblättern* hielt SSAPOSHNIKOWA eine Vorbehandlung des Materials durch 30 Min. Extraktion mit Äthanol für erforderlich.

e) Die *Papierchromatographie* wird mehr und mehr zur Bestimmung von Pflanzensäuren angewendet (KALYANKAR, KRISCHNAWAMY und SREENIVASAYA; JORDAN, KORTE und SENGBUSCH, siehe Abschnitt: 6).

f) Zur Bestimmung in *Zuckerrohr* verwendeten ROBERTS und MARTIN die Chromatographie an Kieselgel nach BULEN und Mitarbeitern (siehe Kapitel: G, Essigsäure, Abschnitt: 5, I) mit anschließender Acidimetrie. g) Die Chromatographie der Säuren des *Sorghumsyrups* wird von MADER und WEBSTER beschrieben. h) OWENS, GOODBAN und STARK verwenden *Ionenaustauschchromatographie* zur Analyse der Säuren in Zuckerrüben. i) Die Analyse von Ansätzen in *Verdampfern der Zuckerindustrie* durch Fällungstrennung beschreibt ČERNY.

j) Zur Bestimmung von Oxalsäure neben anderen organischen Säuren in *Tabakblättern* haben ASCU sowie PUCHER, VICKERY und WAKEMAN Methoden mit permanganometrischer Endbestimmung angegeben. k) Bei der Analyse von Pflanzenprodukten, z.B. *Kakao*, kommt es vor, daß Oxalsäure durch Hydrolyse aus anderen Substanzen entsteht, worauf GROSSFELD und LINDEMANN hinwiesen.

IV. In Urin, Blut und ähnlichen Körperflüssigkeiten.

Eine direkte Fällung der Oxalsäure im Urin als Calciumsalz beschrieb KOCH. Zur Trennung von störenden, organischen Substanzen und von Phosphorsäure wird oft die Extraktion mit Äther aus salzsaurer Lösung angewendet (SALKOWSKY; DODDS und GALLIMORE; POWERS und LEVATIN; YARBRO und SIMPSON), die viele Stunden lang durchgeführt werden muß, um die Oxalsäure quantitativ zu extrahieren. Nach Abdampfen des Äthers wird gewöhnlich die Säure abgestumpft, die Oxalsäure als Calciumsalz gefällt und dieses durch Centrifugieren abgeschieden. Geeignete Apparate zur Ätherextraktion wurden von den genannten Autoren beschrieben.

MAUGERI empfahl zur permangano-jodometrischen Oxalsäurebestimmung (vgl. Abschnitt: 3, I, f) im Urin eine Reinigung des Substrates vor der Oxalatfällung durch Zugabe von Trichloressigsäure und Filtration. Sehr ähnlich arbeitet DA MÓTTO-SYRA. Die gleiche Endbestimmung – nach Extraktion – wird auch von PIK und KERCKHOFFS empfohlen.

Nach Befunden von THOMSEN und anderen (z.B. BARRET) wird bei Methoden, die ohne Ätherextraktion arbeiten, im Blut und Serum leicht zu viel Oxalsäure gefunden, da andere Substanzen mitgefällt werden; dies träfe u.a. für die Methoden von MERZ und MAUGERI, von SUZUKI und selbst für die relativ zuverlässige Methode von BARBER und GALLIMORE zu.

DODDS und GALLIMORE wenden die Abtrennung der Oxalsäure als Ester durch Vakuumdestillation aus äthanolischer Lösung, Verseifen, Fällen als Calciumsalz und Bestimmen als Kohlendioxid durch Oxydation mit Permanganat im van-Slyke-

Apparat an. MAGERL und RITTMANN sublimieren die Oxalsäure aus dem enteiweißten Serum. KUŽEL stellte fest, daß die Gegenwart von Cholesterin, Harn-, Milch- und Asparaginsäure die Fällung des Calciumoxalats nicht stört, was für die Analytik der Nierenpathologie wichtig ist.

HAUSMAN und Mitarbeiter empfehlen zur Bestimmung im Urin die colorimetrische Methode mit Indol (vgl. Abschnitt: 4, I, a), HODGKINSON und ZAREMBSKI diejenige mit Chromotropsäure nach Reduktion zu Glycolsäure. In beiden Arbeiten wird die Abtrennung der Oxalsäure durch Extraktion und Oxalatfällung ausführlich beschrieben.

Eine manometrische Methode der Endbestimmung von Oxalsäure in biologischen Flüssigkeiten wie Urin ist die im Abschnitt: 7, II erwähnte von MAYER, MARKOW und KARP. Von diesen Autoren werden ältere Arbeiten zu dieser enzymatisch-manometrischen Methodik zitiert, in denen die Bestimmung in anderen Substraten behandelt wird.

Zur Bestimmung in tierischen Geweben und Organteilen hat SALKOWSKI Digerieren mit heißem Wasser, Eindampfen des Auszuges und Extrahieren mit Äther in Gegenwart von Salzsäure empfohlen. ELSDON und STUBBS halten diese Verfahrensweise für wenig geeignet, da andere organische Stoffe mit in den Äther gelangen, die Oxalsäure selbst aber nicht vollständig; das einfache Digerieren mit Salzsäure sei besser.

V. In Komposterde.

Wegen der Bestimmung von Oxalsäure im Kompost für die Pilzzucht wird auf die Arbeit von BURROWS (Abschnitt: 4, II, c) verwiesen.

Literatur.

ABELMANN, A.: Ber. dtsch. pharm. Ges. **31**, 130 (1921); durch Fr. **68**, 68 (1926). – ACKMAN, R. G., M. A. BANNERMAN u. F. A. VANDENHEUVEL: Anal. Chem. **32**, 1209 (1960); durch Fr. **186**, 379 (1962). – AFANASJEV, B. N.: (a) Betriebslab. (russ.) **15**, 1271 (1949); durch Chem. Abstr. **1950**, 3843i; (b) Trudy Sverdl. S.-Kh.Inst. **1**, 361 (1957); durch Anal. Abstr. **1958**, 3762. – ALLARD, G.: (a) Bl. [4] **51**, 372 (1932); durch C. **1932**, **II**, 1482; (b) C. r. **196**, 937, 1118 (1933); durch Fr. **99**, 65 (1934). – ALMÁSSY, G., u. I. DEZSÖ: Magyar Chem. Folyóirat **60**, 215 (1954); **61**, 107 (1955); durch Fr. **149**, 315 (1956). – ANDREWS, J. C., u. E. T. VI(Z)SER: Food Research **16**, 306 (1951); durch Chem. Abstr. **1951**, 9187e. – ASCU, S.: Tekel Enstituleri Rep. **5**, 40 (1947); durch Chem. Abstr. **1951**, 1305i.

BAKÁCS-POLGAR, E., u. I. KURCZ-CSIKY: Fr. **199**, 247 (1964). – BAKER, C. J. L.: Analyst **77**, 340, 356 (1952); durch Fr. **139**, 381 (1953). – BARBER, H. H., u. E. J. GALLIMORE: Biochem. J. **34**, 144 (1940); durch Chem. Abstr. **1940**, 4135[3]. – BARRET, J. F.: Biochem. J. **37**, 254 (1943); durch Chem. Abstr. **1943**, 6294[8]. – BAU, A.: Ch. Z. **42**, 425 (1918); Wschr. Brauerei **36**, 293 (1919); durch C. **1920**, **II**, 160. – BERGERMAN, J., u. J. S. ELLIOT: Anal. Chem. **27**, 1014 (1955); durch C. **1956**, 9819. – BOBTELSKY, M., D. CHASSON u. S. F. KLEIN: Anal. chim. Acta **8**, 460 (1953); durch Fr. **144**, 398 (1955). – BOTTINI, E.: Atti Congr. naz. Chim. pura applic. **5**, **II**, 686 (1936); durch C. **1937**, **I**, 2287. – BRASTED, R. C.: Anal. Chem. **25**, 673 (1953); durch Chem. Abstr. **1953**, 5839e. – Bureau of Standards: Circular Nr. **381** (1930). – BURRIEL-MARTÍ, F., J. RAMÍREZ-MUÑOZ u. E. FERNÁNDEZ-CALDAS: Anal. Chem. **25**, 583 (1953); durch Fr. **142**, 377 (1954). – BURROWS, S.: Analyst **75**, 80 (1950); durch Fr. **134**, 465 (1951/52).

CARSON, W. N., u. R. KO: Anal. Chem. **23**, 1019 (1951); durch Fr. **136**, 129 (1952). – ČERNY, V.: Listy Cukrovar **66**, 293 (1949/50); **68**, 15 (1952); durch Chem. Abstr. **1953**, 11775a, 11774h. – CHALOW, N. V., u. A. J. KRU(Z)SHEWNIKOWA: Betriebslab. (russ.) **14**, 1491 (1948); durch Chem. Abstr. **1949**, 5343c. – CHEFTEL, R.-I., R. MUNIER u. M. MACHEBOEUF: Bl. Soc. Chim. biol. **34**, 380 (1952); **33**, 840 (1951); durch Fr. **137**, 117 (1952/53). – CUNDIFF, R. H., u. P. C. MARKUNAS: Anal. Chem. **28**, 792 (1956). – CURTMAN, L. J., u. S. M. EDMONDS: Chem. N. **140**, 385 (1930); durch C. **1930**, **II**, 1412.

DEL CAMPO, A., u. F. SIERRA: An. Españ. **32**, 451 (1934); durch C. **1935**, **I**, 3449. – DICK, J.: Fr. **77**, 361 (1929). – DODDS, E. C., u. E. J. GALLIMORE: Biochem. J. **26**, 1242 (1932); durch C. **1933**, **I**, 271. – DRAGANIĆ, Z. D., u. I. G. DRAGANIĆ: Bl. Inst. Nucl. Sci. Belgrad **7**, 53 (1957); durch Anal. Abstr. **1958**, 878. – DULCE, H.-J.: H. **302**, 49 (1955). – DUQUÉNOIS, P.: Ann. pharm.

franc. **5**, 155 (1947); durch Chem. Abstr. **1948**, 722. – DUTOIT, P., u. E. GROBET: J. Chim. phys. **19**, 328 (1921); durch DEL CAMPO.

EEGRIWE, E.: Fr. **89**, 123, 125 (1932). – ELSDON, G. D., u. J. R. STUBBS: Analyst **55**, 321 (1930); durch C. **1930, II**, 1582. – ERÄMETSÄ, O., u. T. M. PARPOLA: Suomen Kmistilehti **15** B, 12 (1942); durch C. **1943, II**, 1119.

FEHRE, W.: Fr. **87**, 180 (1932). – FEIGL, F., u. O. FREHDEN: Mikrochemie **18**, 272 (1935). – FLASCHENTRÄGER, B., u. P. B. MÜLLER: H. **251**, 52 (1938); durch C. **1938, I**, 2764.

GANČEV, N.: Dokl. bulg. Akad. Nauk **14**, 495 (1961); durch Fr. **189**, 225 (1962). – GIUNTA, A.: Chim. e Ind. (Milano) **33**, 695 (1951); durch Chem. Abstr. **1952**, 7925g. – GOVINDARAJAN, V. S., u. M. SREENIVASAYA: Current Sci. **19**, 269 (1950); durch Fr. **135**, 205 (1952). – GOY, S.: Ch. Z. **1913**, 1337. – GRABOWSKI, Z. R., u. A. GRABOWSKA: Roczniki Chem. **30**, 1245 (1956); durch Leybolds Ber. **5**, 107, Nr. 270 (1957). – GROSSFELD, J., u. E. LINDEMANN: Z. Lebensm. **68**, 612 (1934); durch C. **1935, I**, 3062. – GROSSFELD, J., E. LINDEMANN u. M. SCHNETKA: Fr. **97**, 1 (1934). – GUZMÁN, J., u. L. QUINTERO: An. Españ. **32**, 800 (1934); durch C. **1935, I**, 2050.

HALLIWELL, G.: Anal. Chem. **22**, 1184 (1950); – HARNED, H. S.: Am. Soc. **40**, 1213 (1918); durch Fr. **75**, 130 (1928). – HAUSMAN, E. R., J. S. MCANALLY u. G. T. LEWIS: Clin. Chemistry **2**, 439 (1956); durch Fr. **160**, 217 (1958). – HINSVARK, O. N., u. K. G. STONE: Anal. Chem. **28**, 334 (1956). – HODGKINSON, A., u. P. M. ZAREMBSKI: Analyst **86**, 16 (1961). – HOOVER, A. A., u. M. C. KARUNAIRATNAM: Biochem. J. **39**, 237 (1945); durch Chem. Abstr. **1946**, 1207[8].

ISHIBASHI, M., T. SHIGEMATSU u. S. SHIBATA: Japan Analyst **8**, 380 (1959); durch Anal. Abstr. **1960**, 1793. – ISSA, I. M., A. A. EL-AASSER u. M. M. EL-MERZIBANI: Fr. **178**, 12 (1960/61).

JANDER, G.: Fr. **61**, 145 (1922). – JENDRASSIK, L., u. F. TAKÁCS: Bio. Z. **274**, 200 (1934); durch C. **1935, I**, 936. – JENSOVSKY: Chem. Listy **42**, 174 (1948); durch Chem. Abstr. **1950**, 2775d. – JORDAN, C., F. KORTE u. R. v. SENGBUSCH: Züchter **27**, 69 (1957); durch Fr. **158**, 297 (1957).

KALKWARF, D. R., u. A. A. FROST: Anal. Chem. **26**, 191 (1954). – KALYANKAR, G. D., P. R. KRIS(C)HNA(S)WAMI u. M. SREENIVASAYA: Current Sci. (India) **21**, 220 (1952); durch Chem. Abstr. **1953**, 3933i. – KAMP, W., u. C. J. KNOP: Pharm. Weekbl. **92**, 699 (1957); durch C. **1958**, 8721. – KMÍNEK, M.: Z. Zuckerind. Tschechosl. **60**, 81 (1935); durch C. **1936, I**, 1738. – KNAPPE, E., u. D. PETERI: Fr. **188**, 184 (1962). – KNAPPE, E., u. I. ROHDEWALD: Fr. **210**, 183 (1965). – KNOP; durch KAMP u. KNOP. – KOCH, K.: Bio. Z. **283**, 422 (1936); durch C. **1936, I**, 4474. – KOLTHOFF, I. M.: Fr. **64**, 185 (1924). – KOLTHOFF, I. M., u. Y. D. PAN: Am. Soc. **62**, 3332 (1940); durch C. **1941, II**, 2593. – KRAUSE, H.: B. **52**, 426 (1919); durch Fr. **60**, 54 (1921). – KRUSTINSONS, J.: Fr. **117**, 330 (1939). – KUEPPERS: Z. ges. Schieß- und Sprengwes. **10**, 145 (1915); durch TONEGUTTI; s. C. **1928, I**, 781. – KŮTA, J.: (a) Chem. Listy **49**, 261 (1955); durch Leybolds Ber. **3**, 96 (1955); (b) Chem. Listy **51**, 764 (1957); durch Leybolds Ber. **5**, 108 (1957). – KUŽEL, K.: Lékařské Listy **7**, 203 (1952); durch Chem. Abstr. **1954**, 13793d.

LEHMANN, E., u. W. GRÜTZ: Bodenkunde Pflanzenernähr. **61**, 77 (1953); durch Fr. **141**, 377 (1954). – LEULIER, A., L. VELLUZ u. H. GRIFFON: Bl. Soc. Chim. biol. **11**, 46 (1929); durch C. **1929, I**, 2674.

MADER, C., u. G. E. WEBSTER: Food Technol. **8**, 171 (1954); durch Chem. Abstr. **1954**, 14034g. – MAGERL, J. F., u. R. RITTMANN: Klin. Wschr. **17**, 1078 (1938); durch C. **1939, I**, 3599. – MALJAROW, K. L., u. A. J. GLUSCHAKOW: Fr. **93**, 265 (1933). – MAPSTONE, G. E., u. J. W. SMITH: Chem. Ind. **1952**, 856. – MAUGERI, S.: H. **217**, 138 (1933); durch C. **1933, II**, 750. – MAYER, G. G., D. MARKOW u. F. KARP: Clin. Chemistry **9**, 334 (1963); durch Fr. **207**, 213 (1965). – MAYR, C., u. J. FISCH: Fr. **76**, 434 (1929). – MERZ, W., u. S. MAUGERI: H. **201**, 31; durch C. **1933, I**, 3751. – MITCHELL, C. A.: Analyst **58**, 279 (1933); durch Fr. **104**, 365 (1936). – MOIR, K. W.: Queensland J. agric. Sci. **10**, 1 (1953); durch C. **1956**, 1398. – DA MÓTTO-SYRA, P.: Rev. quim. e. farm. Rio de Janeiro **12**, 27 (1947); durch Chem. Abstr. **1947**, 4191i.

OV(W)ERELL, B. T.: Austr. J. Sci. **15**, 28 (1952); durch Chem. Abstr. **1952**, 10039h. – OWENS, H. S., A. E. GOODBAN u. J. B. STARK: Anal. Chem. **25**, 1507 (1953); durch Chem. Abstr. **1954**, 1718i.

PAGET, M., u. R. BERGER: C. r. **207**, 800 (1938); durch C. **1939, I**, 991. – PERCIABOSCO, F.: Ann. Chim. applic. **30**, 362 (1940); durch C. **1940, II**, 2789. – PEREIRA, R. S.: Mikrochemie **36/37**, 398 (1951); durch Fr. **134**, 229 (1951/52). – PERLUSZ, T., u. K. JENEY: Magyar Chem. Folyóirat **61**, 13 (1955); durch Fr. **148**, 442 (1955/56). – PIK, C., u. H. P. M. KERCKHOFFS: Clin. chim. Acta (Amsterdam) **8**, 300 (1963); durch Fr. **210**, 389 (1965). – POWERS, H. H., u. P. LEVATIN: J. biol. Chem. **154**, 207 (1944); durch Chem. Abstr. **1944**, 5238[4]. – PUCHER, G. W., H. B. VICKERY u. A. J. WAKEMAN: Ind. eng. Chem. Anal. Edit. **6**, 140 (1934); durch C. **1935, II**, 3453.

RAO, G. G., u. G. ARAVAMUDAN: (a) Fr. **145**, 426 (1955); (b) Anal. chim. Acta **13**, 415 (1955); durch Fr. **152**, 378 (1956). – RAO, V. P., u. G. G. RAO: Talanta **2**, 370 (1959); durch Anal. Abstr. **1960**, 2284. – RÂY u. SEN; durch TALAPATRA, RÂY u. SEN. – RENAUDIN, J.: J. Pharm. Chim. [8] **23**, 447 (1936); durch C. **1936, II**, 2581. – REYNOLDS, G. F., u. R. C. SMART: Anal. chim. Acta **11**, 487 (1954); durch Fr. **147**, 208 (1955). – RICHARDS, T. W., C. F. MCCAFFREY u. H. BISBEC: Z. anorg. Ch. **28**, 71 (1901). – ROBERTS, E. J., u. L. F. MARTIN: Anal. Chem. **26**, 815 (1954). – DE LA RUBIA-PACHECO, J., u. F. B. LÓPEZ-RUBIO: Inform. quim. anal. (Madrid) **6**, 40 (1952); durch Chem. Abstr. **1953**, 4241f.

SAITO, K., u. N. SATO: J. chem. Soc. Japan, Ind. Chem. Sect. **55**, 59 (1952); durch Chem. Abstr. **1953**, 9848i. – SALKOWSKI, E.: (a) Zbl. mediz. Wissensch. **1899**, 257; durch Fr. **38**, 394 (1899); (b) H. **29**, 437 (1900); durch Fr. **39**, 604 (1900). – SAMSON, S., (u. H. ZSCHUPPE): Chem. Weekbl. **50**, 341 (1954); durch Chem. Abstr. **1954**, 10491h; Fr. **146**, 120 (1955). – SCHAFFIGULLIN, A. G.: J. phys. Chem. (russ.) **27**, 1767 (1953); durch Chem. Abstr. **1954**, 9796f. – SCHARRER, K., u. J. JUNG: Landwirtsch. Forsch. **5**, 191 (1953); durch Chem. Abstr. **1954**, 2946i. – SCHRÖDER, K.: Fr. **64**, 393 (1924). – SCHRYVER-FOSSE; durch PAGET u. BERGER. – SCHTSCHIGOL, M. B., u. S. M. BIRNBAUM: Betriebslab. (russ.) **14**, 1427 (1948); durch Chem. Abstr. **1949**, 5337i. – SENDROY, J.: (a) J. biol. Chem. **144**, 243 (1942); durch C. **1943**, **II**, 349; (b) J. biol. Chem. **152**, 557 (1944); durch Chem. Abstr. **1944**, **I**, 2985[3]). – SINGH, B., u. S. SINGH: J. Indian chem. Soc. **16**, 343 (1939); durch C. **1940**, **II**, 1623. – SINGH, B., S. SINGH u. H. SINGH: Anal. chim. Acta **15**, 320 (1956); durch Fr. **158**, 39 (1957). – SMITH, G. F., u. C. A. GETZ: Ind. eng. chem. Anal. Edit. **10**, 304 (1938); durch C. **1938**, **II**, 3124. – SMOLIN, A. N.: Utschenije Sapiski Mosk. Gossud. Pedag. Inst. **21**, 125 (1940); durch Chem. Abstr. **1943**, 1672[3]. – SPACU, P.: Fr. **103**, 272 (1935). – SPACU, P., u. M. HLEVKA: Acad. Rep. Pop. Rômane, Bl. Stiint., Ser. Mat. Fiz. Chim. **2**, 677 (1950); durch Chem. Abstr. **1951**, 7918i. – SSAPOSHNIKOWA, J. W.: Bl. angew. Botanik (russ.) **5**, 255 (1935); durch C. **1936**, **I**, 2596. – SSOTNIKOW, E. J.: C. r. Acad. USSR, Ser. A. **1933**, 83; durch C. **1934**, **I**, 2799. – ŠTOLCOVÁ, Z., u. J. BURIÁNEK: Listy Cukrovar **66**, 43 (1949); durch Chem. Abstr. **1950**, 2775d. – STOLJAROW, K. P.: Ž. anal. Chim. (russ.) **9**, 141 (1954); durch Chem. Abstr. **1954**, 9257f. – STRAUB, GY., u. Z. CZAPÓ: Acta chim. Acad. Sci. hung. **26**, 267 (1961); durch Fr. **185**, 386 (1962). – SUZUKI, S.: Japan. J. med. Sci. II Biochem. **3**, 291 (1934); durch H. **244**, 235 (1936); durch C. **1938**, **I**, 2418. – SZEBELLÉDY, L., u. S. TANAY: P. C. H. **79**, 441 (1938); durch C. **1938**, **II**, 4102. – SZEKERES, L., L. G. MOLNÁR u. M. NAGY: Magyar Kém. Lapja **13**, 302 (1958); durch Anal. Abstr. **1959**, 2151. – SZEKERES, L., M. BALÁZSFALVY-ZERGÉNYI u. L. G. MOLNÁR: Magyar Chem. Folyóirat **64**, 96 (1958); durch Chem. Abstr. **1958**, 11660g.

TALAPATRA, S. K., S. C. RÂY u. K. S. SEN: Indian J. Vet. Sci. **18**, 99 (1948); durch Chem. Abstr. **1949**, 6685e. – THOMSEN, A.: H. **237**, 199 (1935); durch C. **1936**, **I**, 2786. – TOMÍČEK, O., u. J. FELDMANN: Coll. Trav. chim. Tchécosl. **6**, 408 (1934); durch C. **1935**, **I**, 442. – TONEGUTTI, M.: Ann. Chim. applic. **17**, 531 (1927); durch C. **1928**, **I**, 781. – TRAITER, M.: Chem. Zvesti **11**, 583 (1957); durch Fr. **163**, 213 (1958). – TREADWELL, F. P.: Kurzes Lehrbuch der analytischen Chemie **II**. 11. Aufl.; Wien 1949. – TUTUNDŽIĆ, P. S., u. S. MLADENOVIĆ: Anal. chim. Acta **12**, 382, 390 (1955); durch Fr. **148**, 121 (1955/56).

v. USLAR, H.: DRP 651695 (1937); durch C. **1938**, **I**, 135.

VAN SLYKE, D. D., u. J. SENDROY: J. biol. Chem. **84**, 217 (1929); durch C. **1930**, **I**, 1835. – VAVRINEZ, G., u. K. VUKOV: Élelmezési Ipar **9**, 150 (1955); durch Chem. Abstr. **1958**, 8850a. – VEGA, C. M.: Rev. farm. (Buenos Aires) **93**, 22 (1951); durch Chem. Abstr. **1952**, 4427f. – VERMA, R. M., u. S. BOSE: Indian J. appl. Chem. **26**, 122 (1963); durch Fr. **211**, 375 (1965).

WATSON, J. P.: Analyst **76**, 177 (1951); durch Fr. **135**, 216 (1952). – WELLINGS, A. W.: Trans. Faraday Soc. **28**, 565 (1932); durch C. **1933**, **I**, 1818. – WILKINSON, J. A., I. R. SIPHERD, E. I. FULMER u. L. M. CHRISTENSEN: Ind. eng. Chem. Anal. Edit. **6**, 161 (1934); durch C. **1934**, **II**, 2867. – WINKLER, L. W.: Angew. Ch. **31**, 80, 83 (1918).

YARBRO, C. L., u. R. E. SIMPSON: J. Labor. clin. Med. **48**, 304 (1956); durch Fr. **159**, 385 (1957/58).

ZBINOVSKY, V., u. R. H. BURRIS: Anal. Chem. **26**, 208 (1954).

Silicium

Si, Atomgewicht 28,086, Ordnungszahl 14.

Von **W. Prodinger**, Wien

Mit 13 Abbildungen

Inhalt

Vorbemerkungen.

Die Bestimmung des Siliciums auf naßchemischem Wege kann

1. gravimetrisch,
2. colorimetrisch oder
3. titrimetrisch

geschehen. Alle drei Methoden, setzen voraus, daß das siliciumhaltige Material so abgebaut wird, daß zum Schluß Kieselsäure vorliegt, die dann nach einer der obigen Methoden bestimmt wird.

Der Abbau zur Kieselsäure ist relativ einfach bei Silicaten, die durch Mineralsäuren zersetzbar sind. Bei säureunlöslichen Silicaten – und dazu gehören die meisten Silicatgesteine – ist dazu ein Aufschluß nötig, der im Schmelzen mit Alkali- oder Erdalkalicarbonaten, manchmal auch mit Metalloxiden, besteht. Eine andere Art des Silicataufschlusses, der Aufschluß mit B_2O_3, ist von JANNASCH eingeführt und an zahlreichen Silicaten erprobt worden. Der Borsäureaufschluß hat u.a. den Vorteil, daß die Alkalien aus der gleichen Einwaage bestimmt werden können. Diesen Vorteil weist auch das alte Berzelius-Verfahren des Flußsäureaufschlusses auf; allerdings kann hier die Kieselsäure nur aus der Differenz bestimmt werden.

Die aus Silicatlösungen durch starke Mineralsäuren als Hydrogel abgeschiedene Kieselsäure muß durch Erhitzen dehydratisiert bzw. polymerisiert und unlöslich gemacht werden, wodurch der relativ hohe Zeitbedarf der Silicatanalysen erklärlich ist.

Diese Art der SiO_2-Bestimmung ist gut brauchbar bei Mengen bis herab zu 5 mg, versagt aber bei kleineren Gehalten wegen der dann zu sehr ins Gewicht fallenden Löslichkeit der Kieselsäure. Bei Anwendung mikroanalytischer Methoden, wie sie hauptsächlich von HECHT entwickelt wurden, lassen sich aber immerhin Kieselsäurebestimmungen in Mineralen und Gesteinen bei Einwaagen von etwa 20 mg anstandslos durchführen.

Für die Mineralmikroanalyse hat sich die Möglichkeit, schwerlösliche Komplexe der Silicomolybdänsäure mit gewissen organischen Basen, wie etwa Chinolin, 8-Hydroxychinolin, Chinaldin, Brucin, Coniin, Strychnin, Pyramidon und Urotropin, als Abscheidungs- bzw. Wägungsformen zu verwenden, als bedeutungsvoll erwiesen (KING; MILLER; ARMAND und BERTHOUX; DUVAL).

Eine weitere Möglichkeit besteht in der Umsetzung von SiO_2 mit HF zu H_2SiF_6 und im Fällen der letzteren als K_2SiF_6 oder $BaSiF_6$.

Die schon seit langem bekannte Tatsache, daß Silicatlösungen mit Ammoniummolybdat in schwach saurer Lösung unter Bildung einer intensiv gelben Heteropolysäure, $H_4[Si(Mo_3O_{10})_4] \cdot x\,H_2O$, reagieren, hat man schon früh zu einer colorimetrischen Bestimmung der Kieselsäure, z.B. in Wässern, biologischen Flüssigkeiten und Geweben, herangezogen (JOLLES, WINKLER, KING u.a.). Die gelbe Molybdatokieselsäure läßt sich durch verschiedene Reduktionsmittel wie $SnCl_2$, $FeSO_4$, Na_2SO_3, $Na_2S_2O_3$, NH_2OH, Aminonaphtholsulfosäure, Hydrochinon, Metol zum Molybdänblau reduzieren. Diese Blaufärbung ist intensiver als die entsprechende Gelbfärbung und daher zur colorimetrischen Bestimmung kleinster SiO_2-Mengen sehr geeignet.

Die Bedeutung einer schnellen und einfachen Methode zur Bestimmung gravimetrisch nicht mit Sicherheit erfaßbarer Si-Mengen hat eine große Anzahl von

Forschern veranlaßt, diese Reaktion eingehend zu studieren. Dabei stellte sich heraus, daß die Bildung der Heteropolysäure eine relativ konplizierte Reaktion ist, die in erster Linie von der Acidität und von der Molybdatkonzentration abhängt. Weiter ist wesentlich, ob die Kieselsäure echt oder kolloidal gelöst vorliegt und daß stets Lösungen gleichen Polymerisationsgrades zur Untersuchung kommen.

Lösliche Kieselsäure reagiert mit Molybdation, kolloide reagiert nicht (DIÉNERT und WANDENBULCKE; WEITZ, FRANCK und SCHUCHARD). Bei der Polymerisation der Kieselsäure durch starke Mineralsäuren sind im wesentlichen 3 Formen zu unterscheiden (JEGOROWA):

α-Form reagiert mit Molybdänsäure, ist durch Gelatine nicht flockbar;
β-Form reagiert weder mit Molybdänsäure noch mit Gelatine;
γ-Form (polymere Form) wird durch Gelatine gefällt.

Die Polymerisation erfolgt reversibel; eineDepolymerisation zeigt sich besonders beim längeren Sieden schwach saurer Lösungen. Der Gehalt an γ-Form nimmt bei steigender Säurekonzentration zu; in 8 n HCl jedoch verschwindet die γ-Form vollständig.

Von der gelben Silicomolybdänsäure hat STRICKLAND nachgewiesen, daß sie in zwei Formen (α und β) existiert. Diese Formen haben gleiche molekulare Zusammensetzung, unterscheiden sich aber in der Lichtabsorption. Die für die colorimetrische Bestimmung wichtige β-Form entsteht aus einer Lösung, die zwischen 3 und 5 Äquivalente Säure auf 1 Grammion Molybdation enthält.

In neuester Zeit hat besonders RUF darauf hingewiesen, daß die starke Streuung bei dieser Methode lediglich darauf zurückzuführen ist, daß Lösungen verschiedenen Polymerisationsgrades untersucht wurden. Verwendet man aber lediglich Lösungen der monomeren Form der Kieselsäure, die durch Kochen mit Natronlauge oder in der wäßrigen Lösung einer Sodaschmelze erhalten wird, so ergeben die gefundenen Extinktionen reproduzierbar die vorgelegte Menge SiO_2. Die colorimetrische bzw. spektralphotometrische Bestimmung wird in der Metallanalyse, wie auch bei der Analyse von biologischen Flüssigkeiten und Geweben, mit Erfolg angewendet. Auch zur Reinheitsprüfung läßt sie sich gut verwenden. Bei der Analyse von Gesteinsstäuben erhielten KING, STACY, HOLT, YATES und PICKLES annehmbare Resultate, obwohl in solchen Fällen exakte Werte nur auf gravimetrischem Weg zu erwarten sind. Immerhin konnten auf colorimetrischem Weg in einem Quarz 99,4% SiO_2 gefunden werden gegen einen auf gravimetrischem Weg ermittelten Gehalt von 99,7%.

Literatur.

ARMAND, M., u. J. BERTHOUX: Anal. chim. Acta **8**, 510 (1953).

BERZELIUS, J. J.: Pogg. Ann. **1**, 169 (1824).

DIÉNERT, F., u. F. WANDENBULCKE: C. r. **176**, 1478 (1923); Bl. [4] **33**, 1131 (1923). – DUVAL, C.: Anal. chim. Acta **1**, 33 (1947).

HECHT, F., u. J. DONAU: (Anorganische) Mikrogewichtsanalyse; Wien 1940, S. 244; durch Anal. chim. Acta **8**, 525 (1953).

JANNASCH, P.: Praktischer Leitfaden der Gewichtsanalyse. – JEGOROWA, J. N.: Izv. Akad. Nauk SSSR. Otdel. chim. **1954**, 16; durch Fr. **145**, 58 (1955). – JOLLES, A., u. F. NEURATH: Angew. Ch. **11**, 315 (1898).

KING, E. J., B. D. STACY, P. F. HOLT, D. M. YATES u. D. PICKLES: Analyst **80**, 441 (1955); durch Fr. **151**, 154 (1956). – KING, E. J., u. J. L. WATSON: Mikrochemie **20**, 49 (1936).

MILLER, C. C., u. R. A. CHALMERS: Analyst **78**, 24 (1953).

RUF, E.: Fr. **151**, 169 (1956); **161**, 1 (1958).

STRICKLAND, J. D. H.: Am. Soc. **74**, 862 (1952).

WEITZ, E., H. FRANCK u. M. SCHUCHARD: Ch. Z. **74**, 256 (1950). – WINKLER, L. W.: Angew. Ch. **27**, 511 (1914).

A. Gravimetrische Methoden.

§ 1. Aufschlußmethoden.

1. Mit Säuren unter Druck.

Manche durch Säuren bei gewöhnlichem Druck nur unvollständig zersetzbare Silicate werden, wie zuerst MITSCHERLICH gezeigt hat, durch Erhitzen mit konz. Salzsäure oder Schwefelsäure (3 + 1) (etwa 14 m) im Einschlußrohr bei 200 bis 220 °C vollständig zersetzt. In dieser Ausführungsform hat das Verfahren höchstens für die Bestimmung des Eisen(II) Bedeutung; für die Gesamtanalyse eines Silicats ist es kaum brauchbar, da unter den gegebenen Umständen das Einschlußrohr mehr oder weniger stark angegriffen wird.

JANNASCH umgeht diese Schwierigkeit dadurch, daß er den Aufschluß in einem Platinrohr, das in einem weiten Einschlußrohr im Bombenofen erhitzt wird, durchführt.

Obwohl das Verfahren kaum Eingang in die Praxis gefunden hat, soll es doch, da es bei wissenschaftlichen Analysen von Bedeutung sein könnte, kurz geschildert werden.

Der *Apparat* stellt ein unten geschlossenes und oben mit einer besonderen Abschlußkapsel versehenes Platinrohr dar, das nach unten etwas konisch verläuft. In die Verschlußkapsel ist eine Platinröhre eingelötet. Nach den Angaben von JANNASCH beträgt die Länge des Rohres nebst Kapsel 178 mm, die Länge des Hauptrohres 151 mm. Das Gewicht des Apparates beträgt etwa 57,5 g, der Fassungsraum (ohne Verschluß) 26 ml. Das Kommunikationsrohr trägt oben eine Öse.

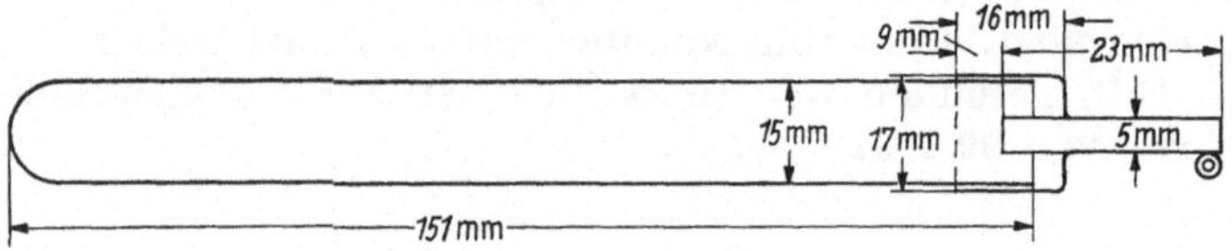

Abb. 1. Platin-Apparat nach JANNASCH, natürl. Größe.

Zur Ausführung des Aufschlusses wird die feinst gepulverte Substanz mittels eines kleinen Einfülltrichters in das Platinrohr gebracht und mit 10 ml Salzsäure (4 + 1) (etwa 10 m) innig vermischt. Dazu bedient man sich eines langen, starken Platindrahtes, der an einem Ende zu einer größeren Öse gebogen ist. Nach Beendigung des Mischens wird die Öse mit 5 ml Salzsäure (4 + 1) abgespritzt, wozu man sich einen kleinen Meßzylinder als Spritzflasche einrichtet. Das Platinrohr wird jetzt mit der Kapsel dicht verschlossen und in das Bombenrohr von mindestens 22 mm lichter Weite und 2 mm Wandstärke eingeführt. Mittels eines langstieligen Trichters füllt man in das Bombenrohr so viel Salzsäure (4 + 1), daß sich das Platinrohr etwa zur Hälfte in der Säure befindet. Bei richtiger, lichter Weite des Glasrohres darf sich die Säure nicht capillar bis an den Rand der Kapsel hinaufziehen. Das Glasrohr wird nun an der passenden Stelle verjüngt, anschließend die Luft völlig durch Kohlendioxid verdrängt, wobei zu beachten ist, daß man zeitweilig das Gas auch direkt in den Platinapparat einleitet. Nach Beendigung wird das Rohr zugeschmolzen. Es wird im Bombenofen wenigstens 10 bis 12 Std. auf 190 bis 210 °C erhitzt. Ist das Rohr völlig erkaltet, sprengt man die Spitze ab, zieht den Platinapparat mittels eines in die Öse eingeführten, hakenförmig gebogenen Platindrahtes aus dem Glasrohr, entleert den Inhalt in eine Platinschale, entfernt die im Platinrohr etwa haftengebliebenen Teile unter Zuhilfenahme einer Federfahne und spült mit Salzsäure in die Schale. Der Schaleninhalt wird wie üblich zur Trockene eingedampft und, wie § 1, 2 geschildert, weiter behandelt. Das Filtrat von der Kieselsäure wird durch Einleiten von H_2S von den geringen, in Lösung gegangenen Mengen Platins befreit. In dem von H_2S befreiten Filtrat der Schwefelwasserstofffällung werden die Kationen in bekannter Weise gefällt. Nach Ausfällung des Calciums als Oxalat wird Magnesium durch Eindampfen mit überschüssigem, rückstandsfreiem HgO als Oxid gefällt, und anschließend werden die Alkalien wie üblich bestimmt.

2. Natriumcarbonatmethode.

Allgemeines. Diese Methode wird allgemein bei der Analyse von Silicaten, besonders von Silicatgesteinen, angewendet. Sie ist hauptsächlich von HILLEBRAND eingehend studiert worden. Der von ihm ausgearbeitete Analysengang ist auch heute noch maßgebend.

Arbeitsvorschrift. 0,5 bis 1,0 g der möglichst fein gepulverten, lufttrockenen Substanz werden in einem geräumigen Platintiegel mit der 8- bis 10fachen Menge reiner, wasserfreier Soda innig mittels eines Platinspatels gemischt und dieser zum Schluß mit wenig Soda in den Tiegel abgespült. Der Tiegel wird nun bedeckt und mindestens $^1/_2$ Std. über einer ganz kleinen Flamme erwärmt, ohne daß der Tiegelboden rot wird. Durch dieses sorgfältige Erhitzen werden die letzten Reste Feuchtigkeit ausgetrieben. Anschließend wird die Temperatur ganz allmählich gesteigert, bis der Tiegelinhalt deutlich zu schmelzen beginnt. Nun wird mit der vollen Flamme eines Méker-Brenners und zum Schluß einige Minuten über dem Gebläse oder dem Teclu-Brenner erhitzt, bis beim vorsichtigen Lüften des Deckels keine CO_2-Entwicklung mehr festgestellt werden kann. Der Tiegel wird nun mit einer mit Platinspitzen versehenen Tiegelzange vom Feuer genommen und die Schmelze durch leicht kreisende Bewegung in möglichst dünner Schicht auf der Tiegelwandung verteilt. Der noch heiße Tiegel wird in einem geräumigen Becherglas in kaltes Wasser gestellt, aber so, daß das Wasser nicht in den Tiegel gelangt. In der Regel löst sich der Schmelzkuchen durch die rasche Abkühlung von der Tiegelwandung los und läßt sich durch Umkehren des Tiegels leicht entfernen. Jetzt wird auch der Tiegeldeckel in das Becherglas gebracht, dieses mit einem Uhrglas bedeckt und anteilweise mit Salzsäure (1 + 1) (etwa 6 m) versetzt. Die anfänglich lebhafte Gasentwicklung läßt bald nach, weil der Schmelzkuchen durch eine Haut von Kieselsäure vor der weiteren Einwirkung der Säure geschützt wird. Man muß daher von Zeit zu Zeit mittels eines Glasstabes die Kieselsäurehaut zerstören, wobei man auch für eine Zerkleinerung der Schmelze sorgt. Tritt schließlich keine Kohlendioxidentwicklung mehr auf, entfernt man Tiegel und Deckel aus dem Becherglas und spült beide in eine geräumige Platinschale ab. Geringe, im Tiegel verbliebene Reste entfernt man mit Salzsäure. Die Lösung im Becherglas wird nun in die Platinschale übergeführt. Die Platinschale wird unter anfänglichem Bedecken mit einem Uhrglas auf dem Wasserbad erwärmt. Hat die wieder einsetzende Kohlendioxidentwicklung aufgehört, entfernt man das Uhrglas, spült es mit wenig Wasser ab und dampft den Schaleninhalt unter häufigem Umrühren zur Trockne. Das Umrühren muß von dem Zeitpunkt der Abscheidung von Salzen ab ziemlich häufig erfolgen, um Verluste durch Verspritzen zu vermeiden. Das Erhitzen auf dem Wasserbad wird nun unter öfterem Zerdrücken der gröberen Kristalle so lange fortgesetzt, bis der Geruch nach Chlorwasserstoff verschwunden ist. Statt nun im Trockenschrank bei 130 °C zu trocknen, kann man den zur staubigen Trockne gebrachten Rückstand auf dem Wasserbad mit einem Infrarotstrahler auf die erforderliche Temperatur bringen. Der auf die eine oder andere Art getrocknete Rückstand wird nun nach dem Abkühlen mit 10 ml konz. Salzsäure befeuchtet (um die während des Trocknens gebildeten Oxide in Chloride zu verwandeln) und nach 10 Min. mit 100 ml heißem Wasser versetzt, kurz aufgekocht und durch ein Schwarzbandfilter dekantiert. Die ausgeschiedene Kieselsäure wird mit verd. Salzsäure zum Schluß mit heißem Wasser aufs Filter gebracht und bis zum Verschwinden der Chloridreaktion gewaschen. – Häufig hat sich ein dünner Film von Kieselsäure an der Schale festgesetzt, der durch Ausspülen nicht zu entfernen ist. Seine Entfernung gelingt aber leicht durch Auswischen mit einem kleinen Stückchen Filtrierpapier.

Es ist übrigens unzweckmäßig, die Schale nach dem ersten Eindampfen so zu reinigen, da man das Filtrat in der oben angegebenen Weise in der Schale noch ein zweites Mal verdampfen muß, um eine möglichst vollständige Abscheidung der Kieselsäure zu erreichen. (Bei besonders anspruchsvollen Analysen dampft man das Filtrat der zweiten Kieselsäureabscheidung noch ein drittes Mal ein.)

Die auf 2 (oder 3) Filtern gesammelte Kieselsäure kann im Platintiegel naß verbrannt werden. Nach dem Verbrennen sämtlicher Kohle glüht man über einem Méker-Brenner und zum Schluß über dem Gebläse oder Teclu-Brenner bis zur Gewichtskonstanz. Der Niederschlag ist nur wenig hygroskopisch. Das starke, andauernde Glühen ist notwendig, um Spuren von Alkalisalzen zu verflüchtigen.

Die so gewonnene Kieselsäure ist niemals ganz rein; deshalb muß sie immer auf Reinheit geprüft werden, was man durch Verflüchtigung mittels Flußsäure erreicht. Zu diesem Zweck übergießt man die Rohkieselsäure vorsichtig mit 2 bis 3 ml Wasser, fügt 1 Tropfen konz. Schwefelsäure und 3 bis 5 ml rückstandsfreie (aus einer Platinretorte destillierte) Flußsäure zu. Den so beschickten Tiegel erhitzt man auf dem Wasserbad, bis keine Dämpfe mehr entweichen. Die überschüssige Schwefelsäure wird vorsichtig abgeraucht; nach Aufhören des Rauchens steigert man die Hitze bis zur vollen Temperatur eines guten Teclu-Brenners und wägt das zurückbleibende Oxid (meist ein Gemenge von Al_2O_3 und Fe_2O_3). Die Differenz aus Rohkieselsäure und den Oxiden ergibt das Gewicht der reinen Kieselsäure. Diese Art der Abscheidung der Kieselsäure ist nur angängig bei Silicaten, die kein oder nur geringe Mengen Fluor enthalten.

3. B_2O_3-Aufschluß nach Jannasch.

Allgemeines. Das absolut alkalifreie Präparat B_2O_3 wird vorher geschmolzen und fein gepulvert. Zum Aufschluß verwendet man im allgemeinen die 3- bis 4fache Menge, bei schwerer aufschließbaren Gesteinen die 5- bis 6fache Menge. Feldspat erfordert die 8fache Menge.

Arbeitsvorschrift. Zum *Aufschluß* mischt man 1 bis 1,25 g Silicat in einem großen Platintiegel von 40 bis 65 ml Inhalt mit der erforderlichen Menge B_2O_3.

Das Mischen besorgt man mit einem kleinen Platindraht, der nicht über den Tiegel hinausragen darf. Dieser Platindraht bleibt während des Aufschlusses im Tiegel, um bei manchmal auftretender, starker Blasenbildung und Aufblähung die Schmelze durch Rühren homogenisieren zu können.

Man erhitzt anfänglich über kleiner Flamme zum Austreiben der Feuchtigkeit, und dann mit voller Flamme bis zum ruhigen Schmelzen. Man läßt 10 Min. im Fluß und erhitzt anschließend noch 15 Min. über dem Gebläse.

Der glühend heiße Tiegel wird in kaltes Wasser gehängt und der Deckel beschwert, damit beim Zerspringen der Schmelze keine Verluste durch Herausschleudern entstehen können. Den Schmelzkuchen bringt man mit 200 bis 250 ml kochend heißem Wasser in eine Platinschale, fügt 50 bis 75 ml konz. Salzsäure zu und erhitzt unter ständigem Umrühren zum beginnenden Sieden. Bei dieser Temperatur hält man so lange, bis alles gelöst ist. Anschließend wird unter häufigem Umrühren auf dem Wasserbad zur Trockne eingedampft. Diese Operation dauert etwa 2 bis 3 Std., weil sich die Kieselsäure zuerst gallertartig abscheidet. Der trockene Rückstand wird nun mit 60 bis 75 ml wasserfreiem, mit HCl-Gas gesättigtem Methanol übergossen, und durch Rühren werden die Chloride in Lösung gebracht. Nun erhitzt man unter beständigem Umrühren auf dem Wasserbad auf 75 bis 80 °C, bis das Methanol verjagt ist. Dieses Abrauchen mit Methanol-Salzsäure wird noch dreimal wiederholt. Von der restlosen Entfernung der Borsäure überzeugt man sich dadurch, daß eine in der Nähe brennende Flamme nicht mehr grün gefärbt wird.

Der Rückstand wird nun 1 Std. bei 110 °C getrocknet, mit konz. Salzsäure durchfeuchtet, nach 10 Min. mit heißem Wasser aufgenommen und die Kieselsäure abfiltriert. Durch Eindampfen dieses Filtrats gewinnt man die geringen, noch in Lösung befindlichen Mengen Kieselsäure, die mit der Hauptmenge gemeinsam im Platintiegel naß verbrannt werden. Die weitere Behandlung des Filtrats erfolgt wie beim Sodaaufschluß; nur wird im Filtrat der Calciumfällung Magnesium durch Abdampfen mit (alkalifreiem) HgO als MgO abgeschieden. Das Filtrat, das nur noch die Alkalien enthält, wird mit Salzsäure abgeraucht, und in der wäßrigen, neutralen Lösung der Chloride wird die Trennung der Alkalien mit Hexachloroplatinsäure durchgeführt. Die Methode eignet sich z. B. zur Bestimmung der Kieselsäure im Quarz; sie ist auch bei den meisten Silicaten anwendbar, ausgenommen den Silicaten der Andalusitgruppe.

4. Die Bleioxidmethode von Jannasch.

Allgemeines. Das zum Aufschluß erforderliche Bleioxid ist im Handel, nicht frei von fremden Beimengungen, erhältlich. Man stellt sich daher durch Fällen einer Bleiacetatlösung mit der eben nötigen Menge Ammoniumcarbonats basisches Bleicarbonat her, das dann beim Glühen das nötige Bleioxid liefert.

Herstellung des basischen Bleicarbonats. Man fällt eine heiße Lösung von Bleiacetat mit der eben nötigen Menge Ammoniumcarbonats, läßt absitzen, wäscht wiederholt durch Dekantation mit warmem Wasser, saugt auf einer Nutsche ab und wäscht mit heißem Wasser vollständig aus. Man saugt auf der Nutsche möglichst trocken, befreit den Niederschlag sorgfältig von dem gehärteten Filter und trocknet auf dem Wasserbad.

Arbeitsvorschrift. Zum *Aufschluß* wird 1 g Silicat mit 10 bis 12 g basischem Bleicarbonat aufgeschlossen. Man bringt zuerst das basische Bleicarbonat und dann das sehr feine Pulver in einen geräumigen, starkwandigen Platintiegel und mischt innig mit einem Platinspatel. Danach bedeckt man den Tiegel und erwärmt ganz allmählich über einer 3 bis 4 cm hohen Flamme 15 bis 20 Min. lang, wobei der größte Teil des Kohlendioxids entweicht. Nun erhitzt man mit einer tadellos entleuchteten Flamme stärker bis zum Schmelzen; es soll dabei nur der unterste Teil des Tiegels zum Glühen kommen. Der Aufschluß ist nach 10 bis 15 Min. langem Schmelzen beendet. Der bedeckte Tiegel wird jetzt schnell durch Einstellen in kaltes Wasser gekühlt und der Schmelzkuchen in eine geräumige Porzellanschale gebracht. Man fügt genügend konz. Salpetersäure sowie heißes Wasser hinzu und verdampft im Wasserbad unter öfterem Zerdrücken der harten Teile des Kuchens mit einem breit gequetschten Glasstab. Sind keine harten, gelb gefärbten Teilchen mehr vorhanden und schwimmen nur schwach gefärbte Kieselsäureflocken in der Flüssigkeit, so verdampft man zur staubigen Trockene, durchfeuchtet mit 20 ml konz. Salpetersäure und verdampft neuerlich zur Trockene. Der trockene Rückstand wird nun mit 5 ml konz. Salpetersäure befeuchtet und nach $^1/_4$ Std. mit

100 ml heißem Wasser versetzt. Man erwärmt etwa 20 Min. auf dem Wasserbad, filtriert und wäscht anfangs mit salpetersäurehaltigem, heißem Wasser, dann mit reinem Wasser, verbrennt naß und wägt. Bei stark fluorhaltigen Substanzen, z. B. bei Topas, fallen nach JANNASCH die SiO_2-Bestimmungen um etwa 0,5 bis 1% niederer aus als nach der Berzelius-Methode. In einem solchen Falle wird man diese Aufschlußmethode nicht zur Bestimmung der Kieselsäure, wohl aber mit Vorteil zur Bestimmung der Metalle und Alkalien, nach Entfernung des Bleis als PbS, verwenden.

Literatur.

HILLEBRAND F. W.: Die Analyse von Silicat- und Carbonatgesteinen. (The Analysis of Silicate and Carbonate Rocks); Washington 1910.
JANNASCH, P.: Praktischer Leitfaden der Gewichtsanalyse; Leipzig 1897.
MITSCHERLICH, A.: J. pr. **81**, 108 (1860); **83**, 455 (1861).

§ 2. Die Abscheidung der Kieselsäure aus verdünnten Silicatlösungen.

Allgemeines. Die Abscheidung von SiO_2 aus verdünnten Alkalisilicatlösungen läßt sich

1. durch starke Säuren,
2. durch Ammoniumsalze (Chlorid, Nitrat, Carbonat),
3. durch Zinkoxidammoniak, $[Zn(NH_3)_6](OH)_2$,
4. durch Fällen der in saurer Lösung gebildeten Molybdatokieselsäure mit organischen Basen (Pyramidon, Chinolin)

erreichen.

1. Abscheidung aus stark saurer Lösung.

I a. Abscheidung durch Mineralsäuren.

Allgemeines. Diese Methode, die gleichermaßen bei wasserlöslichen Silicaten (Alkalisilicaten) und bei durch Säuren zersetzlichen Silicaten zum Ziele führt, wird am häufigsten verwendet.

Bei der Zersetzung einer verdünnten Alkalisilicatlösung mit einer starken Mineralsäure liegt die ausgefällte Kieselsäure zum Teil als Hydrosol, zum Teil als molekular gelöste Kieselsäure vor. Nach MYLIUS und GROSCHUFF erhält man aus Natriumsilicatlösungen, die nicht mehr als 1%ig sind, durch 2n HCl molekular gelöste Kieselsäure. Um daher die Kieselsäure aus einer Wasserglaslösung *quantitativ* abzuscheiden, muß das Hydrat durch Erhitzen auf 100 bis 130 °C in das in Säure fast unlösliche Hydrat (mit etwa 13,60% Wasser) verwandelt werden. Das erreicht man durch Eindampfen der angesäuerten Lösung auf dem Wasserbad zur Trockene (bis der Rückstand nicht mehr nach Säure riecht) und anschließendes Trocknen im Trockenschrank bei 130 °C. Behandelt man den Rückstand mit sehr verdünnter Säure und filtriert, so erhält man ein Filtrat, das bis zu 5% der gesamten vorhandenen Kieselsäure enthalten kann. Man muß daher das Filtrat ein zweites Mal verdampfen, wodurch man fast die gesamte Kieselsäure erhält. Das Filtrat von der zweiten Abscheidung enthält nach HILLEBRAND höchstens 0,15% der Gesamtkieselsäure und kann direkt zur Bestimmung der Kationen verwendet werden. Nur bei sehr anspruchsvollen Analysen verdampft man das zweite Filtrat nochmals; in der Regel kann man aber darauf verzichten.

Das Trocknen des Eindampfrückstandes bei höheren Temperaturen als 130 °C ist nach GILBERT, besonders bei Gegenwart von viel Magnesium, falsch. Es bildet sich nämlich bei höheren Temperaturen säurelösliches Magnesiumsilicat, wodurch zuwenig Kieselsäure gefunden wird.

Die durch Säuren abgeschiedene Kieselsäure muß durch Erhitzen polymerisiert und durch mehrmaliges Abrauchen mit z.B. HCl unlöslich gemacht werden. Bei der Anwendung von HCl ist, wie oben erwähnt, mehrmaliges Abrauchen erforderlich; durch Erhöhung der Temperatur läßt sich dieser Prozeß in kürzerer Zeit durchführen, siehe oben.

WILLARD und CAKE schlugen zur Abscheidung und Dehydratisierung der Kieselsäure an Stelle von Salzsäure Perchlorsäure vor, mit der sie eine raschere und vollständigere Abscheidung erzielen konnten. Diese günstigen Erfahrungen konnte auch SPEISER bestätigen. Ähnliche günstige Ergebnisse berichten auch SCHRENK und ODE.

Ib. Unlöslichmachen der Kieselsäure durch Essigsäureanhydrid.

Nach LAMURE und HENRIET wird durch zusätzliches Eindampfen mit Essigsäureanhydrid die Bestimmung in kürzerer Zeit und genauer als nach der Salzsäuremethode erreicht. Die Methode ist dem Perchlorsäureverfahren an Genauigkeit völlig gleichwertig.

Arbeitsvorschrift. Der wie üblich durch Eindampfen der salzsauren Lösung erhaltene Rückstand wird in einem Porzellantiegel mit einem dicken Glasstab weitgehend zerdrückt und mit etwa 10 ml Essigsäureanhydrid übergossen. Man stellt den Tiegel auf ein lebhaft siedendes Wasserbad und verdampft das Essigsäureanhydrid. Allzulanges Trocknen ist zu vermeiden, weil dadurch Begleitsubstanzen auch unlöslich gemacht werden können. Nach dem Aufnehmen in verdünnter Salzsäure filtriert man, wäscht mit heißem Wasser und bestimmt die Kieselsäure wie üblich.

Fluoridhaltige Schmelzen zersetzen die Autoren mit borsäurehaltiger Salzsäure.

Die abgeschiedene und gewaschene Kieselsäure wird im Platintiegel naß verbrannt und bis zur Gewichtskonstanz geglüht. Das Glühen bis zum konstanten Gewicht muß zum Schluß über einem Méker-Brenner oder über dem Gebläse (mindestens 1000 °C) durchgeführt werden. Es ist dies nicht wegen hartnäckigen Zurückhaltens von Wasser nötig, sondern deshalb, weil jede aus Alkalisilicatlösungen abgeschiedene Kieselsäure sehr geringe Menge Alkalisalze enthält, die erst bei dieser hohen Temperatur verflüchtigt werden (HILLEBRAND). Für Kieselsäure, die durch Hydrolyse von $SiCl_4$ dargestellt wurde, genügt nach LUNGE und MILLBERG die Temperatur eines guten Bunsenbrenners.

Gleichgültig, ob die Kieselsäure durch Zersetzung der wäßrigen Lösung eines Sodaaufschlusses oder durch Säurezersetzung aus einem säurelöslichen Silicat erhalten wurde, ist sie niemals ganz rein und muß daher durch Abrauchen mit Flußsäure und Schwefelsäure auf die Gegenwart von Oxiden geprüft werden.

II. Abscheidung aus stark saurer Lösung durch Gelatine.

a) Verfahren von TANANAEFF und BUITSCHKOFF.

Allgemeines. Schließt man Zement, Kalkstein, Dolomit mit $KNaCO_3$ auf und säuert man die Schmelze mit konz. HNO_3 an, so scheidet sich die Kieselsäure nach TANANAEFF quantitativ aus. In der zuerst mitgeteilten Form haften dem Verfahren noch gewisse Mängel an, die hauptsächlich in der Arbeitstechnik begründet sind.

Schmelzt man die Substanz mit der 8- bis 10fachen Menge $KNaCO_3$ und gießt die dünnflüssige Schmelze in möglichst dünner Schicht auf eine Porzellanplatte, einen Platin- oder Nickeldeckel oder auf eine polierte und gereinigte Stahlplatte und verwendet man zum Lösen konz. HNO_3 ($D = 1,4$ bis $1,5$), so erhält man eine Lösung, aus der beim Verdünnen mit heißem Wasser die Kieselsäure sich fast vollständig am Boden des Gefäßes rasch absetzt. Ein kleiner Teil bleibt fein verteilt über dem Bodensatz in Schwebe und verzögert die Filtration. Setzt man der Lösung jedoch Gelatinelösung (0,1 g in 100 ml heißem Wasser) zu, so erhält man eine tadellos filtrierende Lösung. Richtige Werte werden nur dann erhalten, wenn mit konz. Salpetersäure angesäuert wird. Verdünnte Salpeter- oder Salzsäure wie auch konz. Salzsäure verursachen zu niedrige Werte.

α) Bestimmung der Kieselsäure im Kalkstein (Dolomit).

Bei Kalksteinen mit einem SiO_2-Gehalt bis maximal 1% hat sich folgende ***Arbeitsvorschrift*** gut bewährt. Je nach dem SiO_2-Gehalt wägt man 1 bis 5 g Probe in ein Becherglas und behandelt im bedeckten Glas allmählich mit konz. HNO_3. Man verwendet für

1 g Einwaage 3 ml HNO_3,
2 g Einwaage 5 ml HNO_3,
3 g Einwaage 7 ml HNO_3,
4 g Einwaage 9 ml HNO_3,
5 g Einwaage 11 ml HNO_3.

Nach Beendigung der CO_2-Entwicklung spült man Uhrglas und Wandung ab und bringt auf ein Volumen von 25 bis 50 ml. Nach dem Absetzen des Niederschlags filtriert man durch ein Filter und wäscht mit heißem, salpetersäurehaltigem Wasser (3 + 100) (etwa 0,4 m HNO_3). Das noch feuchte Filter wird mit der Spitze nach oben in einen Platintiegel gebracht und verascht. Den Veraschungsrückstand schmelzt man mit der 8fachen Menge $KNaCO_3$ (Dauer 10 bis 15 Min.). Zur erkalteten Schmelze gießt man dann allmählich konz. HNO_3 (D = 1,4) (für 1 g 2 ml) unter Bedeckung des Tiegels. Nach Aufhören der ersten stürmischen Reaktion spritzt man den Deckel mit heißem Wasser ab und setzt 5 bis 10 ml der heißen Gelatinelösung zu. Dabei darf die Salpetersäure höchstens um das 5fache verdünnt werden. Ist man nicht im Besitz eines genügend großen Platintiegels, kann man die Lösung in ein Becherglas überführen und darin die entsprechende Menge Wassers und Gelatinelösung zusetzen. Nach Zugabe der Gelatinelösung wird gut durchgemischt und 5 Min. auf ein Wasserbad gestellt. Man filtriert durch Schwarzbandfilter und wäscht mit heißem, HNO_3 enthaltendem Wasser (3 + 100) (etwa 0,4 m). Der Niederschlag wird naß im Platintiegel verbrannt.

β) Kieselsäurebestimmung im Quarzit, Glas, Ton, Kaolin.

Arbeitsvorschrift. 0,5 g Probe werden mit 4 bis 5 g $KNaCO_3$ und 0,1 bis 0,2 g $KClO_3$ geschmolzen. Die Schmelzdauer beträgt bei Glas und Quarzit 15 Min., bei Kaolin und Ton 30 Min. Die flüssige Schmelze wird in dünner Schicht auf eine Porzellan-, Nickel- oder Stahlplatte ausgegossen und nach dem Erkalten in eine Schale oder ein Becherglas gebracht und, nach Bedecken mit einem Uhrglas, mit 7 bis 8 ml konz. HNO_3 versetzt. Nach Beendigung der ersten stürmischen Reaktion stellt man auf ein Wasserbad und zerdrückt von Zeit zu Zeit die Schmelze mit einem Glasstab. Der im Platintiegel verbliebene Rest der Schmelze wird mit 2 bis 3 ml HNO_3 behandelt, zum Schluß noch auf dem Wasserbad erwärmt und die Lösung in das Becherglas gegeben. Jetzt versetzt man, zur Lösung der Sesquioxide, mit 3 bis 5 Tropfen konz. HCl und erwärmt noch 10 bis 15 Min. auf dem Wasserbad. Darauf spült man Uhrglas und Wandung mit heißem Wasser ab und rührt 15 ml heiße Gelatinelösung ein. Nach 5 Min. Erwärmens auf dem Wasserbad wird filtriert und mit heißem, salpetersäurehaltigem Wasser (3 + 100) gewaschen und zum Schluß naß verbrannt. Im gelatinehaltigen Filtrat können die Sesquioxide ohne Störung mit Ammoniak gefällt werden.

Die *Dauer* der SiO_2-Bestimmung beträgt 2 bis $2^1/_2$ Std.

b) Verfahren von Weiss und Sieger.

Die Autoren geben für eine normale SiO_2-Fällung folgende

Arbeitsvorschrift an. Die Silicatlösung, die auf einen Gehalt von mindestens 20% Salzsäure gebracht wurde, wird während 10 bis 15 Min. gekocht. Nach Beendigung wird, zum Ausgleich der Verdampfungsverluste, neuerdings so viel konz. Salzsäure zugesetzt, daß der Gehalt der Lösung wieder 20% beträgt. Nun wird bis zum beginnenden Sieden erhitzt und die Lösung auf 60 bis 70 °C abgekühlt. Zu dieser Lösung setzt man in dünnem Strahl unter Rühren etwa 0,1 g Gelatine in 2%iger wäßriger Lösung zu. Nach 5 Min. langem Stehen kann bereits filtriert werden. Die so ausgeschiedene Kieselsäure ist äußerst leicht filtrierbar und läßt sich sehr gut auswaschen. Der Niederschlag wird im Platintiegel naß verbrannt und braucht im allgemeinen nicht mehr durch Abrauchen mit Flußsäure rektifiziert zu werden.

α) Die *Analyse eines Silicats* (Feldspats) gestaltet sich nach dieser Methode wie folgt: Die salzsaure Lösung der Sodaschmelze wird bei 50 bis 70 °C tropfenweise mit einer 2%igen wäßrigen Gelatinelösung so lange unter kräftigem Umrühren versetzt, bis ein flockiger Niederschlag von Kieselsäuregel ausgefallen ist. Entsteht bei Unterbrechung des Rührens nach Verlauf weniger Sekunden ein klarer Flüssigkeitsspiegel, dann ist die Fällung beendet. – Der oben angegebene Säuregehalt von 20% ist bei der Fällung aus z.B. Wasserglaslösung unbedingt erforderlich. Bei der Fällung spielen aber die gleichzeitig anwesenden Metallionen eine Rolle; so kann z.B. eine $AlCl_3$-Lösung schon bei einer sehr geringen Acidität restlos von SiO_2 befreit werden.

Bei der Abscheidung von TiO_2, Ta_2O_5, Nb_2O_5 können andere Konzentrationen notwendig sein; es ist sogar möglich, durch Abstufung der Säuremenge Trennungsprozesse durchzuführen.

Die zur Flockung zugesetzte Gelatine steht in keinem stöchiometrischen Verhältnis zur Kieselsäure. Geht die Filtration langsam vonstatten, so ist das ein sicheres Zeichen dafür, daß zu wenig Gelatine zugesetzt war. Man spült in diesem Falle den Filterinhalt mit heißem Wasser in das Fällungsgefäß zurück, fügt unter Umständen noch etwas Salzsäure zu, erwärmt auf etwa 70 °C und rührt noch etwas Gelatinelösung ein, worauf dann, nach Ausbildung eines klaren Flüssigkeitsspiegels, die Filtration anstandslos vor sich geht.

Zum Auswaschen des Niederschlags eignet sich heißes Wasser, dem einige Tropfen Salzsäure und 1 bis 2 Tropfen Gelatinelösung zugesetzt sind. Vor der Filtration verdünnt man mit etwas kaltem Wasser, um einer Zerfaserung des Filters durch die heiße, konzentrierte Säure vorzubeugen.

Nach diesem Verfahren konnten nach WEISS und SIEGER SiO_2-Mengen von 6 bis zu 0,5 mg aus Wasserglaslösungen, die 23% HCl enthielten, mühelos gefällt werden. Die Autoren empfehlen bei der Filtration ganz geringer Mengen die Anwendung eines doppelten Filters; nach den Erfahrungen von PRODINGER kann man auch durch Einrühren von Filterbrei das Durchlaufen minimaler SiO_2-Anteile verhindern. Wichtig ist bei der Fällung geringer Mengen die Anwendung von tadellos entfetteten Bechergläsern und, zum Schluß, tüchtiges Bearbeiten der Wandung mit dem Gummiwischer.

β) WEISS und SIEGER geben u.a. als Beweis für die Leistungsfähigkeit des Verfahrens die *Analyse eines Yttrotantalits* an.

Arbeitsvorschrift. Das Mineral wurde mit Soda-Borax-Gemisch aufgeschlossen, die Schmelze in der Kälte in HCl (1 + 1) (etwa 6 m) gelöst und aus der klaren, stark sauren Lösung die Kieselsäure durch Gelatine gefällt. Das Filtrat wurde mit Ammoniak nahezu neutralisiert und hieraur $^1/_4$ Std. gekocht; dann wurden die Erdsäuren bei 70 °C mit Gelatine restlos ausgeflockt. Der Niederschlag filtriert sehr gut und läßt sich mühelos auswaschen. Im Filtrat wurde Yttrium mit Oxalsäure gefällt.

Gefunden: SiO_2: 0,1%; Ta-Nb-Ti-Säuregemisch: 49,16, 49,04%; Y_2O_3: 21,66, 20,86%.

Nach den Angaben von WEISS und SIEGER erhält man durch Ausflocken der Kieselsäure mittels Gelatine eine praktisch von Einschlüssen freie Kieselsäure. Nach JENKINS und WEBB gibt das Verfahren in der ursprünglichen Ausführungsform erstgenannter Autoren zu niedrige Werte. JENKINS und WEBB haben es daher so modifiziert, daß durch Erhöhung der Kochtemperatur und Zusatz von Schwefelsäure die Dehydratisierung verbessert und die Abscheidung der Kieselsäure vervollständigt wird.

c) Verfahren von JENKINS und WEBB zur Si-Bestimmung in Eisenlegierungen.

α) Betriebsmethode.

Dieses Verfahren zeichnet sich durch schnelle Ausführbarkeit aus; die Werte sind zwar etwas zu niedrig, liegen aber innerhalb der für Betriebsanalysen verlangten Fehlergrenzen.

Arbeitsvorschrift. 5 g Legierung werden in 50 ml HCl (2 + 1) (etwa 8 m) gelöst und durch tropfenweisen Zusatz von HNO_3 oxydiert. Nach Zugabe von 50 ml H_2SO_4 (5 + 1) (etwa 15,5 m) kocht man 15 Min. und verdünnt anschließend mit 20 ml Wasser. Man kühlt jetzt auf 70 °C und setzt unter heftigem Rühren 15 ml 2 %ige Gelatinelösung zu. Nach dem Gelatinezusatz wird noch mindestens 1 Min. gerührt, wobei man dafür sorgt, daß möglichst viel Luft eingerührt wird. Man läßt nun $^1/_4$ Std. stehen, verdünnt danach auf das doppelte Volumen, läßt 10 Min. absitzen und filtriert ab. Die Menge der in Lösung gebliebenen Kieselsäure ist nahezu konstant, was, mit einer für Betriebsanalysen genügenden Genauigkeit, die Anbringung eines Korrekturfaktors erlaubt.

Verdoppelt man die Abstehzeit, ist das Verfahren auch für Na_2O_2-Aufschlüsse von Ferrosilicium und siliciumreichen Legierungen brauchbar.

β) Exakte Methode.

Von Legierungen mit einem Si-Gehalt unter 40 % wird 1 g, von höherprozentigen 0,5 g eingewogen.

Arbeitsvorschrift. Die Einwaage wird mit einem Na_2O_2/Na_2CO_3-Gemisch (1 + 1) aufgeschlossen, der Tiegel durch Abschrecken in Wasser und Aufsetzen auf eine Metallplatte gekühlt. Der Schmelzkuchen wird auf eine blanke Eisen- oder Nickelplatte gebracht; die Reste im Tiegel werden mit möglichst wenig Salzsäure gelöst, und die Lösung wird in ein 500-ml-Becherglas (Griffinform) gebracht. Die Lösung wird gekühlt, um beim Eintragen des Schmelzkuchens die Reaktion nach Möglichkeit zu mäßigen. Bei dieser Operation ist das Becherglas bedeckt zu halten. Nach dem Aufhören der CO_2-Entwicklung wird 10 Min. auf dem Wasserbad erhitzt, anschließend mit 75 ml H_2SO_4 (3 + 1) (etwa 14 m) versetzt und bis zum Rauchen erhitzt. Nach Abkühlen setzt man 75 ml Wasser, anschließend 10 ml konz. Salzsäure zu und erhitzt, bis alle Salze gelöst sind. Jetzt kühlt man auf 70 °C ab, versetzt unter starkem Rühren tropfenweise mit 15 ml 2 %iger Gelatinelösung und verfährt weiter wie bei der Betriebsmethode, wobei man aber die Rühr-, Warte- und Abstehzeiten etwa verdoppelt. Der Niederschlag wird auf dem Filter mit 1 %iger Salzsäure gewaschen und im Platintiegel naß verbrannt. Zur Kontrolle wird er, nach Erreichung konstanten Gewichtes, mit Flußsäure unter Zusatz von 1 Tropfen Schwefelsäure abgeraucht.

Nach dieser Methode ist die Abscheidung der Kieselsäure so gut wie vollständig; denn im Filtrat finden sich höchstens 0,4 mg. Bei der Überprüfung der Methode an ASTM-Proben ergab sich in allen Fällen genaue Übereinstimmung.

d) Kieselsäurebestimmung in Blei-, Kupfer-, Zink- oder Nickelerzen nach LEVITSKAJA und SNOPOVA.

Arbeitsvorschrift. Zur auf 70 bis 80 °C erhitzten Lösung des Erzes wird 1 %ige Gelatinelösung gegeben und anschließend 4 bis 5 Min. kräftig gerührt. Man läßt 10 Min. abkühlen und filtriert durch ein Papierfilter. Der bis zum Verschwinden der Cl^--Reaktion mit heißem Wasser gewaschene Niederschlag wird wie üblich behandelt.

Die in Amerika gesammelten Erfahrungen lassen das Verfahren von JENKINS und WEBB als das zuverlässigste erscheinen, wie aus dem Bericht über eine Diskussionstagung der amerikanischen analytischen Chemiker in Boston hervorgeht. Von einer Anwendung der Gelatinemethode in der Silicatgesteinsanalyse ist bis jetzt nichts oder nicht sehr viel bekannt geworden. Es mag dies vielleicht seinen Grund darin haben, daß die von WEISS und SIEGER angeführten Analysen des Feldspats mit den „klassischen" Werten nicht gerade hervorragend übereinstimmen. Ob die von WEISS und SIEGER vertretene Ansicht, daß der SiO_2-Wert nach der klassischen Methode einfach zu hoch sei, weil die Gelatinefällung einen niedrigeren Wert ergab, aufrechterhalten werden kann, wird davon abhängen, wie weit die zünftige Gesteinsanalyse sich mit diesem Problem auseinandersetzen wird.

e) Bestimmung der Kieselsäure im Zement.

α) Verfahren von LONGUET und BURGLEN.

Arbeitsvorschrift. 0,5 bis 1,0 g schließt man mit 4 bis 5 g $KNaCO_3$ auf und löst die Schmelze in einem Pyrexglas mit 150 bis 200 ml warmem Wasser und 25 ml konz. HCl. Man dampft anschließend auf dem Wasserbad ein und nimmt den Rückstand mit 35 ml konz. HCl auf. Man kocht 6 Min. und gibt schließlich 2 ml konz. HCl und 15 ml Wasser dazu. Jetzt läßt man auf 50 °C abkühlen und versetzt mit 10 bis 12 ml 3 %iger Gelatinelösung. Man rührt anschließend kräftig um und filtriert nach 5 Min. Der Niederschlag wird 5- bis 6mal mit einer 60 bis 70 °C warmen Waschflüssigkeit, die 2 ml konz. HCl und 2 ml Gelatinelösung im Liter enthält, gewaschen.

Der wie üblich naß verbrannte Niederschlag wird zur Prüfung auf Reinheit mit 5 bis 10 Tropfen 50 %iger Schwefelsäure und 20 ml Flußsäure angeraucht.

β) Verfahren von BABAČEV.

Zur Schnellanalyse von Klinkern und Portlandzement feuchtet man 0,5 g in einem Becherglas mit einigen Tropfen Wassers an und kocht 5 bis 6 Min. mit 20 bis 30 ml konz. HCl. Zur auf 70 °C (± 5 °C) abgekühlten Lösung rührt man 3 bis 4 ml 70 °C warme Gelatinelösung ein. Nach 10 Min. Stehens auf dem Wasserbad (70 °C) filtriert man in ein Weißbandfilter, wäscht und verascht wie üblich.

2. Abscheidung der Kieselsäure durch Ammoniumsalze.

Durch Ammoniumsalz wird die Kieselsäure nach der Gleichung:

$$SiO_3^{2-} + 2NH_4^+ \rightarrow H_2SiO_3 + 2NH_3$$

abgeschieden. Erhitzt man die Silicatlösung mit dem Ammoniumsalz bis zum Verschwinden des NH_3-Geruches, so wird die Kieselsäure zwar nicht ganz quantitativ, aber immerhin vollständiger als durch verdünnte Säuren in der Kälte, abgeschieden.

Die Fällung ist am vollständigsten, wenn man sich möglichst dem isoelektrischen Punkt des Kieselsäurehydrates nähert. Bei der Fällung mit Ammoniumcarbonat wird die Lösung leicht etwas zu alkalisch, so daß die Fällung dann nicht ganz quantitativ wird. Den im Filtrat von der Ammoniumcarbonatfällung befindlichen Anteil muß man durch Zinkoxidammoniak abscheiden.

3. Abscheidung der Kieselsäure durch Zinkoxidammoniak.

Diese Abscheidung erfolgt nach der Gleichung:

$$SiO_3^{2-} + [Zn(NH_3)_6](OH)_2 \rightarrow 6NH_3 + ZnSiO_3 + 2OH^-.$$

Arbeitsvorschrift. Das Filtrat von der Ammoniumcarbonatfällung wird mit 1 bis 2 ml Zinkoxidammoniaklösung versetzt und bis zum Verschwinden des Ammoniakgeruches gekocht. Der aus Zinkoxid und Zinksilicat bestehende Niederschlag wird abfiltriert und die Kieselsäure durch Zersetzen mit Salzsäure nach 1, I abgeschieden.

Die Verfahren I und II sind wichtig bei der *Analyse von fluorhaltigen Silicaten und Fluorosilicaten.*

I. Die Methode von Berzelius.

Arbeitsvorschrift. Das Silicat wird wie üblich mit Soda aufgeschlossen und die Schmelze mit Wasser ausgelaugt. Man filtriert vom unlöslichen Rückstand ab und wäscht gründlich aus. Zu dieser alkalischen Lösung fügt man Ammoniumcarbonat im Überschuß (etwa 3 bis 4 g festes Salz), erwärmt längere Zeit auf etwa 40 °C und läßt über Nacht stehen. Der voluminöse Niederschlag von Kieselsäure hat sich dann abgesetzt und kann nun abfiltriert werden. Man wäscht mit ammoniumcarbonathaltigem Wasser aus, stellt Filter und Trichter einstweilen beiseite. Das Filtrat wird nun mit 1 bis 2 ml ammoniakalischer Zinkoxidlösung versetzt und gekocht, bis das Ammoniak vollständig vertrieben ist. Dabei scheidet sich die noch in Lösung befindliche Kieselsäure, gemischt mit Zinkoxid, als Zinksilicat aus. Man filtriert ab und wäscht mit Wasser gut aus. Der Niederschlag wird nun mit heißem Wasser in eine kleine Platinschale gespült, das Filter mit warmer verd. Salzsäure gewaschen und die salzsaure Lösung mit der Aufschlämmung in der Platinschale vereinigt. Man fügt nun Salzsäure im Überschuß zu, verdampft im Wasserbad zur staubigen Trockne und verfährt weiter wie üblich. Die auf einem kleinen Filter gesammelte Kieselsäure wird mit der durch Ammoniumcarbonat gefällten gemeinsam in einen Platintiegel naß verbrannt und durch Abrauchen mit Flußsäure auf Reinheit geprüft.

II. Das Verfahren von Shell und Craig.

Arbeitsvorschrift. 0,5 g Fluorsilicat werden mit einer Mischung von 1 g Zinkoxid nebst 5 g Soda 20 Min. zum Schmelzen erhitzt und anschließend 20 Min. bei 1050 bis 1100 °C gehalten. Nach dem Abkühlen wird die erstarrte Schmelze über Nacht in 200 ml Wasser gelöst. Unter Rühren wird nun langsam mit 25 ml ammoniakalischer Zinkoxidlösung (1 g Zinkoxid, 1,3 g Ammoniumcarbonat, 2 ml konz. NH_3 in 10 ml Wasser lösen und auf 25 ml verdünnen) versetzt, anschließend 10 Min. im Sieden gehalten und nach 5 Min. in einen 500-ml-Meßkolben filtriert. Der Niederschlag wird auf dem Filter noch 5mal mit heißem Wasser gewaschen und zur Bestimmung der Kieselsäure nach 3, I weiter behandelt. Die geringe, im Filtrat befindliche Menge SiO_2 wird in 25 ml des auf 500 ml aufgefüllten Filtrats colorimetrisch bestimmt.

4. Abscheidung der Kieselsäure als Silicomolybdat organischer Basen.

I. Verfahren von E. J. King und J. L. Watson.

Prinzip. Die gelbe Molybdatokieselsäure, $H_4Si(Mo_3O_{10})_4$, bildet mit Pyramidon (1-Phenyl-2,3-dimethyl-4-dimethylamino-pyrazolon-5), $C_{13}H_{17}ON_3$, eine schwerlösliche, gelbe, voluminöse Verbindung, die sich nach einigem Stehen blaugrün färbt. Diese Verbindung läßt sich bei 60 bis 70 °C trocknen und dann zur Wägung bringen. Die vermutliche Zusammensetzung dieser Verbindung ist

$$(C_{13}H_{17}ON_3)_3 \cdot H_8Si(Mo_2O_7)_6 \cdot xH_2O$$

(x = wahrscheinlich 6); doch entspricht der bei 60 bis 70 °C getrocknete Niederschlag nicht ganz der obigen Formel. Man erhält aber richtige Werte, wenn man zur Umrechnung auf SiO_2 den empirischen Faktor F = 0,0224 verwendet; log F = 0,35025 − 2.

Arbeitsvorschrift. Etwa 100 mg Probe werden im Platintiegel mit 0,25 g Soda geschmolzen. Die erkaltete Schmelze löst man in Wasser, neutralisiert mit n H_2SO_4 gegen Methylorange und verdünnt auf 100 ml. Nach Zusatz von 5 ml 5 %iger Ammoniummolybdatlösung und 2,5 ml 10 n H_2SO_4 erwärmt man 5 Min. auf dem Wasserbad und fällt durch Zugabe von 3 ml 0,1 m Pyramidonlösung. Diese Menge genügt für die Ausfällung von 6 mg SiO_2 (bei Anwesenheit größerer Mengen SiO_2 verwendet man einen aliquoten Teil der Aufschlußlösung). Man filtriert den Niederschlag mittels eines Filterröhrchens, über dessen Sinterfläche ein Papierfilter gelegt ist, wäscht mehrmals mit eiskalter 0,1 n HCl und trocknet anschließend 45 Min. bei 60 bis 70 °C.

Bemerkungen. a) Es ist überflüssig, den Niederschlag *genauer* als auf 0,1 mg zu wägen; für die Wägung genügt daher eine gute analytische Waage.

b) Die geschilderte Art der Bestimmung setzt voraus, daß eine *phosphorsäurefreie* Lösung verwendet wird. Gewebe und Urin enthalten nun erhebliche Mengen Phosphorsäure, in deren Anwesenheit die Bestimmung fehlerhaft wird. Scheidet man aber die Phosphorsäure vor Ausfällung des Pyramidonsilicomolybdats in geeigneter Weise ab, so kann man in der von Phosphorsäure befreiten Lösung die Fällung der Kieselsäure vornehmen. Die Ausfällung der Phosphorsäure führen King und Watson als basisches Eisen(III)-phosphat durch, und zwar verfahren sie wie folgt: 100 mg bei 110 °C getrocknetes und im Stahlmörser zu feinem Pulver zerriebenes Gewebe werden im Platintiegel mit 0,25 g Natriumcarbonat geschmolzen; die Schmelze wird mit Wasser gelöst und in einem 100-ml-Meßkolben mit n H_2SO_4 gegen Methylorange neutralisiert. Man versetzt jetzt mit 10 ml einer 1 %igen $FeCl_3$-Lösung in 0,02 n HCl und mit 10 ml einer 1,5 %igen Natriumacetatlösung in 0,028 n NaOH und spült in einen 500-ml-Erlenmeyerkolben, worauf man durch Schwenken des Kolbens über freier Flamme den Inhalt rasch zum Kochen bringt. Nach Filtration des entstandenen Niederschlags (bas. Eisen(III)-acetat und -phosphat) ist, wie King und Watson nachgewiesen haben, die gesamte Phosphorsäure im Niederschlag und die gesamte Kieselsäure im Filtrat, das wasserklar ist. Es sei noch darauf hingewiesen, daß die Fällung der Phosphorsäure in *kochender* Lösung erfolgen muß.

Die weitere Behandlung erfolgt dann genau wie oben geschildert.

Bei der Bestimmung der Kieselsäure im *Urin* werden 10 ml mit je 15 ml der erwähnten $FeCl_3$- und Natriumacetat-Lösung behandelt und mit Wasser auf 100 ml verdünnt.

II. Bestimmung als Hexamethylentetraminverbindung der Silicomolybdänsäure $Si(Mo_2O_7)_6H_8(C_6H_{12}N_4)_4 + 4\,H_2O$ *nach Duval*

Arbeitsvorschrift. Die Alkalisilicatlösung, die nicht mehr als 10 mg SiO_2 enthalten soll, wird in einem 100-ml-Pyrexkolben mit 1 ml frisch bereiteter 10 %iger Ammoniummolybdatlösung versetzt. Der zur Bildung der Molybdatokieselsäure erforderliche pH-Wert von etwa 3 wird durch Zufügen von Eisessig eingestellt. Der verschlossene Kolben wird nun 10 Min. in einem 65 °C warmen Wasserbad (zur Vervollständigung der Bildung der Molybdatokieselsäure) erwärmt. Anschließend wird unter fließendem Wasser gekühlt und mit 2 ml 10 %iger wäßriger Hexamethylentetraminlösung versetzt. Den sich bildenden gelben Niederschlag läßt man $^1/_4$ Std. im Eisschrank absitzen und filtriert ihn hernach in ein Papierfilter. Der Niederschlag wird 3mal mit 10 ml 1 %iger Hexamethylentetraminlösung und anschließend mit 5 ml absolutem Äthanol gewaschen. Filter und Niederschlag werden bei 100 °C getrocknet und danach vorsichtig in einem Porzellantiegel verascht. Das Verbrennen der gebildeten Kohle darf bei höchstens 600 °C erfolgen. Der aus feinen Plättchen bestehende, in der Hitze gelbe, in der Kälte weiße Niederschlag von der Zusammensetzung: $SiO_2 + 12\,MoO_3$ wird gewogen.

Der Umrechnungsfaktor auf SiO_2 ist 0,0336.

Bemerkungen. a) Die Bestimmung läßt sich auch *maßanalytisch* durchführen, indem man aus der Hexamethylenverbindung durch Erhitzen mit Wasserdampf Formaldehyd abspaltet, letzteren in Formaldehydbisulfitnatrium umwandelt und dieses in hydrogencarbonatalkalischer Lösung mit 0,1 n Jodlösung titriert.

Auf 1 Mol SiO_2 entfallen 4 Mol Hexamethylentetramin, die 24 Mol Formaldehyd ergeben. Diese verbrauchen bei der Titration 48 Grammatome Jod.

Arbeitsvorschrift. Der abfiltrierte und gewaschene Niederschlag wird mit Wasserdampf destilliert und das Destillat in vorgelegter Natriumhydrogensulfitlösung aufgefangen. Das Formaldehydbisulfitnatrium ist in saurem Milieu gegen Jod unempfindlich.

Zur Bindung des überschüssigen Hydrogensulfits versetzt man das Destillat mit 0,1 n Jodlösung bis zur Blaufärbung von Stärke (der Jodverbrauch ist für die Bestimmung ohne Bedeutung). Jetzt versetzt man mit etwa 2 bis 3 g $NaHCO_3$ und titriert sehr langsam mit 0,1 n Jodlösung, bis eine bleibende Blaufärbung auftritt, wobei man gegen das Ende der Titration stark schüttelt.

b) Die Analysenfehler der *gravimetrischen* Methode betragen im Durchschnitt 0,5%.

Das Verfahren wurde zur Analyse von Gläsern, Duraluminium, natürlichen Wässern, Pflanzenaschen und besonders des Auswurfes von Silicosekranken verwendet.

c) Die *Genauigkeit* der maßanalytischen Bestimmungsmethode beträgt etwa 1% des Kieselsäuregehaltes.

Das Verfahren eignet sich besonders zur Bestimmung kleiner SiO_2-Gehalte.

III. Verfahren von Armand und Berthoux.

a) Abscheidung der Kieselsäure als Chinolinsilicomolybdat.

Aus Molybdatokieselsäure und Chinolin entsteht in saurer Lösung nach der Gleichung:

$$4C_9H_7N \cdot HCl + H_4SiO_4 \cdot 12MoO_3 \rightarrow (C_9H_7N)_4 \cdot H_4SiO_4 \cdot 12MoO_3 + 4HCl$$

ein Niederschlag, der nach dem Trocknen bei 150 °C die Zusammensetzung:

$$SiO_2 + 12MoO_3 + 4C_9H_7N + 2H_2O$$

besitzt.

Die Verbindung tritt in zwei isomeren Formen auf, die sich durch ihr Röntgenspektrum unterscheiden. Analytisch wertvoll ist nur die β-Form, die man aus salzsaurer Lösung erhält. Nach kurzem Erwärmen auf 80 °C setzt sie sich gut ab und läßt sich gut abfiltrieren. Zwischen 250 und 480 °C verliert sie 2 Mol H_2O und 4 Mol Chinolin, zwischen 780 und 1000 °C verflüchtigt sich MoO_3.

Man verwendet die Methode mit Vorteil zur

b) Bestimmung von Silicium in Aluminium und Aluminiumlegierungen.

Arbeitsvorschrift. Die Einwaage, entsprechend etwa 25 mg SiO_2, wird im Nickeltiegel in 10 n NaOH unter gelindem Erwärmen gelöst und die Lösung auf 100 ml verdünnt. Diese Lösung gießt man in überschüssige 10 n HCl, verdünnt auf 250 ml und erwärmt bis zur klaren Lösung. Nach dem Abkühlen gibt man 50 ml einer 10%igen Lösung von Ammonium(5 : 12)-molybdat, $(NH_4)_{10}Mo_{12}O_{41}$, zu, wartet 10 Min., damit sich der gelbe Komplex bildet, und fügt dann 50 ml HCl konz. zu. Sollte sich die Lösung schwach grün färben, oxydiert man durch tropfenweisen Zusatz von 0,1 n $KMnO_4$-Lösung. Anschließend fügt man 50 ml einer 2%igen Lösung von Chinolin in verd. HCl zu und erwärmt einige Zeit auf 80 °C. Nach dem

Erkalten filtriert man in einen Filtertiegel G 4, wäscht 6mal mit einer 0,05%igen Chinolinlösung und trocknet 1 Std. bei 150 °C.

Die Umrechnung auf Si erfolgt empirisch mit: F = 0,01199; log F = 0,07889 − 2.

IV. Abscheidung bzw. Bestimmung der Kieselsäure als Chinolin- bzw. Chinaldinverbindung der Molybdatokieselsäure nach Miller und Chalmers.

Bei der Fällung bekannter Mengen Kieselsäure zur Mikroanalyse von Silicatgesteinen hat es sich herausgestellt, daß auf jeden Fall, gleichgültig, ob man von der α-Molybdatokieselsäure oder von der β-Form ausgeht, quantitative Resultate erhalten werden, d.h. also, daß die Bildung des Niederschlags:

$$H_4SiO_4 + 12\,MoO_3 + 4\,C_9H_7N$$

mit jeder der beiden Formen vor sich geht.

a) Zur Fällung der *Chinolin*verbindung verfährt man z.B. nach folgender

Arbeitsvorschrift. 4 bis 12 mg reiner Quarz werden in einem Platintiegel mit 100 mg trockener Soda geschmolzen; die Schmelze wird nach dem Erkalten in 2 bis 3 ml Wasser gelöst und die Lösung unter leichtem Schütteln in eine Mischung von 6 ml 10%iger Ammoniummolybdatlösung und 1,8 ml 6,0 n HCl gegeben. Der Tiegel wird kurz ausgespült und die Lösung mit Wasser auf 50 ml verdünnt. Der pH-Wert der Lösung soll jetzt ungefähr 1,0 sein. Nach 5 Min. Einwirkungsdauer wird in einem auf 75 °C gehaltenen Wasserbad auf 70 bis 75 °C erwärmt. Dann gibt man schnell, unter Rühren, 6,2 ml 6,0 n HCl zu und anschließend 6 ml Chinolinlösung (2 g Chinolin in 100 ml 0,25 n HCl). Man digeriert 10 Min. bei 75 °C und kühlt dann auf mindestens 15 °C ab, filtriert auf einen Glasfiltertiegel ab, wäscht mit kaltem Wasser, das vorteilhaft mit dem Niederschlag gesättigt ist, trocknet 1 Std. bei 120 bis 150 °C und wägt nach dem Erkalten.

Bemerkungen. α) Der Niederschlag ist etwas *hygroskopisch*; es wurde daher vorgeschlagen, ihn zu SiO_2 zu veraschen.

β) *Berechnung.* Der Umrechnungsfaktor auf SiO_2 ist 0,02568.

b) Für die Mikro-Silicatgesteinsanalyse wird die Fällung mit 2,4-Dimethylchinolin (γ-Methylchinaldin) bevorzugt. Man verfährt nach folgender

Arbeitsvorschrift. 2 bis 4 mg feingepulvertes Gesteinspulver (entsprechend 1 bis 2 mg SiO_2) werden im Platintiegel innig mit 25 mg trockener Soda gemischt und über einem Mikrobrenner 15 Min. geschmolzen. In den erkalteten Tiegel gibt man 0,6 ml Wasser und erhitzt dann auf dem Wasserbad, wobei man mit einem Platindraht umrührt und die Schmelze möglichst zerdrückt. Die Suspension gibt man schnell in eine Mischung von 1,5 ml 10%iger Ammoniummolybdatlösung und 0,45 ml 6,0 n HCl, die sich in einem kleinen Becherglas von etwa 15 ml Fassungsraum (2 cm Durchmesser, 5 cm Höhe) befindet. Der Tiegel wird mit 1 ml Wasser in dünnem Strahl ausgespült. Tiegel und Deckel werden nun in den Becher eingelegt, und es wird mit Wasser auf etwa 10 bis 12 ml verdünnt. Man entfernt den Tiegel, spült nach, überführt die Lösung in ein 25-ml-Becherglas und erhitzt nach 5 Min. Wartezeit 3 bis 4 Min. im Wasserbad von 75 °C. Anschließend versetzt man im Laufe von $^1/_2$ Min. unter Rühren mit 1,55 ml 6,0 n HCl. Dem folgt, ebenfalls unter Rühren, im Laufe von $1^1/_2$ Min. die Zugabe von 1,5 ml Reagenslösung (2 g 2,4-Dimethylchinolin in 100 ml 0,25 n HCl). Nach beendeter Reagenszugabe digeriert man 10 Min. bei 70 bis 75 °C. Vor dem Filtrieren kühlt man durch Einstellen in Eiswasser auf 5 °C. Der Niederschlag wird durch ein Porzellanfilterröhrchen abfiltriert, mit wenig Eiswasser gewaschen und bei 120 bis 150 °C getrocknet.

Berechnung. Der Umrechnungsfaktor auf SiO_2 beträgt 0,02450.

V. Bestimmung als Benzochinaldin- oder Hydroxychinaldinverbindung der Molybdatokieselsäure nach Majumdar und Banerjee.

5,6-Benzochinaldin bzw. 8-Hydroxychinaldin fällen aus Lösungen von Molybdatokieselsäure sehr wenig lösliche, stabile und nicht hygroskopische Verbindungen, die bei 110 °C getrocknet werden können. Die Zusammensetzung der Niederschläge ist: $H_4SiO_4 + 12\,MoO_3 + 4\,C_{14}H_{11}N$ bzw. $H_4SiO_4 + 12\,MoO_3 + 4\,C_{10}H_9ON$.

a) Fällung als Benzochinaldat.

Die Probe (entsprechend einer Menge von 3 bis 10 mg SiO_2) wird mit 100 mg Na_2CO_3 $^1/_2$ Std. im Platintiegel geschmolzen. Die Schmelze wird nach dem Abkühlen in 5 ml warmem Wasser gelöst und die Lösung unter Umrühren mit 6 bis 8 ml 10%iger Ammoniummolybdatlösung und 1,5 ml 6 n HCl versetzt. Man verdünnt auf 50 ml und erhitzt 5 Min. auf dem Wasserbad. Dann fügt man unter starkem Umrühren 6 ml 6 n HCl und 6 bis 8 ml Benzochinaldinlösung (2 g Base in 100 ml 0,25 n HCl), die vor Gebrauch auf dem Wasserbad erwärmt wurden (um ausgefallenes Hydrogenchlorid zu lösen), zu und erhitzt 10 Min. auf dem Wasserbad. Anschließend dekantiert man in einen gewogenen Filtertiegel, wäscht 3mal dekantierend mit heißer 1%iger HCl. Zum im Becherglas verbliebenen Niederschlag gibt man 100 ml Wasser und macht zur Zerstörung des Molybdates der Base schwach ammoniakalisch, wobei die Temperatur der Lösung 30 °C nicht überschreiten darf. Oben bildet sich eine weiße Emulsion der Base; am Boden bleibt das gelbe Silicomolybdat liegen. Man dekantiert erneut in den Filtertiegel, wäscht 6mal mit kalter 1%iger Ammoniakflüssigkeit, 3mal mit Wasser und 3mal mit kalter 1%iger HCl. Hierauf spült man den Niederschlag mit heißer 1%iger HCl in den Tiegel, wäscht zunächst 4mal mit heißer 1%iger HCl und dann mit heißem Wasser bis zur Cl^--Freiheit und trocknet bei 110 °C zur Gewichtskonstanz.

Der Umrechnungsfaktor auf SiO_2 ist 0,02979.

b) Fällung als Hydroxychinaldinat.

Die Einwaage, 1 bis 3 mg SiO_2 entsprechend, wird wie oben beschrieben mit Soda geschmolzen und gelöst. Die Lösung wird nun in eine Mischung von 5 ml 10%iger Ammoniummolybdatlösung und 1,2 ml 6 n HCl gegossen, das Volumen auf 75 ml ergänzt und 10 Min. auf 60 °C erwärmt. Jetzt setzt man 25 ml einer 1%igen Lösung von 8-Hydroxychinaldin in 0,25 n HCl und dann 20 ml 10%iger HCl zu und erhitzt dann 15 Min. auf dem Wasserbad. Nach dem Abkühlen filtriert man in einen Filtertiegel, wäscht 5mal mit kaltem Wasser und trocknet bei 110 °C zur Gewichtskonstanz.

Bemerkungen. α) Der Umrechnungsfaktor auf SiO_2 ist 0,02442.

β) Man kann auch *beide* Niederschläge zu SiO_2 verglühen. Nach Ansicht des Verfassers sollte dieses Veraschen unter Zusatz von sublimierter Oxalsäure durchgeführt werden.

In beiden Fällen fanden die Autoren gute Übereinstimmung mit den Sollwerten.

Literatur.

ARMAND, M., u. J. BERTHOUX: Anal. chim. Acta 8, 510 (1955). – ASMUS, E., u. H.-D. LUNKWITZ: Fr. **226**, 171 (1967).

BABAČEV, G. N.: Ž. anal. Chim. (russ.) **13**, 7/6 (1958). – BERZELIUS, J. J.: Pogg. Ann. **1**, 169 (1864).

Discussion analytischer Chemiker (Boston): Anal. Chem. **24**, 196 (1952). – DUVAL, C.: Anal. chim. Acta **1**, 33 (1947).

GILBERT, J. P.: Technol. Quaterly **3**, 61; durch Fr. **29**, 688 (1890).

HARZDORF, C.: Fr. **227**, 96 (1967).

JENKINS, M. H., u. J. A. V. WEBB: Analyst **75**, 481 (1950); durch Fr. **133**, 229 (1951).

KING, E. J., u. J. L. WATSON: Mikrochemie 20, 49 (1936).
LAMURE, J., u. D. HENRIET: Chim. anal. 34, 88 (1952). – LEVITSKAJA, A. V., u. E. V. SNOPOVA: Akad. Nauk. Kazakh. SSSR, Ser. Gomogo Dela Met. Stroitel i Stroimateriak 1952, Nr. 1, 92; durch Chem. Abstr. 157, 14486. – LONGUET, P., u. L. BURGLEN: Rev. Matér. Construct. (Paris) 1955, 474; durch I. A. VOINOVITCH: Chim. anal. 40, 332 (1958). – LUNGE, G., u. C. MILLBERG: Angew. Ch. 10, 425 (1897).
MAJUMDAR, A. K., u. S. BANERJEE: Anal. chim. Acta 13, 424 (1955). – MILLER, C. C., u. R. A. CHALMERS: Analyst 78, 24 (1953). – MYLIUS, F., u. E. GROSCHUFF: B. 39, 116 (1906).
SCHRENK, W. T., u. W. H. ODE: Ind. eng. Chem. Anal. Edit. 1, 201 (1929). – SHELL, H. R., u. R. L. CRAIG: Anal. Chem. 26, 996 (1954). – SPEISER, H.: Sprechsaal 86, 337 (1953).
TANANAEFF, N. A., u. M. K. BUITSCHKOFF: Fr. 103, 349 (1935).
WEISS, L., u. H. SIEGER: Fr. 119, 245 (1940). – WILLARD, H. H., u. W. E. CAKE: Am. Soc. 42, 2208 (1920).

§ 3. Trennung der Kieselsäure von Wolframsäure und Molybdänsäure.

1. Trennung von Wolframsäure.

I. Verfahren von Marignac.

Durch Schmelzen von Silicowolframaten mit Alkalihydrogensulfat erhält man eine saure Schmelze, in der die Kieselsäure unlöslich ist. Nach Aufnehmen in Wasser (und etwas Schwefelsäure) wird die Kieselsäure abfiltriert und wie üblich bestimmt. Die Richtigkeit des Verfahrens hat PARMENTIER bestätigt.

II. Verfahren von Wunder und Schapiro.

Die alkalische, Al, SiO_2 und W enthaltende Lösung wird nach § 2,2 mit NH_4NO_3 eingedampft, wodurch $Al(OH)_3$ und ein Teil der SiO_2 gefällt werden (in Gegenwart von WO_3 wird SiO_2 durch NH_4NO_3 nur sehr unvollständig gefällt!). Der Niederschlag wird abfiltriert, mit verd. NH_4NO_3-Lösung gewaschen und im Platintiegel naß verbrannt; die Menge des mitausgefällten SiO_2(a) wird durch Fluorieren des Niederschlags ermittelt.

Aus dem Filtrat der NH_4NO_3-Fällung wird durch $Hg_2(NO_3)_2$ die Wolframsäure als Hg_2WO_4 gefällt. Da bei dieser Fällung stets SiO_2 mitgerissen wird, muß deren Menge (b) durch Fluorieren des geglühten Niederschlags ermittelt werden.

Die im Filtrat von der Wolframfällung noch vorhandene Kieselsäure (c) wird in der üblichen Weise nach § 2 abgeschieden.

Die Menge der Gesamtkieselsäure ergibt sich als Summe: $a + b + c$.

III. Verfahren von Zinberg.

erlaubt die Bestimmung von SiO_2 neben W, Cr, Ni, Mo und V in legierten Stählen.

Arbeitsvorschrift. 1 g Stahl wird mit 60 ml HNO_3 in der Wärme behandelt und die resultierende Lösung beinahe zum Sieden erhitzt. Nach Zugabe von 2 bis 3 ml HNO_3 (D = 1,4) wird mit Wasser verdünnt und WO_3 nach dem Absitzen abfiltriert. Der mit verd. HCl (1 + 10) (1,1 m) gut gewaschene Niederschlag wird im Platintiegel verascht, als WO_3 gewogen und durch Fluorieren auf Reinheit geprüft.

Das Filtrat von der WO_3-Fällung wird mit 6 ml konz. Schwefelsäure bis zum Rauchen erhitzt, der Rückstand nach dem Erkalten mit Wasser aufgenommen und $SiO_2 + xH_2O$ abfiltriert.

Nach HERMANN bildet sich bei der Fällung von WO_3 aus kieselsäurehaltigen Wolframatlösungen durch HNO_3 in der Kälte Kieselwolframsäure, die nur durch anhaltendes Erwärmen in stark alkalischer Lösung gespalten werden kann.

Die Bildung komplexer Kieselwolframsäure kann durch plötzliche Zugabe eines Überschusses an HNO_3 zur alkalischen Lösung verhindert werden.

2. Trennung von Molybdänsäure.

I. Verfahren von Asch zur Analyse von Silicomolybdaten.

Prinzip. Molybdänsäure bildet beim Erhitzen im trockenen HCl-Strom auf 150 bis 200 °C ein leicht flüchtiges, weißes, kristallines Chlorid: $MoO_3 \cdot 2HCl$.

Arbeitsvorschrift. Das in ein Platinschiffchen eingewogene Silicomolybdat wird in ein Glasrohr gebracht, das auf einer Seite mit dem HCl-Entwicklungsapparat, am anderen Ende mit zwei mit Wasser gefüllten Waschflaschen verbunden ist. Der Chlorwasserstoff wird vor Eintritt in das Rohr durch konz. Schwefelsäure getrocknet. Man erwärmt das Rohr auf etwa 200 °C und leitet mäßig HCl-Gas über die Substanz. Nach kurzer Zeit beginnt die Sublimation von $MoO_3 \cdot 2HCl$ in Form weißer, schneeartiger Flocken, welch erstere bei Anwendung von 1 g Substanz nach 4 bis 5 Std. quantitativ beendet ist. Der Rückstand im Schiffchen kann noch Spuren Molybdäns enthalten, kenntlich am Auftreten einer Blaufärbung bei Befeuchten mit einigen Tropfen Wassers. In diesem Falle dampft man den befeuchteten Rückstand im Schiffchen zur Trockne ein und behandelt erneut längere Zeit mit HCl-Gas. Meistens gelingt es auf diese Weise, die Kieselsäure auch von den letzten Spuren Molybdänsäure zu befreien.

Die Entfernung der letzten Spuren Molybdänsäure gelingt auf die eben geschilderte Art nicht bei Magnesium-, Calcium- oder Silbermolybdat. Durch Abrauchen des Rückstandes im Schiffchen mit HCl nach den Regeln der Silicatanalyse (§ 2) erhält man zum Schluß eine praktisch reine Kieselsäure.

II. Analyse von Silbermolybdat.

Der nach der Sublimation im Schiffchen hinterbliebene Rückstand wird durch Wasserstoff bei hoher Temperatur zu metallischem Silber reduziert und dieses durch Salpetersäure in Lösung gebracht, aus der es durch HCl als AgCl gefällt wird.

Der Rückstand im Schiffchen (SiO_2) wird wie üblich verascht.

Literatur.

Asch, W.: Inaugural-Dissertation, Universität Berlin 1901.
Hermann, H.: Fr. **51**, 736 (1912); **52**, 557 (1913).
Marignac, C.: C. r. **55**, 888; Ann. Chim. et Phys. (3) 69; J. pr. **94**, 305 (1865).
Parmentier, M. F.: C. r. **92**, 1234; **94**, 213.
Wunder, u. A. Schapiro: Ann. Chim. anal. **18**, 257 (1913).
Zinberg, S.: Fr. **52**, 529 (1913).

§ 4. Bestimmung der Kieselsäure in Gläsern.

1. Methode von Enss.

Die Einwaage des feingepulverten Glases wird im Platintiegel mit Flußsäure und Schwefelsäure abgeraucht. Anschließend glüht man die Sulfate zur Gewichtskonstanz und wägt.

Der Abrauchrückstand wird mit Natriumcarbonat aufgeschlossen und in der Lösung das SO_4^{2-}-Ion bestimmt.

Vermindert man das Gewicht des Abrauchrückstandes um das Gewicht des aus der Sulfatbestimmung errechneten SO_3, so ergibt sich die Menge der Kieselsäure als Unterschied zwischen der Einwaage und dieser Differenz.

2. Methode von Flaschka und Amin.

Prinzip. Die Metallionen des von SiO_2 befreiten Rückstandes werden an einen Kationenaustauscher (saure Form) gebunden. Im Eluat werden die H^+-Ionen alkalimetrisch titriert.

Arbeitsvorschrift. 0,15 g feingepulvertes Glas werden in einem gewogenen Platintiegel mit Flußsäure und wenigen Tropfen Schwefelsäure behandelt und, wie üblich, zur Trockne eingedampft. Den Rückstand glüht man bei Dunkelrotglut zur Konstanz und läßt ihn im Exsiccator erkalten. Nach dem Wägen behandelt man, unter sorgfältigem Zerdrücken der gröberen Anteile, mit heißem Wasser und spült das feinpulvrige Sulfat- und Oxidgemisch in ein Becherglas.

Die *Behandlung mit dem Kationenaustauscher Wofatit K* erfolgt in einer Säule von etwa 1,2 cm Durchmesser, in die das Harz in einer Schicht von 8 cm Höhe eingeschwemmt wird; durch Behandlung mit 5 n HCl wird es wie üblich in die H^+-Form überführt. Anschließend wird mit Wasser so lange gewaschen, bis das Waschwasser neutral ist. Zur wäßrigen Lösung bzw. Suspension gibt man im Becherglas so viel Austauscherharz, als 4 cm in der Säule entsprechen, und erhitzt 10 Min. auf 70 °C. Dann bringt man die Suspension quantitativ auf die Säule, die nach dem Durchlauf 2mal mit etwa 50 ml Wasser gewaschen wird. Eluat und Waschwässer werden zum Kochen erhitzt (um CO_2 zu vertreiben) und nach dem Abkühlen unter Verwendung des Methylrot-Methylenblau-Mischindikators mit 0,1 n NaOH titriert. Nebenher läuft ein Blindansatz mit denselben Mengen an Wasser und Harz.

Berechnung. Ist E die Einwaage im Milligramm, R das Gewicht des Rückstandes in Milligramm und V die verbrauchte Menge 0,1 n NaOH in Milliliter, so ist:

$$\%\mathrm{Si} = 100\,(E - R + 4{,}003\,V)/E.$$

Regenerierung der Austauschersäule. Nach jeder Bestimmung spült man das Harz in ein Becherglas (hohe Form). Nach kurzer Zeit haben sich die Oxide (Fe_2O_3, Al_2O_3) an der Oberfläche gesammelt und können durch Dekantation entfernt werden. Das so gereinigte Harz wird in die Säule zurückgebracht und hierauf in üblicher Weise mit 5 n HCl in die H^+-Form überführt.

3. Aufschlußverfahren von Flaschka.

Arbeitsvorschrift. 1 g feingepulvertes Glas wird mit Flußsäure oder (rascher) mit saurem Ammoniumfluorid in einem Platintiegel abgeraucht. Der Abrauchrückstand wird mit einem Platinspatel möglichst zerdrückt und mit 2 bis 3 g (sublimierter) Oxalsäure innig gemischt. Der bedeckte Tiegel wird nun mit kleiner Flamme so erhitzt, daß dunkle Rotglut noch nicht erreicht wird. Das Abrauchen mit Oxalsäure wird noch 1- bis 2mal mit je 1 bis 1,5 g Oxalsäure wiederholt. Man befeuchtet den Rückstand mit etwas konz. HCl und erwärmt, bis sich der Kuchen von der Wand gelöst hat. Die meist etwas trübe Lösung wird nun, zur Entfernung des Hauptteils an HCl, stark eingekocht, wobei fast immer völlige Klärung eintritt. Die kochende Lösung wird nun mit einigen Tropfen H_2O_2 oxydiert und tropfenweise mit Ammoniak bis zum beginnenden Ausfall von $Fe(OH)_3$ und $Al(OH)_3$ neutralisiert. Die neutralisierte Lösung wird, nach dem Abkühlen, mit dem gleichen Volumen 96%igen Äthanols und anschließend mit 50 bis 100 ml frischer Schaffgottsch-Lösung[1] versetzt, wobei man kräftig umrührt. Nach $^1/_2$ Std. filtriert man durch ein

[1] Man sättigt ein Gemisch von 180 ml konz. Ammoniak, 800 ml Wasser und 900 ml absolutem Äthanol mit festem käuflichem, gepulvertem Ammoniumcarbonat unter Schütteln. Nach einigen Stunden wird vom ungelösten Salz abfiltriert.

Schwarzbandfilter in eine gewogene Platinschale. Das Filtrat, enthaltend die Alkali- und Ammoniumsalze, dient zur Bestimmung der Alkalien.

Der durch die Schaffgottsch-Lösung gefällte Niederschlag wird in HCl gelöst, die Lösung zur Ausfällung von Fe und Al mit festem NH_4Cl sowie mit carbonatfreiem Ammoniak versetzt und abfiltriert. Im Filtrat werden Ca und Mg nach den üblichen Methoden getrennt und bestimmt.

Die Bestimmung von SiO_2 aus der Differenz ist allerdings nur bei Proben mit geringem Fe-Gehalt (bis 0,5%) möglich.

Die von FLASCHKA als Beleg angeführten Analysen von Silicaten stimmen mit den Werten der klassischen Methode gut überein.

4. Verfahren von Bennett.

Prinzip. Man schmelzt die Einwaage im Nickeltiegel mit NaOH und behandelt die erkaltete Schmelze im Nickelbecher mit kochendem Wasser. Die dabei erhaltene Suspension verdünnt man auf etwa 175 ml und läßt sie unter Rühren in überschüssige, konz. Salzsäure in einem 250-ml-Meßkolben fließen. Nach Abkühlen füllt man zur Marke auf und verwendet zur Bestimmung einen aliquoten Anteil, der ungefähr 35 mg SiO_2 enthält.

Arbeitsvorschrift. Man macht die Lösung durch Zugabe von NaOH-Plätzchen stark alkalisch und säuert anschließend mit HCl schwach an. Die so vorbereitete Lösung wird mit 10%iger Ammoniummolybdatlösung vermischt und nach einigen Minuten mit HCl bis zur stark sauren Reaktion versetzt. Unter Rühren tropft man jetzt aus einer Bürette eine wäßrige Lösung von Chinolin in geringem Überschuß zu. Der cremefarbige Niederschlag wird durch Erwärmen auf 80 °C koaguliert. Ist die Lösung klar geworden, kühlt man durch Einstellen in kaltes Wasser auf 10 bis 12 °C ab und filtriert in einen Filtertiegel G4 ab. Man wäscht einige Male mit wäßriger Chinolinlösung und trocknet 2 Std. bei 150 °C.

Die Umrechnung auf SiO_2 erfolgt mit $F = 0{,}02568$; $\log F = 0{,}40955 - 2$.

Literatur.

BENNETT, H.: J. Soc. Glass Techn. **43**, 59 (1959).
ENSS, J.: Glastechn. Ber. **20**, 210 (1942); durch C. **1942**, **II**, 2836.
FLASCHKA, H.: Fr. **129**, 326 (1949). – FLASCHKA, H., u. A. M. AMIN: Chemist-Analyst **43**, 6 (1954).

§ 5. Trennung der löslichen von der unlöslichen Kieselsäure.

1. Verfahren von Lunge und Millberg.

Bei Silicatgemischen aus durch Säuren zersetzlichen und nicht angreifbaren Silicaten erhält man aus den ersteren durch Behandlung mit Säuren eine Abscheidung gelatinöser Kieselsäure, wogegen die letzteren nicht angegriffen werden. Die aus den säurezersetzlichen Silicaten abgeschiedene, gelatinöse Kieselsäure ist in 5%iger Natriumcarbonatlösung löslich; Feldspat und Quarz werden davon nicht merklich angegriffen.

Nach LUNGE und MILLBERG behandelt man das Silicatgemisch mit Salz- oder Salpetersäure, verdampft im Wasserbad bis zur staubigen Trockene, befeuchtet mit Säure, nimmt mit siedendem Wasser auf und filtriert. Nach dem Waschen spritzt man den Niederschlag mit 5%iger Sodalösung in eine Porzellanschale, digeriert 1/4 Std. im Wasserbade, filtriert und wäscht zuerst mit verd. Sodalösung und zum Schluß mit Wasser. Sollte hierbei ein trübes Filtrat resultieren, so fügt man dem Waschwasser ein wenig Äthanol zu, worauf man sofort ein klares Filtrat erhält. Das alkalische Filtrat enthält die lösliche Kieselsäure, die durch Ansäuern und Verdampfen abgeschieden und gewonnen wird.

Von dieser Methode macht man weitgehend Gebrauch bei der rationellen Analyse, die besonders für die keramische Industrie von Bedeutung ist.

2. Rationelle Analyse von Tonmineralien.

Allgemeines. In der keramischen Industrie interessiert hauptsächlich die Zusammensetzung der feuerfesten Tone, und zwar der Gehalt an Quarz, Tonsubstanz, Feldspat und Glimmer.

Diese Aufgabe wird gelöst durch die *rationelle Analyse*, die in zwei Arten ausgeführt wird, I. dem Schwefelsäureverfahren und II. dem Salzsäureverfahren.

I. Schwefelsäureverfahren
nach GREWE (Verfahren des Chemikerausschusses des V.D.Eh.).

Prinzip. Die Grundlage dieses Verfahrens ist die Tatsache, daß die Tonsubstanz beim Erhitzen mit konz. Schwefelsäure zersetzt und in Aluminiumsulfat und Kieselsäure überführt wird. Feldspat und Quarz werden nur wenig angegriffen.

Die Kieselsäure der Tonsubstanz scheidet sich als Gel ab; sie wird mit dem Feldspat und dem Quarz zusammen abfiltriert und durch Behandeln mit verd. KOH und Na_2CO_3, in denen sie leicht löslich ist, vom Feldspat und Quarz getrennt. Das zurückbleibende Gemisch (Feldspat nebst Quarz) wird mit Soda aufgeschlossen und die Aufschlußlösung, zur Ermittlung des Feldspats, nach Abscheidung der Kieselsäure mit Ammoniak gefällt, wodurch man den Gehalt an Al_2O_3 erfährt. Durch Multiplikation des gefundenen Gehaltes an Al_2O_3 mit 5,46 erfährt man den Gehalt an Feldspat.

Unberücksichtigt bleibt bei diesem Verfahren der Glimmer.

Arbeitsvorschrift. Zunächst wird die Probe bei 115 °C konstant getrocknet. 1 g getrocknete Substanz wird (ohne vorheriges Glühen) in einer 1000 ml fassenden Porzellanschale mit 100 ml H_2O und 5 ml KOH (1 + 2) (etwa 33 %ig) 5 Min. lang eingeweicht und anschließend der Tonschlamm 15 Min. in der bedeckten Schale in mäßigem Sieden gehalten. Dann gibt man 100 ml H_2O zu, läßt abkühlen und fügt, bei aufgelegtem Uhrglas, vorsichtig 100 ml konz. H_2SO_4 sowie 10 ml HNO_3 (D = 1,4) zu. Die bedeckte Schale wird anschließend im Luftbade erhitzt. Dazu bedient man sich eines Luftbades von folgenden Abmessungen (Abb. 2).

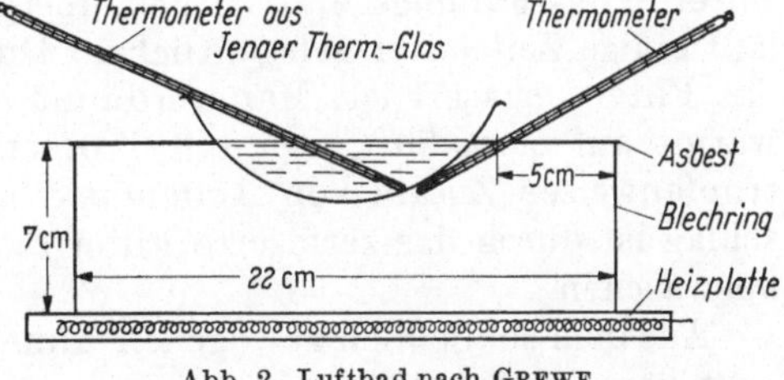

Abb. 2. Luftbad nach GREWE.

Der Ausschnitt in der Asbestplatte hat einen solchen Durchmesser, daß das Flüssigkeitsniveau in der Ebene der Platte liegt.

Das Erhitzen auf dem Luftbade wird so vorgenommen, daß die Temperatur der Flüssigkeit nach 1 1/4 Std. 140 °C beträgt. Auf dieser Höhe hält man sie dann 1 3/4 Std. lang. Für die Erhitzung ist ein bestimmtes Temperaturgefälle erforderlich: Das untere Thermometer am Boden der Schale (die Kugel muß den Boden berühren) muß während der ersten Erhitzungsdauer langsam auf 190 bis 200 °C steigen und während der zweiten Erhitzung 190 bis 210 °C zeigen. Nach 3 Std. steigert man die Temperatur so, daß das Thermometer in der Flüssigkeit nach 25 Min. auf 230 °C, das untere auf 300 bis 310 °C gestiegen ist. Dabei beginnt die Schwefelsäure stark zu rauchen; man läßt sie bei 230 °C 35 Min. lang rauchen. Die Erhitzung auf dem Luftbad dauert insgesamt 4 Std.

Wegen des Angriffs der heißen, konz. Schwefelsäure auf gewöhnliches Glas muß das zum Rühren verwendete Thermometer in der Schale aus Jenaer Thermometerglas oder einem ähnlichen widerstandsfähigen Glas bestehen.

Ermittlung der Tonsubstanz. Den Schaleninhalt versetzt man nach dem Erkalten vorsichtig mit 600 ml H_2O und läßt ihn 2 Std. absitzen. Man gießt dann die klare Flüssigkeit ab und erwärmt den Rückstand mit 10 ml konz. HCl und 50 ml H_2O 15 Min. auf dem Wasserbad. Darauf filtriert man durch ein dichtes, mittelhartes Filter von 11 cm Durchmesser und bringt hierbei den Rückstand ganz aufs Filter, wo er 3mal mit Wasser ausgewaschen wird. Der ausgewaschene Rückstand wird nun in die Schale gespritzt und die Behandlung mit HCl noch 2mal wiederholt. Ist beim dritten Ausziehen die Salzsäure noch schwach grünlich gefärbt, muß die Behandlung wiederholt werden.

Nach dem letzten Auswaschen wird der Filterinhalt wieder in die Schale gespritzt und mit heißem Wasser auf ein Volumen von etwa 250 ml gebracht. Man fügt jetzt 8 g wasserfreies Natriumcarbonat zu und erwärmt 2 Min. auf dem Wasserbad, versetzt anschließend mit 5 ml KOH (1 + 2) (etwa 33%ig) und erwärmt weitere 2 Min.

Lösung und Rückstand werden durch das schon benutzte Filter gegossen.

Bei vielen Tonen fließen die ersten Anteile trübe durch. In diesen Fällen wechselt man, sobald die Lösung klar durchzulaufen beginnt, das Becherglas mit dem Filtrat, filtriert jetzt den restlichen Inhalt der Schale durch und bringt den Rückstand aufs Filter. Erst jetzt filtriert man die ersten trübe durchgelaufenen Anteile des Filtrats. Der Filterinhalt wird ohne weiteres Auswaschen in die Schale zurückgebracht und noch dreimal mit Na_2CO_3 und KOH behandelt. Nach der letzten Behandlung wäscht man den Rückstand auf dem Filter mit 5% Äthanol enthaltendem Wasser aus. Filter nebst Rückstand bringt man in einen Platintiegel, verascht, glüht und wägt. Die Differenz aus Einwaage und Rückstand entspricht dann der Tonsubstanz.

Ermittlung der Summe aus Feldspat und Quarz. Durch Abrauchen mit Flußsäure und Schwefelsäure wird die Kieselsäure aus dem Rückstand entfernt und dieser mit $KNaCO_3$ aufgeschlossen. Man löst die Schmelze mit verd. HCl und fällt Al mit Ammoniak in geringem Überschuß. Das abfiltrierte Aluminiumoxidhydrat wird in HCl gelöst und nach Zusatz von Ammoniumthiosulfat und Ammoniumphosphat als $AlPO_4$ gefällt und abfiltriert.

Will man das Aluminium neuerlich ausfällen, so bringt man das ausgewaschene Filter in das Fällungsgefäß zurück, übergießt mit 10 ml HCl (1 + 1) (etwa 6 m) und läßt einige Zeit unter gelegentlichem Durcharbeiten mit dem Glasstab stehen, bis das Filter zerfasert ist. Man verdünnt jetzt mit etwa 150 bis 200 ml Wasser, erwärmt auf etwa 80 °C, setzt 3 Tropfen Methylrotlösung zu und fällt Al durch tropfenweisen Zusatz von Ammoniak bis zum Umschlag nach Gelb. Die Niederschlag ist durch das zerfaserte Filter rasch filtrierbar und läßt sich auch sehr gut auswaschen.

Aus dem schließlich gewogenen Aluminiumphosphat wird das Gewicht an Feldspat berechnet:

Gramm Kalifeldspat = Gramm $AlPO_4 \cdot 2{,}28$.

Der Quarz ergibt sich als Differenz aus Glührückstand und Feldspat.

Bemerkung. Soll in einem Ton neben der Tonsubstanz, dem Feldspat und dem Quarz auch noch der Glimmer bestimmt werden, so bedient man sich des Salzsäureverfahrens nach KALLAUNER und MATEJKA. Dieses Verfahren, wonach die Tonsubstanz durch Glühen bei etwa 700 °C unter Abgabe ihres Konstitutionswassers restlos in SiO_2 und Al_2O_3 übergeht, ist insofern etwas fraglich, als es noch nicht sichergestellt ist, ob dieser Zerfall bei allen Tonsubstanzen eintritt.

II. Salzsäureverfahren nach Keppeler.

Arbeitsvorschrift. 0,5 g der bei 120 °C während 2 Std. getrockneten Substanz werden in einem kleinen Porzellantiegel in einem elektrisch geheizten Muffelofen auf 700 bis 750 °C erhitzt. Nach Erreichen der Gewichtskonstanz wird der Rückstand durch zweistündiges Erhitzen mit 100 ml 10 %iger Salzsäure auf dem Wasserbad in Lösung gebracht. Die noch heiße Lösung wird durch ein gehärtetes Filter filtriert, und der Rückstand wird mit heißem Wasser chloridfrei gewaschen.

Im Filtrat bestimmt man durch (doppelte) Fällung mit Ammoniak Al_2O_3 (nebst der geringen Menge Fe_2O_3, die aber der Einfachheit halber als Tonerde rechnerisch angeschrieben wird):

Gramm $Al_2O_3 \cdot 2{,}53$ = Gramm Tonsubstanz.

Der in HCl unlösliche Rückstand wird sorgfältig in eine Porzellanschale gespült, wobei man das Filter mit einem spitzen Glasstab durchstößt und mit heißem Wasser nachwäscht. Der Inhalt der Porzellanschale wird bis auf einen kleinen Rest eingedampft. Man läßt hierauf erkalten, bedeckt mit einem Uhrglas und versetzt mit 10 ml konz. Schwefelsäure. Die bedeckte Schale wird auf einer Asbestplatte stark erhitzt und schließlich die Schwefelsäure völlig abgeraucht (durch diese Operation wird der Glimmer in Lösung gebracht). Der Abrauchrückstand wird mit konz. HCl auf dem Wasserbad behandelt; in Lösung gehen die Basen; ungelöst zurück bleiben die Kieselsäure und der Feldspat. Nach Filtration durch ein doppeltes Filter wird der Rückstand gut mit 5 %iger Salzsäure und anschließend mit warmem Wasser gewaschen. Filter nebst Rückstand werden in einer Hartgummikasserolle mit 200 ml kochendem Wasser aufgewirbelt. Man gibt jetzt 2,5 ml 40 %ige Flußsäure zu und rührt mit einem Hartgummistab um. Durch diese Verdünnung ist die Lösung etwa 0,5 %ig an H_2F_2. Diese 0,5 %ige Flußsäure wirkt auf die amorphe Kieselsäure lösend ein. Man rührt 2 Min., setzt einige Tropfen Phenolphthaleinlösung zu und neutralisiert genau mit NaOH. Der Rückstand (Quarz + Feldspat + Filterreste) wird durch ein doppeltes Filter abfiltriert und zuerst mit heißem Wasser, dann mit verdünnter Salzsäure, zuletzt wieder mit Wasser gründlich ausgewaschen und in einem Platintiegel naß verbrannt. Man erfährt so die Menge an Feldspat und Quarz. Die Differenz aus Einwaage und der Summe an Tonsubstanz, Feldspat und Quarz, entspricht dem Glimmer. Zur Bestimmung des Feldspates wird das Quarz-Feldspat-Gemisch mit Flußsäure und wenig Schwefelsäure abgeraucht, der Rückstand in HCl aufgenommen und in dieser Lösung $Al(OH)_3$ wie üblich durch doppelte Fällung mit Ammoniak gefällt und als Al_2O_3 gewogen:

Gramm $Al_2O_3 \cdot 5{,}46$ = Gramm Kalifeldspat.

Literatur.

GREWE, H.: Arch. Eisenhüttenw. **3**, 43 (1929/30).

KALLAUNER, O., u. J. MATEJKA: Sprechsaal **47**, 423 (1914). – KEPPELER, G.: Ber. dtsch. keram. Ges. **10**, 501 (1929).

LUNGE, G., u. C. MILLBERG: Angew. Ch. **10**, 425 (1897).

VDEh: Handbuch, Bd. I.

§ 6. Bestimmung der Kieselsäure in Gegenwart von Fluoriden.

1. Methode von R. Fresenius und E. Hintz.

Prinzip. FRESENIUS und HINTZ zersetzen das fluoridhaltige Material in einer Bleiapparatur mit konz. Schwefelsäure und fangen das entweichende Gas: SiF_4 in verd. Ammoniak auf.

Die *Apparatur* besteht aus einem U-förmig gebogenem Bleirohr als Zersetzungsgefäß von 19 cm Schenkellänge und 0,5 cm inneren Durchmesser. Es wird durch Gummistopfen und entsprechend dimensionierte Bleiröhrchen mit einer Waschflasche mit konz. Schwefelsäure (zum Trocknen des durchgesaugten Luftstromes) und mit zwei kleineren U-förmig gebogenen Bleirohren, die verd. NH_3 enthalten, verbunden. Das Ende des zweiten U-Rohres wird mit einem mit Wasser beschickten, gläsernen U-Rohr verbunden, an das ein Aspirator angeschlossen wird.

Vor Beginn der eigentlichen Bestimmung wird das Zersetzungsrohr mit konz. Schwefelsäure auf 200 °C erhitzt, wodurch sich ein schützender $PbSO_4$-Überzug bildet, der auch nach Reinigung mit Wasser verbleibt.

Arbeitsvorschrift. 5,0 g Substanz werden mit 15 g konz. Schwefelsäure in dem Zersetzungsrohr, das sich in einem Sandbad befindet, unter Durchsaugen eines langsamen Luftstromes während 2 Std. auf 200 °C erhitzt. Nach Beendigung der Zersetzung läßt man erkalten und spült den Inhalt des Zersetzungsgefäßes in eine Platinschale. Die Tonerdeverbindungen werden durch Erhitzen unter Zusatz von einigen Tropfen HCl in Lösung gebracht. Man filtriert vom Unlöslichen ab und wäscht mit Wasser. Der Rückstand (SiO_2) wird mit Soda geschmolzen, die Schmelze in Wasser gelöst und Unlösliches abfiltriert. Die Lösung wird mit der ammoniakalischen Lösung der beiden U-Röhren vereinigt und mit Salzsäure *beinahe*, aber nicht vollständig neutralisiert und die Kieselsäure zum größten Teil abgeschieden. Man filtriert sie ab, wäscht, versetzt das Filtrat mit einer Lösung von Zinkoxidammoniak und engt bis zur völligen Vertreibung des Ammoniaks ein. Der Niederschlag wird abfiltriert, in Salpetersäure gelöst und die Kieselsäure durch Eindampfen abgeschieden.

Aus dem beim ersten Sodaaufschluß erhaltenen unlöslichen Anteil wird die Kieselsäure durch Abrauchen mit Salzsäure in der üblichen Weise abgeschieden.

2. Methode von Hampe.

Arbeitsvorschrift. Die Einwaage wird mit der 8- bis 10fachen Menge entwässertem Borax geschmolzen. Der Schmelzkuchen wird in Wasser gelöst, die wäßrige Lösung unter Erwärmen mit NH_4Cl neutralisiert und der Niederschlag [SiO_2 + $Al(OH)_3$ + $CaCO_3$] abfiltriert.

Im Filtrat scheidet man die Kieselsäure nach der Ammoniumcarbonatmethode durch mehrmalige Wiederholung (bis kein Niederschlag mehr erhalten wird) ab. Sämtliche SiO_2 enthaltenden Rückstände werden vereinigt, im Platintiegel naß verbrannt, die Asche mit Soda aufgeschlossen und die Kieselsäure nach dem üblichen Verfahren abgeschieden und zum Schluß durch Abrauchen mit Flußsäure und Schwefelsäure auf Reinheit geprüft.

Bemerkung. Die Nachteile dieses Verfahrens sind der lange Arbeitsgang und die wenig exakte SiO_2-Abscheidung mit Ammoniumcarbonat.

3. Verfahren von Spielhaczek.

Arbeitsvorschrift. 1 g Probe wird mit 3 g wasserfreiem oder 6 g wasserhaltigem Borax in einem geräumigen Platintiegel gemischt und diese Mischung mit 14 g gepulvertem Kaliumhydrogensulfat innig vermischt. Der bedeckte Tiegel wird nun vorsichtig, zunächst seitlich mit kleiner Flamme erhitzt, bis die Reaktion größtenteils abgelaufen ist und die Schmelze in ruhigen Fluß kommt. Man setzt das Erhitzen, unter öfterem Umschwenken des Tiegels, schließlich über voller Flamme fort. Die Aufschlußdauer beträgt etwa 30 Min. Nach dem Erkalten wird der Tiegel in einer kleineren, schwarz glasierten Porzellanschale mit etwa 100 ml heißem Wasser, dem 2 bis 3 ml konz. HCl zugefügt wurden, bis zur Lösung auf dem Wasserbad erhitzt. Man entfernt nun den Tiegel, spült ihn sorgfältig ab und verdampft unter öfterem Umrühren mit einem am Ende breitgedrückten Glasstab bis zur Sirupkonsistenz. Hierauf nimmt man die Schale vom Wasserbad, läßt erkalten und knetet die Masse mit dem Glasstab gut durch. Nun wird im Trockenschrank bei 105 bis 110 °C getrocknet und das erkaltete Trockengut anschließend mit dem breitgedrückten Glasstab zu feinem Pulver zerrieben. Zur Entfernung der noch anhaftenden Salzsäure wird nochmals im Trockenschrank bei 105 bis 110 °C getrocknet, bis der Geruch nach HCl völlig verschwunden ist. Man läßt erkalten, befeuchtet mit einigen Tropfen konz. HCl und nimmt nach 2 bis 3 Min. mit heißem Wasser auf. Man digeriert nun so lange auf dem Wasserbad, bis alle Salze gelöst sind, und filtriert hernach durch ein Blaubandfilter, das unter Umständen mit etwas Filterschleim gedichtet wurde. Man wäscht mit salzsäurehaltigem, heißem Wasser sulfatfrei aus, verascht, glüht und wägt SiO_2, das durch Abrauchen mit Flußsäure auf Reinheit geprüft wird.

Bemerkungen. I. Das *Durcharbeiten* der zur Sirupkonsistenz eingedampften Masse ist unbedingt erforderlich, da es nur dadurch möglich ist, nach dem Trocknen den Rückstand zu feinem Pulver zu verreiben. Im Gegensatz zu den Destillationsverfahren zeichnet sich dieses Verfahren durch eine verhältnismäßig kurze Durchführungszeit aus, so daß die Durchführung mehrerer Analysen nebeneinander ohne Schwierigkeiten möglich ist.

II. Die *Genauigkeit* der Methode wurde von SPIELHACZEK an synthetischen Gemischen (SiO_2 + NaF) und an Kryolithen überprüft.

Während des Aufschlusses mit Borax-Kaliumhydrogensulfat tritt kein Verlust an Kieselsäure ein, und die Abscheidung der Kieselsäure ist bei Befolgung der angegebenen Durchführung vollkommen.

4. Verfahren von Shell sowie von Shell und Craig.

Prinzip. Setzt man einer sauren, fluoridhaltigen Silicatlösung vor dem Eindampfen zur Trockne eine genügende Menge von Al^{3+}-Ion zu, so wird HF komplex gebunden, und man findet das gesamte SiO_2.

Arbeitsvorschrift. 0,5 bis 1,0 g Fluorosilicat schmelzt man mit 5 g Soda, löst die Schmelze unter Zusatz von 0,5 bis 1 g Al^{3+}-Ion (4,5 g $AlCl_3 + 6H_2O$ ergeben ungefähr 0,5 g Al^{3+}) und filtriert in 200 ml HCl (1 + 3) (etwa 3 m). Das Filtrat wird in einer Platinschale zur Trockne eingedampft und weiter nach § 2, 1, behandelt.

Bemerkung. Bei Anwendung von 1 g Al^{3+} läßt sich die staubige Trockene nur unter Zuhilfenahme eines Tiefstrahlers erreichen.

5. Verfahren von Harel, Herman und Talmi.

Man destilliert aus perchlorsaurer Lösung, der eine bekannte Menge einer eingestellten Natriumsilicatlösung zugesetzt wurde. Durch diesen Zusatz wird eine Verätzung des Destillationskolbens vermieden.

Si im Destillat wird vollständig in K_2SiF_6 überführt und dieses durch Titration mit NaOH in der Wärme (§ 8, 8) oder durch Fällung als K_2SiF_6 und Wägung als Silicomolybdat bestimmt. Das im Kolben zurückbleibende Silicium ist frei von Fluor und wird gravimetrisch bestimmt.

Bemerkung. Bei Phosphaterzen muß zweimal destilliert und zwischendurch aufgeschlossen werden.

Literatur.

FRESENIUS, R., u. E. HINTZ: Fr. **28**, 324 (1889).

HAMPE, W.: Ch. Z. **15**, 1521 (1891). – HAREL, S., E. R. HERMAN u. A. TALMI: Anal. Chem. **27**, 1144 (1955).

SHELL, H. R.: Anal. Chem. **27**, 2006 (1955). – SHELL, H. R., u. H. CRAIG: Anal. Chem. **26**, 996 (1954). – SPIELHACZEK, H.: Fr. **119**, 4 (1940).

§ 7. Die zur Analyse des Flußspates üblichen Verfahren

1. Methode des Chemikerausschusses des Vereins Deutscher Eisenhüttenleute.

I. Bestimmung von SiO_2 in Flußspaten mit mehr als 3% SiO_2.

Prinzip. Man führt das Calciumfluorid und die vorhandene Kieselsäure durch Schmelzen mit Kaliumnatriumcarbonat und anschließendes Auslaugen der Schmelze mit Wasser in Alkalifluorid und Calciumcarbonat bzw. Alkalisilicat über. Aus dem Alkalisilicat spaltet sich die Kieselsäure zum Teil hydrolytisch ab, zum Teil wird sie durch Zusatz von etwas Salzsäure abgeschieden und mit dem Calciumcarbonat nach Zusatz von Ammoniumcarbonat abgeschieden. Im Filtrat wird das F^--Ion mit $CaCl_2$ als CaF_2 gefällt, wobei auch ein gewisser Anteil der noch in Lösung befindlichen Kieselsäure mitgefällt wird. Dieser Teil wird ermittelt durch Abrauchen des geglühten CaF_2 mit Flußsäure. Im Filtrat der $CaCl_2$-Fällung wird der Rest der Kieselsäure wie üblich bestimmt.

Erforderliche Lösungen. $CaCl_2$-Lösung: 50 g $CaCl_2$ trocken, p.a. in 100 ml H_2O. *Waschflüssigkeit:* 3 ml Essigsäure (80%ig) und 1 ml $CaCl_2$-Lösung werden zu 1000 ml mit Wasser verdünnt.

Arbeitsvorschrift. 0,5 g getrocknete Probe werden in einem Platintiegel mit 10 g Kaliumnatriumcarbonat gut gemischt und zunächst über einer Bunsenflamme von etwa 5 cm Höhe während $^1/_4$ Std. vorsichtig angewärmt. Man vergrößert danach die Flamme allmählich derart, daß nach einer weiteren $^1/_4$ Std. die Flammenspitze den Boden des Tiegels erreicht. Während des Erhitzens soll sich der Tiegelinhalt nicht oder nur fast unmerklich heben und *langsam* ins Schmelzen kommen. Bei dieser Temperatur ist der Tiegel zu halten. Dabei setzt in der Schmelze eine Kohlendioxidentwicklung ein, die aber nur dann langsam und ohne Aufschäumen vor sich geht, wenn das Erhitzen mit der nötigen Vorsicht geschieht. Nach Beendigung der Kohlendioxidentwicklung erhitzt man etwa $^1/_4$ Std. lang auf schwache Rotglut.

Der Tiegel wird nun in kaltem Wasser abgeschreckt und der Schmelzkuchen in eine Platinschale gebracht; die im Tiegel verbliebenen Reste löst man mit heißem Wasser und vereinigt sie mit der Hauptmenge. Unter gelegentlichem Zerdrücken des Rückstandes mit einem Platinspatel erhitzt man die Schale so lange auf dem Dampfbad, bis keine körnigen Anteile mehr wahrnehmbar sind.

Man dekantiert nun die überstehende Flüssigkeit durch ein dichtes Filter mit Filterschleim, ohne von dem Niederschlag etwas aufs Filter zu bringen, und gießt den Rückstand aus der Schale in ein Becherglas, verdünnt auf etwa 200 ml, gibt 2 g $KNaCO_3$ zu, kocht 2 Min. lang und läßt absitzen. Man filtriert in das schon benutzte Filter und wäscht mit heißem Wasser 6mal aus (Rückstand I). Zum Filtrat gibt man einige Tropfen Phenolphthaleinlösung und neutralisiert *annähernd* mit verd. Salzsäure (1 + 3) (etwa 3 m), wobei aber die rote Farbe der Lösung nicht ganz verschwinden darf. Zur Abscheidung des Hauptteiles der im Filtrat befindlichen Kieselsäure setzt man nach und nach 4 g festes Ammoniumcarbonat zu und kocht, bis der Geruch nach Ammoniak nur noch ganz schwach wahrnehmbar ist. Man läßt nun 12 Std. bei 40 °C stehen, filtriert in ein dichtes Filter mit Filterschleim und wäscht mit 0,4 %iger Ammoniumcarbonatlösung aus (Rückstand II).

Rückstand I und II werden gemeinsam in einer Platinschale verascht. Der Rückstand wird mit etwa 10 ml HCl (1 + 1) (etwa 6 m) vorsichtig übergossen, zur Trockene verdampft und 1 Std. bei 135 °C erhitzt. Die weitere Abscheidung der Kieselsäure erfolgt wie üblich. Filtrat und Waschwasser müssen nochmals eingedampft werden.

Die Filter mit der abgeschiedenen Kieselsäure werden einstweilen beiseite gestellt (Kieselsäure-Abscheidung I).

Das Filtrat der Ammoniumcarbonatfällung wird auf etwa 300 ml verdünnt, im bedeckten Becherglas mit Essigsäure angesäuert und bis zur Beendigung der CO_2-Entwicklung gekocht. Zur kochendheißen Lösung gibt man 10 ml $CaCl_2$-Lösung, kocht kurz auf und läßt etwa 2 Std. in der Wärme stehen. Man filtriert in ein dichtes Filter mit Filterschleim, wechselt nach gutem Abtropfen das Auffanggefäß, wäscht 4mal mit der kalten Waschflüssigkeit und anschließend 2mal mit kaltem Wasser. Sollte beim Auswaschen sich das ablaufende Waschwasser trüben, so führt man trotzdem das Auswaschen in der vorgeschriebenen Weise durch. Man hat dann nur dafür zu sorgen, daß die im Filterrohr verbliebenen Niederschlagsanteile in das Auffanggefäß gelangen. Nun fügt man noch 3 ml $CaCl_2$-Lösung zu und engt auf der Dampfplatte um etwa ein Drittel des Volumens ein. Die jetzt gut filtrierbare Restfällung wird in ein kleineres Filter mit Filterschleim filtriert. Das bzw. die Filter mit der CaF_2-Fällung werden in einem Platintiegel verascht und in einer Muffel bei 700 bis 750 °C geglüht und gewogen. Die Auswaage besteht aus CaF_2 und mit abgeschiedener Kieselsäure. Zur Erfassung der mitabgeschiedenen Kieselsäure wird der Rückstand mit 10 ml Flußsäure abgeraucht und anschließend nochmals $^1/_4$ Std. bei 700 bis 750 °C in der Muffel geglüht und zurückgewogen. Die Auswaage besteht jetzt aus CaF_2. Die Differenz der ersten und zweiten Auswaage ist mitabgeschiedene Kieselsäure.

Das Filtrat der CaF_2-Fällung wird mit HCl angesäuert und die Kieselsäure 2mal wie üblich abgeschieden (Kieselsäure-Abscheidung II).

Die Filter der Kieselsäure-Abscheidungen I und II werden gemeinsam verascht, geglüht, gewogen sowie mit Flußsäure und Schwefelsäure abgeraucht (Reinkieselsäure).

Die Gesamtkieselsäure ergibt sich als Summe aus Reinkieselsäure und mitabgeschiedener Kieselsäure.

II. Flußspate mit weniger als 3 % SiO_2.

Allgemeines. Bei solchen Flußspaten kann der Aufschluß mit Kaliumnatriumcarbonat unvollständig sein. Ein zweiter Aufschluß ist unzweckmäßig, da zuviel Alkalien eingeführt werden. Berzelius hat die Schwierigkeit dadurch umgangen, daß er die Einwaage mit der $2^1/_2$fachen Menge reiner Kieselsäure mischte und dieses Gemisch in der unter I. geschilderten Weise aufschloß. Dadurch kann ohne Schwierigkeit das Calciumfluorid bestimmt werden. Bei der Kieselsäurebestimmung, bei der zum Schluß die zugesetzte Menge SiO_2 in Abzug gebracht werden muß, können die unvermeidlichen Fehler immerhin größer sein als der wahre Gehalt an Kieselsäure. Gifford hat daher eine Methode ausgearbeitet, die auf dem B_2O_3-Aufschluß nach Jannasch aufgebaut ist und einwandfreie Resultate ergibt, was auch Specht bestätigte.

a) Verfahren von Gifford.

Arbeitsvorschrift. 1 g Substanz wird mit 5 g B_2O_3 (reinst, Merck) im Platintiegel über einer Gebläseflamme aufgeschlossen. Die Schmelze wird bei bedecktem Tiegel mit kaltem Wasser abgeschreckt, der Schmelzkuchen in eine Porzellanschale von 1000 ml Inhalt gebracht und in HCl (1 + 10) (etwa 1,1 m) gelöst. Um die Reste im Tiegel herauszulösen, legt man den letzteren ebenfalls in die Schale und läßt ihn 15 Min. in der Salzsäure liegen. Die salzsaure Lösung wird auf der Dampfplatte zur Trockene gebracht und 2mal mit je 75 ml Methanol-Salzsäure (wasserfreies Methanol wird mit trockenem HCl-Gas gesättigt) abgedampft, wie beim B_2O_3-Aufschluß nach JANNASCH (S. 454) ausführlich beschrieben. Der Eindampfrückstand wird mit HCl (1 + 3) (etwa 3 m) durchfeuchtet, abermals eingedampft, 1 Std. bei 135 °C getrocknet und anschließend die Kieselsäure wie üblich behandelt.

b) Verfahren von SPECHT.

Arbeitsvorschrift. 1 g Probe wird in einem bedeckten 100-ml-Erlenmeyerkolben mit 10 ml 10%iger Essigsäure, die auf Flußspat *nicht* einwirkt, 1 Std. unter öfterem Umschütteln auf dem siedenden Wasserbad behandelt. Der Rückstand wird durch ein Cellafilter, mittel 4 cm, bei Verwendung des Filtriergerätes „Stefi 4", filtriert. In Ermangelung dieses Gerätes filtriert man durch ein 11-cm-Weißbandfilter, das durch feuchten Filterschleim gedichtet wurde. Die im Kolben verbliebenen Reste spült man durch heißes Wasser sorgfältig aufs Filter und wäscht anschließend kurz mit heißem Wasser aus. Das Volumen des Filtrates nebst Waschwasser soll nicht mehr als 75 ml betragen. Es empfiehlt sich daher, den Kolben mehrmals mit dem Filtrat auszuspülen. Das Filtrat wird zur Bestimmung von Ca (aus $CaCO_3$), Mg, Fe und Al verwendet.

Zur Bestimmung der *Kieselsäure* wird das Filter mit dem Rückstand in einer gewogenen Platinschale von 9 cm Durchmesser zunächst auf dem Drahtnetz getrocknet, dann verascht und über einem Bunsenbrenner unter Bewegung der Schale geglüht. Der gewogene Rückstand wird nun 2mal mit je 20 ml 40%iger reiner, schwefelsäurefreier Flußsäure abgeraucht, 1 bis 2 Min. geglüht und gewogen. Der Gewichtsverlust wird als SiO_2 berechnet.

Bei Rohflußspaten mit hohem SiO_2-Gehalt muß 3- bis 4mal abgeraucht werden.

2. Siliciumbestimmung als SiO_2 in Gegenwart von Fluor- und Orthophosphorsäureverbindungen.

Allgemeines. MILLNER und KÚNOS haben bei Anwendung der von ihnen erprobten Abänderung der Vorschrift von SCHRENK und ODE bei der Analyse von Gemischen von 100 bis 5 mg Na_2SiF_6 mit jeweils 200 bis 100 mg Dinatriumhydrogenphosphat durchweg brauchbare Resultate erhalten.

Die Methode ist auch geeignet, Silicium und Aluminium in Gegenwart von Fluor- und Orthophosphorsäureverbindungen nebeneinander zu bestimmen.

Arbeitsvorschrift. Die Einwaage wird mit der 8- bis 10fachen Menge Borsäure 3mal mit je 2 bis 3 ml HCl (konz.) zur Trockene eingedampft, wie § 2, 1, II beschrieben. Der Rückstand wird 2 Std. bei 130 °C dehydratisiert, mit HCl gut durchfeuchtet und mit wenig Wasser $^1/_4$ Std. auf dem Wasserbad digeriert, um sicher Aluminiumphosphat in Lösung zu bringen. Nach Abfiltrieren der Kieselsäure wird das Filtrat durch wiederholtes Abrauchen mit HNO_3 in einer Porzellanschale von Chloriden befreit und in dieser Lösung die Phosphorsäure nach WOY mit Ammoniummolybdat gefällt.

Das Filtrat von dem Ammoniumphosphormolybdat wird zur Bestimmung des Aluminiums verwendet.

Bemerkungen. I. Die von den Autoren angeführten Beleganalysen sind *sehr zufriedenstellend.*

II. Im Anschluß sei noch das von ALBRECHT angegebene Verfahren zur *Bestimmung kleiner Mengen Kieselsäure in Orthophosphorsäure* erwähnt.

Arbeitsvorschrift. 10 bis 20 g sirupöse Phosphorsäure werden in einer Platinschale mit 50 bis 100 g festem $AgNO_3$ auf dem Sandbad vorsichtig auf 100 bis 120 °C erhitzt. Auf dieser Temperatur erhält man 2 Std. und stellt dann die Schale in ein Jenaer Becherglas. Man setzt hierauf Salpetersäure zu und kocht kurze Zeit bis zur Lösung des Schmelzkuchens. Nach dem Verdünnen mit Wasser entfernt man die Schale und filtriert in ein dichtes Filter, wäscht zuerst mit heißem, salpetersäurehaltigem Wasser und zum Schluß mit heißem Wasser, bis das Filtrat mit HCl keine Trübung mehr ergibt. Filter und Rückstand verascht man im Platintiegel und raucht zum Schluß mit Flußsäure und Schwefelsäure wie üblich ab.

Bei einer Einwaage von 20 g lassen sich so noch 0,5 mg = 0,0025% SiO_2 feststellen.

Bemerkung. Es ist unbedingt erforderlich, das Waschen so lange fortzusetzen, bis alles Silber aus dem Niederschlag ausgewaschen ist, da sonst beim Veraschen des Filters leicht eine Schädigung des Platintiegels erfolgen könnte!

Literatur.

ALBRECHT, PH.: Ch. Z. **53**, 118 (1929).
GIFFORD, C. E.: Ind. eng. Chem. **15**, 526 (1923).
MILLNER, TH., u. F. KÚNOS: Fr. **90**, 161 (1932); **92**, 253 (1933).
SCHRENK, W. T., u. W. H. ODE: Ind. eng. Chem. Anal. Edit. **1**, 201 (1929). – SPECHT, F.: Z. anorg. Ch. **231**, 181 (1937); Fr. **149**, 85 (1956).
VDEh: Handbuch, Bd. 1.

§ 8. Bestimmung des Siliciums in Eisen, Eisenlegierungen, Stahl.

Für diese Bestimmung stehen mehrere Verfahren zur Verfügung:
1. das Salzsäureverfahren von EGGERTZ,
2. das Brom-Salzsäureverfahren von BLUM,
3. das Salpetersäure-Schwefelsäureverfahren von STADELER,
4. das Überchlorsäureverfahren von CLAUBERG und BEHMENBURG.

1. Salzsäureverfahren.

Allgemeines. Nach dieser Methode können Kohlenstoffstähle und niedriglegierte Chrom-, Wolfram-, Vanadin- und Molybdänstähle untersucht werden, sofern der Gehalt jedes Legierungsmetalls 1% nicht wesentlich übersteigt. Auch rostfreie Chrom-Nickelstähle können auf diese Art untersucht werden.

Arbeitsvorschrift. 1 bis 5 g (bei niedriglegierten Stählen 4,675 g, entsprechend dem Umrechnungsfaktor 0,4675 von SiO_2 auf Si) werden im bedeckten Becherglas oder in einer bedeckten Porzellanschale mit 20 bis 50 ml HCl (D = 1,19) vorsichtig unter Erwärmen gelöst. Die Flüssigkeit wird zur Trockne eingedampft und der Rückstand bei 135 °C getrocknet. Nach dem Erkalten versetzt man für jedes Gramm Einwaage mit 10 ml HCl (D = 1,12) und erwärmt gelinde, bis alle Salze gelöst sind. Man verdünnt dann mit viel heißem Wasser und filtriert in ein mittelhartes Filter, das mit heißer 1%iger Salzsäure eisenfrei gewaschen wird.

Bei un- bzw. niedriglegierten Stählen genügt die Bestimmung, ohne die Restkieselsäure im Filtrat zu erfassen.

Will man die im Filtrat gelöste Kieselsäure erfassen, so dampft man es zur Trockne ein, trocknet 1 Std. bei 135 °C, nimmt nach Erkalten mit 20 ml HCl (D = 1,12) auf und filtriert in ein zweites Filter. Beide Filter werden gemeinsam im Platintiegel verbrannt und der Rückstand mit 0,5 ml H_2SO_4 (1 + 4) (etwa 3,7 m) und 1 bis 2 ml Flußsäure abgeraucht.

Bemerkungen. I. Bei *hochphosphorhaltigen* Roheisensorten setzt man zur Aufnahme des Rückstandes mit der Salzsäure wenige Tropfen Salpetersäure zu, wodurch etwaige Phosphate und Carbide leichter gelöst werden. Bei höherlegierten Stählen führt längeres Erhitzen mit rauchender Salzsäure zum Ziele; die Anwendung von Salpetersäure ist weniger empfehlenswert.

II. Bei *Vanadinstählen* (1% V) muß man jedoch HNO_3 zusetzen, weil sonst vanadiumhaltige Rohkieselsäure abgeschieden wird. Beim Fluorieren solcher Kieselsäure geht Vanadium in Vanadinsäure über, die beim Erhitzen schmilzt, SiO_2 einhüllt und so dem Angriff der Flußsäure entzieht. Rein äußerlich ist dieser Vorgang daran zu erkennen, daß die geglühte Kieselsäure zusammenbackt.

III. Eine weitere Fehlermöglichkeit ist auch bei *Molybdänstählen* dadurch gegeben, daß Molybdän beim Glühen in MoO_3 übergeht, das verdampft. Stähle mit mehr als 2% Molybdän löst man daher im HCl-HNO_3-Gemisch. Trotzdem muß die Rohkieselsäure *anhaltend* geglüht werden, um vorhandenes Oxid: MoO_3 zu verflüchtigen.

IV. *Wolframstähle* ohne größere Zusätze anderer Metalle werden nach dem Salzsäureverfahren untersucht, da der Zusatz von Salpetersäure hier ja doch nicht zur Lösung, sondern zur Bildung von WO_3 führt. Sind aber gleichzeitig höhere Prozentsätze anderer Legierungselemente vorhanden, so kann beim Lösen in HCl ein zu großer Rückstand bleiben, der die weitere Behandlung sehr erschwert. Hier ist dann ein Zusatz von HNO_3 am Platze. Die zum Auflösen des Probegutes verwendeten Säuremengen sind 120 ml HCl (1 + 1) (etwa 6 m) und 30 ml HNO_3 (D = 1,4). Das Lösen erfolgt in Porzellanschalen, da der Rückstand zur Zerstörung der Nitrate geröstet werden muß, anschließend in HCl gelöst und wie üblich weiter behandelt wird.

Wegen der Flüchtigkeit von WO_3 darf beim Glühen die Temperatur von 900 °C nicht überschritten werden.

V. *Siliciumreiche Legierungen* mit Si-Gehalten über 3% werden in HNO_3 (1 + 1) (etwa 7 m) ohne HCl-Zusatz gelöst. Man verwendet 40 bis 80 ml je nach der Einwaage und der Dauer der Auflösung.

VI. *Titanhaltige* Stähle sind leicht unter Zusatz von H_2SO_4 löslich. Da sich TiO_2 und SiO_2 durch Abrauchen mit Flußsäure nicht trennen lassen, weil TiO_2 sich bei der Behandlung mit Flußsäure verflüchtigen kann, trennt man das Titan als $Ti(SO_4)_2$ von der Kieselsäure.

Arbeitsvorschrift. Die Probe wird mit Salzsäure erhitzt, wenn nötig unter Zusatz von HNO_3, bis sich, außer Ti und Si, alles gelöst hat. Zur erkalteten Lösung fügt man 30 bis 40 ml konz. H_2SO_4 und erhitzt zum Rauchen. Nach dem Erkalten verdünnt man mit Wasser, filtriert, wäscht mit HCl (1 + 30) (etwa 0,4 m) und verfährt weiter wie üblich.

2. Brom-Salzsäureverfahren.

Brom-Salzsäurelösung. 500 ml konz. HCl werden mit 500 ml Wasser und 100 ml Brom gemischt.

Arbeitsvorschrift. 0,5 bis 5 g werden in einem 600-ml-Jenaer-Becherglas mit 20 bis 30 ml Bromsalzsäuregemisch übergossen und nach Bedecken mit einem Uhrglas in der Hitze gelöst. Die Lösung wird scharf zur Trockne eingedampft und der Rückstand nach dem Erkalten in 10 bis 15 ml konz. HCl aufgenommen (bei hochphosphorhaltigen Sorten werden noch einige Tropfen konz. HNO_3 zugegeben), erhitzt, bis alles gelöst ist, und es wird weiter wie nach dem Salzsäureverfahren gearbeitet.

Bei der Untersuchung von hochkohlenstoffhaltigen Eisensorten muß für eine genaue Bestimmung die Rohkieselsäure gereinigt und die Filtratkieselsäure berücksichtigt werden. Man schließt dann die gesamte Rohkieselsäure (aus Abscheidung und Filtrat) mit $KNaCO_3$ auf, scheidet die Kieselsäure aus der Schmelze und dem Filtrat ab, verascht beide Filter gemeinsam und fluoriert zum Schluß.

Bemerkung. Das Verfahren wurde in der angegebenen Ausführungsform von STADELER überprüft.

3. Salpetersäure-Schwefelsäureverfahren.

Arbeitsvorschrift. 1 bis 5 g Probe werden in 75 ml einer Mischung von 1 Teil H_2SO_4, 1 Teil HNO_3 sowie 2 Teilen Wasser gelöst und stark abgeraucht. Nach dem Erkalten wird mit 150 ml Wasser verdünnt, 10 ml HCl (D = 1,12) werden zugesetzt, und es wird wie beim Salzsäureverfahren die Kieselsäure abfiltriert und bestimmt.

I. Methode von Rubricius.

Die Einwaage wird in einem bedeckten Becherglas in Schwefelsäure (1 + 1) (etwa 9,3 m) gelöst und nach Beendigung der Gasentwicklung vorsichtig mit konz. Salpetersäure versetzt. Jetzt wird im unbedeckten Becherglas bis zum starken Rauchen erhitzt und nach dem Erkalten in Wasser und etwas HCl aufgenommen. Man kocht vor dem Filtrieren kurz auf, wäscht zuerst mit HCl enthaltendem, dann mit reinem, heißem Wasser. Filter samt Inhalt werden naß verbrannt und die Kieselsäure gewogen.

II. Schnellmethode von Niezoldi.

1 g Roh- oder Gußeisen wird in einem Jenaer Becherglas von 400 ml in 30 ml HCl (D = 1,19) bei aufgelegtem Uhrglas auf dem Asbestdrahtnetz über der vollen Flamme eines Bunsenbrenners gelöst. Nach völliger Lösung setzt man 15 ml H_2SO_4 (1 + 1) (etwa 9,3 m) zu und erhitzt bis zum Rauchen. Nach dem Erkalten wird die Flüssigkeit mit wenig Wasser verdünnt, nach Zusatz von 5 bis 10 ml HCl (D = 1,19) mit heißem Wasser auf etwa 100 ml gebracht und kurz aufgekocht. Man filtriert den Niederschlag in ein 9-cm-Weißbandfilter ab und wäscht 6mal mit warmem Wasser. Filter und Niederschlag werden naß verbrannt; die Kieselsäure ist vollkommen eisenfrei.

Das Verfahren läßt sich in 45 Min. durchführen, da während der Durchführung Schäumen und Spritzen nicht eintreten.

4. Perchlorsäureverfahren.

Arbeitsvorschrift. Zur Analyse von Stählen werden bei einem Si-Gehalt bis zu 0,1% 2 g, bis zu 0,5% 1 g, über 0,5% 0,5 g Späne in einer Mischsäure von 3 Teilen $HClO_4$ (D = 1,59) nebst 1 Teil HNO_3 (D = 1,21) gelöst, und zwar verwendet man für 2 g Einwaage 30 ml, für 1 g und 0,5 g Einwaage 20 ml. Man erwärmt während des Lösens schwach und erhitzt nach völligem Lösen noch 3 Min. zum Sieden bis zum Rauchen der Perchlorsäure. Hierauf läßt man etwas abkühlen, versetzt mit 50 ml Wasser und filtriert in ein mittelhartes Filter, wäscht mit schwach HCl enthaltendem Wasser und zum Schluß mehrmals mit heißem Wasser aus.

Rostbeständige Stähle und Werkzeugstähle löst man in folgender Mischsäure: 1 Teil HNO_3 (D = 1,4); 2 Teile HCl (D = 1,19); 3 Teile H_2O. Die Einwaage wird mit dieser Mischsäure bis zum Aufhören der Gasentwicklung erwärmt. Man läßt etwas abkühlen, setzt Perchlorsäure zu und dampft anschließend bis zum starken Rauchen ein. Soll bei Betriebsanalysen neben Si noch P bestimmt werden, so löst man die Späne in HNO_3 (D = 1,18), dampft die Lösung ein und röstet zur Zerstörung der Nitrate.

Ein nochmaliges Eindampfen und Aufnehmen in HCl ist notwendig.

Höherlegierte Stähle werden durch Schmelzen mit der 6fachen Menge eines Gemisches von 2 Teilen $KNaCO_3$ und 1 Teil Na_2O_2 im Nickeltiegel aufgeschlossen; je nach dem Si-Gehalt wägt man 0,5 bis 5 g der feinst zerkleinerten Probe ein.

Die Schmelze wird mit Wasser aufgeweicht, angesäuert, die Lösung zur Trockene eingedampft und weiter verfahren wie bei der Salzsäuremethode bzw. der Perchlorsäuremethode.

5. Die vom Chemikerausschuß des US-Stahlverbandes zur Analyse von Roheisen empfohlenen Methoden.

I. Methode von Drown.

Zum Lösen der Probe wird eine Mischsäure aus:

750 ml HNO_3 (D = 1,20) und

250 ml H_2SO_4 (D = 1,50), 48,1 °Bé; 59,70 Gew.-%.

verwendet.

0,4693 g bzw. 0,9386 g werden in einer Porzellanschale mit 15 bis 25 ml Mischsäure bis zum Rauchen erhitzt. Nach dem Erkalten wird mit 10 ml HCl (1 + 1) (etwa 6 m) durchfeuchtet und mit 50 ml Wasser verdünnt. Es wird zum Kochen erhitzt und durch ein 9-cm-Filter filtriert. Der unlösliche Rückstand (Graphit und SiO_2) wird mit verd. Salzsäure, zum Schluß mit Wasser eisenfrei gewaschen und verascht. Der Graphit wird durch anhaltendes Glühen verbrannt und die zurückbleibende Kieselsäure gewogen.

II. Salzsäuremethode von Food.

0,4693 bzw. 0,9386 g Eisensorte werden in einer Porzellanschale mit 20 bis 30 ml konz. Salzsäure zur Trockene verdampft. Der Rückstand wird in 20 ml verd. Salzsäure aufgenommen und die Lösung mit 60 ml Wasser verdünnt. Man kocht 5 Min., filtriert vom Ungelösten ab, wäscht mit verd. Salzsäure, zum Schluß mit Wasser eisenfrei und glüht bis zur Gewichtskonstanz.

6. Bestimmung von Si in Stählen, Gußeisen und Ferrolegierungen nach der Gelatinemethode.

Allgemeines. Nach den Untersuchungen von GAVIOLI und TRALDI ist die von HAMMARBERG angegebene Methode nur dann vorteilhaft, wenn die Proben W, Ti, Zr, Nb und Ta nicht enthalten; bei Abwesenheit dieser Elemente ist die abgeschiedene Kieselsäure so rein, daß man das Abrauchen mit HF ohne Bedenken unterlassen kann.

Bei Anwesenheit dieser Elemente ist die Kieselsäure immer durch sie verunreinigt, wodurch die Methode keine Vorteile bietet.

I. Für Stähle, die frei von W, Ti, Zr, Nb und Ta sind, wird folgende

Arbeitsvorschrift empfohlen. Je nach dem Si-Gehalt löst man 1 bis 5 g in 30 bis 70 ml HCl (2 + 1) (etwa 8 m), oxydiert die Carbide mit HNO_3 und kocht auf etwa 5 ml ein. Man nimmt mit 10 bis 20 ml konz. HCl auf, erwärmt auf 50 bis 60 °C und fällt tropfenweise mit 5 ml einer Lösung von 1,5 g Gelatine in 100 ml kalter HCl (1 + 1) (etwa 6 m). Nach Zugabe rührt man 5 bis 15 Min., filtriert, ohne zu verdünnen und ohne auf die beim Abkühlen ausfallenden Fe-Salze Rücksicht zu nehmen. Man wäscht 6- bis 8mal mit warmer Salzsäure (5 + 100) (etwa 0,6 m) und 2mal mit Wasser.

II. Säurelösliche Ferrolegierungen

werden genau so behandelt.

III. Für Ferrotitan

hat sich folgende

Arbeitsvorschrift bewährt. 1 g wird in einer bedeckten Porzellanschale mit 130 ml H_2SO_4 (1 + 1) (etwa 9,3 m) von etwa 80 °C behandelt; nach beendeter Reaktion oxydiert man mit 20 ml HNO_3 (1 + 1) (etwa 7 m), kühlt auf etwa 60 °C ab und fügt tropfenweise unter ständigem Rühren (mit einem mechanischen Rührer) 10 ml 3 %iger wäßriger Gelatinelösung zu. Die weitere Behandlung ist die oben angegebene.

IV. Unlösliche Legierungen mit Gehalten $\leqq$ 50 % Si.

Arbeitsvorschrift. 0,5 g feingepulverte Legierung erhitzt man im Nickeltiegel mit 5 g Na_2CO_3 5 Min. und läßt abkühlen. Dann trägt man 6 g Na_2O_2 ein und erhitzt anschließend den bedeckten Tiegel erneut 5 Min. und beendet den Aufschluß durch 1 bis 2 Min. dauerndes Erhitzen vor dem Gebläse.

V. Legierungen mit Gehalten $\geqq$ 50 % Si.

Man schmelzt 10 g NaOH und 2 g KNO_3 im Nickeltiegel, wobei man durch geschicktes Schwenken die Tiegelwand mit der Schmelze überzieht. Auf die erkaltete Schmelze werden 0,2 g feingepulverte Probe in dünner Schicht verteilt und mit etwa 2 g $NaHCO_3$ bedeckt. Der Tiegelinhalt wird mit einigen Tropfen Wassers besprüht, um Verluste bei Beginn der Reaktion zu vermeiden. Der Tiegel wird nun bedeckt und mit kleiner Flamme bis zum Beginn der Reaktion (Gasentwicklung) erhitzt. Nach Beendigung der Reaktion erhitzt man zum völligen Schmelzen und erhält etwa 10 Min. darin. Der Tiegel mit der erkalteten Schmelze wird in eine 700-ml-Porzellanschale zu einer Mischung von 80 ml H_2O und 15 ml konz. H_2SO_4 gegeben. Nachdem sich der Schmelzkuchen völlig vom Tiegel gelöst hat, wird er mit verd. Schwefelsäure in die Schale gespült. Die Lösung wird jetzt vorsichtig mit 50 ml konz. Schwefelsäure versetzt und zum Sieden erhitzt, wobei auf etwa 100 ml eingeengt wird. Man läßt auf etwa 60 °C abkühlen, fügt 40 bis 50 ml warmes Wasser zu und fällt durch kontinuierliches Zutropfen von 10 ml 3 %iger Gelatinelösung (bei Ferrotitan braucht man nicht länger als 5 Min. zu kochen; das Verdünnen mit 40 bis 50 ml Wasser entfällt daher). Nach beendetem Zutropfen wird noch einige Minuten bei 60 °C gerührt und anschließend die Kieselsäure in ein doppeltes, schnellaufendes Filter abfiltriert. Das Filter hat man mit etwas Filterschleim, der mit verdünnter Gelatinelösung (1 ml 3 %iger Gelatinelösung auf 10 ml Wasser) angerührt wurde, gedichtet. Man wäscht 4mal mit kaltem, gelatinehaltigem Wasser (1 ml Gelatinelösung auf 100 ml Wasser), 8- bis 10mal mit 60 °C warmer Salzsäure (3 + 100) (etwa 0,37 m) und zum Schluß 3mal mit Wasser von etwa 30 °C. Man verbrennt naß im Platintiegel, glüht und raucht den gewogenen Rückstand mit 10 ml Flußsäure und 1 ml H_2SO_4 (1 + 3) (etwa 4,7 m) ab.

7. Modifikation des Gelatineverfahrens von Guiva.

Arbeitsvorschrift. 1 g Stahl oder Gußeisen wird in 50 ml konz. HCl gelöst und die Lösung zur Sirupkonsistenz verdampft. Anschließend wird mit Wasser auf 50 ml verdünnt. Diese Lösung wird durch ein Gelatinefilter (Herstellung siehe unten) filtriert, der Niederschlag 4- bis 5mal mit 0,4 n HCl und zuletzt mit heißem Wasser gewaschen. Man verbrennt naß und wägt SiO_2 aus.

Herstellung des Gelatinefilters. Ein dichtes Papierfilter wird 1 Std. lang in 5 %ige Gelatinelösung gelegt und anschließend in einem dicht schließenden Gefäß 1 Std. lang mit 4 %iger Formaldehydlösung, zur Fixierung der Gelatine, behandelt. Die Filter werden in 1 %iger Formaldehydlösung aufbewahrt; sie sind dann 10 Tage lang brauchbar.

8. Gravimetrisch-volumetrische Schnellbestimmung von Si bzw. SiO_2 in Stahl und Eisen, Schlacken und Gesteinen nach Gotô und Kakita.

Prinzip. SiO_2 wird aus salpetersaurer Lösung mit HF und KCl als K_2SiF_6 gefällt und dieses in der Hitze nach der Gleichung:

$$K_2SiF_6 + 4NaOH = 2KF + 4NaF + Si(OH)_4$$

titriert.

Arbeitsvorschrift. Man löst 3 g *Stahl oder Eisen* in 60 ml HNO_3 (1 + 1) (etwa 7 m), oxydiert mit 1 g $KClO_3$, kühlt mit Eiswasser und bringt die Lösung in eine Platinschale. Nach Verdünnen mit Wasser auf 80 ml, die Lösung soll etwa 3 bis 4 n salpetersauer sein, gibt man 10 ml Flußsäure sowie 6 g KCl zu und rührt bis zur Koagulation des Niederschlags. Nach Zusatz von etwas Filterschleim kühlt man einige Minuten in Eiswasser ab, saugt die überstehende Flüssigkeit ab und wäscht im wesentlichen durch 8maliges Dekantieren mit 20%iger KCl-Lösung aus. Filter und Niederschlag werden in das Fällungsgefäß zurückgebracht und nach Zusatz von 50 ml heißem Wasser so lange erhitzt, bis das Filter zerfasert ist. Dann wird in der Hitze, bei Si-Gehalten über 0,5% mit 0,5 n NaOH, bei Si-Gehalten unter 0,5% mit 0,1 n NaOH, gegen Phenolphthalein titriert.

Zur SiO_2-Bestimmung in *Gesteinen und säureunlöslichen Schlacken* schließt man mit Soda auf, löst die Schmelze in HNO_3 und verfährt weiter wie oben angegeben.

Bemerkungen. I. Bei der Analyse eines *Flußspates* mit 14,55% SiO_2 wurde nach dieser Methode um 0,13% zu wenig gefunden.

II. Nach SAJÓ ist bei dieser Methode das Waschen bis zur Säurefreiheit *nicht leicht* zu bewerkstelligen. Verwendet man aber äthanolische KCl-Lösung, so ist der Niederschlag leicht säurefrei zu waschen.

Die *verwendete* Waschflüssigkeit wird erhalten durch Vermischen einer Lösung von 70 g KCl p.a. in 500 ml Wasser mit 500 ml Äthanol. Nach 1- bis 2tägigem Stehen wird filtriert und nach Zusatz von 5 ml 0,10%iger Methylrotlösung mit NaOH bzw. HCl auf den Umschlagspunkt eingestellt. Mit dieser Waschflüssigkeit kann der Niederschlag auch in Gegenwart größerer Al- und Ti-Mengen verlustlos säurefrei gewaschen werden.

Arbeitsvorschrift. Die Lösung der mit KOH erhaltenen Schmelze, deren Volumen 50 bis 60 ml nicht überschreiten soll, wird mit 10 ml konz. HCl und 10 ml HNO_3 (D = 1,4) versetzt und 1 bis 2 Min. gekocht. Nach Abkühlung auf 30 bis 40 °C spült man in einen Kunststoffbecher, rührt mit einem magnetischen Rührer kräftig und gibt etwa 1 g NaF dazu. Nach dessen Auflösung übersättigt man mit KCl (2 bis 3 g im Überschuß) und filtriert in einen Porzellantrichter von 40 bis 50 mm Durchmesser, in den auf ein eingelegtes Filtrierpapier eine 2 bis 3 mm dicke Filterbreischicht gesaugt worden ist. Jetzt wäscht man den Becher und den Niederschlag mit der oben angegebenen äthanolischen Waschflüssigkeit säurefrei. Inzwischen hat man 400 bis 500 ml Wasser ausgekocht und nach Zusatz von 1 ml 1%iger Phenolphthaleinlösung mit NaOH auf schwache Rosafärbung titriert.

Der säurefrei gewaschene Niederschlag samt Filter wird nun in das behandelte Wasser gebracht, kräftig geschüttelt und mit 0,0665 n NaOH auf schwache Rosafarbe titriert.

Bei einer Einwaage von 1,0 g entspricht 1 ml 0,0665 n NaOH 0,10% SiO_2.

Ist neben SiO_2 viel Al oder Ti zugegen, versetzt man die Lösung vor Zugabe von NaF mit 5 ml 20%iger $CaCl_2$-Lösung.

Die Waschflüssigkeit kann leicht regeneriert werden, indem man die Metallhydroxide wie auch das Fluoridion mit Kalk ausfällt und die klare Lösung wieder mit Äthanol vermischt.

Das Verfahren ist sehr rasch durchführbar, und die Ergebnisse sind unter Umständen besser als die auf gravimetrischem Weg erhaltenen.

9. Bestimmung des Siliciums in binären Legierungen auf Molybdänbasis nach Bush und Higgs.

Arbeitsvorschrift. 1,0 bis 5,0 g Legierung werden in einem 600-ml-Griffinbecher mit 80 ml verd. Schwefelsäure (1 + 3) (etwa 4,7 m) übergossen. Man fügt nun 25 ml konz. Salpetersäure (D = 1,42) in kleinen Anteilen zu und kocht schwach bis zur völligen Lösung. Anschließend wird bis zum starken Rauchen eingedampft. Nach dem Abkühlen spült man die Wandung des Bechers mit wenig Wasser ab und erhitzt nochmals zum starken Rauchen, um die Salpetersäure sicher zu vertreiben. Der Rückstand wird nach dem Abkühlen vorsichtig mit 100 ml Wasser versetzt. Man erhitzt nun zum schwachen Sieden, das so lange fortgesetzt wird, bis eine klare Lösung erfolgt. Die ausgeschiedene Kieselsäure wird nun in ein kleines, mit Filterschleim gedichtetes Filter abfiltriert. Man wäscht einmal mit heißem Wasser und anschließend mit heißer verd. HCl (1 + 1) (etwa 6 m). Zum Schluß wird mit heißem Wasser bis zur Säurefreiheit gewaschen.

Das Filter wird nun im Platintiegel vorsichtig getrocknet und dann bei niederer Temperatur verascht. Zum Schluß glüht man $^1/_2$ Std. bei 900 bis 1000 °C, läßt im Exsiccator erkalten und wägt. Nach Erreichung der Gewichtskonstanz wird wie üblich mit Flußsäure und Schwefelsäure abgeraucht.

Nach dieser Methode erhält man bei Si-Gehalten von 0,01 bis 3% brauchbare Resultate.

Literatur.

BLUM, L.: Ch. Z. **9**, 1375 (1885). – BUSH, G. H., u. D. G. HIGGS: Analyst **80**, 536 (1955); durch Fr. **151**, 37 (1956).

CLAUBERG, A., u. P. BEHMENBURG: Fr. **104**, 245 (1936).

DROWN: Chemikerausschuß des US-Stahlverbandes.

EGGERTZ, V.: Dingl. J. **188**, 126 (1868).

FOOD: Chemikerausschuß des US-Stahlverbandes.

GAVIOLI, G., u. E. TRALDI: Metallurg. Ital. **42**, 136 (1950). – GOTÔ, H., u. Y. KAKITA: Sci. Rep. Res. Inst. Tôhoku Univ. Serie A **1**, 175 (1949). – GUIVA, A. M.: Betriebslab. (russ.) **11**, 10 (1945); durch Chem. Abstr. **39**, 4300 (1945).

HAMMARBERG, E.: Jernkont. Ann. **131**, 199 (1947).

LEUTHE, A., u. E. SCHÄFER: Chemiker-Ausschuß des VDEh Nr. 121; Arch. Eisenhüttenw. **10**, 245 (1936/37).

NIEZOLDI, O.: Ausgewählte chemische Untersuchungsmethoden für die Stahl- und Eisenindustrie; Berlin 1936.

RUBRICIUS: Stahl Eisen **25**, 1012, 1144 (1925).

SAJÓ, I.: Acta Chim. Acad. Sci. Hung. **6**, 243 (1955). – STADELER, A.: Bericht des Chemiker-Ausschusses des VDEh, Nr. 52 (1927).

VERFURTH, J.: Gießerei **13**, 427 (1926).

§ 9. Analyse von Ferrosilicium und anderen Siliciden.

1. Si-Bestimmung in niedrigprozentigem Ferrosilicium (bis 18%).

I. Salzsäuremethode.

Arbeitsvorschrift. 1 g Probe wird durch Erwärmen mit etwa 40 ml HCl (D = 1,19) zersetzt, die Lösung eingedampft, der Rückstand 1 Std. auf 130 °C erhitzt und nachher mit 50 ml HCl (1 + 1) (etwa 6 m) aufgenommen. Nach Verdünnen mit heißem Wasser wird filtriert. Filtrat und Waschwasser werden nochmals eingedampft und wie oben behandelt. Die beiden Abscheidungen werden gemeinsam im Platintiegel verbrannt und der Rückstand mit Flußsäure abgeraucht.

II. Aufschluß mit Salzsäure und Kaliumchlorat.

Arbeitsvorschrift. 1 g Probe wird durch langsames Erwärmen mit etwa 80 ml HCl (D = 1,19) unter anteilweisem Zusatz von $KClO_3$ gelöst. Die weitere Behandlung erfolgt nach I.

III. Bromsalzsäuremethode.

Arbeitsvorschrift. 1 g Probe wird mit 25 ml Bromsalzsäure (500 ml HCl konz. nebst 500 ml Wasser und 100 ml Brom) erwärmt. Nach Erzielung völliger Lösung verfährt man nach I. Die Fehlergrenze ist ± 0,25 % des wirklichen Gehaltes.

2. Si-Bestimmung in mittel- und hochprozentigem Ferrosilicium.

I. Aufschluß mit $KNaCO_3$ ohne Oxydationsmittel.

Arbeitsvorschrift. 0,5 g feingepulvertes Material werden mit etwa der sechsfachen Menge $KNaCO_3$ im Platin-, Nickel- oder Eisentiegel aufgeschlossen. Der Schmelzkuchen wird mit heißem Wasser gelöst. Die Lösung wird in einer Berliner Porzellanschale vorsichtig mit verd. HCl im Überschuß versetzt, bis zum Aufhören der Gasentwicklung unter dem Uhrglas erwärmt und anschließend zur Trockene verdampft. Nach 1stündigem Trocknen bei 130 °C nimmt man mit 5 ml HCl auf, verdünnt mit heißem Wasser und behandelt in bekannter Weise weiter. Filtrat und Waschwasser werden eingedampft und wie oben behandelt.

II. Aufschluß mit $KNaCO_3$ + MgO.

Arbeitsvorschrift. 0,5 g Einwaage werden mit der sechsfachen Menge eines Gemisches von 2 Teilen $KNaCO_3$ und 1 Teil MgO im Platintiegel 1/2 Std. gelinde und anschließend 1 Std. über dem Gebläse geglüht. Weitere Behandlung wie unter I.

Die Verfahren I und II arbeiten einwandfrei; nur wird der Platintiegel angegriffen; er nimmt, je nach der Schmelzdauer und der Schmelztemperatur, beträchtliche Mengen Eisens auf. Bei Verwendung von Eisentiegeln erreicht man nicht die für einen vollständigen Aufschluß erforderliche Temperatur, ohne den Tiegel durchzubrennen.

III. Aufschluß mit $KNaCO_3$ und KNO_3.

Arbeitsvorschrift. 0,5 g werden mit der 6fachen Menge eines Gemisches aus 12 Teilen $KNaCO_3$ und 1 Teil KNO_3 1/2 Std. auf dem Gebläse geschmolzen. Weiterbehandlung wie üblich (siehe oben).

IV. Aufschluß mit $KNaCO_3$ und Na_2O_2.

Arbeitsvorschrift. 0,5 g Einwaage schmelzt man im Nickel- oder Eisentiegel mit etwa der 6fachen Menge eines Gemisches von 2 Teilen $KNaCO_3$ und 1 Teil Na_2O_2 über einem gewöhnlichen Brenner. Die Mischung muß gleichmäßig sein, da sonst bei beginnender Reaktion durch örtliche Überhitzungen Verluste entstehen können.

Der bedeckte Tiegel wird zuerst durch Fächeln mit der Flamme vorsichtig erwärmt (ein zu starkes Erhitzen im Anfang führt zum Durchbrennen des Tiegels!). Hat die Reaktion nachgelassen, erhitzt man allmählich stärker und erhält sie schließlich 5 bis 10 Min. im Fluß. Der Schmelzkuchen wird in einer bedeckten Porzellanschale mit verd. HCl vorsichtig zersetzt.

Der Schaleninhalt muß immer sauer reagieren, weil sonst aus der Glasur SiO_2 herausgelöst werden kann.

Die weitere Behandlung der sauren Aufschlußlösung erfolgt wie üblich (siehe oben).

V. Aufschluß mit Na_2O_2 allein.

Arbeitsvorschrift. 0,5 g Einwaage werden mit 13 g Na_2O_2 gemischt und im Tiegel mit 2 g Na_2O_2 bedeckt. Man schmelzt rasch durch und geht weiter nach IV vor.

VI. Aufschluß mit NaOH und KNO_3.

Arbeitsvorschrift. 10 g NaOH und 2 g KNO_3 werden in einem großen Nickel- oder Eisentiegel zusammengeschmolzen. Nach dem Erkalten gibt man 0,5 g Einwaage darauf und schmelzt $^1/_4$ Std. über einem gewöhnlichen Brenner. Die weitere Behandlung wie unter IV.

VII. Aufschluß mit Alkalihydroxid ohne Oxydationsmittel.

Arbeitsvorschrift. 0,5 g Einwaage werden mit 10 g KOH oder NaOH in der unter VI geschilderten Art aufgeschlossen. Auch die Weiterbehandlung erfolgt wie unter VI.

VIII. Schnellverfahren durch direktes Abrauchen mit Flußsäure.

Arbeitsvorschrift. Genau 1 g Probe wird in einer gewogenen Platinschale mit 6 bis 8 Tropfen Schwefelsäure, 20 bis 30 ml Flußsäure und hierauf mit verd. Salpetersäure tropfenweise versetzt, bis keine weitere Reaktion erfolgt. Darauf dampft man auf dem Wasserbad ein, versetzt neuerlich mit 5 bis 10 ml Flußsäure und raucht ab. Der Abrauchrückstand wird schwach geglüht und in verd. Schwefelsäure, der man einige Tropfen konz. HNO_3 zufügt, aufgenommen. Die Lösung wird eingedampft und der Rückstand 3 bis 4 Min. stark geglüht. Der Fluorierungsrückstand (Fe_2O_3) wird auf Fe umgerechnet:

$$\text{g } Fe_2O_3 \cdot 0{,}7 = \text{g Fe}; \quad \text{g Si} = 1 - \text{g } Fe_2O_3 \cdot 0{,}7.$$

Bemerkung. *Anwendungsbereiche der einzelnen Aufschlußarten.*

a) Verfahren I ist anwendbar auf mittel- und hochprozentiges Ferrosilicium.

b) Verfahren II ist zeitraubender, da das Auflösen der Schmelze wegen des MgO-Zusatzes zu lange Zeit erfordert.

Die Verfahren VI und VII weisen den Nachteil auf, daß durch Spritzen leicht Verluste auftreten können. Die Gefahr des Verspritzens ist besonders bei hochprozentigem Ferrosilicium recht groß.

c) 45 %iges Ferrosilicium läßt sich nach allen Verfahren einwandfrei analysieren, am besten jedoch nach Verfahren IV.

d) Verfahren IV ist auch für 75- und 90 %iges Ferrosilicium am geeignetsten, wenn man die Menge des Aufschlußmittels erhöht. Um Explosionen zu vermeiden, erwärmt man die Einwaage vorerst ganz allmählich mit $KNaCO_3$ und erhitzt erst zuletzt stark. Ist die Hauptreaktion beendet, läßt man etwas abkühlen, gibt dann erst Na_2O_2 zu und schmelzt zur Vervollständigung des Aufschlusses schnell durch.

e) Das Schnellverfahren VIII ist bei Proben bis zu 45 % unbrauchbar, bei Proben bis zu 75 % brauchbar und erst bei höherprozentigen Sorten genau.

f) Für alle Sorten von Ferrosilicium eignet sich das mit Soda, Ätznatron und Natriumperoxid arbeitende

IX. Verfahren von Hartmann.

Arbeitsvorschrift. In einem etwa 50 ml fassenden Eisentiegel werden 4 g reinstes NaOH (e natrio) geschmolzen. Auf die bei bedecktem Tiegel erkaltete Schmelze gibt man die Einwaage (0,8 bis 1,0 g) und 3 bis 4 g wasserfreie Soda. Man mischt mit einem kleinen Spatel und deckt hernach mit 2 bis 3 g Soda gleichmäßig ab. Man bedeckt nun den Tiegel mit dem Deckel und erhitzt vorsichtig mit kleiner

Flamme. Die Reaktion tritt von außen unbemerkbar ein und ist nach 10 bis 15 Min. vorüber. Man überzeugt sich davon durch Lüften des Deckels und erhitzt nunmehr kurze Zeit mit breiter voller, aber nicht rauschender Flamme derart, daß der ganze Tiegel umspült wird. Hierauf läßt man wieder etwas abkühlen, gibt 4 g Na_2O_2 zu und erhitzt mit voller Flamme wie vorher. Sobald das Na_2O_2 nach kurzer Zeit geschmolzen ist, nimmt man den Deckel ab, faßt den Tiegel mit einer festen Zange und verteilt, über der Flamme, die Schmelze an der Wandung.

Man läßt die dünnflüssig gewordene Schmelze halb erstarren und bringt den Tiegel liegend in eine 750 ml fassende, gut glasierte kugelförmige Porzellanschale. Man spritzt nun den Deckel mit heißem Wasser in die Schale ab, bedeckt mit einem Uhrglas und spritzt heißes Wasser zu, bis der hochstehende Rand des Tiegels erreicht ist. Die Schmelze weicht innerhalb weniger Sekunden unter starkem Aufbrausen auf. Nach Beruhigung säuert man mit Salzsäure stark an und dampft zur Trockene. Der meistens grobknollige Rückstand wird mit einem breitgedrückten Glasstab fein zerrieben und im Trockenschrank 1 Std. bei 130 bis 140 °C getrocknet, wobei man die Schale bedeckt. Nach kurzem Abkühlen versetzt man mit 25 ml konz. HCl und erhitzt auf dem kochenden Wasserbad bis zur völligen Lösung des Eisens. Nach Verdünnen mit heißem Wasser wird filtriert und der Niederschlag halogenfrei gewaschen. Filtrat und Waschwasser werden neuerlich eingedampft, und die Reste der Kieselsäure werden wie üblich entfernt.

Im zweiten Filtrat sind noch 1 bis 2 mg SiO_2, im Mittel von vielen Versuchen 1,5 mg, gelöst. Will man diese Menge durch ein drittes Eindampfen gewinnen, so muß man sich durch einen Blindversuch von der Menge der durch die Reagenzien eingeschleppten Kieselsäure orientieren.

Die zum Schluß gemeinsam im Platintiegel verbrannten Filter ergeben einen Rückstand, der nach dem Abrauchen mit Flußsäure nur wenig roten Rückstand hinterlassen soll. Ein weißer Rückstand kann auf Fehlergebnisse hinweisen (Na_2SO_4 aus nicht vollständig ausgewaschenem NaCl).

X. Verfahren von Martin.

0,25 g im Achatmörser feingepulvertes Material (im Nickeltiegel mit 4 g Na_2O_2 geschmolzen) unterscheidet sich von dem Verfahren V nur durch die geringere Menge des Aufschlußmittels.

XI. Verfahren von Dougherty.

Legierungen mit 8 bis 17% Si werden in einem Gemisch von 10% konz. HNO_3 und 90% konz. HCl gelöst.

XII. Verfahren von Hudson.

a) Legierungen mit 8 bis 12% Si,
Lösungsmittel: 680 ml H_2O, 250 ml konz. H_2SO_4, 320 ml HNO_3.

b) Ferrosilicium mit 12 bis 18% Si behandelt man zuerst mit Königswasser und dann mit dem obigen Gemisch.

c) Hochwertiges Ferrosilicium: Aufschluß von 0,5 g mit 10 g Na_2CO_3 und 2 g KNO_3.

XIII. Verfahren von Dubovitz.

Arbeitsvorschrift. Das feingepulverte Material (0,3 bis 1,0 g) wird in einem geräumigen Nickeltiegel mit 15 ml 40%iger KOH-Lösung übergossen und bei bedecktem Tiegel mit einer Mikroflamme vorsichtig erwärmt. Nach dem Nachlassen der Gasentwicklung wird zum schwachen Sieden erwärmt. *Dauer* des Lösungsvorganges: $^1/_2$ Std.

XIV. Verfahren von Waldbauer und Rue.

Aufschlußmischung. 10 g $NaClO_4$, 20 g Na_2CO_3 und 70 g Na_2O_2 werden bei etwa 100 °C im Mörser gemischt. Die Mischung wird dann 1 Std. bei 110 °C getrocknet und im Exsiccator aufbewahrt.

Arbeitsvorschrift zur Durchführung des Aufschlusses. 1 g des Schmelzgemisches wird im Nickeltiegel geschmolzen und die Schmelze gleichmäßig an der Tiegelwand verteilt.

0,2336 g der bei 110 °C getrockneten Probe werden sehr sorgfältig mit 3 g der Schmelzmischung gemischt, dann in den Tiegel gebracht und mit 1 g Schmelzmischung überdeckt. Man erhitzt nun sehr vorsichtig und erhält schließlich 15 Min. lang auf einer Temperatur von 700 °C. Die erkaltete Schmelze wird mit 60 bis 75 ml Wasser übergossen und durch Zugabe von 12,5 ml konz. HCl gelöst. War der Aufschluß vollständig, so verdampft man nach Zugabe von 50 ml 70%iger $HClO_4$ im Becherglas bis zum starken Rauchen, bedeckt jetzt mit einem Uhrglas und erhitzt 20 Min. lang auf 200 °C. Die Säure soll stark kochen, damit sie im Rückfließen die Becherglaswandung abspült.

Die auf etwa 100 °C abgekühlte Lösung wird mit 20 ml kochendem Wasser verdünnt und 15 Min. auf dem Wasserbad digeriert. Die abfiltrierte Kieselsäure wird zunächst 3mal mit insgesamt 125 ml heißer 1%iger HCl und dann 6mal mit heißem Wasser gewaschen. Die bei 1050 °C im Platintiegel konstant geglühte Kieselsäure wird wie üblich durch Abrauchen mit Flußsäure auf Reinheit geprüft.

Bei Einhaltung obiger Vorschrift sind die Resultate *konstant* um 1,6% zu niedrig; durch Multiplikation mit dem empirischen Faktor 1,016 erhielten die Autoren bei Ferrosiliciumproben mit 25 bis 74% Si sehr genaue Werte.

XV. Verfahren von Kuebler für hochsiliciumhaltiges Gußeisen.

Arbeitsvorschrift. Man behandelt die Einwaage $^1/_2$ Std. mit 50 ml konz. HCl, 0,5 g Weinsäure und 10 g $FeCl_3$. Anschließend gibt man 25 ml konz. HCl zu und verdünnt mit Wasser auf 150 ml. Man kocht nun 2 bis 3 Min. auf und bestimmt die Kieselsäure in der üblichen Weise.

3. Siliciumbestimmung in säurelöslichen Ferrolegierungen.

Allgemeines. Die Si-Bestimmung erfolgt nach der zur Analyse von niedrigprozentigem Ferrosilicium gegebenen Vorschrift.

Für den Aufschluß der betreffenden Legierungen verwendet man

I. für *Ferrochrom* und *Ferrovanadin* Salzsäure allein,

II. für *Ferromolybdän* Salzsäure unter Zusatz von etwas Salpetersäure.

Für Betriebsanalysen kann auf die Erfassung der im Filtrat befindlichen Kieselsäure verzichtet werden; bei Schiedsanalysen jedoch muß auch diese geringe Menge Kieselsäure berücksichtigt werden.

III. *Ferrotitan* wird mit Schwefelsäure-Salpetersäure aufgeschlossen. Hier muß die Kieselsäure im Filtrat auf jeden Fall bestimmt werden, da ihre Menge je nach Stärke und Dauer des Abrauchens mit Schwefelsäure schwankt.

IV. *Silicomangan* und *Silicospiegel* werden durch Salzsäure unter Zusatz von Salpetersäure aufgeschlossen.

Zur Verkürzung des Zeitbedarfs dieser Bestimmungen dient die

Arbeitsvorschrift nach Vita. Die nach dem sauren Aufschluß erhaltene Lösung wird deutlich ammoniakalisch gemacht und längere Zeit(!) gekocht (Gefahr der Einschleppung von Kieselsäure!). Der Niederschlag wird abfiltriert und gewaschen, dann in eine Porzellanschale gespritzt. Die auf dem Filter verbliebenen Niederschlagsreste löst man durch warme, verdünnte Salzsäure und gibt die Lösung zur Hauptmenge in der Schale. Die salzsaure Lösung wird mit Schwefelsäure eingedampft und bis zum Rauchen erhitzt. Nach dem Abkühlen verdünnt man mit Wasser, erhitzt nochmals kurz und filtriert die Kieselsäure ab. Man wäscht zuerst mit salzsäurehaltigem, zum Schluß mit reinem Wasser und verascht Filter nebst Niederschlag im Platintiegel. Die reine Kieselsäure wird durch Abrauchen mit Flußsäure ermittelt. Die Resultate sollen genau sein.

4. Siliciumbestimmung in säureunlöslichen Ferrolegierungen.

Legierungen, wie *Ferrochrom*, *Ferrophosphor* und *Ferrowolfram*, müssen genügend fein gepulvert sein; am besten treibt man sie durch ein Sieb von 900 Maschen/cm^2 (DIN 0,20 mm).

Allgemeine Arbeitsvorschrift. 1 g Probe wird mit einem $KNaCO_3$-Na_2O_2-Gemisch im Eisen- oder Nickeltiegel geschmolzen. Die Schmelze wird wie üblich aufgearbeitet, wobei die Kieselsäure aus dem 1. und 2. Filtrat wie aus dem Waschwasser zu berücksichtigen ist.

Bei der Analyse von *Ferrowolfram* muß das Glühen der Kieselsäure wegen der Gefahr des Verspritzens sehr vorsichtig durchgeführt werden. Wegen der Flüchtigkeit von WO_3 darf nicht über 800 °C erhitzt werden.

Silicoaluminium erfordert zum Aufschluß (im Eisen- oder Nickeltiegel) einen höheren Na_2O_2-Zusatz.

Siliciumkupferlegierungen werden im Silbertiegel mit KOH aufgeschlossen:

$$SiCu_2 + 2KOH + H_2O \rightarrow K_2SiO_3 + 2Cu + 2H_2.$$

5. Die Analyse von Siliciumcarbid (Carborundum).

I. Verfahren von Mühlhaeuser.

Arbeitsvorschrift. Etwa 400 mg Probe werden im Platintiegel mit 1,5 g $KNaCO_3$ gut gemischt und vorerst zur Entfernung noch vorhandener Feuchtigkeit etwa 1 Std. mit sehr kleiner Flamme erhitzt. Danach vergrößert man die Flamme ganz allmählich und erhitzt zum Schluß so stark, daß die Masse zusammenbäckt. Nach weiteren 2 Std. vergrößert man die Flamme derart, daß im unteren Teil des Tiegels mäßiges Schmelzen, im oberen nur starkes Sintern der Masse stattfindet. Schließlich wird die Masse nach und nach in mäßigen Fluß gebracht; knapp vor Beendigung bringt man sie in vollen Fluß. Der ganze Aufschluß dauert 6 Stunden; er vollzieht sich etwa nach der Gleichung:

$$SiC + Na_2CO_3 \rightarrow Na_2SiO_3 + 2C.$$

Der in Freiheit gesetzte Kohlenstoff verbrennt im Laufe der Schmelze. Man muß den Tiegel ständig bedeckt halten; ein Lüften des Deckels zur Begutachtung der Schmelze ist zu vermeiden, da unter Umständen der nascierende Kohlenstoff mit dem Luftsauerstoff explosionsartig reagiert.

Nach beendeter Schmelze wird die Kieselsäure wie üblich abgeschieden und durch Abrauchen mit Flußsäure auf Reinheit geprüft.

Das durch Schlämmen erhaltene feinste Pulver läßt sich auf diese Art aufschließen. Gröberes Pulver kann durch Schmelzen mit Ätzalkalien im Silbertiegel leicht aufgeschlossen werden:

$$SiC + 4KOH + 2H_2O \rightarrow K_2SiO_3 + K_2CO_3 + 4H_2.$$

II. Methode von Treadwell (a).

Prinzip. Siliciumcarbid sowie auch andere, schwer aufschließbare Silicide, z.B. Ferrosilicoaluminium, lassen sich durch Schmelzen mit Bleiglätte glatt aufschließen:

$$SiC + 5PbO \rightarrow PbSiO_3 + 4Pb + CO_2.$$

Arbeitsvorschrift. Man beschickt ein Schiffchen aus dünnem Nickelblech mit einer Mischung von 0,5 g feingepulvertem Silicid und 15 g Bleiglätte, schiebt das Schiffchen mit der Mischung in ein 20 cm langes Verbrennungsrohr und verdrängt die Luft durch Einleiten von Stickstoff, der zuerst eine Waschflasche mit KOH und ein größeres U-Rohr mit Calciumchlorid passiert hat, bis vorgelegtes klares Baritwasser keine Trübung mehr ergibt. Jetzt schließt man ein gewogenes Natronasbestrohr an und erhitzt, ohne den Stickstoffstrom zu unterbrechen, das Schiffchen, bis der ganze Inhalt geschmolzen ist. Nach dem Erkalten behandelt man das Schiffchen samt Inhalt mit Salpetersäure, wobei metallisches Blei und Nickel gelöst werden und das Bleisilicat unter Abscheidung von SiO_2 zersetzt wird. Die salpetersaure Lösung wird in einer Porzellanschale im Wasserbad zur Trockene verdampft und der Eindampfrückstand mit konz. Salpetersäure befeuchtet. Man verdünnt mit heißem Wasser, kocht kurz auf und filtriert die Kieselsäure ab. Filtrat und Waschwasser werden nochmals eingedampft, und die so gewonnene geringe Menge Kieselsäure wird mit der ersten Abscheidung gemeinsam im Platintiegel verascht.

Die Gewichtszunahme des Natronasbestrohres ergibt die dem Carbid entsprechende Menge an CO_2.

III. Verfahren von Funk und Schauer zur schnellen Gehaltsbestimmung von SiC in technischem Siliciumcarbid.

a) Durch Verbrennung mit O_2 bei 1200 °C mit Pb_3O_4 wird der Gesamtkohlenstoff ermittelt.

Arbeitsvorschrift. 100 mg feinstgepulverte und bei 110 °C getrocknete Substanz werden im Verbrennungsschiffchen mit 500 mg Mennige überdeckt. Man leitet O_2 durch das Verteilungsrohr (2 bis 3 Blasen/Sek.). Das Schiffchen wird bei einer Temperatur von 650 bis 700 °C in die Heizzone eingeschoben und 25 Min. auf 1200 °C erhitzt. Das entwickelte CO_2 wird im Kaliapparat aufgefangen.

b) Durch Verbrennung im O_2-Strom bei (800 ± 25) °C ohne Mennige wird der freie Kohlenstoff bestimmt:

$$C_{\text{gesamt}} - C_{\text{frei}} = C_{\text{gebunden an Si}}.$$

c) ***Arbeitsvorschrift*** zur Bestimmung des gesamten Siliciums. Man erhitzt 3 g KNO_3 und 9 g KOH im Nickeltiegel langsam auf schwache Rotglut und läßt anschließend die Schmelze erstarren. 500 bis 700 mg Probe gibt man auf die erstarrte Schmelze und erhitzt wieder langsam auf dunkle Rotglut. Der Aufschluß ist nach 12 bis 15 Min. beendet. Die weitere Behandlung der Schmelze erfolgt nach § 9, 1, I, wobei SiO_2, Fe sowie andere Verunreinigungen bestimmt werden.

d) Die Bestimmung des freien Siliciums erfolgt nach der Methode von PHILIPS durch Kochen mit NaOH und nachfolgender gasvolumetrischer Bestimmung des entwickelten Wasserstoffs; man erhält dadurch das freie Silicium.

e) Das als SiO_2 vorliegende Silicium ergibt sich aus den bestimmten Bestandteilen wie folgt:

$$Si_{\text{gesamt}} - (Si_{\text{carbid}} + Si_{\text{frei}}) = Si_{SiO_2}.$$

IV. Schnellmethode von Kosolapova und Kotljar.

0,4 g fein gepulverte und durch ein 270-Maschensieb (DIN 0,40 mm) getriebene Probe werden in einem Platintiegel bei 800 bis 900 °C 20 bis 40 Min. bis zur Gewichtskonstanz im Muffelofen geglüht. Da dabei das freie Silicium praktisch nicht oxydiert wird, ergibt sich der *Gehalt an freiem Kohlenstoff* direkt aus dem Glühverlust. Der Glührückstand wird in einer Platinschale mit 5 ml HNO_3 (1 + 1) (etwa 7 m), 10 ml konz. Flußsäure sowie 5 ml konz. Schwefelsäure abgeraucht und bis zur Gewichtskonstanz bei 800 bis 850 °C geglüht. Die Gewichtsabnahme ergibt die *Summe des Gehaltes an freiem Si und an Kieselsäure*. Der Abrauchrückstand wird zur Lösung des Eisens in der Wärme mit 30 bis 40 ml HCl (1 + 1) (etwa 6 m) behandelt. Man filtriert, wäscht mit HCl (1 + 20) (etwa 0,6 m) eisenfrei und bestimmt im Filtrat das Eisen.

Der *Rückstand* (SiC) wird bei 800 bis 850 °C geglüht und gewogen.

Arbeitsvorschrift zur Bestimmung des freien Siliciums. 0,5 bis 1,0 g Probe werden in einer Platinschale mit 60 bis 70 ml 1%iger NaOH-Lösung 45 bis 60 Min. unter Erwärmen behandelt. Man filtriert die Lösung in einen 100-ml-Meßkolben und bestimmt darin – bei Gehalten bis zu 10% freiem Silicium – SiO_2 photometrisch, bei Gehalten über 10% gravimetrisch.

Die *Dauer* einer vollständigen Siliciumcarbidanalyse beträgt 6 bis 8 Std.

6. Bestimmung von Si neben SiO_2.

I. Methode von Limmer.

Prinzip. Durch Aufschluß mit $KNaCO_3$ und weitere Behandlung nach § 1 und 2 bestimmt man das Gesamt-Silicium.

Die Ermittlung des vorliegenden SiO_2 wird mittels Chloraufschlusses durchgeführt.

Durch Behandlung der Probe mit einem trockenen, sauerstofffreien Chlorstrom werden Si, Fe und Al als Chloride verflüchtigt. Im Rückstand befindet sich, neben anderen nichtflüchtigen Verbindungen, die gesamte Kieselsäure.

Eine genaue Beschreibung des Verfahrens (Chloraufschluß) sowie einer zweckmäßigen Apparatur befindet sich bei TREADWELL (b).

II. Methoden von Philips und von Shinkai.

a) Verfahren nach Philips.

Prinzip. Durch Behandeln eines Gemisches von SiO_2 und Si mit heißer KOH-Lösung gehen beide Körper in Lösung, und zwar Si in einer genau stöchiometrischen Reaktion:

$$Si + 4KOH = K_4SiO_4 + 2H_2$$

unter Entwicklung von Wasserstoff.

Eine Bestimmung der Gesamtkieselsäure in der alkalischen Lösung ist nicht möglich, da durch die heiße KOH-Lösung Kieselsäure aus den Glasgefäßen gelöst und mitbestimmt wird.

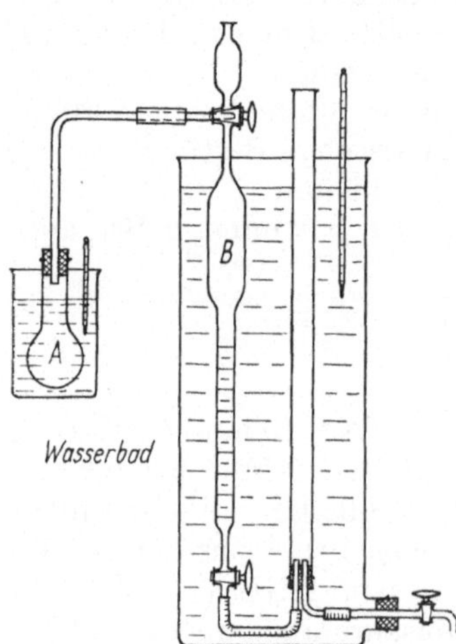

Abb. 3. Apparat nach PHILIPS.

Die Gesamt-Kieselsäure bestimmt man durch einen Soda-Salpeteraufschluß aus einer zweiten Einwaage.

Zur *Durchführung* des Verfahrens dient eine einfache Apparatur, die aus einem kleinen Zersetzungskolben und einer 200 ml fassenden Bunte-Bürette besteht (siehe Abb. 3).

Arbeitsvorschrift. Man stellt den Wassermeniskus in der Bürette *B* auf den Nullpunkt. Das in das Kölbchen *A* eingewogene Gemisch wird mit 30%iger Kalilauge von Zimmertemperatur übergossen und das Kölbchen an die Bürette angeschlossen. Während dieser Operation ist die Bürette durch den Schwanzhahn mit der Außenluft verbunden. Das ist deshalb möglich, weil die Reaktion bei Zimmertemperatur erst nach etwa 15 Min. einsetzt. Sobald sich in beiden Wasserbädern Temperaturkonstanz eingestellt hat, wird das Kölbchen mit der Bürette verbunden. Jetzt entfernt man das Wasserbad vom Kölbchen und erhitzt letzteres mit freier Flamme, bis sich alles gelöst hat, wozu ziemlich viel Zeit erforderlich ist.

Die Analysensubstanz muß aufs feinste gepulvert sein, da gröberes Material kaum vollständig zur Reaktion zu bringen ist.

Die Methode scheint Vorbild gewesen zu sein für die

b) Methode von SHINKAI zur Gehaltsbestimmung von elementarem Silicium.

Prinzip. Die Methode geht von der Tatsache aus, daß SiC mit NaOH nicht reagiert und daß daher die Menge des entwickelten Wasserstoffs dem vorhandenen elementaren Si äquivalent ist.

Aus dem Referat in Analytical Abstracts ist nur zu entnehmen, daß 1 g Substanz in einem verschlossenen Rohr mit 25 ml konz. NaOH-Lösung bei 160 bis 200 °C (Sandbad) während 40 Min. behandelt wird. Nach völligem Erkalten wird das Rohr mit einer Gasbürette verbunden und das Volumen des entwickelten Wasserstoffs bestimmt. Die Methode ist in Gegenwart von *Ferrosilicium* nicht anwendbar, da dieses ebenfalls mit NaOH reagiert.

Nach dem englischen Referat wurde für dieses Verfahren eine einfache Apparatur entwickelt, die aber nicht näher beschrieben ist.

III. Methode von Stadeler zur Bestimmung von SiO_2 neben Si im Ferrosilicium.

Prinzip. Bei 550 °C reagiert nur Si mit Cl_2; eine Reaktion von SiO_2 durch vorhandenen Kohlenstoff oder beigemengtes Metalloxid ist nicht zu befürchten; daher entweicht nur das dem Si entsprechende $SiCl_4$.

Arbeitsvorschrift. Der Aufschluß wird in einem Quarz- oder Supremaxrohr von 25 mm Durchmesser durchgeführt, die Substanz in ein möglichst breites, etwa 20 cm langes Schiffchen derart eingewogen, daß nicht mehr als 2 bis 3 mm Schichthöhe erreicht wird.

Bezüglich der Entfernung des Sauerstoffs aus dem Chlor leitet man dasselbe durch ein glühendes, nur mit reiner „Zuckerkohle" gefülltes Rohr (Herstellung durch Ausglühen von Rohrzucker im Chlorstrom unter Luftausschluß). Siehe auch die Angaben unter I.

Die Geschwindigkeit des Chlorstroms soll 10 l/Std. nicht überschreiten, da bei höheren Geschwindigkeiten die Gefahr der Verstäubung besteht.

Bei hochprozentigem Ferrosilicium besteht der Chlorierungsrückstand hauptsächlich aus Siliciumcarbid. Die als eigentliche Verunreinigung vorhandene Kieselsäure wird durch Abrauchen mit Flußsäure von dem Silicid getrennt.

Für die Durchführung der Chlorierung beschreibt DICKENS eine sehr kompendiös gebaute Apparatur.

IV. Methode von Wasmuth.

Prinzip. Für gelegentliche Untersuchungen ist die bedeutend einfachere und raschere Methode des Aufschlusses mit Br_2-KBr-Lösung zu empfehlen.

Arbeitsvorschrift. 20 g Stahl werden innerhalb von 30 Min. in einem Schüttelapparat in einer Lösung von 60 g Brom und 100 g KBr in 1000 ml Wasser gelöst:

$$2\,FeSi_x + (4\,x + 3)\,Br_2 = 2\,x\,SiBr_4 + 2\,FeBr_3.$$

Der SiO_2-Wert kann durch sekundäre Ausscheidung kolloidaler Kieselsäure nach der Gleichung:

$$2\,SiBr_4 + 6\,H_2O = 2\,(SiO_2 \cdot H_2O) + 8\,HBr$$

verfälscht werden. Da aber die im Stahl vorliegende, hochgeglühte Kieselsäure in verd. Sodalösung und verd. Salzsäure praktisch vollkommen unlöslich ist, läßt sich dieser Fehler auf folgende Weise ausschalten: Die auf 2 l verdünnte Lösung der Stahlprobe wird durch ein gehärtetes Filter oder ein Membranfilter filtriert und zuerst mit Löseflüssigkeit, dann mit kaltem, zuletzt mit heißem Wasser gewaschen. Zur Entfernung der sekundären Kieselsäure wäscht man mit insgesamt 500 ml 3%iger heißer Sodalösung, darauf mit heißem Wasser, anschließend mit 50 ml 5%iger kalter Salzsäure und zum Schluß mit kaltem Wasser. Das Filter wird nun wie üblich verascht und das reine Silicium(IV)-oxid durch Abrauchen mit Flußsäure bestimmt.

7. Die Analyse von Ferrosiliciumschlacken nach Schwarz, Johann und Zörner.

Prinzip. Die Umsetzung mit Alkalihydroxid bei 550 °C im inerten Gasstrom entwickelt durch Reaktion der metallischen Anteile Wasserstoff, der im weiteren durch Verbrennung bestimmt wird. Graphit und SiC werden von schmelzendem Alkalihydroxid bei Temperaturen bis 550 °C und $1^1/_2$ Std. Schmelzdauer nicht angegriffen.

Leicht oxydierbare Oxide und Salze, namentlich Eisen(II)-silicat, können ebenfalls Wasserstoff entwickeln.

Der SiC-Gehalt der Schlacken ergibt sich rechnerisch aus der Differenz aus Gesamt-C-Gehalt und Gehalt an freiem C als gebundener C im SiC.

Gesamt-C aus Verbrennung im O_2-Strom unter Zusatz von PbO_2.

Freier C aus Verbrennung bei 750 °C ohne Zuschlag.

Bemerkung. Auf die *praktische Durchführung* in der eigens dazu entwickelten Apparatur sowie insbesondere auf die etwas komplizierte Verrechnung der einzelnen Ergebnisse kann hier nicht näher eingegangen werden; es muß auf die ausführlichen Diskussionen und Angaben in der Originalarbeit hingewiesen werden.

8. Die Analyse von Borsilicium nach Moissan und Stock.

Die Substanz wird im Silbertiegel mit KOH geschmolzen, und die erkaltete Schmelze wird mit Wasser ausgezogen. Man filtriert die Lösung durch einen Porzellanfiltertiegel und scheidet aus der alkalischen Lösung die Kieselsäure durch Ansäuern mit HCl und Eindampfen nach § 1 bzw. § 2 ab.

Zur Erreichung genauer Resultate scheint ein nochmaliges Eindampfen des Filtrates der ersten Abscheidung unbedingt nötig zu sein. Hingegen ist eine Reinheitsprüfung des ausgewogenen Oxids: SiO_2 durch Abrauchen mit Flußsäure zwecklos, da mitausgeschiedene Borsäure durch HF ebenfalls verflüchtigt wird. Befürchtet man, daß die Kieselsäure durch Borsäure verunreinigt ist, wäre ein Sodaaufschluß der Kieselsäure am Platze, welch ersterem eine Behandlung nach den Vorschriften von JANNASCH (B_2O_3-Aufschluß, § 1, 3) zu folgen hätte.

Literatur.

DICKENS, P.: Ch. Fabr. **2**, 51 (1929); durch Angew. Ch. **42**, 526 (1929). – DOUGHERTY, G. T.: Ind. eng. Chem. **19**, 165 (1927). – DUBOVITZ, H.: Angew. Ch. **37**, 13 (1924).

FUNK, H., u. H. SCHAUER: Chem. Techn. **6**, 432 (1954).

HARTMANN, W.: Fr. **85**, 185 (1931). – HUDSON, R. P.: Chemist-Analyst **17**, Nr. **2**, 8 (1928); Blast. Furnace Steel Plant **17**, 1221 (1929); durch C. **100**, **II**, 1946 (1929).

KOSOLAPOVA, T. JA., u. E. E. KOTLJAR: Betriebslab. (russ.) **24**, 1442 (1958); durch Fr. **171**, 302 (1959/60). – KUEBLER, WM.: Chemist-Analyst **17**, Nr. **2**, 11 (1928).

LIMMER, F.: Ch. Z. **32**, 42, 91 (1908); durch Fr. **48**, 119 (1909).

MARTIN, H. G.: Eng. Min. Journ. **105**, 386 (1918); durch C. **90**, **II**, 145 (1919). – MOISSAN, H.,

u. A. STOCK: B. **33**, 2130 (1900); C. r. **131**, 139 (1900). – MÜHLHAEUSER, O.: Z. anorg. Ch. **5**, 105 (1894); Fr. **32**, 564 (1893).

PHILIPS, M.: Angew. Ch. **18**, 1969 (1905); durch Fr. **135**, 178 (1952).

SCHWARZ, R., J. JOHANN u. A. ZÖRNER: Fr. **135**, 161 (1952). – SHIHKAI, S.: Japan Analyst **2**, 433 (1953); durch Anal. Abstr. **2**, 2680 (1955). – STADELER, A.: Bericht Nr. 60 des Chemikerausschusses des VDEh (1929); Arch. Eisenhüttenw. **4**, 1 (1930).

TREADWELL, F. P.: Kurzes Lehrbuch der analytischen Chemie, (a) Bd. **I**, 444 (1930); (b) Bd. **II**, 349 (1939).

VITA, A., u. C. MASSENEZ: Chemische Untersuchungsmethoden für Eisenhüttenleute, 2. Aufl., S. 70 (1922).

WALDBAUER, L., u. S. O. RUE: Ind. eng. Chem. Anal. Edit. **15**, 131 (1943). – WASMUTH, R.: Angew. Ch. **42**, 526 (1929). – Handbuch. – Schiedsverfahren; Betriebsanalysen. Vgl. vorangehendes Verzeichnis der Zeitschriften und ihrer Abkürzungen!

§ 10. Siliciumbestimmung in Aluminium und Magnesium bzw. in Aluminium- und Magnesiumlegierungen.

1. Verfahren von Czochralski.

Zur Bestimmung von Si im Aluminium dient folgende

Arbeitsvorschrift. 2 g eisenfreie Bohrspäne werden in einem geräumigen Erlenmeyerkolben mit 40 ml Wasser, 40 ml konz. Schwefelsäure wie auch etwa 2 ml Salpetersäure (D = 1,148) versetzt und bis zur völligen Lösung gelinde erwärmt. Der Kolbeninhalt wird noch heiß mit kaltem Wasser auf etwa 300 ml verdünnt und anschließend, um das Zusammenballen der Kieselsäure zu fördern, längere Zeit auf 80 °C erwärmt. Man filtriert die Kieselsäure wie üblich in ein Schwarzbandfilter ab, wäscht zum Schluß mit heißem Wasser gut aus, verascht im Platintiegel, glüht sie und raucht nach dem Wägen mit Flußsäure unter Zusatz einiger Tropfen Schwefelsäure ab; dann wägt man wieder nach dem Ausglühen des Rückstandes.

2. Bestimmung des Siliciums in Silumin und anderen Leichtmetallegierungen.

I. Methode von Fuchshuber und Modifikation nach Ginsberg.

Als *Reagens* wird ein Säuregemisch verwendet, das 50 Vol.-% H_3PO_4 (D = 1,7) 40 Vol.-% HNO_3 (D = 1,4) und 10 Vol.-% H_2SO_4 (D = 1,84) enthält.

Arbeitsvorschrift. In einem hohen Becherglas von 400 ml wird 1 g der Legierung (keine sehr feinen Späne wegen der Gefahr des Überschäumens!) mit 35 bis 40 ml des obigen Säuregemisches schwach erwärmt. Schon bei 80 bis 100 °C werden die metallischen Bestandteile der Legierung rasch und energisch gelöst; Si bleibt unverändert zurück. Starkes Erhitzen ist zu unterlassen, da es nur Umherspritzen verursacht; Umschütteln des Glases ist zwecklos! Nach etwa 10 Min. entfernt man das Uhrglas und verdampft die überschüssige Salpetersäure auf einer mit dünnem Asbestpapier belegten Heizplatte. Nach Entfernung der Hauptmenge steigert man die Temperatur und erhitzt zum Schluß scharf. Bei etwa 200 °C beginnt eine lebhafte SO_2-Entwicklung, das Zeichen für die beginnende Umwandlung von Si in SiO_2. Die Temperatur wird nun auf etwa 220 bis 230 °C gehalten, wodurch in wenigen Minuten der schwarzbraune Si-Niederschlag bis auf wenige Eindampfränder gelöst wird. Die letzten Reste werden durch kräftiges Umschütteln und Schwenken des Glases gelöst. Wenn sich Si restlos umgesetzt hat, oxydiert man die dickflüssige, durch kolloidalen Schwefel meist gelbgefärbte Masse mit 0,5 bis 1 g festem Ammoniumnitrat, so daß die von Mn herrührende Violettfärbung bestehen bleibt. Man läßt nun auf etwa 30 °C abkühlen, gibt etwa 100 ml kaltes Wasser unter tüchtigem Umschütteln in kleinen Anteilen zu und kocht zur Lösung der am Boden befindlichen, geleeartigen Reste. Ein an diesem Punkt etwa beginnendes Abscheiden von Kieselsäure ist gänzlich belanglos. Man versetzt jetzt mit konz. HCl bis zur intensiven Gelbfärbung der Lösung und engt auf etwa 20 bis 30 ml ein, wobei die gelbgefärbte Lösung farblos wird. Die Kieselsäure fällt in dicken Klumpen aus; nach Verdünnen mit etwa 300 bis 350 ml heißem Wasser wird aufgekocht, wodurch sich die am Boden befindlichen, sagoähnlichen Körner in einen feinen, flockigen Niederschlag umwandeln. Nach 5minütigem Absitzen wird der Niederschlag in ein Schwarzbandfilter abfiltriert und mit heißem Wasser sehr gut ausgewaschen. Gegen Ende des Waschens empfiehlt es sich, das Filter zu lüften, um H_3PO_4 restlos auszuwaschen (H_3PO_4-enthaltende Kieselsäure läßt sich auch bei starkem Glühen von der Filterkohle nicht völlig befreien!). Die sorgfältig ausgewaschene Kieselsäure wird wie üblich abfiltriert, im Platintiegel verbrannt und zum Schluß durch Abrauchen mit Flußsäure auf Reinheit geprüft.

Ginsberg gibt auf Grund seiner Erfahrungen in der Leichtmetallanalyse und den Arbeitsmethoden der modernen Naturwissenschaften folgende *Abänderungen* der Methode nach Fuchshuber.

Nach Ginsberg werden Glas- oder Porzellanbecher von dem Säuregemisch zu stark angegriffen; man erhält immer zu hohe Kieselsäurewerte. Dieser Übelstand wird durch Verwendung von Platingeräten, Quarzbechern oder solchen aus V_4A-Blech vermieden.

Arbeitsvorschrift. Die Einwaage (1 g bei 2 bis 5% Si, 0,5 g bei höheren Gehalten) wird für je 0,5 g Einwaage mit 30 ml des Säuregemisches nach Fuchshuber sowie etwa 2 ml Brom versetzt und der Becher mit einem Uhrglas bedeckt (der von Fuchshuber nicht angegebene bzw. als unnötig hingestellte Zusatz von Brom beschleunigt die Oxydation des metallischen oder graphitischen Siliciums außerordentlich und gibt überdies Gewähr für die vollständige Oxydation). Es wird nun so lange auf der Heizplatte erwärmt, bis das Lösen beginnt. Dann nimmt man von der Heizplatte weg und läßt ausreagieren. Der Lösevorgang dauert etwa 20 Min. Nach erfolgter Lösung raucht man auf einem Sandbad bei 250 bis 280 °C die überschüssige Salpetersäure und das restliche Brom ab. Während dieses Vorganges beginnt der Aufschluß des in der Flüssigkeit verteilten, (braun-)schwarzen Siliciums, und die Lösung hellt sich auf. Unter öfterem Umschwenken wird nun so lange erhitzt, bis die Masse schließlich wasserklar wird, was je nach dem Si-Gehalt $^1/_2$ bis 1 Std. dauern kann. Man stellt jetzt den Becher an eine etwas kältere Stelle, fügt etwa 5 ml konz. Schwefelsäure zu und läßt die Säure 5 Min. rauchen. Hierauf entfernt man den Becher, läßt etwas abkühlen und gibt 40 ml 30%ige Überchlorsäure zu. Darauf wird auf der Heizplatte vorsichtig erhitzt, bis gerade Nebel von Überchlorsäure entweichen.

Nach kurzem Abkühlen verdünnt man mit kaltem Wasser auf etwa 300 ml und kocht auf, wobei man mit einem Glasstab den sagoähnlichen Kieselsäureniederschlag zu feinen Flocken verrührt. Nach dem Absitzenlassen filtriert man unter Anwendung von etwas Filterschleim in eine flache Nutsche über ein schnellaufendes Filter.

Der Niederschlag wird 5mal gut mit heißem Wasser gewaschen, wobei das Filter nach jedem Waschen vollkommen trocken gesaugt wird. Die Kieselsäure wird nun vorsichtig im Platintiegel verascht, bis der Kohlenstoff völlig verbrannt ist und dann etwa 1 Std. bei 1100 °C kräftig geglüht. Die gewogene Rohkieselsäure wird nach dem Befeuchten mit Wasser mit etwa 15 ml Flußsäure und 4 Tropfen konz. Schwefelsäure abgeraucht.

Bemerkung. Die Methode ist fast für alle Legierungen auf *Siluminbasis* verwendbar und hat sich in allen Fällen durchaus bewährt. Die Dauer beträgt etwa 4 Std.

II. Methode nach Regelsberger.

Allgemeines. Die Methode ergibt bei allen Si-Gehalten einwandfreie Werte. Bei übereutektischen Legierungen (über 13 % Si) ist allerdings ein unvollständiger Aufschluß möglich. In einem solchen Falle verwendet man mit Vorteil die abgeänderte Methode nach FUCHSHUBER.

Arbeitsvorschrift. Je nach dem Siliciumgehalt wägt man 1 bis 3 g Späne in eine Nickelschale oder einen geräumigen Nickeltiegel. Man gibt nun 3,5 bis 10 g NaOH (in Plätzchen) zu. Bei Proben mit mehr als 5% Si verwendet man etwa die 6fache Menge Ätznatrons, auf die Einwaage bezogen. Der Tiegel oder die Schale wird nun bedeckt, und es werden nach und nach etwa 50 ml Wasser eingespritzt (gegebenenfalls Mäßigen der Reaktion durch Einstellen des Tiegels in kaltes Wasser). Nach Abklingen der heftigen Hauptreaktion wird etwa 10 Min. gekocht, wobei man das verdampfende Wasser ergänzt. Bei mehr als 5% Si benötigt man etwa 1 Std. Kochzeit. Nach völliger Lösung läßt man etwas abkühlen und spült in ein 600-ml-Becherglas, das je nach der Einwaage 18 bis 39 ml Schwefelsäure (1 + 1) (etwa 9,3 m) enthält. Bei 1 g Einwaage und Verwendung der 6fachen Menge Ätznatrons benötigt man 30 ml Schwefelsäure (1 + 1). Die Reste im Tiegel bzw. in der Schale löst man mit etwas Schwefelsäure (1 + 1) und wischt mit einem Gummiwischer nach. Man raucht jetzt die Lösung bis zur Trockne ab (wenn die Masse fest wird, gibt sie praktisch SO_3 nicht mehr ab) und verdünnt mit etwa 300 ml warmem Wasser. Die abgeschiedene Kieselsäure wird bei größeren Mengen in ein schnelllaufendes Filter, sonst in ein gehärtetes Filter abfiltriert. Das Filtrat wird eingedampft und die noch gewonnene Kieselsäure in ein gehärtetes Filter abfiltriert. Beide Filter werden gemeinsam im Platintiegel verascht, nach Glühen und Wägen zum Schluß mit Flußsäure abgeraucht, geglüht und gewogen.

Bei Anwesenheit von Cu, Mn und sonstigen Schwermetallen muß nach dem Ansäuern mit Schwefelsäure noch HNO_3 (1 + 1) (etwa 7 m) und 1 ml 3%iger H_2O_2-Lösung zum Lösen der metallischen Anteile zugesetzt werden. Scheidet sich beim Aufnehmen in heißem Wasser Braunstein auf der Kieselsäure ab, so setzt man nochmals einige Milliliter HNO_3 (1 + 1) und H_2O_2 zu.

III. Methode nach Handy.

Prinzip. Durch Anwendung eines oxydierenden Säuregemisches werden Verluste, die durch Entweichen von Siliciumwasserstoff beim Lösen von Al-Legierungen in Säuren entstehen können, bei Si-Gehalten von 0,1 bis 0,7% praktisch vermieden.

Arbeitsvorschrift. 2 g Späne werden im bedeckten 500-ml-Philippsbecher in 45 ml Mischsäure [700 ml H_2SO_4 (1 + 1) (etwa 9,3 m), 300 ml HNO_3 konz. und anteilweise 20 ml HCl konz.] gelöst. Während der Zersetzung sollen ständig braune Dämpfe über der Flüssigkeit stehen, um Siliciumwasserstoffe zu SiO_2 zu oxydieren. Nach beendigtem Lösen wird auf dem Sandbad bis zum schwachen Rauchen abgedampft; dann läßt man unter Umschwenken fest werden und $^1/_2$ Std. kräftig rauchen. Der erkaltete Sulfatbrei wird mit etwa 250 ml warmem Wasser aufgenommen. Die Lösung muß erhitzt werden, bis das Aluminiumsulfat gelöst ist. Man filtriert entweder durch ein mit Filterschleim gedichtetes Schwarzbandfilter oder durch ein gehärtetes Filter, wäscht mindestens 10mal mit kochend heißem Wasser, verascht es und glüht im Platintiegel.

Zur Erzielung genauer Resultate ist ein nochmaliges Eindampfen des Filtrats von der ersten Kieselsäureausscheidung unbedingt erforderlich. Es können auf diese Weise Mengen von 1 bis 2 mg SiO_2 gewonnen werden. Das Filter mit der zweiten Abscheidung verascht man im Tiegel, in dem sich der Glührückstand der ersten Abscheidung befindet, glüht die Gesamtkieselsäure zur Gewichtskonstanz und raucht zum Schluß mit Flußsäure und 1 Tropfen konz. Schwefelsäure ab.

Ist der Glührückstand (vor dem Fluorieren) dunkelbraun oder schwarz, so ist dies ein Zeichen dafür, daß die Kieselsäure noch graphitisches Si enthält. In diesem

Falle wird der Rückstand mit 1 g $NaKCO_3$ geschmolzen. Der Schmelzkuchen wird in wenig Wasser gelöst, die Lösung in ein kleines Becherglas gebracht und mit 5 ml H_2SO_4 (1 + 1) (etwa 9,3 m), mit denen man den Platintiegel ausgespült hat, angesäuert und eingedampft bzw. abgeraucht wie oben beschrieben.

Bemerkungen. a) Die Vollständigkeit der Abscheidung der Kieselsäure hängt von der *Art des Abrauchens* ab. Hat das Sandbad zu niedrige Temperatur, d.h. raucht die Masse $^1/_2$ Std. nur schwach, so wird die Kieselsäure nicht völlig unlöslich. Dieser Fehler wird durch das nochmalige Eindampfen des Filtrats der ersten SiO_2-Abscheidung verringert.

b) Bei technischen Analysen verzichtet man wegen der Zeitersparnis oft auf die zweite Abscheidung der Kieselsäure. In diesem Falle wägt man die Kieselsäure, die etwas Fe_2O_3 und Al_2O_3 enthält, direkt aus.

c) Die Neuhausener Methode (Berl-Lunge) ist eine für Si-Gehalte von *0,2 bis 2% Si* brauchbare Betriebsmethode.

Arbeitsvorschrift. 2 g feine Bohrspäne werden in einem 500-ml-Erlenmeyerkolben mit 75 ml H_2SO_4 (D 1,6) übergossen und durch schwaches Kochen am Rückflußkühler gelöst. Nach völliger Lösung läßt man einige Minuten abkühlen, verdünnt mit kaltem Wasser auf 200 bis 300 ml und erwärmt nochmals auf etwa 70 °C. Die ausgeschiedene Kieselsäure wird in ein schnellaufendes Filter abfiltriert, mit heißem Wasser mindestens 10mal gewaschen und im gewogenen Porzellantiegel verascht, geglüht und gewogen. Die auszuwägende Kieselsäure soll möglichst wenig Fe_2O_3 und Al_2O_3 enthalten; weiße Flocken oder Spitzen, welche nach dem Veraschen im Rückstand auftreten, deuten immer auf Anwesenheit von Al_2O_3 und damit auf ungenügendes Auswaschen hin.

Bemerkung. Bei dieser Methode treten immer Verluste auf, da durch ein schnelllaufendes Filter filtriert wird, was wegen der raschen Durchführung geboten erscheint. Die Fehler betragen z.B. bei einem Gehalt von 0,4% 0,002 bis 0,003% Si, entsprechend 0,1 bis 0,2 mg SiO_2-Auswaage. Der Fehler wird aber durch die Verunreinigung der (nicht abgerauchten) Kieselsäure im allgemeinen so weitgehend kompensiert, daß normalerweise die Ergebnisse von denen der exakteren Methoden nicht wesentlich abweichen.

IV. Die Bestimmung von Silicium und Zinn in Aluminiumlegierungen

wird nach einer ohne Namensnennung in der „Laboratoriumspraxis" veröffentlichten schnellen Methode ausgeführt.

Arbeitsvorschrift. 2 g Legierung werden in einem Gemisch von 20 Teilen Wasser, 20 Teilen konz. Salpetersäure und 20 Teilen konz. Schwefelsäure gelöst. Die Lösung wird nun bis zum Rauchen eingeengt und nach dem Erkalten in bekannter Weise mit schwefelsäurehaltigem Wasser aufgenommen und filtriert. Der Rückstand (SiO_2 und SnO_2) wird im Platintiegel verascht, geglüht und gewogen; anschließend wird fluoriert und wieder gewogen. Die Differenz ist SiO_2; der Fluorierungsrückstand ist oder enthält das SnO_2.

Bemerkungen. a) Die Methode scheint wohl schnell zu sein; ob sie aber genau ist, erscheint *zweifelhaft*. Es ist eine bekannte Tatsache, daß sich Zinnsäure, wenn sie nicht „totgebrannt" wurde, beim Abrauchen mit Flußsäure zum Teil auch verflüchtigt. Ganz abgesehen von der Gefahr für den Platintiegel, durch Veraschen eines zinnhaltigen Niederschlags.

Richtiger wäre das Abrauchen des im Porzellantiegel veraschten Niederschlags mit Ammoniumjodid, wodurch sich Zinnsäure quantitativ verflüchtigen läßt.

b) Wenn dieses Verfahren wegen der hohen Kosten des Ammoniumjodids abgelehnt wird, bliebe noch als *weitere Variante*, den Niederschlag mit Na_2O_2 aufzuschließen und in der Aufschlußlösung, nach Ansäuern mit HCl und Reduzieren mit Fe, das Sn jodometrisch zu bestimmen. Auf die Möglichkeit, Sn in einer gesonderten Einwaage jodometrisch zu bestimmen, sei nur hingewiesen.

3. Bestimmung des Siliciums in Magnesium und Magnesiumlegierungen.

Die Bestimmungen werden nach GINSBERG gemäß folgender ***Arbeitsvorschriften*** durchgeführt.

I. Reinmagnesium.

10 g Metallspäne werden in einem hohen 600-ml-Becherglas mit Wasser bedeckt und, nach Bedecken des Becherglases, durch langsames Zugeben von 100 ml konz. Salpetersäure gelöst. Während des Lösungsvorganges sollen immer braune Stickoxiddämpfe über der Flüssigkeit stehen, um leichtflüchtige Siliciumwasserstoffe nach Möglichkeit zu oxydieren. Das Zufügen der Salpetersäure erfolgt daher wohl am besten durch einen Tropftrichter, dessen Ablaufrohr durch ein passend gebohrtes Loch im Uhrglas geführt wird. Bleibt nach dem Auflösen ein dunkel gefärbter Rückstand (meist Eisen- oder Mangansilicide), so filtriert man durch ein schnellaufendes Filter, wäscht einige Male mit heißem Wasser nach, verascht im Platintiegel und schließt den Rückstand mit wenig Soda-Salpeter-Gemisch auf. Nach dem Erkalten löst man mit Wasser, säuert vorsichtig an und vereinigt die Lösung mit dem mittlerweile in einer Porzellanschale eingeengten Filtrat. Man versetzt mit 60 ml Schwefelsäure (1 + 1) (etwa 9,3 m) und dampft bis zum kräftigen Rauchen ein. Nach dem Erkalten wird der Sulfatbrei mit etwa 400 ml heißem Wasser aufgenommen und bis zur völligen Lösung der Sulfate erwärmt. Man filtriert durch ein gehärtetes Filter, wäscht mit heißem Wasser etwa 10mal aus und verascht Filter nebst Niederschlag im Platintiegel. Das Gewicht der Kieselsäure wird durch Abrauchen mit Flußsäure bestimmt.

Da das Silicium im Magnesium als Silicid vorliegt, entstehen beim Lösen in Säure leichtflüchtige Siliciumwasserstoffe, wodurch Unterbefunde verursacht werden können. Dieser Fehler läßt sich durch Verwendung stark oxydierender Säuren, wie z. B. Salpetersäure, weitgehend verringern, jedoch nicht ganz aufheben.

II. Magnesiumlegierungen.

2 bis 5 g Metallspäne werden, wie unter I. beschrieben, in Salpetersäure gelöst und dann mit Schwefelsäure abgeraucht. Bei Anwesenheit von Blei ist die Kieselsäure mit $PbSO_4$ verunreinigt; durch 3- bis 4maliges Auswaschen mit heißer 5%iger Ammoniumacetatlösung wird es dem Niederschlag entzogen. Der Niederschlag wird vor dem Veraschen noch mehrmals mit heißem Wasser gewaschen.

Bei Anwesenheit von Zinn fällt mit der Kieselsäure auch Zinnsäure aus. Will man die Kieselsäurebestimmung durch Behandlung mit Flußsäure bewerkstelligen, so muß das Säuregemisch vor dem Fluorieren *gut geglüht* werden, um SnO_2 totzubrennen. Sicherer ist es in diesem Falle, das Oxidgemisch durch wiederholtes Abrauchen mit Ammoniumchlorid oder Ammoniumjodid von SnO_2, das als $SnCl_4$ oder SnJ_4 verflüchtigt wird, zu befreien.

Literatur.

Anonym: Laboratoriumspraxis **7**, 175 (1930); durch Fr. **83**, 468 (1931).
BERL-LUNGE: Bd. **II**, S. 1054.
CZOCHRALSKI, J.: Angew. Ch. **26**, 501 (1913).
FUCHSHUBER, H.: Fr. **116**, 421 (1939); **123**, 9 (1942).
GINSBERG, H.: Leichtmetallanalyse, 3. Aufl.; Berlin 1955, S. 234.
HANDY, (OTIS-HANDY), J. O.: Am. Soc. **18**, 766 (1896); durch Fr. **45**, 244 (1906).
REGELSBERGER, F.: Angew. Ch. **4**, 360 (1891).

§ 11. Siliciumbestimmung in Organosiliciumverbindungen.

1. Si-Bestimmung in Siliconharzen nach Holzapfel und Gottschalk.

Prinzip. Der Aufschluß wird durch Schmelzen mit Na_2O_2 in der Wurzschmidt-Bombe vorgenommen (Handbuch der analytischen Chemie).

Arbeitsvorschrift. Die Bombe wird mit 150 bis 180 mg Äthylenglykol (etwa 5 Tropfen) als Zündmittel und mit einer dünnen Schicht Na_2O_2 beschickt. Darauf gibt man die Einwaage und überschichtet mit etwa 7 g Peroxid (Gesamtmenge Na_2O_2 etwa 8 g). Man verschließt die Bombe und zündet das Reaktionsgemisch im Bombenofen durch eine Sparflamme. Die Zündung erfolgt bei 50 bis 60 °C nach etwa 20 Sek. und kann an einem leisen, metallischen Klicken erkannt werden. Der untere Teil der Bombe wird durch die Reaktionswärme rotglühend. Die Bombe wird noch 1 Min. im Ofen belassen und dann mit Wasser abgeschreckt.

Die geöffnete Bombe wird in ein 250-ml-Jenaer-Becherglas, das 100 ml Wasser enthält, gegeben und das Glas schnell mit einem Uhrglas bedeckt. Der Bombeninhalt löst sich in etwa 10 bis 20 Min.; nach völliger Lösung entnimmt man die Bombe und spült sie mit Wasser aus.

Verarbeitung der Lösung. Zur Zerstörung des überschüssigen H_2O_2 setzt man 1 Tropfen gesättigte $CuSO_4$-Lösung zu und erhitzt kurz zum Sieden. Die Flüssigkeit färbt sich dabei vorübergehend tiefbraun, wird aber nach beendeter Zersetzung wieder hell.

Die erkaltete Lösung wird nunmehr unter Rühren (Rührwerk) mit etwa 40 ml 5 n HNO_3 neutralisiert und schwach angesäuert, was mit einem pH-Papier (5 bis 7) kontrolliert wird. Jetzt fügt man tropfenweise so viel konz. Ammoniaklösung zu, daß die Lösung deutlich danach riecht. Zur Abscheidung von SiO_2 setzt man in einem Guß 5 ml einer klaren ammoniakalischen Zinklösung[1] zu (der Überschuß an ZnO gegenüber SiO_2 soll mehr als das 5fache sein). Die jetzt etwa 150 bis 200 ml betragende Lösung wird nun unter ständigem Rühren so lange erhitzt, bis der Geruch nach Ammoniak verschwunden ist, wozu im allgemeinen etwa 1 Std. benötigt wird. Man läßt hierauf erkalten und dekantiert nach völligem Absitzen des Niederschlags durch ein Blaubandfilter; der Niederschlag wird im Becherglas noch 2mal mit je 50 ml Wasser erwärmt und dekantiert.

Man bringt den Niederschlag quantitativ aufs Filter und wäscht mit kleinen Anteilen Wassers halogenfrei. Filter und Niederschlag trocknet man im Trockenschrank, bringt die Hauptmenge des Niederschlags in ein 150-ml-Becherglas und verascht das Filter. Die mit dem Hauptteil vereinigte Filterasche wird mit einer Mischung von HNO_3 und HCl abgeraucht. Dieses Abrauchen ist deshalb erforderlich, weil der Niederschlag außer ZnO und $ZnSiO_3$ auch Kohle, Nickeloxid, Kupferoxid und Eisenoxid enthalten kann.

Die weitere Verarbeitung des Niederschlags wird wie üblich durchgeführt, wobei man zum Schluß mit Fluß- und Schwefelsäure abraucht.

Bemerkung. Bei geringeren Kieselsäureauswaagen muß eine Blindprobe angestellt werden.

2. Bestimmung von Siliconen im Textilmaterial nach Petty.

Arbeitsvorschrift. 5 bis 10 g Probe werden in einem bedeckten 600-ml-Becherglas aus widerstandsfähigem Glas mit 30 ml konz. Schwefelsäure sowie in kleinen Anteilen mit etwa 35 ml konz. Salpetersäure versetzt und mäßig erwärmt (20 Min.

[1] 25 g ZnO in 250 ml ges. Ammoniumcarbonatlösung und 200 ml 25%iger Ammoniaklösung lösen und mit Wasser auf 500 ml verdünnen. 1 ml dieser Lösung enthält 50 mg ZnO.

bis 2 Std.). Man entfernt von der Heizquelle und fügt mittels einer Tropfflasche 1 bis 5 ml konz. Perchlorsäure zu (ein zu frühzeitiger Zusatz der Perchlorsäure könnte zu Explosionen führen!). Nach dem Zusatz der Perchlorsäure erhitzt man stark. Bleibt die Flüssigkeit auch nach längerem Kochen dunkel, läßt man abkühlen, setzt weitere 5 bis 10 ml konz. Salpetersäure zu und erhitzt mäßig. Unter Beobachtung der nötigen Vorsicht werden dann 1 bis 5 ml konz. Perchlorsäure zugetropft und anschließend stark erhitzt. Man verfährt in der geschilderten Weise so lange, bis die Flüssigkeit klar ist. Sie ist nach beendeter Zersetzung meistens wasserhell, unter Umständen mit einem ganz leichten Stich ins Gelbliche. Nun kocht man auf ungefähr 20 bis 25 ml ein und läßt bis zur Erreichung von Zimmertemperatur abkühlen. Nach vorsichtigem Verdünnen mit Wasser auf 100 bis 150 ml fügt man 1 bis 2 ml konz. HCl zu, erhitzt zum Kochen und filtriert die noch heiße Lösung durch Whatman-Filter Nr. 40. Um die hartnäckig anhaftenden Kieselsäurereste von den Wandungen des Glases zu entfernen, ist andauerndes und heftiges Bearbeiten mit einem Gummiwischer nötig. Der Niederschlag wird mehrmals mit heißem Wasser gewaschen und zum Schluß im Platintiegel naß verbrannt. Der Verbrennungsrückstand wird mit 2 bis 15 ml Flußsäure und 2 bis 3 Tropfen Schwefelsäure abgeraucht:

Gramm $SiO_2 \cdot 1{,}00$ = Gramm Methylhydrogensilicon;
Gramm $SiO_2 \cdot 1{,}23$ = Gramm Dimethylsilicon.

3. Analyse von Salben auf Siliconbasis nach Springer und Herzinger.

Arbeitsvorschrift. *Siliconbestimmung.* 1 g Siliconsalbe wird im Rundkolben mit 50 ml Trichloräthylen unter Rückfluß so lange auf dem Wasserbad erwärmt, bis keine Veränderung des Aussehens mehr festzustellen ist. Man läßt abkühlen, saugt vom Füllstoff der Silicone (meist feinverteiltes SiO_2) ab, wäscht mit etwas Lösungsmittel nach und glüht den Rückstand nach dem Veraschen zur Gewichtskonstanz.

Das Filtrat vom Füllstoff wird in einem gewogenen Schliffkölbchen bei 105 °C vom Trichloräthylen befreit und der Rückstand zur Konstanz getrocknet. Zur Identifizierung bestimmt man den Brechungsexponenten n_D.

Die *Siloxanbestimmung* wird wegen der Gefahr der Nitroglycerinbildung im Unverseifbaren durchgeführt.

Man extrahiert das Unverseifbare mit Petroläther, versetzt nach Verdampfen des letzteren mit 30 ml konz. Schwefelsäure (D = 1,8) und erhitzt unter dem Schliffkühler $^1/_2$ Std. im Paraffinbad auf 150 °C. Man läßt nun anteilsweise durch die Kühleröffnung konz. Salpetersäure (D = 1,4) eintropfen (insgesamt höchstens 20 ml), worauf sich Kieselsäure abscheidet. Der Kolbeninhalt wird nun in 100 ml kaltes Wasser gegossen. Zur Zerstörung der salpetrigen Säure wird anschließend mit einer Messerspitze Harnstoffs gekocht, nach dem Erkalten mit etwa 100 ml Wasser verdünnt und durch einen engporigenPorzellanfiltertiegel filtriert. Der getrocknete Tiegelrückstand wird zur Gewichtskonstanz geglüht und als SiO_2 gewogen. 80 Teile SiO_2 entsprechen rund 100 Teilen Siloxans.

4. Kieselsäurebestimmung in Waschmitteln nach Heinerth.

Arbeitsvorschrift. Zu 5 ml konz. Schwefelsäure gibt man 2,5 g Substanz und 2,5 g $NaNO_3$. Die Mischung wird im bedeckten Becherglas 10 bis 20 Min. auf 115 °C erhitzt, bis eine homogene gelbe Masse entstanden ist (manchmal empfiehlt sich ein weiterer Zusatz von $NaNO_3$). Nach dem Erkalten wird auf 100 ml verdünnt und zur Entfernung der nitrosen Gase kurz aufgekocht. Die abgeschiedene Kieselsäure wird wie üblich in ein Schwarzbandfilter (mit Filterschleim) abfiltriert und geglüht.

5. Gleichzeitige Bestimmung von Si, C und H in siliciumorganischen Verbindungen.

I. Verfahren von Rochow und Gilliam.

Arbeitsvorschrift. Die Substanz wird in einem Platinschiffchen in das Verbrennungsrohr gebracht, in dem sich ein auf 850 °C erhitzter Platinkontakt befindet. Durch einen zweiten, über das Verbrennungsrohr schiebbaren Ofen wird die Substanz langsam auf ihre Verbrennungstemperatur gebracht. Die Dämpfe passieren im O_2-Strom eine auf 850 °C erhitzte Rolle aus feiner Platingaze, an der sich bei der Verbrennung entstehendes SiO_2 abscheidet.

H_2O und CO_2 werden in den in der organischen Mikroanalyse üblichen Röhrchen absorbiert.

Das Verfahren eignet sich nur zur Analyse von hochpolymeren, nicht sauerstoffempfindlichen Substanzen.

II. Verfahren von Kautsky, Fritz, Siebel und Siebel zur gleichzeitigen Bestimmung von C, Si, H und Halogen in flüchtigen, sauerstoffempfindlichen Verbindungen.

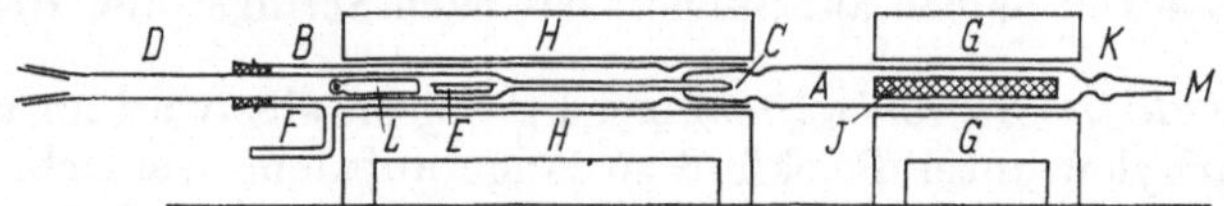

Abb. 4. Verdampfungseinrichtung *BD* und Verbrennungsrohr *A* zur Verbrennung sauerstoffempfindlicher, flüchtiger siliciumorganischer Verbindungen.

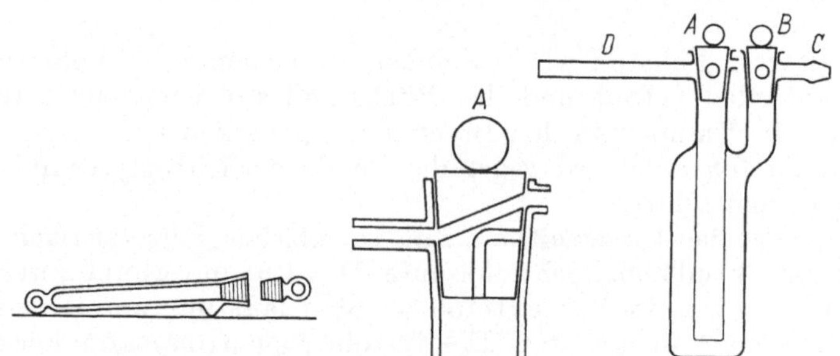

Abb. 5. Wägeröhrchen und Wägegefäß.

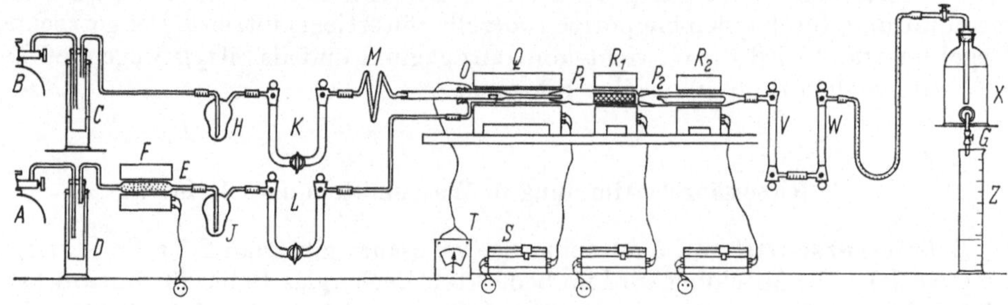

Abb. 6. Gesamtapparatur zur Durchführung der Halbmikroanalyse von luftempfindlichen siliciumorganischen Verbindungen.

Arbeitsvorschrift. Die flüchtige Substanz wird mittels eines N_2-Stromes in das Verbrennungsrohr geführt. Die Vermischung mit Sauerstoff erfolgt erst im Verbrennungsraum, so daß die Verbrennung am Platinkontakt erfolgen kann. SiO_2 bleibt im Verbrennungsrohr und wird mit diesem gewogen. H_2O und CO_2 werden wie bei der organischen Mikroanalyse absorbiert.

Die Bestimmung des *Halogens* erfolgt in einem an das eigentliche Verbrennungsrohr angeschlossenen Quarzrohr, das ein Schiffchen mit feinverteiltem Silber enthält; es wird während der Verbrennung auf 550 bis 600 °C erhitzt.

Die verwendete Apparatur besteht aus dem Verdampfungsrohr, dem Verbrennungsrohr und dem Halogenabsorptionsrohr, wie aus den *Abbildungen* 4, 5, 6 ersichtlich.

Bezüglich der genauen Beschreibung der Apparatur und der Durchführung der Verbrennung muß auf die eingehende Schilderung der Autoren verwiesen werden.

III. Verfahren von Brown und Fowles.

Allgemeines. Unter Verzicht auf die gleichzeitige Bestimmung von C und H erlaubt die Arbeitsweise von Brown und Fowles die Si-Bestimmung in flüchtigen, siliciumorganischen Verbindungen in 3 bis 4 Std. Die Autoren verwenden ebenfalls die Verbrennung im Sauerstoffstrom, ersetzen jedoch die von Rochow und Kautsky verwendete Platingaze durch eine längere, nicht zu dicht gestopfte Schicht von gewöhnlichem Gooch-Tiegel-Asbest.

Die verwendete Apparatur (Abb. 7) besteht aus einem Quarzrohr A von 30 cm Länge und 8 mm lichter Weite, das an einem Ende G eine Capillare von 1 mm Durchmesser trägt. Das andere Ende trägt einen Normalschliff B 14 (S.T. 14/20), der mit dem Schliff D des Verdampfungsgefäßes verbunden wird. E und F sind Neoprenverbindungen, die mit Quetschhähnen versehen sind.

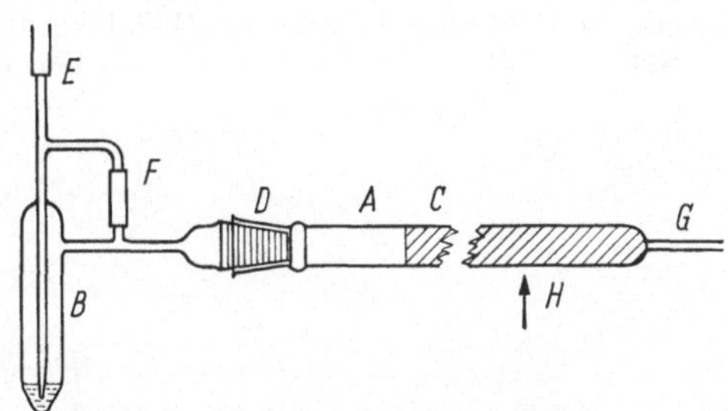

Abb. 7. Apparatur zur Bestimmung von Si, Ge und Sn in ihren flüchtigen organischen Verbindungen.

Arbeitsvorschrift. Rohr A wird in einem Muffelofen bis zur Erreichung der Gewichtskonstanz bei etwa 800 °C erhitzt. Es wird nun bei H mittels eines Méker-Brenners erhitzt. Inzwischen hat man Teil B, dessen Schliff mit einem Gummistopfen verschlossen wurde, gewogen. Man entfernt nun den Quetschhahn bei E und füllt mit einer Capillarpipette 0,1 bis 0,4 g Substanz auf dem Boden von B ein. E wird nun wieder mit dem Neoprenröhrchen und dem Quetschhahn versehen und neuerlich gewogen. Bevor man B an Rohr A anschließt, wird B durch flüssigen Sauerstoff gekühlt, um Verdampfungsverluste beim Entfernen des Gummistopfens vor Anschluß von B an A zu vermeiden. Man setzt nun bei G einen Aspirator in Tätigkeit, schließt B an A an und verbindet E durch Überziehen eines Gummischlauches mit der Sauerstoffbombe. Den Sauerstoff läßt man mit etwas geringerem als Atmosphärendruck über einen mit konz. H_2SO_4 beschickten Blasenzähler (Rohrdurchmesser 6 mm) durchströmen.

Der Aspirator wird so einreguliert, daß im Blasenzähler 1 Blase je Sekunde austritt. Durch Verschließen von F mit dem Schraubenquetschhahn gelangt das O_2-Substanz-Gemisch in das Rohr A und wird dort verbrannt. In den meisten Fällen ist nach 90 Min. alles in B verdampft. Von diesem Punkt an läßt man noch weitere 15 Min. Sauerstoff durchströmen und entfernt dann Rohr A, das anschließend im Muffelofen zum konstanten Gewicht geglüht wird; vor der Wägung läßt man es im Exsiccator erkalten.

Bei der Analyse von höchst wasserempfindlichen Substanzen, z.B. Dimethylchlorsilan, erhält man nach dieser Methode immer zu niedere Resultate. Wägt man aber das Analysenmaterial in eine gestielte Glaskugel ein, so erhält man richtige Werte. Die Füllung der tarierten Glaskugel geschieht zweckmäßig in der Vorrichtung nach Abb. 8 dadurch, daß man das tarierte Glaskügelchen in das die Substanz enthaltende Röhrchen einführt und durch Evakuieren mit der Substanz beschickt. Nach Füllung der Kugel wird das Vakuum durch Einströmenlassen von getrockneter Luft aufgehoben und das Kügelchen nach Säuberung der Capillare gewogen.

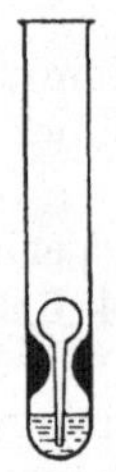

Abb. 8. Wägekugel für hygroskopische Chlorsilane.

Zur Analyse schiebt man das Kügelchen mit der Capillare an den Asbestpfropf an und verbindet Rohr *A* über den Schliff mit der Sauerstoff-Flasche. Die Verbrennung wird in der oben beschriebenen Art durchgeführt, wobei der das Glaskügelchen enthaltende Rohrteil mittels eines kleinen, elektrischen Ofens geheizt wird.

Literatur.

BROWN, M. P., u. G. W. A. FOWLES: Anal. Chem. **30**, 1689 (1958).

Handbuch der analytischen Chemie, Bd. Va β, S. 280 (1953). – HEINERTH, E.: Fett, Seifen einschl. Waschmittel (Düsseldorf) **56**, 595 (1954). – HOLZAPFEL, L., u. G. GOTTSCHALK: Fr. **142**, 115 (1954).

KAUTSKY, H., G. FRITZ, H. P. SIEBEL u. D. SIEBEL: Fr. **147**, 327 (1955).

PETTY, G. M.: Anal. Chem. **28**, 250 (1956).

ROCHOW, E. G., u. W. F. GIL(L)IAM: Am. Soc. **63**, 798 (1941); vgl. auch E. G. ROCHOW: Einführung in die Chemie der Silicone; Weinheim 1952; durch Fr. **142**, 119 (1954); **147**, 338 (1955).

SPRINGER, R., u. R. HERZINGER: Ar.; Ber. dtsch. pharm. Ges. **287**, 204 (1954).

B. Colorimetrische und photometrische Methoden.

§ 1. Allgemeines.

Kieselsäure reagiert in schwach saurer Lösung mit *Molybdänsäure* unter Bildung einer Heteropolysäure, der Molybdatokieselsäure, $H_4[Si(Mo_3O_{10})_4] \cdot xH_2O$.

Die wäßrige Lösung der Molybdatokieselsäure ist gelbgefärbt. Nach den Untersuchungen von STRICKLAND bildet die Molybdatokieselsäure zwei Formen (α und β), die sich nur durch die Lichtabsorption im sichtbaren Gebiet unterscheiden.

Die Bildung beider Formen erfolgt im schwach sauren Gebiet zwischen pH = 1 und pH = 5. Ob die α- oder die β-Form gebildet wird, hängt vom $[H^+]/[MoO_4^{2-}]$-Quotienten ab.

Bei einem Wert desselben $< 1{,}5$ entsteht die α-Form, bei einem Wert desselben $> 1{,}5$ entsteht die β-Form.

Für die colorimetrische Bestimmung ist die β-Form wichtig, da sie im sichtbaren Gebiet etwa doppelt so stark absorbiert wie die α-Form.

Die β-Form geht in einer Reaktion erster Ordnung in die α-Form über.

Nach GRASSHOFF und HAHN handelt es sich bei der Bildung der Molybdatokieselsäure um eine Gleichgewichtsreaktion, da bei der Polarographie von präparativ hergestellter Molybdatokieselsäure neben der Stufe der Heteropolysäure stets die beiden Formen des Molybdäns auftreten.

Für das Vorliegen einer Gleichgewichtsreaktion spricht auch die Temperaturabhängigkeit und die pH-Abhängigkeit des Zerfalls, der nach der Gleichung:

$$H_4[Si(Mo_{12}O_{40})] + 6\,H_2O \rightleftharpoons H_4SiO_4 + 2\,H_3(H_3Mo_6O_{21})$$

erfolgt. Die Molybdatokieselsäure ist am beständigsten im pH-Bereich von 1,0 bis 3,5; die Unbeständigkeitskonstante ist $K = 1{,}5 \cdot 10^{-11}$.

Die Molybdatokieselsäure ist demnach in wäßriger Lösung zu über 50% zerfallen.

Die Bildung der Molybdatokieselsäure ist nur dann quantitativ, wenn die schwach saure Lösung längere Zeit gekocht wird.

Zum Unterschied von Molybdatophosphorsäure und Molybdatoarsensäure ist Molybdatokieselsäure in 2 n Säure beständig.

Die Reduktion der Molybdatokieselsäure.

Reduziert man Molybdatokieselsäure mit $SnCl_2$ in einer in bezug auf HCl oder H_2SO_4 2n Lösung, so wird die Lösung blau, da sich Silicomolybdänblau bildet. Außer durch $SnCl_2$ läßt sich die Reduktion mit einigen anderen Reduktionsmitteln durchführen, z.B. Hydrochinon, Metol, Na_2SO_3, 1-Amino-2-naphthol-4-sulfonsäure.

Bei der Reduktion mit $SnCl_2$ nimmt die α-Form 4 Reduktionsäquivalente auf, bei einem Überschuß an Reduktionsmittel und unter Ausschluß von Sauerstoff sogar 5.

Die β-Form bildet nur *ein* Reduktionsprodukt unter Aufnahme von 4 Reaktionsäquivalenten:

$$[SiMo_{12}O_{40}]^{4-} + 8\,H^+ + 4\,e^- \rightleftharpoons H_4[SiMo_{12}O_{36}(OH)_4].$$

Die oben erwähnte Tatsache, daß Molybdatokieselsäure auch in 2 n mineralsaurer Lösung zu Silicomolybdänblau reduziert wird, ist analytisch deshalb von Bedeutung, weil dadurch die Möglichkeit einer Bestimmung der Kieselsäure neben Phosphorsäure und Arsensäure gegeben ist; denn Molybdatophosphorsäure und Molybdatoarsensäure werden in 2 n mineralsaurer Lösung *nicht* reduziert.

Literatur.

GRASSHOFF, K., u. H. HAHN: Fr. **168**, 247 (1959).
STRICKLAND, J. D. H.: Am. Soc. **74**, 862 (1952).

§ 2. Colorimetrische Bestimmung der Kieselsäure als gelbe Molybdatokieselsäure mit Vergleichslösungen.

1. Verfahren von Jolles und Neurath, modifiziert von Winkler, zur Bestimmung der Kieselsäure in natürlichen Wässern.

Arbeitsvorschrift. 100 ml des zu untersuchenden Wassers werden in einem Becherglas mit 1 g gepulvertem Ammoniummolybdat und 5 ml 10%iger Salzsäure versetzt.

Zu einer zweiten Probe von 105 ml des Wassers wird aus einer Bürette so lange K_2CrO_4-Lösung (0,530 g in 100 ml) zugegeben, bis die Farbe beider Flüssigkeiten dieselbe ist.

Der SiO_2-Gehalt des Wassers kann direkt aus dem Verbrauch an K_2CrO_4-Lösung abgelesen werden, da unter den gewählten Bedingungen 1 ml K_2CrO_4-Lösung 1 mg SiO_2 entspricht.

I. ***Arbeitsvorschrift*** *der „Deutschen Einheitsverfahren zur Wasseruntersuchung“.*

Reagenzien. a) Ammoniummolybdatlösung: Man löst reinstes Ammoniummolybdat-4-hydrat in 1 l dest. Wasser. b) Salzsäure (D = 1,125): Man mischt 210 ml konz. Salzsäure (D = 1,19) mit 130 ml dest. Wasser. c) Oxalsäurelösung: Man löst 25 g Oxalsäure-2-hydrat in 250 ml dest. Wasser. d) 0,5 n Natriumcarbonatlösung. e) Farbvergleichslösung: 0,530 g reinstes Kaliumchromat und 5,0 g reinster Borax nacheinander in Wasser gelöst, die Lösung zu 1000 ml aufgefüllt. 1 ml dieser Lösung entspricht 1 mg SiO_2/l bei Anwendung von 100 ml Untersuchungswasser.

Man versetzt 100 ml Untersuchungswasser in einem Erlenmeyerkolben unter Einhaltung der angegebenen Reihenfolge und jeweiligem Umschütteln mit 5 ml Ammoniummolybdatlösung (a), 2 ml verd. Salzsäure (b) und 2 ml Oxalsäurelösung (c). Die bei Anwesenheit von Kieselsäure gelb gefärbte Untersuchungslösung colorimetriert man in Zylindern gegen 109 ml dest. Wasser, dem man aus einer Bürette Farbvergleichslösung bis zur gleichen Transmission zufügt.

II. ***Arbeitsvorschrift*** *der „Deutschen Einheitsverfahren“ zur SiO_2-Bestimmung neben Phosphorsäure in Kesselspeise- und Kesselwässern.*

100 ml des zu untersuchenden Wassers werden mit 0,5 g gepulvertem Ammoniummolybdat, 5 ml Salzsäure (10%) und 3 ml Oxalsäure (10%) versetzt, bis zur Lösung des Ammoniummolybdats umgeschüttelt und nach 5 Min. mit der Gelbfärbung einer Lösung, die durch Zutropfen von Kaliumchromatlösung (5,3 g Kaliumchromat und 5 g Borax zu 1 l Wassers gelöst; 1 ml entspricht 1 mg SiO_2) hergestellt wird, verglichen.

2. Verfahren von Diénert und Wandenbulcke.

Arbeitsvorschrift. 50 ml Wasser werden mit 2 ml 10%iger Ammoniummolybdatlösung sowie 4 Tropfen H_2SO_4 (1 + 1) (etwa 9,3 m) versetzt und gut gemischt. Die Gelbfärbung erreicht nach 10 Min. ein Maximum, das 3 Std. konstant bleibt. Die Gelbfärbung wird mit der Färbung einer Natriumsilicatlösung (1 mg SiO_2/ml) colorimetrisch entweder in Hehner-Zylindern oder im Colorimeter nach DUBOSQ verglichen.

Statt der Standardsilicatlösung kann man auch eine Lösung von 36,9 mg Pikrinsäure in 1000 ml Wasser verwenden. Die Färbung dieser Lösung gleicht derjenigen, die 50 mg SiO_2 je 1000 ml Wasser mit Ammoniummolybdat ergeben.

Bemerkungen. I. Nach dieser Methode läßt sich *nur die lösliche* Kieselsäure, nicht aber die kolloidale Kieselsäure bestimmen. Um die kolloidale Kieselsäure in Lösung zu bringen, muß das Wasser zunächst 1 Std. mit einer Lösung von 2,0 g $NaHCO_3$ in 50 ml H_2O erhitzt werden. Anschließend fügt man 2,4 ml n H_2SO_4 zu, wobei sich die beim Erhitzen ausgeflockte Kieselsäure wieder auflöst. Nach Auffüllen auf 50 ml verfährt man wie oben.

Auf diese Art erfährt man die Gesamtkieselsäure; die Differenz aus der Gesamtkieselsäure und der gelösten Kieselsäure ergibt kolloidale Kieselsäure.

II. Diese Bestimmung der Kieselsäure wird durch Phosphorsäure, wenn sie in größeren Mengen vorliegt, *gestört.* Zur Ausschaltung dieses Fehlers wurde eine Reihe sich teilweise widersprechender Verfahren vorgeschlagen, die heute wohl schon alle überholt sind. Es sollen nur kurz erwähnt werden

3. Verfahren von Isaacs.

Durch Zusatz von 10 ml 10%iger Essigsäure vor dem Versetzen mit Molybdatlösung soll die Bildung von Molybdatophosphorsäure verhindert werden.

4. Verfahren von Thayer.

Arbeitsvorschrift. Zu 100 ml Silicatlösung, die nicht mehr als 10 mg Fe enthalten soll, fügt man 2 ml 2 n Essigsäure und 3 ml Dinatriumphosphatlösung (5 mg P_2O_5/ml). Ist mehr Fe zugegen, muß entsprechend mehr Phosphatlösung zugesetzt werden.

Die so vorbereitete Lösung erhitzt man nun gerade zum Sieden, filtriert rasch und läßt dann abkühlen. Enthält die Lösung nicht genügend Ca^{+2}- oder Mg^{+2}-Ionen, um den zugesetzten Phosphatüberschuß zu binden, setzt man jetzt 2 ml einer Lösung von 10 g wasserfreiem $CaCl_2$ in 90 ml Wasser zu und macht die Lösung durch 2 ml 2,5 n Ammoniak alkalisch. Nach 15 Min. filtriert man ab; das Filtrat wird mit 2 ml 10%iger Ammoniummolybdatlösung und so viel HNO_3 versetzt, daß der pH-Wert 1,5 beträgt. Dazu sind im allgemeinen etwa 8 Tropfen HNO_3 nötig. Man mischt nun durch und vergleicht nach 10 Min. mit einer Pikrinsäurelösung. Ein Blindversuch ist unbedingt nötig.

5. Verfahren von King.

Durch Fällen der Phosphorsäure mit Magnesiamixtur, wobei gleichzeitig auch Eisen(III) ausgefällt wird, erhält man eine Lösung, in der durch Ammoniummolybdat nur die Färbung der Molybdatokieselsäure auftritt.

Literatur.

Deutsche *Einheitsverfahren* zur Wasseruntersuchung, 1954. – DIÉNERT, F., u. F. WANDENBULCKE: C. r. **176**, 1478 (1932); Bl. [4] **33**, 1131 (1923).

ISAACS, M. L.: Bl. Soc. Chim. biol. **6**, 157 (1924); durch Ind. eng. Chem. Anal. Edit. **2**, 283 (1930).

JOLLES, A., u. F. NEURATH: Angew. Ch. **11**, 315 (1898); M. **19**, 5; durch Fr. **39**, 464 (1900).

KING, E. J.: J. biol. Chem. **80**, 25 (1928).

THAYER, L. A.: Ind. eng. Chem. Anal. Edit. **2**, 276 (1930).

WINKLER, L. W.: Angew. Ch. **27**, 511 (1914).

§ 3. Spektralphotometrische Si-Bestimmung als gelbe Molybdatokieselsäure.

1. Verfahren von Lacroix und Labalade.

Allgemeines. Um das pH-Gebiet von 1,5 bis 1,6 genau zu erreichen, ohne jedesmal eine Messung vornehmen zu müssen, wird die angesäuerte Silicatlösung mit einer bestimmten Menge $Al_2(SO_4)_3$ und anschließend mit so viel NaOH (aus einer Bürette) versetzt, daß $Al(OH)_3$ eben auszufallen beginnt. Dieser Fällungsbeginn liegt genau bei pH = 4,6. Es genügt nun, eine ein für allemal bestimmte Menge titrierter Schwefelsäure hinzuzufügen, um den gewünschten pH-Wert 1,6 zu erreichen.

Metalle, deren Hydroxide in stärker saurem Gebiet ausfallen, werden vor der Si-Bestimmung in alkalischem Medium abgetrennt [$Fe(3^+)$, $Ti(4^+)$, $Zr(4^+)$]. Da Molybdatokieselsäure nur bei einem Überschuß von Molybdation beständig ist, versetzt man im allgemeinen mit 5 ml 10%iger Molybdatlösung.

Unter den vorgegebenen Bedingungen wird das Lambert-Beersche Gesetz nicht erfüllt; daher ist die Aufstellung einer Eichkurve nötig.

Aufstellung der Eichkurve.

I. Silicatlösung.

200 mg reines, 15 Min. in einer Platinschale geglühtes SiO_2 werden in einer Silberschale mit 4 g NaOH 20 bis 30 Min. zum Schmelzen erhitzt. Der erkaltete Schmelzkuchen wird mit dest. Wasser aufgenommen, von etwa vorhandenem Ag_2O schnell in einen 1000-ml-Meßkolben filtriert und nach Auffüllen zur Marke sofort in eine Polyäthylenflasche umgefüllt. Die Lösung ist 1 Tag haltbar.

II. Molybdatlösung.

25 g Ammoniummolybdat werden in etwa 200 ml lauwarmem Wasser gelöst und mit NaOH bis zur Rotfärbung von Phenolphthalein versetzt (dadurch wird die sonst leicht eintretende Ausfällung von Molybdänsäure verhindert). Man verdünnt nun auf 250 ml und filtriert nötigenfalls.

III. Eichkurve.

0 bis 25 ml Silicatstandardlösung werden im 100-ml-Meßkolben mit etwa 10 ml 9 n H_2SO_4 und 0,25 bis 1,0 ml 1 m $Al_2(SO_4)_3$-Lösung versetzt. Aus einer Bürette fügt man jetzt so viel n NaOH zu, daß $Al(OH)_3$ eben auszufallen beginnt. Nun versetzt man mit 9,5 ml 1 n H_2SO_4, 5 ml 10%iger Ammoniumperoxodisulfatlösung sowie 5 ml Molybdatlösung und füllt mit 0,039 n H_2SO_4 (pH = 1,6) zur Marke auf. Nach 10 Min. wird im Photometer in der 2-cm-Cüvette gemessen.

Ionen, die mit Si oder Mo Komplexe bilden, stören.

Organische Ionen (Tartrat, Citrat) können durch Oxydation mit Permanganat zerstört werden.

Fluorid-Ion wird durch Zugabe von genügend Borsäure maskiert.

Reduzierende Ionen oxydiert man mit Peroxodisulfat.

Störung durch Phosphorsäure und Arsensäure.

Da 6,90 mg P bzw. 18,7 mg As 1,00 mg Si äquivalent sind, kann man As und P gesondert bestimmen und dann die entsprechenden Werte vom Ergebnis in Abzug bringen.

Arbeitsvorschriften.

a) Al-Legierungen mit 1% Si.

800 mg löst man in einer großen Nickelschale in 50 ml Wasser nebst 5 g NaOH. Die erkaltete Lösung spült man in einen 250-ml-Meßkolben und behandelt weiter wie bei der Aufstellung der Eichkurve. *Genauigkeit:* 1%.

b) Al-Legierungen mit 0,1% Si.

4 g Legierung löst man in 50 ml Wasser mit 24 g NaOH, das in kleinen Anteilen zugegeben wird, und verfährt anschließend nach a). *Genauigkeit:* 3%.

c) Bestimmung von SiO_2 im Natriumfluorid.

Ungefähr 500 mg Probe schmelzt man mit 3 g NaOH in einer Silberschale bei möglichst niedriger Temperatur 15 Min. Die Schmelze nimmt man in Wasser auf und filtriert in einen mit 100 ml Wasser beschickten Meßkolben. Nach Zusatz von 10 ml 9 n H_2SO_4 und 1 ml $Al_2(SO_4)_3$-Lösung werden 10 ml 2,5%ige Borsäurelösung zugegeben und erst jetzt in bekannter Weise auf den pH-Wert 1,6 gebracht. *Genauigkeit* je nach dem SiO_2-Gehalt: 0,5 bis 2%.

d) Analyse von Natriumsilicofluorid.

250 mg schließt man mit 3 g NaOH auf und verdünnt die Lösung auf 500 ml; es wird weiter wie unter c) verfahren.
Genauigkeit: 0,5%.

e) Bestimmung von SiO_2 im Aluminiumfluorid.

500 mg Probe erhitzt man in einer Platinschale mit 4 g $KNaCO_3$ und 4 g Borsäure bis zum klaren Schmelzfluß. Der Schmelzkuchen wird mit 0,1 n NaOH aufgenommen. Die im Meßkolben auf 250 ml gebrachte Lösung wird wie üblich behandelt.
Genauigkeit je nach dem Si-Gehalt: 1 bis 2%.

f) Analyse von Berylliumfluorid oder Natriumberylliumfluorid.

250 mg feingepulverte Substanz werden mit 2 g $KNaCO_3$ und 2 g Borsäure geschmolzen. Man arbeitet nach der üblichen Methode weiter unter Zugabe von 10 ml Borsäurelösung.

g) Bestimmung von SiO_2 im Bauxit.

500 mg Bauxit schmelzt man in einer Silberschale mit 4 g NaOH 30 Min. Die Schmelze nimmt man in Wasser auf und filtriert rasch in einen mit 100 ml Wasser beschickten 250-ml-Meßkolben. Die Weiterverarbeitung erfolgt wie üblich.
Genauigkeit: 1% (bei einem SiO_2-Gehalt von 2 bis 4%).

2. Verfahren von Ringbom, Ahlers, und Sütonen.

Arbeitsvorschrift. Zur Bestimmung von SiO_2 in Gesteinen und anderen Silicaten mit SiO_2-Gehalten bis zu 70% schmelzt man 0,1 bis 0,3 g Silicat mit 10 g NaOH im Nickeltiegel. Die Schmelze wird in 40 ml Wasser gelöst, das 0,05 Mol Dinatriumäthylendiamintetraacetat enthält. Man verdünnt die Lösung in einem 500-ml-Meßkolben zur Marke und verwendet zur SiO_2-Bestimmung einen aliquoten Anteil.

Die Bildung der Molybdatokieselsäure. Zu 10 ml einer Lösung von 35,3 g $(NH_4)_6Mo_7O_{24} + 4H_2O$ in 1000 ml Wasser gibt man in einem 50-ml-Meßkolben den zu untersuchenden, aliquoten Anteil und stellt mittels des Chloressigsäure-Natriumchloracetatpuffers einen pH-Wert von 3,0 bis 3,7 ein. Man erhitzt anschließend 5 bis 10 Min. im siedenden Wasserbad, verdünnt dann zur Marke und mißt die Extinktion bei 390 nm.

Das Instrument wird vorher mit einer Vergleichslösung auf 100% Durchlässigkeit eingestellt.

Die *Vergleichslösung* wird in der oben beschriebenen Weise hergestellt, wobei das Erhitzen und der Zusatz der Ammoniummolybdatlösung unterbleiben. Ein Blindversuch wird analog durchgeführt.

Die Auswertung erfolgt an Hand einer Eichkurve.

Die Messung muß bei konstanter Temperatur (20 °C) durchgeführt werden. Mißt man bei einer anderen Temperatur, so ist eine Korrektur:

$\Delta A = (20 - t) \cdot 0{,}004$ nm erforderlich.

Beleganalysen zeigen gute Übereinstimmung mit den erwarteten Werten.

3. Das Verfahren von Pinsl.

wurde zur Si-Bestimmung in Stählen entwickelt.

Anwendungsbereich: Unlegierte Stähle und sämtliche legierten Stähle mit einem Ti-Gehalt unter 0,6%.

Der Einfluß von PO_4^{3-}-Ion wird durch Zusatz von NaF nach der Molybdatreaktion ausgeschaltet.

Das Verfahren kann mit und ohne Kompensationsmessung ausgeführt werden.

I. Verfahren mit Kompensationsmessung.

Erforderliche Lösungen:

HCl, 3 n;	$(NH_4)_2MoO_4$, 20%ig;
HNO_3, 3 n;	$KMnO_4$, 0,6%ig;
H_2O_2, 15%ig;	NaF (klar), 2%ig.

Arbeitsvorschrift. 0,1 g werden in einem 100-ml-Jenaer-Erlenmeyerkolben in 15 ml HNO_3 und 1 ml H_2O_2 durch Erwärmen auf 90 °C gelöst. In die heiße Lösung wird so lange $KMnO_4$-Lösung getropft, bis die rote Farbe auch beim Umschütteln bestehen bleibt. Jetzt gibt man 2 ml HCl zu, überspült nach dem Abkühlen auf 20 °C in einen 100-ml-Meßkolben und füllt zur Marke auf.

Man entnimmt 50 ml, versetzt sie mit 5 ml Molybdatlösung und nach 6 Min. mit 20 ml NaF-Lösung.

Der Rest im Meßkolben wird mit 20 ml NaF-Lösung und 5 ml H_2O versetzt; diese Lösung dient als Ausgleichslösung.

Die beiden Lösungen werden nun gegeneinander im Pulfrich-Photometer unter Verwendung der Hagephotlampe mit vorgeschaltetem Hg-Sonder-Filter photometriert.

Die den gefundenen Extinktionskoeffizienten entsprechenden Si-Werte werden einer Eichkurve entnommen.

Durch Erhöhung der Einwaage auf 0,25 g (19 ml HNO_3 und 2 ml H_2O_2, Reaktionszeit 8 bis 10 Min.) läßt sich die Genauigkeit der Ergebnisse noch steigern.

Zur *Arbeitsweise bei höherlegierten Cr- und W-Stählen* werden 0,25 g mit 1 ml H_2O_2, 10,5 ml HNO_3 und 10,5 ml HCl bei 90 °C in Lösung gebracht. Die Lösung wird nun mit 20 ml heißem Wasser, in dem $^1/_4$ einer Schleicher-und-Schüll-Filtertablette verteilt wurde, verdünnt und durch ein 11-cm-Schwarzbandfilter in einen 100-ml-Kolben filtriert. Das Filter wird 6mal mit heißem Wasser gewaschen. Man läßt auf 20 °C abkühlen, verdünnt auf 100 ml und verfährt weiter wie oben geschildert.

II. Verfahren ohne Ausgleichsmessung.

Erforderliche Lösungen außer den unter I. erwähnten Lösungen 3 n NaOH mit bekanntem Si-Leerwert (in Plastikflasche aufbewahren!).

Arbeitsvorschrift. 0,1 g Stahl löst man in 18 ml HNO_3 und 1 ml H_2O_2 bei 90 °C. Anschließend oxydiert man jetzt mit $KMnO_4$ und versetzt zum Schluß mit 2 ml HCl. Man versetzt nun die heiße Lösung mit 10 ml NaOH und läßt auf 20 °C abkühlen. Nun gibt man 20 ml Wasser und 5 ml Molybdatlösung zu, läßt 8 bis 10 Min. einwirken und versetzt dann mit 20 ml NaF-Lösung. Man füllt auf 100 ml auf und photometriert gegen Wasser.

Anwendungsbereich: Niedriggekohlte Stähle gleicher Art und Behandlung. Vom gefundenen Wert ist der Si-Leerwert der NaOH-Lösung abzuziehen.

4. Modifikation von Rozental und Campbell.

Arbeitsvorschriften. I. 0,2 g *niedriglegierter* Stahl werden in 10 ml 3 n HCl und 10 ml 3 n HNO_3 in einem konischen Becher unter Erwärmen gelöst.

II. Bei *rostfreiem* Stahl löst man in 10 ml 3 n HCl und 5 ml 3 n HNO_3 und setzt die restlichen 5 ml HNO_3 erst nach völliger Lösung zu. Man erwärmt schwach während 2 bis 3 Min., wobei keine Säure verdampfen darf. Die saure Lösung wird, sofern Nb oder W abwesend sind, im Meßkolben auf 100 ml verdünnt.

III. Sind *Nb oder W anwesend,* wird in den Meßkolben filtriert und zu 100 ml verdünnt. Von der Lösung im Meßkolben werden 25 ml entnommen und mit 5 ml 10 %iger Molybdatlösung vermischt; man läßt zur Entwicklung 6 Min. stehen. Hierauf gibt man 10 ml 2 %ige NaF-Lösung zu, mischt und photometriert bei 420 nm gegen Wasser.

IV. *Störungen.* Ni, Mo, Nb, W, Ti und Mn stören nicht.

Cr stört, und zwar in niedrig legierten Stählen proportional dem Cr-Gehalt. Der Einfluß des Chroms läßt sich dadurch ausschalten, daß man den gefundenen Si-Wert für jedes Prozent Cr um 0,007 % Si korrigiert. Die Resultate sind bei chromfreien Stählen auf $\pm 0,02$ % Si genau.

5. Verfahren von Hill zur Bestimmung von Si in niedriglegierten Stählen und in Kohlenstoffstählen.

Arbeitsvorschrift. 0,25 g Probe werden im 250-ml-Meßkolben in 50 ml 3 n HNO_3 gelöst. Man versetzt nun mit 5 ml 12 %iger Ammoniumperoxodisulfatlösung und kocht 1 Min. bis zum Klarwerden. Nach dem Abkühlen füllt man zur Marke auf.

Von der Lösung werden je 25 ml in zwei trockene Becher aus Plexiglas pipettiert; der eine Teil dient als Prüflösung, der andere als Blindprobe.

Zur *Prüflösung* gibt man 5 ml 8 %ige Ammoniummolybdatlösung, läßt 6 Min. einwirken und versetzt danach mit 10 ml 2,4 %iger NaF-Lösung.

Die *Blindprobe* wird zuerst mit 10 ml 2,4 %iger NaF-Lösung und nach 6 Min. mit 5 ml 8 %iger Ammoniummolybdatlösung versetzt.

Man mißt die Lichtdurchlässigkeit der Prüflösung bei 400 bis 410 nm gegen die Blindprobe.

Auswertung. Von Stählen bekannten Si-Gehalts stellt man sich eine Eichkurve her, aus der man den Prozentgehalt Si entnimmt.

In Salpetersäure nicht lösliche, legierte Stähle löst man in einem Gemisch von je 25 ml 3 n HCl und 3 n HNO_3.

Die Säurekonzentration muß innerhalb von 10 % mit der vorgeschriebenen Menge übereinstimmen.

Änderungen der Molybdat-, Fluorid- und Peroxodisulfatkonzentration sind weniger kritisch, vorausgesetzt, daß in Blindprobe und Prüflösung die gleiche Konzentration eingehalten wird.

Störungen. Die normalerweise in niedriglegierten Stählen vorkommenden Elemente stören nicht. Größere Mengen Graphits, wie sie im Roheisen vorkommen, sind vor der Bestimmung abzufiltrieren.

Genauigkeit. Die Resultate stimmen mit den gravimetrisch gefundenen Zahlen sehr gut überein; daher ist das Verfahren als schnelle Betriebsmethode geeignet.

6. Mikroanalytische Si-Bestimmung in Stahl und Eisen nach Meyer und Koch.

Arbeitsvorschrift. 100 mg Stahl oder Roheisen werden im 50-ml-Meßkolben in 10 ml H_2SO_4 (1 + 10) (etwa 1,7 m) in der Wärme gelöst. Zur Oxydation setzt man 2 ml 20%ige KNO_3-Lösung zu und kocht 2 Min. Von der nach dem Erkalten zur Marke mit Wasser aufgefüllten Lösung entnimmt man beim Stahl 25 ml und bringt sie zu 50 ml 2%iger Ammoniummolybdatlösung in einen 100-ml-Meßkolben.

Beim Roheisen werden 10 ml Aufschlußlösung zu 25 ml Ammoniummolybdatlösung in einem 50-ml-Meßkolben gegeben.

Nach 4 Min. wird in beiden Fällen mit H_2SO_4 (1 + 3) (etwa 4,6 m) zur Marke aufgefüllt und nach 5 Min. in einer 5-cm-Küvette gegen eine Vergleichslösung photometriert im Elko-II-Photometer nach Zeiss, Filter S 42.

Bei der Vergleichslösung ersetzt man die Ammoniummolybdatlösung durch Wasser.

Die *Eichkurve* wird mit Normalstählen aufgestellt.

Berechnung: $$\% \text{ Si} = \frac{\mu\text{g Si/ml} \cdot 20^1}{E};$$

µgSi/ml = aus der Eichkurve entnommene Konzentration der Farbmeßlösung, bezogen auf 100 ml endgültig verdünnte Lösung des Normalstahles.

E = Einwaage in Milligramm.

Bemerkungen. I. Bei einer *Einwaage von 50 mg* verwendet man einen 25-ml-Meßkolben und löst in 5 ml H_2SO_4 (1 + 10). Zur Oxydation verwendet man 1 ml KNO_3-Lösung. Zur Farbentwicklung setzt man 10 ml der aufgefüllten Probelösung zu 25 ml Ammoniummolybdatlösung in einem 50-ml-Meßkolben und verfährt weiter wie oben.

Berechnung: $$\% \text{ Si} = \frac{\mu\text{g Si/ml} \cdot 12{,}5}{E}.$$

II. Die Einwaage von 25 mg Probe wird in einem 25-ml-Becherglas mit aufgesetztem Uhrglas in 2,5 ml H_2SO_4 (1 + 10) gelöst, mit 0,5 ml KNO_3-Lösung oxydiert, nach dem Abkühlen unter zweimaligem Nachwaschen mit je 0,5 ml Wasser in einen 10-ml-Meßkolben (oder Meßzylinder) übergeführt und mit Wasser zur Marke aufgefüllt. 5 ml Lösung gibt man zu 12,5 ml Ammoniummolybdatlösung in einen 25-ml-Meßkolben und verfährt weiter wie oben. Den Rest der Probelösung verwendet man für die Blindlösung.

Berechnung: $$\% \text{ Si} = \frac{\mu\text{g Si/ml} \cdot 5}{E}.$$

III. Die *Einwaage von 10 mg Stahl* werden in einem Spitzbecher nach GORBACH bei aufgesetzter Kühlerkugel mit 2 ml H_2SO_4 (1 + 10) (etwa 1,7 m, 2-ml-Ausblaspipette) auf dem Mikro-Universalheizblock nach GORBACH in der Wärme gelöst, mit 0,2 ml KNO_3-Lösung (0,2-ml-Auswaschpipette) oxydiert und weitere 2 Min. ge-

[1] Beim Roheisen wird der Faktor 25 eingesetzt.

kocht. Die abgekühlte Lösung wird mit Wasser auf etwa 3 ml verdünnt, unter zweimaligem Nachwaschen mit je 0,5 ml Wasser in einen 10-ml-Meßzylinder übergeführt und, wie für $E = 25$ mg angegeben, fortgefahren.

Berechnung: $\% \text{ Si} = \frac{\mu\text{g Si/ml} \cdot 5}{E}$.

IV. Der *Anwendungsbereich* der Methode ist 0,10 bis 1,50% Si für Einwaagen von 25 bis 100 mg, 0,20 bis 2,50% Si für 10 mg Einwaage. Der Zeitbedarf ist etwa 25 Min. für eine Einzelbestimmung. Der relative Fehler beträgt im Mittel ± 1 bis 2%.

V. Bei der *Analyse von Grauguß* wurden Schwierigkeiten bei der Oxydation der Probelösung mit KNO_3 beobachtet, und zwar verläuft sie entweder zu heftig oder findet nicht statt. Zur Abhilfe geben die Autoren folgende

Arbeitsvorschrift. Nach dem vollständigen Lösen der Probe wird noch kurze Zeit gekocht; dann erfolgt die Zugabe von 2 ml KNO_3-Lösung. Diese Menge reicht praktisch für alle Materialien aus. Die Oxydation ist auch bei hohen Kohlenstoffgehalten vollständig, wenn das Roheisen *gepulvert* ist. Liegt das Roheisen aber in Form von Spänen vor, kann die Oxydation fallweise ausbleiben. Dies hängt davon ab, wie stark die Lösung nach dem Lösen eingedampft ist. Engt man die Lösung durch längeres Kochen auf etwa 8 ml ein, so verläuft die Oxydation zufriedenstellend.

Es kann aber auch vorkommen, daß die Oxydation zu heftig verläuft, was ein Überschäumen der Lösung zur Folge haben kann. Als Abhilfe wird empfohlen, nach Lösen des Probematerials noch eine bis mehrere Minuten zu kochen, anschließend den Meßkolben von der elektrischen Heizplatte auf eine Asbestplatte zu stellen und die KNO_3-Lösung sofort zuzugeben. Der Kolben wird anschließend an den Rand der Heizplatte gestellt und beim Auftreten der ersten Gasblasen sofort wieder auf die Asbestplatte gebracht. Nach Abklingen der Reaktion stellt man den Kolben wieder auf die Heizplatte, kocht und fährt nach der Vorschrift fort.

Bemerkung. Macher und Glász konnten auch nach dieser verbesserten Vorschrift zur Analyse von Grauguß nicht immer zu befriedigenden Ergebnissen gelangen. Nach ihren Erfahrungen bereitet die Oxydation die größten Schwierigkeiten; sie änderten daher den Oxydationsvorgang ab und empfehlen folgende

Arbeitsvorschrift. 100 mg Gußeisen werden in einem 50-ml-Meßkolben in 10 ml H_2SO_4 (1 + 10) (etwa 1,7 m) in der Wärme gelöst. Man oxydiert mit 2 ml 20%iger KNO_3-Lösung und erhitzt weiter. Sobald das Sieden wieder beginnt, nimmt man den Kolben von der Heizplatte und wartet die Beendigung der Reaktion ab. Sollte die Oxydation nicht begonnen haben, gibt man 1 Tropfen Perhydrols zu, wartet das Aufbrausen ab und kocht noch weitere 2 Min. Man entfernt nun den Kolben von der Heizplatte und fügt zu der noch warmen Lösung 3 bis 4 Tropfen 0,5%ige $KMnO_4$-Lösung, so daß die Flüssigkeit 30 Sek. lang deutlich rotgefärbt bleibt. Der $KMnO_4$-Überschuß wird durch Zusatz eines Tropfens gesättigter $K_2S_2O_5$-Lösung entfernt und hierauf mit Wasser zur Marke aufgefüllt. Jetzt wird durch ein trokkenes Filter von Graphit filtriert. 10 ml Filtrat bringt man nun zu 25 ml 2%iger Ammoniummolybdatlösung in einen 50-ml-Meßkolben, füllt nach 4 Min. mit H_2SO_4 (1 + 3) (etwa 4,6 m) zur Marke auf und photometriert nach 5 Min. gegen eine Vergleichslösung in einer 5-cm-Küvette (Pulfrich-Photometer, VEB Zeiss, Filter S 43 und Hg-Lampe). Bei der Vergleichslösung wird die Ammoniummolybdatlösung durch Wasser ersetzt.

Nach den Angaben der Autoren arbeitet diese Vorschrift bei der Analyse von Grauguß störungsfrei.

7. Siliciumbestimmung in Buntmetallen und Legierungen.

I. Verfahren von Nikitina.

Grundlagen. Selbst beim Lösen in HNO_3 bei Raumtemperatur verzögern bereits geringe Mengen Mn und Ni die Bildung von α-SiO_2, der einzigen SiO_2-Modifikation, die mit Molybdation reagiert, derart, daß bei der colorimetrischen Si-Bestimmung mit Molybdation beachtliche Fehler entstehen.

Verwendet man zum Lösen der Legierungen $(NH_4)_2S_2O_8$, so wird dieser Effekt verhindert; das Peroxodisulfat[1] stabilisiert gleichzeitig α-SiO_2.

Arbeitsvorschrift. 0,1 g *Bronze, die Mn und Ni enthält*, wird mit einer Mischung von 15 ml 25%iger $(NH_4)_2S_2O_8$-Lösung und 3 ml konz. HNO_3 zuerst in der Kälte und anschließend durch Erhitzen auf 100 °C während 5 bis 10 Min. behandelt. Die abgekühlte Lösung wird nach 30 Min. mit 25 ml H_2O und 25 ml 10%iger Ammoniummolybdatlösung versetzt, nach 10 Min. mit 20 ml H_2SO_4 (1 + 5) (etwa 3,1 m) und Wasser auf 100 ml verdünnt. Man mißt die Extinktion dieser Lösung unter Verwendung eines Blaufilters.

Bemerkungen. a) *Anwendungsbereich.* Gehalte von 0,1 bis 1% Si können mit einem Fehler von $\pm 0{,}02$% bestimmt werden.

b) 1 g *Messing und Reinkupfer* (*Si-Gehalte von 0,002 bis 0,02*%) löst man in 10 ml konz. HNO_3 bei Zimmertemperatur (oder 5 Min. bei 80 °C) und füllt die Lösung auf 100 ml auf. 10 ml dieser Lösung vermischt man mit 20 ml H_2O und 10 ml 5%iger Ammoniummolybdatlösung, versetzt nach 10 Min. mit 20 ml H_2SO_4 (1 + 5) und 20 ml 15%iger Thioharnstofflösung. Nach weiteren 10 Min. füllt man auf 100 ml auf und mißt die Extinktion mit einem Rotfilter.

c) Bei der *Analyse von Phosphorbronzen* wird die Einwaage in 10 ml einer Mischung von konz. HNO_3 und konz. HCl im Verhältnis 3 : 1 gelöst; der Niederschlag, der sich beim Zusatz von Ammoniummolybdat anfänglich bildet, wird nicht beachtet, da er sich bei der späteren Behandlung mit verd. H_2SO_4 löst. Wegen der geringen Beständigkeit des Zinnthioharnstoffkomplexes füllt man nicht mit Wasser, sondern mit Thioharnstofflösung auf und nimmt die Extinktionsmessung sofort vor.

Anwendungsbereich. Gehalte von 0,002 bis 0,1% Si sind mit einer Genauigkeit von $\pm 0{,}001$% bestimmbar, ohne Cu, Sn und andere Legierungsbestandteile abzutrennen.

Die Ermittlung der Eichkurven wird an Standardlösungen, denen die 0,1 g Cu entsprechende Menge $CuSO_4$ zugefügt wurde, durchgeführt.

II. Verfahren von Boyd.

Arbeitsvorschrift. 0,25 g Legierung, die Mn und Si enthält, wie auch Ni und Cr enthaltendes Gußeisen in Form dünner Bohrspäne werden im 100-ml-Meßkolben unter Erwärmen in 7%iger Schwefelsäure gelöst. Nach Zusatz von 1 g KNO_3 kocht man 2 Min. vorsichtig, so daß keine Verdampfungsverluste entstehen. Es wird dann ohne Abkühlen zur Marke aufgefüllt und die Lösung in ein trockenes, hohes 200-ml-Becherglas gegossen. Um klare, aliquote Teile abpipettieren zu können, verbindet man die Pipettenspitze mit einem Mikrofilterröhrchen nach Emich und füllt die Pipette durch Saugen mit der Pumpe.

Je 10 ml überträgt man in 2 Erlenmeyerkolben, deren einer mit 15 ml eines Säuregemisches aus 33 ml konz. H_2SO_4 und 42 ml konz. H_3PO_4 und 80 ml konz. HNO_3 und 845 ml H_2O, ferner mit 0,012 g $AgNO_3$ und 0,75 g $(NH_4)_2S_2O_8$ beschickt ist. Der andere Kolben enthält nur 15 ml Säuregemisch. Man erhitzt zum Sieden, läßt 1 Min. kochen, kühlt dann rasch ab, füllt in die Küvetten und mißt bei 535 nm.

[1] Auch „Peroxidisulfat"; vgl. Küster-Thiel-Fischbeck, 1965, S. 182.

Zur *Si-Bestimmung* nimmt man zweimal 20 ml ab und gibt die Abnahme in zwei 200-ml-Erlenmeyerkolben.

Der eine Kolben enthält 50 ml H_2O und 0,50 g Ammoniummolybdat, der zweite nur 50 ml H_2O. Man läßt 3 Min. zur Farbentwicklung stehen, gibt inzwischen in den ersten Kolben 25 ml 25 %ige H_2SO_4 und, nach Ablauf der 3 Min., auch in den zweiten Kolben dieselbe Menge H_2SO_4. Man überträgt rasch in die Küvetten und mißt bei 405 nm gegen den Blindansatz.

Bemerkungen. a) *Die Auswertung der Messungen* wird über Eichkurven vorgenommen, die mit Mn- und Si-Testproben aufgestellt und regelmäßig kontrolliert werden.

Für die Si-Bestimmung ist es wesentlich, daß der Arbeitsgang immer im gleichen Zeitraum abläuft, weil innerhalb von 10 Min. eine merkliche Abnahme der Farbintensität eintritt.

b) *Genauigkeit.* Bei Si-Gehalten bis zu 2% beträgt der maximale Fehler ±1,5% vom Sollwert. Für Si-Gehalte über 2% muß eine andere Eichkurve mit kleineren Einwaagen aufgestellt werden.

Literatur.

Boyd, J. R.: Anal. Chem. **24**, 805 (1952).

Gorbach, G.: Mikrochemisches Praktikum, 1956.

Hill, U. T.: Anal. Chem. **21**, 589 (1949); durch Anal. Chem. **25**, 148 (1953).

Klinger, P., u. W. Koch: Techn. Mitt. Krupp **3**, 58 (1935).

Lacroix, S., u. M. Labalade: Anal. chim. Acta **3**, 383 (1949).

Nikitina, E. I.: Betriebslab. (russ.) **24**, (4), 398 (1958); durch Anal. Abstr. **6**, 462 (1959).

Macher, Fr., u. M. Glász: Mikrochim. A. **1964**, 104. – Meyer, S., u. O. G. Koch: Mikrochim. A. **1961**, 82; **1963**, 929.

Ringbom, A., P. E. Ahlers u. S. Siitonen: Anal. chim. Acta **20**, 78 (1959). – Rozental, D., u. H. C. Campbell: Ind. eng. Chem. Anal. Edit. **17**, 222 (1945); durch W. F. Sanders u. Ch. H. Cramer: Anal. Chem. **29**, 1139 (1957).

Pinsl, H.: Arch. Eisenhüttenw. **8**, 97 (1934); **9**, 223 (1935); **10**, 139 (1936); vgl. auch R. Weihrich u. W. Schwarz: Arch. Eisenhüttenw. **14**, 501 (1941).

Zeiss, C.: Absolutkolorimetrische Metallanalysen mit dem Pulfrich-Photometer.

§ 4. Spektralphotometrische Si-Bestimmung mit Hilfe der Molybdänblaureaktion.

Allgemeines. Die unter § 1 erwähnte Tatsache, daß Molybdatokieselsäure durch verschiedene Reduktionsmittel zum Molybdänblau, richtiger Silicomolybdänblau, reduziert wird, wurde schon frühzeitig zur colorimetrischen Si-Bestimmung herangezogen.

Dies geschah besonders deshalb, weil die Farbintensität der blauen Lösungen bedeutend stärker ist als diejenige der gelben Lösungen von Molybdatokieselsäure.

Es wurden sehr viele sich teilweise widersprechende Vorschriften ausgearbeitet, die sich nicht immer als streng reproduzierbar erwiesen. Blasius und Czekay haben nun nachgewiesen, daß die Reproduzierbarkeit weitgehend von der Vorbehandlung und z. B. von der Eigenkonzentration, dem pH-Wert und dem Fremdelektrolytgehalt abhängig ist.

Zur Erzielung reproduzierbarer Werte ist es erforderlich, möglichst viele Bedingungen konstant zu halten; es müssen besonders Analysen- und Standardlösung in ihren äußeren Bedingungen einander angepaßt werden.

Dies betrifft nicht nur die Reduktion, sondern auch besonders die Ausbildung der Molybdatokieselsäure, die weitgehend von den verschiedenen Aggregationsstufen der Kieselsäure in wäßriger Lösung abhängig ist.

Eine weitere Komplikation ist dadurch gegeben, daß, wie bekannt, auch Phosphorsäure und Arsensäure unter Bildung analog zusammengesetzter Heteropolysäuren mit Molybdation reagieren.

Eine befriedigende Lösung der Bestimmung von Kieselsäure neben Phosphorsäure aus *einer* Lösung hat erst in neuester Zeit RUF gegeben.

1. Methoden der „Deutschen Einheitsverfahren" zur Wasseruntersuchung.

I. Reduktion mit Hydrochinon-Soda-Sulfit.

Arbeitsvorschrift. 100 ml Wasser werden zwecks Überführung etwa vorhandener kolloidaler Kieselsäure in einer Platinschale mit etwa 0,2 g $NaHCO_3$ 1 Std. erhitzt und hernach mit 0,1 n H_2SO_4 gegen Phenolphthalein genau neutralisiert (die Lösung muß völlig entfärbt sein). Nach dem Erkalten wird das verdampfte Wasser durch Zugabe von aus Silbergefäßen 3fach dest. Wasser ergänzt. (Gefärbte Wasserproben werden durch Schütteln mit A-Kohle entfärbt.)

50,0 ml des vorbehandelten Wassers werden mit 5 ml Molybdatlösung (50 g Ammoniummolybdat zu 50 ml konz. Schwefelsäure in 1000 ml gelöst) versetzt und nach 2 Min. 2 ml Oxalsäurelösung (10%), 5 ml Hydrochinonlösung (20 g Hydrochinon und 1 ml konz. Schwefelsäure in 1000 ml gelöst) und 32 ml Carbonat-Sulfit-Lösung (17 g Na_2CO_3 und 3 g Na_2SO_3 mit Wasser zu 100 ml gelöst) hinzugefügt.

Man vergleicht colorimetrisch mit einer verd. Wasserglaslösung; besser wird die Blaufärbung photometriert. Als Vergleichslösung dient ein 3fach aus Silbergefäßen dest. Wasser mit den gleichen Zusätzen.

II. Reduktion mit Metol (p-Methyl-aminophenolsulfat).

Allgemeines. Gegenüber dem Hydrochinon und Soda-Sulfit hat Metol den Vorteil der größeren Haltbarkeit; außerdem besteht kaum die Gefahr, daß die Lösung Kieselsäure aus dem Glas aufnimmt.

Arbeitsvorschrift. 100 ml des mit 0,2 g $NaHCO_3$ 1 Std. in einer Platinschale erhitzten Wassers werden anschließend mit 0,1 n H_2SO_4 gegen Phenolphthalein neutralisiert, nach dem Abkühlen auf 100 ml verdünnt und mit 4 ml Ammoniummolybdatlösung (5 g Ammoniummolybdat und 5 ml konz. H_2SO_4 mit Wasser auf 100 ml verdünnt), 4 ml Oxalsäurelösung (5%) und 4 ml Metolbisulfitlösung (2 g Metol, 20,5 g Kaliummetabisulfit mit Wasser zu 100 ml gelöst) versetzt. Nach 10 Min. kann die colorimetrische Messung vorgenommen werden. Als Vergleichslösung dient eine Wasserglaslösung bekannten SiO_2-Gehalts, von der man 100 ml mit denselben Zusätzen versieht wie die zu untersuchende Wasserprobe.

2. Verfahren von Straub und Grabowski.

Anwendungsbereich. 0,02 bis 2,0 ppm SiO_2 mit einem Fehler von $\pm 0{,}01$ ppm in Wässern in Gegenwart von Phosphorsäure.

Verwendete Reagenzien.

I. Salzsäure (1 + 1) (etwa 6 m).

II. Ammoniummolybdatlösung 10% : 10,0 g Ammoniummolybdat-4-hydrat, gelöst in 100 ml Wasser.

III. Oxalsäurelösung 10% : 10,0 g Oxalsäure-2-hydrat, gelöst in 100 ml Wasser.

IV. Reduktionslösung: Zu einer Lösung von 30 g $NaHSO_3$ und 1 g Na_2SO_3 in 100 ml Wasser werden 0,5 g 1-Amino-2-naphthol-4-sulfonsäure gegeben. Zur völligen Lösung der Sulfonsäure wird mäßig erwärmt.

Arbeitsvorschrift. 50 ml des zu untersuchenden Wassers werden in rascher Aufeinanderfolge mit 1 ml Salzsäure und 2 ml Ammoniummolybdatlösung versetzt, wobei nach erfolgtem Zusatz jedesmal gut geschüttelt wird. Nach 5 Min. fügt man 1,5 ml Oxalsäurelösung zu und anschließend 2 ml Reduktionslösung.

Die Eichkurve stellt man aus bekannten Mengen einer Si-Standardlösung mit den gleichen Zusätzen her.

Die Extinktion wird bei 700 nm gemessen.

Bemerkung. Da die Gefahr einer SiO_2-Einschleppung durch die Reagenzien besteht, läßt man gleichzeitig einen Blindansatz von 50 ml kieselsäurefreiem, destilliertem Wasser und der gleichen Menge Reagenzien mitlaufen.

3. Verfahren von Wickbold.

Prinzip. Man führt die Kieselsäure durch Zusatz von Flußsäure in Fluorokieselsäure, H_2SiF_6, über, die als mittelstarke, zweibasische Säure vom stark basischen Anionenaustauscher Permutit ES sehr fest gebunden wird.

Die Behandlung mit dem Austauscher wird in einer aus Vollmaterial gedrehten Plexiglassäule (Abb. 9) durchgeführt.

Reinigung des Austauschers. Man läßt 24 Std. normale Flußsäure einwirken, wäscht kurz aus und läßt weitere 24 Std. mit gesättigter Borsäurelösung stehen; anschließend wird mit entkieseltem Wasser gründlich gewaschen.

Benötigte Reagenzien.

I. Kieselsäurearmes Wasser. Man läßt entsalztes Wasser (10 mg SiO_2/l) mit einer Durchflußgeschwindigkeit von etwa 1 l/Std. über ein Filter, das 300 ml Permutit ES (in Form der freien Base) enthält, laufen und fängt in einer Polyäthylenflasche auf.

II. Flußsäure. Möglichst siliciumfreie Flußsäure erhält man, wenn man Flußsäure p.a. aus unten (siehe Abb. 10) skizzierter Apparatur (aus Polyäthylen) mit der Geschwindigkeit 100 g Destillat in 8 Std. destilliert.

Flußsäure p.a. wird auf 36% HF eingestellt und in lebhaftem Stickstoffstrom (einzelne Blasen noch sichtbar, aber nicht mehr zählbar) aus der 1 l fassenden Polyäthylenflasche destilliert. Man umwickelt Blase und Ablaufrohr mit Tuch; dadurch erreicht man eine Leistung von etwa 100 g Säure in 8 Std. Man bricht die Destillation ab, wenn die Hälfte der eingesetzten Säure abdestilliert ist und setzt dann das Destillat ein zweites Mal zur Destillation ein.

Auf diese Weise ließ sich z. B. der SiO_2-Gehalt einer Flußsäure von dem Anfangsgehalt 40 mg/kg auf 8 mg/kg im ersten Destillat und auf 1 mg/kg im zweiten Destillat senken.

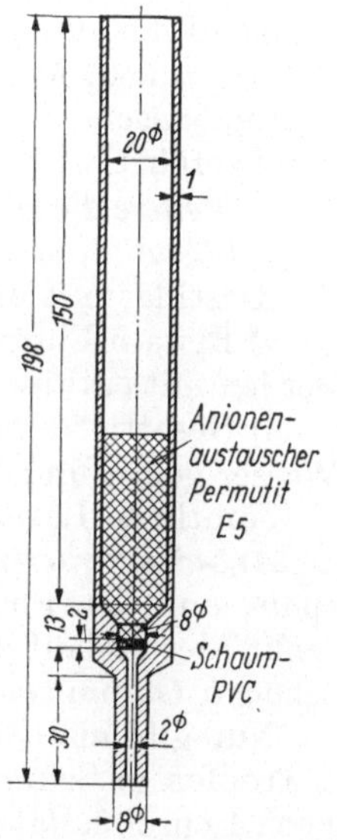

Abb. 9. Austauschersäule nach WICKBOLD.

Bemerkungen. a) Die *Bildung der Fluorokieselsäure* erfordert eine Mindestkonzentration an HF, die quantitative Aufnahme in dem Austauscher eine Höchstkonzentration an HF.

Experimentell wurde gefunden, daß bei Anwendung von 5 l Wasser mit 20 μg SiO_2/l bei Zusatz von 80 bis 200 mg Flußsäure je Liter und bei einer Durchflußgeschwindigkeit von 5 l/Std. die Kieselsäure quantitativ an 100 ml Permutit ES (in der Chloridform) gebunden wurde.

Das im Austauscher gebundene bzw. festgehaltene Fluorosilicat neigt zu hydrolytischer Zersetzung:

$$H_2SiF_6 + 3H_2O \rightarrow H_2SiO_3 + 6HF.$$

Wäscht man den Austauscher nach erfolgter Adsorption mit reinem Wasser, so werden Kieselsäure und ein Teil des Fluorids ausgewaschen. Diese Hydrolyse läßt sich durch Waschen mit 0,001 n HCl vollständig zurückdrängen.

b) Zum *Herauslösen der Kieselsäure* verwendet man zweckmäßig gesättigte Borsäurelösung, die nach der Gleichung:

$$2H_2SiF_6 + 3H_3BO_3 \rightarrow 3HBF_4 + 2SiO_2 + 5H_2O$$

reagiert.

c) *Vorbereitung der Wasserprobe.* Man gibt zu der Wasserprobe von 1 l in einer Polyäthylenflasche etwa 7,5 g n Flußsäure und mischt durch Schütteln. Die Lösung läßt man durch einen Polyäthylenheber in einer Geschwindigkeit von 1 l je 20 bis 25 Min. durch die Säule laufen. Der Ablauf wird verworfen.

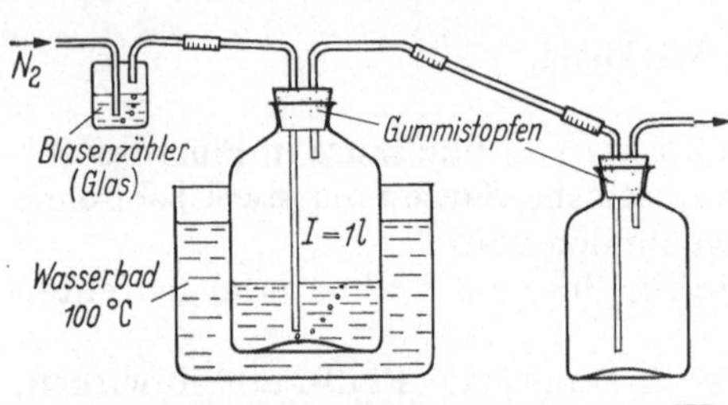

Abb. 10. Apparatur zur Darstellung SiO_2-freier HF nach WICKBOLD.

d) *Eluieren der Kieselsäure.* Man läßt die Säule vollig leerlaufen, schließt den am Auslauf angebrachten Quetschhahn und gibt 5 ml gesättigte Borsäurelösung auf das Harzbett. Man rührt mit einem PVC-Stäbchen durch und spült es mit entkieseltem Wasser ab. Nach 15 Min. läßt man in eine 50-ml-Polyäthylenflasche (mit Marke bei 50 ml) ablaufen und wäscht mit insgesamt 30 ml entkieseltem Wasser in kleinen Anteilen nach. Mit dem etwa 35 bis 40 ml betragenden Eluat wird die spektralphotometrische Bestimmung der Kieselsäure nach einem der üblichen Verfahren durchgeführt.

e) *Weitere Reagenzien.* α) Entkieseltes destilliertes bzw. entsalztes Wasser.

β) 5%ige Salzsäure: Konstantsiedende (20%ige) Salzsäure wird destilliert und das Destillat mit entkieseltem Wasser verdünnt.

γ) Etwa n Flußsäure: 56 g durch doppelte Destillation erhaltene 36%ige Säure werden mit entkieseltem Wasser auf 1000 g verdünnt.

δ) Gesättigte Borsäurelösung: 50 g H_3BO_3 p.a. werden in 1000 ml entkieseltem Wasser gelöst und vom ungelösten Rest abfiltriert.

Sämtliche Lösungen werden in Polyäthylenflaschen aufbewahrt.

Arbeitsvorschrift. 10 ml vorgequollener Austauscher werden in die Säule gespült, und der Flüssigkeitsspiegel wird bis zur Oberfläche des Austauschers gesenkt (der Ablauf der Austauschersäule trägt einen mit Schraubquetschhahn versehenen Gummischlauch).

Nun gibt man 50 ml n Flußsäure in die Säule und reguliert den Ablauf auf etwa 1 Tropfen je Sekunde. In dieser Geschwindigkeit läßt man durchtropfen, bis nur noch 1 cm Flüssigkeit über der Austauscheroberfläche vorhanden ist. Jetzt schließt man den Quetschhahn und läßt 24 Std. stehen. Anschließend wird mit 200 ml entkieseltem Wasser nachgewaschen. Es folgt nun eine analoge Behandlung mit 50 ml gesättigter Borsäurelösung; den Rest läßt man gleichfalls 24 Std. in der Säule stehen. Schließlich wird mit 500 ml entkieseltem Wasser gewaschen.

Zur *Überführung des Austauschers in die Chloridform* läßt man 50 ml 5%ige Salzsäure mit einer Geschwindigkeit von 3 bis 5 Tropfen je Sekunde durch die Säule fließen und wäscht mit 200 ml entkieseltem Wasser nach. Die Säule ist jetzt arbeitsbereit.

4. Verfahren von Celechovski.

Arbeitsvorschrift. Die zu analysierende Lösung wird auf einen SiO_2-Gehalt von 0,001 bis 0,28 mg/ml verdünnt und mit der entsprechenden Menge Molybdation versetzt (z. B. 18 mg MoO_3/ml). Enthält die Lösung puffernde Salze, so fügt man ihr 1 bis 2 Tropfen Tropäolin-OO-Lösung zu und säuert mit 2 n HCl bis zur völligen Rotfärbung an. Man schüttelt um und wartet 3 Min. Anschließend setzt man zur Maskierung des überschüssigen Molybdats 2 ml 3 m Citronensäurelösung zu und schüttelt erneut um. Nach 3 Min. füllt man bis fast zur Marke auf. Nach Zusatz von 0,12 ml 0,07 m $SnCl_2$-Lösung (frisch bereitet) füllt man endgültig zur Marke (50 ml) auf. 2 Min. nach dem Mischen mißt man die Extinktion bei 750 nm. Das Lambert-Beersche Gesetz ist im Bereich von 0,4 bis 24 μg SiO_2/ml ziemlich gut erfüllt; für genaue Bestimmungen sind Eichkurven erforderlich. Der mittlere Fehler des arithmetischen Mittels ist ± 0,32 %.

Bemerkungen. I. Das verwendete Wasser soll aus *Messingapparaten* destilliert und in *paraffinierten Glasflaschen* (*Kunststoff*-Flaschen) aufbewahrt werden.

II. *Verwendete Lösungen.*

a) $SnCl_2$-Lösung. 0,1 g Sn wird, unter Zugabe 1 Tropfens 5 %iger $CuSO_4$-Lösung, in 2 ml konz. HCl in der Wärme gelöst. Nach Verdünnen auf 12 ml wird in eine Kunststoff-Flasche filtriert.

b) Standardsilicatlösung. 1,2010 g reinste, geglühte Kieselsäure werden mit der 6fachen Menge Na_2CO_3 aufgeschlossen. Durch Verdünnen der wäßrigen Lösung der Schmelze auf 2000 ml erhält man eine Lösung, die 0,6005 mg SiO_2/ml enthält.

c) Vergleichslösung. Eine Lösung von 1,2010 g Na_2CO_3 in 2000 ml bidestillierten Wassers.

5. Verfahren von Brown und Hayes zur Bestimmung von Kieselsäurespuren in Alginatlösungen.

Prinzip. Bei pH-Werten zwischen 8 und 10 werden Natriumalginatlösungen von dem Austauscher Amberlite IRA-410 nicht absorbiert, wogegen Silicatlösungen quantitativ zurückgehalten werden.

Austauschersäulen. Am sichersten arbeitet man mit Austauschersäulen aus Polyäthylen, mit Abmessungen entsprechend Abb. 11 a und b. Zur Füllung der Säule schlämmt man 15 g gereinigtes Harz mit Wasser auf und füllt die Säule, die nach Abfluß des überschüssigen Wassers mit 40 ml 10 %iger NaOH-Lösung in die OH^--Form gebracht wird. Die Natronlauge soll mit einer 3 ml/Min. nicht überschreitenden Geschwindigkeit durchtropfen. Nach Durchsatz des gesamten Alkalis wäscht man das Harzbett so lange mit kieselsäurefreiem Wasser, bis 100 ml Eluat weniger als 0,2 ml 0,1 n HCl zur Neutralisation gegen Bromthymolblau erfordern.

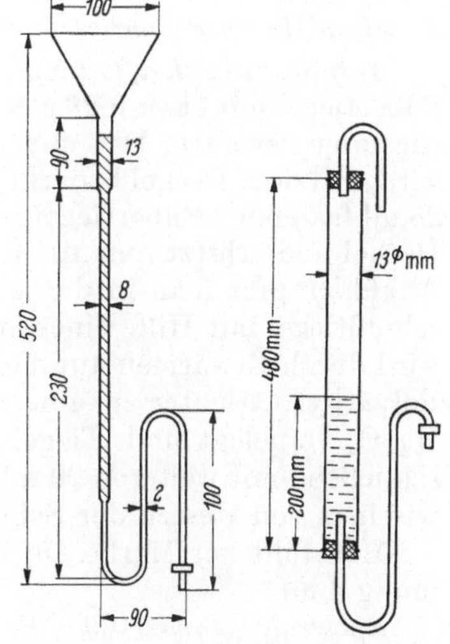

Abb. 11. Polyäthylenaustauschersäulen.

Arbeitsvorschrift. Zum Einfahren der Säule verwendet man entsprechende, aliquote Mengen einer Standardlösung (1 ml = 10 mg SiO_2), um Mengen von 40 bis 200 μg SiO_2 zu verwenden. Man stellt den pH-Wert der Lösung auf einen Wert zwischen 8 und 10 und läßt sie mit einer Geschwindigkeit von 2 bis 3 ml/Min. die Säule passieren. Nach Durchfluß der gesamten Menge wäscht man die Säule 2mal mit je 25 ml Wasser. Jetzt wird das zum Auffangen des Durchlaufs verwendete Becherglas durch einen Polyäthylenbecher, der mit einem Polyäthylenuhrglas bedeckt ist, ersetzt und die Kieselsäure durch 25 ml 2,5 n NaOH eluiert mit einer Durchlaufgeschwindigkeit von 2 ml/Min. Anschließend wäscht man mit 50 ml Wasser. Hat der Durchlauf aufgehört, wird das Uhrglas entfernt und mit wenig Wasser in den Becher abgespült.

Das Eluat wird nun aus einer Bürette mit 6,5 ml 10 n H_2SO_4 versetzt und gekühlt. Es wird anschließend in einem 100-ml-Meßkolben zur Marke aufgefüllt. Zur SiO_2-Bestimmung nach einer der gebräuchlichen Methoden verwendet man 6 ml dieser Lösung.

Zur Bestimmung des Blindwertes der verwendeten Natronlauge pipettiert man 25 ml der 2,5 n NaOH in einen Polyäthylenbecher, verdünnt auf 70 ml, gibt 6,5 ml 10 n H_2SO_4 zu und bestimmt den SiO_2-Gehalt.

6. Verfahren nach Riley zur raschen Analyse von Silicaten und mikroanalytisches Verfahren von Riley und Williams.

I. Schnellverfahren nach Riley.

Arbeitsvorschrift. 0,1 g Silicat wird im Silbertiegel mit 1,5 g NaOH 5 Min. bei 800 bis 850 °C geschmolzen. Man löst die erkaltete Schmelze in 20 ml Wasser und spült in einen 1000-ml-Meßkolben, in den man 20 ml 2,5 n H_2SO_4 und 200 ml Wasser vorgelegt hat. Der Tiegel wird mit Wasser und 5 ml 2,5 n H_2SO_4 nachgewaschen. Zur Reduktion etwa vorhandenen Permanganats gibt man einen Kristall $FeSO_4$ zu und füllt zur Marke auf. Zur SiO_2-Bestimmung werden im allgemeinen 2 ml verwendet, bei Gehalten unter 40% entsprechend mehr.

Bestimmung. Die Abnahme wird in einem 100-ml-Meßkolben mit 10 bis 15 ml Wasser verdünnt, hierauf mit 10 ml Ammoniummolybdatlösung (2 g Ammoniummolybdat und 6 ml konz. HCl auf 250 ml verdünnt) versetzt; man läßt zur Erreichung der maximalen Gelbfärbung 15 Min. stehen.

Die Reduktion zum Molybdänblau bewirkt man durch Zugabe von 15 ml einer filtrierten Lösung von 5 g ,,Metol“ (p-Methylaminophenolsulfat) und 3 g Na_2SO_3 in 250 ml Wasser. Man füllt auf 100 ml auf und mißt die Extinktion nach 12 Std. in einer 1-cm-Zelle bei 812 nm.

II. Mikroanalytisches Verfahren von Riley und Williams.

Arbeitsvorschrift. 5 mg bei 110 °C getrocknete Probe werden in einem 4-ml-Silbertiegel mit etwa 0,28 g NaOH (1 Tablette) bei 800 °C geschmolzen, wobei man wie folgt verfährt: Der mit der Einwaage und dem NaOH beschickte Silbertiegel wird, mit dem Deckel bedeckt, in ein Dreibein aus Silberdraht gestellt, das in einem 25 ml fassenden Silbertiegel steht. Man bedeckt auch den äußeren Tiegel mit einem Deckel und erhitzt nun 10 Min. in einem Muffelofen auf 750 bis 800 °C. Nach dem Abkühlen gibt man in den äußeren Tiegel etwa 15 ml Wasser und legt den Aufschlußtiegel mit Hilfe eines Silberspatels auf die Seite. Die Auflösung der Schmelze wird durch Erwärmen auf dem Wasserbad befördert. Die Lösung wird durch einen Polyäthylentrichter in einen 100-ml-Meßkolben gebracht, in dem 20 ml 0,25 n H_2SO_4 vorgelegt sind. Tiegel und Deckel werden mit Wasser nachgespült und anschließend mit weiteren 20 ml 0,25 n H_2SO_4 unter Zuhilfenahme eines Polyäthylenwischers von Resten der Schmelze befreit.

Man füllt zur Marke auf und verwendet zur spektralphotometrischen Bestimmung 4 ml.

Spektralphotometrische Bestimmung. Man bringt die 4 ml Aufschlußlösung in einen 100-ml-Meßkolben, verdünnt mit 10 bis 15 ml Wasser und versetzt mit 10 ml saurer Molybdatlösung. Nach (15 ± 2) Min. fügt man 15 ml Reduktionslösung zu und verdünnt auf 100 ml. Nach mindestens 12stündigem Stehen wird bei 812 nm in einer 1-cm-Küvette gemessen gegen einen in derselben Weise bereiteten Blindansatz.

Bemerkungen. a) *Eichkurve.* Durch NaOH-Aufschluß von 5 mg spektralreinem Kieselsäureanhydrid und Auffüllen der Lösung auf 100 ml erhält man eine Lösung, die 50 μg SiO_2/ml enthält. Man stellt mit ihr die Eichkurve auf.

b) *Verwendete Lösungen.*

α) 0,25 n H_2SO_4, durch Verdünnen von 7,0 ml konz. Schwefelsäure auf 1000 ml.

β) H_2SO_4, 25 vol.%ig.

γ) Molybdatlösung. 2 g Ammoniummolybdat p.a. löst man in 70 ml Wasser, gibt 6 ml konz. HCl zu und verdünnt auf 250 ml. Die Lösung wird in einer Polyäthylenflasche aufbewahrt.

δ) Oxalsäurelösung. 10 g Oxalsäure in 100 ml Wasser.

ε) Metol-Sulfitlösung. 3 g wasserfreies Na_2SO_3 werden in etwa 230 ml Wasser gelöst, und diese Lösung wird mit 5 g Metol geschüttelt, bis alles gelöst ist. Nach Verdünnen auf 250 ml wird, wenn nötig, filtriert.

ζ) Reduktionslösung. 85 ml Metol-Sulfitlösung werden mit 50 ml 10%iger Oxalsäurelösung vermischt; diese Lösung wird unter Kühlung mit 100 ml 25%iger Schwefelsäure versetzt.

Die Reduktionslösung wird fallweise frisch bereitet.

η) Alle zur spektralphotometrischen Bestimmung verwendeten Meßkolben läßt man über Nacht mit einer Mischung aus konz. HCl und konz. H_2SO_4 (1 + 1) stehen, wäscht sie am nächsten Morgen mit dest. Wasser sorgfältig aus und läßt ablaufen, aber nicht völlig trocknen.

7. Verfahren von Luke zur Bestimmung des Siliciums in Eisen-, Nickel- und Kupferlegierungen.

Arbeitsvorschrift. Von Eisen- bzw. Kupferlegierungen mit 0,2 bis 0,3% Si werden 0,2000 g mit 10 ml eines Säuregemisches aus 40 ml konz. HCl, 40 ml bidestilliertem Wasser und 20 ml konz. HNO_3 unter Erwärmen gelöst.

Nickellegierungen löst man in 4 ml HNO_3 (1 + 1) (etwa 7 m) und fügt dann 6 ml HCl (2 + 1) (etwa 8 m) hinzu.

Nach völliger Lösung setzt man tropfenweise 3 bis 4 ml Ameisensäure zu und erwärmt gelinde, bis die Stickoxide restlos entfernt sind. Es darf hierbei ja nicht so hoch erhitzt werden, daß Säureverluste entstehen könnten! Sind die Stickoxide restlos entfernt, läßt man auf 20 °C abkühlen, filtriert, wenn nötig, in einen 100-ml-Meßkolben, wäscht mit bidestilliertem Wasser aus und füllt zur Marke auf. Je nach dem Si-Gehalt werden von dieser Lösung 5, 10 oder 25 ml in einem Scheidetrichter mit 1 bzw. 0,5 ml H_2SO_4 (1 + 3) (etwa 4,7 m) versetzt (für 10 oder 25 ml 0,5 ml), mit bidestilliertem Wasser auf etwa 35 ml verdünnt sowie je nach Abnahme, mit 5, 10 oder 25 ml einer filtrierten, 5%igen wäßrigen Lösung von Natriumdiäthyldithiocarbaminat versetzt und kräftig geschüttelt. Hierauf setzt man 35 ml Chloroform zu und schüttelt 30 Sek., läßt die Chloroformschicht ab und wiederholt die Extraktion mit 10 bis 15 ml Anteilen Chloroforms so lange, bis das Chloroform farblos bleibt.

Aus dem wäßrigen Auszug werden die Chloroformreste durch gelindes Kochen entfernt; er dient zur Si-Bestimmung.

Gleichzeitig muß auch ein Blindansatz mitlaufen.

Vom Elektrolyt-Nickel löst man 0,2 bis 0,5 g in 5 ml HNO_3 (1 + 1) (etwa 7 m) und gibt nach dem Abkühlen 5 ml 10%ige Amidosulfonsäurelösung zu. Nach Verdünnen mit bidestilliertem Wasser auf etwa 45 ml wird mit 6 n Ammoniak gegen Kongopapier neutralisiert. Jetzt gibt man 1 ml Schwefelsäure (1 + 3) (etwa 4,7 m) zu und verfährt wie oben.

Siliciumbestimmung. Der von Chloroform befreite, wäßrige Auszug wird in einem 100-ml-Meßkolben mit 1 ml Schwefelsäure (1 + 3) versetzt und mit bidestilliertem Wasser auf etwa 55 ml verdünnt. Man versetzt nun mit 10 ml 5%iger neutraler Ammoniummolybdatlösung, schüttelt um und fügt nach 5 Min. 30 ml Schwefelsäure (1 + 3) hinzu. Zur gut umgeschüttelten Lösung fügt man jetzt 1 ml frisch bereitete $SnCl_2$-Lösung (1 g $SnCl_2 + 2H_2O$ nebst 2 ml konz. HCl in 100 ml), mischt und verdünnt zur Marke.

Die Messung der blauen Lösung erfolgt 5 Min. nach Zugabe der $SnCl_2$-Lösung bei 765 nm gegen einen Blindansatz.

Die *Eichkurve* wird unter Benutzung einer Standardlösung (0,01 mg Si/ml) mit je 1, 2 bis 6 ml erstellt.

Für die Si-Bestimmung im Nickel muß die Eichkurve unter den gleichen Bedingungen, wie dort angegeben, aufgestellt werden. Blindwert und Untergrundfärbung sind zu berücksichtigen.

8. Verfahren von Gann zur Mikrobestimmung von Silicium im Kathoden-Nickel und Verfahren von Harrison zur photometrischen Siliciumbestimmung kleiner Gehalte in reinstem Nickel.

I. Mikrobestimmung des Siliciums im Kathoden-Nickel.

Die *erforderlichen Lösungen* müssen mit aus einer Quarzapparatur (Type Bi 2 der Heraeus Quarzschmelze, Hanau) bidestilliertem Wasser hergestellt werden.

a) HNO_3 (1 + 1): HNO_3 (etwa 65%), Merck, p.a., wird mit dem gleichen Volumen bidestillierten Wassers vermischt.

b) Wäßrige Ammoniaklösung: Aus konz. käuflicher Ammoniaklösung wird NH_3 durch Kochen ausgetrieben und in einer Polyäthylenflasche in bidestilliertes Wasser bis zur Sättigung eingeleitet.

c) Amidosulfonsäurelösung: 10 g Amidosulfonsäure p.a. werden mit bidestilliertem Wasser zu 100 ml gelöst.

d) Schwefelsäure (1 + 3): 1 Vol. konz. Schwefelsäure (Merck p.a.) wird zu 3 Vol. bidestillierten Wassers gegeben.

e) Ammoniummolybdatlösung: 5 g Ammoniummolybdat p.a. werden mit bidestilliertem Wasser zu 100 ml gelöst.

f) Zinn(II)-chloridlösung: 250 mg $SnCl_2 + 2H_2O$ (Merck p.a.) werden in wenig konz. HCl (Merck p.a.) gelöst und mit bidestilliertem Wasser auf 250 ml verdünnt. Die Lösung muß täglich frisch bereitet werden.

Alle Lösungen müssen in Polyäthylenflaschen aufbewahrt werden.

Sind die Reagenzien siliciumfrei, geht die Eichkurve durch den Koordinatenanfangspunkt!

Arbeitsvorschrift. 20 bis 25 mg Kathoden-Nickel werden im 25-ml-Becherglas in 1,25 ml HNO_3 (1 + 1) (etwa 7 m) unter Erwärmen gelöst. Nach völliger Lösung versetzt man mit 1,25 ml Amidosulfonsäurelösung und bringt hernach mit Ammoniaklösung unter Verwendung von Merckschem Universalindikator- oder Kongopapier auf pH = 4. Diese Lösung wird mit bidestilliertem Wasser in einen 25-ml-Meßkolben gebracht und zur Marke aufgefüllt. Zwei 10-ml-Anteile werden in zwei weitere 25-ml-Meßkolben abpipettiert, und ein Kolben wird mit bidestilliertem Wasser zur Marke aufgefüllt. Diese Lösung dient als Vergleichslösung.

Zur Lösung im zweiten Kolben gibt man sehr exakt 0,25 ml Schwefelsäure (1 + 1) (etwa 9,3 m) und 2,5 ml Ammoniummolybdatlösung. Nach 5 Min. werden nochmals 7,5 ml Schwefelsäure (1 + 1) zugegeben. Man mischt gründlich durch, gibt 0,6 ml $SnCl_2$-Lösung zu und füllt auf.

Man mißt z. B. im Zeissschen Spektralphotometer bei 800 nm gegen die oben erwähnte Vergleichslösung in der 2-cm-Küvette.

Bemerkungen. α) Die Messung muß innerhalb von *25 Min.* durchgeführt werden, da die Extinktion nach 25 Min. langsam abnimmt.

Die Reproduzierbarkeit der Werte hängt vom exakten Zusatz der 0,25 ml Schwefelsäure ab. Bei ungenauer Zugabe streuen die Werte stark. Liegt für Gehalte unter 0,02 % Si nur eine Probe unter 25 mg vor, so wird die Analysenlösung nach dem Neutralisieren nur auf 10 ml verdünnt; davon bringt man 5 ml in einen zweiten 10-ml-Meßkolben und versetzt mit den entsprechend verkleinerten Reagensmengen.

Die 5-ml-Pipette wird in den ersten 10-ml-Kolben ausgespült und auf 10 ml aufgefüllt. Der Inhalt dient als Vergleichslösung.

Für die Konzentration c des Siliciums in dieser Lösung gilt:

$$c = 2{,}040 \cdot 10^{-5} \cdot E \text{ mmol/ml}$$
$$= 5{,}730 \cdot 10^{-4} \cdot E \text{ mg/ml}.$$

β) *Zeitbedarf.* Die Durchführung einer einzelnen Analyse dauert etwa 30 Min. Drei gleichzeitig angesetzte Parallelbestimmungen können in etwa 45 Min. erledigt werden.

γ) *Arbeiten ohne Vergleichslösung.* Es gilt die gleiche Vorschrift; nur unterbleibt die Unterteilung der Analysenlösung nach dem Neutralisieren. Die Messung der Extinktion erfolgt mit bidestilliertem Wasser als Vergleichslösung.

Für die Konzentration c des Siliciums gilt dann:

$$c = 2{,}040 \cdot 10^{-5} (E - E_{\text{Ni}}) \text{ mmol/ml}$$
$$= 5{,}730 \cdot 10^{-4} (E - E_{\text{Ni}}) \text{ mg/ml}.$$

E_{Ni} = Extinktion der in der Analysenlösung vorhandenen Ni-Ionen. Diese wird aus der Ni-Konzentration c_{Ni} berechnet nach der Gleichung:

$$E_{\text{Ni}} = 3{,}16 \cdot 10^{-2} \cdot c_{\text{Ni}} \quad (c_{\text{Ni}} \text{ in mg/ml}).$$

Kathodennickel ist im allgemeinen wenigstens 99,5 %ig.

c_{Ni} ist daher durch die Einwaage und das Volumen des benutzten Kolbens hinreichend genau bestimmt.

Zeitbedarf. Die Dauer einer Analyse beträgt bei Arbeiten *ohne* Vergleichslösung etwa 25 Min. für 3 Parallelbestimmungen 35 bis 40 Min.

δ) *Si-Gehalte unter 0,004 %* bestimmt man dadurch, daß man der Probelösung eine bekannte Menge einer Si-Standardlösung derart zusetzt, daß der Gesamtgehalt etwa 0,01 % Si beträgt. In dieser Lösung bestimmt man (mit Vergleichslösung) den Si-Gehalt.

Der Si-Gehalt der Legierung ist dann $\text{Si}_{\text{Leg.}} = \text{Si}_{\text{gef.}} - \text{Si}_{\text{zuges.}}$.

ε) *Störungen.* In Anwesenheit von Wolfram erhält man keine reproduzierbaren Werte.

ζ) *Genauigkeit.* Gehalte von 0,2 % bis herab zu 0,005 % lassen sich mit einer relativen Genauigkeit von ±5 % ermitteln, Gehalte unter 0,005 % Si mit einer relativen Genauigkeit von ±10 %.

II. Verfahren von Harrison zur photometrischen Siliciumbestimmung kleiner Gehalte von 0 bis 0,01 % in reinstem Nickel.

Arbeitsvorschrift. Die Einwaage (0,5000 g) wird in einem bedeckten, etwa 40 ml fassenden Platintiegel durch gelindes Erwärmen mit 9,0 ml 4 n HNO_3 gelöst. Anschließend wird kurz aufgekocht, die Lösung in einen 150-ml-Scheidetrichter, der bei 25 ml eine Marke trägt, übergeführt und auf 25 ml verdünnt. Man schüttelt hierauf mit 10 ml n Butanol 30 Sek. und trennt nach 5 Min. die organische Phase ab, die verworfen wird (das Sättigen der wäßrigen Lösung mit Butanol erfolgt lediglich zur Erleichterung des Ausschüttelns des Silicomolybdatkomplexes). Die wäßrige Lösung schüttelt man mit 10 ml 2,5%iger Ammoniummolybdatlösung durch und läßt sie hernach 10 Min. bei (20 ± 1) °C stehen. Danach setzt man 5 ml 4,0%ige Oxalsäurelösung zu, schüttelt durch und schüttelt mit 10 ml n Butanol 2 Min. energisch. Man läßt 5 Min. absitzen und bringt hierauf die organische Phase in einen 25-ml-Meßkolben, in dem sie mit 5 ml Reduktionslösung (siehe unten) 30 Sek. geschüttelt wird. Nach 5 Min. wird mit abs. Äthanol zur Marke aufgefüllt und die Absorption in 10-mm-Schichtdicke bei 795 nm gegen Wasser gemessen. Ein Blindansatz mit 0,5000 g siliciumfreiem Reinstnickel durchläuft den gleichen Arbeitsgang. Die Eichkurve wird ebenso mit Reinstnickel unter Zusatz steigender Mengen Standard-Siliciumlösung (10 µg Si/ml) aufgestellt. Das Lambert-Beersche Gesetz ist bei Konzentrationen von 0 bis 50 µg Si/25 ml streng erfüllt. Die Färbung ist 24 Std. beständig.

Bemerkungen. a) Zur Bestimmung *höherer* Si-Gehalte verwendet man kleinere Einwaagen (0,25 g in 6,50 ml, 50 mg in 2,0 ml 4 n HNO_3).

b) Nach der gleichen Methode lassen sich auch, ohne Filtration, *Wolfram-Nickel-Legierungen* untersuchen.

c) *Reduktionslösung.* 0,20 g Eisen(II)-ammoniumsulfat werden kalt in etwa 30 ml Wasser gelöst und mit 0,25 ml 15%iger Schwefelsäure angesäuert; zu dieser Lösung fügt man eine Lösung von 5 g Ascorbinsäure in 30 ml Wasser, mischt gut durch und verdünnt mit Wasser auf 100 ml. Bei Verwendung entionisierten Wassers, das in Kunststoff-Flaschen aufbewahrt wird, haben die Blindwerte Siliciumgehalte, die unter 0,0002% liegen.

9. Verfahren von Minczewski und Chwastowska zur Bestimmung des Siliciums in sehr reinem Chrom.

Aufstellung der Eichkurve. Wachsende Mengen Siliciumstandardlösung, auf 45 ml mit Wasser verdünnt, werden unter Mischen mit 0,8 ml 9n H_2SO_4 und 10 ml 5%iger Ammoniummolybdatlösung in Polyäthylenbechern versetzt; durch Zugabe von 9 n H_2SO_4 oder Ammoniaklösung wird der pH-Wert der Lösung auf 1,6 gestellt. Nach 10 Min. wird die Lösung in einen 100-ml-Scheidetrichter übergeführt, mit 5 ml 9 n H_2SO_4 und 10 ml 10%iger Weinsäurelösung versetzt und 2 Min. lang gemischt. Anschließend extrahiert man 3mal mit je 7 ml n Amylalkohol und sammelt die Extrakte in einem 50-ml-Scheidetrichter. Die Extrakte werden mit 1 ml 9 n H_2SO_4 sowie 3 ml Zinn(II)-chloridlösung in Salzsäure (1 + 25) (etwa 0,5 m) versetzt und 2 Min. lang geschüttelt. Die mit 5 ml 9 n H_2SO_4 gewaschene, organische Phase wird, wenn nötig, filtriert und in einem 50-ml-Meßkolben mit n Amylalkohol zur Marke aufgefüllt. Die Extinktionsmessung wird nach 10 Min. in 2-cm-Küvetten bei 800 nm durchgeführt.

Arbeitsvorschrift. Die gut zerkleinerte Probe (1 g) wird in 10 ml Schwefelsäure (1 + 8) (etwa 2 m) gelöst. Die Lösung wird nach Zusatz von 1,2 g $KMnO_4$ 1 Min. gekocht und der ausgefallene Braunstein durch Zugabe von Perhydrol in Lösung gebracht. Man führt die Lösung in einen 100-ml-Meßkolben über und verdünnt nach Aufhören der Gasentwicklung mit Wasser zur Marke.

Zur Analyse werden 10 ml entnommen und weiter wie bei der Aufstellung der Eichkurve behandelt. Parallel wird eine Blindprobe angesetzt.

10. Colorimetrische Methoden zur Si-Bestimmung in Kohlenstoffstählen und niedrig legierten Stählen.

I. Verfahren des Analysenausschusses der Iron and Steel Institution.

Prinzip. Die vorgeschlagenen Methoden beruhen auf der Reduktion der Molybdatokieselsäure zum Molybdänblau. Die in Stählen manchmal in kleiner Menge (0,01 bis 0,02%) vorkommende, unlösliche Kieselsäure wird durch sie nicht erfaßt.

a) Bei *Si-Gehalten von 0,05 bis 2%* geht man nach folgender

Arbeitsvorschrift vor. 0,5 g Probe werden unter Erwärmen in 70 ml H_2SO_4 (1 + 19) (etwa 0,9 m) gelöst und mit 2%iger $KMnO_4$-Lösung so lange oxydiert, bis ein bleibender MnO_2-Niederschlag entsteht. Dann kocht man 1 Min., löst den Niederschlag durch tropfenweisen Zusatz von H_2O_2, kühlt ab und verdünnt im Meßkolben auf 250 ml. Von dieser Lösung bringt man je 20 ml in zwei 100-ml-Meßkolben, die bei 15 bis 20 °C wie folgt behandelt werden.

α) *Prüflösung.* Man versetzt mit 10 ml 5%iger Ammoniummolybdatlösung und 35 ml Wasser, mischt durch, fügt nach 3 bis 5 Min. 20 ml 9,4 n H_2SO_4 (D = 1,27) sowie 10 ml 1,2%ige $SnCl_2$-Lösung zu, füllt zur Marke auf und läßt 15 Min. stehen.

β) Die *Kompensationslösung* wird mit 35 ml Wasser, 20 ml H_2SO_4, 10 ml Molybdatlösung und 10 ml $SnCl_2$-Lösung versetzt; man füllt mit Wasser zur Marke auf und läßt 15 Min. stehen.

Man mißt im photoelektrischen Absorptiometer (Hilger) mit Quecksilberdampflampe, Ilford-Gelbfilter 606s (Filter H 503) gegen die Kompensationslösung. Den Si-Gehalt entnimmt man der wie folgt aufgestellten *Eichkurve.* 0,8557 g reinster Quarz werden im Platintiegel mit 5 g wasserfreier Soda geschmolzen, und die Schmelze wird im Nickelbecher in 100 ml Wasser gelöst. Man filtriert, wäscht kurz mit 1%iger Sodalösung und füllt im Meßkolben auf 1000 ml auf. Zum Gebrauch wird die Lösung (die für jede Eichmessung frisch hergestellt werden soll) je nach der zu bestimmenden Si-Menge auf das 10fache oder 50fache verdünnt. Sie enthält dann 0,04 mg Si je Milliliter bzw. 0,008 mg Si je Milliliter. Man stellt außerdem eine kalte Lösung von 5 g $FeSO_4 + 7H_2O$ in 120 ml H_2SO_4 (1 + 19) (etwa 0,9 m) und 20 ml H_2O her, die, wie oben beschrieben, mit $KMnO_4$ und H_2O_2 behandelt und dann auf 500 ml verdünnt wird. 20 ml dieser Lösung werden mit wechselnden Mengen der SiO_2-Lösung versetzt, welche den Bereich zwischen 0 und 2% Si umfassen.

Zur *Si-Bestimmung* wird wie oben verfahren, wobei die zuzusetzende Wassermenge (35 ml) in jeder Probe um das Volumen der zugesetzten SiO_2-Lösung zu vermindern ist. Entsprechend wird die Kompensationslösung hergestellt.

Die beste Reproduzierbarkeit der Werte ($\pm$0,02% Si) ergibt sich im Bereich von 0,2 bis 1,2% Si.

b) Das zweite Verfahren, geeignet für Si-Gehalte *bis 0,05%*, verwendet zur Reduktion Oxalsäure und Eisen(II)-sulfat.

Arbeitsvorschrift. Man löst 0,6 g Probe in 20 ml H_2SO_4 (1 + 9) (etwa 1,9 m) und behandelt mit $KMnO_4$ und H_2O_2 wie beim ersten Verfahren. Die Lösung wird im 50-ml-Meßkolben aufgefüllt; die weitere Verarbeitung erfolgt mit 10-ml-Anteilen.

Die *Prüflösung* versetzt man mit 10 ml 10%iger Ammoniummolybdatlösung und läßt sie 20 Min. bei (20 ± 2) °C stehen. Dann fügt man 20 ml einer 10%igen wäßrigen Lösung von krist. Oxalsäure ($H_2C_2O_4 + 2H_2O$) zu, läßt 5 Min. stehen, versetzt mit 5 ml 2%iger Eisen(II)-sulfatlösung [2 g $FeSO_4 + 7H_2O$ + 1 ml H_2SO_4 (1 + 9) (etwa 1,9 m) in 100 ml], verdünnt auf 50 ml und läßt weitere 5 Min. stehen.

Für die *Kompensationslösung* ist die Reihenfolge der Zusätze: Oxalsäure, Molybdatlösung, Eisen(II)-sulfatlösung. Nach 5 Min. mißt man wie oben die Farbe.

Die *Eichkurve* wird in sinngemäßer Abänderung der obigen Anweisung aufgestellt.

Reproduzierbarkeit der Werte: ±0,0005% bei 0,05% Si, ±0,0002% bei 0,01% Si.

II. Verfahren von Gentry und Sherrington.

Das Lösen der Stähle.

a) Kohlenstoffstähle und niedriglegierte Stähle.

Lösungsmittel: „Säure I“ ...: 35 ml konz. H_2SO_4 mit Wasser zu 1000 ml.

b) Hochlegierte Stähle.

Lösungsmittel: „Säure II“ ...: 125 ml konz. HCl + 45,5 ml konz. HNO_3 und Wasser zu 1000 ml.

c) Gewöhnliches und legiertes Gußeisen.

Lösungsmittel: „Säure III“ ...: 36 ml konz. H_2SO_4 + 45,5 ml konz. HNO_3 und Wasser zu 1000 ml.

Arbeitsvorschriften. α) *Si-Gehalte von 0 bis 2%.* 250 mg feinspänige Probe werden im 250-ml-Meßkolben in 50 ml der jeweils geeigneten Säure gelöst. Bei Verwendung der Säuren I oder III oxydiert man mit 0,225 g $KMnO_4$ und kocht 2 Min. Der Mangan(IV)-oxidniederschlag wird durch Zusatz von 20%igem H_2O_2 gelöst; nach Abkühlen füllt man zur Marke auf.

Beim Aufschluß mit Säure II verkocht man 2 Min. lang die nitrosen Gase, kühlt ab und füllt zur Marke auf.

β) *Si-Gehalte von 2 bis 4%.* 250 mg Späne und 250 mg siliciumfreies Eisen werden im 500-ml-Meßkolben mit 100 ml Säure gelöst, gegebenenfalls mit 0,45 g $KMnO_4$ oxydiert; der Mangan(IV)-oxidniederschlag wird mit H_2O_2 gelöst und die Lösung zur Marke aufgefüllt. Ausgeschiedener Graphit oder Carbide werden über ein trockenes Filter abfiltriert, und das klare Filtrat wird weiter verarbeitet.

γ) *Bestimmung des Siliciums.* Von der Lösung oder dem klaren Filtrat werden je 20 ml in zwei 50-ml-Meßkolben pipettiert.

aa) *Prüflösung.* Man läßt nach Zugabe von 10 ml 2,5%iger Ammoniummolybdatlösung 19 Min. stehen, versetzt dann mit 10 ml 5%iger Oxalsäurelösung und schüttelt um. Darauf gibt man 5 ml einer frisch bereiteten Eisen(II)-lösung (6 g Mohrsches Salz und 1 ml Säure I in 100 ml Wasser) zu und füllt zur Marke auf. Die Extinktion wird gemessen gegen die

bb) *Vergleichslösung.* Zur Vergleichslösung gelangen die gleichen Zusätze; nur ist die Reihenfolge: Oxalsäure, Molybdat, Eisen(II)-lösung.

Auf diese Weise werden Störungen durch gefärbte Ionen (Cr, Ni, Co) eliminiert.

Zur Ermittlung des Si-Gehaltes der Reagenzien setzt man einen Blindansatz an.

cc) *Eichkurven.* Die Steilheit der Eichkurven hängt etwas von der jeweils benützten Lösesäure ab.

Mit den Säuren I und II erhält man unter sich gleiche Kurven, die aber etwas flacher verlaufen als bei Säure III.

11. Verfahren von Kokorin und Vasiljeva zur Si-Bestimmung im Hadfield-Stahl.

Arbeitsvorschrift. 0,25 ml Probe löst man nach Befeuchten mit einigen Tropfen H_2O_2 unter Erwärmen in verd. Schwefelsäure. Man kocht hierauf 2 Min. lang, fügt 5 ml 4%ige $KMnO_4$-Lösung zur heißen Probelösung, setzt das Kochen 2 bis 3 Min. lang fort, kühlt dann rasch ab, löst MnO_2 durch einige Tropfen H_2O_2 und kocht zur Zersetzung des Peroxidüberschusses auf. Nach dem Abkühlen spült man in einen 250-ml-Meßkolben, füllt zur Marke auf und mischt gut durch. Zur Bestimmung entnimmt man 5 ml Lösung, versetzt sie in einem 50-ml-Meßkolben mit 5 ml 5%iger wäßriger Ammoniummolybdatlösung und läßt 3 bis 4 Min. stehen. Hierauf fügt man zur Zerstörung der Phosphato- und Arsenatokomplexe 25 ml 4 n H_2SO_4 zu, versetzt mit einem Überschuß an Ammoniummolybdat, mischt sorgfältig und reduziert durch Zugabe von 5 ml 0,5%iger $SnCl_2$-Lösung. Man füllt zur Marke auf und mißt die Extinktion gegen eine Vergleichslösung.

12. Verfahren von Fogelson.

Arbeitsvorschriften. I. 0,1 g *Stahl* wird in 10 ml Schwefelsäure (1 + 8) (etwa 2 m) gelöst; 5 ml Salpetersäure (1 + 4) (etwa 3 m) werden zugegeben und die Stickoxide verkocht. Man filtriert von ausgeschiedener Wolframsäure in einen 100-ml-Meßkolben und füllt zur Marke auf. Je 5 ml dieser Lösung werden in 50-ml-Meßkolben mit 20 ml Wasser verdünnt. In den einen Kolben gibt man anschließend 5 ml 5%ige Ammoniummolybdatlösung und nach 3 Min. 10 ml einer 3%igen Ammoniumoxalat- oder Oxalsäurelösung. Beim kräftigen Schütteln löst sich das ausgeschieden Eisenmolybdat. Man fügt sofort 5 ml 6%ige Lösung von Mohrschem Salz hinzu, füllt auf und mißt unter Verwendung eines Rotfilters gegen die Lösung im zweiten Kolben, die mit Ausnahme des Ammoniummolybdats die gleichen Reagenzien wie der erste enthält.

II. *Hitzebeständige Stähle* löst man in einem Gemisch aus 10 ml HCl (1 + 2) (etwa 4 m) und 5 ml Salpetersäure (1 + 2) (etwa 5 m) für 0,1 g.

III. *Roheisen.* Je nach dem Si-Gehalt löst man 0,1 bis 0,05 g in Schwefelsäure (1 + 8). Bei einer Einwaage von 0,05 g ersetzt man den fehlenden Eisenrest durch Zufügen einer Eisenammoniumalaunlösung. Nachdem man die Lösung oxydiert hat, stellt man einige Minuten aufs Wasserbad. Man filtriert in einen 250-ml-Meßkolben und entnimmt zur weiteren Verarbeitung zwei aliquote Teile von je 5 ml.

13. Verfahren von Moshtev.

Arbeitsvorschrift. 0,1 g Gußeisen (0,5 bis 5% Si) löst man in 10 ml Schwefelsäure (1 + 8) (etwa 2 m) bei 80 bis 90 °C in einem 250-ml-Meßkolben. Man setzt 5 ml Salpetersäure (1 + 3,5) (etwa 3,1 m) zu und erwärmt noch weitere 2 bis 3 Min. Man füllt nach dem Abkühlen zur Marke auf und verwendet zur Bestimmung 5 ml (0,002 g Einwaage).

Man versetzt die Abnahme in einem 50-ml-Meßkolben mit 8 ml 0,15 n Schwefelsäure und 5 ml 5%iger Ammoniummolybdatlösung, schüttelt gut um und läßt zur Bildung der Heteropolysäure 3 bis 4 Min. stehen. Zur Zerstörung der Molybdatophosphorsäure fügt man 12 ml 8 n Schwefelsäure zu und erhitzt anschließend mit 4 ml 0,30%iger Hydraziniumchloridlösung 5 Min. auf dem siedenden Wasserbad.

Man photometriert in einer 1- bis 2-cm-Küvette unter Verwendung des Rotfilters 572.

Genauigkeit der Bestimmung: ±0,02%.

14. Verfahren von Meyer und Koch zur mikroanalytischen Si-Bestimmung als Silicomolybdänblau.

Allgemeines. Das Verfahren ist geeignet zur Bestimmung von Silicium in Eisen und Stahl mit Einwaagen von 1 bis 100 mg für Gehalte von 0,004 bis 0,4% Si.

Zur Aufstellung der Eichkurve geht man von einem Normalstahl aus, z.B. mit 0,36% Si. Man löst den Normalstahl nach der Vorschrift für $E = 100$ mg auf und verdünnt die aufgefüllte Probelösung 10fach mit einer verdünnten Mischsäure (siehe unten) (etwa 58 ml Mischsäure mit Wasser auf 500 ml aufgefüllt). Der Farbansatz wird nach der Vorschrift für $E = 100$ mg durchgeführt unter Verwendung steigender Volumina der Normalstahllösung; das an 25 ml fehlende Volumen wird durch Mischsäure ergänzt.

Reagenzien. Mischsäure: 50 ml H_2O + 20 ml HCl (D = 1,19) + 6,5 ml HNO_3 (D = 1,40) mit H_2O auf 100 ml auffüllen.

Ammoniummolybdat, 2,5%ige wäßrige Lösung;

Oxalsäure, 4%ige wäßrige Lösung;

Ammoniumeisen(II)-sulfatlösung: 6 g $(NH_4)_2Fe(SO_4)_2 + 6H_2O$ werden kalt in 50 ml H_2O und 1,0 ml 5%iger H_2SO_4 gelöst und mit Wasser auf 100 ml aufgefüllt.

Arbeitsvorschriften. I. Einwaage = 100 mg. Die Probe wird in einem 200-ml-Meßkolben in 26 ml Mischsäure unter Erwärmen gelöst, und die Lösung wird nach Zusatz von 40 ml H_2O 5 Min. aufgekocht. Die abgekühlte Lösung wird mit Wasser zur Marke aufgefüllt. Zur Bestimmung entnimmt man 2mal 25 ml Probelösung (*A* und *B*) und gibt sie jeweils in einen trockenen 100-ml-Erlenmeyerkolben.

Kolben *A:* Man versetzt mit 10 ml Ammoniummolybdatlösung, mischt gut durch und läßt 20 Min. stehen. Hierauf versetzt man mit 10 ml Oxalsäurelösung, mischt, fügt sofort 5 ml Ammoniumeisen(II)-sulfatlösung hinzu und mischt erneut gut durch (Lösung *A*). Anschließend bestimmt man die Extinktion der Lösung *A* in einem Spektralphotometer in einer 1-cm- oder 5-cm-Küvette unter Verwendung von Lösung *B* als Bezugslösung bei 810 nm.

Kolben *B:* Die Probelösung wird hintereinander mit 10 ml Oxalsäurelösung, 10 ml Ammoniummolybdatlösung und 5 ml Ammoniumeisen(II)-sulfatlösung versetzt, wobei nach jedem Reagenszusatz gut durchgemischt wird. Diese Lösung *B* (Blindlösung) setzt man während der 20 Min. Wartezeit von Kolben *A* an.

Berechnung: $\% \text{ Si} = \frac{\mu\text{g Si/ml} \cdot 40}{E}$,

bezogen auf 50 ml angefärbte Normalstahllösung.

II. Einwaage = 50 mg. Die Einwaage wird in einem 100-ml-Meßkolben in 13 ml Mischsäure gelöst. Nach Zusatz von 20 ml Wasser kocht man auf, läßt erkalten und füllt mit Wasser zur Marke auf. Die weitere Behandlung erfolgt wie bei Einwaage 100 mg.

Berechnung: $\% \text{ Si} = \frac{\mu\text{g Si/ml} \cdot 20}{E}$.

III. Einwaage = 25 mg. Man löst in einem bedeckten Becherglas von 30 ml Inhalt in 6,5 ml Mischsäure in der Wärme, setzt 10 ml Wasser zu und kocht auf. Von der zur Marke 25 ml aufgefüllten Lösung verwendet man 12,5 ml, die in einem 50-ml-Erlenmeyerkolben mit 5 ml Ammoniummolybdatlösung, 5 ml Oxalsäurelösung und 2,5 ml Ammoniumeisen(II)-sulfatlösung zur Farbentwicklung versetzt werden, genau wie bei Einwaage = 100 mg beschrieben.

Berechnung: $\% \text{ Si} = \frac{\mu\text{g Si/ml} \cdot 10}{E}$.

IV. Einwaage = 10 mg. Zum Lösen der Probe verwendet man 3 ml Mischsäure und 5 ml Wasser. Nach dem Auffüllen in einem 25-ml-Meßkolben fährt man wie bei $E = 25$ mg fort. Bei diesen kleinen Konzentrationen ist der Blindwert der Reagenzien zu berücksichtigen.

Berechnung: $\% \text{ Si} = \frac{\mu\text{g Si/ml} \cdot 5}{E}$,

bezogen auf die zu 25 ml aufgefüllte, angefärbte Normalstahllösung.

V. Einwaage = 1 bis 2 mg. 1 bis 2 mg Stahl werden im Spitzbecher mit aufgesetzter Kühlerkugel in 0,6 ml Mischsäure auf dem Mikrouniversalheizblock nach GORBACH gelöst. Die Lösung wird nach Zusatz von 1 bis 2 ml Wasser aufgekocht und nach dem Abkühlen in einem Meßzylinder auf 5 ml mit Wasser verdünnt. Zur Herstellung der Lösung *A* versetzt man 2,5 ml mit 1 ml Ammoniummolybdatlösung und läßt 20 Min. stehen. Danach gibt man 1 ml Oxalsäurelösung, 0,5 ml Ammoniumeisen(II)-sulfatlösung und 10 ml Wasser zu. Die Extinktionsmessung erfolgt in einer 5-cm-Küvette gegen Lösung *B*.

Die Lösung *B* wird analog wie oben hergestellt. Auch hier ist der Reagenzienblindwert in Abzug zu bringen.

Berechnung: $\% \text{ Si} = \frac{\mu\text{g Si/ml} \cdot 0{,}6667}{E}$,

bezogen auf 50 ml angefärbte Normalstahllösung.

Bemerkungen. a) Bei Einwaagen von 10 bis 100 mg und Gehalten von *0,02 bis 0,4% Si* mißt man in der 1-cm-Küvette, bei Gehalten von *0,004 bis 0,04% Si* in der 5-cm-Küvette.

Bei Einwaagen von 1 bis 2 mg (0,02 bis 0,4%) Si wird in der 5-cm-Küvette gemessen.

b) Die Methode gestattet die Bestimmung von Siliciumgehalten von *0,004 bis 0,4%* und weist im Mittel einen relativen Fehler von $\pm 2{,}4$ bis 4% auf.

c) Der *Zeitbedarf* für eine Einzelbestimmung beträgt etwa 40 Min.

15. Verfahren von Bagshawe und Truman zur Si-Bestimmung in metallischem Wolfram und Titan, in deren Carbiden, in Wolframoxid und in Wolframaten.

Arbeitsvorschrift. 0,5 g Probe werden durch langsames Erhitzen im Platintiegel auf 1000 °C in Oxid übergeführt. Der Glührückstand wird in einem Nickeltiegel mit 4 g Na_2CO_3 geschmolzen. Man extrahiert die erkaltete Schmelze mit 50 ml Wasser, säuert dann mit 30 ml Schwefelsäure (D = 1,125; 4 n) an und bringt sofort in ein Becherglas. Man erhitzt zum Sieden und kocht, sofern Niederschläge von Fe, Ti, Co und Ta vorhanden sind, 5 Min. Darauf versetzt man tropfenweise mit einem geringen Überschuß einer 1%igen $KMnO_4$-Lösung und nimmt den Überschuß nach 1 bis 2 Min. mit einer schwach sauren 5%igen Lösung von Eisen(II)-ammoniumsulfat gerade wieder weg. Die Flüssigkeit wird zusammen mit Filterbrei in einem 200-ml-Meßkolben zur Marke aufgefüllt. Von dieser Lösung filtriert man etwa 100 ml durch ein trockenes Filter in ein trockenes Gefäß. Je 40 ml des klaren Filtrats bringt man in zwei 100-ml-Meßkolben. Zum ersten (Analysenlösung) gibt man 5 ml 10%ige Ammoniummolybdatlösung und läßt 5 Min. stehen. Hierauf versetzt man mit 10 ml 3%iger Ammoniumoxalatlösung, verdünnt auf etwa 90 ml, fügt 2,5 ml der 5%igen Eisen(II)-ammoniumsulfatlösung hinzu, füllt zur Marke auf und läßt 5 Min. stehen.

In den zweiten Meßkolben (Vergleichslösung) gibt man 10 ml Ammoniumoxalatlösung, dann 5 ml Ammoniummolybdatlösung, verdünnt auf 90 ml, versetzt mit 2,5 ml 5%iger Eisen(II)-ammoniumsulfatlösung und füllt ebenfalls zur Marke auf.

Die beiden Lösungen werden mit einem Photometer mit objektiver Ablesung, Quecksilberlampe und vorgeschaltetem Quecksilberfilter gemessen. Die Absorptionsdifferenz der beiden Lösungen ist proportional dem Si-Gehalt der Probe.

Die durch Chemikalien eingeschleppte Menge an Si ist, bei Verwendung reinster Chemikalien und frisch bereiteter Lösungen, sehr klein. Sie wird durch einen Blindversuch ermittelt.

Die *Eichkurve* wird in gleicher Weise mit bekannten Si-Mengen aufgestellt.

16. Verfahren von Codell, Clemency und Norwitz zur Si-Bestimmung in Titanlegierungen.

Arbeitsvorschriften. I. Legierungen mit 0,005 bis 0,18% Si. 0,5 g Legierung löst man in der Kälte in einem Kunststoffbecher mit einer Mischung von 40 ml Wasser und 5 ml 3 : 7 verdünnter Flußsäure über Nacht. Nach erfolgter Lösung gibt man 100 ml Wasser sowie 4 g Borsäure hinzu, versetzt nun tropfenweise mit 3%iger $KMnO_4$-Lösung bis zur Rotfärbung und darauf mit weiteren 5 Tropfen im Überschuß. Danach erhitzt man $1^1/_2$ Std. im siedenden Wasserbad unter gelegentlichem Umschwenken, läßt abkühlen und filtriert in einen 250-ml-Meßkolben. Man wäscht mit Wasser nach und verdünnt das Filtrat auf 200 ml. Nach 1 Std. fügt man 10 ml 5%ige Ammoniummolybdatlösung zu, mischt und läßt 10 Min. bis zur Erreichung der Gelbfärbung stehen. Dann versetzt man mit 20 ml 20%iger Weinsäurelösung und reduziert durch 3 ml Reduktionslösung (30 g $NaHSO_3$ + 1 g Na_2SO_3 + 0,5 g 1-Amino-2-naphthol-4-sulfonsäure in 200 ml), verdünnt zur Marke und mißt innerhalb von 30 bis 60 Min. die Extinktion bei 700 nm gegen einen Blindansatz.

II. Legierungen mit 0,18 bis 1,5% Si. Man löst analog wie bei I. Die Lösung wird in einen 250-ml-Meßkolben filtriert und zur Marke aufgefüllt. Von dieser Lösung werden 25 ml in einem zweiten 250-ml-Meßkolben auf 200 ml verdünnt und wie unter I. mit Reagenzien versetzt.

Bemerkungen. a) Die *Eichkurve* wird aus einer Standardsilicatlösung hergestellt.

b) *Störungen.* Bei Gegenwart von mehr als 7,5% Fe, 10% Cr, 0,75% Cu, 2,5% Ni oder Co erhält man *zu niedrige* Werte.

Bei Gegenwart von mehr als 0,5% P erhält man *zu hohe* Resultate.

Derartige Konzentrationen kommen in üblichen Titanlegierungen nicht vor, weshalb die Methode recht gut brauchbar ist.

c) Die *Genauigkeit* der Methode beträgt ±0,02%.

17. Verfahren von Morimoto und Ashizawa zur Bestimmung von Silicium in metallischem Uran.

Die Methode beruht darauf, daß Uran durch einen Kationenaustauscher von den Begleitelementen getrennt wird. Nach den spärlichen Angaben im englischen Referat werden 2 g Uran gelöst, und die Lösung wird über einen Kationenaustauscher gegeben (nach persönlichen Erfahrungen wäre der Austauscher ,,Amberlite IRA 400“ geeignet). Im Eluat wird Si mittels der Molybdänblaumethode bestimmt, wobei man 5 ml 10%ige Tartratlösung zur Maskierung von PO_4^{3-} und AsO_4^{3-} zusetzt. Diese Menge Tartrationen soll genügen, um P- und As-Gehalte bis zu 200 μg zu maskieren.

Aus dem Referat ist nicht zu ersehen, worin die Probe gelöst wird; auch fehlen Angaben über das Reduktionsmittel der Silicomolybdänsäure.

18. Verfahren von Holt zur Bestimmung von Si in Plutonium, Uran, Stahl und Phosphorsäure.

Man zersetzt die Probe mit $HClO_4$ unter Zusatz von HCl oder HNO_3 und erhitzt schließlich zum Rauchen. Das erkaltete Reaktionsgemisch wird in einer Platinretorte mit Flußsäure versetzt, und das gebildete SiF_4 wird in eine Ammoniummolybdat und Borsäure enthaltende Absorptionslösung destilliert. Die schließlich gebildete Molybdatokieselsäure wird nach einer der gebräuchlichen Methoden zum Molybdänblau reduziert und bei 815 nm photometrisch bestimmt.

Nach dieser Methode wurden Si-Mengen von 5 bis 30 μg Si in den genannten Materialien bestimmt.

19. Verfahren von Pollock und Zopatti zur photometrischen Spurenbestimmung von Silicium in hochreinem Beryllium.

Arbeitsvorschrift. 1 g Beryllium versetzt man in einem 400-ml-Polyäthylenbecher mit 25 ml Wasser und setzt anteilweise 15 ml konz. Salpetersäure zu. Unter Umständen wird nach Zugabe einiger Tropfen konz. Schwefelsäure bis zur völligen Lösung erwärmt. Nun fügt man 5 ml 10%ige Flußsäure zu und digeriert 1 Std. auf dem Sandbad bei höchstens 70 °C. Nach dem Abkühlen wird mit 50 ml gesättigter Borsäurelösung versetzt und mit Salpetersäure auf pH = 1 eingestellt. Die Lösung wird in einem 250-ml-Meßkolben mit Salpetersäure pH = 1 zur Marke aufgefüllt. 25 ml dieser Lösung (= 0,1 g Be) versetzt man mit 50 ml Salpetersäure pH = 1,5 und 4 ml Molybdänsäurelösung (siehe unten), fügt nach 10 Min. 10 ml 20%ige Weinsäurelösung und anschließend sofort 2 ml Reduktionslösung (siehe unten) zu. Nach 2stündigem Stehen wird mit Salpetersäure pH = 1,5 auf 100 ml aufgefüllt und nach gutem Umschütteln bei 820 nm die Absorption gegen Wasser in der Probe- und in einer Blindlösung in 5-cm-Küvetten gemessen. Der Si-Gehalt wird einer Eichkurve entnommen.

Molybdänsäurelösung. 25 g Ammoniummolybdat-4-hydrat werden unter Erwärmen in 200 ml Wasser gelöst und nach Zusatz von 20 ml halbkonzentrierter Schwefelsäure auf 250 ml verdünnt.

Reduktionslösung. 27 g $NaHSO_3$ + 2 g NaOH + 0,5 g 1-Amino-2-naphthol-4-sulfonsäure werden (in Polyäthylenbechern) in Wasser gelöst und auf 500 ml verdünnt.

Bemerkung. Das Verfahren ist *geeignet* zur Bestimmung von Si-Gehalten von 0 bis 25 μg Si.

Literatur.

BAGSHAWE, B., u. R. J. TRUMAN: Analyst **79**, 17 (1954). – BLASIUS, E., u. A. CZEKAY: Fr. **147**, 1 (1955). – BROWN, E. G., u. T. J. HAYES: Mikrochim. A. **1954**, 522.

CELECHOWSKY, J.: Chem. Listy **48**, 391 (1954); durch Fr. **145**, 60 (1955). – CODELL, M., CH. CLEMENCY u. G. NORWITZ: Anal. Chem. **25**, 1432 (1953).

Deutsche Einheitsmethoden zur Wasseruntersuchung; Weinheim **1960**, 1954.

FOGELSON, E. I.: Betriebslab. (russ.) **22**, 163 (1956); durch Fr. **156**, 460 (1957). – FRESENIUS, W., u. W. SCHNEIDER: Fr. **207**, 16 (1965).

GANN, W.: Fr. **150**, 254 (1956). – GEILMANN, W., u. G. TÖLG: Glastechn. Ber. **33**, 245, 332, 376 (1960); **34**, 253 (1961); **35**, 85, 138, 281 (1962); durch Fr. **196**, 399 (1963). – GENTRY, C. H. R., u. L. G. SHERRINGTON: J. Soc. chem. Ind. **65**, 90 (1946); durch Analyst **79**, 23 (1954).

HARRISON, F. H.: Metallurgia (Manchester) **66**, 300 (1962). – HOLT, B. D.: Anal. Chem. **32**, 14 (1960).

KOKORIN, A. I., u. K. D. VASILJEVA: Betriebslab. (russ.) **12**, 123 (1946); durch Chem. Abstr. **40**, 7057 (1946).

LANGMYHR, F. J., u. P. R. GRAFF: Anal. chim. Acta **21**, 334 (1959); durch Fr. **175**, 55 (1960). – LUKE, C. L.: Anal. Chem. **25**, 148 (1953).

MEYER, S., u. O. G. KOCH: Mikrochim. A. **1961**, 134. – MINCZEWSKI, J., u. J. CHWASTOWSKA: Chem. analit. (Warschau) **6**, 715 (1961); durch Fr. **194**, 450 (1963). – MORIMOTO, Y., u. T. ASHIZAWA: Japan Analyst **10**, 532 (1961); durch Anal. Abstr. **10**, 3219 (1963). – MOSHTEV, R.: Doklady bolgarskoj Akad. Nauk **8**, H. 2, 25 (1955); durch Fr. **163**, 302 (1958).

POLLOCK, E. N., u. L. P. ZOPATTI: Anal. chim. Acta **28**, 68 (1963).

RILEY, J. P.: Anal. chim. Acta **19**, 413 (1958). – RILEY, J. P., u. H. P. WILLIAMS: Mikrochim. A. **1959**, 804. – RUF, E.: Fr. **151**, 169 (1956); **161**, 1 (1958).

STRAUB, F. G., u. H. A. GRABOWSKI: Ind. eng. Chem. Anal. Edit. **16**, 574 (1944).

WALDBAUER, L., u. S. O. RUE: Ind. eng. Chem. Anal. Edit. **15**, 131 (1943). – WICKBOLD, R.: Fr. **171**, 81 (1959/60).

§ 5. Spektralphotometrische Bestimmung der Kieselsäure neben Phosphorsäure

Allgemeines. Für die Bildung der Heteropolysäuren ist ein erheblicher Überschuß an Molybdationen über das Verhältnis Si : Mo = 1 : 12 erforderlich. Ist das Si/Mo-Verhältnis kleiner oder höchstens gleich 1 : 12, so bildet sich Molybdatokieselsäure überhaupt nicht oder nur zu einem geringen Teil.

Bei der Molybdatophosphorsäure ist dieses Verhalten nicht so ausgeprägt; doch ist auch hier ein Molybdatüberschuß vorteilhaft, weil dadurch die an sich mögliche Bildung niederer Molybdatophosphorkomplexe verhindert wird. Diese niederen Komplexe sind kaum farbig und gegenüber Reduktionsmitteln auch weitaus unempfindlicher.

Die *Bildung der Heteropolysäuren* erfolgt für Molybdatokieselsäure
in HCl-Lösung in der Kälte im pH-Intervall 1,8 bis 2,5,
durch kurzes Kochen im pH-Intervall 1,4 bis 2,5,
in salpetersaurer und schwefelsaurer Lösung bildet sich Molybdatokieselsäure nur bei pH = 2,0.

Für Molybdatophosphorsäure sind die pH-Intervalle
in HCl-Lösung 0,8 bis 1,6,
in HNO_3-Lösung 0,4 bis 1,2 und
in H_2SO_4-Lösung 1,0 bis 1,2.

Molybdatokieselsäure zeigt die optimale Farbentwicklung in einer Lösung, die in bezug auf HCl 0,021 n ist, Molybdatophosphorsäure in einer 0,025 n HCl.

Molybdatokieselsäure erreicht das Maximum der Extinktion erst nach 30 Min., Molybdatophosphorsäure zeigt sofort den maximalen Extinktionswert, der sich innerhalb von 12 Std. nicht ändert.

Beständigkeit der Heteropolysäuren. 100 ml Molybdatokieselsäure zeigen beim Versetzen mit 10 ml konz. HCl innerhalb von 15 Min. keine Änderung der Farbintensität; bei der Molybdatophosphorsäure ruft dieselbe Säuremenge praktisch vollkommene Entfärbung hervor.

Löslichkeit der Heteropolysäuren. Molybdatophosphorsäure läßt sich im Bereich von 0,01 bis 0,3 n HCl mit Isobutylalkohol quantitativ extrahieren; Molybdatokieselsäure bleibt dagegen beim optimalen pH-Wert quantitativ in der wäßrigen Lösung.

Versetzt man aber 100 ml Molybdatokieselsäure mit 5 ml konz. HCl, so geht die Molybdatokieselsäure quantitativ in die organische Phase. Sie läßt sich durch Ausschütteln mit Wasser unter Zusatz von Chloroform (zur Aufnahme des Isobutylalkohols) wieder quantitativ dem Alkohol entziehen.

Die Reduktion der beiden Heteropolysäuren und der Molybdänsäure. Die Reduktion mit $SnCl_2$ liefert Phosphormolybdänblau, Silicomolybdänblau und reines Molybdänblau.

Bei optimalen Bedingungen erzeugte Molybdatokieselsäure und Molybdatophosphorsäure liefern bei der Reduktion blaue Lösungen, die mit konz. HCl behandelt werden können, ohne daß die blaue Farbe zerstört wird.

Das *reine Molybdänblau* verhält sich nur dann analog, wenn es durch Reduktion mit $SnCl_2$ in *schwach* saurer Lösung hergestellt wurde. Eine von vornherein mit 10 ml konz. HCl versetzte, reine Molybdatlösung gibt bei Zusatz von $SnCl_2$ nur eine Gelbfärbung, aber kein Molybdänblau. Auch nachträgliches Verdünnen mit Wasser ändert den Farbton nicht mehr.

Für qualitative Unterscheidungen wichtig ist das unterschiedliche Verhalten der blauen Lösungen gegen konz. NaOH.

Versetzt man je 25 ml „Blau"-Lösung mit 50 ml konz. NaOH und verdünnt mit Wasser auf 200 ml, so bleibt das Silico-Molybdänblau *mehrere Tage* unverändert, Phosphor-Molybdänblau wird *innerhalb von 10 bis 20 Min. zerstört*, und reines Molybdänblau wird sofort *unter Gelbfärbung* zersetzt.

1. Verfahren von Ruf zur Bestimmung von Kieselsäure und Phosphorsäure aus einer Lösung.

Erforderliche Lösungen.

I. Etwa 0,6 m Mo-Lösung [6/7 Mol $(NH_4)_6(Mo_7O_{24}) + 4H_2O$ p.a. in 10000 ml wäßriger Lösung];
II. HCl, konz.;
III. HCl, 2 n;
IV. HCl, 1,5 n;
V. Isobutylalkohol;
VI. Chloroform.

Arbeitsvorschrift. Innerhalb der Eichkurven liegende Mengen von Phosphor- und Kieselsäure werden in einem 250-ml-Scheidetrichter mit 1,5 ml 0,6 m Mo-Lösung sowie mit 0,6 ml 2 n HCl versetzt und mit Wasser auf 50 ml aufgefüllt (Lösungen unbekannten pH-Wertes werden vor dem Zusatz der genannten Reagenzien gegen Phenolphthalein neutralisiert; Blindwert der verwendeten NaOH!). Nach 30 Min. wird die wäßrige Lösung mit etwa 30 ml Isobutylalkohol extrahiert und die wäßrige Schicht in einen zweiten Scheidetrichter abgelassen, wo sie nochmals mit 20 ml Isobutylalkohol extrahiert wird. Nach Trennung der Schichten wird die wäßrige Schicht in einen weiteren Scheidetrichter abgelassen und mit 0,5 ml 0,6 m Mo-Lösung sowie mit 0,25 ml 2 n HCl versetzt. Die vereinigten isobutylalkoholischen Lösungen werden mit 30 ml 0,01 n HCl durchgeschüttelt, um Spuren Molybdatokieselsäure wieder aus dem Isobutylalkohol auszuwaschen (Molybdatophosphorsäure bleibt dabei in der organischen Phase; Molybdatokieselsäure wird in 0,01 n HCl durch Isobutylalkohol nicht extrahiert). Die wäßrige Schicht wird mit der kieselsäurehaltigen Lösung vereinigt. Die wäßrige Lösung wird nun auf 100 ml verdünnt und 35 Min. sich selbst überlassen.

Zur *Verarbeitung der kieselsäurehaltigen Lösung* wird diese nach 35 Min. mit 10 ml konz. HCl versetzt und mit etwa 30 ml Isobutylalkohol extrahiert. Die in einen 250-ml-Scheidetrichter abgelassene wäßrige Schicht wird nochmals mit etwa 25 ml Isobutylalkohol extrahiert. Die vereinigten isobutylalkoholischen Schichten schüttelt man mit etwa 30 ml 1,5 n HCl durch, um etwa mitextrahierte, freie Molybdänsäure wieder in die wäßrige Phase überzuführen. Man läßt nun die wäßrige Schicht ab und gibt zur organischen Phase etwa 30 ml Wasser sowie etwa 25 ml Chloroform und schüttelt kräftig durch. Durch diese Operation wird die Molybdatokieselsäure in die wäßrige Schicht überführt; der Isobutylalkohol bildet mit dem Chloroform die untere Schicht. Diese wird in einem weiteren Schütteltrichter nochmals mit etwa 25 ml durchgeschüttelt. Die vereinigten wäßrigen Lösungen werden in einem mit 10 ml konz. HCl und etwa 50 ml Wasser beschickten Meßkolben mit 2 ml frisch angesetzter $SnCl_2$-Lösung (0,1 m an Sn und 2 n an HCl) reduziert (etwa noch vorhandene Spuren von freier Molybdänsäure werden durch diese Arbeitsweise in braungelbes bzw. orangefarbenes, niederwertiges Molybdän überführt, das bei der Messung bei 730 nm nicht stört).

Die blaue Lösung wird mit Wasser zur Marke aufgefüllt und nach Umschütteln bei 730 nm gemessen. Der gefundene Extinktionswert ergibt an Hand der Eichkurve die gesuchte Konzentration an Silicium.

Verarbeitung der phosphorsäurehaltigen, isobutylalkoholischen Lösung. Die vereinigten und mit 0,01 n HCl gewaschenen isobutylalkoholischen Schichten werden mit 4 ml Metollösung (2 g Metol, 10 g Na_2SO_3 und 300 g $NaHSO_3$ im Liter) und etwa 25 ml Wasser durchgeschüttelt. Hierbei entsteht Phosphormolybdänblau, das unter den gewählten Bedingungen vollkommen in die wäßrige Schicht übergeht. Die organische Phase wird, nachdem man die wäßrige Schicht in einen 100-ml-Meßkolben abgelassen hat, neuerdings mit etwa 30 ml Wasser durchgeschüttelt. Die wäßrige Schicht wird mit der ersten blauen Lösung im 100-ml-Meßkolben vereinigt, mit Wasser zur Marke verdünnt und sofort bei 730 nm gemessen. Der gefundene Extinktionswert ergibt an Hand der Eichkurve den Gehalt der Lösung an Phosphor.

(Die Reduktion der Molybdatophosphorsäure wird deshalb mit Metol durchgeführt, weil das so erzeugte Phosphormolybdänblau sofort in die wäßrige Phase übergeht.)

Ausführliche Arbeitsvorschrift zur Ammoniummolybdatmethode. Die Analysenlösung wird in einer Platinschale mit 2 n NaOH auf pH = 12 bis 13 gebracht und 5 Min. lang zum Sieden erhitzt. Nach dem Erkalten bringt man sie in einen Kunststoffbecher und fügt 1,5 ml 0,6 m Molybdänlösung zu, worauf man mit 2n HCl den pH-Wert auf 1,2 einstellt. Die Lösung wird nun in einem 250-ml-Schütteltrichter auf etwa 50 ml verdünnt und mit etwa 30 ml Isobutylalkohol extrahiert. Die wäßrige Schicht wird in einen zweiten Schütteltrichter abgelassen und dort mit etwa 20 ml Isobutylalkohol erneut ausgeschüttelt. Die wäßrige Schicht wird in einem weiteren Schütteltrichter mit 0,5 ml der 0,6 m Molybdänlösung und 0,25 ml 2 n HCl versetzt. Die vereinigten isobutylalkoholischen Lösungen werden zweimal mit etwa 20 bis 30 ml 0,01 n HCl durchgeschüttelt. Die wäßrige Schicht wird zu der kieselsäurereichen Lösung gegeben; anschließend verdünnt man mit Wasser auf etwa 100 ml, stellt den pH-Wert der Lösung auf 2,0 ein und überläßt die Lösung 35 Min. sich selbst. Die vereinigten isobutylalkoholischen Lösungen werden mit 4 ml Metollösung sowie mit etwa 30 ml Wasser versetzt und durchgeschüttelt. Die nun blaugefärbte, wäßrige Lösung wird in einen 100-ml-Meßkolben abgelassen. Die isobutylalkoholische Schicht wird nochmals mit etwa 25 bis 30 ml Wasser durchgeschüttelt; die wäßrige Schicht wird in den 100-ml-Meßkolben abgelassen und mit Wasser zur Marke aufgefüllt. Nach Umschütteln wird die Extinktion bei 730 nm gemessen.

Die kieselsäurehaltige Lösung wird nach 35 Min. mit etwa 10 bis 12 ml konz. HCl versetzt und mit etwa 30 ml Isobutylalkohol extrahiert. Die wäßrige Lösung wird in einem weiteren 250-ml-Schütteltrichter nochmals mit etwa 25 ml Isobutylalkohol extrahiert. Die vereinigten isobutylalkoholischen Schichten werden zweimal mit etwa 30 ml 1,5 n HCl durchgeschüttelt. Nach Ablassen der wäßrigen Schicht gibt man etwa 30 ml Wasser wie auch etwa 50 ml Chloroform zu und schüttelt kräftig durch. Die Unterphase wird in einem Schütteltrichter mit beiläufig 25 bis 30 ml Wasser durchgeschüttelt. Die vereinigten, wäßrigen Lösungen fügt man zu 10 ml konz. HCl und etwa 50 ml Wasser in einem 200-ml-Meßkolben, versetzt mit 2 ml frisch bereiteter $SnCl_2$-Lösung, füllt zur Marke auf und mißt die Extinktion der blauen Lösung bei 730 nm.

2. Natriummolybdatverfahren von Ruf.

Allgemeines. I. *Vorteile des Natriummolybdats gegenüber Ammoniummolybdat.* Die Verwendung von Natriummolybdat zur Bildung der entsprechenden Heteropolysäuren ermöglicht das Arbeiten in *stärker sauren* Lösungen; auch ist die Bestimmung der Phosphorsäure ohne vorhergehende Extraktion der Molybdatokieselsäure möglich.

Die Natriummolybdatmethode ist zudem bedeutend weniger störanfällig durch Fremdelemente.

II. *Ohne Störeinfluß* auf die Bestimmung von 100 μg Si sind je 1 g folgender Elemente Al, seltene Erdmetalle, Ni, Mg, Ba, Sr, Ca, Li, Na, K, bis zu 20 mg F^- und 400 μg P.

III. *Störend* wirken Zr, Ti, Fe, Cr(VI), F^- in größeren Mengen als 20 mg.

In Gegenwart von Al kann die Bestimmung auch in Anwesenheit von 100 mg F durchgeführt werden.

Das Absorptionsmaximum des Phosphormolybdänblaus liegt etwas über 700 nm, dasjenige von Silicomolybdänblau bei 790 nm.

Praktisch werden sowohl Phosphormolybdänblau wie auch Silicomolybdänblau bei 700 nm gemessen.

IV. Die *quantitative* Bildung der Heteromolybdänsäuren benötigt

für 200 μg Si und 3 ml 6 n HCl/100 ml 1,2 ml 15%ige Na_2MoO_4-Lösung,
für 400 μg P und 15 ml 6 n HCl/100 ml 2,2 ml 15%ige Na_2MoO_4-Lösung.

Die kieselsäurehaltige Lösung muß, um quantitative Bildung zu erreichen, kurz (nicht länger als 5 Min., wegen der Gefahr der Molybdänsäureausscheidung bei längerem Erhitzen) auf 100 °C erhitzt werden.

Zulässige Säurebereiche ergeben sich unter der Annahme, daß die relativen Fehler der Bestimmung 3% nicht übersteigen sollen, für

a) *Kieselsäure:*	b) *Phosphorsäure:*
2 bis 8 ml 6 n HCl/100 ml,	1 bis 25 ml 6 n HCl/100 ml,
2 bis 8 ml 6 n HNO_3/100 ml,	1 bis 35 ml 6 n HNO_3/100 ml,
2 bis 6 ml 6 n H_2SO_4/100 ml;	10 bis 25 ml 6 n H_2SO_4/100 ml.

Läßt man die Bildung der Molybdatokieselsäure bei Zimmertemperatur durch 35 Min. langes Stehen vor sich gehen, so erstreckt sich der für die quantitative Bildung zulässige Säurebereich nur von 0,88 bis 2,78 ml 6 n HCl in 100 ml Extraktionsvolumen.

V. *Silicomolybdänsäure* kann nach ihrer Bildung aus *stark saurer* Lösung extrahiert werden; Phosphormolybdänsäure wird in solchen Lösungen zerstört. Auf Grund dieses Verhaltens können 100 μg Si in Anwesenheit von 400 μg P durch Anwendung von 25 bis 35 ml konz. HCl vor der Extraktion bestimmt werden.

VI. Zur *Bestimmung von Kieselsäure und Phosphorsäure in einer Lösung* benötigt man folgende Reagenzien:

15%ige Natriummolybdatlösung;
HCl konz., p.a.;
HCl, 6 n;
HCl, 1,5 n;
HCl, 1 n;
$SnCl_2$-Lösung (0,1 m an Sn und 1 n an HCl);
NH_3-Lösung konz., p.a.; } Diese Lösungen müssen in Kunststoff-
NaOH, 2 n; } Flaschen aufbewahrt werden.
Isobutylalkohol;
Chloroform;
Kongopapier.

Arbeitsvorschrift. Die zu analysierende Lösung wird in einer Platinschale mit 2 n NaOH auf einen pH-Wert von 12 (oder höher) gebracht und 15 Min. lang zum Sieden erhitzt. Nach dem Erkalten spült man mit bidestilliertem Wasser in einen Kunststoffbecher und neutralisiert mit konz. HCl gegen Kongopapier.

Die neutrale Lösung wird nun mit 10 ml 6n HCl sowie mit 5 ml Natriummolybdatlösung versetzt und in einen 250-ml-Schütteltrichter gespült. Man extrahiert mit 30 ml Isobutylalkohol und läßt die wäßrige Schicht in einen zweiten 250-ml-Schütteltrichter ab, wo man sie nochmals mit 25 ml Isobutylalkohol extrahiert. Die vereinigten, isobutylalkoholischen Lösungen werden 3mal mit je 20 ml 1 n HCl gewaschen. Die ersten beiden Waschlösungen werden zu der kieselsäurehaltigen Lösung gegeben, die dritte Waschlösung wird verworfen.

Zur *Verarbeitung der kieselsäurehaltigen Lösung* bringt man die Lösung in einen

Kunststoffbecher und macht mit konz. Ammoniaklösung gegen Kongopapier ammoniakalisch. Nun wird mit 6 n HCl eben angesäuert und mit weiteren 5 ml 6 n HCl im Überschuß versetzt. Jetzt wird in ein 250-ml-Becherglas übergespült, eben zum Sieden erhitzt, nach dem Abkühlen in einen 250-ml-Scheidetrichter gespült, nach Zusatz von 20 ml konz. HCl zuerst mit 30 ml und dann mit 25 ml Isobutylalkohol extrahiert. Die vereinigten, isobutylalkoholischen Extrakte wäscht man 3mal mit je 20 ml 1,5 n HCl. Nach Abtrennung der wäßrigen Phase gibt man 5 ml $SnCl_2$-Lösung, 30 ml Wasser wie auch etwa 60 ml Chloroform in den Schütteltrichter und bringt durch kurzes Schütteln Silicomolybdänblau in die wäßrige Phase. Im Bedarfsfalle extrahiert man die Isobutylalkohol-Chloroformschicht nochmals mit etwa 25 ml Wasser.

Die blaugefärbten, wäßrigen Lösungen werden in einen 200-ml-Meßkolben zu 10 ml konz. HCl und etwa 50 ml Wasser gegeben. Man schüttelt um, füllt zur Marke auf und mißt in einer 1-cm-Küvette gegen einen entsprechenden Blindansatz bei 700 nm.

Die organische Phase wird mit 30 ml Wasser, 5 ml $SnCl_2$-Lösung und etwa 60 ml Chloroform geschüttelt, wodurch Phosphormolybdänblau in die wäßrige Phase gebracht wird. Nötigenfalls wird nochmals mit etwa 25 ml Wasser gewaschen.

Die wäßrigen Lösungen des Phosphormolybdänblaus werden zu 5 ml konz. HCl und 25 ml Wasser in einen 100-ml-Meßkolben abgelassen. Man schüttelt um, füllt zur Marke auf und mißt bei 700 nm gegen einen Blindansatz in der 1-cm-Küvette.

Stellt man eine Extinktion über 0,500 fest, wird die Lösung in einem 400-ml-Meßkolben, in den 20 ml konz. HCl und 100 ml Wasser vorgelegt wurden, verdünnt.

An Hand von Eichkurven erfährt man die gesuchten Konzentrationen. Die Prozentgehalte können nach folgenden Formeln berechnet werden:

$$\% \text{ Si} = \frac{\text{Extinktion} \cdot 0{,}446 \cdot \text{Auffüllung in ml}}{\text{Einwaage in mg} \cdot 2 \cdot \text{Schichtdicke in cm}};$$

$$\% \text{ P} = \frac{\text{Extinktion} \cdot 0{,}221 \cdot \text{Auffüllung in ml}}{\text{Einwaage in mg} \cdot \text{Schichtdicke in cm}}.$$

3. Verfahren von Kemula und Wolfram zur Bestimmung von Kieselsäure neben Phosphorsäure im Perhydrol und von Kieselsäure im Ammoniumfluorid.

I. Analyse von Perhydrol.

Arbeitsvorschrift. 50 ml Probe werden in einer Platinschale mit 50 ml Wasser verdünnt und mit 2 Tropfen 0,1 n NaOH versetzt. Nach der Zersetzung des H_2O_2 engt man unter leichtem Sieden auf etwa 70 ml ein, spült in einen 100-ml-Meßkolben und füllt nach dem Erkalten zur Marke auf. Von dieser Stammlösung verwendet man zur Phosphorbestimmung 20 ml, die in einem 100-ml-Meßkolben auf etwa 50 ml verdünnt werden. Man setzt jetzt 5 ml Reduktionslösung (1 g Metol, 5 g Na_2SO_3 und 150 g $NaHSO_3$ in 500 ml Wasser) und 10 ml Ammoniummolybdatlösung (50 g Ammoniummolybdat in 500 ml 10 n H_2SO_4 und Wasser ad 1000 ml) zu und beläßt 10 Min. im Dunkeln. Danach gibt man 20 ml 2,5 n Natriumacetatlösung zu, verdünnt mit Wasser zur Marke und mißt in einer 2-cm-Küvette bei 640 nm. Die Extinktion entspricht dem PO_4-Gehalt.

Zur *Aufstellung der Eichkurve* verwendet man 1 bis 5 ml folgender Lösung: 0,4394 g KH_2PO_4 (bei 110 °C getrocknet) werden in 300 ml Wasser und 200 ml H_2SO_4 (1 : 35) (etwa 0,5 m) gelöst und nach Zusatz einiger Tropfen 2 %iger $KMnO_4$-Lösung auf 1000 ml verdünnt. 1 ml dieser Lösung entspricht 0,1 mg P.

Zur *Bestimmung der Kieselsäure* verdünnt man 5 ml der obigen Stammlösung in einem 100-ml-Meßkolben auf etwa 40 ml, versetzt mit 10 ml 0,5 n H_2SO_4 und anschließend mit 10 ml Ammoniummolybdatlösung (50 g in 1000 ml Wasser). Nach 20 Min. fügt man 10 ml 4,5 n H_2SO_4 und 5 ml der Reduktionslösung zu. Man läßt 20 Min. stehen, versetzt danach mit 20 ml 2,5 n Natriumacetatlösung und füllt zum Schluß zur Marke auf. Die photometrische Messung erfolgt in einer 2-cm-Küvette bei 640 nm. Die Extinktion entspricht der Summe aus dem Silicat- und Phosphation.

Zur *Auswertung* bedarf es zweier Eichkurven.

a) Zur Bestimmung des auf P entfallenden Anteils der Blaufärbung verdünnt man 0,5 bis 2,5 ml der KH_2PO_4-Lösung auf 100 ml und verfährt wie bei der PO_4^{3-}-Bestimmung.

b) Silicium-Eichlösung: 0,2139 g reines SiO_2 muß man mit 2 g Na_2CO_3 schmelzen und auf 1000 ml verdünnen; 1 ml = 0,1 mg Si. Durch Verdünnen auf das 4fache stellt man sich noch eine Lösung her, von der 1 ml = 0,025 mg Si. Zur Aufstellung der Eichkurve verdünnt man je 1 bis 10 ml dieser Lösung auf 100 ml (entsprechend 25 bis 250 μg Si) und behandelt diese Lösungen wie bei der Kieselsäurebestimmung.

c) Ermittlung des Si-Gehaltes. Man liest an der Phosphoreichkurve den dem P-Gehalt entsprechenden Absorptionswert ab und zieht ihn vom Summenabsorptionswert ab; mit dem Differenzwert liest man aus der Siliciumeichkurve den Si-Gehalt ab.

II. Analyse von Ammoniumfluorid.

Arbeitsvorschrift. Man löst 5,000 g Probe in 100 ml Wasser und pipettiert von dieser Lösung je 10 ml in drei 100-ml-Meßkolben.

In den Kolben *2* gibt man 5 ml, in Kolben *3* 10 ml der 1 : 20 verdünnten Silicat-Stammlösung.

Der Inhalt jedes der drei Kolben wird auf etwa 30 ml verdünnt; in einen vierten Kolben gibt man 30 ml Wasser allein.

Alle vier Kolben versetzt man mit je 10 ml einer Lösung von 150 g $AlCl_3 + 6H_2O$ in 1000 ml Wasser, ferner mit 10 ml 0,5 n H_2SO_4 und 10 ml der 5%igen Ammoniummolybdatlösung. Nach 20 Min. versetzt man überall mit 10 ml 4,5 n H_2SO_4 sowie 5 ml Reduktionslösung und läßt weitere 20 Min. stehen.

Zum Schluß versetzt man alle 4 Lösungen mit 20 ml 2,5 n Natriumacetatlösung und füllt mit Wasser zur Marke auf.

Man mißt die Extinktion bei 640 nm.

In Anbetracht der linearen Abhängigkeit der Absorption von der Konzentration des Silicats läßt sich berechnen:

$$\% \text{ Si} = 5 \cdot 10^{-3} \cdot (A_1 - A_4)/(A_2 - A_3),$$

worin A_1 bis A_4 die Absorptionen der in den vier Meßkolben enthaltenen Lösungen bedeuten.

4. Verfahren von Paul und Pover zur Bestimmung größerer Mengen Siliciums neben Phosphor.

Prinzip. Phosphormolybdänsäure wird mit einem organischen Lösungsmittel (Äthylacetat, n-Propylacetat, Isopropylacetat, n-Butylacetat oder i-Butylacetat) extrahiert. Das Silicomolybdation in der wäßrigen Phase wird mit Sulfit zum Silicomolybdänblau reduziert.

Arbeitsvorschrift. Man versetzt 2 ml Probelösung unter Schütteln mit 2 ml n HCl wie auch mit 4 ml 5%iger Ammoniummolybdatlösung und schüttelt 3 Min. weiter. Die Lösung, deren pH-Wert 1 betragen soll, extrahiert man 30 Min. mit 20 ml Äthylacetat, trennt und versetzt die wäßrige Schicht mit 4 ml einer 30%igen

Lösung von $Na_2SO_3 + 7H_2O$. Nach 25 Min. mißt man die Lichtabsorption bei 690 nm gegen eine Vergleichslösung aus 2 ml Wasser und den Reagenzien.

Literatur.

KEMULA, W., u. W. WOLFRAM: Chem. analit. (Warschau) **3**, 897 (1958); durch Fr. **171**, 50 (1959/60).

PAUL, J., u. W. F. R. POVER: Anal. chim. Acta **22**, 185 (1960).

RUF, E.: Fr. **151**, 169 (1956); **161**, 1 (1958).

§ 6. Anwendung auf andere Aufgaben.

1. Verfahren von Afanaseva zur Si-Bestimmung im Blut.

Arbeitsvorschrift. 3 ml Serum oder 0,5 g Gewebe werden mit 1 ml gesättigter Borsäurelösung eingedampft und anschließend auf kleiner Flamme 2 bis 3 Min. verkohlt. Der Rückstand wird mit 1 g wasserfreiem Natriumcarbonat 15 Min. bei 900 °C im Muffelofen geschmolzen. Nach dem Abkühlen löst man die Schmelze in 2 bis 3 ml Wasser in der Wärme und führt die Lösung in einen 50-ml-Meßkolben über. Der Tiegel wird noch 2- bis 3mal mit wenig warmem Wasser nachgespült. Das Gesamtvolumen von Lösung und Waschwasser darf nicht mehr als 40 ml betragen. Die abgekühlte Lösung wird tropfenweise mit 8 n H_2SO_4 gegen Phenolphthalein neutralisiert und zur Marke aufgefüllt.

Zur *Siliciumbestimmung* entnimmt man 5 oder 10 ml und verdünnt sie in einem 50-ml-Meßkolben mit 20 ml Wasser. Man versetzt mit 5 ml 0,5 n Schwefelsäure und 5 ml 5%iger Ammoniummolybdatlösung, mischt und fügt nach 3 Min. 15 ml 8 n H_2SO_4 und 1 ml 0,5%ige $SnCl_2$-Lösung zu, verdünnt zur Marke und mißt die Extinktion.

Bemerkungen. I. Die *Dauer* der Bestimmung beträgt 1 Std.

II. Der maximale *Fehler* ist 4%, der mittlere Fehler 2,9%.

2. Verfahren von Gee, Domingues und Deitz zur SiO_2-Bestimmung in Handelszuckerlösungen.

Arbeitsvorschrift. Man verdünnt 2 ml Zuckerlösung (25° Brix) im 50-ml-Meßkolben auf 28 bis 30 ml, versetzt mit 2 ml Molybdatlösung (4 g Ammoniummolybdat, 190 ml H_2O, 4 ml konz. H_2SO_4), die man mit Wasser auf das 15fache verdünnt hat, und stellt auf pH = 1,85 bis 1,90. Nach 7 Min. versetzt man mit 10 ml 6 n $HClO_4$ oder 12 n H_2SO_4, fügt 1 ml 0,25%ige $SnCl_2$-Lösung zu, füllt zur Marke auf und mißt nach 20 Min. bei 720 nm. Eine Blindprobe mit der gleichen Zuckermenge ohne $SnCl_2$-Zusatz wird gleichzeitig durchgeführt.

3. Verfahren von Kenyon und Bewick zur Kieselsäurebestimmung in Alkalien ($NaOH$, KOH, Na_2CO_3, K_2CO_3, $KHCO_3$).

Arbeitsvorschrift. 7,5 bis 15 g Einwaage (je nach der Art des zu untersuchenden Materials) werden in einem Polyäthylenbecher gelöst. Diese Lösung gießt man unter Umrühren in 20 ml 10 n HCl, die sich in einem zweiten Polyäthylenbecher befinden. Nach dem Abkühlen gießt man die schwach saure Lösung in einen 100-ml-Meßkolben und füllt zur Marke auf. Die Lösung soll dann höchstens 0,585 g NaCl bzw. 0,746 g KCl in 5 ml enthalten, falls man 8,0 g Ätznatron, 11,2 g Ätzkali, 10,6 g Soda, 13,8 g Pottasche oder 10,0 g Kaliumhydrogencarbonat ursprünglich eingewogen hat.

Für die Weiterverarbeitung verwendet man bei Si-Gehalten von
0 bis 1 mg 50 ml, bei Gehalten von
1 bis 20 mg 5 ml der Lösung.

Man verdünnt die Abnahme auf etwa 70 ml und bringt mit silicatfreiem Ammoniak auf einen pH-Wert von 1,4. Die etwa 75 ml betragende Lösung wird in einem 100-ml-Mischzylinder mit 2 ml 5%iger saurer Ammoniummolybdatlösung (5 g Ammoniummolybdat und 2,8 ml konz. H_2SO_4 in 100 ml) und nach 5 Min. mit 2 oder 4 ml 10%iger Weinsäurelösung versetzt, je nachdem der Salzgehalt kleiner oder größer als 2 g NaCl oder 3 g KCl/100 ml ist. Nach 5 Min. fügt man 5 ml Reduktionslösung zu, füllt auf 100 ml auf und mißt nach 19 Min. bei 660 nm, bei sehr kleinen SiO_2-Gehalten genauer bei 825 nm gegen einen Blindansatz.

Bemerkungen. I. *Reduktionslösung.* Man löst 90 g $NaHSO_3$ in 800 ml Wasser, ferner 7 g Na_2SO_3 und 1,5 g 1-Amino-2-naphthol-4-sulfonsäure in 100 ml Wasser, vermischt beide Lösungen und verdünnt auf 1 l. Die Lösung soll in einer braunen Flasche unter Kühlung aufbewahrt werden.

II. Zur *Aufstellung von Eichkurven* aus einer SiO_2-Stammlösung setzt man die gleiche Menge NaCl oder KCl zu, die in der Analysenlösung vielleicht vorhanden ist.

III. Bei Proben mit *mehr als 400 μg* SiO_2 in der Abnahme mißt man zweckmäßig den gelben Molybdatokomplex.

Dazu stellt man die Lösung (75 ml) auf pH = 1,4, versetzt mit 7,5 ml Molybdatlösung und mischt gut durch. Nach 5 Min. setzt man 2 ml 10%ige Citronensäurelösung zu, füllt auf 100 ml auf und mißt innerhalb von 2 bis 10 Min. nach der Citronensäurezugabe bei 410 nm in einer 10-mm-Küvette gegen einen Blindansatz.

4. Verfahren von De Sesa und Rogers zur Bestimmung geringer SiO_2-Mengen im Magnesiumoxid und Magnesiumcarbonat.

Arbeitsvorschrift. Man bemißt die Einwaage derart, daß im Endvolumen von 100 ml etwa 1 bis 5 ppm SiO_2 vorhanden sind.

Die Lösung der Einwaage wird im 100-ml-Meßkolben mit 5 ml 5%iger Ammoniummolybdatlösung sowie mit 2 ml 60%iger Perchlorsäure versetzt und mit Wasser auf etwa 75 ml verdünnt. Nach 30 Min. fügt man 4 ml 40%ige Weinsäurelösung zu, mischt gut durch und füllt zur Marke auf. Nach 15 Min. mißt man die Extinktion bei 342 nm gegen analog bereitete Standardlösungen.

5. Verfahren von King, Stacy, Holt, Yates und Pickles zur Si-Bestimmung in biologischem Material (Gewebe, Urin).

Allgemeines. Das Verfahren von King (§ 2, 4) ist fehlerhaft, da bei der Phosphatabtrennung mit basischem Eisenacetat leicht SiO_2 mitgefällt wird. Andererseits besteht die Gefahr der unvollständigen Ausfällung der Phosphorsäure. Da in sehr stark sauren Lösungen nur der Silicomolybdatkomplex, nicht aber der Phosphormolybdatkomplex reduziert wird, wurde das folgende Verfahren ausgearbeitet, das mit gravimetrisch bestimmten Si-Gehalten gute Übereinstimmung zeigte.

Störungen. Die in Geweben vorkommenden Eisengehalte stören nicht. In Urinen mit hohem PO_4-Gehalt können Störungen durch Ausfallen von Ammoniumphosphormolybdat entstehen. Man muß in diesen Fällen PO_4^{3-} mindestens teilweise durch Fällung mit $Ca(OH)_2$ entfernen; man kann auch Ammoniak und Harnstoff durch Behandeln mit HNO_2 zerstören.

Arbeitsvorschriften. I. Si-Bestimmung in Gewebe. – Je nach dem Si-Gehalt werden 0,05 bis 0,5 g Gewebe mit der 6fachen Gewichtsmenge Soda in einem 25 bis 50 ml fassenden Platintiegel 1 bis 2 Std. zur Schmelze erhitzt. Die erstarrte Schmelze wird in warmem Wasser gelöst und nach dem Abkühlen mit 10 n H_2SO_4 gegen Kongorot neutralisiert. Man fügt noch 0,2 ml 10 n H_2SO_4 im Überschuß zu und füllt auf 250 ml (bei sehr geringen Si-Gehalten auf 100 ml) auf. Ein aliquoter Anteil (0,02 bis 0,01 mg Si enthaltend) wird nun in einen 25-ml-Meßkolben gebracht. In je 3 weitere 25-ml-Meßkolben gibt man 2, 5 und 10 ml einer Standardsilicatlösung (10 µg Si/ml) und in einen letzten 25-ml-Meßkolben nur Wasser. Man füllt alle Kolben mit Wasser auf etwa 15 ml auf, fügt überall 2 ml 5%ige Ammoniummolybdatlösung in n H_2SO_4, nach 10 Min. 5 ml 10 n H_2SO_4 und 0,5 ml Reduktionslösung (0,2%ige Lösung von 1,2,4-Aminonaphtholsulfonsäure in einer Lösung, die 2,4% $Na_2SO_3 + 7H_2O$ und 12% $Na_2S_2O_5$ enthält) zu, füllt zur Marke auf und mißt nach 10 Min. die Blaufärbung.

II. Si-Bestimmung in Urinen. 0,3 ml Rattenurin hohen Si-Gehaltes oder 3 ml menschlichen Urins werden mit 10 ml 0,5%iger $CaCl_2$-Lösung und mit gesättigter $Ca(OH)_2$-Lösung bis zur Rotfärbung von Phenolphthalein versetzt. Nach Verdünnen auf 15 ml gibt man etwa 50 mg Aktivkohle zu, erwärmt 15 Min. auf 70 °C und filtriert. Die weitere Behandlung erfolgt wie oben.

Variante. Die Zerstörung von Ammoniak und Harnstoff wird wie folgt vorgenommen: 2 ml Urin werden mit 1 ml 5%iger $NaNO_2$-Lösung, 2 ml 20%iger Trichloressigsäure, 50 mg Aktivkohle und 1 Tropfen Caprylalkohol 5 Min. geschüttelt und anschließend filtriert. Vom Filtrat verwendet man bei Rattenurin 0,5 ml, bei menschlichem Urin 3 bis 4 ml zur Si-Bestimmung. Diese wird an Stelle der Ammoniummolybdatlösung mit 2 ml 7%iger Natriummolybdatlösung in n H_2SO_4 durchgeführt. Die weitere Behandlung ist die gleiche wie oben.

III. Zur Bestimmung der löslichen Kieselsäure im Blut werden 2 ml Blut, Serum oder Plasma mit 20 ml 5%iger Trichloressigsäure defibriniert und nach 5 Min. filtriert. 15 ml Filtrat werden in einem 25-ml-Meßkolben während 15 Min. im lebhaft siedenden Wasserbad erhitzt, um die Hauptmenge der Trichloressigsäure zu zerstören. Um CO_2 auszutreiben, wird der Kolben, solange der Inhalt noch warm ist, vorsichtig geschüttelt. Zum erkalteten Kolbeninhalt fügt man Ammoniummolybdatlösung, 10 n H_2SO_4 und Reduktionslösung wie oben beschrieben.

6. Abänderungen des Verfahrens durch Tůma.

Nach Tůma erhält man die zuverlässigsten Resultate durch Einhaltung nachstehender

Arbeitsvorschrift. Ungefähr 1 g Gewebe wird in einem Aluminiumbecher 6 Std. bei 105 °C getrocknet und anschließend in einem Achatmörser feinst gepulvert. Das Pulver wird in einem 25-ml-Platintiegel mit 1 g wasserfreier Soda bedeckt und, zwecks Zerstörung der organischen Substanz, anfänglich sehr vorsichtig erhitzt; nach Beendigung der Zersetzung wird die Temperatur bis zur Erreichung einer klaren Schmelze gesteigert.

Die Schmelze wird zur Lösung mit 15 ml warmem Wasser behandelt und die Lösung in einem Plastikkolben vorläufig zur Seite gestellt. Inzwischen wird der Tiegel mit 1,5 ml 12 n H_2SO_4 und 5 ml Wasser beschickt, der Rest der Schmelze durch gelindes Erwärmen in Lösung gebracht. Die schwefelsaure Lösung wird jetzt zur alkalischen Hauptlösung gegeben; anschließend wird rasch mit n H_2SO_4 gegen

Kongorot neutralisiert und für je 100 ml des Endvolumens 1 ml n H_2SO_4 im Überschuß zugegeben. Die erkaltete Lösung wird in einem 100- oder 250-ml-Meßkolben zur Marke aufgefüllt und sofort wieder in den Plastikkolben zurückgegeben. Ein aliquoter Teil dieser Lösung, 20 bis 50 µg SiO_2 enthaltend, wird in einem 25-ml-Meßkolben mit Wasser auf etwa 15 ml verdünnt; man setzt nun 1 ml n H_2SO_4 sowie 2 ml 5%ige Ammoniummolybdatlösung zu und läßt 10 Min. stehen. Danach versetzt man mit 5 ml 12 n H_2SO_4, mischt gut durch und fügt 0,5 ml Reduktionslösung (1,2 g Na_2SO_3, 0,2 g 1,2,4-Aminonaphtholsulfosäure und 12 g $Na_2S_2O_5$ in 87 ml Wasser; die filtrierte Lösung wird in einer paraffinierten dunklen Flasche aufbewahrt) zu.

Nach gutem Durchmischen der zur Marke aufgefüllten Lösung läßt man zur Farbentwicklung 20 bis 60 Min. stehen und bestimmt bei 700 bis 810 nm die Extinktion gegen eine Blindlösung.

Gleichzeitig bereitet man zwei Standardlösungen (40 µg SiO_2), die den gleichen Elektrolytgehalt wie die Probelösungen aufweisen. Das erreicht man durch Zusatz einer passenden Menge Na_2SO_4-Lösung. Die gemessenen Extinktionswerte sollen um höchstens 0,005 *E* differieren.

Bemerkungen. I. Die gefundenen Werte müssen noch um den SiO_2-Gehalt der verwendeten Soda *korrigiert* werden.

II. Die vorgeschlagene Methode eignet sich auch zur Bestimmung der Kieselsäure in *mineralischen Proben.*

Arbeitsvorschrift. Man schmelzt dazu 20 bis 120 mg staubfein gepulverte Probe (enthaltend 0,1 bis 10 mg SiO_2) mit 1 g wasserfreier Soda im Platintiegel und verfährt weiter wie oben angegeben.

III. Zum Schluß sei noch auf ausführliche *Untersuchungen* von MORRISON und WILSON hingewiesen, die die Bestimmung der Kieselsäure in Wasser zum Gegenstand haben.

Die Autoren untersuchen die Bildung, Stabilität und Reduktion von α- und β-Molybdatokieselsäure unter besonderer Berücksichtigung des „reaktiven" Silicats (monomere und dimere Kieselsäure). Für genauere Angaben muß die Originalarbeit eingesehen werden.

Literatur.

AFANASEVA, L. V.: Biochimija (russ.) **18**, 319 (1953); durch Fr. **144**, 76 (1955).

DE SESA, M. A., u. L. B. ROGERS: Anal. Chem. **26**, 1278 (1954).

GEE, A., L. P. DOMINGUES u. V. R. DEITZ: Anal. Chem. **26**, 1487 (1954).

KENYON, O. A., u. H. A. BEWICK: Anal. Chem. **25**, 145 (1953). – KING, E. J., B. D. STACY, P. F. HOLT, D. M. YATES u. D. PICKLES: Analyst **80**, 441 (1955); durch Fr. **151**, 154 (1956).

MORRISON, I. R., u. A. L. WILSON: Analyst **88**, 88, 100 (1963).

TŮMA, J.: Mikrochim. A. **1962**, 513.

C. Maßanalytische Bestimmung des Siliciums.

§ 1. Acidimetrische Methoden.

1. Verfahren nach Wilson.

Prinzip. In der Orthoform vorliegende Kieselsäure wird in Molybdatokieselsäure überführt und diese mit Chinolin gefällt. Der erhaltene Niederschlag wird in überschüssiger, titrierter Natronlauge gelöst, und der Überschuß an letzterer wird mit HCl zurücktitriert.

Anwendungsbereich. Grundbedingung des Verfahrens ist das Vorliegen der Kieselsäure in Orthoform. Das erreicht man durch Schmelzen der Substanz mit NaOH oder Na_2CO_3. Auch Substanzen mit in HCl löslicher Kieselsäure (Portlandzement) müssen durch Schmelzen mit NaOH aufgeschlossen werden.

Störende Anionen. PO_4^{3-} und AsO_4^{3-} ergeben mit Molybdänsäure ebenfalls Niederschläge und werden daher bei diesem Verfahren mitbestimmt.

Reaktionsablauf.

$$4C_9H_7NHCl + H_4[SiO_4 \cdot 12MoO_3] \rightarrow (C_9H_7N)_4H_4[SiO_4 \cdot 12MoO_3] + 4HCl;$$

$$(C_9H_7N)_4H_4[SiO_4 \cdot 12MoO_3] + 24NaOH \rightarrow 4C_9H_7N + H_4SiO_4 + 12Na_2MoO_4 + 12H_2O.$$

Daher ist das Äquivalentgewicht der Kieselsäure = $^1/_{24}$ ihres Molgewichtes.

Reagenzien. Chinolinlösung: 20 ml rektifiziertes Chinolin werden in etwa 800 ml heißes Wasser gegeben und durch Zusatz von 25 ml konz. HCl unter Umrühren in Lösung gebracht. Nach dem Erkalten gibt man Filterschleim zu, rührt stark um und filtriert nach dem Absitzen durch einen Büchner-Trichter. Das Filtrat verdünnt man mit Wasser auf 1000 ml.

Thymolblauindikator: 0,4 g Thymolblau werden in 200 ml Äthanol gelöst, mit 8,6 ml 0,1 n NaOH versetzt und mit Wasser auf 1000 ml verdünnt.

Kresolrot-Thymolblau-Mischindikator: 0,1 g Kresolrot werden mit 5,3 ml 0,1 n NaOH bis zur Lösung verrieben und dann mit Wasser auf 100 ml verdünnt; 0,1 g Thymolblau in 20 ml Äthanol versetzt man mit 2,1 ml 0,1 n NaOH und verdünnt mit Wasser auf 100 ml.

Beide Lösungen werden vermischt.

Arbeitsvorschrift. 0,5 g Substanz werden in einem Nickeltiegel zu 7 g durch Schmelzen entwässertem Natriumhydroxid p. a. nach dem Erkalten gegeben und etwa 3 Min. sehr vorsichtig über einer Bunsenflamme geschmolzen. Man löst die erkaltete Schmelze in siedendem Wasser und gießt die Lösung in einen 500-ml-Jodzahlkolben, der bei 170 ml eine Marke trägt und in den man 20 ml konz. HCl nebst Wasser vorgelegt hat. Durch Erwärmen auf höchstens 80 °C bringt man ungelöste Anteile in Lösung. Ist alles gelöst, kühlt man schnell ab und verdünnt mit Wasser auf 170 ml. Zu dieser Lösung gibt man 3 g NaOH und, wenn es gelöst ist, 8 Tropfen Thymolblauindikator. Durch tropfenweisen Zusatz von konz. HCl (unter beständigem Umschwenken) wird dann eben angesäuert. Die rote Lösung soll in wenigen Minuten klar werden. Jetzt versetzt man mit 8 ml verd. HCl (1 + 9) (etwa 1,2 m) wie auch mit 5 ml 33 %iger Essigsäure und läßt unter dauerndem Umschwenken 30 ml 10 %ige Ammoniummolybdatlösung zufließen. Nach beendetem

Reagenszusatz schüttelt man noch 1 Min. kräftig und erhitzt dann 10 bis 12 Min. im Wasserbad auf 80 bis 90 °C. Man entfernt dann vom Wasserbad, gibt noch 40 ml HCl (1 + 1) (etwa 6 m) zu und hierauf sofort unter dauerndem Umschwenken aus einer Bürette 65 ml Chinolinlösung. Hernach erwärmt man noch 5 Min. unter dauerndem Umschwenken auf 80 bis 90 °C, kühlt dann schnell auf mindestens 15 °C ab und läßt den Niederschlag sich absetzen. Die überstehende Flüssigkeit wird durch einen dichten Filterschleimpfropfen, der sich z.B. in einem Allihnschen Rohr befindet, dekantiert; zum Schluß wird der Pfropfen fast trockengesaugt. Der im Kolben befindliche Niederschlag wird zweimal durch Dekantation mit je 25 bis 30 ml kaltem Wasser gewaschen und darauf auf das Filter gebracht. Man wäscht auf dem Filter 6mal mit je etwa 25 bis 30 ml Wasser von 10 °C, wobei nach jedem Waschen völlig trocken gesaugt wird. Nach dem letzten Waschen bringt man den Niederschlag samt Filter in den Jodzahlkolben zurück und löst in 30,0 ml carbonatfreier n NaOH-Lösung unter starkem Schütteln des verschlossenen Kolbens. Nach erfolgter Lösung setzt man einige Tropfen Kresolrot-Thymolblau-Mischindikator zu und titriert mit 0,5 n HCl, bis die Farbe des Indikators eben von Rosa nach Gelb umschlägt. Die hierbei gefundene Menge wird von der beim „Blindwert“ gefundenen abgezogen. Die Differenz ergibt die von der Molybdatokieselsäure gebundene Laugenmenge. 1 ml n NaOH entspricht 2,504 mg SiO_2.

Die Methode kann auch zur Bestimmung der Kieselsäure in Koks und Kohle verwendet werden, wenn man vor dem Schmelzen mit NaOH die organische Substanz durch Veraschen zerstört.

2. Verfahren nach Tartakowski.

Prinzip. Natriumsilicofluorid wird beim Erhitzen und Eindampfen mit Flußsäure, die genügend NaF enthält, nicht angegriffen.

Verdampft man SiO_2 mit HF und NaF, so bildet sich ein Gemisch von Na_2SiF_6 und NaF + HF. Verdampft man dieses Gemisch mit Natriumformiat, so wird NaF + HF in das neutrale Salz umgewandelt; das Salz Na_2SiF_6 bleibt unverändert und kann durch 0,5 n NaOH titriert werden, da schon die Ameisensäure verflüchtigt ist.

Die Gegenwart von Alkalimetallen, Blei sowie kleinen Mengen Eisens und Aluminiums ist ohne Einfluß auf die Bestimmung.

Arbeitsvorschriften. I. Die Probe enthält außer Alkalien, Erdalkalien, Blei und kleinen Mengen Eisens und Aluminiums keine anderen Metalle. Man versetzt die Einwaage (bis 150 mg SiO_2) mit 4 bis 10 ml 2 n NaOH oder 0,3 bis 0,5 g NaF und 5 bis 8 ml Flußsäure und verdampft. Der Rückstand wird mit Wasser versetzt und nochmals verdampft. Jetzt vermischt man ihn mit Wasser sowie mit 1 bis 2,5 g Natriumformiat und verdampft 2mal auf dem Sandbad vorsichtig zur Trockene. Der jetzt verbliebene Rückstand wird mit 0,1 n NaOH unter Verwendung von Phenolphthalein titriert. 1 ml 0,1 n NaOH entspricht 1,502 mg SiO_2 oder $1{,}502 \cdot 0{,}4675$ mg Si.

II. Die Probe enthält noch andere Metalle. a) Die Probe enthält keine größeren Mengen in HF unlöslicher Fluoride.

Die Einwaage wird wie unter I. behandelt. Nach Verdampfen mit HF wird der Rückstand befeuchtet und nach Zusatz einiger Milliliter Flußsäure bis zur völligen Lösung erhitzt. Nach dem Abkühlen gibt man so viel KCl zu, daß das Volumen etwa 50 ml und der Gehalt der Flüssigkeit an KCl nicht unter 20% beträgt. Man filtriert durch einen paraffinierten Trichter, wäscht den Rückstand mit 20%iger KCl-Lösung aus und titriert nach I.

b) Die Probe enthält größere Mengen in HF unlöslicher Fluoride. Man verfährt anfänglich wie unter a). Nach dem Zusatz von KCl wird das ausgeschiedene Salz:

K_2SiF_6 auf dem Filter nur soweit gewaschen, bis das Waschwasser nicht mehr mit Na_2S reagiert. Jetzt spült man den Filterrückstand in die Platinschale, setzt 0,2 g NaF und 0,5 g Natriumformiat zu und verfährt weiter nach I.

III. Bestimmung von Na_2SiF_6 und SiO_2 im Natriumfluorid. 1,0 bis 1,5 g Einwaage werden befeuchtet und mit 10 bis 15 ml 20%iger Flußsäure verdampft. Der Rückstand wird mit wenig Wasser versetzt und nochmals verdampft. Es werden nun 2 bis 3 g Natriumformiat zugesetzt, verdampft und wie oben getrocknet. Das Salz: Na_2SiF_6 bleibt auch beim mehrfachen Verdampfen mit Flußsäure unverändert zurück und kann nach I. titriert werden.

Auch wenn der Gehalt an Fe_2O_3 und Al_2O_3 nicht über 0,1 bis 0,2 g beträgt, empfiehlt es sich, vor Zusatz der Flußsäure mehr NaOH als unter gewöhnlichen Umständen zuzugeben.

Es ist ferner empfehlenswert, vor der Titration dem Trockenrückstand nach Behandeln mit Formiat oder dem ausgewaschenen Niederschlag nach Abtrennung von K_2SiF_6 und Na_2SiF_6 von den Metallfluoriden eine heißgesättigte NaF-Lösung zuzusetzen.

3. Verfahren von Treadwell zur Bestimmung von SiO_2 als SiF_6^{2-}.

Prinzip. Kieselfluorwasserstoffsäure wird durch KOH *in der Kälte* nach der Gleichung:

$$H_2SiF_6 + 2KOH = K_2SiF_6 + 2H_2O$$

neutralisiert.

Man erhält beim Titrieren unter Anwendung von Phenolphthalein keinen scharfen Endpunkt, da die überschüssige Lauge auf das Silicofluorid weiter einwirkt nach der Gleichung:

$$K_2SiF_6 + 4KOH = 6KF + Si(OH)_4.$$

Diese Reaktion verläuft nur außerordentlich langsam, weshalb man keinen deutlichen Endpunkt erhält.

Nach Kern und Jones entspricht der Verbrauch an n NaOH bei der Titration von H_2SiF_6 in der Kälte (Zimmertemperatur) der Gleichung:

$$H_2SiF_6 + 2NaOH = Na_2SiF_6 + 2H_2O.$$

Erhitzt man dann auf 55 bis 60 °C und titriert gegen Phenolrot, Phenolphthalein oder Thymolblau zu Ende, so werden weitere 4 Äquivalente NaOH verbraucht gemäß der Gleichung:

$$Na_2SiF_6 + 4NaOH = 6NaF + SiO_2 + 2H_2O.$$

Versetzt man aber die zu titrierende Lösung mit dem gleichen Volumen absoluten Äthanols und titriert dann mit 0,1 n KOH oder 0,1 n $Ba(OH)_2$, so erhält man einen scharfen Endpunkt, weil das Salz: K_2SiF_6 oder $BaSiF_6$ durch Äthanol quantitativ gefällt und dadurch der Einwirkung der Lauge entzogen wird.

4. Verfahren von Penfield.

Man versetzt die zu titrierende Lösung mit einem Überschuß an KCl, verdünnt mit dem gleichen Volumen Äthanols und titriert die nach der Gleichung:

$$H_2SiF_6 + 2KCl = K_2SiF_6 + 2HCl$$

freigesetzte Salzsäure mit 0,1 n NaOH mit Methylrot als Indikator.

5. Verfahren von Sahlbom und Hinrichsen.

Die Neutralisation von H_2SiF_6 in der Wärme verläuft nach der Gleichung:

$$H_2SiF_6 + 6KOH = 6KF + 2H_2O + Si(OH)_4.$$

Es wird mit 0,1 n KOH unter Anwendung von Phenolphthalein bei Wasserbadtemperatur titriert.

6. Verfahren von Schucht und Möller.

Man versetzt die zu titrierende Lösung mit einem Überschuß an neutralem Calciumchlorid (25 ml 4 n $CaCl_2$-Lösung) und titriert unter Anwendung von Methylorange mit 0,1 n NaOH. Es spielt sich in der Kälte folgende Reaktion glatt ab:

$$H_2SiF_6 + 3CaCl_2 + 6NaOH = 3CaF_2 + 6NaCl + Si(OH)_4 + 2H_2O.$$

Da sich CaF_2 und Kieselsäure in kolloidaler Lösung befinden, bleibt die Lösung beim Titrieren völlig klar.

Bei der Titration von Silicofluoriden dagegen muß unter Anwendung von Phenolphthalein gearbeitet werden:

$$Na_2SiF_6 + 3CaCl_2 + 4NaOH = 3CaF_2 + 6NaCl + Si(OH)_4.$$

7. Verfahren von Tananaeff und Babko zur SiO_2-Bestimmung in Silicaten und im Glas.

Arbeitsvorschriften. I. Untersuchung der Silicate. Die etwa 0,2 g SiO_2 entsprechende Einwaage (0,4 g Kaolin; 0,3 g Feldspat) wird mit 4 g wasserfreiem K_2CO_3 geschmolzen. Der Schmelzkuchen wird in einer Platinschale mit höchstens 15 bis 20 ml Wasser (zum Abspülen des Tiegels und Deckels) und bei bedeckter Schale mit etwa 20 ml konz. HCl behandelt. Nach Aufhören der Gasentwicklung fügt man der etwas abgekühlten Lösung 2 g NH_4F zu und läßt unter zeitweiligem Umrühren 1 bis $1^1/_2$ Std. stehen. Das ausgeschiedene Salz: K_2SiF_6 wird dann in einen Hartgummitrichter filtriert und mit einer gesättigten Lösung von K_2SiF_6 säurefrei gewaschen, wozu 5maliges Waschen genügt. Man bringt nun den Niederschlag samt Filter in einen Erlenmeyerkolben, in den man die Platinschale mit heißem Wasser ausspült. Man fügt nun zum Niederschlag im Erlenmeyerkolben 20 ml neutrale 4 n $CaCl_2$-Lösung, verdünnt mit Wasser auf etwa 75 bis 100 ml, erwärmt auf dem Wasserbad und titriert die heiße Lösung nach Zusatz von Methylrot unter stetem Umschwenken mit 0,5 n NaOH.

Bei Beginn der Farbänderung des Methylrotes erwärmt man neuerlich auf dem Wasserbad und titriert zu Ende. Als Endpunkt wird der Übergang von Rot in Gelb angenommen.

Nebenher wird ein Blindversuch mit 8 g K_2CO_3 und 4 g NH_4F in der oben angegebenen Weise durchgeführt.

Dauer der Bestimmung: 3 bis $3^1/_2$ Std., für 2 Parallelbestimmungen: 4 Std.

II. Zur SiO_2-Bestimmung im Glas wird zuerst ein *Blindversuch* durchgeführt: 4 g KF löst man in einer Platinschale in 15 ml 10%iger KCl-Lösung und versetzt die Lösung mit 2 ml konz. HCl und 15 ml Äthanol. Nach 4 bis 5 Std. filtriert man durch einen Hartgummitrichter (gegebenenfalls schwaches Saugen) und wäscht mit 50%igem Äthanol säurefrei. Filter nebst Niederschlag wird man im 250-ml-Erlenmeyerkolben mit dem heißen Waschwasser der Platinschale aufschlämmen, das Filter mit einem Glasstab zerreißen und nach Zusatz von 20 ml 4 n $CaCl_2$-Lösung auf dem Wasserbad erwärmen. Die noch warme Lösung titriert man gegen Methylorange mit 0,5 n NaOH bis zum beginnenden Farbumschlag. Jetzt wird eine Lösung von Neutralrot zugesetzt, wobei wieder Rotfärbung eintritt, und zu Ende titriert.

SiO_2-*Bestimmung im Glas.* 0,25 g Glas, 4 g KF, 10 ml Wasser und 5 ml konz. HCl mischt man in einer Platinschale so lange mit einem Platinspatel, bis keine

Glassplitter zu spüren sind. Nach Zusatz von 10 ml Äthanol läßt man unter gelegentlichem Umrühren $1^1/_2$ bis 2 Std. stehen. Die weitere Verarbeitung erfolgt wie beim Blindversuch. Die mittlere *Genauigkeit* ist + 0,3%.

8. Verfahren von Korol und Kaluschskaja zur Bestimmung der löslichen Kieselsäure im Glas.

Arbeitsvorschrift. 2 bis 2,5 g Glaspulver schüttelt man in einem 250-ml-Meßkolben mit Wasser und füllt zur Marke auf. Von dem durch ein trockenes Filter gegebenen Filtrat werden 50 ml in einem Kunststoffbecher mit 0,5 n HCl genau neutralisiert. Die neutrale Lösung wird mit 20 g KCl, 3 g NaF und 40,0 ml 0,5 n HCl versetzt. Nach 15 bis 20 Min. fügt man das gleiche Volumen Äthanols zu und titriert nach 15 Min. mit 0,5 n NaOH gegen Phenolrot.

Aus der Gleichung:

$$SiO_2 + 6NaF + 4HCl = Na_2SiF_6 + 4NaCl + 2H_2O$$

ergibt sich, daß 1 ml 0,5 n HCl = 7,5106 mg SiO_2 anzeigt.

Zur Ermittlung der durch die Reagenzien unter Umständen eingeschleppten Kieselsäure führt man einen Blindversuch mit reinem Wasser und der gleichen Menge Reagenzien durch.

9. Verfahren von Kordon zur Si-Bestimmung in Roheisen und unlegierten Stählen.

Arbeitsvorschriften. 1 g *Roheisen* wird in 20 ml heißer, konz. HCl gelöst, und man läßt die Lösung auf etwa 30 °C abkühlen. Man überführt in einen gegen HF beständigen Kunststoffbecher und sättigt mit KCl. Nun wird mit 5 ml Flußsäure versetzt und 3 Min. geschüttelt. Der Niederschlag wird durch ein mit Zellstoff- oder Filterbrei beschicktes Filterröhrchen aus Kunststoff abfiltriert und mit möglichst wenig 20%iger KCl-Lösung säurefrei gewaschen.

Filter und Niederschlag werden in einem 500-ml-Erlenmeyerkolben mit 100 ml heißem, von CO_2 freiem Wasser gut durchgeschüttelt und mit 0,1 n NaOH unter Verwendung von Phenolphthalein in der Hitze titriert.

Von *Stählen* löst man 1 g in 20 ml heißer konz. HNO_3 und kocht die Lösung 1 Min. mit 10 ml konz. HCl. Die weitere Verarbeitung ist die gleiche wie beim Roheisen.

Anwendungsbereich. Mn, Cr, Ni, Mo, V, W, Co und Cu stören nicht.

Bei Anwesenheit von mehr als 0,5% Al, Ti, Zr oder Ta erhält man stark schwankende, nicht reproduzierbare Werte.

10. Verfahren von Wagner zur maßanalytischen Bestimmung hoher Siliciumgehalte in Legierungen.

Allgemeines. Das von KORDON (C, § 1,9) angegebene Verfahren läßt sich auch mit Vorteil zur Analyse von Ferrosilicium, Mangan-Calcium-Silicium und Magnesium-Calcium-Silicium verwenden.

Arbeitsvorschriften. I. *Ferrosilicium.* 0,1 bis 0,3 g (je nach dem Si-Gehalt) zerkleinerte Probe versetzt man in einem Polyäthylenbecher vorsichtig mit konz. Salpetersäure; dann läßt man unter Eiskühlung langsam konz. Flußsäure zufließen. Ist alles gelöst, wird 20%ige Kaliumchloridlösung zugefügt. Das ausgeschiedene Salz: K_2SiF_6 wird durch einen in einem Polyäthylen-(oder Hartgummi-)Trichter befindlichen Pfropfen aus Filterschleim abfiltriert und mit Kaliumchloridlösung säurefrei gewaschen. Anschließend titriert man mit eingestellter 0,25 n NaOH unter Verwendung von Phenolphthalein.

II. *Calciumsilicium*. Die Probe wird mit einer Mischung von Natriumcarbonat und Natriumperoxid in einem Nickeltiegel aufgeschlossen (die Verwendung von *Kalium*carbonat verbietet sich, weil die Reaktion zwischen Calciumsilicium, Kaliumcarbonat und Natriumperoxid meist explosionsartig verläuft!). Die erkaltete Schmelze wird mit wenig Wasser und verd. Salzsäure aus dem Tiegel gelöst. Man setzt der Lösung dann konz. Salpetersäure sowie festes Kaliumchlorid zu und versetzt anschließend unter Eiskühlung mit konz. Flußsäure. Der ausgeschiedene Niederschlag von K_2SiF_6 wird wie beim Ferrosilicium weiterbehandelt.

Die zur Titration verwendete 0,25 n NaOH wird gegen eine Legierungsprobe mit bekanntem, gravimetrisch ermitteltem Siliciumgehalt eingestellt. Zweckmäßig stellt man für jeden Legierungstyp eine größere Menge Standardlösung her, mit denen vor Beginn einer jeden Serienbestimmung der Faktor der Lauge überprüft wird.

Bemerkungen. a) *Störungen*. Von allen Legierungspartnern stören nur Al, Ti und Zr in Konzentrationen über 10%, da dann der Umschlagspunkt des Indikators undeutlich wird.

b) *Zeitbedarf*. Die Si-Bestimmung im Ferrosilicium kann in etwa 50 Min., in Calciumsilicium in etwa 90 Min., erledigt werden (Einzelbestimmung). Bei Serienbestimmungen können von einer Arbeitskraft je Tag etwa 15 Ferrosilicium- oder 10 Calciumsiliciumanalysen durchgeführt werden.

11. Verfahren von Kálmán und Vágó zur Bestimmung von Silicium in Tetraäthoxysilan.

Prinzip. Durch Umsetzung des Tetraäthoxysilans mit Flußsäure wird ein Abbau zu H_2SiF_6 erreicht. Durch Bindung der letzteren mit KOH ist die Möglichkeit gegeben, nach 4. die Si-Bestimmung durchzuführen.

Arbeitsvorschrift. 2 bis 2,5 g Substanz werden im 50-ml-Meßkolben mit Äthanol zur Marke aufgefüllt. 10 ml dieser Lösung versetzt man in einer Platinschale oder in einem Kunststoffbecher mit 1 bis 1,5 ml reiner, destillierter, silicofluoridfreier Flußsäure und läßt einige Minuten stehen. Man gibt dann einige Tropfen Phenolphthaleinlösung und so viel 10%ige KOH-Lösung zu, daß die Lösung eben rot wird. Nun versetzt man mit dem gleichen Volumen Äthanols und neutralisiert mit 0,2 n HCl oder H_2SO_4. Die neutralisierte Lösung wird in einem Literkolben mit 600 bis 700 ml heißem Wasser verdünnt und nach dem Erkalten mit 0,2 n NaOH auf beständige Rotfärbung titriert.

Die verbrauchte Menge NaOH entspricht der aus K_2SiF_6 gebildeten HF-Menge.

12. Methode von Terentjev, Sjavcillo und Luskina zur Schnellbestimmung von Silicium in silico-organischen Verbindungen.

Benötigte Reagenzien. Chromsäurelösung: 70 g CrO_3 in 100 ml H_2O; *Ammoniumfluoridlösung:* 20 ml 25%iges Ammoniak werden mit 12,5 ml 40%iger Flußsäure vermischt und auf 500 ml verdünnt. Die Lösung wird zunächst grob, dann mit 0,1 n Lösungen neutralisiert. Die Neutralität der Lösung muß täglich überprüft werden, indem man 20 ml 0,1 n HCl und 10 ml Ammoniumfluoridlösung unter Zusatz von 4 bis 5 Tropfen Indicatorlösung mit 0,1 n NaOH titriert; es wird mit dem Laugenverbrauch von 20 ml 0,1 n HCl verglichen.

Indicatorlösung: Man mischt 5 Vol.-Teile 0,1 %ige äthanolische Methylrotlösung mit 7 Vol.-Teilen 0,1 %iger Lösung von Bromkresolgrün in 20 %igem Methanol, die 0,57 ml 0,1 n HCl je 100 ml enthält.

Arbeitsvorschrift. Die Einwaage wird zu 10 ml konz. H_2SO_4 in einem 100-ml-Erlenmeyerkolben gegeben. Unter ständigem Umschütteln werden tropfenweise 2 bis 3 ml Chromsäurelösung zugesetzt; anschließend erhitzt man 30 Min. auf 150 bis 160 °C. Die nach dem Abkühlen mit 30 bis 40 ml H_2O verdünnte Lösung wird 5 Min. gekocht, wobei der Siedepunkt zwischen 110 und 120 °C liegen soll. Liegt er tiefer, engt man die Lösung etwas ein, liegt er höher, wird entsprechend verdünnt. Die auf 70 bis 80 °C abgekühlte Lösung wird unter energischem Schütteln mit 1 bis 1,5 ml einer 2 %igen wäßrigen Gelatinelösung versetzt. Die nach 5 bis 10 Min. vollständig ausgeflockte Kieselsäure wird durch ein Schwarzbandfilter (Schleicher & Schüll 589 I) abfiltriert und mit heißem Wasser gewaschen. Filter nebst Niederschlag werden nun in einem Polyäthylenbecher zur Lösung der Kieselsäure mit 5 bis 7 ml 30 %iger NaOH (silicatfrei!) versetzt. Nach Zusatz von 5 bis 6 Tropfen Indicatorlösung wird mit Salzsäure [(zunächst 1 + 1) (etwa 6 m), später (1 + 10) (etwa 1,1 m), schließlich 0,1 n] neutralisiert; das Gesamtvolumen soll 40 bis 50 ml nicht übersteigen. Man sättigt nun mit KCl, setzt 10 ml Ammoniumfluoridlösung sowie 20 ml 0,1 n HCl zu und titriert den Säureüberschuß mit 0,1 n NaOH zurück.

Der *Zeitbedarf* beträgt bei Verbindungen, die sich mit verd. Alkali leicht hydrolisieren lassen, 30 Min., bei anderen Verbindungen 1,5 Std.

13. Verfahren von Mika.

Prinzip. Die abgeschiedene Kieselsäure wird in Molybdatokieselsäure übergeführt und diese durch Zusatz von KCl und Pyridin-Salpetersäure als komplexe Pyridinverbindung gefällt. Der Niederschlag von der Zusammensetzung:

$$(C_5H_6N)_4H_4[Si(Mo_6O_{21})_2]$$

wird mit 0,1 n NaOH unter Verwendung von Phenolrot titriert:

$$(C_5H_6N)_4H_4[Si(Mo_6O_{21})_2] + 24\,OH = 4\,C_5H_5N + H_2SiO_3 + 12\,MoO_4^{2-} + 15\,H_2O.$$

Daher entspricht 1 ml 0,1 n NaOH ..... 0,1170 mg Si.

Arbeitsvorschrift. I. Von Stählen *bis zu* 1 % Si löst man 0,1 g bei 85 bis 90 °C mit 5 ml 4 n HNO_3. Man verrührt diese Lösung mit 1 ml 30 %iger Ammoniummolybdatlösung, bis die Kieselsäure gelöst ist. Nun setzt man 3 ml 25 %ige KCl-Lösung (I) zu, erwärmt 5 Min. auf 90 °C und versetzt mit 2 ml Natriumacetatlösung. Es wird dann etwas Filterbrei zugefügt und darauf 1 ml 20 %ige Pyridin-Salpetersäurelösung (II) (24 ml Pyridin + 156 ml H_2O + 20 ml konz. HNO_3), gut durchgeschüttelt und nach dem Erkalten über ein Filterstäbchen filtriert. Man wäscht 4mal mit je 1,5 ml Waschflüssigkeit (500 ml I + 100 ml II) und einmal mit 1,5 ml I. Der Niederschlag wird nun in einer gemessenen Menge von 0,1 n NaOH gelöst und nach Zusatz von 0,1 ml 0,1 %iger Phenolrotlösung mit 0,1 n NaOH so lange titriert, bis die bräunlichrote Farbe auch nach mehrere Minuten langem Erwärmen nicht mehr nach Gelb zurückgeht.

II. *Stähle mit höherem Si-Gehalt als 1* % werden nach dem gleichen Schema behandelt; nur wird die Einwaage durch Zumischen von reinem, siliciumfreiem Eisen entsprechend gestreckt,

bei 2 % Si ...: 50 mg Stahl + 50 mg siliciumfreies Eisen,
bei 3 % Si ...: 35 mg Stahl + 65 mg siliciumfreies Eisen,
bei 4 % Si ...: 25 mg Stahl + 75 mg siliciumfreies Eisen.

Literatur.

Kálmán, L., u. A. Vágó: Magyar Chem. Folyóirat **64**, 123 (1958); durch Fr. **167**, 293 (1959). – Kern, E. F., u. Th. R. Jones: Trans. Am. electrochem. Soc. **57**, 6 Seiten (1930); durch Fr. **83**, 474 (1931). – Kordon, F.: Arch. Eisenhüttenw. **18**, 139 (1945). – Korol, S. S., u. W. M. Kaluschskaja: Betriebslab. (russ.) **3**, 908 (1934); durch Fr. **103**, 315 (1935).

Mika, J.: Arch. Eisenhüttenw. **18**, 7 (1945).

Penfield, S. L.: Chem. N. **39**, 179.

Sahlbom, N., u. F. W. Hinrichsen: B. **39**, 2609 (1906); durch Fr. **46**, 448 (1907). – Schucht, L., u. W. Möller: B. **39**, 3693 (1906).

Tananaeff, N. A., u. A. K. Babko: Fr. **82**, 145 (1930); **83**, 77 (1931). – Tartakowski, W. J.: USSR Scient.-techn. Dpt. Supreme Council Nat. Econ. **493**, Nr. 52 (1932); durch C. **103**, **II**, 1808 (1932). – Terentjev, A. P., S. V. Sjavcillo u. B. M. Luskina: Ž. anal. Chim. (russ.) **16**, 83 (1961); durch Fr. **187**, 195 (1962). – Treadwell, F. P.: Kurzes Lehrbuch der analytischen Chemie, Bd. **II**, 501.

Wagner, F.: Fr. **178**, 34 (1960/61). – Wilson, H. N.: Analyst **74**, 243 (1949).

§ 2. Alkalimetrische Methoden.

1. Verfahren nach Halfter.

Prinzip. Durch Umsetzung von Kieselsäure mit Alkalifluorid wird eine äquivalente Menge Alkalihydroxid in Freiheit gesetzt, das durch Titration mit Säure bestimmt wird.

Dieses Verfahren eignet sich nur zur Analyse reiner Alkalisilicatlösungen, die keine anderen Kationen enthalten.

Wesentlich bei der Durchführung ist, daß man auf einen bestimmten pH-Wert (4,9) titriert. Zur Einstellung auf diesen Wert und zur Überwachung der pH-Änderung während des Titrierens stellt man sich eine Reihe von Pufferlösungen von pH = 4,9 bis 6,2 her, die man mit dem bei der Titration verwendeten Indicator versetzt.

Arbeitsvorschrift. Ein abgemessener Überschuß 0,5 n NaF- oder KF-Lösung wird mit 0,1 n HCl gegen Bromkresolgrün oder Bromkresolpurpur auf den pH-Wert 4,9 gebracht.

Zu der so vorbereiteten Fluoridlösung gibt man die neutrale Silicatlösung, mischt gut durch und titriert die Mischung, die einen pH-Wert von 6,2 angenommen hat, mit 0,1 n HCl auf den pH-Wert 4,9 zurück.

Der Titer der Salzsäure wird durch Titration einer Alkalisilicatlösung bekannten Gehaltes bestimmt.

2. Verfahren nach Lawson, Jones und Aepli zur Bestimmung löslicher Silicate in Reinigungsmitteln.

Prinzip. Man bestimmt zunächst durch Titration mit Säure das Alkali des Silicats und anschließend, nach Zugabe von NaF, die bei der Bildung von Na_2SiF_6 freiwerdenden Hydroxylionen.

Die Umsetzung mit NaF verläuft mit befriedigender Geschwindigkeit, wenn ein Überschuß von Säure und Äthanol zugegeben wird.

Arbeitsvorschrift. 50 ml Lösung (entsprechend 1 g Natriumsilicat) werden mit 0,5 ml Methylrotindikatorlösung (1 g in 600 ml 95%igem Äthanol gelöst und mit 400 ml Wasser verdünnt) versetzt und mit n HCl bis zur ersten Farbänderung titriert (*a* ml).

Die Lösung wird hierauf mit 5 g NaF versetzt und zur Beschleunigung der Auflösung geschüttelt. Nun mischt man 25 ml Äthanol zu und titriert entstandenes NaOH mit n HCl; nach Erreichung des Umschlags gibt man noch etwa 2 ml n HCl hinzu (b ml).

Jetzt gibt man 0,5 ml Methylrot-Xylencyanol-FF-Indicatorlösung (0,8 g Methylrot + 0,2 g Xylencyanol FF in 1 l 95 %igem Äthanol) zu und titriert mit n NaOH bis zum Umschlag nach Grau (noch nicht Grün!) zurück. (c ml).

$$\% \; SiO_2 = (b - a - c) \cdot 0{,}01502 \cdot 100; \quad \% \; Na_2O = a \cdot 0{,}03099 \cdot 100.$$

Bemerkungen. I. In *Gegenwart von Carbonaten* wird nach der ersten Titration ein kohlendioxidfreier Luftstrom zur Entfernung von CO_2 durchgeleitet; das ist meistens nach 5 Min. erreicht.

II. In *Gegenwart von Phosphaten* wird bei der ersten Titration statt Methylrot 0,1 %ige Methylorangelösung als Indicator verwendet.

III. Die *Übereinstimmung* mit den gravimetrisch gefundenen Werten beträgt $\pm 0{,}05\%$ SiO_2.

IV. In Anwesenheit *oberflächenaktiver* Stoffe tritt beim Durchleiten von Luft sehr starkes Schäumen auf; es wird durch einen Zusatz von 2 bis 3 Tropfen „Foamex" verhindert.

Literatur.

Halfter, G.: Fr. **128**, 266 (1948); Angew. Ch. **61**, 413 (1949).
Lawson, A. M., L. A. Jones u. O. T. Aepli: Anal. Chem. **27**, 1810 (1955).

§ 3. Jodometrische Methoden.

1. Verfahren nach Kautsky und Thiele.

Prinzip. Schweflige Säure wird durch Si-H-Bindungen zur Sulfoxylsäure reduziert:

$$\equiv Si-H + H_2SO_3 \rightarrow \equiv SiOH + H_2SO_2.$$

Die Titration der gebildeten Sulfoxylsäure ermöglicht die Si-H-Bestimmung.

2. Verfahren nach Fritz.

Prinzip. Monosilan, SiH_4, wird durch $HgCl_2$-Lösung quantitativ absorbiert unter Oxydation von SiH_4 zur Kieselsäure:

$$4H_2O + SiH_4 + 8HgCl_2 \rightarrow Si(OH)_4 + 4Hg_2Cl_2 + 8HCl.$$

Analog verhalten sich alle Si–H enthaltenden Verbindungen; das Verfahren ist also geeignet zur quantitativen Bestimmung der Si-H-Bindung.

Da man das gebildete Kalomel, Hg_2Cl_2, mit J_2 oxydieren kann, bietet die obige Reaktion die Möglichkeit, die Si-H-Bindung auf jodometrischem Wege zu bestimmen:

$$Hg_2Cl_2 + J_2 + 6J^- \rightarrow 2[HgJ_4]^{2-} + 2Cl^-.$$

Da 1 SiH_4 4 Hg_2Cl_2 liefert, entspricht: 1 SiH_4 4 J_2 oder:

1,6 mg SiH_4 4,00 ml 0,1 n KJ_3-lösung.

Siliciumorganische Verbindungen, z.B. $(C_2H_5)_2SiH_2$ oder $(C_2H_5)_3SiH$, sind der Reaktion ebenfalls zugänglich:

$$(C_2H_5)_2SiH_2 + 4\,HgCl_2 + 2\,H_2O \rightarrow (C_2H_5)_2Si(OH)_2 + 2\,Hg_2Cl_2 + 4\,HCl;$$

$$(C_2H_5)_3SiH + 2\,HgCl_2 + H_2O \rightarrow (C_2H_5)_3SiOH + Hg_2Cl_2 + 2\,HCl.$$

Auch Siliciumchloroform reagiert analog:

$$HSiCl_3 + 2\,HgCl_2 + 4\,H_2O \rightarrow Si(OH)_4 + Hg_2Cl_2 + 5\,HCl.$$

I. Die Durchführung der quantitativen Bestimmung der Si-H-Bindung in einer gasförmigen Si-Verbindung erfolgt in der unten skizzierten Apparatur (Abb. 12).

Arbeitsvorschrift. In der Gaspipette P befindet sich eine wäßrige $HgCl_2$-Lösung. Aus dem Vorratsgefäß V (Absperrflüssigkeit schwach salzsaures Wasser) wird durch Heben des Niveaugefäßes N_1 SiH_4 in die Gasbürette B gebracht und dort abgemessen. Die $HgCl_2$-Lösung wird nun bis zum Hahn H_1 hochgezogen und nach Umstellung von Hahn H_1 durch Heben des Niveaugefäßes N_2 das bekannte Volumen SiH_4 in die Pipette P gebracht. Sobald SiH_4 in der Pipette mit $HgCl_2$-Lösung in Berührung kommt, muß man die Pipette schütteln, weil sich sonst an der Berührungsfläche Gas-Flüssigkeit Quecksilber als schwarzer Beschlag abscheidet. Läßt man jedoch bei hochgestelltem Niveaugefäß N_2 aus Bürette B etwas Wasser zum Ausspülen der Capillare nachfließen und schüttelt die Pipette, so wird innerhalb von 10 bis 15 Min. die gesamte Gasmenge absorbiert, und es scheidet sich ein rein weißer, flockiger Niederschlag ab.

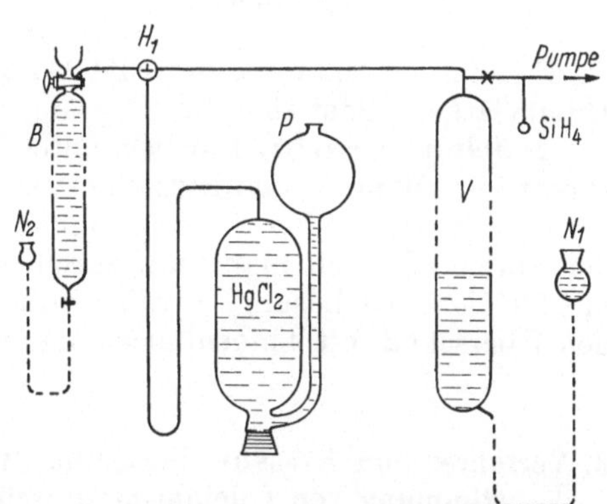

Abb. 12. Apparatur zur Bestimmung der Si-H-Bindung in gasförmigen Si-Verbindungen.

Die Pipette wird nun in ein Becherglas ausgespült. Man gibt langsam 80%ige KJ-Lösung zu, wodurch das überschüssige $HgCl_2$ zum Schluß als $K_2[HgJ_4]$ gelöst wird. Der ursprünglich weiße Niederschlag wird grüngelb und ist flockig. Ein größerer Überschuß an KJ ist hierbei zu vermeiden.

Man setzt nun langsam eine bekannte Menge 0,1 n Jodlösung im Überschuß zu. Dabei löst sich der Niederschlag vollständig auf, da Hg_2^{2+} in Hg^{2+} übergeführt wird, das sich als $[HgJ_4]_2^-$ löst. Das überschüssige Jod wird mit Thiosulfatlösung zurücktitriert.

1 ml 0,1 n Jodlösung entspricht 0,40 mg SiH_4.

II. Zur Bestimmung der Si-H-Bindung in $(C_2H_5)_2SiH_2$ dient die unten skizzierte Anordnung (Abb. 13).

Arbeitsvorschrift. Falle A enthält den für die Analyse bestimmten Vorrat an $(C_2H_5)_2SiH_2$. Kölbchen B dient zur Einwaage der Substanz. Es ist mit einem Schiffschen Hahn verschlossen und über einen Schliff mit der Hochvakuumapparatur verbunden, so daß es über H_1 evakuiert und anschließend gewogen werden kann. Dann verbindet man B wieder mit der Apparatur und evakuiert. Jetzt wird H_1 geschlossen, H_2 geöffnet und B mit flüssigem Stickstoff gekühlt. Dadurch wird etwas Substanz aus A in B kondensiert. Nun wird B verschlossen und erneut gewogen; die Differenz der beiden Wägungen ergibt die Einwaage. Daraufhin verbindet man B wieder mit der Apparatur, die man evakuiert. Durch Kühlen von C mit flüssigem Stickstoff wird die in B befindliche Einwaage in C kondensiert. Man verschließt B, das zur Kontrolle wieder gewogen wird, und füllt die Apparatur über H_3 mit gereinigtem Stickstoff. B wird nun von der Apparatur genommen und im Stickstoffstrom durch Teil D ersetzt, den man anschließend mit Stickstoff ausspült.

Man evakuiert darauf die ganze Apparatur mit Teil D über H_1 sorgfältig, schließt H_1, kühlt Teil D mit flüssigem Stickstoff und erwärmt Falle C langsam, wodurch sich die eingewogene Substanzmenge quantitativ in D kondensiert. Danach schließt man H_4 und läßt in die noch abgekühlte Falle D durch den Trichter T 150 ml 5%ige $HgCl_2$-Lösung einfließen. Anschließend schüttelt man 15 Min. und spült den Inhalt von D in einen Erlenmeyerkolben, wo er, wie beschrieben, mit 80%iger KJ-Lösung und überschüssiger 0,1 n Jodlösung unter Schütteln umgesetzt wird.

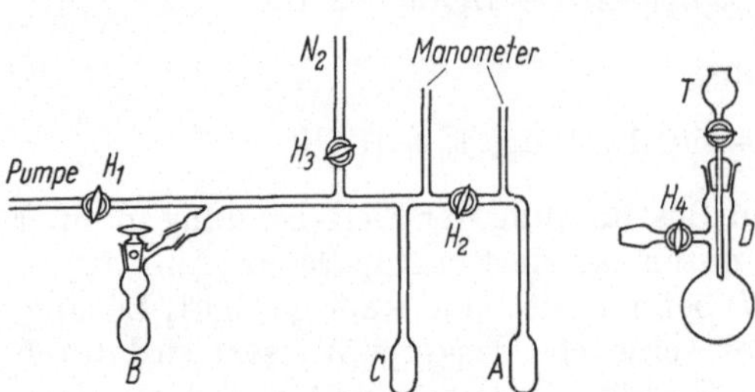

Abb. 13. Apparatur zur Bestimmung der Si-H-Bindung in $(C_2H_5)_2SiH_2$.

III. Zur Bestimmung der SiH-Bindung in Lösungen von $HSiCl_3$ in trockenem Dibutyläther eignet sich die folgende

Arbeitsvorschrift. Ein bekanntes Volumen (10 bis 20 ml) läßt man aus einer Pipette in 150 ml 5%ige $HgCl_2$-Lösung einfließen. Dabei muß, um Verdampfungsverluste zu vermeiden, die Pipettenspitze in die Lösung tauchen. Nach Abspülen der Spitze schüttelt man kurz durch, kocht 5 Min., versetzt nach dem Abkühlen mit 80%iger KJ-Lösung, oxydiert mit überschüssiger 0,1 n Jodlösung und titriert den Überschuß mit Thiosulfatlösung zurück.

3. Verfahren von Kreškov, Bork und Svyrkova zur schnellen amperometrischen Bestimmung von silicium-organischen Verbindungen mit SiH-Bindungen.

Prinzip. Gemäß der Reaktion:

$$2\,HgCl_2 + \equiv SiH \rightarrow Hg_2Cl_2 + \equiv SiCl + HCl$$

wird die Titration in Methanol-Benzol-Lösung mit LiCl als Grundelektrolyt durchgeführt.

Die Methode eignet sich zur Analyse von CH_3SiHCl_2, $CH_3C_6H_5SiHCl$, Gemischen dieser Silane (0,95 bis 2,0% Gehalt der ersten Komponente), Gemischen von $(C_2H_5O)_3SiH$ mit $(C_2H_5O)_4Si$, 1,0 bis 100% Gehalt an Monosilan.

Arbeitsvorschrift. 0,07 bis 0,2 g Silan oder -gemisch werden in 25 ml Benzol gelöst; 0,5 bis 2 ml der Lösung werden im Becherglas mit 25 ml Methanol-Benzol-Gemisch (1 + 1), enthaltend 0,3 Mol LiCl/l, versetzt (bei Gemischen mit kleinem SiH-Gehalt löst man die Einwaage ohne Verdünnung direkt in dieser Mischung). Die Lösung wird bei − 0,8 V mit einer Lösung von $HgCl_2$ (30 g/l) in Methanol-Benzol (1 + 1) unter Verwendung einer Hg-Anode und Hg-Tropfkathode amperometrisch titriert.

Genauigkeit: 1 mg CH_3SiHCl_2 ließ sich mit einem relativen Fehler von etwa 3% bestimmen.

4. Bestimmung von SiH- und SiC_6H_5-Gruppen nebeneinander nach Fritz und Burdt.

Prinzip. Die SiH-Gruppe reagiert mit überschüssigem Brom in Eisessig bei Zimmertemperatur quantitativ nach der Gleichung:

$$\equiv SiH + Br_2 \rightarrow \equiv SiBr + HBr.$$

Arbeitet man mit einer titrierten Bromlösung, so kann der Überschuß an Brom nach Beendigung der Reaktion mit Thiosulfatlösung titriert werden.

Die SiC_6H_5-Gruppe reagiert analog:

$$\equiv SiC_6H_5 + Br_2 \rightarrow \equiv SiBr + C_6H_5Br,$$

jedoch erst mit siedender Brom-Eisessig-Lösung.

Titriert man also bei Zimmertemperatur die SiH-Gruppe und ermittelt man in einer zweiten Einwaage den Bromverbrauch nach Erhitzen der Lösung, so kann man aus der Differenz den Bromverbrauch für die SiC_6H_5-Gruppe gewinnen. In Phenylsilanen mit mehreren SiH-Gruppen wird durch deren Bromierung die Si-Phenylgruppe so fest gebunden, daß die Spaltung mit Brom nicht mehr quantitativ verläuft. Diese Schwierigkeit läßt sich dadurch umgehen, daß man bei der Phenylgruppenbestimmung nach Einwirkung der Brom-Eisessiglösung Wasser zusetzt und aufkocht, wobei sich Siloxanbindungen bilden. Dadurch wird die Spaltung erleichtert, und man erhält richtige Werte für die SiC_6H_5-Gruppe.

Arbeitsvorschriften. I. Die *Bestimmung der SiC_6H_5-Gruppe* erfolgt in zwei fest verbundenen Fallen, von denen die erste mit einem NS-14,5-Schliffstopfen fest verschließbar ist; die zweite besitzt ein bis fast zum Boden reichendes Einleitungsrohr, analog der Stritarschen Vorlage bei der OCH_3-Bestimmung nach ZEISEL, und wird mit etwa 5 ml Eisessig beschickt. In die erste Falle wägt man die Substanz (30 bis 100 mg) ein und gibt aus einer Bürette genau 10,0 ml der titrierten 0,1 n Brom-Eisessiglösung. Man erhitzt nun, nach Verschließen mit dem Schliffstopfen, mit kleiner Flamme bis zum Sieden des Eisessigs; die geringe Menge Broms, die dabei verdampft, wird in dem vorgelegten Eisessig zurückgehalten. Bei an SiH-Bindung reicheren Verbindungen setzt man vor dem Erwärmen etwa 1 ml Wasser zu. Nach dem Abkühlen spült man den Inhalt der beiden Fallen in einen 250-ml-Erlenmeyerkolben, versetzt mit 2 bis 3 g KJ und titriert das ausgeschiedene Jod mit 0,1 n $Na_2S_2O_3$-Lösung. Die Differenz des Thiosulfatverbrauches der Bromlösung vor und nach der Umsetzung entspricht $^1/_2$ Si-C_6H_5.

$$\% \; C_6H_5 = 0{,}5 \cdot 77 \cdot \text{ml verbrauchte } 0{,}1 \text{ n } Na_2S_2O_3/(\text{g Einwaage} \cdot 100).$$

II. Die *Bestimmung der SiH-Gruppe* erfolgt bei Raumtemperatur. Eine in einem 100-ml-Erlenmeyerkolben vorgelegte Menge an 0,1 n Brom-Eisessiglösung wird mit der eingewogenen Substanz versetzt. Nach kurzem Stehen fügt man 3 bis 4 g KJ und etwa 20 ml Wasser hinzu und titriert das ausgeschiedene Jod mit 0,1 n $Na_2S_2O_3$-Lösung; der Wasserstoffwert errechnet sich nach der Beziehung:

$$\% \; H = 0{,}5 \cdot \text{ml verbrauchte } 0{,}1 \text{ n } Na_2S_2O_3/(\text{g Einwaage} \cdot 100).$$

Zur SiH- und SiC_6H_5-Bestimmung in der gleichen Verbindung wird mit einer Einwaage bei Raumtemperatur der SiH-Wert bestimmt und mit einer zweiten Einwaage nach Aufkochen der Lösung der gesamte Bromverbrauch ermittelt. Von diesem Wert wird nach Umrechnung aus der Einwaage der ersteren Bestimmung der Verbrauch für die SiH-Gruppe abgezogen. Die Differenz ergibt den Verbrauch der SiC_6H_5-Gruppe.

Die *Genauigkeit* der SiH-Gruppenbestimmung beträgt $\pm 5\%$, die der SiC_6H_5-Gruppenbestimmung $\pm 0{,}5\%$.

Literatur.

FRITZ, G.: Z. anorg. Ch. **280**, 134 (1955). – FRITZ, G., u. H. BURDT: Z. anorg. Ch. **317**, 35 (1962).

KAUTSKY, H., u. H. THIELE: Z. anorg. Ch. **173**, 115 (1928). – KRESKOV, A. P., V. A. BORK u. L. A. ŠVYRKOVA: Ž. anal. Chim. (russ.) **17**, 359 (1962); durch Fr. **195**, 47 (1963).

QUIEHL, H.: Diplomarbeit, Marburg 1954.

TOBER, H.: Diplomarbeit, Marburg 1950.

§ 4. Bromometrische Methode nach Wolynez.

Prinzip. Fällt man aus einer sauren Lösung von Molybdatokieselsäure durch eine Oxinlösung bekannten Gehaltes den Oxinkomplex: $SiO_2(MoO_3)_{12} + 4C_9H_7ON$, so läßt sich durch bromometrische Bestimmung die mit der Molybdatokieselsäure in Reaktion getretene Menge Oxins und daraus die Menge an SiO_2 berechnen.

Arbeitsvorschrift. 0,25 g Silicat (Quarzit, Schamotte, Ton) werden mit 5 g NaOH im Nickeltiegel aufgeschlossen, mit Wasser ausgelaugt, und der Extrakt wird mit 200 ml Wasser verdünnt. Man setzt 30 ml rauchende Salzsäure zu und erwärmt bis zum beginnenden Sieden. Nach dem Erkalten wird auf 1000 ml aufgefüllt. 100 ml der Lösung werden in einem 500-ml-Kolben mit 20 ml 2%iger Ammoniummolybdatlösung und mit 5 ml Salzsäure (1 + 1) (etwa 6 m) versetzt und auf dem Wasserbad im verschlossenen Kolben 10 Min. bei einer 80 °C nicht übersteigenden Temperatur erwärmt. Nach dem Abkühlen fügt man nochmals 20 ml HCl (1 + 1) zu und fällt die Molybdatokieselsäure mit einer Oxinlösung bekannten Gehaltes. [14 g Oxin werden in 22 ml HCl (1 + 1) gelöst und auf 1000 ml verdünnt. Der Titer dieser Lösung wird auf bromometrischem Wege ermittelt.] Bei einem SiO_2-Gehalt von 40 bis 70% setzt man (27,5 ml Oxinlösung, bei einem höheren bis) 32,5 ml, zu. Man erwärmt nun den verschlossenen Kolben 10 Min. auf 60 bis 70 °C, füllt nach dem Abkühlen zur Marke: 177,5 ml, die man zuvor mit Fettstift anbringt, auf und filtriert durch ein trockenes Filter.

Zu 25 ml des Filtrats werden 30 ml HCl (1 + 1) (etwa 6 m), 30 ml 8%ige Oxalsäurelösung und 130 ml Wasser zugesetzt. Man führt nun eine orientierende Vortitration aus, indem man nach Zusatz von 12,5 ml 0,1 n Bromat-Bromidlösung den Bromüberschuß wie üblich jodometrisch bestimmt.

Die zweite, genaue Titration führt man in weiteren 100 ml des Filtrats aus. Man setzt 120 ml 8%ige Oxalsäurelösung, 100 ml HCl (1 + 1) und 225 ml Wasser zu und tropft „*a*" ml Bromatlösung zu.

Die Anzahl „*a*" ergibt sich aus der Vortitration nach dem Ansatz:

$$a = [(12{,}5 - 0{,}5\,b) \cdot 4 + 1{,}5]\,\text{ml},$$

worin *b* der Verbrauch in Milliliter 0,05 n $Na_2S_2O_3$-Lösung bei der Vortitration ist.

Man läßt den Kolben 2 Min. verschlossen stehen, versetzt anschließend mit 5 ml 10%iger KJ-Lösung und titriert das ausgeschiedene Jod mit der Thiosulfatlösung.

Die Analysenresultate werden nach folgendem Ansatz berechnet:

$$\%\ SiO_2 = \frac{[m - (a - 0{,}5\,b) \cdot T] \cdot 1{,}775 \cdot 100}{0{,}025}\,{}^{*}.$$

worin m = die Menge des zur Fällung benötigten Oxins (0,45 g Oxin = 0,046558 g SiO_2), ausgedrückt in Gramm SiO_2,

a = die für die Titration von 100 ml der zweiten Lösung verbrauchten Milliliter Bromat-Bromidlösung,

b = die zur Rücktitration des Bromüberschusses verbrauchten Milliliter Thiosulfatlösung und

T = den Titer der Bromatlösung bedeutet, ausgedrückt als Gramm SiO_2/ml:

1,775 = [100 ml (1/10 Einwaage) + 25 ml (HCl) + 20 ml + 32,5 ml (Oxin)]/100.

Literatur.

WOLYNEZ, M. J.: Betriebslab. (russ.) **5**, 162 (1936); durch R. BERG: Die analytische Verwendung von o-Oxychinolin („Oxin") und seiner Derivate; Sammlung „Die chemische Analyse", Band XXXIV, 2. Aufl.; Stuttgart 1938, S. 96.

* Der Referent BERG begeht dadurch einen Überlegungsfehler, daß er glaubt, man müsse 100 ml Grund-Analysenlösung nach Zugabe der Reagenzien zu 500 ml *statt* zu 177,5 ml auffüllen; vgl. obigen Ansatz zum Analysenresultat!

Verzeichnis der Zeitschriften und ihrer Abkürzungen.

Abkürzung	Zeitschrift
A.	LIEBIGS Annalen der Chemie; bis 172 (1874): Annalen der Chemie und Pharmacie.
Acc. Sci. med. Ferrara	Accademia delle scienze mediche di Ferrara.
A. Ch.	Annales de Chimie; vor 1914: Annales de Chimie et de Physique.
Acta Chim. Acad. Sci. Hung.	Acta Chimica Academiae Scientiarum Hungaricae.
Acta Comment. Univ. Tartu	Acta et Commentationes Universitatis Tartuensis (Dorpatensis).
Acta med. Scand.	Acta Medica Scandinavica.
Agricultura	Agricultura.
Am. Chem. J. (Am. Ch.)	American Chemical Journal; seit 1917 vereinigt mit Am. Soc.
Am. Fertilizer	The American Fertilizer.
Am. J. Physiol.	American Journal of Physiology.
Am. J. Sci.	American Journal of Science.
Am. Soc.	Journal of the American Chemical Society.
Am. Soc. Test. Mater. (Am. Soc. Testing Materials)	American Society of Testing Materials.
Anal. Abstr.	Analytical Abstracts.
Anal. Chem.	Analytical Chemistry, früher Ind. Eng. Chem. Anal. Edit.
Anal. chim. Acta	Analytica chimica acta.
Analyst	The Analyst.
An. Argentina	Anales de la asociación química Argentina.
An. Españ.	Anales de la sociedad española de física y química; seit 1941: Anales de fisica y quimica (Madrid).
An. Farm. Bioquim.	Anales de farmacia y bioquimica (Buenos Aires).
Angew. Ch.	Angewandte Chemie, vor 1932: Zeitschrift für angewandte Chemie.
Ann. Acad. Sci. Fenn.	Annales academiae scientiarum fennicae.
Ann. agronom.	Annales agronomiques.
Ann. Chim. anal.	Annales de Chimie analytique et de Chimie appliquée.
Ann. Chim. appl(ic).	Annali di chimica applicata.
Ann. Chim. et Phys.	Annales de Chimie et de Physique.
Ann. Chim. Roma (Rome).	Annali di Chimica Applicata.
Ann. Falsific.	Annales des Falsifications et des Fraudes.
Ann. Office nat. Combustibles liquides	Annales de l'Office National des Combustibles Liquides.
Ann. Phys.	Annalen der Physik (GRÜNEISEN und PLANCK).
Ann. Sci. agronom. Franç.	Annales de la Science agronomique française et étrangère; nach 1930: Annales agronomiques.
Ann. Soc. Sci. Bruxelles	Annales de la société scientifique de Bruxelles, Série A: Sciences mathématiques: Série B: Sciences physiques et naturelles.
Anz. Akad. Wiss. Wien, math.-naturwiss. Kl.	Anzeiger der Akademie der Wissenschaften in Wien, Mathematische-Naturwissenschaftliche Klasse.
Anz. Krakau. Akad.	Anzeiger der Akademie der Wissenschaften, Krakau.
Apoth.-Z.	Apotheker-Zeitung.
Ar.	Archiv der Pharmazie.
Arch. Eisenhüttenw.	Archiv für das Eisenhüttenwesen.
Arch. exp. Pathol.	Archiv für experimentelle Pathologie und Pharmakologie (NAUNYN-SCHMIEDEBERG).
Arch. Math. Naturvidensk (Arch. F. Mathem. og Naturvid.)	Archiv for Mathematik og Naturvidenskab.
Arch. Néerland. Physiol.	Archives Néerlandaises de Physiologie de l'Homme et des Animaux.

Abkürzung	Zeitschrift
Arch. Phys. biol.	Archives de Physique biologique et de Chimie-Physique des Corps organisés.
Arch. Physiol.	Archiv für die gesamte Physiologie des Menschen und der Tiere (PFLÜGER).
Arch. Sci. biol.	Archivio di scienze biologiche (Italy).
Arch. Sci. phys. nat. Genève.	Archives des Sciences physiques et naturelles, Genève.
Atti Accad. Lincei	Atti della Reale Accademia nazionale dei Lincei.
Atti Accad. Sci. Torino	Atti della Reale Accademia delle Science di Torino.
Atti Congr. naz. Chim. pura applic.	Atti del congresso nazionale di chimica pura ed applicata.
Atti X Congr. int. Chim., Roma (Atti Congr. int. Chim. Roma)	Atti del X Congresso Internazionale di Chimica (Roma).
Austr. J. exp. Biol. med.	
Austr. J. exp. Biol. med. Sci.	Australian Journal of Experimental Biology and Medical Science.
B.	Berichte der Deutschen Chemischen Gesellschaft.
Ber. dtsch. keram. Ges.	Berichte der Deutschen Keramischen Gesellschaft.
Ber. dtsch. pharm. Ges.	Berichte der Deutschen Pharmazeutischen Gesellschaft.
Berg- u. Hüttenmänn. Z. (Glückauf)	Berg- und Hüttenmännische Zeitschrift.
Ber. oberhess. Ges. Naturk.	Bericht der oberhessischen Gesellschaft für Natur- und Heilkunde.
Ber. Wien. Akad.	Sitzungsberichte der Akademie der Wissenschaften, Wien.
Betriebslab.	Betriebslaboratorium; russ.: Sawodskaja Laboratorija.
Biochem. J.	Biochemical Journal.
Biol. Bl.	Biological Bulletin of the Marine Biological Laboratory; seit 1930: Biological Bulletin.
Bio. Z.	Biochemische Zeitschrift.
Bl.	Bulletin de la Société chimique de France; vor 1907: Bulletin de la Société chimique de Paris.
Bl. Acad. Roum.	Bulletin de la section scientifique de l'Académie Roumaine.
Bl. Acad. Russie	Bulletin de l'Academie des Sciences de Russie; seit 1925: Bl. Acad. URSS.
Bl. Acad. Sci. Pétersb.	Bulletin de l'Académie impériale des Sciences, Pétersbourg; seit 1917: Bl. Acad. Russie.
Bl. Acad. URSS.	Bulletin de l'Académie des Sciences de l'U[nion des] R[épubliques] S[oviétiques] S[ocialistes].
Bl. Acad. URSS., Ser. chim.	Bulletin de l'Académie des Sciences de l'U[nion des] R[épubliques] S[oviétiques] S[ocialistes], Sér. chimique.
Bl. agric. chem. Soc. Japan	Bulletin of the Agricultural Chemical Society of Japan.
Bl. Am. phys. Soc.	Bulletin of the American Physical Society.
Bl. Assoc. techn. Fonderie (Bull. [Ass.] techn. Fonderie)	Bulletin de l'Association Technique de Fonderie.
Bl. Biol. pharm.	Bulletin des Biologistes pharmaciens.
Bl. Bur. Mines Washington	Bulletin, Bureau of Mines, Washington.
Bl. chem. Soc. Japan	Bulletin of the Chemical Society of Japan.
Bl. Chim. pura apl. Bukarest (B. Chim. pura aplicata Bukarest)	Buletinul de Chimie Pură si Aplicată (al Societătii Romane de Chimie) Bukarest.
Bl. Geol. Soc. Am.	Bulletin of the Geological Society of America.
Bl. Inst. physic. chem. Res. (Abstr.) Tôkyô	Bulletin of the Institute of Physical and Chemical Research, Abstracts, Tôkyô.
Bl. Sci. pharmacol.	Bulletin des Sciences pharmacologiques.
Bl. Soc. chim. Belg.	Bulletin de la Société chimique de Belgique.
Bl. Soc. Chim. biol.	Bulletin de la Société de Chimie biologique.
Bl. Soc. chim. Paris	Vgl. Bl.
Bl. Soc. Min.	Bulletin de la Société française de Minéralogie.
Bl. Soc. Mulhouse	Bulletin de la Société industrielle de Mulhouse.
Bl. Soc. Pharm. Bordeaux	Bulletin des Travaux de la Société de Pharmacie de Bordeaux.
Bl. Soc. România	Buletinul societatii de chimi din România.
Bodenkunde Pflanzenernähr.	Bodenkunde und Pflanzenernährung: 1. Folge (Band 1 bis 45) heißt: Zeitschrift für Pflanzenernährung, Düngung und Bodenkunde.

Abkürzung	Zeitschrift
Boll. chim. farm.	Bolletino chimico-farmaceutico.
Branntwein-Ind. (russ.)	Branntwein-Industrie (russisch).
Brennstoffchem.	Brennstoffchemie
Brit. chem. Abstr.	British Chemical Abstracts.
Bur. Stand. J. Res.	Bureau of Standards Journal of Research.
C.	Chemisches Zentralblatt.
Canad. Chem. Metallurgy (Can. Chem. Met.)	Canadian Chemistry and Metallurgy; ab Bd. 22 (1938): Canadian Chemistry and Process Industries.
Canadian J. Res.	Canadian Journal of Research.
Casopis českoslov. Lékárn.	Časopis československého, Lékárnictva.
Cereal Chem.	Cereal Chemistry.
Chem. Abstr.	Chemical Abstracts.
Chem. Anal. (Warszawa)	Chemia Analityczna (Warszaw).
Chem. Age	Chemical Age.
Chem. Apparatur	Chemische Apparatur.
Chem. eng. min. Rev.	Chemical Engineering and Mining Review.
Chem. Ind.	Chemistry and Industry.
Chemisat. soc. Agric. (Chemisat. socialist. Agr.) (russ.)	Chemisation of Socialistic Agriculture (russisch).
Chemist-Analyst	The Chemist-Analyst.
Chem. J. Ser. A	Chemisches Journal Serie A, Journal für allgemeine Chemie; russ.: Chimitscheski Shurnal Sser. A, Shurnal obschtschei Chimii.
Chem. J. Ser. B	Chemisches Journal Serie B, Journal für angewandte Chemie; russ.: Chimitscheski Shurnal Sser. B, Shurnal prikladnoi Chimii.
Chem. Listy	Chemické Listy pro vědu a průmysl.
Chem. Metallurg. Eng. (Chem. Met. Engin.)	Chemical and Metallurgical Engineering.
Chem. N.	Chemical News.
Chem. Obzor	Chemický Obzor.
Chem. Reviews	Chemical Reviews.
Chem. social. Agric.	Chemisation of socialistic Agriculture; russ.: Chimisazia sozialistitscheskogo Semledelija.
Chem. Tech.	Chemische Technik
Chem. Trade J. chem. Engr. (Chem. Trade J.)	Chemical Trade Journal and Chemical Engineer.
Chem. Weekbl.	Chemisch Weekblad.
Ch. Fabr.	Die chemische Fabrik.
Chim. Anal.	Chimie Analitique.
Chim. e Ind. (Milano)	Chimica e Industria (Milano).
Chim. Ind.	Chimie & Industrie.
Chim. Ind. 17. Congr. Paris	Chimie & Industrie, 17. Congrès, Paris.
Ch. Ind.	Die chemische Industrie.
Ch. Z.	Chemiker-Zeitung.
Ch. Z. Chem. techn. Übersicht	Chemiker-Zeitung, Chemisch-technische Übersicht.
Ch. Z. Repert.	Chemiker-Zeitung, Repertorium.
Coll. Czechoslov. Chem. Comm(un).	Collection of Czechoslovak Chemical Communications.
Coll. Trav. chim. Tchécosl.	Collection des Travaux chimiques de Tchécoslovaqui.
C. r.	Comptes rendus de l'Académie des Sciences.
C. r. Acad. URSS.	Comptes rendus (Doklady de l'académie des sciences de l'U[nion des] R[épubliques] S[oviétiques] S[ocialistes].
C. r. Carlsberg	Comptes rendus des Travaux du Laboratoire de Carlsberg.
C. r. Soc. Biol.	Comptes rendus de la Société de Biologie.
Current Sci.	Current Science.
Dansk Tidsskr. Farm.	Dansk Tidssjkrift for Farmaci.
Dingl. J.	DINGLERS Polytechnisches Journal.
Doklady Akad. Nauk SSSR.	Doklady Akademii nauk SSSR.
Dtsch. Apoth.-Z.	Deutsche Apotheker-Zeitung.
Dtsch. med. Wschr.	Deutsche medizinische Wochenschrift.
Dtsch. tierärztl. Wschr.	Deutsche tierärztliche Wochenschrift.

Abkürzung	Zeitschrift
Eng. Min. Journ.	Engineering and Mining Journal.
E. P.	Englisches Patent.
Erzmetall	Zeitschrift für Erzbergbau und Metallhüttenwesen; neue Folge von „Metall und Erz".
Fenno-Chem.	Fenno-Chemica.
Finska Kemistsamfundets Medd.	Finska Kemistsamfundets Meddelanden; fortgesetzt unter der Bezeichnung: Fenno-Chemica.
Fortschr. Chem. Physik physik. Chem.	Fortschritte der Chemie, Physik und physikalischen Chemie.
Fr.	Zeitschrift für analytische Chemie (FRESENIUS).
G.	Gazzetta chimica italiana.
Gas- und Wasserfach	Das Gas- und Wasserfach; vor 1922: Journal für Gasbeleuchtung sowie für Wasserversorgung.
Gen. electr. Rev. (General Electric Rev.)	General Electric Review.
Gigiena i Sanit.	Gigiena i Sanitariya.
Giorn. Biol. appl. Ind. chim. aliment. (G. Biol. appl. Ind. chim.)	Giornale di Biologia Applicata alla Industria Chimica ed Alimentare; ab Bd. **5** (1935): Giornale di Biologia Industriale Agraria ed Alimentare.
Giorn. Chim. ind. ed applic. (Giorn. Chim. ind. appl.)	Giornale di Chimica Industriale ed Applicata.
Glastechn. Ber.	Glastechnische Berichte.
Glückauf	Glückauf, berg- und hüttenmännische Zeitschrift.
H.	Zeitschrift für physiologische Chemie (HOPPE-SEYLER).
Helv.	Helvetica chimica acta.
Ind. Chemist (chem. Manufacturer) (Ind. Chemista. Chemical Manufacturer)	Industrial Chemist and Chemical Manufacturer.
Ind. chimica	L'Industria chimica, mineraria e metallurgica.
Ind. eng. Chem.	Industrial and Engineering Chemistry.
Ind. eng. Chem. Anal. Edit.	Industrial and Engineering Chemistry, Analytical Edition.
Ing. Chimiste (Bruxelles)	Ingénieur Chimiste (Bruxelles).
Internat. Sugar J.	International Sugar Journal.
Isvest. (Izv.) Akad. Nauk SSSR, Sér. Fiz.	Isvestiya Akademii nauk SSSR, Seriya fizicheskaya.
J. agric. Sci.	Journal of Agricultural Science.
J. Am. ceram. Soc.	Journal of the American Ceramic Society.
J. Am. Leather Chem.	Journal of the American Leather Chemists' Association.
J. Am. med. Assoc.	Journal of the American Medical Association.
J. Am. pharm. Assoc.	Journal of the American Pharmaceutical Association.
J. Am. Soc. Agron.	Journal of the American Society of Agronomy.
J. Am. Water Works Assoc.	Journal of the American Water Works Association.
J. anal. appl. Chem.	Journal of Analytical and Applied Chemistry.
Jap.(an) Analyst	Japan Analyst.
J. Assoc. offic. agric. Chem.	Journal of the Association of Official Agricultural Chemists.
J. Biochem.	Journal of Biochemistry (Japan).
J. biol. Chem.	Journal of Biological Chemistry.
Jbr.	Jahresberichte über die Fortschritte der Chemie (LIEBIG und KOPP), 1847–1910.
Jb. Radioakt.	Jahrbuch der Radioaktivität und Elektronik.
J. chem. Educat.	Journal of Chemical Education.
J. chem. Ind.	Journal der chemischen Industrie; russ.: Shurnal Chimitscheskoj Promyschlennosti.
J. chem. Physics (J. chem. Phys.)	Journal of Chemical Physics.
J. chem. Soc.	Journal of the Chemical Society of London.
J. chem. Soc. Japan	Journal of the Chemical Society of Japan.
J. Chim. appl. (J. chem. applic.) (russ.)	Journal de Chimie Appliquée (russisch).
J. Chim. phys.	Journal de Chimie physique; seit 1931: ... et Revue générale des Colloides.
J. chos. med. Assoc.	Journal of the Chosen Medical Association (Japan).
Jernkont. Ann.	Jernkontorets Annaler.

Abkürzung	Zeitschrift
J. Electroanal. Chem.	Journal of Electroanalytical Chemistry.
J. Gen. Chem. (USSR)	Journal of general chemistry (USSR).
J. ind. eng. Chem.	Journal of Industrial and Engineering Chemistry; seit 1923: Ind. eng. Chem.
J. Indian chem. Soc.	Journal of the Indian Chemical Society.
J. Indian Inst. Sci.	Journal of the Indian Institute of Sciences.
J. Inst. Brew.	Journal of the Institute of Brewing.
J. Inst. Petrol. Tech.	Journal of the Institution of Petroleum Technologists.
J. Iron Steel Inst.	Journal of the Iron and Steel Institute.
J. Labor clin. Med.	Journal of Laboratory and Clinical Medicine.
J. Landwirtsch.	Journal für Landwirtschaft.
J. of Hyg. (Brit.)	Journal of Hygiene (britisch).
J. opt. Soc. Am.	Journal of the Optical Society of America.
J. Pharm. Belg.	Journal de Pharmacie de Belgique.
J. Pharm. Chim.	Journal de Pharmacie et de Chimie.
J. pharm. Soc. Japan	Journal of the Pharmaceutical Society of Japan.
J. physic. Chem.	Journal of Physical Chemistry.
J. Physiol.	Journal of Physiology.
J. pr.	Journal für praktische Chemie.
J. Pr. Austr. chem. Inst.	Journal and Proceedings of the Australian Chemical Institute.
J. Res. Nat. Bureau of Standards	Journal of Research of the National Bureau of Standards, früher: Bur. Stand. J. Res.
J. Russ. Met. Soc.	Journal of the Russian metallurgical society.
J. S. African chem. Inst.	Journal of the South African Chemical Institute.
J. Sci. Soil Manure	Journal of the Science of Soil and Manure (Japan).
J. Soc. chem. Ind.	Journal of the Society of Chemical Industry (Chemistry and Industry).
J. Soc. chem. Ind. Japan (Suppl.)	Journal of the Society of Chemical Industry, Japan. Supplement.
J. Soc. Dyers Colourists	Journal of the Society of Dyers and Colourists.
J. Washington Acad. Sci.	Journal of the Washington Academy of Sciences.
J. Zucker-Ind.	Journal der Zuckerindustrie; russ.: Shurnal Sakharnoi Promyschlennosti.
Keem. Teated	Keemia Teated (Tartu).
Kem. Maanedsbl. nord. Handelsbl. kem. Ind.	Kemisk Maanedsblad og Nordisk Handelsblad for Kemisk Industri.
Klin. Wschr.	Klinische Wochenschrift.
Koks u. Chem. (russ.)	Koks und Chemie (russisch).
Kolloidchem. Beih.	Kolloidchemische Beihefte.
Kolloid-Z.	Kolloid-Zeitschrift.
Lantbruks-Akad. Handl. Tidskr.	Kugl. Lantbruks-Akademiens Handlingar och Tidskrift.
Lantbruks-Högskol. Ann.	Lantbruks-Högkolans Annaler.
L. V. St.	Landwirtschaftliche Versuchsstationen.
M.	Monatshefte für Chemie.
Magyar Chem. Folyóirat	Magyar Chemiai Folyóirat (Ungarische chemische Zeitschrift).
Malayan agric. J.	Malayan Agricultural Journal.
Medd. Centralanst. Försöksväs. jordbruks., landwirtsch.-chem. Abt.	Meddelande från Centralanstalten för Försöksväsendet på Jordbruksområdet, landbrukskemi.
Medd. Nobelinst.	Meddelanden från K. Vetenskapsakademiens Nobelinstitut.
Med. Doswiadczalna i Spoleczna	Medycyna Doswiadczalna i Spoleczna.
Mem. Sci. Kyoto Univ.	Memoirs of the College of Science, Kyoto Imperial University.
Metal Ind. (London)	Metal Industry (London).
Metalloberfläche	Metalloberfläche.
Metallurgia ital. (Metallurg. Ital.)	Metallurgia Italiana.
Metallwirtschaft (Metallwirtsch., Metallwiss., Metalltechn.)	Metallwirtschaft, Metallwissenschaft, Metalltechnik.
Met. Erz	Metall und Erz.
Mikrochemie (Mikrochem.)	Mikrochemie, vereinigt mit Mikrochimica acta.

Abkürzung	Zeitschrift
Mikrochim. A.	Mikrochimica acta.
Milchw. Forsch.	Milchwirtschaftliche Forschungen.
Mitt. berg- u. hüttenmänn. Abt. kgl. ung. Palatin-Joseph-Universität Sopron	Mitteilungen der berg- und hüttenmännischen Abteilung der königlich ungarischen Palatin-Joseph-Universität, Sopron.
Mitt. Forsch.-Anst. G. H. Hütte (Gutehoffnungs-hütte-Konzerns)	Mitteilungen aus den Forschungsanstalten des Gutehoffnungs-hütte-Konzerns.
Mitt. Geb. Lebensmittel-untersuch. Hyg.	Mitteilungen aus dem Gebiete der Lebensmitteluntersuchung und Hygiene.
Mitt. Kali-Forsch.-Anst.	Mitteilungen der Kali-Forschungsanstalt.
Mitt. K. W. I. Eisenforschg. (Düsseldorf)	Mitteilungen aus dem Kaiser-Wilhelm-Institut für Eisenforschung zu Düsseldorf.
Nachr. Götting. Ges.	Nachrichten der Kgl. Gesellschaft der Wissenschaften, Göttingen; seit 1923 fällt „Kgl.“ fort.
Nature	Nature (London)
Naturwiss.	Naturwissenschaften.
Natuurwetensch. Tijdschr.	Natuurwetenschappelijk Tijdschrift.
Nederl. Tijdschr. Geneesk.	Nederlandsch Tijdschrift voor Geneeskunde.
Neues Jahrb. Mineral. Geol.	Neues Jahrbuch für Mineralogie, Geologie und Paläontologie.
New Zealand J. Sci. Tech.	New Zealand Journal of Science and Technology.
Norsk Geol. Tidsskr.	Norks geologisk tidsskrift.
Nuclear Sci. Abstracts	Nuclear science Abstracts.
Öst. Ch. Z.	Österreichische Chemiker-Zeitung.
Onderstepoort J. Vet. Sci.	Onderstepoort Journal of Veterinary Science and Animal Industry.
P. C. H.	Pharmazeutische Zentralhalle.
Ph. Ch.	Zeitschrift für physikalische Chemie.
Pharm. Weekbl.	Pharmaceutisch Weekblad.
Pharm. Z.	Pharmazeutische Zeitung.
Phil. Mag.	Philosophical Magazine and Journal of Science.
Phil. Trans.	Philosophical Transactions of the Royal Society of London.
Phys. Rev.	Physical Review.
Phys. Z.	Physikalische Zeitschrift.
Plant Physiol.	Plant Physiology.
Pogg. Ann.	Annalen der Physik und Chemie, herausgegeben von POGGENDORFF (1824—1877); dann Wied. Ann. (1877—1899); seit 1900: Ann. Phys.
Pr. Am. Acad.	Proceedings of the American Academy of Arts and Sciences, Boston.
Pr. Am. Soc. Test Mater. (Pr. Am. Soc. for testing Materials)	Proceedings of the American Society for Testing Materials.
Pr. (chem. Soc.)	Proceedings of the Chemical Society (London).
Pr. Indian Acad. Sci.	Proceedings of the Indian Academy of Sciences.
Pr. internat. Soc. Soil Sci.	Proceedings of the International Society of Soil Science.
Pr. Leningrad Dept. Inst. Fert.	Proceedings of the Leningrad Departmental Institute of Fertilizers.
Pr(oc). Am. Soc. Test. Mater.	Proceedings of the American Society for Testing Materials.
Pr. Roy. Soc. Edinburgh	Proceedings of the Royal Society of Edinburgh.
Pr. Roy. Soc. London Ser. A.	Proceedings of the Royal Society (London). Serie A: Mathematical and Physical Sciences.
Pr. Roy. Soc. New South Wales	Proceedings of the Royal Society of New South Wales.
Pr. Soc. Cambridge	Proceedings of the Cambridge Philosophical Society.
Problems Nutrit.	Problems of Nutrition; russ.: Woprossy Pitanija.
Pr. Oklahoma Acad. Sci.	Proceedings of the Oklahoma Academy of Science.
Pr. Soc. exp. Biol. Med.	Proceedings of the Society for Experimental Biology and Medicine.
Pr. Utah Acad. Sci.	Proceedings of the Utah Academy of Sciences.
Przemysl Chem.	Przemysl Chemiczny.
Publ. Health Rep.	Public Health Reports.

Abkürzung	Zeitschrift
R.	Recueil des Travaux chimiques des Pays-Bas.
Radium	Le Radium, seit 1920: Journal de Physique et Le Radium.
Rep. Central Inst. Metals	Reports of the central Institute for Metals (Leningrad).
Rep. Connecticut agric. Exp. Stat.	Report of the Connecticut Agricultural Experiment Station.
Repert. anal. Chem.	Repertorium der analytischen Chemie (1881—1887).
Répert. Chim. appl.	Répertoire de Chimie pure et appliquée (von 1864 ab: Bulletin de la Société chimique de France).
Rep. Invest. (Rep. Investig.)	United States Department Interior, Bureau of Mines, Report of Investigation.
Rev. brasil. chim. (Revista brasileira de chimica)	Revista Brasileira de Chimica (São Paulo).
Rev. Centro Estud. Farm. Bioquim.	Revista del centro estudiantes de farmacia y bioquimica.
Rev. Chim. (Bucharest)	Revista de Chimie (Bucharest).
Rev. Mét.	Revue de Métallurgie.
Rev. univ. des Min.	Revue universelle des Mines.
Roczniki Chem.	Roczniki Chemji.
Roy. Inst. Chem., Lectures, Monographs, Rep.	Royal Institute of Chemistry Lectures, Monographs and Reports.
Schweiz. Apoth. Z.	Schweizerische Apotheker-Zeitung.
Schweiz. med. Wschr.	Schweizerische-medizinische Wochenschrift.
Schw. J.	SCHWEIGGERS Journal für Chemie und Physik (Nürnberg, Berlin 1811—1833, 68 Bde.).
Sci. and Cult.	Science and Culture.
Science	Science (New York).
Sci. Pap. Inst. Tôkyô	Scientific Papers of the Institute of Physical and Chemical Research Tôkyô.
Sci. quart. nat. Univ. Pekin	Science Quarterly of the National University of Peking.
Sci. Rep. Res. Inst. Tôhoku Univ.	Science Reports of the research institutes Tohoku university.
Sci. Rep. Tôhoku (Imp. Univ.)	Science Reports of the Tôhoku Imperial University.
Skand. Arch. Physiol.	Skandinavisches Archiv für Physiologie.
Soc.	Journal of the Chemical Society of London.
Soc. chem. Ind. Victoria (Proc.)	Society of Chemical Industry of Viktoria, Proceedings.
Soil Sci.	Soil Science.
Spectrochim. Acta	Spectrochimica Acta.
Sprechsaal	Sprechsaal für Keramik-Glas-Email.
Stahl Eisen	Stahl und Eisen.
Svensk. Tekn. Tidskr.	Svensk Teknisk Tidskrift.
Sv. V.A.H. (Sv VAH, Sv. Vet. Akad. Handl.)	Svenska Vetenskaps-Akademiens-Handlingar.
Talanta	Talanta (London).
Techn. Mitt. Krupp	Technische Mitteilungen KRUPP.
Tôhoku J. exp. Med.	Tôhoku Journal of Experimental Medicine.
Trans. Am. electrochem. Soc.	Transactions of the American Electrochemical Society.
Trans. Am. Inst. min. metallurg. Eng. (Trans. Am. Inst. Min. Eng.)	Transactions of the American Institute of Mining and Metallurgical Engineers.
Trans. Butlerov Inst. chem. Technol. Kazan	Transactions of the BUTLEROV Institute; (seit 1935; KIROV Institute) for Chemical Technology of Kazan.
Trans. ceram. Soc. England	Transactions of the Ceramic Society, England; ab Bd. 38 (1939): Transactions of the British Ceramic Society.
Trans. Dublin Soc.	Scientific Transactions of the Royal Dublin Society.
Trans. Faraday Soc.	Transactions of the FARADAY Society.
Trans. Roy. Soc. Edinburgh	Transactions of the Royal Society of Edinburgh.
Trans. sci. Inst. Fert.	Transactions of the Scientific Institute of Fertilizers and Insectofungicides (USSR).
Trans. Sci. Soc. China	Transactions of the Science Society of China.
Trav. Inst. Etat Radium (russ.)	Travaux de l'Institut d'Etat de Radium (russisch).

Abkürzung	Zeitschrift
Trav. Lab. biogeochim. Acad. Sci. URSS.	Travaux du laboratoire biogéochimique de l'académie des sciences de l'U[nion des] R[épubliques] S[oviétiques] S[ocialistes].
Uchen. Zapiski Kazan. Gosud. Univ.	Uchenye Zapiski Kazanskogo Gosudarstvennogo Universiteta (USSR).
Ukrain. chem. J.	Ukraine Chemical Journal (Journal chimique de l'Ukraine).
Union pharm.	Union pharmaceutique.
Union S. Africa Dept. Agric.	Union of South Africa. Department of Agriculture.
Univ. Illinois Bl.	University of Illinois, Bulletin.
Univ. Toronto Studies, Geol. Ser.	University of Toronto Studies, Geologycal series.
U. S. Dep. Commerce Bur. Mines Bl. (U. S. Bur. Min. B.)	U. S. Department of Commerce, Bureau of Mines, Bulletin.
U. S. Dep. Interior Bur. (U. S. Mines Bull.)	United States Department of the Interior, Bureau of Mines. Bulletin.
U. S. Dept. Agric. Bl.	United States Department of Agriculture, Bulletins.
U. S. Geol. Surv. Bl.	United States Geological Survey Bulletin.
Verh. phys. Ges.	Verhandlungen der Deutschen physikalischen Gesellschaft.
Vorratspflege u. Lebensmittelforsch.	Vorratspflege und Lebensmittelforschung.
Washington Acad. Science	Journal of the Washington Academy of Sciences.
Wschr. Brauerei	Wochenschrift für Brauerei.
Wied. Ann.	Annalen der Physik und Chemie, herausgegeben von WIEDEMANN; s. Pogg. Ann.
Wien. klin. Wschr.	Wiener klinische Wochenschrift.
Wien. med. Wschr.	Wiener medizinische Wochenschrift.
Wiss. Nachr. Zucker-Ind.	Wissenschaftliche Nachrichten der Zuckerindustrie (ukrain.).
Wiss. Veröffentl. Siemens-Konzern	Wissenschaftliche Veröffentlichungen aus dem SIEMENS-Konzern (seit 1935: aus den SIEMENS-Werken).
Z. anorg. Ch.	Zeitschrift für anorganische und allgemeine Chemie.
Zbl. Min. Geol. Paläont. Abt. A	Zentralblatt für Mineralogie, Geologie und Paläontologie, Abt. A: Mineralogie und Petrographie.
Z. Chem. Ind. Kolloide	Zeitschrift für Chemie und Industrie der Kolloide; seit 1913: Kolloid-Zeitschrift.
Z. Deutsch. Öl- u. Fettind.	Zeitschrift für Deutsche Öl- und Fettindustrie.
Z. El. Ch.	Zeitschrift für Elektrochemie.
Zentr. wiss. Forsch.-Inst. Leder-Ind.	Zentrales wissenschaftliches Forschungsinstitut für die Lederindustrie; russ.: Zentralny nautschno-issledowatelski Institut koshewennoi Promyschlennosti, Sbornik Rabot.
Z. ges. Brauw.	Zeitschrift für das gesamte Brauwesen.
Z. ges. Kältetechnik (-Industrie)	Zeitschrift für die gesamte Kältetechnik (-Industrie).
Zhur. Anal. Chem. (Khim.) (russ.) [Ž. Anal. Chim. (russ.)]	Zhurnal analiticheskoi khimii (russisch).
Z. Hygiene	Zeitschrift für Hygiene und Infektionskrankheiten.
Z. klin. Med.	Zeitschrift für klinische Medizin.
Z. Krist.	Zeitschrift für Kristallographie und Mineralogie.
Z. landw. Vers.-Wes. Österr.	Zeitschrift für das landwirtschaftliche Versuchswesen in Deutsch-Österreich; 1925—1933 genannt: Fortschritte der Landwirtschaft.
Z. Lebensm.	Zeitschrift für Untersuchung der Lebensmittel; bis 1925: Zeitschrift für Untersuchung der Nahrungs- und Genußmittel sowie der Gebrauchsgegenstände.
Z. Metallkunde	Zeitschrift für Metallkunde.
Z. Naturforschg.	Zeitschrift für Naturforschung.
Z. Oberschl. Berg- u. Hüttenmänn. Verb.	Zeitschrift des Oberschlesischen Berg- und Hüttenmännischen Verbandes.
Z. öffentl. Ch.	Zeitschrift für öffentliche Chemie.
Z. Pflanzenernähr. Düng. Bodenkunde	Vgl. Bodenkunde Pflanzenernähr.
Z. Phys.	Zeitschrift für Physik.

Abkürzung	Zeitschrift
Z. pr. Geol.	Zeitschrift für praktische Geologie.
Zpráry česk. keram. společnosti	Zprávy československé keramické společnosti.
Z. techn. Phys. (russ.)	Zeitschrift für technische Physik (russ.).
Z. VDI (Z. Ver. dtsch. Ing.)	Zeitschrift des Vereins Deutscher Ingenieure.

Abkürzungen oft benutzter Sammelwerke.

Abkürzung	Sammelwerk
Analyse der Metalle I	Analyse der Metalle, Bd. I, Schiedsverfahren, 3. Aufl. 1966;
Analyse der Metalle II	Analyse der Metalle, Bd. II, Betriebsanalysen, 2. Aufl. 1961. Springer-Verlag Berlin–Heidelberg–New York.
Berl-Lunge	BERL-LUNGE: Chemisch-technische Untersuchungsmethoden, 8. Aufl. Springer-Verlag Berlin 1931–1934. Bis zur 7. Aufl. „LUNGE-BERL" genannt.
GM.	GMELINS Handbuch der anorganischen Chemie, 8. Aufl. Verlag Chemie, Berlin–Weinheim/Bergstr. 1935–1963.
Handbuch Eisenhüttenlab.	Handbuch für das Eisenhüttenlaboratorium, Bd. 1 (1960) und 2 (1966). Verlag Stahl-Eisen, Düsseldorf.
Handbuch Pflanzenanal.	Handbuch der Pflanzenanalyse (KLEIN).
Lunge-Berl	Vgl. BERL-LUNGE.

721/51/66